混凝土结构计算图表

（按《混凝土结构设计规范》GB 50010—2002 编制）

中南建筑设计院

中国建筑工业出版社

图书在版编目(CIP)数据

混凝土结构计算图表/中南建筑设计院编. —北京：中国建筑工业出版社，2002
ISBN 978-7-112-05014-7

Ⅰ.混... Ⅱ.中... Ⅲ.混凝土结构-结构计算-图表 Ⅳ.TU370.4-64

中国版本图书馆 CIP 数据核字（2002）第 007047 号

本图表是根据新颁布的《混凝土结构设计规范》（GB 50010—2002）编制的。其特点是，结构构件按荷载效应组合的内力设计值，可直接从相应表中查出所需的配筋或配筋值。对于构造方面的要求，在编制图表时已尽可能地加以考虑。本图表简明、实用，是建筑结构设计人员必备的工具书，也可供建筑施工人员和大专院校师生参考应用。

* * *

责任编辑 蒋协炳

混凝土结构计算图表
（按《混凝土结构设计规范》GB 50010—2002 编制）
中南建筑设计院 编

*

中国建筑工业出版社出版、发行（北京西郊百万庄）
各地新华书店、建筑书店经销
北京建筑工业印刷厂印刷

*

开本：787×1092毫米 1/16 印张：34¼ 字数：853千字
2002年8月第一版 2008年12月第七次印刷
印数：22,001—23,000册 定价：**60.00**元
ISBN 978-7-112-05014-7
(10541)

本社网址：http://www.cabp.com.cn
网上书店：http://www.china-building.com.cn

前　言

本图表是根据新颁布的《混凝土结构设计规范》(GB 50010—2002)编制的。在编排和格式上，保持了我院在1988年出版的《钢筋混凝土结构计算图表》简明、实用的特点，并作了适当的改进。图表内容包括常用的建筑结构构件并考虑了这些构件的常用截面尺寸范围。

本图表特点是，结构构件按荷载效应组合的内力设计值，可直接从相应表中查出所需的配筋或配筋值。对于构造方面的要求，制表时已尽可能地加以考虑，但仍须与本图表中的使用说明和《混凝土结构设计规范》中有关构造规定配合使用。

本图表可作为建筑结构设计人员的工具书，也可供建筑施工人员和大专院校师生参考应用。

编制人员： 陆祖欣(主编)
徐厚军(副主编)
王　毅　尹　优

中南建筑设计院
2002.4.

目　录

第一章　材料及基本规定

第一节　材 料 强 度

一、混凝土强度标准值、设计值、弹性模量及疲劳变形模量

混凝土强度标准值、设计值、弹性模量及疲劳变形模量按表1-1-1的规定采用。

混凝土强度标准值、设计值（N/mm^2）及弹性、疲劳变形模量（$\times 10^4$ N/mm^2）　**表 1-1-1**

强度与模量种类		符号	混凝土强度等级													
			C15	C20	C25	C30	C35	C40	C45	C50	C55	C60	C65	C70	C75	C80
强度标准值	轴心抗压	f_{ck}	10.0	13.4	16.7	20.1	23.4	26.8	29.6	32.4	35.5	38.5	41.5	44.5	47.4	50.2
	轴心抗拉	f_{tk}	1.27	1.54	1.78	2.01	2.20	2.39	2.51	2.64	2.74	2.85	2.93	2.99	3.05	3.11
强度设计值	轴心抗压	f_c	7.2	9.6	11.9	14.3	16.7	19.1	21.1	23.1	25.3	27.5	29.7	31.8	33.8	35.9
	轴心抗拉	f_t	0.91	1.10	1.27	1.43	1.57	1.71	1.80	1.89	1.96	2.04	2.09	2.14	2.18	2.22
弹性模量		E_c	2.20	2.55	2.80	3.00	3.15	3.25	3.35	3.45	3.55	3.60	3.65	3.70	3.75	3.80
疲劳变形模量		E_c^f		1.1	1.2	1.3	1.4	1.5	1.55	1.6	1.65	1.7	1.75	1.8	1.85	1.9

注：1. 计算现浇钢筋混凝土轴心受压及偏心受压构件时，如截面的长边或直径小于300mm，则表中混凝土的强度设计值应乘以系数0.8；当构件质量（如混凝土成型、截面和轴线尺寸等）确有保证时，可不受此限制；

2. 离心混凝土的强度设计值应按有关专门标准取用。

二、普通钢筋的强度标准值、设计值及弹性模量

普通钢筋的强度标准值、设计值及弹性模量按表1-1-2采用。

普通钢筋的强度标准值、设计值（N/mm^2）及弹性模量（$\times 10^5$N/ mm^2）　**表 1-1-2**

钢筋种类		符号	d (mm)	强度设计值		强度标准值	弹性模量 E_s
				抗拉 f_y	抗压 f'_y	f_{yk}	
热轧钢筋	HPB235(Q235)	Φ	8~20	210	210	235	2.1
	HRB335(20MnSi)	Φ	6~50	300	300	335	2.0
	HRB400(20MnSiV、20MnSiNb、20MnTi)	Φ	6~50	360	360	400	
	RRB400(K20MnSi)	$Φ^R$	8~40				

注：1. 在钢筋混凝土结构中，轴心受拉和小偏心受拉的钢筋抗拉强度设计值大于300N/mm^{2}时，仍应按300N/mm^{2}取用；

2. 构件中配有不同种类的钢筋时，每种钢筋应采用各自的强度设计值；

3. 当采用直径大于40mm的钢筋时，应有可靠的工程经验。

三、预应力钢筋的强度标准值、设计值

预应力钢筋的强度标准值按表1-1-3采用。

预应力钢筋的强度设计值按表1-1-4采用。

预应力钢筋强度标准值（N/mm^2）　**表 1-1-3**

种类		符号	直径 d (mm)	f_{ptk}
钢绞线	1×3	$Φ^s$	8.6、10.8	1860、1720、1570
			12.9	1720、1570
	1×7		9.5、11.1、12.7	1860
			15.2	1860、1720

续表

种类		符号	直径 d（mm）	f_{ptk}
消除应力钢丝	光面 螺旋肋	ϕ^{P} ϕ^{H}	4、5	1770、1670、1570
			6	1670、1570
			7、8、9	1570
	刻痕	ϕ^{I}	5、7	1570
热处理钢筋	40Si2Mn	ϕ^{HT}	6	1470
	48Si2Mn		8.2	
	45Si2Cr		10	

注：1. 钢绞线直径 d 系指钢绞线外接圆直径，即钢绞线国家标准 GB/T5224 中的公称直径 D_g，钢丝和热处理钢筋的直径 d 均指公称直径；

2. 消除应力光面钢丝直径 d 为 4～9mm，消除应力螺旋肋钢丝直径 d 为 4～8mm。

预应力钢筋强度设计值(N/mm²)及弹性模量(×10⁵N/mm²)　　表 1-1-4

种类		符号	标准值 f_{ptk}	抗拉 f_{py}	抗压 f'_{py}	E_s
钢绞线	1×3	ϕ^{s}	1860	1320	390	1.95
			1720	1220		
			1570	1110		
	1×7		1860	1320	390	
			1720	1220		
消除应力钢丝	光面 螺旋肋	ϕ^{P} ϕ^{H}	1770	1250	410	2.05
			1670	1180		
			1570	1110		
	刻痕	ϕ^{I}	1570	1110	410	
热处理钢筋	40Si2Mn	ϕ^{HT}	1470	1040	400	2.0
	48Si2Mn					
	45Si2Cr					

注：当预应力钢绞线、钢丝的强度标准值不符合表 1-1-3 规定时，其强度设计值应进行换算。

四、冷轧带肋钢筋的强度标准值、设计值及弹性模量

冷轧带肋钢筋的强度标准值、设计值及弹性模量按表 1-1-5 采用。

冷轧带肋钢筋的强度标准值、设计值（N/mm²）及弹性模量（×10⁵N/mm²）　表 1-1-5

钢筋种类	符号	强度设计值		强度标准值	弹性模量
		抗拉 f_y	抗压 f'_y	f_{stk}	E_s
CRB550（d＝5～12）	ϕ^{R}	360	360	550	1.9
CRB650（d＝5、6）	ϕ^{R}	430	380	650	
CRB800（d＝5）	ϕ^{R}	530	380	800	

注：1. 成盘供应的 550 级冷轧带肋钢筋经机械调直后，抗拉强度设计值应降低 20 N/mm²，但抗压强度设计值应不大于相应的抗拉强度设计值；

2. 冷轧带肋钢筋在钢筋混凝土结构中，轴心受拉和小偏心受拉构件的钢筋抗拉强度设计值应按 310 N/mm² 取用。

五、混凝土疲劳强度设计值

混凝土轴心抗压、轴心抗拉疲劳强度设计值 f_c^f、f_t^f 应按表 1-1 的混凝土强度设计值乘以相应的疲劳强度修正系数 γ_ρ 确定，γ_ρ 按表 1-1-6 采用。

不同疲劳应力比值 ρ_c^f 时混凝土的疲劳强度修正系数 γ_ρ　表 1-1-6

ρ_c^f	$\rho_c^f<0.2$	$0.2\leqslant\rho_c^f<0.3$	$0.3\leqslant\rho_c^f<0.4$	$0.4\leqslant\rho_c^f<0.5$	$\rho_c^f\geqslant0.5$
γ_ρ	0.74	0.80	0.86	0.93	1.0

注：当采用蒸气养护时，养护温度不宜超过 60℃；超过时，应按计算需要的混凝土强度设计值提高 20%。

混凝土疲劳应力比值 ρ_c^f 应按下式计算

$$\rho_c^f=\sigma_{c,min}^f/\sigma_{c,max}^f \tag{1-1-1}$$

式中　$\sigma_{c,min}^f$，$\sigma_{c,max}^f$——构件疲劳验算时，截面同一纤维上的混凝土最小应力及最大应力。

六、普通钢筋、预应力钢筋的疲劳应力幅限值

普通钢筋的疲劳应力幅限值 Δf_y^f 应按表 1-1-7 采用。

预应力钢筋的疲劳应力幅限值 Δf_{py}^f应按表 1-1-8 采用。

普通钢筋疲劳应力比值 ρ_s^f 应按下式计算：

$$\rho_s^f = \sigma_{s,min}^f / \sigma_{s,max}^f \tag{1-1-2}$$

式中　$\sigma_{s,min}^f$，$\sigma_{s,max}^f$——构件疲劳验算时，同一层钢筋的最小应力及最大应力。

预应力钢筋疲劳应力比值 ρ_p^f 应按下式计算：

$$\rho_p^f = \sigma_{p,min}^f / \sigma_{p,max}^f \tag{1-1-3}$$

式中　$\sigma_{p,min}^f$，$\sigma_{p,max}^f$——构件疲劳验算时，同一层预应力钢筋的最小应力及最大应力。

钢筋混凝土结构中钢筋疲劳应力幅限值（N/mm²）　**表 1-1-7**

疲劳应力比值	Δf_y^f		
	HPB235 钢筋	HRB335 钢筋	HRB400 钢筋
$-1.0 \leqslant \rho_s^f < -0.6$	160	—	—
$-0.6 \leqslant \rho_s^f < -0.4$	155	—	—
$-0.4 \leqslant \rho_s^f < 0$	150	—	—
$0 \leqslant \rho_s^f < 0.1$	145	165	165
$0.1 \leqslant \rho_s^f < 0.2$	140	155	155
$0.2 \leqslant \rho_s^f < 0.3$	130	150	150
$0.3 \leqslant \rho_s^f < 0.4$	120	135	145
$0.4 \leqslant \rho_s^f < 0.5$	105	125	130
$0.5 \leqslant \rho_s^f < 0.6$	—	105	115
$0.6 \leqslant \rho_s^f < 0.7$	—	85	95
$0.7 \leqslant \rho_s^f < 0.8$	—	65	70
$0.8 \leqslant \rho_s^f < 0.9$	—	40	45

注：1. 当纵向受拉钢筋采用闪光接触对焊接头时，其接头处钢筋疲劳应力幅限值应按表中数值乘以系数 0.8；

2. RRB400 级钢筋应经试验验证后，方可用于需做疲劳验算的构件。

预应力钢筋疲劳应力幅限值（N/mm²）　**表 1-1-8**

种　类			Δf_{py}^f	
			$0.7 \leqslant \rho_p^f < 0.8$	$0.8 \leqslant \rho_p^f < 0.9$
消除应力钢丝	光　面	$f_{ptk}=1770$、1670	210	140
		$f_{ptk}=1570$	200	130
	刻　痕	$f_{ptk}=1570$	180	120
钢　绞　线			120	105

注：1. 当 ρ_p^f 不小于 0.9 时，可不作钢筋疲劳验算；

2. 当有充分依据时，可对表中规定的疲劳应力幅限值作适当调整。

第二节　计 算 和 构 造

一、建筑结构的安全等级及重要性系数

建筑结构的安全等级及重要性系数 γ_0 按表 1-2-1 采用。

建筑结构的安全等级及重要性系数 γ_0　**表 1-2-1**

安全等级	破坏后果	建筑物类型	γ_0
一级	很严重	重要的建筑物	≥1.1
二级	严　重	一般的建筑物	≥1.0
三级	不严重	次要的建筑物	≥0.9

构件设计使用年限及重要性系数 γ_0 按表 1-2-2 采用。

构件设计使用年限及重要性系数 γ_0　**表 1-2-2**

类　别	设计使用年限	示　例	γ_0
1	5 年	临时性结构	≥0.9
2	25 年	易于替换的结构构件	
3	50 年	普通房屋和构筑物	≥1.0
4	100 年及以上	纪念性建筑和特别重要的建筑结构	≥1.1

注：对于设计使用年限为 25 年的结构构件，各种材料结构设计规范可根据各自情况确定结构重要性系数 γ_0 的取值。

荷载分项系数按表 1-2-3 采用。

荷载分项系数 **表 1-2-3**

荷载类型	组合情况		荷载分项系数
永久荷载（恒荷载）	当其效应对结构不利时	对由可变荷载效应控制的组合	1.2
		对由永久荷载效应控制的组合	1.35
	当其效应对结构有利时	一般情况下	1.0
		对结构的倾覆、滑移或漂浮验算	0.9
可变荷载（活荷载）	一般情况下		1.4
	标准值大于 $4kN/m^2$ 的工业房屋楼面结构		1.3

二、施工和检修荷载及栏杆水平荷载

施工和检修荷载及栏杆水平荷载按表 1-2-4 采用。

施工和检修荷载 **表 1-2-4**

计算的构件		荷载	
屋面板、檩条、钢筋混凝土挑檐、钢筋混凝土雨篷、预制小梁		1.0kN（集中荷载）	注：① 当设计表中所列的构件时，应按施工或检修荷载出现在最不利位置时进行验算 ② 当计算挑檐、雨篷强度时，沿板宽每隔 1.0m 考虑一个集中荷载；在验算抗倾覆时，每隔 2.5～3.0m 考虑一个集中荷载 ③ 对于轻型构件或较宽构件，当施工荷载有可能超过上述荷载时，应按实际情况验算，或采用加垫板、支撑等临时设施承受 ④ 当采用荷载准永久组合时，可不考虑施工和检修荷载及栏杆水平荷载
楼梯、看台、阳台、上人平屋面等的栏杆顶部	住宅、宿舍、旅馆、办公楼、医院、托儿所、幼儿园	0.5kN/m（水平均布荷载）	
	学校、食堂、剧场、电影院、车站、礼堂、展览馆、体育馆或体育场	1.0kN/m（水平均布荷载）	

动力系数：

1. 结构的动力计算，在有充分设计依据时，可将设备或重物的自重乘以动力系数后进行静力计算。

2. 搬运和装卸重物以及车辆起动和刹车的动力系数，可采用 1.1～1.3；其动力作用只考虑传至楼板和梁。

三、混凝土结构的使用环境类别

混凝土结构的使用环境类别按表 1-2-5 采用。

混凝土结构的使用环境类别 **表 1-2-5**

环境类别		条件
一		室内正常环境
二	*a*	室内潮湿环境、非严寒和非寒冷地区的露天环境及与无侵蚀性的水或土壤直接接触的环境
	b	严寒和寒冷地区的露天环境及与无侵蚀性的水或土壤直接接触的环境
三		使用除冰盐的环境、严寒及寒冷地区冬季的水位变动环境、滨海室外环境
四		海水环境
五		受人为或自然的侵蚀性物质影响的环境

注：1. 表中第四类和第五类环境的耐久性要求应符合有关标准的规定；
2. 严寒和寒冷地区的划分应符合《民用建筑热工设计规范》JGJ24 的规定。

四、混凝土结构耐久性

混凝土结构耐久性应根据表 1-2-5 的使用环境类别和表 1-2-2 的设计使用年限进行设计。一类、二类和三类环境中，设计使用年限为 50 年的结构混凝土应符合表 1-2-6 的规定。

设计使用年限为 50 年的结构混凝土耐久性的基本要求 **表 1-2-6**

环境类别	最大水灰比	最小水泥用量（kg/m^3）		最低混凝土强度等级	最大氯离子含量	最大碱含量（kg/m^3）
		素混凝土	钢筋混凝土			
一	0.65	200	225	C20	1.00%	不限制

续表

环境类别		最大水灰比	最小水泥用量（kg/m³）		最低混凝土强度等级	最大氯离子含量	最大碱含量（kg/m³）
			素混凝土	钢筋混凝土			
二	*a*	0.60	225	250	C25	0.30%	3.0
	b	0.55	250	275	C30	0.2%	3.0
三		0.50	275	300	C30	0.1%	3.0

注：1. 氯离子含量系指其占水泥用量的百分率；
2. 预应力构件混凝土中的氯离子含量不得超过 0.06%，水泥用量不应少于 300kg/m³；最低混凝土强度等级应按表中规定提高两个等级；
3. 当混凝土中加入活性掺合料或能提高耐久性的外加剂时可酌情降低水泥用量；
4. 当有工程经验时，处于一类和二类环境中的混凝土强度等级可降低一级；
5. 当使用非碱活性骨料时，可不对混凝土中的碱含量进行限制。

对于设计使用年限为100年且处于一类环境中的混凝土结构应符合下列规定：

1. 钢筋混凝土结构混凝土强度等级不应低于 C30，预应力混凝土结构混凝土强度等级不应低于 C40；

2. 混凝土中氯离子含量不得超过水泥重量的 0.06%；

3. 宜使用非碱活性骨料；当使用碱活性骨料时，混凝土中的碱含量不得超过 3.0kg/m³；

4. 混凝土保护层厚度按表 1-2-15 增加 40%。在使用过程中宜采取表面防护、定期维护等有效措施。

对于使用年限为 100 年的且处于二类和三类环境中的混凝土结构应采取专门有效的措施。

五、结构构件的裂缝控制等级及最大裂缝宽度限值

结构构件应根据环境类别和结构类别按表 1-2-7 选用不同的裂缝控制等级及最大裂缝宽度限值。

结构构件的裂缝控制等级和最大裂缝宽度限值（mm）　　表 1-2-7

环境类别	钢筋混凝土结构		预应力混凝土结构	
	裂缝控制等级	最大裂缝宽度限值	裂缝控制等级	最大裂缝宽度限值
一	三	0.3(0.4)	三	0.2
二	三	0.2	二	—
三	三	0.2	一	—

注：1. 表中规定适用于采用热轧钢筋的钢筋混凝土构件和采用预应力钢丝、钢绞线及热处理钢筋的预应力混凝土构件。当采用其他类别的钢丝或钢筋时，其裂缝控制要求可参照专门规范确定；
2. 对处于年平均相对湿度小于 60% 的地区一类环境下的受弯构件，其最大裂缝宽度限值可采用括号内的数值；
3. 在一类环境条件下，对于钢筋混凝土屋架、托架及需作疲劳验算的吊车梁，其最大裂缝宽度限值应取为 0.2mm；对于钢筋混凝土屋面梁和托梁，其最大裂缝宽度限值应取为 0.3mm；
4. 在一类环境条件下，对于预应力混凝土屋面梁、托梁、屋架、托架、屋面板和楼板，应按二级裂缝控制等级进行验算；在一类和二类环境条件下，对需作疲劳验算的预应力混凝土吊车梁，应按一级裂缝控制等级进行验算；
5. 表中规定的预应力混凝土构件的裂缝控制等级和最大裂缝宽度限值仅适用于正截面的验算；预应力混凝土构件的斜截面裂缝控制验算应符合本规范的要求；
6. 对于烟囱、筒仓和处于液体压力下的结构构件，其裂缝控制要求应符合专门规范或规程的有关规定；
7. 对于处于四、五类环境条件下的结构构件，其裂缝控制要求应符合专门规范的有关规定；
8. 表中的最大裂缝宽度限值用于验算荷载作用引起的最大裂缝宽度。

六、受弯构件的挠度限值

受弯构件的挠度限值按表 1-2-8 采用。

受弯构件的挠度限值　　表 1-2-8

构件类型	挠度限值（以计算跨度 l_0 计算）
吊车梁：手动吊车	$l_0/500$
电动吊车	$l_0/600$

续表

构 件 类 型	挠度限值（以计算跨度 l_0 计算）
屋盖、楼盖及楼梯构件：	
当 l_0<7m 时	$l_0/200(l_0/250)$
当 7m≤l_0≤9m 时	$l_0/250(l_0/300)$
当 l_0>9m 时	$l_0/300(l_0/400)$

注：1. 如果构件制作时预先起拱，且使用上也允许，则在验算挠度时，可将计算所得的挠度值减去起拱值，预应力混凝土构件尚可减去预加应力所产生的反拱值；
2. 表中括号内的数值适用于使用上对挠度有较高要求的构件；
3. 悬臂构件的挠度限值按表中相应数值乘以系数 2.0 取用。

钢筋混凝土结构构件中纵向受力钢筋的最小配筋百分率按表 1-2-9 采用。

钢筋混凝土结构构件中纵向受力钢筋的最小配筋百分率 ρ_{min}（%）　表 1-2-9

受 力 类 型		最小配筋百分率 ρ_{min}
受压构件	全部纵向钢筋	0.6
	一侧纵向钢筋	0.2
受弯构件、偏心受拉、轴心受拉构件一侧受拉钢筋		0.2 和 $45f_t/f_y$ 中较大值

注：1. 轴心受压构件、偏心受压构件全部纵向钢筋的配筋率，以及一侧受压钢筋的配筋率应按构件的全截面面积计算；轴心受拉构件及小偏心受拉构件一侧受拉钢筋的配筋率应按构件的全截面面积计算；受弯构件、大偏心受拉构件一侧受拉钢筋的配筋率应按全截面面积扣除受压翼缘面积 $(b'_f-b)h'_f$ 后的截面面积计算。当钢筋沿构件截面周边布置时，"一侧的受压钢筋"或"一侧的受拉钢筋"系指沿受力方向两个对边中的一边布置的纵向钢筋；
2. 对于卧置于地基上的混凝土板，板的受拉钢筋最小配筋率可适当降低，但不应小于 0.15％。
3. 受压构件全部纵向钢筋最小配筋百分率，当采用 HRB400 级、RRB400 级钢筋时，应按表中规定减小 0.1；当混凝土强度等级为 C60 及以上时，应按表中规定增大 0.1。

深梁中钢筋的最小配筋率按表 1-2-10 采用。

深梁中钢筋的最小配筋率（%）　表 1-2-10

钢 筋 种 类	纵向受拉钢筋 ρ	水平分布钢筋 ρ_{sh}	竖向分布钢筋 ρ_{sv}
HPB235	0.25	0.25	0.20
HRB335、HRB400（RRB400）	0.20	0.20	0.15

注：1. 当集中荷载作用于连续深梁上部 1/4 高度范围内，且 l_0/h 大于 1.5 时，竖向分布钢筋最小配筋百分率应增加 0.05；
2. 表中 $\rho=A_s/bh$，$\rho_{sh}=A_{sh}/bs_v$，$\rho_{sv}=A_{sv}/bs_h$，s_v、s_h 分别为水平、竖向分布钢筋的间距。

各种混凝土强度等级的受压构件全部纵向钢筋的最小配筋百分率按表 1-2-11 采用；

受压构件全部纵向钢筋的最小配筋百分率 ρ_{min}（%）　表 1-2-11

钢筋种类	混凝土强度等级													
	C15	C20	C25	C30	C35	C40	C45	C50	C55	C60	C65	C70	C75	C80
HPB235	0.6	0.6	0.6	0.6	0.6	0.6	0.6							
HRB335		0.6	0.6	0.6	0.6	0.6	0.6	0.6	0.6	0.7	0.7	0.7	0.7	0.7
HRB400、RRB400		0.5	0.5	0.5	0.5	0.5	0.5	0.5	0.5	0.6	0.6	0.6	0.6	0.6

注：当截面长边或直径小于 300，则应另行计算。

各种混凝土强度等级的受弯构件纵向受力钢筋的最小配筋百分率按表 1-2-12 采用。

受弯构件纵向受力钢筋的最小配筋百分率 ρ_{min}（%）　表 1-2-12

钢筋种类	混凝土强度等级							
	C15	C20	C25	C30	C35	C40	C45	C50
HPB235	0.2	0.24	0.27	0.31	0.34	0.37	0.39	—
HRB335	—	0.2	0.2	0.22	0.24	0.26	0.27	0.28
HRB400、RRB400	—	0.2	0.2	0.2	0.2	0.21	0.23	0.24

七、T形、Ⅰ形及倒L形截面受弯构件位于受压区的翼缘计算宽度

T形及倒L形截面受弯构件位于受压区的翼缘计算宽度按表1-2-13所列情况中的最小值采用。

T形、Ⅰ形及倒L形截面受弯构件翼缘计算宽度 b'_f **表1-2-13**

项次	考虑情况		T形、Ⅰ形截面		倒L形截面	符号规定
			肋形梁（板）	独立梁	肋形梁（板）	
1	按计算跨度 l_0 考虑		$l_0/3$	$l_0/3$	$l_0/6$	b'_f h'_f h_0 A_s b a_s
2	按梁(肋)净距 s_n 考虑		$b+s_n$	—	$b+s_n/2$	
3	按翼缘高度 h'_f 考虑	$h'_f/h_0\geqslant0.1$	—	$b+12h'_f$	—	
		$0.1>h'_f/h_0\geqslant0.05$	$b+12h'_f$	$b+6h'_f$	$b+5h'_f$	
		$h'_f/h_0<0.05$	$b+12h'_f$	b	$b+5h'_f$	

注：1. 表中 b 为梁的腹板宽度；

2. 如肋形梁跨内设有间距小于纵肋间距的横肋时，则可不遵守表中第三种情况的规定；

3. 对有加腋的T形、Ⅰ形和倒L形截面当受压区加腋的高度 $h_h\geqslant h'_f$，且加腋的宽度 $b_h\leqslant3h_h$ 时，其翼缘计算宽度可按表中第三种情况的规定分别增加 $2b_h$（T形、Ⅰ形截面）和 b_h（倒L形截面）；

4. 独立梁受压区的翼缘板面在荷载作用下，经验算沿纵肋方向可能产生裂缝时，其计算宽度应取用腹板宽度 b。

八、钢筋混凝土结构伸缩缝最大间距

钢筋混凝土结构伸缩缝最大间距按表1-2-14采用。

钢筋混凝土结构伸缩缝最大间距（m） **表1-2-14**

结构类别		室内或土中	露天
排架结构	装配式	100	70
框架结构	装配式	75	50
	现浇式	55	35
剪力墙结构	装配式	65	40
	现浇式	45	30
挡土墙、地下室墙壁等类结构	装配式	40	30
	现浇式	30	20

注：1. 装配整体式结构房屋的伸缩缝间距宜按表中现浇式一栏的数值取用；

2. 框架—剪力墙结构或框架—核心筒结构房屋的伸缩缝间距可根据结构的具体布置情况按表中介于框架结构与剪力墙结构间的数值取用；

3. 当屋面板上部无保温或隔热措施时，对框架、剪力墙结构的伸缩缝间距，宜按表中露天栏的数值取用；

4. 排架结构的柱高（从基础顶面算起）低于8m时，宜适当减小伸缩缝间距；

5. 滑模施工的剪力墙结构，宜适当减小伸缩缝间距；

6. 采用专门的预加应力措施，伸缩缝间距可适当增大；

7. 位于气候干燥地区、夏季炎热且暴雨频繁地区的结构或经常处于高温作用下的结构，宜按照使用经验适当减小伸缩缝间距；

8. 伸缩缝间距尚应考虑施工条件的影响，必要时（如材料收缩较大或室内结构因施工外露时间较长）宜适当减小伸缩缝间距；

9. 当采用后浇带减小现浇混凝土收缩影响时，后浇带不能代替伸缩缝，但伸缩缝间距可适当增大；

10. 现浇挑檐、雨罩等外露结构宜沿纵向设置温度伸缩缝，间距不宜大于12m；

11. 当考虑了温度变化和混凝土收缩对结构的影响，且有充分依据和可靠措施时，表中数值可适当增大。

九、纵向受力钢筋混凝土保护层最小厚度

纵向受力钢筋混凝土保护层最小厚度应按表1-2-15采用，且不应小于钢筋的公称直径。

纵向受力钢筋混凝土保护层最小厚度（mm） 表 1-2-15

环境类别		板、墙、壳			梁			柱		
		≤20	C25～C45	≥C50	≤C20	C25～C45	≥C50	≤C20	C25～C45	≥C50
一		20	15	15	30	25	25	30	30	30
二	*a*	—	20	20	—	30	30	—	30	30
二	*b*	—	25	20	—	35	30	—	35	30
三		—	30	25	—	40	35	—	40	35

注：1. 基础的保护层厚度不应小于 40mm；当无垫层时不应小于 70mm；
2. 处于一类环境且由工厂生产的预制构件，当混凝土强度等级不低于 C20 时，其保护层厚度可按表中规定减少 5mm，但预制构件中的预应力钢筋的保护层厚度不应小于 15mm；处于二类环境且由工厂生产的预制构件，当表面采取有效保护措施时，保护层厚度可按表中一类环境数值取用；
3. 预制钢筋混凝土受弯构件钢筋端头的保护层厚度不宜小于 10mm；预制肋形板主肋钢筋的保护层厚度应按梁的数值采用；
4. 板、墙、壳中分布钢筋的保护层厚度不应小于表中相应数值减 10mm，且不应小于 10mm；梁、柱中箍筋和构造钢筋的保护层厚度不应小于 15mm；
5. 处于二类、三类环境中的悬臂板，其上表面应采取有效的保护措施；
6. 当梁、柱中纵向受力钢筋的混凝土保护层厚度大于 40mm 时，应对混凝土保护层采取有效的防裂构造措施；
7. 有防火要求的建筑物，其混凝土保护层厚度尚应符合国家现行有关标准的规定。

十、混凝土结构中纵向受拉钢筋的锚固长度计算

当计算中充分利用钢筋的抗拉强度时，混凝土结构中纵向受拉钢筋的锚固长度应按下式计算：

普通钢筋
$$l_a = \alpha \frac{f_y}{f_t} d \tag{1-2-1}$$

式中 l_a——受拉钢筋的锚固长度；

f_y——普通钢筋的抗拉强度设计值；

f_t——混凝土轴心抗拉强度设计值；当混凝土强度等级高于 C40 时按 C40 考虑；

d——钢筋的公称直径；

α——钢筋的外形系数，按表 1-2-16 采用。

钢筋的外形系数 α 表 1-2-16

钢筋类型	光面钢筋	带肋钢筋	刻痕钢丝	螺旋肋钢丝	三股钢绞线	七股钢绞线
外形系数 α	0.16	0.14	0.19	0.13	0.16	0.17

混凝土结构中，HPB235、HRB335 和 HRB400、RRB400 钢筋的锚固长度按表 1-2-17 采用。

混凝土结构中纵向受拉钢筋的锚固长度 l_a 表 1-2-17

钢筋种类	混凝土强度等级					
	C15	C20	C25	C30	C35	≥C40
HPB235	37d	31d	27d	24d	22d	20d
HRB335	—	39d	33d	30d	27d	25d
HRB400、RRB400	—	46d	40d	36d	33d	30d

注：1. 当 HRB335、HRB400 和 RRB400 级钢筋的直径大于 25mm 时，钢筋的锚固长度应乘以修正系数 1.1；
2. 当 HRB335、HRB400 和 RRB400 级钢筋锚固区混凝土保护层厚度大于钢筋直径的 3 倍且配有箍筋时，锚固长度可乘以修正系数 0.8；但应保证 l_a ≥250mm；
3. HPB235 级钢筋作受拉钢筋时，末端应做 180°弯钩；
4. 当 HRB335、HRB400 和 RRB400 级钢筋末端采用机械锚固措施时，包括附加锚固端头在内的锚固长度应不小于上表中数字的 0.7 倍。

十一、同一构件中相邻纵向受力钢筋的绑扎搭接接头

同一构件中相邻纵向受力钢筋的绑扎搭接接头宜相互错开。钢筋绑扎搭接接头连接区段为 1.3 倍搭接长度，见图 1-2-1。

受拉钢筋绑扎搭接接头的搭接长度应根据位于同一连接区段内的钢筋搭接接头面积百分率按下式计算，且不应小于 300mm。

$$l_l = \zeta l_a$$

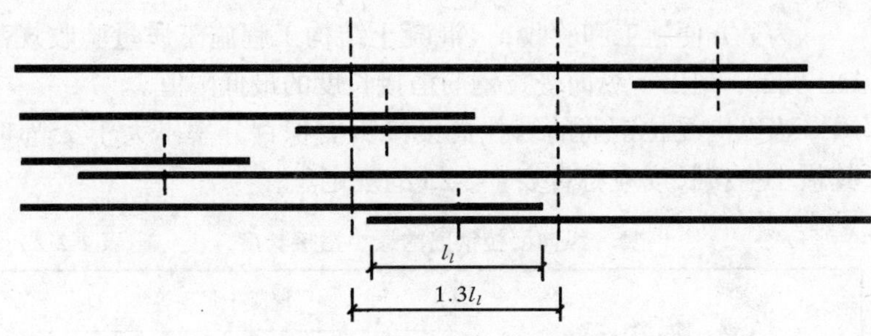

图 1-2-1 同一连接区段内的纵向受拉钢筋绑扎搭接接头

注：图中所示同一连接区段内的搭接接头钢筋为两根，当钢筋直径相同时，钢筋搭接接头面积百分率为50%。

式中 l_l——受拉钢筋的搭接长度；

l_a——受拉钢筋的锚固长度；

ζ——受拉钢筋搭接长度修正系数，按表1-2-18采用。

受拉钢筋搭接长度修正系数 ζ 按表1-2-18采用。

受拉钢筋搭接长度修正系数 ζ 表 1-2-18

同一连接区段内钢筋搭接接头面积百分率（%）	≤25	50	100
搭接长度修正系数 ζ	1.2	1.4	1.6

注：同一连接区段内钢筋搭接接头面积百分率取为在同一连接区段内有搭接接头的受力钢筋与全部受力钢筋面积之比。

同一连接区段内钢筋搭接接头面积百分率为25%时，纵向受拉钢筋的绑扎搭接长度按表1-2-19采用。

纵向受拉钢筋的绑扎搭接长度 表 1-2-19

钢筋种类	混凝土强度等级					
	C15	C20	C25	C30	C35	≥C40
HPB235	45d	37d	32d	29d	26d	24d
HRB335	—	46d	40d	36d	33d	30d
HRB400、RRB400	—	55d	48d	43d	39d	36d

同一连接区段内钢筋搭接接头面积百分率为50%时，纵向受拉钢筋的绑扎搭接长度按表1-2-20采用。

纵向受拉钢筋的绑扎搭接长度 表 1-2-20

钢筋种类	混凝土强度等级					
	C15	C20	C25	C30	C35	≥C40
HPB235	52d	43d	37d	33d	30d	28d
HRB335	—	54d	47d	42d	38d	35d
HRB400、RRB400	—	65d	56d	50d	45d	42d

同一连接区段内钢筋搭接接头面积百分率为100%时，纵向受拉钢筋的绑扎搭接长度按表1-2-21采用。

纵向受拉钢筋的绑扎搭接长度 表 1-2-21

钢筋种类	混凝土强度等级					
	C15	C20	C25	C30	C35	≥C40
HPB235	59d	49d	43d	38d	35d	32d
HRB335	—	61d	53d	47d	43d	40d
HRB400、RRB400	—	74d	64d	57d	52d	48d

机械连接接头连接区段的长度为35d，凡接头中点位于该区段内的机械连接接头应视为处于同一连接区段内。

钢筋的焊接接头连接区段的长度为35d且不小于500mm，凡接头中点位于该区段内的焊接接头应视为位于同一连接区段内。

连接区段内受力钢筋接头面积的允许百分率 表 1-2-22

接头型式	接头面积允许百分率（%）		
	受拉区		受压区
绑扎搭接接头	梁、板	柱	宜≤50
	宜≤25	宜≤50	

续表

接头型式	接头面积允许百分率（%）	
	受拉区	受压区
焊接接头	应≤50	不限制
机械连接接头	宜≤50	不限制

注：1. 受力钢筋的连接接头宜设置在受力较小处；在同一根钢筋上宜少设接头；
2. 轴心受拉及小偏心受拉杆件（如桁架和拱的拉杆）的纵向受力钢筋不得采用绑扎搭接接头；
3. 当受拉钢筋直径大于28mm及受压钢筋的直径大于32mm时，不宜采用绑扎的搭接接头；
4. 当工程中确有必要增大受拉钢筋搭接接头面积百分率时，梁类构件不应大于50%，板类、墙类及柱类构件可放宽；
5. 构件中的纵向受压钢筋，当采用搭接连接时，受压搭接长度不应小于表1-2-19、20、21规定的纵向受拉钢筋搭接长度的0.7倍；且在任何情况下不应小于200mm；
6. 装配式构件连接处的受力钢筋焊接接头可不受以上限制；
7. 承受均布荷载作用的屋面板、楼板、檩条等简支受弯构件，如在受拉区内配置的纵向受力钢筋少于3根时，可在跨度两端各四分之一跨度范围内设置一个焊接接头；
8. 需要进行疲劳验算的构件，其纵向受拉钢筋不得采用绑扎搭接接头，也不宜采用焊接接头，且严禁在钢筋上焊有任何附件（端部锚固除外）。

为了方便施工和验收，《混凝土结构工程施工质量验收规范》GB 50204列出了纵向受拉钢筋搭接长度的最低限值。

当纵向受拉钢筋的绑扎搭接接头面积百分率不大于25%时，其最小搭接长度应符合表1-2-23的规定。

纵向受拉钢筋的最小搭接长度 **表1-2-23**

钢筋类型		混凝土强度等级			
		C15	C20～C25	C30～C35	≥C40
光圆钢筋	HPB235级	45d	35d	30d	25d
带肋钢筋	HRB335级	55d	45d	35d	30d
	HRB400级、RRB400级	—	55d	40d	35d

注：两根直径不同钢筋的搭接长度，以较细钢筋的直径计算。

当纵向受拉钢筋搭接接头面积百分率大于25%，但不大于50%时，其最小搭接长度应按本附录表1-2-23中的数值乘以系数1.2取用；当接头面积百分率大于50%时，应按本附录表1-2-23中的数值乘以系数1.35取用。

第二章　受弯构件承载力计算[1]

第一节　矩形和T形截面受弯构件承载力计算（A_0-ξ表）

一、适用条件

1. 混凝土强度等级：C15，C20，C25，C30，C35，C40，C45，C50，即 $\alpha_1=1.0$；

2. 普通钢筋：HPB235，HRB335，HRB400，RRB400；

3. 对T形截面其受压区高度不应大于其受压翼缘高度；

4. A_0-ξ 表不包括构件的正常使用极限状态验算。

二、使用说明：

1. 制表公式

$$A_0=\frac{M}{bh_0^2f_c} \tag{2-1-1}$$

$$A_s=\xi bh_0f_c/f_y \tag{2-1-2}$$

$$x=\xi h_0 \tag{2-1-3}$$

式中　M——弯矩设计值；

b——矩形截面宽度或T形截面受压翼缘宽度；

h_0——截面有效高 度；

x——受压区高度，对T形截面 $x\leqslant h_f'$；

h_f'——T形截面受压翼缘高度。

2. 注意事项

1）按式（2-1-2）计算的 A_s 值应满足

$$A_s\geqslant\rho_{min}bh \tag{2-1-4}$$

式中　ρ_{min}——最小配筋率，按表1-2-12取用；

b——矩形截面宽度，对T形截面为肋宽。

当 A_s 不满足式（2-1-4）时取 $A_s=\rho_{min}bh$。

2）查表2-1-2时应满足：

$$\xi\leqslant\xi_b \tag{2-1-5}$$

或

$$A_0\leqslant A_{0max} \tag{2-1-6}$$

当不满足式（2-1-5）或式（2-1-6）时，应修改截面尺寸。

对HPB235、HRB335、HRB400、RRB400钢筋，ξ_b、A_{0max} 值见表2-1-1。

ξ_b、A_{0max}值　　**表2-1-1**

钢筋种类	HPB235	HRB335	HRB400、RRB400
ξ_b	0.614	0.550	0.518
A_{0max}	0.426	0.399	0.384

三、应用举例

【例2-1-1】　已知矩形截面梁：$b=200$mm，$h=450$mm，混

[1] 本章所有例题中，当未特殊说明时，其使用环境类别均为一类。

凝土强度等级 C20，HRB335 钢筋，弯矩设计值 $M=77.46\text{kN}\cdot\text{m}$,求钢筋面积。

【解】 $A_0=\dfrac{M}{bh_0^2f_c}=\dfrac{77.46\times10^6}{200\times(450-40)^2\times9.6}=0.240$

$<A_{0\max}=0.399$ （可）

查表 2-1-2 得 $\xi=0.279$

$A_s=\xi bh_0f_c/f_y=0.279\times200\times(450-40)\times9.6/300$

$=732\text{mm}^2$

用一排钢筋。

$\rho_{\min}bh=0.2\%\times200\times450=180\text{mm}^2<A_s$ （可）

【例 2-1-2】 已知 T 形截面梁：$b=200\text{mm}$，$h=600\text{mm}$，$b'_f=2000\text{mm}$，$h'_f=70\text{mm}$，混凝土强度等级 C20，HRB335 钢筋，弯矩设计值 $M=334.3\text{kN}\cdot\text{m}$，求钢筋面积。

【解】 设采用二排钢筋，则

$$A_0=\frac{M}{b'_f\ h_0^2f_c}=\frac{334.3\times10^6}{2000\times(600-65)^2\times9.6}=0.061$$

<0.399 （可）

查表 2-1-2 得 $\xi=0.063$

$x=\xi h_0=0.063\times(600-65)=33.7\text{mm}<h'_f=70\text{ mm}$ （可）

$A_s=\xi b'_f h_0f_c/f_y$

$=0.063\times2000\times(600-65)\times9.6/300=2157\text{mm}^2$

用二排钢筋。

$\rho_{\min}bh=0.2\%\times200\times600=240\text{mm}^2<A_s$ （可）

四、矩形和 T 形截面受弯构件强度计算用的 A_0-ξ 表

矩形和 T 形截面受弯构件强度计算用的 A_0-ξ 表 **表 2-1-2**

A_0	0	1	2	3	4	5	6	7	8	9
0.010	0.010	0.011	0.012	0.013	0.014	0.015	0.016	0.017	0.018	0.019
0.020	0.020	0.021	0.022	0.023	0.024	0.025	0.026	0.027	0.028	0.029
0.030	0.030	0.031	0.033	0.034	0.035	0.036	0.037	0.038	0.039	0.040
0.040	0.041	0.042	0.043	0.044	0.045	0.046	0.047	0.048	0.049	0.050
0.050	0.051	0.052	0.053	0.054	0.056	0.057	0.058	0.059	0.060	0.061
0.060	0.062	0.063	0.064	0.065	0.066	0.067	0.068	0.069	0.070	0.072
0.070	0.073	0.074	0.075	0.076	0.077	0.078	0.079	0.080	0.081	0.082
0.080	0.083	0.085	0.086	0.087	0.088	0.089	0.090	0.091	0.092	0.093
0.090	0.094	0.096	0.097	0.098	0.099	0.100	0.101	0.102	0.103	0.104
0.100	0.106	0.107	0.108	0.109	0.110	0.111	0.112	0.113	0.115	0.116
0.110	0.117	0.118	0.119	0.120	0.121	0.123	0.124	0.125	0.126	0.127
0.120	0.128	0.129	0.131	0.132	0.133	0.134	0.135	0.136	0.137	0.139
0.130	0.140	0.141	0.142	0.143	0.144	0.146	0.147	0.148	0.149	0.150
0.140	0.151	0.153	0.154	0.155	0.156	0.157	0.159	0.160	0.161	0.162
0.150	0.163	0.165	0.166	0.167	0.168	0.169	0.171	0.172	0.173	0.174
0.160	0.175	0.177	0.178	0.179	0.180	0.181	0.183	0.184	0.185	0.186
0.170	0.188	0.189	0.190	0.191	0.193	0.194	0.195	0.196	0.198	0.199
0.180	0.200	0.201	0.203	0.204	0.205	0.206	0.208	0.209	0.210	0.211
0.190	0.213	0.214	0.215	0.216	0.218	0.219	0.220	0.222	0.223	0.224
0.200	0.225	0.227	0.228	0.229	0.231	0.232	0.233	0.234	0.236	0.237

续表

A_0	0	1	2	3	4	5	6	7	8	9
0.210	0.238	0.240	0.241	0.242	0.244	0.245	0.246	0.248	0.249	0.250
0.220	0.252	0.253	0.254	0.256	0.257	0.258	0.260	0.261	0.262	0.264
0.230	0.265	0.267	0.268	0.269	0.271	0.272	0.273	0.275	0.276	0.278
0.240	0.279	0.280	0.282	0.283	0.284	0.286	0.287	0.289	0.290	0.291
0.250	0.293	0.294	0.296	0.297	0.299	0.300	0.301	0.303	0.304	0.306
0.260	0.307	0.309	0.310	0.312	0.313	0.314	0.316	0.317	0.319	0.320
0.270	0.322	0.323	0.325	0.326	0.328	0.329	0.331	0.332	0.334	0.335
0.280	0.337	0.338	0.340	0.341	0.343	0.344	0.346	0.347	0.349	0.350
0.290	0.352	0.353	0.355	0.357	0.358	0.360	0.361	0.363	0.364	0.366
0.300	0.368	0.369	0.371	0.372	0.374	0.376	0.377	0.379	0.380	0.382
0.310	0.384	0.385	0.387	0.388	0.390	0.392	0.393	0.395	0.397	0.398
0.320	0.400	0.402	0.403	0.405	0.407	0.408	0.410	0.412	0.413	0.415
0.330	0.417	0.419	0.420	0.422	0.424	0.426	0.427	0.429	0.431	0.433
0.340	0.434	0.436	0.438	0.440	0.441	0.443	0.445	0.447	0.449	0.450
0.350	0.452	0.454	0.456	0.458	0.460	0.461	0.463	0.465	0.467	0.469
0.360	0.471	0.473	0.475	0.477	0.478	0.480	0.482	0.484	0.486	0.488
0.370	0.490	0.492	0.494	0.496	0.498	0.500	0.502	0.504	0.506	0.508
0.380	0.510	0.512	0.514	0.516	0.518	0.520	0.523	0.525	0.527	0.529

续表

A_0	0	1	2	3	4	5	6	7	8	9
0.390	0.531	0.533	0.535	0.537	0.540	0.542	0.544	0.546	0.548	0.551
0.400	0.553	0.555	0.557	0.560	0.562	0.564	0.566	0.569	0.571	0.573
0.410	0.576	0.578	0.580	0.583	0.585	0.588	0.590	0.593	0.595	0.598
0.420	0.600	0.603	0.605	0.608	0.610	0.613	0.615			

第二节　矩形和 T 形截面受弯构件承载力计算（A-ρ 表）

一、适用条件

1．混凝土强度等级：C15、C20、C25、C30、C35、C40、C45、C50，即 $\alpha_1=1.0$；

2．普通钢筋：HPB235，HRB335，HRB400，RRB400；

3．对 T 形截面其受压区高度不应大于其受压翼缘高度；

4．表 2-2-2～表 2-2-9 中粗线以上内容仅适用于 T 形截面；

5．A-ρ（%）表不包括构件的正常使用极限状态验算。

二、使用说明：

1．制表公式

$$A=\frac{M}{bh_0^2} \tag{2-2-1}$$

$$A_s=\rho bh_0 \tag{2-2-2}$$

$$x=\rho h_0 f_y/f_c \tag{2-2-3}$$

式中　M——弯矩设计值；

b——矩形截面宽度或T形截面受压翼缘宽度；

h_0——截面有效高度；

x——受压区高度，对T形截面 $x \leqslant h'_f$；

h'_f——T形截面受压翼缘高度。

2. 注意事项

1）按式（2-2-2）计算的 A_s 值应满足：

$$A_s \geqslant \rho_{min} bh \tag{2-2-4}$$

式中 ρ_{min}——最小配筋率，按表1-2-12取用；

b——矩形截面宽度，对T形截面为肋宽。

当 A_s 不满足式（2-2-4）时取 $A_s = \rho_{min} bh$。

2）按式（2-2-1）计算的 A 值应满足：

$$A \leqslant A_{max} \tag{2-2-5}$$

当 A 值不满足式（2-2-5）时，应修改截面尺寸。

对HPB235、HRB335、HRB400、RRB400钢筋，C15～C50混凝土其 A_{max} 值见表2-2-1。

A_{max}值 **表2-2-1**

钢筋 \ 混凝土	C15	C20	C25	C30	C35	C40	C45	C50
HPB235	3.064	4.085	5.063	6.085	7.106	8.127	—	—
HRB335	—	3.828	4.745	5.702	6.659	7.616	8.414	9.211
HRB400、RRB40	—	3.685	4.568	5.489	6.410	7.331	8.095	8.867

三、应用举例

【例2-2-1】 已知矩形截面梁：$b = 200$mm，$h = 450$mm，混凝土强度等级C20，HRB335钢筋，弯矩设计值 $M = 77.46$ kN·m，求钢筋面积。

【解】 $A = \dfrac{M}{bh_0^2} = \dfrac{77.46 \times 10^6}{200 \times (450-40)^2} = 2.304 < A_{max}$

$= 3.828$(可)

查表2-2-3 $\rho = 0.895\%$

$$A_s = \rho bh_0 = 0.895\% \times 200 \times (450-40) = 734\text{mm}^2$$

用一排钢筋。

$$\rho_{min} bh = 0.2\% \times 200 \times 450 = 180\text{mm}^2 < A_s(\text{可})$$

【例2-2-2】 已知T形截面梁：$b = 200$mm，$h = 600$mm，$b'_f = 2000$mm，$h'_f = 70$mm，混凝土强度等级C20，HRB335钢筋，弯矩设计值 $M = 334.3$kN·m，求钢筋面积。

【解】 设采用二排钢筋，则

$$A = \frac{M}{b'_f h_0^2} = \frac{334.3 \times 10^6}{2000 \times (600-65)^2} = 0.584 < A_{max}$$

$= 3.828$

查表2-2-3可得 $\rho = 0.201\%$

$$x = \rho h_0 f_y / f_c = 0.201\% \times (600-65) \times 300 / 9.6 = 33.6\text{mm}$$

$< h'_f = 70$mm（可）

$$A_s = \rho b'_f h_0 = 0.201\% \times 2000 \times (600-65) = 2151\text{mm}^2$$

用二排筋。

$$\rho_{min} bh = 0.2\% \times 200 \times 600 = 240\text{mm}^2 < A_s\ (\text{可})$$

四、矩形和T形截面受弯构件承载力计算用的 *A*-*ρ*（%）表

C15～C50混凝土的 A-ρ（%）表分别见表2-2-2～表2-2-9。

矩形和 T 形截面受弯构件承载力计算用的 A-ρ（%）表　　C15　　表 2-2-2

钢筋 A	HPB235	钢筋 A	HPB235	钢筋 A	HPB235	钢筋 A	HPB235	钢筋 A	HPB235	钢筋 A	HPB235	钢筋 A	HPB235	钢筋 A	HPB235	钢筋 A	HPB235
0.210	0.102	0.585	0.291	0.960	0.493	1.335	0.709	1.710	0.944	2.085	1.204	2.460	1.499	2.835	1.848		
0.225	0.109	0.600	0.299	0.975	0.501	1.350	0.718	1.725	0.954	2.100	1.215	2.475	1.512	2.850	1.864		
0.240	0.116	0.615	0.307	0.990	0.509	1.365	0.727	1.740	0.964	2.115	1.227	2.490	1.525	2.865	1.879		
0.255	0.124	0.630	0.314	1.005	0.518	1.380	0.736	1.755	0.974	2.130	1.238	2.505	1.538	2.880	1.895		
0.270	0.131	0.645	0.322	1.020	0.526	1.395	0.745	1.770	0.984	2.145	1.249	2.520	1.551	2.895	1.911		
0.285	0.139	0.660	0.330	1.035	0.535	1.410	0.754	1.785	0.994	2.160	1.260	2.535	1.564	2.910	1.928		
0.300	0.146	0.675	0.338	1.050	0.543	1.425	0.764	1.800	1.004	2.175	1.271	2.550	1.577	2.925	1.944		
0.315	0.153	0.690	0.346	1.065	0.551	1.440	0.773	1.815	1.014	2.190	1.283	2.565	1.590	2.940	1.961		
0.330	0.161	0.705	0.354	1.080	0.560	1.455	0.782	1.830	1.024	2.205	1.294	2.580	1.604	2.955	1.977		
0.345	0.168	0.720	0.362	1.095	0.569	1.470	0.791	1.845	1.035	2.220	1.306	2.595	1.617	2.970	1.994		
0.360	0.176	0.735	0.370	1.110	0.577	1.485	0.801	1.860	1.045	2.235	1.317	2.610	1.631	2.985	2.011		
0.375	0.183	0.750	0.378	1.125	0.586	1.500	0.810	1.875	1.055	2.250	1.329	2.625	1.644	3.000	2.029		
0.390	0.191	0.765	0.386	1.140	0.594	1.515	0.819	1.890	1.066	2.265	1.341	2.640	1.658	3.015	2.046		
0.405	0.199	0.780	0.394	1.155	0.603	1.530	0.829	1.905	1.076	2.280	1.352	2.655	1.672	3.030	2.064		
0.420	0.206	0.795	0.402	1.170	0.612	1.545	0.838	1.920	1.086	2.295	1.364	2.670	1.686	3.045	2.082		
0.435	0.214	0.810	0.410	1.185	0.620	1.560	0.848	1.935	1.097	2.310	1.376	2.685	1.700	3.060	2.101		
0.450	0.221	0.825	0.418	1.200	0.629	1.575	0.857	1.950	1.107	2.325	1.388	2.700	1.714				
0.465	0.229	0.840	0.427	1.215	0.638	1.590	0.867	1.965	1.118	2.340	1.400	2.715	1.729				
0.480	0.237	0.855	0.435	1.230	0.647	1.605	0.876	1.980	1.129	2.355	1.412	2.730	1.743				
0.495	0.244	0.870	0.443	1.245	0.656	1.620	0.886	1.995	1.139	2.370	1.424	2.745	1.758				
0.510	0.252	0.885	0.451	1.260	0.664	1.635	0.896	2.010	1.150	2.385	1.437	2.760	1.772				
0.525	0.260	0.900	0.459	1.275	0.673	1.650	0.905	2.025	1.161	2.400	1.449	2.775	1.787				
0.540	0.268	0.915	0.468	1.290	0.682	1.665	0.915	2.040	1.172	2.415	1.461	2.790	1.802				
0.555	0.275	0.930	0.476	1.305	0.691	1.680	0.925	2.055	1.182	2.430	1.474	2.805	1.817				
0.570	0.283	0.945	0.484	1.320	0.700	1.695	0.934	2.070	1.193	2.445	1.487	2.820	1.833				

矩形和 T 形截面受弯构件承载力计算用的 A-ρ（%）表　　C20　　表 2-2-3

钢筋 / A	HPB235	HRB335	HRB400 RRB400	钢筋 / A	HPB235	HRB335	HRB400 RRB400	钢筋 / A	HPB235	HRB335	HRB400 RRB400	钢筋 / A	HPB235	HRB335	HRB400 RRB400	钢筋 / A	HPB235	HRB335	HRB400 RRB400
0.210	0.101			0.585	0.288	0.201	0.168	0.960	0.483	0.338	0.282	1.335	0.687	0.481	0.401	1.710	0.904	0.633	0.527
0.225	0.108			0.600	0.295	0.207	0.172	0.975	0.491	0.343	0.286	1.350	0.696	0.487	0.406	1.725	0.912	0.639	0.532
0.240	0.116			0.615	0.303	0.212	0.177	0.990	0.499	0.349	0.291	1.365	0.704	0.493	0.411	1.740	0.921	0.645	0.538
0.255	0.123			0.630	0.311	0.217	0.181	1.005	0.507	0.355	0.296	1.380	0.713	0.499	0.416	1.755	0.930	0.651	0.543
0.270	0.130			0.645	0.318	0.223	0.186	1.020	0.515	0.360	0.300	1.395	0.721	0.505	0.421	1.770	0.939	0.658	0.548
0.285	0.138			0.660	0.326	0.228	0.190	1.035	0.523	0.366	0.305	1.410	0.730	0.511	0.426	1.785	0.948	0.664	0.553
0.300	0.145	0.102		0.675	0.334	0.234	0.195	1.050	0.531	0.372	0.310	1.425	0.738	0.517	0.431	1.800	0.957	0.670	0.558
0.315	0.153	0.107		0.690	0.341	0.239	0.199	1.065	0.539	0.377	0.314	1.440	0.747	0.523	0.436	1.815	0.966	0.677	0.564
0.330	0.160	0.112		0.705	0.349	0.244	0.204	1.080	0.547	0.383	0.319	1.455	0.755	0.529	0.441	1.830	0.976	0.683	0.569
0.345	0.167	0.117		0.720	0.357	0.250	0.208	1.095	0.555	0.389	0.324	1.470	0.764	0.535	0.446	1.845	0.985	0.689	0.574
0.360	0.175	0.122	0.102	0.735	0.365	0.255	0.213	1.110	0.563	0.394	0.329	1.485	0.772	0.541	0.451	1.860	0.994	0.696	0.580
0.375	0.182	0.128	0.106	0.750	0.372	0.261	0.217	1.125	0.571	0.400	0.333	1.500	0.781	0.547	0.456	1.875	1.003	0.702	0.585
0.390	0.190	0.133	0.111	0.765	0.380	0.266	0.222	1.140	0.580	0.406	0.338	1.515	0.790	0.553	0.461	1.890	1.012	0.708	0.590
0.405	0.197	0.138	0.115	0.780	0.388	0.272	0.226	1.155	0.588	0.411	0.343	1.530	0.798	0.559	0.466	1.905	1.021	0.715	0.596
0.420	0.205	0.143	0.119	0.795	0.396	0.277	0.231	1.170	0.596	0.417	0.348	1.545	0.807	0.565	0.471	1.920	1.030	0.721	0.601
0.435	0.212	0.148	0.124	0.810	0.404	0.282	0.235	1.185	0.604	0.423	0.352	1.560	0.816	0.571	0.476	1.935	1.040	0.728	0.606
0.450	0.220	0.154	0.128	0.825	0.411	0.288	0.240	1.200	0.612	0.429	0.357	1.575	0.824	0.577	0.481	1.950	1.049	0.734	0.612
0.465	0.227	0.159	0.132	0.840	0.419	0.293	0.245	1.215	0.621	0.434	0.362	1.590	0.833	0.583	0.486	1.965	1.058	0.741	0.617
0.480	0.235	0.164	0.137	0.855	0.427	0.299	0.249	1.230	0.629	0.440	0.367	1.605	0.842	0.589	0.491	1.980	1.067	0.747	0.623
0.495	0.242	0.169	0.141	0.870	0.435	0.304	0.254	1.245	0.637	0.446	0.372	1.620	0.851	0.595	0.496	1.995	1.077	0.754	0.628
0.510	0.250	0.175	0.146	0.885	0.443	0.310	0.258	1.260	0.646	0.452	0.377	1.635	0.859	0.602	0.501	2.010	1.086	0.760	0.634
0.525	0.257	0.180	0.150	0.900	0.451	0.316	0.263	1.275	0.654	0.458	0.381	1.650	0.868	0.608	0.506	2.025	1.096	0.767	0.639
0.540	0.265	0.185	0.154	0.915	0.459	0.321	0.268	1.290	0.662	0.464	0.386	1.665	0.877	0.614	0.512	2.040	1.105	0.773	0.645
0.555	0.272	0.191	0.159	0.930	0.467	0.327	0.272	1.305	0.671	0.469	0.391	1.680	0.886	0.620	0.517	2.055	1.114	0.780	0.650
0.570	0.280	0.196	0.163	0.945	0.475	0.332	0.277	1.320	0.679	0.475	0.396	1.695	0.895	0.626	0.522	2.070	1.124	0.787	0.656

续表

钢筋 / A	HPB235	HRB335	HRB400 RRB400	钢筋 / A	HPB235	HRB335	HRB400 RRB400	钢筋 / A	HPB235	HRB335	HRB400 RRB400	钢筋 / A	HPB235	HRB335	HRB400 RRB400	钢筋 / A	HPB235	HRB335	HRB400 RRB400
2.085	1.133	0.793	0.661	2.460	1.380	0.966	0.805	2.835	1.647	1.153	0.960	3.210	1.940	1.358	1.132	3.585	2.271	1.590	1.325
2.100	1.143	0.800	0.667	2.475	1.390	0.973	0.811	2.850	1.658	1.160	0.967	3.225	1.953	1.367	1.139	3.600	2.286	1.600	1.333
2.115	1.152	0.807	0.672	2.490	1.400	0.980	0.817	2.865	1.669	1.168	0.974	3.240	1.965	1.376	1.146	3.615	2.300	1.610	1.342
2.130	1.162	0.813	0.678	2.505	1.410	0.987	0.823	2.880	1.680	1.176	0.980	3.255	1.978	1.385	1.154	3.630	2.314	1.620	1.350
2.145	1.172	0.820	0.683	2.520	1.421	0.995	0.829	2.895	1.692	1.184	0.987	3.270	1.990	1.393	1.161	3.645	2.329	1.630	1.359
2.160	1.181	0.827	0.689	2.535	1.431	1.002	0.835	2.910	1.703	1.192	0.993	3.285	2.003	1.402	1.169	3.660	2.344	1.641	1.367
2.175	1.191	0.834	0.695	2.550	1.442	1.009	0.841	2.925	1.714	1.200	1.000	3.300	2.016	1.411	1.176	3.675	2.358	1.651	1.376
2.190	1.200	0.840	0.700	2.565	1.452	1.016	0.847	2.940	1.726	1.208	1.007	3.315	2.029	1.420	1.183	3.690	2.373	1.661	
2.205	1.210	0.847	0.706	2.580	1.463	1.024	0.853	2.955	1.737	1.216	1.013	3.330	2.042	1.429	1.191	3.705	2.388	1.672	
2.220	1.220	0.854	0.712	2.595	1.473	1.031	0.859	2.970	1.749	1.224	1.020	3.345	2.055	1.438	1.198	3.720	2.403	1.682	
2.235	1.230	0.861	0.717	2.610	1.484	1.039	0.865	2.985	1.760	1.232	1.027	3.360	2.068	1.447	1.206	3.735	2.418	1.693	
2.250	1.239	0.868	0.723	2.625	1.494	1.046	0.872	3.000	1.772	1.240	1.034	3.375	2.081	1.456	1.214	3.750	2.433	1.703	
2.265	1.249	0.874	0.729	2.640	1.505	1.053	0.878	3.015	1.784	1.249	1.040	3.390	2.094	1.466	1.221	3.765	2.449	1.714	
2.280	1.259	0.881	0.734	2.655	1.515	1.061	0.884	3.030	1.795	1.257	1.047	3.405	2.107	1.475	1.229	3.780	2.464	1.725	
2.295	1.269	0.888	0.740	2.670	1.526	1.068	0.890	3.045	1.807	1.265	1.054	3.420	2.120	1.484	1.237	3.795	2.480	1.736	
2.310	1.279	0.895	0.746	2.685	1.537	1.076	0.897	3.060	1.819	1.273	1.061	3.435	2.134	1.494	1.245	3.810	2.495	1.747	
2.325	1.289	0.902	0.752	2.700	1.548	1.083	0.903	3.075	1.831	1.282	1.068	3.450	2.147	1.503	1.252	3.825	2.511	1.758	
2.340	1.299	0.909	0.758	2.715	1.559	1.091	0.909	3.090	1.843	1.290	1.075	3.465	2.161	1.512	1.260	3.840	2.527		
2.355	1.309	0.916	0.763	2.730	1.569	1.099	0.915	3.105	1.855	1.298	1.082	3.480	2.174	1.522	1.268	3.855	2.543		
2.370	1.319	0.923	0.769	2.745	1.580	1.106	0.922	3.120	1.867	1.307	1.089	3.495	2.188	1.531	1.276	3.870	2.559		
2.385	1.329	0.930	0.775	2.760	1.591	1.114	0.928	3.135	1.879	1.315	1.096	3.510	2.202	1.541	1.284	3.885	2.576		
2.400	1.339	0.937	0.781	2.775	1.602	1.122	0.935	3.150	1.891	1.324	1.103	3.525	2.215	1.551	1.292	3.900	2.592		
2.415	1.349	0.944	0.787	2.790	1.613	1.129	0.941	3.165	1.903	1.332	1.110	3.540	2.229	1.560	1.300	3.915	2.609		
2.430	1.359	0.951	0.793	2.805	1.624	1.137	0.947	3.180	1.916	1.341	1.117	3.555	2.243	1.570	1.309	3.930	2.625		
2.445	1.369	0.959	0.799	2.820	1.635	1.145	0.954	3.195	1.928	1.350	1.125	3.570	2.257	1.580	1.317	3.945	2.642		

矩形和 T 形截面受弯构件承载力计算用的 A-ρ（%）表　　C25　　表 2-2-4

钢筋 / A	HPB235	HRB335	HRB400 RRB400	钢筋 / A	HPB235	HRB335	HRB400 RRB400	钢筋 / A	HPB235	HRB335	HRB400 RRB400	钢筋 / A	HPB235	HRB335	HRB400 RRB400	钢筋 / A	HPB235	HRB335	HRB400 RRB400
0.220	0.106			0.595	0.291	0.204	0.170	0.970	0.482	0.338	0.281	1.345	0.681	0.477	0.398	1.720	0.889	0.622	0.518
0.235	0.113			0.610	0.298	0.209	0.174	0.985	0.490	0.343	0.286	1.360	0.690	0.483	0.402	1.735	0.897	0.628	0.523
0.250	0.120			0.625	0.306	0.214	0.178	1.000	0.498	0.349	0.291	1.375	0.698	0.488	0.407	1.750	0.906	0.634	0.528
0.265	0.128			0.640	0.313	0.219	0.183	1.015	0.506	0.354	0.295	1.390	0.706	0.494	0.412	1.765	0.914	0.640	0.533
0.280	0.135			0.655	0.321	0.225	0.187	1.030	0.514	0.360	0.300	1.405	0.714	0.500	0.417	1.780	0.923	0.646	0.538
0.295	0.142	0.100		0.670	0.329	0.230	0.192	1.045	0.522	0.365	0.304	1.420	0.722	0.506	0.421	1.795	0.931	0.652	0.543
0.310	0.150	0.105		0.685	0.336	0.235	0.196	1.060	0.530	0.371	0.309	1.435	0.730	0.511	0.426	1.810	0.940	0.658	0.548
0.325	0.157	0.110		0.700	0.344	0.241	0.201	1.075	0.537	0.376	0.313	1.450	0.739	0.517	0.431	1.825	0.948	0.664	0.553
0.340	0.164	0.115		0.715	0.351	0.246	0.205	1.090	0.545	0.382	0.318	1.465	0.747	0.523	0.436	1.840	0.957	0.670	0.558
0.355	0.172	0.120	0.100	0.730	0.359	0.251	0.209	1.105	0.553	0.387	0.323	1.480	0.755	0.529	0.440	1.855	0.966	0.676	0.563
0.370	0.179	0.125	0.104	0.745	0.367	0.257	0.214	1.120	0.561	0.393	0.327	1.495	0.763	0.534	0.445	1.870	0.974	0.682	0.568
0.385	0.186	0.130	0.109	0.760	0.374	0.262	0.218	1.135	0.569	0.398	0.332	1.510	0.772	0.540	0.450	1.885	0.983	0.688	0.573
0.400	0.194	0.136	0.113	0.775	0.382	0.267	0.223	1.150	0.577	0.404	0.337	1.525	0.780	0.546	0.455	1.900	0.992	0.694	0.578
0.415	0.201	0.141	0.117	0.790	0.390	0.273	0.227	1.165	0.585	0.409	0.341	1.540	0.788	0.552	0.460	1.915	1.000	0.700	0.583
0.430	0.209	0.146	0.122	0.805	0.397	0.278	0.232	1.180	0.593	0.415	0.346	1.555	0.796	0.558	0.465	1.930	1.009	0.706	0.588
0.445	0.216	0.151	0.126	0.820	0.405	0.283	0.236	1.195	0.601	0.421	0.351	1.570	0.805	0.563	0.469	1.945	1.018	0.712	0.594
0.460	0.223	0.156	0.130	0.835	0.413	0.289	0.241	1.210	0.609	0.426	0.355	1.585	0.813	0.569	0.474	1.960	1.026	0.718	0.599
0.475	0.231	0.162	0.135	0.850	0.420	0.294	0.245	1.225	0.617	0.432	0.360	1.600	0.821	0.575	0.479	1.975	1.035	0.724	0.604
0.490	0.238	0.167	0.139	0.865	0.428	0.300	0.250	1.240	0.625	0.437	0.365	1.615	0.830	0.581	0.484	1.990	1.044	0.731	0.609
0.505	0.246	0.172	0.143	0.880	0.436	0.305	0.254	1.255	0.633	0.443	0.369	1.630	0.838	0.587	0.489	2.005	1.053	0.737	0.614
0.520	0.253	0.177	0.148	0.895	0.444	0.310	0.259	1.270	0.641	0.449	0.374	1.645	0.847	0.593	0.494	2.020	1.061	0.743	0.619
0.535	0.261	0.183	0.152	0.910	0.451	0.316	0.263	1.285	0.649	0.454	0.379	1.660	0.855	0.598	0.499	2.035	1.070	0.749	0.624
0.550	0.268	0.188	0.156	0.925	0.459	0.321	0.268	1.300	0.657	0.460	0.383	1.675	0.863	0.604	0.504	2.050	1.079	0.755	0.629
0.565	0.276	0.193	0.161	0.940	0.467	0.327	0.272	1.315	0.665	0.466	0.388	1.690	0.872	0.610	0.509	2.065	1.088	0.761	0.635
0.580	0.283	0.198	0.165	0.955	0.475	0.332	0.277	1.330	0.673	0.471	0.393	1.705	0.880	0.616	0.513	2.080	1.097	0.768	0.640

续表

钢筋 A	HPB235	HRB335	HRB400 RRB400	钢筋 A	HPB235	HRB335	HRB400 RRB400	钢筋 A	HPB235	HRB335	HRB400 RRB400	钢筋 A	HPB235	HRB335	HRB400 RRB400	钢筋 A	HPB235	HRB335	HRB400 RRB400
2.095	1.105	0.774	0.645	2.470	1.333	0.933	0.778	2.845	1.573	1.101	0.918	3.220	1.828	1.280	1.066	3.595	2.102	1.471	1.226
2.110	1.114	0.780	0.650	2.485	1.342	0.940	0.783	2.860	1.583	1.108	0.923	3.235	1.839	1.287	1.073	3.610	2.113	1.479	1.233
2.125	1.123	0.786	0.655	2.500	1.352	0.946	0.788	2.875	1.593	1.115	0.929	3.250	1.849	1.295	1.079	3.625	2.124	1.487	1.239
2.140	1.132	0.793	0.660	2.515	1.361	0.953	0.794	2.890	1.603	1.122	0.935	3.265	1.860	1.302	1.085	3.640	2.136	1.495	1.246
2.155	1.141	0.799	0.666	2.530	1.370	0.959	0.799	2.905	1.613	1.129	0.941	3.280	1.871	1.309	1.091	3.655	2.147	1.503	1.253
2.170	1.150	0.805	0.671	2.545	1.380	0.966	0.805	2.920	1.623	1.136	0.947	3.295	1.881	1.317	1.097	3.670	2.159	1.511	1.259
2.185	1.159	0.811	0.676	2.560	1.389	0.973	0.810	2.935	1.633	1.143	0.953	3.310	1.892	1.324	1.104	3.685	2.170	1.519	1.266
2.200	1.168	0.818	0.681	2.575	1.399	0.979	0.816	2.950	1.643	1.150	0.958	3.325	1.903	1.332	1.110	3.700	2.182	1.527	1.273
2.215	1.177	0.824	0.687	2.590	1.408	0.986	0.822	2.965	1.653	1.157	0.964	3.340	1.914	1.340	1.116	3.715	2.194	1.536	1.280
2.230	1.186	0.830	0.692	2.605	1.418	0.993	0.827	2.980	1.663	1.164	0.970	3.355	1.924	1.347	1.123	3.730	2.205	1.544	1.286
2.245	1.195	0.837	0.697	2.620	1.427	0.999	0.833	2.995	1.673	1.171	0.976	3.370	1.935	1.355	1.129	3.745	2.217	1.552	1.293
2.260	1.204	0.843	0.702	2.635	1.437	1.006	0.838	3.010	1.683	1.178	0.982	3.385	1.946	1.362	1.135	3.760	2.229	1.560	1.300
2.275	1.213	0.849	0.708	2.650	1.447	1.013	0.844	3.025	1.694	1.185	0.988	3.400	1.957	1.370	1.142	3.775	2.241	1.568	1.307
2.290	1.222	0.856	0.713	2.665	1.456	1.019	0.849	3.040	1.704	1.193	0.994	3.415	1.968	1.378	1.148	3.790	2.252	1.577	1.314
2.305	1.231	0.862	0.718	2.680	1.466	1.026	0.855	3.055	1.714	1.200	1.000	3.430	1.979	1.385	1.154	3.805	2.264	1.585	1.321
2.320	1.241	0.868	0.724	2.695	1.475	1.033	0.861	3.070	1.724	1.207	1.006	3.445	1.990	1.393	1.161	3.820	2.276	1.593	1.328
2.335	1.250	0.875	0.729	2.710	1.485	1.040	0.866	3.085	1.735	1.214	1.012	3.460	2.001	1.401	1.167	3.835	2.288	1.602	1.335
2.350	1.259	0.881	0.734	2.725	1.495	1.046	0.872	3.100	1.745	1.221	1.018	3.475	2.012	1.408	1.174	3.850	2.300	1.610	1.342
2.365	1.268	0.888	0.740	2.740	1.504	1.053	0.878	3.115	1.755	1.229	1.024	3.490	2.023	1.416	1.180	3.865	2.312	1.619	1.349
2.380	1.277	0.894	0.745	2.755	1.514	1.060	0.883	3.130	1.766	1.236	1.030	3.505	2.034	1.424	1.187	3.880	2.324	1.627	1.356
2.395	1.287	0.901	0.750	2.770	1.524	1.067	0.889	3.145	1.776	1.243	1.036	3.520	2.045	1.432	1.193	3.895	2.336	1.636	1.363
2.410	1.296	0.907	0.756	2.785	1.534	1.074	0.895	3.160	1.786	1.250	1.042	3.535	2.057	1.440	1.200	3.910	2.349	1.644	1.370
2.425	1.305	0.914	0.761	2.800	1.544	1.080	0.900	3.175	1.797	1.258	1.048	3.550	2.068	1.447	1.206	3.925	2.361	1.653	1.377
2.440	1.314	0.920	0.767	2.815	1.553	1.087	0.906	3.190	1.807	1.265	1.054	3.565	2.079	1.455	1.213	3.940	2.373	1.661	1.384
2.455	1.324	0.927	0.772	2.830	1.563	1.094	0.912	3.205	1.818	1.272	1.060	3.580	2.090	1.463	1.219	3.955	2.385	1.670	1.391

续表

钢筋 / A	HPB235	HRB335	HRB400 RRB400	钢筋 / A	HPB235	HRB335	HRB400 RRB400	钢筋 / A	HPB235	HRB335	HRB400 RRB400	钢筋 / A	HPB235	HRB335	HRB400 RRB400	钢筋 / A	HPB235	HRB335	HRB400 RRB400
3.970	2.398	1.678	1.399	4.345	2.724	1.906	1.589	4.720	3.090	2.163									
3.985	2.410	1.687	1.406	4.360	2.737	1.916	1.597	4.735	3.106	2.174									
4.000	2.423	1.696	1.413	4.375	2.751	1.926	1.605	4.750	3.122										
4.015	2.435	1.705	1.420	4.390	2.765	1.936	1.613	4.765	3.138										
4.030	2.448	1.713	1.428	4.405	2.779	1.945	1.621	4.780	3.154										
4.045	2.460	1.722	1.435	4.420	2.793	1.955	1.629	4.795	3.170										
4.060	2.473	1.731	1.443	4.435	2.807	1.965	1.638	4.810	3.186										
4.075	2.486	1.740	1.450	4.450	2.821	1.975	1.646	4.825	3.203										
4.090	2.498	1.749	1.457	4.465	2.836	1.985	1.654	4.840	3.219										
4.105	2.511	1.758	1.465	4.480	2.850	1.995	1.663	4.855	3.236										
4.120	2.524	1.767	1.472	4.495	2.864	2.005	1.671	4.870	3.252										
4.135	2.537	1.776	1.480	4.510	2.879	2.015	1.679	4.885	3.269										
4.150	2.550	1.785	1.487	4.525	2.894	2.025	1.688	4.900	3.286										
4.165	2.563	1.794	1.495	4.540	2.908	2.036	1.696	4.915	3.303										
4.180	2.576	1.803	1.503	4.555	2.923	2.046	1.705	4.930	3.320										
4.195	2.589	1.812	1.510	4.570	2.938	2.056		4.945	3.338										
4.210	2.602	1.822	1.518	4.585	2.953	2.067		4.960	3.355										
4.225	2.616	1.831	1.526	4.600	2.967	2.077		4.975	3.373										
4.240	2.629	1.840	1.533	4.615	2.983	2.088		4.990	3.391										
4.255	2.642	1.850	1.541	4.630	2.998	2.098		5.005	3.408										
4.270	2.656	1.859	1.549	4.645	3.013	2.109		5.020	3.426										
4.285	2.669	1.868	1.557	4.660	3.028	2.120		5.035	3.444										
4.300	2.683	1.878	1.565	4.675	3.044	2.130		5.050	3.463										
4.315	2.696	1.887	1.573	4.690	3.059	2.141													
4.330	2.710	1.897	1.581	4.705	3.075	2.152													

矩形和 T 形截面受弯构件承载力计算用的 A-ρ（%）表　　C30　　表 2-2-5

钢筋 / A	HPB235	HRB335	HRB400 RRB400	钢筋 / A	HPB235	HRB335	HRB400 RRB400	钢筋 / A	HPB235	HRB335	HRB400 RRB400	钢筋 / A	HPB235	HRB335	HRB400 RRB400	钢筋 / A	HPB235	HRB335	HRB400 RRB400
0.220	0.106			0.595	0.289	0.203	0.169	0.970	0.479	0.335	0.279	1.345	0.674	0.472	0.393	1.720	0.875	0.613	0.511
0.235	0.113			0.610	0.297	0.208	0.173	0.985	0.486	0.340	0.284	1.360	0.682	0.477	0.398	1.735	0.884	0.618	0.515
0.250	0.120			0.625	0.304	0.213	0.178	1.000	0.494	0.346	0.288	1.375	0.690	0.483	0.402	1.750	0.892	0.624	0.520
0.265	0.127			0.640	0.312	0.218	0.182	1.015	0.502	0.351	0.293	1.390	0.698	0.488	0.407	1.765	0.900	0.630	0.525
0.280	0.135			0.655	0.319	0.224	0.186	1.030	0.510	0.357	0.297	1.405	0.706	0.494	0.412	1.780	0.908	0.636	0.530
0.295	0.142	0.099		0.670	0.327	0.229	0.191	1.045	0.517	0.362	0.302	1.420	0.714	0.500	0.416	1.795	0.916	0.641	0.535
0.310	0.149	0.104		0.685	0.334	0.234	0.195	1.060	0.525	0.367	0.306	1.435	0.722	0.505	0.421	1.810	0.925	0.647	0.539
0.325	0.157	0.110		0.700	0.342	0.239	0.199	1.075	0.533	0.373	0.311	1.450	0.730	0.511	0.426	1.825	0.933	0.653	0.544
0.340	0.164	0.115		0.715	0.349	0.245	0.204	1.090	0.540	0.378	0.315	1.465	0.738	0.516	0.430	1.840	0.941	0.659	0.549
0.355	0.171	0.120	0.100	0.730	0.357	0.250	0.208	1.105	0.548	0.384	0.320	1.480	0.746	0.522	0.435	1.855	0.950	0.665	0.554
0.370	0.179	0.125	0.104	0.745	0.365	0.255	0.213	1.120	0.556	0.389	0.324	1.495	0.754	0.528	0.440	1.870	0.958	0.670	0.559
0.385	0.186	0.130	0.108	0.760	0.372	0.260	0.217	1.135	0.564	0.395	0.329	1.510	0.762	0.533	0.444	1.885	0.966	0.676	0.564
0.400	0.193	0.135	0.113	0.775	0.380	0.266	0.221	1.150	0.572	0.400	0.333	1.525	0.770	0.539	0.449	1.900	0.974	0.682	0.568
0.415	0.201	0.140	0.117	0.790	0.387	0.271	0.226	1.165	0.579	0.406	0.338	1.540	0.778	0.544	0.454	1.915	0.983	0.688	0.573
0.430	0.208	0.146	0.121	0.805	0.395	0.276	0.230	1.180	0.587	0.411	0.343	1.555	0.786	0.550	0.458	1.930	0.991	0.694	0.578
0.445	0.215	0.151	0.126	0.820	0.402	0.282	0.235	1.195	0.595	0.417	0.347	1.570	0.794	0.556	0.463	1.945	1.000	0.700	0.583
0.460	0.223	0.156	0.130	0.835	0.410	0.287	0.239	1.210	0.603	0.422	0.352	1.585	0.802	0.561	0.468	1.960	1.008	0.706	0.588
0.475	0.230	0.161	0.134	0.850	0.418	0.292	0.244	1.225	0.611	0.428	0.356	1.600	0.810	0.567	0.473	1.975	1.016	0.711	0.593
0.490	0.237	0.166	0.139	0.865	0.425	0.298	0.248	1.240	0.619	0.433	0.361	1.615	0.818	0.573	0.477	1.990	1.025	0.717	0.598
0.505	0.245	0.171	0.143	0.880	0.433	0.303	0.252	1.255	0.626	0.439	0.365	1.630	0.826	0.578	0.482	2.005	1.033	0.723	0.603
0.520	0.252	0.177	0.147	0.895	0.440	0.308	0.257	1.270	0.634	0.444	0.370	1.645	0.834	0.584	0.487	2.020	1.042	0.729	0.608
0.535	0.260	0.182	0.152	0.910	0.448	0.314	0.261	1.285	0.642	0.450	0.375	1.660	0.843	0.590	0.492	2.035	1.050	0.735	0.612
0.550	0.267	0.187	0.156	0.925	0.456	0.319	0.266	1.300	0.650	0.455	0.379	1.675	0.851	0.596	0.496	2.050	1.058	0.741	0.617
0.565	0.275	0.192	0.160	0.940	0.463	0.324	0.270	1.315	0.658	0.461	0.384	1.690	0.859	0.601	0.501	2.065	1.067	0.747	0.622
0.580	0.282	0.197	0.165	0.955	0.471	0.330	0.275	1.330	0.666	0.466	0.388	1.705	0.867	0.607	0.506	2.080	1.075	0.753	0.627

续表

钢筋 / A	HPB235	HRB335	HRB400 RRB400	钢筋 / A	HPB235	HRB335	HRB400 RRB400	钢筋 / A	HPB235	HRB335	HRB400 RRB400	钢筋 / A	HPB235	HRB335	HRB400 RRB400	钢筋 / A	HPB235	HRB335	HRB400 RRB400
2.095	1.084	0.759	0.632	2.470	1.300	0.910	0.759	2.845	1.526	1.068	0.890	3.220	1.761	1.233	1.027	3.595	2.008	1.406	1.171
2.110	1.092	0.765	0.637	2.485	1.309	0.916	0.764	2.860	1.535	1.074	0.895	3.235	1.771	1.239	1.033	3.610	2.018	1.413	1.177
2.125	1.101	0.771	0.642	2.500	1.318	0.923	0.769	2.875	1.544	1.081	0.901	3.250	1.780	1.245	1.039	3.625	2.028	1.420	1.183
2.140	1.109	0.777	0.647	2.515	1.327	0.929	0.774	2.890	1.553	1.087	0.906	3.265	1.790	1.253	1.044	3.640	2.038	1.427	1.189
2.155	1.118	0.783	0.652	2.530	1.336	0.935	0.779	2.905	1.563	1.094	0.912	3.280	1.800	1.260	1.050	3.655	2.049	1.434	1.195
2.170	1.127	0.789	0.657	2.545	1.345	0.941	0.784	2.920	1.572	1.100	0.917	3.295	1.809	1.267	1.056	3.670	2.059	1.441	1.201
2.185	1.135	0.795	0.662	2.560	1.354	0.948	0.790	2.935	1.581	1.107	0.922	3.310	1.819	1.273	1.061	3.685	2.069	1.448	1.207
2.200	1.144	0.801	0.667	2.575	1.363	0.954	0.795	2.950	1.591	1.113	0.928	3.325	1.829	1.280	1.067	3.700	2.079	1.456	1.213
2.215	1.152	0.807	0.672	2.590	1.371	0.960	0.800	2.965	1.600	1.120	0.933	3.340	1.839	1.287	1.073	3.715	2.090	1.463	1.219
2.230	1.161	0.813	0.677	2.605	1.380	0.966	0.805	2.980	1.609	1.126	0.939	3.355	1.849	1.294	1.078	3.730	2.100	1.470	1.225
2.245	1.169	0.819	0.682	2.620	1.389	0.973	0.810	2.995	1.619	1.133	0.944	3.370	1.858	1.301	1.084	3.745	2.110	1.477	1.231
2.260	1.178	0.825	0.687	2.635	1.398	0.979	0.816	3.010	1.628	1.140	0.950	3.385	1.868	1.308	1.090	3.760	2.121	1.484	1.237
2.275	1.187	0.831	0.692	2.650	1.407	0.985	0.821	3.025	1.637	1.146	0.955	3.400	1.878	1.315	1.096	3.775	2.131	1.492	1.243
2.290	1.195	0.837	0.697	2.665	1.416	0.991	0.826	3.040	1.647	1.153	0.961	3.415	1.888	1.322	1.101	3.790	2.142	1.499	1.249
2.305	1.204	0.843	0.702	2.680	1.425	0.998	0.831	3.055	1.656	1.159	0.966	3.430	1.898	1.328	1.107	3.805	2.152	1.506	1.255
2.320	1.213	0.849	0.707	2.695	1.434	1.004	0.837	3.070	1.666	1.166	0.972	3.445	1.908	1.335	1.113	3.820	2.162	1.514	1.261
2.335	1.221	0.855	0.713	2.710	1.443	1.010	0.842	3.085	1.675	1.173	0.977	3.460	1.918	1.342	1.119	3.835	2.173	1.521	1.268
2.350	1.230	0.861	0.718	2.725	1.453	1.017	0.847	3.100	1.685	1.179	0.983	3.475	1.928	1.349	1.124	3.850	2.183	1.528	1.274
2.365	1.239	0.867	0.723	2.740	1.462	1.023	0.853	3.115	1.694	1.186	0.988	3.490	1.938	1.356	1.130	3.865	2.194	1.536	1.280
2.380	1.248	0.873	0.728	2.755	1.471	1.030	0.858	3.130	1.704	1.193	0.994	3.505	1.948	1.363	1.136	3.880	2.204	1.543	1.286
2.395	1.256	0.879	0.733	2.770	1.480	1.036	0.863	3.145	1.713	1.199	0.999	3.520	1.958	1.370	1.142	3.895	2.215	1.551	1.292
2.410	1.265	0.886	0.738	2.785	1.489	1.042	0.869	3.160	1.723	1.206	1.005	3.535	1.968	1.377	1.148	3.910	2.226	1.558	1.298
2.425	1.274	0.892	0.743	2.800	1.498	1.049	0.874	3.175	1.732	1.213	1.010	3.550	1.978	1.384	1.154	3.925	2.236	1.565	1.304
2.440	1.283	0.898	0.748	2.815	1.507	1.055	0.879	3.190	1.742	1.219	1.016	3.565	1.988	1.391	1.160	3.940	2.247	1.573	1.311
2.455	1.292	0.904	0.753	2.830	1.516	1.062	0.885	3.205	1.751	1.226	1.022	3.580	1.998	1.398	1.165	3.955	2.258	1.580	1.317

续表

A \ 钢筋	HPB235	HRB335	HRB400 RRB400	A \ 钢筋	HPB235	HRB335	HRB400 RRB400	A \ 钢筋	HPB235	HRB335	HRB400 RRB400	A \ 钢筋	HPB235	HRB335	HRB400 RRB400	A \ 钢筋	HPB235	HRB335	HRB400 RRB400
3.970	2.268	1.588	1.323	4.345	2.544	1.781	1.484	4.720	2.840	1.988	1.657	5.095	3.159	2.211	1.843	5.470	3.509	2.456	2.047
3.985	2.279	1.595	1.329	4.360	2.556	1.789	1.491	4.735	2.852	1.996	1.664	5.110	3.172	2.221	1.850	5.485	3.523	2.466	
4.000	2.290	1.603	1.336	4.375	2.567	1.797	1.498	4.750	2.864	2.005	1.671	5.125	3.186	2.230	1.858	5.500	3.538	2.477	
4.015	2.301	1.610	1.342	4.390	2.579	1.805	1.504	4.765	2.877	2.014	1.678	5.140	3.199	2.239	1.866	5.515	3.553	2.487	
4.030	2.311	1.618	1.348	4.405	2.590	1.813	1.511	4.780	2.889	2.022	1.685	5.155	3.213	2.249	1.874	5.530	3.568	2.498	
4.045	2.322	1.625	1.355	4.420	2.602	1.821	1.518	4.795	2.901	2.031	1.693	5.170	3.226	2.258	1.882	5.545	3.583	2.508	
4.060	2.333	1.633	1.361	4.435	2.613	1.829	1.524	4.810	2.914	2.040	1.700	5.185	3.240	2.268	1.890	5.560	3.598	2.519	
4.075	2.344	1.641	1.367	4.450	2.625	1.838	1.531	4.825	2.926	2.049	1.707	5.200	3.253	2.277	1.898	5.575	3.614	2.529	
4.090	2.355	1.648	1.374	4.465	2.637	1.846	1.538	4.840	2.939	2.057	1.714	5.215	3.267	2.287	1.906	5.590	3.629	2.540	
4.105	2.366	1.656	1.380	4.480	2.648	1.854	1.545	4.855	2.952	2.066	1.722	5.230	3.281	2.297	1.914	5.605	3.644	2.551	
4.120	2.377	1.664	1.386	4.495	2.660	1.862	1.552	4.870	2.964	2.075	1.729	5.245	3.295	2.306	1.922	5.620	3.660	2.562	
4.135	2.388	1.671	1.393	4.510	2.672	1.870	1.559	4.885	2.977	2.084	1.737	5.260	3.309	2.316	1.930	5.635	3.675	2.573	
4.150	2.399	1.679	1.399	4.525	2.684	1.878	1.565	4.900	2.990	2.093	1.744	5.275	3.322	2.326	1.938	5.650	3.691	2.583	
4.165	2.410	1.687	1.406	4.540	2.695	1.887	1.572	4.915	3.002	2.102	1.751	5.290	3.336	2.335	1.946	5.665	3.706	2.594	
4.180	2.421	1.695	1.412	4.555	2.707	1.895	1.579	4.930	3.015	2.111	1.759	5.305	3.350	2.345	1.954	5.680	3.722	2.605	
4.195	2.432	1.702	1.419	4.570	2.719	1.903	1.586	4.945	3.028	2.120	1.766	5.320	3.365	2.355	1.963	5.695	3.738	2.616	
4.210	2.443	1.710	1.425	4.585	2.731	1.912	1.593	4.960	3.041	2.129	1.774	5.335	3.379	2.365	1.971	5.710	3.754		
4.225	2.454	1.718	1.432	4.600	2.743	1.920	1.600	4.975	3.054	2.138	1.781	5.350	3.393	2.375	1.979	5.725	3.770		
4.240	2.465	1.726	1.438	4.615	2.755	1.928	1.607	4.990	3.067	2.147	1.789	5.365	3.407	2.385	1.988	5.740	3.786		
4.255	2.477	1.734	1.445	4.630	2.767	1.937	1.614	5.005	3.080	2.156	1.797	5.380	3.421	2.395	1.996	5.755	3.802		
4.270	2.488	1.741	1.451	4.645	2.779	1.945	1.621	5.020	3.093	2.165	1.804	5.395	3.436	2.405	2.004	5.770	3.818		
4.285	2.499	1.749	1.458	4.660	2.791	1.954	1.628	5.035	3.106	2.174	1.812	5.410	3.450	2.415	2.013	5.785	3.834		
4.300	2.510	1.757	1.464	4.675	2.803	1.962	1.635	5.050	3.119	2.183	1.819	5.425	3.465	2.425	2.021	5.800	3.851		
4.315	2.522	1.765	1.471	4.690	2.815	1.971	1.642	5.065	3.132	2.193	1.827	5.440	3.479	2.436	2.030	5.815	3.867		
4.330	2.533	1.773	1.478	4.705	2.828	1.979	1.649	5.080	3.146	2.202	1.835	5.455	3.494	2.446	2.038	5.830	3.884		

矩形和T形截面受弯构件承载力计算用的 A-ρ（%）表　　C35　　表 2-2-6

钢筋 / A	HPB235	HRB335	HRB400 RRB400	钢筋 / A	HPB235	HRB335	HRB400 RRB400	钢筋 / A	HPB235	HRB335	HRB400 RRB400	钢筋 / A	HPB235	HRB335	HRB400 RRB400	钢筋 / A	HPB235	HRB335	HRB400 RRB400
0.220	0.105			0.595	0.289	0.202	0.168	0.970	0.476	0.333	0.278	1.345	0.669	0.468	0.390	1.720	0.866	0.606	0.505
0.235	0.113			0.610	0.296	0.207	0.173	0.985	0.484	0.339	0.282	1.360	0.676	0.473	0.395	1.735	0.874	0.612	0.510
0.250	0.120			0.625	0.303	0.212	0.177	1.000	0.491	0.344	0.287	1.375	0.684	0.479	0.399	1.750	0.882	0.618	0.515
0.265	0.127			0.640	0.311	0.218	0.181	1.015	0.499	0.349	0.291	1.390	0.692	0.484	0.404	1.765	0.890	0.623	0.519
0.280	0.134			0.655	0.318	0.223	0.186	1.030	0.507	0.355	0.296	1.405	0.700	0.490	0.408	1.780	0.898	0.629	0.524
0.295	0.142	0.099		0.670	0.326	0.228	0.190	1.045	0.514	0.360	0.300	1.420	0.708	0.495	0.413	1.795	0.906	0.634	0.529
0.310	0.149	0.104		0.685	0.333	0.233	0.194	1.060	0.522	0.365	0.304	1.435	0.716	0.501	0.417	1.810	0.914	0.640	0.533
0.325	0.156	0.109		0.700	0.341	0.238	0.199	1.075	0.530	0.371	0.309	1.450	0.723	0.506	0.422	1.825	0.923	0.646	0.538
0.340	0.164	0.115		0.715	0.348	0.244	0.203	1.090	0.537	0.376	0.313	1.465	0.731	0.512	0.427	1.840	0.931	0.651	0.543
0.355	0.171	0.120	0.100	0.730	0.356	0.249	0.207	1.105	0.545	0.381	0.318	1.480	0.739	0.517	0.431	1.855	0.939	0.657	0.548
0.370	0.178	0.125	0.104	0.745	0.363	0.254	0.212	1.120	0.553	0.387	0.322	1.495	0.747	0.523	0.436	1.870	0.947	0.663	0.552
0.385	0.185	0.130	0.108	0.760	0.371	0.259	0.216	1.135	0.560	0.392	0.327	1.510	0.755	0.528	0.440	1.885	0.955	0.668	0.557
0.400	0.193	0.135	0.112	0.775	0.378	0.265	0.221	1.150	0.568	0.398	0.331	1.525	0.763	0.534	0.445	1.900	0.963	0.674	0.562
0.415	0.200	0.140	0.117	0.790	0.386	0.270	0.225	1.165	0.576	0.403	0.336	1.540	0.771	0.539	0.450	1.915	0.971	0.680	0.567
0.430	0.207	0.145	0.121	0.805	0.393	0.275	0.229	1.180	0.583	0.408	0.340	1.555	0.779	0.545	0.454	1.930	0.979	0.686	0.571
0.445	0.215	0.150	0.125	0.820	0.401	0.280	0.234	1.195	0.591	0.414	0.345	1.570	0.787	0.551	0.459	1.945	0.988	0.691	0.576
0.460	0.222	0.156	0.130	0.835	0.408	0.286	0.238	1.210	0.599	0.419	0.349	1.585	0.794	0.556	0.463	1.960	0.996	0.697	0.581
0.475	0.230	0.161	0.134	0.850	0.416	0.291	0.242	1.225	0.606	0.425	0.354	1.600	0.802	0.562	0.468	1.975	1.004	0.703	0.586
0.490	0.237	0.166	0.138	0.865	0.423	0.296	0.247	1.240	0.614	0.430	0.358	1.615	0.810	0.567	0.473	1.990	1.012	0.708	0.590
0.505	0.244	0.171	0.142	0.880	0.431	0.301	0.251	1.255	0.622	0.435	0.363	1.630	0.818	0.573	0.477	2.005	1.020	0.714	0.595
0.520	0.252	0.176	0.147	0.895	0.438	0.307	0.256	1.270	0.630	0.441	0.367	1.645	0.826	0.578	0.482	2.020	1.028	0.720	0.600
0.535	0.259	0.181	0.151	0.910	0.446	0.312	0.260	1.285	0.637	0.446	0.372	1.660	0.834	0.584	0.487	2.035	1.037	0.726	0.605
0.550	0.266	0.186	0.155	0.925	0.453	0.317	0.264	1.300	0.645	0.452	0.376	1.675	0.842	0.590	0.491	2.050	1.045	0.731	0.609
0.565	0.274	0.192	0.160	0.940	0.461	0.323	0.269	1.315	0.653	0.457	0.381	1.690	0.850	0.595	0.496	2.065	1.053	0.737	0.614
0.580	0.281	0.197	0.164	0.955	0.469	0.328	0.273	1.330	0.661	0.463	0.385	1.705	0.858	0.601	0.501	2.080	1.061	0.743	0.619

续表

钢筋 / A	HPB235	HRB335	HRB400 RRB400	钢筋 / A	HPB235	HRB335	HRB400 RRB400	钢筋 / A	HPB235	HRB335	HRB400 RRB400	钢筋 / A	HPB235	HRB335	HRB400 RRB400	钢筋 / A	HPB235	HRB335	HRB400 RRB400
2.095	1.070	0.749	0.624	2.470	1.279	0.895	0.746	2.845	1.495	1.047	0.872	3.220	1.719	1.203	1.003	3.595	1.951	1.366	1.138
2.110	1.078	0.754	0.629	2.485	1.288	0.901	0.751	2.860	1.504	1.053	0.877	3.235	1.728	1.210	1.008	3.610	1.961	1.373	1.144
2.125	1.086	0.760	0.634	2.500	1.296	0.907	0.756	2.875	1.513	1.059	0.883	3.250	1.737	1.216	1.013	3.625	1.970	1.379	1.149
2.140	1.094	0.766	0.638	2.515	1.305	0.913	0.761	2.890	1.522	1.065	0.888	3.265	1.747	1.223	1.019	3.640	1.980	1.386	1.155
2.155	1.103	0.772	0.643	2.530	1.313	0.919	0.766	2.905	1.531	1.071	0.893	3.280	1.756	1.229	1.024	3.655	1.989	1.393	1.160
2.170	1.111	0.778	0.648	2.545	1.322	0.925	0.771	2.920	1.539	1.078	0.898	3.295	1.765	1.235	1.030	3.670	1.999	1.399	1.166
2.185	1.119	0.783	0.653	2.560	1.330	0.931	0.776	2.935	1.548	1.084	0.903	3.310	1.774	1.242	1.035	3.685	2.008	1.406	1.172
2.200	1.128	0.789	0.658	2.575	1.339	0.937	0.781	2.950	1.557	1.090	0.908	3.325	1.783	1.248	1.040	3.700	2.018	1.413	1.177
2.215	1.136	0.795	0.663	2.590	1.347	0.943	0.786	2.965	1.566	1.096	0.914	3.340	1.792	1.255	1.046	3.715	2.028	1.419	1.183
2.230	1.144	0.801	0.667	2.605	1.356	0.949	0.791	2.980	1.575	1.103	0.919	3.355	1.802	1.261	1.051	3.730	2.037	1.426	1.188
2.245	1.153	0.807	0.672	2.620	1.365	0.955	0.796	2.995	1.584	1.109	0.924	3.370	1.811	1.268	1.056	3.745	2.047	1.433	1.194
2.260	1.161	0.813	0.677	2.635	1.373	0.961	0.801	3.010	1.593	1.115	0.929	3.385	1.820	1.274	1.062	3.760	2.056	1.439	1.200
2.275	1.169	0.819	0.682	2.650	1.382	0.967	0.806	3.025	1.602	1.121	0.934	3.400	1.829	1.281	1.067	3.775	2.066	1.446	1.205
2.290	1.178	0.824	0.687	2.665	1.391	0.973	0.811	3.040	1.611	1.128	0.940	3.415	1.839	1.287	1.073	3.790	2.076	1.453	1.211
2.305	1.186	0.830	0.692	2.680	1.399	0.980	0.816	3.055	1.620	1.134	0.945	3.430	1.848	1.294	1.078	3.805	2.085	1.460	1.216
2.320	1.194	0.836	0.697	2.695	1.408	0.986	0.821	3.070	1.629	1.140	0.950	3.445	1.857	1.300	1.083	3.820	2.095	1.467	1.222
2.335	1.203	0.842	0.702	2.710	1.417	0.992	0.826	3.085	1.638	1.146	0.955	3.460	1.867	1.307	1.089	3.835	2.105	1.473	1.228
2.350	1.211	0.848	0.707	2.725	1.425	0.998	0.831	3.100	1.647	1.153	0.961	3.475	1.876	1.313	1.094	3.850	2.114	1.480	1.233
2.365	1.220	0.854	0.712	2.740	1.434	1.004	0.837	3.115	1.656	1.159	0.966	3.490	1.885	1.320	1.100	3.865	2.124	1.487	1.239
2.380	1.228	0.860	0.716	2.755	1.443	1.010	0.842	3.130	1.665	1.165	0.971	3.505	1.895	1.326	1.105	3.880	2.134	1.494	1.245
2.395	1.237	0.866	0.721	2.770	1.452	1.016	0.847	3.145	1.674	1.172	0.976	3.520	1.904	1.333	1.111	3.895	2.144	1.501	1.250
2.410	1.245	0.872	0.726	2.785	1.460	1.022	0.852	3.160	1.683	1.178	0.982	3.535	1.914	1.339	1.116	3.910	2.153	1.507	1.256
2.425	1.254	0.877	0.731	2.800	1.469	1.028	0.857	3.175	1.692	1.184	0.987	3.550	1.923	1.346	1.122	3.925	2.163	1.514	1.262
2.440	1.262	0.883	0.736	2.815	1.478	1.034	0.862	3.190	1.701	1.191	0.992	3.565	1.932	1.353	1.127	3.940	2.173	1.521	1.268
2.455	1.271	0.889	0.741	2.830	1.487	1.041	0.867	3.205	1.710	1.197	0.998	3.580	1.942	1.359	1.133	3.955	2.183	1.528	1.273

续表

钢筋 A	HPB235	HRB335	HRB400 RRB400	钢筋 A	HPB235	HRB335	HRB400 RRB400	钢筋 A	HPB235	HRB335	HRB400 RRB400	钢筋 A	HPB235	HRB335	HRB400 RRB400	钢筋 A	HPB235	HRB335	HRB400 RRB400
3.970	2.193	1.535	1.279	4.345	2.445	1.711	1.426	4.720	2.709	1.896	1.580	5.095	2.987	2.091	1.743	5.470	3.282	2.297	1.915
3.985	2.203	1.542	1.285	4.360	2.455	1.719	1.432	4.735	2.720	1.904	1.587	5.110	2.999	2.099	1.749	5.485	3.294	2.306	1.922
4.000	2.213	1.549	1.291	4.375	2.466	1.726	1.438	4.750	2.731	1.912	1.593	5.125	3.010	2.107	1.756	5.500	3.306	2.314	1.929
4.015	2.222	1.556	1.296	4.390	2.476	1.733	1.444	4.765	2.742	1.919	1.599	5.140	3.022	2.115	1.763	5.515	3.319	2.323	1.936
4.030	2.232	1.563	1.302	4.405	2.486	1.740	1.450	4.780	2.753	1.927	1.606	5.155	3.033	2.123	1.769	5.530	3.331	2.332	1.943
4.045	2.242	1.570	1.308	4.420	2.497	1.748	1.456	4.795	2.764	1.934	1.612	5.170	3.045	2.131	1.776	5.545	3.343	2.340	1.950
4.060	2.252	1.577	1.314	4.435	2.507	1.755	1.462	4.810	2.774	1.942	1.618	5.185	3.056	2.139	1.783	5.560	3.356	2.349	1.957
4.075	2.262	1.584	1.320	4.450	2.518	1.762	1.469	4.825	2.785	1.950	1.625	5.200	3.068	2.148	1.790	5.575	3.368	2.358	1.965
4.090	2.272	1.591	1.325	4.465	2.528	1.770	1.475	4.840	2.796	1.958	1.631	5.215	3.080	2.156	1.796	5.590	3.380	2.366	1.972
4.105	2.282	1.598	1.331	4.480	2.538	1.777	1.481	4.855	2.807	1.965	1.638	5.230	3.091	2.164	1.803	5.605	3.393	2.375	1.979
4.120	2.292	1.605	1.337	4.495	2.549	1.784	1.487	4.870	2.819	1.973	1.644	5.245	3.103	2.172	1.810	5.620	3.405	2.384	1.986
4.135	2.302	1.612	1.343	4.510	2.560	1.792	1.493	4.885	2.830	1.981	1.651	5.260	3.115	2.180	1.817	5.635	3.418	2.392	1.994
4.150	2.312	1.619	1.349	4.525	2.570	1.799	1.499	4.900	2.841	1.988	1.657	5.275	3.127	2.189	1.824	5.650	3.430	2.401	2.001
4.165	2.322	1.626	1.355	4.540	2.581	1.806	1.505	4.915	2.852	1.996	1.664	5.290	3.138	2.197	1.831	5.665	3.443	2.410	2.008
4.180	2.333	1.633	1.361	4.555	2.591	1.814	1.512	4.930	2.863	2.004	1.670	5.305	3.150	2.205	1.838	5.680	3.456	2.419	2.016
4.195	2.343	1.640	1.367	4.570	2.602	1.821	1.518	4.945	2.874	2.012	1.677	5.320	3.162	2.213	1.844	5.695	3.468	2.428	2.023
4.210	2.353	1.647	1.372	4.585	2.612	1.829	1.524	4.960	2.885	2.020	1.683	5.335	3.174	2.222	1.851	5.710	3.481	2.437	2.030
4.225	2.363	1.654	1.378	4.600	2.623	1.836	1.530	4.975	2.897	2.028	1.690	5.350	3.186	2.230	1.858	5.725	3.494	2.446	2.038
4.240	2.373	1.661	1.384	4.615	2.634	1.844	1.536	4.990	2.908	2.035	1.696	5.365	3.198	2.238	1.865	5.740	3.506	2.454	2.045
4.255	2.383	1.668	1.390	4.630	2.644	1.851	1.543	5.005	2.919	2.043	1.703	5.380	3.210	2.247	1.872	5.755	3.519	2.463	2.053
4.270	2.394	1.675	1.396	4.645	2.655	1.859	1.549	5.020	2.930	2.051	1.709	5.395	3.222	2.255	1.879	5.770	3.532	2.472	2.060
4.285	2.404	1.683	1.402	4.660	2.666	1.866	1.555	5.035	2.942	2.059	1.716	5.410	3.234	2.264	1.886	5.785	3.545	2.481	2.068
4.300	2.414	1.690	1.408	4.675	2.677	1.874	1.561	5.050	2.953	2.067	1.723	5.425	3.246	2.272	1.893	5.800	3.558	2.490	2.075
4.315	2.424	1.697	1.414	4.690	2.687	1.881	1.568	5.065	2.964	2.075	1.729	5.440	3.258	2.280	1.900	5.815	3.571	2.499	2.083
4.330	2.435	1.704	1.420	4.705	2.698	1.889	1.574	5.080	2.976	2.083	1.736	5.455	3.270	2.289	1.907	5.830	3.584	2.509	2.090

续表

钢筋 / A	HPB235	HRB335	HRB400 RRB400	钢筋 / A	HPB235	HRB335	HRB400 RRB400	钢筋 / A	HPB235	HRB335	HRB400 RRB400	钢筋 / A	HPB235	HRB335	HRB400 RRB400	钢筋 / A	HPB235	HRB335	HRB400 RRB400
5.845	3.597	2.518	2.098	6.220	3.936	2.755	2.296	6.595	4.307	3.015		6.970	4.719						
5.860	3.610	2.527	2.106	6.235	3.950	2.765	2.304	6.610	4.322	3.026		6.985	4.737						
5.875	3.623	2.536	2.113	6.250	3.964	2.775	2.313	6.625	4.338	3.037		7.000	4.755						
5.890	3.636	2.545	2.121	6.265	3.979	2.785	2.321	6.640	4.354	3.048		7.015	4.773						
5.905	3.649	2.554	2.129	6.280	3.993	2.795	2.329	6.655	4.369	3.059		7.030	4.791						
5.920	3.662	2.564	2.136	6.295	4.007	2.805	2.338	6.670	4.385			7.045	4.809						
5.935	3.676	2.573	2.144	6.310	4.022	2.815	2.346	6.685	4.401			7.060	4.827						
5.950	3.689	2.582	2.152	6.325	4.036	2.825	2.354	6.700	4.417			7.075	4.845						
5.965	3.702	2.592	2.160	6.340	4.051	2.835	2.363	6.715	4.433			7.090	4.863						
5.980	3.716	2.601	2.167	6.355	4.065	2.846	2.371	6.730	4.450			7.105	4.882						
5.995	3.729	2.610	2.175	6.370	4.080	2.856	2.380	6.745	4.466										
6.010	3.743	2.620	2.183	6.385	4.095	2.866	2.389	6.760	4.482										
6.025	3.756	2.629	2.191	6.400	4.109	2.877	2.397	6.775	4.499										
6.040	3.770	2.639	2.199	6.415	4.124	2.887		6.790	4.515										
6.055	3.783	2.648	2.207	6.430	4.139	2.897		6.805	4.532										
6.070	3.797	2.658	2.215	6.445	4.154	2.908		6.820	4.548										
6.085	3.811	2.667	2.223	6.460	4.169	2.918		6.835	4.565										
6.100	3.824	2.677	2.231	6.475	4.184	2.929		6.850	4.582										
6.115	3.838	2.687	2.239	6.490	4.199	2.939		6.865	4.599										
6.130	3.852	2.696	2.247	6.505	4.214	2.950		6.880	4.616										
6.145	3.866	2.706	2.255	6.520	4.229	2.961		6.895	4.633										
6.160	3.880	2.716	2.263	6.535	4.245	2.971		6.910	4.650										
6.175	3.894	2.726	2.271	6.550	4.260	2.982		6.925	4.667										
6.190	3.908	2.735	2.280	6.565	4.276	2.993		6.940	4.685										
6.205	3.922	2.745	2.288	6.580	4.291	3.004		6.955	4.702										

矩形和T形截面受弯构件承载力计算用的 A-ρ（%）表　　C40　　表 2-2-7

钢筋 / A	HPB235	HRB335	HRB400 RRB400	钢筋 / A	HPB235	HRB335	HRB400 RRB400	钢筋 / A	HPB235	HRB335	HRB400 RRB400	钢筋 / A	HPB235	HRB335	HRB400 RRB400	钢筋 / A	HPB235	HRB335	HRB400 RRB400
0.220	0.105			0.595	0.288	0.202	0.168	0.970	0.474	0.332	0.277	1.345	0.665	0.465	0.388	1.720	0.860	0.602	0.501
0.235	0.113			0.610	0.295	0.207	0.172	0.985	0.482	0.337	0.281	1.360	0.672	0.471	0.392	1.735	0.868	0.607	0.506
0.250	0.120			0.625	0.303	0.212	0.177	1.000	0.489	0.343	0.285	1.375	0.680	0.476	0.397	1.750	0.875	0.613	0.511
0.265	0.127			0.640	0.310	0.217	0.181	1.015	0.497	0.348	0.290	1.390	0.688	0.482	0.401	1.765	0.883	0.618	0.515
0.280	0.134			0.655	0.317	0.222	0.185	1.030	0.504	0.353	0.294	1.405	0.696	0.487	0.406	1.780	0.891	0.624	0.520
0.295	0.142	0.099		0.670	0.325	0.227	0.189	1.045	0.512	0.358	0.299	1.420	0.703	0.492	0.410	1.795	0.899	0.629	0.525
0.310	0.149	0.104		0.685	0.332	0.233	0.194	1.060	0.520	0.364	0.303	1.435	0.711	0.498	0.415	1.810	0.907	0.635	0.529
0.325	0.156	0.109		0.700	0.340	0.238	0.198	1.075	0.527	0.369	0.308	1.450	0.719	0.503	0.419	1.825	0.915	0.641	0.534
0.340	0.163	0.114		0.715	0.347	0.243	0.202	1.090	0.535	0.374	0.312	1.465	0.727	0.509	0.424	1.840	0.923	0.646	0.538
0.355	0.171	0.119	0.100	0.730	0.355	0.248	0.207	1.105	0.542	0.380	0.316	1.480	0.734	0.514	0.428	1.855	0.931	0.652	0.543
0.370	0.178	0.125	0.104	0.745	0.362	0.253	0.211	1.120	0.550	0.385	0.321	1.495	0.742	0.520	0.433	1.870	0.939	0.657	0.548
0.385	0.185	0.130	0.108	0.760	0.369	0.259	0.215	1.135	0.558	0.390	0.325	1.510	0.750	0.525	0.437	1.885	0.947	0.663	0.552
0.400	0.193	0.135	0.112	0.775	0.377	0.264	0.220	1.150	0.565	0.396	0.330	1.525	0.758	0.530	0.442	1.900	0.955	0.668	0.557
0.415	0.200	0.140	0.117	0.790	0.384	0.269	0.224	1.165	0.573	0.401	0.334	1.540	0.766	0.536	0.447	1.915	0.963	0.674	0.562
0.430	0.207	0.145	0.121	0.805	0.392	0.274	0.229	1.180	0.580	0.406	0.339	1.555	0.773	0.541	0.451	1.930	0.971	0.680	0.566
0.445	0.214	0.150	0.125	0.820	0.399	0.279	0.233	1.195	0.588	0.412	0.343	1.570	0.781	0.547	0.456	1.945	0.979	0.685	0.571
0.460	0.222	0.155	0.129	0.835	0.407	0.285	0.237	1.210	0.596	0.417	0.347	1.585	0.789	0.552	0.460	1.960	0.987	0.691	0.576
0.475	0.229	0.160	0.134	0.850	0.414	0.290	0.242	1.225	0.603	0.422	0.352	1.600	0.797	0.558	0.465	1.975	0.995	0.696	0.580
0.490	0.236	0.165	0.138	0.865	0.422	0.295	0.246	1.240	0.611	0.428	0.356	1.615	0.805	0.563	0.469	1.990	1.003	0.702	0.585
0.505	0.244	0.171	0.142	0.880	0.429	0.300	0.250	1.255	0.619	0.433	0.361	1.630	0.812	0.569	0.474	2.005	1.011	0.708	0.590
0.520	0.251	0.176	0.146	0.895	0.437	0.306	0.255	1.270	0.626	0.438	0.365	1.645	0.820	0.574	0.479	2.020	1.019	0.713	0.594
0.535	0.258	0.181	0.151	0.910	0.444	0.311	0.259	1.285	0.634	0.444	0.370	1.660	0.828	0.580	0.483	2.035	1.027	0.719	0.599
0.550	0.266	0.186	0.155	0.925	0.452	0.316	0.263	1.300	0.642	0.449	0.374	1.675	0.836	0.585	0.488	2.050	1.035	0.725	0.604
0.565	0.273	0.191	0.159	0.940	0.459	0.321	0.268	1.315	0.649	0.455	0.379	1.690	0.844	0.591	0.492	2.065	1.043	0.730	0.609
0.580	0.281	0.196	0.164	0.955	0.467	0.327	0.272	1.330	0.657	0.460	0.383	1.705	0.852	0.596	0.497	2.080	1.051	0.736	0.613

续表

钢筋 / A	HPB235	HRB335	HRB400 RRB400	钢筋 / A	HPB235	HRB335	HRB400 RRB400	钢筋 / A	HPB235	HRB335	HRB400 RRB400	钢筋 / A	HPB235	HRB335	HRB400 RRB400	钢筋 / A	HPB235	HRB335	HRB400 RRB400
2.095	1.059	0.742	0.618	2.470	1.264	0.885	0.737	2.845	1.474	1.032	0.860	3.220	1.690	1.183	0.986	3.595	1.913	1.339	1.116
2.110	1.067	0.747	0.623	2.485	1.272	0.891	0.742	2.860	1.483	1.038	0.865	3.235	1.699	1.189	0.991	3.610	1.922	1.346	1.121
2.125	1.075	0.753	0.627	2.500	1.281	0.896	0.747	2.875	1.491	1.044	0.870	3.250	1.708	1.196	0.996	3.625	1.931	1.352	1.127
2.140	1.084	0.759	0.632	2.515	1.289	0.902	0.752	2.890	1.500	1.050	0.875	3.265	1.717	1.202	1.001	3.640	1.940	1.358	1.132
2.155	1.092	0.764	0.637	2.530	1.297	0.908	0.757	2.905	1.508	1.056	0.880	3.280	1.726	1.208	1.007	3.655	1.949	1.365	1.137
2.170	1.100	0.770	0.642	2.545	1.306	0.914	0.762	2.920	1.517	1.062	0.885	3.295	1.734	1.214	1.012	3.670	1.958	1.371	1.142
2.185	1.108	0.776	0.646	2.560	1.314	0.920	0.766	2.935	1.526	1.068	0.890	3.310	1.743	1.220	1.017	3.685	1.968	1.377	1.148
2.200	1.116	0.781	0.651	2.575	1.322	0.926	0.771	2.950	1.534	1.074	0.895	3.325	1.752	1.226	1.022	3.700	1.977	1.384	1.153
2.215	1.124	0.787	0.656	2.590	1.331	0.931	0.776	2.965	1.543	1.080	0.900	3.340	1.761	1.233	1.027	3.715	1.986	1.390	1.158
2.230	1.132	0.793	0.661	2.605	1.339	0.937	0.781	2.980	1.551	1.086	0.905	3.355	1.770	1.239	1.032	3.730	1.995	1.396	1.164
2.245	1.141	0.798	0.665	2.620	1.347	0.943	0.786	2.995	1.560	1.092	0.910	3.370	1.779	1.245	1.038	3.745	2.004	1.403	1.169
2.260	1.149	0.804	0.670	2.635	1.356	0.949	0.791	3.010	1.569	1.098	0.915	3.385	1.788	1.251	1.043	3.760	2.013	1.409	1.174
2.275	1.157	0.810	0.675	2.650	1.364	0.955	0.796	3.025	1.577	1.104	0.920	3.400	1.796	1.258	1.048	3.775	2.022	1.416	1.180
2.290	1.165	0.816	0.680	2.665	1.373	0.961	0.801	3.040	1.586	1.110	0.925	3.415	1.805	1.264	1.053	3.790	2.032	1.422	1.185
2.305	1.173	0.821	0.684	2.680	1.381	0.967	0.806	3.055	1.595	1.116	0.930	3.430	1.814	1.270	1.058	3.805	2.041	1.429	1.191
2.320	1.182	0.827	0.689	2.695	1.389	0.973	0.811	3.070	1.603	1.122	0.935	3.445	1.823	1.276	1.064	3.820	2.050	1.435	1.196
2.335	1.190	0.833	0.694	2.710	1.398	0.979	0.815	3.085	1.612	1.128	0.940	3.460	1.832	1.283	1.069	3.835	2.059	1.442	1.201
2.350	1.198	0.839	0.699	2.725	1.406	0.984	0.820	3.100	1.621	1.134	0.945	3.475	1.841	1.289	1.074	3.850	2.069	1.448	1.207
2.365	1.206	0.844	0.704	2.740	1.415	0.990	0.825	3.115	1.629	1.140	0.950	3.490	1.850	1.295	1.079	3.865	2.078	1.454	1.212
2.380	1.214	0.850	0.708	2.755	1.423	0.996	0.830	3.130	1.638	1.147	0.955	3.505	1.859	1.301	1.084	3.880	2.087	1.461	1.217
2.395	1.223	0.856	0.713	2.770	1.432	1.002	0.835	3.145	1.647	1.153	0.961	3.520	1.868	1.308	1.090	3.895	2.096	1.467	1.223
2.410	1.231	0.862	0.718	2.785	1.440	1.008	0.840	3.160	1.655	1.159	0.966	3.535	1.877	1.314	1.095	3.910	2.106	1.474	1.228
2.425	1.239	0.867	0.723	2.800	1.449	1.014	0.845	3.175	1.664	1.165	0.971	3.550	1.886	1.320	1.100	3.925	2.115	1.480	1.234
2.440	1.247	0.873	0.728	2.815	1.457	1.020	0.850	3.190	1.673	1.171	0.976	3.565	1.895	1.327	1.105	3.940	2.124	1.487	1.239
2.455	1.256	0.879	0.733	2.830	1.466	1.026	0.855	3.205	1.682	1.177	0.981	3.580	1.904	1.333	1.111	3.955	2.134	1.494	1.245

续表

钢筋 / A	HPB235	HRB335	HRB400 RRB400	钢筋 / A	HPB235	HRB335	HRB400 RRB400	钢筋 / A	HPB235	HRB335	HRB400 RRB400	钢筋 / A	HPB235	HRB335	HRB400 RRB400	钢筋 / A	HPB235	HRB335	HRB400 RRB400
3.970	2.143	1.500	1.250	4.345	2.381	1.666	1.389	4.720	2.627	1.839	1.532	5.095	2.883	2.018	1.682	5.470	3.150	2.205	1.838
3.985	2.152	1.507	1.255	4.360	2.390	1.673	1.394	4.735	2.637	1.846	1.538	5.110	2.894	2.026	1.688	5.485	3.161	2.213	1.844
4.000	2.162	1.513	1.261	4.375	2.400	1.680	1.400	4.750	2.647	1.853	1.544	5.125	2.904	2.033	1.694	5.500	3.172	2.221	1.850
4.015	2.171	1.520	1.266	4.390	2.410	1.687	1.406	4.765	2.657	1.860	1.550	5.140	2.915	2.040	1.700	5.515	3.183	2.228	1.857
4.030	2.180	1.526	1.272	4.405	2.419	1.694	1.411	4.780	2.667	1.867	1.556	5.155	2.925	2.048	1.706	5.530	3.194	2.236	1.863
4.045	2.190	1.533	1.277	4.420	2.429	1.700	1.417	4.795	2.677	1.874	1.562	5.170	2.936	2.055	1.712	5.545	3.205	2.244	1.870
4.060	2.199	1.539	1.283	4.435	2.439	1.707	1.423	4.810	2.688	1.881	1.568	5.185	2.946	2.062	1.719	5.560	3.216	2.251	1.876
4.075	2.209	1.546	1.288	4.450	2.449	1.714	1.428	4.825	2.698	1.888	1.574	5.200	2.957	2.070	1.725	5.575	3.227	2.259	1.883
4.090	2.218	1.553	1.294	4.465	2.458	1.721	1.434	4.840	2.708	1.896	1.580	5.215	2.967	2.077	1.731	5.590	3.238	2.267	1.889
4.105	2.228	1.559	1.299	4.480	2.468	1.728	1.440	4.855	2.718	1.903	1.586	5.230	2.978	2.085	1.737	5.605	3.250	2.275	1.896
4.120	2.237	1.566	1.305	4.495	2.478	1.735	1.446	4.870	2.728	1.910	1.591	5.245	2.989	2.092	1.743	5.620	3.261	2.282	1.902
4.135	2.246	1.573	1.310	4.510	2.488	1.742	1.451	4.885	2.738	1.917	1.597	5.260	2.999	2.100	1.750	5.635	3.272	2.290	1.909
4.150	2.256	1.579	1.316	4.525	2.498	1.748	1.457	4.900	2.749	1.924	1.603	5.275	3.010	2.107	1.756	5.650	3.283	2.298	1.915
4.165	2.265	1.586	1.322	4.540	2.508	1.755	1.463	4.915	2.759	1.931	1.609	5.290	3.021	2.114	1.762	5.665	3.294	2.306	1.922
4.180	2.275	1.593	1.327	4.555	2.517	1.762	1.469	4.930	2.769	1.938	1.615	5.305	3.031	2.122	1.768	5.680	3.305	2.314	1.928
4.195	2.285	1.599	1.333	4.570	2.527	1.769	1.474	4.945	2.779	1.946	1.621	5.320	3.042	2.129	1.775	5.695	3.317	2.322	1.935
4.210	2.294	1.606	1.338	4.585	2.537	1.776	1.480	4.960	2.790	1.953	1.627	5.335	3.053	2.137	1.781	5.710	3.328	2.330	1.941
4.225	2.304	1.613	1.344	4.600	2.547	1.783	1.486	4.975	2.800	1.960	1.633	5.350	3.064	2.145	1.787	5.725	3.339	2.337	1.948
4.240	2.313	1.619	1.349	4.615	2.557	1.790	1.492	4.990	2.810	1.967	1.639	5.365	3.074	2.152	1.793	5.740	3.350	2.345	1.954
4.255	2.323	1.626	1.355	4.630	2.567	1.797	1.497	5.005	2.821	1.975	1.645	5.380	3.085	2.160	1.800	5.755	3.362	2.353	1.961
4.270	2.332	1.633	1.361	4.645	2.577	1.804	1.503	5.020	2.831	1.982	1.651	5.395	3.096	2.167	1.806	5.770	3.373	2.361	1.968
4.285	2.342	1.639	1.366	4.660	2.587	1.811	1.509	5.035	2.841	1.989	1.658	5.410	3.107	2.175	1.812	5.785	3.384	2.369	1.974
4.300	2.352	1.646	1.372	4.675	2.597	1.818	1.515	5.050	2.852	1.996	1.664	5.425	3.118	2.182	1.819	5.800	3.396	2.377	1.981
4.315	2.361	1.653	1.377	4.690	2.607	1.825	1.521	5.065	2.862	2.004	1.670	5.440	3.129	2.190	1.825	5.815	3.407	2.385	1.988
4.330	2.371	1.660	1.383	4.705	2.617	1.832	1.527	5.080	2.873	2.011	1.676	5.455	3.139	2.198	1.831	5.830	3.419	2.393	1.994

续表

钢筋 / A	HPB235	HRB335	HRB400 RRB400	钢筋 / A	HPB235	HRB335	HRB400 RRB400	钢筋 / A	HPB235	HRB335	HRB400 RRB400	钢筋 / A	HPB235	HRB335	HRB400 RRB400	钢筋 / A	HPB235	HRB335	HRB400 RRB400
5.845	3.430	2.401	2.001	6.220	3.724	2.607	2.173	6.595	4.036	2.825	2.354	6.970	4.368	3.057	2.548	7.345	4.725	3.307	
5.860	3.442	2.409	2.008	6.235	3.737	2.616	2.180	6.610	4.049	2.834	2.362	6.985	4.382	3.067	2.556	7.360	4.740	3.318	
5.875	3.453	2.417	2.014	6.250	3.749	2.624	2.187	6.625	4.062	2.843	2.369	7.000	4.395	3.077	2.564	7.375	4.755	3.328	
5.890	3.465	2.425	2.021	6.265	3.761	2.633	2.194	6.640	4.075	2.852	2.377	7.015	4.409	3.086	2.572	7.390	4.770	3.339	
5.905	3.476	2.433	2.028	6.280	3.773	2.641	2.201	6.655	4.088	2.861	2.384	7.030	4.423	3.096	2.580	7.405	4.785	3.349	
5.920	3.488	2.441	2.035	6.295	3.785	2.650	2.208	6.670	4.101	2.870	2.392	7.045	4.437	3.106	2.588	7.420	4.800	3.360	
5.935	3.499	2.450	2.041	6.310	3.798	2.658	2.215	6.685	4.114	2.879	2.400	7.060	4.451	3.116	2.596	7.435	4.815	3.370	
5.950	3.511	2.458	2.048	6.325	3.810	2.667	2.222	6.700	4.127	2.889	2.407	7.075	4.465	3.126	2.605	7.450	4.830	3.381	
5.965	3.523	2.466	2.055	6.340	3.822	2.676	2.230	6.715	4.140	2.898	2.415	7.090	4.479	3.135	2.613	7.465	4.845	3.392	
5.980	3.534	2.474	2.062	6.355	3.834	2.684	2.237	6.730	4.153	2.907	2.422	7.105	4.493	3.145	2.621	7.480	4.861	3.403	
5.995	3.546	2.482	2.069	6.370	3.847	2.693	2.244	6.745	4.166	2.916	2.430	7.120	4.507	3.155	2.629	7.495	4.876	3.413	
6.010	3.558	2.490	2.075	6.385	3.859	2.701	2.251	6.760	4.179	2.925	2.438	7.135	4.521	3.165	2.638	7.510	4.892	3.424	
6.025	3.569	2.499	2.082	6.400	3.872	2.710	2.258	6.775	4.192	2.935	2.446	7.150	4.536	3.175	2.646	7.525	4.907	3.435	
6.040	3.581	2.507	2.089	6.415	3.884	2.719	2.266	6.790	4.206	2.944	2.453	7.165	4.550	3.185	2.654	7.540	4.923	3.446	
6.055	3.593	2.515	2.096	6.430	3.897	2.728	2.273	6.805	4.219	2.953	2.461	7.180	4.564	3.195	2.663	7.555	4.938	3.457	
6.070	3.605	2.523	2.103	6.445	3.909	2.736	2.280	6.820	4.232	2.963	2.469	7.195	4.579	3.205	2.671	7.570	4.954	3.468	
6.085	3.617	2.532	2.110	6.460	3.922	2.745	2.288	6.835	4.246	2.972	2.477	7.210	4.593	3.215	2.679	7.585	4.970	3.479	
6.100	3.629	2.540	2.117	6.475	3.934	2.754	2.295	6.850	4.259	2.981	2.484	7.225	4.608	3.225	2.688	7.600	4.985	3.490	
6.115	3.640	2.548	2.124	6.490	3.947	2.763	2.302	6.865	4.273	2.991	2.492	7.240	4.622	3.235	2.696	7.615	5.001	3.501	
6.130	3.652	2.557	2.131	6.505	3.959	2.772	2.310	6.880	4.286	3.000	2.500	7.255	4.637	3.246	2.705	7.630	5.017		
6.145	3.664	2.565	2.138	6.520	3.972	2.780	2.317	6.895	4.300	3.010	2.508	7.270	4.651	3.256	2.713	7.645	5.033		
6.160	3.676	2.573	2.145	6.535	3.985	2.789	2.324	6.910	4.313	3.019	2.516	7.285	4.666	3.266	2.722	7.660	5.049		
6.175	3.688	2.582	2.152	6.550	3.998	2.798	2.332	6.925	4.327	3.029	2.524	7.300	4.680	3.276	2.730	7.675	5.065		
6.190	3.700	2.590	2.159	6.565	4.010	2.807	2.339	6.940	4.340	3.038	2.532	7.315	4.695	3.287	2.739	7.690	5.081		
6.205	3.712	2.599	2.166	6.580	4.023	2.816	2.347	6.955	4.354	3.048	2.540	7.330	4.710	3.297	2.748	7.705	5.098		

矩形和 T 形截面受弯构件承载力计算用的 A-ρ（%）表　　C45　　表 2-2-8

钢筋 / A	HRB335	HRB400 RRB400	钢筋 / A	HRB335	HRB400 RRB400	钢筋 / A	HRB335	HRB400 RRB400	钢筋 / A	HRB335	HRB400 RRB400	钢筋 / A	HRB335	HRB400 RRB400	钢筋 / A	HRB335	HRB400 RRB400	钢筋 / A	HRB335	HRB400 RRB400
0.295	0.099		0.670	0.227	0.189	1.045	0.357	0.298	1.420	0.490	0.409	1.795	0.626	0.522	2.170	0.765	0.637	2.545	0.907	0.756
0.310	0.104		0.685	0.232	0.193	1.060	0.363	0.302	1.435	0.496	0.413	1.810	0.632	0.526	2.185	0.771	0.642	2.560	0.913	0.760
0.325	0.109		0.700	0.237	0.198	1.075	0.368	0.307	1.450	0.501	0.418	1.825	0.637	0.531	2.200	0.776	0.647	2.575	0.918	0.765
0.340	0.114		0.715	0.243	0.202	1.090	0.373	0.311	1.465	0.507	0.422	1.840	0.643	0.536	2.215	0.782	0.651	2.590	0.924	0.770
0.355	0.119	0.099	0.730	0.248	0.206	1.105	0.379	0.315	1.480	0.512	0.427	1.855	0.648	0.540	2.230	0.787	0.656	2.605	0.930	0.775
0.370	0.124	0.104	0.745	0.253	0.211	1.120	0.384	0.320	1.495	0.517	0.431	1.870	0.654	0.545	2.245	0.793	0.661	2.620	0.936	0.780
0.385	0.130	0.108	0.760	0.258	0.215	1.135	0.389	0.324	1.510	0.523	0.436	1.885	0.659	0.549	2.260	0.799	0.666	2.635	0.941	0.784
0.400	0.135	0.112	0.775	0.263	0.219	1.150	0.394	0.329	1.525	0.528	0.440	1.900	0.665	0.554	2.275	0.804	0.670	2.650	0.947	0.789
0.415	0.140	0.116	0.790	0.268	0.224	1.165	0.400	0.333	1.540	0.534	0.445	1.915	0.670	0.559	2.290	0.810	0.675	2.665	0.953	0.794
0.430	0.145	0.121	0.805	0.274	0.228	1.180	0.405	0.337	1.555	0.539	0.449	1.930	0.676	0.563	2.305	0.816	0.680	2.680	0.959	0.799
0.445	0.150	0.125	0.820	0.279	0.232	1.195	0.410	0.342	1.570	0.544	0.454	1.945	0.681	0.568	2.320	0.821	0.684	2.695	0.964	0.804
0.460	0.155	0.129	0.835	0.284	0.237	1.210	0.416	0.346	1.585	0.550	0.458	1.960	0.687	0.572	2.335	0.827	0.689	2.710	0.970	0.809
0.475	0.160	0.133	0.850	0.289	0.241	1.225	0.421	0.351	1.600	0.555	0.463	1.975	0.692	0.577	2.350	0.833	0.694	2.725	0.976	0.813
0.490	0.165	0.138	0.865	0.294	0.245	1.240	0.426	0.355	1.615	0.561	0.467	1.990	0.698	0.582	2.365	0.838	0.699	2.740	0.982	0.818
0.505	0.170	0.142	0.880	0.300	0.250	1.255	0.432	0.360	1.630	0.566	0.472	2.005	0.704	0.586	2.380	0.844	0.703	2.755	0.988	0.823
0.520	0.176	0.146	0.895	0.305	0.254	1.270	0.437	0.364	1.645	0.572	0.476	2.020	0.709	0.591	2.395	0.850	0.708	2.770	0.994	0.828
0.535	0.181	0.151	0.910	0.310	0.258	1.285	0.442	0.369	1.660	0.577	0.481	2.035	0.715	0.596	2.410	0.855	0.713	2.785	0.999	0.833
0.550	0.186	0.155	0.925	0.315	0.263	1.300	0.448	0.373	1.675	0.582	0.485	2.050	0.720	0.600	2.425	0.861	0.718	2.800	1.005	0.838
0.565	0.191	0.159	0.940	0.321	0.267	1.315	0.453	0.377	1.690	0.588	0.490	2.065	0.726	0.605	2.440	0.867	0.722	2.815	1.011	0.842
0.580	0.196	0.163	0.955	0.326	0.272	1.330	0.458	0.382	1.705	0.593	0.494	2.080	0.731	0.609	2.455	0.872	0.727	2.830	1.017	0.847
0.595	0.201	0.168	0.970	0.331	0.276	1.345	0.464	0.386	1.720	0.599	0.499	2.095	0.737	0.614	2.470	0.878	0.732	2.845	1.023	0.852
0.610	0.206	0.172	0.985	0.336	0.280	1.360	0.469	0.391	1.735	0.604	0.504	2.110	0.743	0.619	2.485	0.884	0.737	2.860	1.029	0.857
0.625	0.212	0.176	1.000	0.342	0.285	1.375	0.474	0.395	1.750	0.610	0.508	2.125	0.748	0.623	2.500	0.890	0.741	2.875	1.034	0.862
0.640	0.217	0.181	1.015	0.347	0.289	1.390	0.480	0.400	1.765	0.615	0.513	2.140	0.754	0.628	2.515	0.895	0.746	2.890	1.040	0.867
0.655	0.222	0.185	1.030	0.352	0.293	1.405	0.485	0.404	1.780	0.621	0.517	2.155	0.759	0.633	2.530	0.901	0.751	2.905	1.046	0.872

续表

钢筋 / A	HRB335	HRB400 RRB400	钢筋 / A	HRB335	HRB400 RRB400	钢筋 / A	HRB335	HRB400 RRB400	钢筋 / A	HRB335	HRB400 RRB400	钢筋 / A	HRB335	HRB400 RRB400	钢筋 / A	HRB335	HRB400 RRB400	钢筋 / A	HRB335	HRB400 RRB400
2.920	1.052	0.877	3.295	1.201	1.001	3.670	1.354	1.128	4.045	1.511	1.259	4.420	1.672	1.393	4.795	1.839	1.532	5.170	2.011	1.676
2.935	1.058	0.882	3.310	1.207	1.006	3.685	1.360	1.133	4.060	1.517	1.264	4.435	1.679	1.399	4.810	1.845	1.538	5.185	2.018	1.681
2.950	1.064	0.886	3.325	1.213	1.011	3.700	1.366	1.138	4.075	1.523	1.269	4.450	1.685	1.404	4.825	1.852	1.544	5.200	2.025	1.687
2.965	1.070	0.891	3.340	1.219	1.016	3.715	1.372	1.143	4.090	1.530	1.275	4.465	1.692	1.410	4.840	1.859	1.549	5.215	2.032	1.693
2.980	1.076	0.896	3.355	1.225	1.021	3.730	1.378	1.149	4.105	1.536	1.280	4.480	1.698	1.415	4.855	1.866	1.555	5.230	2.039	1.699
2.995	1.081	0.901	3.370	1.231	1.026	3.745	1.385	1.154	4.120	1.542	1.285	4.495	1.705	1.421	4.870	1.873	1.561	5.245	2.046	1.705
3.010	1.087	0.906	3.385	1.237	1.031	3.760	1.391	1.159	4.135	1.549	1.291	4.510	1.712	1.426	4.885	1.879	1.566	5.260	2.053	1.711
3.025	1.093	0.911	3.400	1.243	1.036	3.775	1.397	1.164	4.150	1.555	1.296	4.525	1.718	1.432	4.900	1.886	1.572	5.275	2.060	1.717
3.040	1.099	0.916	3.415	1.249	1.041	3.790	1.403	1.169	4.165	1.562	1.301	4.540	1.725	1.437	4.915	1.893	1.578	5.290	2.067	1.723
3.055	1.105	0.921	3.430	1.255	1.046	3.805	1.410	1.175	4.180	1.568	1.307	4.555	1.731	1.443	4.930	1.900	1.583	5.305	2.074	1.728
3.070	1.111	0.926	3.445	1.261	1.051	3.820	1.416	1.180	4.195	1.575	1.312	4.570	1.738	1.448	4.945	1.907	1.589	5.320	2.081	1.734
3.085	1.117	0.931	3.460	1.268	1.056	3.835	1.422	1.185	4.210	1.581	1.318	4.585	1.745	1.454	4.960	1.914	1.595	5.335	2.088	1.740
3.100	1.123	0.936	3.475	1.274	1.061	3.850	1.428	1.190	4.225	1.587	1.323	4.600	1.751	1.459	4.975	1.921	1.600	5.350	2.095	1.746
3.115	1.129	0.941	3.490	1.280	1.066	3.865	1.435	1.196	4.240	1.594	1.328	4.615	1.758	1.465	4.990	1.927	1.606	5.365	2.103	1.752
3.130	1.135	0.946	3.505	1.286	1.072	3.880	1.441	1.201	4.255	1.600	1.334	4.630	1.765	1.471	5.005	1.934	1.612	5.380	2.110	1.758
3.145	1.141	0.951	3.520	1.292	1.077	3.895	1.447	1.206	4.270	1.607	1.339	4.645	1.771	1.476	5.020	1.941	1.618	5.395	2.117	1.764
3.160	1.147	0.956	3.535	1.298	1.082	3.910	1.454	1.211	4.285	1.613	1.344	4.660	1.778	1.482	5.035	1.948	1.623	5.410	2.124	1.770
3.175	1.153	0.961	3.550	1.304	1.087	3.925	1.460	1.217	4.300	1.620	1.350	4.675	1.785	1.487	5.050	1.955	1.629	5.425	2.131	1.776
3.190	1.159	0.966	3.565	1.310	1.092	3.940	1.466	1.222	4.315	1.626	1.355	4.690	1.791	1.493	5.065	1.962	1.635	5.440	2.138	1.782
3.205	1.165	0.971	3.580	1.317	1.097	3.955	1.472	1.227	4.330	1.633	1.361	4.705	1.798	1.499	5.080	1.969	1.641	5.455	2.146	1.788
3.220	1.171	0.976	3.595	1.323	1.102	3.970	1.479	1.232	4.345	1.639	1.366	4.720	1.805	1.504	5.095	1.976	1.647	5.470	2.153	1.794
3.235	1.777	0.981	3.610	1.329	1.107	3.985	1.485	1.238	4.360	1.646	1.372	4.735	1.812	1.510	5.110	1.983	1.652	5.485	2.160	1.800
3.250	1.183	0.986	3.625	1.335	1.113	4.000	1.491	1.243	4.375	1.652	1.377	4.750	1.818	1.515	5.125	1.990	1.658	5.500	2.167	1.806
3.265	1.189	0.991	3.640	1.341	1.118	4.015	1.498	1.248	4.390	1.659	1.382	4.765	1.825	1.521	5.140	1.997	1.664	5.515	2.174	1.812
3.280	1.195	0.996	3.655	1.347	1.123	4.030	1.504	1.253	4.405	1.666	1.388	4.780	1.832	1.527	5.155	2.004	1.670	5.530	2.182	1.818

续表

钢筋 / A	HRB335	HRB400 RRB400	钢筋 / A	HRB335	HRB400 RRB400	钢筋 / A	HRB335	HRB400 RRB400	钢筋 / A	HRB335	HRB400 RRB400	钢筋 / A	HRB335	HRB400 RRB400	钢筋 / A	HRB335	HRB400 RRB400	钢筋 / A	HRB335	HRB400 RRB400
5.545	2.189	1.824	5.920	2.374	1.978	6.295	2.567	2.139	6.670	2.768	2.307	7.045	2.979	2.483	7.420	3.202	2.669	7.795	3.439	2.866
5.560	2.196	1.830	5.935	2.382	1.985	6.310	2.575	2.145	6.685	2.776	2.314	7.060	2.988	2.490	7.435	3.212	2.676	7.810	3.449	2.874
5.575	2.204	1.836	5.950	2.389	1.991	6.325	2.582	2.152	6.700	2.785	2.320	7.075	2.997	2.497	7.450	3.221	2.684	7.825	3.459	2.882
5.590	2.211	1.842	5.965	2.397	1.997	6.340	2.590	2.159	6.715	2.793	2.327	7.090	3.005	2.505	7.465	3.230	2.692	7.840	3.469	2.891
5.605	2.218	1.848	5.980	2.404	2.004	6.355	2.598	2.165	6.730	2.801	2.334	7.105	3.014	2.512	7.480	3.239	2.699	7.855	3.479	2.899
5.620	2.225	1.854	5.995	2.412	2.010	6.370	2.606	2.172	6.745	2.809	2.341	7.120	3.023	2.519	7.495	3.249	2.707	7.870	3.488	2.907
5.635	2.233	1.861	6.010	2.419	2.016	6.385	2.614	2.178	6.760	2.818	2.348	7.135	3.032	2.526	7.510	3.258	2.715	7.885	3.498	2.915
5.650	2.240	1.867	6.025	2.427	2.023	6.400	2.622	2.185	6.775	2.826	2.355	7.150	3.041	2.534	7.525	3.267	2.723	7.900	3.508	2.924
5.665	2.247	1.873	6.040	2.435	2.029	6.415	2.630	2.192	6.790	2.834	2.362	7.165	3.049	2.541	7.540	3.277	2.730	7.915	3.518	2.932
5.680	2.255	1.879	6.055	2.442	2.035	6.430	2.638	2.198	6.805	2.843	2.369	7.180	3.058	2.549	7.555	3.286	2.738	7.930	3.528	2.940
5.695	2.262	1.885	6.070	2.450	2.042	6.445	2.646	2.205	6.820	2.851	2.376	7.195	3.067	2.556	7.570	3.295	2.746	7.945	3.538	2.949
5.710	2.269	1.891	6.085	2.458	2.048	6.460	2.654	2.212	6.835	2.860	2.383	7.210	3.076	2.563	7.585	3.305	2.754	7.960	3.548	2.957
5.725	2.277	1.897	6.100	2.465	2.055	6.475	2.662	2.218	6.850	2.868	2.390	7.225	3.085	2.571	7.600	3.314	2.762	7.975	3.559	2.965
5.740	2.284	1.904	6.115	2.473	2.061	6.490	2.670	2.225	6.865	2.877	2.397	7.240	3.094	2.578	7.615	3.324	2.770	7.990	3.569	2.974
5.755	2.292	1.910	6.130	2.481	2.067	6.505	2.678	2.232	6.880	2.885	2.404	7.255	3.103	2.586	7.630	3.333	2.778	8.005	3.579	2.982
5.770	2.299	1.916	6.145	2.489	2.074	6.520	2.686	2.239	6.895	2.894	2.411	7.270	3.112	2.593	7.645	3.343	2.786	8.020	3.589	2.991
5.785	2.307	1.922	6.160	2.496	2.080	6.535	2.694	2.245	6.910	2.902	2.418	7.285	3.121	2.601	7.660	3.352	2.793	8.035	3.599	2.999
5.800	2.314	1.928	6.175	2.504	2.087	6.550	2.703	2.252	6.925	2.911	2.425	7.300	3.130	2.608	7.675	3.362	2.801	8.050	3.610	3.008
5.815	2.321	1.935	6.190	2.512	2.093	6.565	2.711	2.259	6.940	2.919	2.433	7.315	3.139	2.616	7.690	3.371	2.809	8.065	3.620	3.017
5.830	2.329	1.941	6.205	2.520	2.100	6.580	2.719	2.266	6.955	2.928	2.440	7.330	3.148	2.623	7.705	3.381	2.817	8.080	3.630	3.025
5.845	2.336	1.947	6.220	2.527	2.106	6.595	2.727	2.272	6.970	2.936	2.447	7.345	3.157	2.631	7.720	3.391	2.825	8.095	3.640	3.034
5.860	2.344	1.953	6.235	2.535	2.113	6.610	2.735	2.279	6.985	2.945	2.454	7.360	3.166	2.638	7.735	3.400	2.834	8.110	3.651	3.042
5.875	2.351	1.959	6.250	2.543	2.119	6.625	2.743	2.286	7.000	2.953	2.461	7.375	3.175	2.646	7.750	3.410	2.842	8.125	3.661	3.051
5.890	2.359	1.966	6.265	2.551	2.126	6.640	2.752	2.293	7.015	2.962	2.468	7.390	3.184	2.653	7.765	3.420	2.850	8.140	3.672	3.060
5.905	2.366	1.972	6.280	2.559	2.132	6.655	2.760	2.300	7.030	2.971	2.476	7.405	3.193	2.661	7.780	3.429	2.858	8.155	3.682	

矩形和T形截面受弯构件承载力计算用的 *A*—*p*（%）表　C50

表 2-2-9

钢筋 / *A*	HRB335	HRB400 RRB400	钢筋 / *A*	HRB335	HRB400 RRB400	钢筋 / *A*	HRB335	HRB400 RRB400	钢筋 / *A*	HRB335	HRB400 RRB400	钢筋 / *A*	HRB335	HRB400 RRB400	钢筋 / *A*	HRB335	HRB400 RRB400
0.295	0.099		0.655	0.222	0.185	1.015	0.346	0.288	1.375	0.473	0.394	1.735	0.602	0.502	2.095	0.733	0.611
0.310	0.104		0.670	0.227	0.189	1.030	0.351	0.293	1.390	0.478	0.398	1.750	0.607	0.506	2.110	0.739	0.616
0.325	0.109		0.685	0.232	0.193	1.045	0.357	0.297	1.405	0.484	0.403	1.765	0.613	0.511	2.125	0.744	0.620
0.340	0.114		0.700	0.237	0.197	1.060	0.362	0.302	1.420	0.489	0.407	1.780	0.618	0.515	2.140	0.750	0.625
0.355	0.119	0.099	0.715	0.242	0.202	1.075	0.367	0.306	1.435	0.494	0.412	1.795	0.624	0.520	2.155	0.755	0.629
0.370	0.124	0.104	0.730	0.247	0.206	1.090	0.372	0.310	1.450	0.500	0.416	1.810	0.629	0.524	2.170	0.761	0.634
0.385	0.129	0.108	0.745	0.252	0.210	1.105	0.378	0.315	1.465	0.505	0.421	1.825	0.634	0.529	2.185	0.766	0.639
0.400	0.135	0.112	0.760	0.258	0.215	1.120	0.383	0.319	1.480	0.510	0.425	1.840	0.640	0.533	2.200	0.772	0.643
0.415	0.140	0.116	0.775	0.263	0.219	1.135	0.388	0.323	1.495	0.516	0.430	1.855	0.645	0.538	2.215	0.778	0.648
0.430	0.145	0.121	0.790	0.268	0.223	1.150	0.393	0.328	1.510	0.521	0.434	1.870	0.651	0.542	2.230	0.783	0.653
0.445	0.150	0.125	0.805	0.273	0.228	1.165	0.399	0.332	1.525	0.526	0.439	1.885	0.656	0.547	2.245	0.789	0.657
0.460	0.155	0.129	0.820	0.278	0.232	1.180	0.404	0.337	1.540	0.532	0.443	1.900	0.662	0.551	2.260	0.794	0.662
0.475	0.160	0.133	0.835	0.284	0.236	1.195	0.409	0.341	1.555	0.537	0.448	1.915	0.667	0.556	2.275	0.800	0.667
0.490	0.165	0.138	0.850	0.289	0.241	1.210	0.414	0.345	1.570	0.542	0.452	1.930	0.673	0.561	2.290	0.805	0.671
0.505	0.170	0.142	0.865	0.294	0.245	1.225	0.420	0.350	1.585	0.548	0.457	1.945	0.678	0.565	2.305	0.811	0.676
0.520	0.175	0.146	0.880	0.299	0.249	1.240	0.425	0.354	1.600	0.553	0.461	1.960	0.684	0.570	2.320	0.817	0.681
0.535	0.180	0.150	0.895	0.304	0.254	1.255	0.430	0.359	1.615	0.559	0.465	1.975	0.689	0.574	2.335	0.822	0.685
0.550	0.186	0.155	0.910	0.310	0.258	1.270	0.436	0.363	1.630	0.564	0.470	1.990	0.695	0.579	2.350	0.828	0.690
0.565	0.191	0.159	0.925	0.315	0.262	1.285	0.441	0.367	1.645	0.569	0.474	2.005	0.700	0.583	2.365	0.833	0.695
0.580	0.196	0.163	0.940	0.320	0.267	1.300	0.446	0.372	1.660	0.575	0.479	2.020	0.706	0.588	2.380	0.839	0.699
0.595	0.201	0.167	0.955	0.325	0.271	1.315	0.452	0.376	1.675	0.580	0.483	2.035	0.711	0.593	2.395	0.845	0.704
0.610	0.206	0.172	0.970	0.330	0.275	1.330	0.457	0.381	1.690	0.586	0.488	2.050	0.717	0.597	2.410	0.850	0.709
0.625	0.211	0.176	0.985	0.336	0.280	1.345	0.462	0.385	1.705	0.591	0.493	2.065	0.722	0.602	2.425	0.856	0.713
0.640	0.216	0.180	1.000	0.341	0.284	1.360	0.468	0.390	1.720	0.596	0.497	2.080	0.728	0.606	2.440	0.862	0.718

续表

钢筋 / A	HRB335	HRB400 RRB400	钢筋 / A	HRB335	HRB400 RRB400	钢筋 / A	HRB335	HRB400 RRB400	钢筋 / A	HRB335	HRB400 RRB400	钢筋 / A	HRB335	HRB400 RRB400	钢筋 / A	HRB335	HRB400 RRB400
2.445	0.867	0.723	2.815	1.004	0.836	3.175	1.143	0.953	3.535	1.286	1.071	3.895	1.431	1.193	4.255	1.581	1.317
2.470	0.873	0.727	2.830	1.010	0.841	3.190	1.149	0.958	3.550	1.292	1.076	3.910	1.438	1.198	4.270	1.587	1.322
2.485	0.878	0.732	2.845	1.015	0.846	3.205	1.155	0.962	3.565	1.298	1.081	3.925	1.444	1.203	4.285	1.593	1.328
2.500	0.884	0.737	2.860	1.021	0.851	3.220	1.161	0.967	3.580	1.304	1.086	3.940	1.450	1.208	4.300	1.599	1.333
2.515	0.890	0.741	2.875	1.027	0.856	3.235	1.167	0.972	3.595	1.310	1.091	3.955	1.456	1.213	4.315	1.606	1.338
2.530	0.895	0.746	2.890	1.033	0.860	3.250	1.173	0.977	3.610	1.316	1.096	3.970	1.462	1.218	4.330	1.612	1.343
2.545	0.901	0.751	2.905	1.038	0.865	3.265	1.179	0.982	3.625	1.322	1.101	3.985	1.468	1.224	4.345	1.618	1.349
2.560	0.907	0.756	2.920	1.044	0.870	3.280	1.184	0.987	3.640	1.328	1.107	4.000	1.475	1.229	4.360	1.625	1.354
2.575	0.912	0.760	2.935	1.050	0.875	3.295	1.190	0.992	3.655	1.334	1.112	4.015	1.481	1.234	4.375	1.631	1.359
2.590	0.918	0.765	2.950	1.056	0.880	3.310	1.196	0.997	3.670	1.340	1.117	4.030	1.487	1.239	4.390	1.637	1.365
2.605	0.924	0.770	2.965	1.062	0.885	3.325	1.202	1.002	3.685	1.346	1.122	4.045	1.493	1.244	4.405	1.644	1.370
2.620	0.929	0.775	2.980	1.067	0.889	3.340	1.208	1.007	3.700	1.352	1.127	4.060	1.499	1.249	4.420	1.650	1.375
2.635	0.935	0.779	2.995	1.073	0.894	3.355	1.214	1.012	3.715	1.358	1.132	4.075	1.506	1.255	4.435	1.657	1.380
2.650	0.941	0.784	3.010	1.079	0.899	3.370	1.220	1.017	3.730	1.364	1.137	4.090	1.512	1.260	4.450	1.663	1.386
2.665	0.947	0.789	3.025	1.085	0.904	3.385	1.226	1.022	3.745	1.370	1.142	4.105	1.518	1.265	4.465	1.669	1.391
2.680	0.952	0.794	3.040	1.091	0.909	3.400	1.232	1.027	3.760	1.376	1.147	4.120	1.524	1.270	4.480	1.676	1.396
2.695	0.958	0.798	3.055	1.096	0.914	3.415	1.238	1.032	3.775	1.382	1.152	4.135	1.530	1.275	4.495	1.682	1.402
2.710	0.964	0.803	3.070	1.102	0.919	3.430	1.244	1.036	3.790	1.389	1.157	4.150	1.537	1.281	4.510	1.688	1.407
2.725	0.969	0.808	3.085	1.108	0.923	3.445	1.250	1.041	3.805	1.395	1.162	4.165	1.543	1.286	4.525	1.695	1.412
2.740	0.975	0.813	3.100	1.114	0.928	3.460	1.256	1.046	3.820	1.401	1.167	4.180	1.549	1.291	4.540	1.701	1.418
2.755	0.981	0.817	3.115	1.120	0.933	3.475	1.262	1.051	3.835	1.407	1.172	4.195	1.555	1.296	4.555	1.708	1.423
2.770	0.987	0.822	3.130	1.126	0.938	3.490	1.268	1.056	3.850	1.413	1.177	4.210	1.562	1.301	4.570	1.714	1.428
2.785	0.992	0.827	3.145	1.331	0.943	3.505	1.274	1.061	3.865	1.419	1.183	4.225	1.568	1.307	4.585	1.721	1.434
2.800	0.998	0.832	3.160	1.137	0.948	3.520	1.280	1.066	3.880	1.425	1.188	4.240	1.574	1.312	4.600	1.727	1.439

续表

钢筋 / A	HRB335	HRB400 RRB400	钢筋 / A	HRB335	HRB400 RRB400	钢筋 / A	HRB335	HRB400 RRB400	钢筋 / A	HRB335	HRB400 RRB400	钢筋 / A	HRB335	HRB400 RRB400	钢筋 / A	HRB335	HRB400 RRB400
4.615	1.733	1.445	4.975	1.890	1.575	5.335	2.052	1.710	5.695	2.218	1.848	6.055	2.389	1.991	6.415	2.566	2.138
4.630	1.740	1.450	4.990	1.897	1.581	5.350	2.058	1.715	5.710	2.225	1.854	6.070	2.396	1.997	6.430	2.573	2.144
4.645	1.746	1.455	5.005	1.904	1.586	5.365	2.065	1.721	5.725	2.232	1.860	6.085	2.403	2.003	6.445	2.581	2.151
4.660	1.753	1.461	5.020	1.910	1.592	5.380	2.072	1.727	5.740	2.239	1.866	6.100	2.411	2.009	6.460	2.588	2.157
4.675	1.759	1.466	5.035	1.917	1.597	5.395	2.079	1.732	5.755	2.246	1.872	6.115	2.418	2.015	6.475	2.596	2.163
4.690	1.766	1.472	5.050	1.924	1.603	5.410	2.086	1.738	5.770	2.253	1.877	6.130	2.425	2.021	6.490	2.603	2.170
4.705	1.772	1.477	5.065	1.930	1.609	5.425	2.093	1.744	5.785	2.260	1.883	6.145	2.433	2.027	6.505	2.611	2.176
4.720	1.779	1.482	5.080	1.937	1.614	5.440	2.100	1.750	5.800	2.267	1.889	6.160	2.440	2.033	6.520	2.619	2.182
4.735	1.785	1.488	5.095	1.944	1.620	5.455	2.106	1.755	5.815	2.274	1.895	6.175	2.447	2.039	6.535	2.626	2.188
4.750	1.792	1.493	5.110	1.950	1.625	5.470	2.113	1.761	5.830	2.281	1.901	6.190	2.455	2.045	6.550	2.634	2.195
4.765	1.798	1.499	5.125	1.957	1.631	5.485	2.120	1.767	5.845	2.288	1.907	6.205	2.462	2.052	6.565	2.641	2.201
4.780	1.805	1.504	5.140	1.964	1.636	5.500	2.127	1.773	5.860	2.295	1.913	6.220	2.469	2.058	6.580	2.649	2.207
4.795	1.811	1.509	5.155	1.970	1.642	5.515	2.134	1.778	5.875	2.303	1.919	6.235	2.477	2.064	6.595	2.657	2.214
4.810	1.818	1.515	5.170	1.977	1.648	5.530	2.141	1.784	5.890	2.310	1.925	6.250	2.484	2.070	6.610	2.664	2.220
4.825	1.824	1.520	5.185	1.984	1.653	5.545	2.148	1.790	5.905	2.317	1.931	6.265	2.491	2.076	6.625	2.672	2.227
4.840	1.831	1.526	5.200	1.991	1.659	5.560	2.155	1.796	5.920	2.324	1.937	6.280	2.499	2.082	6.640	2.680	2.233
4.855	1.838	1.531	5.215	1.997	1.664	5.575	2.162	1.801	5.935	2.331	1.943	6.295	2.506	2.088	6.655	2.687	2.239
4.870	1.844	1.537	5.230	2.004	1.670	5.590	2.169	1.807	5.950	2.338	1.949	6.310	2.514	2.095	6.670	2.695	2.246
4.885	1.851	1.542	5.245	2.011	1.676	5.605	2.176	1.813	5.965	2.346	1.955	6.325	2.521	2.101	6.685	2.703	2.252
4.900	1.857	1.548	5.260	2.018	1.681	5.620	2.183	1.819	5.980	2.353	1.961	6.340	2.528	2.107	6.700	2.710	2.259
4.915	1.864	1.553	5.275	2.024	1.687	5.635	2.190	1.825	5.995	2.360	1.967	6.355	2.536	2.113	6.715	2.718	2.265
4.930	1.871	1.559	5.290	2.031	1.693	5.650	2.197	1.831	6.010	2.367	1.973	6.370	2.543	2.119	6.730	2.726	2.271
4.945	1.877	1.564	5.305	2.038	1.698	5.665	2.204	1.836	6.025	2.374	1.979	6.385	2.551	2.126	6.745	2.734	2.278
4.960	1.884	1.570	5.320	2.045	1.704	5.680	2.211	1.842	6.040	2.382	1.985	6.400	2.558	2.132	6.760	2.741	2.284

续表

A \ 钢筋	HRB335	HRB400 RRB400	A \ 钢筋	HRB335	HRB400 RRB400	A \ 钢筋	HRB335	HRB400 RRB400	A \ 钢筋	HRB335	HRB400 RRB400	A \ 钢筋	HRB335	HRB400 RRB400	A \ 钢筋	HRB335	HRB400 RRB400
6.775	2.749	2.291	7.180	2.964	2.470	7.585	3.188	2.657	7.990	3.425	2.854	8.395	3.676	3.063	8.800	3.943	3.286
6.790	2.757	2.297	7.195	2.972	2.477	7.600	3.197	2.664	8.005	3.434	2.862	8.410	3.685	3.071	8.815	3.953	3.294
6.805	2.765	2.304	7.210	2.980	2.483	7.615	3.206	2.671	8.020	3.443	2.869	8.425	3.695	3.079	8.830	3.963	3.303
6.820	2.772	2.310	7.225	2.988	2.490	7.630	3.214	2.678	8.035	3.452	2.877	8.440	3.704	3.087	8.845	3.974	3.311
6.835	2.780	2.317	7.240	2.996	2.497	7.645	3.223	2.686	8.050	3.461	2.884	8.455	3.714	3.095	8.860	3.984	3.320
6.850	2.788	2.323	7.255	3.004	2.504	7.660	3.231	2.693	8.065	3.470	2.892	8.470	3.724	3.103	8.875	3.994	
6.865	2.796	2.330	7.270	3.013	2.511	7.675	3.240	2.700	8.080	3.479	2.900	8.485	3.733	3.111	8.890	4.005	
6.880	2.804	2.337	7.285	3.021	2.517	7.690	3.249	2.707	8.095	3.489	2.907	8.500	3.743	3.119	8.905	4.015	
6.895	2.812	2.343	7.300	3.029	2.524	7.705	3.257	2.714	8.110	3.498	2.915	8.515	3.753	3.127	8.920	4.026	
6.910	2.820	2.350	7.315	3.037	2.531	7.720	3.266	2.722	8.125	3.507	2.922	8.530	3.763	3.136	8.935	4.036	
6.925	2.827	2.356	7.330	3.046	2.538	7.735	3.275	2.729	8.140	3.516	2.930	8.545	3.772	3.144	8.950	4.047	
6.940	2.835	2.363	7.345	3.054	2.545	7.750	3.283	2.736	8.155	3.525	2.938	8.560	3.782	3.152	8.965	4.057	
6.955	2.843	2.369	7.360	3.062	2.552	7.765	3.292	2.743	8.170	3.535	2.945	8.575	3.792	3.160	8.980	4.068	
6.970	2.851	2.376	7.375	3.071	2.559	7.780	3.301	2.751	8.185	3.544	2.953	8.590	3.802	3.168	8.995	4.078	
6.985	2.859	2.383	7.390	3.079	2.566	7.795	3.310	2.758	8.200	3.553	2.961	8.605	3.812	3.177	9.010	4.089	
7.000	2.867	2.389	7.405	3.087	2.573	7.810	3.318	2.765	8.215	3.562	2.969	8.620	3.822	3.185	9.025	4.100	
7.015	2.875	2.396	7.420	3.096	2.580	7.825	3.327	2.773	8.230	3.572	2.976	8.635	3.832	3.193	9.040	4.110	
7.030	2.883	2.403	7.435	3.104	2.587	7.840	3.336	2.780	8.245	3.581	2.984	8.650	3.842	3.201	9.055	4.121	
7.045	2.891	2.409	7.450	3.112	2.594	7.855	3.345	2.787	8.260	3.590	2.992	8.665	3.852	3.210	9.070	4.132	
7.060	2.899	2.416	7.465	3.121	2.601	7.870	3.354	2.795	8.275	3.600	3.000	8.680	3.862	3.218	9.085	4.143	
7.075	2.907	2.423	7.480	3.129	2.608	7.885	3.363	2.802	8.290	3.609	3.008	8.695	3.872	3.226	9.100	4.154	
7.090	2.915	2.429	7.495	3.138	2.615	7.900	3.371	2.809	8.305	3.619	3.016	8.710	3.882	3.235	9.115	4.165	
7.105	2.923	2.436	7.510	3.146	2.622	7.915	3.380	2.817	8.320	3.628	3.023	8.725	3.892	3.243	9.130	4.175	
7.120	2.931	2.443	7.525	3.154	2.629	7.930	3.389	2.824	8.335	3.638	3.031	8.740	3.902	3.252	9.145	4.186	
7.135	2.939	2.449	7.540	3.163	2.636	7.945	3.398	2.832	8.350	3.647	3.039	8.755	3.912	3.260	9.160	4.197	
7.150	2.947	2.456	7.555	3.171	2.643	7.960	3.407	2.839	8.365	3.657	3.047	8.770	3.922	3.269	9.175	4.208	
7.165	2.956	2.463	7.570	3.180	2.650	7.975	3.416	2.847	8.380	3.666	3.055	8.785	3.933	3.277	9.190	4.219	
															9.205	4.230	

第三节　板弯矩配筋计算

一、适用条件

1. 混凝土强度等级：C15，C20，C25，C30，C35，C40；

2. 普通钢筋：HPB235，HRB335，HRB400，RRB400 及冷轧带肋钢筋（成盘供应、机械调直）；

3. 编制本节各表时混凝土保护层厚度是按使用环境类别为一类确定的，即 C15、C20 混凝土取 20mm，C25、C30、C35、C40 混凝土取 15mm，若实际保护层厚度与制表所采用的保护层厚度不同，使用本节各表时，应将板厚扣除上述二者的差值后再查表；

4. 本节各表适用于单跨和多跨连续单向板，用于双向板时，对在下排的跨中受力钢筋及在上排的支座受力钢筋直接按板厚 h 查表，对在上排的跨中受力钢筋及在下排的支座受力钢筋，当所选用钢筋直径 $d \leqslant 10$mm 时，可按 h—10 查表，当所选用钢筋直径 >10mm 时，可按 h—20 查表；

5. 对 HPB235、HRB335 钢筋及冷轧带肋钢筋可直接从相应表中查出配筋，对 HRB400、RRB400 钢筋只能从 HRB335 钢筋的各表中的"HRB400、RRB400 钢筋 A_s"栏内查得钢筋面积 A_s 值，且应复核是否满足最小配筋率要求，其配筋由使用者另行确定；

6. 本节各表均不包括板的正常使用极限状态验算。

二、使用说明

1. 制表公式

$$[M]=f_y A_s\left(h_0-\frac{f_y A_s}{2bf_c}\right) \tag{2-3-1}$$

式中　$[M]$——容许弯矩设计值。

制表时板宽 $b=1000$mm，因此钢筋面积 A_s 值和容许弯矩设计值［M］也均以 $b=1000$mm 为计算单位。确定截面有效高度 h_0 时，当 $A_s \leqslant 785\text{mm}^2/\text{m}$（$\phi$10@100）时，近似地取受力钢筋直径 $d=10$mm，当 $A_s>785\text{mm}^2/\text{m}$ 时，近似地取 $d=14$mm。

2. 注意事项

对单向板，除沿受力方向布置受力钢筋外，还应在垂直受力方向布置分布钢筋，每米长度上分布钢筋的截面积按下述原则取大值：

1）不宜小于每米宽度上受力钢筋截面积的 15%；

2）不宜小于每米宽板截面面积的 0.15%，直径不宜小于 6mm，间距不宜大于 250mm，按板厚确定的分布钢筋的截面积及建议配筋见表 2-3-1。

按板厚确定的分布钢筋的截面积及建议配筋　　表 2-3-1

板厚度	60	70	80	90	100	110	120	130	140	150	160
分布钢筋截面积（mm^2/m）	113	113	120	135	150	165	180	195	210	225	240
建议配筋	ϕ6 @250 (113)		ϕ6 @200 (141)		ϕ8 @250 (201)				ϕ8 @200 (251)		
板厚度	170	180	190	200	210	220	230	240	250		
分布钢筋截面积（mm^2/m）	255	270	285	300	315	330	345	360	375		
建议配筋	ϕ10 @250 (314)				ϕ8 @150 (335)		ϕ10 @200 (393)				

3）对于集中荷载较大的情况，分布钢筋的截面积应适当增加，其间距不宜大于 200mm。

三、应用举例

【例 2-3-1】　已知单向板：$h=100$mm，混凝土强度等级

C20，HPB235 钢筋，弯矩设计值 $M=10.6\text{kN}\cdot\text{m}$，求配筋。

【解】 查表 2-3-3，$A_s=753\text{mm}^2$，$\phi12@150$

$15\%A_s=0.15\times753=113\text{mm}^2$

结合表 2-3-1，分布筋采用 $\phi8@250$。

【例 2-3-2】 已知双向板：$h=100\text{mm}$，混凝土强度等级 C20，HPB235 钢筋，跨中弯矩设计值 $M_x=2.35\text{kN}\cdot\text{m}$（上），$M_y=3.8\text{kN}\cdot\text{m}$（下），支座弯矩设计值 $M_x=-5.65\text{kN}\cdot\text{m}$（下），$M_y=-6.20\text{kN}\cdot\text{m}$（上），求配筋。

【解】 选用 $d<10\text{mm}$，查表 2-3-3，跨中：M_x 查 $h=90\text{mm}$ 栏，$A_s=218\text{mm}^2$，配筋 $\phi6@130$，M_y 查 $h=100\text{mm}$ 栏，$A_s=257\text{mm}^2$，配筋 $\phi6@110$；支座：M_x 查 $h=90\text{mm}$ 栏，$A_s=460\text{mm}^2$，配筋 $\phi8@110$，M_y 查 $h=100\text{mm}$ 栏，$A_s=419\text{mm}^2$，配筋 $\phi8@120$。

四、板弯矩配筋表

C15～C40 混凝土、HPB235、HRB335（HRB400、RRB400）及冷轧带肋钢筋的板弯矩配筋表见表 2-3-2～表 2-3-17。

板弯矩配筋表 **表 2-3-2**

受力钢筋（HPB235 钢筋）间距（mm）								A_s	每米板宽 M（kN·m/m）						C15 混凝土，当板厚 h 为（mm）								
$\phi6$	6/8	$\phi8$	8/10	$\phi10$	10/12	$\phi12$	12/14	(mm^2)	60	70	80	90	100	110	120	130	140	150	160	170	180	190	200
150								189	1.28	1.68	2.07	2.47											
140	190							202	1.36	1.78	2.21	2.63	3.06										
130	180							218	1.46	1.91	2.37	2.83	3.29										
120	170							236	1.56	2.06	2.56	3.05	3.55	4.04									
	160	200						246	1.62	2.14	2.66	3.17	3.69	4.21	4.72								
110	150	190						257	1.69	2.23	2.77	3.31	3.85	4.39	4.92								
100	140	180						283	1.83	2.43	3.02	3.62	4.21	4.81	5.40	5.99	6.59						
	130	170						302	1.94	2.57	3.21	3.84	4.48	5.11	5.75	6.38	7.01	7.65					
90	125	160						314	2.01	2.67	3.32	3.98	4.64	5.30	5.96	6.62	7.28	7.94					
	120		200					327	2.08	2.76	3.45	4.14	4.82	5.51	6.20	6.88	7.57	8.26	8.94				
		150	190					335	2.12	2.82	3.53	4.23	4.93	5.64	6.34	7.04	7.75	8.45	9.15				
80	110	140	180					357	2.23	2.98	3.73	4.48	5.23	5.98	6.73	7.48	8.23	8.98	9.73	10.5			
			170					379	2.35	3.14	3.94	4.73	5.53	6.33	7.12	7.92	8.71	9.51	10.3	11.1	11.9		
	100	130		200				393	2.42	3.24	4.07	4.89	5.72	6.54	7.37	8.19	9.02	9.84	10.7	11.5	12.3	13.1	
		125	160					402	2.46	3.30	4.15	4.99	5.84	6.68	7.52	8.37	9.21	10.1	10.9	11.7	12.6	13.4	14.3
		120		190				419	2.54	3.42	4.30	5.18	6.06	6.94	7.82	8.70	9.58	10.5	11.3	12.2	13.1	14.0	14.9

续表

受力钢筋（HPB235 钢筋）间距（mm）								A_s	每米板宽 M（kN·m/m）　C15 混凝土，当板厚 h 为（mm）														
ϕ6	6/8	ϕ8	8/10	ϕ10	10/12	ϕ12	12/14	(mm^2)	60	70	80	90	100	110	120	130	140	150	160	170	180	190	200
			150					429	2.59	3.49	4.39	5.29	6.19	7.09	7.99	8.90	9.80	10.7	11.6	12.5	13.4	14.3	15.2
	90			180				436	2.62	3.54	4.45	5.37	6.28	7.20	8.12	9.03	9.95	10.9	11.8	12.7	13.6	14.5	15.4
		110	140	170				460	2.73	3.70	4.66	5.63	6.60	7.56	8.53	9.49	10.5	11.4	12.4	13.4	14.3	15.3	16.3
		105	135	165	200			479	2.82	3.82	4.83	5.84	6.84	7.85	8.85	9.86	10.9	11.9	12.9	13.9	14.9	15.9	16.9
	80		130	160				491	2.87	3.90	4.93	5.96	6.99	8.03	9.06	10.1	11.1	12.2	13.2	14.2	15.2	16.3	17.3
		100			190			503	2.92	3.98	5.03	6.09	7.15	8.20	9.26	10.3	11.4	12.4	13.5	14.5	15.6	16.7	17.7
				150				523	3.01	4.10	5.20	6.30	7.40	8.50	9.60	10.7	11.8	12.9	14.0	15.1	16.2	17.3	18.4
					180			532	3.04	4.16	5.28	6.40	7.51	8.63	9.75	10.9	12.0	13.1	14.2	15.3	16.4	17.6	18.7
			120					537	3.06	4.19	5.32	6.45	7.57	8.70	9.83	11.0	12.1	13.2	14.3	15.5	16.6	17.7	18.9
	70	90		140	170	200		561	3.16	4.34	5.52	6.69	7.87	9.05	10.2	11.4	12.6	13.8	14.9	16.1	17.3	18.5	19.7
			110					585	3.25	4.48	5.71	6.94	8.17	9.39	10.6	11.9	13.1	14.3	15.5	16.8	18.0	19.2	20.5
						190		595	3.29	4.54	5.79	7.04	8.29	9.54	10.8	12.0	13.3	14.5	15.8	17.0	18.3	19.5	20.8
				130	160			604	3.32	4.59	5.86	7.13	8.40	9.66	10.9	12.2	13.5	14.7	16.0	17.3	18.5	19.8	21.1
		80		125		180		628	3.41	4.73	6.05	7.36	8.68	10.0	11.3	12.6	14.0	15.3	16.6	17.9	19.2	20.6	21.9
			100		150			639	3.45	4.79	6.13	7.47	8.81	10.2	11.5	12.8	14.2	15.5	16.9	18.2	19.5	20.9	22.2
				120				654	3.50	4.87	6.24	7.62	8.99	10.4	11.7	13.1	14.5	15.9	17.2	18.6	20.0	21.4	22.7
						170	200	664	3.53	4.92	6.32	7.71	9.11	10.5	11.9	13.3	14.7	16.1	17.5	18.9	20.3	21.7	23.1
					140	165	195	684	3.59	5.03	6.47	7.90	9.34	10.8	12.2	13.6	15.1	16.5	18.0	19.4	20.8	22.3	23.7

受力钢筋（HPB235 钢筋）间距（mm）							A_s	每米板宽 M（kN·m/m）　C15 混凝土，当板厚 h 为（mm）														
8/10	ϕ10	10/12	ϕ12	12/14	ϕ14	ϕ16	(mm^2)	60	70	80	90	100	110	120	130	140	150	160	170	180	190	200
			160	190			706	3.66	5.15	6.63	8.11	9.59	11.1	12.6	14.0	15.5	17.0	18.5	20.0	21.5	22.9	24.4
90	110			185			714	3.69	5.19	6.69	8.18	9.68	11.2	12.7	14.2	15.7	17.2	18.7	20.2	21.7	23.2	24.7
		130		180			737	3.75	5.30	6.85	8.40	9.94	11.5	13.0	14.6	16.1	17.7	19.2	20.8	22.3	23.9	25.4
			150				753	3.80	5.38	6.96	8.54	10.1	11.7	13.3	14.9	16.4	18.0	19.6	21.2	22.8	24.4	25.9

续表

受力钢筋（HPB235 钢筋）间距（mm）							A_s	每米板宽 M（kN·m/m）				C15 混凝土，当板厚 h 为（mm）										
8/10	ϕ10	10/12	ϕ12	12/14	ϕ14	ϕ16	(mm^2)	60	70	80	90	100	110	120	130	140	150	160	170	180	190	200
		125		175	200		766	3.83	5.44	7.05	8.66	10.3	11.9	13.5	15.1	16.7	18.3	19.9	21.5	23.1	24.7	26.4
	100		145	170	195		785	3.88	5.53	7.18	8.83	10.5	12.1	13.8	15.4	17.1	18.7	20.4	22.0	23.7	25.3	27.0
		120					798	3.58	5.26	6.93	8.61	10.3	12.0	13.6	15.3	17.0	18.7	20.3	22.0	23.7	25.4	27.0
80			140	165	190		807	3.60	5.29	6.99	8.68	10.4	12.1	13.8	15.5	17.2	18.9	20.5	22.2	23.9	25.6	27.3
				155	180		859	3.69	5.50	7.30	9.10	10.9	12.7	14.5	16.3	18.1	19.9	21.7	23.5	25.3	27.1	28.9
	90	110	130				871	3.71	5.54	7.37	9.20	11.0	12.9	14.7	16.5	18.3	20.2	22.0	23.8	25.7	27.5	29.3
70			125	150	170		905	3.76	5.66	7.56	9.46	11.4	13.3	15.2	17.1	19.0	20.9	22.8	24.7	26.6	28.5	30.4
			120				942	3.81	5.79	7.77	9.75	11.7	13.7	15.7	17.7	19.6	21.6	23.6	25.6	27.5	29.5	31.5
		100		140	160		954	3.82	5.83	7.83	9.83	11.8	13.8	15.8	17.8	19.9	21.9	23.9	25.9	27.9	29.9	31.9
	80			130			981	3.85	5.91	7.97	10.0	12.1	14.2	16.2	18.3	20.3	22.4	24.5	26.5	28.6	30.6	32.7
		95	110		150	200	1005	3.87	5.98	8.09	10.2	12.3	14.4	16.5	18.6	20.8	22.9	25.0	27.1	29.2	31.3	33.4
		90			140	190	1058	3.90	6.13	8.35	10.6	12.8	15.0	17.2	19.5	21.7	23.9	26.1	28.3	30.6	32.8	35.0
	70		100	120		180	1113	3.92	6.26	8.59	10.9	13.3	15.6	17.9	20.3	22.6	25.0	27.3	29.6	32.0	34.3	36.6
			95		130	170	1182		6.39	8.88	11.4	13.8	16.3	18.8	21.3	23.8	26.3	28.7	31.2	33.7	36.2	38.7
		80					1198		6.42	8.94	11.5	14.0	16.5	19.0	21.5	24.0	26.5	29.1	31.6	34.1	36.6	39.1
			90	110	125		1214		6.45	9.00	11.5	14.1	16.6	19.2	21.7	24.3	26.8	29.4	31.9	34.5	37.0	39.6
						160	1256		6.51	9.15	11.8	14.4	17.1	19.7	22.3	25.0	27.6	30.2	32.9	35.5	38.2	40.8
					120		1283		6.54	9.24	11.9	14.6	17.3	20.0	22.7	25.4	28.1	30.8	33.5	36.2	38.9	41.6
				100	110	150	1335		6.60	9.40	12.2	15.0	17.8	20.6	23.4	26.2	29.0	31.8	34.6	37.4	40.2	43.0
		70					1369		6.62	9.50	12.4	15.2	18.1	21.0	23.9	26.7	29.6	32.5	35.4	38.2	41.1	44.0
			80	95			1405		6.64	9.59	12.5	15.5	18.4	21.4	24.3	27.3	30.2	33.2	36.1	39.1	42.0	45.0
						140	1436		6.65	9.67	12.7	15.7	18.7	21.7	24.7	27.8	30.8	33.8	36.8	39.8	42.8	45.9
				90	100		1483			9.77	12.9	16.0	19.1	22.2	25.3	28.5	31.6	34.7	37.8	40.9	44.0	47.1
						130	1546			9.89	13.1	16.4	19.6	22.9	26.1	29.4	32.6	35.9	39.1	42.4	45.6	48.8
			70	80	95		1616			9.99	13.4	16.8	20.2	23.6	27.0	30.4	33.7	37.1	40.5	43.9	47.3	50.7
						120	1675			10.1	13.6	17.1	20.6	24.1	27.6	31.2	34.7	38.2	41.7	45.2	48.7	52.3
					90		1710				13.7	17.3	20.9	24.4	28.0	31.6	35.2	38.8	42.4	46.0	49.6	53.2
					85	110	1811				13.9	17.7	21.5	25.3	29.1	32.9	36.7	40.5	44.3	48.1	51.9	55.7
				70	80		1907					18.1	22.1	26.1	30.1	34.1	38.1	42.1	46.1	50.1	54.1	58.1
						100	2011					18.4	22.7	26.9	31.1	35.3	39.6	43.8	48.0	52.2	56.5	60.7

板弯矩配筋表　　　　**表 2-3-3**

受力钢筋（HPB235 钢筋）间距（mm）								A_s	每米板宽 M（kN·m/m）					C20 混凝土，当板厚 h 为（mm）									
ϕ6	6/8	ϕ8	8/10	ϕ10	10/12	ϕ12	12/14	(mm^2)	60	70	80	90	100	110	120	130	140	150	160	170	180	190	200
150								189	1.31	1.70	2.10												
140	190							202	1.39	1.82	2.24												
130	180							218	1.49	1.95	2.41	2.87											
120	170							236	1.61	2.10	2.60	3.09	3.59										
	160	200						246	1.67	2.19	2.70	3.22	3.74										
110	150	190						257	1.74	2.28	2.82	3.36	3.90										
100	140	180						283	1.90	2.49	3.08	3.68	4.27	4.87									
	130	170						302	2.01	2.64	3.28	3.91	4.55	5.18	5.82								
90	125	160						314	2.08	2.74	3.40	4.06	4.72	5.38	6.04	6.70							
	120		200					327	2.16	2.84	3.53	4.22	4.90	5.59	6.28	6.96							
		150	190					335	2.20	2.91	3.61	4.31	5.02	5.72	6.43	7.13	7.83						
80	110	140	180					357	2.33	3.08	3.83	4.58	5.33	6.08	6.83	7.58	8.33	9.08					
			170					379	2.46	3.25	4.05	4.84	5.64	6.44	7.23	8.03	8.82	9.62	10.4				
	100	130		200				393	2.53	3.36	4.18	5.01	5.84	6.66	7.49	8.31	9.14	9.96	10.8				
		125	160					402	2.58	3.43	4.27	5.12	5.96	6.80	7.65	8.49	9.34	10.2	11.0	11.9			
		120		190				419	2.68	3.56	4.44	5.32	6.20	7.08	7.96	8.84	9.72	10.6	11.5	12.4			
			150					429	2.73	3.63	4.53	5.43	6.33	7.23	8.14	9.04	9.94	10.8	11.7	12.6	13.5		
	90			180				436	2.77	3.68	4.60	5.51	6.43	7.35	8.26	9.18	10.1	11.0	11.9	12.8	13.8		
		110	140	170				460	2.89	3.86	4.83	5.79	6.76	7.72	8.69	9.66	10.6	11.6	12.6	13.5	14.5	15.5	
		105	135	165	200			479	2.99	4.00	5.01	6.01	7.02	8.02	9.03	10.0	11.0	12.0	13.1	14.1	15.1	16.1	17.1
	80		130	160				491	3.06	4.09	5.12	6.15	7.18	8.21	9.24	10.3	11.3	12.3	13.4	14.4	15.4	16.5	17.5
		100			190			503	3.12	4.17	5.23	6.28	7.34	8.40	9.45	10.5	11.6	12.6	13.7	14.7	15.8	16.8	17.9
				150				523	3.22	4.31	5.41	6.51	7.61	8.71	9.81	10.9	12.0	13.1	14.2	15.3	16.4	17.5	18.6
					180			532	3.26	4.38	5.49	6.61	7.73	8.85	9.96	11.1	12.2	13.3	14.4	15.5	16.7	17.8	18.9
			120					537	3.28	4.41	5.54	6.67	7.80	8.92	10.1	11.2	12.3	13.4	14.6	15.7	16.8	17.9	19.1
	70	90		140	170	200		561	3.40	4.58	5.76	6.93	8.11	9.29	10.5	11.6	12.8	14.0	15.2	16.4	17.5	18.7	19.9
			110					585	3.51	4.74	5.97	7.20	8.43	9.66	10.9	12.1	13.3	14.6	15.8	17.0	18.3	19.5	20.7
						190		595	3.56	4.81	6.06	7.31	8.56	9.81	11.1	12.3	13.6	14.8	16.1	17.3	18.6	19.8	21.1
				130	160			604	3.60	4.87	6.14	7.41	8.68	9.94	11.2	12.5	13.7	15.0	16.3	17.6	18.8	20.1	21.4
		80		125		180		628	3.71	5.03	6.35	7.67	8.99	10.3	11.6	12.9	14.3	15.6	16.9	18.2	19.5	20.9	22.2
			100		150			639	3.76	5.10	6.44	7.78	9.13	10.5	11.8	13.2	14.5	15.8	17.2	18.5	19.9	21.2	22.5
				120				654	3.82	5.20	6.57	7.94	9.32	10.7	12.1	13.4	14.8	16.2	17.6	18.9	20.3	21.7	23.1
						170	200	664	3.87	5.26	6.66	8.05	9.45	10.8	12.2	13.6	15.0	16.4	17.8	19.2	20.6	22.0	23.4
					140	165	195	684	3.95	5.39	6.83	8.26	9.70	11.1	12.6	14.0	15.4	16.9	18.3	19.8	21.2	22.6	24.1

续表

受力钢筋（HPB235钢筋）间距（mm）							A_s	每米板宽 M（kN·m/m）						C20混凝土，当板厚 h 为（mm）								
8/10	ϕ10	10/12	ϕ12	12/14	ϕ14	ϕ16	(mm²)	60	70	80	90	100	110	120	130	140	150	160	170	180	190	200
			160	190			706	4.04	5.53	7.01	8.49	10.0	11.5	12.9	14.4	15.9	17.4	18.9	20.4	21.8	23.3	24.8
90	110			185			714	4.08	5.58	7.08	8.58	10.1	11.6	13.1	14.6	16.1	17.6	19.1	20.6	22.1	23.6	25.1
		130		180			737	4.17	5.72	7.26	8.81	10.4	11.9	13.5	15.0	16.6	18.1	19.6	21.2	22.7	24.3	25.8
			150				753	4.23	5.81	7.39	8.98	10.6	12.1	13.7	15.3	16.9	18.5	20.0	21.6	23.2	24.8	26.4
		125		175	200		766	4.28	5.89	7.50	9.11	10.7	12.3	13.9	15.5	17.2	18.8	20.4	22.0	23.6	25.2	26.8
	100		145	170	195		785	4.35	6.00	7.65	9.30	10.9	12.6	14.2	15.9	17.5	19.2	20.8	22.5	24.1	25.8	27.4
		120					798	4.07	5.74	7.42	9.09	10.8	12.4	14.1	15.8	17.5	19.1	20.8	22.5	24.2	25.9	27.5
80			140	165	190		807	4.10	5.79	7.49	9.18	10.9	12.6	14.3	16.0	17.7	19.3	21.0	22.7	24.4	26.1	27.8
				155	180		859	4.26	6.06	7.87	9.67	11.5	13.3	15.1	16.9	18.7	20.5	22.3	24.1	25.9	27.7	29.5
	90	110	130				871	4.29	6.12	7.95	9.78	11.6	13.4	15.3	17.1	18.9	20.8	22.6	24.4	26.2	28.1	29.9
70			125	150	170		905	4.39	6.29	8.19	10.1	12.0	13.9	15.8	17.7	19.6	21.5	23.4	25.3	27.2	29.1	31.0
			120				942	4.49	6.47	8.45	10.4	12.4	14.4	16.4	18.3	20.3	22.3	24.3	26.3	28.2	30.2	32.2
		100		140	160		954	4.52	6.52	8.53	10.5	12.5	14.5	16.5	18.5	20.5	22.6	24.6	26.6	28.6	30.6	32.6
	80			130			981	4.59	6.65	8.71	10.8	12.8	14.9	16.9	19.0	21.1	23.1	25.2	27.2	29.3	31.4	33.4
		95	110		150	200	1005	4.64	6.76	8.87	11.0	13.1	15.2	17.3	19.4	21.5	23.6	25.7	27.9	30.0	32.1	34.2
		90			140	190	1058	4.76	6.98	9.20	11.4	13.6	15.9	18.1	20.3	22.5	24.8	27.0	29.2	31.4	33.6	35.9
	70		100	120		180	1113	4.87	7.21	9.54	11.9	14.2	16.6	18.9	21.2	23.6	25.9	28.2	30.6	32.9	35.3	37.6
			95		130	170	1182	4.98	7.46	9.95	12.4	14.9	17.4	19.9	22.4	24.8	27.3	29.8	32.3	34.8	37.3	39.7
		80					1198	5.01	7.52	10.0	12.6	15.1	17.6	20.1	22.6	25.1	27.6	30.2	32.7	35.2	37.7	40.2
			90	110	125		1214	5.03	7.58	10.1	12.7	15.2	17.8	20.3	22.9	25.4	28.0	30.5	33.1	35.6	38.2	40.7
						160	1256	5.08	7.72	10.4	13.0	15.6	18.3	20.9	23.5	26.2	28.8	31.5	34.1	36.7	39.4	42.0
					120		1283	5.11	7.80	10.5	13.2	15.9	18.6	21.3	24.0	26.7	29.4	32.1	34.7	37.4	40.1	42.8
				100	110	150	1335	5.16	7.96	10.8	13.6	16.4	19.2	22.0	24.8	27.6	30.4	33.2	36.0	38.8	41.6	44.4
		70					1369	5.18	8.06	10.9	13.8	16.7	19.6	22.4	25.3	28.2	31.1	33.9	36.8	39.7	42.6	45.4
			80	95			1405	5.20	8.15	11.1	14.1	17.0	20.0	22.9	25.9	28.8	31.8	34.7	37.7	40.6	43.6	46.5
						140	1436	5.22	8.23	11.2	14.3	17.3	20.3	23.3	26.3	29.3	32.4	35.4	38.4	41.4	44.4	47.4
				90	100		1483	5.23	8.34	11.5	14.6	17.7	20.8	23.9	27.0	30.1	33.3	36.4	39.5	42.6	45.7	48.8
						130	1546		8.47	11.7	15.0	18.2	21.5	24.7	28.0	31.2	34.4	37.7	40.9	44.2	47.4	50.7
			70	80	95		1616		8.59	12.0	15.4	18.8	22.2	25.6	29.0	32.3	35.7	39.1	42.5	45.9	49.3	52.7
						120	1675		8.68	12.2	15.7	19.2	22.8	26.3	29.8	33.3	36.8	40.3	43.9	47.4	50.9	54.4
					90		1710		8.73	12.3	15.9	19.5	23.1	26.7	30.3	33.9	37.5	41.0	44.6	48.2	51.8	55.4
					85	110	1811		8.83	12.6	16.4	20.2	24.0	27.8	31.6	35.4	39.2	43.0	46.9	50.7	54.5	58.3
				70	80		1907		8.87	12.9	16.9	20.9	24.9	28.9	32.9	36.9	40.9	44.9	48.9	52.9	56.9	60.9
						100	2011			13.1	17.3	21.5	25.8	30.0	34.2	38.4	42.7	46.9	51.1	55.3	59.5	63.8

板弯矩配筋表

表 2-3-4

受力钢筋（HPB235 钢筋）间距（mm）								A_s	每米板宽 M（kN·m/m）					C25 混凝土，当板厚 h 为（mm）								
ϕ6	6/8	ϕ8	8/10	ϕ10	10/12	ϕ12	12/14	(mm²)	60	70	80	90	100	110	120	130	140	150	160	170	180	190	200
150								189	1.52														
140	190							202	1.62	2.05													
130	180							218	1.74	2.20	2.66												
120	170							236	1.88	2.37	2.87												
	160	200						246	1.95	2.47	2.99	3.50											
110	150	190						257	2.04	2.58	3.12	3.66											
100	140	180						283	2.23	2.82	3.42	4.01	4.61										
	130	170						302	2.37	3.00	3.64	4.27	4.90	5.54									
90	125	160						314	2.45	3.11	3.77	4.43	5.09	5.75									
	120		200					327	2.55	3.24	3.92	4.61	5.30	5.98	6.67								
	150		190					335	2.61	3.31	4.01	4.72	5.42	6.12	6.83								
80	110	140	180					357	2.76	3.51	4.26	5.01	5.76	6.51	7.26	8.01							
			170					379	2.92	3.71	4.51	5.31	6.10	6.90	7.69	8.49							
	100	130		200				393	3.02	3.84	4.67	5.49	6.32	7.14	7.97	8.79	9.62						
		125	160					402	3.08	3.92	4.77	5.61	6.45	7.30	8.14	8.99	9.83						
		120		190				419	3.19	4.07	4.95	5.83	6.71	7.59	8.47	9.35	10.2	11.1					
			150					429	3.26	4.16	5.06	5.97	6.87	7.77	8.67	9.57	10.5	11.4					
	90			180				436	3.31	4.23	5.14	6.06	6.97	7.89	8.80	9.72	10.6	11.6	12.5				
		110	140	170				460	3.47	4.44	5.40	6.37	7.34	8.30	9.27	10.2	11.2	12.2	13.1				
		105	135	165	200			479	3.60	4.60	5.61	6.62	7.62	8.63	9.63	10.6	11.6	12.7	13.7	14.7			
	80		130	160				491	3.68	4.71	5.74	6.77	7.80	8.83	9.86	10.9	11.9	13.0	14.0	15.0	16.1		
		100			190			503	3.76	4.81	5.87	6.93	7.98	9.04	10.1	11.2	12.2	13.3	14.3	15.4	16.4		
				150				523	3.89	4.98	6.08	7.18	8.28	9.38	10.5	11.6	12.7	13.8	14.9	16.0	17.1	18.2	
					180			532	3.94	5.06	6.18	7.30	8.41	9.53	10.6	11.8	12.9	14.0	15.1	16.2	17.4	18.5	
			120					537	3.98	5.10	6.23	7.36	8.49	9.61	10.7	11.9	13.0	14.1	15.3	16.4	17.5	18.6	
	70	90		140	170	200		561	4.13	5.31	6.49	7.66	8.84	10.0	11.2	12.4	13.6	14.7	15.9	17.1	18.3	19.4	20.6
			110					585	4.28	5.51	6.74	7.97	9.19	10.4	11.7	12.9	14.1	15.3	16.6	17.8	19.0	20.3	21.5
						190		595	4.34	5.59	6.84	8.09	9.34	10.6	11.8	13.1	14.3	15.6	16.8	18.1	19.3	20.6	21.8
				130	160			604	4.40	5.67	6.93	8.20	9.47	10.7	12.0	13.3	14.5	15.8	17.1	18.4	19.6	20.9	22.2
		80		125		180		628	4.54	5.86	7.18	8.50	9.82	11.1	12.5	13.8	15.1	16.4	17.7	19.1	20.4	21.7	23.0
			100		150			639	4.61	5.95	7.29	8.64	9.98	11.3	12.7	14.0	15.3	16.7	18.0	19.4	20.7	22.1	23.4
				120				654	4.70	6.07	7.45	8.82	10.2	11.6	12.9	14.3	15.7	17.1	18.4	19.8	21.2	22.6	23.9
						170	200	664	4.76	6.16	7.55	8.94	10.3	11.7	13.1	14.5	15.9	17.3	18.7	20.1	21.5	22.9	24.3
					140	165	195	684	4.88	6.32	7.75	9.19	10.6	12.1	13.5	14.9	16.4	17.8	19.2	20.7	22.1	23.6	25.0

续表

受力钢筋（HPB235钢筋）间距（mm）							A_s	每米板宽 M（kN·m/m）						C25混凝土，当板厚 h 为（mm）								
8/10	ϕ10	10/12	ϕ12	12/14	ϕ14	ϕ16	(mm^2)	60	70	80	90	100	110	120	130	140	150	160	170	180	190	200
			160	190			706	5.01	6.49	7.97	9.45	10.9	12.4	13.9	15.4	16.9	18.4	19.8	21.3	22.8	24.3	25.8
90	110			185			714	5.05	6.55	8.05	9.55	11.1	12.5	14.0	15.5	17.0	18.5	20.0	21.5	23.0	24.5	26.0
		130		180			737	5.18	6.73	8.28	9.83	11.4	12.9	14.5	16.0	17.6	19.1	20.7	22.2	23.8	25.3	26.9
			150				753	5.27	6.86	8.44	10.0	11.6	13.2	14.8	16.3	17.9	19.5	21.1	22.7	24.3	25.8	27.4
		125		175	200		766	5.35	6.96	8.56	10.2	11.8	13.4	15.0	16.6	18.2	19.8	21.4	23.0	24.7	26.3	27.9
	100		145	170	195		785	5.45	7.10	8.75	10.4	12.0	13.7	15.3	17.0	18.6	20.3	21.9	23.6	25.2	26.9	28.5
		120					798	5.19	6.86	8.54	10.2	11.9	13.6	15.2	16.9	18.6	20.3	21.9	23.6	25.3	27.0	28.6
80		140	165	190			807	5.23	6.93	8.62	10.3	12.0	13.7	15.4	17.1	18.8	20.5	22.2	23.9	25.6	27.3	29.0
				155	180		859	5.49	7.29	9.10	10.9	12.7	14.5	16.3	18.1	19.9	21.7	23.5	25.3	27.1	28.9	30.7
	90	110	130				871	5.54	7.37	9.20	11.0	12.9	14.7	16.5	18.3	20.2	22.0	23.8	25.7	27.5	29.3	31.2
70			125	150	170		905	5.70	7.60	9.51	11.4	13.3	15.2	17.1	19.0	20.9	22.8	24.7	26.6	28.5	30.4	32.3
			120				942	5.87	7.85	9.83	11.8	13.8	15.8	17.7	19.7	21.7	23.7	25.7	27.6	29.6	31.6	33.6
		100		140	160		954	5.93	7.93	9.93	11.9	13.9	15.9	17.9	20.0	22.0	24.0	26.0	28.0	30.0	32.0	34.0
	80			130			981	6.05	8.11	10.2	12.2	14.3	16.3	18.4	20.5	22.5	24.6	26.6	28.7	30.8	32.8	34.9
		95	110		150	200	1005	6.15	8.26	10.4	12.5	14.6	16.7	18.8	20.9	23.0	25.1	27.3	29.4	31.5	33.6	35.7
		90			140	190	1058	6.37	8.59	10.8	13.0	15.3	17.5	19.7	21.9	24.1	26.4	28.6	30.8	33.0	35.3	37.5
	70		100	120		180	1113	6.59	8.92	11.3	13.6	15.9	18.3	20.6	22.9	25.3	27.6	30.0	32.3	34.6	37.0	39.3
			95		130	170	1182	6.84	9.33	11.8	14.3	16.8	19.3	21.7	24.2	26.7	29.2	31.7	34.1	36.6	39.1	41.6
		80					1198	6.90	9.42	11.9	14.4	17.0	19.5	22.0	24.5	27.0	29.5	32.1	34.6	37.1	39.6	42.1
			90	110	125		1214	6.96	9.51	12.1	14.6	17.2	19.7	22.3	24.8	27.4	29.9	32.5	35.0	37.5	40.1	42.6
						160	1256	7.10	9.74	12.4	15.0	17.7	20.3	22.9	25.6	28.2	30.8	33.5	36.1	38.8	41.4	44.0
					120		1283	7.19	9.88	12.6	15.3	18.0	20.7	23.4	26.0	28.7	31.4	34.1	36.8	39.5	42.2	44.9
				100	110	150	1335	7.35	10.2	13.0	15.8	18.6	21.4	24.2	27.0	29.8	32.6	35.4	38.2	41.0	43.8	46.6
		70					1369	7.45	10.3	13.2	16.1	19.0	21.8	24.7	27.6	30.5	33.3	36.2	39.1	42.0	44.8	47.7
			80	95			1405	7.55	10.5	13.5	16.4	19.4	22.3	25.3	28.2	31.2	34.1	37.1	40.0	43.0	45.9	48.9
						140	1436	7.64	10.7	13.7	16.7	19.7	22.7	25.7	28.7	31.8	34.8	37.8	40.8	43.8	46.8	49.9
				90	100		1483	7.76	10.9	14.0	17.1	20.2	23.3	26.4	29.6	32.7	35.8	38.9	42.0	45.1	48.2	51.4
						130	1546	7.91	11.2	14.4	17.6	20.9	24.1	27.4	30.6	33.9	37.1	40.4	43.6	46.9	50.1	53.4
			70	80	95		1616	8.06	11.5	14.8	18.2	21.6	25.0	28.4	31.8	35.2	38.6	42.0	45.4	48.8	52.2	55.6
						120	1675	8.17	11.7	15.2	18.7	22.2	25.8	29.3	32.8	36.3	39.8	43.3	46.9	50.4	53.9	57.4
					90		1710	8.23	11.8	15.4	19.0	22.6	26.2	29.8	33.4	37.0	40.5	44.1	47.7	51.3	54.9	58.5
					85	110	1811	8.40	12.2	16.0	19.8	23.6	27.4	31.2	35.0	38.8	42.6	46.4	50.2	54.0	57.8	61.6
				70	80		1907	8.48	12.5	16.5	20.5	24.5	28.5	32.5	36.5	40.5	44.5	48.5	52.5	56.5	60.5	64.5
						100	2011	8.55	12.8	17.0	21.2	25.4	29.7	33.9	38.1	42.3	46.6	50.8	55.0	59.2	63.5	67.7

板弯矩配筋表　　　　表 2-3-5

受力钢筋（HPB235 钢筋）间距（mm）								A_s	每米板宽 M（kN·m/m）						C30 混凝土，当板厚 h 为（mm）								
ϕ6	6/8	ϕ8	8/10	ϕ10	10/12	ϕ12	12/14	(mm²)	60	70	80	90	100	110	120	130	140	150	160	170	180	190	200
150								189	1.53														
140	190							202	1.63														
130	180							218	1.76	2.22													
120	170							236	1.90	2.39													
	160	200						246	1.97	2.49	3.01												
110	150	190						257	2.06	2.60	3.14												
100	140	180						283	2.25	2.85	3.44	4.04											
	130	170						302	2.40	3.03	3.66	4.30											
90	125	160						314	2.49	3.14	3.80	4.46	5.12										
	120		200					327	2.58	3.27	3.96	4.64	5.33										
		150	190					335	2.64	3.34	4.05	4.75	5.45										
80	110	140	180					357	2.80	3.55	4.30	5.05	5.80	6.55									
			170					379	2.96	3.76	4.55	5.35	6.15	6.94	7.74								
	100	130		200				393	3.06	3.89	4.71	5.54	6.36	7.19	8.01								
		125	160					402	3.13	3.97	4.82	5.66	6.50	7.35	8.19	9.04							
		120		190				419	3.25	4.13	5.01	5.89	6.77	7.65	8.53	9.41							
			150					429	3.32	4.22	5.12	6.02	6.92	7.82	8.73	9.63	10.5						
	90			180				436	3.37	4.28	5.20	6.12	7.03	7.95	8.86	9.78	10.7						
		110	140	170				460	3.54	4.50	5.47	6.44	7.40	8.37	9.33	10.3	11.3	12.2					
		105	135	165	200			479	3.67	4.68	5.68	6.69	7.69	8.70	9.71	10.7	11.7	12.7					
	80		130	160				491	3.75	4.78	5.81	6.85	7.88	8.91	9.94	11.0	12.0	13.0	14.1				
		100			190			503	3.84	4.89	5.95	7.00	8.06	9.12	10.2	11.2	12.3	13.3	14.4				
				150				523	3.97	5.07	6.17	7.27	8.36	9.46	10.6	11.7	12.8	13.9	15.0	16.1			
					180			532	4.03	5.15	6.27	7.38	8.50	9.62	10.7	11.9	13.0	14.1	15.2	16.3			
			120					537	4.07	5.19	6.32	7.45	8.58	9.70	10.8	12.0	13.1	14.2	15.3	16.5			
	70	90		140	170	200		561	4.23	5.41	6.58	7.76	8.94	10.1	11.3	12.5	13.7	14.8	16.0	17.2	18.4		
			110					585	4.39	5.61	6.84	8.07	9.30	10.5	11.8	13.0	14.2	15.4	16.7	17.9	19.1	20.4	
						190		595	4.45	5.70	6.95	8.20	9.45	10.7	11.9	13.2	14.4	15.7	16.9	18.2	19.4	20.7	
				130	160			604	4.51	5.78	7.05	8.32	9.58	10.9	12.1	13.4	14.7	15.9	17.2	18.5	19.7	21.0	
		80		125		180		628	4.67	5.99	7.30	8.62	9.94	11.3	12.6	13.9	15.2	16.5	17.9	19.2	20.5	21.8	23.1
			100		150			639	4.74	6.08	7.42	8.76	10.1	11.4	12.8	14.1	15.5	16.8	18.2	19.5	20.8	22.2	23.5
				120				654	4.83	6.21	7.58	8.95	10.3	11.7	13.1	14.4	15.8	17.2	18.6	19.9	21.3	22.7	24.1
						170	200	664	4.90	6.29	7.69	9.08	10.5	11.9	13.3	14.7	16.1	17.4	18.8	20.2	21.6	23.0	24.4
					140	165	195	684	5.02	6.46	7.90	9.33	10.8	12.2	13.6	15.1	16.5	18.0	19.4	20.8	22.3	23.7	25.1

续表

受力钢筋（HPB235钢筋）间距（mm）							A_s	每米板宽 M（kN·m/m）						C30混凝土，当板厚 h 为（mm）								
8/10	ϕ10	10/12	ϕ12	12/14	ϕ14	ϕ16	（mm^2）	60	70	80	90	100	110	120	130	140	150	160	170	180	190	200
			160	190			706	5.16	6.64	8.13	9.61	11.1	12.6	14.1	15.5	17.0	18.5	20.0	21.5	23.0	24.4	25.9
90	110			185			714	5.21	6.71	8.21	9.71	11.2	12.7	14.2	15.7	17.2	18.7	20.2	21.7	23.2	24.7	26.2
		130		180			737	5.35	6.90	8.45	10.0	11.5	13.1	14.6	16.2	17.7	19.3	20.8	22.4	23.9	25.5	27.0
			150				753	5.45	7.03	8.61	10.2	11.8	13.4	14.9	16.5	18.1	19.7	21.3	22.8	24.4	26.0	27.6
		125		175	200		766	5.53	7.14	8.75	10.4	12.0	13.6	15.2	16.8	18.4	20.0	21.6	23.2	24.8	26.4	28.1
	100		145	170	195		785	5.64	7.29	8.94	10.6	12.2	13.9	15.5	17.2	18.8	20.5	22.1	23.8	25.4	27.1	28.7
		120					798	5.39	7.06	8.74	10.4	12.1	13.8	15.4	17.1	18.8	20.5	22.1	23.8	25.5	27.2	28.8
80			140	165	190		807	5.44	7.13	8.83	10.5	12.2	13.9	15.6	17.3	19.0	20.7	22.4	24.1	25.8	27.5	29.2
				155	180		859	5.72	7.52	9.32	11.1	12.9	14.7	16.5	18.3	20.1	22.0	23.8	25.6	27.4	29.2	31.0
	90	110	130				871	5.78	7.61	9.44	11.3	13.1	14.9	16.8	18.6	20.4	22.2	24.1	25.9	27.7	29.6	31.4
70			125	150	170		905	5.96	7.86	9.76	11.7	13.6	15.5	17.4	19.3	21.2	23.1	25.0	26.9	28.8	30.7	32.6
			120				942	6.15	8.13	10.1	12.1	14.1	16.0	18.0	20.0	22.0	24.0	25.9	27.9	29.9	31.9	33.8
		100		140	160		954	6.21	8.21	10.2	12.2	14.2	16.2	18.2	20.2	22.2	24.2	26.2	28.2	30.3	32.3	34.3
	80			130			981	6.34	8.40	10.5	12.5	14.6	16.6	18.7	20.8	22.8	24.9	26.9	29.0	31.1	33.1	35.2
		95	110		150	200	1005	6.46	8.57	10.7	12.8	14.9	17.0	19.1	21.2	23.3	25.5	27.6	29.7	31.8	33.9	36.0
		90			140	190	1058	6.72	8.94	11.2	13.4	15.6	17.8	20.0	22.3	24.5	26.7	28.9	31.2	33.4	35.6	37.8
	70		100	120		180	1113	6.97	9.31	11.6	14.0	16.3	18.7	21.0	23.3	25.7	28.0	30.3	32.7	35.0	37.4	39.7
			95		130	170	1182	7.28	9.76	12.2	14.7	17.2	19.7	22.2	24.7	27.1	29.6	32.1	34.6	37.1	39.5	42.0
		80					1198	7.35	9.86	12.4	14.9	17.4	19.9	22.4	25.0	27.5	30.0	32.5	35.0	37.5	40.1	42.6
			90	110	125		1214	7.42	9.96	12.5	15.1	17.6	20.2	22.7	25.3	27.8	30.4	32.9	35.5	38.0	40.6	43.1
						160	1256	7.59	10.2	12.9	15.5	18.1	20.8	23.4	26.1	28.7	31.3	34.0	36.6	39.2	41.9	44.5
					120		1283	7.70	10.4	13.1	15.8	18.5	21.2	23.9	26.6	29.3	31.9	34.6	37.3	40.0	42.7	45.4
				100	110	150	1335	7.91	10.7	13.5	16.3	19.1	21.9	24.7	27.5	30.3	33.1	35.9	38.7	41.5	44.4	47.2
		70					1369	8.03	10.9	13.8	16.7	19.5	22.4	25.3	28.2	31.0	33.9	36.8	39.7	42.5	45.4	48.3
			80	95			1405	8.17	11.1	14.1	17.0	20.0	22.9	25.9	28.8	31.8	34.7	37.7	40.6	43.6	46.5	49.5
						140	1436	8.28	11.3	14.3	17.3	20.3	23.4	26.4	29.4	32.4	35.4	38.4	41.5	44.5	47.5	50.5
				90	100		1483	8.44	11.6	14.7	17.8	20.9	24.0	27.1	30.2	33.4	36.5	39.6	42.7	45.8	48.9	52.0
						130	1546	8.65	11.9	15.1	18.4	21.6	24.9	28.1	31.4	34.6	37.9	41.1	44.4	47.6	50.9	54.1
			70	80	95		1616	8.87	12.3	15.7	19.0	22.4	25.8	29.2	32.6	36.0	39.4	42.8	46.2	49.6	53.0	56.4
						120	1675	9.04	12.6	16.1	19.6	23.1	26.6	30.1	33.7	37.2	40.7	44.2	47.7	51.3	54.8	58.3
					90		1710	9.14	12.7	16.3	19.9	23.5	27.1	30.7	34.3	37.9	41.5	45.0	48.6	52.2	55.8	59.4
					85	110	1811	9.43	13.2	17.0	20.8	24.6	28.4	32.2	36.0	39.8	43.6	47.4	51.2	55.0	58.8	62.6
				70	80		1907	9.61	13.6	17.6	21.6	25.6	29.6	33.6	37.6	41.6	45.7	49.7	53.7	57.7	61.7	65.7
						100	2011	9.81	14.0	18.3	22.5	26.7	30.9	35.2	39.4	43.6	47.8	52.0	56.3	60.5	64.7	68.9

板弯矩配筋表 　　表 2-3-6

受力钢筋（HPB235 钢筋）间距（mm）								A_s	每米板宽 M（kN·m/m）						C35 混凝土，当板厚 h 为（mm）								
ϕ6	6/8	ϕ8	8/10	ϕ10	10/12	ϕ12	12/14	(mm^2)	60	70	80	90	100	110	120	130	140	150	160	170	180	190	200
140	190							202	1.64														
130	180							218	1.77														
120	170							236	1.91	2.40													
	160	200						246	1.99	2.50													
110	150	190						257	2.07	2.61													
100	140	180						283	2.27	2.87	3.46												
	130	170						302	2.42	3.05	3.68												
90	125	160						314	2.51	3.17	3.83	4.49											
	120		200					327	2.61	3.29	3.98	4.67											
		150	190					335	2.67	3.37	4.07	4.78											
80	110	140	180					357	2.83	3.58	4.33	5.08	5.83										
			170					379	2.99	3.79	4.59	5.38	6.18	6.97									
	100	130		200				393	3.10	3.92	4.75	5.57	6.40	7.22									
		125	160					402	3.16	4.01	4.85	5.70	6.54	7.38									
		120		190				419	3.29	4.17	5.05	5.93	6.81	7.69	8.57								
			150					429	3.36	4.26	5.16	6.06	6.96	7.87	8.77								
	90			180				436	3.41	4.33	5.24	6.16	7.07	7.99	8.91								
		110	140	170				460	3.58	4.55	5.52	6.48	7.45	8.41	9.38	10.3							
		105	135	165	200			479	3.72	4.73	5.73	6.74	7.74	8.75	9.76	10.8	11.8						
	80		130	160				491	3.81	4.84	5.87	6.90	7.93	8.96	9.99	11.0	12.1						
		100			190			503	3.89	4.95	6.00	7.06	8.12	9.17	10.2	11.3	12.3						
				150				523	4.03	5.13	6.23	7.33	8.43	9.52	10.6	11.7	12.8	13.9					
					180			532	4.10	5.21	6.33	7.45	8.56	9.68	10.8	11.9	13.0	14.1					
			120					537	4.13	5.26	6.39	7.51	8.64	9.77	10.9	12.0	13.2	14.3					
	70	90		140	170	200		561	4.30	5.47	6.65	7.83	9.01	10.2	11.4	12.5	13.7	14.9	16.1				
			110					585	4.46	5.69	6.92	8.15	9.38	10.6	11.8	13.1	14.3	15.5	16.7	18.0			
						190		595	4.53	5.78	7.03	8.28	9.53	10.8	12.0	13.3	14.5	15.8	17.0	18.3			
				130	160			604	4.59	5.86	7.13	8.40	9.67	10.9	12.2	13.5	14.7	16.0	17.3	18.5			
		80		125		180		628	4.75	6.07	7.39	8.71	10.0	11.3	12.7	14.0	15.3	16.6	17.9	19.3	20.6		
			100		150			639	4.83	6.17	7.51	8.85	10.2	11.5	12.9	14.2	15.6	16.9	18.2	19.6	20.9	22.3	
				120				654	4.93	6.30	7.68	9.05	10.4	11.8	13.2	14.5	15.9	17.3	18.7	20.0	21.4	22.8	
						170	200	664	5.00	6.39	7.78	9.18	10.6	12.0	13.4	14.8	16.2	17.5	18.9	20.3	21.7	23.1	
					140	165	195	684	5.13	6.56	8.00	9.44	10.9	12.3	13.7	15.2	16.6	18.1	19.5	20.9	22.4	23.8	25.2
						160	190	706	5.27	6.75	8.24	9.72	11.2	12.7	14.2	15.7	17.1	18.6	20.1	21.6	23.1	24.5	26.0

续表

受力钢筋（HPB235 钢筋）间距（mm）							A_s	每米板宽 M（kN·m/m）							C35 混凝土，当板厚 h 为（mm）							
8/10	ϕ10	10/12	ϕ12	12/14	ϕ14	ϕ16	(mm^2)	60	70	80	90	100	110	120	130	140	150	160	170	180	190	200
90	110			185			714	5.32	6.82	8.32	9.82	11.3	12.8	14.3	15.8	17.3	18.8	20.3	21.8	23.3	24.8	26.3
		130		180			737	5.47	7.02	8.57	10.1	11.7	13.2	14.8	16.3	17.9	19.4	21.0	22.5	24.0	25.6	27.1
			150				753	5.58	7.16	8.74	10.3	11.9	13.5	15.1	16.6	18.2	19.8	21.4	23.0	24.6	26.1	27.7
		125		175	200		766	5.66	7.27	8.88	10.5	12.1	13.7	15.3	16.9	18.5	20.1	21.7	23.4	25.0	26.6	28.2
	100		145	170	195		785	5.78	7.43	9.08	10.7	12.4	14.0	15.7	17.3	19.0	20.6	22.3	23.9	25.6	27.2	28.9
		120					798	5.53	7.20	8.88	10.6	12.2	13.9	15.6	17.3	18.9	20.6	22.3	24.0	25.6	27.3	29.0
80			140	165	190		807	5.58	7.27	8.97	10.7	12.4	14.1	15.7	17.4	19.1	20.8	22.5	24.2	25.9	27.6	29.3
				155	180		859	5.88	7.68	9.49	11.3	13.1	14.9	16.7	18.5	20.3	22.1	23.9	25.7	27.5	29.3	31.1
	90	110	130				871	5.95	7.78	9.61	11.4	13.3	15.1	16.9	18.8	20.6	22.4	24.2	26.1	27.9	29.7	31.6
70			125	150	170		905	6.14	8.04	9.94	11.8	13.7	15.6	17.5	19.4	21.3	23.2	25.1	27.0	28.9	30.8	32.7
			120				942	6.35	8.32	10.3	12.3	14.3	16.2	18.2	20.2	22.2	24.1	26.1	28.1	30.1	32.1	34.0
		100		140	160		954	6.41	8.41	10.4	12.4	14.4	16.4	18.4	20.4	22.4	24.4	26.4	28.4	30.5	32.5	34.5
	80			130			981	6.56	8.62	10.7	12.7	14.8	16.9	18.9	21.0	23.0	25.1	27.2	29.2	31.3	33.3	35.4
		95	110		150	200	1005	6.69	8.80	10.9	13.0	15.1	17.2	19.3	21.5	23.6	25.7	27.8	29.9	32.0	34.1	36.2
		90			140	190	1058	6.96	9.19	11.4	13.6	15.9	18.1	20.3	22.5	24.7	27.0	29.2	31.4	33.6	35.8	38.1
	70	100	120			180	1113	7.25	9.58	11.9	14.3	16.6	18.9	21.3	23.6	25.9	28.3	30.6	33.0	35.3	37.6	40.0
		95			130	170	1182	7.59	10.1	12.6	15.0	17.5	20.0	22.5	25.0	27.4	29.9	32.4	34.9	37.4	39.9	42.3
		80					1198	7.67	10.2	12.7	15.2	17.7	20.2	22.8	25.3	27.8	30.3	32.8	35.3	37.9	40.4	42.9
			90	110	125		1214	7.74	10.3	12.8	15.4	17.9	20.5	23.0	25.6	28.1	30.7	33.2	35.8	38.3	40.9	43.4
						160	1256	7.94	10.6	13.2	15.9	18.5	21.1	23.8	26.4	29.0	31.7	34.3	37.0	39.6	42.2	44.9
					120		1283	8.06	10.8	13.5	16.1	18.8	21.5	24.2	26.9	29.6	32.3	35.0	37.7	40.4	43.1	45.8
				100	110	150	1335	8.30	11.1	13.9	16.7	19.5	22.3	25.1	27.9	30.7	33.5	36.3	39.1	41.9	44.7	47.5
		70					1369	8.45	11.3	14.2	17.1	19.9	22.8	25.7	28.6	31.4	34.3	37.2	40.1	42.9	45.8	48.7
			80	95			1405	8.61	11.6	14.5	17.5	20.4	23.4	26.3	29.3	32.2	35.2	38.1	41.1	44.0	47.0	49.9
						140	1436	8.74	11.8	14.8	17.8	20.8	23.8	26.8	29.8	32.9	35.9	38.9	41.9	44.9	47.9	51.0
				90	100		1483	8.93	12.0	15.2	18.3	21.4	24.5	27.6	30.7	33.8	37.0	40.1	43.2	46.3	49.4	52.5
						130	1546	9.18	12.4	15.7	18.9	22.2	25.4	28.7	31.9	35.2	38.4	41.6	44.9	48.1	51.4	54.6
			70	80	95		1616	9.45	12.8	16.2	19.6	23.0	26.4	29.8	33.2	36.6	40.0	43.4	46.8	50.2	53.6	57.0
						120	1675	9.66	13.2	16.7	20.2	23.7	27.2	30.8	34.3	37.8	41.3	44.8	48.4	51.9	55.4	58.9
					90		1710	9.78	13.4	17.0	20.6	24.1	27.7	31.3	34.9	38.5	42.1	45.7	49.3	52.9	56.5	60.1
					85	110	1811	10.1	13.9	17.7	21.5	25.3	29.1	32.9	36.7	40.5	44.3	48.2	52.0	55.8	59.6	63.4
				70	80		1907	10.4	14.4	18.4	22.4	26.4	30.4	34.4	38.4	42.5	46.5	50.5	54.5	58.5	62.5	66.5
						100	2011	10.7	14.9	19.2	23.4	27.6	31.8	36.0	40.3	44.5	48.7	52.9	57.2	61.4	65.6	69.8
						90	2234	11.2	15.9	20.6	25.3	30.0	34.7	39.4	44.1	48.8	53.5	58.2	62.8	67.5	72.2	76.9

板弯矩配筋表　　　　表 2-3-7

受力钢筋（HPB235 钢筋）间距（mm）								A_s	每米板宽 M（kN·m/m）						C40 混凝土，当板厚 h 为（mm）								
ϕ6	6/8	ϕ8	8/10	ϕ10	10/12	ϕ12	12/14	(mm^2)	60	70	80	90	100	110	120	130	140	150	160	170	180	190	200
120	170							236	1.92														
	160	200						246	2.00														
110	150	190						257	2.08	2.62													
100	140	180						283	2.28	2.88													
	130	170						302	2.43	3.07	3.70												
90	125	160						314	2.52	3.18	3.84												
	120		200					327	2.62	3.31	4.00												
		150	190					335	2.68	3.39	4.09	4.79											
80	110	140	180					357	2.85	3.60	4.35	5.10											
			170					379	3.02	3.81	4.61	5.41	6.20										
	100	130		200				393	3.12	3.95	4.77	5.60	6.42										
		125	160					402	3.19	4.03	4.88	5.72	6.57										
		120		190				419	3.32	4.20	5.08	5.96	6.84	7.72									
			150					429	3.39	4.29	5.19	6.09	6.99	7.90									
	90			180				436	3.44	4.36	5.27	6.19	7.11	8.02									
		110	140	170				460	3.62	4.59	5.55	6.52	7.48	8.45	9.42								
		105	135	165	200			479	3.76	4.76	5.77	6.78	7.78	8.79	9.79	10.8							
	80		130	160				491	3.85	4.88	5.91	6.94	7.97	9.00	10.0	11.1							
		100			190			503	3.93	4.99	6.05	7.10	8.16	9.21	10.3	11.3							
				150				523	4.08	5.18	6.27	7.37	8.47	9.57	10.7	11.8	12.9						
					180			532	4.14	5.26	6.38	7.49	8.61	9.73	10.8	12.0	13.1						
			120					537	4.18	5.31	6.43	7.56	8.69	9.82	10.9	12.1	13.2						
	70	90		140	170	200		561	4.35	5.53	6.71	7.88	9.06	10.2	11.4	12.6	13.8	15.0					
			110					585	4.52	5.75	6.98	8.20	9.43	10.7	11.9	13.1	14.3	15.6					
						190		595	4.59	5.84	7.09	8.34	9.59	10.8	12.1	13.3	14.6	15.8	17.1				
				130	160			604	4.65	5.92	7.19	8.46	9.73	11.0	12.3	13.5	14.8	16.1	17.3				
		80		125		180		628	4.82	6.14	7.46	8.78	10.1	11.4	12.7	14.1	15.4	16.7	18.0	19.3			
			100		150			639	4.90	6.24	7.58	8.92	10.3	11.6	12.9	14.3	15.6	17.0	18.3	19.7			
				120				654	5.00	6.37	7.75	9.12	10.5	11.9	13.2	14.6	16.0	17.4	18.7	20.1			
						170	200	664	5.07	6.46	7.86	9.25	10.6	12.0	13.4	14.8	16.2	17.6	19.0	20.4	21.8		
					140	165	195	684	5.21	6.64	8.08	9.51	11.0	12.4	13.8	15.3	16.7	18.1	19.6	21.0	22.4		
						160	190	706	5.35	6.84	8.32	9.80	11.3	12.8	14.3	15.7	17.2	18.7	20.2	21.7	23.1	24.6	
			90	110			185	714	5.41	6.91	8.41	9.91	11.4	12.9	14.4	15.9	17.4	18.9	20.4	21.9	23.4	24.9	
					130		180	737	5.56	7.11	8.66	10.2	11.8	13.3	14.8	16.4	17.9	19.5	21.0	22.6	24.1	25.7	27.2

续表

受力钢筋（HPB235钢筋）间距（mm）							A_s	每米板宽 M（kN·m/m）						C40混凝土，当板厚 h 为（mm）								
8/10	ϕ10	10/12	ϕ12	12/14	ϕ14	ϕ16	(mm²)	60	70	80	90	100	110	120	130	140	150	160	170	180	190	200
			150				753	5.67	7.25	8.83	10.4	12.0	13.6	15.2	16.7	18.3	19.9	21.5	23.1	24.6	26.2	27.8
		125		175	200		766	5.76	7.37	8.97	10.6	12.2	13.8	15.4	17.0	18.6	20.2	21.8	23.5	25.1	26.7	28.3
	100		145	170	195		785	5.88	7.53	9.18	10.8	12.5	14.1	15.8	17.4	19.1	20.7	22.4	24.0	25.7	27.3	29.0
		120					798	5.63	7.31	8.98	10.7	12.3	14.0	15.7	17.4	19.0	20.7	22.4	24.1	25.7	27.4	29.1
80			140	165	190		807	5.69	7.38	9.08	10.8	12.5	14.2	15.9	17.6	19.2	20.9	22.6	24.3	26.0	27.7	29.4
				155	180		859	6.00	7.81	9.61	11.4	13.2	15.0	16.8	18.6	20.4	22.2	24.0	25.8	27.6	29.5	31.3
	90	110	130				871	6.07	7.90	9.73	11.6	13.4	15.2	17.0	18.9	20.7	22.5	24.4	26.2	28.0	29.9	31.7
70			125	150	170		905	6.28	8.18	10.1	12.0	13.9	15.8	17.7	19.6	21.5	23.4	25.3	27.2	29.1	31.0	32.9
			120				942	6.49	8.47	10.4	12.4	14.4	16.4	18.4	20.3	22.3	24.3	26.3	28.3	30.2	32.2	34.2
		100		140	160		954	6.56	8.57	10.6	12.6	14.6	16.6	18.6	20.6	22.6	24.6	26.6	28.6	30.6	32.6	34.6
	80			130			981	6.72	8.78	10.8	12.9	15.0	17.0	19.1	21.1	23.2	25.3	27.3	29.4	31.4	33.5	35.6
		95	110		150	200	1005	6.85	8.96	11.1	13.2	15.3	17.4	19.5	21.6	23.7	25.8	28.0	30.1	32.2	34.3	36.4
		90			140	190	1058	7.15	9.37	11.6	13.8	16.0	18.3	20.5	22.7	24.9	27.1	29.4	31.6	33.8	36.0	38.3
	70		100	120		180	1113	7.45	9.79	12.1	14.5	16.8	19.1	21.5	23.8	26.2	28.5	30.8	33.2	35.5	37.8	40.2
			95		130	170	1182	7.82	10.3	12.8	15.3	17.7	20.2	22.7	25.2	27.7	30.2	32.6	35.1	37.6	40.1	42.6
		80					1198	7.90	10.4	12.9	15.5	18.0	20.5	23.0	25.5	28.0	30.5	33.1	35.6	38.1	40.6	43.1
			90	110	125		1214	7.99	10.5	13.1	15.6	18.2	20.7	23.3	25.8	28.4	30.9	33.5	36.0	38.6	41.1	43.7
						160	1256	8.20	10.8	13.5	16.1	18.8	21.4	24.0	26.7	29.3	31.9	34.6	37.2	39.9	42.5	45.1
					120		1283	8.34	11.0	13.7	16.4	19.1	21.8	24.5	27.2	29.9	32.6	35.3	38.0	40.7	43.4	46.1
				100	110	150	1335	8.60	11.4	14.2	17.0	19.8	22.6	25.4	28.2	31.0	33.8	36.6	39.4	42.2	45.0	47.8
		70					1369	8.76	11.6	14.5	17.4	20.3	23.1	26.0	28.9	31.8	34.6	37.5	40.4	43.3	46.1	49.0
			80	95			1405	8.93	11.9	14.8	17.8	20,7	23.7	26.6	29.6	32.5	35.5	38.4	41.4	44.3	47.3	50.2
						140	1436	9.08	12.1	15.1	18.1	21.1	24.2	27.2	30.2	33.2	36.2	39.2	42.3	45.3	48.3	51.3
				90	100		1483	9.30	12.4	15.5	18.6	21.8	24.9	28.0	31.1	34.2	37.3	40.4	43.6	46.7	49.8	52.9
						130	1546	9.58	12.8	16.1	19.3	22.6	25.8	29.1	32.3	35.6	38.8	42.0	45.3	48.5	51.8	55.0
			70	80	95		1616	9.88	13.3	16.7	20.1	23.5	26.8	30.2	33.6	37.0	40.4	43.8	47.2	50.6	54.0	57.4
						120	1675	10.1	13.6	17.2	20.7	24.2	27.7	31.2	34.8	38.3	41.8	45.3	48.8	52.3	55.9	59.4
					90		1710	10.3	13.9	17.5	21.0	24.6	28.2	31.8	35.4	39.0	42.6	46.2	49.8	53.4	57.0	60.5
					85	110	1811	10.7	14.5	18.3	22.1	25.9	29.7	33.5	37.3	41.1	44.9	48.7	52.5	56.3	60.1	63.9
				70	80		1907	11.0	15.0	19.0	23.0	27.0	31.0	35.0	39.1	43.1	47.1	51.1	55.1	59.1	63.1	67.1
						100	2011	11.4	15.6	19.8	24.0	28.3	32.5	36.7	40.9	45.2	49.4	53.6	57.8	62.1	66.3	70.5
						90	2234	12.1	16.8	21.4	26.1	30.8	35.5	40.2	44.9	49.6	54.3	59.0	63.7	68.4	73.1	77.7
						80	2513	12.8	18.0	23.3	28.6	33.9	39.1	44.4	49.7	55.0	60.3	65.5	70.8	76.1	81.4	86.6

板弯矩配筋表

表 2-3-8

受力钢筋（HRB335 钢筋）间距（mm）								A_s	每米板宽 M（kN·m/m）									C20 混凝土，当板厚 h 为（mm）									HRB400 RRB400
ϕ6	6/8	ϕ8	8/10	ϕ10	10/12	ϕ12	12/14	(mm²)	80	90	100	110	120	130	140	150	160	170	180	190	200	210	220	230	240	250	A_s
	160	200						246	3.78	4.51	5.25	5.99	6.73														205
110	150	190						257	3.93	4.70	5.47	6.24	7.01														214
100	140	180						283	4.29	5.14	5.99	6.84	7.69	8.54	9.39												235
	130	170						302	4.56	5.46	6.37	7.27	8.18	9.09	9.99	10.9											251
90	125	160						314	4.72	5.66	6.60	7.54	8.49	9.43	10.4	11.3											261
	120		200					327	4.89	5.88	6.86	7.84	8.82	9.80	10.8	11.8	12.7										272
		150	190					335	5.00	6.01	7.01	8.02	9.02	10.0	11.0	12.0	13.0										279
80	110	140	180					357	5.29	6.36	7.44	8.51	9.58	10.6	11.7	12.8	13.9	14.9									297
			170					379	5.58	6.72	7.85	8.99	10.1	11.3	12.4	13.5	14.7	15.8	17.0								315
	100	130		200				393	5.76	6.94	8.12	9.30	10.5	11.7	12.8	14.0	15.2	16.4	17.6	18.7							327
		125	160					402	5.88	7.08	8.29	9.49	10.7	11.9	13.1	14.3	15.5	16.7	17.9	19.1	20.3						335
		120		190				419	6.09	7.35	8.60	9.86	11.1	12.4	13.6	14.9	16.1	17.4	18.7	19.9	21.2						349
			150					429	6.22	7.50	8.79	10.1	11.4	12.7	13.9	15.2	16.5	17.8	19.1	20.4	21.7	22.9					357
	90			180				436	6.30	7.61	8.92	10.2	11.5	12.8	14.2	15.5	16.8	18.1	19.4	20.7	22.0	23.3					363
		110	140	170				460	6.60	7.98	9.36	10.7	12.1	13.5	14.9	16.3	17.6	19.0	20.4	21.8	23.2	24.5	25.9	27.3			383
		105	135	165	200			479	6.83	8.26	9.70	11.1	12.6	14.0	15.4	16.9	18.3	19.8	21.2	22.6	24.1	25.5	26.9	28.4			399
	80		130	160				491	6.97	8.44	9.92	11.4	12.9	14.3	15.8	17.3	18.8	20.2	21.7	23.2	24.6	26.1	27.6	29.1	30.5		409
		100			190			503	7.11	8.62	10.1	11.6	13.1	14.7	16.2	17.7	19.2	20.7	22.2	23.7	25.2	26.7	28.2	29.7	31.3	32.8	419
				150				523	7.35	8.92	10.5	12.1	13.6	15.2	16.8	18.3	19.9	21.5	23.0	24.6	26.2	27.7	29.3	30.9	32.5	34.0	435
					180			532	7.45	9.05	10.6	12.2	13.8	15.4	17.0	18.6	20.2	21.8	23.4	25.0	26.6	28.2	29.8	31.4	33.0	34.6	443
			120					537	7.51	9.12	10.7	12.3	14.0	15.6	17.2	18.8	20.4	22.0	23.6	25.2	26.8	28.5	30.1	31.7	33.3	34.9	447
	70	90		140	170	200		561	7.78	9.46	11.1	12.8	14.5	16.2	17.9	19.6	21.2	22.9	24.6	26.3	28.0	29.7	31.3	33.0	34.7	36.4	467
			110					585	8.05	9.80	11.6	13.3	15.1	16.8	18.6	20.3	22.1	23.8	25.6	27.4	29.1	30.9	32.6	34.4	36.1	37.9	487
						190		595	8.16	9.94	11.7	13.5	15.3	17.1	18.9	20.7	22.4	24.2	26.0	27.8	29.6	31.4	33.1	34.9	36.7	38.5	495
				130	160			604	8.26	10.1	11.9	13.7	15.5	17.3	19.1	20.9	22.8	24.6	26.4	28.2	30.0	31.8	33.6	35.4	37.2	39.1	503
		80		125		180		628	8.51	10.4	12.3	14.2	16.0	17.9	19.8	21.7	23.6	25.5	27.4	29.2	31.1	33.0	34.9	36.8	38.7	40.5	523
			100		150			639	8.63	10.5	12.5	14.4	16.3	18.2	20.1	22.0	24.0	25.9	27.8	29.7	31.6	33.6	35.5	37.4	39.3	41.2	532
				120				654	8.79	10.7	12.7	14.7	16.6	18.6	20.6	22.5	24.5	26.4	28.4	30.4	32.3	34.3	36.3	38.2	40.2	42.1	545
						170	200	664	8.89	10.9	12.9	14.9	16.9	18.8	20.8	22.8	24.8	26.8	28.8	30.8	32.8	34.8	36.8	38.8	40.8	42.8	553
					140	165	195	684	9.09	11.1	13.2	15.2	17.3	19.4	21.4	23.5	25.5	27.6	29.6	31.7	33.7	35.8	37.8	39.9	41.9	44.0	570
						160	190	706	9.31	11.4	13.5	15.7	17.8	19.9	22.0	24.1	26.3	28.4	30.5	32.6	34.7	36.8	39.0	41.1	43.2	45.3	588
			90	110			185	714	9.39	11.5	13.7	15.8	18.0	20.1	22.2	24.4	26.5	28.7	30.8	33.0	35.1	37.2	39.4	41.5	43.7	45.8	595
					130		180	737	9.61	11.8	14.0	16.2	18.5	20.7	22.9	25.1	27.3	29.5	31.7	33.9	36.1	38.4	40.6	42.8	45.0	47.2	614
						150		753	9.77	12.0	14.3	16.5	18.8	21.1	23.3	25.6	27.8	30.1	32.4	34.6	36.9	39.1	41.4	43.7	45.9	48.2	627

续表

受力钢筋（HRB335 钢筋）间距（mm）							A_s (mm²)	每米板宽 M（kN·m/m） C20 混凝土，当板厚 h 为（mm）																		HRB400 RRB400 A_s
8/10	ϕ10	10/12	ϕ12	12/14	ϕ14	ϕ16		80	90	100	110	120	130	140	150	160	170	180	190	200	210	220	230	240	250	
		125		175	200		766	9.89	12.2	14.5	16.8	19.1	21.4	23.7	26.0	28.3	30.6	32.9	35.2	37.5	39.8	42.1	44.4	46.7	49.0	638
	100		145	170	195		785	10.1	12.4	14.8	17.1	19.5	21.8	24.2	26.5	28.9	31.3	33.6	36.0	38.3	40.7	43.0	45.4	47.7	50.1	654
		120					798	9.7	12.1	14.5	16.9	19.3	21.7	24.1	26.5	28.9	31.2	33.6	36.0	38.4	40.8	43.2	45.6	48.0	50.4	665
80			140	165	190		807	9.8	12.2	14.6	17.0	19.5	21.9	24.3	26.7	29.1	31.6	34.0	36.4	38.8	41.3	43.7	46.1	48.5	50.9	672
				155	180		859	10.2	12.8	15.4	17.9	20.5	23.1	25.7	28.2	30.8	33.4	36.0	38.5	41.1	43.7	46.3	48.9	51.4	54.0	715
	90	110	130				871	10.3	12.9	15.5	18.1	20.7	23.4	26.0	28.6	31.2	33.8	36.4	39.0	41.6	44.3	46.9	49.5	52.1	54.7	725
70			125	150	170		905	10.6	13.3	16.0	18.7	21.4	24.1	26.8	29.6	32.3	35.0	37.7	40.4	43.1	45.8	48.6	51.3	54.0	56.7	754
			120				942	10.8	13.6	16.5	19.3	22.1	24.9	27.8	30.6	33.4	36.3	39.1	41.9	44.7	47.6	50.4	53.2	56.0	58.9	785
		100		140	160		954	10.9	13.8	16.6	19.5	22.4	25.2	28.1	30.9	33.8	36.7	39.5	42.4	45.2	48.1	51.0	53.8	56.7	59.6	795
	80			130			981	11.1	14.0	17.0	19.9	22.9	25.8	28.7	31.7	34.6	37.6	40.5	43.5	46.4	49.3	52.3	55.2	58.2	61.1	817
		95	110		150	200	1005	11.2	14.3	17.3	20.3	23.3	26.3	29.3	32.4	35.4	38.4	41.4	44.4	47.4	50.4	53.5	56.5	59.5	62.5	837
		90			140	190	1058	11.6	14.7	17.9	21.1	24.3	27.4	30.6	33.8	37.0	40.1	43.3	46.5	49.7	52.8	56.0	59.2	62.4	65.5	881
	70		100	120		180	1113	11.9	15.2	18.6	21.9	25.2	28.6	31.9	35.3	38.6	41.9	45.3	48.6	52.0	55.3	58.6	62.0	65.3	68.7	927
			95		130	170	1182	12.2	15.8	19.3	22.9	26.4	30.0	33.5	37.1	40.6	44.2	47.7	51.3	54.8	58.3	61.9	65.4	69.0	72.5	985
		80					1198	12.3	15.9	19.5	23.1	26.7	30.3	33.9	37.5	41.1	44.7	48.3	51.9	55.4	59.0	62.6	66.2	69.8	73.4	998
			90	110	125		1214	12.4	16.0	19.7	23.3	27.0	30.6	34.2	37.9	41.5	45.2	48.8	52.5	56.1	59.7	63.4	67.0	70.7	74.3	1011
						160	1256	12.6	16.3	20.1	23.9	27.6	31.4	35.2	39.0	42.7	46.5	50.3	54.0	57.8	61.6	65.3	69.1	72.9	76.6	1046
					120		1283	12.7	16.5	20.4	24.2	28.1	31.9	35.8	39.6	43.5	47.3	51.2	55.0	58.9	62.7	66.6	70.4	74.3	78.1	1069
				100	110	150	1335	12.9	16.9	20.9	24.9	28.9	32.9	36.9	40.9	44.9	48.9	52.9	56.9	60.9	64.9	68.9	72.9	77.0	81.0	1112
		70					1369	13.0	17.1	21.2	25.3	29.4	33.5	37.6	41.7	45.8	49.9	54.1	58.2	62.3	66.4	70.5	74.6	78.7	82.8	1140
			80	95			1405	13.1	17.3	21.5	25.7	29.9	34.2	38.4	42.6	46.8	51.0	55.2	59.5	63.7	67.9	72.1	76.3	80.5	84.7	1170
						140	1436		17.5	21.8	26.1	30.4	34.7	39.0	43.3	47.6	51.9	56.2	60.6	64.9	69.2	73.5	77.8	82.1	86.4	1196
				90	100		1483		17.7	22.2	26.6	31.1	35.5	40.0	44.4	48.9	53.3	57.8	62.2	66.7	71.1	75.6	80.0	84.5	88.9	1235
						130	1546		18.0	22.7	27.3	31.9	36.6	41.2	45.8	50.5	55.1	59.8	64.4	69.0	73.7	78.3	82.9	87.6	92.2	1288
			70	80	95		1616			23.1	28.0	32.8	37.7	42.5	47.4	52.2	57.1	61.9	66.8	71.6	76.5	81.3	86.2	91.0	95.9	1346
						120	1675			23.5	28.6	33.6	38.6	43.6	48.7	53.7	58.7	63.7	68.8	73.8	78.8	83.8	88.9	93.9	98.9	1395
					90		1710			23.7	28.9	34.0	39.1	44.3	49.4	54.5	59.7	64.8	69.9	75.0	80.2	85.3	90.4	95.6	100.7	1425
						110	1828				29.9	35.3	40.8	46.3	51.8	57.3	62.8	68.2	73.7	79.2	84.7	90.2	95.7	101.1	106.6	1523
					80		1923				30.4	36.2	41.9	47.6	53.3	59.0	64.8	70.5	76.2	81.9	87.6	93.4	99.1	104.8	110.5	1589
						100	2011					37.2	43.2	49.2	55.2	61.3	67.3	73.3	79.4	85.4	91.4	97.5	103.5	109.5	115.6	1675
						95	2116						44.4	50.7	57.1	63.4	69.8	76.1	82.5	88.8	95.2	101.5	107.9	114.2	120.6	1763
					70		2198						45.3	51.9	58.5	65.1	71.6	78.2	84.8	91.4	98.0	104.6	111.2	117.8	124.4	1831
						90	2234						45.6	52.3	59.0	65.7	72.4	79.1	85.8	92.6	99.3	106.0	112.7	119.4	126.1	1861
						80	2513								63.1	70.7	78.2	85.7	93.3	100.8	108.4	115.9	123.4	131.0	138.5	2094

板弯矩配筋表 **表 2-3-9**

受力钢筋（HRB335 钢筋）间距（mm）								A_s (mm²)	每米板宽 M（kN·m/m） C25 混凝土，当板厚 h 为（mm）																		HRB400 RRB400
$\phi6$	6/8	$\phi8$	8/10	$\phi10$	10/12	$\phi12$	12/14		80	90	100	110	120	130	140	150	160	170	180	190	200	210	220	230	240	250	A_s
	160	200						246	4.20	4.94	5.68	6.41	7.15														205
110	150	190						257	4.38	5.15	5.92	6.69	7.46														214
100	140	180						283	4.79	5.64	6.49	7.34	8.19	9.04	9.89												235
	130	170						302	5.09	6.00	6.90	7.81	8.72	9.62	10.5	11.4											251
90	125	160						314	5.28	6.22	7.16	8.11	9.05	9.99	10.9	11.9											261
	120		200					327	5.48	6.46	7.44	8.42	9.41	10.4	11.4	12.3	13.3										272
		150	190					335	5.61	6.61	7.62	8.62	9.63	10.6	11.6	12.6	13.6										279
80	110	140	180					357	5.94	7.02	8.09	9.16	10.2	11.3	12.4	13.4	14.5	15.6									297
			170					379	6.28	7.42	8.55	9.69	10.8	12.0	13.1	14.2	15.4	16.5	17.6								315
	100	130		200				393	6.49	7.67	8.85	10.0	11.2	12.4	13.6	14.7	15.9	17.1	18.3	19.5							327
		125	160					402	6.62	7.83	9.04	10.2	11.4	12.7	13.9	15.1	16.3	17.5	18.7	19.9	21.1						335
		120		190				419	6.88	8.14	9.39	10.6	11.9	13.2	14.4	15.7	16.9	18.2	19.4	20.7	22.0						349
			150					429	7.03	8.31	9.60	10.9	12.2	13.5	14.7	16.0	17.3	18.6	19.9	21.2	22.5	23.8					357
	90			180				436	7.13	8.44	9.75	11.1	12.4	13.7	15.0	16.3	17.6	18.9	20.2	21.5	22.8	24.1					363
		110	140	170				460	7.48	8.86	10.2	11.6	13.0	14.4	15.8	17.1	18.5	19.9	21.3	22.7	24.0	25.4	26.8	28.2			383
		105	135	165	200			479	7.75	9.19	10.6	12.1	13.5	14.9	16.4	17.8	19.3	20.7	22.1	23.6	25.0	26.4	27.9	29.3			399
	80		130	160				491	7.93	9.40	10.9	12.3	13.8	15.3	16.8	18.2	19.7	21.2	22.7	24.1	25.6	27.1	28.5	30.0	31.5		409
		100			190			503	8.10	9.61	11.1	12.6	14.1	15.6	17.2	18.7	20.2	21.7	23.2	24.7	26.2	27.7	29.2	30.7	32.2	33.8	419
				150				523	8.38	9.95	11.5	13.1	14.7	16.2	17.8	19.4	20.9	22.5	24.1	25.6	27.2	28.8	30.3	31.9	33.5	35.1	435
					180			532	8.51	10.1	11.7	13.3	14.9	16.5	18.1	19.7	21.3	22.9	24.5	26.1	27.7	29.3	30.8	32.4	34.0	35.6	443
			120					537	8.58	10.2	11.8	13.4	15.0	16.6	18.2	19.9	21.5	23.1	24.7	26.3	27.9	29.5	31.1	32.7	34.4	36.0	447
	70	90		140	170	200		561	8.91	10.6	12.3	14.0	15.6	17.3	19.0	20.7	22.4	24.1	25.7	27.4	29.1	30.8	32.5	34.2	35.8	37.5	467
			110					585	9.24	11.0	12.7	14.5	16.3	18.0	19.8	21.5	23.3	25.0	26.8	28.5	30.3	32.1	33.8	35.6	37.3	39.1	487
						190		595	9.37	11.2	12.9	14.7	16.5	18.3	20.1	21.9	23.7	25.4	27.2	29.0	30.8	32.6	34.4	36.1	37.9	39.7	495
				130	160			604	9.49	11.3	13.1	14.9	16.7	18.6	20.4	22.2	24.0	25.8	27.6	29.4	31.2	33.0	34.9	36.7	38.5	40.3	503
		80		125		180		628	9.81	11.7	13.6	15.5	17.3	19.2	21.1	23.0	24.9	26.8	28.7	30.5	32.4	34.3	36.2	38.1	40.0	41.8	523
			100		150			639	9.96	11.9	13.8	15.7	17.6	19.5	21.5	23.4	25.3	27.2	29.1	31.0	33.0	34.9	36.8	38.7	40.6	42.5	532
				120				654	10.2	12.1	14.1	16.0	18.0	20.0	21.9	23.9	25.9	27.8	29.8	31.7	33.7	35.7	37.6	39.6	41.5	43.5	545
						170	200	664	10.3	12.3	14.3	16.3	18.3	20.2	22.2	24.2	26.2	28.2	30.2	32.2	34.2	36.2	38.2	40.2	42.2	44.1	553
					140	165	195	684	10.5	12.6	14.6	16.7	18.8	20.8	22.9	24.9	27.0	29.0	31.1	33.1	35.2	37.2	39.3	41.3	43.4	45.4	570
						160	190	706	10.8	12.9	15.1	17.2	19.3	21.4	23.5	25.6	27.8	29.9	32.0	34.1	36.2	38.4	40.5	42.6	44.7	46.8	588
			90	110			185	714	10.9	13.1	15.2	17.4	19.5	21.6	23.8	25.9	28.1	30.2	32.3	34.5	36.6	38.8	40.9	43.1	45.2	47.3	595
					130		180	737	11.2	13.4	15.6	17.8	20.1	22.3	24.5	26.7	28.9	31.1	33.3	35.5	37.7	40.0	42.2	44.4	46.6	48.8	614
						150		753	11.4	13.7	15.9	18.2	20.4	22.7	25.0	27.2	29.5	31.7	34.0	36.3	38.5	40.8	43.0	45.3	47.6	49.8	627

续表

受力钢筋（HRB335 钢筋）间距（mm）							A_s (mm^2)	每米板宽 M（kN·m/m） C25 混凝土，当板厚 h 为（mm）																		HRB400 RRB400 A_s
8/10	ϕ10	10/12	ϕ12	12/14	ϕ14	ϕ16		80	90	100	110	120	130	140	150	160	170	180	190	200	210	220	230	240	250	
		125		175	200		766	11.6	13.9	16.2	18.5	20.8	23.1	25.4	27.7	30.0	32.3	34.5	36.8	39.1	41.4	43.7	46.0	48.3	50.6	638
	100		145	170	195		785	11.8	14.2	16.5	18.9	21.2	23.6	25.9	28.3	30.6	33.0	35.3	37.7	40.1	42.4	44.8	47.1	49.5	51.8	654
		120					798	11.5	13.9	16.3	18.7	21.1	23.4	25.8	28.2	30.6	33.0	35.4	37.8	40.2	42.6	45.0	47.4	49.8	52.2	665
80			140	165	190		807	11.6	14.0	16.4	18.8	21.3	23.7	26.1	28.5	30.9	33.4	35.8	38.2	40.6	43.1	45.5	47.9	50.3	52.7	672
				155	180		859	12.2	14.7	17.3	19.9	22.5	25.0	27.6	30.2	32.8	35.3	37.9	40.5	43.1	45.7	48.2	50.8	53.4	56.0	715
	90	110	130				871	12.3	14.9	17.5	20.1	22.7	25.4	28.0	30.6	33.2	35.8	38.4	41.0	43.6	46.3	48.9	51.5	54.1	56.7	725
70			125	150	170		905	12.6	15.4	18.1	20.8	23.5	26.2	28.9	31.7	34.4	37.1	39.8	42.5	45.2	47.9	50.7	53.4	56.1	58.8	754
			120				942	13.0	15.9	18.7	21.5	24.3	27.2	30.0	32.8	35.6	38.5	41.3	44.1	46.9	49.8	52.6	55.4	58.3	61.1	785
		100		140	160		954	13.2	16.0	18.9	21.7	24.6	27.5	30.3	33.2	36.1	38.9	41.8	44.6	47.5	50.4	53.2	56.1	58.9	61.8	795
	80			130			981	13.4	16.4	19.3	22.3	25.2	28.1	31.1	34.0	37.0	39.9	42.9	45.8	48.7	51.7	54.6	57.6	60.5	63.5	817
		95	110		150	200	1005	13.7	16.7	19.7	22.7	25.7	28.7	31.8	34.8	37.8	40.8	43.8	46.8	49.8	52.9	55.9	58.9	61.9	64.9	837
		90			140	190	1058	14.2	17.4	20.5	23.7	26.9	30.0	33.2	36.4	39.6	42.7	45.9	49.1	52.3	55.4	58.6	61.8	65.0	68.1	881
	70		100	120		180	1113	14.7	18.0	21.4	24.7	28.0	31.4	34.7	38.1	41.4	44.7	48.1	51.4	54.7	58.1	61.4	64.8	68.1	71.4	927
			95		130	170	1182	15.3	18.8	22.4	25.9	29.5	33.0	36.6	40.1	43.7	47.2	50.7	54.3	57.8	61.4	64.9	68.5	72.0	75.6	985
		80					1198	15.4	19.0	22.6	26.2	29.8	33.4	37.0	40.6	44.2	47.8	51.4	55.0	58.5	62.1	65.7	69.3	72.9	76.5	998
			90	110	125		1214	15.6	19.2	22.8	26.5	30.1	33.8	37.4	41.0	44.7	48.3	52.0	55.6	59.3	62.9	66.5	70.2	73.8	77.5	1011
						160	1256	15.9	19.7	23.4	27.2	31.0	34.7	38.5	42.3	46.0	49.8	53.6	57.3	61.1	64.9	68.6	72.4	76.2	79.9	1046
					120		1283	16.1	19.9	23.8	27.6	31.5	35.3	39.2	43.0	46.9	50.7	54.6	58.4	62.3	66.1	70.0	73.8	77.7	81.5	1069
				100	110	150	1335	16.5	20.5	24.5	28.5	32.5	36.5	40.5	44.5	48.5	52.5	56.5	60.5	64.5	68.6	72.6	76.6	80.6	84.6	1112
		70					1369	16.7	20.8	24.9	29.1	33.2	37.3	41.4	45.5	49.6	53.7	57.8	61.9	66.0	70.1	74.2	78.3	82.4	86.6	1140
			80	95			1405	17.0	21.2	25.4	29.6	33.8	38.1	42.3	46.5	50.7	54.9	59.1	63.3	67.6	71.8	76.0	80.2	84.4	88.6	1170
						140	1436	17.2	21.5	25.8	30.1	34.4	38.7	43.0	47.3	51.7	56.0	60.3	64.6	68.9	73.2	77.5	81.8	86.1	90.4	1196
				90	100		1483	17.5	21.9	26.4	30.8	35.3	39.7	44.2	48.6	53.1	57.5	62.0	66.4	70.9	75.3	79.8	84.2	88.7	93.1	1235
						130	1546	17.9	22.5	27.1	31.8	36.4	41.1	45.7	50.3	55.0	59.6	64.2	68.9	73.5	78.2	82.8	87.4	92.1	96.7	1288
			70	80	95		1616	18.2	23.1	27.9	32.8	37.6	42.5	47.3	52.2	57.0	61.9	66.7	71.6	76.4	81.3	86.1	91.0	95.8	100.7	1346
						120	1675	18.5	23.6	28.6	33.6	38.6	43.7	48.7	53.7	58.7	63.8	68.8	73.8	78.8	83.9	88.9	93.9	98.9	104.0	1395
					90		1710	18.7	23.8	29.0	34.1	39.2	44.3	49.5	54.6	59.7	64.9	70.0	75.1	80.3	85.4	90.5	95.6	100.8	105.9	1425
						110	1828		24.7	30.1	35.6	41.1	46.6	52.1	57.6	63.0	68.5	74.0	79.5	85.0	90.5	95.9	101.4	106.9	112.4	1523
					80		1923		25.2	30.9	36.6	42.3	48.0	53.8	59.5	65.2	70.9	76.6	82.4	88.1	93.8	99.5	105.2	111.0	116.7	1589
						100	2011			31.8	37.8	43.8	49.9	55.9	61.9	68.0	74.0	80.0	86.1	92.1	98.1	104.2	110.2	116.2	122.3	1675
						95	2116			32.6	38.9	45.3	51.6	58.0	64.3	70.7	77.0	83.4	89.7	96.1	102.4	108.8	115.1	121.5	127.8	1763
					70		2198				39.8	46.4	52.9	59.5	66.1	72.7	79.3	85.9	92.5	99.1	105.7	112.3	118.9	125.5	132.1	1831
						90	2234				40.1	46.8	53.5	60.2	66.9	73.6	80.3	87.0	93.7	100.4	107.1	113.8	120.5	127.2	133.9	1861
						80	2513					50.0	57.5	65.1	72.6	80.2	87.7	95.2	102.8	110.3	117.9	125.4	132.9	140.5	148.0	2094

板弯矩配筋表　　　　**表 2-3-10**

受力钢筋（HRB335 钢筋）间距（mm）								A_s (mm^2)	每米板宽 M（kN·m/m）　C30 混凝土，当板厚 h 为（mm）																		HRB400 RRB400 A_s
$\phi6$	6/8	$\phi8$	8/10	$\phi10$	10/12	$\phi12$	12/14		80	90	100	110	120	130	140	150	160	170	180	190	200	210	220	230	240	250	
	160	200						246	4.24	4.98	5.71	6.45															205
110	150	190						257	4.42	5.19	5.96	6.73															214
100	140	180						283	4.84	5.69	6.54	7.39	8.24	9.09													235
	130	170						302	5.15	6.05	6.96	7.87	8.77	9.68	10.6												251
90	125	160						314	5.34	6.28	7.23	8.17	9.11	10.1	11.0												261
	120		200					327	5.55	6.53	7.51	8.49	9.47	10.5	11.4	12.4											272
		150	190					335	5.68	6.68	7.69	8.69	9.70	10.7	11.7	12.7											279
80	110	140	180					357	6.02	7.10	8.17	9.24	10.3	11.4	12.5	13.5	14.6										297
			170					379	6.37	7.51	8.64	9.78	10.9	12.1	13.2	14.3	15.5	16.6									315
	100	130		200				393	6.59	7.77	8.95	10.1	11.3	12.5	13.7	14.8	16.0	17.2	18.4								327
		125	160					402	6.73	7.93	9.14	10.3	11.6	12.8	14.0	15.2	16.4	17.6	18.8								335
		120		190				419	6.99	8.25	9.50	10.8	12.0	13.3	14.5	15.8	17.0	18.3	19.6	20.8							349
			150					429	7.14	8.43	9.72	11.0	12.3	13.6	14.9	16.2	17.4	18.7	20.0	21.3							357
	90			180				436	7.25	8.56	9.87	11.2	12.5	13.8	15.1	16.4	17.7	19.0	20.3	21.6	22.9						363
		110	140	170				460	7.61	8.99	10.4	11.8	13.1	14.5	15.9	17.3	18.7	20.0	21.4	22.8	24.2	25.6					383
		105	135	165	200			479	7.90	9.34	10.8	12.2	13.6	15.1	16.5	18.0	19.4	20.8	22.3	23.7	25.1	26.6	28.0				399
	80		130	160				491	8.08	9.55	11.0	12.5	14.0	15.4	16.9	18.4	19.9	21.3	22.8	24.3	25.8	27.2	28.7				409
		100			190			503	8.26	9.77	11.3	12.8	14.3	15.8	17.3	18.8	20.3	21.8	23.3	24.9	26.4	27.9	29.4	30.9			419
				150				523	8.55	10.1	11.7	13.3	14.8	16.4	18.0	19.5	21.1	22.7	24.2	25.8	27.4	29.0	30.5	32.1	33.7		435
					180			532	8.69	10.3	11.9	13.5	15.1	16.7	18.3	19.9	21.5	23.0	24.6	26.2	27.8	29.4	31.0	32.6	34.2		443
			120					537	8.76	10.4	12.0	13.6	15.2	16.8	18.4	20.0	21.6	23.3	24.9	26.5	28.1	29.7	31.3	32.9	34.5		447
	70	90		140	170	200		561	9.11	10.8	12.5	14.2	15.8	17.5	19.2	20.9	22.6	24.3	25.9	27.6	29.3	31.0	32.7	34.4	36.0	37.7	467
			110					585	9.45	11.2	13.0	14.7	16.5	18.2	20.0	21.7	23.5	25.2	27.0	28.8	30.5	32.3	34.0	35.8	37.5	39.3	487
						190		595	9.60	11.4	13.2	15.0	16.7	18.5	20.3	22.1	23.9	25.7	27.4	29.2	31.0	32.8	34.6	36.4	38.2	39.9	495
				130	160			604	9.72	11.5	13.3	15.2	17.0	18.8	20.6	22.4	24.2	26.0	27.8	29.7	31.5	33.3	35.1	36.9	38.7	40.5	503
		80		125		180		628	10.1	11.9	13.8	15.7	17.6	19.5	21.4	23.3	25.1	27.0	28.9	30.8	32.7	34.6	36.4	38.3	40.2	42.1	523
			100		150			639	10.2	12.1	14.1	16.0	17.9	19.8	21.7	23.6	25.6	27.5	29.4	31.3	33.2	35.1	37.1	39.0	40.9	42.8	532
				120				654	10.4	12.4	14.4	16.3	18.3	20.2	22.2	24.2	26.1	28.1	30.0	32.0	34.0	35.9	37.9	39.9	41.8	43.8	545
						170	200	664	10.6	12.6	14.5	16.5	18.5	20.5	22.5	24.5	26.5	28.5	30.5	32.5	34.5	36.5	38.5	40.4	42.4	44.4	553
					140	165	195	684	10.8	12.9	14.9	17.0	19.0	21.1	23.2	25.2	27.3	29.3	31.4	33.4	35.5	37.5	39.6	41.6	43.7	45.7	570
						160	190	706	11.1	13.3	15.4	17.5	19.6	21.7	23.8	26.0	28.1	30.2	32.3	34.4	36.6	38.7	40.8	42.9	45.0	47.1	588
			90	110			185	714	11.2	13.4	15.5	17.7	19.8	22.0	24.1	26.2	28.4	30.5	32.7	34.8	37.0	39.1	41.2	43.4	45.5	47.7	595
					130		180	737	11.6	13.8	16.0	18.2	20.4	22.6	24.8	27.0	29.2	31.5	33.7	35.9	38.1	40.3	42.5	44.7	46.9	49.1	614
						150		753	11.8	14.0	16.3	18.5	20.8	23.1	25.3	27.6	29.8	32.1	34.4	36.6	38.9	41.1	43.4	45.7	47.9	50.2	627

续表

受力钢筋（HRB335钢筋）间距（mm）							A_s	每米板宽 M（kN·m/m）				C30混凝土，当板厚 h 为（mm）														HRB400 RRB400
8/10	ϕ10	10/12	ϕ12	12/14	ϕ14	ϕ16	(mm^2)	80	90	100	110	120	130	140	150	160	170	180	190	200	210	220	230	240	250	A_s
		125		175	200		766	11.9	14.2	16.5	18.8	21.1	23.4	25.7	28.0	30.3	32.6	34.9	37.2	39.5	41.8	44.1	46.4	48.7	51.0	638
	100		145	170	195		785	12.2	14.5	16.9	19.3	21.6	24.0	26.3	28.7	31.0	33.4	35.7	38.1	40.5	42.8	45.2	47.5	49.9	52.2	654
		120					798	11.9	14.3	16.7	19.1	21.5	23.9	26.2	28.6	31.0	33.4	35.8	38.2	40.6	43.0	45.4	47.8	50.2	52.6	665
80			140	165	190		807	12.0	14.4	16.8	19.3	21.7	24.1	26.5	28.9	31.4	33.8	36.2	38.6	41.0	43.5	45.9	48.3	50.7	53.1	672
				155	180		859	12.6	15.2	17.8	20.4	22.9	25.5	28.1	30.7	33.2	35.8	38.4	41.0	43.5	46.1	48.7	51.3	53.9	56.4	715
	90	110	130				871	12.8	15.4	18.0	20.6	23.2	25.8	28.4	31.1	33.7	36.3	38.9	41.5	44.1	46.7	49.4	52.0	54.6	57.2	725
70			125	150	170		905	13.2	15.9	18.6	21.3	24.0	26.7	29.5	32.2	34.9	37.6	40.3	43.0	45.7	48.5	51.2	53.9	56.6	59.3	754
			120				942	13.6	16.4	19.3	22.1	24.9	27.7	30.6	33.4	36.2	39.0	41.9	44.7	47.5	50.3	53.2	56.0	58.8	61.6	785
		100		140	160		954	13.7	16.6	19.5	22.3	25.2	28.0	30.9	33.8	36.6	39.5	42.4	45.2	48.1	50.9	53.8	56.7	59.5	62.4	795
	80			130			981	14.0	17.0	19.9	22.9	25.8	28.8	31.7	34.6	37.6	40.5	43.5	46.4	49.4	52.3	55.2	58.2	61.1	64.1	817
		95	110		150	200	1005	14.3	17.3	20.3	23.4	26.4	29.4	32.4	35.4	38.4	41.4	44.5	47.5	50.5	53.5	56.5	59.5	62.5	65.6	837
		90			140	190	1058	14.9	18.1	21.2	24.4	27.6	30.8	33.9	37.1	40.3	43.5	46.6	49.8	53.0	56.1	59.3	62.5	65.7	68.8	881
	70		100	120		180	1113	15.5	18.8	22.1	25.5	28.8	32.2	35.5	38.8	42.2	45.5	48.9	52.2	55.5	58.9	62.2	65.6	68.9	72.2	927
			95		130	170	1182	16.2	19.7	23.3	26.8	30.4	33.9	37.4	41.0	44.5	48.1	51.6	55.2	58.7	62.3	65.8	69.4	72.9	76.5	985
		80					1198	16.3	19.9	23.5	27.1	30.7	34.3	37.9	41.5	45.1	48.7	52.3	55.9	59.5	63.1	66.6	70.2	73.8	77.4	998
			90	110	125		1214	16.5	20.1	23.8	27.4	31.1	34.7	38.3	42.0	45.6	49.3	52.9	56.5	60.2	63.8	67.5	71.1	74.8	78.4	1011
						160	1256	16.9	20.7	24.4	28.2	32.0	35.7	39.5	43.3	47.0	50.8	54.6	58.3	62.1	65.9	69.6	73.4	77.2	80.9	1046
					120		1283	17.1	21.0	24.8	28.7	32.5	36.4	40.2	44.1	47.9	51.8	55.6	59.5	63.3	67.2	71.0	74.9	78.7	82.6	1069
				100	110	150	1335	17.6	21.6	25.6	29.6	33.6	37.6	41.7	45.7	49.7	53.7	57.7	61.7	65.7	69.7	73.7	77.7	81.7	85.7	1112
		70					1369	17.9	22.0	26.1	30.2	34.4	38.5	42.6	46.7	50.8	54.9	59.0	63.1	67.2	71.3	75.4	79.5	83.6	87.7	1140
			80	95			1405	18.2	22.5	26.7	30.9	35.1	39.3	43.5	47.7	52.0	56.2	60.4	64.6	68.8	73.0	77.2	81.5	85.7	89.9	1170
						140	1436	18.5	22.8	27.1	31.4	35.7	40.0	44.3	48.7	53.0	57.3	61.6	65.9	70.2	74.5	78.8	83.1	87.4	91.7	1196
				90	100		1483	18.9	23.3	27.8	32.2	36.7	41.1	45.6	50.0	54.5	58.9	63.4	67.8	72.3	76.7	81.2	85.6	90.1	94.5	1235
						130	1546	19.4	24.0	28.7	33.3	37.9	42.6	47.2	51.8	56.5	61.1	65.8	70.4	75.0	79.7	84.3	88.9	93.6	98.2	1288
			70	80	95		1616	19.9	24.7	29.6	34.4	39.3	44.1	49.0	53.8	58.7	63.5	68.4	73.2	78.1	82.9	87.8	92.6	97.5	102.3	1346
						120	1675	20.3	25.3	30.4	35.4	40.4	45.4	50.5	55.5	60.5	65.5	70.6	75.6	80.6	85.6	90.7	95.7	100.7	105.7	1395
					90		1710	20.6	25.7	30.8	35.9	41.1	46.2	51.3	56.5	61.6	66.7	71.9	77.0	82.1	87.2	92.4	97.5	102.6	107.8	1425
						110	1828	21.3	26.8	32.3	37.7	43.2	48.7	54.2	59.7	65.2	70.6	76.1	81.6	87.1	92.6	98.1	103.6	109.0	114.5	1523
					80		1923	21.7	27.5	33.2	38.9	44.6	50.3	56.1	61.8	67.5	73.2	78.9	84.7	90.4	96.1	101.8	107.6	113.3	119.0	1589
						100	2011	22.3	28.3	34.3	40.4	46.4	52.4	58.5	64.5	70.5	76.6	82.6	88.6	94.7	100.7	106.7	112.8	118.8	124.8	1675
						95	2116		29.1	35.4	41.8	48.1	54.5	60.8	67.2	73.5	79.9	86.2	92.6	98.9	105.3	111.6	117.9	124.3	130.6	1763
					70		2198		29.6	36.2	42.8	49.4	56.0	62.6	69.2	75.8	82.4	89.0	95.6	102.2	108.8	115.4	122.0	128.5	135.1	1831
						90	2234		29.9	36.6	43.3	50.0	56.7	63.4	70.1	76.8	83.5	90.2	96.9	103.6	110.3	117.0	123.7	130.4	137.1	1861
						80	2513			38.9	46.5	54.0	61.5	69.1	76.6	84.2	91.7	99.2	106.8	114.3	121.9	129.4	136.9	144.5	152.0	2094

板弯矩配筋表 表 2-3-11

受力钢筋（HRB335钢筋）间距（mm）								A_s	每米板宽 M（kN·m/m）								C35混凝土，当板厚 h 为（mm）										HRB400 RRB400
ϕ6	6/8	ϕ8	8/10	ϕ10	10/12	ϕ12	12/14	(mm²)	80	90	100	110	120	130	140	150	160	170	180	190	200	210	220	230	240	250	A_s
	160	200						246	4.26	5.00	5.74																205
110	150	190						257	4.45	5.22	5.99																214
100	140	180						283	4.88	5.73	6.58	7.43															235
	130	170						302	5.19	6.10	7.00	7.91	8.81														251
90	125	160						314	5.39	6.33	7.27	8.21	9.15	10.1													261
	120		200					327	5.60	6.58	7.56	8.54	9.52	10.5													272
		150	190					335	5.73	6.73	7.74	8.74	9.75	10.8	11.8												279
80	110	140	180					357	6.08	7.15	8.22	9.30	10.4	11.4	12.5	13.6											297
			170					379	6.43	7.57	8.71	9.85	11.0	12.1	13.3	14.4	15.5										315
	100	130		200				393	6.66	7.84	9.02	10.2	11.4	12.6	13.7	14.9	16.1										327
		125	160					402	6.80	8.01	9.21	10.4	11.6	12.8	14.0	15.2	16.4	17.7									335
		120		190				419	7.07	8.33	9.58	10.8	12.1	13.4	14.6	15.9	17.1	18.4									349
			150					429	7.23	8.51	9.80	11.1	12.4	13.7	14.9	16.2	17.5	18.8	20.1								357
	90			180				436	7.34	8.64	9.95	11.3	12.6	13.9	15.2	16.5	17.8	19.1	20.4								363
		110	140	170				460	7.71	9.09	10.5	11.8	13.2	14.6	16.0	17.4	18.7	20.1	21.5	22.9							383
		105	135	165	200			479	8.00	9.44	10.9	12.3	13.8	15.2	16.6	18.1	19.5	20.9	22.4	23.8	25.2						399
	80		130	160				491	8.19	9.66	11.1	12.6	14.1	15.6	17.0	18.5	20.0	21.4	22.9	24.4	25.9						409
		100			190			503	8.37	9.88	11.4	12.9	14.4	15.9	17.4	18.9	20.4	22.0	23.5	25.0	26.5	28.0					419
				150				523	8.68	10.2	11.8	13.4	15.0	16.5	18.1	19.7	21.2	22.8	24.4	25.9	27.5	29.1	30.6				435
					180			532	8.81	10.4	12.0	13.6	15.2	16.8	18.4	20.0	21.6	23.2	24.8	26.4	28.0	29.6	31.2				443
			120					537	8.89	10.5	12.1	13.7	15.3	16.9	18.6	20.2	21.8	23.4	25.0	26.6	28.2	29.8	31.4				447
	70	90		140	170	200		561	9.25	10.9	12.6	14.3	16.0	17.7	19.3	21.0	22.7	24.4	26.1	27.8	29.4	31.1	32.8	34.5			467
			110					585	9.61	11.4	13.1	14.9	16.6	18.4	20.1	21.9	23.6	25.4	27.2	28.9	30.7	32.4	34.2	35.9	37.7		487
						190		595	9.76	11.5	13.3	15.1	16.9	18.7	20.5	22.3	24.0	25.8	27.6	29.4	31.2	33.0	34.7	36.5	38.3	40.1	495
				130	160			604	9.89	11.7	13.5	15.3	17.1	18.9	20.8	22.6	24.4	26.2	28.0	29.8	31.6	33.4	35.3	37.1	38.9	40.7	503
		80		125		180		628	10.2	12.1	14.0	15.9	17.8	19.7	21.5	23.4	25.3	27.2	29.1	31.0	32.8	34.7	36.6	38.5	40.4	42.3	523
			100		150			639	10.4	12.3	14.2	16.2	18.1	20.0	21.9	23.8	25.7	27.7	29.6	31.5	33.4	35.3	37.2	39.2	41.1	43.0	532
				120				654	10.6	12.6	14.5	16.5	18.5	20.4	22.4	24.4	26.3	28.3	30.2	32.2	34.2	36.1	38.1	40.0	42.0	44.0	545
						170	200	664	10.8	12.8	14.7	16.7	18.7	20.7	22.7	24.7	26.7	28.7	30.7	32.7	34.7	36.7	38.7	40.6	42.6	44.6	553
					140	165	195	684	11.1	13.1	15.2	17.2	19.3	21.3	23.4	25.4	27.5	29.5	31.6	33.6	35.7	37.7	39.8	41.8	43.9	45.9	570
						160	190	706	11.4	13.5	15.6	17.7	19.8	22.0	24.1	26.2	28.3	30.4	32.5	34.7	36.8	38.9	41.0	43.1	45.3	47.4	588
			90	110			185	714	11.5	13.6	15.8	17.9	20.0	22.2	24.3	26.5	28.6	30.8	32.9	35.0	37.2	39.3	41.5	43.6	45.8	47.9	595
					130		180	737	11.8	14.0	16.2	18.4	20.6	22.9	25.1	27.3	29.5	31.7	33.9	36.1	38.3	40.5	42.8	45.0	47.2	49.4	614
						150		753	12.0	14.3	16.5	18.8	21.1	23.3	25.6	27.8	30.1	32.4	34.6	36.9	39.1	41.4	43.7	45.9	48.2	50.4	627

续表

受力钢筋（HRB335 钢筋）间距（mm）							A_s (mm^2)	每米板宽 M（kN·m/m）								C35 混凝土，当板厚 h 为（mm）										HRB400 RRB400
8/10	ϕ10	10/12	ϕ12	12/14	ϕ14	ϕ16		80	90	100	110	120	130	140	150	160	170	180	190	200	210	220	230	240	250	A_s
		125		175	200		766	12.2	14.5	16.8	19.1	21.4	23.7	26.0	28.3	30.6	32.9	35.2	37.5	39.8	42.1	44.4	46.7	49.0	51.3	638
	100		145	170	195		785	12.5	14.8	17.2	19.5	21.9	24.2	26.6	29.0	31.3	33.7	36.0	38.4	40.7	43.1	45.4	47.8	50.1	52.5	654
		120					798	12.2	14.6	17.0	19.4	21.7	24.1	26.5	28.9	31.3	33.7	36.1	38.5	40.9	43.3	45.7	48.1	50.5	52.9	665
80			140	165	190		807	12.3	14.7	17.1	19.5	22.0	24.4	26.8	29.2	31.7	34.1	36.5	38.9	41.3	43.8	46.2	48.6	51.0	53.4	672
				155	180		859	13.0	15.5	18.1	20.7	23.3	25.8	28.4	31.0	33.6	36.2	38.7	41.3	43.9	46.5	49.0	51.6	54.2	56.8	715
	90	110	130				871	13.1	15.7	18.3	21.0	23.6	26.2	28.8	31.4	34.0	36.6	39.2	41.9	44.5	47.1	49.7	52.3	54.9	57.5	725
70			125	150	170		905	13.5	16.3	19.0	21.7	24.4	27.1	29.8	32.5	35.3	38.0	40.7	43.4	46.1	48.8	51.6	54.3	57.0	59.7	754
			120				942	14.0	16.8	19.7	22.5	25.3	28.1	31.0	33.8	36.6	39.4	42.3	45.1	47.9	50.7	53.6	56.4	59.2	62.0	785
		100		140	160		954	14.1	17.0	19.9	22.7	25.6	28.5	31.3	34.2	37.0	39.9	42.8	45.6	48.5	51.4	54.2	57.1	59.9	62.8	795
	80			130			981	14.5	17.4	20.4	23.3	26.2	29.2	32.1	35.1	38.0	41.0	43.9	46.8	49.8	52.7	55.7	58.6	61.6	64.5	817
		95	110		150	200	1005	14.8	17.8	20.8	23.8	26.8	29.8	32.9	35.9	38.9	41.9	44.9	47.9	50.9	54.0	57.0	60.0	63.0	66.0	837
		90			140	190	1058	15.4	18.6	21.7	24.9	28.1	31.3	34.4	37.6	40.8	44.0	47.1	50.3	53.5	56.7	59.8	63.0	66.2	69.4	881
	70		100	120		180	1113	16.0	19.4	22.7	26.0	29.4	32.7	36.1	39.4	42.7	46.1	49.4	52.8	56.1	59.4	62.8	66.1	69.5	72.8	927
			95		130	170	1182	16.8	20.3	23.9	27.4	31.0	34.5	38.1	41.6	45.2	48.7	52.3	55.8	59.4	62.9	66.4	70.0	73.5	77.1	985
		80					1198	17.0	20.6	24.2	27.8	31.4	34.9	38.5	42.1	45.7	49.3	52.9	56.5	60.1	63.7	67.3	70.9	74.5	78.1	998
			90	110	125		1214	17.2	20.8	24.4	28.1	31.7	35.4	39.0	42.6	46.3	49.9	53.6	57.2	60.9	64.5	68.1	71.8	75.4	79.1	1011
						160	1256	17.6	21.4	25.1	28.9	32.7	36.4	40.2	44.0	47.7	51.5	55.3	59.1	62.8	66.6	70.4	74.1	77.9	81.7	1046
					120		1283	17.9	21.7	25.6	29.4	33.3	37.1	41.0	44.8	48.7	52.5	56.4	60.2	64.1	67.9	71.8	75.6	79.5	83.3	1069
				100	110	150	1335	18.4	22.4	26.4	30.4	34.4	38.5	42.5	46.5	50.5	54.5	58.5	62.5	66.5	70.5	74.5	78.5	82.5	86.5	1112
		70					1369	18.8	22.9	27.0	31.1	35.2	39.3	43.4	47.5	51.6	55.7	59.8	63.9	68.1	72.2	76.3	80.4	84.5	88.6	1140
			80	95			1405	19.1	23.3	27.6	31.8	36.0	40.2	44.4	48.6	52.8	57.1	61.3	65.5	69.7	73.9	78.1	82.4	86.6	90.8	1170
						140	1436	19.4	23.7	28.0	32.4	36.7	41.0	45.3	49.6	53.9	58.2	62.5	66.8	71.1	75.4	79.7	84.0	88.4	92.7	1196
				90	100		1483	19.9	24.3	28.8	33.2	37.7	42.1	46.6	51.0	55.5	59.9	64.4	68.8	73.3	77.7	82.2	86.6	91.1	95.5	1235
						130	1546	20.5	25.1	29.7	34.4	39.0	43.6	48.3	52.9	57.6	62.2	66.8	71.5	76.1	80.8	85.4	90.0	94.7	99.3	1288
			70	80	95		1616	21.1	25.9	30.8	35.6	40.5	45.3	50.2	55.0	59.9	64.7	69.6	74.4	79.3	84.1	89.0	93.8	98.6	103.5	1346
						120	1675	21.6	26.6	31.6	36.7	41.7	46.7	51.7	56.8	61.8	66.8	71.8	76.9	81.9	86.9	91.9	97.0	102.0	107.0	1395
					90		1710	21.9	27.0	32.1	37.3	42.4	47.5	52.7	57.8	62.9	68.0	73.2	78.3	83.4	88.6	93.7	98.8	104.0	109.1	1425
						110	1828	22.8	28.3	33.8	39.3	44.7	50.2	55.7	61.2	66.7	72.2	77.6	83.1	88.6	94.1	99.6	105.1	110.5	116.0	1523
					80		1923	23.4	29.1	34.8	40.5	46.3	52.0	57.7	63.4	69.2	74.9	80.6	86.3	92.0	97.8	103.5	109.2	114.9	120.6	1589
						100	2011	24.1	30.1	36.2	42.2	48.2	54.3	60.3	66.3	72.4	78.4	84.4	90.5	96.5	102.5	108.6	114.6	120.6	126.7	1675
						95	2116	24.8	31.1	37.4	43.8	50.1	56.5	62.8	69.2	75.5	81.9	88.2	94.6	100.9	107.3	113.6	120.0	126.3	132.7	1763
					70		2198	25.2	31.8	38.4	45.0	51.6	58.2	64.8	71.4	78.0	84.6	91.2	97.8	104.4	110.9	117.5	124.1	130.7	137.3	1831
						90	2234	25.4	32.1	38.8	45.5	52.2	58.9	65.6	72.3	79.0	85.7	92.4	99.1	105.8	112.5	119.3	126.0	132.7	139.4	1861
						80	2513		34.2	41.8	49.3	56.9	64.4	71.9	79.5	87.0	94.6	102.1	109.6	117.2	124.7	132.3	139.8	147.3	154.9	2094

板弯矩配筋表

表 2-3-12

受力钢筋（HRB335 钢筋）间距（mm）								A_s (mm²)	每米板宽 M（kN·m/m）							C40 混凝土，当板厚 h 为（mm）											HRB400 RRB400 A_s
ϕ6	6/8	ϕ8	8/10	ϕ10	10/12	ϕ12	12/14		80	90	100	110	120	130	140	150	160	170	180	190	200	210	220	230	240	250	
	160	200						246	4.29	5.02																	205
110	150	190						257	4.47	5.24	6.01																214
100	140	180						283	4.91	5.75	6.60	7.45															235
	130	170						302	5.22	6.13	7.03	7.94															251
90	125	160						314	5.42	6.36	7.30	8.25	9.19														261
	120		200					327	5.63	6.62	7.60	8.58	9.56														272
		150	190					335	5.77	6.77	7.78	8.78	9.79	10.8													279
80	110	140	180					357	6.13	7.20	8.27	9.34	10.4	11.5													297
			170					379	6.48	7.62	8.76	9.89	11.0	12.2	13.3												315
	100	130		200				393	6.71	7.89	9.07	10.2	11.4	12.6	13.8	15.0											327
		125	160					402	6.86	8.06	9.27	10.5	11.7	12.9	14.1	15.3											335
		120		190				419	7.13	8.39	9.64	10.9	12.2	13.4	14.7	15.9	17.2										349
			150					429	7.29	8.58	9.86	11.1	12.4	13.7	15.0	16.3	17.6										357
	90			180				436	7.40	8.71	10.0	11.3	12.6	13.9	15.2	16.6	17.9										363
		110	140	170				460	7.78	9.16	10.5	11.9	13.3	14.7	16.1	17.4	18.8	20.2									383
		105	135	165	200			479	8.08	9.52	11.0	12.4	13.8	15.3	16.7	18.1	19.6	21.0	22.5								399
	80		130	160				491	8.27	9.74	11.2	12.7	14.2	15.6	17.1	18.6	20.1	21.5	23.0	24.5							409
		100			190			503	8.46	9.97	11.5	13.0	14.5	16.0	17.5	19.0	20.5	22.0	23.5	25.1							419
				150				523	8.77	10.3	11.9	13.5	15.0	16.6	18.2	19.8	21.3	22.9	24.5	26.0	27.6						435
					180			532	8.91	10.5	12.1	13.7	15.3	16.9	18.5	20.1	21.7	23.3	24.9	26.5	28.1						443
			120					537	8.99	10.6	12.2	13.8	15.4	17.0	18.7	20.3	21.9	23.5	25.1	26.7	28.3						447
	70	90		140	170	200		561	9.36	11.0	12.7	14.4	16.1	17.8	19.5	21.1	22.8	24.5	26.2	27.9	29.6	31.2					467
			110					585	9.72	11.5	13.2	15.0	16.7	18.5	20.3	22.0	23.8	25.5	27.3	29.0	30.8	32.5	34.3				487
						190		595	9.88	11.7	13.4	15.2	17.0	18.8	20.6	22.4	24.2	25.9	27.7	29.5	31.3	33.1	34.9	36.7			495
				130	160			604	10.0	11.8	13.6	15.4	17.3	19.1	20.9	22.7	24.5	26.3	28.1	29.9	31.8	33.6	35.4	37.2			503
		80		125		180		628	10.4	12.3	14.1	16.0	17.9	19.8	21.7	23.6	25.4	27.3	29.2	31.1	33.0	34.9	36.8	38.6	40.5		523
			100		150			639	10.5	12.5	14.4	16.3	18.2	20.1	22.0	24.0	25.9	27.8	29.7	31.6	33.5	35.5	37.4	39.3	41.2		532
				120				654	10.8	12.7	14.7	16.7	18.6	20.6	22.5	24.5	26.5	28.4	30.4	32.3	34.3	36.3	38.2	40.2	42.2	44.1	545
						170	200	664	10.9	12.9	14.9	16.9	18.9	20.9	22.9	24.9	26.8	28.8	30.8	32.8	34.8	36.8	38.8	40.8	42.8	44.8	553
					140	165	195	684	11.2	13.3	15.3	17.4	19.4	21.5	23.5	25.6	27.6	29.7	31.7	33.8	35.8	37.9	39.9	42.0	44.0	46.1	570
						160	190	706	11.5	13.7	15.8	17.9	20.0	22.1	24.2	26.4	28.5	30.6	32.7	34.8	36.9	39.1	41.2	43.3	45.4	47.5	588
			90	110			185	714	11.7	13.8	15.9	18.1	20.2	22.4	24.5	26.6	28.8	30.9	33.1	35.2	37.4	39.5	41.6	43.8	45.9	48.1	595
					130		180	737	12.0	14.2	16.4	18.6	20.8	23.0	25.3	27.5	29.7	31.9	34.1	36.3	38.5	40.7	42.9	45.2	47.4	49.6	614
						150		753	12.2	14.5	16.7	19.0	21.3	23.5	25.8	28.0	30.3	32.5	34.8	37.1	39.3	41.6	43.8	46.1	48.4	50.6	627

续表

受力钢筋（HRB335钢筋）间距（mm）							A_s (mm²)	每米板宽 M（kN·m/m） C40混凝土，当板厚 h 为（mm）																		HRB400 RRB400 A_s
8/10	ϕ10	10/12	ϕ12	12/14	ϕ14	ϕ16		80	90	100	110	120	130	140	150	160	170	180	190	200	210	220	230	240	250	
		125		175	200		766	12.4	14.7	17.0	19.3	21.6	23.9	26.2	28.5	30.8	33.1	35.4	37.7	40.0	42.3	44.6	46.9	49.2	51.5	638
	100		145	170	195		785	12.7	15.0	17.4	19.7	22.1	24.5	26.8	29.2	31.5	33.9	36.2	38.6	40.9	43.3	45.6	48.0	50.4	52.7	654
		120					798	12.4	14.8	17.2	19.6	22.0	24.4	26.7	29.1	31.5	33.9	36.3	38.7	41.1	43.5	45.9	48.3	50.7	53.1	665
80			140	165	190		807	12.5	14.9	17.3	19.8	22.2	24.6	27.0	29.5	31.9	34.3	36.7	39.1	41.6	44.0	46.4	48.8	51.2	53.7	672
				155	180		859	13.2	15.8	18.4	20.9	23.5	26.1	28.7	31.2	33.8	36.4	39.0	41.6	44.1	46.7	49.3	51.9	54.4	57.0	715
	90	110	130				871	13.4	16.0	18.6	21.2	23.8	26.4	29.0	31.7	34.3	36.9	39.5	42.1	44.7	47.3	50.0	52.6	55.2	57.8	725
70			125	150	170		905	13.8	16.5	19.2	22.0	24.7	27.4	30.1	32.8	35.5	38.3	41.0	43.7	46.4	49.1	51.8	54.5	57.3	60.0	754
			120				942	14.3	17.1	20.0	22.8	25.6	28.4	31.3	34.1	36.9	39.7	42.6	45.4	48.2	51.0	53.9	56.7	59.5	62.3	785
		100		140	160		954	14.5	17.3	20.2	23.0	25.9	28.8	31.6	34.5	37.4	40.2	43.1	45.9	48.8	51.7	54.5	57.4	60.2	63.1	795
	80			130			981	14.8	17.7	20.7	23.6	26.6	29.5	32.5	35.4	38.3	41.3	44.2	47.2	50.1	53.1	56.0	58.9	61.9	64.8	817
		95	110		150	200	1005	15.1	18.1	21.1	24.2	27.2	30.2	33.2	36.2	39.2	42.2	45.3	48.3	51.3	54.3	57.3	60.3	63.3	66.4	837
		90			140	190	1058	15.8	18.9	22.1	25.3	28.5	31.6	34.8	38.0	41.2	44.3	47.5	50.7	53.9	57.0	60.2	63.4	66.6	69.7	881
	70		100	120		180	1113	16.4	19.8	23.1	26.5	29.8	33.1	36.5	39.8	43.2	46.5	49.8	53.2	56.5	59.9	63.2	66.5	69.9	73.2	927
			95		130	170	1182	17.3	20.8	24.4	27.9	31.5	35.0	38.6	42.1	45.6	49.2	52.7	56.3	59.8	63.4	66.9	70.5	74.0	77.6	985
		80					1198	17.5	21.1	24.7	28.2	31.8	35.4	39.0	42.6	46.2	49.8	53.4	57.0	60.6	64.2	67.8	71.4	75.0	78.6	998
			90	110	125		1214	17.7	21.3	24.9	28.6	32.2	35.9	39.5	43.1	46.8	50.4	54.1	57.7	61.4	65.0	68.6	72.3	75.9	79.6	1011
						160	1256	18.1	21.9	25.7	29.4	33.2	37.0	40.7	44.5	48.3	52.0	55.8	59.6	63.4	67.1	70.9	74.7	78.4	82.2	1046
					120		1283	18.4	22.3	26.1	30.0	33.8	37.7	41.5	45.4	49.2	53.1	56.9	60.8	64.6	68.5	72.3	76.2	80.0	83.9	1069
				100	110	150	1335	19.0	23.0	27.0	31.0	35.1	39.1	43.1	47.1	51.1	55.1	59.1	63.1	67.1	71.1	75.1	79.1	83.1	87.1	1112
		70					1369	19.4	23.5	27.6	31.7	35.8	39.9	44.0	48.2	52.3	56.4	60.5	64.6	68.7	72.8	76.9	81.0	85.1	89.2	1140
			80	95			1405	19.8	24.0	28.2	32.4	36.7	40.9	45.1	49.3	53.5	57.7	61.9	66.2	70.4	74.6	78.8	83.0	87.2	91.5	1170
						140	1436	20.1	24.4	28.7	33.1	37.4	41.7	46.0	50.3	54.6	58.9	63.2	67.5	71.8	76.1	80.4	84.7	89.1	93.4	1196
				90	100		1483	20.6	25.1	29.5	34.0	38.4	42.9	47.3	51.8	56.2	60.7	65.1	69.6	74.0	78.5	82.9	87.4	91.8	96.3	1235
						130	1546	21.3	25.9	30.5	35.2	39.8	44.5	49.1	53.7	58.4	63.0	67.6	72.3	76.9	81.6	86.2	90.8	95.5	100.1	1288
			70	80	95		1616	22.0	26.8	31.7	36.5	41.4	46.2	51.1	55.9	60.7	65.6	70.4	75.3	80.1	85.0	89.8	94.7	99.5	104.4	1346
						120	1675	22.5	27.6	32.6	37.6	42.6	47.7	52.7	57.7	62.7	67.8	72.8	77.8	82.8	87.9	92.9	97.9	102.9	108.0	1395
					90		1710	22.9	28.0	33.1	38.3	43.4	48.5	53.6	58.8	63.9	69.0	74.2	79.3	84.4	89.6	94.7	99.8	104.9	110.1	1425
						110	1828	23.9	29.4	34.9	40.4	45.9	51.4	56.8	62.3	67.8	73.3	78.8	84.3	89.7	95.2	100.7	106.2	111.7	117.2	1523
					80		1923	24.6	30.3	36.1	41.8	47.5	53.2	58.9	64.7	70.4	76.1	81.8	87.5	93.3	99.0	104.7	110.4	116.1	121.9	1589
						100	2011	25.5	31.5	37.5	43.6	49.6	55.6	61.7	67.7	73.7	79.8	85.8	91.8	97.9	103.9	109.9	116.0	122.0	128.0	1675
						95	2116	26.3	32.6	39.0	45.3	51.7	58.0	64.4	70.7	77.1	83.4	89.7	96.1	102.4	108.8	115.1	121.5	127.8	134.2	1763
					70		2198	26.9	33.5	40.1	46.6	53.2	59.8	66.4	73.0	79.6	86.2	92.8	99.4	106.0	112.6	119.2	125.8	132.4	139.0	1831
						90	2234	27.1	33.8	40.5	47.2	53.9	60.6	67.3	74.0	80.7	87.4	94.1	100.8	107.5	114.2	120.9	127.6	134.3	141.0	1861
						80	2513	28.8	36.4	43.9	51.5	59.0	66.5	74.1	81.6	89.2	96.7	104.2	111.8	119.3	126.9	134.4	141.9	149.5	157.0	2094

板弯矩配筋表 **表 2-3-13**

受力钢筋（冷轧带肋钢筋）间距（mm）						A_s	每米板宽 M（kN·m/m） C20 混凝土，当板厚 h 为（mm）												
ϕ5	ϕ6	ϕ7	ϕ8	ϕ9	ϕ10	(mm^2)	80	90	100	110	120	130	140	150	160	170	180	190	200
120	170					163	2.89												
110	160					177	3.12												
	150					189	3.32	3.96											
100		200				192	3.37	4.02											
	140	190				202	3.53	4.22	4.91										
90		180				213	3.71	4.43	5.16										
		170				226	3.92	4.69	5.46	6.22									
	130	160				236	4.08	4.88	5.68	6.49									
80	120		200			245	4.22	5.05	5.89	6.72	7.55								
	110	150	190			257	4.41	5.28	6.16	7.03	7.90								
		140	180			275	4.69	5.62	6.56	7.49	8.43	9.36							
70	100					280	4.76	5.72	6.67	7.62	8.57	9.52	10.5						
		130	170			296	5.01	6.01	7.02	8.03	9.03	10.0	11.0						
	90		160	200		314	5.28	6.35	7.41	8.48	9.55	10.6	11.7	12.8					
		120				320	5.37	6.46	7.54	8.63	9.72	10.8	11.9	13.0	14.1				
			150	190		335	5.59	6.73	7.87	9.01	10.1	11.3	12.4	13.6	14.7				
	80	110	140	180		350	5.81	7.00	8.19	9.38	10.6	11.8	12.9	14.1	15.3	16.5			
				170		374	6.15	7.42	8.69	9.97	11.2	12.5	13.8	15.1	16.3	17.6	18.9		
		100				385	6.31	7.62	8.93	10.2	11.5	12.9	14.2	15.5	16.8	18.1	19.4	20.7	
			130	160	200	393	6.42	7.76	9.09	10.4	11.8	13.1	14.4	15.8	17.1	18.4	19.8	21.1	
			125			402	6.54	7.91	9.28	10.6	12.0	13.4	14.7	16.1	17.5	18.8	20.2	21.6	22.9
			120		190	419	6.78	8.20	9.63	11.1	12.5	13.9	15.3	16.8	18.2	19.6	21.0	22.4	23.9
		90		150		424	6.85	8.29	9.73	11.2	12.6	14.1	15.5	16.9	18.4	19.8	21.3	22.7	24.1
					180	436	7.01	8.49	9.97	11.5	12.9	14.4	15.9	17.4	18.9	20.4	21.8	23.3	24.8
			110	140		454	7.25	8.79	10.3	11.9	13.4	15.0	16.5	18.1	19.6	21.1	22.7	24.2	25.8
					170	460	7.33	8.89	10.5	12.0	13.6	15.1	16.7	18.3	19.8	21.4	23.0	24.5	26.1
		80	105		165	479	7.58	9.20	10.8	12.5	14.1	15.7	17.3	19.0	20.6	22.2	23.9	25.5	27.1
				130	160	489	7.70	9.37	11.0	12.7	14.4	16.0	17.7	19.3	21.0	22.7	24.3	26.0	27.7
			100			503	7.88	9.59	11.3	13.0	14.7	16.4	18.1	19.9	21.6	23.3	25.0	26.7	28.4
				120	150	523	8.13	9.91	11.7	13.5	15.2	17.0	18.8	20.6	22.4	24.1	25.9	27.7	29.5
			90		140	561	8.60	10.5	12.4	14.3	16.2	18.1	20.0	21.9	23.9	25.8	27.7	29.6	31.5
				110		578	8.80	10.8	12.7	14.7	16.7	18.6	20.6	22.6	24.5	26.5	28.4	30.4	32.4
					130	604	9.10	11.2	13.2	15.3	17.3	19.4	21.4	23.5	25.5	27.6	29.6	31.7	33.7
			80		125	628	9.37	11.5	13.6	15.8	17.9	20.0	22.2	24.3	26.5	28.6	30.7	32.9	35.0
				100	120	636	9.46	11.6	13.8	15.9	18.1	20.3	22.4	24.6	26.8	28.9	31.1	33.2	35.4
				90	110	706	10.2	12.6	15.0	17.4	19.8	22.2	24.6	27.0	29.4	31.8	34.2	36.6	39.0
				80	100	785	11.0	13.6	16.3	19.0	21.6	24.3	27.0	29.7	32.3	35.0	37.7	40.3	43.0
					95	826		13.6	16.4	19.2	22.0	24.8	27.6	30.4	33.2	36.1	38.9	41.7	44.5
					90	871		14.1	17.1	20.0	23.0	25.9	28.9	31.9	34.8	37.8	40.7	43.7	46.7
					80	981			18.6	21.9	25.2	28.6	31.9	35.2	38.6	41.9	45.2	48.6	51.9

板弯矩配筋表 **表 2-3-14**

受力钢筋（冷轧带肋钢筋）间距（mm）						A_s	每米板宽 M（kN·m/m） C25 混凝土，当板厚 h 为（mm）												
ϕ5	ϕ6	ϕ7	ϕ8	ϕ9	ϕ10	(mm²)	80	90	100	110	120	130	140	150	160	170	180	190	200
120	170					163	3.20												
110	160					177	3.46												
	150					189	3.68	4.32											
100		200				192	3.74	4.39											
	140	190				202	3.92	4.61	5.30										
90		180				213	4.12	4.85	5.57										
		170				226	4.36	5.13	5.90	6.67									
	130	160				236	4.54	5.35	6.15	6.95									
80	120		200			245	4.71	5.54	6.37	7.21	8.04								
	110	150	190			257	4.92	5.80	6.67	7.54	8.42								
		140	180			275	5.24	6.18	7.11	8.05	8.98	9.92							
70	100					280	5.33	6.28	7.24	8.19	9.14	10.1	11.0						
		130	170			296	5.61	6.62	7.63	8.63	9.64	10.6	11.7						
	90		160	200		314	5.93	6.99	8.06	9.13	10.2	11.3	12.3	13.4					
		120				320	6.03	7.12	8.21	9.29	10.4	11.5	12.6	13.6	14.7				
			150	190		335	6.29	7.43	8.57	9.71	10.8	12.0	13.1	14.3	15.4				
	80	110	140	180		350	6.55	7.74	8.93	10.1	11.3	12.5	13.7	14.9	16.1	17.3			
				170		374	6.95	8.22	9.49	10.8	12.0	13.3	14.6	15.9	17.1	18.4	19.7		
		100				385	7.13	8.44	9.75	11.1	12.4	13.7	15.0	16.3	17.6	18.9	20.2	21.5	
			130	160	200	393	7.27	8.60	9.94	11.3	12.6	13.9	15.3	16.6	18.0	19.3	20.6	22.0	
			125			402	7.42	8.78	10.1	11.5	12.9	14.2	15.6	17.0	18.4	19.7	21.1	22.5	23.8
			120		190	419	7.69	9.12	10.5	12.0	13.4	14.8	16.2	17.7	19.1	20.5	21.9	23.4	24.8
		90		150		424	7.78	9.22	10.7	12.1	13.5	15.0	16.4	17.9	19.3	20.8	22.2	23.6	25.1
					180	436	7.97	9.45	10.9	12.4	13.9	15.4	16.9	18.3	19.8	21.3	22.8	24.3	25.8
			110	140		454	8.26	9.80	11.3	12.9	14.4	16.0	17.5	19.1	20.6	22.2	23.7	25.2	26.8
					170	460	8.36	9.92	11.5	13.0	14.6	16.2	17.7	19.3	20.9	22.4	24.0	25.6	27.1
		80	105		165	479	8.66	10.3	11.9	13.5	15.2	16.8	18.4	20.1	21.7	23.3	24.9	26.6	28.2
				130	160	489	8.81	10.5	12.1	13.8	15.5	17.1	18.8	20.5	22.1	23.8	25.4	27.1	28.8
			100			503	9.03	10.7	12.5	14.2	15.9	17.6	19.3	21.0	22.7	24.4	26.1	27.8	29.6
				120	150	523	9.34	11.1	12.9	14.7	16.5	18.2	20.0	21.8	23.6	25.3	27.1	28.9	30.7
			90		140	561	9.92	11.8	13.7	15.6	17.5	19.5	21.4	23.3	25.2	27.1	29.0	30.9	32.8
				110		578	10.2	12.1	14.1	16.1	18.0	20.0	22.0	23.9	25.9	27.9	29.8	31.8	33.8
					130	604	10.5	12.6	14.7	16.7	18.8	20.8	22.9	24.9	27.0	29.0	31.1	33.1	35.2
			80		125	628	10.9	13.0	15.2	17.3	19.4	21.6	23.7	25.8	28.0	30.1	32.2	34.4	36.5
				100	120	636	11.0	13.2	15.3	17.5	19.7	21.8	24.0	26.1	28.3	30.5	32.6	34.8	37.0
				90	110	706	12.0	14.4	16.8	19.2	21.6	24.0	26.4	28.8	31.2	33.6	36.0	38.4	40.8
				80	100	785	13.0	15.7	18.4	21.0	23.7	26.4	29.0	31.7	34.4	37.0	39.7	42.4	45.0
					95	826	13.0	15.8	18.6	21.4	24.2	27.0	29.8	32.6	35.4	38.3	41.1	43.9	46.7
					90	871	13.5	16.5	19.4	22.4	25.3	28.3	31.3	34.2	37.2	40.1	43.1	46.1	49.0
					80	981	14.7	18.0	21.3	24.7	28.0	31.3	34.7	38.0	41.4	44.7	48.0	51.4	54.7

板弯矩配筋表　　　　**表 2-3-15**

受力钢筋（冷轧带肋钢筋）间距（mm）						A_s	每米板宽 M（kN·m/m）　C30 混凝土，当板厚 h 为（mm）												
ϕ5	ϕ6	ϕ7	ϕ8	ϕ9	ϕ10	(mm²)	80	90	100	110	120	130	140	150	160	170	180	190	200
120	170					163	3.22												
110	160					177	3.48												
	150					189	3.71	4.35											
100		200				192	3.77	4.42											
	140	190				202	3.96	4.64	5.33										
90		180				213	4.16	4.89	5.61										
		170				226	4.40	5.17	5.94	6.71									
	130	160				236	4.59	5.39	6.19	7.00									
80	120		200			245	4.76	5.59	6.42	7.25	8.09								
	110	150	190			257	4.98	5.85	6.72	7.60	8.47								
		140	180			275	5.30	6.24	7.17	8.11	9.04	10.0							
70	100					280	5.40	6.35	7.30	8.25	9.20	10.2	11.1						
		130	170			296	5.68	6.69	7.70	8.70	9.71	10.7	11.7						
	90		160	200		314	6.01	7.07	8.14	9.21	10.3	11.3	12.4	13.5					
		120				320	6.11	7.20	8.29	9.38	10.5	11.6	12.6	13.7	14.8				
			150	190		335	6.38	7.52	8.66	9.80	10.9	12.1	13.2	14.4	15.5				
	80	110	140	180		350	6.64	7.83	9.02	10.2	11.4	12.6	13.8	15.0	16.2	17.4			
				170		374	7.06	8.34	9.61	10.9	12.2	13.4	14.7	16.0	17.2	18.5	19.8		
		100				385	7.25	8.56	9.87	11.2	12.5	13.8	15.1	16.4	17.7	19.0	20.3	21.7	
			130	160	200	393	7.39	8.73	10.1	11.4	12.7	14.1	15.4	16.7	18.1	19.4	20.8	22.1	
			125			402	7.55	8.91	10.3	11.6	13.0	14.4	15.7	17.1	18.5	19.8	21.2	22.6	23.9
			120		190	419	7.84	9.26	10.7	12.1	13.5	15.0	16.4	17.8	19.2	20.7	22.1	23.5	24.9
		90		150		424	7.92	9.36	10.8	12.2	13.7	15.1	16.6	18.0	19.5	20.9	22.3	23.8	25.2
					180	436	8.13	9.61	11.1	12.6	14.1	15.5	17.0	18.5	20.0	21.5	23.0	24.4	25.9
			110	140		454	8.43	9.97	11.5	13.1	14.6	16.1	17.7	19.2	20.8	22.3	23.9	25.4	27.0
					170	460	8.53	10.1	11.7	13.2	14.8	16.3	17.9	19.5	21.0	22.6	24.2	25.7	27.3
		80	105		165	479	8.84	10.5	12.1	13.7	15.4	17.0	18.6	20.2	21.9	23.5	25.1	26.8	28.4
				130	160	489	9.01	10.7	12.3	14.0	15.7	17.3	19.0	20.6	22.3	24.0	25.6	27.3	29.0
			100			503	9.24	10.9	12.7	14.4	16.1	17.8	19.5	21.2	22.9	24.6	26.3	28.1	29.8
				120	150	523	9.56	11.3	13.1	14.9	16.7	18.5	20.2	22.0	23.8	25.6	27.3	29.1	30.9
			90		140	561	10.2	12.1	14.0	15.9	17.8	19.7	21.6	23.5	25.4	27.3	29.2	31.2	33.1
				110		578	10.4	12.4	14.4	16.3	18.3	20.3	22.2	24.2	26.2	28.1	30.1	32.1	34.0
					130	604	10.8	12.9	15.0	17.0	19.1	21.1	23.2	25.2	27.3	29.3	31.4	33.4	35.5
			80		125	628	11.2	13.4	15.5	17.6	19.8	21.9	24.0	26.2	28.3	30.4	32.6	34.7	36.8
				100	120	636	11.3	13.5	15.7	17.8	20.0	22.2	24.3	26.5	28.6	30.8	33.0	35.1	37.3
				90	110	706	12.4	14.8	17.2	19.6	22.0	24.4	26.8	29.2	31.6	34.0	36.4	38.8	41.2
				80	100	785	13.5	16.2	18.9	21.5	24.2	26.9	29.5	32.2	34.9	37.5	40.2	42.9	45.6
					95	826	13.5	16.3	19.1	22.0	24.8	27.6	30.4	33.2	36.0	38.8	41.6	44.4	47.2
					90	871	14.1	17.1	20.0	23.0	26.0	28.9	31.9	34.8	37.8	40.8	43.7	46.7	49.6
					80	981	15.5	18.8	22.1	25.5	28.8	32.1	35.5	38.8	42.1	45.5	48.8	52.1	55.5

板弯矩配筋表 **表 2-3-16**

受力钢筋（冷轧带肋钢筋）间距（mm）						A_s	每米板宽 M（kN·m/m） C35 混凝土，当板厚 h 为（mm）												
$\phi5$	$\phi6$	$\phi7$	$\phi8$	$\phi9$	$\phi10$	（mm^2）	80	90	100	110	120	130	140	150	160	170	180	190	200
110	160					177	3.50												
	150					189	3.73	4.37											
100		200				192	3.79	4.44											
	140	190				202	3.98	4.67											
90		180				213	4.19	4.91	5.64										
		170				226	4.43	5.20	5.97										
	130	160				236	4.62	5.42	6.23	7.03									
80	120		200			245	4.79	5.62	6.46	7.29									
	110	150	190			257	5.01	5.89	6.76	7.64	8.51								
		140	180			275	5.35	6.28	7.22	8.15	9.09	10.0							
70	100					280	5.44	6.39	7.34	8.30	9.25	10.2							
		130	170			296	5.74	6.74	7.75	8.75	9.76	10.8	11.8						
	90		160	200		314	6.06	7.13	8.20	9.27	10.3	11.4	12.5	13.5					
		120				320	6.17	7.26	8.35	9.44	10.5	11.6	12.7	13.8					
			150	190		335	6.45	7.58	8.72	9.86	11.0	12.1	13.3	14.4	15.6				
	80	110	140	180		350	6.72	7.91	9.10	10.3	11.5	12.7	13.9	15.0	16.2				
				170		374	7.15	8.42	9.69	11.0	12.2	13.5	14.8	16.0	17.3	18.6			
		100				385	7.34	8.65	9.96	11.3	12.6	13.9	15.2	16.5	17.8	19.1	20.4		
			130	160	200	393	7.48	8.82	10.2	11.5	12.8	14.2	15.5	16.8	18.2	19.5	20.8		
			125			402	7.64	9.01	10.4	11.7	13.1	14.5	15.8	17.2	18.6	19.9	21.3	22.7	
			120		190	419	7.94	9.36	10.8	12.2	13.6	15.1	16.5	17.9	19.3	20.8	22.2	23.6	25.0
		90		150		424	8.03	9.47	10.9	12.4	13.8	15.2	16.7	18.1	19.6	21.0	22.4	23.9	25.3
					180	436	8.24	9.72	11.2	12.7	14.2	15.6	17.1	18.6	20.1	21.6	23.1	24.5	26.0
			110	140		454	8.55	10.1	11.6	13.2	14.7	16.3	17.8	19.4	20.9	22.4	24.0	25.5	27.1
					170	460	8.65	10.2	11.8	13.3	14.9	16.5	18.0	19.6	21.2	22.7	24.3	25.9	27.4
		80	105		165	479	8.98	10.6	12.2	13.9	15.5	17.1	18.7	20.4	22.0	23.6	25.3	26.9	28.5
				130	160	489	9.15	10.8	12.5	14.1	15.8	17.5	19.1	20.8	22.4	24.1	25.8	27.4	29.1
			100			503	9.39	11.1	12.8	14.5	16.2	17.9	19.6	21.4	23.1	24.8	26.5	28.2	29.9
				120	150	523	9.72	11.5	13.3	15.1	16.8	18.6	20.4	22.2	23.9	25.7	27.5	29.3	31.1
			90		140	561	10.4	12.3	14.2	16.1	18.0	19.9	21.8	23.7	25.6	27.5	29.4	31.3	33.2
				110		578	10.6	12.6	14.6	16.5	18.5	20.5	22.4	24.4	26.4	28.3	30.3	32.3	34.2
					130	604	11.1	13.1	15.2	17.2	19.3	21.3	23.4	25.4	27.5	29.5	31.6	33.6	35.7
			80		125	628	11.4	13.6	15.7	17.9	20.0	22.1	24.3	26.4	28.5	30.7	32.8	34.9	37.1
				100	120	636	11.6	13.7	15.9	18.1	20.2	22.4	24.5	26.7	28.9	31.0	33.2	35.4	37.5
				90	110	706	12.7	15.1	17.5	19.9	22.3	24.7	27.1	29.5	31.9	34.3	36.7	39.1	41.5
				80	100	785	13.9	16.6	19.2	21.9	24.6	27.2	29.9	32.6	35.2	37.9	40.6	43.2	45.9
					95	826	13.9	16.7	19.5	22.4	25.2	28.0	30.8	33.6	36.4	39.2	42.0	44.8	47.6
					90	871	14.6	17.5	20.5	23.4	26.4	29.4	32.3	35.3	38.2	41.2	44.2	47.1	50.1
					80	981	16.0	19.3	22.7	26.0	29.4	32.7	36.0	39.4	42.7	46.0	49.4	52.7	56.0
					70	1113	17.7	21.4	25.2	29.0	32.8	36.6	40.4	44.2	47.9	51.7	55.5	59.3	63.1

板弯矩配筋表　　　　表 2-3-17

受力钢筋（冷轧带肋钢筋）间距（mm）						A_s	每米板宽 M（kN·m/m）　C40 混凝土，当板厚 h 为（mm）												
ϕ5	ϕ6	ϕ7	ϕ8	ϕ9	ϕ10	(mm^2)	80	90	100	110	120	130	140	150	160	170	180	190	200
	150					189	3.75												
100		200				192	3.81												
	140	190				202	4.00												
90		180				213	4.21	4.93											
		170				226	4.46	5.22	5.99										
	130	160				236	4.65	5.45	6.25										
80	120		200			245	4.82	5.65	6.48										
	110	150	190			257	5.04	5.92	6.79	7.66									
		140	180			275	5.38	6.32	7.25	8.19	9.12								
70	100					280	5.47	6.43	7.38	8.33	9.28								
		130	170			296	5.77	6.78	7.79	8.79	9.80	10.8							
	90		160	200		314	6.11	7.17	8.24	9.31	10.4	11.4							
		120				320	6.22	7.31	8.39	9.48	10.6	11.7	12.7						
			150	190		335	6.49	7.63	8.77	9.91	11.1	12.2	13.3						
	80	110	140	180		350	6.77	7.96	9.15	10.3	11.5	12.7	13.9	15.1					
				170		374	7.21	8.48	9.75	11.0	12.3	13.6	14.8	16.1	17.4				
		100				385	7.41	8.71	10.0	11.3	12.6	14.0	15.3	16.6	17.9	19.2			
			130	160	200	393	7.55	8.89	10.2	11.6	12.9	14.2	15.6	16.9	18.2	19.6			
			125			402	7.71	9.08	10.4	11.8	13.2	14.5	15.9	17.3	18.6	20.0			
			120		190	419	8.02	9.44	10.9	12.3	13.7	15.1	16.6	18.0	19.4	20.8	22.3		
		90		150		424	8.11	9.55	11.0	12.4	13.9	15.3	16.8	18.2	19.6	21.1	22.5		
					180	436	8.32	9.80	11.3	12.8	14.2	15.7	17.2	18.7	20.2	21.7	23.1	24.6	
			110	140		454	8.64	10.2	11.7	13.3	14.8	16.4	17.9	19.4	21.0	22.5	24.1	25.6	27.2
					170	460	8.74	10.3	11.9	13.4	15.0	16.6	18.1	19.7	21.3	22.8	24.4	25.9	27.5
		80	105		165	479	9.08	10.7	12.3	14.0	15.6	17.2	18.8	20.5	22.1	23.7	25.4	27.0	28.6
				130	160	489	9.25	10.9	12.6	14.2	15.9	17.6	19.2	20.9	22.6	24.2	25.9	27.5	29.2
			100			503	9.50	11.2	12.9	14.6	16.3	18.0	19.8	21.5	23.2	24.9	26.6	28.3	30.0
				120	150	523	9.84	11.6	13.4	15.2	17.0	18.7	20.5	22.3	24.1	25.8	27.6	29.4	31.2
			90		140	561	10.5	12.4	14.3	16.2	18.1	20.0	21.9	23.8	25.8	27.7	29.6	31.5	33.4
				110		578	10.8	12.7	14.7	16.7	18.6	20.6	22.6	24.5	26.5	28.5	30.4	32.4	34.4
					130	604	11.2	13.3	15.3	17.4	19.4	21.5	23.5	25.6	27.6	29.7	31.8	33.8	35.9
			80		125	628	11.6	13.8	15.9	18.0	20.2	22.3	24.4	26.6	28.7	30.8	33.0	35.1	37.2
				100	120	636	11.8	13.9	16.1	18.2	20.4	22.6	24.7	26.9	29.0	31.2	33.4	35.5	37.7
				90	110	706	12.9	15.3	17.7	20.1	22.5	24.9	27.3	29.7	32.1	34.5	36.9	39.3	41.7
				80	100	785	14.1	16.8	19.5	22.2	24.8	27.5	30.2	32.8	35.5	38.2	40.8	43.5	46.2
					95	826	14.2	17.0	19.8	22.6	25.5	28.3	31.1	33.9	36.7	39.5	42.3	45.1	47.9
					90	871	14.9	17.8	20.8	23.8	26.7	29.7	32.6	35.6	38.6	41.5	44.5	47.5	50.4
					80	981	16.4	19.8	23.1	26.4	29.8	33.1	36.4	39.8	43.1	46.5	49.8	53.1	56.5
					70	1113	17.7	21.4	25.2	29.0	32.8	36.6	40.4	44.2	47.9	51.7	55.5	59.3	63.1

第四节 单筋矩形梁弯矩配筋计算

一、适用条件

1. 混凝土强度等级：C20，C25，C30，C35，C40；

2. 普通钢筋：HPB235，HRB335，HRB400，RRB400；

3. 编制本节各表时混凝土保护层厚度是按使用环境类别为一类确定的，即C20混凝土取30mm，C25、C30、C35、C40混凝土取25mm；

4. 编制本节各表时，梁截面有效高度 h_0 是按表2-4-1确定的，表中 h 为梁高。

梁截面有效高度 h_0 **表2-4-1**

混凝土强度等级	当配一排钢筋时	当配二排钢筋时	当配三排钢筋时
C20	$h-40$	$h-65$	$h-95$
C25、C30、C35、C40	$h-35$	$h-60$	$h-90$

5. 本节各表均不包括梁的正常使用极限状态验算。

二、使用说明

1. 制表公式：

$$[M]=f_yA_s\left(h_0-\frac{f_yA_s}{2bf_c}\right) \tag{2-4-1}$$

2. 注意事项：

1）在制表时考虑了 $\rho\geqslant\rho_{min}$ 和 $\xi\leqslant\xi_b$ 的界限条件，因此在一般条件下只要在相应表中能查到配筋，都能满足界限条件，不需另作复核。

2）各表中注明了一排筋、二排筋、三排筋区段，如选用钢筋排数与表中不同，则一排改二排或二排改三排时表中查得的 A_s 值应乘以表2-4-2中相应的系数，但 A_s 值增大后，仍应满足：

$$A_s\leqslant\xi_bbh_0f_c/f_y \tag{2-4-2}$$

反之由二排改一排或三排改二排时，表中查得的 A_s 值应除以表2-4-2中相应的系数。

修改钢筋排数时的系数 **表2-4-2**

梁高 h (mm)	400	450	500	550	600	650	700～800	850～1000	1050～1300	>1300
一排改二排	1.20	1.17	1.14	1.13	1.11	1.10	1.09	1.07	1.06	1.04
二排改三排	—	—	—	—	—	1.18	1.16	1.11	1.08	1.06

注：表中系数是在配筋较大时统计得出的，但当配筋接近最大容许配筋（$\xi_bbh_0f_c/f_y$）时，该系数还应适当加大。

三、应用举例

【例2-4-1】 已知矩形截面梁：$b=200$mm，$h=450$mm，弯矩设计值 $M=98$kN·m，C20混凝土，HRB335钢筋，求配筋。

【解】 查表2-4-4，当配一排钢筋时，$A_s=990\text{mm}^2$，配筋2Φ20+1Φ22（1008mm²），一排钢筋，可。

注：由于制表时已考虑界限条件，本例能直接从表中查出配筋，故不需另行复核。

【例2-4-2】 已知矩形截面梁：$b=300$mm，$h=650$mm，弯矩设计值 $M=345$kN·m，C20混凝土，HRB335钢筋，求配筋。

【解】 查表2-4-6，当配一排钢筋时，$A_s=2380\text{mm}^2$，配筋5Φ25（2454mm²），一排，可。若改二排，查表2-4-2，系数为1.11，故 $A_s=2380\times1.11=2642\text{mm}^2$，或直接查表2-4-6，当配二排钢筋时，$A_s=2540\text{mm}^2$，可见用系数修正时偏安全，其误差为（2642－2540）/2540×100%＝4.0%。

四、单筋矩形梁弯矩配筋表

C20～C40混凝土，HPB235、HRB335、HRB400钢筋的单筋矩形梁弯矩配筋表见表2-4-3～表2-4-50。

单筋矩形截面梁弯矩配筋表　　表 2-4-3

A_s（mm^2）			M（kN·m）　梁宽 b = 150mm，C20 混凝土，当 h（mm）为						
HPB235 钢	HRB335 钢	HRB400 钢 RRB400 钢	200	250	300	350	400	450	500
157	110	92	4.90	6.55	8.20				
214	150	125	6.50	8.75	11.00	13.25	15.50		
271	190	158	7.99	10.84	13.69	16.54	19.39	22.24	25.09
329	230	192	9.39	12.84	16.29	19.74	23.19	26.64	30.09
386	270	225	10.68	14.73	18.78	22.83	26.88	30.93	34.98
443	310	258	11.88	16.53	21.18	25.83	30.48	35.13	39.78
500	350	292	12.97	18.22	23.47	28.72	33.97	39.22	44.47
557	390	325	13.97	19.82	25.67	31.52	37.37	43.22	49.07
614	430	358	14.86	21.31	27.76	34.21	40.66	47.11	53.56
671	470	392	15.66	22.71	29.76	36.81	43.86	50.91	57.96
729	510	425		24.00	31.65	39.30	46.95	54.60	62.25
786	550	458		25.20	33.45	41.70	49.95	58.20	66.45
843	590	492		26.29	35.14	43.99	52.84	61.69	70.54
900	630	525			36.74	46.19	55.64	65.09	74.54
957	670	558			38.23	48.28	58.33	68.38	78.43
1014	710	592			39.63	50.28	60.93	71.58	82.23
1071	750	625				52.17	63.42	74.67	85.92
1129	790	658				53.97	65.82	77.67	89.52
1186	830	692				55.66	68.11	80.56	93.01
1243	870	725				57.26	70.31	83.36	96.41
1300	910	758					72.40	86.05	99.70
1357	950	792					74.40	88.65	102.9
以上为单排筋，以下为双排筋									
1414	990	825					68.90	83.70	98.60
1471	1030	858						85.81	101.3
1529	1070	892						87.80	103.9
1586	1110	925						89.70	106.4
1643	1150	958							108.7
1700	1190	992							111.0
1757	1230	1025							113.2

单筋矩形截面梁弯矩配筋表　　　　表 2-4-4

A_s（mm^2）			M（kN·m）　梁宽 $b=200$mm，C20 混凝土，当 h（mm）为										
HPB235 钢	HRB335 钢	HRB400 钢 RRB400 钢	200	250	300	350	400	450	500	550	600	650	700
214	150	125	6.67	8.92	11.17								
271	190	158	8.27	11.12	13.97	16.82							
329	230	192	9.80	13.25	16.70	20.15	23.60	27.05					
386	270	225	11.25	15.30	19.35	23.40	27.45	31.50	35.55	39.60			
443	310	258	12.63	17.28	21.93	26.58	31.23	35.88	40.53	45.18	49.83		
500	350	292	13.93	19.18	24.43	29.68	34.93	40.18	45.43	50.68	55.93	61.18	66.43
557	390	325	15.16	21.01	26.86	32.71	38.56	44.41	50.26	56.11	61.96	67.81	73.66
614	430	358	16.31	22.76	29.21	35.66	42.11	48.56	55.01	61.46	67.91	74.36	80.81
671	470	392	17.38	24.43	31.48	38.53	45.58	52.63	59.68	66.73	73.78	80.83	87.88
729	510	425	18.38	26.03	33.68	41.33	48.98	56.63	64.28	71.93	79.58	87.23	94.88
786	550	458	19.31	27.56	35.81	44.06	52.31	60.56	68.81	77.06	85.31	93.56	101.8
843	590	492	20.16	29.01	37.86	46.71	55.56	64.41	73.26	82.11	90.96	99.81	108.7
900	630	525	20.94	30.39	39.84	49.29	58.74	68.19	77.64	87.09	96.54	106.0	115.4
957	670	558		31.69	41.74	51.79	61.84	71.89	81.94	91.99	102.0	112.1	122.1
1014	710	592		32.92	43.57	54.22	64.87	75.52	86.17	96.82	107.5	118.1	128.8
1071	750	625		34.07	45.32	56.57	67.82	79.07	90.32	101.6	112.8	124.1	135.3
1129	790	658		35.14	46.99	58.84	70.69	82.54	94.39	106.2	118.1	129.9	141.8
1186	830	692			48.59	61.04	73.49	85.94	98.39	110.8	123.3	135.7	148.2
1243	870	725			50.12	63.17	76.22	89.27	102.3	115.4	128.4	141.5	154.5
1300	910	758			51.57	65.22	78.87	92.52	106.2	119.8	133.5	147.1	160.8
1357	950	792			52.95	67.20	81.45	95.70	109.9	124.2	138.4	152.7	166.9
1414	990	825			54.25	69.10	83.95	98.80	113.6	128.5	143.3	158.2	173.0
1471	1030	858				70.93	86.38	101.8	117.3	132.7	148.2	163.6	179.1

续表

A_s（mm^2）			M（kN·m）　梁宽 $b=200$mm，C20 混凝土，当 h（mm）为										
HPB235 钢	HRB335 钢	HRB400 钢 RRB400 钢	200	250	300	350	400	450	500	550	600	650	700
1529	1070	892				72.68	88.73	104.8	120.8	136.9	152.9	169.0	185.0
1586	1110	925				74.35	91.00	107.7	124.3	141.0	157.6	174.3	190.9
1643	1150	958				75.95	93.20	110.5	127.7	145.0	162.2	179.5	196.7
1700	1190	992					95.33	113.2	131.0	148.9	166.7	184.6	202.4
1757	1230	1025					97.38	115.8	134.3	152.7	171.2	189.6	208.1
1814	1270	1058					99.36	118.4	137.5	156.5	175.6	194.6	213.7
1871	1310	1092					101.3	120.9	140.6	160.2	179.9	199.5	219.2
1929	1350	1125						123.3	143.6	163.8	184.1	204.3	224.6
1986	1390	1158						125.7	146.5	167.4	188.2	209.1	229.9
2043	1430	1192						128.0	149.4	170.9	192.3	213.8	235.2
2100	1470	1225						130.2	152.2	174.3	196.3	218.4	240.4
以上为单排筋，以下为双排筋													
2157	1510	1258							143.6	166.3	188.9	211.6	234.2
2214	1550	1292							146.0	169.2	192.5	215.7	239.0
2271	1590	1325							148.2	172.1	195.9	219.8	243.6
2329	1630	1358							150.4	174.9	199.3	223.8	248.2
2386	1670	1392								177.6	202.7	227.7	252.8
2443	1710	1425								180.3	205.9	231.6	257.2
2500	1750	1458								182.8	209.1	235.3	261.6
2557	1790	1492								185.3	212.2	239.0	265.9
2614	1830	1525									215.2	242.7	270.1
2671	1870	1558									218.2	246.2	274.3
2729	1910	1592									221.1	249.7	278.4
2786	1950	1625									223.9	253.1	282.4
2843	1990	1658										256.4	286.3
2900	2030	1692										259.7	290.1
2957	2070	1725										262.9	293.9
3014	2110	1758										266.0	297.6
3071	2150	1792										269.0	301.2
3129	2190	1825											304.8
3186	2230	1858											308.3
3243	2270	1892											311.7
3300	2310	1925											315.0

单筋矩形截面梁弯矩配筋表 　　　　表 2-4-5

A_s（mm^2）			M（kN·m）　梁宽 b=250mm，C20 混凝土，当 h（mm）为												
HPB235 钢	HRB335 钢	HRB400 钢 RRB400 钢	250	300	350	400	450	500	550	600	650	700	750	800	900
271	190	158	11.29	14.14											
329	230	192	13.50	16.95	20.40										
386	270	225	15.64	19.69	23.74	27.79									
443	310	258	17.73	22.38	27.03	31.68	36.33	40.98							
500	350	292	19.75	25.00	30.25	35.50	40.75	46.00	51.25						
557	390	325	21.72	27.57	33.42	39.27	45.12	50.97	56.82	62.67					
614	430	358	23.62	30.07	36.52	42.97	49.42	55.87	62.32	68.77	75.22	81.67			
671	470	392	25.47	32.52	39.57	46.62	53.67	60.72	67.77	74.82	81.87	88.92	95.97		
729	510	425	27.25	34.90	42.55	50.20	57.85	65.50	73.15	80.80	88.45	96.10	103.8	111.4	
786	550	458	28.98	37.23	45.48	53.73	61.98	70.23	78.48	86.73	94.98	103.2	111.5	119.7	136.2
843	590	492	30.64	39.49	48.34	57.19	66.04	74.89	83.74	92.59	101.4	110.3	119.1	128.0	145.7
900	630	525	32.25	41.70	51.15	60.60	70.05	79.50	88.95	98.40	107.8	117.3	126.7	136.2	155.1
957	670	558	33.79	43.84	53.89	63.94	73.99	84.04	94.09	104.1	114.2	124.2	134.3	144.3	164.4
1014	710	592	35.28	45.93	56.58	67.23	77.88	88.53	99.18	109.8	120.5	131.1	141.8	152.4	173.7
1071	750	625	36.70	47.95	59.20	70.45	81.70	92.95	104.2	115.5	126.7	138.0	149.2	160.5	183.0
1129	790	658	38.07	49.92	61.77	73.62	85.47	97.32	109.2	121.0	132.9	144.7	156.6	168.4	192.1
1186	830	692	39.37	51.82	64.27	76.72	89.17	101.6	114.1	126.5	139.0	151.4	163.9	176.3	201.2
1243	870	725	40.62	53.67	66.72	79.77	92.82	105.9	118.9	132.0	145.0	158.1	171.1	184.2	210.3
1300	910	758	41.80	55.45	69.10	82.75	96.40	110.1	123.7	137.4	151.0	164.7	178.3	192.0	219.3
1357	950	792	42.93	57.18	71.43	85.68	99.93	114.2	128.4	142.7	156.9	171.2	185.4	199.7	228.2
1414	990	825	43.99	58.84	73.69	88.54	103.4	118.2	133.1	147.9	162.8	177.6	192.5	207.3	237.0
1471	1030	858	45.00	60.45	75.90	91.35	106.8	122.2	137.7	153.1	168.6	184.0	199.5	214.9	245.8
1529	1070	892		61.99	78.04	94.09	110.1	126.2	142.2	158.3	174.3	190.4	206.4	222.5	254.6
1586	1110	925		63.48	80.13	96.78	113.4	130.1	146.7	163.4	180.0	196.7	213.3	230.0	263.3
1643	1150	958		64.90	82.15	99.40	116.7	133.9	151.2	168.4	185.7	202.9	220.2	237.4	271.9
1700	1190	992		66.27	84.12	102.0	119.8	137.7	155.5	173.4	191.2	209.1	226.9	244.8	280.5
1757	1230	1025		67.57	86.02	104.5	122.9	141.4	159.8	178.3	196.7	215.2	233.6	252.1	289.0
1814	1270	1058			87.87	106.9	126.0	145.0	164.1	183.1	202.2	221.2	240.3	259.3	297.4

续表

A_s (mm²)			M (kN·m) 梁宽 $b=250$mm，C20 混凝土，当 h (mm) 为												
HPB235 钢	HRB335 钢	HRB400 钢 RRB400 钢	250	300	350	400	450	500	550	600	650	700	750	800	900
1871	1310	1092			89.65	109.3	129.0	148.6	168.3	187.9	207.6	227.2	246.9	266.5	305.8
1929	1350	1125			91.38	111.6	131.9	152.1	172.4	192.6	212.9	233.1	253.4	273.6	314.1
1986	1390	1158			93.04	113.9	134.7	155.6	176.4	197.3	218.1	239.0	259.8	280.7	322.4
2043	1430	1192			94.65	116.1	137.5	159.0	180.4	201.9	223.3	244.8	266.2	287.7	330.6
2100	1470	1225				118.2	140.3	162.3	184.4	206.4	228.5	250.5	272.6	294.6	338.7
2157	1510	1258				120.3	143.0	165.6	188.3	210.9	233.6	256.2	278.9	301.5	346.8
2271	1590	1325				124.3	148.2	172.0	195.9	219.7	243.6	267.4	291.3	315.1	362.8
2386	1670	1392					153.1	178.2	203.2	228.3	253.3	278.4	303.4	328.5	378.6
2500	1750	1458					157.8	184.1	210.3	236.6	262.8	289.1	315.3	341.6	394.1
2614	1830	1525					162.3	189.7	217.2	244.6	272.1	299.5	327.0	354.4	409.3
2729	1910	1592						195.2	223.8	252.5	281.1	309.8	338.4	367.1	424.4
以上为单排筋，以下为双排筋															
2843	1990	1658						185.4	215.3	245.1	275.0	304.8	334.7	364.5	424.2
2957	2070	1725						189.8	220.8	251.9	282.9	314.0	345.0	376.1	438.2
3071	2150	1792							226.2	258.4	290.7	322.9	355.2	387.4	451.9
3186	2230	1858							231.2	264.7	298.1	331.6	365.0	398.5	465.4
3300	2310	1925								270.7	305.4	340.0	374.7	409.3	478.6
3414	2390	1992								276.5	312.3	348.2	384.0	419.9	491.6
3529	2470	2058								282.0	319.1	356.1	393.2	430.2	504.3
3643	2550	2125									325.6	363.9	402.1	440.4	516.9
3757	2630	2192									331.9	371.3	410.8	450.2	529.1
3871	2710	2258										378.6	419.2	459.9	541.2
3986	2790	2325										385.5	427.4	469.2	552.9
4100	2870	2392										392.3	435.3	478.4	564.5
4214	2950	2458											443.1	487.3	575.8
4329	3030	2525											450.5	496.0	586.9
4443	3110	2592												504.4	597.7
4557	3190	2658												512.6	608.3
4671	3270	2725												520.5	618.6
4786	3350	2792													628.8
4900	3430	2858													638.6
5014	3510	2925													648.3
5129	3590	2992													657.6
5243	3670	3058													666.8

单筋矩形截面梁弯矩配筋表 表 2-4-6

$A_s(mm^2)$			M(kN·m) 梁宽 $b=300$mm,C20 混凝土, 当 h(mm)为										
HPB235 钢	HRB335 钢	HRB400 钢 RRB400 钢	450	500	550	600	650	700	750	800	900	1000	1100
486	340	283	40.01										
543	380	317	44.48	50.18									
600	420	350	48.90	55.20	61.50								
657	460	383	53.27	60.17	67.07	73.97							
714	500	417	57.59	65.09	72.59	80.09	87.59						
771	540	450	61.86	69.96	78.06	86.16	94.26	102.4					
829	580	483	66.08	74.78	83.48	92.18	100.9	109.6	118.3	127.0			
886	620	517	70.25	79.55	88.85	98.15	107.5	116.8	126.1	135.4			
943	660	550	74.37	84.27	94.17	104.1	114.0	123.9	133.8	143.7	163.5		
1000	700	583	78.44	88.94	99.44	109.9	120.4	130.9	141.4	151.9	172.9		
1057	740	617	82.46	93.56	104.7	115.8	126.9	138.0	149.1	160.2	182.4	204.6	
1114	780	650	86.43	98.13	109.8	121.5	133.2	144.9	156.6	168.3	191.7	215.1	
1171	820	683	90.35	102.7	115.0	127.3	139.6	151.9	164.2	176.5	201.1	225.7	250.3
1229	860	717	94.22	107.1	120.0	132.9	145.8	158.7	171.6	184.5	210.3	236.1	261.9
1286	900	750	98.04	111.5	125.0	138.5	152.0	165.5	179.0	192.5	219.5	246.5	273.5
1343	940	783	101.8	115.9	130.0	144.1	158.2	172.3	186.4	200.5	228.7	256.9	285.1
1400	980	817	105.5	120.2	134.9	149.6	164.3	179.0	193.7	208.4	237.8	267.2	296.6
1457	1020	850	109.2	124.5	139.8	155.1	170.4	185.7	201.0	216.3	246.9	277.5	308.1
1514	1060	883	112.8	128.7	144.6	160.5	176.4	192.3	208.2	224.1	255.9	287.7	319.5
1571	1100	917	116.4	132.9	149.4	165.9	182.4	198.9	215.4	231.9	264.9	297.9	330.9
1629	1140	950	119.9	137.0	154.1	171.2	188.3	205.4	222.5	239.6	273.8	308.0	342.2
1686	1180	983	123.4	141.1	158.8	176.5	194.2	211.9	229.6	247.3	282.7	318.1	353.5
1743	1220	1017	126.8	145.1	163.4	181.7	200.0	218.3	236.6	254.9	291.5	328.1	364.7
1800	1260	1050	130.2	149.1	168.0	186.9	205.8	224.7	243.6	262.5	300.3	338.1	375.9
1857	1300	1083	133.5	153.0	172.5	192.0	211.5	231.0	250.5	270.0	309.0	348.0	387.0
1914	1340	1117	136.8	156.9	177.0	197.1	217.2	237.3	257.4	277.5	317.7	357.9	398.1
1971	1380	1150	140.0	160.7	181.4	202.1	222.8	243.5	264.2	284.9	326.3	367.7	409.1
2029	1420	1183	143.2	164.5	185.8	207.1	228.4	249.7	271.0	292.3	334.9	377.5	420.1
2086	1460	1217	146.3	168.2	190.1	212.0	233.9	255.8	277.7	299.6	343.4	387.2	431.0
2143	1500	1250	149.3	171.8	194.3	216.8	239.3	261.8	284.3	306.8	351.8	396.8	441.8
2257	1580	1317	155.3	179.0	202.7	226.4	250.1	273.8	297.5	321.2	368.6	416.0	463.4
2371	1660	1383	161.1	186.0	210.9	235.8	260.7	285.6	310.5	335.4	385.2	435.0	484.8

续表

$A_s(mm^2)$			M(kN·m)　梁宽 b=300mm,C20 混凝土,　当 h(mm)为										
HPB235 钢	HRB335 钢	HRB400 钢 RRB400 钢	450	500	550	600	650	700	750	800	900	1000	1100
2486	1740	1450	166.7	192.8	218.9	245.0	271.1	297.2	323.3	349.4	401.6	453.8	506.0
2600	1820	1517	172.1	199.4	226.7	254.0	281.3	308.6	335.9	363.2	417.8	472.4	527.0
2714	1900	1583	177.3	205.8	234.3	262.8	291.3	319.8	348.3	376.8	433.8	490.8	547.8
2829	1980	1650	182.3	212.0	241.7	271.4	301.1	330.8	360.5	390.2	449.6	509.0	568.4
2943	2060	1717	187.1	218.0	248.9	279.8	310.7	341.6	372.5	403.4	465.2	527.0	588.8
3057	2140	1783	191.7	223.8	255.9	288.0	320.1	352.2	384.3	416.4	480.6	544.8	609.0
3171	2220	1850	196.1	229.4	262.7	296.0	329.3	362.6	395.9	429.2	495.8	562.4	629.0
3286	2300	1917		234.7	269.2	303.7	338.2	372.7	407.2	441.7	510.7	579.7	648.7
3400	2380	1983		239.9	275.6	311.3	347.0	382.7	418.4	454.1	525.5	596.9	668.3
以上为单排筋,以下为双排筋													
3514	2460	2050		226.5	263.4	300.3	337.2	374.1	411.0	447.9	521.7	595.5	669.3
3629	2540	2117			268.8	306.9	345.0	383.1	421.2	459.3	535.5	611.7	687.9
3743	2620	2183			274.0	313.3	352.6	391.9	431.2	470.5	549.1	627.7	706.3
3857	2700	2250			278.9	319.4	359.9	400.4	440.9	481.4	562.4	643.4	724.4
4071	2850	2375				330.5	373.3	416.0	458.8	501.5	587.0	672.5	758.0
4214	2950	2458				337.5	381.7	426.0	470.2	514.5	603.0	691.5	780.0
4357	3050	2542					389.9	435.7	481.4	527.2	618.7	710.2	801.7
4500	3150	2625					397.8	445.0	492.3	539.5	634.0	728.5	823.0
4643	3250	2708						454.1	502.8	551.6	649.1	746.6	844.1
4857	3400	2833						467.1	518.1	569.1	671.1	773.1	875.1
5071	3550	2958							532.6	585.9	692.4	798.9	905.4
5286	3700	3083							546.4	601.9	712.9	823.9	934.9
5500	3850	3208								617.3	732.8	848.3	963.8
5714	4000	3333									752.0	872.0	992.0
6000	4200	3500									776.5	902.5	1028.5
6286	4400	3667									799.7	931.7	1063.7
6571	4600	3833										959.7	1097.7
6857	4800	4000										986.4	1130.4
以上为双排筋,以下为三排筋													
7143	5000	4167											1116.9
7429	5200	4333											1145.3
7714	5400	4500											1172.5

单筋矩形截面梁弯矩配筋表 **表 2-4-7**

A_s(mm²)		M(kN·m) 梁宽 b=350mm,C20 混凝土, 当 h(mm)为										
HRB335 钢	HRB400 钢 RRB400 钢	500	550	600	650	700	750	800	900	1000	1100	1200
460	383	60.65										
500	417	65.65	73.15									
540	450	70.61	78.71	86.81								
580	483	75.53	84.23	92.93	101.6							
620	517	80.41	89.71	99.01	108.3	117.6						
660	550	85.25	95.15	105.0	114.9	124.8	134.7					
700	583	90.04	100.5	111.0	121.5	132.0	142.5	153.0				
740	617	94.79	105.9	117.0	128.1	139.2	150.3	161.4				
780	650	99.49	111.2	122.9	134.6	146.3	158.0	169.7	193.1			
820	683	104.2	116.5	128.8	141.1	153.4	165.7	178.0	202.6			
860	717	108.8	121.7	134.6	147.5	160.4	173.3	186.2	212.0	237.8		
900	750	113.4	126.9	140.4	153.9	167.4	180.9	194.4	221.4	248.4		
940	783	117.9	132.0	146.1	160.2	174.3	188.4	202.5	230.7	258.9	287.1	
980	817	122.4	137.1	151.8	166.5	181.2	195.9	210.6	240.0	269.4	298.8	
1020	850	126.8	142.1	157.4	172.7	188.0	203.3	218.6	249.2	279.8	310.4	341.0
1060	883	131.2	147.1	163.0	178.9	194.8	210.7	226.6	258.4	290.2	322.0	353.8
1100	917	135.6	152.1	168.6	185.1	201.6	218.1	234.6	267.6	300.6	333.6	366.6
1140	950	139.9	157.0	174.1	191.2	208.3	225.4	242.5	276.7	310.9	345.1	379.3
1180	983	144.2	161.9	179.6	197.3	215.0	232.7	250.4	285.8	321.2	356.6	392.0
1220	1017	148.4	166.7	185.0	203.3	221.6	239.9	258.2	294.8	331.4	368.0	404.6
1260	1050	152.6	171.5	190.4	209.3	228.2	247.1	266.0	303.8	341.6	379.4	417.2
1300	1083	156.8	176.3	195.8	215.3	234.8	254.3	273.8	312.8	351.8	390.8	429.8
1340	1117	160.9	181.0	201.1	221.2	241.3	261.4	281.5	321.7	361.9	402.1	442.3
1420	1183	169.0	190.3	211.6	232.9	254.2	275.5	296.8	339.4	382.0	424.6	467.2
1500	1250	176.9	199.4	221.9	244.4	266.9	289.4	311.9	356.9	401.9	446.9	491.9
1580	1317	184.6	208.3	232.0	255.7	279.4	303.1	326.8	374.2	421.6	469.0	516.4
1660	1383	192.2	217.1	242.0	266.9	291.8	316.7	341.6	391.4	441.2	491.0	540.8
1740	1450	199.6	225.7	251.8	277.9	304.0	330.1	356.2	408.4	460.6	512.8	565.0
1820	1517	206.8	234.1	261.4	288.7	316.0	343.3	370.6	425.2	479.8	534.4	589.0
1900	1583	213.9	242.4	270.9	299.4	327.9	356.4	384.9	441.9	498.9	555.9	612.9
1980	1650	220.7	250.4	280.1	309.8	339.5	369.2	398.9	458.3	517.7	577.1	636.5
2060	1717	227.4	258.3	289.2	320.1	351.0	381.9	412.8	474.6	536.4	598.2	660.0

续表

A_s(mm^2)		M(kN·m)　梁宽 $b=350$mm,C20 混凝土,　当 h(mm)为										
HRB335 钢	HRB400 钢 RRB400 钢	500	550	600	650	700	750	800	900	1000	1100	1200
2140	1783	234.0	266.1	298.2	330.3	362.4	394.5	426.6	490.8	555.0	619.2	683.4
2220	1850	240.4	273.7	307.0	340.3	373.6	406.9	440.2	506.8	573.4	640.0	706.6
2300	1917	246.6	281.1	315.6	350.1	384.6	419.1	453.6	522.6	591.6	660.6	729.6
2380	1983	252.6	288.3	324.0	359.7	395.4	431.1	466.8	538.2	609.6	681.0	752.4
2460	2050	258.4	295.3	332.2	369.1	406.0	442.9	479.8	553.6	627.4	701.2	775.0
2540	2117	264.1	302.2	340.3	378.4	416.5	454.6	492.7	568.9	645.1	721.3	797.5
2620	2183	269.6	308.9	348.2	387.5	426.8	466.1	505.4	584.0	662.6	741.2	819.8
2700	2250	275.0	315.5	356.0	396.5	437.0	477.5	518.0	599.0	680.0	761.0	842.0
2850	2375	284.5	327.3	370.0	412.8	455.5	498.3	541.0	626.5	712.0	797.5	883.0
以上为单排筋,以下为双排筋												
3050	2542		319.2	364.9	410.7	456.4	502.2	547.9	639.4	730.9	822.4	913.9
3250	2708			380.2	428.9	477.7	526.4	575.2	672.7	770.2	867.7	965.2
3400	2833			390.9	441.9	492.9	543.9	594.9	696.9	798.9	900.9	1002.9
3550	2958				454.2	507.5	560.7	614.0	720.5	827.0	933.5	1040.0
3700	3083				466.0	521.5	577.0	632.5	743.5	854.5	965.5	1076.5
3850	3208					534.9	592.7	650.4	765.9	881.4	996.9	1112.4
4000	3333					547.7	607.7	667.7	787.7	907.7	1027.7	1147.7
4200	3500						626.9	689.9	815.9	941.9	1067.9	1193.9
4400	3667							710.9	842.9	974.9	1106.9	1238.9
4600	3833							730.9	868.9	1006.9	1144.9	1282.9
4800	4000								893.8	1037.8	1181.8	1325.8
5000	4167								917.7	1067.7	1217.7	1367.7
5200	4333								940.5	1096.5	1252.5	1408.5
5400	4500									1124.2	1286.2	1448.2
5600	4667									1150.8	1318.8	1486.8
5800	4833									1176.4	1350.4	1524.4
以上为双排筋,以下为三排筋												
6000	5000										1326.9	1506.9
6200	5167										1354.5	1540.5
6400	5333											1573.0
6600	5500											1604.5
6800	5667											1634.9

单筋矩形截面梁弯矩配筋表

表 2-4-8

$A_s(mm^2)$		M(kN·m) 梁宽 b=400mm,C20 混凝土, 当 h(mm)为										
HRB335 钢	HRB400 钢 RRB400 钢	600	650	700	750	800	900	1000	1100	1200	1300	1400
580	483	93.50										
620	517	99.66										
660	550	105.8	115.7									
700	583	111.9	122.4	132.9								
740	617	117.9	129.0	140.1	151.2							
780	650	123.9	135.6	147.3	159.0	170.7						
820	683	129.9	142.2	154.5	166.8	179.1						
860	717	135.8	148.7	161.6	174.5	187.4						
900	750	141.7	155.2	168.7	182.2	195.7	222.7					
940	783	147.6	161.7	175.8	189.9	204.0	232.2					
1020	850	159.2	174.5	189.8	205.1	220.4	251.0	281.6				
1100	917	170.6	187.1	203.6	220.1	236.6	269.6	302.6	335.6			
1180	983	181.9	199.6	217.3	235.0	252.7	288.1	323.5	358.9	394.3		
1260	1050	193.1	212.0	230.9	249.8	268.7	306.5	344.3	382.1	419.9	457.7	
1340	1117	204.1	224.2	244.3	264.4	284.5	324.7	364.9	405.1	445.3	485.5	
1420	1183	214.9	236.2	257.5	278.8	300.1	342.7	385.3	427.9	470.5	513.1	555.7
1500	1250	225.6	248.1	270.6	293.1	315.6	360.6	405.6	450.6	495.6	540.6	585.6
1580	1317	236.2	259.9	283.6	307.3	331.0	378.4	425.8	473.2	520.6	568.0	615.4
1660	1383	246.6	271.5	296.4	321.3	346.2	396.0	445.8	495.6	545.4	595.2	645.0
1740	1450	256.8	282.9	309.0	335.1	361.2	413.4	465.6	517.8	570.0	622.2	674.4
1820	1517	266.9	294.2	321.5	348.8	376.1	430.7	485.3	539.9	594.5	649.1	703.7
1900	1583	276.9	305.4	333.9	362.4	390.9	447.9	504.9	561.9	618.9	675.9	732.9
1980	1650	286.7	316.4	346.1	375.8	405.5	464.9	524.3	583.7	643.1	702.5	761.9
2060	1717	296.4	327.3	358.2	389.1	420.0	481.8	543.6	605.4	667.2	729.0	790.8
2140	1783	305.9	338.0	370.1	402.2	434.3	498.5	562.7	626.9	691.1	755.3	819.5
2220	1850	315.2	348.5	381.8	415.1	448.4	515.0	581.6	648.2	714.8	781.4	848.0
2300	1917	324.4	358.9	393.4	427.9	462.4	531.4	600.4	669.4	738.4	807.4	876.4
2380	1983	333.5	369.2	404.9	440.6	476.3	547.7	619.1	690.5	761.9	833.3	904.7
2460	2050	342.4	379.3	416.2	453.1	490.0	563.8	637.6	711.4	785.2	859.0	932.8
2540	2117	351.1	389.2	427.3	465.4	503.5	579.7	655.9	732.1	808.3	884.5	960.7
2620	2183	359.7	399.0	438.3	477.6	516.9	595.5	674.1	752.7	831.3	909.9	988.5
2700	2250	368.2	408.7	449.2	489.7	530.2	611.2	692.2	773.2	854.2	935.2	1016.2

续表

A_s(mm^2)		M(kN·m)　梁宽 $b=400$mm,C20 混凝土,　当 h(mm)为										
HRB335 钢	HRB400 钢 RRB400 钢	600	650	700	750	800	900	1000	1100	1200	1300	1400
2850	2375	383.6	426.4	469.1	511.9	554.6	640.1	725.6	811.1	896.6	982.1	1067.6
2950	2458	393.6	437.9	482.1	526.4	570.6	659.1	747.6	836.1	924.6	1013.1	1101.6
3050	2542	403.4	449.1	494.9	540.6	586.4	677.9	769.4	860.9	952.4	1043.9	1135.4
3150	2625	412.9	460.2	507.4	554.7	601.9	696.4	790.9	885.4	979.9	1074.4	1168.9
3250	2708	422.2	471.0	519.7	568.5	617.2	714.7	812.2	909.7	1007.2	1104.7	1202.2
3400	2833	435.7	486.7	537.7	588.7	639.7	741.7	843.7	945.7	1047.7	1149.7	1251.7
以上为单排筋,以下为双排筋												
3550	2958	422.1	475.3	528.6	581.8	635.1	741.6	848.1	954.6	1061.1	1167.6	1274.1
3700	3083	433.4	488.9	544.4	599.9	655.4	766.4	877.4	988.4	1099.4	1210.4	1321.4
3850	3208	444.2	502.0	559.7	617.5	675.2	790.7	906.2	1021.7	1137.2	1252.7	1368.2
4000	3333		514.5	574.5	634.5	694.5	814.5	934.5	1054.5	1174.5	1294.5	1414.5
4200	3500		530.4	593.4	656.4	719.4	845.4	971.4	1097.4	1223.4	1349.4	1475.4
4400	3667			611.3	677.3	743.3	875.3	1007.3	1139.3	1271.3	1403.3	1535.3
4600	3833			628.3	697.3	766.3	904.3	1042.3	1180.3	1318.3	1456.3	1594.3
4800	4000				716.4	788.4	932.4	1076.4	1220.4	1364.4	1508.4	1652.4
5000	4167					809.5	959.5	1109.5	1259.5	1409.5	1559.5	1709.5
5200	4333					829.7	985.7	1141.7	1297.7	1453.7	1609.7	1765.7
5400	4500						1011.0	1173.0	1335.0	1497.0	1659.0	1821.0
5600	4667						1035.3	1203.3	1371.3	1539.3	1707.3	1875.3
5800	4833						1058.7	1232.7	1406.7	1580.7	1754.7	1928.7
6000	5000							1261.1	1441.1	1621.1	1801.1	1981.1
6200	5167							1288.6	1474.6	1660.6	1846.6	2032.6
6400	5333							1315.2	1507.2	1699.2	1891.2	2083.2
6600	5500							1340.8	1538.8	1736.8	1934.8	2132.8
6800	5667								1569.5	1773.5	1977.5	2181.5
以上为双排筋,以下为三排筋												
7000	5833								1536.3	1746.3	1956.3	2166.3
7400	6167									1811.4	2033.4	2255.4
8000	6667										2142.0	2382.0
8400	7000										2209.7	2461.7
8800	7333											2537.7
9200	7667											2609.9

单筋矩形截面梁弯矩配筋表 **表 2-4-9**

$A_s(mm^2)$		M(kN·m) 梁宽 $b=450$mm，C20 混凝土， 当 h(mm)为										
HRB335 钢	HRB400 钢 RRB400 钢	650	700	750	800	900	1000	1100	1200	1300	1400	1500
1020	850	175.8	191.1	206.4	221.7	252.3						
1060	883	182.3	198.2	214.1	230.0	261.8						
1100	917	188.7	205.2	221.7	238.2	271.2	304.2					
1140	950	195.1	212.2	229.3	246.4	280.6	314.8					
1180	983	201.4	219.1	236.8	254.5	289.9	325.3					
1220	1017	207.8	226.1	244.4	262.7	299.3	335.9	372.5				
1260	1050	214.0	232.9	251.8	270.7	308.5	346.3	384.1				
1300	1083	220.3	239.8	259.3	278.8	317.8	356.8	395.8	434.8			
1340	1117	226.5	246.6	266.7	286.8	327.0	367.2	407.4	447.6			
1380	1150	232.7	253.4	274.1	294.8	336.2	377.6	419.0	460.4			
1420	1183	238.9	260.2	281.5	302.8	345.4	388.0	430.6	473.2	515.8		
1460	1217	245.0	266.9	288.8	310.7	354.5	398.3	442.1	485.9	529.7		
1500	1250	251.1	273.6	296.1	318.6	363.6	408.6	453.6	498.6	543.6		
1580	1317	263.1	286.8	310.5	334.2	381.6	429.0	476.4	523.8	571.2	618.6	
1660	1383	275.1	300.0	324.9	349.8	399.6	449.4	499.2	549.0	598.8	648.6	698.4
1740	1450	286.9	313.0	339.1	365.2	417.4	469.6	521.8	574.0	626.2	678.4	730.6
1820	1517	298.6	325.9	353.2	380.5	435.1	489.7	544.3	598.9	653.5	708.1	762.7
1900	1583	310.1	338.6	367.1	395.6	452.6	509.6	566.6	623.6	680.6	737.6	794.6
1980	1650	321.5	351.2	380.9	410.6	470.0	529.4	588.8	648.2	707.6	767.0	826.4
2060	1717	332.8	363.7	394.6	425.5	487.3	549.1	610.9	672.7	734.5	796.3	858.1
2140	1783	343.9	376.0	408.1	440.2	504.4	568.6	632.8	697.0	761.2	825.4	889.6
2220	1850	354.9	388.2	421.5	454.8	521.4	588.0	654.6	721.2	787.8	854.4	921.0
2300	1917	365.8	400.3	434.8	469.3	538.3	607.3	676.3	745.3	814.3	883.3	952.3
2380	1983	376.5	412.2	447.9	483.6	555.0	626.4	697.8	769.2	840.6	912.0	983.4
2460	2050	387.1	424.0	460.9	497.8	571.6	645.4	719.2	793.0	866.8	940.6	1014.4
2540	2117	397.6	435.7	473.8	511.9	588.1	664.3	740.5	816.7	892.9	969.1	1045.3
2620	2183	408.0	447.3	486.6	525.9	604.5	683.1	761.7	840.3	918.9	997.5	1076.1
2700	2250	418.2	458.7	499.2	539.7	620.7	701.7	782.7	863.7	944.7	1025.7	1106.7
2850	2375	436.9	479.7	522.4	565.2	650.7	736.2	821.7	907.2	992.7	1078.2	1163.7
2950	2458	449.2	493.4	537.7	581.9	670.4	758.9	847.4	935.9	1024.4	1112.9	1201.4
3050	2542	461.2	507.0	552.7	598.5	690.0	781.5	873.0	964.5	1056.0	1147.5	1239.0
3150	2625	473.1	520.3	567.6	614.8	709.3	803.8	898.3	992.8	1087.3	1181.8	1276.3

续表

A_s(mm^2)		M(kN·m)　梁宽 $b=450$mm,C20 混凝土,　当 h(mm)为										
HRB335 钢	HRB400 钢 RRB400 钢	650	700	750	800	900	1000	1100	1200	1300	1400	1500
3250	2708	484.7	533.5	582.2	631.0	728.5	826.0	923.5	1021.0	1118.5	1216.0	1313.5
3400	2833	501.8	552.8	603.8	654.8	756.8	858.8	960.8	1062.8	1164.8	1266.8	1368.8
3550	2958	518.4	571.6	624.9	678.1	784.6	891.1	997.6	1104.1	1210.6	1317.1	1423.6
3700	3083	534.5	590.0	645.5	701.0	812.0	923.0	1034.0	1145.0	1256.0	1367.0	1478.0
3850	3208	550.1	607.9	665.6	723.4	838.9	954.4	1069.9	1185.4	1300.9	1416.4	1531.9
以上为单排筋,以下双排筋												
4000	3333	535.3	595.3	655.3	715.3	835.3	955.3	1075.3	1195.3	1315.3	1435.3	1555.3
4200	3500	553.4	616.4	679.4	742.4	868.4	994.4	1120.4	1246.4	1372.4	1498.4	1624.4
4400	3667	570.5	636.5	702.5	768.5	900.5	1032.5	1164.5	1296.5	1428.5	1560.5	1692.5
4600	3833	586.9	655.9	724.9	793.9	931.9	1069.9	1207.9	1345.9	1483.9	1621.9	1759.9
4800	4000	602.4	674.4	746.4	818.4	962.4	1106.4	1250.4	1394.4	1538.4	1682.4	1826.4
5000	4167		692.1	767.1	842.1	992.1	1142.1	1292.1	1442.1	1592.1	1742.1	1892.1
5200	4333		708.9	786.9	864.9	1020.9	1176.9	1332.9	1488.9	1644.9	1800.9	1956.9
5400	4500			806.0	887.0	1049.0	1211.0	1373.0	1535.0	1697.0	1859.0	2021.0
5600	4667				908.1	1076.1	1244.1	1412.1	1580.1	1748.1	1916.1	2084.1
5800	4833				928.5	1102.5	1276.5	1450.5	1624.5	1798.5	1972.5	2146.5
6000	5000					1128.0	1308.0	1488.0	1668.0	1848.0	2028.0	2208.0
6200	5167					1152.7	1338.7	1524.7	1710.7	1896.7	2082.7	2268.7
6400	5333					1176.5	1368.5	1560.5	1752.5	1944.5	2136.5	2328.5
6600	5500					1199.6	1397.6	1595.6	1793.6	1991.6	2189.6	2387.6
6800	5667						1425.7	1629.7	1833.7	2037.7	2241.7	2445.7
7000	5833						1453.1	1663.1	1873.1	2083.1	2293.1	2503.1
7200	6000						1479.6	1695.6	1911.6	2127.6	2343.6	2559.6
7400	6167						1505.3	1727.3	1949.3	2171.3	2393.3	2615.3
7600	6333							1758.1	1986.1	2214.1	2442.1	2670.1
7800	6500							1788.2	2022.2	2256.2	2490.2	2724.2
以上为双排筋,以下为三排筋												
8000	6667							1745.3	1985.3	2225.3	2465.3	2705.3
8200	6833							1771.9	2017.9	2263.9	2509.9	2755.9
8400	7000								2049.6	2301.6	2553.6	2805.6
8600	7167								2080.5	2338.5	2596.5	2854.5
8800	7333								2110.5	2374.5	2638.5	2902.5

单筋矩形截面梁弯矩配筋表 **表 2-4-10**

A_s(mm²)		M(kN·m) 梁宽 b=500mm,C20 混凝土, 当 h(mm)为												
HRB335 钢	HRB400 钢 RRB400 钢	650	700	750	800	900	1000	1100	1200	1300	1400	1500	1600	1700
1260	1050	215.7	234.6	253.5	272.4	310.2	348.0							
1300	1083	222.1	241.6	261.1	280.6	319.6	358.6							
1340	1117	228.4	248.5	268.6	288.7	328.9	369.1	409.3						
1420	1183	241.0	262.3	283.6	304.9	347.5	390.1	432.7						
1500	1250	253.4	275.9	298.4	320.9	365.9	410.9	455.9	500.9					
1580	1317	265.7	289.4	313.1	336.8	384.2	431.6	479.0	526.4	573.8				
1660	1383	277.9	302.8	327.7	352.6	402.4	452.2	502.0	551.8	601.6				
1740	1450	290.0	316.1	342.2	368.3	420.5	472.7	524.9	577.1	629.3	681.5			
1820	1517	302.0	329.3	356.6	383.9	438.5	493.1	547.7	602.3	656.9	711.5	766.1		
1900	1583	313.9	342.4	370.9	399.4	456.4	513.4	570.4	627.4	684.4	741.4	798.4		
1980	1650	325.6	355.3	385.0	414.7	474.1	533.5	592.9	652.3	711.7	771.1	830.5	889.9	
2060	1717	337.2	368.1	399.0	429.9	491.7	553.5	615.3	677.1	738.9	800.7	862.5	924.3	986.1
2140	1783	348.7	380.8	412.9	445.0	509.2	573.4	637.6	701.8	766.0	830.2	894.4	958.6	1022.8
2220	1850	360.1	393.4	426.7	460.0	526.6	593.2	659.8	726.4	793.0	859.6	926.2	992.8	1059.4
2300	1917	371.3	405.8	440.3	474.8	543.8	612.8	681.8	750.8	819.8	888.8	957.8	1026.8	1095.8
2380	1983	382.4	418.1	453.8	489.5	560.9	632.3	703.7	775.1	846.5	917.9	989.3	1060.7	1132.1
2460	2050	393.4	430.3	467.2	504.1	577.9	651.7	725.5	799.3	873.1	946.9	1020.7	1094.5	1168.3
2540	2117	404.3	442.4	480.5	518.6	594.8	671.0	747.2	823.4	899.6	975.8	1052.0	1128.2	1204.4
2620	2183	415.1	454.4	493.7	533.0	611.6	690.2	768.8	847.4	926.0	1004.6	1083.2	1161.8	1240.4
2700	2250	425.8	466.3	506.8	547.3	628.3	709.3	790.3	871.3	952.3	1033.3	1114.3	1195.3	1276.3
2850	2375	445.4	488.2	530.9	573.7	659.2	744.7	830.2	915.7	1001.2	1086.7	1172.2	1257.7	1343.2
3050	2542	470.9	516.7	562.4	608.2	699.7	791.2	882.7	974.2	1065.7	1157.2	1248.7	1340.2	1431.7
3250	2708	495.7	544.5	593.2	642.0	739.5	837.0	934.5	1032.0	1129.5	1227.0	1324.5	1422.0	1519.5
3400	2833	513.8	564.8	615.8	666.8	768.8	870.8	972.8	1074.8	1176.8	1278.8	1380.8	1482.8	1584.8
3550	2958	531.5	584.8	638.0	691.3	797.8	904.3	1010.8	1117.3	1223.8	1330.3	1436.8	1543.3	1649.8
3700	3083	548.8	604.3	659.8	715.3	826.3	937.3	1048.3	1159.3	1270.3	1381.3	1492.3	1603.3	1714.3
3750	3125	554.4	610.7	666.9	723.2	835.7	948.2	1060.7	1173.2	1285.7	1398.2	1510.7	1623.2	1735.7
3850	3208	565.6	623.3	681.1	738.8	854.3	969.8	1085.3	1200.8	1316.3	1431.8	1547.3	1662.8	1778.3
4000	3333	582.0	642.0	702.0	762.0	882.0	1002.0	1122.0	1242.0	1362.0	1482.0	1602.0	1722.0	1842.0
4200	3500	603.2	666.2	729.2	792.2	918.2	1044.2	1170.2	1296.2	1422.2	1548.2	1674.2	1800.2	1926.2
4400	3667	623.7	689.7	755.7	821.7	953.7	1085.7	1217.7	1349.7	1481.7	1613.7	1745.7	1877.7	2009.7
以上为单排筋,以下为双排筋														

续表

$A_s(mm^2)$		M(kN·m)　梁宽 $b=500$mm,C20 混凝土,　当 h(mm)为												
HRB335 钢	HRB400 钢 RRB400 钢	650	700	750	800	900	1000	1100	1200	1300	1400	1500	1600	1700
4600	3833	608.9	677.9	746.9	815.9	953.9	1091.9	1229.9	1367.9	1505.9	1643.9	1781.9	1919.9	2057.9
4800	4000	626.4	698.4	770.4	842.4	986.4	1130.4	1274.4	1418.4	1562.4	1706.4	1850.4	1994.4	2138.4
5000	4167	643.1	718.1	793.1	868.1	1018.1	1168.1	1318.1	1468.1	1618.1	1768.1	1918.1	2068.1	2218.1
5200	4333	659.1	737.1	815.1	893.1	1049.1	1205.1	1361.1	1517.1	1673.1	1829.1	1985.1	2141.1	2297.1
5400	4500		755.3	836.3	917.3	1079.3	1241.3	1403.3	1565.3	1727.3	1889.3	2051.3	2213.3	2375.3
5600	4667		772.8	856.8	940.8	1108.8	1276.8	1444.8	1612.8	1780.8	1948.8	2116.8	2284.8	2452.8
5800	4833		789.5	876.5	963.5	1137.5	1311.5	1485.5	1659.5	1833.5	2007.5	2181.5	2355.5	2529.5
6000	5000			895.5	985.5	1165.5	1345.5	1525.5	1705.5	1885.5	2065.5	2245.5	2425.5	2605.5
6200	5167			913.7	1006.7	1192.7	1378.7	1564.7	1750.7	1936.7	2122.7	2308.7	2494.7	2680.7
6400	5333				1027.2	1219.2	1411.2	1603.2	1795.2	1987.2	2179.2	2371.2	2563.2	2755.2
6600	5500				1046.9	1244.9	1442.9	1640.9	1838.9	2036.9	2234.9	2432.9	2630.9	2828.9
6800	5667					1269.9	1473.9	1677.9	1881.9	2085.9	2289.9	2493.9	2697.9	2901.9
7000	5833					1294.1	1504.1	1714.1	1924.1	2134.1	2344.1	2554.1	2764.1	2974.1
7200	6000					1317.6	1533.6	1749.6	1965.6	2181.6	2397.6	2613.6	2829.6	3045.6
7400	6167					1340.3	1562.3	1784.3	2006.3	2228.3	2450.3	2672.3	2894.3	3116.3
7600	6333						1590.3	1818.3	2046.3	2274.3	2502.3	2730.3	2958.3	3186.3
7800	6500						1617.5	1851.5	2085.5	2319.5	2553.5	2787.5	3021.5	3255.5
8000	6667						1644.0	1884.0	2124.0	2364.0	2604.0	2844.0	3084.0	3324.0
8200	6833						1669.7	1915.7	2161.7	2407.7	2653.7	2899.7	3145.7	3391.7
8400	7000							1946.7	2198.7	2450.7	2702.7	2954.7	3206.7	3458.7
8600	7167							1976.9	2234.9	2492.9	2750.9	3008.9	3266.9	3524.9
8800	7333							2006.4	2270.4	2534.4	2798.4	3062.4	3326.4	3590.4
以上为双排筋,以下为三排筋														
9000	7500							1954.1	2224.1	2494.1	2764.1	3034.1	3304.1	3574.1
9200	7667								2256.3	2532.3	2808.3	3084.3	3360.3	3636.3
9400	7833								2287.7	2569.7	2851.7	3133.7	3415.7	3697.7
9600	8000								2318.4	2606.4	2894.4	3182.4	3470.4	3758.4
9800	8167								2348.3	2642.3	2936.3	3230.3	3524.3	3818.3
10000	8333									2677.5	2977.5	3277.5	3577.5	3877.5
10200	8500									2711.9	3017.9	3323.9	3629.9	3935.9
10400	8667									2745.6	3057.6	3369.6	3681.6	3993.6
10600	8833									2778.5	3096.5	3414.5	3732.5	4050.5

单筋矩形截面梁弯矩配筋表 **表 2-4-11**

$A_s(mm^2)$		M(kN·m) 梁宽 $b=550$mm,C20 混凝土, 当 h(mm)为														
HRB335 钢	HRB400 钢 RRB400 钢	650	700	750	800	900	1000	1100	1200	1300	1400	1500	1600	1700	1800	1900
1500	1250	255.3	277.8	300.3	322.8	367.8	412.8	457.8								
1580	1317	267.9	291.6	315.3	339.0	386.4	433.8	481.2								
1660	1383	280.3	305.2	330.1	355.0	404.8	454.6	504.4	554.2							
1740	1450	292.6	318.7	344.8	370.9	423.1	475.3	527.5	579.7	631.9						
1820	1517	304.8	332.1	359.4	386.7	441.3	495.9	550.5	605.1	659.7						
1900	1583	316.9	345.4	373.9	402.4	459.4	516.4	573.4	630.4	687.4	744.4					
1980	1650	328.9	358.6	388.3	418.0	477.4	536.8	596.2	655.6	715.0	774.4					
2060	1717	340.8	371.7	402.6	433.5	495.3	557.1	618.9	680.7	742.5	804.3	866.1				
2140	1783	352.6	384.7	416.8	448.9	513.1	577.3	641.5	705.7	769.9	834.1	898.3	962.5			
2220	1850	364.3	397.6	430.9	464.2	530.8	597.4	664.0	730.6	797.2	863.8	930.4	997.0			
2300	1917	375.8	410.3	444.8	479.3	548.3	617.3	686.3	755.3	824.3	893.3	962.3	1031.3	1100.3		
2380	1983	387.3	423.0	458.7	494.4	565.8	637.2	708.6	780.0	851.4	922.8	994.2	1065.6	1137.0	1208.4	
2460	2050	398.6	435.5	472.4	509.3	583.1	656.9	730.7	804.5	878.3	952.1	1025.9	1099.7	1173.5	1247.3	
2540	2117	409.8	447.9	486.0	524.1	600.3	676.5	752.7	828.9	905.1	981.3	1057.5	1133.7	1209.9	1286.1	1362.3
2620	2183	421.0	460.3	499.6	538.9	617.5	696.1	774.7	853.3	931.9	1010.5	1089.1	1167.7	1246.3	1324.9	1403.5
2700	2250	432.0	472.5	513.0	553.5	634.5	715.5	796.5	877.5	958.5	1039.5	1120.5	1201.5	1282.5	1363.5	1444.5
2850	2375	452.3	495.1	537.8	580.6	666.1	751.6	837.1	922.6	1008.1	1093.6	1179.1	1264.6	1350.1	1435.6	1521.1
2950	2458	465.7	509.9	554.2	598.4	686.9	775.4	863.9	952.4	1040.9	1129.4	1217.9	1306.4	1394.9	1483.4	1571.9
3050	2542	478.9	524.6	570.4	616.1	707.6	799.1	890.6	982.1	1073.6	1165.1	1256.6	1348.1	1439.6	1531.1	1622.6
3150	2625	491.9	539.1	586.4	633.6	728.1	822.6	917.1	1011.6	1106.1	1200.6	1295.1	1389.6	1484.1	1578.6	1673.1
3250	2708	504.7	553.5	602.2	651.0	748.5	846.0	943.5	1041.0	1138.5	1236.0	1333.5	1431.0	1528.5	1626.0	1723.5
3400	2833	523.7	574.7	625.7	676.7	778.7	880.7	982.7	1084.7	1186.7	1288.7	1390.7	1492.7	1594.7	1696.7	1798.7
3550	2958	542.2	595.5	648.7	702.0	808.5	915.0	1021.5	1128.0	1234.5	1341.0	1447.5	1554.0	1660.5	1767.0	1873.5
3700	3083	560.4	615.9	671.4	726.9	837.9	948.9	1059.9	1170.9	1281.9	1392.9	1503.9	1614.9	1725.9	1836.9	1947.9
3850	3208	578.2	636.0	693.7	751.5	867.0	982.5	1098.0	1213.5	1329.0	1444.5	1560.0	1675.5	1791.0	1906.5	2022.0
4000	3333	595.6	655.6	715.6	775.6	895.6	1015.6	1135.6	1255.6	1375.6	1495.6	1615.6	1735.6	1855.6	1975.6	2095.6
4200	3500	618.3	681.3	744.3	807.3	933.3	1059.3	1185.3	1311.3	1437.3	1563.3	1689.3	1815.3	1941.3	2067.3	2193.3
4400	3667	640.2	706.2	772.2	838.2	970.2	1102.2	1234.2	1366.2	1498.2	1630.2	1762.2	1894.2	2026.2	2158.2	2290.2
4600	3833	661.5	730.5	799.5	868.5	1006.5	1144.5	1282.5	1420.5	1558.5	1696.5	1834.5	1972.5	2110.5	2248.5	2386.5
4800	4000	682.0	754.0	826.0	898.0	1042.0	1186.0	1330.0	1474.0	1618.0	1762.0	1906.0	2050.0	2194.0	2338.0	2482.0
以上为单排筋,以下为双排筋																
5000	4167	664.4	739.4	814.4	889.4	1039.4	1189.4	1339.4	1489.4	1639.4	1789.4	1939.4	2089.4	2239.4	2389.4	2539.4

续表

A_s(mm^2)		M(kN·m)　梁宽 $b=550$mm,C20 混凝土,　当 h(mm)为														
HRB335 钢	HRB400 钢 RRB400 钢	650	700	750	800	900	1000	1100	1200	1300	1400	1500	1600	1700	1800	1900
5200	4333	682.1	760.1	838.1	916.1	1072.1	1228.1	1384.1	1540.1	1696.1	1852.1	2008.1	2164.1	2320.1	2476.1	2632.1
5400	4500	699.2	780.2	861.2	942.2	1104.2	1266.2	1428.2	1590.2	1752.2	1914.2	2076.2	2238.2	2400.2	2562.2	2724.2
5600	4667	715.5	799.5	883.5	967.5	1135.5	1303.5	1471.5	1639.5	1807.5	1975.5	2143.5	2311.5	2479.5	2647.5	2815.5
5800	4833	731.2	818.2	905.2	992.2	1166.2	1340.2	1514.2	1688.2	1862.2	2036.2	2210.2	2384.2	2558.2	2732.2	2906.2
6000	5000		836.2	926.2	1016.2	1196.2	1376.2	1556.2	1736.2	1916.2	2096.2	2276.2	2456.2	2636.2	2816.2	2996.2
6200	5167		853.5	946.5	1039.5	1225.5	1411.5	1597.5	1783.5	1969.5	2155.5	2341.5	2527.5	2713.5	2899.5	3085.5
6400	5333			966.1	1062.1	1254.1	1446.1	1638.1	1830.1	2022.1	2214.1	2406.1	2598.1	2790.1	2982.1	3174.1
6600	5500			985.1	1084.1	1282.1	1480.1	1678.1	1876.1	2074.1	2272.1	2470.1	2668.1	2866.1	3064.1	3262.1
6800	5667			1003.3	1105.3	1309.3	1513.3	1717.3	1921.3	2125.3	2329.3	2533.3	2737.3	2941.3	3145.3	3349.3
7000	5833				1125.9	1335.9	1545.9	1755.9	1965.9	2175.9	2385.9	2595.9	2805.9	3015.9	3225.9	3435.9
7200	6000				1145.8	1361.8	1577.8	1793.8	2009.8	2225.8	2441.8	2657.8	2873.8	3089.8	3305.8	3521.8
7400	6167					1387.0	1609.0	1831.0	2053.0	2275.0	2497.0	2719.0	2941.0	3163.0	3385.0	3607.0
7600	6333					1411.5	1639.5	1867.5	2095.5	2323.5	2551.5	2779.5	3007.5	3235.5	3463.5	3691.5
7800	6500					1435.4	1669.4	1903.4	2137.4	2371.4	2605.4	2839.4	3073.4	3307.4	3541.4	3775.4
8000	6667					1458.5	1698.5	1938.5	2178.5	2418.5	2658.5	2898.5	3138.5	3378.5	3618.5	3858.5
8200	6833					1481.0	1727.0	1973.0	2219.0	2465.0	2711.0	2957.0	3203.0	3449.0	3695.0	3941.0
8400	7000						1754.8	2006.8	2258.8	2510.8	2762.8	3014.8	3266.8	3518.8	3770.8	4022.8
8600	7167						1782.0	2040.0	2298.0	2556.0	2814.0	3072.0	3330.0	3588.0	3846.0	4104.0
8800	7333						1808.4	2072.4	2336.4	2600.4	2864.4	3128.4	3392.4	3656.4	3920.4	4184.4
9000	7500						1834.2	2104.2	2374.2	2644.2	2914.2	3184.2	3454.2	3724.2	3994.2	4264.2
9200	7667							2135.2	2411.2	2687.2	2963.2	3239.2	3515.2	3791.2	4067.2	4343.2
9400	7833							2165.6	2447.6	2729.6	3011.6	3293.6	3575.6	3857.6	4139.6	4421.6
9600	8000							2195.3	2483.3	2771.3	3059.3	3347.3	3635.3	3923.3	4211.3	4499.3
9800	8167							2224.4	2518.4	2812.4	3106.4	3400.4	3694.4	3988.4	4282.4	4576.4
以上为双排筋,以下为三排筋																
10000	8333							2162.7	2462.7	2762.7	3062.7	3362.7	3662.7	3962.7	4262.7	4562.7
10200	8500								2494.6	2800.6	3106.6	3412.6	3718.6	4024.6	4330.6	4636.6
10400	8667								2525.8	2837.8	3149.8	3461.8	3773.8	4085.8	4397.8	4709.8
10600	8833								2556.3	2874.3	3192.3	3510.3	3828.3	4146.3	4464.3	4782.3
10800	9000								2586.1	2910.1	3234.1	3558.1	3882.1	4206.1	4530.1	4854.1
11000	9167									2945.3	3275.3	3605.3	3935.3	4265.3	4595.3	4925.3
11200	9333									2979.7	3315.7	3651.7	3987.7	4323.7	4659.7	4995.7

单筋矩形截面梁弯矩配筋表 **表 2-4-12**

$A_s(mm^2)$		M(kN·m) 梁宽 b=600mm，C20 混凝土， 当 h(mm)为															
HRB335 钢	HRB400 钢 RRB400 钢	650	700	750	800	900	1000	1100	1200	1300	1400	1500	1600	1700	1800	1900	2000
1740	1450	294.8	320.9	347.0	373.1	425.3	477.5	529.7	581.9								
1820	1517	307.2	334.5	361.8	389.1	443.7	498.3	552.9	607.5								
1900	1583	319.5	348.0	376.5	405.0	462.0	519.0	576.0	633.0	690.0							
1980	1650	331.7	361.4	391.1	420.8	480.2	539.6	599.0	658.4	717.8							
2060	1717	343.8	374.7	405.6	436.5	498.3	560.1	621.9	683.7	745.5	807.3						
2140	1783	355.8	387.9	420.0	452.1	516.3	580.5	644.7	708.9	773.1	837.3						
2220	1850	367.8	401.1	434.4	467.7	534.3	600.9	667.5	734.1	800.7	867.3	933.9					
2300	1917	379.6	414.1	448.6	483.1	552.1	621.1	690.1	759.1	828.1	897.1	966.1					
2380	1983	391.3	427.0	462.7	498.4	569.8	641.2	712.6	784.0	855.4	926.8	998.2	1069.6				
2460	2050	402.9	439.8	476.7	513.6	587.4	661.2	735.0	808.8	882.6	956.4	1030.2	1104.0	1177.8			
2540	2117	414.4	452.5	490.6	528.7	604.9	681.1	757.3	833.5	909.7	985.9	1062.1	1138.3	1214.5			
2620	2183	425.8	465.1	504.4	543.7	622.3	700.9	779.5	858.1	936.7	1015.3	1093.9	1172.5	1251.1	1329.7		
2700	2250	437.1	477.6	518.1	558.6	639.6	720.6	801.6	882.6	963.6	1044.6	1125.6	1206.6	1287.6	1368.6		
2850	2375	458.1	500.8	543.6	586.3	671.8	757.3	842.8	928.3	1013.8	1099.3	1184.8	1270.3	1355.8	1441.3	1526.8	
2950	2458	471.9	516.1	560.4	604.6	693.1	781.6	870.1	958.6	1047.1	1135.6	1224.1	1312.6	1401.1	1489.6	1578.1	1666.6
3050	2542	485.5	531.2	577.0	622.7	714.2	805.7	897.2	988.7	1080.2	1171.7	1263.2	1354.7	1446.2	1537.7	1629.2	1720.7
3150	2625	498.9	546.2	593.4	640.7	735.2	829.7	924.2	1018.7	1113.2	1207.7	1302.2	1396.7	1491.2	1585.7	1680.2	1774.7
3250	2708	512.2	561.0	609.7	658.5	756.0	853.5	951.0	1048.5	1146.0	1243.5	1341.0	1438.5	1536.0	1633.5	1731.0	1828.5
3400	2833	531.9	582.9	633.9	684.9	786.9	888.9	990.9	1092.9	1194.9	1296.9	1398.9	1500.9	1602.9	1704.9	1806.9	1908.9
3550	2958	551.2	604.4	657.7	710.9	817.4	923.9	1030.4	1136.9	1243.4	1349.9	1456.4	1562.9	1669.4	1775.9	1882.4	1988.9
3700	3083	570.1	625.6	681.1	736.6	847.6	958.6	1069.6	1180.6	1291.6	1402.6	1513.6	1624.6	1735.6	1846.6	1957.6	2068.6
3850	3208	588.7	646.5	704.2	762.0	877.5	993.0	1108.5	1224.0	1339.5	1455.0	1570.5	1686.0	1801.5	1917.0	2032.5	2148.0
4000	3333	607.0	667.0	727.0	787.0	907.0	1027.0	1147.0	1267.0	1387.0	1507.0	1627.0	1747.0	1867.0	1987.0	2107.0	2227.0
4200	3500	630.8	693.8	756.8	819.8	945.8	1071.8	1197.8	1323.8	1449.8	1575.8	1701.8	1827.8	1953.8	2079.8	2205.8	2331.8
4400	3667	654.0	720.0	786.0	852.0	984.0	1116.0	1248.0	1380.0	1512.0	1644.0	1776.0	1908.0	2040.0	2172.0	2304.0	2436.0
4600	3833	676.5	745.5	814.5	883.5	1021.5	1159.5	1297.5	1435.5	1573.5	1711.5	1849.5	1987.5	2125.5	2263.5	2401.5	2539.5
4800	4000	698.4	770.4	842.4	914.4	1058.4	1202.4	1346.4	1490.4	1634.4	1778.4	1922.4	2066.4	2210.4	2354.4	2498.4	2642.4
5000	4167	719.7	794.7	869.7	944.7	1094.7	1244.7	1394.7	1544.7	1694.7	1844.7	1994.7	2144.7	2294.7	2444.7	2594.7	2744.7
5200	4333	740.4	818.4	896.4	974.4	1130.4	1286.4	1442.4	1598.4	1754.4	1910.4	2066.4	2222.4	2378.4	2534.4	2690.4	2846.4
5400	4500	760.4	841.4	922.4	1003.4	1165.4	1327.4	1489.4	1651.4	1813.4	1975.4	2137.4	2299.4	2461.4	2623.4	2785.4	2947.4
以上为单排筋，以下为双排筋																	
5600	4667	737.8	821.8	905.8	989.8	1157.8	1325.8	1493.8	1661.8	1829.8	1997.8	2165.8	2333.8	2501.8	2669.8	2837.8	3005.8

续表

$A_s(mm^2)$		$M(kN·m)$　梁宽 $b=600mm$,C20 混凝土，　当 $h(mm)$ 为															
HRB335 钢	HRB400 钢 RRB400 钢	650	700	750	800	900	1000	1100	1200	1300	1400	1500	1600	1700	1800	1900	2000
5800	4833	755.1	842.1	929.1	1016.1	1190.1	1364.1	1538.1	1712.1	1886.1	2060.1	2234.1	2408.1	2582.1	2756.1	2930.1	3104.1
6000	5000	771.8	861.8	951.8	1041.8	1221.8	1401.8	1581.8	1761.8	1941.8	2121.8	2301.8	2481.8	2661.8	2841.8	3021.8	3201.8
6200	5167	787.8	880.8	973.8	1066.8	1252.8	1438.8	1624.8	1810.8	1996.8	2182.8	2368.8	2554.8	2740.8	2926.8	3112.8	3298.8
6400	5333	803.2	899.2	995.2	1091.2	1283.2	1475.2	1667.2	1859.2	2051.2	2243.2	2435.2	2627.2	2819.2	3011.2	3203.2	3395.2
6600	5500		917.0	1016.0	1115.0	1313.0	1511.0	1709.0	1907.0	2105.0	2303.0	2501.0	2699.0	2897.0	3095.0	3293.0	3491.0
6800	5667		934.2	1036.2	1138.2	1342.2	1546.2	1750.2	1954.2	2158.2	2362.2	2566.2	2770.2	2974.2	3178.2	3382.2	3586.2
7000	5833			1055.7	1160.7	1370.7	1580.7	1790.7	2000.7	2210.7	2420.7	2630.7	2840.7	3050.7	3260.7	3470.7	3680.7
7200	6000			1074.6	1182.6	1398.6	1614.6	1830.6	2046.6	2262.6	2478.6	2694.6	2910.6	3126.6	3342.6	3558.6	3774.6
7400	6167			1092.9	1203.9	1425.9	1647.9	1869.9	2091.9	2313.9	2535.9	2757.9	2979.9	3201.9	3423.9	3645.9	3867.9
7600	6333				1224.6	1452.6	1680.6	1908.6	2136.6	2364.6	2592.6	2820.6	3048.6	3276.6	3504.6	3732.6	3960.6
7800	6500				1244.6	1478.6	1712.6	1946.6	2180.6	2414.6	2648.6	2882.6	3116.6	3350.6	3584.6	3818.6	4052.6
8000	6667					1504.0	1744.0	1984.0	2224.0	2464.0	2704.0	2944.0	3184.0	3424.0	3664.0	3904.0	4144.0
8200	6833					1528.8	1774.8	2020.8	2266.8	2512.8	2758.8	3004.8	3250.8	3496.8	3742.8	3988.8	4234.8
8400	7000					1553.0	1805.0	2057.0	2309.0	2561.0	2813.0	3065.0	3317.0	3569.0	3821.0	4073.0	4325.0
8600	7167					1576.5	1834.5	2092.5	2350.5	2608.5	2866.5	3124.5	3382.5	3640.5	3898.5	4156.5	4414.5
8800	7333					1599.4	1863.4	2127.4	2391.4	2655.4	2919.4	3183.4	3447.4	3711.4	3975.4	4239.4	4503.4
9000	7500						1891.7	2161.7	2431.7	2701.7	2971.7	3241.7	3511.7	3781.7	4051.7	4321.7	4591.7
9200	7667						1919.4	2195.4	2471.4	2747.4	3023.4	3299.4	3575.4	3851.4	4127.4	4403.4	4679.4
9400	7833						1946.4	2228.4	2510.4	2792.4	3074.4	3356.4	3638.4	3920.4	4202.4	4484.4	4766.4
9600	8000						1972.8	2260.8	2548.8	2836.8	3124.8	3412.8	3700.8	3988.8	4276.8	4564.8	4852.8
9800	8167						1998.6	2292.6	2586.6	2880.6	3174.6	3468.6	3762.6	4056.6	4350.6	4644.6	4938.6
10000	8333							2323.8	2623.8	2923.8	3223.8	3523.8	3823.8	4123.8	4423.8	4723.8	5023.8
10200	8500							2354.3	2660.3	2966.3	3272.3	3578.3	3884.3	4190.3	4496.3	4802.3	5108.3
10400	8667							2384.2	2696.2	3008.2	3320.2	3632.2	3944.2	4256.2	4568.2	4880.2	5192.2
10600	8833							2413.5	2731.5	3049.5	3367.5	3685.5	4003.5	4321.5	4639.5	4957.5	5275.5
10800	9000							2442.2	2766.2	3090.2	3414.2	3738.2	4062.2	4386.2	4710.2	5034.2	5358.2
以上为双排筋，以下为三排筋																	
11000	9167								2701.2	3031.2	3361.2	3691.2	4021.2	4351.2	4681.2	5011.2	5341.2
11200	9333								2732.8	3068.8	3404.8	3740.8	4076.8	4412.8	4748.8	5084.8	5420.8
11400	9500								2763.8	3105.8	3447.8	3789.8	4131.8	4473.8	4815.8	5157.8	5499.8
11600	9667								2794.2	3142.2	3490.2	3838.2	4186.2	4534.2	4882.2	5230.2	5578.2
11800	9833								2823.9	3177.9	3531.9	3885.9	4239.9	4593.9	4947.9	5301.9	5655.9

单筋矩形截面梁弯矩配筋表 **表 2-4-13**

$A_s(mm^2)$			$M(kN·m)$ 梁宽 $b=150mm$，C25 混凝土， 当 $h(mm)$ 为						
HPB235 钢	HRB335 钢	HRB400 钢 RRB400 钢	200	250	300	350	400	450	500
157	110	92	5.14	6.79	8.44				
214	150	125	6.86	9.11	11.36	13.61	15.86		
271	190	158	8.49	11.34	14.19	17.04	19.89	22.74	25.59
329	230	192	10.05	13.50	16.95	20.40	23.85	27.30	30.75
386	270	225	11.53	15.58	19.63	23.68	27.73	31.78	35.83
443	310	258	12.92	17.57	22.22	26.87	31.52	36.17	40.82
500	350	292	14.24	19.49	24.74	29.99	35.24	40.49	45.74
557	390	325	15.47	21.32	27.17	33.02	38.87	44.72	50.57
614	430	358	16.62	23.07	29.52	35.97	42.42	48.87	55.32
671	470	392	17.70	24.75	31.80	38.85	45.90	52.95	60.00
729	510	425	18.69	26.34	33.99	41.64	49.29	56.94	64.59
786	550	458	19.60	27.85	36.10	44.35	52.60	60.85	69.10
843	590	492	20.43	29.28	38.13	46.98	55.83	64.68	73.53
900	630	525		30.63	40.08	49.53	58.98	68.43	77.88
957	670	558		31.90	41.95	52.00	62.05	72.10	82.15
1014	710	592		33.09	43.74	54.39	65.04	75.69	86.34
1071	750	625		34.19	45.44	56.69	67.94	79.19	90.44
1129	790	658			47.07	58.92	70.77	82.62	94.47
1186	830	692			48.62	61.07	73.52	85.97	98.42
1243	870	725			50.08	63.13	76.18	89.23	102.3
1300	910	758			51.47	65.12	78.77	92.42	106.1
1357	950	792				67.02	81.27	95.52	109.8
以上为单排筋，以下为双排筋									
1414	990	825				61.42	76.27	91.12	106.0
1471	1030	858				62.86	78.31	93.76	109.2
1529	1070	892				64.23	80.28	96.33	112.4
1586	1110	925					82.16	98.81	115.5
1700	1190	992					83.96	103.5	121.4
1814	1270	1058					85.68	107.9	127.0
1929	1350	1125					87.32	112.0	132.3
2043	1430	1192							137.2
2157	1510	1258							141.8

单筋矩形截面梁弯矩配筋表　　　　**表 2-4-14**

$A_s(mm^2)$			M(kN·m)　梁宽 b=200mm,C25 混凝土,　当 h(mm)为										
HPB235 钢	HRB335 钢	HRB400 钢 RRB400 钢	200	250	300	350	400	450	500	550	600	650	700
157	110	92	5.22										
214	150	125	7.00	9.25	11.50								
271	190	158	8.72	11.57	14.42	17.27							
329	230	192	10.38	13.83	17.28	20.73	24.18	27.63					
386	270	225	11.99	16.04	20.09	24.14	28.19	32.24	36.29	40.34			
443	310	258	13.53	18.18	22.83	27.48	32.13	36.78	41.43	46.08	50.73		
500	350	292	15.01	20.26	25.51	30.76	36.01	41.26	46.51	51.76	57.01	62.26	67.51
557	390	325	16.43	22.28	28.13	33.98	39.83	45.68	51.53	57.38	63.23	69.08	74.93
614	430	358	17.79	24.24	30.69	37.14	43.59	50.04	56.49	62.94	69.39	75.84	82.29
671	470	392	19.09	26.14	33.19	40.24	47.29	54.34	61.39	68.44	75.49	82.54	89.59
729	510	425	20.33	27.98	35.63	43.28	50.93	58.58	66.23	73.88	81.53	89.18	96.83
786	550	458	21.51	29.76	38.01	46.26	54.51	62.76	71.01	79.26	87.51	95.76	104.0
843	590	492	22.62	31.47	40.32	49.17	58.02	66.87	75.72	84.57	93.42	102.3	111.1
900	630	525	23.68	33.13	42.58	52.03	61.48	70.93	80.38	89.83	99.28	108.7	118.2
957	670	558	24.68	34.73	44.78	54.83	64.88	74.93	84.98	95.03	105.1	115.1	125.2
1014	710	592	25.61	36.26	46.91	57.56	68.21	78.86	89.51	100.2	110.8	121.5	132.1
1071	750	625	26.49	37.74	48.99	60.24	71.49	82.74	93.99	105.2	116.5	127.7	139.0
1129	790	658	27.30	39.15	51.00	62.85	74.70	86.55	98.40	110.3	122.1	134.0	145.8
1186	830	692		40.51	52.96	65.41	77.86	90.31	102.8	115.2	127.7	140.1	152.6
1243	870	725		41.80	54.85	67.90	80.95	94.00	107.1	120.1	133.2	146.2	159.3
1300	910	758		43.04	56.69	70.34	83.99	97.64	111.3	124.9	138.6	152.2	165.9
1357	950	792		44.21	58.46	72.71	86.96	101.2	115.5	129.7	144.0	158.2	172.5
1414	990	825		45.32	60.17	75.02	89.87	104.7	119.6	134.4	149.3	164.1	179.0
1471	1030	858			61.83	77.28	92.73	108.2	123.6	139.1	154.5	170.0	185.4
1529	1070	892			63.42	79.47	95.52	111.6	127.6	143.7	159.7	175.8	191.8
1586	1110	925			64.95	81.60	98.25	114.9	131.5	148.2	164.8	181.5	198.1
1643	1150	958			66.42	83.67	100.9	118.2	135.4	152.7	169.9	187.2	204.4
1700	1190	992			67.83	85.68	103.5	121.4	139.2	157.1	174.9	192.8	210.6
1757	1230	1025			69.18	87.63	106.1	124.5	143.0	161.4	179.9	198.3	216.8
1814	1270	1058				89.52	108.6	127.6	146.7	165.7	184.8	203.8	222.9
1871	1310	1092				91.35	111.0	130.6	150.3	169.9	189.6	209.2	228.9
1929	1350	1125				93.12	113.4	133.6	153.9	174.1	194.4	214.6	234.9

续表

$A_s(mm^2)$			$M(kN·m)$ 梁宽 $b=200mm$,C25 混凝土, 当 $h(mm)$ 为										
HPB235 钢	HRB335 钢	HRB400 钢 RRB400 钢	200	250	300	350	400	450	500	550	600	650	700
1986	1390	1158				94.82	115.7	136.5	157.4	178.2	199.1	219.9	240.8
2043	1430	1192				96.47	117.9	139.4	160.8	182.3	203.7	225.2	246.6
2100	1470	1225					120.1	142.2	164.2	186.3	208.3	230.4	252.4
以上为单排筋,以下为双排筋													
2157	1510	1258					110.9	133.6	156.2	178.9	201.5	224.2	246.8
2214	1550	1292					112.7	135.9	159.2	182.4	205.7	228.9	252.2
2271	1590	1325					114.4	138.2	162.1	185.9	209.8	233.6	257.5
2329	1630	1358					116.0	140.5	164.9	189.4	213.8	238.3	262.7
2386	1670	1392						142.7	167.7	192.8	217.8	242.9	267.9
2443	1710	1425						144.8	170.4	196.1	221.7	247.4	273.0
2500	1750	1458						146.8	173.1	199.3	225.6	251.8	278.1
2557	1790	1492						148.8	175.7	202.5	229.4	256.2	283.1
2614	1830	1525						150.8	178.2	205.7	233.1	260.6	288.0
2671	1870	1558							180.7	208.8	236.8	264.9	292.9
2729	1910	1592							183.1	211.8	240.4	269.1	297.7
2786	1950	1625							185.5	214.8	244.0	273.3	302.5
2843	1990	1658							187.8	217.7	247.5	277.4	307.2
2900	2030	1692							190.0	220.5	250.9	281.4	311.8
2957	2070	1725								223.3	254.3	285.4	316.4
3014	2110	1758								226.0	257.6	289.3	320.9
3071	2150	1792								228.6	260.9	293.1	325.4
3129	2190	1825								231.2	264.1	296.9	329.8
3186	2230	1858								233.8	267.2	300.7	334.1
3243	2270	1892									270.3	304.4	338.4
3300	2310	1925									273.3	308.0	342.6
3414	2390	1992									279.2	315.0	350.9
3529	2470	2058										321.8	358.9
3643	2550	2125										328.4	366.7
3757	2630	2192										334.7	374.2
3871	2710	2258											381.5
3986	2790	2325											388.5
4100	2870	2392											395.3

单筋矩形截面梁弯矩配筋表 表 2-4-15

A_s(mm²)			M(kN·m) 梁宽 b=250mm,C25 混凝土, 当 h(mm)为												
HPB235 钢	HRB335 钢	HRB400 钢 RRB400 钢	250	300	350	400	450	500	550	600	650	700	750	800	900
271	190	158	11.71	14.56											
329	230	192	14.03	17.48	20.93										
386	270	225	16.31	20.36	24.41	28.46									
443	310	258	18.54	23.19	27.84	32.49	37.14	41.79							
500	350	292	20.72	25.97	31.22	36.47	41.72	46.97	52.22						
557	390	325	22.85	28.70	34.55	40.40	46.25	52.10	57.95	63.80					
614	430	358	24.94	31.39	37.84	44.29	50.74	57.19	63.64	70.09	76.54	82.99			
671	470	392	26.97	34.02	41.07	48.12	55.17	62.22	69.27	76.32	83.37	90.42	97.47		
729	510	425	28.96	36.61	44.26	51.91	59.56	67.21	74.86	82.51	90.16	97.81	105.5	113.1	
786	550	458	30.90	39.15	47.40	55.65	63.90	72.15	80.40	88.65	96.90	105.1	113.4	121.6	138.1
843	590	492	32.79	41.64	50.49	59.34	68.19	77.04	85.89	94.74	103.6	112.4	121.3	130.1	147.8
900	630	525	34.63	44.08	53.53	62.98	72.43	81.88	91.33	100.8	110.2	119.7	129.1	138.6	157.5
957	670	558	36.42	46.47	56.52	66.57	76.62	86.67	96.72	106.8	116.8	126.9	136.9	147.0	167.1
1014	710	592	38.17	48.82	59.47	70.12	80.77	91.42	102.1	112.7	123.4	134.0	144.7	155.3	176.6
1071	750	625	39.87	51.12	62.37	73.62	84.87	96.12	107.4	118.6	129.9	141.1	152.4	163.6	186.1
1129	790	658	41.51	53.36	65.21	77.06	88.91	100.8	112.6	124.5	136.3	148.2	160.0	171.9	195.6
1186	830	692	43.11	55.56	68.01	80.46	92.91	105.4	117.8	130.3	142.7	155.2	167.6	180.1	205.0
1243	870	725	44.67	57.72	70.77	83.82	96.87	109.9	123.0	136.0	149.1	162.1	175.2	188.2	214.3
1300	910	758	46.17	59.82	73.47	87.12	100.8	114.4	128.1	141.7	155.4	169.0	182.7	196.3	223.6
1357	950	792	47.62	61.87	76.12	90.37	104.6	118.9	133.1	147.4	161.6	175.9	190.1	204.4	232.9
1414	990	825	49.03	63.88	78.73	93.58	108.4	123.3	138.1	153.0	167.8	182.7	197.5	212.4	242.1
1471	1030	858	50.39	65.84	81.29	96.74	112.2	127.6	143.1	158.5	174.0	189.4	204.9	220.3	251.2
1586	1110	925	52.96	69.61	86.26	102.9	119.6	136.2	152.9	169.5	186.2	202.8	219.5	236.1	269.4
1700	1190	992	55.34	73.19	91.04	108.9	126.7	144.6	162.4	180.3	198.1	216.0	233.8	251.7	287.4
1814	1270	1058	57.52	76.57	95.62	114.7	133.7	152.8	171.8	190.9	209.9	229.0	248.0	267.1	305.2
1929	1350	1125		79.76	100.0	120.3	140.5	160.8	181.0	201.3	221.5	241.8	262.0	282.3	322.8
2043	1430	1192		82.75	104.2	125.7	147.1	168.6	190.0	211.5	232.9	254.4	275.8	297.3	340.2
2157	1510	1258		85.56	108.2	130.9	153.5	176.2	198.8	221.5	244.1	266.8	289.4	312.1	357.4
2271	1590	1325			112.0	135.9	159.7	183.6	207.4	231.3	255.1	279.0	302.8	326.7	374.4
2386	1670	1392			115.6	140.7	165.7	190.8	215.8	240.9	265.9	291.0	316.0	341.1	391.2
2500	1750	1458			119.1	145.3	171.6	197.8	224.1	250.3	276.6	302.8	329.1	355.3	407.8
2614	1830	1525				149.7	177.2	204.6	232.1	259.5	287.0	314.4	341.9	369.3	424.2

续表

$A_s(mm^2)$			M(kN·m) 梁宽 $b=250$mm,C25 混凝土， 当 h(mm)为												
HPB235 钢	HRB335 钢	HRB400 钢 RRB400 钢	250	300	350	400	450	500	550	600	650	700	750	800	900
2729	1910	1592				154.0	182.6	211.3	239.9	268.6	297.2	325.9	354.5	383.2	440.5
以上为单排筋，以下为双排筋															
2843	1990	1658				143.1	172.9	202.8	232.6	262.5	292.3	322.2	352.0	381.9	441.6
2957	2070	1725					177.4	208.4	239.5	270.5	301.6	332.6	363.7	394.7	456.8
3071	2150	1792					181.6	213.9	246.1	278.4	310.6	342.9	375.1	407.4	471.9
3186	2230	1858					185.7	219.1	252.6	286.0	319.5	352.9	386.4	419.8	486.7
3300	2310	1925					189.6	224.2	258.9	293.5	328.2	362.8	397.5	432.1	501.4
3414	2390	1992						229.1	264.9	300.8	336.6	372.5	408.3	444.2	515.9
3529	2470	2058						233.8	270.8	307.9	344.9	382.0	419.0	456.1	530.2
3643	2550	2125						238.2	276.5	314.7	353.0	391.2	429.5	467.7	544.2
3757	2630	2192							282.0	321.4	360.9	400.3	439.8	479.2	558.1
3871	2710	2258							287.3	327.9	368.6	409.2	449.9	490.5	571.8
3986	2790	2325							292.4	334.2	376.1	417.9	459.8	501.6	585.3
4100	2870	2392								340.3	383.4	426.4	469.5	512.5	598.6
4214	2950	2458								346.3	390.5	434.8	479.0	523.3	611.8
4329	3030	2525								352.0	397.4	442.9	488.3	533.8	624.7
4443	3110	2592									404.2	450.8	497.5	544.1	637.4
4557	3190	2658									410.7	458.6	506.4	554.3	650.0
4671	3270	2725									417.0	466.1	515.1	564.2	662.3
4786	3350	2792										473.4	523.7	573.9	674.4
4900	3430	2858										480.6	532.1	583.5	686.4
5014	3510	2925										487.6	540.2	592.9	698.2
5129	3590	2992										494.3	548.2	602.0	709.7
5243	3670	3058											556.0	611.0	721.1
5357	3750	3125											563.5	619.8	732.3
5471	3830	3192											570.9	628.4	743.3
以上为双排筋，以下为三排筋															
5700	3990	3325												609.1	728.8
5814	4070	3392												616.3	738.4
6043	4230	3525													757.2
6271	4390	3658													775.3
6500	4550	3792													792.5

单筋矩形截面梁弯矩配筋表　　表 2-4-16

A_s(mm²)			M(kN·m)　梁宽 b=300mm,C25 混凝土,　当 h(mm)为										
HPB235 钢	HRB335 钢	HRB400 钢 RRB400 钢	450	500	550	600	650	700	750	800	900	1000	1100
486	340	283	40.87										
543	380	317	45.49	51.19									
600	420	350	50.07	56.37	62.67								
657	460	383	54.60	61.50	68.40	75.30							
714	500	417	59.10	66.60	74.10	81.60	89.10						
771	540	450	63.55	71.65	79.75	87.85	95.95	104.1					
829	580	483	67.97	76.67	85.37	94.07	102.8	111.5	120.2	128.9			
886	620	517	72.34	81.64	90.94	100.2	109.5	118.8	128.1	137.4			
943	660	550	76.68	86.58	96.48	106.4	116.3	126.2	136.1	146.0	165.8		
1000	700	583	80.97	91.47	102.0	112.5	123.0	133.5	144.0	154.5	175.5		
1057	740	617	85.23	96.33	107.4	118.5	129.6	140.7	151.8	162.9	185.1	207.3	
1114	780	650	89.44	101.1	112.8	124.5	136.2	147.9	159.6	171.3	194.7	218.1	
1171	820	683	93.61	105.9	118.2	130.5	142.8	155.1	167.4	179.7	204.3	228.9	253.5
1229	860	717	97.75	110.6	123.5	136.4	149.3	162.2	175.1	188.0	213.8	239.6	265.4
1286	900	750	101.8	115.3	128.8	142.3	155.8	169.3	182.8	196.3	223.3	250.3	277.3
1343	940	783	105.9	120.0	134.1	148.2	162.3	176.4	190.5	204.6	232.8	261.0	289.2
1400	980	817	109.9	124.6	139.3	154.0	168.7	183.4	198.1	212.8	242.2	271.6	301.0
1457	1020	850	113.9	129.2	144.5	159.8	175.1	190.4	205.7	221.0	251.6	282.2	312.8
1514	1060	883	117.8	133.7	149.6	165.5	181.4	197.3	213.2	229.1	260.9	292.7	324.5
1571	1100	917	121.7	138.2	154.7	171.2	187.7	204.2	220.7	237.2	270.2	303.2	336.2
1629	1140	950	125.5	142.6	159.7	176.8	193.9	211.0	228.1	245.2	279.4	313.6	347.8
1686	1180	983	129.4	147.1	164.8	182.5	200.2	217.9	235.6	253.3	288.7	324.1	359.5
1743	1220	1017	133.1	151.4	169.7	188.0	206.3	224.6	242.9	261.2	297.8	334.4	371.0
1800	1260	1050	136.9	155.8	174.7	193.6	212.5	231.4	250.3	269.2	307.0	344.8	382.6
1857	1300	1083	140.5	160.0	179.5	199.0	218.5	238.0	257.5	277.0	316.0	355.0	394.0
1914	1340	1117	144.2	164.3	184.4	204.5	224.6	244.7	264.8	284.9	325.1	365.3	405.5
2029	1420	1183	151.4	172.7	194.0	215.3	236.6	257.9	279.2	300.5	343.1	385.7	428.3
2143	1500	1250	158.4	180.9	203.4	225.9	248.4	270.9	293.4	315.9	360.9	405.9	450.9
2257	1580	1317	165.2	188.9	212.6	236.3	260.0	283.7	307.4	331.1	378.5	425.9	473.3
2371	1660	1383	171.9	196.8	221.7	246.6	271.5	296.4	321.3	346.2	396.0	445.8	495.6
2486	1740	1450	178.5	204.6	230.7	256.8	282.9	309.0	335.1	361.2	413.4	465.6	517.8
2600	1820	1517	184.8	212.1	239.4	266.7	294.0	321.3	348.6	375.9	430.5	485.1	539.7

续表

$A_s(mm^2)$			M(kN·m) 梁宽 b=300mm,C25 混凝土, 当 h(mm)为										
HPB235 钢	HRB335 钢	HRB400 钢 RRB400 钢	450	500	550	600	650	700	750	800	900	1000	1100
2714	1900	1583	191.0	219.5	248.0	276.5	305.0	333.5	362.0	390.5	447.5	504.5	561.5
2829	1980	1650	197.1	226.8	256.5	286.2	315.9	345.6	375.3	405.0	464.4	523.8	583.2
2943	2060	1717	203.0	233.9	264.8	295.7	326.6	357.5	388.4	419.3	481.1	542.9	604.7
3057	2140	1783	208.7	240.8	272.9	305.0	337.1	369.2	401.3	433.4	497.6	561.8	626.0
3171	2220	1850	214.3	247.6	280.9	314.2	347.5	380.8	414.1	447.4	514.0	580.6	647.2
3286	2300	1917	219.7	254.2	288.7	323.2	357.7	392.2	426.7	461.2	530.2	599.2	668.2
3400	2380	1983	224.9	260.6	296.3	332.0	367.7	403.4	439.1	474.8	546.2	617.6	689.0
以上为单排筋,以下为双排筋													
3514	2460	2050	211.5	248.4	285.3	322.2	359.1	396.0	432.9	469.8	543.6	617.4	691.2
3629	2540	2117	215.9	254.0	292.1	330.2	368.3	406.4	444.5	482.6	558.8	635.0	711.2
3743	2620	2183	220.0	259.3	298.6	337.9	377.2	416.5	455.8	495.1	573.7	652.3	730.9
3857	2700	2250	224.0	264.5	305.0	345.5	386.0	426.5	467.0	507.5	588.5	669.5	750.5
4071	2850	2375		273.8	316.6	359.3	402.1	444.8	487.6	530.3	615.8	701.3	786.8
4357	3050	2542		285.3	331.1	376.8	422.6	468.3	514.1	559.8	651.3	742.8	834.3
4643	3250	2708			344.6	393.4	442.1	490.9	539.6	588.4	685.9	783.4	880.9
4857	3400	2833				405.1	456.1	507.1	558.1	609.1	711.1	813.1	915.1
5071	3550	2958				416.2	469.5	522.7	576.0	629.2	735.7	842.2	948.7
5286	3700	3083					482.3	537.8	593.3	648.8	759.8	870.8	981.8
5500	3850	3208					494.6	552.4	610.1	667.9	783.4	898.9	1014.4
5714	4000	3333					506.3	566.3	626.3	686.3	806.3	926.3	1046.3
6000	4200	3500						584.0	647.0	710.0	836.0	962.0	1088.0
6286	4400	3667							666.8	732.8	864.8	996.8	1128.8
6571	4600	3833							685.5	754.5	892.5	1030.5	1168.5
6857	4800	4000								775.2	919.2	1063.2	1207.2
以上为双排筋,以下为三排筋													
7143	5000	4167									899.9	1049.9	1199.9
7429	5200	4333									922.8	1078.8	1234.8
7714	5400	4500									944.6	1106.6	1268.6
8000	5600	4667										1133.5	1301.5
8286	5800	4833										1159.4	1333.4
8857	6200	5167											1394.1
9429	6600	5500											1450.7

单筋矩形截面梁弯矩配筋表　　　　表 2-4-17

A_s(mm^2)		M(kN·m)　梁宽 b=350mm,C25 混凝土,　当 h(mm)为										
HRB335 钢	HRB400 钢 RRB400 钢	500	550	600	650	700	750	800	900	1000	1100	1200
460	383	61.88										
500	417	67.05	74.55									
540	450	72.18	80.28	88.38								
580	483	77.28	85.98	94.68	103.4							
620	517	82.34	91.64	100.9	110.2	119.5						
660	550	87.36	97.26	107.2	117.1	127.0	136.9					
700	583	92.36	102.9	113.4	123.9	134.4	144.9	155.4				
740	617	97.31	108.4	119.5	130.6	141.7	152.8	163.9				
780	650	102.2	113.9	125.6	137.3	149.0	160.7	172.4	195.8			
820	683	107.1	119.4	131.7	144.0	156.3	168.6	180.9	205.5			
860	717	112.0	124.9	137.8	150.7	163.6	176.5	189.4	215.2	241.0		
900	750	116.8	130.3	143.8	157.3	170.8	184.3	197.8	224.8	251.8		
940	783	121.6	135.7	149.8	163.9	178.0	192.1	206.2	234.4	262.6	290.8	
980	817	126.3	141.0	155.7	170.4	185.1	199.8	214.5	243.9	273.3	302.7	
1020	850	131.0	146.3	161.6	176.9	192.2	207.5	222.8	253.4	284.0	314.6	345.2
1100	917	140.4	156.9	173.4	189.9	206.4	222.9	239.4	272.4	305.4	338.4	371.4
1180	983	149.6	167.3	185.0	202.7	220.4	238.1	255.8	291.2	326.6	362.0	397.4
1260	1050	158.6	177.5	196.4	215.3	234.2	253.1	272.0	309.8	347.6	385.4	423.2
1340	1117	167.5	187.6	207.7	227.8	247.9	268.0	288.1	328.3	368.5	408.7	448.9
1420	1183	176.3	197.6	218.9	240.2	261.5	282.8	304.1	346.7	389.3	431.9	474.5
1500	1250	184.9	207.4	229.9	252.4	274.9	297.4	319.9	364.9	409.9	454.9	499.9
1580	1317	193.4	217.1	240.8	264.5	288.2	311.9	335.6	383.0	430.4	477.8	525.2
1660	1383	201.8	226.7	251.6	276.5	301.4	326.3	351.2	401.0	450.8	500.6	550.4
1740	1450	210.0	236.1	262.2	288.3	314.4	340.5	366.6	418.8	471.0	523.2	575.4
1820	1517	218.1	245.4	272.7	300.0	327.3	354.6	381.9	436.5	491.1	545.7	600.3
1900	1583	226.0	254.5	283.0	311.5	340.0	368.5	397.0	454.0	511.0	568.0	625.0
1980	1650	233.9	263.6	293.3	323.0	352.7	382.4	412.1	471.5	530.9	590.3	649.7
2060	1717	241.5	272.4	303.3	334.2	365.1	396.0	426.9	488.7	550.5	612.3	674.1
2140	1783	249.1	281.2	313.3	345.4	377.5	409.6	441.7	505.9	570.1	634.3	698.5
2220	1850	256.4	289.7	323.0	356.3	389.6	422.9	456.2	522.8	589.4	656.0	722.6
2300	1917	263.7	298.2	332.7	367.2	401.7	436.2	470.7	539.7	608.7	677.7	746.7
2380	1983	270.8	306.5	342.2	377.9	413.6	449.3	485.0	556.4	627.8	699.2	770.6

续表

$A_s(mm^2)$		M(kN·m) 梁宽 $b=350$mm,C25 混凝土, 当 h(mm)为										
HRB335 钢	HRB400 钢 RRB400 钢	500	550	600	650	700	750	800	900	1000	1100	1200
2460	2050	277.8	314.7	351.6	388.5	425.4	462.3	499.2	573.0	646.8	720.6	794.4
2540	2117	284.6	322.7	360.8	398.9	437.0	475.1	513.2	589.4	665.6	741.8	818.0
2620	2183	291.3	330.6	369.9	409.2	448.5	487.8	527.1	605.7	684.3	762.9	841.5
2700	2250	297.9	338.4	378.9	419.4	459.9	500.4	540.9	621.9	702.9	783.9	864.9
2850	2375	309.8	352.6	395.3	438.1	480.8	523.6	566.3	651.8	737.3	822.8	908.3
以上为单排筋,以下为双排筋												
2950	2458	295.4	339.6	383.9	428.1	472.4	516.6	560.9	649.4	737.9	826.4	914.9
3050	2542	302.1	347.8	393.6	439.3	485.1	530.8	576.6	668.1	759.6	851.1	942.6
3150	2625	308.6	355.8	403.1	450.3	497.6	544.8	592.1	686.6	781.1	875.6	970.1
3250	2708	314.9	363.6	412.4	461.1	509.9	558.6	607.4	704.9	802.4	899.9	997.4
3400	2833	323.9	374.9	425.9	476.9	527.9	578.9	629.9	731.9	833.9	935.9	1037.9
3550	2958	332.4	385.7	438.9	492.2	545.4	598.7	651.9	758.4	864.9	971.4	1077.9
3700	3083		396.0	451.5	507.0	562.5	618.0	673.5	784.5	895.5	1006.5	1117.5
3850	3208		405.8	463.6	521.3	579.1	636.8	694.6	810.1	925.6	1041.1	1156.6
4000	3333			475.1	535.1	595.1	655.1	715.1	835.1	955.1	1075.1	1195.1
4200	3500			489.8	552.8	615.8	678.8	741.8	867.8	993.8	1119.8	1245.8
4400	3667				569.6	635.6	701.6	767.6	899.6	1031.6	1163.6	1295.6
4600	3833				585.6	654.6	723.6	792.6	930.6	1068.6	1206.6	1344.6
4800	4000					672.7	744.7	816.7	960.7	1104.7	1248.7	1392.7
5000	4167					689.9	764.9	839.9	989.9	1139.9	1289.9	1439.9
5200	4333						784.3	862.3	1018.3	1174.3	1330.3	1486.3
5400	4500							883.7	1045.7	1207.7	1369.7	1531.7
5600	4667							904.4	1072.4	1240.4	1408.4	1576.4
5800	4833								1098.1	1272.1	1446.1	1620.1
以上为双排筋,以下为三排筋												
6200	5167								1091.3	1277.3	1463.3	1649.3
6600	5500									1331.2	1529.2	1727.2
7000	5833									1381.6	1591.6	1801.6
7400	6167										1650.6	1872.6
7800	6500										1706.1	1940.1
8200	6833											2004.1
8600	7167											2064.7

单筋矩形截面梁弯矩配筋表　　表 2-4-18

A_s(mm^2)		M(kN·m)　梁宽 b=400mm，C25 混凝土，　当 h(mm)为										
HRB335 钢	HRB400 钢 RRB400 钢	600	650	700	750	800	900	1000	1100	1200	1300	1400
940	783	151.0	165.1	179.2	193.3	207.4	235.6					
980	817	157.0	171.7	186.4	201.1	215.8	245.2	274.6				
1020	850	163.1	178.4	193.7	209.0	224.3	254.9	285.5				
1060	883	169.0	184.9	200.8	216.7	232.6	264.4	296.2	328.0			
1100	917	175.0	191.5	208.0	224.5	241.0	274.0	307.0	340.0			
1140	950	180.9	198.0	215.1	232.2	249.3	283.5	317.7	351.9			
1180	983	186.8	204.5	222.2	239.9	257.6	293.0	328.4	363.8	399.2		
1220	1017	192.7	211.0	229.3	247.6	265.9	302.5	339.1	375.7	412.3		
1260	1050	198.6	217.5	236.4	255.3	274.2	312.0	349.8	387.6	425.4	463.2	
1300	1083	204.4	223.9	243.4	262.9	282.4	321.4	360.4	399.4	438.4	477.4	
1340	1117	210.2	230.3	250.4	270.5	290.6	330.8	371.0	411.2	451.4	491.6	
1380	1150	215.9	236.6	257.3	278.0	298.7	340.1	381.5	422.9	464.3	505.7	547.1
1420	1183	221.6	242.9	264.2	285.5	306.8	349.4	392.0	434.6	477.2	519.8	562.4
1460	1217	227.3	249.2	271.1	293.0	314.9	358.7	402.5	446.3	490.1	533.9	577.7
1500	1250	233.0	255.5	278.0	300.5	323.0	368.0	413.0	458.0	503.0	548.0	593.0
1580	1317	244.2	267.9	291.6	315.3	339.0	386.4	433.8	481.2	528.6	576.0	623.4
1660	1383	255.3	280.2	305.1	330.0	354.9	404.7	454.5	504.3	554.1	603.9	653.7
1740	1450	266.3	292.4	318.5	344.6	370.7	422.9	475.1	527.3	579.5	631.7	683.9
1820	1517	277.2	304.5	331.8	359.1	386.4	441.0	495.6	550.2	604.8	659.4	714.0
1900	1583	287.9	316.4	344.9	373.4	401.9	458.9	515.9	572.9	629.9	686.9	743.9
1980	1650	298.5	328.2	357.9	387.6	417.3	476.7	536.1	595.5	654.9	714.3	773.7
2060	1717	309.1	340.0	370.9	401.8	432.7	494.5	556.3	618.1	679.9	741.7	803.5
2140	1783	319.4	351.5	383.6	415.7	447.8	512.0	576.2	640.4	704.6	768.8	833.0
2220	1850	329.7	363.0	396.3	429.6	462.9	529.5	596.1	662.7	729.3	795.9	862.5
2300	1917	339.8	374.3	408.8	443.3	477.8	546.8	615.8	684.8	753.8	822.8	891.8
2380	1983	349.9	385.6	421.3	457.0	492.7	564.1	635.5	706.9	778.3	849.7	921.1
2460	2050	359.8	396.7	433.6	470.5	507.4	581.2	655.0	728.8	802.6	876.4	950.2
2540	2117	369.5	407.6	445.7	483.8	521.9	598.1	674.3	750.5	826.7	902.9	979.1
2620	2183	379.2	418.5	457.8	497.1	536.4	615.0	693.6	772.2	850.8	929.4	1008.0
2700	2250	388.7	429.2	469.7	510.2	550.7	631.7	712.7	793.7	874.7	955.7	1036.7
2850	2375	406.3	449.0	491.8	534.5	577.3	662.8	748.3	833.8	919.3	1004.8	1090.3
2950	2458	417.8	462.0	506.3	550.5	594.8	683.3	771.8	860.3	948.8	1037.3	1125.8

续表

$A_s(mm^2)$		M(kN·m) 梁宽 $b=400$mm,C25 混凝土, 当 h(mm)为										
HRB335 钢	HRB400 钢 RRB400 钢	600	650	700	750	800	900	1000	1100	1200	1300	1400
3050	2542	429.0	474.8	520.5	566.3	612.0	703.5	795.0	886.5	978.0	1069.5	1161.0
3150	2625	440.1	487.4	534.6	581.9	629.1	723.6	818.1	912.6	1007.1	1101.6	1196.1
3250	2708	451.0	499.8	548.5	597.3	646.0	743.5	841.0	938.5	1036.0	1133.5	1231.0
3400	2833	467.0	518.0	569.0	620.0	671.0	773.0	875.0	977.0	1079.0	1181.0	1283.0
以上为单排筋,以下为双排筋												
3550	2958	456.0	509.2	562.5	615.7	669.0	775.5	882.0	988.5	1095.0	1201.5	1308.0
3700	3083	470.0	525.5	581.0	636.5	692.0	803.0	914.0	1025.0	1136.0	1247.0	1358.0
3850	3208	483.6	541.3	599.1	656.8	714.6	830.1	945.6	1061.1	1176.6	1292.1	1407.6
4000	3333	496.7	556.7	616.7	676.7	736.7	856.7	976.7	1096.7	1216.7	1336.7	1456.7
4200	3500	513.6	576.6	639.6	702.6	765.6	891.6	1017.6	1143.6	1269.6	1395.6	1521.6
4400	3667	529.8	595.8	661.8	727.8	793.8	925.8	1057.8	1189.8	1321.8	1453.8	1585.8
4600	3833	545.2	614.2	683.2	752.2	821.2	959.2	1097.2	1235.2	1373.2	1511.2	1649.2
4800	4000	559.8	631.8	703.8	775.8	847.8	991.8	1135.8	1279.8	1423.8	1567.8	1711.8
5000	4167		648.7	723.7	798.7	873.7	1023.7	1173.7	1323.7	1473.7	1623.7	1773.7
5200	4333		664.8	742.8	820.8	898.8	1054.8	1210.8	1366.8	1522.8	1678.8	1834.8
5400	4500			761.1	842.1	923.1	1085.1	1247.1	1409.1	1571.1	1733.1	1895.1
5600	4667			778.7	862.7	946.7	1114.7	1282.7	1450.7	1618.7	1786.7	1954.7
5800	4833				882.6	969.6	1143.6	1317.6	1491.6	1665.6	1839.6	2013.6
6000	5000				901.7	991.7	1171.7	1351.7	1531.7	1711.7	1891.7	2071.7
6200	5167					1013.0	1199.0	1385.0	1571.0	1757.0	1943.0	2129.0
6400	5333					1033.6	1225.6	1417.6	1609.6	1801.6	1993.6	2185.6
6600	5500						1251.4	1449.4	1647.4	1845.4	2043.4	2241.4
6800	5667						1276.5	1480.5	1684.5	1888.5	2092.5	2296.5
以上为双排筋,以下为单排筋												
7000	5833						1237.8	1447.8	1657.8	1867.8	2077.8	2287.8
7200	6000						1259.5	1475.5	1691.5	1907.5	2123.5	2339.5
7400	6167							1502.5	1724.5	1946.5	2168.5	2390.5
7600	6333							1528.7	1756.7	1984.7	2212.7	2440.7
7800	6500							1554.2	1788.2	2022.2	2256.2	2490.2
8000	6667							1579.0	1819.0	2059.0	2299.0	2539.0
8200	6833							1602.9	1848.9	2094.9	2340.9	2586.9
8400	7000								1878.1	2130.1	2382.1	2634.1

单筋矩形截面梁弯矩配筋表 表 2-4-19

$A_s(mm^2)$		M(kN·m) 梁宽 b=450mm,C25 混凝土, 当 h(mm)为										
HRB335 钢	HRB400 钢 RRB400 钢	650	700	750	800	900	1000	1100	1200	1300	1400	1500
740	617	131.9										
780	650	138.8	150.5									
820	683	145.6	157.9	170.2								
860	717	152.5	165.4	178.3								
900	750	159.2	172.7	186.2	199.7							
940	783	166.0	180.1	194.2	208.3							
980	817	172.7	187.4	202.1	216.8	246.2						
1020	850	179.4	194.7	210.0	225.3	255.9						
1060	883	186.1	202.0	217.9	233.8	265.6						
1100	917	192.8	209.3	225.8	242.3	275.3	308.3					
1140	950	199.4	216.5	233.6	250.7	284.9	319.1					
1180	983	206.0	223.7	241.4	259.1	294.5	329.9					
1220	1017	212.6	230.9	249.2	267.5	304.1	340.7	377.3				
1260	1050	219.1	238.0	256.9	275.8	313.6	351.4	389.2				
1300	1083	225.6	245.1	264.6	284.1	323.1	362.1	401.1	440.1			
1340	1117	232.1	252.2	272.3	292.4	332.6	372.8	413.0	453.2			
1380	1150	238.6	259.3	280.0	300.7	342.1	383.5	424.9	466.3			
1420	1183	245.0	266.3	287.6	308.9	351.5	394.1	436.7	479.3	521.9		
1460	1217	251.5	273.4	295.3	317.2	361.0	404.8	448.6	492.4	536.2		
1500	1250	257.8	280.3	302.8	325.3	370.3	415.3	460.3	505.3	550.3		
1580	1317	270.5	294.2	317.9	341.6	389.0	436.4	483.8	531.2	578.6	626.0	
1660	1383	283.1	308.0	332.9	357.8	407.6	457.4	507.2	557.0	606.8	656.6	706.4
1740	1450	295.6	321.7	347.8	373.9	426.1	478.3	530.5	582.7	634.9	687.1	739.3
1820	1517	308.0	335.3	362.6	389.9	444.5	499.1	553.7	608.3	662.9	717.5	772.1
1900	1583	320.2	348.7	377.2	405.7	462.7	519.7	576.7	633.7	690.7	747.7	804.7
1980	1650	332.4	362.1	391.8	421.5	480.9	540.3	599.7	659.1	718.5	777.9	837.3
2060	1717	344.4	375.3	406.2	437.1	498.9	560.7	622.5	684.3	746.1	807.9	869.7
2140	1783	356.3	388.4	420.5	452.6	516.8	581.0	645.2	709.4	773.6	837.8	902.0
2220	1850	368.2	401.5	434.8	468.1	534.7	601.3	667.9	734.5	801.1	867.7	934.3
2300	1917	379.9	414.4	448.9	483.4	552.4	621.4	690.4	759.4	828.4	897.4	966.4
2380	1983	391.5	427.2	462.9	498.6	570.0	641.4	712.8	784.2	855.6	927.0	998.4
2460	2050	403.0	439.9	476.8	513.7	587.5	661.3	735.1	808.9	882.7	956.5	1030.3

续表

A_s(mm²)		M(kN·m) 梁宽 b=450mm,C25 混凝土, 当 h(mm)为										
HRB335 钢	HRB400 钢 RRB400 钢	650	700	750	800	900	1000	1100	1200	1300	1400	1500
2540	2117	414.4	452.5	490.6	528.7	604.9	681.1	757.3	833.5	909.7	985.9	1062.1
2620	2183	425.7	465.0	504.3	543.6	622.2	700.8	779.4	858.0	936.6	1015.2	1093.8
2700	2250	436.9	477.4	517.9	558.4	639.4	720.4	801.4	882.4	963.4	1044.4	1125.4
2850	2375	457.6	500.3	543.1	585.8	671.3	756.8	842.3	927.8	1013.3	1098.8	1184.3
2950	2458	471.1	515.4	559.6	603.9	692.4	780.9	869.4	957.9	1046.4	1134.9	1223.4
3050	2542	484.6	530.3	576.1	621.8	713.3	804.8	896.3	987.8	1079.3	1170.8	1262.3
3150	2625	497.8	545.0	592.3	639.5	734.0	828.5	923.0	1017.5	1112.0	1206.5	1301.0
3250	2708	510.9	559.6	608.4	657.1	754.6	852.1	949.6	1047.1	1144.6	1242.1	1339.6
3400	2833	530.2	581.2	632.2	683.2	785.2	887.2	989.2	1091.2	1193.2	1295.2	1397.2
3550	2958	549.1	602.3	655.6	708.8	815.3	921.8	1028.3	1134.8	1241.3	1347.8	1454.3
3700	3083	567.6	623.1	678.6	734.1	845.1	956.1	1067.1	1178.1	1289.1	1400.1	1511.1
3850	3208	585.8	643.5	701.3	759.0	874.5	990.0	1105.5	1221.0	1336.5	1452.0	1567.5
以上为单排筋,以下为双排筋												
4000	3333	573.5	633.5	693.5	753.5	873.5	993.5	1113.5	1233.5	1353.5	1473.5	1593.5
4200	3500	595.2	658.2	721.2	784.2	910.2	1036.2	1162.2	1288.2	1414.2	1540.2	1666.2
4400	3667	616.1	682.1	748.1	814.1	946.1	1078.1	1210.1	1342.1	1474.1	1606.1	1738.1
4600	3833	636.4	705.4	774.4	843.4	981.4	1119.4	1257.4	1395.4	1533.4	1671.4	1809.4
4800	4000	656.0	728.0	800.0	872.0	1016.0	1160.0	1304.0	1448.0	1592.0	1736.0	1880.0
5000	4167	674.9	749.9	824.9	899.9	1049.9	1199.9	1349.9	1499.9	1649.9	1799.9	1949.9
5200	4333	693.2	771.2	849.2	927.2	1083.2	1239.2	1395.2	1551.2	1707.2	1863.2	2019.2
5400	4500	710.8	791.8	872.8	953.8	1115.8	1277.8	1439.8	1601.8	1763.8	1925.8	2087.8
5600	4667	727.7	811.7	895.7	979.7	1147.7	1315.7	1483.7	1651.7	1819.7	1987.7	2155.7
5800	4833	743.9	830.9	917.9	1004.9	1178.9	1352.9	1526.9	1700.9	1874.9	2048.9	2222.9
6000	5000	759.5	849.5	939.5	1029.5	1209.5	1389.5	1569.5	1749.5	1929.5	2109.5	2289.5
6200	5167		867.4	960.4	1053.4	1239.4	1425.4	1611.4	1797.4	1983.4	2169.4	2355.4
6400	5333		884.6	980.6	1076.6	1268.6	1460.6	1652.6	1844.6	2036.6	2228.6	2420.6
6600	5500			1000.1	1099.1	1297.1	1495.1	1693.1	1891.1	2089.1	2287.1	2485.1
6800	5667			1019.0	1121.0	1325.0	1529.0	1733.0	1937.0	2141.0	2345.0	2549.0
7000	5833				1142.2	1352.2	1562.2	1772.2	1982.2	2192.2	2402.2	2612.2
7200	6000				1162.8	1378.8	1594.8	1810.8	2026.8	2242.8	2458.8	2674.8
7400	6167					1404.6	1626.6	1848.6	2070.6	2292.6	2514.6	2736.6
7600	6333					1429.8	1657.8	1885.8	2113.8	2341.8	2569.8	2797.8

续表

$A_s(mm^2)$		M(kN·m)　梁宽 $b=450$mm，C25 混凝土，　当 h(mm)为										
HRB335 钢	HRB400 钢 RRB400 钢	650	700	750	800	900	1000	1100	1200	1300	1400	1500
7800	6500					1454.3	1688.3	1922.3	2156.3	2390.3	2624.3	2858.3
以上为双排筋，以下为三排筋												
8000	6667					1406.2	1646.2	1886.2	2126.2	2366.2	2606.2	2846.2
8200	6833					1427.6	1673.6	1919.6	2165.6	2411.6	2657.6	2903.6
8400	7000						1700.3	1952.3	2204.3	2456.3	2708.3	2960.3
8600	7167						1726.3	1984.3	2242.3	2500.3	2758.3	3016.3
8800	7333						1751.6	2015.6	2279.6	2543.6	2807.6	3071.6
9000	7500						1776.3	2046.3	2316.3	2586.3	2856.3	3126.3
9200	7667						1800.3	2076.3	2352.3	2628.3	2904.3	3180.3
9400	7833							2105.7	2387.7	2669.7	2951.7	3233.7
9600	8000							2134.3	2422.3	2710.3	2998.3	3286.3
9800	8167							2162.3	2456.3	2750.3	3044.3	3338.3
10000	8333							2189.7	2489.7	2789.7	3089.7	3389.7
10200	8500								2522.3	2828.3	3134.3	3440.3
10400	8667								2554.3	2866.3	3178.3	3490.3
10600	8833								2585.6	2903.6	3221.6	3539.6
10800	9000								2616.2	2940.2	3264.2	3588.2
11000	9167								2646.2	2976.2	3306.2	3636.2
11200	9333									3011.5	3347.5	3683.5
11400	9500									3046.1	3388.1	3730.1
11600	9667									3080.0	3428.0	3776.0
11800	9833									3113.3	3467.3	3821.3
12000	10000									3145.9	3505.9	3865.9
12200	10167										3543.8	3909.8
12400	10333										3581.1	3953.1
12600	10500										3617.7	3995.7
12800	10667										3653.6	4037.6
13000	10833											4078.8
13400	11167											4159.3
13800	11500											4237.1

单筋矩形截面梁弯矩配筋表 表 2-4-20

A_s(mm^2)		M(kN·m) 梁宽 b=500mm,C25 混凝土, 当 h(mm)为												
HRB335 钢	HRB400 钢 RRB400 钢	650	700	750	800	900	1000	1100	1200	1300	1400	1500	1600	1700
1820	1517	310.7	338.0	365.3	392.6	447.2	501.8	556.4	611.0	665.6	720.2	774.8		
1900	1583	323.2	351.7	380.2	408.7	465.7	522.7	579.7	636.7	693.7	750.7	807.7		
1980	1650	335.7	365.4	395.1	424.8	484.2	543.6	603.0	662.4	721.8	781.2	840.6	900.0	
2060	1717	348.0	378.9	409.8	440.7	502.5	564.3	626.1	687.9	749.7	811.5	873.3	935.1	996.9
2140	1783	360.2	392.3	424.4	456.5	520.7	584.9	649.1	713.3	777.5	841.7	905.9	970.1	1034.3
2220	1850	372.3	405.6	438.9	472.2	538.8	605.4	672.0	738.6	805.2	871.8	938.4	1005.0	1071.6
2300	1917	384.3	418.8	453.3	487.8	556.8	625.8	694.8	763.8	832.8	901.8	970.8	1039.8	1108.8
2380	1983	396.3	432.0	467.7	503.4	574.8	646.2	717.6	789.0	860.4	931.8	1003.2	1074.6	1146.0
2460	2050	408.1	445.0	481.9	518.8	592.6	666.4	740.2	814.0	887.8	961.6	1035.4	1109.2	1183.0
2540	2117	419.8	457.9	496.0	534.1	610.3	686.5	762.7	838.9	915.1	991.3	1067.5	1143.7	1219.9
2620	2183	431.5	470.8	510.1	549.4	628.0	706.6	785.2	863.8	942.4	1021.0	1099.6	1178.2	1256.8
2700	2250	443.0	483.5	524.0	564.5	645.5	726.5	807.5	888.5	969.5	1050.5	1131.5	1212.5	1293.5
2850	2375	464.4	507.1	549.9	592.6	678.1	763.6	849.1	934.6	1020.1	1105.6	1191.1	1276.6	1362.1
2950	2458	478.5	522.7	567.0	611.2	699.7	788.2	876.7	965.2	1053.7	1142.2	1230.7	1319.2	1407.7
3050	2542	492.4	538.1	583.9	629.6	721.1	812.6	904.1	995.6	1087.1	1178.6	1270.1	1361.6	1453.1
3150	2625	506.1	553.4	600.6	647.9	742.4	836.9	931.4	1025.9	1120.4	1214.9	1309.4	1403.9	1498.4
3250	2708	519.7	568.5	617.2	666.0	763.5	861.0	958.5	1056.0	1153.5	1251.0	1348.5	1446.0	1543.5
3400	2833	539.9	590.9	641.9	692.9	794.9	896.9	998.9	1100.9	1202.9	1304.9	1406.9	1508.9	1610.9
3550	2958	559.7	612.9	666.2	719.4	825.9	932.4	1038.9	1145.4	1251.9	1358.4	1464.9	1571.4	1677.9
3700	3083	579.1	634.6	690.1	745.6	856.6	967.6	1078.6	1189.6	1300.6	1411.6	1522.6	1633.6	1744.6
3850	3208	598.2	656.0	713.7	771.5	887.0	1002.5	1118.0	1233.5	1349.0	1464.5	1580.0	1695.5	1811.0
4000	3333	617.0	677.0	737.0	797.0	917.0	1037.0	1157.0	1277.0	1397.0	1517.0	1637.0	1757.0	1877.0
4200	3500	641.5	704.5	767.5	830.5	956.5	1082.5	1208.5	1334.5	1460.5	1586.5	1712.5	1838.5	1964.5
4400	3667	665.4	731.4	797.4	863.4	995.4	1127.4	1259.4	1391.4	1523.4	1655.4	1787.4	1919.4	2051.4
以上为单排筋,以下为双排筋														
4600	3833	654.2	723.2	792.2	861.2	999.2	1137.2	1275.2	1413.2	1551.2	1689.2	1827.2	1965.2	2103.2
4800	4000	675.3	747.3	819.3	891.3	1035.3	1179.3	1323.3	1467.3	1611.3	1755.3	1899.3	2043.3	2187.3
5000	4167	695.9	770.9	845.9	920.9	1070.9	1220.9	1370.9	1520.9	1670.9	1820.9	1970.9	2120.9	2270.9
5200	4333	715.9	793.9	871.9	949.9	1105.9	1261.9	1417.9	1573.9	1729.9	1885.9	2041.9	2197.9	2353.9
5400	4500	735.3	816.3	897.3	978.3	1140.3	1302.3	1464.3	1626.3	1788.3	1950.3	2112.3	2274.3	2436.3
5600	4667	754.0	838.0	922.0	1006.0	1174.0	1342.0	1510.0	1678.0	1846.0	2014.0	2182.0	2350.0	2518.0
5800	4833	772.2	859.2	946.2	1033.2	1207.2	1381.2	1555.2	1729.2	1903.2	2077.2	2251.2	2425.2	2599.2

续表

$A_s(mm^2)$		M(kN·m)　梁宽 $b=500$mm,C25 混凝土，当 h(mm)为												
HRB335 钢	HRB400 钢 RRB400 钢	650	700	750	800	900	1000	1100	1200	1300	1400	1500	1600	1700
6000	5000	789.7	879.7	969.7	1059.7	1239.7	1419.7	1599.7	1779.7	1959.7	2139.7	2319.7	2499.7	2679.7
6200	5167	806.7	899.7	992.7	1085.7	1271.7	1457.7	1643.7	1829.7	2015.7	2201.7	2387.7	2573.7	2759.7
6400	5333	823.0	919.0	1015.0	1111.0	1303.0	1495.0	1687.0	1879.0	2071.0	2263.0	2455.0	2647.0	2839.0
6600	5500	838.8	937.8	1036.8	1135.8	1333.8	1531.8	1729.8	1927.8	2125.8	2323.8	2521.8	2719.8	2917.8
6800	5667		955.9	1057.9	1159.9	1363.9	1567.9	1771.9	1975.9	2179.9	2383.9	2587.9	2791.9	2995.9
7000	5833		973.4	1078.4	1183.4	1393.4	1603.4	1813.4	2023.4	2233.4	2443.4	2653.4	2863.4	3073.4
7200	6000			1098.3	1206.3	1422.3	1638.3	1854.3	2070.3	2286.3	2502.3	2718.3	2934.3	3150.3
7400	6167			1117.6	1228.6	1450.6	1672.6	1894.6	2116.6	2338.6	2560.6	2782.6	3004.6	3226.6
7600	6333			1136.4	1250.4	1478.4	1706.4	1934.4	2162.4	2390.4	2618.4	2846.4	3074.4	3302.4
7800	6500				1271.5	1505.5	1739.5	1973.5	2207.5	2441.5	2675.5	2909.5	3143.5	3377.5
8000	6667				1292.0	1532.0	1772.0	2012.0	2252.0	2492.0	2732.0	2972.0	3212.0	3452.0
8200	6833				1311.9	1557.9	1803.9	2049.9	2295.9	2541.9	2787.9	3033.9	3279.9	3525.9
8400	7000					1583.2	1835.2	2087.2	2339.2	2591.2	2843.2	3095.2	3347.2	3599.2
8600	7167					1607.8	1865.8	2123.8	2381.8	2639.8	2897.8	3155.8	3413.8	3671.8
8800	7333					1631.9	1895.9	2159.9	2423.9	2687.9	2951.9	3215.9	3479.9	3743.9
以上为双排筋，以下为三排筋														
9000	7500					1574.4	1844.4	2114.4	2384.4	2654.4	2924.4	3194.4	3464.4	3734.4
9200	7667					1595.5	1871.5	2147.5	2423.5	2699.5	2975.5	3251.5	3527.5	3803.5
9400	7833						1897.9	2179.9	2461.9	2743.9	3025.9	3307.9	3589.9	3871.9
9600	8000						1923.8	2211.8	2499.8	2787.8	3075.8	3363.8	3651.8	3939.8
9800	8167						1949.0	2243.0	2537.0	2831.0	3125.0	3419.0	3713.0	4007.0
10000	8333						1973.7	2273.7	2573.7	2873.7	3173.7	3473.7	3773.7	4073.7
10200	8500						1997.7	2303.7	2609.7	2915.7	3221.7	3527.7	3833.7	4139.7
10400	8667							2333.2	2645.2	2957.2	3269.2	3581.2	3893.2	4205.2
10600	8833							2362.0	2680.0	2998.0	3316.0	3634.0	3952.0	4270.0
10800	9000							2390.2	2714.2	3038.2	3362.2	3686.2	4010.2	4334.2
11000	9167							2417.9	2747.9	3077.9	3407.9	3737.9	4067.9	4397.9
11200	9333							2444.9	2780.9	3116.9	3452.9	3788.9	4124.9	4460.9
11400	9500								2813.3	3155.3	3497.3	3839.3	4181.3	4523.3
11600	9667								2845.1	3193.1	3541.1	3889.1	4237.1	4585.1
11800	9833								2876.3	3230.3	3584.3	3938.3	4292.3	4646.3
12000	10000								2906.9	3266.9	3626.9	3986.9	4346.9	4706.9

续表

$A_s(mm^2)$		M(kN·m) 梁宽 $b=500$mm,C25 混凝土, 当 h(mm)为												
HRB335 钢	HRB400 钢 RRB400 钢	650	700	750	800	900	1000	1100	1200	1300	1400	1500	1600	1700
12200	10167								2936.9	3302.9	3668.9	4034.9	4400.9	4766.9
12400	10333									3338.3	3710.3	4082.3	4454.3	4826.3
12600	10500									3373.1	3751.1	4129.1	4507.1	4885.1
12800	10667									3407.3	3791.3	4175.3	4559.3	4943.3
13000	10833									3440.8	3830.8	4220.8	4610.8	5000.8
13200	11000									3473.8	3869.8	4265.8	4661.8	5057.8
13400	11167										3908.2	4310.2	4712.2	5114.2
13600	11333										3945.9	4353.9	4761.9	5169.9
13800	11500										3983.1	4397.1	4811.1	5225.1
14000	11667										4019.6	4439.6	4859.6	5279.6
14200	11833										4055.6	4481.6	4907.6	5333.6
14400	12000											4522.9	4954.9	5386.9
14600	12167											4563.7	5001.7	5439.7
14800	12333											4603.8	5047.8	5491.8
15000	12500											4643.3	5093.3	5543.3
15200	12667											4682.2	5138.2	5594.2
15400	12833											4720.6	5182.6	5644.6
15600	13000												5226.3	5694.3
15800	13167												5269.4	5743.4
16000	13333												5311.9	5791.9
16200	13500												5353.8	5839.8
16400	13667												5395.0	5887.0
16600	13833													5933.7
16800	14000													5979.8
17000	14167													6025.3
17200	14333													6070.2
17400	14500													6114.4

单筋矩形截面梁弯矩配筋表 **表 2-4-21**

$A_s(mm^2)$		M(kN·m) 梁宽 $b=550$mm,C25 混凝土, 当 h(mm)为														
HRB335 钢	HRB400 钢 RRB400 钢	650	700	750	800	900	1000	1100	1200	1300	1400	1500	1600	1700	1800	1900
1980	1650	338.4	368.1	397.8	427.5	486.9	546.3	605.7	665.1	724.5	783.9					
2060	1717	350.9	381.8	412.7	443.6	505.4	567.2	629.0	690.8	752.6	814.4	876.2				
2140	1783	363.3	395.4	427.5	459.6	523.8	588.0	652.2	716.4	780.6	844.8	909.0	973.2			
2220	1850	375.7	409.0	442.3	475.6	542.2	608.8	675.4	742.0	808.6	875.2	941.8	1008.4			
2300	1917	388.0	422.5	457.0	491.5	560.5	629.5	698.5	767.5	836.5	905.5	974.5	1043.5	1112.5		
2380	1983	400.2	435.9	471.6	507.3	578.7	650.1	721.5	792.9	864.3	935.7	1007.1	1078.5	1149.9	1221.3	
2460	2050	412.3	449.2	486.1	523.0	596.8	670.6	744.4	818.2	892.0	965.8	1039.6	1113.4	1187.2	1261.0	
2540	2117	424.3	462.4	500.5	538.6	614.8	691.0	767.2	843.4	919.6	995.8	1072.0	1148.2	1224.4	1300.6	1376.8
2620	2183	436.2	475.5	514.8	554.1	632.7	711.3	789.9	868.5	947.1	1025.7	1104.3	1182.9	1261.5	1340.1	1418.7
2700	2250	448.0	488.5	529.0	569.5	650.5	731.5	812.5	893.5	974.5	1055.5	1136.5	1217.5	1298.5	1379.5	1460.5
2850	2375	470.0	512.7	555.5	598.2	683.7	769.2	854.7	940.2	1025.7	1111.2	1196.7	1282.2	1367.7	1453.2	1538.7
2950	2458	484.4	528.7	572.9	617.2	705.7	794.2	882.7	971.2	1059.7	1148.2	1236.7	1325.2	1413.7	1502.2	1590.7
3050	2542	498.8	544.5	590.3	636.0	727.5	819.0	910.5	1002.0	1093.5	1185.0	1276.5	1368.0	1459.5	1551.0	1642.5
3150	2625	513.0	560.2	607.5	654.7	749.2	843.7	938.2	1032.7	1127.2	1221.7	1316.2	1410.7	1505.2	1599.7	1694.2
3250	2708	527.0	575.8	624.5	673.3	770.8	868.3	965.8	1063.3	1160.8	1258.3	1355.8	1453.3	1550.8	1648.3	1745.8
3400	2833	547.8	598.8	649.8	700.8	802.8	904.8	1006.8	1108.8	1210.8	1312.8	1414.8	1516.8	1618.8	1720.8	1822.8
3550	2958	568.3	621.6	674.8	728.1	834.6	941.1	1047.6	1154.1	1260.6	1367.1	1473.6	1580.1	1686.6	1793.1	1899.6
3700	3083	588.5	644.0	699.5	755.0	866.0	977.0	1088.0	1199.0	1310.0	1421.0	1532.0	1643.0	1754.0	1865.0	1976.0
3850	3208	608.4	666.2	723.9	781.7	897.2	1012.7	1128.2	1243.7	1359.2	1474.7	1590.2	1705.7	1821.2	1936.7	2052.2
4000	3333	628.0	688.0	748.0	808.0	928.0	1048.0	1168.0	1288.0	1408.0	1528.0	1648.0	1768.0	1888.0	2008.0	2128.0
4200	3500	653.6	716.6	779.6	842.6	968.6	1094.6	1220.6	1346.6	1472.6	1598.6	1724.6	1850.6	1976.6	2102.6	2228.6
4400	3667	678.7	744.7	810.7	876.7	1008.7	1140.7	1272.7	1404.7	1536.7	1668.7	1800.7	1932.7	2064.7	2196.7	2328.7
4600	3833	703.2	772.2	841.2	910.2	1048.2	1186.2	1324.2	1462.2	1600.2	1738.2	1876.2	2014.2	2152.2	2290.2	2428.2
4800	4000	727.2	799.2	871.2	943.2	1087.2	1231.2	1375.2	1519.2	1663.2	1807.2	1951.2	2095.2	2239.2	2383.2	2527.2
以上为单排筋,以下为双排筋																
5000	4167	713.1	788.1	863.1	938.1	1088.1	1238.1	1388.1	1538.1	1688.1	1838.1	1988.1	2138.1	2288.1	2438.1	2588.1
5200	4333	734.5	812.5	890.5	968.5	1124.5	1280.5	1436.5	1592.5	1748.5	1904.5	2060.5	2216.5	2372.5	2528.5	2684.5
5400	4500	755.3	836.3	917.3	998.3	1160.3	1322.3	1484.3	1646.3	1808.3	1970.3	2132.3	2294.3	2456.3	2618.3	2780.3
5600	4667	775.6	859.6	943.6	1027.6	1195.6	1363.6	1531.6	1699.6	1867.6	2035.6	2203.6	2371.6	2539.6	2707.6	2875.6
5800	4833	795.3	882.3	969.3	1056.3	1230.3	1404.3	1578.3	1752.3	1926.3	2100.3	2274.3	2448.3	2622.3	2796.3	2970.3
6000	5000	814.5	904.5	994.5	1084.5	1264.5	1444.5	1624.5	1804.5	1984.5	2164.5	2344.5	2524.5	2704.5	2884.5	3064.5
6200	5167	833.1	926.1	1019.1	1112.1	1298.1	1484.1	1670.1	1856.1	2042.1	2228.1	2414.1	2600.1	2786.1	2972.1	3158.1

续表

$A_s(mm^2)$		M(kN·m) 梁宽 b=550mm,C25 混凝土, 当 h(mm)为														
HRB335 钢	HRB400 钢 RRB400 钢	650	700	750	800	900	1000	1100	1200	1300	1400	1500	1600	1700	1800	1900
6400	5333	851.2	947.2	1043.2	1139.2	1331.2	1523.2	1715.2	1907.2	2099.2	2291.2	2483.2	2675.2	2867.2	3059.2	3251.2
6600	5500	868.7	967.7	1066.7	1165.7	1363.7	1561.7	1759.7	1957.7	2155.7	2353.7	2551.7	2749.7	2947.7	3145.7	3343.7
6800	5667	885.7	987.7	1089.7	1191.7	1395.7	1599.7	1803.7	2007.7	2211.7	2415.7	2619.7	2823.7	3027.7	3231.7	3435.7
7000	5833	902.1	1007.1	1112.1	1217.1	1427.1	1637.1	1847.1	2057.1	2267.1	2477.1	2687.1	2897.1	3107.1	3317.1	3527.1
7200	6000	918.0	1026.0	1134.0	1242.0	1458.0	1674.0	1890.0	2106.0	2322.0	2538.0	2754.0	2970.0	3186.0	3402.0	3618.0
7400	6167		1044.3	1155.3	1266.3	1488.3	1710.3	1932.3	2154.3	2376.3	2598.3	2820.3	3042.3	3264.3	3486.3	3708.3
7600	6333		1062.1	1176.1	1290.1	1518.1	1746.1	1974.1	2202.1	2430.1	2658.1	2886.1	3114.1	3342.1	3570.1	3798.1
7800	6500		1079.3	1196.3	1313.3	1547.3	1781.3	2015.3	2249.3	2483.3	2717.3	2951.3	3185.3	3419.3	3653.3	3887.3
8000	6667			1216.0	1336.0	1576.0	1816.0	2056.0	2296.0	2536.0	2776.0	3016.0	3256.0	3496.0	3736.0	3976.0
8200	6833			1235.1	1358.1	1604.1	1850.1	2096.1	2342.1	2588.1	2834.1	3080.1	3326.1	3572.1	3818.1	4064.1
8400	7000			1253.7	1379.7	1631.7	1883.7	2135.7	2387.7	2639.7	2891.7	3143.7	3395.7	3647.7	3899.7	4151.7
8600	7167				1400.7	1658.7	1916.7	2174.7	2432.7	2690.7	2948.7	3206.7	3464.7	3722.7	3980.7	4238.7
8800	7333				1421.2	1685.2	1949.2	2213.2	2477.2	2741.2	3005.2	3269.2	3533.2	3797.2	4061.2	4325.2
9000	7500				1441.1	1711.1	1981.1	2251.1	2521.1	2791.1	3061.1	3331.1	3601.1	3871.1	4141.1	4411.1
9200	7667					1736.5	2012.5	2288.5	2564.5	2840.5	3116.5	3392.5	3668.5	3944.5	4220.5	4496.5
9400	7833					1761.3	2043.3	2325.3	2607.3	2889.3	3171.3	3453.3	3735.3	4017.3	4299.3	4581.3
9600	8000					1785.6	2073.6	2361.6	2649.6	2937.6	3225.6	3513.6	3801.6	4089.6	4377.6	4665.6
9800	8167					1809.3	2103.3	2397.3	2691.3	2985.3	3279.3	3573.3	3867.3	4161.3	4455.3	4749.3
以上为双排筋,以下为三排筋																
10000	8333					1742.5	2042.5	2342.5	2642.5	2942.5	3242.5	3542.5	3842.5	4142.5	4442.5	4742.5
10200	8500						2069.3	2375.3	2681.3	2987.3	3293.3	3599.3	3905.3	4211.3	4517.3	4823.3
10400	8667						2095.5	2407.5	2719.5	3031.5	3343.5	3655.5	3967.5	4279.5	4591.5	4903.5
10600	8833						2121.3	2439.3	2757.3	3075.3	3393.3	3711.3	4029.3	4347.3	4665.3	4983.3
10800	9000						2146.4	2470.4	2794.4	3118.4	3442.4	3766.4	4090.4	4414.4	4738.4	5062.4
11000	9167						2171.1	2501.1	2831.1	3161.1	3491.1	3821.1	4151.1	4481.1	4811.1	5141.1
11200	9333						2195.1	2531.1	2867.1	3203.1	3539.1	3875.1	4211.1	4547.1	4883.1	5219.1
11400	9500							2560.7	2902.7	3244.7	3586.7	3928.7	4270.7	4612.7	4954.7	5296.7
11600	9667							2589.6	2937.6	3285.6	3633.6	3981.6	4329.6	4677.6	5025.6	5373.6
11800	9833							2618.1	2972.1	3326.1	3680.1	4034.1	4388.1	4742.1	5096.1	5450.1
12000	10000							2645.9	3005.9	3365.9	3725.9	4085.9	4445.9	4805.9	5165.9	5525.9
12200	10167							2673.3	3039.3	3405.3	3771.3	4137.3	4503.3	4869.3	5235.3	5601.3
12400	10333							2700.0	3072.0	3444.0	3816.0	4188.0	4560.0	4932.0	5304.0	5676.0

续表

$A_s(mm^2)$		M(kN·m)　梁宽 b=550mm,C25 混凝土，　当 h(mm)为														
HRB335 钢	HRB400 钢 RRB400 钢	650	700	750	800	900	1000	1100	1200	1300	1400	1500	1600	1700	1800	1900
12600	10500								3104.2	3482.2	3860.2	4238.2	4616.2	4994.2	5372.2	5750.2
12800	10667								3135.9	3519.9	3903.9	4287.9	4671.9	5055.9	5439.9	5823.9
13000	10833								3167.0	3557.0	3947.0	4337.0	4727.0	5117.0	5507.0	5897.0
13200	11000								3197.6	3593.6	3989.6	4385.6	4781.6	5177.6	5573.6	5969.6
13400	11167								3227.6	3629.6	4031.6	4433.6	4835.6	5237.6	5639.6	6041.6
13600	11333									3665.1	4073.1	4481.1	4889.1	5297.1	5705.1	6113.1
13800	11500									3700.0	4114.0	4528.0	4942.0	5356.0	5770.0	6184.0
14000	11667									3734.4	4154.4	4574.4	4994.4	5414.4	5834.4	6254.4
14200	11833									3768.2	4194.2	4620.2	5046.2	5472.2	5898.2	6324.2
14400	12000									3801.5	4233.5	4665.5	5097.5	5529.5	5961.5	6393.5
14600	12167									3834.2	4272.2	4710.2	5148.2	5586.2	6024.2	6462.2
14800	12333										4310.4	4754.4	5198.4	5642.4	6086.4	6530.4
15000	12500										4348.0	4798.0	5248.0	5698.0	6148.0	6598.0
15200	12667										4385.1	4841.1	5297.1	5753.1	6209.1	6665.1
15400	12833										4421.6	4883.6	5345.6	5807.6	6269.6	6731.6
15600	13000										4457.6	4925.6	5393.6	5861.6	6329.6	6797.6
15800	13167										4493.0	4967.0	5441.0	5915.0	6389.0	6863.0
16000	13333											5007.9	5487.9	5967.9	6447.9	6927.9
16200	13500											5048.2	5534.2	6020.2	6506.2	6992.2
16600	13833											5127.2	5625.2	6123.2	6621.2	7119.2
17000	14167												5714.0	6224.0	6734.0	7244.0
17400	14500												5800.6	6322.6	6844.6	7366.6
17800	14833												5885.0	6419.0	6953.0	7487.0
18200	15167													6513.2	7059.2	7605.2
18600	15500													6605.2	7163.2	7721.2
19000	15833													6695.0	7265.0	7835.0
19400	16167														7364.5	7946.5
19800	16500														7461.9	8055.9
20200	16833														7557.1	8163.1
20600	17167															8268.1
21000	17500															8370.9
21400	17833															8471.5

单筋矩形截面梁弯矩配筋表 **表 2-4-22**

A_s(mm^2)		M(kN·m) 梁宽 b=600mm,C25 混凝土, 当 h(mm)为															
HRB335 钢	HRB400 钢 RRB400 钢	650	700	750	800	900	1000	1100	1200	1300	1400	1500	1600	1700	1800	1900	2000
2060	1717	353.3	384.2	415.1	446.0	507.8	569.6	631.4	693.2	755.0	816.8						
2140	1783	366.0	398.1	430.2	462.3	526.5	590.7	654.9	719.1	783.3	847.5						
2220	1850	378.5	411.8	445.1	478.4	545.0	611.6	678.2	744.8	811.4	878.0	944.6					
2300	1917	391.0	425.5	460.0	494.5	563.5	632.5	701.5	770.5	839.5	908.5	977.5					
2380	1983	403.4	439.1	474.8	510.5	581.9	653.3	724.7	796.1	867.5	938.9	1010.3	1081.7				
2460	2050	415.7	452.6	489.5	526.4	600.2	674.0	747.8	821.6	895.4	969.2	1043.0	1116.8	1190.6			
2540	2117	428.0	466.1	504.2	542.3	618.5	694.7	770.9	847.1	923.3	999.5	1075.7	1151.9	1228.1			
2620	2183	440.1	479.4	518.7	558.0	636.6	715.2	793.8	872.4	951.0	1029.6	1108.2	1186.8	1265.4	1344.0		
2700	2250	452.2	492.7	533.2	573.7	654.7	735.7	816.7	897.7	978.7	1059.7	1140.7	1221.7	1302.7	1383.7		
2850	2375	474.6	517.4	560.1	602.9	688.4	773.9	859.4	944.9	1030.4	1115.9	1201.4	1286.9	1372.4	1457.9	1543.4	
2950	2458	489.4	533.7	577.9	622.2	710.7	799.2	887.7	976.2	1064.7	1153.2	1241.7	1330.2	1418.7	1507.2	1595.7	1684.2
3050	2542	504.1	549.8	595.6	641.3	732.8	824.3	915.8	1007.3	1098.8	1190.3	1281.8	1373.3	1464.8	1556.3	1647.8	1739.3
3150	2625	518.6	565.9	613.1	660.4	754.9	849.4	943.9	1038.4	1132.9	1227.4	1321.9	1416.4	1510.9	1605.4	1699.9	1794.4
3250	2708	533.1	581.8	630.6	679.3	776.8	874.3	971.8	1069.3	1166.8	1264.3	1361.8	1459.3	1556.8	1654.3	1751.8	1849.3
3400	2833	554.4	605.4	656.4	707.4	809.4	911.4	1013.4	1115.4	1217.4	1319.4	1421.4	1523.4	1625.4	1727.4	1829.4	1931.4
3550	2958	575.5	628.8	682.0	735.3	841.8	948.3	1054.8	1161.3	1267.8	1374.3	1480.8	1587.3	1693.8	1800.3	1906.8	2013.3
3700	3083	596.4	651.9	707.4	762.9	873.9	984.9	1095.9	1206.9	1317.9	1428.9	1539.9	1650.9	1761.9	1872.9	1983.9	2094.9
3850	3208	616.9	674.7	732.4	790.2	905.7	1021.2	1136.7	1252.2	1367.7	1483.2	1598.7	1714.2	1829.7	1945.2	2060.7	2176.2
4000	3333	637.2	697.2	757.2	817.2	937.2	1057.2	1177.2	1297.2	1417.2	1537.2	1657.2	1777.2	1897.2	2017.2	2137.2	2257.2
4200	3500	663.7	726.7	789.7	852.7	978.7	1104.7	1230.7	1356.7	1482.7	1608.7	1734.7	1860.7	1986.7	2112.7	2238.7	2364.7
4400	3667	689.8	755.8	821.8	887.8	1019.8	1151.8	1283.8	1415.8	1547.8	1679.8	1811.8	1943.8	2075.8	2207.8	2339.8	2471.8
4600	3833	715.3	784.3	853.3	922.3	1060.3	1198.3	1336.3	1474.3	1612.3	1750.3	1888.3	2026.3	2164.3	2302.3	2440.3	2578.3
4800	4000	740.4	812.4	884.4	956.4	1100.4	1244.4	1388.4	1532.4	1676.4	1820.4	1964.4	2108.4	2252.4	2396.4	2540.4	2684.4
5000	4167	764.9	839.9	914.9	989.9	1139.9	1289.9	1439.9	1589.9	1739.9	1889.9	2039.9	2189.9	2339.9	2489.9	2639.9	2789.9
5200	4333	789.0	867.0	945.0	1023.0	1179.0	1335.0	1491.0	1647.0	1803.0	1959.0	2115.0	2271.0	2427.0	2583.0	2739.0	2895.0
5400	4500	812.5	893.5	974.5	1055.5	1217.5	1379.5	1541.5	1703.5	1865.5	2027.5	2189.5	2351.5	2513.5	2675.5	2837.5	2999.5
以上为单排筋,以下为双排筋																	
5600	4667	793.6	877.6	961.6	1045.6	1213.6	1381.6	1549.6	1717.6	1885.6	2053.6	2221.6	2389.6	2557.6	2725.6	2893.6	3061.6
5800	4833	814.6	901.6	988.6	1075.6	1249.6	1423.6	1597.6	1771.6	1945.6	2119.6	2293.6	2467.6	2641.6	2815.6	2989.6	3163.6
6000	5000	835.1	925.1	1015.1	1105.1	1285.1	1465.1	1645.1	1825.1	2005.1	2185.1	2365.1	2545.1	2725.1	2905.1	3085.1	3265.1
6200	5167	855.1	948.1	1041.1	1134.1	1320.1	1506.1	1692.1	1878.1	2064.1	2250.1	2436.1	2622.1	2808.1	2994.1	3180.1	3366.1
6400	5333	874.6	970.6	1066.6	1162.6	1354.6	1546.6	1738.6	1930.6	2122.6	2314.6	2506.6	2698.6	2890.6	3082.6	3274.6	3466.6

续表

$A_s(mm^2)$		M(kN·m) 梁宽 $b=600$mm,C25 混凝土, 当 h(mm)为															
HRB335 钢	HRB400 钢 RRB400 钢	650	700	750	800	900	1000	1100	1200	1300	1400	1500	1600	1700	1800	1900	2000
6600	5500	893.7	992.7	1091.7	1190.7	1388.7	1586.7	1784.7	1982.7	2180.7	2378.7	2576.7	2774.7	2972.7	3170.7	3368.7	3566.7
6800	5667	912.2	1014.2	1116.2	1218.2	1422.2	1626.2	1830.2	2034.2	2238.2	2442.2	2646.2	2850.2	3054.2	3258.2	3462.2	3666.2
7000	5833	930.2	1035.2	1140.2	1245.2	1455.2	1665.2	1875.2	2085.2	2295.2	2505.2	2715.2	2925.2	3135.2	3345.2	3555.2	3765.2
7200	6000	947.7	1055.7	1163.7	1271.7	1487.7	1703.7	1919.7	2135.7	2351.7	2567.7	2783.7	2999.7	3215.7	3431.7	3647.7	3863.7
7400	6167	964.7	1075.7	1186.7	1297.7	1519.7	1741.7	1963.7	2185.7	2407.7	2629.7	2851.7	3073.7	3295.7	3517.7	3739.7	3961.7
7600	6333	981.2	1095.2	1209.2	1323.2	1551.2	1779.2	2007.2	2235.2	2463.2	2691.2	2919.2	3147.2	3375.2	3603.2	3831.2	4059.2
7800	6500	997.2	1114.2	1231.2	1348.2	1582.2	1816.2	2050.2	2284.2	2518.2	2752.2	2986.2	3220.2	3454.2	3688.2	3922.2	4156.2
8000	6667	1012.6	1132.6	1252.6	1372.6	1612.6	1852.6	2092.6	2332.6	2572.6	2812.6	3052.6	3292.6	3532.6	3772.6	4012.6	4252.6
8200	6833		1150.6	1273.6	1396.6	1642.6	1888.6	2134.6	2380.6	2626.6	2872.6	3118.6	3364.6	3610.6	3856.6	4102.6	4348.6
8400	7000		1168.1	1294.1	1420.1	1672.1	1924.1	2176.1	2428.1	2680.1	2932.1	3184.1	3436.1	3688.1	3940.1	4192.1	4444.1
8600	7167		1185.1	1314.1	1443.1	1701.1	1959.1	2217.1	2475.1	2733.1	2991.1	3249.1	3507.1	3765.1	4023.1	4281.1	4539.1
8800	7333			1333.5	1465.5	1729.5	1993.5	2257.5	2521.5	2785.5	3049.5	3313.5	3577.5	3841.5	4105.5	4369.5	4633.5
9000	7500			1352.5	1487.5	1757.5	2027.5	2297.5	2567.5	2837.5	3107.5	3377.5	3647.5	3917.5	4187.5	4457.5	4727.5
9200	7667			1371.0	1509.0	1785.0	2061.0	2337.0	2613.0	2889.0	3165.0	3441.0	3717.0	3993.0	4269.0	4545.0	4821.0
9400	7833				1529.9	1811.9	2093.9	2375.9	2657.9	2939.9	3221.9	3503.9	3785.9	4067.9	4349.9	4631.9	4913.9
9600	8000				1550.4	1838.4	2126.4	2414.4	2702.4	2990.4	3278.4	3566.4	3854.4	4142.4	4430.4	4718.4	5006.4
9800	8167				1570.3	1864.3	2158.3	2452.3	2746.3	3040.3	3334.3	3628.3	3922.3	4216.3	4510.3	4804.3	5098.3
10000	8333					1889.7	2189.7	2489.7	2789.7	3089.7	3389.7	3689.7	3989.7	4289.7	4589.7	4889.7	5189.7
10200	8500					1914.7	2220.7	2526.7	2832.7	3138.7	3444.7	3750.7	4056.7	4362.7	4668.7	4974.7	5280.7
10400	8667					1939.1	2251.1	2563.1	2875.1	3187.1	3499.1	3811.1	4123.1	4435.1	4747.1	5059.1	5371.1
10600	8833					1963.0	2281.0	2599.0	2917.0	3235.0	3553.0	3871.0	4189.0	4507.0	4825.0	5143.0	5461.0
10800	9000					1986.5	2310.5	2634.5	2958.5	3282.5	3606.5	3930.5	4254.5	4578.5	4902.5	5226.5	5550.5
以上为双排筋,以下为三排筋																	
11000	9167					1910.4	2240.4	2570.4	2900.4	3230.4	3560.4	3890.4	4220.4	4550.4	4880.4	5210.4	5540.4
11200	9333						2267.0	2603.0	2939.0	3275.0	3611.0	3947.0	4283.0	4619.0	4955.0	5291.0	5627.0
11400	9500						2293.1	2635.1	2977.1	3319.1	3661.1	4003.1	4345.1	4687.1	5029.1	5371.1	5713.1
11600	9667						2318.7	2666.7	3014.7	3362.7	3710.7	4058.7	4406.7	4754.7	5102.7	5450.7	5798.7
11800	9833						2343.8	2697.8	3051.8	3405.8	3759.8	4113.8	4467.8	4821.8	5175.8	5529.8	5883.8
12000	10000						2368.4	2728.4	3088.4	3448.4	3808.4	4168.4	4528.4	4888.4	5248.4	5608.4	5968.4
12200	10167						2392.5	2758.5	3124.5	3490.5	3856.5	4222.5	4588.5	4954.5	5320.5	5686.5	6052.5
12400	10333							2788.1	3160.1	3532.1	3904.1	4276.1	4648.1	5020.1	5392.1	5764.1	6136.1
12600	10500							2817.2	3195.2	3573.2	3951.2	4329.2	4707.2	5085.2	5463.2	5841.2	6219.2

续表

A_s(mm²)		M(kN·m) 梁宽 b=600mm、C25 混凝土， 当 h(mm)为															
HRB335 钢	HRB400 钢 RRB400 钢	650	700	750	800	900	1000	1100	1200	1300	1400	1500	1600	1700	1800	1900	2000
12800	10667							2845.8	3229.8	3613.8	3997.8	4381.8	4765.8	5149.8	5533.8	5917.8	6301.8
13000	10833							2873.9	3263.9	3653.9	4043.9	4433.9	4823.9	5213.9	5603.9	5993.9	6383.9
13200	11000							2901.4	3297.4	3693.4	4089.4	4485.4	4881.4	5277.4	5673.4	6069.4	6465.4
13400	11167							2928.5	3330.5	3732.5	4134.5	4536.5	4938.5	5340.5	5742.5	6144.5	6546.5
13800	11500								3395.1	3809.1	4223.1	4637.1	5051.1	5465.1	5879.1	6293.1	6707.1
14200	11833								3457.8	3883.8	4309.8	4735.8	5161.8	5587.8	6013.8	6439.8	6865.8
14600	12167								3518.4	3956.4	4394.4	4832.4	5270.4	5708.4	6146.4	6584.4	7022.4
15000	12500									4026.9	4476.9	4926.9	5376.9	5826.9	6276.9	6726.9	7176.9
15400	12833									4095.5	4557.5	5019.5	5481.5	5943.5	6405.5	6867.5	7329.5
15800	13167									4162.0	4636.0	5110.0	5584.0	6058.0	6532.0	7006.0	7480.0
16200	13500										4712.6	5198.6	5684.6	6170.6	6656.6	7142.6	7628.6
16600	13833										4787.1	5285.1	5783.1	6281.1	6779.1	7277.1	7775.1
17000	14167										4859.6	5369.6	5879.6	6389.6	6899.6	7409.6	7919.6
17400	14500											5452.0	5974.0	6496.0	7018.0	7540.0	8062.0
17800	14833											5532.5	6066.5	6600.5	7134.5	7668.5	8202.5
18200	15167											5611.0	6157.0	6703.0	7249.0	7795.0	8341.0
18600	15500												6245.4	6803.4	7361.4	7919.4	8477.4
19000	15833												6331.8	6901.8	7471.8	8041.8	8611.8
19400	16167												6416.2	6998.2	7580.2	8162.2	8744.2
19800	16500													7092.6	7686.6	8280.6	8874.6
20200	16833													7184.9	7790.9	8396.9	9002.9
20600	17167													7275.3	7893.3	8511.3	9129.3
21000	17500														7993.6	8623.6	9253.6
21400	17833														8091.9	8733.9	9375.9
21800	18167														8188.2	8842.2	9496.2
22200	18500															8948.5	9614.5
22600	18833															9052.7	9730.7
23000	19167															9155.0	9845.0
23400	19500															9255.2	9957.2
23800	19833																10067.4
24200	20167																10175.6
24600	20500																10281.8

单筋矩形截面梁弯矩配筋表　　　　表 2-4-23

$A_s(mm^2)$			M(kN·m)　梁宽 b=150mm,C30 混凝土,　当 h(mm)为						
HPB235 钢	HRB335 钢	HRB400 钢 RRB400 钢	200	250	300	350	400	450	500
157	110	92	5.19	6.84	8.49				
214	150	125	6.95	9.20	11.45	13.70	15.95		
271	190	158	8.65	11.50	14.35	17.20	20.05	22.90	25.75
329	230	192	10.28	13.73	17.18	20.63	24.08	27.53	30.98
386	270	225	11.84	15.89	19.94	23.99	28.04	32.09	36.14
443	310	258	13.33	17.98	22.63	27.28	31.93	36.58	41.23
500	350	292	14.76	20.01	25.26	30.51	35.76	41.01	46.26
557	390	325	16.11	21.96	27.81	33.66	39.51	45.36	51.21
614	430	358	17.41	23.86	30.31	36.76	43.21	49.66	56.11
671	470	392	18.63	25.68	32.73	39.78	46.83	53.88	60.93
729	510	425	19.79	27.44	35.09	42.74	50.39	58.04	65.69
786	550	458	20.88	29.13	37.38	45.63	53.88	62.13	70.38
843	590	492	21.90	30.75	39.60	48.45	57.30	66.15	75.00
900	630	525	22.86	32.31	41.76	51.21	60.66	70.11	79.56
957	670	558	23.75	33.80	43.85	53.90	63.95	74.00	84.05
1014	710	592	24.57	35.22	45.87	56.52	67.17	77.82	88.47
1071	750	625		36.57	47.82	59.07	70.32	81.57	92.82
1129	790	658		37.86	49.71	61.56	73.41	85.26	97.11
1243	870	725		40.24	53.29	66.34	79.39	92.44	105.5
1357	950	792			56.59	70.84	85.09	99.34	113.6
以上为单排筋,以下为双排筋									
1471	1030	858			51.90	67.35	82.80	98.25	113.7
1586	1110	925			54.07	70.72	87.37	104.0	120.7
1700	1190	992				73.82	91.67	109.5	127.4
1814	1270	1058				76.65	95.70	114.8	133.8
1929	1350	1125					99.47	119.7	140.0
2043	1430	1192					103.0	124.4	145.9
2157	1510	1258						128.8	151.5
2271	1590	1325						133.0	156.8
2386	1670	1392							161.9
2500	1750	1458							166.8
2614	1830	1525							171.3

单筋矩形截面梁弯矩配筋表 **表 2-4-24**

$A_s(mm^2)$			M(kN·m) 梁宽 $b=200$mm，C30 混凝土， 当 h(mm)为										
HPB235 钢	HRB335 钢	HRB400 钢 RRB400 钢	200	250	300	350	400	450	500	550	600	650	700
157	110	92	5.25										
214	150	125	7.07	9.32	11.57								
271	190	158	8.84	11.69	14.54	17.39							
329	230	192	10.55	14.00	17.45	20.90	24.35	27.80					
386	270	225	12.22	16.27	20.32	24.37	28.42	32.47	36.52	40.57			
443	310	258	13.83	18.48	23.13	27.78	32.43	37.08	41.73	46.38	51.03		
500	350	292	15.40	20.65	25.90	31.15	36.40	41.65	46.90	52.15	57.40	62.65	67.90
557	390	325	16.91	22.76	28.61	34.46	40.31	46.16	52.01	57.86	63.71	69.56	75.41
614	430	358	18.38	24.83	31.28	37.73	44.18	50.63	57.08	63.53	69.98	76.43	82.88
671	470	392	19.79	26.84	33.89	40.94	47.99	55.04	62.09	69.14	76.19	83.24	90.29
729	510	425	21.15	28.80	36.45	44.10	51.75	59.40	67.05	74.70	82.35	90.00	97.65
786	550	458	22.47	30.72	38.97	47.22	55.47	63.72	71.97	80.22	88.47	96.72	105.0
843	590	492	23.73	32.58	41.43	50.28	59.13	67.98	76.83	85.68	94.53	103.4	112.2
900	630	525	24.94	34.39	43.84	53.29	62.74	72.19	81.64	91.09	100.5	110.0	119.4
957	670	558	26.10	36.15	46.20	56.25	66.30	76.35	86.40	96.45	106.5	116.6	126.6
1014	710	592	27.21	37.86	48.51	59.16	69.81	80.46	91.11	101.8	112.4	123.1	133.7
1071	750	625	28.27	39.52	50.77	62.02	73.27	84.52	95.77	107.0	118.3	129.5	140.8
1129	790	658	29.29	41.14	52.99	64.84	76.69	88.54	100.4	112.2	124.1	135.9	147.8
1186	830	692	30.25	42.70	55.15	67.60	80.05	92.50	104.9	117.4	129.8	142.3	154.7
1243	870	725	31.16	44.21	57.26	70.31	83.36	96.41	109.5	122.5	135.6	148.6	161.7
1300	910	758	32.02	45.67	59.32	72.97	86.62	100.3	113.9	127.6	141.2	154.9	168.5
1357	950	792	32.82	47.07	61.32	75.57	89.82	104.1	118.3	132.6	146.8	161.1	175.3
1414	990	825		48.43	63.28	78.13	92.98	107.8	122.7	137.5	152.4	167.2	182.1
1471	1030	858		49.74	65.19	80.64	96.09	111.5	127.0	142.4	157.9	173.3	188.8
1529	1070	892		51.00	67.05	83.10	99.15	115.2	131.3	147.3	163.4	179.4	195.5
1586	1110	925		52.21	68.86	85.51	102.2	118.8	135.5	152.1	168.8	185.4	202.1
1643	1150	958		53.37	70.62	87.87	105.1	122.4	139.6	156.9	174.1	191.4	208.6
1700	1190	992		54.47	72.32	90.17	108.0	125.9	143.7	161.6	179.4	197.3	215.1
1757	1230	1025		55.53	73.98	92.43	110.9	129.3	147.8	166.2	184.7	203.1	221.6
1814	1270	1058			75.59	94.64	113.7	132.7	151.8	170.8	189.9	208.9	228.0
1871	1310	1092			77.14	96.79	116.4	136.1	155.7	175.4	195.0	214.7	234.3
1929	1350	1125			78.65	98.90	119.1	139.4	159.6	179.9	200.1	220.4	240.6

续表

A_s(mm²)			M(kN·m)　梁宽 b=200mm,C30 混凝土,　当 h(mm)为										
HPB235 钢	HRB335 钢	HRB400 钢 RRB400 钢	200	250	300	350	400	450	500	550	600	650	700
1986	1390	1158			80.10	101.0	121.8	142.7	163.5	184.4	205.2	226.1	246.9
2043	1430	1192			81.51	103.0	124.4	145.9	167.3	188.8	210.2	231.7	253.1
2100	1470	1225			82.86	104.9	127.0	149.0	171.1	193.1	215.2	237.2	259.3
以上为单排筋,以下为双排筋													
2157	1510	1258				95.5	118.1	140.8	163.4	186.1	208.7	231.4	254.0
2214	1550	1292				97.0	120.3	143.5	166.8	190.0	213.3	236.5	259.8
2271	1590	1325				98.6	122.4	146.3	170.1	194.0	217.8	241.7	265.5
2329	1630	1358				100.0	124.5	148.9	173.4	197.8	222.3	246.7	271.2
2386	1670	1392				101.4	126.5	151.5	176.6	201.6	226.7	251.7	276.8
2443	1710	1425				102.8	128.4	154.1	179.7	205.4	231.0	256.7	282.3
2500	1750	1458					130.3	156.6	182.8	209.1	235.3	261.6	287.8
2557	1790	1492					132.2	159.0	185.9	212.7	239.6	266.4	293.3
2614	1830	1525					134.0	161.4	188.9	216.3	243.8	271.2	298.7
2671	1870	1558					135.7	163.8	191.8	219.9	247.9	276.0	304.0
2729	1910	1592					137.4	166.1	194.7	223.4	252.0	280.7	309.3
2786	1950	1625					139.1	168.3	197.6	226.8	256.1	285.3	314.6
2843	1990	1658						170.5	200.4	230.2	260.1	289.9	319.8
2900	2030	1692						172.7	203.1	233.6	264.0	294.5	324.9
2957	2070	1725						174.8	205.8	236.9	267.9	299.0	330.0
3014	2110	1758						176.8	208.5	240.1	271.8	303.4	335.1
3071	2150	1792						178.8	211.1	243.3	275.6	307.8	340.1
3129	2190	1825						180.8	213.6	246.5	279.3	312.2	345.0
3186	2230	1858							216.1	249.6	283.0	316.5	349.9
3243	2270	1892							218.6	252.6	286.7	320.7	354.8
3300	2310	1925							221.0	255.6	290.3	324.9	359.6
3357	2350	1958							223.3	258.6	293.8	329.1	364.3
3414	2390	1992							225.6	261.5	297.3	333.2	369.0
3471	2430	2025							227.9	264.3	300.8	337.2	373.7
3529	2470	2058								267.1	304.1	341.2	378.2
3586	2510	2092								269.8	307.5	345.1	382.8
3643	2550	2125								272.5	310.8	349.0	387.3
3700	2590	2158								275.2	314.0	352.9	391.7

续表

A_s(mm^2)			M(kN·m) 梁宽 $b=200$mm,C30 混凝土, 当 h(mm)为										
HPB235 钢	HRB335 钢	HRB400 钢 RRB400 钢	200	250	300	350	400	450	500	550	600	650	700
3757	2630	2192								277.8	317.2	356.7	396.1
3814	2670	2225								280.3	320.4	360.4	400.5
3871	2710	2258								282.8	323.5	364.1	404.8
3929	2750	2292									326.5	367.8	409.0
3986	2790	2325									329.5	371.4	413.2
4043	2830	2358									332.4	374.9	417.3
4100	2870	2392									335.3	378.4	421.4
4157	2910	2425									338.2	381.8	425.5
4214	2950	2458									341.0	385.2	429.5
以上为双排筋,以下为三排筋													
4271	2990	2492										361.7	406.5
4329	3030	2525										364.6	410.0
4386	3070	2558										367.5	413.5
4443	3110	2592										370.3	416.9
4500	3150	2625										373.1	420.3
4557	3190	2658										375.8	423.7
4614	3230	2692											426.9
4671	3270	2725											430.2
4729	3310	2758											433.3
4786	3350	2792											436.5
4843	3390	2825											439.6
4900	3430	2858											442.6

单筋矩形截面梁弯矩配筋表 表 2-4-25

A_s(mm²)			M(kN·m) 梁宽 b=250mm,C30 混凝土, 当 h(mm)为													
HPB235 钢	HRB335 钢	HRB400 钢 RRB400 钢	250	300	350	400	450	500	550	600	650	700	750	800	900
271	190	158	11.80	14.65											
329	230	192	14.17	17.62	21.07										
386	270	225	16.50	20.55	24.60	28.65									
443	310	258	18.79	23.44	28.09	32.74	37.39	42.04							
500	350	292	21.03	26.28	31.53	36.78	42.03	47.28	52.53						
557	390	325	23.24	29.09	34.94	40.79	46.64	52.49	58.34	64.19					
614	430	358	25.41	31.86	38.31	44.76	51.21	57.66	64.11	70.56	77.01	83.46			
671	470	392	27.53	34.58	41.63	48.68	55.73	62.78	69.83	76.88	83.93	90.98	98.03		
729	510	425	29.62	37.27	44.92	52.57	60.22	67.87	75.52	83.17	90.82	98.47	106.1	113.8	
786	550	458	31.67	39.92	48.17	56.42	64.67	72.92	81.17	89.42	97.67	105.9	114.2	122.4	138.9
843	590	492	33.67	42.52	51.37	60.22	69.07	77.92	86.77	95.62	104.5	113.3	122.2	131.0	148.7
900	630	525	35.64	45.09	54.54	63.99	73.44	82.89	92.34	101.8	111.2	120.7	130.1	139.6	158.5
957	670	558	37.56	47.61	57.66	67.71	77.76	87.81	97.86	107.9	118.0	128.0	138.1	148.1	168.2
1014	710	592	39.45	50.10	60.75	71.40	82.05	92.70	103.3	114.0	124.6	135.3	145.9	156.6	177.9
1071	750	625	41.29	52.54	63.79	75.04	86.29	97.54	108.8	120.0	131.3	142.5	153.8	165.0	187.5
1129	790	658	43.10	54.95	66.80	78.65	90.50	102.3	114.2	126.0	137.9	149.7	161.6	173.4	197.1
1186	830	692	44.86	57.31	69.76	82.21	94.66	107.1	119.6	132.0	144.5	156.9	169.4	181.8	206.7
1243	870	725	46.59	59.64	72.69	85.74	98.79	111.8	124.9	137.9	151.0	164.0	177.1	190.1	216.2
1300	910	758	48.27	61.92	75.57	89.22	102.9	116.5	130.2	143.8	157.5	171.1	184.8	198.4	225.7
1357	950	792	49.91	64.16	78.41	92.66	106.9	121.2	135.4	149.7	163.9	178.2	192.4	206.7	235.2
1414	990	825	51.52	66.37	81.22	96.07	110.9	125.8	140.6	155.5	170.3	185.2	200.0	214.9	244.6
1471	1030	858	53.08	68.53	83.98	99.43	114.9	130.3	145.8	161.2	176.7	192.1	207.6	223.0	253.9
1529	1070	892	54.60	70.65	86.70	102.8	118.8	134.9	150.9	167.0	183.0	199.1	215.1	231.2	263.3
1586	1110	925	56.09	72.74	89.39	106.0	122.7	139.3	156.0	172.6	189.3	205.9	222.6	239.2	272.5
1643	1150	958	57.53	74.78	92.03	109.3	126.5	143.8	161.0	178.3	195.5	212.8	230.0	247.3	281.8
1700	1190	992	58.93	76.78	94.63	112.5	130.3	148.2	166.0	183.9	201.7	219.6	237.4	255.3	291.0
1757	1230	1025	60.29	78.74	97.19	115.6	134.1	152.5	171.0	189.4	207.9	226.3	244.8	263.2	300.1
1814	1270	1058	61.61	80.66	99.71	118.8	137.8	156.9	175.9	195.0	214.0	233.1	252.1	271.2	309.3
1871	1310	1092	62.89	82.54	102.2	121.8	141.5	161.1	180.8	200.4	220.1	239.7	259.4	279.0	318.3
1929	1350	1125	64.13	84.38	104.6	124.9	145.1	165.4	185.6	205.9	226.1	246.4	266.6	286.9	327.4
1986	1390	1158	65.33	86.18	107.0	127.9	148.7	169.6	190.4	211.3	232.1	253.0	273.8	294.7	336.4
2043	1430	1192	66.50	87.95	109.4	130.8	152.3	173.7	195.2	216.6	238.1	259.5	281.0	302.4	345.3

续表

A_s(mm^2)			M(kN·m) 梁宽 b=250mm,C30 混凝土, 当 h(mm)为												
HPB235 钢	HRB335 钢	HRB400 钢 RRB400 钢	250	300	350	400	450	500	550	600	650	700	750	800	900
2100	1470	1225	67.61	89.66	111.7	133.8	155.8	177.9	199.9	222.0	244.0	266.1	288.1	310.2	354.3
2157	1510	1258	68.69	91.34	114.0	136.6	159.3	181.9	204.6	227.2	249.9	272.5	295.2	317.8	363.1
2271	1590	1325		94.58	118.4	142.3	166.1	190.0	213.8	237.7	261.5	285.4	309.2	333.1	380.8
2386	1670	1392		97.66	122.7	147.8	172.8	197.9	222.9	248.0	273.0	298.1	323.1	348.2	398.3
2500	1750	1458		100.6	126.8	153.1	179.3	205.6	231.8	258.1	284.3	310.6	336.8	363.1	415.6
2614	1830	1525		103.3	130.8	158.2	185.7	213.1	240.6	268.0	295.5	322.9	350.4	377.8	432.7
2729	1910	1592			134.6	163.2	191.9	220.5	249.2	277.8	306.5	335.1	363.8	392.4	449.7
以上为单排筋,以下为双排筋															
2843	1990	1658			123.3	153.1	183.0	212.8	242.7	272.5	302.4	332.2	362.1	391.9	451.6
2957	2070	1725			126.2	157.2	188.3	219.3	250.4	281.4	312.5	343.5	374.6	405.6	467.7
3071	2150	1792			128.9	161.1	193.4	225.6	257.9	290.1	322.4	354.6	386.9	419.1	483.6
3186	2230	1858				164.9	198.3	231.8	265.2	298.7	332.1	365.6	399.0	432.5	499.4
3300	2310	1925				168.5	203.1	237.8	272.4	307.1	341.7	376.4	411.0	445.7	515.0
3414	2390	1992				171.9	207.7	243.6	279.4	315.3	351.1	387.0	422.8	458.7	530.4
3529	2470	2058					212.2	249.2	286.3	323.3	360.4	397.4	434.5	471.5	545.6
3643	2550	2125					216.5	254.8	293.0	331.3	369.5	407.8	446.0	484.3	560.8
3757	2630	2192					220.6	260.1	299.5	339.0	378.4	417.9	457.3	496.8	575.7
3871	2710	2258					224.6	265.3	305.9	346.6	387.2	427.9	468.5	509.2	590.5
3986	2790	2325						270.3	312.1	354.0	395.8	437.7	479.5	521.4	605.1
4100	2870	2392						275.2	318.2	361.3	404.3	447.4	490.4	533.5	619.6
4214	2950	2458						279.9	324.1	368.4	412.6	456.9	501.1	545.4	633.9
4329	3030	2525						284.4	329.8	375.3	420.7	466.2	511.6	557.1	648.0
4443	3110	2592							335.4	382.1	428.7	475.4	522.0	568.7	662.0
4557	3190	2658							340.8	388.7	436.5	484.4	532.2	580.1	675.8
4671	3270	2725							346.1	395.1	444.2	493.2	542.3	591.3	689.4
4786	3350	2792							351.2	401.4	451.7	501.9	552.2	602.4	702.9
4900	3430	2858								407.6	459.0	510.5	561.9	613.4	716.3
5014	3510	2925								413.5	466.2	518.8	571.5	624.1	729.4
5129	3590	2992								419.4	473.2	527.1	580.9	634.8	742.5
5243	3670	3058								425.0	480.1	535.1	590.2	645.2	755.3
5357	3750	3125									486.7	543.0	599.2	655.5	768.0
5471	3830	3192									493.3	550.7	608.2	665.6	780.5

续表

$A_s(mm^2)$			M(kN·m) 梁宽 $b=250$mm, C30 混凝土, 当 h(mm)为													
HPB235 钢	HRB335 钢	HRB400 钢 RRB400 钢	250	300	350	400	450	500	550	600	650	700	750	800	900
5586	3910	3258									499.6	558.3	616.9	675.6	792.9
以上为双排筋,以下为三排筋															
5700	3990	3325									469.9	529.8	589.6	649.5	769.2
5814	4070	3392										536.3	597.4	658.4	780.5
5929	4150	3458										542.7	604.9	667.2	791.7
6043	4230	3525										548.9	612.3	675.8	802.7
6157	4310	3592										554.9	619.6	684.2	813.5
6271	4390	3658											626.6	692.5	824.2
6386	4470	3725											633.6	700.6	834.7
6500	4550	3792											640.3	708.6	845.1
6614	4630	3858											646.9	716.4	855.3
6729	4710	3925												724.0	865.3
6843	4790	3992												731.5	875.2
6957	4870	4058												738.8	884.9
7071	4950	4125													894.4
7186	5030	4192													903.8
7300	5110	4258													913.0
7414	5190	4325													922.1
7529	5270	4392													931.0
7643	5350	4458													939.8
7757	5430	4525													948.4
7871	5510	4592													956.8

单筋矩形截面梁弯矩配筋表

表 2-4-26

$A_s(mm^2)$			M(kN·m) 梁宽 $b=300$mm,C30 混凝土, 当 h(mm)为										
HPB235 钢	HRB335 钢	HRB400 钢 RRB400 钢	450	500	550	600	650	700	750	800	900	1000	1100
486	340	283	41.12										
543	380	317	45.80	51.50									
600	420	350	50.44	56.74	63.04								
657	460	383	55.05	61.95	68.85	75.75							
714	500	417	59.63	67.13	74.63	82.13	89.63						
771	540	450	64.17	72.27	80.37	88.47	96.57	104.7					
829	580	483	68.68	77.38	86.08	94.78	103.5	112.2	120.9	129.6			
886	620	517	73.16	82.46	91.76	101.1	110.4	119.7	129.0	138.3			
943	660	550	77.60	87.50	97.40	107.3	117.2	127.1	137.0	146.9	166.7		
1000	700	583	82.01	92.51	103.0	113.5	124.0	134.5	145.0	155.5	176.5		
1057	740	617	86.39	97.49	108.6	119.7	130.8	141.9	153.0	164.1	186.3	208.5	
1114	780	650	90.73	102.4	114.1	125.8	137.5	149.2	160.9	172.6	196.0	219.4	
1171	820	683	95.04	107.3	119.6	131.9	144.2	156.5	168.8	181.1	205.7	230.3	254.9
1229	860	717	99.31	112.2	125.1	138.0	150.9	163.8	176.7	189.6	215.4	241.2	267.0
1286	900	750	103.6	117.1	130.6	144.1	157.6	171.1	184.6	198.1	225.1	252.1	279.1
1343	940	783	107.8	121.9	136.0	150.1	164.2	178.3	192.4	206.5	234.7	262.9	291.1
1400	980	817	111.9	126.6	141.3	156.0	170.7	185.4	200.1	214.8	244.2	273.6	303.0
1514	1060	883	120.2	136.1	152.0	167.9	183.8	199.7	215.6	231.5	263.3	295.1	326.9
1571	1100	917	124.3	140.8	157.3	173.8	190.3	206.8	223.3	239.8	272.8	305.8	338.8
1686	1180	983	132.3	150.0	167.7	185.4	203.1	220.8	238.5	256.2	291.6	327.0	362.4
1800	1260	1050	140.2	159.1	178.0	196.9	215.8	234.7	253.6	272.5	310.3	348.1	385.9
1914	1340	1117	148.0	168.1	188.2	208.3	228.4	248.5	268.6	288.7	328.9	369.1	409.3
2029	1420	1183	155.6	176.9	198.2	219.5	240.8	262.1	283.4	304.7	347.3	389.9	432.5
2143	1500	1250	163.1	185.6	208.1	230.6	253.1	275.6	298.1	320.6	365.6	410.6	455.6
2257	1580	1317	170.5	194.2	217.9	241.6	265.3	289.0	312.7	336.4	383.8	431.2	478.6
2371	1660	1383	177.8	202.7	227.6	252.5	277.4	302.3	327.2	352.1	401.9	451.7	501.5
2486	1740	1450	184.9	211.0	237.1	263.2	289.3	315.4	341.5	367.6	419.8	472.0	524.2
2600	1820	1517	191.8	219.1	246.4	273.7	301.0	328.3	355.6	382.9	437.5	492.1	546.7
2714	1900	1583	198.7	227.2	255.7	284.2	312.7	341.2	369.7	398.2	455.2	512.2	569.2
2829	1980	1650	205.4	235.1	264.8	294.5	324.2	353.9	383.6	413.3	472.7	532.1	591.5
2943	2060	1717	212.0	242.9	273.8	304.7	335.6	366.5	397.4	428.3	490.1	551.9	613.7
3057	2140	1783	218.4	250.5	282.6	314.7	346.8	378.9	411.0	443.1	507.3	571.5	635.7

续表

A_s(mm²)			M(kN·m)　梁宽 $b=300$mm,C30 混凝土,　当 h(mm)为										
HPB235 钢	HRB335 钢	HRB400 钢 RRB400 钢	450	500	550	600	650	700	750	800	900	1000	1100
3171	2220	1850	224.7	258.0	291.3	324.6	357.9	391.2	424.5	457.8	524.4	591.0	657.6
3286	2300	1917	230.9	265.4	299.9	334.4	368.9	403.4	437.9	472.4	541.4	610.4	679.4
3400	2380	1983	236.9	272.6	308.3	344.0	379.7	415.4	451.1	486.8	558.2	629.6	701.0
以上为单排筋,以下为双排筋													
3514	2460	2050	224.3	261.2	298.1	335.0	371.9	408.8	445.7	482.6	556.4	630.2	704.0
3629	2540	2117	229.5	267.6	305.7	343.8	381.9	420.0	458.1	496.2	572.4	648.6	724.8
3743	2620	2183	234.5	273.8	313.1	352.4	391.7	431.0	470.3	509.6	588.2	666.8	745.4
3857	2700	2250	239.4	279.9	320.4	360.9	401.4	441.9	482.4	522.9	603.9	684.9	765.9
4214	2950	2458	253.9	298.1	342.4	386.6	430.9	475.1	519.4	563.6	652.1	740.6	829.1
4500	3150	2625	264.5	311.7	359.0	406.2	453.5	500.7	548.0	595.2	689.7	784.2	878.7
4857	3400	2833		327.5	378.5	429.5	480.5	531.5	582.5	633.5	735.5	837.5	939.5
5071	3550	2958		336.4	389.7	442.9	496.2	549.4	602.7	655.9	762.4	868.9	975.4
5286	3700	3083		344.8	400.3	455.8	511.3	566.8	622.3	677.8	788.8	899.8	1010.8
5500	3850	3208			410.5	468.2	526.0	583.7	641.5	699.2	814.7	930.2	1045.7
5714	4000	3333			420.2	480.2	540.2	600.2	660.2	720.2	840.2	960.2	1080.2
6000	4200	3500				495.4	558.4	621.4	684.4	747.4	873.4	999.4	1125.4
6286	4400	3667				509.7	575.7	641.7	707.7	773.7	905.7	1037.7	1169.7
6571	4600	3833					592.2	661.2	730.2	799.2	937.2	1075.2	1213.2
6857	4800	4000					607.9	679.9	751.9	823.9	967.9	1111.9	1255.9
以上为双排筋,以下为三排筋													
7143	5000	4167						652.8	727.8	802.8	952.8	1102.8	1252.8
7429	5200	4333							746.0	824.0	980.0	1136.0	1292.0
7714	5400	4500							763.3	844.3	1006.3	1168.3	1330.3
8000	5600	4667								863.8	1031.8	1199.8	1367.8
8286	5800	4833								882.5	1056.5	1230.5	1404.5
8571	6000	5000									1080.4	1260.4	1440.4
8857	6200	5167									1103.4	1289.4	1475.4
9143	6400	5333									1125.5	1317.5	1509.5
9714	6800	5667										1371.4	1575.4
10286	7200	6000										1421.8	1637.8
10857	7600	6333											1696.9
11429	8000	6667											1752.7

单筋矩形截面梁弯矩配筋表 表 2-4-27

A_s(mm^2)		M(kN·m) 梁宽 b=350mm,C30 混凝土, 当 h(mm)为										
HRB335 钢	HRB400 钢 RRB400 钢	500	550	600	650	700	750	800	900	1000	1100	1200
460	383	62.27										
500	417	67.50	75.00									
540	450	72.71	80.81	88.91								
580	483	77.89	86.59	95.29	104.0							
620	517	83.03	92.33	101.6	110.9	120.2						
660	550	88.15	98.05	108.0	117.9	127.8	137.7					
700	583	93.24	103.7	114.2	124.7	135.2	145.7	156.2				
740	617	98.31	109.4	120.5	131.6	142.7	153.8	164.9				
780	650	103.3	115.0	126.7	138.4	150.1	161.8	173.5	196.9			
820	683	108.3	120.6	132.9	145.2	157.5	169.8	182.1	206.7			
860	717	113.3	126.2	139.1	152.0	164.9	177.8	190.7	216.5	242.3		
900	750	118.3	131.8	145.3	158.8	172.3	185.8	199.3	226.3	253.3		
940	783	123.2	137.3	151.4	165.5	179.6	193.7	207.8	236.0	264.2	292.4	
980	817	128.1	142.8	157.5	172.2	186.9	201.6	216.3	245.7	275.1	304.5	
1020	850	132.9	148.2	163.5	178.8	194.1	209.4	224.7	255.3	285.9	316.5	347.1
1060	883	137.8	153.7	169.6	185.5	201.4	217.3	233.2	265.0	296.8	328.6	360.4
1100	917	142.6	159.1	175.6	192.1	208.6	225.1	241.6	274.6	307.6	340.6	373.6
1140	950	147.3	164.4	181.5	198.6	215.7	232.8	249.9	284.1	318.3	352.5	386.7
1180	983	152.1	169.8	187.5	205.2	222.9	240.6	258.3	293.7	329.1	364.5	399.9
1220	1017	156.8	175.1	193.4	211.7	230.0	248.3	266.6	303.2	339.8	376.4	413.0
1260	1050	161.5	180.4	199.3	218.2	237.1	256.0	274.9	312.7	350.5	388.3	426.1
1300	1083	166.2	185.7	205.2	224.7	244.2	263.7	283.2	322.2	361.2	400.2	439.2
1340	1117	170.8	190.9	211.0	231.1	251.2	271.3	291.4	331.6	371.8	412.0	452.2
1380	1150	175.4	196.1	216.8	237.5	258.2	278.9	299.6	341.0	382.4	423.8	465.2
1420	1183	180.0	201.3	222.6	243.9	265.2	286.5	307.8	350.4	393.0	435.6	478.2
1460	1217	184.5	206.4	228.3	250.2	272.1	294.0	315.9	359.7	403.5	447.3	491.1
1500	1250	189.0	211.5	234.0	256.5	279.0	301.5	324.0	369.0	414.0	459.0	504.0
1580	1317	198.0	221.7	245.4	269.1	292.8	316.5	340.2	387.6	435.0	482.4	529.8
1660	1383	206.8	231.7	256.6	281.5	306.4	331.3	356.2	406.0	455.8	505.6	555.4
1740	1450	215.5	241.6	267.7	293.8	319.9	346.0	372.1	424.3	476.5	528.7	580.9
1820	1517	224.1	251.4	278.7	306.0	333.3	360.6	387.9	442.5	497.1	551.7	606.3
1900	1583	232.6	261.1	289.6	318.1	346.6	375.1	403.6	460.6	517.6	574.6	631.6

续表

A_s(mm²)		M(kN·m) 梁宽 b=350mm,C30 混凝土, 当 h(mm)为										
HRB335 钢	HRB400 钢 RRB400 钢	500	550	600	650	700	750	800	900	1000	1100	1200
1980	1650	241.0	270.7	300.4	330.1	359.8	389.5	419.2	478.6	538.0	597.4	656.8
2060	1717	249.2	280.1	311.0	341.9	372.8	403.7	434.6	496.4	558.2	620.0	681.8
2140	1783	257.4	289.5	321.6	353.7	385.8	417.9	450.0	514.2	578.4	642.6	706.8
2220	1850	265.4	298.7	332.0	365.3	398.6	431.9	465.2	531.8	598.4	665.0	731.6
2300	1917	273.3	307.8	342.3	376.8	411.3	445.8	480.3	549.3	618.3	687.3	756.3
2380	1983	281.1	316.8	352.5	388.2	423.9	459.6	495.3	566.7	638.1	709.5	780.9
2460	2050	288.8	325.7	362.6	399.5	436.4	473.3	510.2	584.0	657.8	731.6	805.4
2540	2117	296.3	334.4	372.5	410.6	448.7	486.8	524.9	601.1	677.3	753.5	829.7
2620	2183	303.8	343.1	382.4	421.7	461.0	500.3	539.6	618.2	696.8	775.4	854.0
2700	2250	311.1	351.6	392.1	432.6	473.1	513.6	554.1	635.1	716.1	797.1	878.1
2850	2375	324.5	367.3	410.0	452.8	495.5	538.3	581.0	666.5	752.0	837.5	923.0
以上为单排筋,以下为双排筋												
2950	2458	311.2	355.4	399.7	443.9	488.2	532.4	576.7	665.2	753.7	842.2	930.7
3050	2542	319.0	364.7	410.5	456.2	502.0	547.7	593.5	685.0	776.5	868.0	959.5
3150	2625	326.6	373.8	421.1	468.3	515.6	562.8	610.1	704.6	799.1	893.6	988.1
3250	2708	334.0	382.8	431.5	480.3	529.0	577.8	626.5	724.0	821.5	919.0	1016.5
3400	2833	344.9	395.9	446.9	497.9	548.9	599.9	650.9	752.9	854.9	956.9	1058.9
3550	2958	355.3	408.5	461.8	515.0	568.3	621.5	674.8	781.3	887.8	994.3	1100.8
3700	3083	365.3	420.8	476.3	531.8	587.3	642.8	698.3	809.3	920.3	1031.3	1142.3
3850	3208	374.9	432.7	490.4	548.2	605.9	663.7	721.4	836.9	952.4	1067.9	1183.4
4000	3333	384.1	444.1	504.1	564.1	624.1	684.1	744.1	864.1	984.1	1104.1	1224.1
4200	3500	395.8	458.8	521.8	584.8	647.8	710.8	773.8	899.8	1025.8	1151.8	1277.8
4400	3667		472.7	538.7	604.7	670.7	736.7	802.7	934.7	1066.7	1198.7	1330.7
4600	3833		486.0	555.0	624.0	693.0	762.0	831.0	969.0	1107.0	1245.0	1383.0
4800	4000			570.4	642.4	714.4	786.4	858.4	1002.4	1146.4	1290.4	1434.4
5000	4167			585.2	660.2	735.2	810.2	885.2	1035.2	1185.2	1335.2	1485.2
5200	4333				677.3	755.3	833.3	911.3	1067.3	1223.3	1379.3	1535.3
5400	4500				693.6	774.6	855.6	936.6	1098.6	1260.6	1422.6	1584.6
5600	4667				709.2	793.2	877.2	961.2	1129.2	1297.2	1465.2	1633.2
5800	4833					811.1	898.1	985.1	1159.1	1333.1	1507.1	1681.1
以上为双排筋,以下为三排筋												
6000	5000					774.3	864.3	954.3	1134.3	1314.3	1494.3	1674.3

续表

A_s(mm²)		M(kN·m) 梁宽 $b=350$mm,C30 混凝土, 当 h(mm)为										
HRB335 钢	HRB400 钢 RRB400 钢	500	550	600	650	700	750	800	900	1000	1100	1200
6200	5167						882.0	975.0	1161.0	1347.0	1533.0	1719.0
6400	5333						898.9	994.9	1186.9	1378.9	1570.9	1762.9
6600	5500							1014.2	1212.2	1410.2	1608.2	1806.2
6800	5667							1032.7	1236.7	1440.7	1644.7	1848.7
7000	5833								1260.4	1470.4	1680.4	1890.4
7200	6000								1283.5	1499.5	1715.5	1931.5
7400	6167								1305.9	1527.9	1749.9	1971.9
7600	6333								1327.5	1555.5	1783.5	2011.5
7800	6500									1582.4	1816.4	2050.4
8000	6667									1608.6	1848.6	2088.6
8200	6833									1634.0	1880.0	2126.0
8400	7000									1658.8	1910.8	2162.8
8600	7167									1682.8	1940.8	2198.8
8800	7333										1970.1	2234.1
9000	7500										1998.7	2268.7
9200	7667										2026.6	2302.6
9400	7833										2053.8	2335.8
9600	8000											2368.2
9800	8167											2399.9
10000	8333											2430.9
10200	8500											2461.2

单筋矩形截面梁弯矩配筋表　　　　**表 2-4-28**

A_s(mm²)		M(kN·m)　梁宽 b=400mm,C30 混凝土,　当 h(mm)为										
HRB335 钢	HRB400 钢 RRB400 钢	600	650	700	750	800	900	1000	1100	1200	1300	1400
580	483	95.70										
620	517	102.1										
660	550	108.4	118.3									
700	583	114.8	125.3	135.8								
740	617	121.1	132.2	143.3	154.4							
780	650	127.4	139.1	150.8	162.5	174.2						
820	683	133.7	146.0	158.3	170.6	182.9						
860	717	140.0	152.9	165.8	178.7	191.6						
900	750	146.2	159.7	173.2	186.7	200.2	227.2					
940	783	152.4	166.5	180.6	194.7	208.8	237.0					
980	817	158.6	173.3	188.0	202.7	217.4	246.8	276.2				
1020	850	164.7	180.0	195.3	210.6	225.9	256.5	287.1				
1060	883	170.8	186.7	202.6	218.5	234.4	266.2	298.0	329.8			
1100	917	176.9	193.4	209.9	226.4	242.9	275.9	308.9	341.9			
1140	950	183.0	200.1	217.2	234.3	251.4	285.6	319.8	354.0			
1180	983	189.1	206.8	224.5	242.2	259.9	295.3	330.7	366.1	401.5		
1220	1017	195.1	213.4	231.7	250.0	268.3	304.9	341.5	378.1	414.7		
1260	1050	201.1	220.0	238.9	257.8	276.7	314.5	352.3	390.1	427.9	465.7	
1300	1083	207.1	226.6	246.1	265.6	285.1	324.1	363.1	402.1	441.1	480.1	
1340	1117	213.0	233.1	253.2	273.3	293.4	333.6	373.8	414.0	454.2	494.4	
1380	1150	218.9	239.6	260.3	281.0	301.7	343.1	384.5	425.9	467.3	508.7	550.1
1420	1183	224.8	246.1	267.4	288.7	310.0	352.6	395.2	437.8	480.4	523.0	565.6
1460	1217	230.7	252.6	274.5	296.4	318.3	362.1	405.9	449.7	493.5	537.3	581.1
1500	1250	236.5	259.0	281.5	304.0	326.5	371.5	416.5	461.5	506.5	551.5	596.5
1580	1317	248.2	271.9	295.6	319.3	343.0	390.4	437.8	485.2	532.6	580.0	627.4
1660	1383	259.7	284.6	309.5	334.4	359.3	409.1	458.9	508.7	558.5	608.3	658.1
1740	1450	271.1	297.2	323.3	349.4	375.5	427.7	479.9	532.1	584.3	636.5	688.7
1820	1517	282.4	309.7	337.0	364.3	391.6	446.2	500.8	555.4	610.0	664.6	719.2
1900	1583	293.6	322.1	350.6	379.1	407.6	464.6	521.6	578.6	635.6	692.6	749.6
1980	1650	304.8	334.5	364.2	393.9	423.6	483.0	542.4	601.8	661.2	720.6	780.0
2060	1717	315.8	346.7	377.6	408.5	439.4	501.2	563.0	624.8	686.6	748.4	810.2
2140	1783	326.7	358.8	390.9	423.0	455.1	519.3	583.5	647.7	711.9	776.1	840.3

续表

$A_s(mm^2)$		M(kN·m) 梁宽 b=400mm,C30 混凝土, 当 h(mm)为										
HRB335 钢	HRB400 钢 RRB400 钢	600	650	700	750	800	900	1000	1100	1200	1300	1400
2220	1850	337.5	370.8	404.1	437.4	470.7	537.3	603.9	670.5	737.1	803.7	870.3
2300	1917	348.2	382.7	417.2	451.7	486.2	555.2	624.2	693.2	762.2	831.2	900.2
2380	1983	358.8	394.5	430.2	465.9	501.6	573.0	644.4	715.8	787.2	858.6	930.0
2460	2050	369.4	406.3	443.2	480.1	517.0	590.8	664.6	738.4	812.2	886.0	959.8
2540	2117	379.8	417.9	456.0	494.1	532.2	608.4	684.6	760.8	837.0	913.2	989.4
2620	2183	390.1	429.4	468.7	508.0	547.3	625.9	704.5	783.1	861.7	940.3	1018.9
2700	2250	400.3	440.8	481.3	521.8	562.3	643.3	724.3	805.3	886.3	967.3	1048.3
2850	2375	419.2	461.9	504.7	547.4	590.2	675.7	761.2	846.7	932.2	1017.7	1103.2
2950	2458	431.6	475.8	520.1	564.3	608.6	697.1	785.6	874.1	962.6	1051.1	1139.6
3050	2542	443.8	489.5	535.3	581.0	626.8	718.3	809.8	901.3	992.8	1084.3	1175.8
3150	2625	455.9	503.1	550.4	597.6	644.9	739.4	833.9	928.4	1022.9	1117.4	1211.9
3250	2708	467.8	516.5	565.3	614.0	662.8	760.3	857.8	955.3	1052.8	1150.3	1247.8
3400	2833	485.4	536.4	587.4	638.4	689.4	791.4	893.4	995.4	1097.4	1199.4	1301.4
以上为单排筋,以下为双排筋												
3550	2958	476.0	529.2	582.5	635.7	689.0	795.5	902.0	1008.5	1115.0	1221.5	1328.0
3700	3083	491.7	547.2	602.7	658.2	713.7	824.7	935.7	1046.7	1157.7	1268.7	1379.7
3850	3208	507.1	564.8	622.6	680.3	738.1	853.6	969.1	1084.6	1200.1	1315.6	1431.1
4000	3333	522.1	582.1	642.1	702.1	762.1	882.1	1002.1	1122.1	1242.1	1362.1	1482.1
4200	3500	541.6	604.6	667.6	730.6	793.6	919.6	1045.6	1171.6	1297.6	1423.6	1549.6
4400	3667	560.5	626.5	692.5	758.5	824.5	956.5	1088.5	1220.5	1352.5	1484.5	1616.5
4600	3833	578.7	647.7	716.7	785.7	854.7	992.7	1130.7	1268.7	1406.7	1544.7	1682.7
4800	4000	596.3	668.3	740.3	812.3	884.3	1028.3	1172.3	1316.3	1460.3	1604.3	1748.3
5000	4167	613.3	688.3	763.3	838.3	913.3	1063.3	1213.3	1363.3	1513.3	1663.3	1813.3
5200	4333	629.7	707.7	785.7	863.7	941.7	1097.7	1253.7	1409.7	1565.7	1721.7	1877.7
5400	4500	645.4	726.4	807.4	888.4	969.4	1131.4	1293.4	1455.4	1617.4	1779.4	1941.4
5600	4667	660.5	744.5	828.5	912.5	996.5	1164.5	1332.5	1500.5	1668.5	1836.5	2004.5
5800	4833	674.9	761.9	848.9	935.9	1022.9	1196.9	1370.9	1544.9	1718.9	1892.9	2066.9
6000	5000		778.8	868.8	958.8	1048.8	1228.8	1408.8	1588.8	1768.8	1948.8	2128.8
6200	5167		795.0	888.0	981.0	1074.0	1260.0	1446.0	1632.0	1818.0	2004.0	2190.0
6400	5333		810.6	906.6	1002.6	1098.6	1290.6	1482.6	1674.6	1866.6	2058.6	2250.6
6600	5500			924.5	1023.5	1122.5	1320.5	1518.5	1716.5	1914.5	2112.5	2310.5
6800	5667			941.8	1043.8	1145.8	1349.8	1553.8	1757.8	1961.8	2165.8	2369.8

续表

$A_s(mm^2)$		M(kN·m)　梁宽 b=400mm,C30 混凝土，　当 h(mm)为										
HRB335 钢	HRB400 钢 RRB400 钢	600	650	700	750	800	900	1000	1100	1200	1300	1400
,以下为三排筋												
7000	5833				1000.5	1105.5	1315.5	1525.5	1735.5	1945.5	2155.5	2365.5
7200	6000				1017.8	1125.8	1341.8	1557.8	1773.8	1989.8	2205.8	2421.8
7400	6167				1034.4	1145.4	1367.4	1589.4	1811.4	2033.4	2255.4	2477.4
7600	6333					1164.4	1392.4	1620.4	1848.4	2076.4	2304.4	2532.4
7800	6500					1182.8	1416.8	1650.8	1884.8	2118.8	2352.8	2586.8
8000	6667						1440.5	1680.5	1920.5	2160.5	2400.5	2640.5
8200	6833						1463.6	1709.6	1955.6	2201.6	2447.6	2693.6
8400	7000						1486.1	1738.1	1990.1	2242.1	2494.1	2746.1
8600	7167						1507.9	1765.9	2023.9	2281.9	2539.9	2797.9
8800	7333						1529.2	1793.2	2057.2	2321.2	2585.2	2849.2
9000	7500							1819.8	2089.8	2359.8	2629.8	2899.8
9200	7667							1845.7	2121.7	2397.7	2673.7	2949.7
9400	7833							1871.1	2153.1	2435.1	2717.1	2999.1
9600	8000							1895.8	2183.8	2471.8	2759.8	3047.8
9800	8167							1919.8	2213.8	2507.8	2801.8	3095.8
10000	8333								2243.3	2543.3	2843.3	3143.3
10200	8500								2272.1	2578.1	2884.1	3190.1
10400	8667								2300.3	2612.3	2924.3	3236.3
10600	8833								2327.8	2645.8	2963.8	3281.8
10800	9000								2354.8	2678.8	3002.8	3326.8
11000	9167									2711.1	3041.1	3371.1
11200	9333									2742.7	3078.7	3414.7
11400	9500									2773.8	3115.8	3457.8
11600	9667									2804.2	3152.2	3500.2
11800	9833									2834.0	3188.0	3542.0
12000	10000										3223.1	3583.1
12200	10167										3257.7	3623.7
12600	10500										3324.8	3702.8
13000	10833											3779.5
13400	11167											3853.6
13800	11500											3925.2

单筋矩形截面梁弯矩配筋表 表 2-4-29

$A_s(mm^2)$		M(kN·m) 梁宽 $b=450$mm,C30 混凝土, 当 h(mm)为										
HRB335 钢	HRB400 钢 RRB400 钢	650	700	750	800	900	1000	1100	1200	1300	1400	1500
1260	1050	221.4	240.3	259.2	278.1	315.9	353.7	391.5				
1300	1083	228.0	247.5	267.0	286.5	325.5	364.5	403.5	442.5			
1340	1117	234.7	254.8	274.9	295.0	335.2	375.4	415.6	455.8			
1380	1150	241.3	262.0	282.7	303.4	344.8	386.2	427.6	469.0			
1420	1183	247.9	269.2	290.5	311.8	354.4	397.0	439.6	482.2	524.8		
1460	1217	254.5	276.4	298.3	320.2	364.0	407.8	451.6	495.4	539.2		
1500	1250	261.0	283.5	306.0	328.5	373.5	418.5	463.5	508.5	553.5		
1580	1317	274.1	297.8	321.5	345.2	392.6	440.0	487.4	534.8	582.2	629.6	
1660	1383	287.0	311.9	336.8	361.7	411.5	461.3	511.1	560.9	610.7	660.5	710.3
1740	1450	299.9	326.0	352.1	378.2	430.4	482.6	534.8	587.0	639.2	691.4	743.6
1820	1517	312.6	339.9	367.2	394.5	449.1	503.7	558.3	612.9	667.5	722.1	776.7
1900	1583	325.3	353.8	382.3	410.8	467.8	524.8	581.8	638.8	695.8	752.8	809.8
1980	1650	337.9	367.6	397.3	427.0	486.4	545.8	605.2	664.6	724.0	783.4	842.8
2060	1717	350.4	381.3	412.2	443.1	504.9	566.7	628.5	690.3	752.1	813.9	875.7
2140	1783	362.8	394.9	427.0	459.1	523.3	587.5	651.7	715.9	780.1	844.3	908.5
2220	1850	375.1	408.4	441.7	475.0	541.6	608.2	674.8	741.4	808.0	874.6	941.2
2300	1917	387.4	421.9	456.4	490.9	559.9	628.9	697.9	766.9	835.9	904.9	973.9
2380	1983	399.5	435.2	470.9	506.6	578.0	649.4	720.8	792.2	863.6	935.0	1006.4
2460	2050	411.6	448.5	485.4	522.3	596.1	669.9	743.7	817.5	891.3	965.1	1038.9
2540	2117	423.5	461.6	499.7	537.8	614.0	690.2	766.4	842.6	918.8	995.0	1071.2
2620	2183	435.4	474.7	514.0	553.3	631.9	710.5	789.1	867.7	946.3	1024.9	1103.5
2700	2250	447.2	487.7	528.2	568.7	649.7	730.7	811.7	892.7	973.7	1054.7	1135.7
2850	2375	469.0	511.8	554.5	597.3	682.8	768.3	853.8	939.3	1024.8	1110.3	1195.8
2950	2458	483.4	527.7	571.9	616.2	704.7	793.2	881.7	970.2	1058.7	1147.2	1235.7
3050	2542	497.7	543.4	589.2	634.9	726.4	817.9	909.4	1000.9	1092.4	1183.9	1275.4
3150	2625	511.8	559.0	606.3	653.5	748.0	842.5	937.0	1031.5	1126.0	1220.5	1315.0
3250	2708	525.8	574.5	623.3	672.0	769.5	867.0	964.5	1062.0	1159.5	1257.0	1354.5
3400	2833	546.5	597.5	648.5	699.5	801.5	903.5	1005.5	1107.5	1209.5	1311.5	1413.5
3550	2958	566.8	620.1	673.3	726.6	833.1	939.6	1046.1	1152.6	1259.1	1365.6	1472.1
3700	3083	586.9	642.4	697.9	753.4	864.4	975.4	1086.4	1197.4	1308.4	1419.4	1530.4
3850	3208	606.7	664.4	722.2	779.9	895.4	1010.9	1126.4	1241.9	1357.4	1472.9	1588.4
以上为单排筋,												

续表

A_s(mm^2)		M(kN·m) 梁宽 $b=450$mm,C30 混凝土, 当 h(mm)为										
HRB335 钢	HRB400 钢 RRB400 钢	650	700	750	800	900	1000	1100	1200	1300	1400	1500
4000	3333	596.1	656.1	716.1	776.1	896.1	1016.1	1136.1	1256.1	1376.1	1496.1	1616.1
4200	3500	620.0	683.0	746.0	809.0	935.0	1061.0	1187.0	1313.0	1439.0	1565.0	1691.0
4400	3667	643.4	709.4	775.4	841.4	973.4	1105.4	1237.4	1369.4	1501.4	1633.4	1765.4
4600	3833	666.2	735.2	804.2	873.2	1011.2	1149.2	1287.2	1425.2	1563.2	1701.2	1839.2
4800	4000	688.5	760.5	832.5	904.5	1048.5	1192.5	1336.5	1480.5	1624.5	1768.5	1912.5
5000	4167	710.2	785.2	860.2	935.2	1085.2	1235.2	1385.2	1535.2	1685.2	1835.2	1985.2
5200	4333	731.3	809.3	887.3	965.3	1121.3	1277.3	1433.3	1589.3	1745.3	1901.3	2057.3
5400	4500	751.9	832.9	913.9	994.9	1156.9	1318.9	1480.9	1642.9	1804.9	1966.9	2128.9
5600	4667	771.9	855.9	939.9	1023.9	1191.9	1359.9	1527.9	1695.9	1863.9	2031.9	2199.9
5800	4833	791.4	878.4	965.4	1052.4	1226.4	1400.4	1574.4	1748.4	1922.4	2096.4	2270.4
6000	5000	810.3	900.3	990.3	1080.3	1260.3	1440.3	1620.3	1800.3	1980.3	2160.3	2340.3
6200	5167	828.6	921.6	1014.6	1107.6	1293.6	1479.6	1665.6	1851.6	2037.6	2223.6	2409.6
6400	5333	846.4	942.4	1038.4	1134.4	1326.4	1518.4	1710.4	1902.4	2094.4	2286.4	2478.4
6600	5500	863.6	962.6	1061.6	1160.6	1358.6	1556.6	1754.6	1952.6	2150.6	2348.6	2546.6
6800	5667	880.2	982.2	1084.2	1186.2	1390.2	1594.2	1798.2	2002.2	2206.2	2410.2	2614.2
7000	5833	896.3	1001.3	1106.3	1211.3	1421.3	1631.3	1841.3	2051.3	2261.3	2471.3	2681.3
7200	6000	911.9	1019.9	1127.9	1235.9	1451.9	1667.9	1883.9	2099.9	2315.9	2531.9	2747.9
7400	6167		1037.9	1148.9	1259.9	1481.9	1703.9	1925.9	2147.9	2369.9	2591.9	2813.9
7600	6333		1055.3	1169.3	1283.3	1511.3	1739.3	1967.3	2195.3	2423.3	2651.3	2879.3
7800	6500			1189.1	1306.1	1540.1	1774.1	2008.1	2242.1	2476.1	2710.1	2944.1
以上为双排筋,以下为三排筋												
8000	6667			1136.4	1256.4	1496.4	1736.4	1976.4	2216.4	2456.4	2696.4	2936.4
8200	6833			1153.4	1276.4	1522.4	1768.4	2014.4	2260.4	2506.4	2752.4	2998.4
8400	7000				1295.8	1547.8	1799.8	2051.8	2303.8	2555.8	2807.8	3059.8
8600	7167				1314.6	1572.6	1830.6	2088.6	2346.6	2604.6	2862.6	3120.6
8800	7333				1332.9	1596.9	1860.9	2124.9	2388.9	2652.9	2916.9	3180.9
9000	7500					1620.6	1890.6	2160.6	2430.6	2700.6	2970.6	3240.6
9200	7667					1643.7	1919.7	2195.7	2471.7	2747.7	3023.7	3299.7
9400	7833					1666.3	1948.3	2230.3	2512.3	2794.3	3076.3	3358.3
9600	8000					1688.3	1976.3	2264.3	2552.3	2840.3	3128.3	3416.3
9800	8167					1709.8	2003.8	2297.8	2591.8	2885.8	3179.8	3473.8
10000	8333					1730.7	2030.7	2330.7	2630.7	2930.7	3230.7	3530.7

续表

A_s(mm²)		M(kN·m) 梁宽 b=450mm,C30 混凝土, 当 h(mm)为										
HRB335 钢	HRB400 钢 RRB400 钢	650	700	750	800	900	1000	1100	1200	1300	1400	1500
10200	8500						2057.0	2363.0	2669.0	2975.0	3281.0	3587.0
10400	8667						2082.8	2394.8	2706.8	3018.8	3330.8	3642.8
10600	8833						2108.1	2426.1	2744.1	3062.1	3380.1	3698.1
10800	9000						2132.7	2456.7	2780.7	3104.7	3428.7	3752.7
11000	9167						2156.8	2486.8	2816.8	3146.8	3476.8	3806.8
11200	9333							2516.4	2852.4	3188.4	3524.4	3860.4
11400	9500							2545.4	2887.4	3229.4	3571.4	3913.4
11600	9667							2573.8	2921.8	3269.8	3617.8	3965.8
11800	9833							2601.7	2955.7	3309.7	3663.7	4017.7
12000	10000							2629.0	2989.0	3349.0	3709.0	4069.0
12200	10167							2655.8	3021.8	3387.8	3753.8	4119.8
12400	10333								3054.0	3426.0	3798.0	4170.0
12600	10500								3085.6	3463.6	3841.6	4219.6
12800	10667								3116.7	3500.7	3884.7	4268.7
13000	10833								3147.2	3537.2	3927.2	4317.2
13200	11000								3177.1	3573.1	3969.1	4365.1
13400	11167									3608.5	4010.5	4412.5
13600	11333									3643.4	4051.4	4459.4
13800	11500									3677.7	4091.7	4505.7
14000	11667									3711.4	4131.4	4551.4
14200	11833									3744.5	4170.5	4596.5
14400	12000									3777.1	4209.1	4641.1
14600	12167										4247.2	4685.2
14800	12333										4284.7	4728.7
15000	12500										4321.6	4771.6
15200	12667										4357.9	4813.9
15600	13000											4897.0
16000	13333											4977.8
16400	13667											5056.4

单筋矩形截面梁弯矩配筋表 **表 2-4-30**

$A_s(mm^2)$		M(kN·m) 梁宽 b=500mm,C30 混凝土, 当 h(mm)为												
HRB335 钢	HRB400 钢 RRB400 钢	650	700	750	800	900	1000	1100	1200	1300	1400	1500	1600	1700
1340	1117	235.9	256.0	276.1	296.2	336.4	376.6	416.8						
1380	1150	242.6	263.3	284.0	304.7	346.1	387.5	428.9						
1420	1183	249.3	270.6	291.9	313.2	355.8	398.4	441.0						
1460	1217	256.0	277.9	299.8	321.7	365.5	409.3	453.1	496.9					
1500	1250	262.6	285.1	307.6	330.1	375.1	420.1	465.1	510.1					
1580	1317	275.8	299.5	323.2	346.9	394.3	441.7	489.1	536.5	583.9				
1660	1383	288.9	313.8	338.7	363.6	413.4	463.2	513.0	562.8	612.6				
1740	1450	302.0	328.1	354.2	380.3	432.5	484.7	536.9	589.1	641.3	693.5			
1820	1517	314.9	342.2	369.5	396.8	451.4	506.0	560.6	615.2	669.8	724.4	779.0		
1900	1583	327.8	356.3	384.8	413.3	470.3	527.3	584.3	641.3	698.3	755.3	812.3		
1980	1650	340.6	370.3	400.0	429.7	489.1	548.5	607.9	667.3	726.7	786.1	845.5	904.9	
2060	1717	353.4	384.3	415.2	446.1	507.9	569.7	631.5	693.3	755.1	816.9	878.7	940.5	1002.3
2140	1783	366.0	398.1	430.2	462.3	526.5	590.7	654.9	719.1	783.3	847.5	911.7	975.9	1040.1
2220	1850	378.6	411.9	445.2	478.5	545.1	611.7	678.3	744.9	811.5	878.1	944.7	1011.3	1077.9
2300	1917	391.1	425.6	460.1	494.6	563.6	632.6	701.6	770.6	839.6	908.6	977.6	1046.6	1115.6
2380	1983	403.5	439.2	474.9	510.6	582.0	653.4	724.8	796.2	867.6	939.0	1010.4	1081.8	1153.2
2460	2050	415.8	452.7	489.6	526.5	600.3	674.1	747.9	821.7	895.5	969.3	1043.1	1116.9	1190.7
2540	2117	428.0	466.1	504.2	542.3	618.5	694.7	770.9	847.1	923.3	999.5	1075.7	1151.9	1228.1
2620	2183	440.2	479.5	518.8	558.1	636.7	715.3	793.9	872.5	951.1	1029.7	1108.3	1186.9	1265.5
2700	2250	452.3	492.8	533.3	573.8	654.8	735.8	816.8	897.8	978.8	1059.8	1140.8	1221.8	1302.8
2850	2375	474.7	517.5	560.2	603.0	688.5	774.0	859.5	945.0	1030.5	1116.0	1201.5	1287.0	1372.5
2950	2458	489.5	533.8	578.0	622.3	710.8	799.3	887.8	976.3	1064.8	1153.3	1241.8	1330.3	1418.8
3050	2542	504.2	549.9	595.7	641.4	732.9	824.4	915.9	1007.4	1098.9	1190.4	1281.9	1373.4	1464.9
3150	2625	518.7	566.0	613.2	660.5	755.0	849.5	944.0	1038.5	1133.0	1227.5	1322.0	1416.5	1511.0
3250	2708	533.1	581.9	630.6	679.4	776.9	874.4	971.9	1069.4	1166.9	1264.4	1361.9	1459.4	1556.9
3400	2833	554.5	605.5	656.5	707.5	809.5	911.5	1013.5	1115.5	1217.5	1319.5	1421.5	1523.5	1625.5
3550	2958	575.7	628.9	682.2	735.4	841.9	948.4	1054.9	1161.4	1267.9	1374.4	1480.9	1587.4	1693.9
3700	3083	596.5	652.0	707.5	763.0	874.0	985.0	1096.0	1207.0	1318.0	1429.0	1540.0	1651.0	1762.0
3850	3208	617.0	674.8	732.5	790.3	905.8	1021.3	1136.8	1252.3	1367.8	1483.3	1598.8	1714.3	1829.8
4000	3333	637.3	697.3	757.3	817.3	937.3	1057.3	1177.3	1297.3	1417.3	1537.3	1657.3	1777.3	1897.3
4200	3500	663.9	726.9	789.9	852.9	978.9	1104.9	1230.9	1356.9	1482.9	1608.9	1734.9	1860.9	1986.9
4400	3667	690.0	756.0	822.0	888.0	1020.0	1152.0	1284.0	1416.0	1548.0	1680.0	1812.0	1944.0	2076.0

续表

$A_s(mm^2)$		M(kN·m) 梁宽 b=500mm,C30 混凝土, 当 h(mm)为												
HRB335 钢	HRB400 钢 RRB400 钢	650	700	750	800	900	1000	1100	1200	1300	1400	1500	1600	1700
以上为单排筋,以下为双排筋														
4600	3833	681.0	750.0	819.0	888.0	1026.0	1164.0	1302.0	1440.0	1578.0	1716.0	1854.0	1992.0	2130.0
4800	4000	704.6	776.6	848.6	920.6	1064.6	1208.6	1352.6	1496.6	1640.6	1784.6	1928.6	2072.6	2216.6
5000	4167	727.7	802.7	877.7	952.7	1102.7	1252.7	1402.7	1552.7	1702.7	1852.7	2002.7	2152.7	2302.7
5200	4333	750.2	828.2	906.2	984.2	1140.2	1296.2	1452.2	1608.2	1764.2	1920.2	2076.2	2232.2	2388.2
5400	4500	772.3	853.3	934.3	1015.3	1177.3	1339.3	1501.3	1663.3	1825.3	1987.3	2149.3	2311.3	2473.3
5600	4667	793.8	877.8	961.8	1045.8	1213.8	1381.8	1549.8	1717.8	1885.8	2053.8	2221.8	2389.8	2557.8
5800	4833	814.9	901.9	988.9	1075.9	1249.9	1423.9	1597.9	1771.9	1945.9	2119.9	2293.9	2467.9	2641.9
6000	5000	835.4	925.4	1015.4	1105.4	1285.4	1465.4	1645.4	1825.4	2005.4	2185.4	2365.4	2545.4	2725.4
6200	5167	855.5	948.5	1041.5	1134.5	1320.5	1506.5	1692.5	1878.5	2064.5	2250.5	2436.5	2622.5	2808.5
6400	5333	875.0	971.0	1067.0	1163.0	1355.0	1547.0	1739.0	1931.0	2123.0	2315.0	2507.0	2699.0	2891.0
6600	5500	894.0	993.0	1092.0	1191.0	1389.0	1587.0	1785.0	1983.0	2181.0	2379.0	2577.0	2775.0	2973.0
6800	5667	912.6	1014.6	1116.6	1218.6	1422.6	1626.6	1830.6	2034.6	2238.6	2442.6	2646.6	2850.6	3054.6
7000	5833	930.6	1035.6	1140.6	1245.6	1455.6	1665.6	1875.6	2085.6	2295.6	2505.6	2715.6	2925.6	3135.6
7200	6000	948.1	1056.1	1164.1	1272.1	1488.1	1704.1	1920.1	2136.1	2352.1	2568.1	2784.1	3000.1	3216.1
7400	6167	965.2	1076.2	1187.2	1298.2	1520.2	1742.2	1964.2	2186.2	2408.2	2630.2	2852.2	3074.2	3296.2
7600	6333	981.7	1095.7	1209.7	1323.7	1551.7	1779.7	2007.7	2235.7	2463.7	2691.7	2919.7	3147.7	3375.7
7800	6500	997.7	1114.7	1231.7	1348.7	1582.7	1816.7	2050.7	2284.7	2518.7	2752.7	2986.7	3220.7	3454.7
8000	6667	1013.2	1133.2	1253.2	1373.2	1613.2	1853.2	2093.2	2333.2	2573.2	2813.2	3053.2	3293.2	3533.2
8200	6833		1151.2	1274.2	1397.2	1643.2	1889.2	2135.2	2381.2	2627.2	2873.2	3119.2	3365.2	3611.2
8400	7000		1168.7	1294.7	1420.7	1672.7	1924.7	2176.7	2428.7	2680.7	2932.7	3184.7	3436.7	3688.7
8600	7167		1185.7	1314.7	1443.7	1701.7	1959.7	2217.7	2475.7	2733.7	2991.7	3249.7	3507.7	3765.7
8800	7333			1334.2	1466.2	1730.2	1994.2	2258.2	2522.2	2786.2	3050.2	3314.2	3578.2	3842.2
以上为双排筋,以下为三排筋														
9000	7500			1272.2	1407.2	1677.2	1947.2	2217.2	2487.2	2757.2	3027.2	3297.2	3567.2	3837.2
9200	7667			1288.9	1426.9	1702.9	1978.9	2254.9	2530.9	2806.9	3082.9	3358.9	3634.9	3910.9
9400	7833				1446.1	1728.1	2010.1	2292.1	2574.1	2856.1	3138.1	3420.1	3702.1	3984.1
9600	8000				1464.8	1752.8	2040.8	2328.8	2616.8	2904.8	3192.8	3480.8	3768.8	4056.8
9800	8167				1483.0	1777.0	2071.0	2365.0	2659.0	2953.0	3247.0	3541.0	3835.0	4129.0
10000	8333					1800.6	2100.6	2400.6	2700.6	3000.6	3300.6	3600.6	3900.6	4200.6
10200	8500					1823.8	2129.8	2435.8	2741.8	3047.8	3353.8	3659.8	3965.8	4271.8
10400	8667					1846.5	2158.5	2470.5	2782.5	3094.5	3406.5	3718.5	4030.5	4342.5

续表

$A_s(mm^2)$		M(kN·m)　梁宽 $b=500$mm，C30 混凝土，　当 h(mm)为												
HRB335 钢	HRB400 钢 RRB400 钢	650	700	750	800	900	1000	1100	1200	1300	1400	1500	1600	1700
10600	8833					1868.6	2186.6	2504.6	2822.6	3140.6	3458.6	3776.6	4094.6	4412.6
10800	9000					1890.3	2214.3	2538.3	2862.3	3186.3	3510.3	3834.3	4158.3	4482.3
11000	9167					1911.5	2241.5	2571.5	2901.5	3231.5	3561.5	3891.5	4221.5	4551.5
11200	9333						2268.1	2604.1	2940.1	3276.1	3612.1	3948.1	4284.1	4620.1
11400	9500						2294.3	2636.3	2978.3	3320.3	3662.3	4004.3	4346.3	4688.3
11600	9667						2319.9	2667.9	3015.9	3363.9	3711.9	4059.9	4407.9	4755.9
12000	10000						2369.7	2729.7	3089.7	3449.7	3809.7	4169.7	4529.7	4889.7
12400	10333							2789.5	3161.5	3533.5	3905.5	4277.5	4649.5	5021.5
12800	10667							2847.2	3231.2	3615.2	3999.2	4383.2	4767.2	5151.2
13200	11000							2903.0	3299.0	3695.0	4091.0	4487.0	4883.0	5279.0
13600	11333								3364.7	3772.7	4180.7	4588.7	4996.7	5404.7
14000	11667								3428.4	3848.4	4268.4	4688.4	5108.4	5528.4
14400	12000								3490.1	3922.1	4354.1	4786.1	5218.1	5650.1
14800	12333								3549.8	3993.8	4437.8	4881.8	5325.8	5769.8
15400	12833									4097.6	4559.6	5021.6	5483.6	5945.6
15800	13167									4164.2	4638.2	5112.2	5586.2	6060.2
16200	13500										4714.9	5200.9	5686.9	6172.9
16600	13833										4789.5	5287.5	5785.5	6283.5
17000	14167										4862.1	5372.1	5882.1	6392.1
17400	14500											5454.7	5976.7	6498.7
17800	14833											5535.3	6069.3	6603.3
18200	15167											5613.9	6159.9	6705.9
18600	15500												6248.4	6806.4
19000	15833												6335.0	6905.0
19400	16167												6419.5	7001.5
19800	16500													7096.0
20200	16833													7188.5
20600	17167													7279.0
21000	17500													
21400	17833													
21800	18167													
22200	18500													

单筋矩形截面梁弯矩配筋表 **表 2-4-31**

A_s(mm^2)		M(kN·m) 梁宽 b=550mm,C30 混凝土, 当 h(mm)为														
HRB335 钢	HRB400 钢 RRB400 钢	650	700	750	800	900	1000	1100	1200	1300	1400	1500	1600	1700	1800	1900
1900	1583	329.9	358.4	386.9	415.4	472.4	529.4	586.4	643.4	700.4	757.4					
2060	1717	355.8	386.7	417.6	448.5	510.3	572.1	633.9	695.7	757.5	819.3	881.1				
2220	1850	381.4	414.7	448.0	481.3	547.9	614.5	681.1	747.7	814.3	880.9	947.5	1014.1			
2380	1983	406.7	442.4	478.1	513.8	585.2	656.6	728.0	799.4	870.8	942.2	1013.6	1085.0	1156.4	1227.8	
2540	2117	431.7	469.8	507.9	546.0	622.2	698.4	774.6	850.8	927.0	1003.2	1079.4	1155.6	1231.8	1308.0	1384.2
2700	2250	456.4	496.9	537.4	577.9	658.9	739.9	820.9	901.9	982.9	1063.9	1144.9	1225.9	1306.9	1387.9	1468.9
2850	2375	479.4	522.1	564.9	607.6	693.1	778.6	864.1	949.6	1035.1	1120.6	1206.1	1291.6	1377.1	1462.6	1548.1
2950	2458	494.5	538.7	583.0	627.2	715.7	804.2	892.7	981.2	1069.7	1158.2	1246.7	1335.2	1423.7	1512.2	1600.7
3050	2542	509.5	555.3	601.0	646.8	738.3	829.8	921.3	1012.8	1104.3	1195.8	1287.3	1378.8	1470.3	1561.8	1653.3
3150	2625	524.4	571.7	618.9	666.2	760.7	855.2	949.7	1044.2	1138.7	1233.2	1327.7	1422.2	1516.7	1611.2	1705.7
3250	2708	539.2	587.9	636.7	685.4	782.9	880.4	977.9	1075.4	1172.9	1270.4	1367.9	1465.4	1562.9	1660.4	1757.9
3400	2833	561.2	612.2	663.2	714.2	816.2	918.2	1020.2	1122.2	1224.2	1326.2	1428.2	1530.2	1632.2	1734.2	1836.2
3550	2958	582.9	636.1	689.4	742.6	849.1	955.6	1062.1	1168.6	1275.1	1381.6	1488.1	1594.6	1701.1	1807.6	1914.1
3700	3083	604.3	659.8	715.3	770.8	881.8	992.8	1103.8	1214.8	1325.8	1436.8	1547.8	1658.8	1769.8	1880.8	1991.8
3850	3208	625.5	683.3	741.0	798.8	914.3	1029.8	1145.3	1260.8	1376.3	1491.8	1607.3	1722.8	1838.3	1953.8	2069.3
4000	3333	646.5	706.5	766.5	826.5	946.5	1066.5	1186.5	1306.5	1426.5	1546.5	1666.5	1786.5	1906.5	2026.5	2146.5
4200	3500	674.0	737.0	800.0	863.0	989.0	1115.0	1241.0	1367.0	1493.0	1619.0	1745.0	1871.0	1997.0	2123.0	2249.0
4400	3667	701.0	767.0	833.0	899.0	1031.0	1163.0	1295.0	1427.0	1559.0	1691.0	1823.0	1955.0	2087.0	2219.0	2351.0
4600	3833	727.6	796.6	865.6	934.6	1072.6	1210.6	1348.6	1486.6	1624.6	1762.6	1900.6	2038.6	2176.6	2314.6	2452.6
4800	4000	753.8	825.8	897.8	969.8	1113.8	1257.8	1401.8	1545.8	1689.8	1833.8	1977.8	2121.8	2265.8	2409.8	2553.8
以上为单排筋,以下为双排筋																
5000	4167	742.0	817.0	892.0	967.0	1117.0	1267.0	1417.0	1567.0	1717.0	1867.0	2017.0	2167.0	2317.0	2467.0	2617.0
5200	4333	765.7	843.7	921.7	999.7	1155.7	1311.7	1467.7	1623.7	1779.7	1935.7	2091.7	2247.7	2403.7	2559.7	2715.7
5400	4500	789.0	870.0	951.0	1032.0	1194.0	1356.0	1518.0	1680.0	1842.0	2004.0	2166.0	2328.0	2490.0	2652.0	2814.0
5600	4667	811.8	895.8	979.8	1063.8	1231.8	1399.8	1567.8	1735.8	1903.8	2071.8	2239.8	2407.8	2575.8	2743.8	2911.8
5800	4833	834.1	921.1	1008.1	1095.1	1269.1	1443.1	1617.1	1791.1	1965.1	2139.1	2313.1	2487.1	2661.1	2835.1	3009.1
6000	5000	856.0	946.0	1036.0	1126.0	1306.0	1486.0	1666.0	1846.0	2026.0	2206.0	2386.0	2566.0	2746.0	2926.0	3106.0
6200	5167	877.5	970.5	1063.5	1156.5	1342.5	1528.5	1714.5	1900.5	2086.5	2272.5	2458.5	2644.5	2830.5	3016.5	3202.5
6400	5333	898.4	994.4	1090.4	1186.4	1378.4	1570.4	1762.4	1954.4	2146.4	2338.4	2530.4	2722.4	2914.4	3106.4	3298.4
6600	5500	919.0	1018.0	1117.0	1216.0	1414.0	1612.0	1810.0	2008.0	2206.0	2404.0	2602.0	2800.0	2998.0	3196.0	3394.0
6800	5667	939.0	1041.0	1143.0	1245.0	1449.0	1653.0	1857.0	2061.0	2265.0	2469.0	2673.0	2877.0	3081.0	3285.0	3489.0
7000	5833	958.6	1063.6	1168.6	1273.6	1483.6	1693.6	1903.6	2113.6	2323.6	2533.6	2743.6	2953.6	3163.6	3373.6	3583.6

续表

$A_s(mm^2)$		M(kN·m)　梁宽 $b=550$mm,C30 混凝土,　当 h(mm)为														
HRB335 钢	HRB400 钢 RRB400 钢	650	700	750	800	900	1000	1100	1200	1300	1400	1500	1600	1700	1800	1900
7200	6000	977.8	1085.8	1193.8	1301.8	1517.8	1733.8	1949.8	2165.8	2381.8	2597.8	2813.8	3029.8	3245.8	3461.8	3677.8
7400	6167	996.5	1107.5	1218.5	1329.5	1551.5	1773.5	1995.5	2217.5	2439.5	2661.5	2883.5	3105.5	3327.5	3549.5	3771.5
7600	6333	1014.7	1128.7	1242.7	1356.7	1584.7	1812.7	2040.7	2268.7	2496.7	2724.7	2952.7	3180.7	3408.7	3636.7	3864.7
7800	6500	1032.5	1149.5	1266.5	1383.5	1617.5	1851.5	2085.5	2319.5	2553.5	2787.5	3021.5	3255.5	3489.5	3723.5	3957.5
8000	6667	1049.8	1169.8	1289.8	1409.8	1649.8	1889.8	2129.8	2369.8	2609.8	2849.8	3089.8	3329.8	3569.8	3809.8	4049.8
8200	6833	1066.7	1189.7	1312.7	1435.7	1681.7	1927.7	2173.7	2419.7	2665.7	2911.7	3157.7	3403.7	3649.7	3895.7	4141.7
8400	7000	1083.1	1209.1	1335.1	1461.1	1713.1	1965.1	2217.1	2469.1	2721.1	2973.1	3225.1	3477.1	3729.1	3981.1	4233.1
8600	7167	1099.0	1228.0	1357.0	1486.0	1744.0	2002.0	2260.0	2518.0	2776.0	3034.0	3292.0	3550.0	3808.0	4066.0	4324.0
8800	7333	1114.5	1246.5	1378.5	1510.5	1774.5	2038.5	2302.5	2566.5	2830.5	3094.5	3358.5	3622.5	3886.5	4150.5	4414.5
9000	7500		1264.6	1399.6	1534.6	1804.6	2074.6	2344.6	2614.6	2884.6	3154.6	3424.6	3694.6	3964.6	4234.6	4504.6
9200	7667		1282.1	1420.1	1558.1	1834.1	2110.1	2386.1	2662.1	2938.1	3214.1	3490.1	3766.1	4042.1	4318.1	4594.1
9400	7833		1299.2	1440.2	1581.2	1863.2	2145.2	2427.2	2709.2	2991.2	3273.2	3555.2	3837.2	4119.2	4401.2	4683.2
9600	8000			1459.9	1603.9	1891.9	2179.9	2467.9	2755.9	3043.9	3331.9	3619.9	3907.9	4195.9	4483.9	4771.9
9800	8167			1479.1	1626.1	1920.1	2214.1	2508.1	2802.1	3096.1	3390.1	3684.1	3978.1	4272.1	4566.1	4860.1
以上为双排筋,以下为三排筋																
10000	8333			1407.8	1557.8	1857.8	2157.8	2457.8	2757.8	3057.8	3357.8	3657.8	3957.8	4257.8	4557.8	4857.8
10200	8500				1577.3	1883.3	2189.3	2495.3	2801.3	3107.3	3413.3	3719.3	4025.3	4331.3	4637.3	4943.3
10400	8667				1596.4	1908.4	2220.4	2532.4	2844.4	3156.4	3468.4	3780.4	4092.4	4404.4	4716.4	5028.4
10600	8833				1614.9	1932.9	2250.9	2568.9	2886.9	3204.9	3522.9	3840.9	4158.9	4476.9	4794.9	5112.9
10800	9000				1633.0	1957.0	2281.0	2605.0	2929.0	3253.0	3577.0	3901.0	4225.0	4549.0	4873.0	5197.0
11000	9167					1980.7	2310.7	2640.7	2970.7	3300.7	3630.7	3960.7	4290.7	4620.7	4950.7	5280.7
11200	9333					2003.9	2339.9	2675.9	3011.9	3347.9	3683.9	4019.9	4355.9	4691.9	5027.9	5363.9
11400	9500					2026.6	2368.6	2710.6	3052.6	3394.6	3736.6	4078.6	4420.6	4762.6	5104.6	5446.6
11600	9667					2048.9	2396.9	2744.9	3092.9	3440.9	3788.9	4136.9	4484.9	4832.9	5180.9	5528.9
11800	9833					2070.7	2424.7	2778.7	3132.7	3486.7	3840.7	4194.7	4548.7	4902.7	5256.7	5610.7
12000	10000					2092.1	2452.1	2812.1	3172.1	3532.1	3892.1	4252.1	4612.1	4972.1	5332.1	5692.1
12200	10167					2113.0	2479.0	2845.0	3211.0	3577.0	3943.0	4309.0	4675.0	5041.0	5407.0	5773.0
12400	10333						2505.5	2877.5	3249.5	3621.5	3993.5	4365.5	4737.5	5109.5	5481.5	5853.5
12600	10500						2531.4	2909.4	3287.4	3665.4	4043.4	4421.4	4799.4	5177.4	5555.4	5933.4
12800	10667						2557.0	2941.0	3325.0	3709.0	4093.0	4477.0	4861.0	5245.0	5629.0	6013.0
13000	10833						2582.1	2972.1	3362.1	3752.1	4142.1	4532.1	4922.1	5312.1	5702.1	6092.1
13200	11000						2606.7	3002.7	3398.7	3794.7	4190.7	4586.7	4982.7	5378.7	5774.7	6170.7

续表

$A_s(mm^2)$		$M(kN·m)$ 梁宽 $b=550mm$,C30 混凝土, 当 $h(mm)$ 为														
HRB335 钢	HRB400 钢 RRB400 钢	650	700	750	800	900	1000	1100	1200	1300	1400	1500	1600	1700	1800	1900
13400	11167						2630.8	3032.8	3434.8	3836.8	4238.8	4640.8	5042.8	5444.8	5846.8	6248.8
13800	11500							3091.8	3505.8	3919.8	4333.8	4747.8	5161.8	5575.8	5989.8	6403.8
14200	11833							3148.9	3574.9	4000.9	4426.9	4852.9	5278.9	5704.9	6130.9	6556.9
14600	12167							3204.2	3642.2	4080.2	4518.2	4956.2	5394.2	5832.2	6270.2	6708.2
15000	12500								3707.7	4157.7	4607.7	5057.7	5507.7	5957.7	6407.7	6857.7
15400	12833								3771.3	4233.3	4695.3	5157.3	5619.3	6081.3	6543.3	7005.3
15800	13167								3833.1	4307.1	4781.1	5255.1	5729.1	6203.1	6677.1	7151.1
16200	13500								3893.0	4379.0	4865.0	5351.0	5837.0	6323.0	6809.0	7295.0
16600	13833									4449.2	4947.2	5445.2	5943.2	6441.2	6939.2	7437.2
17000	14167									4517.5	5027.5	5537.5	6047.5	6557.5	7067.5	7577.5
17400	14500									4583.9	5105.9	5627.9	6149.9	6671.9	7193.9	7715.9
17800	14833										5182.6	5716.6	6250.6	6784.6	7318.6	7852.6
18200	15167										5257.4	5803.4	6349.4	6895.4	7441.4	7987.4
18600	15500										5330.4	5888.4	6446.4	7004.4	7562.4	8120.4
19000	15833										5401.5	5971.5	6541.5	7111.5	7681.5	8251.5
19400	16167											6052.8	6634.8	7216.8	7798.8	8380.8
19800	16500											6132.3	6726.3	7320.3	7914.3	8508.3
20200	16833											6210.0	6816.0	7422.0	8028.0	8634.0
20600	17167												6903.8	7521.8	8139.8	8757.8
21000	17500												6989.8	7619.8	8249.8	8879.8
21400	17833												7074.0	7716.0	8358.0	9000.0
21800	18167													7810.3	8464.3	9118.3
22200	18500													7902.8	8568.8	9234.8
22600	18833													7993.5	8671.5	9349.5
23000	19167													8082.3	8772.3	9462.3
23400	19500														8871.3	9573.3
23800	19833														8968.5	9682.5
24200	20167														9063.8	9789.8
24600	20500															9895.3
25000	20833															9999.0
25400	21167															10100.9
25800	21500															10200.9

单筋矩形截面梁弯矩配筋表　　　　**表 2-4-32**

A_s(mm²)		M(kN·m)　梁宽 b=600mm,C30 混凝土,　当 h(mm)为															
HRB335 钢	HRB400 钢 RRB400 钢	650	700	750	800	900	1000	1100	1200	1300	1400	1500	1600	1700	1800	1900	2000
2300	1917	396.6	431.1	465.6	500.1	569.1	638.1	707.1	776.1	845.1	914.1	983.1					
2460	2050	422.1	459.0	495.9	532.8	606.6	680.4	754.2	828.0	901.8	975.6	1049.4	1123.2	1197.0			
2620	2183	447.4	486.7	526.0	565.3	643.9	722.5	801.1	879.7	958.3	1036.9	1115.5	1194.1	1272.7	1351.3		
2850	2375	483.2	526.0	568.7	611.5	697.0	782.5	868.0	953.5	1039.0	1124.5	1210.0	1295.5	1381.0	1466.5	1552.0	
2950	2458	498.6	542.9	587.1	631.4	719.9	808.4	896.9	985.4	1073.9	1162.4	1250.9	1339.4	1427.9	1516.4	1604.9	1693.4
3050	2542	513.9	559.7	605.4	651.2	742.7	834.2	925.7	1017.2	1108.7	1200.2	1291.7	1383.2	1474.7	1566.2	1657.7	1749.2
3150	2625	529.1	576.4	623.6	670.9	765.4	859.9	954.4	1048.9	1143.4	1237.9	1332.4	1426.9	1521.4	1615.9	1710.4	1804.9
3250	2708	544.2	593.0	641.7	690.5	788.0	885.5	983.0	1080.5	1178.0	1275.5	1373.0	1470.5	1568.0	1665.5	1763.0	1860.5
3400	2833	566.7	617.7	668.7	719.7	821.7	923.7	1025.7	1127.7	1229.7	1331.7	1433.7	1535.7	1637.7	1739.7	1841.7	1943.7
3550	2958	588.9	642.1	695.4	748.6	855.1	961.6	1068.1	1174.6	1281.1	1387.6	1494.1	1600.6	1707.1	1813.6	1920.1	2026.6
3700	3083	610.8	666.3	721.8	777.3	888.3	999.3	1110.3	1221.3	1332.3	1443.3	1554.3	1665.3	1776.3	1887.3	1998.3	2109.3
3850	3208	632.6	690.3	748.1	805.8	921.3	1036.8	1152.3	1267.8	1383.3	1498.8	1614.3	1729.8	1845.3	1960.8	2076.3	2191.8
4000	3333	654.1	714.1	774.1	834.1	954.1	1074.1	1194.1	1314.1	1434.1	1554.1	1674.1	1794.1	1914.1	2034.1	2154.1	2274.1
4200	3500	682.4	745.4	808.4	871.4	997.4	1123.4	1249.4	1375.4	1501.4	1627.4	1753.4	1879.4	2005.4	2131.4	2257.4	2383.4
4400	3667	710.3	776.3	842.3	908.3	1040.3	1172.3	1304.3	1436.3	1568.3	1700.3	1832.3	1964.3	2096.3	2228.3	2360.3	2492.3
4600	3833	737.7	806.7	875.7	944.7	1082.7	1220.7	1358.7	1496.7	1634.7	1772.7	1910.7	2048.7	2186.7	2324.7	2462.7	2600.7
4800	4000	764.8	836.8	908.8	980.8	1124.8	1268.8	1412.8	1556.8	1700.8	1844.8	1988.8	2132.8	2276.8	2420.8	2564.8	2708.8
5000	4167	791.4	866.4	941.4	1016.4	1166.4	1316.4	1466.4	1616.4	1766.4	1916.4	2066.4	2216.4	2366.4	2516.4	2666.4	2816.4
5200	4333	817.6	895.6	973.6	1051.6	1207.6	1363.6	1519.6	1675.6	1831.6	1987.6	2143.6	2299.6	2455.6	2611.6	2767.6	2923.6
5400	4500	843.4	924.4	1005.4	1086.4	1248.4	1410.4	1572.4	1734.4	1896.4	2058.4	2220.4	2382.4	2544.4	2706.4	2868.4	3030.4
以上为单排筋,以下为双排筋																	
5600	4667	826.7	910.7	994.7	1078.7	1246.7	1414.7	1582.7	1750.7	1918.7	2086.7	2254.7	2422.7	2590.7	2758.7	2926.7	3094.7
5800	4833	850.2	937.2	1024.2	1111.2	1285.2	1459.2	1633.2	1807.2	1981.2	2155.2	2329.2	2503.2	2677.2	2851.2	3025.2	3199.2
6000	5000	873.2	963.2	1053.2	1143.2	1323.2	1503.2	1683.2	1863.2	2043.2	2223.2	2403.2	2583.2	2763.2	2943.2	3123.2	3303.2
6200	5167	895.8	988.8	1081.8	1174.8	1360.8	1546.8	1732.8	1918.8	2104.8	2290.8	2476.8	2662.8	2848.8	3034.8	3220.8	3406.8
6400	5333	918.0	1014.0	1110.0	1206.0	1398.0	1590.0	1782.0	1974.0	2166.0	2358.0	2550.0	2742.0	2934.0	3126.0	3318.0	3510.0
6600	5500	939.7	1038.7	1137.7	1236.7	1434.7	1632.7	1830.7	2028.7	2226.7	2424.7	2622.7	2820.7	3018.7	3216.7	3414.7	3612.7
6800	5667	961.1	1063.1	1165.1	1267.1	1471.1	1675.1	1879.1	2083.1	2287.1	2491.1	2695.1	2899.1	3103.1	3307.1	3511.1	3715.1
7000	5833	982.0	1087.0	1192.0	1297.0	1507.0	1717.0	1927.0	2137.0	2347.0	2557.0	2767.0	2977.0	3187.0	3397.0	3607.0	3817.0
7200	6000	1002.5	1110.5	1218.5	1326.5	1542.5	1758.5	1974.5	2190.5	2406.5	2622.5	2838.5	3054.5	3270.5	3486.5	3702.5	3918.5
7400	6167	1022.6	1133.6	1244.6	1355.6	1577.6	1799.6	2021.6	2243.6	2465.6	2687.6	2909.6	3131.6	3353.6	3575.6	3797.6	4019.6
7600	6333	1042.3	1156.3	1270.3	1384.3	1612.3	1840.3	2068.3	2296.3	2524.3	2752.3	2980.3	3208.3	3436.3	3664.3	3892.3	4120.3

续表

$A_s(mm^2)$		M(kN·m) 梁宽 b=600mm,C30 混凝土, 当 h(mm)为															
HRB335 钢	HRB400 钢 RRB400 钢	650	700	750	800	900	1000	1100	1200	1300	1400	1500	1600	1700	1800	1900	2000
7800	6500	1061.5	1178.5	1295.5	1412.5	1646.5	1880.5	2114.5	2348.5	2582.5	2816.5	3050.5	3284.5	3518.5	3752.5	3986.5	4220.5
8000	6667	1080.3	1200.3	1320.3	1440.3	1680.3	1920.3	2160.3	2400.3	2640.3	2880.3	3120.3	3360.3	3600.3	3840.3	4080.3	4320.3
8200	6833	1098.7	1221.7	1344.7	1467.7	1713.7	1959.7	2205.7	2451.7	2697.7	2943.7	3189.7	3435.7	3681.7	3927.7	4173.7	4419.7
8400	7000	1116.7	1242.7	1368.7	1494.7	1746.7	1998.7	2250.7	2502.7	2754.7	3006.7	3258.7	3510.7	3762.7	4014.7	4266.7	4518.7
8600	7167	1134.3	1263.3	1392.3	1521.3	1779.3	2037.3	2295.3	2553.3	2811.3	3069.3	3327.3	3585.3	3843.3	4101.3	4359.3	4617.3
8800	7333	1151.4	1283.4	1415.4	1547.4	1811.4	2075.4	2339.4	2603.4	2867.4	3131.4	3395.4	3659.4	3923.4	4187.4	4451.4	4715.4
9000	7500	1168.2	1303.2	1438.2	1573.2	1843.2	2113.2	2383.2	2653.2	2923.2	3193.2	3463.2	3733.2	4003.2	4273.2	4543.2	4813.2
9200	7667	1184.5	1322.5	1460.5	1598.5	1874.5	2150.5	2426.5	2702.5	2978.5	3254.5	3530.5	3806.5	4082.5	4358.5	4634.5	4910.5
9400	7833	1200.4	1341.4	1482.4	1623.4	1905.4	2187.4	2469.4	2751.4	3033.4	3315.4	3597.4	3879.4	4161.4	4443.4	4725.4	5007.4
9600	8000	1215.8	1359.8	1503.8	1647.8	1935.8	2223.8	2511.8	2799.8	3087.8	3375.8	3663.8	3951.8	4239.8	4527.8	4815.8	5103.8
9800	8167		1377.9	1524.9	1671.9	1965.9	2259.9	2553.9	2847.9	3141.9	3435.9	3729.9	4023.9	4317.9	4611.9	4905.9	5199.9
10000	8333		1395.5	1545.5	1695.5	1995.5	2295.5	2595.5	2895.5	3195.5	3495.5	3795.5	4095.5	4395.5	4695.5	4995.5	5295.5
10200	8500		1412.7	1565.7	1718.7	2024.7	2330.7	2636.7	2942.7	3248.7	3554.7	3860.7	4166.7	4472.7	4778.7	5084.7	5390.7
10400	8667			1585.5	1741.5	2053.5	2365.5	2677.5	2989.5	3301.5	3613.5	3925.5	4237.5	4549.5	4861.5	5173.5	5485.5
10600	8833			1604.9	1763.9	2081.9	2399.9	2717.9	3035.9	3353.9	3671.9	3989.9	4307.9	4625.9	4943.9	5261.9	5579.9
10800	9000			1623.9	1785.9	2109.9	2433.9	2757.9	3081.9	3405.9	3729.9	4053.9	4377.9	4701.9	5025.9	5349.9	5673.9
以上为双排筋,以下为三排筋																	
11000	9167			1543.4	1708.4	2038.4	2368.4	2698.4	3028.4	3358.4	3688.4	4018.4	4348.4	4678.4	5008.4	5338.4	5668.4
11200	9333				1727.7	2063.7	2399.7	2735.7	3071.7	3407.7	3743.7	4079.7	4415.7	4751.7	5087.7	5423.7	5759.7
11400	9500				1746.6	2088.6	2430.6	2772.6	3114.6	3456.6	3798.6	4140.6	4482.6	4824.6	5166.6	5508.6	5850.6
11800	9833				1783.1	2137.1	2491.1	2845.1	3199.1	3553.1	3907.1	4261.1	4615.1	4969.1	5323.1	5677.1	6031.1
12200	10167					2184.0	2550.0	2916.0	3282.0	3648.0	4014.0	4380.0	4746.0	5112.0	5478.0	5844.0	6210.0
12600	10500					2229.1	2607.1	2985.1	3363.1	3741.1	4119.1	4497.1	4875.1	5253.1	5631.1	6009.1	6387.1
13000	10833					2272.6	2662.6	3052.6	3442.6	3832.6	4222.6	4612.6	5002.6	5392.6	5782.6	6172.6	6562.6
13400	11167						2716.5	3118.5	3520.5	3922.5	4324.5	4726.5	5128.5	5530.5	5932.5	6334.5	6736.5
13800	11500						2768.6	3182.6	3596.6	4010.6	4424.6	4838.6	5252.6	5666.6	6080.6	6494.6	6908.6
14200	11833						2819.0	3245.0	3671.0	4097.0	4523.0	4949.0	5375.0	5801.0	6227.0	6653.0	7079.0
14600	12167						2867.8	3305.8	3743.8	4181.8	4619.8	5057.8	5495.8	5933.8	6371.8	6809.8	7247.8
15000	12500							3364.9	3814.9	4264.9	4714.9	5164.9	5614.9	6064.9	6514.9	6964.9	7414.9
15400	12833							3422.4	3884.4	4346.4	4808.4	5270.4	5732.4	6194.4	6656.4	7118.4	7580.4
15800	13167							3478.1	3952.1	4426.1	4900.1	5374.1	5848.1	6322.1	6796.1	7270.1	7744.1
16200	13500							3532.2	4018.2	4504.2	4990.2	5476.2	5962.2	6448.2	6934.2	7420.2	7906.2

续表

$A_s(mm^2)$		M(kN·m) 梁宽 $b=600$mm,C30 混凝土, 当 h(mm)为															
HRB335 钢	HRB400 钢 RRB400 钢	650	700	750	800	900	1000	1100	1200	1300	1400	1500	1600	1700	1800	1900	2000
16600	13833								4082.6	4580.6	5078.6	5576.6	6074.6	6572.6	7070.6	7568.6	8066.6
17000	14167								4145.3	4655.3	5165.3	5675.3	6185.3	6695.3	7205.3	7715.3	8225.3
17400	14500								4206.3	4728.3	5250.3	5772.3	6294.3	6816.3	7338.3	7860.3	8382.3
17800	14833									4799.7	5333.7	5867.7	6401.7	6935.7	7469.7	8003.7	8537.7
18200	15167									4869.3	5415.3	5961.3	6507.3	7053.3	7599.3	8145.3	8691.3
18600	15500									4937.3	5495.3	6053.3	6611.3	7169.3	7727.3	8285.3	8843.3
19000	15833									5003.6	5573.6	6143.6	6713.6	7283.6	7853.6	8423.6	8993.6
19400	16167										5650.3	6232.3	6814.3	7396.3	7978.3	8560.3	9142.3
19800	16500										5725.2	6319.2	6913.2	7507.2	8101.2	8695.2	9289.2
20200	16833										5798.5	6404.5	7010.5	7616.5	8222.5	8828.5	9434.5
20600	17167										5870.1	6488.1	7106.1	7724.1	8342.1	8960.1	9578.1
21000	17500											6570.1	7200.1	7830.1	8460.1	9090.1	9720.1
21400	17833											6650.3	7292.3	7934.3	8576.3	9218.3	9860.3
21800	18167											6728.9	7382.9	8036.9	8690.9	9344.9	9998.9
22200	18500											6805.8	7471.8	8137.8	8803.8	9469.8	10135.8
22600	18833												7559.0	8237.0	8915.0	9593.0	10271.0
23000	19167												7644.5	8334.5	9024.5	9714.5	10404.5
23400	19500												7728.4	8430.4	9132.4	9834.4	10536.4
23800	19833													8524.6	9238.6	9952.6	10666.6
24200	20167													8617.1	9343.1	10069.1	10795.1
24600	20500													8707.9	9445.9	10183.9	10921.9
25000	20833													8797.0	9547.0	10297.0	11047.0
25400	21167														9646.5	10408.5	11170.5
25800	21500														9744.3	10518.3	11292.3
26200	21833														9840.4	10626.4	11412.4
26600	22167														9934.8	10732.8	11530.8
27000	22500															10837.6	11647.6
27400	22833															10940.6	11762.6
28000	23333															11092.1	11932.1
28400	23667																12043.0
28800	24000																12152.2
29200	24333																12259.7

单筋矩形截面梁弯矩配筋表 表 2-4-33

A_s(mm²)		M(kN·m) 梁宽 b=200mm,C35 混凝土, 当 h(mm)为										
HRB335 钢	HRB400 钢 RRB400 钢	200	250	300	350	400	450	500	550	600	650	700
110	92	5.28										
150	125	7.12	9.37	11.62								
190	158	8.92	11.77	14.62	17.47							
230	192	10.67	14.12	17.57	21.02	24.47	27.92					
270	225	12.38	16.43	20.48	24.53	28.58	32.63	36.68	40.73			
310	258	14.05	18.70	23.35	28.00	32.65	37.30	41.95	46.60	51.25		
350	292	15.67	20.92	26.17	31.42	36.67	41.92	47.17	52.42	57.67	62.92	68.17
390	325	17.26	23.11	28.96	34.81	40.66	46.51	52.36	58.21	64.06	69.91	75.76
430	358	18.79	25.24	31.69	38.14	44.59	51.04	57.49	63.94	70.39	76.84	83.29
470	392	20.29	27.34	34.39	41.44	48.49	55.54	62.59	69.64	76.69	83.74	90.79
510	425	21.74	29.39	37.04	44.69	52.34	59.99	67.64	75.29	82.94	90.59	98.24
550	458	23.15	31.40	39.65	47.90	56.15	64.40	72.65	80.90	89.15	97.40	105.6
590	492	24.52	33.37	42.22	51.07	59.92	68.77	77.62	86.47	95.32	104.2	113.0
630	525	25.84	35.29	44.74	54.19	63.64	73.09	82.54	91.99	101.4	110.9	120.3
670	558	27.12	37.17	47.22	57.27	67.32	77.37	87.42	97.47	107.5	117.6	127.6
710	592	28.35	39.00	49.65	60.30	70.95	81.60	92.25	102.9	113.6	124.2	134.9
750	625	29.55	40.80	52.05	63.30	74.55	85.80	97.05	108.3	119.5	130.8	142.0
790	658	30.70	42.55	54.40	66.25	78.10	89.95	101.8	113.6	125.5	137.3	149.2
830	692	31.80	44.25	56.70	69.15	81.60	94.05	106.5	119.0	131.4	143.9	156.3
870	725	32.87	45.92	58.97	72.02	85.07	98.12	111.2	124.2	137.3	150.3	163.4
910	758	33.89	47.54	61.19	74.84	88.49	102.1	115.8	129.4	143.1	156.7	170.4
950	792	34.87	49.12	63.37	77.62	91.87	106.1	120.4	134.6	148.9	163.1	177.4
990	825	35.80	50.65	65.50	80.35	95.20	110.1	124.9	139.8	154.6	169.5	184.3
1030	858	36.69	52.14	67.59	83.04	98.49	113.9	129.4	144.8	160.3	175.7	191.2
1070	892	37.54	53.59	69.64	85.69	101.7	117.8	133.8	149.9	165.9	182.0	198.0
1110	925	38.34	54.99	71.64	88.29	104.9	121.6	138.2	154.9	171.5	188.2	204.8
1150	958	39.11	56.36	73.61	90.86	108.1	125.4	142.6	159.9	177.1	194.4	211.6
1190	992		57.68	75.53	93.38	111.2	129.1	146.9	164.8	182.6	200.5	218.3
1230	1025		58.95	77.40	95.85	114.3	132.8	151.2	169.7	188.1	206.6	225.0
1270	1058		60.18	79.23	98.28	117.3	136.4	155.4	174.5	193.5	212.6	231.6
1310	1092		61.37	81.02	100.7	120.3	140.0	159.6	179.3	198.9	218.6	238.2
1350	1125		62.52	82.77	103.0	123.3	143.5	163.8	184.0	204.3	224.5	244.8

续表

$A_s(mm^2)$		M(kN·m)　梁宽 $b=200$mm,C35 混凝土,　当 h(mm)为										
HRB335 钢	HRB400 钢 RRB400 钢	200	250	300	350	400	450	500	550	600	650	700
1390	1158		63.62	84.47	105.3	126.2	147.0	167.9	188.7	209.6	230.4	251.3
1430	1192		64.68	86.13	107.6	129.0	150.5	171.9	193.4	214.8	236.3	257.7
1470	1225			87.75	109.8	131.9	153.9	176.0	198.0	220.1	242.1	264.2
以上为单排筋,以下为双排筋												
1510	1258			78.00	100.7	123.3	146.0	168.6	191.3	213.9	236.6	259.2
1550	1292			79.23	102.5	125.7	149.0	172.2	195.5	218.7	242.0	265.2
1590	1325			80.42	104.3	128.1	152.0	175.8	199.7	223.5	247.4	271.2
1630	1358			81.56	106.0	130.5	154.9	179.4	203.8	228.3	252.7	277.2
1670	1392			82.67	107.7	132.8	157.8	182.9	207.9	233.0	258.0	283.1
1710	1425			83.72	109.4	135.0	160.7	186.3	212.0	237.6	263.3	288.9
1750	1458				111.0	137.2	163.5	189.7	216.0	242.2	268.5	294.7
1790	1492				112.6	139.4	166.3	193.1	220.0	246.8	273.7	300.5
1830	1525				114.1	141.5	169.0	196.4	223.9	251.3	278.8	306.2
1870	1558				115.6	143.6	171.7	199.7	227.8	255.8	283.9	311.9
1910	1592				117.0	145.7	174.3	203.0	231.6	260.3	288.9	317.6
1950	1625				118.4	147.7	176.9	206.2	235.4	264.7	293.9	323.2
1990	1658				119.8	149.6	179.5	209.3	239.2	269.0	298.9	328.7
2030	1692					151.5	182.0	212.4	242.9	273.3	303.8	334.2
2070	1725					153.4	184.5	215.5	246.6	277.6	308.7	339.7
2110	1758					155.2	186.9	218.5	250.2	281.8	313.5	345.1
2150	1792					157.0	189.3	221.5	253.8	286.0	318.3	350.5
2190	1825					158.8	191.6	224.5	257.3	290.2	323.0	355.9
2230	1858					160.5	193.9	227.4	260.8	294.3	327.7	361.2
2270	1892					162.1	196.2	230.2	264.3	298.3	332.4	366.4
2310	1925						198.4	233.0	267.7	302.3	337.0	371.6
2350	1958						200.5	235.8	271.0	306.3	341.5	376.8
2390	1992						202.7	238.5	274.4	310.2	346.1	381.9
2430	2025						204.8	241.2	277.7	314.1	350.6	387.0
2470	2058						206.8	243.8	280.9	317.9	355.0	392.0
2510	2092						208.8	246.4	284.1	321.7	359.4	397.0
2550	2125						210.7	249.0	287.2	325.5	363.7	402.0
2590	2158						212.7	251.5	290.4	329.2	368.1	406.9

续表

A_s(mm²)		M(kN·m) 梁宽 b=200mm,C35混凝土, 当 h(mm)为										
HRB335钢	HRB400钢 RRB400钢	200	250	300	350	400	450	500	550	600	650	700
2630	2192							254.0	293.4	332.9	372.3	411.8
2670	2225							256.4	296.4	336.5	376.5	416.6
2710	2258							258.8	299.4	340.1	380.7	421.4
2750	2292							261.1	302.4	343.6	384.9	426.1
2790	2325							263.4	305.3	347.1	389.0	430.8
2830	2358							265.7	308.1	350.6	393.0	435.5
2870	2392							267.9	310.9	354.0	397.0	440.1
2910	2425								313.7	357.3	401.0	444.6
2950	2458								316.4	360.7	404.9	449.2
以上为双排筋,以下为三排筋												
2990	2492								292.2	337.0	381.9	426.7
3030	2525								294.4	339.9	385.3	430.8
3070	2558								296.7	342.7	388.8	434.8
3110	2592								298.9	345.5	392.2	438.8
3150	2625								301.0	348.3	395.5	442.8
3190	2658									351.0	398.8	446.7
3230	2692									353.6	402.1	450.5
3270	2725									356.2	405.3	454.3
3310	2758									358.8	408.5	458.1
3350	2792									361.3	411.6	461.8
3390	2825									363.8	414.7	465.5
3430	2858									366.3	417.7	469.2
3470	2892										420.7	472.8
3510	2925										423.7	476.3
3550	2958										426.6	479.9
3590	2992										429.5	483.3
3630	3025										432.3	486.8
3670	3058										435.1	490.1
3750	3125											496.8
3830	3192											503.3
3910	3258											509.6
3990	3325											515.7

单筋矩形截面梁弯矩配筋表 **表 2-4-34**

A_s(mm²)		M(kN·m) 梁宽 b=250mm,C35 混凝土, 当 h(mm)为												
HRB335 钢	HRB400 钢 RRB400 钢	250	300	350	400	450	500	550	600	650	700	750	800	900
190	158	11.87	14.72											
230	192	14.26	17.71	21.16										
270	225	16.63	20.68	24.73	28.78									
310	258	18.96	23.61	28.26	32.91	37.56	42.21							
350	292	21.25	26.50	31.75	37.00	42.25	47.50	52.75						
390	325	23.52	29.37	35.22	41.07	46.92	52.77	58.62	64.47					
430	358	25.74	32.19	38.64	45.09	51.54	57.99	64.44	70.89	77.34	83.79			
470	392	27.93	34.98	42.03	49.08	56.13	63.18	70.23	77.28	84.33	91.38	98.43		
510	425	30.09	37.74	45.39	53.04	60.69	68.34	75.99	83.64	91.29	98.94	106.6	114.2	
550	458	32.21	40.46	48.71	56.96	65.21	73.46	81.71	89.96	98.21	106.5	114.7	123.0	139.5
590	492	34.30	43.15	52.00	60.85	69.70	78.55	87.40	96.25	105.1	114.0	122.8	131.7	149.4
630	525	36.36	45.81	55.26	64.71	74.16	83.61	93.06	102.5	112.0	121.4	130.9	140.3	159.2
670	558	38.38	48.43	58.48	68.53	78.58	88.63	98.68	108.7	118.8	128.8	138.9	148.9	169.0
710	592	40.36	51.01	61.66	72.31	82.96	93.61	104.3	114.9	125.6	136.2	146.9	157.5	178.8
750	625	42.31	53.56	64.81	76.06	87.31	98.56	109.8	121.1	132.3	143.6	154.8	166.1	188.6
790	658	44.23	56.08	67.93	79.78	91.63	103.5	115.3	127.2	139.0	150.9	162.7	174.6	198.3
830	692	46.11	58.56	71.01	83.46	95.91	108.4	120.8	133.3	145.7	158.2	170.6	183.1	208.0
870	725	47.96	61.01	74.06	87.11	100.2	113.2	126.3	139.3	152.4	165.4	178.5	191.5	217.6
910	758	49.77	63.42	77.07	90.72	104.4	118.0	131.7	145.3	159.0	172.6	186.3	199.9	227.2
950	792	51.55	65.80	80.05	94.30	108.5	122.8	137.0	151.3	165.5	179.8	194.0	208.3	236.8
990	825	53.29	68.14	82.99	97.84	112.7	127.5	142.4	157.2	172.1	186.9	201.8	216.6	246.3
1030	858	55.00	70.45	85.90	101.4	116.8	132.3	147.7	163.2	178.6	194.1	209.5	225.0	255.9
1070	892	56.67	72.72	88.77	104.8	120.9	136.9	153.0	169.0	185.1	201.1	217.2	233.2	265.3
1110	925	58.31	74.96	91.61	108.3	124.9	141.6	158.2	174.9	191.5	208.2	224.8	241.5	274.8
1150	958	59.92	77.17	94.42	111.7	128.9	146.2	163.4	180.7	197.9	215.2	232.4	249.7	284.2
1190	992	61.49	79.34	97.19	115.0	132.9	150.7	168.6	186.4	204.3	222.1	240.0	257.8	293.5
1230	1025	63.03	81.48	99.93	118.4	136.8	155.3	173.7	192.2	210.6	229.1	247.5	266.0	302.9
1270	1058	64.53	83.58	102.6	121.7	140.7	159.8	178.8	197.9	216.9	236.0	255.0	274.1	312.2
1310	1092	66.00	85.65	105.3	124.9	144.6	164.2	183.9	203.5	223.2	242.8	262.5	282.1	321.4
1350	1125	67.43	87.68	107.9	128.2	148.4	168.7	188.9	209.2	229.4	249.7	269.9	290.2	330.7
1430	1192	70.19	91.64	113.1	134.5	156.0	177.4	198.9	220.3	241.8	263.2	284.7	306.1	349.0
1510	1258	72.82	95.47	118.1	140.8	163.4	186.1	208.7	231.4	254.0	276.7	299.3	322.0	367.3

续表

A_s(mm^2)		M(kN·m) 梁宽 b=250mm,C35 混凝土, 当 h(mm)为												
HRB335 钢	HRB400 钢 RRB400 钢	250	300	350	400	450	500	550	600	650	700	750	800	900
1590	1325	75.31	99.16	123.0	146.9	170.7	194.6	218.4	242.3	266.1	290.0	313.8	337.7	385.4
1670	1392	77.66	102.7	127.8	152.8	177.9	202.9	228.0	253.0	278.1	303.1	328.2	353.2	403.3
1750	1458	79.87	106.1	132.4	158.6	184.9	211.1	237.4	263.6	289.9	316.1	342.4	368.6	421.1
1830	1525		109.4	136.8	164.3	191.7	219.2	246.6	274.1	301.5	329.0	356.4	383.9	438.8
1910	1592		112.5	141.2	169.8	198.5	227.1	255.8	284.4	313.1	341.7	370.4	399.0	456.3
以上为单排筋,以下为双排筋														
1990	1658		100.6	130.4	160.3	190.1	220.0	249.8	279.7	309.5	339.4	369.2	399.1	458.8
2070	1725		102.9	133.9	165.0	196.0	227.1	258.1	289.2	320.2	351.3	382.3	413.4	475.5
2150	1792		105.0	137.2	169.5	201.7	234.0	266.2	298.5	330.7	363.0	395.2	427.5	492.0
2230	1858			140.4	173.9	207.3	240.8	274.2	307.7	341.1	374.6	408.0	441.5	508.4
2310	1925			143.5	178.1	212.8	247.4	282.1	316.7	351.4	386.0	420.7	455.3	524.6
2390	1992			146.4	182.2	218.1	253.9	289.8	325.6	361.5	397.3	433.2	469.0	540.7
2470	2058			149.1	186.2	223.2	260.3	297.3	334.4	371.4	408.5	445.5	482.6	556.7
2550	2125				190.0	228.3	266.5	304.8	343.0	381.3	419.5	457.8	496.0	572.5
2630	2192				193.7	233.2	272.6	312.1	351.5	391.0	430.4	469.9	509.3	588.2
2710	2258				197.3	237.9	278.6	319.2	359.9	400.5	441.2	481.8	522.5	603.8
2790	2325				200.7	242.5	284.4	326.2	368.1	409.9	451.8	493.6	535.5	619.2
2870	2392				204.0	247.0	290.1	333.1	376.2	419.2	462.3	505.3	548.4	634.5
2950	2458					251.4	295.6	339.9	384.1	428.4	472.6	516.9	561.1	649.6
3030	2525					255.6	301.0	346.5	391.9	437.4	482.8	528.3	573.7	664.6
3110	2592					259.6	306.3	352.9	399.6	446.2	492.9	539.5	586.2	679.5
3190	2658					263.5	311.4	359.2	407.1	454.9	502.8	550.6	598.5	694.2
3270	2725						316.4	365.4	414.5	463.5	512.6	561.6	610.7	708.8
3350	2792						321.2	371.5	421.7	472.0	522.2	572.5	622.7	723.2
3430	2858						326.0	377.4	428.9	480.3	531.8	583.2	634.7	737.6
3510	2925						330.5	383.2	435.8	488.5	541.1	593.8	646.4	751.7
3590	2992						335.0	388.8	442.7	496.5	550.4	604.2	658.1	765.8
3670	3058							394.3	449.4	504.4	559.5	614.5	669.6	779.7
3750	3125							399.7	455.9	512.2	568.4	624.7	680.9	793.4
3830	3192							404.9	462.4	519.8	577.3	634.7	692.2	807.1
3910	3258							410.0	468.6	527.3	585.9	644.6	703.2	820.5
以上为双排筋,以下为三排筋														

续表

$A_s(mm^2)$		M(kN·m)　梁宽 $b=250$mm,C35 混凝土,　当 h(mm)为												
HRB335 钢	HRB400 钢 RRB400 钢	250	300	350	400	450	500	550	600	650	700	750	800	900
3990	3325								438.9	498.7	558.6	618.4	678.3	798.0
4070	3392								444.2	505.2	566.3	627.3	688.4	810.5
4150	3458								449.3	511.6	573.8	636.1	698.3	822.8
4230	3525								454.3	517.8	581.2	644.7	708.1	835.0
4310	3592								459.2	523.9	588.5	653.2	717.8	847.1
4390	3658									529.8	595.6	661.5	727.3	859.0
4470	3725									535.6	602.6	669.7	736.7	870.8
4550	3792									541.3	609.5	677.8	746.0	882.5
4630	3858									546.8	616.2	685.7	755.1	894.0
4710	3925										622.8	693.5	764.1	905.4
4790	3992										629.3	701.1	773.0	916.7
4870	4058										635.6	708.6	781.7	927.8
4950	4125										641.8	716.0	790.3	938.8
5030	4192										647.8	723.2	798.7	949.6
5110	4258											730.3	807.0	960.3
5190	4325											737.3	815.1	970.8
5270	4392											744.1	823.2	981.3
5350	4458											750.8	831.0	991.5
5430	4525												838.8	1001.7
5510	4592												846.4	1011.7
5590	4658												853.9	1021.6
5670	4725												861.2	1031.3
5750	4792												868.4	1040.9
5830	4858													1050.3
5910	4925													1059.7
5990	4992													1068.8
6070	5058													1077.9
6150	5125													1086.8
6230	5192													1095.5
6310	5258													1104.2
6390	5325													1112.7
6470	5392													1121.0

单筋矩形截面梁弯矩配筋表

表 2-4-35

$A_s(mm^2)$		M(kN·m) 梁宽 $b=300$mm,C35 混凝土, 当 h(mm)为										
HRB335 钢	HRB400 钢 RRB400 钢	450	500	550	600	650	700	750	800	900	1000	1100
340	283	41.29										
380	317	46.01	51.71									
420	350	50.71	57.01	63.31								
460	383	55.37	62.27	69.17	76.07							
500	417	60.00	67.50	75.00	82.50	90.00						
540	450	64.61	72.71	80.81	88.91	97.01	105.1					
580	483	69.19	77.89	86.59	95.29	104.0	112.7	121.4	130.1			
620	517	73.74	83.04	92.34	101.6	110.9	120.2	129.5	138.8			
660	550	78.26	88.16	98.06	108.0	117.9	127.8	137.7	147.6	167.4		
700	583	82.75	93.25	103.7	114.2	124.7	135.2	145.7	156.2	177.2		
740	617	87.21	98.31	109.4	120.5	131.6	142.7	153.8	164.9	187.1	209.3	
780	650	91.65	103.3	115.0	126.7	138.4	150.1	161.8	173.5	196.9	220.3	
820	683	96.05	108.4	120.7	133.0	145.3	157.6	169.9	182.2	206.8	231.4	256.0
860	717	100.4	113.3	126.2	139.1	152.0	164.9	177.8	190.7	216.5	242.3	268.1
900	750	104.8	118.3	131.8	145.3	158.8	172.3	185.8	199.3	226.3	253.3	280.3
940	783	109.1	123.2	137.3	151.4	165.5	179.6	193.7	207.8	236.0	264.2	292.4
980	817	113.4	128.1	142.8	157.5	172.2	186.9	201.6	216.3	245.7	275.1	304.5
1020	850	117.6	132.9	148.2	163.5	178.8	194.1	209.4	224.7	255.3	285.9	316.5
1060	883	121.9	137.8	153.7	169.6	185.5	201.4	217.3	233.2	265.0	296.8	328.6
1100	917	126.1	142.6	159.1	175.6	192.1	208.6	225.1	241.6	274.6	307.6	340.6
1140	950	130.3	147.4	164.5	181.6	198.7	215.8	232.9	250.0	284.2	318.4	352.6
1180	983	134.4	152.1	169.8	187.5	205.2	222.9	240.6	258.3	293.7	329.1	364.5
1220	1017	138.5	156.8	175.1	193.4	211.7	230.0	248.3	266.6	303.2	339.8	376.4
1260	1050	142.6	161.5	180.4	199.3	218.2	237.1	256.0	274.9	312.7	350.5	388.3
1300	1083	146.7	166.2	185.7	205.2	224.7	244.2	263.7	283.2	322.2	361.2	400.2
1340	1117	150.7	170.8	190.9	211.0	231.1	251.2	271.3	291.4	331.6	371.8	412.0
1380	1150	154.7	175.4	196.1	216.8	237.5	258.2	278.9	299.6	341.0	382.4	423.8
1420	1183	158.7	180.0	201.3	222.6	243.9	265.2	286.5	307.8	350.4	393.0	435.6
1460	1217	162.6	184.5	206.4	228.3	250.2	272.1	294.0	315.9	359.7	403.5	447.3
1500	1250	166.5	189.0	211.5	234.0	256.5	279.0	301.5	324.0	369.0	414.0	459.0
1580	1317	174.3	198.0	221.7	245.4	269.1	292.8	316.5	340.2	387.6	435.0	482.4
1660	1383	181.9	206.8	231.7	256.6	281.5	306.4	331.3	356.2	406.0	455.8	505.6

续表

A_s(mm^2)		M(kN·m)　梁宽 b=300mm，C35 混凝土，　当 h(mm)为										
HRB335 钢	HRB400 钢 RRB400 钢	450	500	550	600	650	700	750	800	900	1000	1100
1740	1450	189.4	215.5	241.6	267.7	293.8	319.9	346.0	372.1	424.3	476.5	528.7
1820	1517	196.8	224.1	251.4	278.7	306.0	333.3	360.6	387.9	442.5	497.1	551.7
1900	1583	204.1	232.6	261.1	289.6	318.1	346.6	375.1	403.6	460.6	517.6	574.6
1980	1650	211.3	241.0	270.7	300.4	330.1	359.8	389.5	419.2	478.6	538.0	597.4
2060	1717	218.4	249.3	280.2	311.1	342.0	372.9	403.8	434.7	496.5	558.3	620.1
2140	1783	225.3	257.4	289.5	321.6	353.7	385.8	417.9	450.0	514.2	578.4	642.6
2220	1850	232.1	265.4	298.7	332.0	365.3	398.6	431.9	465.2	531.8	598.4	665.0
2300	1917	238.8	273.3	307.8	342.3	376.8	411.3	445.8	480.3	549.3	618.3	687.3
2380	1983	245.4	281.1	316.8	352.5	388.2	423.9	459.6	495.3	566.7	638.1	709.5
以上为单排筋，以下为双排筋												
2460	2050	233.5	270.4	307.3	344.2	381.1	418.0	454.9	491.8	565.6	639.4	713.2
2540	2117	239.2	277.3	315.4	353.5	391.6	429.7	467.8	505.9	582.1	658.3	734.5
2620	2183	244.9	284.2	323.5	362.8	402.1	441.4	480.7	520.0	598.6	677.2	755.8
2700	2250	250.4	290.9	331.4	371.9	412.4	452.9	493.4	533.9	614.9	695.9	776.9
2850	2375	260.5	303.2	346.0	388.7	431.5	474.2	517.0	559.7	645.2	730.7	816.2
2950	2458	267.0	311.2	355.5	399.7	444.0	488.2	532.5	576.7	665.2	753.7	842.2
3050	2542	273.3	319.0	364.8	410.5	456.3	502.0	547.8	593.5	685.0	776.5	868.0
3150	2625	279.4	326.7	373.9	421.2	468.4	515.7	562.9	610.2	704.7	799.2	893.7
3250	2708	285.4	334.1	382.9	431.6	480.4	529.1	577.9	626.6	724.1	821.6	919.1
3400	2833	294.0	345.0	396.0	447.0	498.0	549.0	600.0	651.0	753.0	855.0	957.0
3550	2958	302.2	355.4	408.7	461.9	515.2	568.4	621.7	674.9	781.4	887.9	994.4
3700	3083	309.9	365.4	420.9	476.4	531.9	587.4	642.9	698.4	809.4	920.4	1031.4
3850	3208	317.3	375.1	432.8	490.6	548.3	606.1	663.8	721.6	837.1	952.6	1068.1
4000	3333		384.3	444.3	504.3	564.3	624.3	684.3	744.3	864.3	984.3	1104.3
4200	3500		396.0	459.0	522.0	585.0	648.0	711.0	774.0	900.0	1026.0	1152.0
4400	3667			472.9	538.9	604.9	670.9	736.9	802.9	934.9	1066.9	1198.9
4600	3833			486.1	555.1	624.1	693.1	762.1	831.1	969.1	1107.1	1245.1
4800	4000				570.7	642.7	714.7	786.7	858.7	1002.7	1146.7	1290.7
以上为双排筋，以下为三排筋												
5000	4167				540.4	615.4	690.4	765.4	840.4	990.4	1140.4	1290.4
5200	4333					630.7	708.7	786.7	864.7	1020.7	1176.7	1332.7
5400	4500					645.3	726.3	807.3	888.3	1050.3	1212.3	1374.3

续表

A_s(mm²)		M(kN·m) 梁宽 b=300mm,C35 混凝土, 当 h(mm)为										
HRB335 钢	HRB400 钢 RRB400 钢	450	500	550	600	650	700	750	800	900	1000	1100
5600	4667					659.1	743.1	827.1	911.1	1079.1	1247.1	1415.1
5800	4833						759.2	846.2	933.2	1107.2	1281.2	1455.2
6000	5000						774.6	864.6	954.6	1134.6	1314.6	1494.6
6200	5167							882.3	975.3	1161.3	1347.3	1533.3
6400	5333							899.3	995.3	1187.3	1379.3	1571.3
6600	5500								1014.5	1212.5	1410.5	1608.5
6800	5667								1033.1	1237.1	1441.1	1645.1
7000	5833									1260.9	1470.9	1680.9
7200	6000									1284.0	1500.0	1716.0
7400	6167									1306.3	1528.3	1750.3
7600	6333									1328.0	1556.0	1784.0
7800	6500										1582.9	1816.9
8000	6667										1609.1	1849.1
8200	6833										1634.6	1880.6
8400	7000										1659.4	1911.4
8600	7167										1683.5	1941.5
8800	7333											1970.8
9000	7500											1999.5
9200	7667											2027.4
9400	7833											2054.5

单筋矩形截面梁弯矩配筋表　　　　**表 2-4-36**

$A_s(mm^2)$		M(kN·m)　梁宽 b=350mm,C35 混凝土,　当 h(mm)为										
HRB335 钢	HRB400 钢 RRB400 钢	500	550	600	650	700	750	800	900	1000	1100	1200
460	383	62.54										
500	417	67.83	75.33									
540	450	73.09	81.19	89.29								
580	483	78.32	87.02	95.72	104.4							
620	517	83.53	92.83	102.1	111.4	120.7						
660	550	88.72	98.62	108.5	118.4	128.3	138.2					
700	583	93.88	104.4	114.9	125.4	135.9	146.4	156.9				
740	617	99.01	110.1	121.2	132.3	143.4	154.5	165.6				
780	650	104.1	115.8	127.5	139.2	150.9	162.6	174.3	197.7			
820	683	109.2	121.5	133.8	146.1	158.4	170.7	183.0	207.6			
860	717	114.3	127.2	140.1	153.0	165.9	178.8	191.7	217.5	243.3		
900	750	119.3	132.8	146.3	159.8	173.3	186.8	200.3	227.3	254.3		
940	783	124.3	138.4	152.5	166.6	180.7	194.8	208.9	237.1	265.3	293.5	
980	817	129.3	144.0	158.7	173.4	188.1	202.8	217.5	246.9	276.3	305.7	
1020	850	134.3	149.6	164.9	180.2	195.5	210.8	226.1	256.7	287.3	317.9	348.5
1060	883	139.2	155.1	171.0	186.9	202.8	218.7	234.6	266.4	298.2	330.0	361.8
1100	917	144.1	160.6	177.1	193.6	210.1	226.6	243.1	276.1	309.1	342.1	375.1
1140	950	149.0	166.1	183.2	200.3	217.4	234.5	251.6	285.8	320.0	354.2	388.4
1180	983	153.9	171.6	189.3	207.0	224.7	242.4	260.1	295.5	330.9	366.3	401.7
1220	1017	158.7	177.0	195.3	213.6	231.9	250.2	268.5	305.1	341.7	378.3	414.9
1260	1050	163.5	182.4	201.3	220.2	239.1	258.0	276.9	314.7	352.5	390.3	428.1
1300	1083	168.3	187.8	207.3	226.8	246.3	265.8	285.3	324.3	363.3	402.3	441.3
1340	1117	173.1	193.2	213.3	233.4	253.5	273.6	293.7	333.9	374.1	414.3	454.5
1380	1150	177.8	198.5	219.2	239.9	260.6	281.3	302.0	343.4	384.8	426.2	467.6
1420	1183	182.6	203.9	225.2	246.5	267.8	289.1	310.4	353.0	395.6	438.2	480.8
1460	1217	187.3	209.2	231.1	253.0	274.9	296.8	318.7	362.5	406.3	450.1	493.9
1500	1250	191.9	214.4	236.9	259.4	281.9	304.4	326.9	371.9	416.9	461.9	506.9
1580	1317	201.2	224.9	248.6	272.3	296.0	319.7	343.4	390.8	438.2	485.6	533.0
1660	1383	210.4	235.3	260.2	285.1	310.0	334.9	359.8	409.6	459.4	509.2	559.0
1740	1450	219.4	245.5	271.6	297.7	323.8	349.9	376.0	428.2	480.4	532.6	584.8
1820	1517	228.4	255.7	283.0	310.3	337.6	364.9	392.2	446.8	501.4	556.0	610.6
1900	1583	237.3	265.8	294.3	322.8	351.3	379.8	408.3	465.3	522.3	579.3	636.3

续表

A_s(mm^2)		M(kN·m) 梁宽 $b=350$mm,C35 混凝土, 当 h(mm)为										
HRB335 钢	HRB400 钢 RRB400 钢	500	550	600	650	700	750	800	900	1000	1100	1200
1980	1650	246.0	275.7	305.4	335.1	364.8	394.5	424.2	483.6	543.0	602.4	661.8
2060	1717	254.7	285.6	316.5	347.4	378.3	409.2	440.1	501.9	563.7	625.5	687.3
2140	1783	263.3	295.4	327.5	359.6	391.7	423.8	455.9	520.1	584.3	648.5	712.7
2220	1850	271.7	305.0	338.3	371.6	404.9	438.2	471.5	538.1	604.7	671.3	737.9
2300	1917	280.1	314.6	349.1	383.6	418.1	452.6	487.1	556.1	625.1	694.1	763.1
2380	1983	288.4	324.1	359.8	395.5	431.2	466.9	502.6	574.0	645.4	716.8	788.2
2460	2050	296.6	333.5	370.4	407.3	444.2	481.1	518.0	591.8	665.6	739.4	813.2
2540	2117	304.7	342.8	380.9	419.0	457.1	495.2	533.3	609.5	685.7	761.9	838.1
2620	2183	312.6	351.9	391.2	430.5	469.8	509.1	548.4	627.0	705.6	784.2	862.8
2700	2250	320.5	361.0	401.5	442.0	482.5	523.0	563.5	644.5	725.5	806.5	887.5
2850	2375	335.0	377.8	420.5	463.3	506.0	548.8	591.5	677.0	762.5	848.0	933.5
以上为单排筋,以下为双排筋												
2950	2458	322.4	366.7	410.9	455.2	499.4	543.7	587.9	676.4	764.9	853.4	941.9
3050	2542	331.0	376.7	422.5	468.2	514.0	559.7	605.5	697.0	788.5	880.0	971.5
3150	2625	339.4	386.7	433.9	481.2	528.4	575.7	622.9	717.4	811.9	906.4	1000.9
3250	2708	347.7	396.4	445.2	493.9	542.7	591.4	640.2	737.7	835.2	932.7	1030.2
3400	2833	359.8	410.8	461.8	512.8	563.8	614.8	665.8	767.8	869.8	971.8	1073.8
3550	2958	371.6	424.8	478.1	531.3	584.6	637.8	691.1	797.6	904.1	1010.6	1117.1
3700	3083	383.0	438.5	494.0	549.5	605.0	660.5	716.0	827.0	938.0	1049.0	1160.0
3850	3208	394.1	451.8	509.6	567.3	625.1	682.8	740.6	856.1	971.6	1087.1	1202.6
4000	3333	404.8	464.8	524.8	584.8	644.8	704.8	764.8	884.8	1004.8	1124.8	1244.8
4200	3500	418.6	481.6	544.6	607.6	670.6	733.6	796.6	922.6	1048.6	1174.6	1300.6
4400	3667	431.7	497.7	563.7	629.7	695.7	761.7	827.7	959.7	1091.7	1223.7	1355.7
4600	3833	444.3	513.3	582.3	651.3	720.3	789.3	858.3	996.3	1134.3	1272.3	1410.3
4800	4000	456.2	528.2	600.2	672.2	744.2	816.2	888.2	1032.2	1176.2	1320.2	1464.2
5000	4167	467.5	542.5	617.5	692.5	767.5	842.5	917.5	1067.5	1217.5	1367.5	1517.5
5200	4333		556.2	634.2	712.2	790.2	868.2	946.2	1102.2	1258.2	1414.2	1570.2
5400	4500		569.3	650.3	731.3	812.3	893.3	974.3	1136.3	1298.3	1460.3	1622.3
5600	4667			665.8	749.8	833.8	917.8	1001.8	1169.8	1337.8	1505.8	1673.8
5800	4833			680.6	767.6	854.6	941.6	1028.6	1202.6	1376.6	1550.6	1724.6
以上为双排筋,以下为三排筋												
6000	5000			640.8	730.8	820.8	910.8	1000.8	1180.8	1360.8	1540.8	1720.8

续表

A_s(mm^2)		M(kN·m) 梁宽 b=350mm,C35 混凝土， 当 h(mm)为										
HRB335 钢	HRB400 钢 RRB400 钢	500	550	600	650	700	750	800	900	1000	1100	1200
6200	5167				745.7	838.7	931.7	1024.7	1210.7	1396.7	1582.7	1768.7
6400	5333				759.9	855.9	951.9	1047.9	1239.9	1431.9	1623.9	1815.9
6600	5500					872.4	971.4	1070.4	1268.4	1466.4	1664.4	1862.4
6800	5667					888.4	990.4	1092.4	1296.4	1500.4	1704.4	1908.4
7000	5833					903.8	1008.8	1113.8	1323.8	1533.8	1743.8	1953.8
7200	6000						1026.5	1134.5	1350.5	1566.5	1782.5	1998.5
7400	6167						1043.6	1154.6	1376.6	1598.6	1820.6	2042.6
7600	6333							1174.1	1402.1	1630.1	1858.1	2086.1
7800	6500							1193.0	1427.0	1661.0	1895.0	2129.0
8000	6667							1211.3	1451.3	1691.3	1931.3	2171.3
8200	6833								1474.9	1720.9	1966.9	2212.9
8400	7000								1498.0	1750.0	2002.0	2254.0
8600	7167								1520.4	1778.4	2036.4	2294.4
8800	7333								1542.2	1806.2	2070.2	2334.2
9000	7500								1563.4	1833.4	2103.4	2373.4
9200	7667									1860.0	2136.0	2412.0
9400	7833									1885.9	2167.9	2449.9
9600	8000									1911.3	2199.3	2487.3
9800	8167									1936.0	2230.0	2524.0
10000	8333									1960.1	2260.1	2560.1
10200	8500										2289.6	2595.6
10400	8667										2318.5	2630.5
10600	8833										2346.8	2664.8
10800	9000										2374.4	2698.4
11000	9167										2401.4	2731.4
11200	9333											2763.9
11400	9500											2795.7
11600	9667											2826.8
11800	9833											2857.4
12000	10000											2887.4

单筋矩形截面梁弯矩配筋表 **表 2-4-37**

A_s(mm²)		M(kN·m) 梁宽 b=400mm,C35 混凝土, 当 h(mm)为										
HRB335 钢	HRB400 钢 RRB400 钢	600	650	700	750	800	900	1000	1100	1200	1300	1400
580	483	96.00										
620	517	102.5										
660	550	108.9	118.8									
700	583	115.3	125.8	136.3								
740	617	121.7	132.8	143.9	155.0							
780	650	128.1	139.8	151.5	163.2	174.9						
820	683	134.5	146.8	159.1	171.4	183.7						
860	717	140.8	153.7	166.6	179.5	192.4						
900	750	147.1	160.6	174.1	187.6	201.1	228.1					
940	783	153.4	167.5	181.6	195.7	209.8	238.0					
980	817	159.6	174.3	189.0	203.7	218.4	247.8	277.2				
1020	850	165.9	181.2	196.5	211.8	227.1	257.7	288.3				
1100	917	178.3	194.8	211.3	227.8	244.3	277.3	310.3	343.3			
1180	983	190.6	208.3	226.0	243.7	261.4	296.8	332.2	367.6	403.0		
1260	1050	202.9	221.8	240.7	259.6	278.5	316.3	354.1	391.9	429.7	467.5	
1340	1117	215.0	235.1	255.2	275.3	295.4	335.6	375.8	416.0	456.2	496.4	
1420	1183	227.1	248.4	269.7	291.0	312.3	354.9	397.5	440.1	482.7	525.3	567.9
1500	1250	239.1	261.6	284.1	306.6	329.1	374.1	419.1	464.1	509.1	554.1	599.1
1580	1317	251.0	274.7	298.4	322.1	345.8	393.2	440.6	488.0	535.4	582.8	630.2
1660	1383	262.8	287.7	312.6	337.5	362.4	412.2	462.0	511.8	561.6	611.4	661.2
1740	1450	274.5	300.6	326.7	352.8	378.9	431.1	483.3	535.5	587.7	639.9	692.1
1820	1517	286.2	313.5	340.8	368.1	395.4	450.0	504.6	559.2	613.8	668.4	723.0
1900	1583	297.7	326.2	354.7	383.2	411.7	468.7	525.7	582.7	639.7	696.7	753.7
1980	1650	309.2	338.9	368.6	398.3	428.0	487.4	546.8	606.2	665.6	725.0	784.4
2060	1717	320.6	351.5	382.4	413.3	444.2	506.0	567.8	629.6	691.4	753.2	815.0
2140	1783	331.9	364.0	396.1	428.2	460.3	524.5	588.7	652.9	717.1	781.3	845.5
2220	1850	343.1	376.4	409.7	443.0	476.3	542.9	609.5	676.1	742.7	809.3	875.9
2300	1917	354.2	388.7	423.2	457.7	492.2	561.2	630.2	699.2	768.2	837.2	906.2
2380	1983	365.3	401.0	436.7	472.4	508.1	579.5	650.9	722.3	793.7	865.1	936.5
2460	2050	376.2	413.1	450.0	486.9	523.8	597.6	671.4	745.2	819.0	892.8	966.6
2540	2117	387.1	425.2	463.3	501.4	539.5	615.7	691.9	768.1	844.3	920.5	996.7
2620	2183	397.8	437.1	476.4	515.7	555.0	633.6	712.2	790.8	869.4	948.0	1026.6

续表

$A_s(mm^2)$		$M(kN·m)$　梁宽 $b=400mm$,C35 混凝土,　当 $h(mm)$ 为										
HRB335 钢	HRB400 钢 RRB400 钢	600	650	700	750	800	900	1000	1100	1200	1300	1400
2700	2250	408.5	449.0	489.5	530.0	570.5	651.5	732.5	813.5	894.5	975.5	1056.5
2850	2375	428.4	471.1	513.9	556.6	599.4	684.9	770.4	855.9	941.4	1026.9	1112.4
2950	2458	441.4	485.7	529.9	574.2	618.4	706.9	795.4	883.9	972.4	1060.9	1149.4
3050	2542	454.3	500.1	545.8	591.6	637.3	728.8	820.3	911.8	1003.3	1094.8	1186.3
3150	2625	467.1	514.3	561.6	608.8	656.1	750.6	845.1	939.6	1034.1	1128.6	1223.1
3250	2708	479.7	528.5	577.2	626.0	674.7	772.2	869.7	967.2	1064.7	1162.2	1259.7
3400	2833	498.4	549.4	600.4	651.4	702.4	804.4	906.4	1008.4	1110.4	1212.4	1314.4
以上为单排筋,以下为双排筋												
3550	2958	490.2	543.5	596.7	650.0	703.2	809.7	916.2	1022.7	1129.2	1235.7	1342.2
3700	3083	507.2	562.7	618.2	673.7	729.2	840.2	951.2	1062.2	1173.2	1284.2	1395.2
3850	3208	523.8	581.6	639.3	697.1	754.8	870.3	985.8	1101.3	1216.8	1332.3	1447.8
4000	3333	540.2	600.2	660.2	720.2	780.2	900.2	1020.2	1140.2	1260.2	1380.2	1500.2
4200	3500	561.6	624.6	687.6	750.6	813.6	939.6	1065.6	1191.6	1317.6	1443.6	1569.6
4400	3667	582.4	648.4	714.4	780.4	846.4	978.4	1110.4	1242.4	1374.4	1506.4	1638.4
4600	3833	602.7	671.7	740.7	809.7	878.7	1016.7	1154.7	1292.7	1430.7	1568.7	1706.7
4800	4000	622.4	694.4	766.4	838.4	910.4	1054.4	1198.4	1342.4	1486.4	1630.4	1774.4
5000	4167	641.6	716.6	791.6	866.6	941.6	1091.6	1241.6	1391.6	1541.6	1691.6	1841.6
5200	4333	660.2	738.2	816.2	894.2	972.2	1128.2	1284.2	1440.2	1596.2	1752.2	1908.2
5400	4500	678.4	759.4	840.4	921.4	1002.4	1164.4	1326.4	1488.4	1650.4	1812.4	1974.4
5600	4667	695.9	779.9	863.9	947.9	1031.9	1199.9	1367.9	1535.9	1703.9	1871.9	2039.9
5800	4833	713.0	800.0	887.0	974.0	1061.0	1235.0	1409.0	1583.0	1757.0	1931.0	2105.0
6000	5000	729.5	819.5	909.5	999.5	1089.5	1269.5	1449.5	1629.5	1809.5	1989.5	2169.5
6200	5167	745.4	838.4	931.4	1024.4	1117.4	1303.4	1489.4	1675.4	1861.4	2047.4	2233.4
6400	5333	760.9	856.9	952.9	1048.9	1144.9	1336.9	1528.9	1720.9	1912.9	2104.9	2296.9
6600	5500	775.8	874.8	973.8	1072.8	1171.8	1369.8	1567.8	1765.8	1963.8	2161.8	2359.8
6800	5667	790.1	892.1	994.1	1096.1	1198.1	1402.1	1606.1	1810.1	2014.1	2218.1	2422.1
以上为双排筋,以下为三排筋												
7000	5833		845.9	950.9	1055.9	1160.9	1370.9	1580.9	1790.9	2000.9	2210.9	2420.9
7200	6000		860.4	968.4	1076.4	1184.4	1400.4	1616.4	1832.4	2048.4	2264.4	2480.4
7400	6167		874.3	985.3	1096.3	1207.3	1429.3	1651.3	1873.3	2095.3	2317.3	2539.3
7600	6333			1001.7	1115.7	1229.7	1457.7	1685.7	1913.7	2141.7	2369.7	2597.7
7800	6500			1017.5	1134.5	1251.5	1485.5	1719.5	1953.5	2187.5	2421.5	2655.5

续表

$A_s(mm^2)$		M(kN·m) 梁宽 b=400mm,C35 混凝土, 当 h(mm)为										
HRB335 钢	HRB400 钢 RRB400 钢	600	650	700	750	800	900	1000	1100	1200	1300	1400
8000	6667			1032.9	1152.9	1272.9	1512.9	1752.9	1992.9	2232.9	2472.9	2712.9
8200	6833				1170.6	1293.6	1539.6	1785.6	2031.6	2277.6	2523.6	2769.6
8400	7000				1187.9	1313.9	1565.9	1817.9	2069.9	2321.9	2573.9	2825.9
8600	7167				1204.6	1333.6	1591.6	1849.6	2107.6	2365.6	2623.6	2881.6
8800	7333					1352.7	1616.7	1880.7	2144.7	2408.7	2672.7	2936.7
9000	7500					1371.3	1641.3	1911.3	2181.3	2451.3	2721.3	2991.3
9200	7667					1389.4	1665.4	1941.4	2217.4	2493.4	2769.4	3045.4
9400	7833						1689.0	1971.0	2253.0	2535.0	2817.0	3099.0
9600	8000						1712.0	2000.0	2288.0	2576.0	2864.0	3152.0
9800	8167						1734.4	2028.4	2322.4	2616.4	2910.4	3204.4
10000	8333						1756.3	2056.3	2356.3	2656.3	2956.3	3256.3
10200	8500						1777.7	2083.7	2389.7	2695.7	3001.7	3307.7
10400	8667							2110.6	2422.6	2734.6	3046.6	3358.6
10600	8833							2136.9	2454.9	2772.9	3090.9	3408.9
10800	9000							2162.7	2486.7	2810.7	3134.7	3458.7
11000	9167							2187.9	2517.9	2847.9	3177.9	3507.9
11200	9333							2212.6	2548.6	2884.6	3220.6	3556.6
11400	9500							2236.7	2578.7	2920.7	3262.7	3604.7
11600	9667								2608.3	2956.3	3304.3	3652.3
11800	9833								2637.4	2991.4	3345.4	3699.4
12000	10000								2665.9	3025.9	3385.9	3745.9
12200	10167								2693.9	3059.9	3425.9	3791.9
12400	10333								2721.4	3093.4	3465.4	3837.4
12800	10667									3158.7	3542.7	3926.7
13200	11000									3221.8	3617.8	4013.8
13600	11333									3282.8	3690.8	4098.8
14000	11667										3761.6	4181.6
14400	12000										3830.3	4262.3
14800	12333										3896.8	4340.8
15200	12667											4417.2
15600	13000											4491.4
16000	13333											4563.4

单筋矩形截面梁弯矩配筋表 **表 2-4-38**

$A_s(mm^2)$		M(kN·m) 梁宽 b=450mm,C35 混凝土, 当 h(mm)为										
HRB335 钢	HRB400 钢 RRB400 钢	650	700	750	800	900	1000	1100	1200	1300	1400	1500
1220	1017	216.2	234.5	252.8	271.1	307.7	344.3	380.9				
1260	1050	223.0	241.9	260.8	279.7	317.5	355.3	393.1				
1300	1083	229.7	249.2	268.7	288.2	327.2	366.2	405.2	444.2			
1340	1117	236.5	256.6	276.7	296.8	337.0	377.2	417.4	457.6			
1380	1150	243.2	263.9	284.6	305.3	346.7	388.1	429.5	470.9			
1420	1183	249.9	271.2	292.5	313.8	356.4	399.0	441.6	484.2	526.8		
1460	1217	256.6	278.5	300.4	322.3	366.1	409.9	453.7	497.5	541.3		
1500	1250	263.3	285.8	308.3	330.8	375.8	420.8	465.8	510.8	555.8		
1580	1317	276.6	300.3	324.0	347.7	395.1	442.5	489.9	537.3	584.7	632.1	
1660	1383	289.8	314.7	339.6	364.5	414.3	464.1	513.9	563.7	613.5	663.3	713.1
1740	1450	302.9	329.0	355.1	381.2	433.4	485.6	537.8	590.0	642.2	694.4	746.6
1820	1517	316.0	343.3	370.6	397.9	452.5	507.1	561.7	616.3	670.9	725.5	780.1
1900	1583	328.9	357.4	385.9	414.4	471.4	528.4	585.4	642.4	699.4	756.4	813.4
1980	1650	341.8	371.5	401.2	430.9	490.3	549.7	609.1	668.5	727.9	787.3	846.7
2060	1717	354.7	385.6	416.5	447.4	509.2	571.0	632.8	694.6	756.4	818.2	880.0
2140	1783	367.4	399.5	431.6	463.7	527.9	592.1	656.3	720.5	784.7	848.9	913.1
2220	1850	380.1	413.4	446.7	480.0	546.6	613.2	679.8	746.4	813.0	879.6	946.2
2300	1917	392.7	427.2	461.7	496.2	565.2	634.2	703.2	772.2	841.2	910.2	979.2
2380	1983	405.2	440.9	476.6	512.3	583.7	655.1	726.5	797.9	869.3	940.7	1012.1
2460	2050	417.6	454.5	491.4	528.3	602.1	675.9	749.7	823.5	897.3	971.1	1044.9
2540	2117	430.0	468.1	506.2	544.3	620.5	696.7	772.9	849.1	925.3	1001.5	1077.7
2620	2183	442.3	481.6	520.9	560.2	638.8	717.4	796.0	874.6	953.2	1031.8	1110.4
2700	2250	454.5	495.0	535.5	576.0	657.0	738.0	819.0	900.0	981.0	1062.0	1143.0
2850	2375	477.2	519.9	562.7	605.4	690.9	776.4	861.9	947.4	1032.9	1118.4	1203.9
2950	2458	492.2	536.4	580.7	624.9	713.4	801.9	890.4	978.9	1067.4	1155.9	1244.4
3050	2542	507.0	552.8	598.5	644.3	735.8	827.3	918.8	1010.3	1101.8	1193.3	1284.8
3150	2625	521.8	569.0	616.3	663.5	758.0	852.5	947.0	1041.5	1136.0	1230.5	1325.0
3250	2708	536.4	585.1	633.9	682.6	780.1	877.6	975.1	1072.6	1170.1	1267.6	1365.1
3400	2833	558.1	609.1	660.1	711.1	813.1	915.1	1017.1	1119.1	1221.1	1323.1	1425.1
3550	2958	579.5	632.8	686.0	739.3	845.8	952.3	1058.8	1165.3	1271.8	1378.3	1484.8
3700	3083	600.7	656.2	711.7	767.2	878.2	989.2	1100.2	1211.2	1322.2	1433.2	1544.2
3850	3208	621.6	679.3	737.1	794.8	910.3	1025.8	1141.3	1256.8	1372.3	1487.8	1603.3

续表

$A_s(mm^2)$		M(kN·m) 梁宽 $b=450$mm,C35 混凝土, 当 h(mm)为										
HRB335 钢	HRB400 钢 RRB400 钢	650	700	750	800	900	1000	1100	1200	1300	1400	1500
以上为单排筋,以下为双排筋												
4000	3333	612.2	672.2	732.2	792.2	912.2	1032.2	1152.2	1272.2	1392.2	1512.2	1632.2
4200	3500	637.8	700.8	763.8	826.8	952.8	1078.8	1204.8	1330.8	1456.8	1582.8	1708.8
4400	3667	662.9	728.9	794.9	860.9	992.9	1124.9	1256.9	1388.9	1520.9	1652.9	1784.9
4600	3833	687.5	756.5	825.5	894.5	1032.5	1170.5	1308.5	1446.5	1584.5	1722.5	1860.5
4800	4000	711.6	783.6	855.6	927.6	1071.6	1215.6	1359.6	1503.6	1647.6	1791.6	1935.6
5000	4167	735.3	810.3	885.3	960.3	1110.3	1260.3	1410.3	1560.3	1710.3	1860.3	2010.3
5200	4333	758.5	836.5	914.5	992.5	1148.5	1304.5	1460.5	1616.5	1772.5	1928.5	2084.5
5400	4500	781.2	862.2	943.2	1024.2	1186.2	1348.2	1510.2	1672.2	1834.2	1996.2	2158.2
5600	4667	803.4	887.4	971.4	1055.4	1223.4	1391.4	1559.4	1727.4	1895.4	2063.4	2231.4
5800	4833	825.2	912.2	999.2	1086.2	1260.2	1434.2	1608.2	1782.2	1956.2	2130.2	2304.2
6000	5000	846.4	936.4	1026.4	1116.4	1296.4	1476.4	1656.4	1836.4	2016.4	2196.4	2376.4
6200	5167	867.2	960.2	1053.2	1146.2	1332.2	1518.2	1704.2	1890.2	2076.2	2262.2	2448.2
6400	5333	887.5	983.5	1079.5	1175.5	1367.5	1559.5	1751.5	1943.5	2135.5	2327.5	2519.5
6600	5500	907.4	1006.4	1105.4	1204.4	1402.4	1600.4	1798.4	1996.4	2194.4	2392.4	2590.4
6800	5667	926.7	1028.7	1130.7	1232.7	1436.7	1640.7	1844.7	2048.7	2252.7	2456.7	2660.7
7000	5833	945.6	1050.6	1155.6	1260.6	1470.6	1680.6	1890.6	2100.6	2310.6	2520.6	2730.6
7200	6000	964.0	1072.0	1180.0	1288.0	1504.0	1720.0	1936.0	2152.0	2368.0	2584.0	2800.0
7400	6167	981.9	1092.9	1203.9	1314.9	1536.9	1758.9	1980.9	2202.9	2424.9	2646.9	2868.9
7600	6333	999.3	1113.3	1227.3	1341.3	1569.3	1797.3	2025.3	2253.3	2481.3	2709.3	2937.3
7800	6500	1016.3	1133.3	1250.3	1367.3	1601.3	1835.3	2069.3	2303.3	2537.3	2771.3	3005.3
以上为双排筋,以下为三排筋												
8000	6667	960.8	1080.8	1200.8	1320.8	1560.8	1800.8	2040.8	2280.8	2520.8	2760.8	3000.8
8200	6833	975.0	1098.0	1221.0	1344.0	1590.0	1836.0	2082.0	2328.0	2574.0	2820.0	3066.0
8400	7000	988.7	1114.7	1240.7	1366.7	1618.7	1870.7	2122.7	2374.7	2626.7	2878.7	3130.7
8600	7167		1130.9	1259.9	1388.9	1646.9	1904.9	2162.9	2420.9	2678.9	2936.9	3194.9
8800	7333		1146.7	1278.7	1410.7	1674.7	1938.7	2202.7	2466.7	2730.7	2994.7	3258.7
9000	7500		1162.0	1297.0	1432.0	1702.0	1972.0	2242.0	2512.0	2782.0	3052.0	3322.0
9200	7667			1314.8	1452.8	1728.8	2004.8	2280.8	2556.8	2832.8	3108.8	3384.8
9400	7833			1332.1	1473.1	1755.1	2037.1	2319.1	2601.1	2883.1	3165.1	3447.1
9600	8000			1348.9	1492.9	1780.9	2068.9	2356.9	2644.9	2932.9	3220.9	3508.9
9800	8167				1512.3	1806.3	2100.3	2394.3	2688.3	2982.3	3276.3	3570.3

续表

$A_s(mm^2)$		M(kN·m)　梁宽 $b=450$mm,C35 混凝土,　当 h(mm)为										
HRB335 钢	HRB400 钢 RRB400 钢	650	700	750	800	900	1000	1100	1200	1300	1400	1500
10000	8333				1531.2	1831.2	2131.2	2431.2	2731.2	3031.2	3331.2	3631.2
10200	8500				1549.6	1855.6	2161.6	2467.6	2773.6	3079.6	3385.6	3691.6
10400	8667					1879.5	2191.5	2503.5	2815.5	3127.5	3439.5	3751.5
10600	8833					1903.0	2221.0	2539.0	2857.0	3175.0	3493.0	3811.0
10800	9000					1926.0	2250.0	2574.0	2898.0	3222.0	3546.0	3870.0
11000	9167					1948.4	2278.4	2608.4	2938.4	3268.4	3598.4	3928.4
11200	9333					1970.5	2306.5	2642.5	2978.5	3314.5	3650.5	3986.5
11400	9500					1992.0	2334.0	2676.0	3018.0	3360.0	3702.0	4044.0
11600	9667					2013.1	2361.1	2709.1	3057.1	3405.1	3753.1	4101.1
11800	9833						2387.6	2741.6	3095.6	3449.6	3803.6	4157.6
12200	10167						2439.3	2805.3	3171.3	3537.3	3903.3	4269.3
12600	10500						2489.1	2867.1	3245.1	3623.1	4001.1	4379.1
13000	10833							2927.0	3317.0	3707.0	4097.0	4487.0
13400	11167							2985.0	3387.0	3789.0	4191.0	4593.0
13800	11500							3041.0	3455.0	3869.0	4283.0	4697.0
14200	11833							3095.2	3521.2	3947.2	4373.2	4799.2
14600	12167								3585.4	4023.4	4461.4	4899.4
15000	12500								3647.7	4097.7	4547.7	4997.7
15400	12833								3708.1	4170.1	4632.1	5094.1
15800	13167									4240.5	4714.5	5188.5
16200	13500									4309.1	4795.1	5281.1
16600	13833									4375.7	4873.7	5371.7
17000	14167										4950.5	5460.5
17400	14500										5025.3	5547.3
17800	14833										5098.2	5632.2
18200	15167											5715.1
18600	15500											5796.2
19000	15833											5875.3
19400	16167											5952.5

单筋矩形截面梁弯矩配筋表 表 2-4-39

$A_s(mm^2)$		M(kN·m) 梁宽 b=500mm,C35 混凝土,当 h(mm)为												
HRB335 钢	HRB400 钢 RRB400 钢	650	700	750	800	900	1000	1100	1200	1300	1400	1500	1600	1700
1500	1250	264.6	287.1	309.6	332.1	377.1	422.1	467.1	512.1					
1580	1317	278.1	301.8	325.5	349.2	396.6	444.0	491.4	538.8	586.2				
1660	1383	291.4	316.3	341.2	366.1	415.9	465.7	515.5	565.3	615.1				
1740	1450	304.7	330.8	356.9	383.0	435.2	487.4	539.6	591.8	644.0	696.2			
1820	1517	317.9	345.2	372.5	399.8	454.4	509.0	563.6	618.2	672.8	727.4	782.0		
1900	1583	331.1	359.6	388.1	416.6	473.6	530.6	587.6	644.6	701.6	758.6	815.6		
1980	1650	344.2	373.9	403.6	433.3	492.7	552.1	611.5	670.9	730.3	789.7	849.1	908.5	
2060	1717	357.2	388.1	419.0	449.9	511.7	573.5	635.3	697.1	758.9	820.7	882.5	944.3	1006.1
2140	1783	370.1	402.2	434.3	466.4	530.6	594.8	659.0	723.2	787.4	851.6	915.8	980.0	1044.2
2220	1850	383.0	416.3	449.6	482.9	549.5	616.1	682.7	749.3	815.9	882.5	949.1	1015.7	1082.3
2300	1917	395.8	430.3	464.8	499.3	568.3	637.3	706.3	775.3	844.3	913.3	982.3	1051.3	1120.3
2380	1983	408.6	444.3	480.0	515.7	587.1	658.5	729.9	801.3	872.7	944.1	1015.5	1086.9	1158.3
2460	2050	421.3	458.2	495.1	532.0	605.8	679.6	753.4	827.2	901.0	974.8	1048.6	1122.4	1196.2
2540	2117	433.9	472.0	510.1	548.2	624.4	700.6	776.8	853.0	929.2	1005.4	1081.6	1157.8	1234.0
2620	2183	446.4	485.7	525.0	564.3	642.9	721.5	800.1	878.7	957.3	1035.9	1114.5	1193.1	1271.7
2700	2250	458.9	499.4	539.9	580.4	661.4	742.4	823.4	904.4	985.4	1066.4	1147.4	1228.4	1309.4
2850	2375	482.1	524.8	567.6	610.3	695.8	781.3	866.8	952.3	1037.8	1123.3	1208.8	1294.3	1379.8
2950	2458	497.4	541.6	585.9	630.1	718.6	807.1	895.6	984.1	1072.6	1161.1	1249.6	1338.1	1426.6
3050	2542	512.6	558.3	604.1	649.8	741.3	832.8	924.3	1015.8	1107.3	1198.8	1290.3	1381.8	1473.3
3150	2625	527.7	575.0	622.2	669.5	764.0	858.5	953.0	1047.5	1142.0	1236.5	1331.0	1425.5	1520.0
3250	2708	542.7	591.5	640.2	689.0	786.5	884.0	981.5	1079.0	1176.5	1274.0	1371.5	1469.0	1566.5
3400	2833	565.0	616.0	667.0	718.0	820.0	922.0	1024.0	1126.0	1228.0	1330.0	1432.0	1534.0	1636.0
3550	2958	587.1	640.3	693.6	746.8	853.3	959.8	1066.3	1172.8	1279.3	1385.8	1492.3	1598.8	1705.3
3700	3083	608.9	664.4	719.9	775.4	886.4	997.4	1108.4	1219.4	1330.4	1441.4	1552.4	1663.4	1774.4
3850	3208	630.4	688.2	745.9	803.7	919.2	1034.7	1150.2	1265.7	1381.2	1496.7	1612.2	1727.7	1843.2
4000	3333	651.8	711.8	771.8	831.8	951.8	1071.8	1191.8	1311.8	1431.8	1551.8	1671.8	1791.8	1911.8
4200	3500	679.8	742.8	805.8	868.8	994.8	1120.8	1246.8	1372.8	1498.8	1624.8	1750.8	1876.8	2002.8
4400	3667	707.5	773.5	839.5	905.5	1037.5	1169.5	1301.5	1433.5	1565.5	1697.5	1829.5	1961.5	2093.5
以上为单排筋,以下为双排筋														
4600	3833	700.2	769.2	838.2	907.2	1045.2	1183.2	1321.2	1459.2	1597.2	1735.2	1873.2	2011.2	2149.2
4800	4000	725.4	797.4	869.4	941.4	1085.4	1229.4	1373.4	1517.4	1661.4	1805.4	1949.4	2093.4	2237.4
5000	4167	750.3	825.3	900.3	975.3	1125.3	1275.3	1425.3	1575.3	1725.3	1875.3	2025.3	2175.3	2325.3

续表

$A_s(mm^2)$		M(kN·m)　梁宽 b=500mm,C35 混凝土,当 h(mm)为												
HRB335 钢	HRB400 钢 RRB400 钢	650	700	750	800	900	1000	1100	1200	1300	1400	1500	1600	1700
5200	4333	774.7	852.7	930.7	1008.7	1164.7	1320.7	1476.7	1632.7	1788.7	1944.7	2100.7	2256.7	2412.7
5400	4500	798.7	879.7	960.7	1041.7	1203.7	1365.7	1527.7	1689.7	1851.7	2013.7	2175.7	2337.7	2499.7
5600	4667	822.2	906.2	990.2	1074.2	1242.2	1410.2	1578.2	1746.2	1914.2	2082.2	2250.2	2418.2	2586.2
5800	4833	845.3	932.3	1019.3	1106.3	1280.3	1454.3	1628.3	1802.3	1976.3	2150.3	2324.3	2498.3	2672.3
6000	5000	868.0	958.0	1048.0	1138.0	1318.0	1498.0	1678.0	1858.0	2038.0	2218.0	2398.0	2578.0	2758.0
6200	5167	890.2	983.2	1076.2	1169.2	1355.2	1541.2	1727.2	1913.2	2099.2	2285.2	2471.2	2657.2	2843.2
6400	5333	912.1	1008.1	1104.1	1200.1	1392.1	1584.1	1776.1	1968.1	2160.1	2352.1	2544.1	2736.1	2928.1
6600	5500	933.4	1032.4	1131.4	1230.4	1428.4	1626.4	1824.4	2022.4	2220.4	2418.4	2616.4	2814.4	3012.4
6800	5667	954.4	1056.4	1158.4	1260.4	1464.4	1668.4	1872.4	2076.4	2280.4	2484.4	2688.4	2892.4	3096.4
7000	5833	974.9	1079.9	1184.9	1289.9	1499.9	1709.9	1919.9	2129.9	2339.9	2549.9	2759.9	2969.9	3179.9
7200	6000	995.0	1103.0	1211.0	1319.0	1535.0	1751.0	1967.0	2183.0	2399.0	2615.0	2831.0	3047.0	3263.0
7400	6167	1014.7	1125.7	1236.7	1347.7	1569.7	1791.7	2013.7	2235.7	2457.7	2679.7	2901.7	3123.7	3345.7
7600	6333	1033.9	1147.9	1261.9	1375.9	1603.9	1831.9	2059.9	2287.9	2515.9	2743.9	2971.9	3199.9	3427.9
7800	6500	1052.7	1169.7	1286.7	1403.7	1637.7	1871.7	2105.7	2339.7	2573.7	2807.7	3041.7	3275.7	3509.7
8000	6667	1071.1	1191.1	1311.1	1431.1	1671.1	1911.1	2151.1	2391.1	2631.1	2871.1	3111.1	3351.1	3591.1
8200	6833	1089.0	1212.0	1335.0	1458.0	1704.0	1950.0	2196.0	2442.0	2688.0	2934.0	3180.0	3426.0	3672.0
8400	7000	1106.5	1232.5	1358.5	1484.5	1736.5	1988.5	2240.5	2492.5	2744.5	2996.5	3248.5	3500.5	3752.5
8600	7167	1123.6	1252.6	1381.6	1510.6	1768.6	2026.6	2284.6	2542.6	2800.6	3058.6	3316.6	3574.6	3832.6
8800	7333	1140.3	1272.3	1404.3	1536.3	1800.3	2064.3	2328.3	2592.3	2856.3	3120.3	3384.3	3648.3	3912.3
以上为双排筋,以下为三排筋														
9000	7500	1075.5	1210.5	1345.5	1480.5	1750.5	2020.5	2290.5	2560.5	2830.5	3100.5	3370.5	3640.5	3910.5
9200	7667	1089.5	1227.5	1365.5	1503.5	1779.5	2055.5	2331.5	2607.5	2883.5	3159.5	3435.5	3711.5	3987.5
9400	7833		1244.0	1385.0	1526.0	1808.0	2090.0	2372.0	2654.0	2936.0	3218.0	3500.0	3782.0	4064.0
9600	8000		1260.1	1404.1	1548.1	1836.1	2124.1	2412.1	2700.1	2988.1	3276.1	3564.1	3852.1	4140.1
9800	8167		1275.8	1422.8	1569.8	1863.8	2157.8	2451.8	2745.8	3039.8	3333.8	3627.8	3921.8	4215.8
10000	8333		1291.1	1441.1	1591.1	1891.1	2191.1	2491.1	2791.1	3091.1	3391.1	3691.1	3991.1	4291.1
10200	8500			1458.9	1611.9	1917.9	2223.9	2529.9	2835.9	3141.9	3447.9	3753.9	4059.9	4365.9
10400	8667			1476.3	1632.3	1944.3	2256.3	2568.3	2880.3	3192.3	3504.3	3816.3	4128.3	4440.3
10600	8833			1493.3	1652.3	1970.3	2288.3	2606.3	2924.3	3242.3	3560.3	3878.3	4196.3	4514.3
10800	9000			1509.8	1671.8	1995.8	2319.8	2643.8	2967.8	3291.8	3615.8	3939.8	4263.8	4587.8
11000	9167				1690.9	2020.9	2350.9	2680.9	3010.9	3340.9	3670.9	4000.9	4330.9	4660.9
11400	9500				1727.8	2069.8	2411.8	2753.8	3095.8	3437.8	3779.8	4121.8	4463.8	4805.8

续表

$A_s(mm^2)$		M(kN·m) 梁宽 b=500mm,C35 混凝土,当 h(mm)为												
HRB335 钢	HRB400 钢 RRB400 钢	650	700	750	800	900	1000	1100	1200	1300	1400	1500	1600	1700
11800	9833					2117.0	2471.0	2825.0	3179.0	3533.0	3887.0	4241.0	4595.0	4949.0
12200	10167					2162.5	2528.5	2894.5	3260.5	3626.5	3992.5	4358.5	4724.5	5090.5
12600	10500					2206.2	2584.2	2962.2	3340.2	3718.2	4096.2	4474.2	4852.2	5230.2
13000	10833						2638.2	3028.2	3418.2	3808.2	4198.2	4588.2	4978.2	5368.2
13400	11167						2690.5	3092.5	3494.5	3896.5	4298.5	4700.5	5102.5	5504.5
13800	11500						2741.1	3155.1	3569.1	3983.1	4397.1	4811.1	5225.1	5639.1
14200	11833						2789.9	3215.9	3641.9	4067.9	4493.9	4919.9	5345.9	5771.9
14600	12167							3275.0	3713.0	4151.0	4589.0	5027.0	5465.0	5903.0
15000	12500							3332.4	3782.4	4232.4	4682.4	5132.4	5582.4	6032.4
15400	12833							3388.1	3850.1	4312.1	4774.1	5236.1	5698.1	6160.1
15800	13167							3442.0	3916.0	4390.0	4864.0	5338.0	5812.0	6286.0
16200	13500								3980.3	4466.3	4952.3	5438.3	5924.3	6410.3
16600	13833								4042.7	4540.7	5038.7	5536.7	6034.7	6532.7
17000	14167								4103.5	4613.5	5123.5	5633.5	6143.5	6653.5
17400	14500									4684.6	5206.6	5728.6	6250.6	6772.6
17800	14833									4753.9	5287.9	5821.9	6355.9	6889.9
18200	15167									4821.5	5367.5	5913.5	6459.5	7005.5
18600	15500									4887.3	5445.3	6003.3	6561.3	7119.3
19000	15833										5521.5	6091.5	6661.5	7231.5
19400	16167										5595.9	6177.9	6759.9	7341.9
19800	16500										5668.6	6262.6	6856.6	7450.6
20200	16833											6345.6	6951.6	7557.6
20600	17167											6426.8	7044.8	7662.8
21000	17500											6506.4	7136.4	7766.4
21400	17833											6584.2	7226.2	7868.2
21800	18167												7314.2	7968.2
22200	18500												7400.6	8066.6
22600	18833												7485.2	8163.2
23000	19167												7568.1	8258.1
23400	19500													8351.3
23800	19833													8442.7
24200	20167													8532.5

单筋矩形截面梁弯矩配筋表　　　　**表 2-4-40**

$A_s(mm^2)$		M(kN·m)　梁宽 $b=550$mm,C35 混凝土,　当 h(mm)为														
HRB335 钢	HRB400 钢 RRB400 钢	650	700	750	800	900	1000	1100	1200	1300	1400	1500	1600	1700	1800	1900
1900	1583	332.9	361.4	389.9	418.4	475.4	532.4	589.4	646.4	703.4	760.4					
1980	1650	346.1	375.8	405.5	435.2	494.6	554.0	613.4	672.8	732.2	791.6					
2060	1717	359.3	390.2	421.1	452.0	513.8	575.6	637.4	699.2	761.0	822.8	884.6				
2140	1783	372.4	404.5	436.6	468.7	532.9	597.1	661.3	725.5	789.7	853.9	918.1	982.3			
2220	1850	385.4	418.7	452.0	485.3	551.9	618.5	685.1	751.7	818.3	884.9	951.5	1018.1			
2300	1917	398.4	432.9	467.4	501.9	570.9	639.9	708.9	777.9	846.9	915.9	984.9	1053.9	1122.9		
2380	1983	411.4	447.1	482.8	518.5	589.9	661.3	732.7	804.1	875.5	946.9	1018.3	1089.7	1161.1	1232.5	
2460	2050	424.2	461.1	498.0	534.9	608.7	682.5	756.3	830.1	903.9	977.7	1051.5	1125.3	1199.1	1272.9	
2540	2117	437.0	475.1	513.2	551.3	627.5	703.7	779.9	856.1	932.3	1008.5	1084.7	1160.9	1237.1	1313.3	1389.5
2620	2183	449.8	489.1	528.4	567.7	646.3	724.9	803.5	882.1	960.7	1039.3	1117.9	1196.5	1275.1	1353.7	1432.3
2700	2250	462.4	502.9	543.4	583.9	664.9	745.9	826.9	907.9	988.9	1069.9	1150.9	1231.9	1312.9	1393.9	1474.9
2850	2375	486.0	528.8	571.5	614.3	699.8	785.3	870.8	956.3	1041.8	1127.3	1212.8	1298.3	1383.8	1469.3	1554.8
2950	2458	501.6	545.9	590.1	634.4	722.9	811.4	899.9	988.4	1076.9	1165.4	1253.9	1342.4	1430.9	1519.4	1607.9
3050	2542	517.1	562.9	608.6	654.4	745.9	837.4	928.9	1020.4	1111.9	1203.4	1294.9	1386.4	1477.9	1569.4	1660.9
3150	2625	532.6	579.8	627.1	674.3	768.8	863.3	957.8	1052.3	1146.8	1241.3	1335.8	1430.3	1524.8	1619.3	1713.8
3250	2708	547.9	596.6	645.4	694.1	791.6	889.1	986.6	1084.1	1181.6	1279.1	1376.6	1474.1	1571.6	1669.1	1766.6
3400	2833	570.7	621.7	672.7	723.7	825.7	927.7	1029.7	1131.7	1233.7	1335.7	1437.7	1539.7	1641.7	1743.7	1845.7
3550	2958	593.2	646.5	699.7	753.0	859.5	966.0	1072.5	1179.0	1285.5	1392.0	1498.5	1605.0	1711.5	1818.0	1924.5
3700	3083	615.6	671.1	726.6	782.1	893.1	1004.1	1115.1	1226.1	1337.1	1448.1	1559.1	1670.1	1781.1	1892.1	2003.1
3850	3208	637.7	695.5	753.2	811.0	926.5	1042.0	1157.5	1273.0	1388.5	1504.0	1619.5	1735.0	1850.5	1966.0	2081.5
4000	3333	659.6	719.6	779.6	839.6	959.6	1079.6	1199.6	1319.6	1439.6	1559.6	1679.6	1799.6	1919.6	2039.6	2159.6
4200	3500	688.5	751.5	814.5	877.5	1003.5	1129.5	1255.5	1381.5	1507.5	1633.5	1759.5	1885.5	2011.5	2137.5	2263.5
4400	3667	716.9	782.9	848.9	914.9	1046.9	1178.9	1310.9	1442.9	1574.9	1706.9	1838.9	1970.9	2102.9	2234.9	2366.9
4600	3833	745.0	814.0	883.0	952.0	1090.0	1228.0	1366.0	1504.0	1642.0	1780.0	1918.0	2056.0	2194.0	2332.0	2470.0
4800	4000	772.7	844.7	916.7	988.7	1132.7	1276.7	1420.7	1564.7	1708.7	1852.7	1996.7	2140.7	2284.7	2428.7	2572.7
以上为单排筋,以下为双排筋																
5000	4167	762.5	837.5	912.5	987.5	1137.5	1287.5	1437.5	1587.5	1737.5	1887.5	2037.5	2187.5	2337.5	2487.5	2637.5
5200	4333	787.9	865.9	943.9	1021.9	1177.9	1333.9	1489.9	1645.9	1801.9	1957.9	2113.9	2269.9	2425.9	2581.9	2737.9
5400	4500	812.9	893.9	974.9	1055.9	1217.9	1379.9	1541.9	1703.9	1865.9	2027.9	2189.9	2351.9	2513.9	2675.9	2837.9
5600	4667	837.6	921.6	1005.6	1089.6	1257.6	1425.6	1593.6	1761.6	1929.6	2097.6	2265.6	2433.6	2601.6	2769.6	2937.6
5800	4833	861.8	948.8	1035.8	1122.8	1296.8	1470.8	1644.8	1818.8	1992.8	2166.8	2340.8	2514.8	2688.8	2862.8	3036.8
6000	5000	885.6	975.6	1065.6	1155.6	1335.6	1515.6	1695.6	1875.6	2055.6	2235.6	2415.6	2595.6	2775.6	2955.6	3135.6

续表

A_s(mm²)		M(kN·m) 梁宽 b=550mm，C35 混凝土，当 h(mm)为														
HRB335 钢	HRB400 钢 RRB400 钢	650	700	750	800	900	1000	1100	1200	1300	1400	1500	1600	1700	1800	1900
6200	5167	909.1	1002.1	1095.1	1188.1	1374.1	1560.1	1746.1	1932.1	2118.1	2304.1	2490.1	2676.1	2862.1	3048.1	3234.1
6400	5333	932.1	1028.1	1124.1	1220.1	1412.1	1604.1	1796.1	1988.1	2180.1	2372.1	2564.1	2756.1	2948.1	3140.1	3332.1
6600	5500	954.8	1053.8	1152.8	1251.8	1449.8	1647.8	1845.8	2043.8	2241.8	2439.8	2637.8	2835.8	3033.8	3231.8	3429.8
6800	5667	977.1	1079.1	1181.1	1283.1	1487.1	1691.1	1895.1	2099.1	2303.1	2507.1	2711.1	2915.1	3119.1	3323.1	3527.1
7000	5833	998.9	1103.9	1208.9	1313.9	1523.9	1733.9	1943.9	2153.9	2363.9	2573.9	2783.9	2993.9	3203.9	3413.9	3623.9
7200	6000	1020.4	1128.4	1236.4	1344.4	1560.4	1776.4	1992.4	2208.4	2424.4	2640.4	2856.4	3072.4	3288.4	3504.4	3720.4
7400	6167	1041.5	1152.5	1263.5	1374.5	1596.5	1818.5	2040.5	2262.5	2484.5	2706.5	2928.5	3150.5	3372.5	3594.5	3816.5
8000	6667	1102.4	1222.4	1342.4	1462.4	1702.4	1942.4	2182.4	2422.4	2662.4	2902.4	3142.4	3382.4	3622.4	3862.4	4102.4
8400	7000	1141.1	1267.1	1393.1	1519.1	1771.1	2023.1	2275.1	2527.1	2779.1	3031.1	3283.1	3535.1	3787.1	4039.1	4291.1
8800	7333	1178.2	1310.2	1442.2	1574.2	1838.2	2102.2	2366.2	2630.2	2894.2	3158.2	3422.2	3686.2	3950.2	4214.2	4478.2
9200	7667	1213.7	1351.7	1489.7	1627.7	1903.7	2179.7	2455.7	2731.7	3007.7	3283.7	3559.7	3835.7	4111.7	4387.7	4663.7
9600	8000	1247.7	1391.7	1535.7	1679.7	1967.7	2255.7	2543.7	2831.7	3119.7	3407.7	3695.7	3983.7	4271.7	4559.7	4847.7
以上为双排筋，以下为三排筋																
10000	8333	1190.1	1340.1	1490.1	1640.1	1940.1	2240.1	2540.1	2840.1	3140.1	3440.1	3740.1	4040.1	4340.1	4640.1	4940.1
10400	8667		1373.3	1529.3	1685.3	1997.3	2309.3	2621.3	2933.3	3245.3	3557.3	3869.3	4181.3	4493.3	4805.3	5117.3
10800	9000		1404.9	1566.9	1728.9	2052.9	2376.9	2700.9	3024.9	3348.9	3672.9	3996.9	4320.9	4644.9	4968.9	5292.9
11200	9333			1603.0	1771.0	2107.0	2443.0	2779.0	3115.0	3451.0	3787.0	4123.0	4459.0	4795.0	5131.0	5467.0
11600	9667			1637.6	1811.6	2159.6	2507.6	2855.6	3203.6	3551.6	3899.6	4247.6	4595.6	4943.6	5291.6	5639.6
12000	10000				1850.5	2210.5	2570.5	2930.5	3290.5	3650.5	4010.5	4370.5	4730.5	5090.5	5450.5	5810.5
12400	10333				1887.9	2259.9	2631.9	3003.9	3375.9	3747.9	4119.9	4491.9	4863.9	5235.9	5607.9	5979.9
12800	10667					2307.7	2691.7	3075.7	3459.7	3843.7	4227.7	4611.7	4995.7	5379.7	5763.7	6147.7
13200	11000					2353.9	2749.9	3145.9	3541.9	3937.9	4333.9	4729.9	5125.9	5521.9	5917.9	6313.9
13600	11333					2398.6	2806.6	3214.6	3622.6	4030.6	4438.6	4846.6	5254.6	5662.6	6070.6	6478.6
14000	11667					2441.7	2861.7	3281.7	3701.7	4121.7	4541.7	4961.7	5381.7	5801.7	6221.7	6641.7
14400	12000						2915.3	3347.3	3779.3	4211.3	4643.3	5075.3	5507.3	5939.3	6371.3	6803.3
14800	12333						2967.3	3411.3	3855.3	4299.3	4743.3	5187.3	5631.3	6075.3	6519.3	6963.3
15200	12667						3017.7	3473.7	3929.7	4385.7	4841.7	5297.7	5753.7	6209.7	6665.7	7121.7
15600	13000						3066.5	3534.5	4002.5	4470.5	4938.5	5406.5	5874.5	6342.5	6810.5	7278.5
16000	13333							3593.8	4073.8	4553.8	5033.8	5513.8	5993.8	6473.8	6953.8	7433.8
16400	13667							3651.5	4143.5	4635.5	5127.5	5619.5	6111.5	6603.5	7095.5	7587.5
16800	14000							3707.6	4211.6	4715.6	5219.6	5723.6	6227.6	6731.6	7235.6	7739.6
17200	14333							3762.2	4278.2	4794.2	5310.2	5826.2	6342.2	6858.2	7374.2	7890.2

续表

A_s(mm²)		M(kN·m)　梁宽 b=550mm, C35 混凝土，　当 h(mm)为														
HRB335 钢	HRB400 钢 RRB400 钢	650	700	750	800	900	1000	1100	1200	1300	1400	1500	1600	1700	1800	1900
17600	14667								4343.2	4871.2	5399.2	5927.2	6455.2	6983.2	7511.2	8039.2
18000	15000								4406.6	4946.6	5486.6	6026.6	6566.6	7106.6	7646.6	8186.6
18400	15333								4468.5	5020.5	5572.5	6124.5	6676.5	7228.5	7780.5	8332.5
18800	15667								4528.8	5092.8	5656.8	6220.8	6784.8	7348.8	7912.8	8476.8
19200	16000									5163.5	5739.5	6315.5	6891.5	7467.5	8043.5	8619.5
19600	16333									5232.7	5820.7	6408.7	6996.7	7584.7	8172.7	8760.7
20000	16667									5300.3	5900.3	6500.3	7100.3	7700.3	8300.3	8900.3
20400	17000									5366.3	5978.3	6590.3	7202.3	7814.3	8426.3	9038.3
20800	17333										6054.8	6678.8	7302.8	7926.8	8550.8	9174.8
21200	17667										6129.7	6765.7	7401.7	8037.7	8673.7	9309.7
21600	18000										6203.0	6851.0	7499.0	8147.0	8795.0	9443.0
22000	18333										6274.7	6934.7	7594.7	8254.7	8914.7	9574.7
22400	18667											7016.9	7688.9	8360.9	9032.9	9704.9
22800	19000											7097.6	7781.6	8465.6	9149.6	9833.6
23200	19333											7176.6	7872.6	8568.6	9264.6	9960.6
23600	19667											7254.1	7962.1	8670.1	9378.1	10086.1
24000	20000												8050.0	8770.0	9490.0	10210.0
24400	20333												8136.4	8868.4	9600.4	10332.4
24800	20667												8221.1	8965.1	9709.1	10453.1
25200	21000												8304.4	9060.4	9816.4	10572.4
25600	21333													9154.0	9922.0	10690.0
26000	21667													9246.1	10026.1	10806.1
26400	22000													9336.6	10128.6	10920.6
26800	22333													9425.5	10229.5	11033.5
27200	22667														10328.9	11144.9
27600	23000														10426.7	11254.7
28000	23333														10523.0	11363.0
28400	23667														10617.6	11469.6
28800	24000															11574.7
29200	24333															11678.3
29600	24667															11780.2
30000	25000															11880.6

单筋矩形截面梁弯矩配筋表 **表 2-4-41**

$A_s(mm^2)$		M(kN·m) 梁宽 $b=600$mm,C35 混凝土, 当 h(mm)为															
HRB335 钢	HRB400 钢 RRB400 钢	650	700	750	800	900	1000	1100	1200	1300	1400	1500	1600	1700	1800	1900	2000
2300	1917	400.6	435.1	469.6	504.1	573.1	642.1	711.1	780.1	849.1	918.1	987.1					
2380	1983	413.7	449.4	485.1	520.8	592.2	663.6	735.0	806.4	877.8	949.2	1020.6	1092.0				
2460	2050	426.7	463.6	500.5	537.4	611.2	685.0	758.8	832.6	906.4	980.2	1054.0	1127.8	1201.6			
2540	2117	439.7	477.8	515.9	554.0	630.2	706.4	782.6	858.8	935.0	1011.2	1087.4	1163.6	1239.8			
2620	2183	452.6	491.9	531.2	570.5	649.1	727.7	806.3	884.9	963.5	1042.1	1120.7	1199.3	1277.9	1356.5		
2700	2250	465.4	505.9	546.4	586.9	667.9	748.9	829.9	910.9	991.9	1072.9	1153.9	1234.9	1315.9	1396.9		
2850	2375	489.3	532.1	574.8	617.6	703.1	788.6	874.1	959.6	1045.1	1130.6	1216.1	1301.6	1387.1	1472.6	1558.1	
2950	2458	505.2	549.4	593.7	637.9	726.4	814.9	903.4	991.9	1080.4	1168.9	1257.4	1345.9	1434.4	1522.9	1611.4	1699.9
3050	2542	520.9	566.7	612.4	658.2	749.7	841.2	932.7	1024.2	1115.7	1207.2	1298.7	1390.2	1481.7	1573.2	1664.7	1756.2
3150	2625	536.6	583.9	631.1	678.4	772.9	867.4	961.9	1056.4	1150.9	1245.4	1339.9	1434.4	1528.9	1623.4	1717.9	1812.4
3250	2708	552.2	600.9	649.7	698.4	795.9	893.4	990.9	1088.4	1185.9	1283.4	1380.9	1478.4	1575.9	1673.4	1770.9	1868.4
3400	2833	575.4	626.4	677.4	728.4	830.4	932.4	1034.4	1136.4	1238.4	1340.4	1442.4	1544.4	1646.4	1748.4	1850.4	1952.4
3550	2958	598.4	651.6	704.9	758.1	864.6	971.1	1077.6	1184.1	1290.6	1397.1	1503.6	1610.1	1716.6	1823.1	1929.6	2036.1
3700	3083	621.2	676.7	732.2	787.7	898.7	1009.7	1120.7	1231.7	1342.7	1453.7	1564.7	1675.7	1786.7	1897.7	2008.7	2119.7
3850	3208	643.8	701.5	759.3	817.0	932.5	1048.0	1163.5	1279.0	1394.5	1510.0	1625.5	1741.0	1856.5	1972.0	2087.5	2203.0
4000	3333	666.1	726.1	786.1	846.1	966.1	1086.1	1206.1	1326.1	1446.1	1566.1	1686.1	1806.1	1926.1	2046.1	2166.1	2286.1
4200	3500	695.7	758.7	821.7	884.7	1010.7	1136.7	1262.7	1388.7	1514.7	1640.7	1766.7	1892.7	2018.7	2144.7	2270.7	2396.7
4400	3667	724.9	790.9	856.9	922.9	1054.9	1186.9	1318.9	1450.9	1582.9	1714.9	1846.9	1978.9	2110.9	2242.9	2374.9	2506.9
4600	3833	753.7	822.7	891.7	960.7	1098.7	1236.7	1374.7	1512.7	1650.7	1788.7	1926.7	2064.7	2202.7	2340.7	2478.7	2616.7
5000	4167	810.2	885.2	960.2	1035.2	1185.2	1335.2	1485.2	1635.2	1785.2	1935.2	2085.2	2235.2	2385.2	2535.2	2685.2	2835.2
5400	4500	865.3	946.3	1027.3	1108.3	1270.3	1432.3	1594.3	1756.3	1918.3	2080.3	2242.3	2404.3	2566.3	2728.3	2890.3	3052.3
以上为单排筋,以下为双排筋																	
5800	4833	875.5	962.5	1049.5	1136.5	1310.5	1484.5	1658.5	1832.5	2006.5	2180.5	2354.5	2528.5	2702.5	2876.5	3050.5	3224.5
6200	5167	924.8	1017.8	1110.8	1203.8	1389.8	1575.8	1761.8	1947.8	2133.8	2319.8	2505.8	2691.8	2877.8	3063.8	3249.8	3435.8
6600	5500	972.6	1071.6	1170.6	1269.6	1467.6	1665.6	1863.6	2061.6	2259.6	2457.6	2655.6	2853.6	3051.6	3249.6	3447.6	3645.6
7000	5833	1018.9	1123.9	1228.9	1333.9	1543.9	1753.9	1963.9	2173.9	2383.9	2593.9	2803.9	3013.9	3223.9	3433.9	3643.9	3853.9
7400	6167	1063.9	1174.9	1285.9	1396.9	1618.9	1840.9	2062.9	2284.9	2506.9	2728.9	2950.9	3172.9	3394.9	3616.9	3838.9	4060.9
7800	6500	1107.4	1224.4	1341.4	1458.4	1692.4	1926.4	2160.4	2394.4	2628.4	2862.4	3096.4	3330.4	3564.4	3798.4	4032.4	4266.4
8200	6833	1149.4	1272.4	1395.4	1518.4	1764.4	2010.4	2256.4	2502.4	2748.4	2994.4	3240.4	3486.4	3732.4	3978.4	4224.4	4470.4
8600	7167	1190.0	1319.0	1448.0	1577.0	1835.0	2093.0	2351.0	2609.0	2867.0	3125.0	3383.0	3641.0	3899.0	4157.0	4415.0	4673.0
9000	7500	1229.2	1364.2	1499.2	1634.2	1904.2	2174.2	2444.2	2714.2	2984.2	3254.2	3524.2	3794.2	4064.2	4334.2	4604.2	4874.2
9400	7833	1267.0	1408.0	1549.0	1690.0	1972.0	2254.0	2536.0	2818.0	3100.0	3382.0	3664.0	3946.0	4228.0	4510.0	4792.0	5074.0

续表

$A_s(mm^2)$		M(kN·m)　梁宽 b=600mm,C35 混凝土,　当 h(mm)为															
HRB335 钢	HRB400 钢 RRB400 钢	650	700	750	800	900	1000	1100	1200	1300	1400	1500	1600	1700	1800	1900	2000
9800	8167	1303.3	1450.3	1597.3	1744.3	2038.3	2332.3	2626.3	2920.3	3214.3	3508.3	3802.3	4096.3	4390.3	4684.3	4978.3	5272.3
10200	8500	1338.2	1491.2	1644.2	1797.2	2103.2	2409.2	2715.2	3021.2	3327.2	3633.2	3939.2	4245.2	4551.2	4857.2	5163.2	5469.2
10600	8833	1371.6	1530.6	1689.6	1848.6	2166.6	2484.6	2802.6	3120.6	3438.6	3756.6	4074.6	4392.6	4710.6	5028.6	5346.6	5664.6
以上为双排筋,以下为三排筋																	
11000	9167	1304.6	1469.6	1634.6	1799.6	2129.6	2459.6	2789.6	3119.6	3449.6	3779.6	4109.6	4439.6	4769.6	5099.6	5429.6	5759.6
11400	9500		1502.5	1673.5	1844.5	2186.5	2528.5	2870.5	3212.5	3554.5	3896.5	4238.5	4580.5	4922.5	5264.5	5606.5	5948.5
11800	9833		1534.1	1711.1	1888.1	2242.1	2596.1	2950.1	3304.1	3658.1	4012.1	4366.1	4720.1	5074.1	5428.1	5782.1	6136.1
12200	10167			1747.2	1930.2	2296.2	2662.2	3028.2	3394.2	3760.2	4126.2	4492.2	4858.2	5224.2	5590.2	5956.2	6322.2
12600	10500			1781.8	1970.8	2348.8	2726.8	3104.8	3482.8	3860.8	4238.8	4616.8	4994.8	5372.8	5750.8	6128.8	6506.8
13000	10833				2010.0	2400.0	2790.0	3180.0	3570.0	3960.0	4350.0	4740.0	5130.0	5520.0	5910.0	6300.0	6690.0
13400	11167				2047.8	2449.8	2851.8	3253.8	3655.8	4057.8	4459.8	4861.8	5263.8	5665.8	6067.8	6469.8	6871.8
13800	11500				2084.1	2498.1	2912.1	3326.1	3740.1	4154.1	4568.1	4982.1	5396.1	5810.1	6224.1	6638.1	7052.1
14200	11833					2545.0	2971.0	3397.0	3823.0	4249.0	4675.0	5101.0	5527.0	5953.0	6379.0	6805.0	7231.0
14600	12167					2590.5	3028.5	3466.5	3904.5	4342.5	4780.5	5218.5	5656.5	6094.5	6532.5	6970.5	7408.5
15000	12500					2634.5	3084.5	3534.5	3984.5	4434.5	4884.5	5334.5	5784.5	6234.5	6684.5	7134.5	7584.5
15400	12833					2677.1	3139.1	3601.1	4063.1	4525.1	4987.1	5449.1	5911.1	6373.1	6835.1	7297.1	7759.1
15800	13167						3192.3	3666.3	4140.3	4614.3	5088.3	5562.3	6036.3	6510.3	6984.3	7458.3	7932.3
16200	13500						3244.0	3730.0	4216.0	4702.0	5188.0	5674.0	6160.0	6646.0	7132.0	7618.0	8104.0
16600	13833						3294.3	3792.3	4290.3	4788.3	5286.3	5784.3	6282.3	6780.3	7278.3	7776.3	8274.3
17000	14167						3343.1	3853.1	4363.1	4873.1	5383.1	5893.1	6403.1	6913.1	7423.1	7933.1	8443.1
17400	14500							3912.5	4434.5	4956.5	5478.5	6000.5	6522.5	7044.5	7566.5	8088.5	8610.5
17800	14833							3970.5	4504.5	5038.5	5572.5	6106.5	6640.5	7174.5	7708.5	8242.5	8776.5
18200	15167							4027.0	4573.0	5119.0	5665.0	6211.0	6757.0	7303.0	7849.0	8395.0	8941.0
18600	15500							4082.1	4640.1	5198.1	5756.1	6314.1	6872.1	7430.1	7988.1	8546.1	9104.1
19000	15833							4135.7	4705.7	5275.7	5845.7	6415.7	6985.7	7555.7	8125.7	8695.7	9265.7
19400	16167								4770.0	5352.0	5934.0	6516.0	7098.0	7680.0	8262.0	8844.0	9426.0
19800	16500								4832.7	5426.7	6020.7	6614.7	7208.7	7802.7	8396.7	8990.7	9584.7
20200	16833								4894.1	5500.1	6106.1	6712.1	7318.1	7924.1	8530.1	9136.1	9742.1
20600	17167								4954.0	5572.0	6190.0	6808.0	7426.0	8044.0	8662.0	9280.0	9898.0
21000	17500									5642.5	6272.5	6902.5	7532.5	8162.5	8792.5	9422.5	10052.5
21400	17833									5711.5	6353.5	6995.5	7637.5	8279.5	8921.5	9563.5	10205.5
21800	18167									5779.1	6433.1	7087.1	7741.1	8395.1	9049.1	9703.1	10357.1

续表

A_s(mm^2)		M(kN·m) 梁宽 $b=600$mm,C35 混凝土，当 h(mm)为															
HRB335 钢	HRB400 钢 RRB400 钢	650	700	750	800	900	1000	1100	1200	1300	1400	1500	1600	1700	1800	1900	2000
22200	18500									5845.2	6511.2	7177.2	7843.2	8509.2	9175.2	9841.2	10507.2
22600	18833										6588.0	7266.0	7944.0	8622.0	9300.0	9978.0	10656.0
23000	19167										6663.3	7353.3	8043.3	8733.3	9423.3	10113.3	10803.3
23400	19500										6737.1	7439.1	8141.1	8843.1	9545.1	10247.1	10949.1
23800	19833										6809.5	7523.5	8237.5	8951.5	9665.5	10379.5	11093.5
24200	20167										6880.5	7606.5	8332.5	9058.5	9784.5	10510.5	11236.5
24600	20500											7688.0	8426.0	9164.0	9902.0	10640.0	11378.0
25000	20833											7768.1	8518.1	9268.1	10018.1	10768.1	11518.1
25400	21167											7846.8	8608.8	9370.8	10132.8	10894.8	11656.8
25800	21500											7924.0	8698.0	9472.0	10246.0	11020.0	11794.0
26200	21833												8785.8	9571.8	10357.8	11143.8	11929.8
26600	22167												8872.1	9670.1	10468.1	11266.1	12064.1
27000	22500												8957.0	9767.0	10577.0	11387.0	12197.0
27400	22833												9040.5	9862.5	10684.5	11506.5	12328.5
27800	23167													9956.6	10790.6	11624.6	12458.6
28200	23500													10049.2	10895.2	11741.2	12587.2
28600	23833													10140.3	10998.3	11856.3	12714.3
29000	24167													10230.1	11100.1	11970.1	12840.1
29400	24500													10318.3	11200.3	12082.3	12964.3
29800	24833														11299.2	12193.2	13087.2
30200	25167														11396.6	12302.6	13208.6
30600	25500														11492.6	12410.6	13328.6
31000	25833														11587.1	12517.1	13447.1
31400	26167															12622.2	13564.2
31800	26500															12725.9	13679.9
32200	26833															12828.1	13794.1
32600	27167															12928.9	13906.9
33000	27500																14018.3
33400	27833																14128.2
33800	28167																14236.7
34200	28500																14343.7
34600	28833																14449.3

单筋矩形截面梁弯矩配筋表　　　　**表 2-4-42**

A_s(mm^2)		M(kN·m)　梁宽 b=200mm,C40 混凝土,　当 h(mm)为										
HRB335 钢	HRB400 钢 RRB400 钢	200	250	300	350	400	450	500	550	600	650	700
110	92	5.30										
150	125	7.16	9.41									
190	158	8.98	11.83	14.68	17.53							
230	192	10.76	14.21	17.66	21.11	24.56						
270	225	12.51	16.56	20.61	24.66	28.71	32.76	36.81				
310	258	14.21	18.86	23.51	28.16	32.81	37.46	42.11	46.76	51.41		
350	292	15.88	21.13	26.38	31.63	36.88	42.13	47.38	52.63	57.88	63.13	
390	325	17.51	23.36	29.21	35.06	40.91	46.76	52.61	58.46	64.31	70.16	76.01
430	358	19.11	25.56	32.01	38.46	44.91	51.36	57.81	64.26	70.71	77.16	83.61
470	392	20.66	27.71	34.76	41.81	48.86	55.91	62.96	70.01	77.06	84.11	91.16
510	425	22.18	29.83	37.48	45.13	52.78	60.43	68.08	75.73	83.38	91.03	98.68
550	458	23.66	31.91	40.16	48.41	56.66	64.91	73.16	81.41	89.66	97.91	106.2
590	492	25.10	33.95	42.80	51.65	60.50	69.35	78.20	87.05	95.90	104.8	113.6
630	525	26.51	35.96	45.41	54.86	64.31	73.76	83.21	92.66	102.1	111.6	121.0
670	558	27.88	37.93	47.98	58.03	68.08	78.13	88.18	98.23	108.3	118.3	128.4
710	592	29.21	39.86	50.51	61.16	71.81	82.46	93.11	103.8	114.4	125.1	135.7
750	625	30.50	41.75	53.00	64.25	75.50	86.75	98.00	109.2	120.5	131.7	143.0
790	658	31.75	43.60	55.45	67.30	79.15	91.00	102.9	114.7	126.6	138.4	150.3
830	692	32.97	45.42	57.87	70.32	82.77	95.22	107.7	120.1	132.6	145.0	157.5
870	725	34.15	47.20	60.25	73.30	86.35	99.40	112.4	125.5	138.5	151.6	164.6
910	758	35.29	48.94	62.59	76.24	89.89	103.5	117.2	130.8	144.5	158.1	171.8
950	792	36.39	50.64	64.89	79.14	93.39	107.6	121.9	136.1	150.4	164.6	178.9
990	825	37.46	52.31	67.16	82.01	96.86	111.7	126.6	141.4	156.3	171.1	186.0
1030	858	38.49	53.94	69.39	84.84	100.3	115.7	131.2	146.6	162.1	177.5	193.0
1070	892	39.48	55.53	71.58	87.63	103.7	119.7	135.8	151.8	167.9	183.9	200.0
1110	925	40.43	57.08	73.73	90.38	107.0	123.7	140.3	157.0	173.6	190.3	206.9
1150	958	41.35	58.60	75.85	93.10	110.3	127.6	144.8	162.1	179.3	196.6	213.8
1190	992	42.22	60.07	77.92	95.77	113.6	131.5	149.3	167.2	185.0	202.9	220.7
1230	1025	43.06	61.51	79.96	98.41	116.9	135.3	153.8	172.2	190.7	209.1	227.6
1270	1058	43.86	62.91	81.96	101.0	120.1	139.1	158.2	177.2	196.3	215.3	234.4
1310	1092	44.63	64.28	83.93	103.6	123.2	142.9	162.5	182.2	201.8	221.5	241.1
1350	1125		65.61	85.86	106.1	126.4	146.6	166.9	187.1	207.4	227.6	247.9

续表

A_s(mm^2)		M(kN·m) 梁宽 b=200mm，C40 混凝土， 当 h(mm)为										
HRB335 钢	HRB400 钢 RRB400 钢	200	250	300	350	400	450	500	550	600	650	700
1390	1158		66.89	87.74	108.6	129.4	150.3	171.1	192.0	212.8	233.7	254.5
1430	1192		68.15	89.60	111.0	132.5	153.9	175.4	196.8	218.3	239.7	261.2
1470	1225		69.36	91.41	113.5	135.5	157.6	179.6	201.7	223.7	245.8	267.8
以上为单排筋，以下为双排筋												
1510	1258		59.21	81.86	104.5	127.2	149.8	172.5	195.1	217.8	240.4	263.1
1550	1292		60.05	83.30	106.5	129.8	153.0	176.3	199.5	222.8	246.0	269.3
1590	1325		60.85	84.70	108.5	132.4	156.2	180.1	203.9	227.8	251.6	275.5
1630	1358		61.61	86.06	110.5	135.0	159.4	183.9	208.3	232.8	257.2	281.7
1670	1392			87.39	112.4	137.5	162.5	187.6	212.6	237.7	262.7	287.8
1710	1425			88.67	114.3	140.0	165.6	191.3	216.9	242.6	268.2	293.9
1750	1458			89.92	116.2	142.4	168.7	194.9	221.2	247.4	273.7	299.9
1790	1492			91.14	118.0	144.8	171.7	198.5	225.4	252.2	279.1	305.9
1830	1525			92.31	119.8	147.2	174.7	202.1	229.6	257.0	284.5	311.9
1870	1558			93.45	121.5	149.5	177.6	205.6	233.7	261.7	289.8	317.8
1910	1592			94.55	123.2	151.8	180.5	209.1	237.8	266.4	295.1	323.7
1950	1625			95.61	124.9	154.1	183.4	212.6	241.9	271.1	300.4	329.6
1990	1658				126.5	156.3	186.2	216.0	245.9	275.7	305.6	335.4
2030	1692				128.1	158.5	189.0	219.4	249.9	280.3	310.8	341.2
2070	1725				129.6	160.7	191.7	222.8	253.8	284.9	315.9	347.0
2110	1758				131.1	162.8	194.4	226.1	257.7	289.4	321.0	352.7
2150	1792				132.6	164.8	197.1	229.3	261.6	293.8	326.1	358.3
2190	1825				134.0	166.9	199.7	232.6	265.4	298.3	331.1	364.0
2230	1858				135.4	168.9	202.3	235.8	269.2	302.7	336.1	369.6
2270	1892				136.8	170.8	204.9	238.9	273.0	307.0	341.1	375.1
2310	1925					172.8	207.4	242.1	276.7	311.4	346.0	380.7
2350	1958					174.6	209.9	245.1	280.4	315.6	350.9	386.1
2390	1992					176.5	212.3	248.2	284.0	319.9	355.7	391.6
2430	2025					178.3	214.7	251.2	287.6	324.1	360.5	397.0
2470	2058					180.1	217.1	254.2	291.2	328.3	365.3	402.4
2510	2092					181.8	219.5	257.1	294.8	332.4	370.1	407.7
2550	2125					183.5	221.7	260.0	298.2	336.5	374.7	413.0
2590	2158					185.2	224.0	262.9	301.7	340.6	379.4	418.3

续表

A_s(mm²)		M(kN·m)　梁宽 b=200mm,C40 混凝土,　当 h(mm)为										
HRB335 钢	HRB400 钢 RRB400 钢	200	250	300	350	400	450	500	550	600	650	700
2630	2192					186.8	226.2	265.7	305.1	344.6	384.0	423.5
2670	2225						228.4	268.5	308.5	348.6	388.6	428.7
2710	2258						230.6	271.2	311.9	352.5	393.2	433.8
2750	2292						232.7	273.9	315.2	356.4	397.7	438.9
2790	2325						234.7	276.6	318.4	360.3	402.1	444.0
2830	2358						236.8	279.2	321.7	364.1	406.6	449.0
2870	2392						238.8	281.8	324.9	367.9	411.0	454.0
2910	2425						240.7	284.4	328.0	371.7	415.3	459.0
2950	2458						242.6	286.9	331.1	375.4	419.6	463.9
以上为双排筋,以下为三排筋												
2990	2492							262.5	307.3	352.2	397.0	441.9
3030	2525							264.5	310.0	355.4	400.9	446.3
3070	2558							266.6	312.6	358.7	404.7	450.8
3150	2625							270.6	317.8	365.1	412.3	459.6
3230	2692							274.4	322.8	371.3	419.7	468.2
3310	2758								327.7	377.4	427.0	476.7
3390	2825								332.4	383.3	434.1	485.0
3470	2892								337.0	389.1	441.1	493.2
3550	2958								341.4	394.7	447.9	501.2
3630	3025									400.2	454.6	509.1
3710	3092									405.5	461.1	516.8
3790	3158									410.7	467.5	524.4
3870	3225									415.7	473.7	531.8
3950	3292									420.6	479.8	539.1
4030	3358										485.7	546.2
4110	3425										491.5	553.1
4190	3492										497.1	560.0
4270	3558										502.6	566.6
4350	3625											573.1
4430	3692											579.5
4510	3758											585.7
4590	3825											591.8

单筋矩形截面梁弯矩配筋表 表 2-4-43

$A_s(mm^2)$		M(kN·m) 梁宽 b=250mm,C40 混凝土, 当 h(mm)为												
HRB335 钢	HRB400 钢 RRB400 钢	250	300	350	400	450	500	550	600	650	700	750	800	900
190	158	11.91												
230	192	14.34	17.79	21.24										
270	225	16.73	20.78	24.83	28.88									
310	258	19.09	23.74	28.39	33.04	37.69								
350	292	21.42	26.67	31.92	37.17	42.42	47.67							
390	325	23.72	29.57	35.42	41.27	47.12	52.97	58.82	64.67					
430	358	25.99	32.44	38.89	45.34	51.79	58.24	64.69	71.14	77.59				
470	392	28.23	35.28	42.33	49.38	56.43	63.48	70.53	77.58	84.63	91.68			
550	458	32.62	40.87	49.12	57.37	65.62	73.87	82.12	90.37	98.62	106.9	115.1	123.4	
630	525	36.89	46.34	55.79	65.24	74.69	84.14	93.59	103.0	112.5	121.9	131.4	140.8	159.7
710	592	41.04	51.69	62.34	72.99	83.64	94.29	104.9	115.6	126.2	136.9	147.5	158.2	179.5
790	658	45.07	56.92	68.77	80.62	92.47	104.3	116.2	128.0	139.9	151.7	163.6	175.4	199.1
870	725	48.98	62.03	75.08	88.13	101.2	114.2	127.3	140.3	153.4	166.4	179.5	192.5	218.6
950	792	52.77	67.02	81.27	95.52	109.8	124.0	138.3	152.5	166.8	181.0	195.3	209.5	238.0
1030	858	56.44	71.89	87.34	102.8	118.2	133.7	149.1	164.6	180.0	195.5	210.9	226.4	257.3
1110	925	59.98	76.63	93.28	109.9	126.6	143.2	159.9	176.5	193.2	209.8	226.5	243.1	276.4
1190	992	63.41	81.26	99.11	117.0	134.8	152.7	170.5	188.4	206.2	224.1	241.9	259.8	295.5
1270	1058	66.71	85.76	104.8	123.9	142.9	162.0	181.0	200.1	219.1	238.2	257.2	276.3	314.4
1350	1125	69.90	90.15	110.4	130.6	150.9	171.1	191.4	211.6	231.9	252.1	272.4	292.6	333.1
1430	1192	72.96	94.41	115.9	137.3	158.8	180.2	201.7	223.1	244.6	266.0	287.5	308.9	351.8
1510	1258	75.91	98.56	121.2	143.9	166.5	189.2	211.8	234.5	257.1	279.8	302.4	325.1	370.4
1590	1325	78.73	102.6	126.4	150.3	174.1	198.0	221.8	245.7	269.5	293.4	317.2	341.1	388.8
1670	1392	81.43	106.5	131.5	156.6	181.6	206.7	231.7	256.8	281.8	306.9	331.9	357.0	407.1
1750	1458	84.01	110.3	136.5	162.8	189.0	215.3	241.5	267.8	294.0	320.3	346.5	372.8	425.3
1830	1525	86.47	113.9	141.4	168.8	196.3	223.7	251.2	278.6	306.1	333.5	361.0	388.4	443.3
1910	1592	88.82	117.5	146.1	174.8	203.4	232.1	260.7	289.4	318.0	346.7	375.3	404.0	461.3
以上为单排筋,以下为双排筋														
1990	1658	76.11	106.0	135.8	165.7	195.5	225.4	255.2	285.1	314.9	344.8	374.6	404.5	464.2
2070	1725		108.7	139.7	170.8	201.8	232.9	263.9	295.0	326.0	357.1	388.1	419.2	481.3
2150	1792		111.2	143.5	175.7	208.0	240.2	272.5	304.7	337.0	369.2	401.5	433.7	498.2
2230	1858		113.7	147.1	180.6	214.0	247.5	280.9	314.4	347.8	381.3	414.7	448.2	515.1
2310	1925		116.0	150.7	185.3	220.0	254.6	289.3	323.9	358.6	393.2	427.9	462.5	531.8

续表

A_s(mm²)		M(kN·m) 梁宽 b=250mm,C40 混凝土, 当 h(mm)为												
HRB335 钢	HRB400 钢 RRB400 钢	250	300	350	400	450	500	550	600	650	700	750	800	900
2390	1992		118.2	154.1	189.9	225.8	261.6	297.5	333.3	369.2	405.0	440.9	476.7	548.4
2470	2058		120.3	157.4	194.4	231.5	268.5	305.6	342.6	379.7	416.7	453.8	490.8	564.9
2550	2125			160.6	198.8	237.1	275.3	313.6	351.8	390.1	428.3	466.6	504.8	581.3
2630	2192			163.6	203.1	242.5	282.0	321.4	360.9	400.3	439.8	479.2	518.7	597.6
2710	2258			166.6	207.2	247.9	288.5	329.2	369.8	410.5	451.1	491.8	532.4	613.7
2790	2325			169.4	211.2	253.1	294.9	336.8	378.6	420.5	462.3	504.2	546.0	629.7
2870	2392			172.1	215.1	258.2	301.2	344.3	387.3	430.4	473.4	516.5	559.5	645.6
2950	2458				218.9	263.1	307.4	351.6	395.9	440.1	484.4	528.6	572.9	661.4
3030	2525				222.5	268.0	313.4	358.9	404.3	449.8	495.2	540.7	586.1	677.0
3110	2592				226.1	272.7	319.4	366.0	412.7	459.3	506.0	552.6	599.3	692.6
3190	2658				229.5	277.3	325.2	373.0	420.9	468.7	516.6	564.4	612.3	708.0
3270	2725				232.8	281.8	330.9	379.9	429.0	478.0	527.1	576.1	625.2	723.3
3350	2792					286.2	336.4	386.7	436.9	487.2	537.4	587.7	637.9	738.4
3430	2858					290.4	341.9	393.3	444.8	496.2	547.7	599.1	650.6	753.5
3510	2925					294.6	347.2	399.9	452.5	505.2	557.8	610.5	663.1	768.4
3590	2992					298.6	352.4	406.3	460.1	514.0	567.8	621.7	675.5	783.2
3670	3058					302.5	357.5	412.6	467.6	522.7	577.7	632.8	687.8	797.9
3750	3125						362.5	418.7	475.0	531.2	587.5	643.7	700.0	812.5
3830	3192						367.3	424.8	482.2	539.7	597.1	654.6	712.0	826.9
3910	3258						372.0	430.7	489.3	548.0	606.6	665.3	723.9	841.2
以上为双排筋,以下为三排筋														
3990	3325						340.7	400.6	460.4	520.3	580.1	640.0	699.8	819.5
4070	3392						344.5	405.6	466.6	527.7	588.7	649.8	710.8	832.9
4150	3458							410.4	472.6	534.9	597.1	659.4	721.6	846.1
4230	3525							415.1	478.6	542.0	605.5	668.9	732.4	859.3
4310	3592							419.7	484.4	549.0	613.7	678.3	743.0	872.3
4390	3658							424.2	490.0	555.9	621.7	687.6	753.4	885.1
4470	3725							428.6	495.6	562.7	629.7	696.8	763.8	897.9
4550	3792								501.0	569.3	637.5	705.8	774.0	910.5
4630	3858								506.4	575.8	645.3	714.7	784.2	923.1
4710	3925								511.6	582.2	652.9	723.5	794.2	935.5
4790	3992								516.6	588.5	660.3	732.2	804.0	947.7

续表

A_s(mm^2)		M(kN·m) 梁宽 b=250mm,C40 混凝土, 当 h(mm)为												
HRB335 钢	HRB400 钢 RRB400 钢	250	300	350	400	450	500	550	600	650	700	750	800	900
4870	4058								521.6	594.6	667.7	740.8	813.8	959.9
4950	4125									600.7	674.9	749.2	823.4	971.9
5030	4192									606.6	682.1	757.5	833.0	983.9
5110	4258									612.4	689.0	765.7	842.3	995.6
5190	4325									618.1	695.9	773.8	851.6	1007.3
5270	4392									623.6	702.7	781.7	860.8	1018.9
5350	4458									629.1	709.3	789.6	869.8	1030.3
5430	4525										715.8	797.3	878.7	1041.6
5510	4592										722.2	804.9	887.5	1052.8
5590	4658										728.5	812.3	896.2	1063.9
5670	4725										734.6	819.7	904.7	1074.8
5750	4792										740.7	826.9	913.2	1085.7
5830	4858											834.0	921.5	1096.4
5910	4925											841.0	929.7	1107.0
5990	4992											847.9	937.7	1117.4
6070	5058											854.6	945.7	1127.8
6150	5125											861.3	953.5	1138.0
6230	5192												961.2	1148.1
6310	5258												968.8	1158.1
6390	5325												976.3	1168.0
6470	5392												983.6	1177.7
6550	5458												990.8	1187.3
6630	5525													1196.8
6710	5592													1206.2
6790	5658													1215.5
6870	5725													1224.6
6950	5792													1233.6
7030	5858													1242.5
7110	5925													1251.3
7190	5992													1260.0
7270	6058													1268.5
7350	6125													1276.9

单筋矩形截面梁弯矩配筋表

表 2-4-44

A_s(mm^2)		M(kN·m) 梁宽 b=300mm,C40 混凝土, 当 h(mm)为										
HRB335 钢	HRB400 钢 RRB400 钢	450	500	550	600	650	700	750	800	900	1000	1100
380	317	46.18										
420	350	50.90	57.20									
460	383	55.61	62.51	69.41								
500	417	60.29	67.79	75.29	82.79							
540	450	64.94	73.04	81.14	89.24	97.34	105.4					
580	483	69.57	78.27	86.97	95.67	104.4	113.1	121.8				
620	517	74.17	83.47	92.77	102.1	111.4	120.7	130.0	139.3			
660	550	78.75	88.65	98.55	108.4	118.3	128.2	138.1	148.0			
700	583	83.30	93.80	104.3	114.8	125.3	135.8	146.3	156.8	177.8		
740	617	87.83	98.93	110.0	121.1	132.2	143.3	154.4	165.5	187.7		
780	650	92.33	104.0	115.7	127.4	139.1	150.8	162.5	174.2	197.6	221.0	
820	683	96.81	109.1	121.4	133.7	146.0	158.3	170.6	182.9	207.5	232.1	
860	717	101.3	114.2	127.1	140.0	152.9	165.8	178.7	191.6	217.4	243.2	269.0
900	750	105.7	119.2	132.7	146.2	159.7	173.2	186.7	200.2	227.2	254.2	281.2
940	783	110.1	124.2	138.3	152.4	166.5	180.6	194.7	208.8	237.0	265.2	293.4
980	817	114.5	129.2	143.9	158.6	173.3	188.0	202.7	217.4	246.8	276.2	305.6
1020	850	118.8	134.1	149.4	164.7	180.0	195.3	210.6	225.9	256.5	287.1	317.7
1060	883	123.1	139.0	154.9	170.8	186.7	202.6	218.5	234.4	266.2	298.0	329.8
1100	917	127.4	143.9	160.4	176.9	193.4	209.9	226.4	242.9	275.9	308.9	341.9
1140	950	131.7	148.8	165.9	183.0	200.1	217.2	234.3	251.4	285.6	319.8	354.0
1180	983	136.0	153.7	171.4	189.1	206.8	224.5	242.2	259.9	295.3	330.7	366.1
1220	1017	140.2	158.5	176.8	195.1	213.4	231.7	250.0	268.3	304.9	341.5	378.1
1260	1050	144.4	163.3	182.2	201.1	220.0	238.9	257.8	276.7	314.5	352.3	390.1
1300	1083	148.6	168.1	187.6	207.1	226.6	246.1	265.6	285.1	324.1	363.1	402.1
1340	1117	152.7	172.8	192.9	213.0	233.1	253.2	273.3	293.4	333.6	373.8	414.0
1380	1150	156.9	177.6	198.3	219.0	239.7	260.4	281.1	301.8	343.2	384.6	426.0
1420	1183	161.0	182.3	203.6	224.9	246.2	267.5	288.8	310.1	352.7	395.3	437.9
1460	1217	165.0	186.9	208.8	230.7	252.6	274.5	296.4	318.3	362.1	405.9	449.7
1500	1250	169.1	191.6	214.1	236.6	259.1	281.6	304.1	326.6	371.6	416.6	461.6
1580	1317	177.1	200.8	224.5	248.2	271.9	295.6	319.3	343.0	390.4	437.8	485.2
1660	1383	185.0	209.9	234.8	259.7	284.6	309.5	334.4	359.3	409.1	458.9	508.7
1740	1450	192.9	219.0	245.1	271.2	297.3	323.4	349.5	375.6	427.8	480.0	532.2

续表

$A_s(mm^2)$		M(kN·m) 梁宽 $b=300$mm,C40 混凝土， 当 h(mm)为										
HRB335 钢	HRB400 钢 RRB400 钢	450	500	550	600	650	700	750	800	900	1000	1100
1820	1517	200.6	227.9	255.2	282.5	309.8	337.1	364.4	391.7	446.3	500.9	555.5
1900	1583	208.2	236.7	265.2	293.7	322.2	350.7	379.2	407.7	464.7	521.7	578.7
1980	1650	215.7	245.4	275.1	304.8	334.5	364.2	393.9	423.6	483.0	542.4	601.8
2060	1717	223.1	254.0	284.9	315.8	346.7	377.6	408.5	439.4	501.2	563.0	624.8
2140	1783	230.5	262.6	294.7	326.8	358.9	391.0	423.1	455.2	519.4	583.6	647.8
2220	1850	237.7	271.0	304.3	337.6	370.9	404.2	437.5	470.8	537.4	604.0	670.6
2300	1917	244.8	279.3	313.8	348.3	382.8	417.3	451.8	486.3	555.3	624.3	693.3
2380	1983	251.8	287.5	323.2	358.9	394.6	430.3	466.0	501.7	573.1	644.5	715.9
以上为单排筋,以下为双排筋												
2460	2050	240.3	277.2	314.1	351.0	387.9	424.8	461.7	498.6	572.4	646.2	720.0
2540	2117	246.5	284.6	322.7	360.8	398.9	437.0	475.1	513.2	589.4	665.6	741.8
2620	2183	252.6	291.9	331.2	370.5	409.8	449.1	488.4	527.7	606.3	684.9	763.5
2700	2250	258.6	299.1	339.6	380.1	420.6	461.1	501.6	542.1	623.1	704.1	785.1
2850	2375	269.7	312.4	355.2	397.9	440.7	483.4	526.2	568.9	654.4	739.9	825.4
2950	2458	276.8	321.1	365.3	409.6	453.8	498.1	542.3	586.6	675.1	763.6	852.1
3050	2542	283.8	329.5	375.3	421.0	466.8	512.5	558.3	604.0	695.5	787.0	878.5
3150	2625	290.6	337.9	385.1	432.4	479.6	526.9	574.1	621.4	715.9	810.4	904.9
3250	2708	297.3	346.0	394.8	443.5	492.3	541.0	589.8	638.5	736.0	833.5	931.0
3400	2833	307.0	358.0	409.0	460.0	511.0	562.0	613.0	664.0	766.0	868.0	970.0
3550	2958	316.4	369.6	422.9	476.1	529.4	582.6	635.9	689.1	795.6	902.1	1008.6
3700	3083	325.4	380.9	436.4	491.9	547.4	602.9	658.4	713.9	824.9	935.9	1046.9
3850	3208	334.0	391.8	449.5	507.3	565.0	622.8	680.5	738.3	853.8	969.3	1084.8
4000	3333	342.3	402.3	462.3	522.3	582.3	642.3	702.3	762.3	882.3	1002.3	1122.3
4200	3500	352.9	415.9	478.9	541.9	604.9	667.9	730.9	793.9	919.9	1045.9	1171.9
4400	3667	362.8	428.8	494.8	560.8	626.8	692.8	758.8	824.8	956.8	1088.8	1220.8
4600	3833		441.0	510.0	579.0	648.0	717.0	786.0	855.0	993.0	1131.0	1269.0
4800	4000		452.7	524.7	596.7	668.7	740.7	812.7	884.7	1028.7	1172.7	1316.7
以上为双排筋,以下为三排筋												
5000	4167			493.7	568.7	643.7	718.7	793.7	868.7	1018.7	1168.7	1318.7
5200	4333			505.2	583.2	661.2	739.2	817.2	895.2	1051.2	1207.2	1363.2
5400	4500			516.2	597.2	678.2	759.2	840.2	921.2	1083.2	1245.2	1407.2
5600	4667				610.5	694.5	778.5	862.5	946.5	1114.5	1282.5	1450.5

续表

$A_s(mm^2)$		M(kN·m) 梁宽 $b=300$mm,C40 混凝土, 当 h(mm)为										
HRB335 钢	HRB400 钢 RRB400 钢	450	500	550	600	650	700	750	800	900	1000	1100
5800	4833				623.2	710.2	797.2	884.2	971.2	1145.2	1319.2	1493.2
6000	5000					725.3	815.3	905.3	995.3	1175.3	1355.3	1535.3
6200	5167					739.7	832.7	925.7	1018.7	1204.7	1390.7	1576.7
6400	5333					753.5	849.5	945.5	1041.5	1233.5	1425.5	1617.5
6600	5500						865.7	964.7	1063.7	1261.7	1459.7	1657.7
6800	5667						881.3	983.3	1085.3	1289.3	1493.3	1697.3
7000	5833							1001.2	1106.2	1316.2	1526.2	1736.2
7200	6000							1018.5	1126.5	1342.5	1558.5	1774.5
7400	6167							1035.1	1146.1	1368.1	1590.1	1812.1
7600	6333								1165.2	1393.2	1621.2	1849.2
7800	6500								1183.6	1417.6	1651.6	1885.6
8000	6667									1441.4	1681.4	1921.4
8200	6833									1464.5	1710.5	1956.5
8400	7000									1487.1	1739.1	1991.1
8600	7167									1509.0	1767.0	2025.0
8800	7333									1530.2	1794.2	2058.2
9000	7500										1820.9	2090.9
9200	7667										1846.9	2122.9
9400	7833										1872.3	2154.3
9600	8000										1897.0	2185.0
9800	8167										1921.2	2215.2
10000	8333											2244.7
10200	8500											2273.5
10400	8667											2301.8
10600	8833											2329.4
10800	9000											2356.4

单筋矩形截面梁弯矩配筋表

表 2-4-45

$A_s(mm^2)$		$M(kN·m)$ 梁宽 $b=350mm$,C40 混凝土, 当 $h(mm)$为										
HRB335 钢	HRB400 钢 RRB400 钢	500	550	600	650	700	750	800	900	1000	1100	1200
460	383	62.75										
500	417	68.07	75.57									
540	450	73.37	81.47	89.57								
580	483	78.65	87.35	96.05								
620	517	83.90	93.20	102.5	111.8							
660	550	89.14	99.04	108.9	118.8	128.7						
700	583	94.35	104.9	115.4	125.9	136.4	146.9					
740	617	99.54	110.6	121.7	132.8	143.9	155.0	166.1				
780	650	104.7	116.4	128.1	139.8	151.5	163.2	174.9				
820	683	109.9	122.2	134.5	146.8	159.1	171.4	183.7	208.3			
860	717	115.0	127.9	140.8	153.7	166.6	179.5	192.4	218.2			
900	750	120.1	133.6	147.1	160.6	174.1	187.6	201.1	228.1	255.1		
940	783	125.2	139.3	153.4	167.5	181.6	195.7	209.8	238.0	266.2		
980	817	130.2	144.9	159.6	174.3	189.0	203.7	218.4	247.8	277.2		
1020	850	135.3	150.6	165.9	181.2	196.5	211.8	227.1	257.7	288.3	318.9	
1060	883	140.3	156.2	172.1	188.0	203.9	219.8	235.7	267.5	299.3	331.1	
1100	917	145.3	161.8	178.3	194.8	211.3	227.8	244.3	277.3	310.3	343.3	376.3
1140	950	150.3	167.4	184.5	201.6	218.7	235.8	252.9	287.1	321.3	355.5	389.7
1180	983	155.2	172.9	190.6	208.3	226.0	243.7	261.4	296.8	332.2	367.6	403.0
1260	1050	165.1	184.0	202.9	221.8	240.7	259.6	278.5	316.3	354.1	391.9	429.7
1340	1117	174.8	194.9	215.0	235.1	255.2	275.3	295.4	335.6	375.8	416.0	456.2
1420	1183	184.5	205.8	227.1	248.4	269.7	291.0	312.3	354.9	397.5	440.1	482.7
1500	1250	194.1	216.6	239.1	261.6	284.1	306.6	329.1	374.1	419.1	464.1	509.1
1580	1317	203.6	227.3	251.0	274.7	298.4	322.1	345.8	393.2	440.6	488.0	535.4
1660	1383	213.0	237.9	262.8	287.7	312.6	337.5	362.4	412.2	462.0	511.8	561.6
1740	1450	222.3	248.4	274.5	300.6	326.7	352.8	378.9	431.1	483.3	535.5	587.7
1820	1517	231.6	258.9	286.2	313.5	340.8	368.1	395.4	450.0	504.6	559.2	613.8
1900	1583	240.7	269.2	297.7	326.2	354.7	383.2	411.7	468.7	525.7	582.7	639.7
1980	1650	249.8	279.5	309.2	338.9	368.6	398.3	428.0	487.4	546.8	606.2	665.6
2060	1717	258.8	289.7	320.6	351.5	382.4	413.3	444.2	506.0	567.8	629.6	691.4
2140	1783	267.7	299.8	331.9	364.0	396.1	428.2	460.3	524.5	588.7	652.9	717.1
2220	1850	276.5	309.8	343.1	376.4	409.7	443.0	476.3	542.9	609.5	676.1	742.7

续表

A_s(mm²)		M(kN·m)　梁宽 $b=350$mm,C40 混凝土,　当 h(mm)为										
HRB335 钢	HRB400 钢 RRB400 钢	500	550	600	650	700	750	800	900	1000	1100	1200
2300	1917	285.2	319.7	354.2	388.7	423.2	457.7	492.2	561.2	630.2	699.2	768.2
2380	1983	293.9	329.6	365.3	401.0	436.7	472.4	508.1	579.5	650.9	722.3	793.7
2460	2050	302.4	339.3	376.2	413.1	450.0	486.9	523.8	597.6	671.4	745.2	819.0
2540	2117	310.9	349.0	387.1	425.2	463.3	501.4	539.5	615.7	691.9	768.1	844.3
2620	2183	319.3	358.6	397.9	437.2	476.5	515.8	555.1	633.7	712.3	790.9	869.5
2700	2250	327.6	368.1	408.6	449.1	489.6	530.1	570.6	651.6	732.6	813.6	894.6
2850	2375	342.9	385.6	428.4	471.1	513.9	556.6	599.4	684.9	770.4	855.9	941.4
以上为单排筋,以下为双排筋												
2950	2458	330.8	375.1	419.3	463.6	507.8	552.1	596.3	684.8	773.3	861.8	950.3
3050	2542	340.0	385.7	431.5	477.2	523.0	568.7	614.5	706.0	797.5	889.0	980.5
3150	2625	349.0	396.3	443.5	490.8	538.0	585.3	632.5	727.0	821.5	916.0	1010.5
3250	2708	357.9	406.6	455.4	504.1	552.9	601.6	650.4	747.9	845.4	942.9	1040.4
3400	2833	371.0	422.0	473.0	524.0	575.0	626.0	677.0	779.0	881.0	983.0	1085.0
3550	2958	383.8	437.0	490.3	543.5	596.8	650.0	703.3	809.8	916.3	1022.8	1129.3
3700	3083	396.2	451.7	507.2	562.7	618.2	673.7	729.2	840.2	951.2	1062.2	1173.2
3850	3208	408.4	466.2	523.9	581.7	639.4	697.2	754.9	870.4	985.9	1101.4	1216.9
4000	3333	420.3	480.3	540.3	600.3	660.3	720.3	780.3	900.3	1020.3	1140.3	1260.3
4200	3500	435.7	498.7	561.7	624.7	687.7	750.7	813.7	939.7	1065.7	1191.7	1317.7
4400	3667	450.5	516.5	582.5	648.5	714.5	780.5	846.5	978.5	1110.5	1242.5	1374.5
4600	3833	464.8	533.8	602.8	671.8	740.8	809.8	878.8	1016.8	1154.8	1292.8	1430.8
4800	4000	478.5	550.5	622.5	694.5	766.5	838.5	910.5	1054.5	1198.5	1342.5	1486.5
5000	4167	491.7	566.7	641.7	716.7	791.7	866.7	941.7	1091.7	1241.7	1391.7	1541.7
5200	4333	504.4	582.4	660.4	738.4	816.4	894.4	972.4	1128.4	1284.4	1440.4	1596.4
5400	4500	516.5	597.5	678.5	759.5	840.5	921.5	1002.5	1164.5	1326.5	1488.5	1650.5
5600	4667	528.1	612.1	696.1	780.1	864.1	948.1	1032.1	1200.1	1368.1	1536.1	1704.1
5800	4833		626.2	713.2	800.2	887.2	974.2	1061.2	1235.2	1409.2	1583.2	1757.2
以上为双排筋,以下为三排筋												
6000	5000		585.7	675.7	765.7	855.7	945.7	1035.7	1215.7	1395.7	1575.7	1755.7
6200	5167		596.8	689.8	782.8	875.8	968.8	1061.8	1247.8	1433.8	1619.8	1805.8
6400	5333			703.5	799.5	895.5	991.5	1087.5	1279.5	1471.5	1663.5	1855.5
6600	5500			716.6	815.6	914.6	1013.6	1112.6	1310.6	1508.6	1706.6	1904.6
6800	5667			729.1	831.1	933.1	1035.1	1137.1	1341.1	1545.1	1749.1	1953.1

续表

$A_s(mm^2)$		M(kN·m) 梁宽 $b=350$mm，C40 混凝土， 当 h(mm)为										
HRB335 钢	HRB400 钢 RRB400 钢	500	550	600	650	700	750	800	900	1000	1100	1200
7000	5833				846.2	951.2	1056.2	1161.2	1371.2	1581.2	1791.2	2001.2
7200	6000				860.6	968.6	1076.6	1184.6	1400.6	1616.6	1832.6	2048.6
7400	6167				874.6	985.6	1096.6	1207.6	1429.6	1651.6	1873.6	2095.6
7600	6333					1002.0	1116.0	1230.0	1458.0	1686.0	1914.0	2142.0
7800	6500					1017.9	1134.9	1251.9	1485.9	1719.9	1953.9	2187.9
8000	6667					1033.2	1153.2	1273.2	1513.2	1753.2	1993.2	2233.2
8200	6833						1171.0	1294.0	1540.0	1786.0	2032.0	2278.0
8400	7000						1188.2	1314.2	1566.2	1818.2	2070.2	2322.2
8600	7167						1204.9	1333.9	1591.9	1849.9	2107.9	2365.9
8800	7333							1353.1	1617.1	1881.1	2145.1	2409.1
9000	7500							1371.7	1641.7	1911.7	2181.7	2451.7
9200	7667							1389.8	1665.8	1941.8	2217.8	2493.8
9400	7833								1689.4	1971.4	2253.4	2535.4
9600	8000								1712.4	2000.4	2288.4	2576.4
9800	8167								1734.9	2028.9	2322.9	2616.9
10000	8333								1756.9	2056.9	2356.9	2656.9
10200	8500								1778.3	2084.3	2390.3	2696.3
10400	8667									2111.1	2423.1	2735.1
10600	8833									2137.5	2455.5	2773.5
10800	9000									2163.2	2487.2	2811.2
11000	9167									2188.5	2518.5	2848.5
11200	9333									2213.2	2549.2	2885.2
11400	9500									2237.4	2579.4	2921.4
11600	9667										2609.0	2957.0
11800	9833										2638.1	2992.1
12000	10000										2666.7	3026.7
12200	10167										2694.7	3060.7
12400	10333										2722.2	3094.2
12600	10500										2749.1	3127.1
13000	10833											3191.4
13400	11167											3253.5
13800	11500											3313.5

单筋矩形截面梁弯矩配筋表 表 2-4-46

A_s(mm²)		M(kN·m) 梁宽 b=400mm,C40 混凝土, 当 h(mm)为										
HRB335 钢	HRB400 钢 RRB400 钢	600	650	700	750	800	900	1000	1100	1200	1300	1400
1060	883	173.1	189.0	204.9	220.8	236.7	268.5	300.3				
1100	917	179.3	195.8	212.3	228.8	245.3	278.3	311.3				
1140	950	185.6	202.7	219.8	236.9	254.0	288.2	322.4	356.6			
1180	983	191.8	209.5	227.2	244.9	262.6	298.0	333.4	368.8			
1220	1017	198.0	216.3	234.6	252.9	271.2	307.8	344.4	381.0			
1260	1050	204.2	223.1	242.0	260.9	279.8	317.6	355.4	393.2	431.0		
1300	1083	210.4	229.9	249.4	268.9	288.4	327.4	366.4	405.4	444.4		
1340	1117	216.6	236.7	256.8	276.9	297.0	337.2	377.4	417.6	457.8	498.0	
1380	1150	222.7	243.4	264.1	284.8	305.5	346.9	388.3	429.7	471.1	512.5	
1420	1183	228.8	250.1	271.4	292.7	314.0	356.6	399.2	441.8	484.4	527.0	
1460	1217	234.9	256.8	278.7	300.6	322.5	366.3	410.1	453.9	497.7	541.5	585.3
1500	1250	241.0	263.5	286.0	308.5	331.0	376.0	421.0	466.0	511.0	556.0	601.0
1580	1317	253.1	276.8	300.5	324.2	347.9	395.3	442.7	490.1	537.5	584.9	632.3
1660	1383	265.1	290.0	314.9	339.8	364.7	414.5	464.3	514.1	563.9	613.7	663.5
1740	1450	277.1	303.2	329.3	355.4	381.5	433.7	485.9	538.1	590.3	642.5	694.7
1820	1517	289.0	316.3	343.6	370.9	398.2	452.8	507.4	562.0	616.6	671.2	725.8
1900	1583	300.8	329.3	357.8	386.3	414.8	471.8	528.8	585.8	642.8	699.8	756.8
1980	1650	312.5	342.2	371.9	401.6	431.3	490.7	550.1	609.5	668.9	728.3	787.7
2060	1717	324.2	355.1	386.0	416.9	447.8	509.6	571.4	633.2	695.0	756.8	818.6
2140	1783	335.8	367.9	400.0	432.1	464.2	528.4	592.6	656.8	721.0	785.2	849.4
2220	1850	347.3	380.6	413.9	447.2	480.5	547.1	613.7	680.3	746.9	813.5	880.1
2300	1917	358.7	393.2	427.7	462.2	496.7	565.7	634.7	703.7	772.7	841.7	910.7
2380	1983	370.0	405.7	441.4	477.1	512.8	584.2	655.6	727.0	798.4	869.8	941.2
2460	2050	381.3	418.2	455.1	492.0	528.9	602.7	676.5	750.3	824.1	897.9	971.7
2540	2117	392.5	430.6	468.7	506.8	544.9	621.1	697.3	773.5	849.7	925.9	1002.1
2620	2183	403.7	443.0	482.3	521.6	560.9	639.5	718.1	796.7	875.3	953.9	1032.5
2700	2250	414.7	455.2	495.7	536.2	576.7	657.7	738.7	819.7	900.7	981.7	1062.7
2850	2375	435.2	478.0	520.7	563.5	606.2	691.7	777.2	862.7	948.2	1033.7	1119.2
2950	2458	448.8	493.0	537.3	581.5	625.8	714.3	802.8	891.3	979.8	1068.3	1156.8
3050	2542	462.2	507.9	553.7	599.4	645.2	736.7	828.2	919.7	1011.2	1102.7	1194.2
3150	2625	475.5	522.7	570.0	617.2	664.5	759.0	853.5	948.0	1042.5	1137.0	1231.5
3250	2708	488.7	537.4	586.2	634.9	683.7	781.2	878.7	976.2	1073.7	1171.2	1268.7

续表

$A_s(mm^2)$		M(kN·m) 梁宽 $b=400$mm,C40 混凝土, 当 h(mm)为										
HRB335 钢	HRB400 钢 RRB400 钢	600	650	700	750	800	900	1000	1100	1200	1300	1400
3400	2833	508.2	559.2	610.2	661.2	712.2	814.2	916.2	1018.2	1120.2	1222.2	1324.2
以上为单排筋,以下为双排筋												
3550	2958	500.9	554.1	607.4	660.6	713.9	820.4	926.9	1033.4	1139.9	1246.4	1352.9
3700	3083	518.8	574.3	629.8	685.3	740.8	851.8	962.8	1073.8	1184.8	1295.8	1406.8
3850	3208	536.4	594.1	651.9	709.6	767.4	882.9	998.4	1113.9	1229.4	1344.9	1460.4
4000	3333	553.8	613.8	673.8	733.8	793.8	913.8	1033.8	1153.8	1273.8	1393.8	1513.8
4200	3500	576.5	639.5	702.5	765.5	828.5	954.5	1080.5	1206.5	1332.5	1458.5	1584.5
4400	3667	598.8	664.8	730.8	796.8	862.8	994.8	1126.8	1258.8	1390.8	1522.8	1654.8
4600	3833	620.6	689.6	758.6	827.6	896.6	1034.6	1172.6	1310.6	1448.6	1586.6	1724.6
4800	4000	641.9	713.9	785.9	857.9	929.9	1073.9	1217.9	1361.9	1505.9	1649.9	1793.9
5000	4167	662.7	737.7	812.7	887.7	962.7	1112.7	1262.7	1412.7	1562.7	1712.7	1862.7
5200	4333	683.1	761.1	839.1	917.1	995.1	1151.1	1307.1	1463.1	1619.1	1775.1	1931.1
5400	4500	703.0	784.0	865.0	946.0	1027.0	1189.0	1351.0	1513.0	1675.0	1837.0	1999.0
5600	4667	722.5	806.5	890.5	974.5	1058.5	1226.5	1394.5	1562.5	1730.5	1898.5	2066.5
5800	4833	741.5	828.5	915.5	1002.5	1089.5	1263.5	1437.5	1611.5	1785.5	1959.5	2133.5
6000	5000	760.0	850.0	940.0	1030.0	1120.0	1300.0	1480.0	1660.0	1840.0	2020.0	2200.0
6200	5167	778.0	871.0	964.0	1057.0	1150.0	1336.0	1522.0	1708.0	1894.0	2080.0	2266.0
6400	5333	795.5	891.5	987.5	1083.5	1179.5	1371.5	1563.5	1755.5	1947.5	2139.5	2331.5
6600	5500	812.6	911.6	1010.6	1109.6	1208.6	1406.6	1604.6	1802.6	2000.6	2198.6	2396.6
6800	5667	829.2	931.2	1033.2	1135.2	1237.2	1441.2	1645.2	1849.2	2053.2	2257.2	2461.2
以上为双排筋,以下为三排筋												
7000	5833	782.4	887.4	992.4	1097.4	1202.4	1412.4	1622.4	1832.4	2042.4	2252.4	2462.4
7200	6000	796.3	904.3	1012.3	1120.3	1228.3	1444.3	1660.3	1876.3	2092.3	2308.3	2524.3
7400	6167	809.7	920.7	1031.7	1142.7	1253.7	1475.7	1697.7	1919.7	2141.7	2363.7	2585.7
7600	6333	822.6	936.6	1050.6	1164.6	1278.6	1506.6	1734.6	1962.6	2190.6	2418.6	2646.6
7800	6500	835.0	952.0	1069.0	1186.0	1303.0	1537.0	1771.0	2005.0	2239.0	2473.0	2707.0
8000	6667		967.0	1087.0	1207.0	1327.0	1567.0	1807.0	2047.0	2287.0	2527.0	2767.0
8200	6833		981.6	1104.6	1227.6	1350.6	1596.6	1842.6	2088.6	2334.6	2580.6	2826.6
8400	7000		995.6	1121.6	1247.6	1373.6	1625.6	1877.6	2129.6	2381.6	2633.6	2885.6
8600	7167			1138.2	1267.2	1396.2	1654.2	1912.2	2170.2	2428.2	2686.2	2944.2
8800	7333			1154.3	1286.3	1418.3	1682.3	1946.3	2210.3	2474.3	2738.3	3002.3
9000	7500			1169.9	1304.9	1439.9	1709.9	1979.9	2249.9	2519.9	2789.9	3059.9

续表

A_s(mm^2)		M(kN·m)　梁宽 $b=400$mm,C40 混凝土,　当 h(mm)为										
HRB335 钢	HRB400 钢 RRB400 钢	600	650	700	750	800	900	1000	1100	1200	1300	1400
9200	7667			1185.1	1323.1	1461.1	1737.1	2013.1	2289.1	2565.1	2841.1	3117.1
9400	7833				1340.8	1481.8	1763.8	2045.8	2327.8	2609.8	2891.8	3173.8
9600	8000				1358.0	1502.0	1790.0	2078.0	2366.0	2654.0	2942.0	3230.0
9800	8167				1374.7	1521.7	1815.7	2109.7	2403.7	2697.7	2991.7	3285.7
10000	8333					1541.0	1841.0	2141.0	2441.0	2741.0	3041.0	3341.0
10200	8500					1559.8	1865.8	2171.8	2477.8	2783.8	3089.8	3395.8
10400	8667					1578.1	1890.1	2202.1	2514.1	2826.1	3138.1	3450.1
10600	8833						1914.0	2232.0	2550.0	2868.0	3186.0	3504.0
10800	9000						1937.4	2261.4	2585.4	2909.4	3233.4	3557.4
11000	9167						1960.3	2290.3	2620.3	2950.3	3280.3	3610.3
11200	9333						1982.8	2318.8	2654.8	2990.8	3326.8	3662.8
11400	9500						2004.7	2346.7	2688.7	3030.7	3372.7	3714.7
11600	9667						2026.2	2374.2	2722.2	3070.2	3418.2	3766.2
11800	9833						2047.3	2401.3	2755.3	3109.3	3463.3	3817.3
12000	10000							2427.8	2787.8	3147.8	3507.8	3867.8
12200	10167							2453.9	2819.9	3185.9	3551.9	3917.9
12400	10333							2479.5	2851.5	3223.5	3595.5	3967.5
12800	10667							2529.4	2913.4	3297.4	3681.4	4065.4
13200	11000								2973.3	3369.3	3765.3	4161.3
13600	11333								3031.4	3439.4	3847.4	4255.4
14000	11667								3087.5	3507.6	3927.6	4347.5
14400	12000								3141.8	3573.8	4005.8	4437.8
14800	12333									3638.2	4082.2	4526.2
15200	12667									3700.8	4156.8	4612.8
15600	13000									3761.4	4229.4	4697.4
16000	13333										4300.1	4780.1
16400	13667										4369.0	4861.0
16800	14000										4436.0	4940.0
17200	14333											5017.1
17600	14667											5092.3
18000	15000											5165.6
18400	15333											5237.1

单筋矩形截面梁弯矩配筋表 表 2-4-47

A_s(mm^2)		M(kN·m) 梁宽 b=450mm,C40 混凝土， 当 h(mm)为										
HRB335 钢	HRB400 钢 RRB400 钢	650	700	750	800	900	1000	1100	1200	1300	1400	1500
1340	1117	237.8	257.9	278.0	298.1	338.3	378.5	418.7				
1420	1183	251.4	272.7	294.0	315.3	357.9	400.5	443.1	485.7			
1500	1250	265.0	287.5	310.0	332.5	377.5	422.5	467.5	512.5			
1580	1317	278.4	302.1	325.8	349.5	396.9	444.3	491.7	539.1	586.5		
1660	1383	291.8	316.7	341.6	366.5	416.3	466.1	515.9	565.7	615.5	665.3	
1740	1450	305.2	331.3	357.4	383.5	435.7	487.9	540.1	592.3	644.5	696.7	748.9
1820	1517	318.4	345.7	373.0	400.3	454.9	509.5	564.1	618.7	673.3	727.9	782.5
1900	1583	331.6	360.1	388.6	417.1	474.1	531.1	588.1	645.1	702.1	759.1	816.1
1980	1650	344.8	374.5	404.2	433.9	493.3	552.7	612.1	671.5	730.9	790.3	849.7
2060	1717	357.9	388.8	419.7	450.6	512.4	574.2	636.0	697.8	759.6	821.4	883.2
2140	1783	370.9	403.0	435.1	467.2	531.4	595.6	659.8	724.0	788.2	852.4	916.6
2220	1850	383.8	417.1	450.4	483.7	550.3	616.9	683.5	750.1	816.7	883.3	949.9
2300	1917	396.7	431.2	465.7	500.2	569.2	638.2	707.2	776.2	845.2	914.2	983.2
2380	1983	409.5	445.2	480.9	516.6	588.0	659.4	730.8	802.2	873.6	945.0	1016.4
2460	2050	422.2	459.1	496.0	532.9	606.7	680.5	754.3	828.1	901.9	975.7	1049.5
2540	2117	434.9	473.0	511.1	549.2	625.4	701.6	777.8	854.0	930.2	1006.4	1082.6
2620	2183	447.5	486.8	526.1	565.4	644.0	722.6	801.2	879.8	958.4	1037.0	1115.6
2700	2250	460.0	500.5	541.0	581.5	662.5	743.5	824.5	905.5	986.5	1067.5	1148.5
2850	2375	483.3	526.0	568.8	611.5	697.0	782.5	868.0	953.5	1039.0	1124.5	1210.0
2950	2458	498.7	543.0	587.2	631.5	720.0	808.5	897.0	985.5	1074.0	1162.5	1251.0
3050	2542	514.0	559.8	605.5	651.3	742.8	834.3	925.8	1017.3	1108.8	1200.3	1291.8
3150	2625	529.2	576.5	623.7	671.0	765.5	860.0	954.5	1049.0	1143.5	1238.0	1332.5
3250	2708	544.3	593.1	641.8	690.6	788.1	885.6	983.1	1080.6	1178.1	1275.6	1373.1
3400	2833	566.8	617.8	668.8	719.8	821.8	923.8	1025.8	1127.8	1229.8	1331.8	1433.8
3550	2958	589.0	642.2	695.5	748.7	855.2	961.7	1068.2	1174.7	1281.2	1387.7	1494.2
3700	3083	611.0	666.5	722.0	777.5	888.5	999.5	1110.5	1221.5	1332.5	1443.5	1554.5
3850	3208	632.7	690.5	748.2	806.0	921.5	1037.0	1152.5	1268.0	1383.5	1499.0	1614.5
以上为单排筋，以下为双排筋												
4000	3333	624.2	684.2	744.2	804.2	924.2	1044.2	1164.2	1284.2	1404.2	1524.2	1644.2
4200	3500	651.0	714.0	777.0	840.0	966.0	1092.0	1218.0	1344.0	1470.0	1596.0	1722.0
4400	3667	677.4	743.4	809.4	875.4	1007.4	1139.4	1271.4	1403.4	1535.4	1667.4	1799.4
4600	3833	703.4	772.4	841.4	910.4	1048.4	1186.4	1324.4	1462.4	1600.4	1738.4	1876.4

续表

$A_s(mm^2)$		M(kN·m)　梁宽 $b=450$mm,C40 混凝土,　当 h(mm)为										
HRB335 钢	HRB400 钢 RRB400 钢	650	700	750	800	900	1000	1100	1200	1300	1400	1500
4800	4000	729.0	801.0	873.0	945.0	1089.0	1233.0	1377.0	1521.0	1665.0	1809.0	1953.0
5000	4167	754.1	829.1	904.1	979.1	1129.1	1279.1	1429.1	1579.1	1729.1	1879.1	2029.1
5200	4333	778.8	856.8	934.8	1012.8	1168.8	1324.8	1480.8	1636.8	1792.8	1948.8	2104.8
5400	4500	803.1	884.1	965.1	1046.1	1208.1	1370.1	1532.1	1694.1	1856.1	2018.1	2180.1
5600	4667	827.0	911.0	995.0	1079.0	1247.0	1415.0	1583.0	1751.0	1919.0	2087.0	2255.0
5800	4833	850.5	937.5	1024.5	1111.5	1285.5	1459.5	1633.5	1807.5	1981.5	2155.5	2329.5
6000	5000	873.5	963.5	1053.5	1143.5	1323.5	1503.5	1683.5	1863.5	2043.5	2223.5	2403.5
6200	5167	896.1	989.1	1082.1	1175.1	1361.1	1547.1	1733.1	1919.1	2105.1	2291.1	2477.1
6400	5333	918.3	1014.3	1110.3	1206.3	1398.3	1590.3	1782.3	1974.3	2166.3	2358.3	2550.3
6600	5500	940.1	1039.1	1138.1	1237.1	1435.1	1633.1	1831.1	2029.1	2227.1	2425.1	2623.1
6800	5667	961.5	1063.5	1165.5	1267.5	1471.5	1675.5	1879.5	2083.5	2287.5	2491.5	2695.5
7000	5833	982.5	1087.5	1192.5	1297.5	1507.5	1717.5	1927.5	2137.5	2347.5	2557.5	2767.5
7200	6000	1003.0	1111.0	1219.0	1327.0	1543.0	1759.0	1975.0	2191.0	2407.0	2623.0	2839.0
7400	6167	1023.1	1134.1	1245.1	1356.1	1578.1	1800.1	2022.1	2244.1	2466.1	2688.1	2910.1
7600	6333	1042.8	1156.8	1270.8	1384.8	1612.8	1840.8	2068.8	2296.8	2524.8	2752.8	2980.8
7800	6500	1062.1	1179.1	1296.1	1413.1	1647.1	1881.1	2115.1	2349.1	2583.1	2817.1	3051.1
以上为双排筋,以下为三排筋												
8000	6667	1008.9	1128.9	1248.9	1368.9	1608.9	1848.9	2088.9	2328.9	2568.9	2808.9	3048.9
8200	6833	1025.6	1148.6	1271.6	1394.6	1640.6	1886.6	2132.6	2378.6	2624.6	2870.6	3116.6
8400	7000	1041.8	1167.8	1293.8	1419.8	1671.8	1923.8	2175.8	2427.8	2679.8	2931.8	3183.8
8600	7167	1057.6	1186.6	1315.6	1444.6	1702.6	1960.6	2218.6	2476.6	2734.6	2992.6	3250.6
8800	7333	1073.0	1205.0	1337.0	1469.0	1733.0	1997.0	2261.0	2525.0	2789.0	3053.0	3317.0
9000	7500	1087.9	1222.9	1357.9	1492.9	1762.9	2032.9	2302.9	2572.9	2842.9	3112.9	3382.9
9200	7667	1102.5	1240.5	1378.5	1516.5	1792.5	2068.5	2344.5	2620.5	2896.5	3172.5	3448.5
9400	7833	1116.6	1257.6	1398.6	1539.6	1821.6	2103.6	2385.6	2667.6	2949.6	3231.6	3513.6
9600	8000	1130.3	1274.3	1418.3	1562.3	1850.3	2138.3	2426.3	2714.3	3002.3	3290.3	3578.3
9800	8167		1290.6	1437.6	1584.6	1878.6	2172.6	2466.6	2760.6	3054.6	3348.6	3642.6
10000	8333		1306.4	1456.4	1606.4	1906.4	2206.4	2506.4	2806.4	3106.4	3406.4	3706.4
10200	8500		1321.9	1474.9	1627.9	1933.9	2239.9	2545.9	2851.9	3157.9	3463.9	3769.9
10400	8667			1492.9	1648.9	1960.9	2272.9	2584.9	2896.9	3208.9	3520.9	3832.9
10600	8833			1510.5	1669.5	1987.5	2305.5	2623.5	2941.5	3259.5	3577.5	3895.5
10800	9000			1527.7	1689.7	2013.7	2337.7	2661.7	2985.7	3309.7	3633.7	3957.7

续表

$A_s(mm^2)$		M(kN·m) 梁宽 b=450mm,C40 混凝土, 当 h(mm)为										
HRB335 钢	HRB400 钢 RRB400 钢	650	700	750	800	900	1000	1100	1200	1300	1400	1500
11000	9167			1544.5	1709.5	2039.5	2369.5	2699.5	3029.5	3359.5	3689.5	4019.5
11200	9333				1728.8	2064.8	2400.8	2736.8	3072.8	3408.8	3744.8	4080.8
11400	9500				1747.8	2089.8	2431.8	2773.8	3115.8	3457.8	3799.8	4141.8
11600	9667				1766.3	2114.3	2462.3	2810.3	3158.3	3506.3	3854.3	4202.3
11800	9833				1784.4	2138.4	2492.4	2846.4	3200.4	3554.4	3908.4	4262.4
12000	10000					2162.1	2522.1	2882.1	3242.1	3602.1	3962.1	4322.1
12200	10167					2185.3	2551.3	2917.3	3283.3	3649.3	4015.3	4381.3
12400	10333					2208.2	2580.2	2952.2	3324.2	3696.2	4068.2	4440.2
12800	10667					2252.6	2636.6	3020.6	3404.6	3788.6	4172.6	4556.6
13200	11000					2295.3	2691.3	3087.3	3483.3	3879.3	4275.3	4671.3
13600	11333						2744.4	3152.4	3560.4	3968.4	4376.4	4784.4
14000	11667						2795.8	3215.8	3635.8	4055.8	4475.8	4895.8
14400	12000						2845.5	3277.5	3709.5	4141.5	4573.5	5005.5
14800	12333						2893.6	3337.6	3781.6	4225.6	4669.6	5113.6
15200	12667							3396.0	3852.0	4308.0	4764.0	5220.0
15600	13000							3452.7	3920.7	4388.7	4856.7	5324.7
16000	13333							3507.7	3987.7	4467.7	4947.7	5427.7
16400	13667								4053.0	4545.0	5037.0	5529.0
16800	14000								4116.7	4620.7	5124.7	5628.7
17200	14333								4178.7	4694.7	5210.7	5726.7
17600	14667								4239.0	4767.0	5295.0	5823.0
18000	15000									4837.7	5377.7	5917.7
18400	15333									4906.6	5458.6	6010.6
18800	15667									4973.9	5537.9	6101.9
19200	16000									5039.5	5615.5	6191.5
19600	16333										5691.5	6279.5
20000	16667										5765.8	6365.8
20400	17000										5838.4	6450.4
20800	17333											6533.3
21200	17667											6614.5
21600	18000											6694.1
22000	18333											6772.0

单筋矩形截面梁弯矩配筋表 表 2-4-48

$A_s(mm^2)$		M(kN·m) 梁宽 b=500mm,C40 混凝土, 当 h(mm)为												
HRB335 钢	HRB400 钢 RRB400 钢	650	700	750	800	900	1000	1100	1200	1300	1400	1500	1600	1700
1900	1583	333.5	362.0	390.5	419.0	476.0	533.0	590.0	647.0	704.0	761.0			
1980	1650	346.8	376.5	406.2	435.9	495.3	554.7	614.1	673.5	732.9	792.3	851.7		
2060	1717	360.1	391.0	421.9	452.8	514.6	576.4	638.2	700.0	761.8	823.6	885.4	947.2	
2140	1783	373.3	405.4	437.5	469.6	533.8	598.0	662.2	726.4	790.6	854.8	919.0	983.2	
2220	1850	386.4	419.7	453.0	486.3	552.9	619.5	686.1	752.7	819.3	885.9	952.5	1019.1	1085.7
2300	1917	399.4	433.9	468.4	502.9	571.9	640.9	709.9	778.9	847.9	916.9	985.9	1054.9	1123.9
2380	1983	412.4	448.1	483.8	519.5	590.9	662.3	733.7	805.1	876.5	947.9	1019.3	1090.7	1162.1
2460	2050	425.4	462.3	499.2	536.1	609.9	683.7	757.5	831.3	905.1	978.9	1052.7	1126.5	1200.3
2540	2117	438.2	476.3	514.4	552.5	628.7	704.9	781.1	857.3	933.5	1009.7	1085.9	1162.1	1238.3
2620	2183	451.0	490.3	529.6	568.9	647.5	726.1	804.7	883.3	961.9	1040.5	1119.1	1197.7	1276.3
2700	2250	463.8	504.3	544.8	585.3	666.3	747.3	828.3	909.3	990.3	1071.3	1152.3	1233.3	1314.3
2850	2375	487.6	530.3	573.1	615.8	701.3	786.8	872.3	957.8	1043.3	1128.8	1214.3	1299.8	1385.3
2950	2458	503.3	547.5	591.8	636.0	724.5	813.0	901.5	990.0	1078.5	1167.0	1255.5	1344.0	1432.5
3050	2542	518.9	564.6	610.4	656.1	747.6	839.1	930.6	1022.1	1113.6	1205.1	1296.6	1388.1	1479.6
3150	2625	534.4	581.7	628.9	676.2	770.7	865.2	959.7	1054.2	1148.7	1243.2	1337.7	1432.2	1526.7
3250	2708	549.9	598.6	647.4	696.1	793.6	891.1	988.6	1086.1	1183.6	1281.1	1378.6	1476.1	1573.6
3400	2833	572.8	623.8	674.8	725.8	827.8	929.8	1031.8	1133.8	1235.8	1337.8	1439.8	1541.8	1643.8
3550	2958	595.6	648.8	702.1	755.3	861.8	968.3	1074.8	1181.3	1287.8	1394.3	1500.8	1607.3	1713.8
3700	3083	618.1	673.6	729.1	784.6	895.6	1006.6	1117.6	1228.6	1339.6	1450.6	1561.6	1672.6	1783.6
3850	3208	640.5	698.2	756.0	813.7	929.2	1044.7	1160.2	1275.7	1391.2	1506.7	1622.2	1737.7	1853.2
4000	3333	662.6	722.6	782.6	842.6	962.6	1082.6	1202.6	1322.6	1442.6	1562.6	1682.6	1802.6	1922.6
4200	3500	691.8	754.8	817.8	880.8	1006.8	1132.8	1258.8	1384.8	1510.8	1636.8	1762.8	1888.8	2014.8
4400	3667	720.6	786.6	852.6	918.6	1050.6	1182.6	1314.6	1446.6	1578.6	1710.6	1842.6	1974.6	2106.6
以上为单排筋,以下为双排筋														
4600	3833	714.5	783.5	852.5	921.5	1059.5	1197.5	1335.5	1473.5	1611.5	1749.5	1887.5	2025.5	2163.5
4800	4000	741.0	813.0	885.0	957.0	1101.0	1245.0	1389.0	1533.0	1677.0	1821.0	1965.0	2109.0	2253.0
5000	4167	767.2	842.2	917.2	992.2	1142.2	1292.2	1442.2	1592.2	1742.2	1892.2	2042.2	2192.2	2342.2
5200	4333	793.0	871.0	949.0	1027.0	1183.0	1339.0	1495.0	1651.0	1807.0	1963.0	2119.0	2275.0	2431.0
5400	4500	818.4	899.4	980.4	1061.4	1223.4	1385.4	1547.4	1709.4	1871.4	2033.4	2195.4	2357.4	2519.4
5600	4667	843.4	927.4	1011.4	1095.4	1263.4	1431.4	1599.4	1767.4	1935.4	2103.4	2271.4	2439.4	2607.4
5800	4833	868.1	955.1	1042.1	1129.1	1303.1	1477.1	1651.1	1825.1	1999.1	2173.1	2347.1	2521.1	2695.1
6000	5000	892.4	982.4	1072.4	1162.4	1342.4	1522.4	1702.4	1882.4	2062.4	2242.4	2422.4	2602.4	2782.4

续表

$A_s(mm^2)$		$M(kN·m)$ 梁宽 $b=500mm$,C40 混凝土, 当 $h(mm)$为												
HRB335 钢	HRB400 钢 RRB400 钢	650	700	750	800	900	1000	1100	1200	1300	1400	1500	1600	1700
6200	5167	916.3	1009.3	1102.3	1195.3	1381.3	1567.3	1753.3	1939.3	2125.3	2311.3	2497.3	2683.3	2869.3
6400	5333	939.8	1035.8	1131.8	1227.8	1419.8	1611.8	1803.8	1995.8	2187.8	2379.8	2571.8	2763.8	2955.8
6600	5500	962.9	1061.9	1160.9	1259.9	1457.9	1655.9	1853.9	2051.9	2249.9	2447.9	2645.9	2843.9	3041.9
6800	5667	985.7	1087.7	1189.7	1291.7	1495.7	1699.7	1903.7	2107.7	2311.7	2515.7	2719.7	2923.7	3127.7
7000	5833	1008.1	1113.1	1218.1	1323.1	1533.1	1743.1	1953.1	2163.1	2373.1	2583.1	2793.1	3003.1	3213.1
7200	6000	1030.1	1138.1	1246.1	1354.1	1570.1	1786.1	2002.1	2218.1	2434.1	2650.1	2866.1	3082.1	3298.1
7400	6167	1051.8	1162.8	1273.8	1384.8	1606.8	1828.8	2050.8	2272.8	2494.8	2716.8	2938.8	3160.8	3382.8
7600	6333	1073.0	1187.0	1301.0	1415.0	1643.0	1871.0	2099.0	2327.0	2555.0	2783.0	3011.0	3239.0	3467.0
7800	6500	1093.9	1210.9	1327.9	1444.9	1678.9	1912.9	2146.9	2380.9	2614.9	2848.9	3082.9	3316.9	3550.9
8000	6667	1114.4	1234.4	1354.4	1474.4	1714.4	1954.4	2194.4	2434.4	2674.4	2914.4	3154.4	3394.4	3634.4
8200	6833	1134.6	1257.6	1380.6	1503.6	1749.6	1995.6	2241.6	2487.6	2733.6	2979.6	3225.6	3471.6	3717.6
8400	7000	1154.3	1280.3	1406.3	1532.3	1784.3	2036.3	2288.3	2540.3	2792.3	3044.3	3296.3	3548.3	3800.3
8600	7167	1173.7	1302.7	1431.7	1560.7	1818.7	2076.7	2334.7	2592.7	2850.7	3108.7	3366.7	3624.7	3882.7
8800	7333	1192.7	1324.7	1456.7	1588.7	1852.7	2116.7	2380.7	2644.7	2908.7	3172.7	3436.7	3700.7	3964.7
以上为双排筋,以下为三排筋														
9000	7500	1130.3	1265.3	1400.3	1535.3	1805.3	2075.3	2345.3	2615.3	2885.3	3155.3	3425.3	3695.3	3965.3
9200	7667	1146.8	1284.8	1422.8	1560.8	1836.8	2112.8	2388.8	2664.8	2940.8	3216.8	3492.8	3768.8	4044.8
9600	8000	1178.5	1322.5	1466.5	1610.5	1898.5	2186.5	2474.5	2762.5	3050.5	3338.5	3626.5	3914.5	4202.5
10000	8333	1208.8	1358.8	1508.8	1658.8	1958.8	2258.8	2558.8	2858.8	3158.8	3458.8	3758.8	4058.8	4358.8
10400	8667	1237.5	1393.5	1549.5	1705.5	2017.5	2329.5	2641.5	2953.5	3265.5	3577.5	3889.5	4201.5	4513.5
10800	9000		1426.8	1588.8	1750.8	2074.8	2398.8	2722.8	3046.8	3370.8	3694.8	4018.8	4342.8	4666.8
11200	9333		1458.5	1626.5	1794.5	2130.5	2466.5	2802.5	3138.5	3474.5	3810.5	4146.5	4482.5	4818.5
11600	9667			1662.7	1836.7	2184.7	2532.7	2880.7	3228.7	3576.7	3924.7	4272.7	4620.7	4968.7
12000	10000			1697.5	1877.5	2237.5	2597.5	2957.5	3317.5	3677.5	4037.5	4397.5	4757.5	5117.5
12400	10333				1916.7	2288.7	2660.7	3032.7	3404.7	3776.7	4148.7	4520.7	4892.7	5264.7
12800	10667				1954.4	2338.4	2722.4	3106.4	3490.4	3874.4	4258.4	4642.4	5026.4	5410.4
13200	11000					2386.6	2782.6	3178.6	3574.6	3970.6	4366.6	4762.6	5158.6	5554.6
13600	11333					2433.3	2841.3	3249.3	3657.3	4065.3	4473.3	4881.3	5289.3	5697.3
14000	11667					2478.4	2898.4	3318.4	3738.4	4158.4	4578.4	4998.4	5418.4	5838.4
14400	12000					2522.1	2954.1	3386.1	3818.1	4250.1	4682.1	5114.1	5546.1	5978.1
14800	12333					2564.3	3008.3	3452.3	3896.3	4340.3	4784.3	5228.3	5672.3	6116.3
15200	12667						3060.9	3516.9	3972.9	4428.9	4884.9	5340.9	5796.9	6252.9

续表

$A_s(mm^2)$		M(kN·m)　梁宽 $b=500$mm,C40 混凝土，　当 h(mm)为												
HRB335 钢	HRB400 钢 RRB400 钢	650	700	750	800	900	1000	1100	1200	1300	1400	1500	1600	1700
15600	13000						3112.1	3580.1	4048.1	4516.1	4984.1	5452.1	5920.1	6388.1
16000	13333						3161.7	3641.7	4121.7	4601.7	5081.7	5561.7	6041.7	6521.7
16400	13667						3209.8	3701.8	4193.8	4685.8	5177.8	5669.8	6161.8	6653.8
16800	14000							3760.5	4264.5	4768.5	5272.5	5776.5	6280.5	6784.5
17200	14333							3817.6	4333.6	4849.6	5365.6	5881.6	6397.6	6913.6
17600	14667							3873.2	4401.2	4929.2	5457.2	5985.2	6513.2	7041.2
18000	15000							3927.3	4467.3	5007.3	5547.3	6087.3	6627.3	7167.3
18400	15333								4531.9	5083.9	5635.9	6187.9	6739.9	7291.9
18800	15667								4595.0	5159.0	5723.0	6287.0	6851.0	7415.0
19200	16000								4656.6	5232.6	5808.6	6384.6	6960.6	7536.6
19600	16333								4716.6	5304.6	5892.6	6480.6	7068.6	7656.6
20000	16667									5375.2	5975.2	6575.2	7175.2	7775.2
20400	17000									5444.2	6056.2	6668.2	7280.2	7892.2
20800	17333									5511.8	6135.8	6759.8	7383.8	8007.8
21200	17667									5577.8	6213.8	6849.8	7485.8	8121.8
21600	18000										6290.4	6938.4	7586.4	8234.4
22000	18333										6365.4	7025.4	7685.4	8345.4
22400	18667										6438.9	7110.9	7782.9	8454.9
22800	19000										6510.9	7194.9	7878.9	8562.9
23200	19333											7277.4	7973.4	8669.4
23600	19667											7358.4	8066.4	8774.4
24000	20000											7437.9	8157.9	8877.9
24400	20333											7515.8	8247.8	8979.8
24800	20667												8336.3	9080.3
25200	21000												8423.3	9179.3
25600	21333												8508.7	9276.7
26000	21667												8592.7	9372.7
26400	22000													9467.1
26800	22333													9560.0
27200	22667													9651.4
27600	23000													9741.4
28000	23333													9829.8

单筋矩形截面梁弯矩配筋表 表 2-4-49

$A_s(mm^2)$		M(kN·m) 梁宽 b=550mm,C40 混凝土, 当 h(mm)为														
HRB335 钢	HRB400 钢 RRB400 钢	650	700	750	800	900	1000	1100	1200	1300	1400	1500	1600	1700	1800	1900
2300	1917	401.7	436.2	470.7	505.2	574.2	643.2	712.2	781.2	850.2	919.2	988.2	1057.2			
2380	1983	414.8	450.5	486.2	521.9	593.3	664.7	736.1	807.5	878.9	950.3	1021.7	1093.1			
2460	2050	427.9	464.8	501.7	538.6	612.4	686.2	760.0	833.8	907.6	981.4	1055.2	1129.0	1202.8		
2540	2117	441.0	479.1	517.2	555.3	631.5	707.7	783.9	860.1	936.3	1012.5	1088.7	1164.9	1241.1		
2620	2183	454.0	493.3	532.6	571.9	650.5	729.1	807.7	886.3	964.9	1043.5	1122.1	1200.7	1279.3	1357.9	
2700	2250	466.9	507.4	547.9	588.4	669.4	750.4	831.4	912.4	993.4	1074.4	1155.4	1236.4	1317.4	1398.4	1479.4
2850	2375	491.0	533.8	576.5	619.3	704.8	790.3	875.8	961.3	1046.8	1132.3	1217.8	1303.3	1388.8	1474.3	1559.8
2950	2458	507.0	551.2	595.5	639.7	728.2	816.7	905.2	993.7	1082.2	1170.7	1259.2	1347.7	1436.2	1524.7	1613.2
3050	2542	522.9	568.6	614.4	660.1	751.6	843.1	934.6	1026.1	1117.6	1209.1	1300.6	1392.1	1483.6	1575.1	1666.6
3150	2625	538.7	585.9	633.2	680.4	774.9	869.4	963.9	1058.4	1152.9	1247.4	1341.9	1436.4	1530.9	1625.4	1719.9
3250	2708	554.4	603.1	651.9	700.6	798.1	895.6	993.1	1090.6	1188.1	1285.6	1383.1	1480.6	1578.1	1675.6	1773.1
3400	2833	577.8	628.8	679.8	730.8	832.8	934.8	1036.8	1138.8	1240.8	1342.8	1444.8	1546.8	1648.8	1750.8	1852.8
3550	2958	601.0	654.2	707.5	760.7	867.2	973.7	1080.2	1186.7	1293.2	1399.7	1506.2	1612.7	1719.2	1825.7	1932.2
3700	3083	624.0	679.5	735.0	790.5	901.5	1012.5	1123.5	1234.5	1345.5	1456.5	1567.5	1678.5	1789.5	1900.5	2011.5
3850	3208	646.8	704.6	762.3	820.1	935.6	1051.1	1166.6	1282.1	1397.6	1513.1	1628.6	1744.1	1859.6	1975.1	2090.6
4000	3333	669.5	729.5	789.5	849.5	969.5	1089.5	1209.5	1329.5	1449.5	1569.5	1689.5	1809.5	1929.5	2049.5	2169.5
4200	3500	699.3	762.3	825.3	888.3	1014.3	1140.3	1266.3	1392.3	1518.3	1644.3	1770.3	1896.3	2022.3	2148.3	2274.3
4400	3667	728.9	794.9	860.9	926.9	1058.9	1190.9	1322.9	1454.9	1586.9	1718.9	1850.9	1982.9	2114.9	2246.9	2378.9
4600	3833	758.1	827.1	896.1	965.1	1103.1	1241.1	1379.1	1517.1	1655.1	1793.1	1931.1	2069.1	2207.1	2345.1	2483.1
4800	4000	786.9	858.9	930.9	1002.9	1146.9	1290.9	1434.9	1578.9	1722.9	1866.9	2010.9	2154.9	2298.9	2442.9	2586.9
以上为单排筋,以下为双排筋																
5000	4167	777.9	852.9	927.9	1002.9	1152.9	1302.9	1452.9	1602.9	1752.9	1902.9	2052.9	2202.9	2352.9	2502.9	2652.9
5200	4333	804.6	882.6	960.6	1038.6	1194.6	1350.6	1506.6	1662.6	1818.6	1974.6	2130.6	2286.6	2442.6	2598.6	2754.6
5400	4500	830.9	911.9	992.9	1073.9	1235.9	1397.9	1559.9	1721.9	1883.9	2045.9	2207.9	2369.9	2531.9	2693.9	2855.9
5600	4667	856.9	940.9	1024.9	1108.9	1276.9	1444.9	1612.9	1780.9	1948.9	2116.9	2284.9	2452.9	2620.9	2788.9	2956.9
5800	4833	882.5	969.5	1056.5	1143.5	1317.5	1491.5	1665.5	1839.5	2013.5	2187.5	2361.5	2535.5	2709.5	2883.5	3057.5
6000	5000	907.8	997.8	1087.8	1177.8	1357.8	1537.8	1717.8	1897.8	2077.8	2257.8	2437.8	2617.8	2797.8	2977.8	3157.8
6400	5333	957.3	1053.3	1149.3	1245.3	1437.3	1629.3	1821.3	2013.3	2205.3	2397.3	2589.3	2781.3	2973.3	3165.3	3357.3
6800	5667	1005.5	1107.5	1209.5	1311.5	1515.5	1719.5	1923.5	2127.5	2331.5	2535.5	2739.5	2943.5	3147.5	3351.5	3555.5
7200	6000	1052.3	1160.3	1268.3	1376.3	1592.3	1808.3	2024.3	2240.3	2456.3	2672.3	2888.3	3104.3	3320.3	3536.3	3752.3
7600	6333	1097.8	1211.8	1325.8	1439.8	1667.8	1895.8	2123.8	2351.8	2579.8	2807.8	3035.8	3263.8	3491.8	3719.8	3947.8
8000	6667	1141.8	1261.8	1381.8	1501.8	1741.8	1981.8	2221.8	2461.8	2701.8	2941.8	3181.8	3421.8	3661.8	3901.8	4141.8

续表

A_s(mm²)		M(kN·m) 梁宽 b=550mm,C40 混凝土, 当 h(mm)为														
HRB335 钢	HRB400 钢 RRB400 钢	650	700	750	800	900	1000	1100	1200	1300	1400	1500	1600	1700	1800	1900
8400	7000	1184.5	1310.5	1436.5	1562.5	1814.5	2066.5	2318.5	2570.5	2822.5	3074.5	3326.5	3578.5	3830.5	4082.5	4334.5
8800	7333	1225.9	1357.9	1489.9	1621.9	1885.9	2149.9	2413.9	2677.9	2941.9	3205.9	3469.9	3733.9	3997.9	4261.9	4525.9
9200	7667	1265.8	1403.8	1541.8	1679.8	1955.8	2231.8	2507.8	2783.8	3059.8	3335.8	3611.8	3887.8	4163.8	4439.8	4715.8
9600	8000	1304.4	1448.4	1592.4	1736.4	2024.4	2312.4	2600.4	2888.4	3176.4	3464.4	3752.4	4040.4	4328.4	4616.4	4904.4
以上为双排筋,以下为三排筋																
10000	8333	1251.6	1401.6	1551.6	1701.6	2001.6	2301.6	2601.6	2901.6	3201.6	3501.6	3801.6	4101.6	4401.6	4701.6	5001.6
10400	8667	1283.9	1439.9	1595.9	1751.9	2063.9	2375.9	2687.9	2999.9	3311.9	3623.9	3935.9	4247.9	4559.9	4871.9	5183.9
10800	9000	1314.8	1476.8	1638.8	1800.8	2124.8	2448.8	2772.8	3096.8	3420.8	3744.8	4068.8	4392.8	4716.8	5040.8	5364.8
11200	9333	1344.3	1512.3	1680.3	1848.3	2184.3	2520.3	2856.3	3192.3	3528.3	3864.3	4200.3	4536.3	4872.3	5208.3	5544.3
11600	9667	1372.4	1546.4	1720.4	1894.4	2242.4	2590.4	2938.4	3286.4	3634.4	3982.4	4330.4	4678.4	5026.4	5374.4	5722.4
12000	10000		1579.2	1759.2	1939.2	2299.2	2659.2	3019.2	3379.2	3739.2	4099.2	4459.2	4819.2	5179.2	5539.2	5899.2
12400	10333		1610.5	1796.5	1982.5	2354.5	2726.5	3098.5	3470.5	3842.5	4214.5	4586.5	4958.5	5330.5	5702.5	6074.5
12800	10667			1832.6	2024.6	2408.6	2792.6	3176.6	3560.6	3944.6	4328.6	4712.6	5096.6	5480.6	5864.6	6248.6
13200	11000			1867.2	2065.2	2461.2	2857.2	3253.2	3649.2	4045.2	4441.2	4837.2	5233.2	5629.2	6025.2	6421.2
13600	11333			1900.5	2104.5	2512.5	2920.5	3328.5	3736.5	4144.5	4552.5	4960.5	5368.5	5776.5	6184.5	6592.5
14000	11667				2142.4	2562.4	2982.4	3402.4	3822.4	4242.4	4662.4	5082.4	5502.4	5922.4	6342.4	6762.4
14400	12000				2178.9	2610.9	3042.9	3474.9	3906.9	4338.9	4770.9	5202.9	5634.9	6066.9	6498.9	6930.9
14800	12333					2658.1	3102.1	3546.1	3990.1	4434.1	4878.1	5322.1	5766.1	6210.1	6654.1	7098.1
15200	12667					2703.9	3159.9	3615.9	4071.9	4527.9	4983.9	5439.9	5895.9	6351.9	6807.9	7263.9
15600	13000					2748.3	3216.3	3684.3	4152.3	4620.3	5088.3	5556.3	6024.3	6492.3	6960.3	7428.3
16000	13333					2791.4	3271.4	3751.4	4231.4	4711.4	5191.4	5671.4	6151.4	6631.4	7111.4	7591.4
16400	13667						3325.1	3817.1	4309.1	4801.1	5293.1	5785.1	6277.1	6769.1	7261.1	7753.1
16800	14000						3377.4	3881.4	4385.4	4889.4	5393.4	5897.4	6401.4	6905.4	7409.4	7913.4
17200	14333						3428.3	3944.3	4460.3	4976.3	5492.3	6008.3	6524.3	7040.3	7556.3	8072.3
17600	14667						3477.9	4005.9	4533.9	5061.9	5589.9	6117.9	6645.9	7173.9	7701.9	8229.9
18000	15000						3526.1	4066.1	4606.1	5146.1	5686.1	6226.1	6766.1	7306.1	7846.1	8386.1
18400	15333							4124.9	4676.9	5228.9	5780.9	6332.9	6884.9	7436.9	7988.9	8540.9
18800	15667							4182.4	4746.4	5310.4	5874.4	6438.4	7002.4	7566.4	8130.4	8694.4
19200	16000							4238.5	4814.5	5390.5	5966.5	6542.5	7118.5	7694.5	8270.5	8846.5
19600	16333							4293.2	4881.2	5469.2	6057.2	6645.2	7233.2	7821.2	8409.2	8997.2
20000	16667								4946.5	5546.5	6146.5	6746.5	7346.5	7946.5	8546.5	9146.5
20400	17000								5010.5	5622.5	6234.5	6846.5	7458.5	8070.5	8682.5	9294.5

续表

$A_s(mm^2)$		M(kN·m) 梁宽 $b=550$mm,C40 混凝土, 当 h(mm)为														
HRB335 钢	HRB400 钢 RRB400 钢	650	700	750	800	900	1000	1100	1200	1300	1400	1500	1600	1700	1800	1900
20800	17333								5073.1	5697.1	6321.1	6945.1	7569.1	8193.1	8817.1	9441.1
21200	17667								5134.3	5770.3	6406.3	7042.3	7678.3	8314.3	8950.3	9586.3
21600	18000								5194.2	5842.2	6490.2	7138.2	7786.2	8434.2	9082.2	9730.2
22000	18333									5912.7	6572.7	7232.7	7892.7	8552.7	9212.7	9872.7
22400	18667									5981.8	6653.8	7325.8	7997.8	8669.8	9341.8	10013.8
22800	19000									6049.6	6733.6	7417.6	8101.6	8785.6	9469.6	10153.6
23200	19333									6116.0	6812.0	7508.0	8204.0	8900.0	9596.0	10292.0
23600	19667										6889.0	7597.0	8305.0	9013.0	9721.0	10429.0
24000	20000										6964.6	7684.6	8404.6	9124.6	9844.6	10564.6
24400	20333										7038.9	7770.9	8502.9	9234.9	9966.9	10698.9
24800	20667										7111.8	7855.8	8599.8	9343.8	10087.8	10831.8
25200	21000										7183.3	7939.3	8695.3	9451.3	10207.3	10963.3
25600	21333											8021.5	8789.5	9557.5	10325.5	11093.5
26000	21667											8102.2	8882.2	9662.2	10442.2	11222.2
26400	22000											8181.7	8973.7	9765.7	10557.7	11349.7
26800	22333											8259.7	9063.7	9867.7	10671.7	11475.7
27200	22667											8336.4	9152.4	9968.4	10784.4	11600.4
27600	23000												9239.7	10067.7	10895.7	11723.7
28000	23333												9325.6	10165.6	11005.6	11845.6
28400	23667												9410.2	10262.2	11114.2	11966.2
28800	24000												9493.3	10357.3	11221.3	12085.3
29200	24333													10451.2	11327.2	12203.2
29600	24667													10543.6	11431.6	12319.6
30000	25000													10634.7	11534.7	12434.7
30400	25333													10724.4	11636.4	12548.4
30800	25667													10812.7	11736.7	12660.7
31200	26000														11835.7	12771.7
31600	26333														11933.3	12881.3
32000	26667														12029.5	12989.5
32400	27000														12124.4	13096.4
32800	27333															13201.9
33200	27667															13306.0

单筋矩形截面梁弯矩配筋表　　**表 2-4-50**

$A_s(mm^2)$		M(kN·m)　梁宽 $b=600$mm,C40 混凝土,　当 h(mm)为															
HRB335 钢	HRB400 钢 RRB400 钢	650	700	750	800	900	1000	1100	1200	1300	1400	1500	1600	1700	1800	1900	2000
2950	2458	510.1	554.4	598.6	642.9	731.4	819.9	908.4	996.9	1085.4	1173.9	1262.4	1350.9	1439.4	1527.9	1616.4	
3050	2542	526.2	571.9	617.7	663.4	754.9	846.4	937.9	1029.4	1120.9	1212.4	1303.9	1395.4	1486.9	1578.4	1669.9	
3150	2625	542.2	589.5	636.7	684.0	778.5	873.0	967.5	1062.0	1156.5	1251.0	1345.5	1440.0	1534.5	1629.0	1723.5	1818.0
3250	2708	558.1	606.9	655.6	704.4	801.9	899.4	996.9	1094.4	1191.9	1289.4	1386.9	1484.4	1581.9	1679.4	1776.9	1874.4
3400	2833	581.9	632.9	683.9	734.9	836.9	938.9	1040.9	1142.9	1244.9	1346.9	1448.9	1550.9	1652.9	1754.9	1856.9	1958.9
3550	2958	605.5	658.7	712.0	765.2	871.7	978.2	1084.7	1191.2	1297.7	1404.2	1510.7	1617.2	1723.7	1830.2	1936.7	2043.2
3700	3083	628.9	684.4	739.9	795.4	906.4	1017.4	1128.4	1239.4	1350.4	1461.4	1572.4	1683.4	1794.4	1905.4	2016.4	2127.4
3850	3208	652.1	709.9	767.6	825.4	940.9	1056.4	1171.9	1287.4	1402.9	1518.4	1633.9	1749.4	1864.9	1980.4	2095.9	2211.4
4000	3333	675.2	735.2	795.2	855.2	975.2	1095.2	1215.2	1335.2	1455.2	1575.2	1695.2	1815.2	1935.2	2055.2	2175.2	2295.2
4200	3500	705.6	768.6	831.6	894.6	1020.6	1146.6	1272.6	1398.6	1524.6	1650.6	1776.6	1902.6	2028.6	2154.6	2280.6	2406.6
4600	3833	765.6	834.6	903.6	972.6	1110.6	1248.6	1386.6	1524.6	1662.6	1800.6	1938.6	2076.6	2214.6	2352.6	2490.6	2628.6
5000	4167	824.3	899.3	974.3	1049.3	1199.3	1349.3	1499.3	1649.3	1799.3	1949.3	2099.3	2249.3	2399.3	2549.3	2699.3	2849.3
5400	4500	881.8	962.8	1043.8	1124.8	1286.8	1448.8	1610.8	1772.8	1934.8	2096.8	2258.8	2420.8	2582.8	2744.8	2906.8	3068.8
以上为单排筋,以下为双排筋																	
5800	4833	894.5	981.5	1068.5	1155.5	1329.5	1503.5	1677.5	1851.5	2025.5	2199.5	2373.5	2547.5	2721.5	2895.5	3069.5	3243.5
6200	5167	946.5	1039.5	1132.5	1225.5	1411.5	1597.5	1783.5	1969.5	2155.5	2341.5	2527.5	2713.5	2899.5	3085.5	3271.5	3457.5
6600	5500	997.2	1096.2	1195.2	1294.2	1492.2	1690.2	1888.2	2086.2	2284.2	2482.2	2680.2	2878.2	3076.2	3274.2	3472.2	3670.2
7000	5833	1046.6	1151.6	1256.6	1361.6	1571.6	1781.6	1991.6	2201.6	2411.6	2621.6	2831.6	3041.6	3251.6	3461.6	3671.6	3881.6
7400	6167	1094.8	1205.8	1316.8	1427.8	1649.8	1871.8	2093.8	2315.8	2537.8	2759.8	2981.8	3203.8	3425.8	3647.8	3869.8	4091.8
7800	6500	1141.7	1258.7	1375.7	1492.7	1726.7	1960.7	2194.7	2428.7	2662.7	2896.7	3130.7	3364.7	3598.7	3832.7	4066.7	4300.7
8200	6833	1187.4	1310.4	1433.4	1556.4	1802.4	2048.4	2294.4	2540.4	2786.4	3032.4	3278.4	3524.4	3770.4	4016.4	4262.4	4508.4
8600	7167	1231.8	1360.8	1489.8	1618.8	1876.8	2134.8	2392.8	2650.8	2908.8	3166.8	3424.8	3682.8	3940.8	4198.8	4456.8	4714.8
9000	7500	1274.9	1409.9	1544.9	1679.9	1949.9	2219.9	2489.9	2759.9	3029.9	3299.9	3569.9	3839.9	4109.9	4379.9	4649.9	4919.9
9400	7833	1316.8	1457.8	1598.8	1739.8	2021.8	2303.8	2585.8	2867.8	3149.8	3431.8	3713.8	3995.8	4277.8	4559.8	4841.8	5123.8
9800	8167	1357.5	1504.5	1651.5	1798.5	2092.5	2386.5	2680.5	2974.5	3268.5	3562.5	3856.5	4150.5	4444.5	4738.5	5032.5	5326.5
10200	8500	1396.9	1549.9	1702.9	1855.9	2161.9	2467.9	2773.9	3079.9	3385.9	3691.9	3997.9	4303.9	4609.9	4915.9	5221.9	5527.9
10600	8833	1435.0	1594.0	1753.0	1912.0	2230.0	2548.0	2866.0	3184.0	3502.0	3820.0	4138.0	4456.0	4774.0	5092.0	5410.0	5728.0
以上为双排筋,以下为三排筋																	
11000	9167	1372.9	1537.9	1702.9	1867.9	2197.9	2527.9	2857.9	3187.9	3517.9	3847.9	4177.9	4507.9	4837.9	5167.9	5497.9	5827.9
11400	9500	1404.9	1575.9	1746.9	1917.9	2259.9	2601.9	2943.9	3285.9	3627.9	3969.9	4311.9	4653.9	4995.9	5337.9	5679.9	6021.9
11800	9833	1435.6	1612.6	1789.6	1966.6	2320.6	2674.6	3028.6	3382.6	3736.6	4090.6	4444.6	4798.6	5152.6	5506.6	5860.6	6214.6
12200	10167	1465.1	1648.1	1831.1	2014.1	2380.1	2746.1	3112.1	3478.1	3844.1	4210.1	4576.1	4942.1	5308.1	5674.1	6040.1	6406.1

续表

$A_s(mm^2)$		$M(kN·m)$ 梁宽 $b=600mm$,C40 混凝土, 当 $h(mm)$为															
HRB335 钢	HRB400 钢 RRB400 钢	650	700	750	800	900	1000	1100	1200	1300	1400	1500	1600	1700	1800	1900	2000
12600	10500	1493.4	1682.4	1871.4	2060.4	2438.4	2816.4	3194.4	3572.4	3950.4	4328.4	4706.4	5084.4	5462.4	5840.4	6218.4	6596.4
13000	10833		1715.4	1910.4	2105.4	2495.4	2885.4	3275.4	3665.4	4055.4	4445.4	4835.4	5225.4	5615.4	6005.4	6395.4	6785.4
13400	11167		1747.1	1948.1	2149.1	2551.1	2953.1	3355.1	3757.1	4159.1	4561.1	4963.1	5365.1	5767.1	6169.1	6571.1	6973.1
13800	11500		1777.6	1984.6	2191.6	2605.6	3019.6	3433.6	3847.6	4261.6	4675.6	5089.6	5503.6	5917.6	6331.6	6745.6	7159.6
14200	11833			2019.8	2232.8	2658.8	3084.8	3510.8	3936.8	4362.8	4788.8	5214.8	5640.8	6066.8	6492.8	6918.8	7344.8
14600	12167			2053.8	2272.8	2710.8	3148.8	3586.8	4024.8	4462.8	4900.8	5338.8	5776.8	6214.8	6652.8	7090.8	7528.8
15000	12500				2311.5	2761.5	3211.5	3661.5	4111.5	4561.5	5011.5	5461.5	5911.5	6361.5	6811.5	7261.5	7711.5
15400	12833				2348.9	2810.9	3272.9	3734.9	4196.9	4658.9	5120.9	5582.9	6044.9	6506.9	6968.9	7430.9	7892.9
15800	13167				2385.1	2859.1	3333.1	3807.1	4281.1	4755.1	5229.1	5703.1	6177.1	6651.1	7125.1	7599.1	8073.1
16200	13500					2906.1	3392.1	3878.1	4364.1	4850.1	5336.1	5822.1	6308.1	6794.1	7280.1	7766.1	8252.1
16600	13833					2951.8	3449.8	3947.8	4445.8	4943.8	5441.8	5939.8	6437.8	6935.8	7433.8	7931.8	8429.8
17000	14167					2996.2	3506.2	4016.2	4526.2	5036.2	5546.2	6056.2	6566.2	7076.2	7586.2	8096.2	8606.2
17400	14500					3039.4	3561.4	4083.4	4605.4	5127.4	5649.4	6171.4	6693.4	7215.4	7737.4	8259.4	8781.4
17800	14833					3081.3	3615.3	4149.3	4683.3	5217.3	5751.3	6285.3	6819.3	7353.3	7887.3	8421.3	8955.3
18200	15167						3667.9	4213.9	4759.9	5305.9	5851.9	6397.9	6943.9	7489.9	8035.9	8581.9	9127.9
18600	15500						3719.3	4277.3	4835.3	5393.3	5951.3	6509.3	7067.3	7625.3	8183.3	8741.3	9299.3
19000	15833						3769.5	4339.5	4909.5	5479.5	6049.5	6619.5	7189.5	7759.5	8329.5	8899.5	9469.5
19400	16167						3818.3	4400.3	4982.3	5564.3	6146.3	6728.3	7310.3	7892.3	8474.3	9056.3	9638.3
19800	16500							4460.0	5054.0	5648.0	6242.0	6836.0	7430.0	8024.0	8618.0	9212.0	9806.0
20200	16833							4518.3	5124.3	5730.3	6336.3	6942.3	7548.3	8154.3	8760.3	9366.3	9972.3
20600	17167							4575.5	5193.5	5811.5	6429.5	7047.5	7665.5	8283.5	8901.5	9519.5	10137.5
21000	17500							4631.3	5261.3	5891.3	6521.3	7151.3	7781.3	8411.3	9041.3	9671.3	10301.3
21400	17833							4685.9	5327.9	5969.9	6611.9	7253.9	7895.9	8537.9	9179.9	9821.9	10463.9
21800	18167								5393.3	6047.3	6701.3	7355.3	8009.3	8663.3	9317.3	9971.3	10625.3
22200	18500								5457.4	6123.4	6789.4	7455.4	8121.4	8787.4	9453.4	10119.4	10785.4
22600	18833								5520.2	6198.2	6876.2	7554.2	8232.2	8910.2	9588.2	10266.2	10944.2
23000	19167								5581.8	6271.8	6961.8	7651.8	8341.8	9031.8	9721.8	10411.8	11101.8
23400	19500								5642.1	6344.1	7046.1	7748.1	8450.1	9152.1	9854.1	10556.1	11258.1
23800	19833									6415.2	7129.2	7843.2	8557.2	9271.2	9985.2	10699.2	11413.2
24200	20167									6485.0	7211.0	7937.0	8663.0	9389.0	10115.0	10841.0	11567.0
24600	20500									6553.5	7291.5	8029.5	8767.5	9505.5	10243.5	10981.5	11719.5
25000	20833									6620.8	7370.8	8120.8	8870.8	9620.8	10370.8	11120.8	11870.8

续表

A_s(mm^2)		M(kN·m)　梁宽 b=600mm,C40 混凝土，　当 h(mm)为															
HRB335 钢	HRB400 钢 RRB400 钢	650	700	750	800	900	1000	1100	1200	1300	1400	1500	1600	1700	1800	1900	2000
25400	21167									6686.8	7448.8	8210.8	8972.8	9734.8	10496.8	11258.8	12020.8
25800	21500										7525.6	8299.6	9073.6	9847.6	10621.6	11395.6	12169.6
26200	21833										7601.2	8387.2	9173.2	9959.2	10745.2	11531.2	12317.2
26600	22167										7675.4	8473.4	9271.4	10069.4	10867.4	11665.4	12463.4
27000	22500										7748.4	8558.4	9368.4	10178.4	10988.4	11798.4	12608.4
27400	22833										7820.2	8642.2	9464.2	10286.2	11108.2	11930.2	12752.2
27800	23167											8724.7	9558.7	10392.7	11226.7	12060.7	12894.7
28200	23500											8805.9	9651.9	10497.9	11343.9	12189.9	13035.9
28600	23833											8885.9	9743.9	10601.9	11459.9	12317.9	13175.9
29000	24167											8964.6	9834.6	10704.6	11574.6	12444.6	13314.6
29400	24500											9042.1	9924.1	10806.1	11688.1	12570.1	13452.1
29800	24833												10012.3	10906.3	11800.3	12694.3	13588.3
30200	25167												10099.3	11005.3	11911.3	12817.3	13723.3
30600	25500												10185.0	11103.0	12021.0	12939.0	13857.0
31000	25833												10269.4	11199.4	12129.4	13059.4	13989.4
31400	26167												10352.6	11294.6	12236.6	13178.6	14120.6
31800	26500													11388.6	12342.6	13296.6	14250.6
32200	26833													11481.2	12447.2	13413.2	14379.2
32600	27167													11572.7	12550.7	13528.7	14506.7
33000	27500													11662.8	12652.8	13642.8	14632.8
33400	27833													11751.7	12753.7	13755.7	14757.7
33800	28167														12853.4	13867.4	14881.4
34200	28500														12951.8	13977.8	15003.8
34600	28833														13048.9	14086.9	15124.9
35000	29167														13144.8	14194.8	15244.8
35400	29500														13239.4	14301.4	15363.4
35800	29833															14406.8	15480.8
36200	30167															14510.9	15596.9
36600	30500															14613.7	15711.7
37000	30833															14715.3	15825.3
37400	31167															14815.7	15937.7
37800	31500																16048.8

第五节 双筋矩形截面梁受弯承载力计算

一、适用条件

同本章第四节。

二、使用说明

1. 当弯矩设计值 $M>M_1$（M_1 值见表 2-5-1～表 2-5-6）且截面尺寸受到限制时可按双筋梁计算。

2. 制表公式：

$$M_1 = f_c b h_0^2 \xi_b (1-0.5\xi_b) \tag{2-5-1}$$

$$A_{s1} = b h_0 \xi_b f_c / f_y \tag{2-5-2}$$

式中 M_1——按单筋梁计算时梁能承受的最大弯矩；

A_{s1}——按单筋梁计算时梁能承受的最大弯矩所对应的最大配筋值，见表 2-5-1～表 2-5-6。

3. 计算方法及注意事项

1）已知弯矩设计值 M，截面尺寸及材料强度设计值，求双筋梁的受拉钢筋 A_s 及受压钢筋 A'_s 时，可用下述方法：

a. 查表 2-5-1～表 2-5-6 得 M_1、A_{s1}；

b. 按式（2-5-3）计算 A'_s：

$$A'_s = \frac{M-M_1}{f'_y(h_0-a'_s)} \tag{2-5-3}$$

式中 a'_s——受压普通钢筋合力点至截面近边的距离。

c. 按下列公式计算 A_s：

$$A_{s2} = A'_s f'_y / f_y \tag{2-5-4}$$

$$A_s = A_{s1} + A_{s2} \tag{2-5-5}$$

2）已知弯矩设计值 M、截面尺寸、材料强度设计值及受压钢筋面积 A'_s，求受拉钢筋 A_s 时，可用下述方法：

a. 按式（2-5-6）计算 M_2：

$$M_2 = f'_y A'_s (h_0 - a'_s) \tag{2-5-6}$$

当 $M-M_2>M_1$（M_1 由表 2-5-1～表 2-5-6 查得）时，即 $\xi>\xi_b$，说明受压钢筋 A'_s 不够，应加大 A'_s 后重新计算。

b. 按式（2-5-4）计算 A_{s2}；

c. 由 $M-M_2$ 按单筋矩形梁计算 A_{s1}，并复核：

$$x \geqslant 2a'_s \tag{2-5-7}$$

当式（2-5-7）不满足时应按式（2-5-8）计算 A_s，同时由 M 直接按单筋矩形梁计算 A_s（即不考虑受压钢筋 A'_s 的作用），两者取小值。

$$A_s = \frac{M}{f_y(h_0-a'_s)} \tag{2-5-8}$$

d. 当满足式（2-5-7）时，按式（2-5-5）计算 A_s。

三、应用举例

【例 2-5-1】 已知矩形截面梁 $b\times h=200\text{mm}\times500\text{mm}$，弯距设计值 $M=181\text{kN·m}$，C20 混凝土，受拉钢筋采用 HRB335 钢筋，受压钢筋采用 HPB235 钢筋，求梁的受拉钢筋面积 A_s 及受压钢筋面积 A'_s。

【解】 查表 2-5-2，该梁按单筋计算时能承受的最大弯矩 $M_1=144.87\text{kN·m}$（受拉钢筋为二排），$M>M_1$，故应设计成双筋梁，为充分利用混凝土的受压强度取 $M_1=144.87\text{kN·m}$，相应有 $A_{s1}=1531\text{mm}^2$。$M_2=M-M_1=181-144.87=36.13\text{ kN·m}$，受拉钢筋为二排，$h_0=500-65=435\text{mm}$，受压钢筋为一排，$a'_s=40\text{mm}$，由公式（2-5-3），$A'_s=(36.13\times10^6)/[210\times(435-40)]=436\text{mm}^2$，配筋 $3\phi14$（461mm^2）

由公式（2-5-4） $A_{s2}=436\times210/300=305\text{mm}^2$

由公式（2-5-5） $A_s=1531+305=1836\text{mm}^2$，配二排钢筋 5Φ22（$1900\text{mm}^2$）

【例 2-5-2】 已知条件同例 2-5-1，另外已知在受压区配置了 3Φ16（$A'_s=603\text{mm}^2$）HRB335 钢筋，求受拉钢筋 A_s。

【解】 由公式（2-5-6）

$$M_2=300\times603\times(435-40)\times10^{-6}=71.46\text{kN}\cdot\text{m}$$

$$M-M_2=181-71.46=109.54\text{kN}\cdot\text{m}$$

$$<M_1=144.87\text{kN}\cdot\text{m}\quad(\text{可})$$

由公式（2-5-4） $A_{s2}=603\times300/300=603\text{mm}^2$

由弯矩设计值 109.54kN·m 按单筋矩形梁，查表 2-4-4，当一排钢筋时 $A_{s1}=950\text{mm}^2$，实际为二排钢筋，查表 2-4-2，修正系数为 1.14，故 $A_{s1}=950\times1.14=1083\text{mm}^2$。

由规范 GB50010 公式，受压区高度：

$$x=f_yA_{s1}/f_cb$$

$$=300\times1083/(9.6\times200)=169\text{mm}>2a'_s=80\text{mm}(\text{可})$$

由公式（2-5-5）$A_s=1083+603=1686\text{mm}^2$，配二排钢筋。

注：①例 2-5-2 用规范 GB50010 公式计算的精确解为 $A_s=1633\text{mm}^2$，误差为 3.2%；

②例 2-5-1 是充分利用混凝土强度，其总配筋为 $A_s+A'_s=1836+436\times210/300=2141\text{mm}^2$；例 2-5-2 是已知受压钢筋并充分利用，其总配筋为 $A_s+A'_s=1633+603=2236\text{mm}^2$，显然，充分利用混凝土强度时，总配筋量最经济。

四、双筋矩形截面梁受弯承载力计算用的 M_1 及相应 A_{s1} 值表见表 2-5-1～表 2-5-6。

单筋矩形梁最大弯矩 M_1 值和最大配筋 A_{s1} 值表 C20 HPB235 钢筋 表 2-5-1

b \ h	150		200		250		300		350		400		450		500		550		600		系数 C	
	M_1 (kN·m)	A_{s1} (mm²)	M_1 (kN·m)	A_{s1} (mm²)	M_1 (kN·m)	A_{s1} (mm²)	M_1 (kN·m)	A_{s1} (mm²)	M_1 (kN·m)	A_{s1} (mm²)	M_1 (kN·m)	A_{s1} (mm²)	M_1 (kN·m)	A_{s1} (mm²)	M_1 (kN·m)	A_{s1} (mm²)	M_1 (kN·m)	A_{s1} (mm²)	M_1 (kN·m)	A_{s1} (mm²)	一排筋改二排	二排筋改三排
250	27.02	884	36.03	1179	45.04	1474																
300	41.42	1095	55.23	1460	69.03	1824																
350	58.88	1305	78.51	1740	98.14	2175																
400	79.41	1516	105.88	2021	132.35	2526															0.932	
450	90.82	1621	137.33	2302	171.66	2877	206.00	3452													0.940	
500	115.94	1831	154.59	2442	193.24	3052	231.88	3663	270.53	4273											0.946	
550			192.17	2723	240.21	3403	288.26	4084	336.30	4765											0.951	
600			233.84	3003	292.29	3754	350.75	4505	409.21	5256	467.67	6007									0.956	0.944
650			279.59	3284	349.48	4105	419.38	4926	489.27	5747	559.17	6568	629.07	7389	698.96	8210	768.86	9031	838.76	9852	0.959	0.949
700			329.42	3565	411.78	4456	494.13	5347	576.49	6238	658.84	7129	741.20	8021	823.55	8912	905.91	9803	988.26	10694	0.962	0.953
750					479.17	4807	575.01	5768	670.84	6729	766.68	7691	862.51	8652	958.35	9613	1054.18	10575	1150.02	11536	0.965	0.957
800					551.68	5158	662.02	6189	772.35	7221	882.69	8252	993.02	9284	1103.36	10315	1213.70	11347	1324.03	12378	0.967	0.959
900					712.01	5859	854.41	7031	996.81	8203	1139.22	9375	1281.62	10547	1424.02	11719	1566.42	12890	1708.82	14062	0.971	0.964
1000							1003.67	7621	1170.95	8891	1338.23	10161	1505.51	11431	1672.78	12701	1840.06	13971	2007.34	15241	0.974	0.968

续表

b / h	150		200		250		300		350		400		450		500		550		600		系数 C	
	M_1 (kN·m)	A_{s1} (mm²)	M_1 (kN·m)	A_{s1} (mm²)	M_1 (kN·m)	A_{s1} (mm²)	M_1 (kN·m)	A_{s1} (mm²)	M_1 (kN·m)	A_{s1} (mm²)	M_1 (kN·m)	A_{s1} (mm²)	M_1 (kN·m)	A_{s1} (mm²)	M_1 (kN·m)	A_{s1} (mm²)	M_1 (kN·m)	A_{s1} (mm²)	M_1 (kN·m)	A_{s1} (mm²)	一排筋改二排	二排筋改三排
1100							1237.73	8463	1444.02	9873	1650.31	11284	1856.60	12694	2062.88	14104	2269.17	15515	2475.46	16925	0.977	0.971
1200									1745.68	10856	1995.07	12406	2244.45	13957	2493.83	15508	2743.22	17059	2992.60	18609	0.979	0.974
1300											2372.50	13529	2669.07	15220	2965.63	16911	3262.19	18602	3558.76	20294	0.980	0.976
1400											2782.62	14652	3130.45	16483	3478.27	18315	3826.10	20146	4173.93	21978	0.982	0.978
1500													3628.59	17746	4031.77	19718	4434.94	21690	4838.12	23662	0.983	0.979
1600													4163.50	19009	4626.11	21122	5088.72	23234	5551.33	25346	0.984	0.981
1700															5261.30	22525	5787.43	24778	6313.56	27030	0.985	0.982
1800															5937.34	23928	6531.07	26321	7124.80	28714	0.986	0.983
1900																	7319.64	27865	7985.07	30398	0.987	0.984
2000																			8894.35	32082	0.987	0.985

说明：1. 本表适用于 C20 混凝土及 HPB235 钢筋；

2. 表中第一道粗线以上按一排钢筋计算，第一道粗线以下，第二道粗线以上按二排钢筋计算，第二道粗线以下按三排钢筋计算。如实际配筋时将一排改二排、或二排改三排，则实际 A_{s1} 值应为表中 A_{s1} 值乘以表中相应系数 C，实际 M_1 值应为表中 M_1 值乘以表中相应系数 C 的平方，反之则除。

单筋矩形梁最大弯矩 M_1 值和最大配筋 A_{s1} 值表　C20　HRB335 钢筋　　　　**表 2-5-2**

b / h	150		200		250		300		350		400		450		500		550		600		系数 C	
	M_1 (kN·m)	A_{s1} (mm²)	M_1 (kN·m)	A_{s1} (mm²)	M_1 (kN·m)	A_{s1} (mm²)	M_1 (kN·m)	A_{s1} (mm²)	M_1 (kN·m)	A_{s1} (mm²)	M_1 (kN·m)	A_{s1} (mm²)	M_1 (kN·m)	A_{s1} (mm²)	M_1 (kN·m)	A_{s1} (mm²)	M_1 (kN·m)	A_{s1} (mm²)	M_1 (kN·m)	A_{s1} (mm²)	一排筋改二排	二排筋改三排
250	25.32	554	33.76	739	42.20	924																
300	38.82	686	51.75	915	64.69	1144																
350	55.18	818	73.57	1091	91.97	1364																
400	74.42	950	99.22	1267	124.03	1584															0.931	

续表

b \ h	150		200		250		300		350		400		450		500		550		600		系数 C	
	M_1 (kN·m)	A_{s1} (mm²)	M_1 (kN·m)	A_{s1} (mm²)	M_1 (kN·m)	A_{s1} (mm²)	M_1 (kN·m)	A_{s1} (mm²)	M_1 (kN·m)	A_{s1} (mm²)	M_1 (kN·m)	A_{s1} (mm²)	M_1 (kN·m)	A_{s1} (mm²)	M_1 (kN·m)	A_{s1} (mm²)	M_1 (kN·m)	A_{s1} (mm²)	M_1 (kN·m)	A_{s1} (mm²)	一排筋改二排	二排筋改三排
450	85.11	1016	128.70	1443	160.87	1804	193.05	2165													0.939	
500	108.65	1148	144.87	1531	181.09	1914	217.31	2297	253.52	2680											0.946	
550			180.09	1707	225.11	2134	270.13	2561	315.15	2988											0.951	
600			219.13	1883	273.92	2354	328.70	2825	383.48	3296	438.27	3766									0.955	0.944
650			262.01	2059	327.51	2574	393.01	3089	458.51	3604	524.01	4118	589.52	4633	655.02	5148	720.52	5663	786.02	6178	0.959	0.949
700			308.71	2235	385.89	2794	463.06	3353	540.24	3912	617.42	4470	694.60	5029	771.77	5588	848.95	6147	926.13	6706	0.962	0.953
750					449.05	3014	538.86	3617	628.67	4220	718.48	4822	808.29	5425	898.10	6028	987.91	6631	1077.72	7234	0.965	0.956
800					517.00	3234	620.39	3881	723.79	4528	827.19	5174	930.59	5821	1033.99	6468	1137.39	7115	1240.79	7762	0.967	0.959
900					667.24	3674	800.69	4409	934.14	5144	1067.59	5878	1201.04	6613	1334.49	7348	1467.94	8083	1601.39	8818	0.971	0.964
1000							940.57	4778	1097.33	5575	1254.09	6371	1410.85	7168	1567.61	7964	1724.38	8760	1881.14	9557	0.974	0.968
1100							1159.91	5306	1353.23	6191	1546.55	7075	1739.87	7960	1933.19	8844	2126.51	9728	2319.83	10613	0.976	0.971
1200									1635.93	6807	1869.63	7779	2103.34	8752	2337.04	9724	2570.75	10696	2804.45	11669	0.978	0.974
1300											2223.34	8483	2501.26	9544	2779.18	10604	3057.09	11664	3335.01	12725	0.980	0.976
1400											2607.67	9187	2933.63	10336	3259.59	11484	3585.55	12632	3911.51	13781	0.982	0.978
1500													3400.46	11128	3778.28	12364	4156.11	13600	4533.94	14837	0.983	0.979
1600													3901.73	11920	4335.26	13244	4768.78	14568	5202.31	15893	0.984	0.980
1700															4930.51	14124	5423.56	15536	5916.61	16949	0.985	0.982
1800															5564.05	15004	6120.45	16504	6676.86	18005	0.986	0.983
1900																	6859.45	17472	7483.03	19061	0.987	0.984
2000																			8335.15	20117	0.987	0.984

说明：1. 本表适用于 C20 混凝土及 HRB335 钢筋；

2. 表中第一道粗线以上按一排钢筋计算，第一道粗线以下，第二道粗线以上按二排钢筋计算，第二道粗线以下按三排钢筋计算。如实际配筋时将一排改二排、或二排改三排，则实际 A_{s1}值应为表中 A_{s1}值乘以表中相应系数 C，实际 M_1 值应为表中 M_1 值乘以表中相应系数 C 的平方，反之则除。

单筋矩形梁最大弯矩 M_1 值和最大配筋 A_{s1} 值表 C20 HRB400(RRB400)钢筋 表 2-5-3

b / h	150		200		250		300		350		400		450		500		550		600		系数 C	
	M_1 (kN·m)	A_{s1} (mm²)	M_1 (kN·m)	A_{s1} (mm²)	M_1 (kN·m)	A_{s1} (mm²)	M_1 (kN·m)	A_{s1} (mm²)	M_1 (kN·m)	A_{s1} (mm²)	M_1 (kN·m)	A_{s1} (mm²)	M_1 (kN·m)	A_{s1} (mm²)	M_1 (kN·m)	A_{s1} (mm²)	M_1 (kN·m)	A_{s1} (mm²)	M_1 (kN·m)	A_{s1} (mm²)	一排筋改二排	二排筋改三排
250	24.38	435	32.50	580	40.63	725																
300	37.36	539	49.82	718	62.27	898																
350	53.12	642	70.82	856	88.53	1071																
400	71.63	746	95.51	995	119.39	1243															0.931	
450	81.93	798	123.88	1133	154.86	1416	185.83	1699													0.939	
500	104.59	901	139.45	1202	174.32	1502	209.18	1803	244.04	2103											0.946	
550			173.35	1340	216.69	1675	260.03	2010	303.37	2345											0.951	
600			210.94	1478	263.67	1848	316.41	2217	369.14	2587	421.88	2956									0.955	0.944
650			252.21	1616	315.26	2020	378.31	2424	441.37	2828	504.42	3232	567.47	3636	630.52	4040	693.58	4444	756.63	4848	0.959	0.949
700			297.16	1754	371.46	2193	445.75	2631	520.04	3070	594.33	3509	668.62	3947	742.91	4386	817.20	4824	891.49	5263	0.962	0.953
750					432.26	2366	518.71	2839	605.16	3312	691.61	3785	778.06	4258	864.51	4731	950.96	5204	1037.41	5677	0.965	0.956
800					497.66	2538	597.19	3046	696.73	3553	796.26	4061	895.79	4569	995.32	5076	1094.85	5584	1194.39	6092	0.967	0.959
900					642.29	2884	770.75	3460	899.21	4037	1027.67	4614	1156.12	5190	1284.58	5767	1413.04	6344	1541.50	6920	0.971	0.964
1000							905.39	3750	1056.29	4375	1207.19	5000	1358.09	5625	1508.99	6251	1659.89	6876	1810.79	7501	0.974	0.968
1100							1116.54	4165	1302.62	4859	1488.71	5553	1674.80	6247	1860.89	6941	2046.98	7635	2233.07	8329	0.976	0.971
1200									1574.75	5342	1799.72	6105	2024.68	6869	2249.64	7632	2474.61	8395	2699.57	9158	0.978	0.974
1300											2140.19	6658	2407.72	7490	2675.24	8323	2942.77	9155	3210.29	9987	0.980	0.976
1400											2510.15	7211	2823.92	8112	3137.69	9013	3451.46	9915	3765.23	10816	0.982	0.978
1500													3273.29	8733	3636.99	9704	4000.69	10674	4364.39	11645	0.983	0.979
1600													3755.82	9355	4173.13	10395	4590.45	11434	5007.76	12473	0.984	0.980
1700															4746.13	11085	5220.74	12194	5695.35	13302	0.985	0.982
1800															5355.97	11776	5891.56	12953	6427.16	14131	0.986	0.983
1900																	6602.92	13713	7203.19	14960	0.987	0.984
2000																			8023.44	15789	0.987	0.984

说明：1. 本表适用于 C20 混凝土及 HRB400(RRB400)钢筋；

2. 表中第一道粗线以上按一排钢筋计算，第一道粗线以下，第二道粗线以上按二排钢筋计算，第二道粗线以下按三排钢筋计算。如实际配筋时将一排改二排、或二排改三排，则实际 A_{s1} 值应为表中 A_{s1} 值乘以表中相应系数 C，实际 M_1 值应为表中 M_1 值乘以表中相应系数 C 的平方，反之则除。

单筋矩形梁最大弯矩 M_1 值和最大配筋 A_{s1} 值表　C25　HPB235 钢筋　　表 2-5-4

b / h	150		200		250		300		350		400		450		500		550		600		系数 C	
	M_1 (kN·m)	A_{s1} (mm²)	M_1 (kN·m)	A_{s1} (mm²)	M_1 (kN·m)	A_{s1} (mm²)	M_1 (kN·m)	A_{s1} (mm²)	M_1 (kN·m)	A_{s1} (mm²)	M_1 (kN·m)	A_{s1} (mm²)	M_1 (kN·m)	A_{s1} (mm²)	M_1 (kN·m)	A_{s1} (mm²)	M_1 (kN·m)	A_{s1} (mm²)	M_1 (kN·m)	A_{s1} (mm²)	一排筋改二排	二排筋改三排
250	35.11	1122	46.81	1496	58.51	1870																
300	53.34	1383	71.12	1844	88.90	2305																
350	75.36	1644	100.48	2192	125.61	2740																
400	101.19	1905	134.92	2540	168.65	3175															0.932	
450	115.52	2035	174.41	2888	218.01	3610	261.62	4332													0.940	
500	147.04	2296	196.06	3062	245.07	3827	294.09	4593	343.10	5358											0.946	
550			243.15	3410	303.93	4262	364.72	5115	425.51	5967											0.951	
600			295.30	3758	369.13	4697	442.95	5637	516.78	6576	590.60	7515									0.956	0.944
650			352.52	4106	440.65	5132	528.78	6158	616.91	7185	705.04	8211	793.17	9238	881.30	10264	969.43	11290	1057.56	12317	0.959	0.949
700			414.80	4454	518.50	5567	622.20	6680	725.90	7794	829.60	8907	933.30	10020	1037.00	11134	1140.70	12247	1244.40	13361	0.962	0.953
750					602.68	6002	723.22	7202	843.75	8403	964.29	9603	1084.82	10803	1205.36	12004	1325.90	13204	1446.43	14404	0.965	0.957
800					693.19	6437	831.83	7724	970.47	9011	1109.10	10299	1247.74	11586	1386.38	12874	1525.02	14161	1663.65	15448	0.967	0.959
900					893.20	7307	1071.84	8768	1250.48	10229	1429.11	11691	1607.75	13152	1786.39	14613	1965.03	16075	2143.67	17536	0.971	0.964
1000							1257.92	9499	1467.57	11082	1677.22	12665	1886.88	14248	2096.53	15831	2306.18	17414	2515.84	18997	0.974	0.968
1100							1549.57	10542	1807.84	12299	2066.10	14057	2324.36	15814	2582.62	17571	2840.89	19328	3099.15	21085	0.977	0.971
1200									2183.55	13517	2495.48	15448	2807.42	17379	3119.35	19310	3431.29	21241	3743.22	23172	0.979	0.974
1300											2965.37	16840	3336.04	18945	3706.72	21050	4077.39	23155	4448.06	25260	0.980	0.976
1400											3475.77	18232	3910.24	20511	4344.71	22790	4779.19	25069	5213.66	27348	0.982	0.978
1500													4530.01	22076	5033.35	24529	5536.68	26982	6040.02	29435	0.983	0.979
1600													5195.35	23642	5772.61	26269	6349.87	28896	6927.14	31523	0.984	0.981
1700															6562.52	28009	7218.77	30809	7875.02	33610	0.985	0.982
1800															7403.05	29748	8143.36	32723	8883.66	35698	0.986	0.983
1900																	9123.65	34637	9953.07	37786	0.987	0.984
2000																			11083.24	39873	0.987	0.985

说明：1. 本表适用于 C25 混凝土及 HPB235 钢筋。当混凝土强度等级改变时，表中 M_1 值及 A_{s1} 值应乘以下列系数（C 值不变）：

C30 时，乘以系数 14.3/11.9＝1.202；

C35 时，乘以系数 16.7/11.9＝1.403；

C40 时，乘以系数 19.1/11.9＝1.605。

2. 同表 2-5-1 说明 2。

单筋矩形梁最大弯矩 M_1 值和最大配筋 A_{s1} 值表 C25 HRB335 钢筋 表 2-5-5

b / h	150		200		250		300		350		400		450		500		550		600		系数 C	
	M_1 (kN·m)	A_{s1} (mm²)	M_1 (kN·m)	A_{s1} (mm²)	M_1 (kN·m)	A_{s1} (mm²)	M_1 (kN·m)	A_{s1} (mm²)	M_1 (kN·m)	A_{s1} (mm²)	M_1 (kN·m)	A_{s1} (mm²)	M_1 (kN·m)	A_{s1} (mm²)	M_1 (kN·m)	A_{s1} (mm²)	M_1 (kN·m)	A_{s1} (mm²)	M_1 (kN·m)	A_{s1} (mm²)	一排筋改二排	二排筋改三排
250	32.90	704	43.87	938	54.84	1173																
300	49.98	867	66.65	1156	83.31	1445																
350	70.63	1031	94.17	1374	117.71	1718																
400	94.83	1194	126.43	1593	158.04	1991															0.932	
450	108.26	1276	163.45	1811	204.31	2263	245.17	2716													0.940	
500	137.80	1440	183.73	1920	229.66	2400	275.60	2880	321.53	3360											0.946	
550			227.86	2138	284.83	2673	341.79	3207	398.76	3742											0.951	
600			276.74	2356	345.92	2945	415.10	3534	484.29	4123	553.47	4712									0.956	0.944
650			330.36	2574	412.94	3218	495.53	3862	578.12	4505	660.71	5149	743.30	5792	825.89	6436	908.48	7080	991.07	7723	0.959	0.949
700			388.72	2793	485.90	3491	583.08	4189	680.26	4887	777.44	5585	874.62	6283	971.80	6981	1068.98	7679	1166.16	8378	0.962	0.953
750					564.79	3763	677.75	4516	790.70	5269	903.66	6021	1016.62	6774	1129.58	7527	1242.53	8279	1355.49	9032	0.965	0.957
800					649.61	4036	779.53	4843	909.45	5651	1039.37	6458	1169.29	7265	1299.22	8072	1429.14	8879	1559.06	9687	0.967	0.959
900					837.04	4582	1004.45	5498	1171.86	6414	1339.26	7330	1506.67	8247	1674.08	9163	1841.49	10079	2008.90	10996	0.971	0.964
1000							1178.83	5956	1375.30	6949	1571.78	7941	1768.25	8934	1964.72	9927	2161.19	10919	2357.66	11912	0.974	0.968
1100							1452.15	6610	1694.18	7712	1936.20	8814	2178.23	9916	2420.25	11017	2662.28	12119	2904.30	13221	0.977	0.971
1200									2046.26	8476	2338.59	9687	2630.91	10897	2923.23	12108	3215.56	13319	3507.88	14530	0.979	0.974
1300											2778.94	10559	3126.30	11879	3473.67	13199	3821.04	14519	4168.40	15839	0.980	0.976
1400											3257.24	11432	3664.40	12861	4071.55	14290	4478.71	15719	4885.87	17148	0.982	0.978
1500													4245.20	13843	4716.89	15381	5188.58	16919	5660.27	18457	0.983	0.979
1600													4868.71	14824	5409.68	16472	5950.65	18119	6491.62	19766	0.984	0.981
1700															6149.92	17562	6764.91	19319	7379.90	21075	0.985	0.982
1800															6937.61	18653	7631.37	20519	8325.13	22384	0.986	0.983
1900																	8550.03	21718	9327.30	23693	0.987	0.984
2000																			10386.41	25002	0.987	0.985

说明:1. 本表适用于 C25 混凝土及 HRB335 钢筋。当混凝土强度等级改变时,表中 M_1 值及 A_{s1} 值应乘以下列系数(C 值不变):

C30 时,乘以系数 14.3/11.9=1.202

C35 时,乘以系数 16.7/11.9=1.403

C40 时,乘以系数 19.1/11.9=1.605

2. 同表 2-5-1 说明 2。

单筋矩形梁最大弯矩 M_1 值和最大配筋 A_{s1} 值表　C25　HRB400（RRB400）钢筋　　表 2-5-6

b \ h	150		200		250		300		350		400		450		500		550		600		系数 C	
	M_1 (kN·m)	A_{s1} (mm²)	M_1 (kN·m)	A_{s1} (mm²)	M_1 (kN·m)	A_{s1} (mm²)	M_1 (kN·m)	A_{s1} (mm²)	M_1 (kN·m)	A_{s1} (mm²)	M_1 (kN·m)	A_{s1} (mm²)	M_1 (kN·m)	A_{s1} (mm²)	M_1 (kN·m)	A_{s1} (mm²)	M_1 (kN·m)	A_{s1} (mm²)	M_1 (kN·m)	A_{s1} (mm²)	一排筋改二排	二排筋改三排
250	31.67	552	42.23	736	52.79	920																
300	48.11	681	64.15	908	80.19	1134																
350	67.98	809	90.65	1079	113.31	1348																
400	91.28	937	121.71	1250	152.13	1562															0.932	
450	104.21	1002	157.33	1421	196.67	1776	236.00	2132													0.940	
500	132.65	1130	176.86	1507	221.08	1884	265.29	2260	309.51	2637											0.946	
550			219.34	1678	274.17	2098	329.01	2517	383.84	2937											0.951	
600			266.39	1849	332.98	2312	399.58	2774	466.18	3236	532.77	3699									0.956	0.944
650			318.00	2020	397.50	2526	477.00	3031	556.50	3536	636.00	4041	715.50	4546	795.00	5051	874.50	5556	954.00	6061	0.959	0.949
700			374.18	2192	467.73	2740	561.28	3288	654.82	3836	748.37	4383	841.91	4931	935.46	5479	1029.01	6027	1122.55	6575	0.962	0.953
750					543.67	2954	652.40	3544	761.13	4135	869.87	4726	978.60	5317	1087.33	5907	1196.07	6498	1304.80	7089	0.965	0.957
800					625.31	3168	750.38	3801	875.44	4435	1000.50	5068	1125.57	5702	1250.63	6335	1375.69	6969	1500.75	7603	0.967	0.959
900					805.74	3596	966.88	4315	1128.03	5034	1289.18	5753	1450.33	6472	1611.47	7192	1772.62	7911	1933.77	8630	0.971	0.964
1000							1134.75	4675	1323.87	5454	1513.00	6233	1702.12	7012	1891.24	7791	2080.37	8570	2269.49	9349	0.974	0.968
1100							1397.84	5188	1630.82	6053	1863.79	6918	2096.77	7782	2329.74	8647	2562.72	9512	2795.69	10376	0.977	0.971
1200									1969.74	6652	2251.13	7603	2532.52	8553	2813.91	9503	3095.31	10453	3376.70	11404	0.979	0.974
1300											2675.01	8287	3009.39	9323	3343.76	10359	3678.14	11395	4012.52	12431	0.980	0.976
1400											3135.43	8972	3527.36	10094	3919.29	11215	4311.22	12337	4703.15	13459	0.982	0.978
1500													4086.44	10864	4540.49	12072	4994.54	13279	5448.59	14486	0.983	0.979
1600													4686.64	11635	5207.37	12928	5728.11	14220	6248.85	15513	0.984	0.981
1700															5919.93	13784	6511.92	15162	7103.92	16541	0.985	0.982
1800															6678.17	14640	7345.98	16104	8013.80	17568	0.986	0.983
1900																	8230.28	17046	8978.49	18595	0.987	0.984
2000																			9997.99	19623	0.987	0.985

说明：1. 本表适用于 C25 混凝土及 HRB400(RRB400)钢筋。当混凝土强度等级改变时，表中 M_1 值及 A_{s1} 值应乘以下列系数（C 值不变）：

C30 时，乘以系数 14.3/11.9＝1.202；

C35 时，乘以系数 16.7/11.9＝1.403；

C40 时，乘以系数 19.1/11.9＝1.605。

2. 同表 2-5-1 说明 2。

第六节 T形截面梁受弯承载力计算

一、适用条件

同本章第四节。

二、使用说明

1. 当满足公式(2-6-1)时，即T形截面梁受压部分在翼缘内，可直接按表2-6-7～表2-6-11查得其配筋值 A_s。

$$M \leqslant b'_f \cdot [M] \tag{2-6-1}$$

式中 b'_f——T形截面梁受压翼缘宽度；

$[M]$——T形截面梁翼缘全部受压时每毫米宽翼缘的允许弯矩设计值，见表2-6-2～表2-6-6。

2. 当不满足公式(2-6-1)时，即T形截面梁除翼缘部分全部受压外，尚有部分腹板受压，可按下述方法进行计算：

1)查表2-6-2～表2-6-6可得$[M]$及对应的$[A_s]$；

2)按下列公式计算 M_f 及 A_{sy}；

$$M_f = M - (b'_f - b) \cdot [M] \tag{2-6-2}$$

$$A_{sy} = (b'_f - b) \cdot [A_s] \tag{2-6-3}$$

式中 b——T形截面梁腹板宽。

3)由 M_f 按矩形截面梁 $b \times h$ 计算其所对应的配筋 A_{sf}，当 $M_f > M_1$(M_1 值见表2-5-1～表2-5-6)时，应按双筋矩形梁计算。

4)按下式计算 A_s。

$$A_s = A_{sy} + A_{sf} \tag{2-6-4}$$

3. 制表公式

1)表2-6-2～表2-6-6：

$$[M] = h'_f f_c (h_0 - 0.5h'_f) \tag{2-6-5}$$

$$[A_s] = h'_f f_c / f_y \tag{2-6-6}$$

式中 h'_f——T形截面梁受压翼缘高度。

2)表2-6-7～表2-6-11

$$[M] = f_y A_s \left(h_0 - \frac{f_y A_s}{2b'_f f_c} \right) \tag{2-6-7}$$

4. 注意事项

1)直接按表2-6-7～表2-6-11查得的配筋尚应按下式验算其最小配筋率：

$$A_s \geqslant \rho_{min} bh \tag{2-6-8}$$

2)表2-6-7～表2-6-11是按 $b'_f = 2000$mm 编制的，当 b'_f 为1000mm 及1500mm 且满足公式(2-6-1)时，应以表中相应的 b'_f 系数乘以查得的 A_s，当 $b'_f > 2000$mm 时，可按 $b'_f = 2000$mm 查表，其误差较少，可忽略不计，当 b'_f 较小时宜另行计算。

注：表2-6-7～表2-6-11中 b'_f 系数为统计计算值，当梁高 h 较大时，该值尚可适当减小。

3)表2-6-2～表2-6-6中$[M]$分别按主筋为一排、二排、三排计算，当实际采用的钢筋排数与表中排数不同时，$[M]$应另外按公式(2-6-5)计算，其中$[A_s]$值与 h_0 无关，仍可采用。

4)表2-6-7～表2-6-11中第一道粗线以上按一排钢筋计算，第一道粗线以下第二道粗线以上按二排钢筋计算，第二道粗线以下按三排钢筋计算，如实际配筋排数与表中不同，则一排改二排或二排改三排时表中查得的 A_s 值应乘以表2-6-1中相应的系数，但此时由于$[M]$值已改变，故应重新按公式(2-6-1)复核其适用条件；反之二排改一排或三排改二排，表中查得的 A_s 值应除以表2-6-1中相应的系数。

修改钢筋排数时的系数　　表 2-6-1

梁高 h (mm)	400	450	500	550	600	650～700	750～900	950～1150	>1200
一排改二排	1.10	1.09	1.07	1.06	1.06	1.05	1.04	1.03	1.02
二排改三排			1.09	1.08	1.07	1.06	1.05	1.04	1.03

注：表中系数为T形截面梁受压区高度约为$\frac{2}{3}h'_f$时的统计计算值。

三、应用举例

【例 2-6-1】　已知T形截面梁 $b'_f=2000$mm，$h'_f=80$mm，$b=250$mm，$h=600$mm，弯矩设计值 $M=246$kN·m，C20 混凝土，HRB335 钢筋，求配筋。

【解】　查表 2-6-2，一排钢筋时，$[M]=399$N·m/mm

$b'_f\cdot[M]=2000\times399/1000=798$kN·m>246kN·m

查表 2-6-7　　$A_s=1500\text{mm}^2$，配筋 4Φ 22。

复核最小配筋率：

$\rho_{min}bh=0.2\%\times250\times600=300\text{mm}^2<1500\text{mm}^2$（可）

若直接按矩形梁 250×600 计算，查表 2-4-5，$A_s=1910\text{mm}^2$，需配筋 4Φ 25。

【例 2-6-2】　已知条件同例 2-6-1，仅 b'_f 改为 1000mm，求配筋。

【解】　$b'_f\cdot[M]=1000\times399/1000=399$kN·m>246kN·m

查表 2-6-7　b'_f 系数为 1.04

$A_s=1500\times1.04=1560\text{mm}^2$　　配筋 2Φ 25+2Φ 20

【例 2-6-3】　已知条件同例 2-6-1，但 M 改为 438kN·m，b'_f 改为 1100mm，求配筋。

【解】　查表 2-6-2，二排钢筋时 $[M]=380$N·m/mm，与之对应的 $[A_s]=2.56\text{mm}^2/\text{mm}$

$b'_f\cdot[M]=1100\times380/1000=418$kN·m<$M=438$kN·m

由公式(2-6-2)及公式(2-6-3)

$$M_f=M-(b'_f-b)\cdot[M]$$

$$=438-(1100-250)\times380/1000=115\text{kN}\cdot\text{m}$$

$$A_{sy}=(b'_f-b)\cdot[A_s]=(1100-250)\times2.56=2176\text{mm}^2$$

由 $M_f=115$kN·m 按矩形截面梁 250×600 查表 2-4-5，当一排钢筋时，$A_{sf}=750\text{mm}^2$，实际为二排筋，查表 2-4-2，一排改二排系数为 1.11，

故 $A_{sf}=750\times1.11=833\text{mm}^2$

由公式 2-6-4，$A_s=A_{sy}+A_{sf}=2176+833=3009\text{mm}^2$，

配二排筋 4Φ 25+3Φ 22。

四、T形截面梁受弯承载力计算表

C20、C25、C30、C35、C40 混凝土 T 形截面梁每毫米宽翼缘允许弯矩$[M]$及所对应的配筋表见表 2-6-2～表 2-6-6。

C20、C25、C30、C35、C40 混凝土，HPB235、HRB335、HRB400、RRB400 钢筋的单筋 T 形截面梁弯矩配筋表见表 2-6-7～表 2-6-11。

T形截面梁每毫米宽翼缘允许弯矩[M](N·m)及所对应配筋[A_s] (mm^2) C20 表 2-6-2

h (mm)	主筋 \ h_f(mm)	60	70	80	90	100	110	120	130	140	150	160	170	180	190	200	210	220	230	240	250
250	一排	104	118	131																	
300	一排	132	151	169	186	202															
350	一排	161	185	207	229	250	269	288													
400	一排	190	218	246	272	298	322	346	368	390	410										
	二排	176	202	227	251	274	296	317	337	356	374										
450	一排	219	252	284	315	346	375	403	431	457	482										
	二排	204	235	265	294	322	348	374	399	423	446										
500	一排	248	286	323	359	394	428	461	493	524	554	584	612								
	二排	233	269	303	337	370	401	432	462	491	518	545	571								
550	一排	276	319	361	402	442	480	518	555	591	626	660	694								
	二排	262	302	342	380	418	454	490	524	558	590	622	653								
600	一排	305	353	399	445	490	533	576	618	659	698	737	775	812	848	883					
	二排	291	336	380	423	466	507	547	587	625	662	699	734	769	803	835					
650	一排	334	386	438	488	538	586	634	680	726	770	814	857	899	939	979					
	二排	320	370	419	467	514	560	605	649	692	734	776	816	855	894	931					
700	一排	363	420	476	531	586	639	691	743	793	842	891	938	985	1031	1075	1119	1162	1203		
	二排	348	403	457	510	562	612	662	711	759	806	852	898	942	985	1027	1068	1109	1148		
750	一排	392	454	515	575	634	692	749	805	860	914	968	1020	1071	1122	1171	1220	1267	1314		
	二排	377	437	495	553	610	665	720	774	827	878	929	979	1028	1076	1123	1169	1214	1259		
800	一排	420	487	553	618	682	744	806	867	927	986	1044	1102	1158	1213	1267	1320	1373	1424	1475	1524
	二排	406	470	534	596	658	718	778	836	894	950	1006	1061	1115	1167	1219	1270	1320	1369	1417	1464
900	一排	478	554	630	704	778	850	922	992	1062	1130	1198	1265	1331	1395	1459	1522	1584	1645	1705	1764
	二排	464	538	611	683	754	824	893	961	1028	1094	1160	1224	1287	1350	1411	1472	1531	1590	1647	1704
	三排	446	517	588	657	725	792	858	924	988	1051	1114	1175	1236	1295	1354	1411	1468	1524	1578	1632
1000	一排	536	622	707	791	874	956	1037	1117	1196	1274	1352	1428	1503	1578	1651	1724	1795	1866	1935	2004
	二排	521	605	687	769	850	929	1008	1086	1163	1238	1313	1387	1460	1532	1603	1673	1742	1811	1878	1944
	三排	504	585	664	743	821	898	973	1048	1122	1195	1267	1338	1408	1477	1546	1613	1679	1744	1809	1872
1100	一排	593	689	783	877	970	1061	1152	1242	1331	1418	1505	1591	1676	1760	1843	1925	2006	2087	2166	2244
	二排	579	672	764	855	946	1035	1123	1211	1297	1382	1467	1550	1633	1715	1795	1875	1954	2031	2108	2184
	三排	562	652	741	829	917	1003	1089	1173	1257	1339	1421	1501	1581	1660	1738	1814	1890	1965	2039	2112

续表

h (mm)	主筋 \ h_f(mm)	60	70	80	90	100	110	120	130	140	150	160	170	180	190	200	210	220	230	240	250
1200	一排	651	756	860	963	1066	1167	1267	1367	1465	1562	1659	1754	1849	1943	2035	2127	2218	2307	2396	2484
	二排	636	739	841	942	1042	1140	1238	1335	1431	1526	1620	1714	1806	1897	1987	2076	2165	2252	2339	2424
	三排	619	719	818	916	1013	1109	1204	1298	1391	1483	1574	1665	1754	1842	1930	2016	2101	2186	2269	2352
1300	一排	708	823	937	1050	1162	1272	1382	1491	1599	1706	1812	1918	2022	2125	2227	2328	2429	2528	2627	2724
	二排	694	806	918	1028	1138	1246	1354	1460	1566	1670	1774	1877	1979	2079	2179	2278	2376	2473	2569	2664
	三排	677	786	895	1002	1109	1214	1319	1423	1525	1627	1728	1828	1927	2025	2122	2218	2313	2407	2500	2592
1400	一排	766	890	1014	1136	1258	1378	1498	1616	1734	1850	1966	2081	2195	2307	2419	2530	2640	2749	2857	2964
	二排	752	874	995	1115	1234	1352	1469	1585	1700	1814	1928	2040	2151	2262	2371	2480	2587	2694	2799	2904
	三排	734	853	972	1089	1205	1320	1434	1548	1660	1771	1882	1991	2100	2207	2314	2419	2524	2628	2730	2832
1500	一排	824	958	1091	1223	1354	1484	1613	1741	1868	1994	2120	2244	2367	2490	2611	2732	2851	2970	3087	3204
	二排	809	941	1071	1201	1330	1457	1584	1710	1835	1958	2081	2203	2324	2444	2563	2681	2798	2915	3030	3144
	三排	792	921	1048	1175	1301	1426	1549	1672	1794	1915	2035	2154	2272	2389	2506	2621	2735	2848	2961	3072
1600	一排	881	1025	1167	1309	1450	1589	1728	1866	2003	2138	2273	2407	2540	2672	2803	2933	3062	3191	3318	3444
	二排	867	1008	1148	1287	1426	1563	1699	1835	1969	2102	2235	2366	2497	2627	2755	2883	3010	3135	3260	3384
	三排	850	988	1125	1261	1397	1531	1665	1797	1929	2059	2189	2317	2445	2572	2698	2822	2946	3069	3191	3312
1700	一排	939	1092	1244	1395	1546	1695	1843	1991	2137	2282	2427	2570	2713	2855	2995	3135	3274	3411	3548	3684
	二排	924	1075	1225	1374	1522	1668	1814	1959	2103	2246	2388	2530	2670	2809	2947	3084	3221	3356	3491	3624
	三排	907	1055	1202	1348	1493	1637	1780	1922	2063	2203	2342	2481	2618	2754	2890	3024	3157	3290	3421	3552
1800	一排	996	1159	1321	1482	1642	1800	1958	2115	2271	2426	2580	2734	2886	3037	3187	3336	3485	3632	3779	3924
	二排	982	1142	1302	1460	1618	1774	1930	2084	2238	2390	2542	2693	2843	2991	3139	3286	3432	3577	3721	3864
	三排	965	1122	1279	1434	1589	1742	1895	2047	2197	2347	2496	2644	2791	2937	3082	3226	3369	3511	3652	3792
1900	一排	1054	1226	1398	1568	1738	1906	2074	2240	2406	2570	2734	2897	3059	3219	3379	3538	3696	3853	4009	4164
	二排	1040	1210	1379	1547	1714	1880	2045	2209	2372	2534	2696	2856	3015	3174	3331	3488	3643	3798	3951	4104
	三排	1022	1189	1356	1521	1685	1848	2010	2172	2332	2491	2650	2807	2964	3119	3274	3427	3580	3732	3882	4032
2000	一排	1112	1294	1475	1655	1834	2012	2189	2365	2540	2714	2888	3060	3231	3402	3571	3740	3907	4074	4239	4404
	二排	1097	1277	1455	1633	1810	1985	2160	2334	2507	2678	2849	3019	3188	3356	3523	3689	3854	4019	4182	4344
	三排	1080	1257	1432	1607	1781	1954	2125	2296	2466	2635	2803	2970	3136	3301	3466	3629	3791	3952	4113	4272
$[A_s]$ (mm^2)	HPB235 钢	2.74	3.20	3.66	4.11	4.57	5.03	5.49	5.94	6.40	6.86	7.31	7.77	8.23	8.69	9.14	9.60	10.06	10.51	10.97	11.43
	HRB335 钢	1.92	2.24	2.56	2.88	3.20	3.52	3.84	4.16	4.48	4.80	5.12	5.44	5.76	6.08	6.40	6.72	7.04	7.36	7.68	8.00
	HRB400 钢 RRB400 钢	1.60	1.87	2.13	2.40	2.67	2.93	3.20	3.47	3.73	4.00	4.27	4.53	4.80	5.07	5.33	5.60	5.87	6.13	6.40	6.67

T 形截面梁每毫米宽翼缘允许弯矩[M](N·m)及所对应配筋[A_s] (mm^2) C25 表 2-6-3

h (mm)	h_f(mm) 主筋	60	70	80	90	100	110	120	130	140	150	160	170	180	190	200	210	220	230	240	250
250	一排	132	150	167																	
300	一排	168	192	214	236	256															
350	一排	203	233	262	289	315	340	364													
400	一排	239	275	309	343	375	406	436	464	491	518										
	二排	221	254	286	316	345	373	400	425	450	473										
450	一排	275	317	357	396	434	471	507	541	575	607										
	二排	257	296	333	369	405	439	471	503	533	562										
500	一排	311	358	405	450	494	537	578	619	658	696	733	769								
	二排	293	337	381	423	464	504	543	580	616	652	685	718								
550	一排	346	400	452	503	553	602	650	696	741	785	828	870								
	二排	328	379	428	477	524	569	614	657	700	741	781	819								
600	一排	382	441	500	557	613	668	721	774	825	875	923	971	1017	1063	1107					
	二排	364	421	476	530	583	635	685	735	783	830	876	920	964	1006	1047					
650	一排	418	483	547	610	672	733	793	851	908	964	1019	1072	1125	1176	1226					
	二排	400	462	524	584	643	700	757	812	866	919	971	1022	1071	1119	1166					
700	一排	453	525	595	664	732	798	864	928	991	1053	1114	1173	1232	1289	1345	1399	1453	1505		
	二排	436	504	571	637	702	766	828	890	950	1009	1066	1123	1178	1232	1285	1337	1388	1437		
750	一排	489	566	643	718	791	864	935	1006	1075	1142	1209	1274	1339	1402	1464	1524	1584	1642		
	二排	471	546	619	691	762	831	900	967	1033	1098	1161	1224	1285	1345	1404	1462	1518	1574		
800	一排	525	608	690	771	851	929	1007	1083	1158	1232	1304	1376	1446	1515	1583	1649	1715	1779	1842	1904
	二排	507	587	666	744	821	897	971	1044	1116	1187	1257	1325	1392	1458	1523	1587	1649	1711	1771	1830
900	一排	596	691	785	878	970	1060	1150	1238	1324	1410	1495	1578	1660	1741	1821	1899	1977	2053	2128	2202
	二排	578	671	762	851	940	1028	1114	1199	1283	1366	1447	1527	1607	1684	1761	1837	1911	1984	2056	2127
	三排	557	646	733	819	904	988	1071	1153	1233	1312	1390	1467	1542	1617	1690	1762	1833	1902	1971	2038
1000	一排	668	775	881	985	1089	1191	1292	1392	1491	1589	1685	1780	1874	1967	2059	2149	2238	2326	2413	2499
	二排	650	754	857	959	1059	1158	1257	1354	1449	1544	1637	1730	1821	1911	1999	2087	2173	2258	2342	2425
	三排	628	729	828	926	1023	1119	1214	1307	1399	1490	1580	1669	1756	1843	1928	2012	2094	2176	2256	2335
1100	一排	739	858	976	1092	1208	1322	1435	1547	1658	1767	1875	1983	2088	2193	2297	2399	2500	2600	2699	2797
	二排	721	837	952	1066	1178	1289	1399	1508	1616	1723	1828	1932	2035	2137	2237	2337	2435	2532	2628	2722
	三排	700	812	923	1034	1142	1250	1357	1462	1566	1669	1771	1871	1971	2069	2166	2262	2356	2450	2542	2633

续表

h (mm)	h_f(mm) / 主筋	60	70	80	90	100	110	120	130	140	150	160	170	180	190	200	210	220	230	240	250
1200	一排	810	941	1071	1200	1327	1453	1578	1702	1824	1946	2066	2185	2303	2419	2535	2649	2762	2874	2985	3094
	二排	793	920	1047	1173	1297	1420	1542	1663	1783	1901	2018	2134	2249	2363	2475	2586	2697	2805	2913	3020
	三排	771	895	1019	1141	1261	1381	1499	1617	1733	1847	1961	2074	2185	2295	2404	2511	2618	2723	2827	2930
1300	一排	882	1025	1166	1307	1446	1584	1721	1856	1991	2124	2256	2387	2517	2645	2773	2899	3024	3148	3270	3392
	二排	864	1004	1142	1280	1416	1551	1685	1818	1949	2080	2209	2337	2463	2589	2713	2836	2958	3079	3199	3317
	三排	843	979	1114	1248	1380	1512	1642	1771	1899	2026	2152	2276	2399	2521	2642	2761	2880	2997	3113	3228
1400	一排	953	1108	1261	1414	1565	1715	1864	2011	2157	2303	2447	2589	2731	2871	3011	3149	3286	3421	3556	3689
	二排	935	1087	1238	1387	1535	1682	1828	1972	2116	2258	2399	2539	2678	2815	2951	3086	3220	3353	3484	3615
	三排	914	1062	1209	1355	1499	1643	1785	1926	2066	2204	2342	2478	2613	2747	2880	3011	3142	3271	3399	3525
1500	一排	1025	1191	1357	1521	1684	1846	2006	2166	2324	2481	2637	2792	2945	3098	3249	3399	3547	3695	3841	3987
	二排	1007	1170	1333	1494	1654	1813	1971	2127	2282	2437	2589	2741	2892	3041	3189	3336	3482	3627	3770	3912
	三排	985	1145	1304	1462	1618	1774	1928	2081	2232	2383	2532	2680	2827	2973	3118	3261	3403	3544	3684	3823
1600	一排	1096	1274	1452	1628	1803	1977	2149	2321	2491	2660	2827	2994	3159	3324	3487	3649	3809	3969	4127	4284
	二排	1078	1254	1428	1601	1773	1944	2113	2282	2449	2615	2780	2943	3106	3267	3427	3586	3744	3900	4056	4210
	三排	1057	1229	1399	1569	1737	1905	2071	2235	2399	2561	2723	2883	3042	3199	3356	3511	3665	3818	3970	4120
1700	一排	1167	1358	1547	1735	1922	2107	2292	2475	2657	2838	3018	3196	3374	3550	3725	3898	4071	4242	4413	4582
	二排	1150	1337	1523	1708	1892	2075	2256	2437	2616	2794	2970	3146	3320	3493	3665	3836	4006	4174	4341	4507
	三排	1128	1312	1495	1676	1856	2035	2213	2390	2566	2740	2913	3085	3256	3425	3594	3761	3927	4092	4255	4418
1800	一排	1239	1441	1642	1842	2041	2238	2435	2630	2824	3017	3208	3399	3588	3776	3963	4148	4333	4516	4698	4879
	二排	1221	1420	1618	1815	2011	2206	2399	2591	2782	2972	3161	3348	3534	3719	3903	4086	4267	4448	4627	4805
	三排	1200	1395	1590	1783	1975	2166	2356	2545	2732	2918	3104	3287	3470	3652	3832	4011	4189	4366	4541	4715
1900	一排	1310	1524	1737	1949	2160	2369	2578	2785	2990	3195	3399	3601	3802	4002	4201	4398	4595	4790	4984	5177
	二排	1292	1504	1714	1922	2130	2337	2542	2746	2949	3151	3351	3550	3749	3945	4141	4336	4529	4721	4912	5102
	三排	1271	1479	1685	1890	2094	2297	2499	2700	2899	3097	3294	3490	3684	3878	4070	4261	4451	4639	4827	5013
2000	一排	1382	1608	1833	2056	2279	2500	2720	2939	3157	3374	3589	3803	4016	4228	4439	4648	4856	5063	5269	5474
	二排	1364	1587	1809	2030	2249	2467	2685	2901	3115	3329	3541	3753	3963	4172	4379	4586	4791	4995	5198	5400
	三排	1342	1562	1780	1997	2213	2428	2642	2854	3065	3275	3484	3692	3898	4104	4308	4511	4712	4913	5112	5310
$[A_s]$ (mm^2)	HPB235钢	3.40	3.97	4.53	5.10	5.67	6.23	6.80	7.37	7.93	8.50	9.07	9.63	10.20	10.77	11.33	11.90	12.47	13.03	13.60	14.17
	HRB335钢	2.38	2.78	3.17	3.57	3.97	4.36	4.76	5.16	5.55	5.95	6.35	6.74	7.14	7.54	7.93	8.33	8.73	9.12	9.52	9.92
	HRB400钢 RRB400钢	1.98	2.31	2.64	2.97	3.31	3.64	3.97	4.30	4.63	4.96	5.29	5.62	5.95	6.28	6.61	6.94	7.27	7.60	7.93	8.26

T形截面梁每毫米宽翼缘允许弯矩[M](N·m)及所对应配筋[A_s] (mm^2) C30 表 2-6-4

h (mm)	主筋 \ h_f(mm)	60	70	80	90	100	110	120	130	140	150	160	170	180	190	200	210	220	230	240	250
250	一排	159	180	200																	
300	一排	202	230	257	283	307															
350	一排	245	280	315	347	379	409	438													
400	一排	287	330	372	412	450	488	523	558	591	622										
	二排	266	305	343	380	415	448	480	511	541	568										
450	一排	330	380	429	476	522	566	609	651	691	729										
	二排	309	355	400	444	486	527	566	604	641	676										
500	一排	373	430	486	541	593	645	695	744	791	837	881	924								
	二排	352	405	458	508	558	606	652	697	741	783	824	863								
550	一排	416	480	543	605	665	724	781	837	891	944	995	1045								
	二排	395	455	515	573	629	684	738	790	841	890	938	985								
600	一排	459	531	601	669	736	802	867	930	991	1051	1110	1167	1223	1277	1330					
	二排	438	506	572	637	701	763	824	883	941	997	1052	1106	1158	1209	1258					
650	一排	502	581	658	734	808	881	952	1022	1091	1158	1224	1288	1351	1413	1473					
	二排	480	556	629	701	772	842	909	976	1041	1105	1167	1228	1287	1345	1401					
700	一排	545	631	715	798	879	960	1038	1115	1191	1266	1338	1410	1480	1549	1616	1682	1746	1809		
	二排	523	606	686	766	844	920	995	1069	1141	1212	1281	1349	1416	1481	1544	1607	1667	1727		
750	一排	588	681	772	862	951	1038	1124	1208	1291	1373	1453	1532	1609	1685	1759	1832	1903	1973		
	二排	566	656	744	830	915	999	1081	1162	1241	1319	1396	1471	1544	1617	1687	1757	1825	1891		
800	一排	631	731	829	927	1022	1117	1210	1301	1391	1480	1567	1653	1737	1820	1902	1982	2061	2138	2214	2288
	二排	609	706	801	894	987	1078	1167	1255	1341	1426	1510	1592	1673	1752	1830	1907	1982	2056	2128	2199
900	一排	716	831	944	1055	1165	1274	1381	1487	1592	1695	1796	1896	1995	2092	2188	2282	2375	2467	2557	2646
	二排	695	806	915	1023	1130	1235	1338	1441	1542	1641	1739	1835	1931	2024	2116	2207	2297	2385	2471	2556
	三排	669	776	881	985	1087	1188	1287	1385	1481	1577	1670	1762	1853	1943	2031	2117	2202	2286	2368	2449
1000	一排	802	931	1058	1184	1308	1431	1553	1673	1792	1909	2025	2139	2252	2364	2474	2583	2690	2796	2900	3003
	二排	781	906	1030	1152	1273	1392	1510	1627	1742	1855	1968	2079	2188	2296	2402	2508	2611	2713	2814	2914
	三排	755	876	995	1113	1230	1345	1459	1571	1682	1791	1899	2006	2111	2214	2317	2417	2517	2615	2711	2806
1100	一排	888	1031	1173	1313	1451	1589	1725	1859	1992	2124	2254	2382	2510	2635	2760	2883	3004	3125	3243	3361
	二排	867	1006	1144	1281	1416	1549	1682	1813	1942	2070	2196	2322	2445	2568	2688	2808	2926	3042	3157	3271
	三排	841	976	1110	1242	1373	1502	1630	1757	1882	2006	2128	2249	2368	2486	2603	2718	2831	2944	3054	3164

续表

h (mm)	主筋 \ h_f(mm)	60	70	80	90	100	110	120	130	140	150	160	170	180	190	200	210	220	230	240	250
1200	一排	974	1131	1287	1441	1594	1746	1896	2045	2192	2338	2482	2625	2767	2907	3046	3183	3319	3453	3586	3718
	二排	952	1106	1258	1409	1559	1707	1853	1998	2142	2284	2425	2565	2703	2839	2974	3108	3240	3371	3501	3629
	三排	927	1076	1224	1371	1516	1660	1802	1943	2082	2220	2357	2492	2625	2758	2889	3018	3146	3273	3398	3521
1300	一排	1060	1231	1401	1570	1737	1903	2068	2231	2392	2553	2711	2869	3024	3179	3332	3483	3634	3782	3930	4076
	二排	1038	1206	1373	1538	1702	1864	2025	2184	2342	2499	2654	2808	2960	3111	3260	3408	3555	3700	3844	3986
	三排	1012	1176	1338	1499	1659	1817	1973	2129	2282	2435	2585	2735	2883	3029	3175	3318	3461	3601	3741	3879
1400	一排	1145	1331	1516	1699	1880	2061	2239	2417	2593	2767	2940	3112	3282	3451	3618	3784	3948	4111	4273	4433
	二排	1124	1306	1487	1667	1845	2021	2196	2370	2543	2713	2883	3051	3218	3383	3546	3709	3870	4029	4187	4344
	三排	1098	1276	1453	1628	1802	1974	2145	2314	2482	2649	2814	2978	3140	3301	3461	3619	3775	3930	4084	4236
1500	一排	1231	1431	1630	1828	2023	2218	2411	2603	2793	2982	3169	3355	3539	3722	3904	4084	4263	4440	4616	4791
	二排	1210	1406	1602	1795	1988	2179	2368	2556	2743	2928	3112	3294	3475	3654	3832	4009	4184	4358	4530	4701
	三排	1184	1376	1567	1757	1945	2131	2317	2500	2683	2864	3043	3221	3398	3573	3747	3919	4090	4259	4427	4594
1600	一排	1317	1532	1745	1956	2166	2375	2583	2789	2993	3196	3398	3598	3797	3994	4190	4384	4577	4769	4959	5148
	二排	1296	1507	1716	1924	2131	2336	2540	2742	2943	3142	3340	3537	3732	3926	4118	4309	4499	4687	4873	5059
	三排	1270	1476	1682	1885	2088	2289	2488	2686	2883	3078	3272	3464	3655	3845	4033	4219	4404	4588	4770	4951
1700	一排	1403	1632	1859	2085	2309	2533	2754	2974	3193	3411	3626	3841	4054	4266	4476	4685	4892	5098	5302	5506
	二排	1381	1607	1830	2053	2274	2493	2711	2928	3143	3357	3569	3780	3990	4198	4404	4610	4813	5016	5217	5416
	三排	1356	1577	1796	2014	2231	2446	2660	2872	3083	3293	3501	3707	3912	4116	4319	4520	4719	4917	5114	5309
1800	一排	1489	1732	1973	2214	2452	2690	2926	3160	3393	3625	3855	4084	4311	4537	4762	4985	5207	5427	5646	5863
	二排	1467	1707	1945	2181	2417	2651	2883	3114	3343	3571	3798	4023	4247	4469	4690	4910	5128	5345	5560	5774
	三排	1441	1677	1910	2143	2374	2603	2831	3058	3283	3507	3729	3950	4170	4388	4605	4820	5034	5246	5457	5666
1900	一排	1574	1832	2088	2342	2595	2847	3097	3346	3594	3840	4084	4327	4569	4809	5048	5285	5521	5756	5989	6221
	二排	1553	1807	2059	2310	2560	2808	3054	3300	3544	3786	4027	4266	4505	4741	4976	5210	5443	5674	5903	6131
	三排	1527	1777	2025	2272	2517	2761	3003	3244	3483	3722	3958	4193	4427	4660	4891	5120	5348	5575	5800	6024
2000	一排	1660	1932	2202	2471	2738	3004	3269	3532	3794	4054	4313	4570	4826	5081	5334	5586	5836	6085	6332	6578
	二排	1639	1907	2174	2439	2703	2965	3226	3486	3744	4000	4256	4510	4762	5013	5262	5511	5757	6002	6246	6489
	三排	1613	1877	2139	2400	2660	2918	3175	3430	3684	3936	4187	4437	4685	4931	5177	5420	5663	5904	6143	6381
$[A_s]$ (mm^2)	HPB235钢	4.09	4.77	5.45	6.13	6.81	7.49	8.17	8.85	9.53	10.21	10.90	11.58	12.26	12.94	13.62	14.30	14.98	15.66	16.34	17.02
	HRB335钢	2.86	3.34	3.81	4.29	4.77	5.24	5.72	6.20	6.67	7.15	7.63	8.10	8.58	9.06	9.53	10.01	10.49	10.96	11.44	11.92
	HRB400钢 RRB400钢	2.38	2.78	3.18	3.58	3.97	4.37	4.77	5.16	5.56	5.96	6.36	6.75	7.15	7.55	7.94	8.34	8.74	9.14	9.53	9.93

T形截面梁每毫米宽翼缘允许弯矩[M](N·m)及所对应配筋[A_s] (mm^2) C35 **表 2-6-5**

h (mm)	主筋 \ h_f(mm)	60	70	80	90	100	110	120	130	140	150	160	170	180	190	200	210	220	230	240	250
250	一排	185	210	234																	
300	一排	235	269	301	331	359															
350	一排	286	327	367	406	443	478	511													
400	一排	336	386	434	481	526	569	611	651	690	726										
	二排	311	357	401	443	484	524	561	597	631	664										
450	一排	386	444	501	556	610	661	711	760	807	852										
	二排	361	415	468	519	568	615	661	706	748	789										
500	一排	436	503	568	631	693	753	812	868	924	977	1029	1079								
	二排	411	473	534	594	651	707	762	814	865	914	962	1008								
550	一排	486	561	635	706	777	845	912	977	1040	1102	1162	1221								
	二排	461	532	601	669	735	799	862	923	982	1040	1096	1150								
600	一排	536	620	701	782	860	937	1012	1086	1157	1227	1296	1363	1428	1491	1553					
	二排	511	590	668	744	818	891	962	1031	1099	1165	1229	1292	1353	1412	1470					
650	一排	586	678	768	857	944	1029	1112	1194	1274	1353	1430	1505	1578	1650	1720					
	二排	561	649	735	819	902	983	1062	1140	1216	1290	1363	1434	1503	1571	1637					
700	一排	636	736	835	932	1027	1121	1212	1303	1391	1478	1563	1647	1728	1809	1887	1964	2039	2113		
	二排	611	707	802	894	985	1075	1162	1248	1333	1415	1496	1576	1653	1729	1804	1876	1947	2017		
750	一排	686	795	902	1007	1111	1212	1313	1411	1508	1603	1697	1789	1879	1967	2054	2139	2223	2305		
	二排	661	766	868	969	1069	1166	1263	1357	1450	1541	1630	1718	1804	1888	1971	2052	2131	2209		
800	一排	736	853	969	1082	1194	1304	1413	1520	1625	1728	1830	1931	2029	2126	2221	2315	2406	2497	2585	2672
	二排	711	824	935	1045	1152	1258	1363	1465	1566	1666	1764	1860	1954	2047	2138	2227	2315	2401	2485	2568
900	一排	837	970	1102	1232	1361	1488	1613	1737	1859	1979	2098	2214	2330	2443	2555	2665	2774	2881	2986	3090
	二排	812	941	1069	1195	1319	1442	1563	1683	1800	1916	2031	2143	2255	2364	2472	2578	2682	2785	2886	2985
	三排	782	906	1029	1150	1269	1387	1503	1617	1730	1841	1951	2058	2164	2269	2371	2472	2572	2669	2766	2860
1000	一排	937	1087	1236	1383	1528	1672	1814	1954	2093	2229	2365	2498	2630	2761	2889	3016	3141	3265	3387	3507
	二排	912	1058	1202	1345	1486	1626	1764	1900	2034	2167	2298	2427	2555	2681	2806	2928	3049	3169	3287	3403
	三排	882	1023	1162	1300	1436	1571	1703	1834	1964	2092	2218	2342	2465	2586	2705	2823	2939	3054	3166	3277
1100	一排	1037	1204	1369	1533	1695	1855	2014	2171	2326	2480	2632	2782	2931	3078	3223	3367	3509	3649	3788	3925
	二排	1012	1175	1336	1495	1653	1809	1964	2117	2268	2417	2565	2711	2856	2998	3140	3279	3417	3553	3687	3820
	三排	982	1140	1296	1450	1603	1754	1904	2052	2198	2342	2485	2626	2766	2903	3039	3174	3307	3438	3567	3695

续表

h (mm)	h_f(mm) / 主筋	60	70	80	90	100	110	120	130	140	150	160	170	180	190	200	210	220	230	240	250
1200	一排	1137	1321	1503	1683	1862	2039	2214	2388	2560	2730	2899	3066	3231	3395	3557	3717	3876	4033	4188	4342
	二排	1112	1292	1470	1646	1820	1993	2164	2334	2502	2668	2832	2995	3156	3316	3474	3630	3784	3937	4088	4238
	三排	1082	1257	1430	1601	1770	1938	2104	2269	2432	2593	2752	2910	3066	3221	3373	3525	3674	3822	3968	4112
1300	一排	1237	1438	1637	1834	2029	2223	2415	2605	2794	2981	3166	3350	3532	3712	3891	4068	4243	4417	4589	4760
	二排	1212	1409	1603	1796	1987	2177	2365	2551	2735	2918	3100	3279	3457	3633	3808	3980	4152	4321	4489	4655
	三排	1182	1374	1563	1751	1937	2122	2305	2486	2665	2843	3019	3194	3367	3538	3707	3875	4041	4206	4369	4530
1400	一排	1338	1555	1770	1984	2196	2406	2615	2822	3028	3231	3434	3634	3833	4030	4225	4419	4611	4801	4990	5177
	二排	1313	1526	1737	1946	2154	2361	2565	2768	2969	3169	3367	3563	3758	3950	4142	4331	4519	4705	4890	5073
	三排	1283	1490	1697	1901	2104	2305	2505	2703	2899	3094	3287	3478	3667	3855	4041	4226	4409	4590	4770	4947
1500	一排	1438	1672	1904	2134	2363	2590	2816	3039	3262	3482	3701	3918	4133	4347	4559	4770	4978	5185	5391	5595
	二排	1413	1642	1870	2097	2321	2544	2766	2985	3203	3419	3634	3847	4058	4268	4476	4682	4886	5089	5291	5490
	三排	1383	1607	1830	2052	2271	2489	2705	2920	3133	3344	3554	3762	3968	4172	4375	4577	4776	4974	5170	5365
1600	一排	1538	1789	2037	2285	2530	2774	3016	3257	3495	3732	3968	4202	4434	4664	4893	5120	5346	5569	5792	6012
	二排	1513	1759	2004	2247	2488	2728	2966	3202	3437	3670	3901	4131	4359	4585	4810	5033	5254	5473	5691	5908
	三排	1483	1724	1964	2202	2438	2673	2906	3137	3367	3595	3821	4046	4269	4490	4709	4927	5144	5358	5571	5782
1700	一排	1638	1905	2171	2435	2697	2958	3216	3474	3729	3983	4235	4486	4734	4982	5227	5471	5713	5954	6192	6430
	二排	1613	1876	2138	2397	2655	2912	3166	3419	3671	3920	4168	4415	4659	4902	5144	5383	5621	5858	6092	6325
	三排	1583	1841	2098	2352	2605	2857	3106	3354	3601	3845	4088	4329	4569	4807	5043	5278	5511	5742	5972	6200
1800	一排	1738	2022	2305	2585	2864	3141	3417	3691	3963	4233	4502	4770	5035	5299	5561	5822	6080	6338	6593	6847
	二排	1713	1993	2271	2548	2822	3095	3367	3636	3904	4171	4436	4699	4960	5220	5478	5734	5989	6242	6493	6743
	三排	1683	1958	2231	2502	2772	3040	3307	3571	3834	4096	4355	4613	4870	5124	5377	5629	5878	6126	6373	6617
1900	一排	1839	2139	2438	2735	3031	3325	3617	3908	4197	4484	4770	5053	5336	5616	5895	6172	6448	6722	6994	7265
	二排	1814	2110	2405	2698	2989	3279	3567	3854	4138	4421	4703	4982	5261	5537	5812	6085	6356	6626	6894	7160
	三排	1784	2075	2365	2653	2939	3224	3507	3788	4068	4346	4623	4897	5170	5442	5711	5979	6246	6510	6774	7035
2000	一排	1939	2256	2572	2886	3198	3509	3818	4125	4431	4734	5037	5337	5636	5934	6229	6523	6815	7106	7395	7682
	二排	1914	2227	2538	2848	3156	3463	3768	4071	4372	4672	4970	5266	5561	5854	6146	6435	6723	7010	7295	7578
	三排	1884	2192	2498	2803	3106	3408	3707	4005	4302	4597	4890	5181	5471	5759	6045	6330	6613	6895	7174	7452
$[A_s]$ (mm^2)	HRB335 钢	3.34	3.90	4.45	5.01	5.57	6.12	6.68	7.24	7.79	8.35	8.91	9.46	10.02	10.58	11.13	11.69	12.25	12.80	13.36	13.92
	HRB400 钢 RRB400 钢	2.78	3.25	3.71	4.18	4.64	5.10	5.57	6.03	6.49	6.96	7.42	7.89	8.35	8.81	9.28	9.74	10.21	10.67	11.13	11.60

T 形截面梁每毫米宽翼缘允许弯矩[*M*](N·m)及所对应配筋[A_s] (mm²)　　C40　　表 2-6-6

h (mm)	主筋 \ h_f(mm)	60	70	80	90	100	110	120	130	140	150	160	170	180	190	200	210	220	230	240	250
250	一排	212	241	267																	
300	一排	269	308	344	378	411															
350	一排	327	374	420	464	506	546	584													
400	一排	384	441	497	550	602	651	699	745	789	831										
	二排	355	408	458	507	554	599	642	683	722	759										
450	一排	441	508	573	636	697	756	814	869	923	974										
	二排	413	475	535	593	649	704	756	807	856	902										
500	一排	499	575	649	722	793	861	928	993	1056	1117	1177	1234								
	二排	470	541	611	679	745	809	871	931	989	1046	1100	1153								
550	一排	556	642	726	808	888	966	1043	1117	1190	1261	1329	1396								
	二排	527	608	688	765	840	914	986	1055	1123	1189	1253	1315								
600	一排	613	709	802	894	984	1072	1157	1242	1324	1404	1482	1559	1633	1706	1776					
	二排	584	675	764	851	936	1019	1100	1179	1257	1332	1406	1477	1547	1615	1681					
650	一排	670	775	879	980	1079	1177	1272	1366	1457	1547	1635	1721	1805	1887	1967					
	二排	642	742	840	937	1031	1124	1215	1304	1390	1475	1559	1640	1719	1796	1872					
700	一排	728	842	955	1066	1175	1282	1387	1490	1591	1690	1788	1883	1977	2069	2158	2246	2332	2416		
	二排	699	809	917	1023	1127	1229	1329	1428	1524	1619	1711	1802	1891	1978	2063	2146	2227	2306		
750	一排	785	909	1031	1152	1270	1387	1501	1614	1725	1834	1941	2046	2149	2250	2349	2447	2542	2636		
	二排	756	876	993	1109	1222	1334	1444	1552	1658	1762	1864	1964	2063	2159	2254	2346	2437	2526		
800	一排	842	976	1108	1238	1366	1492	1616	1738	1858	1977	2093	2208	2321	2431	2540	2647	2752	2855	2957	3056
	二排	814	943	1070	1195	1318	1439	1559	1676	1792	1905	2017	2127	2235	2341	2445	2547	2647	2746	2842	2937
900	一排	957	1110	1261	1410	1557	1702	1845	1986	2126	2263	2399	2533	2664	2794	2922	3048	3173	3295	3415	3534
	二排	928	1076	1222	1367	1509	1649	1788	1924	2059	2192	2323	2451	2579	2704	2827	2948	3067	3185	3300	3414
	三排	894	1036	1177	1315	1452	1586	1719	1850	1979	2106	2231	2354	2475	2595	2712	2828	2941	3053	3163	3271
1000	一排	1072	1243	1413	1581	1748	1912	2074	2235	2393	2550	2705	2857	3008	3157	3304	3449	3593	3734	3873	4011
	二排	1043	1210	1375	1539	1700	1859	2017	2173	2326	2478	2628	2776	2922	3067	3209	3349	3488	3624	3759	3892
	三排	1008	1170	1329	1487	1643	1796	1948	2098	2246	2392	2536	2679	2819	2958	3094	3229	3362	3492	3621	3748
1100	一排	1186	1377	1566	1753	1939	2122	2303	2483	2661	2836	3010	3182	3352	3520	3686	3851	4013	4173	4332	4489
	二排	1157	1344	1528	1710	1891	2069	2246	2421	2594	2765	2934	3101	3266	3429	3591	3750	3908	4064	4217	4369
	三排	1123	1304	1482	1659	1834	2006	2177	2346	2514	2679	2842	3003	3163	3321	3476	3630	3782	3932	4080	4226

续表

h (mm)	主筋 \ h_f(mm)	60	70	80	90	100	110	120	130	140	150	160	170	180	190	200	210	220	230	240	250
1200	一排	1301	1511	1719	1925	2130	2332	2533	2731	2928	3123	3316	3507	3696	3883	4068	4252	4433	4613	4790	4966
	二排	1272	1477	1681	1882	2082	2280	2475	2669	2861	3051	3239	3426	3610	3792	3973	4151	4328	4503	4676	4847
	三排	1238	1437	1635	1831	2025	2217	2407	2595	2781	2965	3148	3328	3507	3683	3858	4031	4202	4371	4538	4703
1300	一排	1415	1645	1872	2097	2321	2542	2762	2980	3195	3409	3621	3831	4040	4246	4450	4653	4853	5052	5249	5444
	二排	1387	1611	1834	2054	2273	2490	2705	2918	3129	3338	3545	3750	3954	4155	4355	4552	4748	4942	5134	5324
	三排	1352	1571	1788	2003	2216	2427	2636	2843	3048	3252	3453	3653	3851	4046	4240	4432	4622	4810	4997	5181
1400	一排	1530	1778	2025	2269	2512	2752	2991	3228	3463	3696	3927	4156	4383	4609	4832	5054	5274	5491	5707	5921
	二排	1501	1745	1986	2226	2464	2700	2934	3166	3396	3624	3851	4075	4298	4518	4737	4954	5168	5381	5592	5802
	三排	1467	1705	1941	2175	2407	2637	2865	3091	3316	3538	3759	3978	4194	4409	4622	4833	5042	5250	5455	5658
1500	一排	1645	1912	2177	2441	2703	2962	3220	3476	3730	3982	4233	4481	4727	4972	5214	5455	5694	5931	6165	6399
	二排	1616	1878	2139	2398	2655	2910	3163	3414	3663	3911	4156	4400	4641	4881	5119	5355	5589	5821	6051	6279
	三排	1581	1838	2093	2346	2598	2847	3094	3340	3583	3825	4064	4302	4538	4772	5004	5234	5463	5689	5913	6136
1600	一排	1759	2046	2330	2613	2894	3173	3449	3725	3998	4269	4538	4806	5071	5335	5596	5856	6114	6370	6624	6876
	二排	1730	2012	2292	2570	2846	3120	3392	3662	3931	4197	4462	4724	4985	5244	5501	5756	6009	6260	6509	6757
	三排	1696	1972	2246	2518	2789	3057	3323	3588	3851	4111	4370	4627	4882	5135	5386	5635	5883	6128	6372	6613
1700	一排	1874	2179	2483	2785	3085	3383	3679	3973	4265	4555	4844	5130	5415	5698	5978	6257	6534	6809	7082	7354
	二排	1845	2146	2445	2742	3037	3330	3621	3911	4198	4484	4767	5049	5329	5607	5883	6157	6429	6699	6968	7234
	三排	1811	2106	2399	2690	2980	3267	3553	3836	4118	4398	4676	4952	5226	5498	5768	6037	6303	6568	6830	7091
1800	一排	1988	2313	2636	2957	3276	3593	3908	4221	4532	4842	5149	5455	5759	6060	6360	6658	6954	7248	7541	7831
	二排	1960	2280	2598	2914	3228	3540	3851	4159	4466	4770	5073	5374	5673	5970	6265	6558	6849	7139	7426	7712
	三排	1925	2239	2552	2862	3171	3477	3782	4085	4385	4684	4981	5276	5570	5861	6150	6438	6723	7007	7289	7568
1900	一排	2103	2447	2789	3129	3467	3803	4137	4469	4800	5128	5455	5780	6102	6423	6742	7059	7375	7688	7999	8309
	二排	2074	2413	2750	3086	3419	3750	4080	4407	4733	5057	5379	5698	6017	6333	6647	6959	7269	7578	7884	8189
	三排	2040	2373	2705	3034	3362	3687	4011	4333	4653	4971	5287	5601	5913	6224	6532	6839	7143	7446	7747	8046
2000	一排	2218	2580	2941	3300	3658	4013	4366	4718	5067	5415	5761	6104	6446	6786	7124	7460	7795	8127	8457	8786
	二排	2189	2547	2903	3258	3610	3960	4309	4656	5000	5343	5684	6023	6360	6696	7029	7360	7690	8017	8343	8667
	三排	2154	2507	2857	3206	3553	3897	4240	4581	4920	5257	5592	5926	6257	6587	6914	7240	7564	7885	8205	8523
[A_s] (mm²)	HRB335 钢	3.82	4.46	5.09	5.73	6.37	7.00	7.64	8.28	8.91	9.55	10.19	10.82	11.46	12.10	12.73	13.37	14.01	14.64	15.28	15.92
	HRB400 钢 RRB400 钢	3.18	3.71	4.24	4.78	5.31	5.84	6.37	6.90	7.43	7.96	8.49	9.02	9.55	10.08	10.61	11.14	11.67	12.20	12.73	13.26

单筋T形截面梁弯矩配筋表 C20 表 2-6-7

$A_s(mm^2)$			M(kN·m) 当 b'_f=2000mm h(mm)为																					b'_f系数 当 b'_f(mm)为	
HPB235	HRB335	HRB400 RRB400	400	450	500	550	600	650	700	750	800	900	1000	1100	1200	1300	1400	1500	1600	1700	1800	1900	2000	1000	1500
200	140	117	15.1	17.2	19.3																				
257	180	150	19.4	22.1	24.8	27.5	30.2																	1.00	
314	220	183	23.6	26.9	30.2	33.5	36.8	40.1																	
371	260	217	27.9	31.8	35.7	39.6	43.5	47.4	51.3																
429	300	250	32.2	36.7	41.2	45.7	50.2	54.7	59.2	63.7															
486	340	283	36.4	41.5	46.6	51.7	56.8	61.9	67.0	72.1	77.2														
543	380	317	40.7	46.4	52.1	57.8	63.5	69.2	74.9	80.6	86.3														1.00
600	420	350	44.9	51.2	57.5	63.8	70.1	76.4	82.7	89.0	95.3	107												1.01	
657	460	383	49.2	56.1	63.0	69.9	76.8	83.7	90.6	97.5	104	118													
714	500	417	53.4	60.9	68.4	75.9	83.4	90.9	98.4	105	113	128	143												
771	540	450	57.6	65.7	73.8	81.9	90.0	98.1	106	114	122	138	154												
829	580	483	61.9	70.6	79.3	88.0	96.7	105	114	122	131	148	166												
886	620	517	66.1	75.4	84.7	94.0	103	112	121	131	140	159	177	196											
943	660	550	70.3	80.2	90.1	100	109	119	129	139	149	169	189	208											
1000	700	583	74.5	85.0	95.5	106	116	126	137	147	158	179	200	221											
1057	740	617	78.6	89.7	100	111	123	134	145	156	167	189	211	234	256										
1114	780	650	82.8	94.5	106	117	129	141	153	164	176	199	223	246	270										
1171	820	683	87.0	99.3	111	123	136	148	160	173	185	209	234	259	283									1.02	
1229	860	717	91.1	104	116	129	142	155	168	181	194	220	245	271	297	323									
1286	900	750	95.3	108	122	135	149	162	176	189	203	230	257	284	311	338									
1343	940	783	99.4	113	127	141	155	169	184	198	212	240	268	296	325	353									
1400	980	817	103	118	132	147	162	177	191	206	221	250	279	309	338	368	397								
1457	1020	850	107	123	138	153	168	184	199	214	230	260	291	321	352	383	413								1.01
1514	1060	883	111	127	143	159	175	191	207	223	239	270	302	334	366	398	429								
1571	1100	917	116	132	148	165	181	198	214	231	247	280	313	347	379	412	445								
1629	1140	950	120	137	154	171	188	205	222	239	256	291	325	359	393	427	462	496							
1686	1180	983	124	141	159	177	194	212	230	248	265	301	336	372	407	442	478	513							
1743	1220	1017	128	146	164	183	201	219	238	256	274	311	347	384	421	457	494	530						1.03	
1800	1260	1050	132	151	170	189	207	226	245	264	283	321	359	397	434	472	510	548							
1857	1300	1083	136	155	175	194	214	233	253	272	292	331	370	409	448	487	526	565	604						
1914	1340	1117	140	160	180	200	220	241	261	281	301	341	381	421	462	502	542	582	622						
1971	1380	1150	144	165	185	206	227	248	268	289	310	351	392	434	475	517	558	599	641						

续表

A_s(mm²)			M(kN·m) 当 b'_f=2000mm h(mm)为																					b'_f系数 当 b'_f(mm)为	
HPB235	HRB335	HRB400 RRB400	400	450	500	550	600	650	700	750	800	900	1000	1100	1200	1300	1400	1500	1600	1700	1800	1900	2000	1000	1500
2029	1420	1183	148	169	191	212	233	255	276	297	319	361	404	446	489	532	574	617	659						
2086	1460	1217	152	174	196	218	240	262	284	305	327	371	415	459	503	546	590	634	678	722					
2143	1500	1250	156	179	201	224	246	269	291	314	336	381	426	471	516	561	606	651	696	741					
2257	1580	1317	164	188	212	235	259	283	306	330	354	401	449	496	543	591	638	686	733	780					
2371	1660	1383	172	197	222	247	272	297	322	347	372	421	471	521	571	621	670	720	770	820	870				
2486	1740	1450	180	206	233	259	285	311	337	363	389	441	494	546	598	650	702	755	807	859	911				
2600	1820	1517		216	243	270	297	325	352	379	407	461	516	570	625	680	734	789	843	898	953	1007		1.04	
2714	1900	1583		225	253	282	310	339	367	396	424	481	538	595	652	709	766	823	880	937	994	1051			1.01
2829	1980	1650			249	278	308	338	368	397	442	501	561	620	679	739	798	858	917	976	1036	1095			
2943	2060	1717			258	289	320	351	382	413	459	521	583	645	706	768	830	892	954	1015	1077	1139	1201		
3057	2140	1783				300	332	364	396	429	477	541	605	669	733	798	862	926	990	1054	1119	1183	1247		
3171	2220	1850				311	344	378	411	444	494	561	627	694	761	827	894	960	1027	1094	1160	1227	1293		
3286	2300	1917				322	356	391	425	460	512	581	650	719	788	857	926	995	1064	1133	1202	1271	1340		
3400	2380	1983				333	368	404	440	475	529	600	672	743	814	886	957	1029	1100	1171	1243	1314	1386		
3514	2460	2050				343	380	417	454	491	546	620	694	768	841	915	989	1063	1137	1210	1284	1358	1432		
3629	2540	2117				354	392	430	468	506	544	621	697	773	849	925	1002	1078	1154	1230	1306	1383	1459		
3743	2620	2183				365	404	443	483	522	561	640	718	797	876	954	1033	1111	1190	1269	1347	1426	1504		
3857	2700	2250				375	416	456	497	537	578	659	740	821	902	983	1064	1145	1226	1307	1388	1469	1550		
4071	2850	2375					438	481	523	566	609	694	780	865	951	1036	1122	1207	1293	1378	1464	1549	1635		
4286	3000	2500					460	505	550	595	640	730	820	910	1000	1090	1180	1270	1360	1450	1540	1630	1720		
4500	3150	2625						529	576	624	671	765	860	954	1049	1143	1238	1332	1427	1521	1616	1710	1805		
4714	3300	2750						553	603	652	702	801	900	999	1098	1197	1296	1395	1494	1593	1692	1791	1890		
4929	3450	2875							629	681	732	836	939	1043	1146	1250	1353	1457	1560	1664	1767	1871	1974	1.05	
5143	3600	3000							655	709	763	871	979	1087	1195	1303	1411	1519	1627	1735	1843	1951	2059		1.02
5429	3800	3167								747	804	918	1032	1146	1260	1374	1488	1602	1716	1830	1944	2058	2172		
5714	4000	3333									808	928	1048	1168	1288	1408	1528	1648	1768	1888	2008	2128	2248		
6000	4200	3500										972	1098	1224	1350	1476	1602	1728	1854	1980	2106	2232	2358		
6286	4400	3667										1017	1149	1281	1413	1545	1677	1809	1941	2073	2205	2337	2469		
6571	4600	3833										1061	1199	1337	1475	1613	1751	1889	2027	2165	2303	2441	2579		
6857	4800	4000											1249	1393	1537	1681	1825	1969	2113	2257	2401	2545	2689		
7143	5000	4167											1298	1448	1598	1748	1898	2048	2198	2348	2498	2648	2798		

续表

$A_s(mm^2)$			M(kN·m) 当 $b'_f=2000$mm h(mm)为																					b'_f系数 当b'_f(mm)为	
HPB235	HRB335	HRB400 RRB400	400	450	500	550	600	650	700	750	800	900	1000	1100	1200	1300	1400	1500	1600	1700	1800	1900	2000	1000	1500
7429	5200	4333												1504	1660	1816	1972	2128	2284	2440	2596	2752	2908	1.05	1.02
7714	5400	4500												1559	1721	1883	2045	2207	2369	2531	2693	2855	3017		
8000	5600	4667												1614	1782	1950	2118	2286	2454	2622	2790	2958	3126		
8286	5800	4833													1843	2017	2191	2365	2539	2713	2887	3061	3235		
8571	6000	5000													1904	2084	2264	2444	2624	2804	2984	3164	3344		
8857	6200	5167													1965	2151	2337	2523	2709	2895	3081	3267	3453		
9143	6400	5333														2217	2409	2601	2793	2985	3177	3369	3561	1.06	
9429	6600	5500														2283	2481	2679	2877	3075	3273	3471	3669		
9714	6800	5667														2349	2553	2757	2961	3165	3369	3573	3777		
10000	7000	5833														2415	2625	2835	3045	3255	3465	3675	3885		
10286	7200	6000														2481	2697	2913	3129	3345	3561	3777	3993		
10571	7400	6167														2546	2768	2990	3212	3434	3656	3878	4100		
10857	7600	6333														2612	2840	3068	3296	3524	3752	3980	4208		
11143	7800	6500														2677	2911	3145	3379	3613	3847	4081	4315		
11429	8000	6667															2982	3222	3462	3702	3942	4182	4422		
11714	8200	6833															3052	3298	3544	3790	4036	4282	4528		
12000	8400	7000																3375	3627	3879	4131	4383	4635		
12286	8600	7167																3451	3709	3967	4225	4483	4741		
12571	8800	7333																3527	3791	4055	4319	4583	4847		
12857	9000	7500																3603	3873	4143	4413	4683	4953		
13143	9200	7667																3679	3955	4231	4507	4783	5059		
13429	9400	7833																	4037	4319	4601	4883	5165		
13714	9600	8000																	4118	4406	4694	4982	5270		
14000	9800	8167																	4199	4493	4787	5081	5375		
14286	10000	8333																			4880	5180	5480		
14571	10200	8500																			4973	5279	5585		
14857	10400	8667																			5066	5378	5690		
15143	10600	8833																			5158	5476	5794		
15429	10800	9000																			5250	5574	5898		
15714	11000	9167																			5342	5672	6002		
16000	11200	9333																				5770	6106		
16286	11400	9500																				5868	6210		

单筋T形截面梁弯矩配筋表　C25

表 2-6-8

$A_s(mm^2)$			M(kN·m) 当 b'_f=2000mm　h(mm)为																					b'_f系数 当 b'_f(mm)为	
HPB235	HRB335	HRB400 RRB400	400	450	500	550	600	650	700	750	800	900	1000	1100	1200	1300	1400	1500	1600	1700	1800	1900	2000	1000	1500
200	140	117	15.3	17.4	19.5																				
257	180	150	19.6	22.3	25.0	27.7	30.4																	1.00	
314	220	183	24.0	27.3	30.6	33.9	37.2	40.5																	
371	260	217	28.3	32.2	36.1	40.0	43.9	47.8	51.7																
429	300	250	32.7	37.2	41.7	46.2	50.7	55.2	59.7	64.2															
486	340	283	37.0	42.1	47.2	52.3	57.4	62.5	67.6	72.7	77.8														
543	380	317	41.3	47.0	52.7	58.4	64.1	69.8	75.5	81.2	86.9														
600	420	350	45.7	52.0	58.3	64.6	70.9	77.2	83.5	89.8	96.1	108													
657	460	383	50.0	56.9	63.8	70.7	77.6	84.5	91.4	98.3	105	118													1.00
714	500	417	54.3	61.8	69.3	76.8	84.3	91.8	99.3	106	114	129	144												
771	540	450	58.6	66.7	74.8	82.9	91.0	99.1	107	115	123	139	155											1.01	
829	580	483	62.9	71.6	80.3	89.0	97.7	106	115	123	132	149	167												
886	620	517	67.2	76.5	85.8	95.1	104	113	122	132	141	160	178	197											
943	660	550	71.4	81.3	91.2	101	111	120	130	140	150	170	190	210											
1000	700	583	75.7	86.2	96.7	107	117	128	138	149	159	180	201	222											
1057	740	617	80.0	91.1	102	113	124	135	146	157	168	190	213	235	257										
1114	780	650	84.3	96.0	107	119	131	142	154	166	177	201	224	248	271										
1171	820	683	88.5	100	113	125	137	150	162	174	186	211	236	260	285										
1229	860	717	92.8	105	118	131	144	157	170	183	195	221	247	273	299	324									
1286	900	750	97.0	110	124	137	151	164	178	191	205	232	259	286	313	340									
1343	940	783	101	115	129	143	157	171	185	199	214	242	270	298	326	355									
1400	980	817	105	120	134	149	164	178	193	208	223	252	281	311	340	370	399								
1457	1020	850	109	125	140	155	170	186	201	216	232	262	293	323	354	385	415								
1514	1060	883	113	129	145	161	177	193	209	225	241	272	304	336	368	400	431							1.02	
1571	1100	917	118	134	151	167	184	200	217	233	250	283	316	349	382	415	448								1.01
1629	1140	950	122	139	156	173	190	207	224	242	259	293	327	361	395	430	464	498							
1686	1180	983	126	144	161	179	197	215	232	250	268	303	338	374	409	445	480	515							
1743	1220	1017	130	149	167	185	203	222	240	258	277	313	350	386	423	460	496	533							
1800	1260	1050	134	153	172	191	210	229	248	267	286	323	361	399	437	475	512	550							
1857	1300	1083	139	158	178	197	217	236	256	275	295	334	373	412	451	490	529	568	607						
1914	1340	1117	143	163	183	203	223	243	263	284	304	344	384	424	464	505	545	585	625					1.03	
1971	1380	1150	147	168	188	209	230	251	271	292	313	354	395	437	478	520	561	602	644						

续表

$A_s(mm^2)$			M(kN·m) 当 b'_f=2000mm h(mm)为																					b'_f 系数 当 b'_f(mm)为	
HPB235	HRB335	HRB400 RRB400	400	450	500	550	600	650	700	750	800	900	1000	1100	1200	1300	1400	1500	1600	1700	1800	1900	2000	1000	1500
2029	1420	1183	151	172	194	215	236	258	279	300	322	364	407	449	492	535	577	620	662						
2086	1460	1217	155	177	199	221	243	265	287	309	331	374	418	462	506	550	593	637	681	725					
2143	1500	1250	159	182	204	227	249	272	294	317	339	384	429	474	519	564	609	654	699	744					
2257	1580	1317	168	191	215	239	263	286	310	334	357	405	452	500	547	594	642	689	737	784					
2371	1660	1383	176	201	226	251	276	301	325	350	375	425	475	525	574	624	674	724	774	823	873				
2486	1740	1450	184	210	237	263	289	315	341	367	393	445	498	550	602	654	706	759	811	863	915				
2600	1820	1517		220	247	274	302	329	356	384	411	466	520	575	629	684	739	793	848	902	957	1012			
2714	1900	1583		229	258	286	315	343	372	400	429	486	543	600	657	714	771	828	885	942	999	1056		1.03	
2829	1980	1650			253	283	313	343	372	402	446	506	565	625	684	743	803	862	922	981	1040	1100			
2943	2060	1717			263	294	325	356	387	418	464	526	588	650	711	773	835	897	959	1020	1082	1144	1206		
3057	2140	1783				305	338	370	402	434	482	546	610	675	739	803	867	931	996	1060	1124	1188	1252		
3171	2220	1850				317	350	383	416	450	500	566	633	699	766	833	899	966	1032	1099	1166	1232	1299		
3286	2300	1917				328	362	397	431	466	517	586	655	724	793	862	931	1000	1069	1138	1207	1276	1345		
3400	2380	1983				339	374	410	446	481	535	606	678	749	821	892	963	1035	1106	1178	1249	1320	1392		
3514	2460	2050				350	387	423	460	497	553	626	700	774	848	922	995	1069	1143	1217	1291	1364	1438		
3629	2540	2117				361	399	437	475	513	551	627	704	780	856	932	1008	1085	1161	1237	1313	1389	1466		
3743	2620	2183				372	411	450	490	529	568	647	725	804	883	961	1040	1118	1197	1276	1354	1433	1511		1.01
3857	2700	2250				383	423	464	504	545	585	666	747	828	909	990	1071	1152	1233	1314	1395	1476	1557		
4071	2850	2375				403	446	489	531	574	617	702	788	873	959	1044	1130	1215	1301	1386	1472	1557	1643		
4286	3000	2500					468	513	558	603	648	738	828	918	1008	1098	1188	1278	1368	1458	1548	1638	1728		
4500	3150	2625					491	538	586	633	680	775	869	964	1058	1153	1247	1342	1436	1531	1625	1720	1814		
4714	3300	2750						563	613	662	712	811	910	1009	1108	1207	1306	1405	1504	1603	1702	1801	1900		
4929	3450	2875						588	639	691	743	846	950	1053	1157	1260	1364	1467	1571	1674	1778	1881	1985	1.04	
5143	3600	3000							666	720	774	882	990	1098	1206	1314	1422	1530	1638	1746	1854	1962	2070		
5429	3800	3167							702	759	816	930	1044	1158	1272	1386	1500	1614	1728	1842	1956	2070	2184		
5714	4000	3333									821	941	1061	1181	1301	1421	1541	1661	1781	1901	2021	2141	2261		
6000	4200	3500									861	987	1113	1239	1365	1491	1617	1743	1869	1995	2121	2247	2373		
6286	4400	3667										1032	1164	1296	1428	1560	1692	1824	1956	2088	2220	2352	2484		
6571	4600	3833										1077	1215	1353	1491	1629	1767	1905	2043	2181	2319	2457	2595		
6857	4800	4000										1122	1266	1410	1554	1698	1842	1986	2130	2274	2418	2562	2706		
7143	5000	4167										1167	1317	1467	1617	1767	1917	2067	2217	2367	2517	2667	2817	1.05	

续表

A_s(mm²)			M(kN·m) 当 b'_f=2000mm h(mm)为																					b'_f系数 当b'_f(mm)为	
HPB235	HRB335	HRB400 RRB400	400	450	500	550	600	650	700	750	800	900	1000	1100	1200	1300	1400	1500	1600	1700	1800	1900	2000	1000	1500
7429	5200	4333										1212	1368	1524	1680	1836	1992	2148	2304	2460	2616	2772	2928		
7714	5400	4500										1257	1419	1581	1743	1905	2067	2229	2391	2553	2715	2877	3039		
8000	5600	4667										1301	1469	1637	1805	1973	2141	2309	2477	2645	2813	2981	3149		
8286	5800	4833											1519	1693	1867	2041	2215	2389	2563	2737	2911	3085	3259		
8571	6000	5000											1569	1749	1929	2109	2289	2469	2649	2829	3009	3189	3369		
8857	6200	5167											1619	1805	1991	2177	2363	2549	2735	2921	3107	3293	3479		
9143	6400	5333											1669	1861	2053	2245	2437	2629	2821	3013	3205	3397	3589		
9429	6600	5500												1917	2115	2313	2511	2709	2907	3105	3303	3501	3699		
9714	6800	5667												1972	2176	2380	2584	2788	2992	3196	3400	3604	3808		
10000	7000	5833												2028	2238	2448	2658	2868	3078	3288	3498	3708	3918		
10286	7200	6000													2299	2515	2731	2947	3163	3379	3595	3811	4027		
10571	7400	6167													2360	2582	2804	3026	3248	3470	3692	3914	4136		
10857	7600	6333													2421	2649	2877	3105	3333	3561	3789	4017	4245		
11143	7800	6500													2482	2716	2950	3184	3418	3652	3886	4120	4354		
11429	8000	6667														2782	3022	3262	3502	3742	3982	4222	4462		
11714	8200	6833														2849	3095	3341	3587	3833	4079	4325	4571		
12000	8400	7000														2915	3167	3419	3671	3923	4175	4427	4679	1.05	1.02
12286	8600	7167														2981	3239	3497	3755	4013	4271	4529	4787		
12571	8800	7333															3311	3575	3839	4103	4367	4631	4895		
12857	9000	7500															3383	3653	3923	4193	4463	4733	5003		
13143	9200	7667															3455	3731	4007	4283	4559	4835	5111		
13429	9400	7833																3809	4091	4373	4655	4937	5219		
13714	9600	8000																3886	4174	4462	4750	5038	5326		
14000	9800	8167																3963	4257	4551	4845	5139	5433		
14286	10000	8333																4040	4340	4640	4940	5240	5540		
14571	10200	8500																	4423	4729	5035	5341	5647		
14857	10400	8667																	4506	4818	5130	5442	5754		
15143	10600	8833																	4589	4907	5225	5543	5861		
15429	10800	9000																		4995	5319	5643	5967		
15714	11000	9167																		5084	5414	5744	6074		
16000	11200	9333																		5172	5508	5844	6180		
16286	11400	9500																		5260	5602	5944	6286		

单筋 T 形截面梁弯矩配筋表 C30 **表 2-6-9**

$A_s(mm^2)$			M(kN·m) 当 b'_f=2000mm h(mm)为																					b'_f 系数 当 b'_f(mm)为	
HPB235	HRB335	HRB400 RRB400	400	450	500	550	600	650	700	750	800	900	1000	1100	1200	1300	1400	1500	1600	1700	1800	1900	2000	1000	1500
200	140	117	15.3	17.4	19.5																				
257	180	150	19.7	22.4	25.1	27.8	30.5																		
314	220	183	24.0	27.3	30.6	33.9	37.2	40.5																	
371	260	217	28.4	32.3	36.2	40.1	44.0	47.9	51.8															1.00	
429	300	250	32.7	37.2	41.7	46.2	50.7	55.2	59.7	64.2															
486	340	283	37.0	42.1	47.2	52.3	57.4	62.5	67.6	72.7	77.8														
543	380	317	41.4	47.1	52.8	58.5	64.2	69.9	75.6	81.3	87.0														
600	420	350	45.7	52.0	58.3	64.6	70.9	77.2	83.5	89.8	96.1	108													
657	460	383	50.0	56.9	63.8	70.7	77.6	84.5	91.4	98.3	105	119													
714	500	417	54.4	61.9	69.4	76.9	84.4	91.9	99.4	106	114	129	144												
771	540	450	58.7	66.8	74.9	83.0	91.1	99.2	107	115	123	139	155												
829	580	483	63.0	71.7	80.4	89.1	97.8	106	115	123	132	149	167												1.00
886	620	517	67.3	76.6	85.9	95.2	104	113	123	132	141	160	178	197											
943	660	550	71.6	81.5	91.4	101	111	121	130	140	150	170	190	210											
1000	700	583	75.9	86.4	96.9	107	117	128	138	149	159	180	201	222										1.01	
1057	740	617	80.2	91.3	102	113	124	135	146	157	168	191	213	235	257										
1114	780	650	84.5	96.2	107	119	131	142	154	166	178	201	224	248	271										
1171	820	683	88.7	101	113	125	137	150	162	174	187	211	236	260	285										
1229	860	717	93.0	105	118	131	144	157	170	183	196	222	247	273	299	325									
1286	900	750	97.3	110	124	137	151	164	178	191	205	232	259	286	313	340									
1343	940	783	101	115	129	143	157	172	186	200	214	242	270	298	327	355									
1400	980	817	105	120	135	149	164	179	193	208	223	252	282	311	340	370	399								
1457	1020	850	110	125	140	155	171	186	201	217	232	263	293	324	354	385	416								
1514	1060	883	114	130	146	162	177	193	209	225	241	273	305	336	368	400	432								
1571	1100	917	118	135	151	168	184	201	217	234	250	283	316	349	382	415	448								
1629	1140	950	122	139	156	174	191	208	225	242	259	293	327	362	396	430	464	498							
1686	1180	983	127	144	162	180	197	215	233	250	268	304	339	374	410	445	481	516							
1743	1220	1017	131	149	167	186	204	222	241	259	277	314	350	387	424	460	497	533						1.02	1.01
1800	1260	1050	135	154	173	192	211	229	248	267	286	324	362	400	437	475	513	551							
1857	1300	1083	139	159	178	198	217	237	256	276	295	334	373	412	451	490	529	568	607						
1914	1340	1117	143	164	184	204	224	244	264	284	304	344	385	425	465	505	545	586	626						
1971	1380	1150	148	168	189	210	230	251	272	293	313	355	396	437	479	520	562	603	644						

续表

$A_s(mm^2)$			M(kN·m) 当 b'_f=2000mm h(mm)为																					b'_f系数 当 b'_f(mm)为	
HPB235	HRB335	HRB400 RRB400	400	450	500	550	600	650	700	750	800	900	1000	1100	1200	1300	1400	1500	1600	1700	1800	1900	2000	1000	1500
2029	1420	1183	152	173	194	216	237	258	280	301	322	365	407	450	493	535	578	620	663						
2086	1460	1217	156	178	200	222	244	266	287	309	331	375	419	463	506	550	594	638	682	725				1.02	
2143	1500	1250	160	183	205	228	250	273	295	318	340	385	430	475	520	565	610	655	700	745					
2257	1580	1317	169	192	216	240	263	287	311	334	358	406	453	500	548	595	643	690	737	785					
2371	1660	1383	177	202	227	252	277	301	326	351	376	426	476	526	575	625	675	725	775	824	874				
2486	1740	1450	185	211	237	264	290	316	342	368	394	446	498	551	603	655	707	759	812	864	916				
2600	1820	1517	194	221	248	275	303	330	357	385	412	467	521	576	630	685	740	794	849	903	958	1013			
2714	1900	1583	202	230	259	287	316	344	373	401	430	487	544	601	658	715	772	829	886	943	1000	1057			
2829	1980	1650	195	225	255	284	314	344	373	403	448	507	567	626	685	745	804	864	923	982	1042	1101			
2943	2060	1717		234	265	296	327	357	388	419	466	527	589	651	713	775	836	898	960	1022	1084	1145	1207		
3057	2140	1783		243	275	307	339	371	403	435	483	548	612	676	740	804	869	933	997	1061	1125	1190	1254		
3171	2220	1850		251	285	318	351	385	418	451	501	568	634	701	768	834	901	967	1034	1101	1167	1234	1300	1.03	
3286	2300	1917			295	329	364	398	433	467	519	588	657	726	795	864	933	1002	1071	1140	1209	1278	1347		
3400	2380	1983			305	340	376	412	448	483	537	608	680	751	822	894	965	1037	1108	1179	1251	1322	1394		
3514	2460	2050			315	352	388	425	462	499	555	628	702	776	850	924	997	1071	1145	1219	1293	1366	1440		
3629	2540	2117			325	363	401	439	477	515	553	629	706	782	858	934	1010	1087	1163	1239	1315	1391	1468		
3743	2620	2183				374	413	452	492	531	570	649	728	806	885	963	1042	1121	1199	1278	1356	1435	1514		1.01
3857	2700	2250				385	425	466	506	547	587	668	749	830	911	992	1073	1154	1235	1316	1397	1478	1559		
4071	2850	2375				406	448	491	534	577	619	705	790	876	961	1047	1132	1218	1303	1389	1474	1560	1645		
4286	3000	2500				426	471	516	561	606	651	741	831	921	1011	1101	1191	1281	1371	1461	1551	1641	1731		
4500	3150	2625				447	494	541	589	636	683	778	872	967	1061	1156	1250	1345	1439	1534	1628	1723	1817		
4714	3300	2750				467	517	566	616	665	715	814	913	1012	1111	1210	1309	1408	1507	1606	1705	1804	1903		
4929	3450	2875				488	540	591	643	695	747	850	954	1057	1161	1264	1368	1471	1575	1678	1782	1885	1989		
5143	3600	3000					562	616	670	724	778	886	994	1102	1210	1318	1426	1534	1642	1750	1858	1966	2074		
5429	3800	3167					592	649	706	763	820	934	1048	1162	1276	1390	1504	1618	1732	1846	1960	2074	2188		
5714	4000	3333						646	706	766	826	946	1066	1186	1306	1426	1546	1666	1786	1906	2026	2146	2266	1.04	
6000	4200	3500							740	803	866	992	1118	1244	1370	1496	1622	1748	1874	2000	2126	2252	2378		
6286	4400	3667							774	840	906	1038	1170	1302	1434	1566	1698	1830	1962	2094	2226	2358	2490		
6571	4600	3833								877	946	1084	1222	1360	1498	1636	1774	1912	2050	2188	2326	2464	2602		
6857	4800	4000									986	1130	1274	1418	1562	1706	1850	1994	2138	2282	2426	2570	2714		
7143	5000	4167									1025	1175	1325	1475	1625	1775	1925	2075	2225	2375	2525	2675	2825		

续表

A_s(mm²)			M(kN·m) 当 b'_f=2000mm h(mm)为																					b'_f 系数 当 b'_f(mm)为	
HPB235	HRB335	HRB400 RRB400	400	450	500	550	600	650	700	750	800	900	1000	1100	1200	1300	1400	1500	1600	1700	1800	1900	2000	1000	1500
7429	5200	4333										1221	1377	1533	1689	1845	2001	2157	2313	2469	2625	2781	2937		
7714	5400	4500										1266	1428	1590	1752	1914	2076	2238	2400	2562	2724	2886	3048		
8000	5600	4667										1311	1479	1647	1815	1983	2151	2319	2487	2655	2823	2991	3159		
8286	5800	4833										1356	1530	1704	1878	2052	2226	2400	2574	2748	2922	3096	3270	1.04	
8571	6000	5000											1581	1761	1941	2121	2301	2481	2661	2841	3021	3201	3381		1.01
8857	6200	5167											1632	1818	2004	2190	2376	2562	2748	2934	3120	3306	3492		
9143	6400	5333											1682	1874	2066	2258	2450	2642	2834	3026	3218	3410	3602		
9429	6600	5500											1733	1931	2129	2327	2525	2723	2921	3119	3317	3515	3713		
9714	6800	5667											1783	1987	2191	2395	2599	2803	3007	3211	3415	3619	3823		
10000	7000	5833											1833	2043	2253	2463	2673	2883	3093	3303	3513	3723	3933		
10286	7200	6000											1884	2100	2316	2532	2748	2964	3180	3396	3612	3828	4044		
10571	7400	6167											1934	2156	2378	2600	2822	3044	3266	3488	3710	3932	4154		
10857	7600	6333											1983	2211	2439	2667	2895	3123	3351	3579	3807	4035	4263		
11143	7800	6500												2267	2501	2735	2969	3203	3437	3671	3905	4139	4373		
11429	8000	6667												2323	2563	2803	3043	3283	3523	3763	4003	4243	4483		
11714	8200	6833												2378	2624	2870	3116	3362	3608	3854	4100	4346	4592		
12000	8400	7000												2434	2686	2938	3190	3442	3694	3946	4198	4450	4702		
12286	8600	7167												2489	2747	3005	3263	3521	3779	4037	4295	4553	4811		
12571	8800	7333													2808	3072	3336	3600	3864	4128	4392	4656	4920		
12857	9000	7500													2869	3139	3409	3679	3949	4219	4489	4759	5029	1.05	
13143	9200	7667													2930	3206	3482	3758	4034	4310	4586	4862	5138		1.02
13429	9400	7833													2991	3273	3555	3837	4119	4401	4683	4965	5247		
13714	9600	8000														3339	3627	3915	4203	4491	4779	5067	5355		
14000	9800	8167														3406	3700	3994	4288	4582	4876	5170	5464		
14286	10000	8333																4072	4372	4672	4972	5272	5572		
14571	10200	8500																4150	4456	4762	5068	5374	5680		
14857	10400	8667																4229	4541	4853	5165	5477	5789		
15143	10600	8833																4307	4625	4943	5261	5579	5897		
15429	10800	9000																4384	4708	5032	5356	5680	6004		
15714	11000	9167																4462	4792	5122	5452	5782	6112		
16000	11200	9333																4540	4876	5212	5548	5884	6220		
16286	11400	9500																4617	4959	5301	5643	5985	6327		

单筋T形截面梁弯矩配筋表 C35

表 2-6-10

A_s(mm²)		M(kN·m) 当 b'_f=2000mm h(mm)为																					b'_f系数 当 b'_f(mm)为	
HRB335	HRB400 RRB400	400	450	500	550	600	650	700	750	800	900	1000	1100	1200	1300	1400	1500	1600	1700	1800	1900	2000	1000	1500
140	117	15.3	17.4	19.5																			1.00	1.00
180	150	19.7	22.4	25.1	27.8	30.5																		
220	183	24.0	27.3	30.6	33.9	37.2	40.5																	
260	217	28.4	32.3	36.2	40.1	44.0	47.9	51.8																
300	250	32.7	37.2	41.7	46.2	50.7	55.2	59.7	64.2															
340	283	37.1	42.2	47.3	52.4	57.5	62.6	67.7	72.8	77.9														
380	317	41.4	47.1	52.8	58.5	64.2	69.9	75.6	81.3	87.0														
420	350	45.8	52.1	58.4	64.7	71.0	77.3	83.6	89.9	96.2	108												1.01	
460	383	50.1	57.0	63.9	70.8	77.7	84.6	91.5	98.4	105	119													
500	417	54.4	61.9	69.4	76.9	84.4	91.9	99.4	106	114	129	144												
540	450	58.7	66.8	74.9	83.0	91.1	99.2	107	115	123	139	155												
580	483	63.1	71.8	80.5	89.2	97.9	106	115	123	132	150	167												
620	517	67.4	76.7	86.0	95.3	104	113	123	132	141	160	178	197											
660	550	71.7	81.6	91.5	101	111	121	131	140	150	170	190	210											
700	583	76.0	86.5	97.0	107	117	128	138	149	159	180	201	222											
740	617	80.3	91.4	102	113	124	135	146	157	169	191	213	235	257										
780	650	84.6	96.3	107	119	131	143	154	166	178	201	224	248	271										
820	683	88.9	101	113	125	138	150	162	174	187	211	236	261	285										
860	717	93.2	106	118	131	144	157	170	183	196	222	247	273	299	325									
900	750	97.5	110	124	137	151	164	178	191	205	232	259	286	313	340									
940	783	101	115	129	144	158	172	186	200	214	242	270	299	327	355									
980	817	106	120	135	150	164	179	194	208	223	253	282	311	341	370	400								
1020	850	110	125	140	156	171	186	202	217	232	263	293	324	355	385	416								
1060	883	114	130	146	162	178	194	209	225	241	273	305	337	368	400	432								
1100	917	118	135	151	168	184	201	217	234	250	283	316	349	382	415	448								
1140	950	123	140	157	174	191	208	225	242	259	294	328	362	396	430	465	499							
1180	983	127	145	162	180	198	215	233	251	268	304	339	375	410	445	481	516						1.02	1.01
1220	1017	131	149	168	186	204	223	241	259	277	314	351	387	424	460	497	534							
1260	1050	135	154	173	192	211	230	249	268	287	324	362	400	438	476	513	551							
1300	1083	140	159	179	198	218	237	257	276	296	335	374	413	452	491	530	569	608						
1340	1117	144	164	184	204	224	244	264	285	305	345	385	425	465	506	546	586	626						
1380	1150	148	169	189	210	231	252	272	293	314	355	396	438	479	521	562	603	645						

续表

$A_s(mm^2)$		M(kN·m) 当 b'_f=2000mm h(mm)为																					b'_f系数 当 b'_f(mm)为	
HRB335	HRB400 RRB400	400	450	500	550	600	650	700	750	800	900	1000	1100	1200	1300	1400	1500	1600	1700	1800	1900	2000	1000	1500
1420	1183	152	174	195	216	237	259	280	301	323	365	408	450	493	536	578	621	663						
1460	1217	156	178	200	222	244	266	288	310	332	375	419	463	507	551	594	638	682	726					
1500	1250	161	183	206	228	251	273	296	318	341	386	431	476	521	566	611	656	701	746					
1580	1317	169	193	217	240	264	288	311	335	359	406	454	501	548	596	643	691	738	785					
1660	1383	178	202	227	252	277	302	327	352	377	427	476	526	576	626	676	725	775	825	875				
1740	1450	186	212	238	264	290	316	343	369	395	447	499	551	604	656	708	760	812	865	917				
1820	1517	194	222	249	276	304	331	358	385	413	467	522	577	631	686	740	795	850	904	959	1013			
1900	1583		231	260	288	317	345	374	402	431	488	545	602	659	716	773	830	887	944	1001	1058		1.02	
1980	1650			256	285	315	345	374	404	449	508	567	627	686	746	805	864	924	983	1043	1102			
2060	1717			266	297	328	358	389	420	467	528	590	652	714	776	837	899	961	1023	1085	1146	1208		
2140	1783			276	308	340	372	404	436	484	549	613	677	741	805	870	934	998	1062	1126	1191	1255		
2220	1850			286	319	352	386	419	452	502	569	636	702	769	835	902	969	1035	1102	1168	1235	1302		
2300	1917				330	365	399	434	468	520	589	658	727	796	865	934	1003	1072	1141	1210	1279	1348		
2380	1983				342	377	413	449	485	538	609	681	752	824	895	966	1038	1109	1181	1252	1323	1395		
2460	2050				353	390	427	464	501	556	630	704	777	851	925	999	1073	1146	1220	1294	1368	1442		
2540	2117				364	402	440	478	517	555	631	707	783	859	936	1012	1088	1164	1240	1317	1393	1469		
2620	2183				375	415	454	493	533	572	650	729	808	886	965	1043	1122	1201	1279	1358	1436	1515		1.01
2700	2250				387	427	468	508	549	589	670	751	832	913	994	1075	1156	1237	1318	1399	1480	1561		
2850	2375				408	450	493	536	579	621	707	792	878	963	1049	1134	1220	1305	1391	1476	1562	1647		
3000	2500				428	473	518	563	608	653	743	833	923	1013	1103	1193	1283	1373	1463	1553	1643	1733		
3150	2625				449	496	544	591	638	685	780	874	969	1063	1158	1252	1347	1441	1536	1630	1725	1819		
3300	2750				470	519	569	618	668	717	816	915	1014	1113	1212	1311	1410	1509	1608	1707	1806	1905		
3450	2875					542	594	646	698	749	853	956	1060	1163	1267	1370	1474	1577	1681	1784	1888	1991		
3600	3000					565	619	673	727	781	889	997	1105	1213	1321	1429	1537	1645	1753	1861	1969	2077	1.03	
3800	3167						653	710	767	824	938	1052	1166	1280	1394	1508	1622	1736	1850	1964	2078	2192		
4000	3333							710	770	830	950	1070	1190	1310	1430	1550	1670	1790	1910	2030	2150	2270		
4200	3500								807	870	996	1122	1248	1374	1500	1626	1752	1878	2004	2130	2256	2382		
4400	3667								845	911	1043	1175	1307	1439	1571	1703	1835	1967	2099	2231	2363	2495		
4600	3833									951	1089	1227	1365	1503	1641	1779	1917	2055	2193	2331	2469	2607		
4800	4000									991	1135	1279	1423	1567	1711	1855	1999	2143	2287	2431	2575	2719		
5000	4167										1181	1331	1481	1631	1781	1931	2081	2231	2381	2531	2681	2831		

续表

A_s(mm^2)		M(kN·m) 当 b'_f=2000mm　h(mm)为																					b'_f系数 当 b'_f(mm)为	
HRB335	HRB400 RRB400	400	450	500	550	600	650	700	750	800	900	1000	1100	1200	1300	1400	1500	1600	1700	1800	1900	2000	1000	1500
5200	4333										1227	1383	1539	1695	1851	2007	2163	2319	2475	2631	2787	2943	1.03	1.01
5400	4500										1272	1434	1596	1758	1920	2082	2244	2406	2568	2730	2892	3054		
5600	4667										1318	1486	1654	1822	1990	2158	2326	2494	2662	2830	2998	3166	1.04	
5800	4833										1364	1538	1712	1886	2060	2234	2408	2582	2756	2930	3104	3278		
6000	5000										1409	1589	1769	1949	2129	2309	2489	2669	2849	3029	3209	3389		
6200	5167										1454	1640	1826	2012	2198	2384	2570	2756	2942	3128	3314	3500		
6400	5333										1500	1692	1884	2076	2268	2460	2652	2844	3036	3228	3420	3612		
6600	5500										1545	1743	1941	2139	2337	2535	2733	2931	3129	3327	3525	3723		
6800	5667										1590	1794	1998	2202	2406	2610	2814	3018	3222	3426	3630	3834		
7000	5833											1844	2054	2264	2474	2684	2894	3104	3314	3524	3734	3944		
7200	6000											1895	2111	2327	2543	2759	2975	3191	3407	3623	3839	4055		
7400	6167											1946	2168	2390	2612	2834	3056	3278	3500	3722	3944	4166		
7600	6333											1996	2224	2452	2680	2908	3136	3364	3592	3820	4048	4276		
7800	6500												2281	2515	2749	2983	3217	3451	3685	3919	4153	4387		
8000	6667												2337	2577	2817	3057	3297	3537	3777	4017	4257	4497		
8200	6833												2394	2640	2886	3132	3378	3624	3870	4116	4362	4608		
8400	7000												2450	2702	2954	3206	3458	3710	3962	4214	4466	4718		
8600	7167													2764	3022	3280	3538	3796	4054	4312	4570	4828		
8800	7333													2826	3090	3354	3618	3882	4146	4410	4674	4938		
9000	7500													2887	3157	3427	3697	3967	4237	4507	4777	5047		
9200	7667													2949	3225	3501	3777	4053	4329	4605	4881	5157		
9400	7833														3293	3575	3857	4139	4421	4703	4985	5267		
9600	8000														3360	3648	3936	4224	4512	4800	5088	5376		
9800	8167														3428	3722	4016	4310	4604	4898	5192	5486		
10000	8333																4095	4395	4695	4995	5295	5595		
10200	8500																4174	4480	4786	5092	5398	5704		
10400	8667																4253	4565	4877	5189	5501	5813		
10600	8833																4332	4650	4968	5286	5604	5922		
10800	9000																4411	4735	5059	5383	5707	6031		
11000	9167																4489	4819	5149	5479	5809	6139		
11200	9333																4568	4904	5240	5576	5912	6248		
11400	9500																4647	4989	5331	5673	6015	6357		

单筋 T 形截面梁弯矩配筋表 C40

表 2-6-11

A_s(mm^2)		M(kN·m) 当 b'_f=2000mm h(mm)为																					b'_f 系数 当 b'_f(mm)为	
HRB335	HRB400 RRB400	400	450	500	550	600	650	700	750	800	900	1000	1100	1200	1300	1400	1500	1600	1700	1800	1900	2000	1000	1500
140	117	15.3	17.4	19.5																				
180	150	19.7	22.4	25.1	27.8																			
220	183	24.0	27.3	30.6	33.9	37.2																		
260	217	28.4	32.3	36.2	40.1	44.0	47.9																	
300	250	32.7	37.2	41.7	46.2	50.7	55.2	59.7															1.00	
340	283	37.1	42.2	47.3	52.4	57.5	62.6	67.7	72.8															
380	317	41.4	47.1	52.8	58.5	64.2	69.9	75.6	81.3	87.0														
420	350	45.8	52.1	58.4	64.7	71.0	77.3	83.6	89.9	96.2														
460	383	50.1	57.0	63.9	70.8	77.7	84.6	91.5	98.4	105	119													
500	417	54.5	62.0	69.5	77.0	84.5	92.0	99.5	106	114	129													
540	450	58.8	66.9	75.0	83.1	91.2	99.3	107	115	123	139	155												
580	483	63.1	71.8	80.5	89.2	97.9	106	115	124	132	150	167												
620	517	67.4	76.7	86.0	95.3	104	113	123	132	141	160	179												
660	550	71.8	81.7	91.6	101	111	121	131	141	150	170	190	210											
700	583	76.1	86.6	97.1	107	118	128	139	149	160	181	202	223											
740	617	80.4	91.5	102	113	124	135	146	158	169	191	213	235											1.00
780	650	84.7	96.4	108	119	131	143	154	166	178	201	225	248	271										
820	683	89.0	101	113	125	138	150	162	175	187	211	236	261	285										
860	717	93.3	106	119	131	144	157	170	183	196	222	248	273	299										
900	750	97.6	111	124	138	151	165	178	192	205	232	259	286	313									1.01	
940	783	101	115	130	144	158	172	186	200	214	242	271	299	327	355									
980	817	106	120	135	150	164	179	194	209	223	253	282	311	341	370									
1020	850	110	125	141	156	171	186	202	217	232	263	294	324	355	385									
1060	883	114	130	146	162	178	194	210	226	241	273	305	337	369	400	432								
1100	917	119	135	152	168	185	201	218	234	251	284	317	350	383	416	449								
1140	950	123	140	157	174	191	208	225	242	260	294	328	362	396	431	465								
1180	983	127	145	162	180	198	216	233	251	269	304	339	375	410	446	481								
1220	1017	131	150	168	186	205	223	241	259	278	314	351	388	424	461	497	534							
1260	1050	136	154	173	192	211	230	249	268	287	325	362	400	438	476	514	551							
1300	1083	140	159	179	198	218	237	257	276	296	335	374	413	452	491	530	569							
1340	1117	144	164	184	204	225	245	265	285	305	345	385	426	466	506	546	586							
1380	1150	148	169	190	210	231	252	273	293	314	355	397	438	480	521	562	604	645					1.02	1.01

续表

A_s(mm²)		M(kN·m) 当 b'_f=2000mm h(mm)为																					b'_f系数 当 b'_f(mm)为	
HRB335	HRB400 RRB400	400	450	500	550	600	650	700	750	800	900	1000	1100	1200	1300	1400	1500	1600	1700	1800	1900	2000	1000	1500
1420	1183	153	174	195	217	238	259	280	302	323	366	408	451	493	536	579	621	664						
1460	1217	157	179	201	223	244	266	288	310	332	376	420	463	507	551	595	639	682						
1500	1250	161	184	206	229	251	274	296	319	341	386	431	476	521	566	611	656	701						
1580	1317	170	193	217	241	264	288	312	335	359	407	454	501	549	596	644	691	738	786					
1660	1383	178	203	228	253	278	303	327	352	377	427	477	527	576	626	676	726	776	825					
1740	1450	186	213	239	265	291	317	343	369	395	447	500	552	604	656	708	761	813	865	917				
1820	1517	195	222	249	277	304	331	359	386	413	468	522	577	632	686	741	795	850	905	959				
1900	1583	203	232	260	289	317	346	374	403	431	488	545	602	659	716	773	830	887	944	1001				
1980	1650		227	256	286	316	345	375	405	449	509	568	627	687	746	806	865	924	984	1043	1103			
2060	1717		236	266	297	328	359	390	421	467	529	591	653	714	776	838	900	962	1023	1085	1147			
2140	1783		244	277	309	341	373	405	437	485	549	614	678	742	806	870	935	999	1063	1127	1191	1256		
2220	1850		253	287	320	353	387	420	453	503	570	636	703	770	836	903	969	1036	1103	1169	1236	1302		
2300	1917			297	331	366	400	435	469	521	590	659	728	797	866	935	1004	1073	1142	1211	1280	1349	1.02	
2380	1983			307	343	378	414	450	485	539	610	682	753	825	896	967	1039	1110	1182	1253	1324	1396		
2460	2050			317	354	391	428	465	502	557	631	705	778	852	926	1000	1074	1147	1221	1295	1369	1443		
2540	2117			327	365	403	441	480	518	556	632	708	784	861	937	1013	1089	1165	1242	1318	1394	1470		1.01
2620	2183				377	416	455	494	534	573	652	730	809	887	966	1045	1123	1202	1280	1359	1438	1516		
2700	2250				388	428	469	509	550	590	671	752	833	914	995	1076	1157	1238	1319	1400	1481	1562		
2850	2375					452	494	537	580	623	708	794	879	965	1050	1136	1221	1307	1392	1478	1563	1649		
3000	2500					475	520	565	610	655	745	835	925	1015	1105	1195	1285	1375	1465	1555	1645	1735		
3150	2625						545	593	640	687	782	876	971	1065	1160	1254	1349	1443	1538	1632	1727	1821		
3300	2750						571	620	670	719	818	917	1016	1115	1214	1313	1412	1511	1610	1709	1808	1907		
3450	2875							648	700	751	855	958	1062	1165	1269	1372	1476	1579	1683	1786	1890	1993		
3600	3000							675	729	783	891	999	1107	1215	1323	1431	1539	1647	1755	1863	1971	2079		
3800	3167							712	769	826	940	1054	1168	1282	1396	1510	1624	1738	1852	1966	2080	2194		
4000	3333							713	773	833	953	1073	1193	1313	1433	1553	1673	1793	1913	2033	2153	2273		
4200	3500							747	810	873	999	1125	1251	1377	1503	1629	1755	1881	2007	2133	2259	2385		
4400	3667							782	848	914	1046	1178	1310	1442	1574	1706	1838	1970	2102	2234	2366	2498	1.03	
4600	3833							816	885	954	1092	1230	1368	1506	1644	1782	1920	2058	2196	2334	2472	2610		
4800	4000								923	995	1139	1283	1427	1571	1715	1859	2003	2147	2291	2435	2579	2723		
5000	4167								960	1035	1185	1335	1485	1635	1785	1935	2085	2235	2385	2535	2685	2835		

续表

$A_s(mm^2)$		$M(kN\cdot m)$ 当 $b'_f=2000mm$　$h(mm)$为																					b'_f 系数 当 $b'_f(mm)$为	
HRB335	HRB400 RRB400	400	450	500	550	600	650	700	750	800	900	1000	1100	1200	1300	1400	1500	1600	1700	1800	1900	2000	1000	1500
5200	4333									1075	1231	1387	1543	1699	1855	2011	2167	2323	2479	2635	2791	2947		
5400	4500									1115	1277	1439	1601	1763	1925	2087	2249	2411	2573	2735	2897	3059		
5600	4667										1323	1491	1659	1827	1995	2163	2331	2499	2667	2835	3003	3171		
5800	4833										1369	1543	1717	1891	2065	2239	2413	2587	2761	2935	3109	3283		
6000	5000										1415	1595	1775	1955	2135	2315	2495	2675	2855	3035	3215	3395		
6200	5167										1461	1647	1833	2019	2205	2391	2577	2763	2949	3135	3321	3507		
6400	5333											1698	1890	2082	2274	2466	2658	2850	3042	3234	3426	3618		
6600	5500											1750	1948	2146	2344	2542	2740	2938	3136	3334	3532	3730		
6800	5667											1801	2005	2209	2413	2617	2821	3025	3229	3433	3637	3841		
7000	5833											1853	2063	2273	2483	2693	2903	3113	3323	3533	3743	3953		
7200	6000												2120	2336	2552	2768	2984	3200	3416	3632	3848	4064		
7400	6167												2177	2399	2621	2843	3065	3287	3509	3731	3953	4175		
7600	6333												2234	2462	2690	2918	3146	3374	3602	3830	4058	4286		
7800	6500												2291	2525	2759	2993	3227	3461	3695	3929	4163	4397		
8000	6667													2588	2828	3068	3308	3548	3788	4028	4268	4508		
8200	6833													2651	2897	3143	3389	3635	3881	4127	4373	4619		
8400	7000													2714	2966	3218	3470	3722	3974	4226	4478	4730	1.03	1.01
8600	7167													2776	3034	3292	3550	3808	4066	4324	4582	4840		
8800	7333														3103	3367	3631	3895	4159	4423	4687	4951		
9000	7500														3171	3441	3711	3981	4251	4521	4791	5061		
9200	7667														3239	3515	3791	4067	4343	4619	4895	5171		
9400	7833														3308	3590	3872	4154	4436	4718	5000	5282		
9600	8000															3664	3952	4240	4528	4816	5104	5392		
9800	8167															3738	4032	4326	4620	4914	5208	5502		
10000	8333																4112	4412	4712	5012	5312	5612		
10200	8500																4192	4498	4804	5110	5416	5722		
10400	8667																4271	4583	4895	5207	5519	5831		
10600	8833																4351	4669	4987	5305	5623	5941		
10800	9000																4430	4754	5078	5402	5726	6050		
11000	9167																4510	4840	5170	5500	5830	6160		
11200	9333																	4925	5261	5597	5933	6269		
11400	9500																	5011	5353	5695	6037	6379		

第七节　矩形和T形截面梁受剪承载力计算

一、适用条件

1. 混凝土强度等级:C20,C25,C30,C35;
2. 普通钢筋:HPB235,HRB335,HRB400,RRB400;
3. 混凝土保护层厚度:按使用环境为一类确定;
4. 梁截面有效高度 h_o:按表2-4-1确定。

二、使用说明

1. 制表公式

$$V_c = 0.7f_tbh_0 \tag{2-7-1}$$

当 $h_w/b \leqslant 4.0$ 时 $V_{max} = 0.25f_cbh_0$ (2-7-2)

当 $h_w/b \geqslant 6.0$ 时 $V_{max} = 0.20f_cbh_0$ (2-7-3)

当 $4.0 < h_w/b < 6.0$ 时

$$V_{max} = 0.025(14 - h_w/b)f_cbh_0 \tag{2-7-4}$$

$$[V] = 0.7f_tbh_0 + 1.25f_{yv}h_0A_{sv}/s \tag{2-7-5}$$

式中　h_w——截面的腹板高度,矩形截面取有效高度 h_o;T形截面取有效高度减去翼缘厚度;

b——矩形截面的宽度,T形截面的腹板宽度。

2. 使用方法及注意事项

1)矩形和T形截面梁承受的剪力设计值 V 应满足下式:

$$V \leqslant V_{max} \tag{2-7-6}$$

当不满足式(2-7-6)时应提高混凝土强度等级或改变截面尺寸。

2)当 $V \leqslant V_c$ 时,应按表2-7-7～表2-7-21中的构造要求配箍。

3)当仅配有箍筋时,可直接查表2-7-7～表2-7-21,满足下式的 $[V]$ 所对应的箍筋即可满足受剪承载力要求。

$$V \leqslant [V] \tag{2-7-7}$$

4)当 $V_c < V \leqslant V_{max}$,且同时配有箍筋和弯起钢筋(考虑弯起钢筋的作用)时,按下列公式验算:

$$V - V_{sb} \leqslant [V] \tag{2-7-8}$$

$$V_{sb} = 0.8f_yA_{sb}\sin\alpha_s \tag{2-7-9}$$

式中　A_{sb}——同一弯起平面内弯起钢筋的截面面积。

α_s——斜截面上弯起钢筋与构件纵向轴线的夹角。

每根弯起钢筋的受剪承载力 V_{sb} 可按表2-7-1查得。

每根弯起钢筋的受剪承载力 V_{sb}(kN)　　**表2-7-1**

弯折角度 α_s	钢筋种类 \ 钢筋直径	10	12	14	16	18	20	22	25	28
45°	HPB235	9.33	13.44	18.28	23.89	30.23	37.33	45.15	58.32	73.09
	HRB335	13.32	19.19	26.12	34.13	43.19	53.32	64.51	83.31	104.42
	HRB400 RRB400	15.99	23.03	31.34	40.95	51.83	63.99	77.41	99.97	125.30
60°	HPB235	11.42	16.46	22.39	29.26	37.03	45.71	55.30	71.42	89.52
	HRB335	16.32	23.51	31.99	41.80	52.90	65.31	79.00	102.03	127.89
	HRB400 RRB400	19.58	28.21	38.39	50.16	63.48	78.37	94.80	122.44	153.47

5)对集中荷载作用大的独立梁(包括作用有多种荷载,且其中集中荷载对支座截面或节点边缘所产生的剪力值占总剪力值的75%以上的情况),则应按下列方法进行验算。

①当 $V \leqslant \beta V_c$ 时按构造配箍。

$$\beta = 2.5/(\lambda + 1.0) \tag{2-7-10}$$

$$\lambda = a/h_0 \tag{2-7-11}$$

式中　a——集中荷载作用点至较近支座的距离,当 $\lambda < 1.5$ 时,取

$\lambda=1.5$，当 $\lambda>3.0$ 时取 $\lambda=3.0$。

②当 $\beta V_c<V<V_{max}$，且仅配有箍筋时应按下列公式计算

$$1.25(V-\gamma V_c)\leqslant[V] \tag{2-7-12}$$

$$\gamma=\beta-0.8 \tag{2-7-13}$$

β、γ 可根据 λ 的值由表 2-7-2 查得。

系数 β、γ 值 **表 2-7-2**

λ	1.5	1.6	1.7	1.8	1.9	2.0	2.1	2.2
β	1.000	0.962	0.926	0.893	0.862	0.833	0.806	0.781
γ	0.200	0.162	0.126	0.093	0.062	0.033	0.006	−0.019
λ	2.3	2.4	2.5	2.6	2.7	2.8	2.9	3.0
β	0.758	0.735	0.714	0.694	0.676	0.658	0.641	0.625
γ	−0.042	−0.065	−0.086	−0.106	−0.124	−0.142	−0.159	−0.175

③当 $\beta V_c<V<V_{max}$，且配有箍筋及弯起钢筋（考虑弯起钢筋的作用）时，按下式计算

$$1.25(V-\gamma V_c-V_{sb})\leqslant[V] \tag{2-7-14}$$

6）当箍筋采用 HPB235 钢筋时，V_c、V_{max}、$[V]$均可直接从表 2-7-7～表 2-7-21 中查得，当箍筋采用 HRB335、HRB400、RRB400 钢筋时，V_c、V_{max}仍可以从表 2-7-7～表 2-7-21 查得，但$[V]$应按下列公式计算

$$[V]=V_c+V_{yv} \tag{2-7-15}$$

$$V_{yv}=1.25f_{yv}h_0A_{sv}/s \tag{2-7-16}$$

V_{yv}也可以从表 2-7-22～表 2-7-27 查得。

7）V_c、V_{max}、$[V]$、V_{yv}的值均是按纵向受拉钢筋（主筋）为一排时编制的，当主筋为二排或三排时，应将 V_c、V_{max}、$[V]$、V_{yv}乘以相应的系数 d_e，d_e 值可按表 2-7-3 查得。

系数 d_e 值 **表 2-7-3**

梁高(mm)		400	450	500	550	600	650	700	750	800	900	1000
C20	二排	0.931	0.939	0.946	0.951	0.955	0.959	0.962	0.965	0.967	0.971	0.974
	三排					0.902	0.910	0.917	0.923	0.928	0.936	0.943
C25～C40	二排	0.932	0.940	0.946	0.951	0.956	0.959	0.962	0.965	0.967	0.971	0.974
	三排					0.903	0.911	0.917	0.923	0.928	0.936	0.943
梁高(mm)		1100	1200	1300	1400	1500	1600	1700	1800	1900	2000	
C20	二排	0.976	0.978	0.980	0.982	0.983	0.984	0.985	0.986	0.987	0.987	
	三排	0.948	0.953	0.956	0.960	0.962	0.965	0.967	0.969	0.970	0.972	
C25～C40	二排	0.977	0.979	0.980	0.982	0.983	0.984	0.985	0.986	0.987	0.987	
	三排	0.948	0.953	0.957	0.960	0.962	0.965	0.967	0.969	0.971	0.972	

8）当梁中配有按计算需要的纵向受压钢筋（双筋梁）时，箍筋应做成封闭式，其间距不应大于 $15d$（d 为纵向受压钢筋的最小直径），同时不应大于 400mm；当一层内的纵向受压钢筋多于 5 根且直径大于 18mm 时，箍筋间距不应大于 $10d$；当梁的宽度大于 400mm 且一层内的纵向受压钢筋多于 3 根时，或当梁的宽度不大于 400mm 但一层内的纵向受压钢筋多于 4 根时，应设置复合箍筋；箍筋直径不应小于纵向受压钢筋的最大直径的 1/4。

9）在受力纵向钢筋搭接长度范围内的箍筋，直径不应小于 $d/4$；当纵筋受拉时箍筋间距不应大于 $5d$，且不应大于 100mm；当纵筋受压时箍筋间距不应大于 $10d$，且不应大于 200mm；当受压钢筋直径大于 25mm 时，应在搭接接头两个端面外 100mm 范围内各设置 2 道箍筋。

10）位于梁下部或梁截面高度范围内的集中荷载，应全部由附加横向钢筋（箍筋、吊筋）承担，附加横向钢筋宜采用箍筋，箍筋应布置在长度 s 的范围内，其中 $s=2h_1+3b$（如图 2-7-1 所示）。

每根附加箍筋能承受的集中荷载可按表 2-7-4 确定。

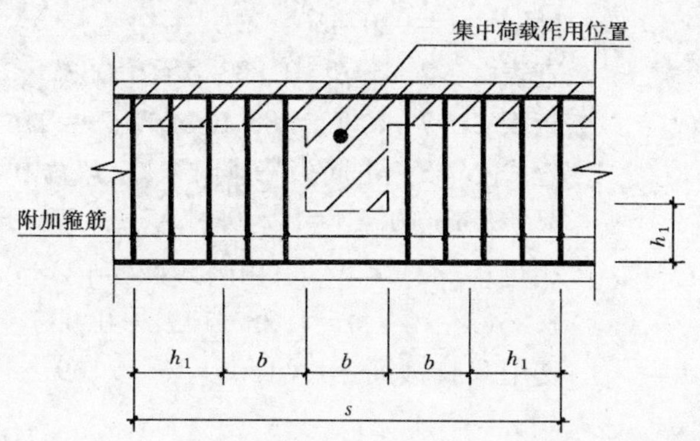

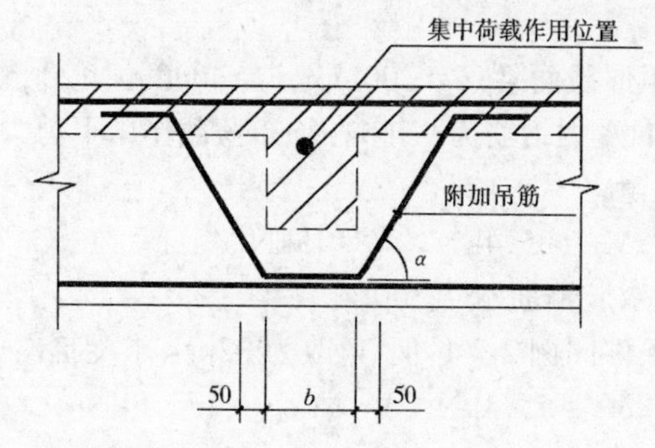

图 2-7-1　梁截面高度范围内有集中荷载作用时的附加横向钢筋布置

每根附加箍筋能承受的集中荷载(kN)　　表 2-7-4

箍筋种类 \ 箍筋直径(mm)	6	8	10	12
HPB235、双肢	11.89	21.13	32.97	47.50
HPB235、四肢	23.77	42.25	65.94	95.00
HPB235、六肢	35.66	63.38	98.91	142.51
HRB335、双肢	16.96	30.16	47.12	67.86
HRB335、四肢	33.93	60.32	94.25	135.72
HRB335、六肢	50.89	90.48	141.37	203.58

附加吊筋能承受的集中荷载可按下式计算：

$$F = f_y A_{sv} \sin\alpha \tag{2-7-17}$$

每根附加吊筋能承受的集中荷载也可按表 2-7-5 确定。

每根附加吊筋能承受的集中荷载(kN)　　表 2-7-5

弯折角度 α	吊筋种类 \ 吊筋直径	10	12	14	16	18	20	22	25
45°	HPB235	23.31	33.59	45.71	59.72	75.58	93.31	112.88	145.79
	HRB335	33.30	47.98	65.29	85.32	107.98	133.30	161.26	208.27
	HRB400、RRB400	39.97	57.58	78.35	102.38	129.57	159.96	193.52	249.93

续表

弯折角度 α	吊筋种类 \ 吊筋直径	10	12	14	16	18	20	22	25
60°	HPB235	28.55	41.14	55.98	73.15	92.57	114.28	138.25	178.56
	HRB335	40.79	58.77	79.97	104.49	132.24	163.26	197.51	255.08
	HRB400、RRB400	48.95	70.52	95.96	125.39	158.69	195.92	237.01	306.09

11)梁中箍筋的最大间距和最小直径可按表 2-7-6 确定。

梁中箍筋的最大间距和最小直径　　表 2-7-6

梁高(mm)	最大间距(mm) $V>V_c$	最大间距(mm) $V\leqslant V_c$	最小直径(mm)
$150<h\leqslant300$	150	200	6
$300<h\leqslant500$	200	300	
$500<h\leqslant800$	250	350	
$h>800$	300	400	8

注：1. 箍筋的配箍率 ρ_{sv} 不应小于 $0.24f_t/f_{yv}$，其中 $\rho_{sv}=A_{sv}/bs$；

2. 双筋梁的箍筋最大间距及最小直径尚应满足上述第 8)项的要求。

三、应用举例

【例 2-7-1】 已知矩形截面梁：$b=200$mm，$h=400$mm，C20 混凝土，HPB235 箍筋，纵向受力钢筋为一排，在均布荷载作用下剪力设计值 $V=45$kN，求配箍。

【解】 查表 2-7-7 $V_c=55.4\text{kN}>V=45\text{kN}$

沿梁全长按构造配双肢箍筋 ϕ6@300。

【例 2-7-2】 已知条件同例 2-7-1，但 V 改为 82kN，求配箍。

【解】 查表 2-7-7 $V_c=55.4\text{kN}<V<V_{max}=172.8\text{kN}$

选用双肢箍筋 ϕ6@200 $[V]=82.2\text{kN}>V=82\text{kN}$

【例 2-7-3】 已知条件同例 2-7-1，但 V 改为 110kN，主筋改为二排，求配箍。

【解】 查表 2-7-7 $V_c=55.4\text{kN}$，$V_{max}=172.8\text{kN}$

查表 2-7-3 主筋为二排时，系数 d_e 为 0.931。

$V_c=55.4\times0.931=51.58\text{kN}$

$V_{max}=172.8\times0.931=160.88\text{kN}$ 满足 $V_c<V<V_{max}$

选用双肢箍筋 ϕ8@150，

$[V]=118.8\times0.931=110.6\text{kN}>V=110\text{kN}$。

【例 2-7-4】 已知独立矩形截面梁：$b=250$mm，$h=500$mm，C20 混凝土，HP235 箍筋，纵向受力钢筋为一排，剪力设计值 $V=122$kN，其中集中力产生的剪力占总剪力值的 75% 以上，集中荷载作用点至较近支座的距离 $a=920$mm，求配箍。

【解】 $\lambda=a/h_0=920/460=2.0$

查表 2-7-2 $\beta=0.833$，$\gamma=0.033$

查表 2-7-7 $V_c=88.6\text{kN}$

由公式(2-7-12)

$1.25(V-\gamma V_c)=1.25\times(122-0.033\times88.6)=148.85\text{kN}$

选用双肢箍筋 ϕ8@200，$[V]=149.3\text{kN}>148.85\text{kN}$

【例 2-7-5】 已知条件同 2-7-4，仅主筋改为二排，求配箍。

【解】 $\lambda=920/460=2.0$

查表 2-7-2 $\beta=0.833$，$\gamma=0.033$

查表 2-7-7 $V_c=88.6\text{kN}$，$V_{max}=276.0\text{kN}$

查表 2-7-3 主筋为二排时系数 d_e 为 0.931

$V_c=88.6\times0.931=82.49\text{kN}$，$V_{max}=276.0\times0.931=256.96\text{kN}$

满足 $V_c<V<V_{max}$；由公式(2-7-12)

$1.25(V-\gamma V_c)=1.25\times(122-0.033\times82.49)=149.10\text{kN}$

选用双肢箍筋 ϕ8@150，$[V]=169.5\times0.931=157.8\text{kN}>149.10\text{kN}$

【例 2-7-6】 已知条件同 2-7-4，但箍筋改用 HRB335 钢筋，主筋改为二排，求配箍。

【解】 $\lambda=920/460=2.0$

查表 2-7-2 $\beta=0.833$，$\gamma=0.033$

查表 2-7-7 $V_c=88.6\text{kN}$，$V_{max}=276.0\text{kN}$

查表 2-7-3 主筋为二排时系数 d_e 为 0.931

$V_c=88.6\times0.931=82.49\text{kN}$，$V_{max}=276.0\times0.931=256.96\text{kN}$

满足 $V_c<V<V_{max}$；由公式(2-7-12)

$1.25(V-\gamma V_c)=1.25(122-0.033\times82.49)=149.10\text{kN}$

选用双肢箍筋Φ 8@200，查表 2-7-22 或直接由公式 2-7-16 算得：$V_{yv}=86.8\text{kN}$

由公式 2-7-15，$[V]=V_c+V_{yv}=88.6+86.8=175.4\text{kN}$

当主筋为二排时，$[V]=175.4\times0.931=163.3\text{kN}>149.10\text{kN}$

四、矩形和 T 形截面梁受剪承载力计算表

采用 HPB235 箍筋时矩形和 T 形截面梁受剪箍筋表见表2-7-7～表 2-7-21，采用 HRB335、HRB400、RRB400 箍筋时矩形和 T 形截面梁箍筋受剪承载力 V_{yv}见表 2-7-22～表 2-7-27。

矩形和 T 形截面梁受剪箍筋表　　C20　HPB235 箍筋　双肢箍　主筋一排　　表 2-7-7

b (mm)	h (mm)	V_c (kN)	V_{max} (kN)	$V \leqslant V_c$ 时，构造配箍		当 $V_c \leqslant V \leqslant V_{max}$ 时　[V]值(kN)													
				箍筋间距	箍筋直径设置范围	ϕ6 箍，间距为(mm)			ϕ8 箍，间距为(mm)				ϕ10 箍，间距为(mm)				ϕ12 箍，间距为(mm)		
						100	150	200	100	150	200	250	100	150	200	250	150	200	250
200	200	24.6	76.8	200	ϕ6 见附注	48.4	40.5		66.9	52.8				68.6					
	250	32.3	100.8	200		63.5	53.1		87.8	69.3				90.0					
	300	40.0	124.8	200		78.7	65.8		108.7	85.8				111.5					
	350	47.7	148.8	300	ϕ6 全长设置	93.8	78.4	70.8	129.6	102.3	88.7			132.9	111.6			139.8	
	400	55.4	172.8	300		108.9	91.1	82.2	150.5	118.8	103.0			154.4	129.6			162.3	
	450	63.1	196.8	300		124.1	103.8	93.6	171.4	135.3	117.3			175.8	147.6			184.9	
	500	70.8	220.8	300		139.2	116.4	105.0	192.3	151.8	131.6			197.2	165.6			207.4	
	550	78.5	244.8	350		154.3	129.1	116.4	213.2	168.3	145.9	132.4		218.7	183.6	162.6		230.0	199.7
	600	86.2	268.8	350		169.4	141.7	127.8	234.1	184.8	160.2	145.4		240.1	201.6	178.6		252.5	219.2
250	250	40.4	126.0	200	ϕ6 见附注	71.6	61.2		95.9	77.4				98.1			123.6		
	300	50.0	156.0	200		88.7	75.8		118.7	95.8				121.5			153.0		
	350	59.7	186.0	300	ϕ6 全长设置	105.7	90.4		141.5	114.3	100.6			144.8	123.6		182.4	151.7	
	400	69.3	216.0	300		122.8	105.0		164.4	132.7	116.8			168.2	143.5		211.8	176.2	
	450	78.9	246.0	300		139.8	119.5		187.2	151.1	133.1			191.6	163.4		241.2	200.6	
	500	88.6	276.0	300		156.9	134.1		210.0	169.5	149.3			214.9	183.3		270.6	225.1	
	550	98.2	306.0	350		173.9	148.7		232.9	188.0	165.5	152.0		238.3	203.3	182.2	300.1	249.6	219.3
	600	107.8	336.0	350		191.0	163.3		255.7	206.4	181.7	167.0		261.7	223.2	200.1	329.5	274.1	240.8
	650	117.4	366.0	350		208.1	177.8		278.5	224.8	198.0	181.9		285.0	243.1	218.0	358.9	298.5	262.3
	700	127.1	396.0	350		225.1	192.4		301.3	243.2	214.2	196.8		308.4	263.1	235.9	388.3	323.0	283.8
	750	136.7	426.0	350		242.2	207.0		324.2	261.7	230.4	211.7		331.7	283.0	253.7	417.7	347.5	305.3
	800	146.3	456.0	350		259.2	221.6		347.0	280.1	246.6	226.6		355.1	302.9	271.6	447.1	371.9	326.8
300	450	94.7	295.2	300	ϕ6 全长设置	155.6	135.3		203.0	166.9	148.8		263.7	207.4	179.2		257.0	216.4	
	500	106.3	331.2	300		174.6	151.8		227.7	187.2	167.0		295.8	232.6	201.0		288.4	242.8	
	550	117.8	367.2	350		193.6	168.3		252.5	207.6	185.1	171.7	328.0	257.9	222.9	201.9	319.7	269.2	238.9

续表

b (mm)	h (mm)	V_c (kN)	V_{max} (kN)	$V \leqslant V_c$时，构造配箍		当 $V_c \leqslant V \leqslant V_{max}$时 [$V$]值(kN)														
				箍筋间距	箍筋直径设置范围	ϕ6 箍，间距为(mm)		ϕ8 箍，间距为(mm)				ϕ10 箍，间距为(mm)					ϕ12 箍，间距为(mm)			
						100	150	100	150	200	250	100	150	200	250	300	150	200	250	300
300	600	129.4	403.2	350	ϕ6 全长设置	212.6	184.8	277.2	227.9	203.3	188.5	360.1	283.2	244.8	221.7		351.0	295.6	262.4	
	650	140.9	439.2	350		231.5	201.3	302.0	248.3	221.5	205.3	392.3	308.5	266.6	241.5		382.4	322.0	285.8	
	700	152.5	475.2	350		250.5	217.8	326.7	268.7	239.6	222.2	424.5	333.8	288.5	261.3		413.7	348.4	309.2	
	800	175.6	547.2	350		288.5	250.8	376.3	309.4	275.9	255.8	488.8	384.4	332.2	300.8		476.4	401.2	356.1	
	900	198.7	619.2	400	ϕ8 全长设置			425.8	350.1	312.2	289.5	553.1	434.9	375.9	340.4	316.8	539.1	454.0	402.9	368.9
	1000	221.8	691.2	400				475.3	390.8	348.5	323.2	617.4	485.5	419.6	380.0	353.6	601.8	506.8	449.8	411.8
350	500	124.0	386.4	300	ϕ6 全长设置	192.3		245.4	205.0	184.7		313.5	250.4	218.8			306.1	260.5		
	550	137.4	428.4	350		213.2		272.1	227.2	204.8		347.6	277.6	242.5	221.5		339.3	288.9	258.6	
	600	150.9	470.4	350		234.1		298.8	249.5	224.9		381.7	304.8	266.3	243.2		372.6	317.2	283.9	
	650	164.4	512.4	350		255.0		325.5	271.8	244.9		415.8	332.0	290.1	265.0		405.9	345.5	309.3	
	700	177.9	554.4	350		275.9		352.2	294.1	265.0		449.9	359.2	313.9	286.7		439.1	373.8	334.6	
	800	204.8	638.4	350		317.7		405.5	338.6	305.2		518.0	413.6	361.4	330.1		505.7	430.5	385.3	
	900	231.8	722.4	400	ϕ8 全长设置			458.9	383.2	345.3		586.2	468.1	409.0	373.5	349.9	572.2	487.1	436.0	402.0
	1000	258.7	806.4	400				512.2	427.7	385.5		654.4	522.5	456.5	417.0	390.6	638.7	543.7	486.7	448.7
	1100	285.7	890.4	400				565.6	472.3	425.6		722.5	576.9	504.1	460.4	431.3	705.3	600.4	537.4	495.5
	1200	312.6	974.4	400				618.9	516.8	465.8		790.7	631.3	551.7	503.8	472.0	771.8	657.0	588.1	542.2

附注：仅在构件端部各 1/4 跨度范围内设置箍筋，当构件中部 1/2 跨度范围内有集中荷载作用时，沿梁全长设置箍筋。

矩形和 T 形截面梁受剪箍筋表　　C20　HPB235 箍筋　四肢箍　主筋一排　　表 2-7-8

b (mm)	h (mm)	V_c (kN)	V_{max} (kN)	$V \leqslant V_c$时，构造配箍		当 $V_c \leqslant V \leqslant V_{max}$时 [V]值(kN)																
				箍筋间距	箍筋直径设置范围	ϕ6 箍，间距为(mm)					ϕ8 箍，间距为(mm)					ϕ10 箍，间距为(mm)				ϕ12 箍，间距为(mm)		
						100	150	200	250	300	100	150	200	250	300	150	200	250	300	200	250	300
300	450	94.7	295.2	300	ϕ6 全长设置	216.5	175.9	155.6				239.1	203.0				263.7					
300	500	106.3	331.2	300	ϕ6 全长设置	242.9	197.4	174.6				268.2	227.7				295.8					
300	550	117.8	367.2	350	ϕ6 全长设置	269.4	218.8	193.6	178.4		387.2	297.4	252.5	225.6			328.0	286.0			360.1	
300	600	129.4	403.2	350	ϕ6 全长设置	295.8	240.3	212.6	195.9		425.1	326.5	277.2	247.7			360.1	314.0			395.4	
300	650	140.9	439.2	350	ϕ6 全长设置	322.2	261.8	231.5	213.4		463.1	355.7	302.0	269.8			392.3	342.0			430.7	
300	700	152.5	475.2	350	ϕ6 全长设置	348.6	283.2	250.5	230.9		501.0	384.8	326.7	291.9			424.5	370.1			466.0	
300	800	175.6	547.2	350	ϕ6 全长设置	401.4	326.1	288.5	265.9		577.0	443.2	376.3	336.1			488.8	426.1			536.6	
300	900	198.7	619.2	400	ϕ8 全长设置							501.5	425.8	380.3	350.1		553.1	482.2	434.9		607.2	539.1
300	1000	221.8	691.2	400	ϕ8 全长设置							559.8	475.3	424.6	390.8		617.4	538.3	485.5		677.8	601.8
350	500	124.0	386.4	300	ϕ6 全长设置	260.7	215.1	192.3			366.9	285.9	245.4			376.7	313.5					
350	550	137.4	428.4	350	ϕ6 全长设置	289.0	238.5	213.2	198.1		406.8	317.0	272.1	245.2		417.7	347.6	305.6			379.7	
350	600	150.9	470.4	350	ϕ6 全长设置	317.3	261.9	234.1	217.5		446.7	348.1	298.8	269.2		458.6	381.7	335.6			416.9	
350	650	164.4	512.4	350	ϕ6 全长设置	345.7	285.2	255.0	236.9		486.6	379.2	325.5	293.3		499.6	415.8	365.5			454.2	
350	700	177.9	554.4	350	ϕ6 全长设置	374.0	308.6	275.9	256.3		526.4	410.3	352.2	317.3		540.5	449.9	395.5			491.4	
350	800	204.8	638.4	350	ϕ6 全长设置	430.7	355.4	317.7	295.2		606.2	472.4	405.5	365.4		622.4	518.0	455.4			565.8	
350	900	231.8	722.4	400	ϕ8 全长设置						686.0	534.6	458.9	413.5	383.2	704.3	586.2	515.3	468.1		640.3	572.2
350	1000	258.7	806.4	400	ϕ8 全长设置						765.7	596.7	512.2	461.5	427.7	786.2	654.4	575.2	522.5		714.7	638.7
350	1100	285.7	890.4	400	ϕ8 全长设置						845.5	658.9	565.6	509.6	472.3	868.1	722.5	635.2	576.9		789.2	705.3
350	1200	312.6	974.4	400	ϕ8 全长设置						925.3	721.1	618.9	557.7	516.8	950.0	790.7	695.1	631.3		863.6	771.8
400	600	172.5	537.6	350	ϕ6 全长设置	338.9	283.4	255.7			468.2	369.7	320.4	290.8		480.2	403.3	357.1		505.0	438.5	
400	650	187.9	585.6	350	ϕ6 全长设置	369.1	308.7	278.5			510.1	402.7	349.0	316.7		523.1	439.3	389.0		550.1	477.6	
400	700	203.3	633.6	350	ϕ6 全长设置	399.4	334.0	301.3			551.9	435.7	377.6	342.7		566.0	475.3	420.9		595.2	516.8	
400	800	234.1	729.6	350	ϕ6 全长设置	459.9	384.6	347.0			635.5	501.7	434.8	394.6		651.7	547.3	484.7		685.3	595.1	
400	900	264.9	825.6	400	ϕ8 全长设置						719.1	567.7	492.0	446.6	416.3	737.5	619.3	548.4	501.2	775.5	673.4	605.3
400	1000	295.7	921.6	400	ϕ8 全长设置						802.7	633.7	549.2	498.5	464.7	823.2	691.3	612.2	559.4	865.7	751.7	675.7

续表

b (mm)	h (mm)	V_c (kN)	V_{max} (kN)	$V \leqslant V_c$ 时,构造配箍		当 $V_c \leqslant V \leqslant V_{max}$ 时 [V]值(kN)															
				箍筋间距	箍筋直径设置范围	φ6 箍,间距为(mm)			φ8 箍,间距为(mm)					φ10 箍,间距为(mm)				φ12 箍,间距为(mm)			
						100	150	200	100	150	200	250	300	150	200	250	300	150	200	250	300
400	1100	326.5	1017.6	400	φ8 全长设置				886.3	699.7	606.4	550.4	513.1	909.0	763.3	676.0	617.7		955.9	830.0	746.1
	1200	357.3	1113.6	400					969.9	765.7	663.6	602.3	561.5	994.7	835.3	739.7	676.0		1046	908.3	816.5
	1300	388.1	1209.6	400					1054	831.7	720.8	654.3	609.9	1080	907.4	803.5	734.3		1136	986.6	886.9
	1400	418.9	1305.6	400					1137	897.7	778.0	706.2	658.3	1166	979.4	867.3	792.5		1226	1065	957.2
450	650	211.4	658.8	350	φ6 全长设置	392.6	332.2	302.0	533.5	426.1	372.5	340.2		546.6	462.8	412.5			573.6	501.1	
	700	228.7	712.8	350		424.8	359.4	326.7	577.3	461.1	403.0	368.1		591.4	500.7	446.3			620.6	542.2	
	800	263.3	820.8	350		489.2	413.9	376.3	664.7	530.9	464.0	423.9		681.0	576.6	513.9			714.6	624.4	
	900	298.0	928.8	400	φ8 全长设置				752.2	600.8	525.1	479.7	449.4	770.6	652.4	581.5	534.3		808.6	706.5	638.4
	1000	332.6	1036.8	400					839.7	670.7	586.2	535.4	501.6	860.2	728.3	649.2	596.4		902.7	788.7	712.7
	1100	367.3	1144.8	400					927.1	740.5	647.2	591.2	553.9	949.8	804.1	716.8	658.5		996.7	870.8	786.9
	1200	401.9	1252.8	400					1015	810.4	708.3	647.0	606.2	1039	880.0	784.4	720.7		1091	953.0	861.1
	1300	436.6	1360.8	400					1102	880.2	769.3	702.8	658.4	1129	955.9	852.0	782.8		1185	1035	935.4
	1400	471.2	1468.8	400					1190	950.1	830.4	758.6	710.7	1219	1032	919.6	844.9		1279	1117	1010
	1500	505.9	1576.8	400					1277	1020	891.4	814.3	762.9	1308	1108	987.3	907.0		1373	1199	1084
500	650	234.9	732.0	350	φ6 全长设置	416.1	355.7		557.0	449.6	395.9	363.7		570.0	486.2	436.0		717.8	597.1	524.6	
	700	254.1	792.0	350		450.2	384.8		602.7	486.5	428.4	393.5		616.8	526.1	471.7		776.6	646.0	567.6	
	800	292.6	912.0	350		518.4	443.2		694.0	560.2	493.3	453.2		710.2	605.8	543.2		894.3	743.9	653.6	
	900	331.1	1032.0	400	φ8 全长设置				785.3	633.9	558.2	512.8	482.5	803.7	685.5	614.6	567.4	1012	841.7	739.6	671.5
	1000	369.6	1152.0	400					876.6	707.6	623.1	572.4	538.6	897.1	765.2	686.1	633.4	1130	939.6	825.6	749.6
	1100	408.1	1272.0	400					967.9	781.3	688.0	632.0	594.7	990.6	845.0	757.6	699.3	1247	1038	911.6	827.7
	1200	446.6	1392.0	400					1059	855.0	752.9	691.7	650.8	1084	924.7	829.1	765.3	1365	1135	997.6	905.8
	1300	485.1	1512.0	400					1157	928.7	817.8	751.3	706.9	1178	1004	900.5	831.3	1483	1233	1084	983.9
	1400	523.6	1632.0	400					1242	1003	882.7	810.9	763.0	1271	1084	972.0	897.3	1600	1331	1170	1062
	1500	562.1	1752.0	400					1333	1076	947.6	870.5	819.1	1364	1164	1044	963.2	1718	1429	1256	1140

矩形和T形截面梁受剪箍筋表　　C20　HPB235箍筋　六肢箍　主筋一排　　表2-7-9

b (mm)	h (mm)	V_c (kN)	V_{max} (kN)	$V \leqslant V_c$时，构造配箍		当$V_c \leqslant V \leqslant V_{max}$时　[$V$]值(kN)															
				箍筋间距	箍筋直径设置范围	ϕ6箍，间距为(mm)				ϕ8箍，间距为(mm)					ϕ10箍，间距为(mm)				ϕ12箍，间距为(mm)		
						100	150	200	250	100	150	200	250	300	150	200	250	300	200	250	300
500	650	234.9	732.0	350	ϕ6全长设置	506.7	416.1	370.8	343.6	718.1	557.0	476.5	428.2			611.9	536.5			669.5	
	700	254.1	792.0	350		548.3	450.2	401.2	371.8	777.0	602.7	515.5	463.2			662.1	580.5			724.4	
	800	292.6	912.0	350		631.4	518.4	462.0	428.1	894.7	694.0	593.6	533.4			762.4	668.5			834.1	
	900	331.1	1032.0	400	ϕ8全长设置					1012	785.3	671.8	603.6	558.2		862.7	756.4	685.5		943.9	841.7
	1000	369.6	1152.0	400						1130	876.6	749.9	673.8	623.1		963.1	844.4	765.2		1054	939.6
	1100	408.1	1272.0	400						1248	967.9	828.0	744.0	688.0		1063	932.3	845.0		1163	1038
	1200	446.6	1392.0	400						1366	1059	906.1	814.2	752.9		1164	1020	924.7		1273	1135
	1300	485.1	1512.0	400						1483	1151	984.2	884.4	817.8		1264	1108	1004		1383	1233
	1400	523.6	1632.0	400						1601	1242	1062	954.6	882.7		1364	1196	1084		1493	1331
	1500	562.1	1752.0	400						1719	1333	1140	1025	947.6		1465	1284	1164		1602	1429
550	650	258.3	805.2	350	ϕ6全长设置	530.2	439.6	394.3		741.6	580.5	500.0	451.6		761.1	635.4	560.0		801.6	693.0	
	700	279.5	871.2	350		573.7	475.6	426.6		802.4	628.1	540.9	488.7		823.5	687.5	605.9		867.3	749.8	
	800	321.9	1003.2	350		660.6	547.7	491.2		924.0	723.3	622.9	562.7		948.3	791.7	697.7		998.8	863.4	
	900	364.2	1135.2	400	ϕ8全长设置					1046	818.4	704.9	636.7	591.3	1073	895.9	789.5	718.6	1130	977.0	874.9
	1000	406.6	1267.2	400						1167	913.6	786.8	710.8	660.1	1198	1000	881.3	802.2	1262	1091	976.6
	1100	448.9	1399.2	400						1289	1009	868.8	784.8	728.8	1323	1104	973.1	885.8	1393	1204	1078
	1200	491.3	1531.2	400						1410	1104	950.8	858.9	797.6	1447	1208	1065	969.3	1524	1318	1180
	1300	533.6	1663.2	400						1532	1199	1033	932.9	866.3	1572	1313	1157	1053	1656	1431	1282
	1400	576.0	1795.2	400						1653	1294	1115	1007	935.1	1697	1417	1249	1136	1787	1545	1384
	1500	618.3	1927.2	400						1775	1389	1197	1081	1004	1822	1521	1340	1220	1919	1659	1485
600	650	281.8	878.4	350	ϕ6全长设置	553.7	463.1	417.8		765.1	604.0	523.4	475.1		784.6	658.9	583.5		825.1	716.5	
	700	304.9	950.4	350		599.1	501.0	452.0		827.8	653.5	566.4	514.1		848.9	712.9	631.3		892.8	775.2	
	800	351.1	1094.4	350		689.9	577.0	520.5		953.2	752.5	652.2	592.0		977.5	820.9	727.0		1028	892.6	
	900	397.3	1238.4	400	ϕ8全长设置					1079	851.5	738.0	669.8	624.4	1106	929.0	822.6	751.7	1163	1010	908.0
	1000	443.5	1382.4	400						1204	950.5	823.8	747.7	697.0	1235	1037	918.3	839.2	1299	1128	1014
	1100	489.7	1526.4	400						1330	1050	909.6	825.6	769.6	1363	1145	1014	926.6	1434	1245	1119
	1200	535.9	1670.4	400						1455	1149	995.4	903.5	842.2	1492	1253	1110	1014	1569	1363	1225
	1300	582.1	1814.4	400						1580	1248	1081	981.4	914.9	1621	1361	1205	1101	1704	1480	1330
	1400	628.3	1958.4	400						1706	1347	1167	1059	987.5	1749	1469	1301	1189	1840	1597	1436
	1500	674.5	2102.4	400						1831	1446	1253	1137	1060	1878	1577	1397	1276	1975	1715	1541

矩形和 T 形截面梁受剪箍筋表　　C25　HPB235 箍筋　双肢箍　主筋一排　　表 2-7-10

b (mm)	h (mm)	V_c (kN)	V_{max} (kN)	$V\leqslant V_c$ 时,构造配箍		当 $V_c\leqslant V\leqslant V_{max}$ 时　$[V]$ 值(kN)													
				箍筋间距	箍筋直径设置范围	ϕ6 箍,间距为(mm)		ϕ8 箍,间距为(mm)				ϕ10 箍,间距为(mm)				ϕ12 箍,间距为(mm)			
						100	150	100	150	200	250	100	150	200	250	100	150	200	250
200	200	29.3	98.2	200	ϕ6 见附注	53.9	45.7	72.9	58.4			97.3	74.7				94.7		
	250	38.2	127.9	200		70.2	59.5	95.0	76.1			126.8	97.3				123.3		
	300	47.1	157.7	200		86.5	73.4	117.1	93.8			156.3	119.9				152.0		
	350	56.0	187.4	300	ϕ6 全长设置	102.8	87.2	139.2	111.5	97.6		185.8	142.6	120.9			180.7	149.5	
	400	64.9	217.2	300		119.1	101.1	161.3	129.2	113.1		215.3	165.2	140.1			209.4	173.3	
	450	73.8	246.9	300		135.4	114.9	183.4	146.8	128.6		244.8	187.8	159.3			238.1	197.0	
	500	82.7	276.7	300		151.8	128.7	205.5	164.5	144.1		274.3	210.4	178.5			266.7	220.7	
	550	91.6	306.4	350		168.1	142.6	227.6	182.2	159.6	146.0	303.8	233.1	197.7	176.5		295.4	244.5	213.9
	600	100.5	336.2	350		184.4	156.4	249.7	199.9	175.1	160.1	333.3	255.7	216.9	193.6		324.1	268.2	234.7
250	250	47.8	159.9	200	ϕ6 附注	79.7	69.1	104.6	85.6			136.4	106.9				132.9		
	300	58.9	197.1	200		98.3	85.1	128.9	105.5			168.1	131.7				163.8		
	350	70.0	234.3	300	ϕ6 全长设置	116.8	101.2	153.2	125.5	111.6		199.8	156.6	134.9			194.7	163.5	
	400	81.1	271.5	300		135.4	117.3	177.5	145.4	129.3		231.5	181.4	156.3			225.6	189.5	
	450	92.2	308.7	300		153.9	133.3	201.8	165.3	147.0		263.3	206.3	177.7			256.5	215.4	
	500	103.3	345.8	300		172.4	149.4	226.1	185.2	164.7		295.0	231.1	199.2			287.4	241.4	
	550	114.5	383.0	350		191.0	165.5	250.5	205.1	182.5	168.9	326.7	256.0	220.6	199.4		318.3	267.4	236.8
	600	125.6	420.2	350		209.5	181.5	274.8	225.0	200.2	185.3	358.4	280.8	242.0	218.7		349.2	293.3	259.8
	650	136.7	457.4	350		228.1	197.6	299.1	245.0	217.9	201.6	390.1	305.7	263.4	238.1		380.1	319.3	282.8
	700	147.8	494.6	350		246.6	213.7	323.4	264.9	235.6	218.0	421.9	330.5	284.8	257.4		411.0	345.2	305.7
	750	158.9	531.8	350		265.1	229.7	347.7	284.8	253.3	234.4	453.6	355.4	306.2	276.8		441.9	371.2	328.7
	800	170.0	569.0	350		283.7	245.8	372.0	304.7	271.0	250.8	485.3	380.2	327.7	296.1		472.8	397.1	351.7
300	450	110.7	370.4	300	ϕ6 全长设置	172.3		220.3	183.7	165.5		281.7	224.7	196.2		357.1	275.0	233.9	
	500	124.0	415.0	300		193.1		246.8	205.9	185.4		315.7	251.8	219.8		400.1	308.1	262.1	
	550	137.4	459.6	350		213.9		273.3	228.0	205.3		349.6	278.8	243.5	222.2	443.1	341.2	290.2	259.7

续表

b (mm)	h (mm)	V_c (kN)	V_{max} (kN)	$V \leqslant V_c$时,构造配箍		当 $V_c \leqslant V \leqslant V_{max}$时 [V]值(kN)														
				箍筋间距	箍筋直径设置范围	φ6箍,间距为(mm)		φ8箍,间距为(mm)			φ10箍,间距为(mm)					φ12箍,间距为(mm)				
						100	150	100	150	200	100	150	200	250	300	100	150	200	250	300
300	600	150.7	504.3	350	φ6 全长设置	234.6		299.9	250.2	225.3	383.5	305.9	267.1	243.8		486.2	374.3	318.4	284.9	
	650	164.0	548.9	350		255.4		326.4	272.3	245.2	417.5	333.0	290.7	265.4		529.2	407.5	346.6	310.1	
	700	177.4	593.5	350		276.2		353.0	294.4	265.2	451.4	360.1	314.4	287.0		572.2	440.6	374.8	335.3	
	800	204.0	682.8	350		317.7		406.0	338.7	305.0	519.3	414.2	361.7	330.1		658.3	506.9	431.1	385.7	
	900	230.7	772.0	400	φ8 全长设置			459.1	383.0	344.9	587.2	468.4	408.9	373.3	349.5	744.3	573.1	487.5	436.1	401.9
	1000	257.4	861.3	400				512.2	427.3	384.8	655.1	522.5	456.2	416.4	389.9	830.4	639.4	543.9	486.6	448.4
350	500	144.7	484.2	300	φ6 全长设置	213.8		267.5	226.5		336.3	272.4	240.5			420.8	328.8	282.7		
	550	160.2	536.2	350		236.8		296.2	250.9		372.5	301.7	266.4	245.1		466.0	364.1	313.1	282.6	
	600	175.8	588.3	350		259.7		325.0	275.3		408.7	331.0	292.2	268.9		511.3	399.5	343.5	310.0	
	650	191.4	640.4	350		282.7		353.8	299.6		444.8	360.3	318.1	292.7		556.5	434.8	373.9	337.4	
	700	206.9	692.4	350		305.7		382.5	324.0		481.0	389.6	343.9	316.5		601.8	470.2	404.3	364.9	
	800	238.0	796.6	350		351.7		440.0	372.7		553.3	448.2	395.7	364.1		692.3	540.9	465.1	419.7	
	900	269.1	900.7	400	φ8 全长设置			497.6	421.4		625.6	506.8	447.4	411.7	388.0	782.8	611.6	526.0	474.6	440.3
	1000	300.3	1004.8	400				555.1	470.1		698.0	565.4	499.1	459.3	432.8	873.3	682.3	586.8	529.5	491.3
	1100	331.4	1108.9	400				612.6	518.9		770.3	624.0	550.8	506.9	477.7	963.7	753.0	647.6	584.3	542.2
	1200	362.5	1213.1	400				670.1	567.6		842.6	682.6	602.6	554.5	522.5	1054.2	823.7	708.4	639.2	593.1

附注:仅在构件端部各1/4跨度范围内设置箍筋,当构件中部1/2跨度范围内有集中荷载作用时,沿梁全长设置箍筋。

矩形和 T 形截面梁受剪箍筋表　　C25　HPB235 箍筋　四肢箍　主筋一排　　表 2-7-11

b (mm)	h (mm)	V_c (kN)	V_{max} (kN)	$V \leqslant V_c$ 时,构造配箍		当 $V_c \leqslant V \leqslant V_{max}$ 时　[V]值(kN)																	
				箍筋间距	箍筋直径设置范围	ϕ6 箍,间距为(mm)				ϕ8 箍,间距为(mm)					ϕ10 箍,间距为(mm)					ϕ12 箍,间距为(mm)			
						100	150	200	250	100	150	200	250	300	100	150	200	250	300	150	200	250	300
300	450	110.7	370.4	300	ϕ6 全长设置	234.0	192.9	172.3		329.9	256.8	220.3				338.7	281.7				357.1		
	500	124.0	415.0	300		262.2	216.1	193.1		369.6	287.7	246.8				379.5	315.7				400.1		
	550	137.4	459.6	350		290.4	239.4	213.9	198.6	409.3	318.7	273.3	246.1			420.3	349.6	307.1			443.1	382.0	
	600	150.7	504.3	350		318.6	262.6	234.6	217.8	449.1	349.6	299.9	270.0			461.2	383.5	337.0			486.2	419.1	
	650	164.0	548.9	350		346.8	285.9	255.4	237.1	488.8	380.6	326.4	293.9			502.0	417.5	366.8			529.2	456.2	
	700	177.4	593.5	350		375.0	309.1	276.2	256.4	528.6	411.5	353.0	317.8			542.8	451.4	396.6			572.2	493.2	
	800	204.0	682.8	350		431.3	355.6	317.7	295.0	608.1	473.4	406.0	365.6			624.4	519.3	456.2			658.3	567.4	
	900	230.7	772.0	400	ϕ8 全长设置					687.5	535.3	459.1	413.4	383.0		706.0	587.2	515.9	468.4		744.3	641.6	573.1
	1000	257.4	861.3	400						767.0	597.1	512.2	461.2	427.3		787.6	655.1	575.5	522.5		830.4	715.8	639.4
350	500	144.7	484.2	300	ϕ6 全长设置	282.9	236.8	213.8		390.3	308.4	267.5				400.2	336.3				420.8		
	550	160.2	536.2	350		313.3	262.3	236.8		432.2	341.6	296.2	269.0			443.2	372.5	330.0			466.0	404.9	
	600	175.8	588.3	350		343.7	287.7	259.7		474.2	374.7	325.0	295.2			486.3	408.7	362.1			511.3	444.2	
	650	191.4	640.4	350		374.1	313.2	282.7		516.2	407.9	353.8	321.3			529.3	444.8	394.1			556.5	483.5	
	700	206.9	692.4	350		404.5	338.7	305.7		558.1	441.1	382.5	347.4			572.3	481.0	426.2			601.8	522.8	
	800	238.0	796.6	350		465.3	389.6	351.7		642.1	507.4	440.0	399.6			658.4	553.3	490.3			692.3	601.4	
	900	269.1	900.7	400	ϕ8 全长设置					726.0	573.7	497.6	451.9	421.4		744.5	625.6	554.3	506.8		782.8	680.0	611.6
	1000	300.3	1004.8	400						809.9	640.0	555.1	504.1	470.1		830.5	698.0	618.4	565.4		873.3	758.7	682.3
	1100	331.4	1108.9	400						893.9	706.4	612.6	556.4	518.9		916.6	770.3	682.5	624.0		963.7	837.3	753.0
	1200	362.5	1213.1	400						977.8	772.7	670.1	608.6	567.6		1003	842.6	746.6	682.6		1054	915.9	823.7
400	600	200.9	672.3	350	ϕ6 全长设置	368.8	312.8			499.3	399.9	350.1	320.3		666.6	511.4	433.8	387.2		648.2	536.4	469.3	
	650	218.7	731.8	350		401.4	340.5			543.5	435.2	381.1	348.6		725.6	556.6	472.2	421.5		705.6	583.9	510.8	
	700	236.5	791.3	350		434.1	368.2			587.7	470.6	412.1	377.0		784.6	601.9	510.5	455.7		763.0	631.3	552.4	
	800	272.0	910.3	350		499.4	423.6			676.1	541.4	474.1	433.6		902.6	692.4	587.3	524.3		877.7	726.3	635.4	
	900	307.6	1029.3	400	ϕ8 全长设置					764.4	612.2	536.0	490.3	459.9	1021	782.9	664.1	592.8	545.3	992.4	821.2	718.5	650.0
	1000	343.2	1148.3	400						852.8	682.9	598.0	547.0	513.0	1139	873.4	740.9	661.3	608.3	1107	916.1	801.5	725.1

续表

b (mm)	h (mm)	V_c (kN)	V_{max} (kN)	$V \leqslant V_c$时，构造配箍		当$V_c \leqslant V \leqslant V_{max}$时　[V]值(kN)															
				箍筋间距	箍筋直径设置范围	ϕ6 箍，间距为(mm)		ϕ8 箍，间距为(mm)					ϕ10 箍，间距为(mm)					ϕ12 箍，间距为(mm)			
						100	150	100	150	200	250	300	100	150	200	250	300	150	200	250	300
400	1100	378.7	1267.3	400	ϕ8 全长设置			941.2	753.7	660.0	603.7	566.2	1257	963.9	817.6	729.8	671.3	1222	1011	884.6	800.3
	1200	414.3	1386.3	400				1030	824.5	721.9	660.4	619.4	1375	1054	894.4	798.4	734.4	1337	1106	967.7	875.4
	1300	449.8	1505.3	400				1118	895.2	783.9	717.1	672.5	1493	1145	971.2	866.9	797.4	1451	1201	1051	950.6
	1400	485.4	1624.3	400				1206	966.0	845.9	773.8	725.7	1611	1236	1048	935.4	860.4	1566	1296	1134	1026
450	650	246.0	823.3	350	ϕ6 全长设置	428.8	367.9	570.8	462.6	408.4	376.0		752.9	584.0	499.5	448.8		732.9	611.2	538.2	
	700	266.0	890.3	350		463.6	397.8	617.3	500.2	441.6	406.5		814.2	631.5	540.1	485.3		792.5	660.9	581.9	
	800	306.0	1024.1	350		533.4	457.6	710.1	575.4	508.1	467.7		936.6	726.4	621.3	558.3		911.7	760.3	669.4	
	900	346.0	1158.0	400	ϕ8 全长设置			802.9	650.6	574.5	528.8	498.3	1059	821.4	702.5	631.2	583.7	1031	859.7	756.9	688.5
	1000	386.0	1291.9	400				895.7	725.8	640.9	589.9	555.9	1181	916.3	783.7	704.2	651.2	1150	959.0	844.4	768.0
	1100	426.1	1425.8	400				988.5	801.0	707.3	651.0	613.5	1304	1011	865.0	777.2	718.7	1269	1058	931.9	847.6
	1200	466.1	1559.6	400				1081	876.3	773.7	712.2	671.2	1426	1106	946.2	850.2	786.1	1388	1159	1020	927.2
	1300	506.1	1693.5	400				1174	951.5	840.1	773.3	728.8	1549	1201	1027	923.1	853.6	1508	1257	1107	1007
	1400	546.1	1827.4	400				1267	1027	906.5	834.4	786.4	1671	1296	1109	996.1	921.1	1627	1357	1195	1086
	1500	586.1	1961.3	400				1360	1102	972.9	895.6	844.0	1794	1391	1190	1069	988.6	1746	1456	1282	1166
500	650	273.4	914.8	350	ϕ6 全长设置	456.1	395.2	598.2	489.9	435.8	403.3		780.3	611.3	526.8	476.1		760.3	638.5	565.5	
	700	295.6	989.2	350		493.2	427.3	646.8	529.7	471.2	436.1		843.7	661.0	569.7	514.8		822.1	690.5	611.5	
	800	340.0	1137.9	350		567.4	491.6	744.1	609.4	542.1	501.7		970.6	760.4	655.3	592.3		945.7	794.3	703.4	
	900	384.5	1286.7	400	ϕ8 全长设置			841.3	689.1	612.9	567.2		1098	859.8	741.0	669.7	622.2	1069	898.1	795.4	726.9
	1000	428.9	1435.4	400				938.6	768.7	683.8	632.8		1224	959.2	826.6	747.1	694.1	1193	1002	887.3	810.9
	1100	473.4	1584.2	400				1036	848.4	754.6	698.4		1351	1059	912.3	824.5	766.0	1317	1106	979.3	895.0
	1200	517.8	1732.9	400				1133	928.0	825.5	764.0		1478	1158	998.0	901.9	837.9	1440	1210	1071	979.0
	1300	562.3	1881.7	400				1230	1008	896.3	829.5		1605	1257	1084	979.4	909.9	1564	1313	1163	1063
	1400	606.7	2030.4	400				1328	1087	967.2	895.1		1732	1357	1169	1057	981.8	1687	1417	1255	1147
	1500	651.2	2179.2	400				1425	1167	1038	960.7		1859	1456	1255	1134	1054	1811	1521	1347	1231

矩形和 T 形截面梁受剪箍筋表 C25 HPB235 箍筋 六肢箍 主筋一排 表 2-7-12

b (mm)	h (mm)	V_c (kN)	V_{max} (kN)	$V \leqslant V_c$ 时，构造配箍		当 $V_c \leqslant V \leqslant V_{max}$ 时 [V]值(kN)																
				箍筋间距	箍筋直径设置范围	ϕ6 箍，间距为(mm)			ϕ8 箍，间距为(mm)					ϕ10 箍，间距为(mm)					ϕ12 箍，间距为(mm)			
						100	150	200	100	150	200	250	300	100	150	200	250	300	150	200	250	300
500	650	273.4	914.8	350	ϕ6 全长设置	547.5	456.1	410.4	760.6	598.2	517.0	468.3			780.3	653.6	577.5			821.1	711.6	
	700	295.6	989.2	350		592.0	493.2	443.8	822.4	646.8	559.0	506.3			843.7	706.7	624.5			887.9	769.4	
	800	340.0	1137.9	350		681.0	567.4	510.5	946.1	744.1	643.1	582.5			970.6	813.0	718.4			1021	885.1	
	900	384.5	1286.7	400	ϕ8 全长设置				1070	841.3	727.1	658.6	612.9		1098	919.2	812.3	741.0		1155	1001	898.1
	1000	428.9	1435.4	400					1193	938.6	811.2	734.7	683.8		1224	1026	906.2	826.6		1288	1117	1002
	1100	473.4	1584.2	400					1317	1036	895.3	810.9	754.6		1351	1132	1000	912.3		1422	1232	1106
	1200	517.8	1732.9	400					1441	1133	979.3	887.0	825.5		1478	1238	1094	998.0		1556	1348	1210
	1300	562.3	1881.7	400					1565	1230	1063	963.2	896.3		1605	1344	1188	1084		1689	1464	1313
	1400	606.7	2030.4	400					1688	1328	1147	1039	967.2		1732	1451	1282	1169		1823	1579	1417
	1500	651.2	2179.2	400					1812	1425	1232	1115	1038		1859	1557	1376	1255		1956	1695	1521
550	650	300.7	1006.3	350	ϕ6 全长设置	574.8	483.5	437.8	787.9	625.5	544.3	495.6			807.6	680.9	604.9			848.5	738.9	
	700	325.2	1088.1	350		621.6	522.8	473.4	852.0	676.4	588.6	535.9			873.3	736.2	654.0			917.4	799.0	
	800	374.0	1251.7	350		715.0	601.4	544.5	980.1	778.1	677.1	616.5			1005	847.0	752.4			1055	919.1	
	900	422.9	1415.4	400	ϕ8 全长设置				1108	879.8	765.6	697.1	651.4		1136	957.7	850.7	779.4		1193	1039	936.6
	1000	471.8	1579.0	400					1236	981.5	854.1	777.6	726.7		1267	1068	949.1	869.5		1331	1159	1045
	1100	520.7	1742.6	400					1365	1083	942.6	858.2	802.0		1399	1179	1047	959.6		1469	1280	1153
	1200	569.6	1906.2	400					1493	1185	1031	938.8	877.3		1530	1290	1146	1050		1607	1400	1261
	1300	618.5	2069.9	400					1621	1287	1120	1019	952.6		1661	1401	1244	1140		1745	1520	1370
	1400	667.4	2233.5	400					1749	1388	1208	1100	1028		1793	1511	1343	1230		1883	1640	1478
	1500	716.3	2397.1	400					1877	1490	1297	1181	1103		1924	1622	1441	1320		2021	1760	1586
600	650	328.0	1097.8	350	ϕ6 全长设置	602.2	510.8		815.3	652.9	571.7	522.9		1088	835.0	708.2	632.2		1058	875.8	766.2	
	700	354.7	1187.0	350		651.1	552.3		881.5	705.9	618.1	565.4		1177	902.8	765.8	683.6		1144	947.0	828.5	
	800	408.1	1365.5	350		749.0	635.4		1014	812.1	711.1	650.5		1354	1039	881.0	786.4		1317	1089	953.1	
	900	461.4	1544.0	400	ϕ8 全长设置				1147	918.2	804.0	735.5	689.8	1531	1174	996.1	889.2	817.9	1489	1232	1078	975.0
	1000	514.7	1722.5	400					1279	1024	897.0	820.5	769.6	1708	1310	1111	992.0	912.4	1661	1374	1202	1088
	1100	568.1	1901.0	400					1412	1131	989.9	905.6	849.3	1885	1446	1226	1095	1007	1833	1517	1327	1200
	1200	621.4	2079.5	400					1544	1237	1083	990.6	929.1	2062	1582	1342	1198	1102	2005	1659	1452	1313
	1300	674.8	2258.0	400					1677	1343	1176	1076	1009	2239	1717	1457	1300	1196	2177	1801	1576	1426
	1400	728.1	2436.5	400					1810	1449	1269	1161	1089	2416	1853	1572	1403	1291	2349	1944	1701	1539
	1500	781.4	2615.0	400					1942	1555	1362	1246	1168	2593	1989	1687	1506	1385	2521	2086	1825	1651

矩形和T形截面梁受剪箍筋表　　C30　HPB235 箍筋　双肢箍　主筋一排　　表 2-7-13

b (mm)	h (mm)	V_c (kN)	V_{max} (kN)	$V \leqslant V_c$ 时,构造配箍：箍筋间距	$V \leqslant V_c$ 时,构造配箍：箍筋直径设置范围	当 $V_c \leqslant V \leqslant V_{max}$ 时 [V]值(kN)：ϕ6 箍,间距为(mm)		ϕ8 箍,间距为(mm)				ϕ10 箍,间距为(mm)				ϕ12 箍,间距为(mm)			
						100	150	100	150	200	250	100	150	200	250	100	150	200	250
200	200	33.0	118.0	200	ϕ6 见附注	57.5	49.4	76.6	62.1			101.0	78.4				98.3		
	250	43.0	153.7	200		75.0	64.3	99.8	80.9			131.6	102.1				128.2		
	300	53.1	189.5	200		92.4	79.3	123.0	99.7			162.3	125.9				158.0		
	350	63.1	225.2	300	ϕ6 全长设置	109.9	94.3	146.2	118.5	104.7		192.9	149.6	128.0			187.8	156.6	
	400	73.1	261.0	300		127.3	109.2	169.5	137.3	121.3		223.5	173.4	148.3			217.6	181.4	
	450	83.1	296.7	300		144.7	124.2	192.7	156.1	137.9		254.1	197.1	168.6			247.4	206.3	
	500	93.1	332.5	300		162.2	139.2	215.9	175.0	154.5		284.7	220.9	188.9			277.2	231.1	
	550	103.1	368.2	350		179.6	154.1	239.1	193.8	171.1	157.5	315.3	244.6	209.2	188.0		307.0	256.0	225.4
	600	113.1	404.0	350		197.1	169.1	262.3	212.6	187.7	172.8	346.0	268.3	229.5	206.3		336.8	280.9	247.3
250	250	53.8	192.2	200	ϕ6 附注	85.7		110.6	91.7			142.4	112.9			181.5	138.9		
	300	66.3	236.8	200		105.7		136.3	113.0			175.5	139.1			223.7	171.2		
	350	78.8	281.5	300	ϕ6 全长设置	125.6		162.0	134.3	120.4		208.6	165.4	143.7		265.9	203.5	172.3	
	400	91.3	326.2	300		145.6		187.7	155.6	139.5		241.8	191.6	166.6		308.1	235.8	199.7	
	450	103.9	370.9	300		165.5		213.4	176.9	158.6		274.9	217.9	189.4		350.3	268.1	227.1	
	500	116.4	415.6	300		185.5		239.2	198.2	177.8		308.0	244.1	212.2		392.5	300.4	254.4	
	550	128.9	460.3	350		205.4		264.9	219.5	196.9		341.1	270.4	235.0	213.8	434.7	332.7	281.8	251.2
	600	141.4	505.0	350		225.3		290.6	240.9	216.0		374.2	296.6	257.8	234.5	476.9	365.0	309.1	275.6
	650	153.9	549.7	350		245.3		316.3	262.2	235.1		407.4	322.9	280.6	255.3	519.1	397.4	336.5	300.0
	700	166.4	594.3	350		265.2		342.0	283.5	254.2		440.5	349.1	303.4	276.0	561.3	429.7	363.8	324.4
	750	178.9	639.0	350		285.2		367.7	304.8	273.3		473.6	375.4	326.3	296.8	603.5	462.0	391.2	348.7
	800	191.4	683.7	350		305.1		393.5	326.1	292.4		506.7	401.6	349.1	317.6	645.7	494.3	418.6	373.1
300	450	124.6	445.1	300	ϕ6 全长设置	186.3		234.2	197.7	179.4		295.7	238.6	210.1		371.0	288.9	247.8	
	500	139.6	498.7	300		208.7		262.4	221.5	201.0		331.3	267.4	235.5		415.7	323.7	277.7	
	550	154.7	552.3	350		231.2		290.7	245.3	222.7		366.9	296.2	260.8	239.6	460.4	358.5	307.6	277.0

续表

b (mm)	h (mm)	V_c (kN)	V_{max} (kN)	$V \leqslant V_c$ 时，构造配箍		当 $V_c \leqslant V \leqslant V_{max}$ 时 [V]值(kN)														
				箍筋间距	箍筋直径设置范围	φ6 箍，间距为(mm)		φ8 箍，间距为(mm)			φ10 箍，间距为(mm)					φ12 箍，间距为(mm)				
						100	150	100	150	200	100	150	200	250	300	100	150	200	250	300
300	600	169.7	606.0	350	φ6 全长设置	253.6		318.9	269.1	244.3	402.5	324.9	286.1	262.8		505.2	393.3	337.4	303.9	
	650	184.7	659.6	350		276.1		347.1	293.0	265.9	438.1	353.7	311.4	286.1		549.9	428.1	367.3	330.8	
	700	199.7	713.2	350		298.5		375.3	316.8	287.5	473.8	382.4	336.7	309.3		594.6	462.9	397.1	357.6	
	800	229.7	820.5	350		343.4		431.7	364.4	330.7	545.0	439.9	387.4	355.8		684.0	532.6	456.8	411.4	
	900	259.8	927.7	400	φ8 全长设置			488.2	412.0	374.0	616.2	497.4	438.0	402.4	378.6	773.4	602.2	516.6	465.2	431.0
	1000	289.8	1035.0	400				544.6	459.7	417.2	687.5	554.9	488.6	448.9	422.4	862.8	671.8	576.3	519.0	480.8
350	500	162.9	581.8	300	φ6 全长设置			285.7	244.8		354.6	290.7	258.7			439.0	347.0	301.0		
	550	180.4	644.4	350				316.4	271.1		392.7	321.9	286.6	265.3		486.2	384.3	333.3	302.7	
	600	197.9	707.0	350				347.2	297.4		430.8	353.2	314.4	291.1		533.4	421.6	365.7	332.1	
	650	215.5	769.5	350				377.9	323.7		468.9	384.4	342.2	316.8		580.6	458.9	398.1	361.5	
	700	233.0	832.1	350				408.6	350.1		507.0	415.7	370.0	342.6		627.8	496.2	430.4	390.9	
	800	268.0	957.2	350				470.0	402.7		583.3	478.2	425.7	394.1		722.3	570.8	495.1	449.7	
	900	303.1	1082.3	400	φ8 全长设置			531.5	455.3		659.5	540.7	481.3	445.6		816.7	645.5	559.9	508.5	474.3
	1000	338.1	1207.5	400				592.9	508.0		735.8	603.2	536.9	497.2		911.1	720.1	624.6	567.3	529.1
	1100	373.1	1332.6	400				654.4	560.6		812.0	665.7	592.6	548.7		1005.5	794.7	689.3	626.1	583.9
	1200	408.2	1457.7	400				715.8	613.3		888.3	728.2	648.2	600.2		1099.9	869.3	754.0	684.9	638.7

附注：仅在构件端部各 1/4 跨度范围内设置箍筋，当构件中部 1/2 跨度范围内有集中荷载作用时，沿梁全长设置箍筋。

矩形和 T 形截面梁受剪箍筋表 C30 HPB235 箍筋 四肢箍 主筋一排 表 2-7-14

b (mm)	h (mm)	V_c (kN)	V_{max} (kN)	$V\leqslant V_c$时，构造配箍		当 $V_c\leqslant V\leqslant V_{max}$时 [$V$]值(kN)																
				箍筋间距	箍筋直径设置范围	ϕ6 箍，间距为(mm)			ϕ8 箍，间距为(mm)					ϕ10 箍，间距为(mm)					ϕ12 箍，间距为(mm)			
						100	150	200	100	150	200	250	300	100	150	200	250	300	150	200	250	300
300	450	124.6	445.1	300	ϕ6 全长设置	247.9	206.8	186.3	343.8	270.7	234.2				352.7	295.7				371.0		
	500	139.6	498.7	300		277.8	231.8	208.7	385.2	303.4	262.4				395.2	331.3				415.7		
	550	154.7	552.3	350		307.7	256.7	231.2	426.7	336.0	290.7	263.5			437.6	366.9	324.4			460.4	399.3	
	600	169.7	606.0	350		337.6	281.6	253.6	468.1	368.6	318.9	289.0			480.1	402.5	355.9			505.2	438.1	
	650	184.7	659.6	350		367.4	306.5	276.1	509.5	401.2	347.1	314.6			522.6	438.1	387.4			549.9	476.8	
	700	199.7	713.2	350		397.3	331.4	298.5	550.9	433.8	375.3	340.2			565.1	473.8	418.9			594.6	515.6	
	800	229.7	820.5	350		457.0	381.3	343.4	633.8	499.1	431.7	391.3			650.1	545.0	481.9			684.0	593.1	
	900	259.8	927.7	400	ϕ8 全长设置				716.6	564.3	488.2	442.5	412.0		735.1	616.2	545.0	497.4		773.4	670.7	602.2
	1000	289.8	1035.0	400					799.5	629.6	544.6	493.7	459.7		820.1	687.5	608.0	554.9		862.8	748.2	671.8
350	500	162.9	581.8	300	ϕ6 全长设置	301.1	255.0		408.5	326.6	285.7			546.2	418.4	354.6			531.1	439.0		
	550	180.4	644.4	350		333.5	282.5		452.4	361.8	316.4	289.2		604.9	463.4	392.7	350.2		588.2	486.2	425.1	
	600	197.9	707.0	350		365.8	309.9		496.4	396.9	347.2	317.3		663.6	508.4	430.8	384.2		645.3	533.4	466.3	
	650	215.5	769.5	350		398.2	337.3		540.3	432.0	377.9	345.4		722.4	553.4	468.9	418.2		702.4	580.6	507.6	
	700	233.0	832.1	350		430.6	364.7		584.2	467.1	408.6	373.5		781.1	598.4	507.0	452.2		759.5	627.8	548.9	
	800	268.0	957.2	350		495.3	419.6		672.1	537.4	470.0	429.6		898.6	688.4	583.3	520.2		873.7	722.3	631.4	
	900	303.1	1082.3	400	ϕ8 全长设置				759.9	607.6	531.5	485.8	455.3	1016	778.4	659.5	588.2	540.7	987.9	816.7	713.9	645.5
	1000	338.1	1207.5	400					847.8	677.9	592.9	542.0	508.0	1133	868.4	735.8	656.2	603.2	1102	911.1	796.5	720.1
	1100	373.1	1332.6	400					935.6	748.1	654.4	598.1	650.6	1251	958.3	812.0	724.3	665.7	1216	1005	879.0	794.7
	1200	408.2	1457.7	400					1023	818.4	715.8	654.3	613.3	1368	1048	888.3	792.3	728.2	1330	1100	961.6	869.3
400	600	226.2	808.0	350	ϕ6 全长设置	394.1	338.2		524.6	425.2	375.4	345.6		691.9	536.7	459.1	412.5		673.5	561.7	494.6	
	650	246.2	879.5	350		429.0	368.1		571.1	462.8	408.7	376.2		753.2	584.2	499.7	449.0		733.1	611.4	538.4	
	700	266.3	951.0	350		463.9	398.0		617.5	500.4	441.9	406.8		814.4	631.7	540.3	485.5		792.7	661.1	582.2	
	800	306.3	1094.0	350		533.6	457.9		710.3	575.7	508.3	467.9		936.9	726.7	621.6	558.5		912.0	760.5	669.7	
	900	346.3	1237.0	400	ϕ8 全长设置				803.2	650.9	574.8	529.1	498.6	1059	821.7	702.8	631.5	584.0	1031	860.0	757.2	688.8
	1000	386.4	1380.0	400					896.1	726.2	641.2	590.3	556.3	1182	916.7	784.1	704.5	651.5	1150	959.4	844.8	768.4

续表

b (mm)	h (mm)	V_c (kN)	V_{max} (kN)	$V \leqslant V_c$ 时，构造配箍		当 $V_c \leqslant V \leqslant V_{max}$ 时 [V]值(kN)															
				箍筋间距	箍筋直径设置范围	ϕ6 箍，间距为(mm)		ϕ8 箍，间距为(mm)					ϕ10 箍，间距为(mm)					ϕ12 箍，间距为(mm)			
						100	150	100	150	200	250	300	100	150	200	250	300	100	150	200	250	300
400	1100	426.4	1523.0	400	ϕ8 全长设置			988.9	801.4	707.7	651.4	613.9	1304	1012	865.3	777.6	719.0		1270	1059	932.3	848.0
	1200	466.5	1666.0	400				1082	876.7	774.1	712.6	671.6	1427	1107	946.6	850.6	786.5		1389	1158	1020	927.6
	1300	506.5	1809.0	400				1175	951.9	840.6	773.7	729.2	1549	1202	1028	923.6	854.1		1508	1258	1107	1007
	1400	546.5	1952.0	400				1268	1027	907.0	834.9	786.9	1672	1297	1109	996.6	921.6		1627	1357	1195	1087
450	650	277.0	989.4	350	ϕ6 全长设置	459.8	398.9	601.8	493.6	439.4	407.0		783.9	615.0	530.5	479.8			763.9	642.2	569.2	
	700	299.5	1069.8	350		497.2	431.3	650.8	533.7	475.2	440.0		847.7	665.0	573.6	518.8			826.0	694.4	615.4	
	800	344.6	1230.7	350		571.9	496.1	748.6	614.0	546.6	506.2		975.1	765.0	659.9	596.8			950.2	798.8	708.0	
	900	389.6	1391.6	400	ϕ8 全长设置			846.5	694.2	618.1	572.4		1103	865.0	746.1	674.8	627.3		1075	903.3	800.5	732.0
	1000	434.7	1552.4	400				944.3	774.5	689.5	638.6		1230	965.0	832.4	752.8	699.8		1199	1008	893.1	816.7
	1100	479.7	1713.3	400				1042	854.7	761.0	704.7		1358	1065	918.6	830.9	772.3		1323	1112	985.6	901.3
	1200	524.8	1874.2	400				1140	935.0	832.4	770.9		1485	1165	1005	908.9	844.9		1447	1216	1078	985.9
	1300	569.8	2035.1	400				1238	1015	903.9	837.1		1613	1265	1091	986.9	917.4		1571	1321	1171	1071
	1400	614.9	2195.9	400				1336	1096	975.3	903.2		1740	1365	1177	1065	989.9		1696	1425	1263	1155
	1500	659.9	2356.8	400				1434	1176	1047	969.4		1867	1465	1264	1143	1062		1820	1530	1356	1240
500	650	307.8	1099.3	350	ϕ6 全长设置	490.6		632.6	524.3	470.2			814.7	645.8	561.3	510.6		1038	794.7	673.0	599.9	
	700	332.8	1188.7	350		530.4		684.1	567.0	508.4			881.0	698.3	606.9	552.1		1123	859.3	727.7	648.7	
	800	382.9	1367.4	350		610.2		786.9	652.2	584.9			1013	803.3	698.2	635.1		1291	988.5	837.1	746.3	
	900	432.9	1546.2	400	ϕ8 全长设置			889.8	737.5	661.4			1146	908.3	789.4	718.1	670.6	1460	1118	946.5	843.8	775.3
	1000	483.0	1724.9	400				992.6	822.8	737.8			1278	1013	880.7	801.1	748.1	1629	1247	1056	941.4	865.0
	1100	533.0	1903.7	400				1096	908.0	814.3			1411	1118	971.9	884.2	825.6	1798	1376	1165	1039	954.6
	1200	583.1	2082.4	400				1198	993.3	890.7			1543	1223	1063	967.2	903.2	1967	1505	1275	1137	1044
	1300	633.1	2261.2	400				1301	1079	967.2			1676	1328	1155	1050	980.7	2135	1635	1384	1234	1134
	1400	683.2	2439.9	400				1404	1164	1044			1808	1433	1246	1133	1058	2304	1764	1494	1332	1224
	1500	733.2	2618.7	400				1507	1249	1120			1941	1538	1337	1216	1136	2473	1893	1603	1429	1313

矩形和T形截面梁受剪箍筋表 C30　HPB235 箍筋　六肢箍　主筋一排　　表 2-7-15

b (mm)	h (mm)	V_c (kN)	V_{max} (kN)	$V \leqslant V_c$时，构造配箍		当 $V_c \leqslant V \leqslant V_{max}$时　[V]值(kN)															
				箍筋间距	箍筋直径设置范围	φ6 箍，间距为(mm)			φ8 箍，间距为(mm)					φ10 箍，间距为(mm)					φ12 箍，间距为(mm)		
						100	150	200	100	150	200	250	300	100	150	200	250	300	150	200	250	300
500	650	307.8	1099.3	350	φ6 全长设置	581.9	490.6	444.9	795.0	632.6	551.4	502.7		1068	814.7	688.0	612.0		1038	855.6	746.0	
	700	332.8	1188.7	350		629.2	530.4	481.0	859.7	684.1	596.2	543.6		1155	881.0	743.9	661.7		1123	925.1	806.7	
	800	382.9	1367.4	350		723.9	610.2	553.4	988.9	786.9	685.9	625.3		1329	1013	855.8	761.2		1291	1064	928.0	
	900	432.9	1546.2	400	φ8 全长设置				1118	889.8	775.6	707.0	661.4	1502	1146	967.7	860.7	789.4	1460	1203	1049	946.5
	1000	483.0	1724.9	400					1247	992.6	865.2	788.8	737.8	1676	1278	1079	960.2	880.7	1629	1343	1171	1056
	1100	533.0	1903.7	400					1377	1095	954.9	870.5	814.3	1850	1411	1191	1060	971.9	1798	1482	1292	1165
	1200	583.1	2082.4	400					1506	1198	1045	952.3	890.7	2023	1543	1303	1159	1063	1967	1621	1413	1275
	1300	633.1	2261.2	400					1635	1301	1134	1034	967.2	2197	1675	1415	1258	1154	2135	1759	1534	1384
	1400	683.2	2439.9	400					1764	1404	1223	1115	1043	2370	1808	1527	1358	1245	2304	1898	1655	1493
	1500	733.2	2618.7	400					1893	1507	1313	1197	1120	2544	1940	1638	1457	1337	2473	2038	1777	1603
550	650	338.6	1209.2	350	φ6 全长设置	612.7	521.3		825.8	663.4	582.2	533.5		1099	845.5	718.8	642.7		1068	886.3	776.8	
	700	366.1	1307.6	350		662.5	563.7		892.9	717.3	629.5	576.8		1188	914.2	777.2	695.0		1155	958.4	839.9	
	800	421.2	1504.2	350		762.2	648.5		1027	825.2	724.2	663.6		1367	1051	894.1	799.5		1329	1102	966.3	
	900	476.2	1700.8	400	φ8 全长设置				1161	933.1	818.9	750.3	704.7	1545	1189	1011	904.0	832.7	1503	1246	1092	989.8
	1000	531.3	1897.4	400					1295	1040	913.5	837.1	786.1	1724	1326	1127	1008	929.0	1677	1390	1218	1104
	1100	586.3	2094.1	400					1430	1148	1008	923.8	867.6	1903	1464	1244	1113	1025	1851	1534	1345	1218
	1200	641.4	2290.7	400					1564	1256	1102	1010	949.0	2081	1601	1361	1217	1121	2024	1679	1471	1333
	1300	696.4	2487.3	400					1698	1364	1197	1097	1030	2260	1739	1478	1322	1217	2198	1823	1597	1447
	1400	751.5	2683.9	400					1832	1472	1292	1184	1112	2439	1876	1595	1426	1314	2372	1967	1724	1562
	1500	806.6	2880.6	400					1967	1580	1386	1270	1193	2617	2014	1712	1531	1410	2546	2111	1850	1676
600	650	369.4	1319.2	350	φ6 全长设置	643.5	552.1		856.6	694.2	613.0	564.3		1129	876.3	749.6	673.5		1099	917.1	807.6	
	700	399.4	1426.4	350		695.8	597.0		926.2	750.6	662.8	610.1		1221	947.5	810.5	728.3		1189	991.7	873.2	
	800	459.5	1640.9	350		800.4	686.8		1065	863.5	762.5	701.9		1405	1090	932.4	837.8		1367	1140	1004	
	900	519.5	1855.4	400	φ8 全长设置				1204	976.4	862.2	793.6	747.9	1589	1232	1054	947.3	876.0	1546	1289	1135	1033
	1000	579.6	2069.9	400					1344	1089	961.8	885.4	834.4	1772	1375	1176	1056	977.3	1725	1439	1267	1152
	1100	639.6	2284.4	400					1483	1202	1061	977.1	920.9	1956	1517	1298	1166	1078	1904	1588	1398	1272
	1200	699.7	2498.9	400					1622	1315	1161	1068	1007	2140	1660	1419	1275	1179	2083	1737	1529	1391
	1300	759.8	2713.4	400					1761	1427	1260	1160	1093	2323	1802	1541	1385	1281	2262	1886	1661	1510
	1400	819.8	2927.9	400					1901	1540	1360	1252	1180	2507	1944	1663	1494	1382	2440	2035	1792	1630
	1500	879.9	3142.4	400					2040	1653	1460	1344	1266	2691	2087	1785	1604	1483	2619	2184	1923	1749

矩形和T形截面梁受剪箍筋表　　C35　HPB235箍筋　双肢箍　主筋一排　　　表 2-7-16

b (mm)	h (mm)	V_c (kN)	V_{max} (kN)	$V \leqslant V_c$时，构造配箍		当 $V_c \leqslant V \leqslant V_{max}$时 [V]值(kN)													
				箍筋间距	箍筋直径设置范围	ϕ6箍，间距为(mm)		ϕ8箍，间距为(mm)				ϕ10箍，间距为(mm)				ϕ12箍，间距为(mm)			
						100	150	100	150	200	250	100	150	200	250	100	150	200	250
200	200	36.3	137.8	200	ϕ6 见附注	60.8	52.6	79.8	65.3			104.3	81.6			134.2	101.6		
	250	47.3	179.5	200		79.2	68.6	104.0	85.1			135.9	106.3			174.9	132.4		
	300	58.2	221.3	200		97.6	84.5	128.2	104.9			167.5	131.1			215.6	163.1		
	350	69.2	263.0	300	ϕ6 全长设置	116.0	100.4	152.4	124.7	110.8		199.1	155.8	134.1		256.3	193.9	162.8	
	400	80.2	304.8	300		134.5	116.4	176.6	144.5	128.4		230.7	180.5	155.4		297.0	224.7	188.6	
	450	91.2	346.5	300		152.9	132.3	200.8	164.3	146.0		262.2	205.2	176.7		337.6	255.5	214.4	
	500	102.2	388.3	300		171.3	148.3	225.0	184.1	163.6		293.8	230.0	198.0		378.3	286.3	240.3	
	550	113.2	430.0	350		189.7	164.2	249.2	203.9	181.2	167.6	325.4	254.7	219.3	198.1	419.0	317.1	266.1	235.5
	600	124.2	471.8	350		208.1	180.2	273.4	223.7	198.8	183.9	357.0	279.4	240.6	217.3	459.7	347.8	291.9	258.4
250	250	59.1	224.4	200	ϕ6 见附注	91.0		115.8	96.9			147.7	118.1			186.7	144.2		
	300	72.8	276.6	200		112.2		142.8	119.5			182.0	145.6			230.2	177.7		
	350	86.5	328.8	300	ϕ6 全长设置	133.3		169.7	142.0	128.1		216.4	173.1	151.5		273.6	211.2	180.1	
	400	100.3	381.0	300		154.5		196.7	164.5	148.5		250.7	200.6	175.5		317.0	244.8	208.6	
	450	114.0	433.2	300		175.7		223.6	187.1	168.8		285.1	228.0	199.5		360.4	278.3	237.2	
	500	127.8	485.3	300		196.8		250.6	209.6	189.2		319.4	255.5	223.6		403.9	311.8	265.8	
	550	141.5	537.5	350		218.0		277.5	232.2	209.5		353.7	283.0	247.6	226.4	447.3	345.4	294.4	263.8
	600	155.2	589.7	350		239.2		304.4	254.7	229.8		388.1	310.5	271.7	248.4	490.7	378.9	323.0	289.4
	650	169.0	641.9	350		260.3		331.4	277.2	250.2		422.4	337.9	295.7	270.4	534.1	412.4	351.6	315.0
	700	182.7	694.1	350		281.5		358.3	299.8	270.5		456.8	365.4	319.7	292.3	577.6	445.9	380.1	340.7
	750	196.4	746.3	350		302.7		385.3	322.3	290.9		491.1	392.9	343.8	314.3	621.0	479.5	408.7	366.3
	800	210.2	798.5	350		323.8		412.2	344.9	311.2		525.5	420.4	367.8	336.3	664.4	513.0	437.3	391.9
300	450	136.8	519.8	300	ϕ6 全长设置	198.5		246.4	209.9			307.9	250.8	222.3		383.2	301.1	260.0	
	500	153.3	582.4	300		222.4		276.1	235.2			344.9	281.1	249.1		429.4	337.4	291.4	
	550	169.8	645.0	350		246.3		305.8	260.5			382.0	311.3	275.9	254.7	475.6	373.7	322.7	292.1

续表

b (mm)	h (mm)	V_c (kN)	V_{max} (kN)	$V \leqslant V_c$ 时，构造配箍		当 $V_c \leqslant V \leqslant V_{max}$ 时　[V]值(kN)												
				箍筋间距	箍筋直径设置范围	ϕ6 箍，间距为(mm)		ϕ8 箍，间距为(mm)		ϕ10 箍，间距为(mm)				ϕ12 箍，间距为(mm)				
						100	150	100	150	100	150	200	250	100	150	200	250	300
300	600	186.3	707.7	350	ϕ6 全长设置	270.2		335.5	285.7	419.1	341.5	302.7	279.4	521.8	409.9	354.0	320.5	
	650	202.8	770.3	350		294.1		365.2	311.0	456.2	371.7	329.5	304.1	567.9	446.2	385.4	348.8	
	700	219.3	832.9	350		318.1		394.9	336.3	493.3	402.0	356.3	328.9	614.1	482.5	416.7	377.2	
	800	252.2	958.2	350		365.9		454.2	386.9	567.5	462.4	409.9	378.3	706.5	555.0	479.3	433.9	
	900	285.2	1083.4	400	ϕ8 全长设置			513.6	437.5	641.7	522.8	463.4	427.8	798.8	627.6	542.0	490.6	456.4
	1000	318.2	1208.7	400				573.0	488.0	715.9	583.3	517.0	477.2	891.2	700.2	604.7	547.4	509.2
350	500	178.9	679.5	300	ϕ6 全长设置			301.7	260.7	370.5	306.6	274.7		455.0	362.9	316.9		
	550	198.1	752.5	350				334.1	288.8	410.3	339.6	304.2	283.0	503.9	402.0	351.0	320.4	
	600	217.3	825.6	350				366.5	316.8	450.2	372.6	333.8	310.5	552.8	441.0	385.1	351.5	
	650	236.6	898.7	350				399.0	344.8	490.0	405.5	363.3	337.9	601.7	480.0	419.1	382.6	
	700	255.8	971.7	350				431.4	372.9	529.9	438.5	392.8	365.4	650.7	519.0	453.2	413.7	
	800	294.3	1117.9	350				496.3	428.9	609.5	504.4	451.9	420.4	748.5	597.1	521.4	476.0	
	900	332.7	1264.0	400	ϕ8 全长设置			561.1	485.0	689.2	570.4	511.0	475.3	846.3	675.1	589.5	538.2	503.9
	1000	371.2	1410.1	400				626.0	541.1	768.9	636.3	570.0	530.3	944.2	753.2	657.7	600.4	562.2
	1100	409.7	1556.2	400				690.9	597.1	848.6	702.3	629.1	585.2	1042.0	831.2	725.8	662.6	620.4
	1200	448.1	1702.4	400				755.8	653.2	928.2	768.2	688.2	640.2	1139.9	909.3	794.0	724.8	678.7

附注：仅在构件端部各 1/4 跨度范围内设置箍筋，当构件中部 1/2 跨度范围内有集中荷载作用时，沿梁全长设置箍筋。

矩形和 T 形截面梁受剪箍筋表 C35 HPB235 箍筋 四肢箍 主筋一排 表 2-7-17

b (mm)	h (mm)	V_c (kN)	V_{max} (kN)	$V \leqslant V_c$ 时，构造配箍		当 $V_c \leqslant V \leqslant V_{max}$ 时 [V]值(kN)																	
				箍筋间距	箍筋直径设置范围	φ6 箍，间距为(mm)			φ8 箍，间距为(mm)					φ10 箍，间距为(mm)					φ12 箍，间距为(mm)				
						100	150	200	100	150	200	250	300	100	150	200	250	300	100	150	200	250	300
300	450	136.8	519.8	300	φ6 全长设置	260.1	219.0	198.5	356.0	282.9	246.4			478.9	364.9	307.9				465.4	383.2		
	500	153.3	582.4	300		291.5	245.4	222.4	398.9	317.0	276.1			536.6	408.8	344.9				521.5	429.4		
	550	169.8	645.0	350		322.8	271.8	246.3	441.8	351.1	305.6	278.6		594.3	452.8	382.0	339.6			577.5	475.6	414.4	
	600	186.3	707.7	350		354.2	298.2	270.2	484.7	385.2	335.5	305.6		652.0	496.7	419.1	372.6			633.6	521.8	454.7	
	650	202.8	770.3	350		385.5	324.6	294.1	527.6	419.3	365.2	332.7		709.7	540.7	456.2	405.5			689.7	567.9	494.9	
	700	219.3	832.9	350		416.9	351.0	318.1	570.5	453.4	394.9	359.7		767.4	584.7	493.3	438.5			745.7	614.1	535.1	
	800	252.2	958.2	350		479.5	403.8	365.9	656.3	521.6	454.2	413.8		882.8	672.6	567.5	504.4			857.9	706.5	615.6	
	900	285.2	1083.4	400	φ8 全长设置				742.0	589.8	513.6	467.9	437.5	998.2	760.5	641.7	570.4	522.8		970.0	798.8	696.1	627.6
	1000	318.2	1208.7	400					827.8	657.9	573.0	522.0	488.0	1113	848.4	715.9	636.3	583.3		1082	891.2	776.6	700.2
350	500	178.9	679.5	300	φ6 全长设置	317.0	271.0		424.5	342.6	301.7			562.1	434.4	370.5				547.0	455.0		
	550	198.1	752.5	350		351.1	300.1		470.1	379.4	334.1	306.9		622.6	481.1	410.3	367.9			605.8	503.9	442.7	
	600	217.3	825.6	350		385.2	329.3		515.7	416.3	366.5	336.7		683.0	527.8	450.2	403.6			664.6	552.8	485.7	
	650	236.6	898.7	350		419.3	358.4		561.4	453.1	399.0	366.5		743.5	574.5	490.0	439.3			723.5	601.7	528.7	
	700	255.8	971.7	350		453.4	387.5		607.0	489.9	431.4	396.3		803.9	621.2	529.9	475.0			782.3	650.7	571.7	
	800	294.3	1117.9	350		521.6	445.8		698.3	563.6	496.3	455.9		924.8	714.6	609.5	546.5			899.9	748.5	657.6	
	900	332.7	1264.0	400	φ8 全长设置				789.6	637.3	561.1	515.5	485.0	1045	808.0	689.2	617.9	570.4		1017	846.3	743.6	675.1
	1000	371.2	1410.1	400					880.9	711.0	626.0	575.1	541.1	1166	901.5	768.9	689.3	636.3		1135	944.2	829.6	753.2
	1100	409.7	1556.2	400					972.1	784.6	690.9	634.6	597.1	1287	994.9	848.6	760.8	702.3		1252	1042	915.5	831.2
	1200	448.1	1702.4	400					1063	858.3	755.8	694.2	653.2	1408	1088	928.2	832.2	768.2		1370	1139	1001	909.3
400	600	248.4	943.6	350	φ6 全长设置	416.3	360.3		546.8	447.3	397.6	367.7		714.1	558.8	481.2	434.7		919.3	695.7	583.9	516.8	
	650	270.4	1027.1	350		453.1	392.2		595.2	486.9	432.8	400.3		777.3	608.3	523.8	473.1		1000	757.2	635.5	562.5	
	700	292.3	1110.6	350		489.9	424.1		643.6	526.5	467.9	432.8		840.5	657.8	566.4	511.6		1082	818.8	687.2	608.2	
	800	336.3	1277.6	350		563.6	487.8		740.3	605.7	538.3	497.9		966.8	756.7	651.6	588.5		1244	941.9	790.5	699.7	
	900	380.3	1444.6	400	φ8 全长设置				837.1	684.8	608.7	563.0		1093	855.6	736.7	665.4	617.9	1407	1065	893.9	791.1	722.7
	1000	424.2	1611.6	400					933.9	764.0	679.0	628.1		1219	954.5	821.9	742.4	689.3	1570	1188	997.2	882.6	806.2

续表

b (mm)	h (mm)	V_c (kN)	V_{max} (kN)	$V \leqslant V_c$时,构造配箍		当 $V_c \leqslant V \leqslant V_{max}$时　[V]值(kN)															
				箍筋间距	箍筋直径设置范围	φ6箍,间距为(mm)		φ8箍,间距为(mm)				φ10箍,间距为(mm)					φ12箍,间距为(mm)				
						100	150	100	150	200	250	100	150	200	250	300	100	150	200	250	300
400	1100	468.2	1778.6	400	φ8 全长设置			1030	843.2	749.4	693.2	1346	1053	907.1	819.3	760.8	1732	1311	1100	974.1	889.8
	1200	512.1	1945.6	400				1127	922.3	819.8	758.3	1472	1152	992.3	896.2	832.2	1895	1434	1203	1065	973.3
	1300	556.1	2112.6	400				1224	1001	890.1	823.3	1598	1251	1077	973.2	903.7	2058	1557	1307	1157	1056
	1400	600.1	2279.6	400				1321	1080	960.5	888.4	1725	1350	1162	1050	975.1	2221	1680	1410	1248	1140
450	650	304.1	1155.4	350	φ6 全长设置	486.9		629.0	520.7	466.6		811.1	642.1	557.6	506.9		1034	791.0	669.3	596.3	
	700	328.9	1249.4	350		526.5		680.1	563.0	504.5		877.0	694.3	602.9	548.1		1118	855.4	723.7	644.8	
	800	378.3	1437.2	350		605.7		782.4	647.7	580.3		1008	798.7	693.6	630.6		1286	984.0	832.6	741.7	
	900	427.8	1625.1	400	φ8 全长设置			884.6	732.4	656.2		1140	903.1	784.3	713.0	665.4	1455	1112	941.4	838.7	770.2
	1000	477.2	1813.0	400				986.9	817.0	732.1		1272	1007	874.9	795.4	742.4	1623	1241	1050	935.6	859.2
	1100	526.7	2000.9	400				1089	901.7	807.9		1404	1111	965.6	877.8	819.3	1791	1369	1159	1032	948.3
	1200	576.2	2188.7	400				1191	986.3	883.8		1536	1216	1056	960.3	896.2	1959	1498	1267	1129	1037
	1300	625.6	2376.6	400				1293	1071	959.7		1668	1320	1146	1042	973.2	2127	1627	1376	1226	1126
	1400	675.1	2564.5	400				1396	1155	1035		1800	1425	1237	1125	1050	2296	1755	1485	1323	1215
	1500	724.5	2752.4	400				1498	1240	1111		1932	1529	1328	1207	1127	2464	1884	1594	1420	1304
500	650	337.9	1283.8	350	φ6 全长设置	520.7		662.8	554.5	500.3		844.9	675.9	591.4	540.7		1068	824.8	703.1	630.1	
	700	365.4	1388.2	350		563.0		716.6	599.6	541.0		913.5	730.8	639.5	584.7		1155	891.9	760.3	681.3	
	800	420.4	1596.9	350		647.7		824.4	689.7	622.4		1050	840.7	735.6	672.6		1328	1026	874.6	783.8	
	900	475.3	1805.7	400	φ8 全长设置			932.2	779.9	703.7		1188	950.6	831.8	760.5	713.0	1502	1160	988.9	886.2	817.7
	1000	530.3	2014.4	400				1039	870.0	785.1		1325	1060	928.0	848.4	795.4	1676	1294	1103	988.7	912.3
	1100	585.2	2223.2	400				1147	960.2	866.5		1463	1170	1024	936.3	877.8	1850	1428	1217	1091	1006
	1200	640.2	2431.9	400				1255	1050	947.8		1600	1280	1120	1024	960.3	2023	1562	1331	1193	1101
	1300	695.1	2640.7	400				1363	1140	1029		1737	1390	1216	1112	1042	2197	1696	1446	1296	1195
	1400	750.1	2849.4	400				1471	1230	1110		1875	1500	1312	1200	1125	2371	1830	1560	1398	1290
	1500	805.0	3058.2	400				1578	1320	1191		2012	1610	1408	1288	1207	2544	1964	1674	1500	1384

矩形和T形截面梁受剪箍筋表　　C35　HPB235箍筋　六肢箍　主筋一排　　　　**表 2-7-18**

b (mm)	h (mm)	V_c (kN)	V_{max} (kN)	$V \leqslant V_c$时，构造配箍		当 $V_c \leqslant V \leqslant V_{max}$时 [V]值(kN)																
				箍筋间距	箍筋直径设置范围	φ6箍，间距为(mm)		φ8箍，间距为(mm)					φ10箍，间距为(mm)					φ12箍，间距为(mm)				
						100	150	100	150	200	250	300	100	150	200	250	300	100	150	200	250	300
500	650	337.9	1283.8	350	φ6 全长设置	612.1	520.7	825.2	662.8	581.6	532.8		1098	844.9	718.1	642.1			1068	885.7	776.1	
	700	365.4	1388.2	350		661.8	563.0	892.2	716.6	628.8	576.1		1187	913.5	776.5	694.3			1155	957.7	839.2	
	800	420.4	1596.9	350		761.3	647.7	1026	824.4	723.4	662.8		1366	1050	893.3	798.7			1328	1101	965.5	
	900	475.3	1805.7	400	φ8 全长设置			1160	932.2	818.0	749.4	703.7	1544	1188	1010	903.1	831.8		1502	1245	1091	988.9
	1000	530.3	2014.4	400				1294	1039	912.5	836.1	785.1	1723	1325	1126	1007	928.0		1676	1389	1217	1103
	1100	585.2	2223.2	400				1428	1147	1007	922.7	866.5	1902	1463	1243	1111	1024		1850	1533	1344	1217
	1200	640.2	2431.9	400				1563	1255	1101	1009	947.8	2080	1600	1360	1216	1120		2023	1677	1470	1331
	1300	695.1	2640.7	400				1697	1363	1196	1096	1029	2259	1737	1477	1320	1216		2197	1821	1596	1446
	1400	750.1	2849.4	400				1831	1471	1290	1182	1110	2437	1875	1593	1425	1312		2371	1965	1722	1560
	1500	805.0	3058.2	400				1965	1578	1385	1269	1191	2616	2012	1710	1529	1408		2544	2109	1848	1674
550	650	371.7	1412.2	350	φ6 全长设置	645.9	554.5	859.0	696.5	615.3	566.6		1132	878.7	751.9	675.9			1102	919.5	809.9	
	700	402.0	1527.0	350		698.4	599.6	928.8	753.2	665.4	612.7		1224	950.1	813.1	730.8			1191	994.2	875.8	
	800	462.4	1756.6	350		803.4	689.7	1068	866.4	765.4	704.8		1408	1093	935.3	840.7			1370	1143	1007	
	900	522.8	1986.3	400	φ8 全长设置			1208	979.7	865.5	797.0	751.3	1592	1235	1057	950.6	879.3		1550	1293	1139	1036
	1000	583.3	2215.9	400				1347	1093	965.5	889.1	838.1	1776	1378	1179	1060	981.0		1729	1442	1270	1156
	1100	643.7	2445.5	400				1487	1206	1065	981.2	925.0	1960	1521	1302	1170	1082		1908	1592	1402	1276
	1200	704.2	2675.1	400				1627	1319	1165	1073	1011	2144	1664	1424	1280	1184		2087	1741	1534	1395
	1300	764.6	2904.8	400				1766	1432	1265	1165	1098	2328	1807	1546	1390	1286		2266	1891	1666	1515
	1400	825.1	3134.4	400				1906	1546	1365	1257	1185	2512	1950	1668	1500	1387		2446	2040	1797	1635
	1500	885.5	3364.0	400				2046	1659	1465	1349	1272	2696	2093	1791	1610	1489		2625	2190	1929	1755
600	650	405.5	1540.6	350	φ6 全长设置	679.7	588.3	892.7	730.3	649.1	600.4		1165	912.4	785.7	709.7		1501	1135	953.3	843.7	
	700	438.5	1665.8	350		734.9	636.1	965.3	789.7	701.9	649.2		1260	986.6	849.6	767.4		1623	1228	1030	912.3	
	800	504.4	1916.3	350		845.4	731.8	1110	908.5	807.5	746.9		1450	1135	977.4	882.8		1867	1412	1185	1049	
	900	570.4	2166.8	400	φ8 全长设置			1255	1027	913.0	844.5		1639	1283	1105	998.2	926.9	2111	1597	1340	1186	1084
	1000	636.3	2417.3	400				1400	1146	1018	942.1		1829	1431	1232	1113	1034	2355	1782	1495	1323	1209
	1100	702.3	2667.8	400				1546	1264	1124	1039		2019	1580	1360	1229	1141	2599	1967	1650	1461	1334
	1200	768.2	2918.3	400				1691	1383	1229	1137		2208	1728	1488	1344	1248	2843	2151	1805	1598	1459
	1300	834.1	3168.8	400				1836	1502	1335	1235		2398	1876	1616	1459	1355	3087	2336	1960	1735	1585
	1400	900.1	3419.3	400				1981	1621	1440	1332		2587	2025	1743	1575	1462	3331	2521	2115	1872	1710
	1500	966.0	3669.8	400				2126	1739	1546	1430		2777	2173	1871	1690	1569	3575	2705	2270	2009	1835

矩形和T形截面梁受剪箍筋表　　C40　HPB235箍筋　双肢箍　主筋一排　　表 2-7-19

b (mm)	h (mm)	V_c (kN)	V_{max} (kN)	$V \leqslant V_c$ 时，构造配箍		当 $V_c \leqslant V \leqslant V_{max}$ 时 [V]值(kN)											
				箍筋间距	箍筋直径设置范围	ϕ8箍，间距为(mm)				ϕ10箍，间距为(mm)				ϕ12箍，间距为(mm)			
						100	150	200	250	100	150	200	250	100	150	200	250
200	200	39.5	157.6	200	ϕ6 附注	83.1	68.5			107.5	84.8			137.5	104.8		
	250	51.5	205.3	200		108.2	89.3			140.1	110.5			179.1	136.6		
	300	63.4	253.1	200		133.4	110.1			172.7	136.2			220.8	168.3		
	350	75.4	300.8	300	ϕ6 全长设置	158.6	130.9	117.0		205.2	162.0	140.3		262.5	200.1	168.9	
	400	87.4	348.6	300		183.8	151.6	135.6		237.8	187.7	162.6		304.1	231.9	195.7	
	450	99.4	396.3	300		208.9	172.4	154.1		270.4	213.4	184.9		345.8	263.6	222.6	
	500	111.3	444.1	300		234.1	193.2	172.7		303.0	239.1	207.1		387.4	295.4	249.4	
	550	123.3	491.8	350		259.3	214.0	191.3	177.7	335.5	264.8	229.4	208.2	429.1	327.2	276.2	245.6
	600	135.3	539.6	350		284.5	234.7	209.9	194.9	368.1	290.5	251.7	228.4	470.7	358.9	303.0	269.5
250	250	64.3	256.7	200	ϕ6 附注	121.1	102.2			152.9	123.4			192.0	149.4		
	300	79.3	316.3	200		149.3	126.0			188.5	152.1			236.7	184.2		
	350	94.3	376.0	300	ϕ6 全长设置	177.4	149.7	135.9		224.1	180.8	159.2		281.3	219.0	187.8	
	400	109.2	435.7	300		205.6	173.5	157.4		259.7	209.5	184.4		326.0	253.7	217.6	
	450	124.2	495.4	300		233.8	197.2	179.0		295.2	238.2	209.7		370.6	288.5	247.4	
	500	139.2	555.1	300		261.9	221.0	200.5		330.8	266.9	235.0		415.3	323.2	277.2	
	550	154.1	614.8	350		290.1	244.8	222.1		366.4	295.6	260.2	239.0	459.9	358.0	307.0	276.4
	600	169.1	674.5	350		318.3	268.5	243.7		401.9	324.3	285.5	262.2	504.6	392.7	336.8	303.3
	650	184.0	734.2	350		346.4	292.3	265.2		437.5	353.0	310.8	285.4	549.2	427.5	366.6	330.1
	700	199.0	793.8	350		374.6	316.1	286.8		473.1	381.7	336.0	308.6	593.9	462.2	396.4	356.9
	750	214.0	853.5	350		402.8	339.8	308.4		508.6	410.4	361.3	331.8	638.5	497.0	426.2	383.8
	800	228.9	913.2	350		430.9	363.6	329.9		544.2	439.1	386.6	355.0	683.2	531.8	456.0	410.6
300	450	149.0	594.5	300	ϕ6 全长设置	258.6	222.1			320.1	263.0	234.5		395.4	313.3	272.2	
	500	167.0	666.1	300		289.8	248.8			358.6	294.7	262.8		443.1	351.1	305.0	
	550	184.9	737.7	350		320.9	275.6			397.2	326.4	291.1	269.8	490.7	388.8	337.8	307.3

续表

b (mm)	h (mm)	V_c (kN)	V_{max} (kN)	$V \leqslant V_c$ 时，构造配箍		当 $V_c \leqslant V \leqslant V_{max}$ 时 [V]值(kN)										
				箍筋间距	箍筋直径设置范围	φ8 箍，间距为(mm)		φ10 箍，间距为(mm)				φ12 箍，间距为(mm)				
						100	150	100	150	200	250	100	150	200	250	300
300	600	202.9	809.4	350	φ6 全长设置	352.1	302.4	435.7	358.1	319.3	296.0	538.4	426.5	370.6	337.1	
	650	220.8	881.0	350		383.3	329.1	474.3	389.8	347.6	322.2	586.0	464.3	403.4	366.9	
	700	238.8	952.6	350		414.4	355.9	512.9	421.5	375.8	348.4	633.7	502.0	436.2	396.7	
	800	274.7	1095.9	350		476.7	409.4	590.0	484.9	432.3	400.8	728.9	577.5	501.8	456.4	
	900	310.6	1239.1	400	φ8 全长设置			667.1	548.3	488.9	453.2	824.2	653.0	567.4	516.1	481.8
	1000	346.5	1382.4	400				744.2	611.7	545.4	505.6	919.5	728.5	633.0	575.7	537.5
350	500	194.8	777.1	300	φ6 全长设置	317.6		386.4	322.6	290.6		470.9	378.9	332.9		
	550	215.8	860.7	350		351.8		428.0	357.3	321.9		521.6	419.6	368.7	338.1	
	600	236.7	944.3	350		385.9		469.6	391.9	353.1		572.2	460.4	404.4	370.9	
	650	257.7	1027.8	350		420.1		511.1	426.6	384.4		622.8	501.1	440.2	403.7	
	700	278.6	1111.4	350		454.2		552.7	461.3	415.6		673.5	541.8	476.0	436.5	
	800	320.5	1278.5	350		522.5		635.8	530.7	478.1		774.7	623.3	547.6	502.2	
	900	362.4	1445.6	400	φ8 全长设置			718.9	600.1	540.6		876.0	704.8	619.2	567.8	533.6
	1000	404.3	1612.8	400				802.0	669.4	603.1		977.3	786.3	690.8	633.5	595.3
	1100	446.2	1779.9	400				885.1	738.8	665.6		1078.6	867.8	762.4	699.1	657.0
	1200	488.1	1947.0	400				968.2	808.2	728.1		1179.8	949.2	834.0	764.8	718.7

注：仅在构件端部各1/4跨度范围内设置箍筋，当构件中部1/2跨度范围内有集中荷载作用时，沿梁全长设置箍筋。

矩形和 T 形截面梁受剪箍筋表　　C40　HPB235 箍筋　四肢箍　主筋一排　　表 2-7-20

b (mm)	h (mm)	V_c (kN)	V_{max} (kN)	$V \leqslant V_c$ 时，构造配箍		当 $V_c \leqslant V \leqslant V_{max}$ 时 [V]值(kN)																
				箍筋间距	箍筋直径设置范围	φ6 箍，间距为(mm)		φ8 箍，间距为(mm)					φ10 箍，间距为(mm)					φ12 箍，间距为(mm)				
						100	150	100	150	200	250	300	100	150	200	250	300	100	150	200	250	300
300	450	149.0	594.5	300	φ6 全长设置	272.3	231.2	368.2	295.1	258.6			491.1	377.1	320.1				477.6	395.4		
	500	167.0	666.1	300		305.2	259.1	412.6	330.7	289.8			550.3	422.5	358.6				535.1	443.1		
	550	184.9	737.7	350		338.0	287.0	456.9	366.3	320.9	293.7		609.4	467.9	397.2	354.7			592.7	490.7	429.6	
	600	202.9	809.4	350		370.8	314.8	501.3	401.8	352.1	322.3		668.6	513.4	435.7	389.2			650.2	538.4	471.3	
	650	220.8	881.0	350		403.6	342.7	545.7	437.4	383.3	350.8		727.8	558.8	474.3	423.6			707.7	586.0	513.0	
	700	238.8	952.6	350		436.4	370.5	590.0	472.9	414.4	379.3		786.9	604.2	512.9	458.1			765.3	633.7	554.7	
	800	274.7	1095.9	350		502.0	426.3	678.7	544.1	476.7	436.3		905.3	695.1	590.0	526.9			880.4	728.9	638.1	
	900	310.6	1239.1	400	φ8 全长设置	567.7	482.0	767.5	615.2	539.0	493.4	462.9	1023	785.9	667.1	595.8	548.3		995.4	824.2	721.5	653.0
	1000	346.5	1382.4	400		633.3	537.7	856.2	686.3	601.4	550.4	516.4	1141	876.8	744.2	664.7	611.7		1110	919.5	804.9	728.5
350	500	194.8	777.1	300	φ6 全长设置	333.0	286.9	440.4	358.5	317.6			578.1	450.3	386.4			747.0	563.0	470.9		
	550	215.8	860.7	350		368.8	317.8	487.8	397.1	351.8	324.6		640.2	498.8	428.0	385.6		827.3	623.5	521.6	460.4	
	600	236.7	944.3	350		404.6	348.6	535.1	435.6	385.9	356.1		702.4	547.2	469.6	423.0		907.7	684.0	572.2	505.1	
	650	257.7	1027.8	350		440.4	379.5	582.5	474.2	420.1	387.6		764.6	595.6	511.1	460.4		988.0	744.5	622.8	549.8	
	700	278.6	1111.4	350		476.2	410.3	629.8	512.7	454.2	419.1		826.7	644.0	552.7	497.9		1068	805.1	673.5	594.5	
	800	320.5	1278.5	350		547.8	472.0	724.5	589.9	522.5	482.1		951.0	740.9	635.8	572.7		1229	926.1	774.7	683.9	
	900	362.4	1445.6	400	φ8 全长设置			819.2	667.0	590.8	545.1		1075	837.7	718.9	647.6	600.1	1389	1047	876.0	773.3	704.8
	1000	404.3	1612.8	400				914.0	744.1	659.1	608.2		1199	934.6	802.0	722.4	669.4	1550	1168	977.3	862.7	786.3
	1100	446.2	1779.9	400				1008	821.2	727.4	671.2		1324	1031	885.1	797.3	783.8	1710	1289	1078	952.1	867.8
	1200	488.1	1947.0	400				1103	898.3	795.7	734.2		1448	1128	968.2	872.2	808.2	1871	1410	1179	1041	949.2
400	600	270.5	1079.2	350	φ6 全长设置	438.4		568.9	469.5	419.7	389.9		736.2	581.0	503.4	456.8		941.5	717.8	606.0	538.9	
	650	294.5	1174.7	350		477.2		619.3	511.0	456.9	424.4		801.4	632.4	547.9	497.2		1024	781.4	659.6	586.6	
	700	318.4	1270.2	350		516.0		669.6	552.5	494.0	458.9		866.5	683.8	592.5	537.7		1108	844.9	713.3	634.3	
	800	366.3	1461.2	350		953.6		770.3	635.6	568.3	527.9		996.8	786.6	681.6	618.5		1274	971.9	820.5	729.7	
	900	414.2	1652.2	400	φ8 全长设置			871.0	718.7	642.6	596.9		1127	889.5	770.7	699.4	651.8	1441	1099	927.8	825.1	756.6
	1000	462.0	1843.2	400				971.7	801.8	716.9	665.9		1257	992.3	859.7	780.2	727.2	1608	1226	1035	920.4	844.0

续表

b (mm)	h (mm)	V_c (kN)	V_{max} (kN)	$V \leqslant V_c$时,构造配箍		当 $V_c \leqslant V \leqslant V_{max}$时 $[V]$值(kN)															
				箍筋间距	箍筋直径设置范围	ϕ6 箍,间距为(mm)		ϕ8 箍,间距为(mm)				ϕ10 箍,间距为(mm)					ϕ12 箍,间距为(mm)				
						100	150	100	150	200	250	100	150	200	250	300	100	150	200	250	300
400	1100	509.9	2034.2	400	ϕ8 全长设置			1072	884.9	791.2	734.9	1387	1095	948.8	861.1	802.5	1774	1353	1142	1015	931.5
	1200	557.8	2225.2	400				1173	968.0	865.4	803.9	1518	1198	1037	941.9	877.9	1941	1480	1249	1111	1019
	1300	605.7	2416.2	400				1273	1051	939.7	872.9	1648	1300	1127	1022	953.2	2107	1607	1356	1206	1106
	1400	653.6	2607.2	400				1374	1134	1014	941.9	1778	1403	1216	1103	1028	2274	1734	1464	1302	1193
450	650	331.3	1321.5	350	ϕ6 全长设置	514.0		656.1	547.8	493.7		838.2	669.2	584.7	534.0		1061	818.2	696.4	623.4	
	700	358.2	1428.9	350		555.8		709.4	592.3	533.8		906.3	723.6	632.3	577.5		1147	884.7	753.1	674.1	
	800	412.1	1643.8	350		639.4		816.1	681.4	614.1		1042	832.4	727.3	664.3		1320	1017	866.3	775.5	
	900	465.9	1858.7	400	ϕ8 全长设置			922.8	770.5	694.4		1178	941.2	822.4	751.1	703.6	1493	1150	979.5	876.8	808.3
	1000	519.8	2073.5	400				1029	859.6	774.6		1315	1050	917.5	838.0	784.9	1665	1283	1092	978.2	901.8
	1100	573.7	2288.4	400				1136	948.6	854.9		1451	1158	1012	924.8	866.3	1838	1416	1206	1079	995.2
	1200	627.5	2503.3	400				1242	1037	935.2		1587	1267	1107	1011	947.6	2011	1549	1319	1180	1088
	1300	681.4	2718.2	400				1349	1126	1015		1724	1376	1202	1098	1029	2183	1682	1432	1282	1182
	1400	735.3	2933.0	400				1456	1215	1095		1860	1485	1297	1185	1110	2356	1815	1545	1383	1275
	1500	789.1	3147.9	400				1562	1304	1176		1996	1594	1392	1272	1191	2528	1948	1659	1485	1369
500	650	368.1	1468.3	350	ϕ6 全长设置	550.8		692.9	584.6	530.5		875.0	706.0	621.5	570.8		1098	855.0	733.2	660.2	
	700	398.0	1587.7	350		595.6		749.2	632.1	573.6		946.1	763.4	672.1	617.3		1187	924.5	792.9	713.9	
	800	457.9	1826.4	350		685.2		861.9	727.2	659.9		1088	878.2	773.1	710.1		1366	1063	912.1	821.2	
	900	517.7	2065.2	400	ϕ8 全长设置			974.6	822.3	746.1		1230	993.0	874.2	802.9	755.4	1544	1202	1031	928.6	860.1
	1000	577.6	2303.9	400				1087	917.3	832.4		1373	1107	975.3	895.7	842.7	1723	1341	1150	1035	959.5
	1100	637.4	2542.7	400				1199	1012	918.6		1515	1222	1076	988.5	930.0	1902	1480	1269	1143	1058
	1200	697.3	2781.4	400				1312	1107	1004		1657	1337	1177	1081	1017	2080	1619	1389	1250	1158
	1300	757.1	3020.2	400				1425	1202	1091		1799	1452	1278	1174	1104	2259	1758	1508	1358	1257
	1400	817.0	3258.9	400				1537	1297	1177		1942	1567	1379	1266	1191	2437	1897	1627	1465	1357
	1500	876.8	3497.	400				1650	1392	1263		2084	1681	1480	1359	1279	2616	2036	1746	1572	1456

矩形和T形截面梁受剪箍筋表　　C40　HPB235箍筋　六肢箍　主筋一排　　表 2-7-21

b (mm)	h (mm)	V_c (kN)	V_{max} (kN)	$V \leqslant V_c$时，构造配箍 箍筋间距	箍筋直径设置范围	当 $V_c \leqslant V \leqslant V_{max}$时 [V]值(kN) φ6箍，间距为(mm) 100	φ6 150	φ8箍，间距为(mm) 100	φ8 150	φ8 200	φ8 250	φ8 300	φ10箍，间距为(mm) 100	φ10 150	φ10 200	φ10 250	φ10 300	φ12箍，间距为(mm) 100	φ12 150	φ12 200	φ12 250	φ12 300
500	650	368.1	1468.3	350	φ6 全长设置	642.2	550.8	855.3	692.9	611.7	563.0		1128	875.0	748.3	672.2		1463	1098	915.8	806.3	
	700	398.0	1587.7	350		694.4	595.6	924.8	749.2	661.4	608.7		1220	946.1	809.1	726.9		1582	1187	990.3	871.8	
	800	457.9	1826.4	350		798.8	685.2	1063	861.9	760.9	700.3		1403	1088	930.8	836.2		1820	1366	1139	1002	
	900	517.7	2065.2	400	φ8 全长设置			1202	974.6	860.3	791.8	746.1	1587	1230	1052	945.5	874.2	2058	1544	1288	1134	1031
	1000	577.6	2303.9	400				1342	1087	959.8	883.4	832.4	1770	1372	1174	1054	975.3	2296	1723	1437	1265	1150
	1100	637.4	2542.7	400				1481	1199	1059	974.9	918.6	1954	1515	1295	1164	1076	2534	1902	1585	1396	1269
	1200	697.3	2781.4	400				1620	1312	1158	1066	1004	2137	1657	1417	1273	1177	2772	2080	1734	1527	1389
	1300	757.1	3020.2	400				1759	1425	1258	1157	1091	2321	1799	1539	1382	1278	3010	2259	1883	1658	1508
	1400	817.0	3258.9	400				1898	1537	1357	1249	1177	2504	1942	1660	1492	1379	3248	2437	2032	1789	1627
	1500	876.8	3497.7	400				2037	1650	1457	1341	1263	2688	2084	1782	1601	1480	3486	2616	2181	1920	1746
550	650	404.9	1615.1	350	φ6 全长设置	679.0	587.6	892.1	729.7	648.5	599.8		1165	911.8	785.1	709.0		1500	1135	952.6	843.1	
	700	437.8	1746.5	350		734.2	635.4	964.6	789.0	701.2	648.5		1259	985.9	848.9	766.7		1622	1227	1030	911.6	
	800	503.6	2009.1	350		844.6	731.0	1109	907.7	806.7	746.1		1449	1134	976.6	882.0		1866	1412	1184	1048	
	900	569.5	2271.7	400	φ8 全长设置			1254	1026	912.1	843.6		1638	1282	1104	997.3	926.0	2110	1596	1339	1185	1083
	1000	635.3	2534.3	400				1399	1145	1017	941.1		1828	1430	1231	1112	1033	2354	1781	1494	1322	1208
	1100	701.1	2797.0	400				1544	1263	1123	1038		2017	1578	1359	1227	1140	2598	1965	1649	1459	1333
	1200	767.0	3059.6	400				1689	1382	1228	1136		2207	1727	1487	1343	1247	2842	2150	1804	1597	1458
	1300	832.8	3322.2	400				1834	1500	1333	1233		2396	1875	1614	1458	1354	3086	2335	1959	1734	1583
	1400	898.6	3584.8	400				1980	1619	1439	1331		2586	2023	1742	1573	1461	3330	2519	2114	1871	1709
	1500	964.5	3847.5	400				2125	1738	1544	1428		2775	2172	1870	1688	1568	3574	2704	2269	2008	1834
600	650	441.7	1762.0	350	φ6 全长设置	715.8		928.9	766.5	685.3	636.6		1202	948.6	821.9	745.8		1537	1172	989.5	879.9	
	700	477.6	1905.2	350		774.0		1004	828.8	741.0	688.3		1299	1025	888.7	806.5		1662	1267	1069	951.4	
	800	549.4	2191.7	350		890.4		1155	953.5	852.4	791.8		1495	1180	1022	927.8		1912	1457	1230	1094	
	900	621.2	2478.2	400	φ8 全长设置			1306	1078	963.9	895.4		1690	1334	1156	1049	977.7	2162	1648	1391	1237	1134
	1000	693.1	2764.7	400				1457	1202	1075	998.9		1886	1488	1289	1170	1090	2412	1839	1552	1380	1266
	1100	764.9	3051.2	400				1608	1327	1186	1102		2081	1642	1423	1291	1203	2661	2029	1713	1523	1397
	1200	836.7	3337.7	400				1759	1451	1298	1205		2277	1796	1556	1412	1316	2911	2220	1874	1666	1528
	1300	908.5	3624.2	400				1910	1576	1409	1309		2472	1951	1690	1534	1429	3161	2410	2035	1809	1659
	1400	980.3	3910.7	400				2061	1701	1521	1412		2667	2105	1824	1655	1542	3411	2601	2196	1952	1790
	1500	1052.2	4197.2	400				2212	1825	1632	1516		2863	2259	1957	1776	1655	3661	2791	2356	2096	1922

矩形和 T 形截面梁箍筋受剪承载力 V_{yv} C20 HRB335 箍筋 双肢箍 主筋一排 表 2-7-22

h (mm)	φ6 箍,间距为(mm)				φ8 箍,间距为(mm)					φ10 箍,间距为(mm)					φ12 箍,间距为(mm)				
	100	150	200	250	100	150	200	250	300	100	150	200	250	300	100	150	200	250	300
200	34.0	22.6			60.4	40.2				94.2	62.8				135.7	90.5			
250	44.6	29.7			79.2	52.8				123.6	82.4				178.1	118.8			
300	55.2	36.8			98.1	65.4				153.1	102.1				220.5	147.0			
350	65.8	43.9	32.9		116.9	78.0	58.5			182.5	121.7	91.3			263.0	175.3	131.5		
400	76.4	50.9	38.2		135.8	90.5	67.9			211.9	141.3	106.0			305.4	203.6	152.7		
450	87.0	58.0	43.5		154.7	103.1	77.3			241.4	160.9	120.7			347.8	231.9	173.9		
500	97.6	65.1	48.8		173.5	115.7	86.8			270.8	180.6	135.4			390.2	260.1	195.1		
550	108.2	72.2	54.1	43.3	192.4	128.3	96.2	77.0		300.3	200.2	150.1	120.1		432.6	288.4	216.3	173.0	
600	118.9	79.2	59.4	47.5	211.3	140.8	105.6	84.5		329.7	219.8	164.9	131.9		475.0	316.7	237.5	190.0	
650	129.5	86.3	64.7	51.8	230.1	153.4	115.1	92.0		359.1	239.4	179.6	143.7		517.4	345.0	258.7	207.0	
700	140.1	93.4	70.0	56.0	249.0	166.0	124.5	99.6		388.6	259.0	194.3	155.4		559.8	373.2	279.9	223.9	
750	150.7	100.5	75.3	60.3	267.8	178.6	133.9	107.1		418.0	278.7	209.0	167.2		602.3	401.5	301.1	240.9	
800	161.3	107.5	80.7	64.5	286.7	191.1	143.4	114.7		447.5	298.3	223.7	179.0		644.7	429.8	322.3	257.9	
900					324.4	216.3	162.2	129.8	108.1	506.3	337.5	253.2	202.5	168.8	729.5	486.3	364.7	291.8	243.2
1000					362.2	241.4	181.1	144.9	120.7	565.2	376.8	282.6	226.1	188.4	814.3	542.9	407.2	325.7	271.4
1100					399.9	266.6	199.9	160.0	133.3	624.1	416.0	312.0	249.6	208.0	899.1	599.4	449.6	359.7	299.7
1200					437.6	291.7	218.8	175.0	145.9	683.0	455.3	341.5	273.2	227.6	984.0	656.0	492.0	393.6	328.0

矩形和 T 形截面梁箍筋受剪承载力 V_{yv} C20 HRB335 箍筋 四肢箍 主筋一排 表 2-7-23

h (mm)	φ6 箍,间距为(mm)					φ8 箍,间距为(mm)					φ10 箍,间距为(mm)					φ12 箍,间距为(mm)				
	100	150	200	250	300	100	150	200	250	300	100	150	200	250	300	100	150	200	250	300
450	174.0	116.0	87.0			309.3	206.2	154.7			482.8	321.9	241.4			695.6	463.7	347.8		
500	195.3	130.2	97.6			347.1	231.4	173.5			541.7	361.1	270.8			780.4	520.3	390.2		
550	216.5	144.3	108.2	86.6		384.8	256.5	192.4	153.9		600.5	400.4	300.3	240.2		865.2	576.8	432.6	346.1	
600	237.7	158.5	118.9	95.1		422.5	281.7	211.3	169.0		659.4	439.6	329.7	263.8		950.0	633.4	475.0	380.0	
650	258.9	172.6	129.5	103.6		460.2	306.8	230.1	184.1		718.3	478.9	359.1	287.3		1034.9	689.9	517.4	413.9	
700	280.2	186.8	140.1	112.1		498.0	332.0	249.0	199.2		777.2	518.1	388.6	310.9		1119.7	746.5	559.8	447.9	
800	322.6	215.1	161.3	129.0		573.4	382.3	286.7	229.4		894.9	596.6	447.5	358.0		1289.3	859.6	644.7	515.7	
900						648.9	432.6	324.4	259.5	216.3	1012.7	675.1	506.3	405.1	337.5	1459.0	972.7	729.5	583.6	486.3
1000						724.3	482.9	362.2	289.7	241.4	1130.4	753.6	565.2	452.2	376.8	1628.6	1085.8	814.3	651.5	542.9
1100						799.8	533.2	399.9	319.9	266.6	1248.2	832.1	624.1	499.3	416.0	1798.3	1198.9	899.1	719.3	599.4
1200						875.2	583.5	437.6	350.1	291.7	1365.9	910.6	683.0	546.4	455.3	1967.9	1312.0	984.0	787.2	656.0
1300						950.7	633.8	475.3	380.3	316.9	1483.7	989.1	741.8	593.5	494.5	2137.6	1425.1	1068.8	855.0	712.5
1400						1026.1	684.1	513.1	410.4	342.0	1601.4	1067.6	800.7	640.6	533.8	2307.2	1538.2	1153.6	922.9	769.1
1500						1101.6	734.4	550.8	440.6	367.2	1719.2	1146.1	859.6	687.7	573.0	2476.9	1651.3	1238.4	990.8	825.6

矩形和 T 形截面梁箍筋受剪承载力 V_{yv} C20 HRB335 箍筋 六肢箍 主筋一排 表 2-7-24

h (mm)	φ6 箍,间距为(mm)					φ8 箍,间距为(mm)					φ10 箍,间距为(mm)					φ12 箍,间距为(mm)				
	100	150	200	250	300	100	150	200	250	300	100	150	200	250	300	100	150	200	250	300
650	388.4	258.9	194.2	155.4		690.4	460.2	345.2	276.1		1077.4	718.3	538.7	431.0		1552.3	1034.9	776.1	620.9	
700	420.3	280.2	210.1	168.1		747.0	498.0	373.5	298.8		1165.7	777.2	582.9	466.3		1679.5	1119.7	839.8	671.8	
800	483.9	322.6	242.0	193.6		860.1	573.4	430.1	344.1		1342.3	894.9	671.2	536.9		1934.0	1289.3	967.0	773.6	
900						973.3	648.9	486.7	389.3	324.4	1519.0	1012.7	759.5	607.6	506.3	2188.5	1459.0	1094.2	875.4	729.5
1000						1086.5	724.3	543.2	434.6	362.2	1695.6	1130.4	847.8	678.2	565.2	2443.0	1628.6	1221.5	977.2	814.3
1100						1199.7	799.8	599.8	479.9	399.9	1872.2	1248.2	936.1	748.9	624.1	2697.4	1798.3	1348.7	1079.0	899.1
1200						1312.8	875.2	656.4	525.1	437.6	2048.9	1365.9	1024.4	819.5	683.0	2951.9	1967.9	1476.0	1180.8	984.0
1300						1426.0	950.7	713.0	570.4	475.3	2225.5	1483.7	1112.7	890.2	741.8	3206.4	2137.6	1603.2	1282.6	1068.8
1400						1539.2	1026.1	769.6	615.7	513.1	2402.1	1601.4	1201.1	960.8	800.7	3460.9	2307.2	1730.4	1384.3	1153.6
1500						1652.4	1101.6	826.2	660.9	550.8	2578.7	1719.2	1289.4	1031.5	859.6	3715.3	2476.9	1857.7	1486.1	1238.4

矩形和 T 形截面梁箍筋受剪承载力 V_{yv} C20 HRB400(RRB400)箍筋 双肢箍 主筋一排 表 2-7-25

h (mm)	φ6 箍,间距为(mm)				φ8 箍,间距为(mm)					φ10 箍,间距为(mm)					φ12 箍,间距为(mm)				
	100	150	200	250	100	150	200	250	300	100	150	200	250	300	100	150	200	250	300
200	40.8	27.2			72.4	48.3				113.0	75.4				162.9	108.6			
250	53.5	35.7			95.1	63.4				148.4	98.9				213.8	142.5			
300	66.2	44.1			117.7	78.5				183.7	122.5				264.7	176.4			
350	79.0	52.6	39.5		140.3	93.6	70.2			219.0	146.0	109.5			315.5	210.4	157.8		
400	91.7	61.1	45.8		163.0	108.6	81.5			254.3	169.6	127.2			366.4	244.3	183.2		
450	104.4	69.6	52.2		185.6	123.7	92.8			289.7	193.1	144.8			417.3	278.2	208.7		
500	117.2	78.1	58.6		208.2	138.8	104.1			325.0	216.7	162.5			468.2	312.2	234.1		
550	129.9	86.6	64.9	52.0	230.9	153.9	115.4	92.4		360.3	240.2	180.2	144.1		519.1	346.1	259.6	207.7	
600	142.6	95.1	71.3	57.1	253.5	169.0	126.8	101.4		395.6	263.8	197.8	158.3		570.0	380.0	285.0	228.0	
650	155.4	103.6	77.7	62.1	276.1	184.1	138.1	110.5		431.0	287.3	215.5	172.4		620.9	413.9	310.5	248.4	
700	168.1	112.1	84.1	67.2	298.8	199.2	149.4	119.5		466.3	310.9	233.1	186.5		671.8	447.9	335.9	268.7	
750	180.8	120.6	90.4	72.3	321.4	214.3	160.7	128.6		501.6	334.4	250.8	200.6		722.7	481.8	361.4	289.1	
800	193.6	129.0	96.8	77.4	344.1	229.4	172.0	137.6		536.9	358.0	268.5	214.8		773.6	515.7	386.8	309.4	
900					389.3	259.5	194.7	155.7	129.8	607.6	405.1	303.8	243.0	202.5	875.4	583.6	437.7	350.2	291.8
1000					434.6	289.7	217.3	173.8	144.9	678.2	452.2	339.1	271.3	226.1	977.2	651.5	488.6	390.9	325.7
1100					479.9	319.9	239.9	191.9	160.0	748.9	499.3	374.4	299.6	249.6	1079.0	719.3	539.5	431.6	359.7
1200					525.1	350.1	262.6	210.1	175.0	819.5	546.4	409.8	327.8	273.2	1180.8	787.2	590.4	472.3	393.6

矩形和T形截面梁箍筋受剪承载力 V_{yv} C20 HRB400(RRB400)箍筋 四肢箍 主筋一排 表 2-7-26

h (mm)	φ6箍,间距为(mm)					φ8箍,间距为(mm)					φ10箍,间距为(mm)					φ12箍,间距为(mm)				
	100	150	200	250	300	100	150	200	250	300	100	150	200	250	300	100	150	200	250	300
450	208.9	139.2	104.4			371.2	247.5	185.6			579.3	386.2	289.7			834.7	556.5	417.3		
500	234.3	156.2	117.2			416.5	277.7	208.2			650.0	433.3	325.0			936.5	624.3	468.2		
550	259.8	173.2	129.9	103.9		461.8	307.8	230.9	184.7		720.6	480.4	360.3	288.3		1038.3	692.2	519.1	415.3	
600	285.3	190.2	142.6	114.1		507.0	338.0	253.5	202.8		791.3	527.5	395.6	316.5		1140.0	760.0	570.0	456.0	
650	310.7	207.2	155.4	124.3		552.3	368.2	276.1	220.9		861.9	574.6	431.0	344.8		1241.8	827.9	620.9	496.7	
700	336.2	224.1	168.1	134.5		597.6	398.4	298.8	239.0		932.6	621.7	466.3	373.0		1343.6	895.8	671.8	537.5	
800	387.1	258.1	193.6	154.9		688.1	458.7	344.1	275.2		1073.9	715.9	536.9	429.6		1547.2	1031.5	773.6	618.9	
900						778.6	519.1	389.3	311.5	259.5	1215.2	810.1	607.6	486.1	405.1	1750.8	1167.2	875.4	700.3	583.6
1000						869.2	579.5	434.6	347.7	289.7	1356.5	904.3	678.2	542.6	452.2	1954.4	1302.9	977.2	781.7	651.5
1100						959.7	639.8	479.9	383.9	319.9	1497.8	998.5	748.9	599.1	499.3	2157.9	1438.6	1079.0	863.2	719.3
1200						1050.3	700.2	525.1	420.1	350.1	1639.1	1092.7	819.5	655.6	546.4	2361.5	1574.4	1180.8	944.6	787.2
1300						1140.8	760.5	570.4	456.3	380.3	1780.4	1186.9	890.2	712.2	593.5	2565.1	1710.1	1282.6	1026.0	855.0
1400						1231.3	820.9	615.7	492.5	410.4	1921.7	1281.1	960.8	768.7	640.6	2768.7	1845.8	1384.3	1107.5	922.9
1500						1321.9	881.3	660.9	528.8	440.6	2063.0	1375.3	1031.5	825.2	687.7	2972.3	1981.5	1486.1	1188.9	990.8

矩形和T形截面梁箍筋受剪承载力 V_{yv} C20 HRB400(RRB400)箍筋 六肢箍 主筋一排 表 2-7-27

h (mm)	φ6箍,间距为(mm)					φ8箍,间距为(mm)					φ10箍,间距为(mm)					φ12箍,间距为(mm)				
	100	150	200	250	300	100	150	200	250	300	100	150	200	250	300	100	150	200	250	300
650	466.1	310.7	233.1	186.4		828.4	552.3	414.2	331.4		1292.9	861.9	646.4	517.2		1862.8	1241.8	931.4	745.1	
700	504.3	336.2	252.2	201.7		896.3	597.6	448.2	358.5		1398.9	932.6	699.4	559.5		2015.4	1343.6	1007.7	806.2	
800	580.7	387.1	290.4	232.3		1032.2	688.1	516.1	412.9		1610.8	1073.9	805.4	644.3		2320.8	1547.2	1160.4	928.3	
900						1168.0	778.6	584.0	467.2	389.3	1822.8	1215.2	911.4	729.1	607.6	2626.2	1750.8	1313.1	1050.5	875.4
1000						1303.8	869.2	651.9	521.5	434.6	2034.7	1356.5	1017.4	813.9	678.2	2931.6	1954.4	1465.8	1172.6	977.2
1100						1439.6	959.7	719.8	575.8	479.9	2246.7	1497.8	1123.3	898.7	748.9	3236.9	2157.9	1618.5	1294.8	1079.0
1200						1575.4	1050.3	787.7	630.2	525.1	2458.6	1639.1	1229.3	983.4	819.5	3542.3	2361.5	1771.1	1416.9	1180.8
1300						1711.2	1140.8	855.6	684.5	570.4	2670.6	1780.4	1335.3	1068.2	890.2	3847.7	2565.1	1923.8	1539.1	1282.6
1400						1847.0	1231.3	923.5	738.8	615.7	2882.5	1921.7	1441.3	1153.0	960.8	4153.0	2768.7	2076.5	1661.2	1384.3
1500						1982.8	1321.9	991.4	793.1	660.9	3094.5	2063.0	1547.2	1237.8	1031.5	4458.4	2972.3	2229.2	1783.4	1486.1

矩形和 T 形截面梁箍筋受剪承载力 V_{yv} ≥C25 HRB335 箍筋 双肢箍 主筋一排 表 2-7-28

h (mm)	ϕ6 箍,间距为(mm)				ϕ8 箍,间距为(mm)					ϕ10 箍,间距为(mm)					ϕ12 箍,间距为(mm)				
	100	150	200	250	100	150	200	250	300	100	150	200	250	300	100	150	200	250	300
200	35.0	23.3			62.2	41.5				97.1	64.8				140.0	93.3			
250	45.6	30.4			81.1	54.1				126.6	84.4				182.4	121.6			
300	56.2	37.5			100.0	66.6				156.0	104.0				224.8	149.9			
350	66.9	44.6	33.4		118.8	79.2	59.4			185.5	123.6	92.7			267.2	178.1	133.6		
400	77.5	51.6	38.7		137.7	91.8	68.8			214.9	143.3	107.4			309.6	206.4	154.8		
450	88.1	58.7	44.0		156.6	104.4	78.3			244.3	162.9	122.2			352.0	234.7	176.0		
500	98.7	65.8	49.3		175.4	116.9	87.7			273.8	182.5	136.9			394.4	263.0	197.2		
550	109.3	72.9	54.7	43.7	194.3	129.5	97.1	77.7		303.2	202.1	151.6	121.3		436.8	291.2	218.4	174.7	
600	119.9	79.9	60.0	48.0	213.1	142.1	106.6	85.3		332.6	221.8	166.3	133.1		479.3	319.5	239.6	191.7	
650	130.5	87.0	65.3		232.0	154.7	116.0	92.8		362.1	241.4	181.0	144.8		521.7	347.8	260.8	208.7	
700	141.1	94.1	70.6		250.9	167.2	125.4	100.3		391.5	261.0	195.8	156.6		564.1	376.1	282.0	225.6	
750	151.8	101.2	75.9		269.7	179.8	134.9	107.9		421.0	280.6	210.5	168.4		606.5	404.3	303.2	242.6	
800	162.4	108.2	81.2		288.6	192.4	144.3	115.4		450.4	300.3	225.2	180.2		648.9	432.6	324.5	259.6	
900					326.3	217.5	163.2	130.5	108.8	509.3	339.5	254.6	203.7	169.8	733.7	489.2	366.9	293.5	244.6
1000					364.0	242.7	182.0	145.6	121.3	568.1	378.8	284.1	227.3	189.4	818.6	545.7	409.3	327.4	272.9
1100					401.8	267.8	200.9	160.7		627.0	418.0	313.5	250.8	209.0	903.4	602.3	451.7	361.4	301.1
1200					439.5	293.0	219.7	175.8		685.9	457.3	342.9	274.4	228.6	988.2	658.8	494.1	395.3	329.4

矩形和 T 形截面梁箍筋受剪承载力 V_{yv} ≥C25 HRB335 箍筋 四肢箍 主筋一排 表 2-7-29

h (mm)	ϕ6 箍,间距为(mm)					ϕ8 箍,间距为(mm)					ϕ10 箍,间距为(mm)					ϕ12 箍,间距为(mm)				
	100	150	200	250	300	100	150	200	250	300	100	150	200	250	300	100	150	200	250	300
450	176.2	117.4	88.1			313.1	208.7	156.6			488.7	325.8	244.3			704.0	469.4	352.0		
500	197.4	131.6	98.7			350.8	233.9	175.4			547.5	365.0	273.8			788.9	525.9	394.4		
550	218.6	145.7	109.3	87.4		388.6	259.0	194.3	155.4		606.4	404.3	303.2	242.6		873.7	582.5	436.8	349.5	
600	239.8	159.9	119.9	95.9		426.3	284.2	213.1	170.5		665.3	443.5	332.6	266.1		958.5	639.0	479.3	383.4	
650	261.1	174.0	130.5	104.4		464.0	309.3	232.0	185.6		724.2	482.8	362.1	289.7		1043.3	695.6	521.7	417.3	
700	282.3	188.2	141.1	112.9		501.7	334.5	250.9	200.7		783.0	522.0	391.5	313.2		1128.2	752.1	564.1	451.3	
800	324.7	216.5	162.4	129.9		577.2	384.8	288.6	230.9		900.8	600.5	450.4	360.3		1297.8	865.2	648.9	519.1	
900						652.6	435.1	326.3	261.1	217.5	1018.5	679.0	509.3	407.4	339.5	1467.5	978.3	733.7	587.0	489.2
1000						728.1	485.4	364.0	291.2	242.7	1136.3	757.5	568.1	454.5	378.8	1637.1	1091.4	818.6	654.8	545.7
1100						803.5	535.7	401.8	321.4	267.8	1254.0	836.0	627.0	501.6	418.0	1806.8	1204.5	903.4	722.7	602.3
1200						879.0	586.0	439.5	351.6	293.0	1371.8	914.5	685.9	548.7	457.3	1976.4	1317.6	988.2	790.6	658.8
1300						954.4	636.3	477.2	381.8	318.1	1489.5	993.0	744.8	595.8	496.5	2146.1	1430.7	1073.0	858.4	715.4
1400						1029.9	686.6	514.9	412.0	343.3	1607.3	1071.5	803.6	642.9	535.8	2315.7	1543.8	1157.9	926.3	771.9
1500						1105.3	736.9	552.7	442.1	368.4	1725.0	1150.0	862.5	690.0	575.0	2485.4	1656.9	1242.7	994.1	828.5

矩形和T形截面梁箍筋受剪承载力 V_{yv} ≥C25 HRB335箍筋 六肢箍 主筋一排 表2-7-30

h (mm)	φ6箍,间距为(mm)					φ8箍,间距为(mm)					φ10箍,间距为(mm)					φ12箍,间距为(mm)				
	100	150	200	250	300	100	150	200	250	300	100	150	200	250	300	100	150	200	250	300
650	391.6	261.1	195.8	156.6		696.0	464.0	348.0	278.4		1086.2	724.2	543.1	434.5		1565.0	1043.3	782.5	626.0	
700	423.4	282.3	211.7	169.4		752.6	501.7	376.3	301.0		1174.6	783.0	587.3	469.8		1692.3	1128.2	846.1	676.9	
800	487.1	324.7	243.6	194.8		865.8	577.2	432.9	346.3		1351.2	900.8	675.6	540.5		1946.7	1297.8	973.4	778.7	
900						979.0	652.6	489.5	391.6	326.3	1527.8	1018.5	763.9	611.1	509.3	2201.2	1467.5	1100.6	880.5	733.7
1000						1092.1	728.1	546.1	436.9	364.0	1704.4	1136.3	852.2	681.8	568.1	2455.7	1637.1	1227.8	982.3	818.6
1100						1205.3	803.5	602.7	482.1	401.8	1881.1	1254.0	940.5	752.4	627.0	2710.2	1806.8	1355.1	1084.1	903.4
1200						1318.5	879.0	659.2	527.4	439.5	2057.7	1371.8	1028.8	823.1	685.9	2964.6	1976.4	1482.3	1185.9	988.2
1300						1431.7	954.4	715.8	572.7	477.2	2234.3	1489.5	1117.2	893.7	744.8	3219.1	2146.1	1609.6	1287.6	1073.0
1400						1544.8	1029.9	772.4	617.9	514.9	2410.9	1607.3	1205.5	964.4	803.6	3473.6	2315.7	1736.8	1389.4	1157.9
1500						1658.0	1105.3	829.0	663.2	552.7	2587.6	1725.0	1293.8	1035.0	862.5	3728.1	2485.4	1864.0	1491.2	1242.7

矩形和T形截面梁箍筋受剪承载力 V_{yv} ≥C25 HRB400(RRB400)箍筋 双肢箍 主筋一排 表2-7-31

h (mm)	φ6箍,间距为(mm)				φ8箍,间距为(mm)					φ10箍,间距为(mm)					φ12箍,间距为(mm)				
	100	150	200	250	100	150	200	250	300	100	150	200	250	300	100	150	200	250	300
200	42.0	28.0			74.7	49.8				116.6	77.7				168.0	112.0			
250	54.8	36.5			97.3	64.9				151.9	101.3				218.8	145.9			
300	67.5	45.0			120.0	80.0				187.2	124.8				269.7	179.8			
350	80.2	53.5	40.1		142.6	95.1	71.3			222.5	148.4	111.3			320.6	213.8	160.3		
400	93.0	62.0	46.5		165.2	110.2	82.6			257.9	171.9	128.9			371.5	247.7	185.8		
450	105.7	70.5	52.9		187.9	125.2	93.9			293.2	195.5	146.6			422.4	281.6	211.2		
500	118.4	79.0	59.2		210.5	140.3	105.3			328.5	219.0	164.3			473.3	315.5	236.7		
550	131.2	87.4	65.6	52.5	233.1	155.4	116.6	93.3		363.8	242.6	181.9	145.5		524.2	349.5	262.1	209.7	
600	143.9	95.9	72.0	57.6	255.8	170.5	127.9	102.3		399.2	266.1	199.6	159.7		575.1	383.4	287.6	230.0	
650	156.6	104.4	78.3	62.7	278.4	185.6	139.2	111.4		434.5	289.7	217.2	173.8		626.0	417.3	313.0	250.4	
700	169.4	112.9	84.7	67.8	301.0	200.7	150.5	120.4		469.8	313.2	234.9	187.9		676.9	451.3	338.5	270.8	
750	182.1	121.4	91.1	72.8	323.7	215.8	161.8	129.5		505.1	336.8	252.6	202.1		727.8	485.2	363.9	291.1	
800	194.8	129.9	97.4	77.9	346.3	230.9	173.2	138.5		540.5	360.3	270.2	216.2		778.7	519.1	389.3	311.5	
900					391.6	261.1	195.8	156.6	130.5	611.1	407.4	305.6	244.4	203.7	880.5	587.0	440.2	352.2	293.5
1000					436.9	291.2	218.4	174.7	145.6	681.8	454.5	340.9	272.7	227.3	982.3	654.8	491.1	392.9	327.4
1100					482.1	321.4	241.1	192.9	160.7	752.4	501.6	376.2	301.0	250.8	1084.1	722.7	542.0	433.6	361.4
1200					527.4	351.6	263.7	211.0	175.8	823.1	548.7	411.5	329.2	274.4	1185.9	790.6	592.9	474.3	395.3

矩形和T形截面梁箍筋受剪承载力 V_{yv} ≥C25 HRB400(RRB400)箍筋 四肢箍 主筋一排 表 2-7-32

h (mm)	ϕ6 箍,间距为(mm)					ϕ8 箍,间距为(mm)					ϕ10 箍,间距为(mm)					ϕ12 箍,间距为(mm)				
	100	150	200	250	300	100	150	200	250	300	100	150	200	250	300	100	150	200	250	300
450	211.4	140.9	105.7			375.7	250.5	187.9			586.4	390.9	293.2			844.9	563.2	422.4		
500	236.9	157.9	118.4			421.0	280.7	210.5			657.0	438.0	328.5			946.6	631.1	473.3		
550	262.3	174.9	131.2	104.9		466.3	310.9	233.1	186.5		727.7	485.1	363.8	291.1		1048.4	699.0	524.2	419.4	
600	287.8	191.9	143.9	115.1		511.6	341.0	255.8	204.6		798.3	532.2	399.2	319.3		1150.2	766.8	575.1	460.1	
650	313.3	208.9	156.6	125.3		556.8	371.2	278.4	222.7		869.0	579.3	434.5	347.6		1252.0	834.7	626.0	500.8	
700	338.8	225.8	169.4	135.5		602.1	401.4	301.0	240.8		939.6	626.4	469.8	375.9		1353.8	902.5	676.9	541.5	
800	389.7	259.8	194.8	155.9		692.6	461.8	346.3	277.1		1080.9	720.6	540.5	432.4		1557.4	1038.3	778.7	623.0	
900						783.2	522.1	391.6	313.3	261.1	1222.2	814.8	611.1	488.9	407.4	1761.0	1174.0	880.5	704.4	587.0
1000						873.7	582.5	436.9	349.5	291.2	1363.5	909.0	681.8	545.4	454.5	1964.5	1309.7	982.3	785.8	654.8
1100						964.3	642.8	482.1	385.7	321.4	1504.8	1003.2	752.4	601.9	501.6	2168.1	1445.4	1084.1	867.3	722.7
1200						1054.8	703.2	527.4	421.9	351.6	1646.1	1097.4	823.1	658.5	548.7	2371.7	1581.1	1185.9	948.7	790.6
1300						1145.3	763.6	572.7	458.1	381.8	1787.4	1191.6	893.7	715.0	595.8	2575.3	1716.9	1287.6	1030.1	858.4
1400						1235.9	823.9	617.9	494.3	412.0	1928.7	1285.8	964.4	771.5	642.9	2778.9	1852.6	1389.4	1111.5	926.3
1500						1326.4	884.3	663.2	530.6	442.1	2070.0	1380.0	1035.0	828.0	690.0	2982.4	1988.3	1491.2	1193.0	994.1

矩形和T形截面梁箍筋受剪承载力 V_{yv} ≥C25 HRB400(RRB400)箍筋 六肢箍 主筋一排 表 2-7-33

h (mm)	ϕ6 箍,间距为(mm)					ϕ8 箍,间距为(mm)					ϕ10 箍,间距为(mm)					ϕ12 箍,间距为(mm)				
	100	150	200	250	300	100	150	200	250	300	100	150	200	250	300	100	150	200	250	300
650	469.9	313.3	235.0	188.0		835.2	556.8	417.6	334.1		1303.5	869.0	651.7	521.4		1878.0	1252.0	939.0	751.2	
700	508.1	338.8	254.1	203.3		903.1	602.1	451.6	361.3		1409.5	939.6	704.7	563.8		2030.7	1353.8	1015.4	812.3	
800	584.5	389.7	292.3	233.8		1038.9	692.6	519.5	415.6		1621.4	1080.9	810.7	648.6		2336.1	1557.4	1168.0	934.4	
900						1174.8	783.2	587.4	469.9	391.6	1833.4	1222.2	916.7	733.3	611.1	2641.5	1761.0	1320.7	1056.6	880.5
1000						1310.6	873.7	655.3	524.2	436.9	2045.3	1363.5	1022.7	818.1	681.8	2946.8	1964.5	1473.4	1178.7	982.3
1100						1446.4	964.3	723.2	578.6	482.1	2257.3	1504.8	1128.6	902.9	752.4	3252.2	2168.1	1626.1	1300.9	1084.1
1200						1582.2	1054.8	791.1	632.9	527.4	2469.2	1646.1	1234.6	987.7	823.1	3557.6	2371.7	1778.8	1423.0	1185.9
1300						1718.0	1145.3	859.0	687.2	572.7	2681.2	1787.4	1340.6	1072.5	893.7	3862.9	2575.3	1931.5	1545.2	1287.6
1400						1853.8	1235.9	926.9	741.5	617.9	2893.1	1928.7	1446.6	1157.2	964.4	4168.3	2778.9	2084.2	1667.3	1389.4
1500						1989.6	1326.4	994.8	795.8	663.2	3105.1	2070.0	1552.5	1242.0	1035.0	4473.7	2982.4	2236.8	1789.5	1491.2

第八节 矩形截面梁受扭承载力计算

一、适用条件

1. 混凝土强度等级：C20，C25，C30，C35，C40；
2. 普通钢筋：HPB235；
3. 混凝土保护层厚度：按使用环境类别为一类确定；
4. 梁截面有效高度 h_0：按表 2-4-1 确定；
5. $h/b \leqslant 4$。

二、使用说明

1. 制表公式

$$T_{max} = \frac{0.25 f_c}{\frac{V}{Tbh_0} + \frac{1}{0.8 W_t}} \tag{2-8-1}$$

$$T_{min} = \frac{0.7 f_t}{\frac{V}{Tbh_0} + \frac{1}{W_t}} \tag{2-8-2}$$

$$T^*_{min} = 0.175 f_t W_t \tag{2-8-3}$$

$$V^*_{min} = 0.35 f_t b h_0 \tag{2-8-4}$$

$$V = 0.7\ (1.5 - \beta_t)\ f_t b h_0 + 1.25 f_{yv} \frac{A_{sv}}{s} h_0 \tag{2-8-5}$$

$$T = 0.35 \beta_t f_t W_t + 1.2 \sqrt{\zeta} f_{yv} \frac{A_{st1} A_{cor}}{s} \tag{2-8-6}$$

$$\beta_t = \frac{1.5}{1 + 0.5 \frac{VW_t}{Tbh_0}} \tag{2-8-7}$$

$$\zeta = \frac{f_y A_{stl} s}{f_{yv} A_{st1} u_{cor}} \tag{2-8-8}$$

$$\theta = \frac{V}{T} \tag{2-8-9}$$

$$[T] = \frac{2.5 f_{yv} h_0 A_{cor}}{\theta A_{cor} + 1.902 h_0} \left[\frac{A_{sv}}{2s} + \frac{(1.5 - \beta_t)\ A_{cor} f_t b + 0.951 \beta_t f_t W_t}{3.571 f_{yv} A_{cor}} \right] \tag{2-8-10}$$

$$[V] = \theta\ [T] \tag{2-8-11}$$

$$A_{stl} = \frac{0.913 u_{cor}}{f_y A_{cor}}\ ([T] - 0.35 f_t W_t \beta_t) \tag{2-8-12}$$

式中 V、T——构件所承受的剪力设计值（kN），扭矩设计值（kN·m）；

β_t——剪扭构件混凝土受扭承载力降低系数，当 β_t 小于 0.5 时取 0.5，当 β_t 大于 1 时取 1；

A_{cor}——截面核心部分的面积；

u_{cor}——截面核心部分的周长；

A_{sv}——配置在同一截面内箍筋各肢的全部截面面积；

s——箍筋间距；

W_t——截面受扭塑性抵抗矩；

A_{stl}——受扭计算中全部纵向钢筋面积；

A_{st1}——受扭计算中沿截面周边所配置箍筋的单肢截面面积；

ζ——受扭构件纵向钢筋与箍筋的配筋强度比值，制表时取 1.2。

2. 使用方法

1）扭矩设计值应满足：

$$T \leqslant T_{max} \tag{2-8-13}$$

当不满足式（2-8-13）时应提高混凝土强度等级或改变截面尺寸；

2）当 $T \leqslant T_{min}$ 时，按构造配箍；

3）当 $V \leqslant V^*_{min}$ 时，可按纯扭构件查表；

4）当 $T \leqslant T^*_{min}$ 时，可不考虑扭矩影响；

5）当 $T_{min} < T \leqslant T_{max}$ 时，由 $V/T=\theta$，查表 2-8-1～表 2-8-12 可得箍筋及抗扭纵筋面积。

3. 注意事项

1）查表 2-8-1～表 2-8-12 时，必须同时满足 $T<[T]$，$V<[V]$。

2）表 2-8-1～表 2-8-12 中 β_t 有两行数字均为 1.0，其中下一行由已知的 θ 算得 $\beta_t=1.2$，但按规范规定 $\beta_t>1.0$ 时取 1.0；

3）表 2-8-1～表 2-8-12 按纵向受力钢筋为一排进行编制，当纵筋为二排及以上时应另行计算；

4）表 2-8-1～表 2-8-12 按均布荷载作用下编制，当集中荷载产生的剪力值占总剪力值不小于 75%时，应另行计算；

5）表 2-8-1～表 2-8-12 按 HPB235 钢筋编制。当箍筋采用 HRB335 或 HRB400（RRB400）时，应另行计算；当纵向钢筋采用 HRB335 或 HRB400（RRB400）时，将表中 A_{stl} 除以 1.43 或 1.71 即可；

6）剪扭构件箍筋和抗扭纵向钢筋均应满足最小配筋率要求，表 2-8-1～表 2-8-12 中查得的箍筋及抗扭纵筋均能满足此要求，若为按构造要求配筋，则应根据混凝土规范的最小配筋率要求配置。

三、应用举例

【例 2-8-1】　已知矩形截面梁：$b=250\text{mm}$，$h=500\text{mm}$，承受扭矩设计值 $T=10\text{kN·m}$，剪力设计值 $V=100\text{kN}$，弯矩设计值 $M=50\text{kN·m}$，采用 C20 混凝土，箍筋采用 HPB235 钢筋，纵向钢筋采用 HRB335，求配筋。

【解】　$\theta=\dfrac{V}{T}=\dfrac{100}{10}=10$

按 $\theta=11.8$ 查表 2-8-1　　$\beta_t=0.9$

$T_{max}=12.1\text{kN·m}$，$T_{min}=4.3\text{kN·m}$

满足 $T_{min}<T\leqslant T_{max}$

选用双肢箍 $\phi10@150$　$[T]=10.19\text{kN·m}>T=10\text{kN·m}$

$[V]=120.02\text{kN}>V=100\text{kN}$

相应的纵向抗扭纵筋面积为　$A_{stl}=372.37\text{mm}^2$

由 $M=50\text{kN·m}$ 查表 2-4-5 得 $A_s=390\text{mm}^2$（HRB335 钢筋）

梁上部　$\dfrac{1}{3}A_{stl}=124.12\text{mm}^2$　　选 $2\phi12$

梁中部　$\dfrac{1}{3}A_{stl}=124.12\text{mm}^2$　　选 $2\phi12$

梁下部　$\dfrac{1}{3}A_{stl}\times\dfrac{210}{300}+A_s=477\text{mm}^2$　　选 2 Φ 18

【例 2-8-2】　已知矩形截面梁：$b=250\text{mm}$，$h=400\text{mm}$，承受扭矩设计值 $T=1.0\text{kN·m}$，剪力设计值 $V=70\text{kN}$，采用 C20 混凝土，HPB235 钢筋，求配筋。

【解】　查表 2-8-1　$T^*_{min}=1.89\text{kN·m}>T=1.0\text{kN·m}$

$V=70\text{kN}>V^*_{min}=34.65\text{kN}$

可不考虑扭曲影响。

查表 2-7-7　采用双肢箍 $\phi6@150$。

【例 2-8-3】　已知条件同例 2-8-1，但 V 改为 25kN，T 改为 7.89kN·m，求配筋。

【解】　查表 2-8-1　　$V^*_{min}=34.65\text{kN}>V=25\text{kN}$

因此可不考虑剪力影响，按纯扭进行计算：

$$T_{max}=18.81\text{kN·m}>T=7.89\text{kN·m}$$

选用双肢箍 $\phi8@200$，$[T]=8.29\text{kN·m}>T=7.89\text{kN·m}$

抗扭箍筋 $A_{stl}=444.47\text{mm}^2$，采用 6 Φ 10。

四、矩形截面纯扭、剪扭构件计算表

矩形截面纯扭、剪扭构件计算表见表 2-8-1 至表 2-8-12。

矩形截面纯扭剪扭构件计算表 抗剪扭箍筋(双肢) 抗扭纵筋 A_{stl}(mm^2) HPB235 钢筋 C20 表 2-8-1

$b=250$(mm) $h=400$(mm) $V^*_{min}=34.65$(kN) $T^*_{min}=1.89$(kN·m)

β_t	$\theta=V/T$	T_{max}	T_{min}	ϕ6@150			ϕ6@100			ϕ8@200			ϕ8@150			ϕ8@100			ϕ10@200			ϕ10@150			ϕ10@100		
				[T]	[V]	A_{stl}	[T]	[V]	A_{stl}	[T]	[V]	A_{stl}	[T]	[V]	A_{stl}	[T]	[V]	A_{stl}	[T]	[V]	A_{stl}	[T]	[V]	A_{stl}	[T]	[V]	A_{stl}
0.5	36.4	4.52	1.52	2.66	96.90	104.21	3.04	110.70	104.21	2.92	106.09	104.21	3.25	118.36	104.21	3.93	142.90	144.41	3.48	126.73	112.69	4.01	145.88	150.24			
0.6	27.3	5.59	1.90	3.23	88.03	120.34	3.70	100.87	120.34	3.54	96.59	120.34	3.96	108.00	120.34	4.79	130.82	179.07	4.24	115.78	139.74	4.90	133.59	186.30			
0.7	20.8	6.72	2.32	3.80	79.04	137.86	4.37	90.84	137.86	4.18	86.90	137.86	4.69	97.40	144.09	5.69	118.38	216.11	5.03	104.55	168.65	5.82	120.93	224.85			
0.8	15.9	7.92	2.77	4.39	69.89	157.56	5.06	80.60	157.56	4.84	77.02	157.56	5.44	86.53	170.55	6.63	105.55	255.81	5.84	93.02	199.62	6.78	107.86	266.15			
0.9	12.1	9.19	3.27	5.00	60.59	180.51	5.78	70.10	180.51	5.52	66.92	180.51	6.22	75.38	198.97	7.61	92.29	298.45	6.69	81.14	232.89	7.78	94.34	310.51			
1.0	9.1	10.56	3.81	5.62	51.10	208.43	6.52	59.33	208.43	6.22	56.58	208.43	7.03	63.90	229.58	8.63	78.53	344.37	7.57	68.89	268.72	8.83	80.31	358.29			
1.0	4.5	13.57	5.08	7.31	33.22	294.76	8.48	38.57	333.47	8.09	36.78	305.43	9.14	41.54	380.05	11.23	51.05	529.30	9.85	44.78	430.94	11.48	52.21	547.40			
纯扭	0	18.81	7.64				8.85	0	444.47	8.29	0	444.47	9.79	0	444.47	12.78	0	447.87	10.81	0	444.47	13.14	0	465.98	17.81	0	698.96

$b=250$(mm) $h=450$(mm) $V^*_{min}=39.46$(kN) $T^*_{min}=2.19$(kN·m)

β_t	$\theta=V/T$	T_{max}	T_{min}	ϕ6@150			ϕ6@100			ϕ8@200			ϕ8@150			ϕ8@100			ϕ10@200			ϕ10@150			ϕ10@100		
				[T]	[V]	A_{stl}	[T]	[V]	A_{stl}	[T]	[V]	A_{stl}	[T]	[V]	A_{stl}	[T]	[V]	A_{stl}	[T]	[V]	A_{stl}	[T]	[V]	A_{stl}	[T]	[V]	A_{stl}
0.5	35.8	5.24	1.76	3.08	110.29	118.22	3.52	125.98	118.22	3.37	120.74	118.22	3.76	134.68	118.22	4.54	162.57	159.19	4.03	144.19	124.23	4.64	165.95	165.62			
0.6	26.8	6.47	2.21	3.73	100.18	136.50	4.28	114.77	136.50	4.10	109.90	136.50	4.58	122.86	136.50	5.54	148.78	197.29	4.91	131.70	153.96	5.66	151.93	205.26			
0.7	20.4	7.78	2.69	4.40	89.93	156.38	5.05	103.33	156.38	4.83	98.86	156.38	5.42	110.77	158.67	6.58	134.60	237.98	5.81	118.89	185.71	6.72	137.49	247.59			
0.8	15.7	9.17	3.21	5.08	79.51	178.73	5.85	91.65	178.73	5.60	87.60	178.73	6.28	98.39	187.69	7.66	119.97	281.52	6.75	105.75	219.69	7.83	122.59	292.90			
0.9	11.9	10.65	3.78	5.78	68.91	204.76	6.68	79.69	204.76	6.38	76.09	204.76	7.18	85.68	218.83	8.79	104.85	328.24	7.73	92.22	256.14	8.99	107.18	341.51			
1.0	8.9	12.22	4.41	6.49	58.10	236.43	7.54	67.43	236.43	7.19	64.31	236.43	8.12	72.60	252.33	9.97	89.19	378.49	8.75	78.26	295.34	10.19	91.20	393.79			
1.0	4.5	15.71	5.88	8.43	37.71	334.37	9.79	43.77	365.95	9.33	41.75	335.18	10.54	47.13	417.08	12.94	57.89	580.87	11.36	50.80	472.92	13.24	59.20	600.73			
纯扭	0	21.78	8.85				10.20	0	500.03	9.55	0	500.03	11.27	0	500.03	14.70	0	500.03	12.44	0	500.03	15.11	0	509.94	20.47	0	764.90

$b=250$(mm) $h=500$(mm) $V^*_{min}=44.28$(kN) $T^*_{min}=2.49$(kN·m)

β_t	$\theta=V/T$	T_{max}	T_{min}	ϕ6@150			ϕ6@100			ϕ8@200			ϕ8@150			ϕ8@100			ϕ10@200			ϕ10@150			ϕ10@100		
				[T]	[V]	A_{stl}	[T]	[V]	A_{stl}	[T]	[V]	A_{stl}	[T]	[V]	A_{stl}	[T]	[V]	A_{stl}	[T]	[V]	A_{stl}	[T]	[V]	A_{stl}	[T]	[V]	A_{stl}
0.5	35.3	5.95	2.01	3.50	123.68	132.19	4.00	141.25	132.19	3.83	135.39	132.19	4.27	151.00	132.19	5.16	182.24	173.87	4.58	161.65	135.69	5.27	186.03	180.90			
0.6	26.5	7.35	2.51	4.24	112.33	152.64	4.86	128.66	152.64	4.65	123.21	152.64	5.20	137.72	152.64	6.29	166.75	215.41	5.57	147.62	168.10	6.43	170.27	224.11			
0.7	20.2	8.84	3.05	4.99	100.82	174.87	5.74	115.82	174.87	5.49	110.81	174.87	6.15	124.15	174.87	7.47	150.82	259.72	6.60	133.24	202.68	7.63	154.05	270.22			
0.8	15.5	10.42	3.65	5.77	89.13	199.86	6.65	102.71	199.86	6.35	98.17	199.86	7.13	110.25	204.75	8.69	134.39	307.11	7.67	118.48	239.65	8.88	137.32	319.52			
0.9	11.8	12.10	4.30	6.56	77.23	228.96	7.58	89.29	228.96	7.24	85.26	228.96	8.15	95.98	238.61	9.97	117.42	357.90	8.77	103.29	279.28	10.19	120.02	372.37			
1.0	8.8	13.89	5.01	7.37	65.10	264.38	8.55	75.53	264.38	8.16	72.05	264.38	9.21	81.31	274.98	11.30	99.85	412.48	9.92	87.63	321.86	11.56	102.09	429.15			
1.0	4.4	17.86	6.68	9.56	42.21	373.90	11.09	48.97	398.35	10.58	46.71	373.90	11.94	52.72	454.00	14.66	64.74	632.30	12.87	56.82	514.79	14.99	66.19	653.92			
纯扭	0	24.75	10.05				11.54	0	555.58	10.81	0	555.58	12.75	0	555.58	16.62	0	555.58	14.07	0	555.58	17.09	0	555.58	23.13	0	830.84

续表

$b=250$(mm)　$h=550$(mm)　$V^*_{min}=49.09$(kN)　$T^*_{min}=2.79$(kN·m)

β_t	$\theta=V/T$	T_{max}	T_{min}	ϕ6@150			ϕ6@100			ϕ8@200			ϕ8@150			ϕ8@100			ϕ10@200			ϕ10@150			ϕ10@100		
				[T]	[V]	A_{stl}	[T]	[V]	A_{stl}	[T]	[V]	A_{stl}	[T]	[V]	A_{stl}	[T]	[V]	A_{stl}	[T]	[V]	A_{stl}	[T]	[V]	A_{stl}	[T]	[V]	A_{stl}
0.5	35.0	6.67	2.25	3.92	137.07	146.15	4.48	156.53	146.15	4.29	150.03	146.15	4.78	167.33	146.15	5.77	201.91	188.50	5.12	179.12	147.10	5.89	206.11	196.12			
0.6	26.2	8.24	2.81	4.75	124.48	168.76	5.44	142.56	168.76	5.21	136.53	168.76	5.82	152.59	168.76	7.04	184.72	233.45	6.24	163.54	182.18	7.19	188.62	242.89			
0.7	20.0	9.90	3.42	5.59	111.72	193.34	6.42	128.32	193.34	6.14	122.77	193.34	6.88	137.53	193.34	8.36	167.04	281.39	7.39	147.59	219.58	8.54	170.61	292.76			
0.8	15.3	11.67	4.08	6.45	98.74	220.96	7.44	113.77	220.96	7.11	108.75	220.96	7.98	122.11	221.75	9.73	148.81	332.61	8.58	131.21	259.55	9.94	152.05	346.05			
0.9	11.7	13.55	4.81	7.34	85.55	253.14	8.48	98.89	253.14	8.10	94.43	253.14	9.12	106.29	258.32	11.15	129.99	387.47	9.81	114.37	302.36	11.40	132.87	403.13			
1.0	8.7	15.56	5.61	8.25	72.11	292.30	9.57	83.63	292.30	9.13	79.78	292.30	10.30	90.03	297.58	12.64	110.51	446.37	11.10	97.01	348.31	12.92	112.99	464.42			
1.0	4.4	20.00	7.49	10.69	46.71	413.38	12.39	54.17	430.70	11.82	51.68	413.38	13.34	58.32	490.86	16.38	71.58	683.63	14.38	62.84	556.59	16.74	73.19	707.01			
纯扭	0	27.72	11.26				12.88	0	611.14	12.07	0	611.14	14.23	0	611.14	18.54	0	611.14	15.70	0	611.14	19.06	0	611.14	25.79	0	896.78

$b=250$(mm)　$h=600$(mm)　$V^*_{min}=53.90$(kN)　$T^*_{min}=3.09$(kN·m)

β_t	$\theta=V/T$	T_{max}	T_{min}	ϕ6@150			ϕ6@100			ϕ8@200			ϕ8@150			ϕ8@100			ϕ10@200			ϕ10@150			ϕ10@100		
				[T]	[V]	A_{stl}	[T]	[V]	A_{stl}	[T]	[V]	A_{stl}	[T]	[V]	A_{stl}	[T]	[V]	A_{stl}	[T]	[V]	A_{stl}	[T]	[V]	A_{stl}	[T]	[V]	A_{stl}
0.5	34.7	7.38	2.49	4.34	150.46	160.10	4.95	171.81	160.10	4.75	164.68	160.10	5.29	183.65	160.10	6.39	221.59	203.08	5.67	196.59	160.10	6.52	226.19	211.29			
0.6	26.0	9.12	3.11	5.25	136.64	184.86	6.01	156.46	184.86	5.76	149.84	184.86	6.44	167.46	184.86	7.79	202.69	251.45	6.90	179.47	196.22	7.96	206.96	261.61			
0.7	19.8	10.96	3.78	6.19	122.61	211.79	7.10	140.81	211.79	6.80	134.73	211.79	7.61	150.91	211.79	9.25	183.26	303.00	8.17	161.94	236.45	9.44	187.18	315.24			
0.8	15.2	12.92	4.52	7.14	108.36	242.04	8.23	124.83	242.04	7.86	119.33	242.04	8.83	133.97	242.04	10.76	163.24	358.05	9.49	143.95	279.40	10.99	166.79	372.52			
0.9	11.6	15.00	5.33	8.12	93.87	277.30	9.38	108.49	277.30	8.96	103.61	277.30	10.08	116.59	277.99	12.33	142.57	416.98	10.85	125.45	325.38	12.60	145.71	433.83			
1.0	8.7	17.22	6.22	9.12	79.11	320.19	10.58	91.74	320.19	10.09	87.52	320.19	11.39	98.74	320.19	13.97	121.17	480.20	12.27	106.39	374.71	14.29	123.89	499.62			
1.0	4.3	22.14	8.29	11.81	51.21	452.82	13.70	59.38	462.99	13.07	56.65	452.82	14.74	63.91	527.67	18.09	78.43	734.90	15.88	68.86	598.33	18.50	80.20	760.03			
纯扭	0	30.69	12.47				14.23	0	666.70	13.34	0	666.70	15.71	0	666.70	20.46	0	666.70	17.33	0	666.70	21.03	0	666.70	28.45	0	962.72

$b=250$(mm)　$h=650$(mm)　$V^*_{min}=58.71$(kN)　$T^*_{min}=3.39$(kN·m)

β_t	$\theta=V/T$	T^*_{max}	T_{min}	ϕ6@150			ϕ6@100			ϕ8@200			ϕ8@150			ϕ8@100			ϕ10@200			ϕ10@150			ϕ10@100		
				[T]	[V]	A_{stl}	[T]	[V]	A_{stl}	[T]	[V]	A_{stl}	[T]	[V]	A_{stl}	[T]	[V]	A_{stl}	[T]	[V]	A_{stl}	[T]	[V]	A_{stl}	[T]	[V]	A_{stl}
0.5	34.4	8.10	2.73	4.76	163.86	174.03	5.43	187.09	174.03	5.21	179.33	174.03	5.81	199.98	174.03	7.00	241.27	217.63	6.21	214.05	174.03	7.15	246.27	226.42			
0.6	25.8	10.00	3.41	5.76	148.79	200.96	6.59	170.36	200.96	6.32	163.16	200.96	7.06	182.32	200.96	8.54	220.66	269.40	7.56	195.40	210.24	8.72	225.31	280.29			
0.7	19.7	12.02	4.15	6.78	133.51	230.22	7.79	153.30	230.22	7.45	146.69	230.22	8.35	164.29	230.22	10.13	199.48	324.56	8.96	176.29	253.27	10.35	203.75	337.68			
0.8	15.1	14.17	4.96	7.83	117.98	263.11	9.02	135.89	263.11	8.62	129.91	263.11	9.68	145.83	263.11	11.79	177.66	383.44	10.40	156.68	299.22	12.04	181.52	398.94			
0.9	11.5	16.45	5.84	8.90	102.20	301.43	10.28	118.09	301.43	9.82	112.78	301.43	11.05	126.90	301.43	13.51	155.14	446.43	11.89	136.53	348.37	13.81	158.57	464.48			
1.0	8.6	18.89	6.82	10.00	86.12	348.07	11.59	99.84	348.07	11.06	95.26	348.07	12.48	107.45	348.07	15.31	131.84	513.99	13.44	115.77	401.07	15.65	134.80	534.76			
1.0	4.3	24.29	9.09	12.94	55.71	492.24	15.00	64.59	495.26	14.31	61.62	492.24	16.14	69.51	564.45	19.81	85.29	786.12	17.39	74.89	640.03	20.25	87.20	813.00			
纯扭	0	33.66	13.67				15.57	0	722.26	14.60	0	722.26	17.19	0	722.26	22.38	0	722.26	18.96	0	722.26	23.01	0	722.26	31.11	0	1028.66

续表

$b=300$(mm) $h=450$(mm) $V^*_{min}=47.35$(kN) $T^*_{min}=3.01$(kN·m)																								
β_t	$\theta=V/T$	T_{max}	T_{min}	ϕ6@100			ϕ8@200			ϕ8@150			ϕ8@100			ϕ10@200			ϕ10@150			ϕ10@100		
				[T]	[V]	A_{stl}	[T]	[V]	A_{stl}	[T]	[V]	A_{stl}	[T]	[V]	A_{stl}	[T]	[V]	A_{stl}	[T]	[V]	A_{stl}	[T]	[V]	A_{stl}
0.5	31.2	7.20	2.43	4.57	142.78	138.60	4.40	137.43	138.60	4.86	151.67	138.60	5.77	180.16	160.20	5.17	161.39	138.60	5.88	183.62	166.67			
0.6	23.4	8.89	3.03	5.56	130.15	160.04	5.34	125.15	160.04	5.91	138.46	160.04	7.05	165.08	199.58	6.30	147.54	160.04	7.18	168.31	207.64			
0.7	17.9	10.69	3.69	6.57	117.27	183.35	6.31	112.65	183.35	7.00	124.95	183.35	8.38	149.56	242.08	7.47	133.34	188.91	8.55	152.54	251.87			
0.8	13.7	12.60	4.41	7.62	104.12	209.54	7.31	99.90	209.54	8.13	111.11	209.54	9.77	133.54	288.10	8.69	118.76	224.82	9.97	136.25	299.75	12.53	171.25	449.60
0.9	10.4	14.63	5.20	8.70	90.64	240.06	8.34	86.87	240.06	9.31	96.90	240.06	11.23	116.95	338.09	9.96	103.73	263.83	11.46	119.38	351.76	14.47	150.67	527.62
1.0	7.8	16.80	6.06	9.83	76.80	277.20	9.41	73.52	277.20	10.53	82.25	277.20	12.77	99.71	392.59	11.29	88.21	306.35	13.04	101.83	408.46	16.53	129.08	612.69
1.0	3.9	21.60	8.09	12.97	50.66	404.56	12.42	48.49	392.01	13.89	54.25	458.44	16.84	65.77	631.06	14.90	58.18	517.29	17.20	67.16	651.99			
纯扭	0	29.94	12.16	13.37	0	600.03	12.56	0	600.03	14.72	0	600.03	19.06	0	760.54	16.20	0	600.03	19.58	0	791.28	26.34	0	1186.92

$b=300$(mm) $h=500$(mm) $V^*_{min}=53.13$(kN) $T^*_{min}=3.45$(kN·m)																								
β_t	$\theta=V/T$	T_{max}	T_{min}	ϕ6@100			ϕ8@200			ϕ8@150			ϕ8@100			ϕ10@200			ϕ10@150			ϕ10@100		
				[T]	[V]	A_{stl}	[T]	[V]	A_{stl}	[T]	[V]	A_{stl}	[T]	[V]	A_{stl}	[T]	[V]	A_{stl}	[T]	[V]	A_{stl}	[T]	[V]	A_{stl}
0.5	30.7	8.23	2.77	5.22	160.04	155.43	5.02	154.05	155.43	5.54	169.99	155.43	6.58	201.87	174.68	5.90	180.86	155.43	6.71	205.74	181.74			
0.6	23.0	10.16	3.47	6.34	145.85	179.47	6.10	140.26	179.47	6.75	155.14	179.47	8.04	184.91	217.47	7.19	165.29	179.47	8.20	188.52	226.26			
0.7	17.5	12.22	4.22	7.50	131.38	205.61	7.20	126.22	205.61	7.99	139.97	205.61	9.56	167.46	263.60	8.52	149.34	205.71	9.75	170.79	274.25	12.19	213.70	411.35
0.8	13.4	14.40	5.04	8.69	116.60	234.98	8.34	111.90	234.98	9.27	124.42	234.98	11.14	149.45	313.46	9.91	132.95	244.61	11.37	152.49	326.13	14.28	191.55	489.17
0.9	10.2	16.72	5.94	9.93	101.47	269.20	9.52	97.27	269.20	10.61	108.46	269.20	12.80	130.82	367.54	11.36	116.08	286.81	13.06	133.53	382.40	16.48	168.44	573.58
1.0	7.7	19.20	6.93	11.21	85.95	310.85	10.73	82.29	310.85	12.00	92.02	310.85	14.54	111.48	426.39	12.87	98.66	332.72	14.85	113.84	443.63	18.81	144.21	665.44
1.0	3.8	24.69	9.24	14.76	56.57	439.61	14.13	54.16	439.61	15.80	60.57	496.85	19.14	73.37	683.94	16.94	64.93	560.64	19.55	74.93	706.63			
纯扭	0	34.21	13.90	15.18	0	666.70	14.26	0	666.70	16.70	0	666.70	21.59	0	820.90	18.37	0	666.70	22.18	0	854.08	29.81	0	1281.12

$b=300$(mm) $h=550$(mm) $V^*_{min}=58.90$(kN) $T^*_{min}=3.88$(kN·m)																								
β_t	$\theta=V/T$	T_{max}	T_{min}	ϕ6@100			ϕ8@200			ϕ8@150			ϕ8@100			ϕ10@200			ϕ10@150			ϕ10@100		
				[T]	[V]	A_{stl}	[T]	[V]	A_{stl}	[T]	[V]	A_{stl}	[T]	[V]	A_{stl}	[T]	[V]	A_{stl}	[T]	[V]	A_{stl}	[T]	[V]	A_{stl}
0.5	30.2	9.26	3.12	5.87	177.31	172.22	5.65	170.68	172.22	6.23	188.32	172.22	7.40	223.59	189.03	6.63	200.34	172.22	7.54	227.86	196.67			
0.6	22.7	11.44	3.90	7.13	161.56	198.86	6.85	155.37	198.86	7.58	171.83	198.86	9.03	204.74	235.21	8.08	183.05	198.86	9.21	208.74	244.72			
0.7	17.3	13.75	4.75	8.42	145.50	227.83	8.09	139.79	227.83	8.97	154.98	227.83	10.73	185.36	284.94	9.57	165.34	227.83	10.95	189.05	296.45	13.69	236.46	444.64
0.8	13.2	16.20	5.67	9.76	129.10	260.37	9.37	123.90	260.37	10.42	137.73	260.37	12.51	165.37	338.63	11.13	147.15	264.25	12.76	168.72	352.31	16.02	211.87	528.44
0.9	10.1	18.81	6.68	11.15	112.31	298.29	10.69	107.68	298.29	11.91	120.02	298.29	14.36	144.70	396.78	12.75	128.43	309.62	14.66	147.69	412.82	18.48	186.22	619.21
1.0	7.6	21.60	7.80	12.59	95.10	344.44	12.05	91.07	344.44	13.47	101.80	344.44	16.31	123.26	459.98	14.44	109.11	358.93	16.66	125.86	478.57	21.09	159.36	717.85
1.0	3.8	27.77	10.40	16.54	62.49	487.11	15.84	59.84	487.11	17.71	66.89	535.09	21.44	80.99	736.58	18.98	71.70	603.79	21.89	82.70	761.01	27.72	104.71	1075.46
纯扭	0	38.49	15.64	16.98	0	733.37	15.96	0	733.37	18.68	0	733.37	24.12	0	881.26	20.53	0	733.37	24.78	0	916.88	33.28	0	1375.32

续表

$b=300(\mathrm{mm})$ $h=600(\mathrm{mm})$ $V_{min}^{*}=64.68(\mathrm{kN})$ $T_{min}^{*}=4.31(\mathrm{kN\cdot m})$

β_t	$\theta=V/T$	T_{max}	T_{min}	$\phi6@100$			$\phi8@200$			$\phi8@150$			$\phi8@100$			$\phi10@200$			$\phi10@150$			$\phi10@100$		
				[T]	[V]	A_{stl}	[T]	[V]	A_{stl}	[T]	[V]	A_{stl}	[T]	[V]	A_{stl}	[T]	[V]	A_{stl}	[T]	[V]	A_{stl}	[T]	[V]	A_{stl}
0.5	29.9	10.29	3.46	6.51	194.58	188.99	6.27	187.32	188.99	6.92	206.64	188.99	8.21	245.30	203.28	7.36	219.82	188.99	8.37	249.99	211.50			
0.6	22.4	12.71	4.33	7.91	177.26	218.23	7.61	170.49	218.23	8.42	188.52	218.23	10.03	224.58	252.84	8.96	200.81	218.23	10.22	228.95	263.05			
0.7	17.1	15.27	5.27	9.35	159.61	250.01	8.99	153.36	250.01	9.96	170.00	250.01	11.91	203.27	306.14	10.63	181.34	250.01	12.15	207.30	318.52	15.19	259.23	477.74
0.8	13.1	18.00	6.30	10.84	141.59	285.73	10.40	135.91	285.73	11.56	151.04	285.73	13.87	181.30	363.65	12.35	161.35	285.73	14.16	184.97	378.35	17.77	232.19	567.49
0.9	10.0	20.90	7.42	12.37	123.16	327.34	11.86	118.08	327.34	13.22	131.58	327.34	15.93	158.59	425.87	14.14	140.79	332.32	16.26	161.86	443.08	20.49	204.00	664.60
1.0	7.5	24.00	8.66	13.96	104.25	377.98	13.37	99.84	377.98	14.94	111.58	377.98	18.09	135.04	493.41	16.01	119.58	385.02	18.47	137.89	513.35	23.37	174.51	770.02
1.0	3.7	30.86	11.55	18.32	68.41	534.55	17.55	65.52	534.55	19.61	73.21	573.21	23.74	88.61	789.05	21.02	78.46	646.80	24.24	90.48	815.23	30.67	114.51	1152.07
纯扭	0	42.77	17.37	18.78	0	800.04	17.66	0	800.04	20.65	0	800.04	26.65	0	941.62	22.70	0	800.04	27.38	0	979.68	36.74	0	1469.52

$b=300(\mathrm{mm})$ $h=650(\mathrm{mm})$ $V_{min}^{*}=70.46(\mathrm{kN})$ $T_{min}^{*}=4.74(\mathrm{kN\cdot m})$

β_t	$\theta=V/T$	T_{max}	T_{min}	$\phi6@100$			$\phi8@200$			$\phi8@150$			$\phi8@100$			$\phi10@200$			$\phi10@150$			$\phi10@100$		
				[T]	[V]	A_{stl}	[T]	[V]	A_{stl}	[T]	[V]	A_{stl}	[T]	[V]	A_{stl}	[T]	[V]	A_{stl}	[T]	[V]	A_{stl}	[T]	[V]	A_{stl}
0.5	29.6	11.31	3.81	7.16	211.85	205.75	6.90	203.95	205.75	7.61	224.97	205.75	9.03	267.02	217.46	8.09	239.31	205.75	9.20	272.12	226.25			
0.6	22.2	13.98	4.76	8.70	192.97	237.57	8.37	185.60	237.57	9.25	205.21	237.57	11.02	244.42	270.37	9.85	218.57	237.57	11.23	249.17	281.30			
0.7	16.9	16.80	5.80	10.28	173.73	272.18	9.88	166.93	272.18	10.95	185.01	272.18	13.09	221.18	327.25	11.68	197.34	272.18	13.35	225.56	340.48	16.69	282.00	510.68
0.8	12.9	19.80	6.93	11.91	154.09	311.06	11.43	147.91	311.06	12.70	164.35	311.06	15.24	197.23	388.56	13.57	175.56	311.06	15.55	201.21	404.27	19.52	252.52	606.37
0.9	9.9	22.99	8.17	13.59	134.00	356.36	13.03	128.49	356.36	14.52	143.15	356.36	17.50	172.48	454.84	15.53	153.15	356.36	17.86	176.03	473.23	22.50	221.80	709.82
1.0	7.4	26.40	9.53	15.34	113.41	411.49	14.69	108.62	411.49	16.41	121.36	411.49	19.86	146.83	526.72	17.59	130.04	411.49	20.28	149.92	548.01	25.65	189.67	822.02
1.0	3.7	33.94	12.71	20.11	74.33	581.94	19.26	71.20	581.94	21.52	79.54	611.24	26.03	96.24	841.40	23.06	85.24	689.72	26.58	98.26	869.31	33.63	124.32	1228.51
纯扭	0	47.04	19.11	20.59	0	866.71	19.35	0	866.71	22.63	0	866.71	29.18	0	1001.98	24.87	0	866.71	29.98	0	1042.48	40.21	0	1563.72

$b=300(\mathrm{mm})$ $h=700(\mathrm{mm})$ $V_{min}^{*}=76.23(\mathrm{kN})$ $T_{min}^{*}=5.17(\mathrm{kN\cdot m})$

β_t	$\theta=V/T$	T_{max}	T_{min}	$\phi6@100$			$\phi8@200$			$\phi8@150$			$\phi8@100$			$\phi10@200$			$\phi10@150$			$\phi10@100$		
				[T]	[V]	A_{stl}	[T]	[V]	A_{stl}	[T]	[V]	A_{stl}	[T]	[V]	A_{stl}	[T]	[V]	A_{stl}	[T]	[V]	A_{stl}	[T]	[V]	A_{stl}
0.5	29.3	12.34	4.16	7.81	229.12	222.49	7.52	220.58	222.49	8.29	243.30	222.49	9.84	288.74	231.58	8.82	258.79	222.49	10.03	294.25	240.94			
0.6	22.0	15.25	5.20	9.49	208.67	256.90	9.12	200.72	256.90	10.09	221.90	256.90	12.01	264.26	287.85	10.74	236.34	256.90	12.25	269.39	299.48			
0.7	16.8	18.33	6.33	11.21	187.85	294.32	10.77	180.51	294.32	11.93	200.04	294.32	14.26	239.09	348.29	12.73	213.35	294.32	14.55	243.83	362.37	18.18	304.78	543.51
0.8	12.8	21.60	7.56	12.98	166.59	336.37	12.46	159.92	336.37	13.84	177.66	336.37	16.61	213.16	413.40	14.79	189.77	336.37	16.95	217.46	430.11	21.26	272.85	645.13
0.9	9.8	25.08	8.91	14.81	144.85	385.36	14.21	138.90	385.36	15.82	154.72	385.36	19.06	186.37	483.74	16.93	165.51	385.36	19.45	190.21	503.29	24.50	239.59	754.91
1.0	7.3	28.80	10.40	16.71	122.56	444.97	16.01	117.40	444.97	17.88	131.14	444.97	21.63	158.62	559.95	19.16	140.51	444.97	22.08	161.95	582.59	27.93	204.83	873.88
1.0	3.7	37.03	13.86	21.89	80.26	629.29	20.97	76.88	629.29	23.42	85.88	649.20	28.33	103.87	893.66	25.09	92.01	732.55	28.92	106.05	923.30	36.58	134.13	1304.81
纯扭	0	51.32	20.85	22.39	0	933.38	21.05	0	933.38	24.61	0	933.38	31.72	0	1062.34	27.03	0	933.38	32.58	0	1105.28	43.67	0	1657.92

续表

$b=300(mm)$ $h=750(mm)$ $V_{min}^{*}=82.00(kN)$ $T_{min}^{*}=5.60(kN\cdot m)$

β_t	$\theta=V/T$	T_{max}	T_{min}	$\phi6@100$			$\phi8@200$			$\phi8@150$			$\phi8@100$			$\phi10@200$			$\phi10@150$			$\phi10@100$		
				[T]	[V]	A_{stl}	[T]	[V]	A_{stl}	[T]	[V]	A_{stl}	[T]	[V]	A_{stl}	[T]	[V]	A_{stl}	[T]	[V]	A_{stl}	[T]	[V]	A_{stl}
0.5	29.1	13.37	4.50	8.46	246.39	239.22	8.14	237.21	239.22	8.98	261.63	239.22	10.66	310.46	245.67	9.55	278.28	239.22	10.86	316.38	255.59			
0.6	21.8	16.52	5.63	10.27	224.38	276.22	9.88	215.83	276.22	10.92	238.59	276.22	13.00	284.10	305.27	11.63	254.10	276.22	13.26	289.62	317.61	16.51	360.64	476.37
0.7	16.6	19.85	6.85	12.13	201.96	316.45	11.66	194.08	316.45	12.92	215.06	316.45	15.44	257.00	369.28	13.78	229.36	316.45	15.75	262.09	384.20	19.68	327.55	576.26
0.8	12.7	23.40	8.19	14.05	179.09	361.66	13.49	171.93	361.66	14.99	190.98	361.66	17.98	229.09	438.18	16.01	203.97	361.66	18.34	233.71	455.89	23.01	293.19	683.79
0.9	9.7	27.17	9.65	16.04	155.69	414.33	15.38	149.31	414.33	17.13	166.30	414.33	20.63	200.26	512.56	18.32	177.88	414.33	21.05	204.38	533.28	26.51	257.40	799.90
1.0	7.3	31.20	11.26	18.09	131.72	478.43	17.33	126.18	478.43	19.35	140.92	478.43	23.40	170.41	593.12	20.73	150.98	478.43	23.89	173.98	617.09	30.21	219.99	925.63
1.0	3.6	40.11	15.02	23.67	86.19	676.60	22.68	82.57	676.60	25.33	92.21	687.11	30.62	111.50	945.84	27.13	98.79	775.33	31.27	113.84	977.22	39.54	143.95	1381.00
纯扭	0	55.60	22.59	24.19	0	1000.05	22.75	0	1000.05	26.58	0	1000.05	34.25	0	1122.70	29.20	0	1000.05	35.18	0	1168.08	47.14	0	1752.12

$b=300(mm)$ $h=800(mm)$ $V_{min}^{*}=87.78(kN)$ $T_{min}^{*}=6.03(kN\cdot m)$

β_t	$\theta=V/T$	T_{max}	T_{min}	$\phi6@100$			$\phi8@200$			$\phi8@150$			$\phi8@100$			$\phi10@200$			$\phi10@150$			$\phi10@100$		
				[T]	[V]	A_{stl}	[T]	[V]	A_{stl}	[T]	[V]	A_{stl}	[T]	[V]	A_{stl}	[T]	[V]	A_{stl}	[T]	[V]	A_{stl}	[T]	[V]	A_{stl}
0.5	29.0	14.40	4.85	9.11	263.66	255.94	8.77	253.85	255.94	9.67	279.96	255.94	11.47	332.18	259.71	10.28	297.76	255.94	11.69	338.51	270.21			
0.6	21.7	17.79	6.06	11.06	240.09	295.53	10.64	230.95	295.53	11.76	255.28	295.53	14.00	303.94	322.66	12.52	271.87	295.53	14.27	309.84	335.70	17.77	385.78	503.50
0.7	16.5	21.38	7.38	13.06	216.08	338.57	12.55	207.66	338.57	13.91	230.08	338.57	16.62	274.92	390.21	14.83	245.37	338.57	16.95	280.36	405.98	21.18	350.33	608.93
0.8	12.7	25.20	8.82	15.13	191.59	386.94	14.52	183.93	386.94	16.13	204.30	386.94	19.34	245.03	462.90	17.23	218.18	386.94	19.73	249.97	481.61	24.75	313.53	722.38
0.9	9.7	29.26	10.39	17.26	166.54	443.30	16.55	159.72	443.30	18.43	177.87	443.30	22.19	214.16	541.34	19.71	190.24	443.30	22.65	218.56	563.22	28.52	275.20	844.80
1.0	7.2	33.60	12.13	19.46	140.88	511.87	18.65	134.97	511.87	20.82	150.71	511.87	25.17	182.20	626.23	22.31	161.45	511.87	25.70	186.02	651.54	32.49	235.16	977.31
1.0	3.6	43.20	16.17	25.45	92.12	723.90	24.39	88.25	723.90	27.23	98.55	724.98	32.92	119.14	997.97	29.17	105.57	818.06	33.61	121.64	1031.07	42.49	153.77	1457.11
纯扭	0	59.88	24.32	26.00	0	1066.72	24.45	0	1066.72	28.56	0	1066.72	36.78	0	1183.06	31.36	0	1066.72	37.78	0	1230.88	50.61	0	1846.32

$b=300(mm)$ $h=850(mm)$ $V_{min}^{*}=93.56(kN)$ $T_{min}^{*}=6.46(kN\cdot m)$

β_t	$\theta=V/T$	T_{max}	T_{min}	$\phi8@200$			$\phi8@150$			$\phi8@100$			$\phi10@200$			$\phi10@150$			$\phi10@100$		
				[T]	[V]	A_{stl}	[T]	[V]	A_{stl}	[T]	[V]	A_{stl}	[T]	[V]	A_{stl}	[T]	[V]	A_{stl}	[T]	[V]	A_{stl}
0.5	28.8	15.43	5.20	9.39	270.48	272.65	10.36	298.29	272.65	12.29	353.90	273.73	11.02	317.25	272.65	12.52	360.64	284.80			
0.6	21.6	19.06	6.50	11.39	246.07	314.83	12.59	271.97	314.83	14.99	323.78	340.01	13.41	289.64	314.83	15.28	330.06	353.75	19.02	410.92	530.58
0.7	16.5	22.91	7.91	13.44	221.23	360.68	14.89	245.10	360.68	17.79	292.83	411.11	15.88	261.38	360.68	18.15	298.62	427.73	22.67	373.12	641.55
0.8	12.6	27.00	9.45	15.55	195.94	412.21	17.27	217.62	412.21	20.71	260.96	487.59	18.44	232.40	412.21	21.13	266.22	507.30	26.50	333.87	760.91
0.9	9.6	31.35	11.14	17.72	170.13	472.25	19.73	189.44	472.25	23.76	228.06	570.07	21.11	202.61	472.25	24.24	232.74	593.11	30.52	293.01	889.64
1.0	7.2	36.00	12.99	19.97	143.75	545.30	22.29	160.50	545.30	26.94	193.99	659.30	23.88	171.92	545.30	27.51	198.06	685.95	34.77	250.33	1028.92
1.0	3.6	46.29	17.33	26.09	93.94	771.18	29.14	104.89	771.18	35.22	126.78	1050.05	31.21	112.35	860.75	35.95	129.43	1084.88	45.44	163.59	1533.15
纯扭	0	64.15	26.06	26.15	0	1133.39	30.54	0	1133.39	39.31	0	1243.42	33.53	0	1133.39	40.38	0	1293.68	54.07	0	1940.52

续表

$b=350$ (mm)							$h=500$ (mm)					$V^*_{min}=61.99$ (kN)					$T^*_{min}=4.49$ (kN·m)				
β_t	$\theta=V/T$	T_{max}	T_{min}	$\phi6@100$			$\phi8@150$			$\phi8@100$			$\phi10@200$			$\phi10@150$			$\phi10@100$		
				$[T]$	$[V]$	A_{stl}	$[T]$	$[V]$	A_{stl}	$[T]$	$[V]$	A_{stl}	$[T]$	$[V]$	A_{stl}	$[T]$	$[V]$	A_{stl}	$[T]$	$[V]$	A_{stl}
0.5	27.4	10.73	3.62	6.51	178.62	177.51	6.88	188.73	177.51	8.06	221.12	177.51	7.28	199.78	177.51	8.21	225.05	183.46	10.05	275.61	275.14
0.6	20.6	13.26	4.52	7.91	162.80	204.97	8.37	172.28	204.97	9.85	202.65	220.40	8.88	182.64	204.97	10.03	206.33	229.30	12.33	253.73	343.91
0.7	15.7	15.94	5.50	9.36	146.69	234.83	9.92	155.48	234.83	11.72	183.65	268.29	10.53	165.09	234.83	11.94	187.07	279.13	14.74	231.03	418.66
0.8	12.0	18.78	6.57	10.85	130.24	268.37	11.52	138.28	268.37	13.67	164.05	320.53	12.26	147.07	268.37	13.93	167.17	333.48	17.28	207.39	500.19
0.9	9.1	21.81	7.75	12.40	113.40	307.46	13.19	120.63	307.46	15.72	143.76	377.73	14.06	128.51	307.46	16.03	146.57	393.00	19.98	182.68	589.48
1.0	6.9	25.04	9.04	14.02	96.13	355.02	14.94	102.45	355.02	17.89	122.69	440.65	15.95	109.35	355.02	18.25	125.15	458.47	22.86	156.74	687.69
1.0	3.4	32.20	12.05	18.69	64.08	502.08	19.92	68.30	541.52	23.86	81.80	737.36	21.26	72.90	608.29	24.33	83.43	761.11	30.48	104.50	1066.74
纯扭	0	44.63	18.13	19.00	0	777.82	20.85	0	777.82	26.75	0	881.26	22.86	0	777.82	27.47	0	916.88	36.69	0	1375.32

$b=350$ (mm)							$h=550$ (mm)					$V^*_{min}=68.72$ (kN)					$T^*_{min}=5.08$ (kN·m)				
β_t	$\theta=V/T$	T_{max}	T_{min}	$\phi6@100$			$\phi8@150$			$\phi8@100$			$\phi10@200$			$\phi10@150$			$\phi10@100$		
				$[T]$	$[V]$	A_{stl}	$[T]$	$[V]$	A_{stl}	$[T]$	$[V]$	A_{stl}	$[T]$	$[V]$	A_{stl}	$[T]$	$[V]$	A_{stl}	$[T]$	$[V]$	A_{stl}
0.5	26.9	12.13	4.09	7.35	197.85	197.17	7.77	209.03	197.17	9.10	244.84	197.17	8.22	221.24	197.17	9.26	249.18	198.38	11.34	305.06	297.53
0.6	20.2	14.99	5.11	8.94	180.28	227.67	9.45	190.75	227.67	11.12	224.30	238.15	10.02	202.19	227.67	11.32	228.37	247.77	13.91	280.72	371.61
0.7	15.4	18.02	6.22	10.56	162.39	260.83	11.20	172.10	260.83	13.22	203.18	289.66	11.88	182.70	260.83	13.46	206.95	301.36	16.62	255.47	452.00
0.8	11.8	21.23	7.43	12.25	144.13	298.09	13.00	153.00	298.09	15.41	181.41	345.75	13.82	162.69	298.09	15.71	184.86	359.72	19.47	229.20	539.55
0.9	9.0	24.66	8.76	13.99	125.45	341.50	14.88	133.41	341.50	17.72	158.90	407.06	15.85	142.10	341.50	18.06	161.99	423.51	22.50	201.77	635.25
1.0	6.7	28.31	10.22	15.80	106.29	394.34	16.84	113.24	394.34	20.15	135.52	474.36	17.97	120.84	394.34	20.55	138.22	493.53	25.72	172.99	740.29
1.0	3.4	36.40	13.62	21.02	70.68	557.68	22.40	75.31	581.49	26.80	90.12	791.78	23.90	80.36	653.19	27.34	91.92	817.28	34.21	115.04	1145.48
纯扭	0	50.45	20.50	21.31	0	855.60	23.37	0	855.60	29.94	0	941.62	25.61	0	855.60	30.74	0	979.68	41.01	0	1469.52

$b=350$ (mm)							$h=600$ (mm)					$V^*_{min}=75.46$ (kN)					$T^*_{min}=5.67$ (kN·m)				
β_t	$\theta=V/T$	T_{max}	T_{min}	$\phi6@100$			$\phi8@150$			$\phi8@100$			$\phi10@200$			$\phi10@150$			$\phi10@100$		
				$[T]$	$[V]$	A_{stl}	$[T]$	$[V]$	A_{stl}	$[T]$	$[V]$	A_{stl}	$[T]$	$[V]$	A_{stl}	$[T]$	$[V]$	A_{stl}	$[T]$	$[V]$	A_{stl}
0.5	26.5	13.53	4.56	8.20	217.09	216.78	8.66	229.33	216.78	10.14	268.55	216.78	9.16	242.70	216.78	10.32	273.31	216.78	12.63	334.52	319.65
0.6	19.9	16.72	5.70	9.96	197.77	250.32	10.53	209.23	250.32	12.38	245.95	255.70	11.16	221.75	250.32	12.61	250.40	266.03	15.49	307.71	399.00
0.7	15.1	20.09	6.94	11.77	178.10	286.78	12.47	188.71	286.78	14.72	222.72	310.80	13.24	200.31	286.78	14.99	226.85	323.36	18.50	279.92	484.99
0.8	11.6	23.68	8.29	13.64	158.03	327.75	14.48	167.72	327.75	17.16	198.78	370.72	15.39	178.31	327.75	17.48	202.55	385.70	21.67	251.02	578.51
0.9	8.8	27.50	9.77	15.58	137.50	375.48	16.56	146.19	375.48	19.72	174.04	436.12	17.64	155.69	375.48	20.10	177.41	453.74	25.02	220.86	680.59
1.0	6.6	31.58	11.40	17.59	116.46	433.57	18.74	124.05	433.57	22.41	148.36	507.78	19.99	132.34	433.57	22.85	151.31	528.31	28.59	189.26	792.45
1.0	3.3	40.60	15.20	23.35	77.29	613.16	24.87	82.33	621.21	29.75	98.47	845.87	26.53	87.83	697.81	30.34	100.42	873.12	37.94	125.61	1223.73
纯扭	0	56.27	22.86	23.63	0	933.38	25.89	0	933.38	33.14	0	1001.98	28.36	0	933.38	34.01	0	1042.48	45.33	0	1563.72

续表

$b=350$（mm）				$h=650$（mm）						$V_{min}^{*}=82.20$（kN）						$T_{min}^{*}=6.25$（kN·m）					
β_t	$\theta=V/T$	T_{max}	T_{min}	ϕ6@100			ϕ8@150			ϕ8@100			ϕ10@200			ϕ10@150			ϕ10@100		
				[T]	[V]	A_{stl}	[T]	[V]	A_{stl}	[T]	[V]	A_{stl}	[T]	[V]	A_{stl}	[T]	[V]	A_{stl}	[T]	[V]	A_{stl}
0.5	26.1	14.93	5.03	9.04	236.32	236.37	9.55	249.63	236.37	11.18	292.27	236.37	10.10	264.17	236.37	11.38	297.44	236.37	13.92	363.98	341.58
0.6	19.6	18.45	6.29	10.98	215.26	272.94	11.61	227.71	272.94	13.65	267.61	273.10	12.31	241.31	272.94	13.90	272.45	284.14	17.07	334.71	426.16
0.7	14.9	22.17	7.66	12.97	193.81	312.69	13.75	205.34	312.69	16.22	242.27	331.77	14.59	217.93	312.69	16.52	246.75	345.18	20.38	304.38	517.72
0.8	11.4	26.13	9.15	15.03	171.93	357.36	15.95	182.45	357.36	18.90	216.16	395.50	16.96	193.94	357.36	19.26	220.25	411.49	23.86	272.86	617.19
0.9	8.7	30.35	10.78	17.16	149.56	409.41	18.24	158.99	409.41	21.71	189.18	464.97	19.43	169.28	409.41	22.13	192.85	483.76	27.54	239.97	725.62
1.0	6.5	34.84	12.58	19.38	126.63	472.74	20.63	134.86	472.74	24.67	161.21	540.99	22.01	143.85	472.74	25.16	164.41	562.86	31.45	205.54	844.28
1.0	3.3	44.80	16.77	25.68	83.91	668.56	27.34	89.36	668.56	32.69	106.82	899.73	29.17	95.31	742.24	33.34	108.94	928.71	41.68	136.19	1301.64
纯扭	0	62.09	25.23	25.94	0	1011.16	28.41	0	1011.16	36.33	0	1062.34	31.11	0	1011.16	37.29	0	1105.28	49.65	0	1657.92

$b=350$（mm）				$h=700$（mm）						$V_{min}^{*}=88.93$（kN）						$T_{min}^{*}=6.84$（kN·m）					
β_t	$\theta=V/T$	T_{max}	T_{min}	ϕ6@100			ϕ8@150			ϕ8@100			ϕ10@200			ϕ10@150			ϕ10@100		
				[T]	[V]	A_{stl}	[T]	[V]	A_{stl}	[T]	[V]	A_{stl}	[T]	[V]	A_{stl}	[T]	[V]	A_{stl}	[T]	[V]	A_{stl}
0.5	25.9	16.33	5.50	9.88	255.56	255.94	10.44	269.94	255.94	12.22	315.99	255.94	11.05	285.64	255.94	12.43	321.57	255.94	15.21	393.44	363.36
0.6	19.4	20.18	6.88	12.00	232.75	295.53	12.69	246.19	295.53	14.91	289.27	295.53	13.45	260.88	295.53	15.18	294.49	302.13	18.65	361.72	453.14
0.7	14.8	24.25	8.37	14.18	209.52	338.57	15.02	221.96	338.57	17.72	261.82	352.62	15.94	235.55	338.57	18.04	266.65	366.87	22.25	328.85	550.26
0.8	11.3	28.58	10.00	16.42	185.83	386.94	17.43	197.18	386.94	20.64	233.54	420.14	18.52	209.58	386.94	21.03	237.95	437.13	26.05	294.70	655.65
0.9	8.6	33.19	11.79	18.75	161.62	443.29	19.93	171.78	443.29	23.70	204.34	493.67	21.21	182.88	443.29	24.16	208.28	513.63	30.06	259.09	770.41
1.0	6.5	38.11	13.76	21.16	136.81	511.87	22.53	145.67	511.87	26.92	174.07	574.05	24.03	155.35	511.87	27.46	177.51	597.25	34.31	221.82	895.87
1.0	3.2	49.00	18.34	28.00	90.53	723.90	29.82	96.39	723.90	35.63	115.18	953.40	31.80	102.80	786.51	36.33	117.46	984.11	45.40	146.78	1379.29
纯扭	0	67.91	27.59	28.25	0	1088.94	30.93	0	1088.94	39.52	0	1122.70	33.86	0	1088.94	40.56	0	1168.08	53.97	0	1752.12

$b=350$（mm）				$h=750$（mm）						$V_{min}^{*}=95.67$（kN）						$T_{min}^{*}=7.42$（kN·m）					
β_t	$\theta=V/T$	T_{max}	T_{min}	ϕ6@100			ϕ8@150			ϕ8@100			ϕ10@200			ϕ10@150			ϕ10@100		
				[T]	[V]	A_{stl}	[T]	[V]	A_{stl}	[T]	[V]	A_{stl}	[T]	[V]	A_{stl}	[T]	[V]	A_{stl}	[T]	[V]	A_{stl}
0.5	25.6	17.73	5.97	10.72	274.80	275.48	11.33	290.24	275.48	13.26	339.71	275.48	11.99	307.11	275.48	13.49	345.71	275.48	16.50	422.91	385.03
0.6	19.2	21.91	7.47	13.02	250.24	318.10	13.77	264.67	318.10	16.18	310.93	318.10	14.59	280.44	318.10	16.47	316.54	320.03	20.23	388.72	479.99
0.7	14.6	26.33	9.09	15.38	225.23	364.43	16.29	238.59	364.43	19.22	281.37	373.37	17.29	253.17	364.43	19.57	286.55	388.46	24.13	353.32	582.63
0.8	11.2	31.03	10.86	17.82	199.74	416.49	18.90	211.91	416.49	22.38	250.93	444.68	20.09	225.21	416.49	22.81	255.66	462.65	28.24	316.54	693.93
0.9	8.5	36.04	12.80	20.33	173.68	477.15	21.61	184.58	477.15	25.70	219.49	522.26	23.00	196.48	477.15	26.19	223.73	543.37	32.57	278.21	815.02
1.0	6.4	41.38	14.93	22.95	146.99	550.97	24.43	156.49	550.97	29.18	186.93	606.99	26.05	166.87	550.97	29.76	190.62	631.52	37.17	238.11	947.27
1.0	3.2	53.20	19.91	30.33	97.15	779.19	32.29	103.43	779.19	38.57	123.54	1006.93	34.43	110.29	830.67	39.33	125.98	1039.36	49.13	157.38	1456.74
纯扭	0	73.74	29.95	30.56	0	1166.73	33.45	0	1166.73	42.71	0	1183.06	36.61	0	1166.73	43.83	0	1230.88	58.29	0	1846.32

续表

$b=350$ (mm)				$h=800$ (mm)						$V_{min}^*=102.41$ (kN)					$T_{min}^*=8.01$ (kN·m)						
β_t	$\theta=V/T$	T_{max}	T_{min}	ϕ6@100			ϕ8@150			ϕ8@100			ϕ10@200			ϕ10@150			ϕ10@100		
				[T]	[V]	A_{stl}	[T]	[V]	A_{stl}	[T]	[V]	A_{stl}	[T]	[V]	A_{stl}	[T]	[V]	A_{stl}	[T]	[V]	A_{stl}
0.5	25.4	19.13	6.45	11.57	294.04	295.02	12.22	310.55	295.02	14.30	363.43	295.02	12.93	328.58	295.02	14.55	369.85	295.02	17.80	452.38	406.61
0.6	19.1	23.64	8.06	14.04	267.73	340.66	14.85	283.16	340.66	17.44	332.59	340.66	15.74	300.01	340.66	17.76	338.59	340.66	21.80	415.73	506.73
0.7	14.5	28.41	9.81	16.59	240.95	390.27	17.57	255.21	390.27	20.71	300.92	394.04	18.64	270.80	390.27	21.10	306.46	409.96	26.01	377.79	614.89
0.8	11.1	33.48	11.72	19.21	213.64	446.02	20.38	226.65	446.02	24.12	268.31	469.12	21.66	240.85	446.02	24.58	273.37	488.08	30.43	338.39	732.08
0.9	8.5	38.88	13.81	21.92	185.74	510.98	23.29	197.38	510.98	27.69	234.65	550.75	24.79	210.09	510.98	28.22	239.17	573.02	35.09	297.34	859.49
1.0	6.4	44.64	16.11	24.73	157.17	590.03	26.33	167.31	590.03	31.44	199.79	639.83	28.07	178.38	590.03	32.06	203.73	665.69	40.03	254.41	998.52
1.0	3.2	57.40	21.49	32.66	103.78	834.43	34.76	110.47	834.43	41.51	131.91	1060.35	37.06	117.78	874.75	42.33	134.51	1094.51	52.86	167.98	1534.03
纯扭	0	79.56	32.32	32.87	0	1244.51	35.97	0	1244.51	45.90	0	1244.51	39.36	0	1244.51	47.11	0	1293.68	62.61	0	1940.52

$b=350$ (mm)				$h=900$ (mm)					$V_{min}^*=115.89$ (kN)				$T_{min}^*=9.18$ (kN·m)						
β_t	$\theta=V/T$	T_{max}	T_{min}	ϕ8@150			ϕ8@100			ϕ10@200			ϕ10@150			ϕ10@100			
				[T]	[V]	A_{stl}	[T]	[V]	A_{stl}	[T]	[V]	A_{stl}	[T]	[V]	A_{stl}	[T]	[V]	A_{stl}	
0.5	25.1	21.93	7.39	13.99	351.16	334.05	16.37	410.88	334.05	14.81	371.52	334.05	16.66	418.12	334.05	20.38	511.33	449.56	
0.6	18.8	27.09	9.24	17.01	320.13	385.73	19.97	375.92	385.73	18.02	339.15	385.73	20.33	382.69	385.73	24.96	469.76	559.98	
0.7	14.3	32.57	11.24	20.12	288.47	441.91	23.71	340.03	441.91	21.34	306.05	441.91	24.15	346.28	452.79	29.76	426.75	679.12	
0.8	11.0	38.38	13.43	23.33	256.12	505.04	27.61	303.09	517.82	24.79	272.13	505.04	28.13	308.79	538.75	34.80	382.09	808.07	
0.9	8.4	44.57	15.83	26.66	222.98	578.60	31.68	264.97	607.53	28.37	237.30	578.60	32.29	270.07	632.09	40.12	335.60	948.10	
1.0	6.3	51.18	18.47	30.12	188.95	668.10	35.95	225.52	705.29	32.11	201.42	668.10	36.65	229.95	733.80	45.75	287.02	1100.69	
1.0	3.1	65.80	24.63	39.71	124.56	944.84	47.39	148.66	1166.95	42.33	132.78	962.69	48.32	151.58	1204.54	60.32	189.20	1688.25	
纯扭	0	91.20	37.05	41.01	0	1400.07	52.29	0	1400.07	44.86	0	1400.07	53.65	0	1419.28	71.25	0	2128.92	

$b=350$ (mm)				$h=1000$ (mm)					$V_{min}^*=129.36$ (kN)				$T_{min}^*=10.36$ (kN·m)					
β_t	$\theta=V/T$	T_{max}	T_{min}	ϕ8@150			ϕ8@100			ϕ10@200			ϕ10@150			ϕ10@100		
				[T]	[V]	A_{stl}	[T]	[V]	A_{stl}	[T]	[V]	A_{stl}	[T]	[V]	A_{stl}	[T]	[V]	A_{stl}
0.5	24.8	24.73	8.33	15.77	391.78	373.06	18.45	458.33	373.06	16.68	414.47	373.06	18.78	466.41	373.06	22.96	570.28	492.31
0.6	18.6	30.55	10.42	19.17	357.10	430.77	22.50	419.25	430.77	20.30	378.29	430.77	22.91	426.79	430.77	28.11	523.80	612.98
0.7	14.2	36.73	12.68	22.67	321.73	493.51	26.71	379.14	493.51	24.04	341.31	493.51	27.20	386.11	495.43	33.51	475.71	743.08
0.8	10.9	43.28	15.15	26.28	285.59	564.01	31.09	337.88	566.33	27.92	303.42	564.01	31.67	344.22	589.22	39.18	425.81	883.77
0.9	8.3	50.26	17.85	30.02	248.59	646.15	35.66	295.30	664.11	31.95	264.52	646.15	36.35	300.97	690.95	45.15	373.87	1036.39
1.0	6.2	57.71	20.83	33.91	210.60	746.11	40.46	251.25	770.55	36.14	224.46	746.11	41.25	256.18	801.69	51.47	319.63	1202.53
1.0	3.1	74.20	27.77	44.65	138.65	1055.16	53.27	165.42	1273.32	47.59	147.78	1055.16	54.32	168.66	1314.33	67.77	210.44	1842.13
纯扭	0	102.84	41.78	46.05	0	1555.64	58.67	0	1555.64	50.35	0	1555.64	60.20	0	1555.64	79.89	0	2317.32

矩形截面纯扭剪扭构件计算表 抗剪扭箍筋（四肢） 抗扭纵筋 A_{stl}（mm^2） HPB235 钢筋 C20 表 2-8-2

$b=300$（mm）							$h=450$（mm）					$V^*_{min}=47.35$（kN）					$T^*_{min}=3.01$（kN·m）			
β_t	$\theta=V/T$	T_{max}	T_{min}	$\phi6@200$			$\phi6@150$			$\phi6@100$			$\phi8@200$			$\phi8@150$			$\phi10@200$		
				[T]	[V]	A_{stl}	[T]	[V]	A_{stl}	[T]	[V]	A_{stl}	[T]	[V]	A_{stl}	[T]	[V]	A_{stl}	[T]	[V]	A_{stl}
0.5	31.2	7.20	2.43	4.57	142.78	138.60	5.08	158.81	138.60	6.11	190.87	180.26	5.77	180.16	160.20	6.68	208.65	213.58			
0.6	23.4	8.89	3.03	5.56	130.15	160.04	6.19	145.13	160.04	7.47	175.09	224.57	7.05	165.08	199.58	8.18	191.71	266.08			
0.7	17.9	10.69	3.69	6.57	117.27	183.35	7.35	131.12	183.35	8.90	158.81	272.40	8.38	149.56	242.08	9.76	174.17	322.76			
0.8	13.7	12.60	4.41	7.62	104.12	209.54	8.54	116.73	216.14	10.39	141.96	324.18	9.77	133.54	288.10	11.41	155.96	384.12	12.53	171.25	449.60
0.9	10.4	14.63	5.20	8.70	90.64	240.06	9.79	101.92	253.63	11.95	124.48	380.43	11.23	116.95	338.09	13.16	136.99	450.78	14.47	150.67	527.62
1.0	7.8	16.80	6.06	9.72	77.81	273.73	10.94	87.97	285.30	13.37	108.27	427.95	12.56	101.49	380.32	14.72	119.54	507.09	16.20	131.84	593.54
1.0	3.9	21.60	8.09	9.72	77.81	273.73	10.94	87.97	285.30	13.37	108.27	427.95	12.56	101.49	380.32	14.72	119.54	507.09	16.20	131.84	593.54
纯扭	0	29.94	12.16							13.37	0	600.03	12.56	0	600.03	14.72	0	600.03	16.20	0	600.03

$b=300$（mm）							$h=500$（mm）					$V^*_{min}=53.13$（kN）					$T^*_{min}=3.45$（kN·m）			
β_t	$\theta=V/T$	T_{max}	T_{min}	$\phi6@200$			$\phi6@150$			$\phi6@100$			$\phi8@200$			$\phi8@150$			$\phi10@200$		
				[T]	[V]	A_{stl}	[T]	[V]	A_{stl}	[T]	[V]	A_{stl}	[T]	[V]	A_{stl}	[T]	[V]	A_{stl}	[T]	[V]	A_{stl}
0.5	30.7	8.23	2.77	5.22	160.04	155.43	5.80	177.98	155.43	6.97	213.85	196.55	6.58	201.87	174.68	7.62	233.75	232.89			
0.6	23.0	10.16	3.47	6.34	145.85	179.47	7.07	162.60	179.47	8.53	196.10	244.70	8.04	184.91	217.47	9.33	214.68	289.94			
0.7	17.5	12.22	4.22	7.50	131.38	205.61	8.38	146.85	205.61	10.15	177.79	296.61	9.56	167.46	263.60	11.12	194.95	351.44	12.19	213.70	411.35
0.8	13.4	14.40	5.04	8.69	116.60	234.98	9.74	130.69	235.16	11.84	158.86	352.72	11.14	149.45	313.46	13.00	174.48	417.93	14.28	191.55	489.17
0.9	10.2	16.72	5.94	9.93	101.47	269.20	11.16	114.06	275.73	13.62	139.22	413.57	12.80	130.82	367.54	14.99	153.18	490.04	16.48	168.44	573.58
1.0	7.7	19.20	6.93	11.05	87.30	306.23	12.43	98.69	307.95	15.18	121.47	461.92	14.26	113.87	410.50	16.70	134.11	547.34	18.37	147.92	640.65
1.0	3.8	24.69	9.24	11.05	87.30	306.23	12.43	98.69	307.95	15.18	121.47	461.92	14.26	113.87	410.50	16.70	134.11	547.34	18.37	147.92	640.65
纯扭	0	34.21	13.90							15.18	0	666.70	14.26	0	666.70	16.70	0	666.70	18.37	0	666.70

$b=300$（mm）							$h=550$（mm）					$V^*_{min}=58.90$（kN）					$T^*_{min}=3.88$（kN·m）			
β_t	$\theta=V/T$	T_{max}	T_{min}	$\phi6@200$			$\phi6@150$			$\phi6@100$			$\phi8@200$			$\phi8@150$			$\phi10@200$		
				[T]	[V]	A_{stl}	[T]	[V]	A_{stl}	[T]	[V]	A_{stl}	[T]	[V]	A_{stl}	[T]	[V]	A_{stl}	[T]	[V]	A_{stl}
0.5	30.2	9.26	3.12	5.87	177.31	172.22	6.52	197.15	172.22	7.84	236.84	212.70	7.40	223.59	189.03	8.56	258.85	252.02			
0.6	22.7	11.44	3.90	7.13	161.56	198.86	7.94	180.07	198.86	9.58	217.11	264.66	9.03	204.74	235.21	10.48	237.66	313.59			
0.7	17.3	13.75	4.75	8.42	145.50	227.83	9.41	162.59	227.83	11.39	196.78	320.61	10.73	185.36	284.94	12.49	215.74	379.89	13.69	236.46	444.64
0.8	13.2	16.20	5.67	9.76	129.10	260.37	10.94	144.65	260.37	13.29	175.76	381.03	12.51	165.37	338.63	14.60	193.02	451.48	16.02	211.87	528.44
0.9	10.1	18.81	6.68	11.15	112.31	298.29	12.53	126.20	298.29	15.28	153.98	446.47	14.36	144.70	396.78	16.81	169.38	529.03	18.48	186.22	619.21
1.0	7.6	21.60	7.80	12.39	96.79	338.68	13.92	109.42	337.65	16.98	134.68	495.88	15.96	126.24	440.69	18.68	148.69	587.58	20.53	164.00	687.75
1.0	3.8	27.77	10.40	12.39	96.79	338.68	13.92	109.42	337.65	16.98	134.68	495.88	15.96	126.24	440.69	18.68	148.69	587.58	20.53	164.00	687.75
纯扭	0	8.49	15.64							16.98	0	733.37	15.96	0	733.37	18.68	0	733.37	20.53	0	733.37

续表

$b=300$（mm）				$h=600$（mm）						$V^*_{min}=64.68$（kN）					$T^*_{min}=4.31$（kN·m）						
β_t	$\theta=V/T$	T_{max}	T_{min}	$\phi6@200$			$\phi6@150$			$\phi6@100$			$\phi8@200$			$\phi8@150$			$\phi10@200$		
				[T]	[V]	A_{stl}	[T]	[V]	A_{stl}	[T]	[V]	A_{stl}	[T]	[V]	A_{stl}	[T]	[V]	A_{stl}	[T]	[V]	A_{stl}
0.5	29.9	10.29	3.46	6.51	194.58	188.99	7.24	216.33	188.99	8.70	259.83	228.73	8.21	245.30	203.28	9.51	283.96	271.02			
0.6	22.4	12.71	4.33	7.91	177.26	218.23	8.82	197.55	218.23	10.63	238.13	284.49	10.03	224.58	252.84	11.64	260.64	337.09			
0.7	17.1	15.27	5.27	9.35	159.61	250.01	10.45	178.33	250.01	12.64	215.77	344.48	11.91	203.27	306.14	13.86	236.54	408.17	15.19	259.23	477.74
0.8	13.1	18.00	6.30	10.84	141.59	285.73	12.14	158.62	285.73	14.75	192.67	409.19	13.87	181.30	363.65	16.19	211.56	484.84	17.77	232.19	567.49
0.9	10.0	20.90	7.42	12.37	123.16	327.34	13.90	138.35	327.34	16.95	168.73	479.20	15.93	158.59	425.87	18.64	185.59	567.81	20.49	204.00	664.60
1.0	7.5	24.00	8.66	13.72	106.28	371.09	15.41	120.15	369.86	18.78	147.88	529.85	17.66	138.62	470.87	20.65	163.27	627.83	22.70	180.08	734.86
1.0	3.7	30.86	11.55	13.72	106.28	371.09	15.41	120.15	369.86	18.78	147.88	529.85	17.66	138.62	470.87	20.65	163.27	627.83	22.70	180.08	734.86
纯扭	0	42.77	17.37							18.78	0	800.04	17.66	0	800.04	20.65	0	800.04	22.70	0	800.04

$b=300$（mm）				$h=650$（mm）						$V^*_{min}=70.46$（kN）					$T^*_{min}=4.74$（kN·m）						
β_t	$\theta=V/T$	T_{max}	T_{min}	$\phi6@200$			$\phi6@150$			$\phi6@100$			$\phi8@200$			$\phi8@150$			$\phi10@200$		
				[T]	[V]	A_{stl}	[T]	[V]	A_{stl}	[T]	[V]	A_{stl}	[T]	[V]	A_{stl}	[T]	[V]	A_{stl}	[T]	[V]	A_{stl}
0.5	29.6	11.31	3.81	7.16	211.85	205.75	7.96	235.50	205.75	9.56	282.82	244.69	9.03	267.02	217.46	10.45	309.06	289.92			
0.6	22.2	13.98	4.76	8.70	192.97	237.57	9.69	215.03	237.57	11.68	259.15	304.23	11.02	244.42	270.37	12.79	283.63	360.47			
0.7	16.9	16.80	5.80	10.28	173.73	272.18	11.48	194.07	272.18	13.89	234.77	368.23	13.09	221.18	327.25	15.23	257.34	436.31	16.69	282.00	510.68
0.8	12.9	19.80	6.93	11.91	154.09	311.06	13.34	172.59	311.06	16.20	209.58	437.22	15.24	197.23	388.56	17.78	230.10	518.06	19.52	252.52	606.37
0.9	9.9	22.99	8.17	13.59	134.00	356.36	15.27	150.50	356.36	18.61	183.50	511.81	17.50	172.48	454.84	20.47	201.80	606.44	22.50	221.80	709.82
1.0	7.4	26.40	9.53	15.05	115.77	403.49	16.90	130.88	402.06	20.59	161.09	563.81	19.35	151.00	501.05	22.63	177.85	668.07	24.87	196.15	781.96
1.0	3.7	33.94	12.71	15.05	115.77	403.49	16.90	130.88	402.06	20.59	161.09	563.81	19.35	151.00	501.05	22.63	177.85	668.07	24.87	196.15	781.96
纯扭	0	47.04	19.11							20.59	0	866.71	19.35	0	866.71	22.63	0	866.71	24.87	0	866.71

$b=300$（mm）				$h=700$（mm）						$V^*_{min}=76.23$（kN）					$T^*_{min}=5.17$（kN·m）						
β_t	$\theta=V/T$	T_{max}	T_{min}	$\phi6@200$			$\phi6@150$			$\phi6@100$			$\phi8@200$			$\phi8@150$			$\phi10@200$		
				[T]	[V]	A_{stl}	[T]	[V]	A_{stl}	[T]	[V]	A_{stl}	[T]	[V]	A_{stl}	[T]	[V]	A_{stl}	[T]	[V]	A_{stl}
0.5	29.3	12.34	4.16	7.81	229.12	222.49	8.68	254.68	222.49	10.43	305.81	260.58	9.84	288.74	231.58	11.39	334.17	308.75			
0.6	22.0	15.25	5.20	9.49	208.67	256.90	10.57	232.51	256.90	12.74	280.17	323.89	12.01	264.26	287.85	13.94	306.62	383.77			
0.7	16.8	18.33	6.33	11.21	187.85	294.32	12.52	209.82	294.32	15.14	253.76	391.91	14.26	239.09	348.29	16.59	278.14	464.36	18.18	304.78	543.51
0.8	12.8	21.60	7.56	12.98	166.59	336.37	14.54	186.56	336.37	17.65	226.49	465.17	16.61	213.16	413.40	19.38	248.65	551.18	21.26	272.85	645.13
0.9	9.8	25.08	8.91	14.81	144.85	385.36	16.63	162.65	385.36	20.28	198.26	544.32	19.06	186.37	483.74	22.30	218.02	644.97	24.50	239.59	754.91
1.0	7.3	28.80	10.40	16.39	125.26	435.86	18.39	141.60	434.23	22.39	174.29	597.78	21.05	163.37	531.24	24.61	192.42	708.32	27.03	212.23	829.07
1.0	3.7	37.03	13.86	16.39	125.26	435.86	18.39	141.60	434.23	22.39	174.29	597.78	21.05	163.37	531.24	24.61	192.42	708.32	27.03	212.23	829.07
纯扭	0	51.32	20.85							22.39	0	933.38	21.05	0	933.38	24.61	0	933.38	27.03	0	933.38

续表

$b=300$ (mm)				$h=750$ (mm)						$V^*_{min}=82.00$ (kN)						$T^*_{min}=5.60$ (kN·m)					
β_t	$\theta=V/T$	T_{max}	T_{min}	ϕ6@200			ϕ6@150			ϕ6@100			ϕ8@200			ϕ8@150			ϕ10@200		
				[T]	[V]	A_{stl}	[T]	[V]	A_{stl}	[T]	[V]	A_{stl}	[T]	[V]	A_{stl}	[T]	[V]	A_{stl}	[T]	[V]	A_{stl}
0.5	29.1	13.37	4.50	8.46	246.39	239.22	9.40	273.86	239.22	11.29	328.80	276.42	10.66	310.46	245.67	12.33	359.28	327.52			
0.6	21.8	16.52	5.63	10.27	224.38	276.22	11.44	249.99	276.22	13.79	301.20	343.50	13.00	284.10	305.27	15.09	329.61	407.00	16.51	360.64	476.37
0.7	16.6	19.85	6.85	12.13	201.96	316.45	13.55	225.56	316.45	16.39	272.76	415.52	15.44	257.00	369.28	17.96	298.95	492.34	19.68	327.55	576.26
0.8	12.7	23.40	8.19	14.05	179.09	361.66	15.74	200.53	361.66	19.10	243.41	493.05	17.98	229.09	438.18	20.97	267.20	584.21	23.01	293.19	683.79
0.9	9.7	27.17	9.65	16.04	155.69	414.33	18.00	174.80	414.33	21.94	213.03	576.75	20.63	200.26	512.56	24.12	234.23	683.40	26.51	257.40	799.90
1.0	7.3	31.20	11.26	17.72	134.75	468.23	19.88	152.33	466.40	24.19	187.49	631.74	22.75	175.75	561.42	26.58	207.00	748.56	29.20	228.31	876.18
1.0	3.6	40.11	15.02	17.72	134.75	468.23	19.88	152.33	466.40	24.19	187.49	631.74	22.75	175.75	561.42	26.58	207.00	748.56	29.20	228.31	876.18
纯扭	0	55.60	22.59							24.19	0	1000.05	22.75	0	1000.05	26.58	0	1000.05	29.20	0	1000.05

$b=300$ (mm)				$h=800$ (mm)						$V^*_{min}=87.78$ (kN)						$T^*_{min}=6.03$ (kN·m)					
β_t	$\theta=V/T$	T_{max}	T_{min}	ϕ6@200			ϕ6@150			ϕ6@100			ϕ8@200			ϕ8@150			ϕ10@200		
				[T]	[V]	A_{stl}	[T]	[V]	A_{stl}	[T]	[V]	A_{stl}	[T]	[V]	A_{stl}	[T]	[V]	A_{stl}	[T]	[V]	A_{stl}
0.5	29.0	14.40	4.85	9.11	263.66	255.94	10.12	293.04	255.94	12.15	351.80	292.23	11.47	332.18	259.71	13.28	384.40	346.25			
0.6	21.7	17.79	6.06	11.06	240.09	295.53	12.32	267.47	295.53	14.84	322.22	363.06	14.00	303.94	322.66	16.24	352.60	430.18	17.77	385.78	503.50
0.7	16.5	21.38	7.38	13.06	216.08	338.57	14.59	241.31	338.57	17.64	291.77	439.08	16.62	274.92	390.21	19.33	319.76	520.25	21.18	350.33	608.93
0.8	12.7	25.20	8.82	15.13	191.59	386.94	16.93	214.50	386.94	20.55	260.33	520.87	19.34	245.03	462.90	22.56	285.75	617.18	24.75	313.53	722.38
0.9	9.7	29.26	10.39	17.26	166.54	443.30	19.37	186.96	443.30	23.60	227.80	609.13	22.19	214.16	541.34	25.95	250.45	721.77	28.52	275.20	844.80
1.0	7.2	33.60	12.13	19.06	144.24	500.58	21.37	163.06	498.55	26.00	200.70	665.70	24.45	188.13	591.61	28.56	221.58	788.81	31.36	244.39	923.28
1.0	3.6	43.20	16.17	19.06	144.24	500.58	21.37	163.06	498.55	26.00	200.70	665.70	24.45	188.13	591.61	28.56	221.58	788.81	31.36	244.39	923.28
纯扭	0	59.88	24.32							26.00	0	1066.72	24.45	0	1066.72	28.56	0	1066.72	31.36	0	1066.72

$b=300$ (mm)				$h=850$ (mm)			$V^*_{min}=93.56$ (kN)			$T^*_{min}=6.46$ (kN·m)		
β_t	$\theta=V/T$	T_{max}	T_{min}	ϕ8@200			ϕ8@150			ϕ10@200		
				[T]	[V]	A_{stl}	[T]	[V]	A_{stl}	[T]	[V]	A_{stl}
0.5	28.8	15.43	5.20	12.29	353.90	273.73	14.22	409.51	364.95			
0.6	21.6	19.06	6.50	14.99	323.78	340.01	17.39	375.59	453.32	19.02	410.92	530.58
0.7	16.5	22.91	7.91	17.79	292.83	411.11	20.69	340.57	548.12	22.67	373.12	641.55
0.8	12.6	27.00	9.45	20.71	260.96	487.59	24.15	304.31	650.09	26.50	333.87	760.91
0.9	9.6	31.35	11.14	23.76	228.06	570.07	27.78	266.67	760.08	30.52	293.01	889.64
1.0	7.2	36.00	12.99	26.15	200.51	621.79	30.54	236.16	829.05	33.53	260.47	970.39
1.0	3.6	46.29	17.33	26.15	200.51	621.79	30.54	236.16	829.05	33.53	260.47	970.39
纯扭	0	64.15	26.06	26.15	0	1133.39	30.54	0	1133.39	33.53	0	1133.39

续表

$b=350$ (mm)				$h=500$ (mm)						$V^*_{min}=61.99$ (kN)						$T^*_{min}=4.49$ (kN·m)					
β_t	$\theta=V/T$	T_{max}	T_{min}	$\phi6@200$			$\phi6@150$			$\phi6@100$			$\phi8@200$			$\phi8@150$			$\phi10@200$		
				[T]	[V]	A_{stl}	[T]	[V]	A_{stl}	[T]	[V]	A_{stl}	[T]	[V]	A_{stl}	[T]	[V]	A_{stl}	[T]	[V]	A_{stl}
0.5	27.4	10.73	3.62	6.51	178.62	177.51	7.18	196.85	177.51	8.51	233.30	198.41	8.06	221.12	177.51	9.24	253.52	235.08	10.05	275.61	275.14
0.6	20.6	13.26	4.52	7.91	162.80	204.97	8.74	179.89	204.97	10.41	214.06	247.99	9.85	202.65	220.40	11.33	233.02	293.84	12.33	253.73	343.91
0.7	15.7	15.94	5.50	9.36	146.69	234.83	10.37	162.54	234.83	12.39	194.23	301.88	11.72	183.65	268.29	13.51	211.82	357.69	14.74	231.03	418.66
0.8	12.0	18.78	6.57	10.85	130.24	268.37	12.06	144.74	268.37	14.48	173.73	360.66	13.67	164.05	320.53	15.82	189.82	427.35	17.28	207.39	500.19
0.9	9.1	21.81	7.75	12.40	113.40	307.46	13.83	126.42	307.46	16.68	152.46	425.04	15.72	143.76	377.73	18.25	166.90	503.63	19.98	182.68	589.48
1.0	6.9	25.04	9.04	14.02	96.13	355.02	15.68	107.52	355.02	19.00	130.30	495.84	17.89	122.69	440.65	20.85	142.94	587.53	22.86	156.74	687.69
1.0	3.4	32.20	12.05	14.02	96.16	354.97	15.68	107.55	354.98	19.00	130.33	495.88	17.89	122.72	440.69	20.85	142.97	587.58	22.86	156.77	687.75
纯扭	0	44.63	18.13							19.00	0	777.82				20.85	0	777.82	22.86	0	777.82

$b=350$ (mm)				$h=550$ (mm)						$V^*_{min}=68.72$ (kN)						$T^*_{min}=5.08$ (kN·m)					
β_t	$\theta=V/T$	T_{max}	T_{min}	$\phi6@200$			$\phi6@150$			$\phi6@100$			$\phi8@200$			$\phi8@150$			$\phi10@200$		
				[T]	[V]	A_{stl}	[T]	[V]	A_{stl}	[T]	[V]	A_{stl}	[T]	[V]	A_{stl}	[T]	[V]	A_{stl}	[T]	[V]	A_{stl}
0.5	26.9	12.13	4.09	7.35	197.85	197.17	8.10	218.00	197.17	9.60	258.29	214.55	9.10	244.84	197.17	10.43	280.64	254.21	11.34	305.06	297.53
0.6	20.2	14.99	5.11	8.94	180.28	227.67	9.87	199.16	227.67	11.74	236.90	267.96	11.12	224.30	238.15	12.78	257.84	317.50	13.91	280.72	371.61
0.7	15.4	18.02	6.22	10.56	162.39	260.83	11.70	179.88	260.83	13.98	214.86	325.93	13.22	203.18	289.66	15.24	234.27	386.18	16.62	255.47	452.00
0.8	11.8	21.23	7.43	12.25	144.13	298.09	13.60	160.12	298.09	16.32	192.09	389.04	15.41	181.41	345.75	17.83	209.83	460.97	19.47	229.20	539.55
0.9	9.0	24.66	8.76	13.99	125.45	341.50	15.59	139.79	341.50	18.79	168.47	458.04	17.72	158.90	407.06	20.56	184.39	542.73	22.50	201.77	635.25
1.0	6.7	28.31	10.22	15.76	106.61	393.23	17.61	119.24	393.04	21.31	144.50	529.85	20.08	136.06	470.87	23.37	158.51	627.83	25.61	173.81	734.86
1.0	3.4	36.40	13.62	15.76	106.61	393.23	17.61	119.24	393.04	21.31	144.50	529.85	20.08	136.06	470.87	23.37	158.51	627.83	25.61	173.81	734.86
纯扭	0	50.45	20.50							21.31	0	855.60				23.37	0	855.60	25.61	0	855.60

$b=350$ (mm)				$h=600$ (mm)						$V^*_{min}=75.46$ (kN)						$T^*_{min}=5.67$ (kN·m)					
β_t	$\theta=V/T$	T_{max}	T_{min}	$\phi6@200$			$\phi6@150$			$\phi6@100$			$\phi8@200$			$\phi8@150$			$\phi10@200$		
				[T]	[V]	A_{stl}	[T]	[V]	A_{stl}	[T]	[V]	A_{stl}	[T]	[V]	A_{stl}	[T]	[V]	A_{stl}	[T]	[V]	A_{stl}
0.5	26.5	13.53	4.56	8.20	217.09	216.78	9.03	239.15	216.78	10.70	283.29	230.50	10.14	268.55	216.78	11.62	307.77	273.11	12.63	334.52	319.65
0.6	19.9	16.72	5.70	9.96	197.77	250.32	11.00	218.43	250.32	13.08	259.75	287.71	12.38	245.95	255.70	14.23	282.67	340.90	15.49	307.71	399.00
0.7	15.1	20.09	6.94	11.77	178.10	286.78	13.03	197.23	286.78	15.56	235.50	349.72	14.72	222.72	310.80	16.97	256.73	414.37	18.50	279.92	484.99
0.8	11.6	23.68	8.29	13.64	158.03	327.75	15.15	175.50	327.75	18.16	210.45	417.14	17.16	198.78	370.72	19.84	229.84	494.27	21.67	251.02	578.51
0.9	8.8	27.50	9.77	15.58	137.50	375.48	17.35	153.17	375.48	20.90	184.50	490.73	19.72	174.04	436.12	22.87	201.88	581.47	25.02	220.86	680.59
1.0	6.6	31.58	11.40	17.51	117.06	431.44	19.55	130.93	431.06	23.63	158.66	563.81	22.26	149.40	501.05	25.89	174.05	668.07	28.36	190.86	781.96
1.0	3.3	40.60	15.20	17.51	117.06	431.44	19.55	130.93	431.06	23.63	158.66	563.81	22.26	149.40	501.05	25.89	174.05	668.07	28.36	190.86	781.96
纯扭	0	56.27	22.86							23.63	0	933.38				25.89	0	933.38	28.36	0	933.38

续表

$b=350$ (mm)				$h=650$ (mm)						$V^*_{min}=82.20$ (kN)						$T^*_{min}=6.25$ (kN·m)					
β_t	$\theta=V/T$	T_{max}	T_{min}	$\phi6@200$			$\phi6@150$			$\phi6@100$			$\phi8@200$			$\phi8@150$			$\phi10@200$		
				$[T]$	$[V]$	A_{stl}	$[T]$	$[V]$	A_{stl}	$[T]$	$[V]$	A_{stl}	$[T]$	$[V]$	A_{stl}	$[T]$	$[V]$	A_{stl}	$[T]$	$[V]$	A_{stl}
0.5	26.1	14.93	5.03	9.04	236.32	236.37	9.96	260.31	236.37	11.79	308.29	246.31	11.18	292.27	236.37	12.81	334.90	291.84	13.92	363.98	341.58
0.6	19.6	18.45	6.29	10.98	215.26	272.94	12.12	237.70	272.94	14.41	282.60	307.29	13.65	267.61	273.10	15.68	307.50	364.10	17.07	334.71	426.16
0.7	14.9	22.17	7.66	12.97	193.81	312.69	14.36	214.59	312.69	17.15	256.14	373.32	16.22	242.27	331.77	18.69	279.20	442.33	20.38	304.38	517.72
0.8	11.4	26.13	9.15	15.03	171.93	357.36	16.69	190.90	357.36	20.01	228.83	445.03	18.90	216.16	395.50	21.85	249.87	527.31	23.86	272.86	617.19
0.9	8.7	30.35	10.78	17.16	149.56	409.41	19.11	166.55	409.41	23.01	200.53	523.20	21.71	189.18	464.97	25.17	219.38	619.94	27.54	239.97	725.62
1.0	6.5	34.84	12.58	19.25	127.51	469.62	21.48	142.62	469.04	25.94	172.83	597.78	24.45	162.74	531.24	28.41	189.59	708.32	31.11	207.90	829.07
1.0	3.3	44.80	16.77	19.25	127.51	469.62	21.48	142.62	469.04	25.94	172.83	597.78	24.45	162.74	531.24	28.41	189.59	708.32	31.11	207.90	829.07
纯扭	0	62.09	25.23							25.94	0	1011.16				28.41	0	1011.16	31.11	0	1011.16

$b=350$ (mm)				$h=700$ (mm)						$V^*_{min}=88.93$ (kN)						$T^*_{min}=6.84$ (kN·m)					
β_t	$\theta=V/T$	T_{max}	T_{min}	$\phi6@200$			$\phi6@150$			$\phi6@100$			$\phi8@200$			$\phi8@150$			$\phi10@200$		
				$[T]$	$[V]$	A_{stl}	$[T]$	$[V]$	A_{stl}	$[T]$	$[V]$	A_{stl}	$[T]$	$[V]$	A_{stl}	$[T]$	$[V]$	A_{stl}	$[T]$	$[V]$	A_{stl}
0.5	25.9	16.33	5.50	9.88	255.56	255.94	10.88	281.47	255.94	12.89	333.29	262.02	12.22	315.99	255.94	14.00	362.04	310.45	15.21	393.44	363.36
0.6	19.4	20.18	6.88	12.00	232.75	295.53	13.25	256.98	295.53	15.75	305.45	326.75	14.91	289.27	295.53	17.13	332.34	387.16	18.65	361.72	453.14
0.7	14.8	24.25	8.37	14.18	209.52	338.57	15.70	231.94	338.57	18.73	276.79	396.77	17.72	261.82	352.62	20.41	301.67	470.13	22.25	328.85	550.26
0.8	11.3	28.58	10.00	16.42	185.83	386.94	18.23	206.29	386.94	21.85	247.20	472.76	20.64	233.54	420.14	23.85	269.90	560.16	26.05	294.70	655.65
0.9	8.6	33.19	11.79	18.75	161.62	443.29	20.87	179.94	443.29	25.12	216.57	555.50	23.70	204.34	493.67	27.48	236.89	658.21	30.06	259.09	770.41
1.0	6.5	38.11	13.76	21.00	137.96	507.76	23.41	154.31	506.99	28.25	186.99	631.74	26.63	176.08	561.42	30.93	205.13	748.56	33.86	224.94	876.18
1.0	3.2	49.00	18.34	21.00	137.96	507.76	23.41	154.31	506.99	28.25	186.99	631.74	26.63	176.08	561.42	30.93	205.13	748.56	33.86	224.94	876.18
纯扭	0	67.91	27.59							28.25	0	1088.94				30.93	0	1088.94	33.86	0	1088.94

$b=350$ (mm)				$h=750$ (mm)						$V^*_{min}=95.67$ (kN)						$T^*_{min}=7.42$ (kN·m)					
β_t	$\theta=V/T$	T_{max}	T_{min}	$\phi6@200$			$\phi6@150$			$\phi6@100$			$\phi8@200$			$\phi8@150$			$\phi10@200$		
				$[T]$	$[V]$	A_{stl}	$[T]$	$[V]$	A_{stl}	$[T]$	$[V]$	A_{stl}	$[T]$	$[V]$	A_{stl}	$[T]$	$[V]$	A_{stl}	$[T]$	$[V]$	A_{stl}
0.5	25.6	17.73	5.97	10.72	274.80	275.48	11.81	302.63	275.48	13.98	358.30	277.64	13.26	339.71	275.48	15.19	389.18	328.97	16.50	422.91	385.03
0.6	19.2	21.91	7.47	13.02	250.24	318.10	14.38	276.26	318.10	17.08	328.31	346.11	16.18	310.93	318.10	18.59	357.18	410.10	20.23	388.72	479.99
0.7	14.6	26.33	9.09	15.38	225.23	364.43	17.03	249.30	364.43	20.31	297.44	420.12	19.22	281.37	373.37	22.14	324.15	497.79	24.13	353.32	582.63
0.8	11.2	31.03	10.86	17.82	199.74	416.49	19.77	221.69	416.49	23.69	265.58	500.36	22.38	250.93	444.68	25.86	289.94	592.87	28.24	316.54	693.93
0.9	8.5	36.04	12.80	20.33	173.68	477.15	22.63	193.32	477.15	27.23	232.61	587.67	25.70	219.49	522.26	29.78	254.40	696.33	32.57	278.21	815.02
1.0	6.4	41.38	14.93	22.74	148.42	545.88	25.35	166.00	544.93	30.56	201.16	665.70	28.82	189.42	591.61	33.45	220.67	788.81	36.61	241.98	923.28
1.0	3.2	53.20	19.91	22.74	148.42	545.88	25.35	166.00	544.93	30.56	201.16	665.70	28.82	189.42	591.61	33.45	220.67	788.81	36.61	241.98	923.28
纯扭	0	73.74	29.95							30.56	0	1166.73				33.45	0	1166.73	36.61	0	1166.73

续表

$b=350$ (mm)				$h=800$ (mm)						$V^*_{min}=102.41$ (kN)						$T^*_{min}=8.01$ (kN·m)					
β_t	$\theta=V/T$	T_{max}	T_{min}	ϕ6@200			ϕ6@150			ϕ6@100			ϕ8@200			ϕ8@150			ϕ10@200		
				[T]	[V]	A_{stl}	[T]	[V]	A_{stl}	[T]	[V]	A_{stl}	[T]	[V]	A_{stl}	[T]	[V]	A_{stl}	[T]	[V]	A_{stl}
0.5	25.4	19.13	6.45	11.57	294.04	295.02	12.74	323.79	295.02	15.08	383.30	295.02	14.30	363.43	295.02	16.38	416.32	347.40	17.80	452.38	406.61
0.6	19.1	23.64	8.06	14.04	267.73	340.66	15.50	295.54	340.66	18.42	351.17	365.40	17.44	332.59	340.66	20.04	382.02	432.95	21.80	415.73	506.73
0.7	14.5	28.41	9.81	16.59	240.95	390.27	18.36	266.66	390.27	21.90	318.09	443.38	20.71	300.92	394.04	23.86	346.62	525.35	26.01	377.79	614.89
0.8	11.1	33.48	11.72	19.21	213.64	446.02	21.32	237.08	446.02	25.53	283.97	527.87	24.12	268.31	469.12	27.87	309.98	625.47	30.43	338.39	732.08
0.9	8.5	38.88	13.81	21.92	185.74	510.98	24.39	206.71	510.98	29.34	248.65	619.73	27.69	234.65	550.75	32.09	271.92	734.32	35.09	297.34	859.49
1.0	6.4	44.64	16.11	24.49	158.87	583.98	27.28	177.69	582.84	32.87	215.33	699.67	31.00	202.76	621.79	35.97	236.21	829.05	39.36	259.02	970.39
1.0	3.2	57.40	21.49	24.49	158.87	583.98	27.28	177.69	582.84	32.87	215.33	699.67	31.00	202.76	621.79	35.97	236.21	829.05	39.36	259.02	970.39
纯扭	0	79.56	32.32							32.87	0	1244.51				35.97	0	1244.51	39.36	0	1244.51

$b=350$ (mm)				$h=900$ (mm)			$V^*_{min}=115.89$ (kN)			$T^*_{min}=9.18$ (kN·m)		
β_t	$\theta=V/T$	T_{max}	T_{min}	ϕ8@200			ϕ8@150			ϕ10@200		
				[T]	[V]	A_{stl}	[T]	[V]	A_{stl}	[T]	[V]	A_{stl}
0.5	25.1	21.93	7.39	16.37	410.88	334.05	18.75	470.60	384.10	20.38	511.33	449.56
0.6	18.8	27.09	9.24	19.97	375.92	385.73	22.94	431.72	478.44	24.96	469.76	559.98
0.7	14.3	32.57	11.24	23.71	340.03	441.91	27.31	391.59	580.23	29.76	426.75	679.12
0.8	11.0	38.38	13.43	27.61	303.09	517.82	31.89	350.06	690.40	34.80	382.09	808.07
0.9	8.4	44.57	15.83	31.68	264.97	607.53	36.70	306.97	810.02	40.12	335.60	948.10
1.0	6.3	51.18	18.47	35.37	229.44	682.16	41.01	267.29	909.55	44.86	293.10	1064.60
1.0	3.1	65.80	24.63	35.37	229.44	682.16	41.01	267.29	909.55	44.86	293.10	1064.60
纯扭	0	91.20	37.05				41.01	0	1400.07	44.86	0	1400.07

$b=350$ (mm)				$h=1000$ (mm)			$V^*_{min}=129.36$ (kN)			$T^*_{min}=10.36$ (kN·m)		
β_t	$\theta=V/T$	T_{max}	T_{min}	ϕ8@200			ϕ8@150			ϕ10@200		
				[T]	[V]	A_{stl}	[T]	[V]	A_{stl}	[T]	[V]	A_{stl}
0.5	24.8	24.73	8.33	18.45	458.33	373.06	21.13	524.89	420.63	22.96	570.28	492.31
0.6	18.6	30.55	10.42	22.50	419.25	430.77	25.84	481.41	523.72	28.11	523.80	612.98
0.7	14.2	36.73	12.68	26.71	379.14	493.51	30.75	436.56	634.88	33.51	475.71	743.08
0.8	10.9	43.28	15.15	31.09	337.88	566.33	35.90	390.16	755.07	39.18	425.81	883.77
0.9	8.3	50.26	17.85	35.66	295.30	664.11	41.31	342.02	885.45	45.15	373.87	1036.39
1.0	6.2	57.71	20.83	39.74	256.12	742.53	46.05	298.37	990.04	50.35	327.18	1158.81
1.0	3.1	74.20	27.77	39.74	256.12	742.53	46.05	298.37	990.04	50.35	327.18	1158.81
纯扭	0	102.84	41.78				46.05	0	1555.64	50.35	0	1555.64

续表

$b=400$ (mm)			$h=500$ (mm)				$V^*_{min}=70.84$ (kN)				$T^*_{min}=5.61$ (kN·m)										
β_t	$\theta=V/T$	T_{max}	T_{min}	$\phi6@150$			$\phi6@100$			$\phi8@200$			$\phi8@150$			$\phi8@100$			$\phi10@200$		
				[T]	[V]	A_{stl}	[T]	[V]	A_{stl}	[T]	[V]	A_{stl}	[T]	[V]	A_{stl}	[T]	[V]	A_{stl}	[T]	[V]	A_{stl}
0.5	25.1	13.41	4.52	8.59	215.55	198.41	10.06	252.50	200.39	9.57	240.16	198.41	10.88	273.00	237.43				11.77	295.39	277.89
0.6	18.8	16.56	5.65	10.47	197.00	229.11	12.32	231.76	251.33	11.70	220.15	229.11	13.34	251.04	297.79				14.46	272.11	348.53
0.7	14.3	19.91	6.87	12.42	178.03	262.47	14.67	210.40	307.09	13.92	199.59	272.92	15.93	228.35	363.86				17.29	247.96	425.87
0.8	11.0	23.47	8.21	14.45	158.59	299.97	17.16	188.32	368.39	16.25	178.39	327.39	18.66	204.81	436.50				20.30	222.82	510.89
0.9	8.4	27.25	9.68	16.57	138.60	343.66	19.78	165.41	436.10	18.71	156.46	387.57	21.56	180.29	516.73				23.50	196.54	604.81
1.0	6.3	31.29	11.29	18.81	117.96	396.82	22.56	141.54	511.29	21.31	133.67	454.38	24.65	154.62	605.83				26.93	168.91	709.10
1.0	3.1	40.23	15.06	19.08	116.40	402.36	22.97	139.18	529.85	21.67	131.58	470.87	25.14	151.82	627.83	32.06	192.31	941.74	27.50	165.63	734.86
纯扭	0	55.76	22.65				22.97	0	888.93				25.14	0	888.93	32.06	0	941.62	27.50	0	888.93

$b=400$ (mm)			$h=550$ (mm)				$V^*_{min}=78.54$ (kN)				$T^*_{min}=6.38$ (kN·m)										
β_t	$\theta=V/T$	T_{max}	T_{min}	$\phi6@100$			$\phi8@150$			$\phi8@100$			$\phi10@200$			$\phi10@150$			$\phi10@100$		
				[T]	[V]	A_{stl}	[T]	[V]	A_{stl}	[T]	[V]	A_{stl}	[T]	[V]	A_{stl}	[T]	[V]	A_{stl}	[T]	[V]	A_{stl}
0.5	24.5	15.24	5.13	9.75	238.67	220.96	11.42	279.48	220.96	10.86	265.85	220.96	12.34	302.12	256.81				13.35	326.85	300.58
0.6	18.4	18.82	6.42	11.88	218.04	255.14	13.96	256.39	271.58	13.27	243.59	255.14	15.12	277.67	321.78				16.39	300.91	376.62
0.7	14.0	22.63	7.81	14.08	196.96	292.30	16.63	232.63	331.48	15.78	220.72	294.60	18.04	252.42	392.76	22.58	315.82	589.09	19.59	274.04	459.70
0.8	10.7	26.67	9.33	16.37	175.36	334.06	19.43	208.09	397.18	18.41	197.16	352.98	21.12	226.24	470.62	26.56	284.41	705.88	22.98	246.08	550.83
0.9	8.2	30.97	11.00	18.77	153.17	382.71	22.38	182.65	469.58	21.18	172.80	417.32	24.39	199.00	556.40	30.81	251.40	834.57	26.58	216.87	651.25
1.0	6.1	35.56	12.83	21.29	130.27	441.92	25.52	156.16	549.75	24.10	147.52	488.56	27.86	170.52	651.40	35.38	216.53	977.09	30.43	186.21	762.45
1.0	3.1	45.71	17.11	21.50	129.06	446.25	25.84	154.31	563.81	24.39	145.88	501.05	28.25	168.33	668.07	35.96	213.22	1002.11	30.88	183.63	781.96
纯扭	0	63.36	25.74				25.84	0	977.83				28.25	0	977.83	35.96	0	1001.98	30.88	0	977.83

$b=400$ (mm)			$h=600$ (mm)				$V^*_{min}=86.24$ (kN)				$T^*_{min}=7.15$ (kN·m)										
β_t	$\theta=V/T$	T_{max}	T_{min}	$\phi6@100$			$\phi8@150$			$\phi8@100$			$\phi10@200$			$\phi10@150$			$\phi10@100$		
				[T]	[V]	A_{stl}	[T]	[V]	A_{stl}	[T]	[V]	A_{stl}	[T]	[V]	A_{stl}	[T]	[V]	A_{stl}	[T]	[V]	A_{stl}
0.5	24.0	17.07	5.75	10.91	261.79	243.44	12.77	306.46	243.44	12.15	291.54	243.44	13.80	331.24	275.86				14.93	358.31	322.86
0.6	18.0	21.08	7.19	13.28	239.09	281.11	15.61	281.04	291.49	14.83	267.03	281.11	16.91	304.31	345.37	21.05	378.87	518.00	18.32	329.73	404.23
0.7	13.7	25.34	8.75	15.74	215.90	322.05	18.58	254.88	355.47	17.64	241.86	322.05	20.16	276.50	421.19	25.21	345.78	631.73	21.88	300.13	492.97
0.8	10.5	29.87	10.45	18.30	192.15	368.05	21.70	227.87	425.53	20.57	215.94	378.18	23.59	247.70	504.20	29.64	311.20	756.26	25.65	269.35	590.14
0.9	8.0	34.68	12.32	20.97	167.75	421.66	24.99	199.90	502.57	23.65	189.16	446.64	27.22	217.74	595.49	34.36	274.88	893.20	29.65	237.22	697.00
1.0	6.0	39.82	14.37	23.77	142.60	486.89	28.47	170.80	587.69	26.90	161.38	522.28	31.07	186.44	696.36	39.43	236.57	1044.53	33.92	203.53	815.07
1.0	3.0	51.20	19.16	23.93	141.71	490.07	28.71	169.44	597.78	27.11	160.18	531.24	31.36	184.83	708.32	39.86	234.12	1062.48	34.26	201.64	829.07
纯扭	0	70.96	28.83										31.36	0	1066.72	39.86	0	1066.72	34.26	0	1066.72

续表

$b=400$（mm）				$h=650$（mm）						$V^{*}_{min}=93.94$（kN）						$T^{*}_{min}=7.91$（kN·m）					
β_t	$\theta=V/T$	T_{max}	T_{min}	ϕ6@100			ϕ8@150			ϕ8@100			ϕ10@200			ϕ10@150			ϕ10@100		
				[T]	[V]	A_{stl}	[T]	[V]	A_{stl}	[T]	[V]	A_{stl}	[T]	[V]	A_{stl}	[T]	[V]	A_{stl}	[T]	[V]	A_{stl}
0.5	23.6	18.90	6.37	12.07	284.91	265.88	14.12	333.44	265.88	13.43	317.23	265.88	15.26	360.36	294.65				16.51	389.78	344.86
0.6	17.7	23.34	7.96	14.69	260.14	307.02	17.26	305.69	311.14	16.40	290.48	307.02	18.69	330.95	368.66	23.26	411.91	552.93	20.25	358.55	431.49
0.7	13.5	28.06	9.69	17.40	234.84	351.73	20.54	277.13	379.17	19.49	263.01	351.73	22.28	300.60	449.27	27.85	375.76	673.84	24.18	326.22	525.84
0.8	10.3	33.07	11.57	20.22	208.94	401.98	23.97	247.67	453.55	22.72	234.74	403.07	26.05	269.16	537.40	32.72	338.00	806.05	28.33	292.63	628.99
0.9	7.9	38.40	13.64	23.17	182.33	460.53	27.59	217.16	535.20	26.11	205.53	475.64	30.05	236.48	634.16	37.91	298.39	951.20	32.73	257.59	742.25
1.0	5.9	44.09	15.91	26.24	154.93	531.77	31.41	185.45	625.26	29.69	175.26	555.67	34.28	202.38	740.88	43.47	256.62	1111.30	37.42	220.87	867.17
1.0	3.0	56.69	21.22	26.35	154.36	533.83	31.58	184.57	631.74	29.83	174.48	561.42	34.47	201.33	748.56	43.76	255.03	1122.85	37.64	219.64	876.18
纯扭	0	78.57	31.92										34.47	0	1155.61	43.76	0	1155.61	37.64	0	1155.61

$b=400$（mm）				$h=700$（mm）						$V^{*}_{min}=101.64$（kN）						$T^{*}_{min}=8.68$（kN·m）					
β_t	$\theta=V/T$	T_{max}	T_{min}	ϕ6@100			ϕ8@150			ϕ8@100			ϕ10@200			ϕ10@150			ϕ10@100		
				[T]	[V]	A_{stl}	[T]	[V]	A_{stl}	[T]	[V]	A_{stl}	[T]	[V]	A_{stl}	[T]	[V]	A_{stl}	[T]	[V]	A_{stl}
0.5	23.3	20.72	6.98	13.22	308.03	288.29	15.47	360.43	288.29	14.72	342.93	288.29	16.72	389.50	313.25	20.72	482.62	469.81	18.08	421.25	366.63
0.6	17.5	25.60	8.73	16.10	281.19	332.89	18.91	330.34	332.89	17.97	313.93	332.89	20.47	357.60	391.72	25.47	444.95	587.51	22.17	387.39	458.47
0.7	13.3	30.77	10.62	19.07	253.79	381.37	22.49	299.39	402.65	21.35	284.16	381.37	24.39	324.69	477.08	30.48	405.76	715.56	26.47	352.33	558.39
0.8	10.2	36.27	12.69	22.15	225.73	435.85	26.25	267.47	481.31	24.88	253.53	435.85	28.52	290.63	570.30	35.80	364.82	855.40	31.00	315.93	667.50
0.9	7.8	42.12	14.96	25.36	196.93	499.33	30.19	234.43	567.56	28.58	221.91	504.39	32.87	255.24	672.50	41.46	321.90	1008.71	35.80	277.97	787.13
1.0	5.8	48.36	17.45	28.72	167.27	576.58	34.36	200.11	662.54	32.48	189.14	588.80	37.49	218.33	785.06	47.51	276.70	1177.57	40.91	238.23	918.89
1.0	2.9	62.17	23.27	28.78	167.01	577.56	34.44	199.70	665.70	32.55	188.78	591.61	37.59	217.83	788.81	47.66	275.93	1183.21	41.02	237.64	923.28
纯扭	0	86.17	35.01										37.59	0	1244.51	47.66	0	1244.51	41.02	0	1244.51

$b=400$（mm）				$h=750$（mm）						$V^{*}_{min}=109.34$（kN）						$T^{*}_{min}=9.44$（kN·m）					
β_t	$\theta=V/T$	T_{max}	T_{min}	ϕ6@100			ϕ8@150			ϕ8@100			ϕ10@200			ϕ10@150			ϕ10@100		
				[T]	[V]	A_{stl}	[T]	[V]	A_{stl}	[T]	[V]	A_{stl}	[T]	[V]	A_{stl}	[T]	[V]	A_{stl}	[T]	[V]	A_{stl}
0.5	23.0	22.55	7.60	14.38	331.16	310.67	16.82	387.42	310.67	16.01	368.63	310.67	18.18	418.63	331.70	22.52	518.63	497.49	19.66	452.73	388.23
0.6	17.3	27.86	9.50	17.50	302.25	358.73	20.56	355.00	358.73	19.54	337.38	358.73	22.25	384.26	414.60	27.68	478.01	621.83	24.10	416.22	485.25
0.7	13.2	33.49	11.56	20.73	272.73	410.98	24.45	321.66	425.95	23.20	305.32	410.98	26.51	348.80	504.69	33.12	435.75	756.98	28.76	378.45	590.71
0.8	10.1	39.47	13.81	24.07	242.53	469.69	28.52	287.28	508.89	27.03	272.34	469.69	30.98	312.11	602.97	38.88	391.65	904.40	33.67	339.23	705.75
0.9	7.7	45.83	16.28	27.56	211.52	538.09	32.79	251.71	599.71	31.05	238.29	538.09	35.70	274.01	710.60	45.00	345.43	1065.86	38.87	298.36	831.73
1.0	5.8	52.62	18.99	31.20	179.67	621.25	37.31	214.83	699.67	35.27	203.09	621.79	40.70	234.34	829.05	51.56	296.83	1243.58	44.40	255.64	970.39
1.0	2.9	67.66	25.32	31.20	179.67	621.25	37.31	214.83	699.67	35.27	203.09	621.79	40.70	234.34	829.05	51.56	296.83	1243.58	44.40	255.64	970.39
纯扭	0	93.77	38.10										40.70	0	1333.40	51.56	0	1333.40	44.40	0	1333.40

续表

$b=400$ (mm)				$h=800$ (mm)						$V^*_{min}=117.04$ (kN)						$T^*_{min}=10.21$ (kN·m)					
β_t	$\theta=V/T$	T_{max}	T_{min}	ϕ6@100			ϕ8@150			ϕ8@100			ϕ10@200			ϕ10@150			ϕ10@100		
				[T]	[V]	A_{stl}	[T]	[V]	A_{stl}	[T]	[V]	A_{stl}	[T]	[V]	A_{stl}	[T]	[V]	A_{stl}	[T]	[V]	A_{stl}
0.5	22.8	24.38	8.21	15.54	354.28	333.03	18.18	414.41	333.03	17.30	394.33	333.03	19.64	447.77	350.03	24.33	554.64	524.98	21.24	484.20	409.68
0.6	17.1	30.12	10.27	18.91	323.31	384.54	22.20	379.66	384.54	21.10	360.84	384.54	24.03	410.92	437.34	29.89	511.06	655.94	26.03	445.06	511.87
0.7	13.0	36.20	12.50	22.39	291.69	440.55	26.40	343.93	449.12	25.06	326.48	440.55	28.62	372.91	532.14	35.75	465.76	798.15	31.05	404.57	622.84
0.8	10.0	42.67	14.93	26.00	259.33	503.49	30.79	307.09	536.31	29.19	291.14	503.49	33.44	333.59	635.46	41.95	418.49	953.14	36.34	362.54	743.78
0.9	7.6	49.55	17.60	29.75	226.12	576.82	35.39	268.99	631.70	33.51	254.68	576.82	38.52	292.78	748.50	48.55	368.97	1122.71	41.94	318.76	876.09
1.0	5.7	56.89	20.53	33.63	192.32	664.92	40.18	229.96	733.63	37.99	217.39	664.75	43.81	250.84	869.30	55.46	317.74	1303.95	47.78	273.65	1017.50
1.0	2.8	73.14	27.38	33.63	192.32	664.92	40.18	229.96	733.63	37.99	217.39	664.75	43.81	250.84	869.30	55.46	317.74	1303.95	47.78	273.65	1017.50
纯扭	0	101.38	41.18										43.81	0	1422.29	55.46	0	1422.29	47.78	0	1422.29

$b=400$ (mm)				$h=900$ (mm)					$V^*_{min}=132.44$ (kN)					$T^*_{min}=11.74$ (kN·m)				
β_t	$\theta=V/T$	T_{max}	T_{min}	ϕ8@150			ϕ8@100			ϕ10@200			ϕ10@150			ϕ10@100		
				[T]	[V]	A_{stl}	[T]	[V]	A_{stl}	[T]	[V]	A_{stl}	[T]	[V]	A_{stl}	[T]	[V]	A_{stl}
0.5	22.4	28.04	9.45	20.88	468.40	377.69	19.87	445.74	377.69	22.56	506.05	386.43	27.93	626.66	579.58	24.39	547.17	452.29
0.6	16.8	34.64	11.81	25.50	428.98	436.12	24.23	407.76	436.12	27.59	464.24	482.50	34.30	577.19	723.67	29.88	502.75	564.73
0.7	12.8	41.63	14.37	30.30	388.47	499.64	28.77	368.81	499.64	32.85	421.14	586.68	41.01	525.79	879.94	35.63	456.82	686.67
0.8	9.8	49.07	17.17	35.33	346.73	590.81	33.50	328.76	571.01	38.37	376.57	700.04	48.11	472.18	1050.00	41.69	409.17	819.36
0.9	7.5	56.98	20.24	40.59	303.57	695.31	38.44	287.46	654.18	44.17	330.33	823.87	55.64	416.07	1235.76	48.08	359.57	964.31
1.0	5.6	65.42	23.61	45.91	260.21	801.56	43.43	245.99	751.66	50.04	283.84	949.79	63.26	359.54	1424.69	54.54	309.65	1111.71
1.0	2.8	84.11	31.48	45.91	260.21	801.56	43.43	245.99	751.66	50.04	283.84	949.79	63.26	359.54	1424.69	54.54	309.65	1111.71
纯扭	0	116.58	47.36							50.04	0	1600.08	63.26	0	1600.08	54.54	0	1600.08

$b=400$ (mm)				$h=1000$ (mm)					$V^*_{min}=147.84$ (kN)					$T^*_{min}=13.27$ (kN·m)				
β_t	$\theta=V/T$	T_{max}	T_{min}	ϕ8@150			ϕ8@100			ϕ10@200			ϕ10@150			ϕ10@100		
				[T]	[V]	A_{stl}	[T]	[V]	A_{stl}	[T]	[V]	A_{stl}	[T]	[V]	A_{stl}	[T]	[V]	A_{stl}
0.5	22.2	31.70	10.68	23.58	522.40	422.31	22.44	497.15	422.31	25.47	564.33	422.57	31.54	698.69	633.78	27.54	610.14	494.58
0.6	16.6	39.15	13.35	28.79	478.31	487.64	27.37	454.69	487.64	31.15	517.57	527.35	38.72	643.33	790.94	33.73	560.45	617.23
0.7	12.7	47.06	16.25	34.21	433.02	558.66	32.48	411.15	558.66	37.08	469.37	640.86	46.28	585.83	961.21	40.21	509.08	750.08
0.8	9.7	55.47	19.41	39.86	386.37	644.98	37.80	366.39	638.47	43.29	419.56	764.23	54.26	525.89	1146.28	47.03	455.81	894.49
0.9	7.4	64.41	22.88	45.79	338.16	758.56	43.37	320.26	731.46	49.82	367.90	898.82	62.72	463.19	1348.18	54.22	400.39	1052.03
1.0	5.5	73.96	26.69	51.65	290.47	869.49	48.87	274.60	838.52	56.26	316.85	1030.28	71.06	401.35	1545.42	61.31	345.66	1205.92
1.0	2.8	95.09	35.59	51.65	290.47	869.49	48.87	274.60	838.52	56.26	316.85	1030.28	71.06	401.35	1545.42	61.31	345.66	1205.92
纯扭	0	131.79	53.54							56.26	0	1777.87	71.06	0	1777.87	61.31	0	1777.87

续表

$b=500$ (mm)							$h=500$ (mm)						$V_{min}^{*}=88.55$ (kN)						$T_{min}^{*}=7.97$ (kN·m)					
β_t	$\theta=V/T$	T_{max}	T_{min}	$\phi6@150$			$\phi6@100$			$\phi8@200$			$\phi8@150$			$\phi8@100$			$\phi10@200$			$\phi10@150$		
				[T]	[V]	A_{stl}	[T]	[V]	A_{stl}	[T]	[V]	A_{stl}	[T]	[V]	A_{stl}	[T]	[V]	A_{stl}	[T]	[V]	A_{stl}	[T]	[V]	A_{stl}
0.5	22.1	19.05	6.42	11.45	252.71	236.47	13.16	290.53	236.47	12.59	277.90	236.47	14.11	311.52	240.79	17.15	378.74	361.12	15.15	334.44	281.82	17.52	386.89	375.72
0.6	16.6	23.53	8.02	13.95	230.94	273.05	16.11	266.74	273.05	15.39	254.79	273.05	17.31	286.60	303.82	21.15	350.22	455.66	18.62	308.29	355.59	21.61	357.93	474.08
0.7	12.6	28.28	9.76	16.54	208.73	312.82	19.20	242.28	315.39	18.31	231.08	312.82	20.68	260.89	373.69	25.40	320.52	560.48	22.29	281.22	437.38	25.98	327.75	583.13
0.8	9.7	33.33	11.67	19.26	186.01	357.51	22.47	217.05	381.13	21.40	206.69	357.51	24.25	234.27	451.59	29.96	289.44	677.33	26.20	253.08	528.56	30.66	296.14	704.70
0.9	7.4	38.71	13.75	22.10	162.68	409.58	25.94	190.91	454.88	24.66	181.48	409.58	28.07	206.57	538.98	34.88	256.74	808.42	30.39	223.67	630.85	35.71	262.83	841.10
1.0	5.5	44.44	16.04	25.11	138.61	472.94	29.65	163.67	538.20	28.13	155.30	478.30	32.17	177.56	637.71	40.23	222.09	956.54	34.92	192.75	746.42	41.21	227.49	995.20
1.0	2.8	57.14	21.39	26.12	134.11	490.34	31.16	156.89	597.78	29.47	149.29	531.24	33.95	169.53	708.32	42.91	210.02	1062.48	37.01	183.34	829.07	44.00	214.94	1105.43
纯扭	0	79.20	32.17										33.95	0	1111.17	42.91	0	1111.17	37.01	0	1111.17	44.00	0	1111.17

$b=500$ (mm)							$h=550$ (mm)						$V_{min}^{*}=98.18$ (kN)						$T_{min}^{*}=9.17$ (kN·m)					
β_t	$\theta=V/T$	T_{max}	T_{min}	$\phi6@150$			$\phi6@100$			$\phi8@200$			$\phi8@150$			$\phi8@100$			$\phi10@200$			$\phi10@150$		
				[T]	[V]	A_{stl}	[T]	[V]	A_{stl}	[T]	[V]	A_{stl}	[T]	[V]	A_{stl}	[T]	[V]	A_{stl}	[T]	[V]	A_{stl}	[T]	[V]	A_{stl}
0.5	21.3	21.90	7.38	13.14	279.72	264.92	15.10	321.42	264.92	14.45	307.49	264.92	16.19	344.55	264.92	19.67	418.67	391.93	17.37	369.82	305.86	20.09	427.66	407.77
0.6	16.0	27.06	9.22	16.00	255.49	305.90	18.47	294.90	305.90	17.65	281.74	305.90	19.84	316.77	329.26	24.23	386.81	493.82	21.34	340.65	385.37	24.76	395.31	513.78
0.7	12.2	32.53	11.23	18.97	230.79	350.46	22.00	267.66	350.46	20.99	255.35	350.46	23.69	288.12	404.34	29.07	353.66	606.44	25.52	310.47	473.24	29.73	361.61	630.95
0.8	9.3	38.33	13.42	22.07	205.52	400.52	25.73	239.58	411.65	24.50	228.21	400.52	27.75	258.48	487.75	34.25	319.01	731.57	29.97	279.12	570.88	35.04	326.36	761.14
0.9	7.1	44.52	15.81	25.31	179.59	458.86	29.67	210.50	490.33	28.21	200.18	458.86	32.08	227.65	580.98	39.83	282.60	871.42	34.72	246.39	680.01	40.77	289.26	906.65
1.0	5.3	51.11	18.45	28.73	152.87	529.84	33.87	180.25	578.84	32.15	171.11	529.84	36.72	195.43	685.87	45.87	244.09	1028.77	39.84	212.02	802.78	46.97	249.99	1070.35
1.0	2.7	65.71	24.60	29.67	148.69	545.96	35.28	173.95	631.74	33.41	165.51	561.42	38.40	187.96	748.56	48.37	232.85	1122.85	41.80	203.27	876.18	49.58	238.30	1168.24
纯扭	0	91.08	37.00										38.40	0	1222.28	48.37	0	1222.28	41.80	0	1222.28	49.58	0	1222.28

$b=500$ (mm)							$h=600$ (mm)						$V_{min}^{*}=107.80$ (kN)						$T_{min}^{*}=10.37$ (kN·m)					
β_t	$\theta=V/T$	T_{max}	T_{min}	$\phi6@150$			$\phi6@100$			$\phi8@200$			$\phi8@150$			$\phi8@100$			$\phi10@200$			$\phi10@150$		
				[T]	[V]	A_{stl}	[T]	[V]	A_{stl}	[T]	[V]	A_{stl}	[T]	[V]	A_{stl}	[T]	[V]	A_{stl}	[T]	[V]	A_{stl}	[T]	[V]	A_{stl}
0.5	20.7	24.76	8.34	14.83	306.73	293.24	17.04	352.31	293.24	16.30	337.09	293.24	18.26	377.60	293.24	22.18	458.63	421.74	19.60	405.23	329.13	22.66	468.45	438.79
0.6	15.5	30.59	10.43	18.06	280.05	338.60	20.83	323.08	338.60	19.91	308.71	338.60	22.37	346.95	353.90	27.30	423.43	530.77	24.05	373.03	414.20	27.90	432.71	552.22
0.7	11.8	36.77	12.69	21.40	252.85	387.92	24.80	293.06	387.92	23.67	279.64	387.92	26.69	315.37	434.03	32.74	386.84	650.98	28.75	339.74	508.00	33.47	395.51	677.29
0.8	9.0	43.33	15.17	24.88	225.04	443.33	28.98	262.13	443.33	27.61	249.75	443.33	31.25	282.71	522.83	38.54	348.63	784.18	33.74	305.19	611.94	39.42	356.62	815.87
0.9	6.9	50.32	17.88	28.51	196.52	507.90	33.39	230.13	524.75	31.76	218.91	507.90	36.09	248.78	621.77	44.76	308.51	932.61	39.05	269.14	727.75	45.81	315.76	970.30
1.0	5.2	57.78	20.85	32.34	167.16	586.47	38.08	196.87	618.37	36.17	186.95	586.47	41.27	213.35	732.71	51.49	266.15	1099.03	44.75	231.35	857.61	52.73	272.55	1143.46
1.0	2.6	74.29	27.81	33.22	163.27	601.44	39.40	191.00	665.70	37.34	181.74	604.38	42.84	206.39	788.81	53.83	255.68	1183.21	46.59	223.20	923.28	55.17	261.66	1231.04
纯扭	0	102.96	41.83										42.84	0	1333.40	53.83	0	1333.40	46.59	0	1333.40	55.17	0	1333.40

续表

$b=500$ (mm)							$h=650$ (mm)					$V^*_{min}=117.43$ (kN)					$T^*_{min}=11.56$ (kN·m)							
β_t	$\theta=V/T$	T_{max}	T_{min}	$\phi6@150$			$\phi6@100$			$\phi8@200$			$\phi8@150$			$\phi8@100$			$\phi10@200$			$\phi10@150$		
				[T]	[V]	A_{stl}	[T]	[V]	A_{stl}	[T]	[V]	A_{stl}	[T]	[V]	A_{stl}	[T]	[V]	A_{stl}	[T]	[V]	A_{stl}	[T]	[V]	A_{stl}
0.5	20.2	27.62	9.30	16.53	333.75	321.46	18.98	383.22	321.46	18.16	366.70	321.46	20.34	410.66	321.46	24.69	498.59	450.83	21.82	440.64	351.83	25.22	509.26	469.05
0.6	15.1	34.12	11.63	20.11	304.62	371.19	23.19	351.27	371.19	22.17	335.70	371.19	24.90	377.16	377.94	30.38	460.08	566.83	26.77	405.43	442.35	31.04	470.13	589.74
0.7	11.5	41.01	14.16	23.83	274.93	425.25	27.60	318.48	425.25	26.34	303.94	425.25	29.69	342.64	463.04	36.40	420.05	694.48	31.98	369.03	541.95	37.22	429.44	722.54
0.8	8.8	48.33	16.92	27.68	244.58	486.00	32.23	284.71	486.00	30.71	271.31	486.00	34.75	306.96	557.12	42.82	378.28	835.60	37.50	331.28	652.07	43.80	386.93	869.38
0.9	6.7	56.13	19.94	31.71	213.47	556.78	37.11	249.78	558.44	35.31	237.66	556.78	40.10	269.93	661.69	49.69	334.47	992.48	43.37	291.93	774.47	50.85	342.29	1032.59
1.0	5.0	64.44	23.26	35.95	181.46	642.91	42.29	213.51	657.11	40.17	202.81	642.91	45.82	231.29	778.61	57.10	288.25	1167.88	49.66	250.71	911.33	58.47	295.16	1215.09
1.0	2.5	82.86	31.01	36.77	177.85	656.80	43.53	208.06	699.67	41.27	197.97	659.54	47.28	224.82	829.05	59.29	278.51	1243.58	51.37	243.12	970.39	60.75	285.02	1293.85
纯扭	0	114.84	46.65										47.28	0	1444.52	59.29	0	1444.52	51.37	0	1444.52	60.75	0	1444.52

$b=500$ (mm)							$h=700$ (mm)					$V^*_{min}=127.05$ (kN)					$T^*_{min}=12.76$ (kN·m)							
β_t	$\theta=V/T$	T_{max}	T_{min}	$\phi6@150$			$\phi6@100$			$\phi8@200$			$\phi8@150$			$\phi8@100$			$\phi10@200$			$\phi10@150$		
				[T]	[V]	A_{stl}	[T]	[V]	A_{stl}	[T]	[V]	A_{stl}	[T]	[V]	A_{stl}	[T]	[V]	A_{stl}	[T]	[V]	A_{stl}	[T]	[V]	A_{stl}
0.5	19.8	30.48	10.27	18.22	360.77	349.60	20.92	414.13	349.60	20.02	396.31	349.60	22.41	443.73	349.60	27.20	538.57	479.37	24.04	476.07	374.09	27.78	550.07	498.74
0.6	14.8	37.65	12.83	22.17	329.19	403.69	25.55	379.47	403.69	24.42	362.68	403.69	27.43	407.37	403.69	33.45	496.73	602.23	29.48	437.84	469.97	34.18	507.57	626.57
0.7	11.3	45.25	15.62	26.25	297.01	462.48	30.40	343.91	462.48	29.01	328.25	462.48	32.70	369.92	491.52	40.06	453.28	737.19	35.21	398.34	575.28	40.96	463.38	766.99
0.8	8.7	53.33	18.67	30.49	264.13	528.55	35.47	307.29	528.55	33.81	292.88	528.55	38.24	331.24	590.81	47.09	407.95	886.14	41.26	357.39	691.50	48.17	417.25	921.95
0.9	6.6	61.94	22.00	34.91	230.43	605.53	40.83	269.45	605.53	38.85	256.42	605.53	44.11	291.10	700.94	54.61	360.45	1051.36	47.69	314.74	820.42	55.89	368.86	1093.86
1.0	4.9	71.11	25.67	39.55	195.78	699.21	46.50	230.18	699.21	44.18	218.69	699.21	50.36	249.26	823.81	62.71	310.39	1235.68	54.57	270.10	964.24	64.20	317.81	1285.63
1.0	2.5	91.43	34.22	40.32	192.42	712.08	47.65	225.11	733.63	45.20	214.19	714.64	51.72	243.24	869.30	64.75	301.34	1303.95	56.16	263.05	1017.50	66.33	308.39	1356.66
纯扭	0	126.72	51.48										51.72	0	1555.64	64.75	0	1555.64	56.16	0	1555.64	66.33	0	1555.64

$b=500$ (mm)							$h=750$ (mm)					$V^*_{min}=136.68$ (kN)					$T^*_{min}=13.96$ (kN·m)							
β_t	$\theta=V/T$	T_{max}	T_{min}	$\phi6@150$			$\phi6@100$			$\phi8@200$			$\phi8@150$			$\phi8@100$			$\phi10@200$			$\phi10@150$		
				[T]	[V]	A_{stl}	[T]	[V]	A_{stl}	[T]	[V]	A_{stl}	[T]	[V]	A_{stl}	[T]	[V]	A_{stl}	[T]	[V]	A_{stl}	[T]	[V]	A_{stl}
0.5	19.5	33.33	11.23	19.91	387.80	377.69	22.85	445.04	377.69	21.87	425.93	377.69	24.48	476.81	377.69	29.71	578.56	507.48	26.27	511.50	396.03	30.34	590.90	527.98
0.6	14.6	41.18	14.04	24.22	353.77	436.12	27.91	407.68	436.12	26.68	389.68	436.12	29.96	437.59	436.12	36.52	533.40	637.11	32.20	470.25	497.19	37.32	545.02	662.86
0.7	11.1	49.49	17.09	28.68	319.10	499.64	33.19	369.34	499.64	31.68	352.57	499.64	35.69	397.22	519.60	43.72	486.52	779.31	38.43	427.66	608.15	44.69	497.35	810.80
0.8	8.5	58.33	20.42	33.30	283.68	571.02	38.72	329.89	571.02	36.91	314.46	571.02	41.73	355.52	624.04	51.37	437.64	935.99	45.01	383.52	730.40	52.54	447.60	973.82
0.9	6.5	67.74	24.06	38.11	247.40	654.19	44.54	289.13	654.19	42.39	275.20	654.19	48.11	312.28	739.70	59.53	386.46	1109.49	52.00	337.57	865.78	60.92	395.45	1154.34
1.0	4.9	77.78	28.07	43.16	210.11	755.39	50.70	246.86	755.39	48.18	234.58	755.39	54.89	267.24	868.47	68.31	332.56	1302.68	59.47	289.51	1016.52	69.94	340.48	1355.34
1.0	2.4	100.00	37.43	43.87	207.00	767.30	51.77	242.16	770.68	49.13	230.42	769.67	56.16	261.67	909.55	70.21	324.17	1364.32	60.95	282.98	1064.60	71.92	331.75	1419.47
纯扭	0	138.60	56.31													70.21	0	1666.75	60.95	0	1666.75	71.92	0	1666.75

续表

$b=500$（mm）　$h=800$（mm）　$V_{min}^{*}=146.30$（kN）　$T_{min}^{*}=15.15$（kN·m）

β_t	$\theta=V/T$	T_{max}	T_{min}	$\phi6@150$			$\phi6@100$			$\phi8@200$			$\phi8@150$			$\phi8@100$			$\phi10@200$			$\phi10@150$		
				[T]	[V]	A_{stl}	[T]	[V]	A_{stl}	[T]	[V]	A_{stl}	[T]	[V]	A_{stl}	[T]	[V]	A_{stl}	[T]	[V]	A_{stl}	[T]	[V]	A_{stl}
0.5	19.2	36.19	12.19	21.61	414.82	405.74	24.79	475.96	405.74	23.73	455.55	405.74	26.56	509.88	405.74	32.22	618.55	535.25	28.49	546.93	417.70	32.90	631.73	556.88
0.6	14.4	44.71	15.24	26.27	378.35	468.51	30.27	435.89	468.51	28.94	416.68	468.51	32.49	467.81	468.51	39.59	570.08	671.58	34.91	502.68	524.09	40.45	582.48	698.72
0.7	11.0	53.74	18.55	31.10	341.19	536.75	35.98	394.79	536.75	34.35	376.89	536.75	38.69	424.52	547.36	47.37	519.77	820.95	41.65	456.99	640.64	48.43	531.32	854.13
0.8	8.4	63.33	22.17	36.10	303.24	613.42	41.96	352.49	613.42	40.01	336.05	613.42	45.22	379.81	656.92	55.64	467.35	985.30	48.77	409.66	768.89	56.90	477.96	1025.13
0.9	6.4	73.55	26.13	41.31	264.38	702.76	48.25	308.82	702.76	45.93	293.98	702.76	52.11	333.48	778.06	64.45	412.48	1167.03	56.31	360.42	910.68	65.95	422.06	1214.21
1.0	4.8	84.44	30.48	46.76	224.44	811.48	54.91	263.55	811.48	52.19	250.49	811.48	59.43	285.24	912.72	73.91	354.75	1369.05	64.36	308.94	1068.31	75.66	363.18	1424.39
1.0	2.4	108.57	40.64	47.42	221.58	822.46	55.90	259.22	825.60	53.07	246.65	824.66	60.60	280.10	949.79	75.67	347.00	142.469	65.74	302.91	1111.71	77.50	355.11	1482.28
纯扭	0	150.48	61.13													75.67	0	1777.87	65.74	0	1777.87	77.50	0	1777.87

$b=500$（mm）　$h=900$（mm）　$V_{min}^{*}=165.55$（kN）　$T_{min}^{*}=17.55$（kN·m）

β_t	$\theta=V/T$	T_{max}	T_{min}	$\phi8@200$			$\phi8@150$			$\phi8@100$			$\phi10@200$			$\phi10@150$		
				[T]	[V]	A_{stl}	[T]	[V]	A_{stl}	[T]	[V]	A_{stl}	[T]	[V]	A_{stl}	[T]	[V]	A_{stl}
0.5	18.8	41.90	14.12	27.44	514.80	461.74	30.70	576.05	461.74	37.23	698.56	590.03	32.93	617.82	461.74	38.02	713.41	613.87
0.6	14.1	51.76	17.65	33.45	470.69	533.17	37.54	528.28	533.17	45.72	643.46	739.61	40.33	567.55	577.17	46.72	657.42	769.50
0.7	10.7	62.22	21.48	39.69	425.55	610.82	44.69	479.14	610.82	54.68	586.30	903.15	48.09	515.67	704.79	55.89	599.30	939.66
0.8	8.2	73.33	25.67	46.20	379.24	698.08	52.19	428.42	721.87	64.17	526.79	1082.72	56.27	461.96	844.91	65.63	538.72	1126.49
0.9	6.3	85.16	30.25	53.01	331.57	799.75	60.10	375.90	853.91	74.28	464.57	1280.80	64.93	406.13	999.46	76.00	475.32	1332.57
1.0	4.7	97.78	35.29	60.18	282.32	923.47	68.49	321.27	1000.28	85.10	399.18	1500.39	74.15	347.84	1170.79	87.11	408.63	1561.04
1.0	2.3	125.71	47.06	60.93	279.10	934.53	69.48	316.95	1030.28	86.59	392.65	1545.42	75.32	342.76	1205.92	88.67	401.84	1607.89
纯扭	0	174.24	70.79							86.59	0	2000.10	75.32	0	2000.10	88.67	0	2000.10

$b=500$（mm）　$h=1000$（mm）　$V_{min}^{*}=184.80$（kN）　$T_{min}^{*}=19.94$（kN·m）

β_t	$\theta=V/T$	T_{max}	T_{min}	$\phi8@200$			$\phi8@150$			$\phi8@100$			$\phi10@200$			$\phi10@150$		
				[T]	[V]	A_{stl}	[T]	[V]	A_{stl}	[T]	[V]	A_{stl}	[T]	[V]	A_{stl}	[T]	[V]	A_{stl}
0.5	18.4	47.62	16.04	31.14	574.05	517.63	34.84	642.23	517.63	42.24	778.58	644.06	37.37	688.71	517.63	43.14	795.11	670.09
0.6	13.8	58.82	20.05	37.96	524.70	597.71	42.59	588.75	597.71	51.86	716.85	806.74	45.75	632.43	629.56	52.98	732.39	839.34
0.7	10.5	70.71	24.41	45.02	474.22	684.77	50.68	533.77	684.77	61.99	652.86	984.33	54.53	574.38	768.14	63.36	667.30	1024.11
0.8	8.1	83.33	29.17	52.39	422.45	782.59	59.16	477.06	786.05	72.70	586.27	1178.98	63.78	514.29	920.02	74.35	599.52	1226.63
0.9	6.1	96.77	34.38	60.09	369.18	896.57	68.09	418.35	928.91	84.10	516.69	1393.29	73.55	451.88	1087.24	86.04	528.62	1449.61
1.0	4.6	111.11	40.10	68.18	314.18	1035.27	77.55	357.33	1086.94	96.28	443.65	1630.38	83.93	386.76	1272.23	98.55	454.12	1696.29
1.0	2.3	142.86	53.47	68.80	311.56	1044.30	78.37	353.81	1110.77	97.51	438.31	1666.16	84.89	382.62	1300.13	99.83	448.56	1733.51
纯扭	0	198.00	80.44							97.51	0	2222.34	84.89	0	2222.34	99.83	0	2222.34

矩形截面纯扭剪扭构件计算表 抗剪扭箍筋（六肢） 抗扭纵筋 A_{stl}（mm^2） HPB235 钢筋 C20 表 2-8-3

$b=500$（mm）				$h=500$（mm）						$V^*_{min}=88.55$（kN）						$T^*_{min}=7.97$（kN·m）					
β_t	$\theta=V/T$	T_{max}	T_{min}	ϕ6@200			ϕ6@150			ϕ6@100			ϕ8@200			ϕ8@150			ϕ10@200		
				[T]	[V]	A_{stl}	[T]	[V]	A_{stl}	[T]	[V]	A_{stl}	[T]	[V]	A_{stl}	[T]	[V]	A_{stl}	[T]	[V]	A_{stl}
0.5	22.1	19.05	6.42	11.87	262.17	236.47	13.16	290.53	236.47	15.73	347.27	304.78	14.87	328.32	270.87	17.15	378.74	361.12	18.71	413.12	422.66
0.6	16.6	23.53	8.02	14.49	239.89	273.05	16.11	266.74	273.05	19.35	320.43	384.57	18.27	302.50	341.78	21.15	350.22	455.66	23.11	382.75	533.32
0.7	12.6	28.28	9.76	17.21	217.12	312.82	19.20	242.28	315.39	23.19	292.60	473.03	21.86	275.80	420.39	25.40	320.52	560.48	27.82	351.01	656.00
0.8	9.7	33.33	11.67	20.06	193.77	357.51	22.47	217.05	381.13	27.29	263.61	571.64	25.68	248.07	508.03	29.96	289.44	677.33	32.88	317.66	792.78
0.9	7.4	38.71	13.75	21.99	174.60	394.35	24.51	197.39	398.52	29.55	242.95	597.78	27.87	227.73	531.24	32.35	268.23	708.32	35.41	295.84	829.07
1.0	5.5	44.44	16.04	23.59	156.89	430.91	26.12	179.68	423.63	31.16	225.24	597.78	29.47	210.02	531.24	33.95	250.52	708.32	37.01	278.13	829.07
1.0	2.8	57.14	21.39	23.59	156.89	430.91	26.12	179.68	423.63	31.16	225.24	597.78	29.47	210.02	531.24	33.95	250.52	708.32	37.01	278.13	829.07
纯扭	0	79.20	32.17													33.95	0	1111.17	37.01	0	1111.17

$b=500$（mm）				$h=550$（mm）						$V^*_{min}=98.18$（kN）						$T^*_{min}=9.17$（kN·m）					
β_t	$\theta=V/T$	T_{max}	T_{min}	ϕ6@200			ϕ6@150			ϕ6@100			ϕ8@200			ϕ8@150			ϕ10@200		
				[T]	[V]	A_{stl}	[T]	[V]	A_{stl}	[T]	[V]	A_{stl}	[T]	[V]	A_{stl}	[T]	[V]	A_{stl}	[T]	[V]	A_{stl}
0.5	21.3	21.90	7.38	13.63	290.14	264.92	15.10	321.42	264.92	18.04	383.97	330.78	17.06	363.08	293.98	19.67	418.67	391.93	21.45	456.58	458.72
0.6	16.0	27.06	9.22	16.62	265.35	305.90	18.47	294.90	305.90	22.17	354.02	416.77	20.94	334.28	370.40	24.23	386.81	493.82	26.47	422.64	577.98
0.7	12.2	32.53	11.23	19.73	240.01	350.46	22.00	267.66	350.46	26.55	322.98	511.82	25.03	304.51	454.86	29.07	353.66	606.44	31.83	387.18	709.80
0.8	9.3	38.33	13.42	22.98	214.03	400.52	25.73	239.58	411.65	31.21	290.67	617.42	29.38	273.61	548.71	34.25	319.01	731.57	37.58	349.98	856.26
0.9	7.1	44.52	15.81	25.02	193.58	439.38	27.82	218.84	435.82	33.44	269.36	631.74	31.56	252.49	561.42	36.55	297.38	748.56	39.95	327.99	876.18
1.0	5.3	51.11	18.45	26.86	173.95	480.29	29.67	199.21	471.68	35.28	249.72	631.74	33.41	232.85	561.42	38.40	277.75	748.56	41.80	308.36	876.18
1.0	2.7	65.71	24.60	26.86	173.95	480.29	29.67	199.21	471.68	35.28	249.72	631.74	33.41	232.85	561.42	38.40	277.75	748.56	41.80	308.36	876.18
纯扭	0	91.08	37.00													38.40	0	1222.28	41.80	0	1222.28

$b=500$（mm）				$h=600$（mm）						$V^*_{min}=107.80$（kN）						$T^*_{min}=10.37$（kN·m）					
β_t	$\theta=V/T$	T_{max}	T_{min}	ϕ6@200			ϕ6@150			ϕ6@100			ϕ8@200			ϕ8@150			ϕ10@200		
				[T]	[V]	A_{stl}	[T]	[V]	A_{stl}	[T]	[V]	A_{stl}	[T]	[V]	A_{stl}	[T]	[V]	A_{stl}	[T]	[V]	A_{stl}
0.5	20.7	24.76	8.34	15.39	318.13	293.24	17.04	352.31	293.24	20.35	420.69	355.95	19.24	397.86	316.34	22.18	458.63	421.74	24.18	500.06	493.62
0.6	15.5	30.59	10.43	18.75	290.81	338.60	20.83	323.08	338.60	25.00	387.63	447.96	23.61	366.07	398.11	27.30	423.43	530.77	29.83	462.55	621.23
0.7	11.8	36.77	12.69	22.25	262.91	387.92	24.80	293.06	387.92	29.91	353.38	549.41	28.20	333.24	488.27	32.74	386.84	650.98	35.83	423.40	761.93
0.8	9.0	43.33	15.17	25.90	234.32	443.33	28.98	262.13	443.33	35.13	317.77	661.82	33.07	299.19	588.17	38.54	348.63	784.18	42.27	382.34	917.84
0.9	6.9	50.32	17.88	28.04	212.56	484.28	31.13	240.30	479.95	37.32	295.76	665.70	35.25	277.24	591.61	40.75	326.54	788.81	44.50	360.15	923.28
1.0	5.2	57.78	20.85	30.12	191.00	529.53	33.22	218.74	519.61	39.40	274.20	665.70	37.34	255.68	591.61	42.84	304.98	788.81	46.59	338.59	923.28
1.0	2.6	74.29	27.81	30.12	191.00	529.53	33.22	218.74	519.61	39.40	274.20	665.70	37.34	255.68	591.61	42.84	304.98	788.81	46.59	338.59	923.28
纯扭	0	102.96	41.83													42.84	0	1333.40	46.59	0	1333.40

续表

$b=500$ (mm) $h=650$ (mm) $V^*_{min}=117.43$ (kN) $T^*_{min}=11.56$ (kN·m)

β_t	$\theta=V/T$	T_{max}	T_{min}	ϕ6@200			ϕ6@150			ϕ6@100			ϕ8@200			ϕ8@150			ϕ10@200		
				[T]	[V]	A_{stl}	[T]	[V]	A_{stl}	[T]	[V]	A_{stl}	[T]	[V]	A_{stl}	[T]	[V]	A_{stl}	[T]	[V]	A_{stl}
0.5	20.2	27.62	9.30	17.14	346.12	321.46	18.98	383.22	321.46	22.65	457.43	380.50	21.43	432.65	338.16	24.69	498.59	450.83	26.92	543.56	527.66
0.6	15.1	34.12	11.63	20.88	316.28	371.19	23.19	351.27	371.19	27.81	421.25	478.40	26.27	397.89	425.17	30.38	460.08	566.83	33.18	502.48	663.44
0.7	11.5	41.01	14.16	24.77	285.82	425.25	27.60	318.48	425.25	33.26	383.81	586.12	31.37	361.99	520.90	36.40	420.05	694.48	39.83	459.64	812.84
0.8	8.8	48.33	16.92	28.74	255.03	484.91	32.12	285.24	484.72	38.88	345.66	699.67	36.62	325.48	621.79	42.63	379.18	829.05	46.73	415.79	970.39
0.9	6.7	56.13	19.94	31.06	231.54	529.03	34.44	261.75	524.00	41.20	322.17	699.67	38.95	302.00	621.79	44.95	355.69	829.05	49.05	392.31	970.39
1.0	5.0	64.44	23.26	33.93	208.06	578.66	36.77	238.27	567.45	43.53	298.69	699.67	41.27	278.51	621.79	47.28	332.21	829.05	51.37	368.82	970.39
1.0	2.5	82.86	31.01	33.39	208.06	578.66	36.77	238.27	567.45	43.53	298.69	699.67	41.27	278.51	621.79	47.28	332.21	829.05	51.37	368.82	970.39
纯扭	0	114.84	46.65													47.28	0	1444.52	51.37	0	1444.52

$b=500$ (mm) $h=700$ (mm) $V^*_{min}=127.05$ (kN) $T^*_{min}=12.76$ (kN·m)

β_t	$\theta=V/T$	T_{max}	T_{min}	ϕ6@200			ϕ6@150			ϕ6@100			ϕ8@200			ϕ8@150			ϕ10@200		
				[T]	[V]	A_{stl}	[T]	[V]	A_{stl}	[T]	[V]	A_{stl}	[T]	[V]	A_{stl}	[T]	[V]	A_{stl}	[T]	[V]	A_{stl}
0.5	19.8	30.48	10.27	18.89	374.11	349.60	20.92	414.13	349.60	24.96	494.17	404.58	23.61	467.44	359.57	27.20	538.57	479.37	29.65	587.08	561.06
0.6	14.8	37.65	12.83	23.01	341.76	403.69	25.55	379.47	403.69	30.63	454.89	508.27	28.94	429.71	451.71	33.45	496.73	602.23	36.53	542.44	704.87
0.7	11.3	45.25	15.62	27.29	308.74	462.48	30.40	343.91	462.48	36.61	414.25	622.17	34.54	390.76	552.94	40.06	453.28	737.19	43.83	495.91	862.84
0.8	8.7	53.33	18.67	31.52	275.93	525.79	35.19	308.62	525.28	42.52	373.99	733.63	40.07	352.16	651.98	46.59	410.26	869.30	51.03	449.87	1017.50
0.9	6.6	61.94	22.00	34.09	250.52	573.82	37.75	283.21	567.98	45.09	348.58	733.63	42.64	326.75	651.97	49.15	384.85	869.30	53.60	424.46	1017.50
1.0	4.9	71.11	25.67	36.65	225.11	627.71	40.32	257.80	615.20	47.65	323.17	733.63	45.20	301.34	651.97	51.72	359.44	869.30	56.16	399.05	1017.50
1.0	2.5	91.43	34.22	36.65	225.11	627.71	40.32	257.80	615.20	47.65	323.17	733.63	45.20	301.34	651.97	51.72	359.44	869.30	56.16	399.05	1017.50
纯扭	0	126.72	51.48													51.72	0	1555.64	56.16	0	1555.64

$b=500$ (mm) $h=750$ (mm) $V^*_{min}=136.68$ (kN) $T^*_{min}=13.96$ (kN·m)

β_t	$\theta=V/T$	T_{max}	T_{min}	ϕ6@200			ϕ6@150			ϕ6@100			ϕ8@200			ϕ8@150			ϕ10@200		
				[T]	[V]	A_{stl}	[T]	[V]	A_{stl}	[T]	[V]	A_{stl}	[T]	[V]	A_{stl}	[T]	[V]	A_{stl}	[T]	[V]	A_{stl}
0.5	19.5	33.33	11.23	20.65	402.11	377.69	22.85	445.04	377.69	27.26	530.92	428.31	25.79	502.24	380.65	29.71	578.56	507.48	32.38	630.60	593.96
0.6	14.6	41.18	14.04	25.14	367.25	436.12	27.91	407.68	436.12	33.45	488.54	537.71	31.60	461.54	477.88	36.52	533.40	637.11	39.88	582.41	745.69
0.7	11.1	49.49	17.09	29.80	331.66	499.64	33.19	369.34	499.64	39.96	444.71	657.71	37.70	419.54	584.52	43.72	486.52	779.31	47.82	532.19	912.13
0.8	8.5	58.33	20.42	34.30	296.83	566.62	38.26	332.00	565.80	46.16	402.32	767.60	43.52	378.84	682.16	50.55	441.34	909.55	55.34	483.95	1064.60
0.9	6.5	67.74	24.06	37.11	269.50	618.50	41.06	304.66	611.91	48.97	374.99	767.60	46.33	351.50	682.16	53.36	414.00	909.55	58.15	456.62	1064.60
1.0	4.9	77.78	28.07	39.92	242.16	676.69	43.87	277.33	662.91	51.77	347.65	767.60	49.13	324.17	682.16	56.16	386.67	909.55	60.95	429.28	1064.60
1.0	2.4	100.00	37.43	39.92	242.16	676.69	43.87	277.33	662.91	51.77	347.65	767.60	49.13	324.17	682.16	56.16	386.67	909.55	60.95	429.28	1064.60
纯扭	0	138.60	56.31																60.95	0	1666.75

续表

$b=500$ (mm)				$h=800$ (mm)						$V^*_{min}=146.30$ (kN)						$T^*_{min}=15.15$ (kN·m)				
β_t	$\theta=V/T$	T_{max}	T_{min}	$\phi6@200$			$\phi6@150$			$\phi6@100$			$\phi8@200$			$\phi8@150$			$\phi10@200$	
				[T]	[V]	A_{stl}	[T]	[V]	A_{stl}	[T]	[V]	A_{stl}	[T]	[V]	A_{stl}	[T]	[V]	A_{stl}	[T]	[V]	A_{stl}
0.5	19.2	36.19	12.19	22.40	430.11	405.74	24.79	475.96	405.74	29.57	567.68	451.74	27.97	537.05	405.74	32.22	618.55	535.25	35.11	674.13	626.47
0.6	14.4	44.71	15.24	27.27	392.74	468.51	30.27	435.89	468.51	36.26	522.20	566.80	34.26	493.38	503.73	39.59	570.08	671.58	43.22	622.38	786.04
0.7	11.0	53.74	18.55	32.32	354.59	536.75	35.98	394.79	536.75	43.31	475.17	692.86	40.86	448.33	615.76	47.37	519.77	820.95	51.82	568.49	960.87
0.8	8.4	63.33	22.17	37.09	317.74	607.41	41.33	355.38	606.28	49.81	430.65	801.56	46.97	405.52	712.34	54.51	472.42	949.79	59.65	518.04	1111.71
0.9	6.4	73.55	26.13	40.13	288.48	663.13	44.37	326.12	655.80	52.85	401.39	801.56	50.02	376.26	712.34	57.56	443.16	949.79	62.69	488.78	1111.71
1.0	4.8	84.44	30.48	43.18	259.22	725.62	47.42	296.86	710.57	55.90	372.13	801.56	53.07	347.00	712.34	60.60	413.90	949.79	65.74	459.52	1111.71
1.0	2.4	108.57	40.64	43.18	259.22	725.62	47.42	296.86	710.57	55.90	372.13	801.56	53.07	347.00	712.34	60.60	413.90	949.79	65.74	459.52	1111.71
纯扭	0	150.48	61.13																65.74	0	1777.87

$b=500$ (mm)				$h=900$ (mm)			$V^*_{min}=165.55$ (kN)			$T^*_{min}=17.55$ (kN·m)		
β_t	$\theta=V/T$	T_{max}	T_{min}	$\phi8@200$			$\phi8@150$			$\phi10@200$		
				[T]	[V]	A_{stl}	[T]	[V]	A_{stl}	[T]	[V]	A_{stl}
0.5	18.8	41.90	14.12	32.33	606.68	461.74	37.23	698.56	590.03	40.57	761.21	690.58
0.6	14.1	51.76	17.65	39.59	557.07	554.76	45.72	643.46	739.61	49.91	702.36	865.66
0.7	10.7	62.22	21.48	47.19	505.93	677.42	54.68	586.30	903.15	59.79	641.11	1057.09
0.8	8.2	73.33	25.67	53.88	458.87	772.71	62.43	534.58	1030.28	68.26	586.20	1205.92
0.9	6.3	85.16	30.25	57.40	425.76	772.71	65.96	501.47	1030.28	71.79	553.09	1205.92
1.0	4.7	97.78	35.29	60.93	392.65	787.89	69.48	468.36	1030.28	75.32	519.98	1205.92
1.0	2.3	125.71	47.06	60.93	392.65	787.89	69.48	468.36	1030.28	75.32	519.98	1205.92
纯扭	0	174.24	70.79							75.32	0	2000.10

$b=500$ (mm)				$h=1000$ (mm)			$V^*_{min}=184.80$ (kN)			$T^*_{min}=19.94$ (kN·m)		
β_t	$\theta=V/T$	T_{max}	T_{min}	$\phi8@200$			$\phi8@150$			$\phi10@200$		
				[T]	[V]	A_{stl}	[T]	[V]	A_{stl}	[T]	[V]	A_{stl}
0.5	18.4	47.62	16.04	36.69	676.31	517.63	42.24	778.58	644.06	46.02	848.31	753.83
0.6	13.8	58.82	20.05	44.91	620.78	605.11	51.86	716.85	806.74	56.59	782.37	944.23
0.7	10.5	70.71	24.41	53.50	563.54	738.30	61.99	652.86	984.33	67.77	713.77	1152.10
0.8	8.1	83.33	29.17	60.78	512.23	833.08	70.35	596.74	1110.77	76.88	654.36	1300.13
0.9	6.1	96.77	34.38	64.79	475.27	833.08	74.36	559.78	1110.77	80.89	617.40	1300.13
1.0	4.6	111.11	40.10	68.80	438.31	880.44	78.37	522.82	1110.77	84.89	580.44	1300.13
1.0	2.3	142.86	53.47	68.80	438.31	880.44	78.37	522.82	1110.77	84.89	580.44	1300.13
纯扭	0	198.00	80.44							84.89	0	2222.34

续表

$b=600$（mm）				$h=500$（mm）					$V_{min}^{*}=106.26$（kN）				$T_{min}^{*}=10.34$（kN·m）					
β_t	$\theta=V/T$	T_{max}	T_{min}	$\phi6@150$			$\phi6@100$			$\phi8@200$			$\phi8@150$			$\phi10@200$		
				[T]	[V]	A_{stl}	[T]	[V]	A_{stl}	[T]	[V]	A_{stl}	[T]	[V]	A_{stl}	[T]	[V]	A_{stl}
0.5	20.4	24.69	8.32	16.06	328.31	269.20	18.89	386.23	304.93	17.95	366.89	271.01	20.46	418.36	361.29	22.18	453.45	422.86
0.6	15.3	30.49	10.40	19.66	301.45	310.85	23.25	356.56	386.86	22.05	338.16	343.82	25.25	387.13	458.37	27.43	420.53	536.49
0.7	11.7	36.65	12.65	23.45	273.90	356.12	27.89	325.87	478.75	26.41	308.52	425.48	30.36	354.70	567.25	33.06	386.19	663.93
0.8	8.9	43.20	15.12	27.45	245.54	407.00	32.86	293.96	582.52	31.06	277.79	517.70	35.87	320.82	690.21	39.15	350.16	807.85
0.9	6.8	50.17	17.82	31.07	218.64	458.89	37.26	264.20	665.70	35.20	248.99	591.61	40.69	289.48	788.81	44.44	317.09	923.28
1.0	5.1	57.60	20.79	33.15	197.39	498.85	39.34	242.95	665.70	37.27	227.73	591.61	42.77	268.23	788.81	46.52	295.84	923.28
1.0	2.6	74.06	27.72	33.15	197.39	498.85	39.34	242.95	665.70	37.27	227.73	591.61	42.77	268.23	788.81	46.52	295.84	923.28
纯扭	0	102.64	41.70										42.77	0	1333.40	46.52	0	1333.40

$b=600$（mm）				$h=550$（mm）					$V_{min}^{*}=117.81$（kN）				$T_{min}^{*}=12.06$（kN·m）					
β_t	$\theta=V/T$	T_{max}	T_{min}	$\phi6@150$			$\phi6@100$			$\phi8@200$			$\phi8@150$			$\phi10@200$		
				[T]	[V]	A_{stl}	[T]	[V]	A_{stl}	[T]	[V]	A_{stl}	[T]	[V]	A_{stl}	[T]	[V]	A_{stl}
0.5	19.4	28.80	9.70	18.69	363.07	303.77	21.97	426.82	333.33	20.87	405.53	303.77	23.79	462.18	394.94	25.78	500.81	462.24
0.6	14.6	35.58	12.13	22.86	333.10	350.76	27.01	393.64	422.07	25.63	373.42	375.11	29.32	427.23	500.09	31.84	463.91	585.31
0.7	11.1	42.76	14.76	27.24	302.37	401.85	32.37	359.34	521.19	30.65	340.32	463.19	35.21	390.94	617.53	38.32	425.46	722.78
0.8	8.5	50.40	17.64	31.85	270.76	459.25	38.08	323.70	632.61	36.00	306.03	562.21	41.54	353.07	749.56	45.31	385.16	877.31
0.9	6.5	58.53	20.79	35.60	242.40	513.10	42.49	292.92	699.67	40.19	276.05	621.79	46.31	320.94	829.05	50.49	351.56	970.39
1.0	4.9	67.20	24.25	38.02	218.84	558.10	44.91	269.36	699.67	42.61	252.49	621.79	48.73	297.38	829.05	52.91	327.99	970.39
1.0	2.4	86.40	32.34	38.02	218.84	558.10	44.91	269.36	699.67	42.61	252.49	621.79	48.73	297.38	829.05	52.91	327.99	970.39
纯扭	0	119.75	48.65										48.73	0	1466.74	52.91	0	1466.74

$b=600$（mm）				$h=600$（mm）					$V_{min}^{*}=129.36$（kN）				$T_{min}^{*}=13.78$（kN·m）					
β_t	$\theta=V/T$	T_{max}	T_{min}	$\phi6@150$			$\phi6@100$			$\phi8@200$			$\phi8@150$			$\phi10@200$		
				[T]	[V]	A_{stl}	[T]	[V]	A_{stl}	[T]	[V]	A_{stl}	[T]	[V]	A_{stl}	[T]	[V]	A_{stl}
0.5	18.7	32.91	11.09	21.31	397.85	338.08	25.04	467.43	360.33	23.80	444.20	338.08	27.11	506.04	426.94	29.37	548.21	499.69
0.6	14.0	40.66	13.86	26.05	364.77	390.38	30.77	430.76	455.56	29.19	408.72	404.87	33.38	467.36	539.77	36.24	507.35	631.75
0.7	10.7	48.87	16.87	31.02	330.88	447.24	36.83	392.86	561.56	34.89	372.16	499.08	40.05	427.24	665.37	43.57	464.80	778.77
0.8	8.2	57.60	20.16	36.25	296.02	511.13	43.29	353.51	680.29	40.94	334.32	604.59	47.19	385.41	806.05	51.46	420.24	943.44
0.9	6.2	66.89	23.76	40.12	266.17	567.10	47.71	321.64	733.63	45.18	303.11	651.97	51.93	352.41	869.30	56.53	386.02	1017.50
1.0	4.7	76.80	27.72	42.89	240.30	617.11	50.48	295.76	733.63	47.95	277.24	651.97	54.70	326.54	869.30	59.30	360.15	1017.50
1.0	2.3	98.74	36.96	42.89	240.30	617.11	50.48	295.76	733.63	47.95	277.24	651.97	54.70	326.54	869.30	59.30	360.15	1017.50
纯扭	0	136.86	55.60													59.30	0	1600.08

续表

$b=600$（mm） $h=650$（mm） $V^*_{min}=140.91$（kN） $T^*_{min}=15.50$（kN·m）

β_t	$\theta=V/T$	T_{max}	T_{min}	ϕ6@150			ϕ6@100			ϕ8@200			ϕ8@150			ϕ10@200		
				[T]	[V]	A_{stl}	[T]	[V]	A_{stl}	[T]	[V]	A_{stl}	[T]	[V]	A_{stl}	[T]	[V]	A_{stl}
0.5	18.1	37.03	12.47	23.94	432.64	372.21	28.11	508.07	386.32	26.72	482.88	372.21	30.43	549.92	457.73	32.95	595.63	535.73
0.6	13.6	45.74	15.59	29.25	396.46	429.79	34.52	467.90	487.79	32.76	444.04	433.52	37.44	507.53	577.96	40.63	550.82	676.45
0.7	10.3	54.98	18.98	34.80	359.40	492.38	41.29	426.41	600.44	39.12	404.03	533.63	44.89	463.58	711.44	48.82	504.19	832.69
0.8	7.9	64.80	22.68	40.63	321.32	562.73	48.48	383.37	726.23	45.86	362.65	645.42	52.84	417.79	860.50	57.59	455.40	1007.16
0.9	6.0	75.25	26.73	44.64	289.93	620.93	52.94	350.35	767.60	50.17	330.18	682.16	57.54	383.87	909.55	62.57	420.49	1064.60
1.0	4.5	86.40	31.18	47.76	261.75	675.93	56.06	322.17	767.60	53.29	302.00	682.16	60.66	355.69	909.55	65.69	392.31	1064.60
1.0	2.3	111.09	41.58	47.76	261.75	675.93	56.06	322.17	767.60	53.29	302.00	682.16	60.66	355.69	909.55	65.69	392.31	1064.60
纯扭	0	153.96	62.55													65.69	0	1733.42

$b=600$（mm） $h=700$（mm） $V^*_{min}=152.46$（kN） $T^*_{min}=17.23$（kN·m）

β_t	$\theta=V/T$	T_{max}	T_{min}	ϕ6@150			ϕ6@100			ϕ8@200			ϕ8@150			ϕ10@200		
				[T]	[V]	A_{stl}	[T]	[V]	A_{stl}	[T]	[V]	A_{stl}	[T]	[V]	A_{stl}	[T]	[V]	A_{stl}
0.5	17.6	41.14	13.86	26.56	467.43	406.20	31.18	548.72	411.54	29.63	521.57	406.20	33.74	593.81	487.61	36.54	643.07	570.70
0.6	13.2	50.82	17.33	32.44	428.16	469.04	38.26	505.06	519.08	36.32	479.38	469.04	41.49	547.72	615.03	45.02	594.33	719.84
0.7	10.1	61.09	21.09	38.57	387.95	537.35	45.74	459.99	638.20	43.35	435.93	567.19	49.71	499.96	756.18	54.05	543.61	885.06
0.8	7.7	72.00	25.20	45.02	346.63	614.12	53.67	413.26	770.89	50.78	391.01	685.10	58.47	450.22	913.41	63.71	490.60	1069.09
0.9	5.9	83.61	29.70	49.17	313.70	674.65	58.17	379.07	801.56	55.16	357.24	712.34	63.16	415.34	949.79	68.61	454.95	1111.71
1.0	4.4	96.00	34.65	52.63	283.21	734.62	61.63	348.58	801.56	58.62	326.75	721.82	66.62	384.85	949.79	72.08	424.46	1111.71
1.0	2.2	123.43	46.20	52.63	283.21	734.62	61.63	348.58	801.56	58.62	326.75	721.82	66.62	384.85	949.79	72.08	424.46	1111.71
纯扭	0	171.07	69.50													72.08	0	1866.76

$b=600$（mm） $h=750$（mm） $V^*_{min}=164.01$（kN） $T^*_{min}=18.95$（kN·m）

β_t	$\theta=V/T$	T_{max}	T_{min}	ϕ6@150			ϕ6@100			ϕ8@200			ϕ8@150			ϕ10@200		
				[T]	[V]	A_{stl}	[T]	[V]	A_{stl}	[T]	[V]	A_{stl}	[T]	[V]	A_{stl}	[T]	[V]	A_{stl}
0.5	17.2	45.26	15.25	29.18	502.24	440.09	34.24	589.38	440.09	32.55	560.28	440.09	37.05	637.72	516.79	40.12	690.53	604.86
0.6	12.9	55.91	19.06	35.62	459.88	508.18	42.00	542.24	549.65	39.87	514.74	508.18	45.54	587.93	651.25	49.41	637.85	762.23
0.7	9.8	67.20	23.20	42.35	416.51	582.19	50.18	493.59	675.11	47.57	467.85	599.99	54.53	536.36	799.91	59.28	583.07	936.24
0.8	7.5	79.20	27.72	49.40	371.96	665.36	58.85	443.18	814.56	55.69	419.40	723.91	64.10	482.68	965.15	69.83	525.84	1129.65
0.9	5.7	91.97	32.67	53.69	337.46	728.27	63.39	407.79	835.53	60.15	384.31	742.53	68.78	446.80	990.04	74.65	489.42	1158.81
1.0	4.3	105.60	38.12	57.50	304.66	793.20	67.20	374.99	835.53	63.96	351.50	778.85	72.58	414.00	990.04	78.46	456.62	1158.81
1.0	2.2	135.77	50.82	57.50	304.66	793.20	67.20	374.99	835.53	63.96	351.50	778.85	72.58	414.00	990.04	78.46	456.62	1158.81
纯扭	0	188.18	76.45													78.46	0	2000.10

续表

$b=600$ (mm)				$h=800$ (mm)					$V^*_{min}=175.56$ (kN)					$T^*_{min}=20.67$ (kN·m)				
β_t	$\theta=V/T$	T_{max}	T_{min}	ϕ6@150			ϕ6@100			ϕ8@200			ϕ8@150			ϕ10@200		
				[T]	[V]	A_{stl}	[T]	[V]	A_{stl}	[T]	[V]	A_{stl}	[T]	[V]	A_{stl}	[T]	[V]	A_{stl}
0.5	16.9	49.37	16.63	31.80	537.05	473.90	37.31	630.05	473.90	35.47	598.99	473.90	40.36	681.64	545.42	43.70	738.00	638.36
0.6	12.7	60.99	20.79	38.81	491.60	547.22	45.74	579.43	579.64	43.43	550.10	547.22	49.59	628.16	686.79	53.79	681.39	803.83
0.7	9.7	73.31	25.31	46.12	445.08	626.92	54.63	527.21	711.34	51.79	499.78	632.19	59.35	572.77	842.84	64.51	622.55	986.48
0.8	7.4	86.40	30.24	53.77	397.31	716.47	64.03	473.11	857.45	60.60	447.80	762.04	69.72	515.17	1015.98	75.94	561.11	1189.14
0.9	5.6	100.34	35.64	58.21	361.23	781.82	68.62	436.51	869.49	65.14	411.37	775.01	74.39	478.27	1030.28	80.70	523.89	1205.92
1.0	4.2	115.20	41.58	62.37	326.12	851.70	72.77	401.39	869.49	69.30	376.26	835.82	78.55	443.16	1030.28	84.85	488.78	1205.92
1.0	2.1	148.11	55.44	62.37	326.12	851.70	72.77	401.39	869.49	69.30	376.26	835.82	78.55	443.16	1030.28	84.85	488.78	1205.92
纯扭	0	205.29	83.40													84.85	0	2133.44

$b=600$ (mm)				$h=900$ (mm)			$V^*_{min}=198.66$ (kN)		$T^*_{min}=24.12$ (kN·m)			
β_t	$\theta=V/T$	T_{max}	T_{min}	ϕ8@200			ϕ8@150			ϕ10@200		
				[T]	[V]	A_{stl}	[T]	[V]	A_{stl}	[T]	[V]	A_{stl}
0.5	16.4	57.60	19.40	41.29	676.44	541.34	46.98	769.50	601.41	50.85	832.97	703.90
0.6	12.3	71.15	24.26	50.54	620.86	625.09	57.68	708.64	756.34	62.55	768.51	885.24
0.7	9.4	85.53	29.53	60.22	563.68	716.13	68.98	645.65	926.90	74.95	701.55	1084.87
0.8	7.2	100.80	35.28	70.28	505.23	833.08	80.78	580.93	1110.77	87.93	632.55	1300.13
0.9	5.5	117.06	41.58	75.13	465.50	880.20	85.62	541.20	1110.77	92.78	592.82	1300.13
1.0	4.1	134.40	48.51	79.97	425.76	949.58	90.47	501.47	1110.77	97.63	553.09	1300.13
1.0	2.0	172.80	64.68	79.97	425.76	949.58	90.47	501.47	1110.77	97.63	553.09	1300.13
纯扭	0	239.50	97.30							97.63	0	2400.12

$b=600$ (mm)				$h=1000$ (mm)			$V^*_{min}=221.76$ (kN)		$T^*_{min}=27.56$ (kN·m)			
β_t	$\theta=V/T$	T_{max}	T_{min}	ϕ8@200			ϕ8@150			ϕ10@200		
				[T]	[V]	A_{stl}	[T]	[V]	A_{stl}	[T]	[V]	A_{stl}
0.5	16.0	65.83	22.18	47.12	753.90	608.61	53.59	857.39	656.19	58.00	927.96	768.02
0.6	12.0	81.32	27.72	57.64	691.64	702.76	65.76	789.16	824.42	71.31	855.66	964.92
0.7	9.1	97.75	33.75	68.64	627.61	805.12	78.59	718.58	1009.24	85.38	780.61	1181.25
0.8	7.0	115.20	40.32	79.57	563.98	914.40	91.31	648.48	1191.26	99.32	706.10	1394.35
0.9	5.3	133.78	47.52	85.11	519.62	985.24	96.86	604.13	1191.26	104.87	661.75	1394.35
1.0	4.0	153.60	55.44	90.65	475.27	1063.19	102.40	559.78	1191.26	110.41	617.40	1394.35
1.0	2.0	197.49	73.92	90.65	475.27	1063.19	102.40	559.78	1191.26	110.41	617.40	1394.35
纯扭	0	273.72	111.20									

矩形截面纯扭剪扭构件计算表 抗剪扭箍筋（双肢） 抗扭纵筋 A_{stl}（mm^2） HPB235 钢筋 C25 表 2-8-4

$b=250$（mm）							$h=400$（mm）						$V^*_{min}=40.56$（kN）						$T^*_{min}=2.19$（kN·m）					
β_t	$\theta=V/T$	T_{max}	T_{min}	ϕ6@100			ϕ8@200			ϕ8@150			ϕ8@100			ϕ10@200			ϕ10@150			ϕ10@100		
				[T]	[V]	A_{stl}	[T]	[V]	A_{stl}	[T]	[V]	A_{stl}	[T]	[V]	A_{stl}	[T]	[V]	A_{stl}	[T]	[V]	A_{stl}	[T]	[V]	A_{stl}
0.5	36.9	5.61	1.76	3.36	123.84	119.49	3.23	119.08	119.49	3.57	131.74	119.49	4.26	157.07	140.76	3.81	140.38	119.49	4.34	160.14	146.44	5.41	199.65	219.64
0.6	27.7	6.93	2.20	4.08	112.91	137.98	3.92	108.46	137.98	4.35	120.29	137.98	5.20	143.94	175.28	4.64	128.35	137.98	5.31	146.81	182.36	6.64	183.72	273.52
0.7	21.1	8.33	2.68	4.83	101.75	158.08	4.63	97.65	158.08	5.15	108.57	158.08	6.19	130.42	212.51	5.50	116.02	165.84	6.31	133.07	221.10	7.93	167.17	331.63
0.8	16.1	9.81	3.20	5.60	90.35	180.66	5.37	86.61	180.66	5.98	96.56	180.66	7.22	116.46	252.79	6.40	103.35	197.26	7.37	118.87	263.00	9.29	149.93	394.49
0.9	12.3	11.40	3.77	6.40	78.67	206.97	6.13	75.33	206.97	6.85	84.22	206.97	8.30	102.00	296.49	7.34	90.28	231.36	8.47	104.16	308.48	10.73	131.91	462.70
1.0	9.2	13.08	4.40	7.23	66.67	238.99	6.91	63.76	238.99	7.75	71.50	238.99	9.43	86.98	344.08	8.33	76.78	268.50	9.64	88.86	357.99	12.26	113.01	536.99
1.0	4.6	16.82	5.86	9.52	43.91	350.35	9.11	42.00	337.98	10.21	47.09	397.51	12.43	57.29	548.60	10.97	50.57	449.02	12.69	58.53	566.92	16.15	74.44	802.72
纯扭	0	23.32	8.82	9.86	0	513.16	9.26	0	513.16	10.88	0	513.16	14.12	0	663.96	11.98	0	518.10	14.51	0	690.80	19.57	0	1036.20

$b=250$（mm）							$h=450$（mm）						$V^*_{min}=46.12$（kN）						$T^*_{min}=2.53$（kN·m）					
β_t	$\theta=V/T$	T_{max}	T_{min}	ϕ6@100			ϕ8@200			ϕ8@150			ϕ8@100			ϕ10@200			ϕ10@150			ϕ10@100		
				[T]	[V]	A_{stl}	[T]	[V]	A_{stl}	[T]	[V]	A_{stl}	[T]	[V]	A_{stl}	[T]	[V]	A_{stl}	[T]	[V]	A_{stl}	[T]	[V]	A_{stl}
0.5	36.2	6.49	2.04	3.88	140.67	135.66	3.74	135.28	135.66	4.13	149.63	135.66	4.92	178.34	155.14	4.40	159.42	135.66	5.02	181.82	161.41	6.26	226.63	242.08
0.6	27.2	8.02	2.55	4.72	128.22	156.65	4.53	123.18	156.65	5.03	136.58	156.65	6.01	163.38	193.06	5.36	145.72	156.65	6.13	166.63	200.86	7.67	208.45	301.26
0.7	20.7	9.64	3.10	5.58	115.52	179.46	5.36	110.87	179.46	5.95	123.24	179.46	7.15	147.97	233.90	6.36	131.67	182.53	7.29	150.97	243.35	9.16	189.58	365.00
0.8	15.8	11.36	3.70	6.47	102.54	205.10	6.20	98.31	205.10	6.91	109.56	205.10	8.34	132.07	278.00	7.40	117.24	216.94	8.51	134.80	289.24	10.72	169.94	433.84
0.9	12.1	13.20	4.37	7.39	89.24	234.97	7.08	85.47	234.97	7.91	95.52	234.97	9.58	115.62	325.79	8.48	102.37	254.22	9.78	118.06	338.96	12.38	149.43	508.42
1.0	9.1	15.15	5.09	8.35	75.60	271.32	7.99	72.31	271.32	8.95	81.05	271.32	10.88	98.54	377.73	9.61	87.01	294.75	11.12	100.66	393.00	14.13	127.94	589.49
1.0	4.5	19.48	6.79	10.98	49.69	383.78	10.50	47.53	383.71	11.77	53.27	435.44	14.31	64.76	600.94	12.63	57.19	491.87	14.61	66.16	621.02	18.57	84.09	879.31
纯扭	0	27.00	10.22	11.34	0	577.30	10.64	0	577.30	12.50	0	577.30	16.20	0	724.32	13.76	0	577.30	16.65	0	753.60	22.43	0	1130.40

$b=250$（mm）							$h=500$（mm）						$V^*_{min}=51.67$（kN）						$T^*_{min}=2.88$（kN·m）					
β_t	$\theta=V/T$	T_{max}	T_{min}	ϕ6@100			ϕ8@200			ϕ8@150			ϕ8@100			ϕ10@200			ϕ10@150			ϕ10@100		
				[T]	[V]	A_{stl}	[T]	[V]	A_{stl}	[T]	[V]	A_{stl}	[T]	[V]	A_{stl}	[T]	[V]	A_{stl}	[T]	[V]	A_{stl}	[T]	[V]	A_{stl}
0.5	35.7	7.38	2.32	4.41	157.50	151.80	4.24	151.47	151.80	4.69	167.52	151.80	5.59	199.62	169.40	5.00	178.46	151.80	5.70	203.51	176.24	7.10	253.61	264.33
0.6	26.8	9.11	2.89	5.36	143.53	175.28	5.15	137.90	175.28	5.71	152.88	175.28	6.83	182.82	210.69	6.09	163.09	175.28	6.96	186.45	219.21	8.71	233.18	328.78
0.7	20.4	10.96	3.52	6.34	129.28	200.81	6.08	124.09	200.81	6.76	137.90	200.81	8.11	165.53	255.12	7.22	147.32	200.81	8.28	168.88	265.43	10.39	212.00	398.11
0.8	15.6	12.91	4.21	7.34	114.72	229.50	7.04	110.00	229.50	7.84	122.57	229.50	9.45	147.69	303.04	8.39	131.13	236.48	9.65	150.74	315.29	12.16	189.96	472.90
0.9	11.9	14.99	4.96	8.39	99.82	262.92	8.03	95.61	262.92	8.97	106.82	262.92	10.86	129.24	354.89	9.62	114.47	276.93	11.09	131.96	369.23	14.03	166.96	553.83
1.0	8.9	17.22	5.79	9.47	84.53	303.60	9.06	80.87	303.60	10.15	90.61	303.60	12.33	110.10	411.17	10.89	97.26	320.85	12.60	112.46	427.79	16.00	142.87	641.69
1.0	4.5	22.14	7.72	12.43	55.47	429.35	11.89	53.07	429.35	13.32	59.46	473.21	16.18	72.25	653.08	14.30	63.82	534.54	16.53	73.80	674.89	21.00	93.75	955.59
纯扭	0	30.68	11.61	12.82	0	641.45	12.03	0	641.45	14.12	0	641.45	18.28	0	784.68	15.54	0	641.45	18.79	0	816.40	25.29	0	1224.60

续表

$b=250$ (mm)							$h=550$ (mm)						$V_{min}^{*}=57.23$ (kN)						$T_{min}^{*}=3.22$ (kN·m)					
β_t	$\theta=V/T$	T_{max}	T_{min}	$\phi6@100$			$\phi8@200$			$\phi8@150$			$\phi8@100$			$\phi10@200$			$\phi10@150$			$\phi10@100$		
				[T]	[V]	A_{stl}	[T]	[V]	A_{stl}	[T]	[V]	A_{stl}	[T]	[V]	A_{stl}	[T]	[V]	A_{stl}	[T]	[V]	A_{stl}	[T]	[V]	A_{stl}
0.5	35.3	8.26	2.59	4.94	174.33	167.92	4.75	167.67	167.92	5.25	185.41	167.92	6.26	220.90	183.57	5.59	197.51	167.92	6.38	225.20	190.99	7.95	280.59	286.45
0.6	26.5	10.21	3.24	6.00	158.84	193.89	5.76	152.62	193.89	6.39	169.17	193.89	7.64	202.26	228.23	6.81	180.45	193.89	7.79	206.28	237.45	9.74	257.93	356.14
0.7	20.2	12.27	3.95	7.09	143.05	222.13	6.80	137.31	222.13	7.56	152.57	222.13	9.07	183.09	276.22	8.08	162.98	222.13	9.26	186.79	287.38	11.62	234.42	431.04
0.8	15.4	14.46	4.71	8.21	126.92	253.87	7.88	121.70	253.87	8.78	135.58	253.87	10.57	163.32	327.95	9.39	145.03	255.91	10.79	166.68	341.20	13.59	209.98	511.77
0.9	11.8	16.79	5.56	9.38	110.41	290.84	8.98	105.76	290.84	10.04	118.13	290.84	12.14	142.87	383.86	10.75	126.57	299.54	12.39	145.87	399.37	15.67	184.49	599.04
1.0	8.8	19.28	6.48	10.59	93.47	335.83	10.13	89.43	335.83	11.35	100.18	335.83	13.78	121.67	444.48	12.18	107.50	346.84	14.08	124.27	462.45	17.88	157.81	693.67
1.0	4.4	24.79	8.64	13.88	61.25	474.94	13.28	58.61	474.94	14.87	65.65	510.88	18.06	79.73	705.06	15.96	70.45	577.08	18.45	81.44	728.61	23.43	103.42	1031.66
纯扭	0	34.36	13.00	14.29	0	705.59	13.42	0	705.59	15.74	0	705.59	20.36	0	845.04	17.31	0	705.59	20.93	0	879.20	28.15	0	1318.80

$b=250$ (mm)							$h=600$ (mm)						$V_{min}^{*}=62.79$ (kN)						$T_{min}^{*}=3.57$ (kN·m)					
β_t	$\theta=V/T$	T_{max}	T_{min}	$\phi6@100$			$\phi8@200$			$\phi8@150$			$\phi8@100$			$\phi10@200$			$\phi10@150$			$\phi10@100$		
				[T]	[V]	A_{stl}	[T]	[V]	A_{stl}	[T]	[V]	A_{stl}	[T]	[V]	A_{stl}	[T]	[V]	A_{stl}	[T]	[V]	A_{stl}	[T]	[V]	A_{stl}
0.5	35.0	9.15	2.87	5.46	191.17	184.02	5.25	183.86	184.02	5.81	203.30	184.02	6.92	242.18	197.68	6.19	216.56	184.02	7.06	246.90	205.67	8.79	307.57	308.47
0.6	26.2	11.30	3.59	6.64	174.16	212.49	6.38	167.35	212.49	7.07	185.47	212.49	8.45	221.71	245.68	7.54	197.83	212.49	8.62	226.11	255.61	10.77	282.67	383.38
0.7	20.0	13.59	4.37	7.84	156.82	243.43	7.53	150.54	243.43	8.36	167.24	243.43	10.03	200.66	297.24	8.93	178.64	243.43	10.24	204.71	309.25	12.84	256.85	463.85
0.8	15.3	16.01	5.22	9.09	139.11	278.21	8.71	133.40	278.21	9.71	148.58	278.21	11.69	178.95	352.76	10.38	158.94	278.21	11.93	182.63	367.02	15.02	230.01	550.50
0.9	11.7	18.59	6.15	10.37	120.99	318.73	9.94	115.91	318.73	11.10	129.44	318.73	13.42	156.50	412.73	11.89	138.67	322.07	13.70	159.79	429.41	17.32	202.03	644.10
1.0	8.7	21.35	7.18	11.71	102.41	368.04	11.20	97.99	368.04	12.54	109.74	368.04	15.23	133.24	477.69	13.46	117.75	372.75	15.56	136.09	497.00	19.75	172.76	745.49
1.0	4.4	27.45	9.57	15.33	67.04	520.48	14.67	64.15	520.48	16.42	71.84	548.47	19.94	87.22	756.94	17.62	77.09	619.55	20.37	89.09	782.22	25.85	113.09	1107.57
纯扭	0	38.04	14.39	15.77	0	769.74	14.81	0	769.74	17.36	0	769.74	22.45	0	905.40	19.09	0	769.74	23.06	0	942.00	31.01	0	1413.00

$b=250$ (mm)							$h=650$ (mm)						$V_{min}^{*}=68.34$ (kN)						$T_{min}^{*}=3.91$ (kN·m)					
β_t	$\theta=V/T$	T_{max}	T_{min}	$\phi6@100$			$\phi8@200$			$\phi8@150$			$\phi8@100$			$\phi10@200$			$\phi10@150$			$\phi10@100$		
				[T]	[V]	A_{stl}	[T]	[V]	A_{stl}	[T]	[V]	A_{stl}	[T]	[V]	A_{stl}	[T]	[V]	A_{stl}	[T]	[V]	A_{stl}	[T]	[V]	A_{stl}
0.5	34.7	10.03	3.15	5.99	208.00	200.11	5.76	200.06	200.11	6.37	221.19	200.11	7.59	263.46	211.75	6.78	235.61	200.11	7.73	268.59	220.30	9.63	334.56	330.41
0.6	26.0	12.40	3.94	7.27	189.47	231.07	6.99	182.07	231.07	7.75	201.77	231.07	9.26	241.16	263.09	8.26	215.20	231.07	9.44	245.94	273.72	11.80	307.41	410.54
0.7	19.8	14.90	4.79	8.60	170.58	264.72	8.25	163.76	264.72	9.17	181.92	264.72	11.00	218.22	318.20	9.79	194.29	264.72	11.22	222.62	331.06	14.07	279.28	496.55
0.8	15.2	17.56	5.72	9.96	151.30	302.54	9.55	145.11	302.54	10.64	161.60	302.54	12.81	194.57	377.51	11.38	172.84	302.54	13.07	198.57	392.77	16.46	250.04	589.13
0.9	11.6	20.39	6.75	11.37	131.58	346.60	10.89	126.05	346.60	12.16	140.75	346.60	14.70	170.14	441.53	13.02	150.77	346.60	15.00	173.70	459.37	18.97	219.57	689.04
1.0	8.7	23.41	7.87	12.82	111.35	400.22	12.27	106.56	400.22	13.74	119.31	400.22	16.68	144.81	510.82	14.74	128.01	400.22	17.04	147.91	531.47	21.62	187.71	797.21
1.0	4.3	30.10	10.50	16.78	72.83	566.00	16.05	69.70	566.00	17.98	78.04	586.00	21.82	94.72	808.74	19.29	83.72	661.94	22.28	96.74	835.75	28.28	122.77	1183.36
纯扭	0	41.72	15.79	17.24	0	833.88	16.20	0	833.88	18.98	0	833.88	24.53	0	965.76	20.87	0	833.88	25.20	0	1004.80	33.87	0	1507.20

续表

$b=300$ (mm)							$h=450$ (mm)						$V_{min}^*=55.34$ (kN)						$T_{min}^*=3.48$ (kN·m)		
β_t	$\theta=V/T$	T_{max}	T_{min}	$\phi6@100$			$\phi8@150$			$\phi8@100$			$\phi10@200$			$\phi10@150$			$\phi10@100$		
				[T]	[V]	A_{stl}	[T]	[V]	A_{stl}	[T]	[V]	A_{stl}	[T]	[V]	A_{stl}	[T]	[V]	A_{stl}	[T]	[V]	A_{stl}
0.5	31.6	8.93	2.80	5.06	160.00	159.05	5.35	169.12	159.05	6.27	198.36	159.05	5.66	179.09	159.05	6.39	201.90	163.17	7.83	247.52	244.72
0.6	23.7	11.03	3.50	6.15	145.85	183.66	6.51	154.40	183.66	7.67	181.81	196.04	6.90	163.75	183.66	7.81	185.13	203.96	9.61	227.91	305.90
0.7	18.1	13.25	4.26	7.27	131.43	210.40	7.71	139.36	210.40	9.12	164.79	238.65	8.19	148.03	210.40	9.29	167.87	248.30	11.49	207.55	372.41
0.8	13.8	15.62	5.09	8.44	116.70	240.46	8.96	123.96	240.46	10.64	147.22	285.15	9.53	131.89	240.46	10.85	150.04	296.67	13.47	186.34	444.98
0.9	10.5	18.14	6.00	9.64	101.63	275.48	10.26	108.15	275.48	12.24	129.04	336.07	10.94	115.28	275.48	12.48	131.57	349.65	15.58	164.17	524.46
1.0	7.9	20.82	7.00	10.90	86.16	318.10	11.62	91.87	318.10	13.93	110.15	392.09	12.41	98.10	318.10	14.21	112.36	407.94	17.82	140.89	611.90
1.0	4.0	26.77	9.33	14.54	57.46	449.86	15.50	61.26	480.56	18.58	73.45	654.86	16.55	65.42	539.99	18.96	74.93	676.00	23.77	93.95	948.01
纯扭	0	37.11	14.04	14.81	0	692.76	16.25	0	692.76	20.88	0	784.68	17.83	0	692.76	21.44	0	816.40	28.67	0	1224.60

$b=300$ (mm)							$h=500$ (mm)						$V_{min}^*=62.01$ (kN)						$T_{min}^*=3.98$ (kN·m)		
β_t	$\theta=V/T$	T_{max}	T_{min}	$\phi6@100$			$\phi8@150$			$\phi8@100$			$\phi10@200$			$\phi10@150$			$\phi10@100$		
				[T]	[V]	A_{stl}	[T]	[V]	A_{stl}	[T]	[V]	A_{stl}	[T]	[V]	A_{stl}	[T]	[V]	A_{stl}	[T]	[V]	A_{stl}
0.5	31.0	10.20	3.20	5.78	179.10	178.48	6.11	189.29	178.48	7.16	221.94	178.48	6.47	200.42	178.48	7.29	225.90	178.48	8.93	276.86	266.88
0.6	23.2	12.60	4.00	7.02	163.21	206.09	7.43	172.76	206.09	8.75	203.35	213.62	7.88	183.19	206.09	8.91	207.06	222.25	10.96	254.80	333.34
0.7	17.7	15.15	4.87	8.30	147.03	236.10	8.80	155.88	236.10	10.40	184.23	259.84	9.35	165.55	236.10	10.59	187.67	270.34	13.09	231.91	405.47
0.8	13.6	17.85	5.82	9.62	130.51	269.83	10.22	138.60	269.83	12.13	164.51	310.17	10.87	147.44	269.83	12.36	167.65	322.70	15.34	208.09	484.02
0.9	10.3	20.73	6.86	10.99	113.61	309.13	11.70	120.87	309.13	13.95	144.11	365.18	12.46	128.79	309.13	14.22	146.93	379.94	17.73	183.21	569.89
1.0	7.8	23.80	8.00	12.42	96.27	356.96	13.24	102.61	356.96	15.86	122.93	425.58	14.13	109.54	356.96	16.18	125.40	442.78	20.27	157.11	664.16
1.0	3.9	30.60	10.67	16.52	64.03	504.81	17.61	68.25	520.24	21.10	81.76	708.93	18.80	72.85	584.57	21.52	83.40	731.81	26.97	104.49	1026.28
纯扭	0	42.41	16.05	16.79	0	769.74	18.41	0	769.74	23.62	0	845.04	20.19	0	769.74	24.25	0	879.20	32.38	0	1318.80

$b=300$ (mm)							$h=550$ (mm)						$V_{min}^*=68.68$ (kN)						$T_{min}^*=4.47$ (kN·m)		
β_t	$\theta=V/T$	T_{max}	T_{min}	$\phi6@100$			$\phi8@150$			$\phi8@100$			$\phi10@200$			$\phi10@150$			$\phi10@100$		
				[T]	[V]	A_{stl}	[T]	[V]	A_{stl}	[T]	[V]	A_{stl}	[T]	[V]	A_{stl}	[T]	[V]	A_{stl}	[T]	[V]	A_{stl}
0.5	30.5	11.47	3.60	6.49	198.20	197.87	6.86	209.46	197.87	8.05	245.53	197.87	7.27	221.76	197.87	8.19	249.91	197.87	10.03	306.20	288.79
0.6	22.9	14.18	4.50	7.89	180.58	228.48	8.35	191.12	228.48	9.83	224.90	231.01	8.85	202.64	228.48	10.00	228.99	240.35	12.31	281.70	360.48
0.7	17.4	17.04	5.48	9.33	162.64	261.76	9.89	172.40	261.76	11.68	203.68	280.80	10.50	183.07	261.76	11.90	207.47	292.15	14.70	256.29	438.18
0.8	13.4	20.08	6.55	10.81	144.33	299.15	11.48	153.24	299.15	13.62	181.81	334.94	12.21	162.98	299.15	13.88	185.27	348.47	17.22	229.86	522.68
0.9	10.2	23.32	7.72	12.35	125.59	342.72	13.13	133.59	342.72	15.65	159.19	394.03	13.99	142.32	342.72	15.95	162.30	409.96	19.88	202.26	614.91
1.0	7.6	26.77	9.00	13.94	106.39	395.74	14.86	113.37	395.74	17.79	135.73	458.79	15.86	120.99	395.74	18.15	138.44	477.33	22.72	173.34	715.99
1.0	3.8	34.42	12.00	18.51	70.61	559.66	19.72	75.24	559.68	23.61	90.09	762.67	21.05	80.30	628.89	24.09	91.89	787.29	30.16	115.05	1104.09
纯扭	0	47.71	18.05	18.76	0	846.71	20.57	0	846.71	26.35	0	905.40	22.54	0	846.71	27.05	0	942.00	36.08	0	1413.00

续表

$b=300$ (mm) $h=600$ (mm) $V_{min}^*=75.34$ (kN) $T_{min}^*=4.97$ (kN·m)																					
β_t	$\theta=V/T$	T_{max}	T_{min}	ϕ6@100			ϕ8@150			ϕ8@100			ϕ10@200			ϕ10@150			ϕ10@100		
				[T]	[V]	A_{stl}	[T]	[V]	A_{stl}	[T]	[V]	A_{stl}	[T]	[V]	A_{stl}	[T]	[V]	A_{stl}	[T]	[V]	A_{stl}
0.5	30.1	12.75	4.00	7.21	217.31	217.23	7.62	229.64	217.23	8.93	269.13	217.23	8.07	243.10	217.23	9.09	273.92	217.23	11.14	335.55	310.51
0.6	22.6	15.75	5.00	8.76	197.95	250.84	9.27	209.49	250.84	10.90	246.44	250.84	9.83	222.09	250.84	11.10	250.93	258.29	13.65	308.60	387.39
0.7	17.2	18.93	6.09	10.35	178.25	287.37	10.97	188.92	287.37	12.96	223.13	301.60	11.65	200.59	287.37	13.20	227.28	313.79	16.30	280.67	470.64
0.8	13.2	22.31	7.27	12.00	158.14	328.42	12.73	167.89	328.42	15.10	199.11	359.53	13.54	178.53	328.42	15.39	202.90	374.06	19.09	251.63	561.06
0.9	10.0	25.91	8.57	13.70	137.58	376.26	14.57	146.31	376.26	17.35	174.28	422.68	15.52	155.85	376.26	17.69	177.67	439.77	22.03	221.33	659.63
1.0	7.5	29.75	10.00	15.47	116.50	434.46	16.48	124.12	434.46	19.72	148.53	491.80	17.58	132.44	434.46	20.11	151.49	511.68	25.17	189.59	767.51
1.0	3.8	38.25	13.34	20.49	77.20	614.43	21.83	82.24	614.43	26.13	98.42	816.19	23.30	87.76	673.02	26.65	100.38	842.53	33.35	125.62	1181.56
纯扭	0	53.01	20.06	20.74	0	923.68	22.72	0	923.68	29.09	0	965.76	24.89	0	923.68	29.86	0	1004.80	39.79	0	1507.20

$b=300$ (mm) $h=650$ (mm) $V_{min}^*=82.01$ (kN) $T_{min}^*=5.47$ (kN·m)																					
β_t	$\theta=V/T$	T_{max}	T_{min}	ϕ6@100			ϕ8@150			ϕ8@100			ϕ10@200			ϕ10@150			ϕ10@100		
				[T]	[V]	A_{stl}	[T]	[V]	A_{stl}	[T]	[V]	A_{stl}	[T]	[V]	A_{stl}	[T]	[V]	A_{stl}	[T]	[V]	A_{stl}
0.5	29.8	14.02	4.40	7.93	236.42	236.58	8.38	249.81	236.58	9.82	292.72	236.58	8.87	264.44	236.58	9.99	297.93	236.58	12.24	364.90	332.09
0.6	22.4	17.33	5.50	9.63	215.33	273.17	10.19	227.86	273.17	11.98	268.00	273.17	10.80	241.54	273.17	12.20	272.86	276.13	15.00	335.51	414.15
0.7	17.0	20.82	6.70	11.38	193.86	312.96	12.06	205.45	312.96	14.24	242.59	322.28	12.80	218.11	312.96	14.50	247.09	335.30	17.90	305.05	502.91
0.8	13.0	24.54	8.00	13.18	171.96	357.67	13.99	182.53	357.67	16.59	216.41	383.99	14.88	194.08	357.67	16.90	220.52	399.51	20.96	273.40	599.23
0.9	9.9	28.50	9.43	15.05	149.57	409.76	16.00	159.04	409.76	19.05	189.37	451.20	17.04	169.38	409.76	19.42	193.05	469.44	24.19	240.39	704.13
1.0	7.5	32.72	11.00	16.99	126.62	473.15	18.09	134.88	473.15	21.64	161.34	524.66	19.30	143.90	473.15	22.07	164.55	545.87	27.61	205.84	818.79
1.0	3.7	42.08	14.67	22.48	83.79	669.14	23.95	89.25	669.14	28.64	106.76	869.54	25.55	95.22	717.01	29.21	108.88	897.60	36.54	136.20	1258.79
纯扭	0	58.32	22.07	22.71	0	1000.66	24.88	0	1000.66	31.82	0	1026.12	27.25	0	1000.66	32.67	0	1067.60	43.50	0	1601.40

$b=300$ (mm) $h=700$ (mm) $V_{min}^*=88.68$ (kN) $T_{min}^*=5.97$ (kN·m)																					
β_t	$\theta=V/T$	T_{max}	T_{min}	ϕ6@100			ϕ8@150			ϕ8@100			ϕ10@200			ϕ10@150			ϕ10@100		
				[T]	[V]	A_{stl}	[T]	[V]	A_{stl}	[T]	[V]	A_{stl}	[T]	[V]	A_{stl}	[T]	[V]	A_{stl}	[T]	[V]	A_{stl}
0.5	29.6	15.30	4.80	8.65	255.52	255.90	9.13	269.99	255.90	10.70	316.32	255.90	9.67	285.78	255.90	10.89	321.94	255.90	13.34	394.25	353.58
0.6	22.2	18.90	6.00	10.50	232.70	295.49	11.11	246.22	295.49	13.06	289.55	295.49	11.77	261.00	295.49	13.30	294.80	295.49	16.35	362.41	440.78
0.7	16.9	22.72	7.31	12.40	209.47	338.53	13.14	221.98	338.53	15.52	262.05	342.87	13.95	235.64	338.53	15.80	266.91	356.73	19.51	329.44	535.04
0.8	12.9	26.77	8.73	14.37	185.78	386.89	15.25	197.18	386.89	18.08	233.72	408.36	16.21	209.64	386.89	18.42	238.15	424.86	22.83	295.18	637.25
0.9	9.9	31.09	10.29	16.40	161.56	443.24	17.43	171.77	443.24	20.75	204.47	479.61	18.57	182.92	443.24	21.16	208.43	498.99	26.34	259.47	748.46
1.0	7.4	35.70	12.00	18.51	136.75	511.81	19.71	145.64	511.81	23.57	174.15	557.41	21.03	155.36	511.81	24.04	177.61	579.95	30.06	222.10	869.91
1.0	3.7	45.90	16.00	24.46	90.38	723.80	26.06	96.26	723.80	31.16	115.10	922.76	27.79	102.69	760.89	31.77	117.39	952.54	39.73	146.79	1335.84
纯扭	0	63.62	24.07	24.69	0	1077.63	27.04	0	1077.63	34.56	0	1086.48	29.60	0	1077.63	35.47	0	1130.40	47.21	0	1695.60

续表

$b=300$（mm）				$h=750$（mm）						$V_{min}^{*}=95.35$（kN）						$T_{min}^{*}=6.46$（kN·m）					
β_t	$\theta=V/T$	T_{max}	T_{min}	ϕ6@100			ϕ8@150			ϕ8@100			ϕ10@200			ϕ10@150			ϕ10@100		
				[T]	[V]	A_{stl}	[T]	[V]	A_{stl}	[T]	[V]	A_{stl}	[T]	[V]	A_{stl}	[T]	[V]	A_{stl}	[T]	[V]	A_{stl}
0.5	29.3	16.57	5.20	9.36	274.63	275.22	9.89	290.16	275.22	11.59	339.92	275.22	10.47	307.13	275.22	11.79	345.95	275.22	14.44	423.60	374.97
0.6	22.0	20.48	6.50	11.37	250.08	317.79	12.03	264.59	317.79	14.14	311.10	317.79	12.75	280.45	317.79	14.40	316.74	317.79	17.70	389.33	467.32
0.7	16.8	24.61	7.91	13.43	225.08	364.08	14.23	238.51	364.08	16.79	281.51	364.08	15.10	253.17	364.08	17.11	286.72	378.08	21.11	353.83	567.06
0.8	12.8	29.01	9.46	15.55	199.60	416.09	16.51	211.83	416.09	19.56	251.03	432.64	17.55	225.20	416.09	19.93	255.79	450.13	24.70	316.96	675.15
0.9	9.8	33.68	11.14	17.75	173.55	476.69	18.87	184.50	476.69	22.46	219.56	507.93	20.09	196.45	476.69	22.89	223.82	528.46	28.49	278.54	792.66
1.0	7.3	38.67	13.00	20.03	146.87	550.44	21.33	156.41	550.44	25.50	186.96	590.08	22.75	166.83	550.44	26.00	190.67	613.93	32.50	238.36	920.89
1.0	3.7	49.73	17.34	26.45	96.98	778.43	28.17	103.27	778.43	33.67	123.45	975.88	30.04	110.15	804.70	34.34	125.90	1007.38	42.92	157.39	1412.74
纯扭	0	68.92	26.08	26.67	0	1154.60	29.19	0	1154.60	37.29	0	1154.60	31.96	0	1154.60	38.28	0	1193.20	50.92	0	1789.80

$b=300$（mm）				$h=800$（mm）						$V_{min}^{*}=102.01$（kN）						$T_{min}^{*}=6.96$（kN·m）					
β_t	$\theta=V/T$	T_{max}	T_{min}	ϕ6@100			ϕ8@150			ϕ8@100			ϕ10@200			ϕ10@150			ϕ10@100		
				[T]	[V]	A_{stl}	[T]	[V]	A_{stl}	[T]	[V]	A_{stl}	[T]	[V]	A_{stl}	[T]	[V]	A_{stl}	[T]	[V]	A_{stl}
0.5	29.1	17.85	5.60	10.08	293.74	294.52	10.65	310.34	294.52	12.47	363.52	294.52	11.27	328.47	294.52	12.69	369.97	294.52	15.54	452.96	396.31
0.6	21.9	22.05	7.00	12.24	267.45	340.09	12.95	282.96	340.09	15.22	332.66	340.09	13.72	299.91	340.09	15.50	338.68	340.09	19.04	416.24	493.77
0.7	16.7	26.50	8.52	14.45	240.70	389.62	15.31	255.03	389.62	18.07	300.97	389.62	16.26	270.70	389.62	18.41	306.54	399.37	22.71	378.23	599.00
0.8	12.8	31.24	10.18	16.74	213.42	445.28	17.76	226.48	445.28	21.05	268.34	456.86	18.88	240.76	445.28	21.44	273.42	475.33	26.57	338.75	712.95
0.9	9.7	36.28	12.00	19.10	185.54	510.13	20.30	197.23	510.13	24.16	234.66	536.19	21.62	209.99	510.13	24.62	239.20	557.86	30.64	297.62	836.76
1.0	7.3	41.65	14.00	21.55	157.00	589.05	22.95	167.17	589.05	27.42	199.78	622.68	24.47	178.29	589.05	27.96	203.74	647.85	34.95	254.62	971.77
1.0	3.6	53.55	18.67	28.43	103.57	833.04	30.28	110.29	833.04	36.18	131.80	1028.92	32.29	117.62	848.44	36.90	134.41	1062.13	46.11	167.98	1489.53
纯扭	0	74.22	28.08	28.64	0	1231.58	31.35	0	1231.58	40.03	0	1231.58	34.31	0	1231.58	41.08	0	1256.00	54.62	0	1884.00

$b=300$（mm）				$h=850$（mm）					$V_{min}^{*}=108.68$（kN）						$T_{min}^{*}=7.46$（kN·m）			
β_t	$\theta=V/T$	T_{max}	T_{min}	ϕ8@150			ϕ8@100			ϕ10@200			ϕ10@150			ϕ10@100		
				[T]	[V]	A_{stl}	[T]	[V]	A_{stl}	[T]	[V]	A_{stl}	[T]	[V]	A_{stl}	[T]	[V]	A_{stl}
0.5	29.0	19.13	6.00	11.41	330.51	313.82	13.36	387.12	313.82	12.07	349.81	313.82	13.60	393.98	313.82	16.64	482.31	417.59
0.6	21.7	23.63	7.50	13.87	301.33	362.37	16.30	354.21	362.37	14.69	319.36	362.37	16.59	360.63	362.37	20.39	443.16	520.17
0.7	16.6	28.40	9.13	16.40	271.56	415.15	19.35	320.43	415.15	17.41	288.23	415.15	19.71	326.36	420.61	24.31	402.62	630.86
0.8	12.7	33.47	10.91	19.02	241.14	474.45	22.53	285.66	481.03	20.22	256.31	474.45	22.96	291.06	500.48	28.44	360.54	750.67
0.9	9.7	38.87	12.86	21.74	209.96	543.55	25.86	249.76	564.39	23.14	223.53	543.55	26.36	254.59	587.20	32.79	316.71	880.77
1.0	7.2	44.63	15.00	24.56	177.94	627.64	29.35	212.60	655.22	26.19	189.76	627.64	29.93	216.80	681.71	37.39	270.89	1022.55
1.0	3.6	57.38	20.00	32.39	117.31	887.62	38.69	140.16	1081.90	34.54	125.10	892.12	39.46	142.93	1116.82	49.30	178.59	1566.23
纯扭	0	79.52	30.09	33.51	0	1308.55	42.76	0	1308.55	36.66	0	1308.55	43.89	0	1318.80	58.33	0	1978.20

续表

$b=350$（mm）				$h=500$（mm）					$V^*_{min}=72.34$（kN）				$T^*_{min}=5.19$（kN·m）				
β_t	$\theta=V/T$	T_{max}	T_{min}	$\phi8@150$			$\phi8@100$			$\phi10@200$			$\phi10@150$			$\phi10@100$	
				$[T]$	$[V]$	A_{stl}	$[T]$	$[V]$	A_{stl}	$[T]$	$[V]$	A_{stl}	$[T]$	$[V]$	A_{stl}	$[T]$	$[V]$	A_{stl}
0.5	27.7	13.30	4.17	7.61	210.87	203.84	8.80	243.98	203.84	8.01	222.16	203.84	8.94	248.00	203.84	10.81	299.67	270.16
0.6	20.8	16.44	5.22	9.25	192.43	235.37	10.75	223.56	235.37	9.76	203.05	235.37	10.93	227.34	235.37	13.27	275.91	338.62
0.7	15.8	19.76	6.35	10.96	173.63	269.66	12.79	202.59	269.66	11.58	183.50	269.66	13.01	206.10	275.67	15.86	251.29	413.46
0.8	12.1	23.28	7.59	12.73	154.40	308.18	14.92	180.98	317.60	13.48	163.46	308.18	15.18	184.20	330.44	18.60	225.68	495.62
0.9	9.2	27.04	8.95	14.57	134.68	353.06	17.16	158.63	375.65	15.46	142.85	353.06	17.48	161.54	390.83	21.52	198.92	586.21
1.0	6.9	31.04	10.44	16.50	114.39	407.68	19.54	135.43	439.98	17.54	121.57	407.68	19.91	137.99	457.76	24.64	170.83	686.63
1.0	3.5	39.91	13.92	22.21	76.99	576.55	26.30	91.15	766.54	23.61	81.81	636.45	26.79	92.86	790.48	33.17	114.97	1098.53
纯扭	0	55.32	20.93	22.93	0	898.03	29.18	0	905.40	25.06	0	898.03	29.93	0	942.00	39.68	0	1413.00

$b=350$（mm）				$h=550$（mm）					$V^*_{min}=80.12$（kN）				$T^*_{min}=5.87$（kN·m）				
β_t	$\theta=V/T$	T_{max}	T_{min}	$\phi8@150$			$\phi8@100$			$\phi10@200$			$\phi10@150$			$\phi10@100$	
				$[T]$	$[V]$	A_{stl}	$[T]$	$[V]$	A_{stl}	$[T]$	$[V]$	A_{stl}	$[T]$	$[V]$	A_{stl}	$[T]$	$[V]$	A_{stl}
0.5	27.2	15.04	4.72	8.59	233.30	226.53	9.93	269.85	226.53	9.05	245.76	226.53	10.10	274.28	226.53	12.20	331.32	292.21
0.6	20.4	18.58	5.90	10.45	212.84	261.58	12.13	247.17	261.58	11.02	224.54	261.58	12.34	251.33	261.58	14.97	304.91	365.95
0.7	15.5	22.33	7.18	12.37	191.97	299.67	14.42	223.88	299.67	13.07	202.85	299.67	14.67	227.75	299.67	17.88	277.55	446.42
0.8	11.9	26.32	8.58	14.36	170.64	342.48	16.82	199.90	342.58	15.20	180.62	342.48	17.12	203.45	356.42	20.96	249.11	534.59
0.9	9.1	30.57	10.11	16.43	148.78	392.36	19.34	175.12	404.74	17.42	157.76	392.36	19.69	178.31	421.10	24.23	219.42	631.61
1.0	6.8	35.09	11.80	18.60	126.30	453.06	22.00	149.41	473.47	19.76	134.18	453.06	22.41	152.21	492.61	27.72	188.28	738.90
1.0	3.4	45.12	15.73	24.96	84.75	640.73	29.53	100.26	822.50	26.52	90.04	682.92	30.08	102.14	848.19	37.21	126.35	1178.73
纯扭	0	62.54	23.66	25.68	0	987.83	32.62	0	987.83	28.04	0	987.83	33.46	0	1004.80	44.30	0	1507.20

$b=350$（mm）				$h=600$（mm）					$V^*_{min}=87.90$（kN）				$T^*_{min}=6.54$（kN·m）				
β_t	$\theta=V/T$	T_{max}	T_{min}	$\phi8@150$			$\phi8@100$			$\phi10@200$			$\phi10@150$			$\phi10@100$	
				$[T]$	$[V]$	A_{stl}	$[T]$	$[V]$	A_{stl}	$[T]$	$[V]$	A_{stl}	$[T]$	$[V]$	A_{stl}	$[T]$	$[V]$	A_{stl}
0.5	26.7	16.78	5.26	9.57	255.74	249.18	11.07	295.72	249.18	10.08	269.37	249.18	11.25	300.57	249.18	13.58	362.98	313.97
0.6	20.0	20.72	6.58	11.64	233.25	287.73	13.51	270.78	287.73	12.28	246.05	287.73	13.74	275.34	287.73	16.66	333.91	392.93
0.7	15.3	24.91	8.01	13.78	210.32	329.63	16.06	245.18	329.63	14.55	222.21	329.63	16.34	249.41	329.63	19.90	303.82	478.97
0.8	11.7	29.36	9.57	15.99	186.89	376.72	18.72	218.83	376.72	16.92	197.78	376.72	19.05	222.70	382.10	23.32	272.55	573.10
0.9	8.9	34.09	11.28	18.29	162.89	431.59	21.51	191.61	433.51	19.39	172.68	431.59	21.91	195.10	451.03	26.94	239.93	676.51
1.0	6.7	39.14	13.16	20.69	138.22	498.36	24.46	163.40	506.62	21.98	146.80	498.36	24.92	166.45	527.10	30.80	205.75	790.64
1.0	3.3	50.33	17.55	27.71	92.54	704.78	32.75	109.39	878.05	29.43	98.28	729.04	33.37	111.44	905.47	41.24	137.75	1258.34
纯扭	0	69.75	26.39	28.43	0	1077.63	36.06	0	1077.63	31.03	0	1077.63	36.99	0	1077.63	48.91	0	1601.40

续表

$b=350$（mm）					$h=650$（mm）				$V^*_{min}=95.68$（kN）				$T^*_{min}=7.22$（kN·m）					
β_t	$\theta=V/T$	T_{max}	T_{min}	ϕ8@150			ϕ8@100			ϕ10@200			ϕ10@150			ϕ10@100		
				[T]	[V]	A_{stl}	[T]	[V]	A_{stl}	[T]	[V]	A_{stl}	[T]	[V]	A_{stl}	[T]	[V]	A_{stl}
0.5	26.4	18.51	5.81	10.55	278.17	271.79	12.20	321.60	271.79	11.12	292.98	271.79	12.40	326.87	271.79	14.97	394.64	335.50
0.6	19.8	22.87	7.26	12.83	253.66	313.84	14.89	294.40	313.84	13.53	267.55	313.84	15.14	299.34	313.84	18.36	362.93	419.64
0.7	15.1	27.49	8.84	15.18	228.67	359.54	17.69	266.49	359.54	16.04	241.57	359.54	18.00	271.08	359.54	21.92	330.10	511.22
0.8	11.5	32.39	10.56	17.62	203.15	410.91	20.62	237.77	410.91	18.64	214.95	410.91	20.98	241.97	410.91	25.67	296.00	611.27
0.9	8.8	37.62	12.45	20.15	177.00	470.75	23.69	208.12	470.75	21.35	187.61	470.75	24.12	211.89	480.71	29.65	260.46	721.03
1.0	6.6	43.19	14.52	22.79	150.14	543.58	26.92	177.40	543.58	24.20	159.43	543.58	27.42	180.70	561.34	33.88	223.24	841.99
1.0	3.3	55.53	19.36	30.45	100.32	768.74	35.98	118.54	933.29	32.34	106.53	774.91	36.65	120.75	962.44	45.28	149.17	1337.51
纯扭	0	76.97	29.12	31.17	0	1167.43	39.51	0	1167.43	34.01	0	1167.43	40.52	0	1167.43	53.52	0	1695.60
$b=350$（mm）					$h=700$（mm）				$V^*_{min}=103.46$（kN）				$T^*_{min}=7.90$（kN·m）					
β_t	$\theta=V/T$	T_{max}	T_{min}	ϕ8@150			ϕ8@100			ϕ10@200			ϕ10@150			ϕ10@100		
				[T]	[V]	A_{stl}	[T]	[V]	A_{stl}	[T]	[V]	A_{stl}	[T]	[V]	A_{stl}	[T]	[V]	A_{stl}
0.5	26.1	20.25	6.35	11.54	300.61	294.38	13.34	347.48	294.38	12.15	316.59	294.38	13.55	353.16	294.38	16.36	426.31	356.87
0.6	19.5	25.01	7.94	14.02	274.07	339.92	16.27	318.02	339.92	14.79	289.06	339.92	16.55	323.35	339.92	20.06	391.94	446.15
0.7	14.9	30.06	9.67	16.59	247.03	389.42	19.33	287.80	389.42	17.52	260.93	389.42	19.66	292.75	389.42	23.93	356.38	543.23
0.8	11.4	35.43	11.55	19.25	219.40	445.06	22.52	256.71	445.06	20.36	232.12	445.06	22.92	261.24	445.06	28.02	319.46	649.19
0.9	8.7	41.15	13.61	22.00	191.12	509.88	25.86	224.63	509.88	23.32	202.54	509.88	26.33	228.69	510.21	32.35	280.99	765.28
1.0	6.5	47.24	15.88	24.88	162.07	588.75	29.38	191.40	588.75	26.41	172.07	588.75	29.93	194.95	595.37	36.95	240.73	893.04
1.0	3.3	60.74	21.18	33.20	108.12	832.62	39.20	127.69	988.31	35.24	114.79	832.62	39.93	130.06	1019.17	49.31	160.60	1416.35
纯扭	0	84.19	31.85	33.92	0	1257.24	42.95	0	1257.24	37.00	0	1257.24	44.04	0	1257.24	58.13	0	1789.80
$b=350$（mm）					$h=750$（mm）				$V^*_{min}=111.24$（kN）				$T^*_{min}=8.57$（kN·m）					
β_t	$\theta=V/T$	T_{max}	T_{min}	ϕ8@150			ϕ8@100			ϕ10@200			ϕ10@150			ϕ10@100		
				[T]	[V]	A_{stl}	[T]	[V]	A_{stl}	[T]	[V]	A_{stl}	[T]	[V]	A_{stl}	[T]	[V]	A_{stl}
0.5	25.8	21.98	6.90	12.52	323.05	316.94	14.47	373.36	316.94	13.18	340.20	316.94	14.71	379.46	316.94	17.75	457.98	378.10
0.6	19.4	27.15	8.62	15.22	294.49	365.98	17.65	341.65	365.98	16.05	310.57	365.98	17.95	347.37	365.98	21.75	420.96	472.51
0.7	14.7	32.64	10.50	18.00	265.38	419.28	20.96	309.12	419.28	19.01	280.29	419.28	21.32	314.42	419.28	25.95	382.67	575.07
0.8	11.3	38.47	12.54	20.87	235.66	479.17	24.42	275.66	479.17	22.08	249.30	479.17	24.85	280.51	479.17	30.38	342.93	686.90
0.9	8.6	44.67	14.78	23.86	205.23	548.96	28.03	241.14	548.96	25.28	217.48	548.96	28.54	245.49	548.96	35.06	301.53	809.31
1.0	6.5	51.29	17.24	26.97	173.99	633.89	31.84	205.40	633.89	28.63	184.70	633.89	32.43	209.21	633.89	40.03	258.23	943.88
1.0	3.2	65.95	22.99	35.94	115.92	896.45	42.43	136.85	1043.15	38.15	123.06	896.45	43.21	139.39	1075.72	53.34	172.04	1494.94
纯扭	0	91.40	34.58	36.67	0	1347.04	46.39	0	1347.04	39.99	0	1347.04	47.57	0	1347.04	62.74	0	1884.00

续表

$b=350$ (mm)				$h=800$ (mm)						$V^*_{min}=119.01$ (kN)				$T^*_{min}=9.25$ (kN·m)				
β_t	$\theta=V/T$	T_{max}	T_{min}	$\phi8@150$			$\phi8@100$			$\phi10@200$			$\phi10@150$			$\phi10@100$		
				[T]	[V]	A_{stl}	[T]	[V]	A_{stl}	[T]	[V]	A_{stl}	[T]	[V]	A_{stl}	[T]	[V]	A_{stl}
0.5	25.6	23.72	7.44	13.50	345.49	339.50	15.60	399.24	339.50	14.22	363.82	339.50	15.86	405.76	339.50	19.14	489.65	399.23
0.6	19.2	29.30	9.30	16.41	314.90	392.02	19.03	365.27	392.02	17.30	332.08	392.02	19.35	371.38	392.02	23.45	449.99	498.73
0.7	14.6	35.22	11.32	19.40	283.74	449.11	22.60	330.43	449.11	20.49	299.66	449.11	22.99	336.09	449.11	27.97	408.96	606.76
0.8	11.2	41.51	13.53	22.50	251.92	513.27	26.32	294.61	513.27	23.80	266.48	513.27	26.78	299.78	513.27	32.73	366.40	724.45
0.9	8.5	48.20	15.95	25.72	219.35	588.02	30.21	257.66	588.02	27.25	232.41	588.02	30.75	262.30	588.02	37.76	322.07	853.16
1.0	6.4	55.34	18.60	29.06	185.93	678.99	34.30	219.41	678.99	30.85	197.34	678.99	34.93	223.48	678.99	43.10	275.74	994.53
1.0	3.2	71.15	24.81	38.68	123.73	960.24	45.65	146.01	1097.85	41.06	131.33	960.24	46.49	148.72	1132.13	57.37	183.49	1573.33
纯扭	0	98.62	37.31	39.42	0	1436.84	49.84	0	1436.84	42.97	0	1436.84	51.10	0	1436.84	67.35	0	1978.20

$b=350$ (mm)				$h=900$ (mm)						$V^*_{min}=134.57$ (kN)				$T^*_{min}=10.60$ (kN·m)				
β_t	$\theta=V/T$	T_{max}	T_{min}	$\phi8@150$			$\phi8@100$			$\phi10@200$			$\phi10@150$			$\phi10@100$		
				[T]	[V]	A_{stl}	[T]	[V]	A_{stl}	[T]	[V]	A_{stl}	[T]	[V]	A_{stl}	[T]	[V]	A_{stl}
0.5	25.2	27.19	8.53	15.47	390.37	384.56	17.87	451.01	384.56	16.29	411.04	384.56	18.16	458.36	384.56	21.91	553.00	441.25
0.6	18.9	33.59	10.66	18.79	355.74	444.05	21.79	412.53	444.05	19.82	375.10	444.05	22.16	419.41	444.05	26.84	508.04	550.91
0.7	14.4	40.37	12.98	22.22	320.46	508.73	25.87	373.07	508.73	23.46	338.40	508.73	26.31	379.45	508.73	32.00	461.55	669.82
0.8	11.0	47.58	15.51	25.76	284.45	581.40	30.11	332.51	581.40	27.24	300.84	581.40	30.64	338.34	581.40	37.43	413.34	799.19
0.9	8.4	55.25	18.28	29.43	247.60	666.08	34.55	290.70	666.08	31.18	262.29	666.08	35.17	295.92	666.08	43.17	363.18	940.48
1.0	6.3	63.44	21.33	33.25	209.80	769.12	39.21	247.44	769.12	35.28	222.63	769.12	39.94	252.01	769.12	49.25	310.76	1095.42
1.0	3.2	81.56	28.44	44.17	139.35	1087.71	52.09	164.35	1206.93	46.87	147.87	1087.71	53.05	167.39	1244.62	65.42	206.41	1729.67
纯扭	0	113.05	42.78	44.92	0	1616.45	56.72	0	1616.45	48.94	0	1616.45	58.15	0	1616.45	76.57	0	2166.60

$b=350$ (mm)				$h=1000$ (mm)						$V^*_{min}=150.13$ (kN)				$T^*_{min}=11.96$ (kN·m)				
β_t	$\theta=V/T$	T_{max}	T_{min}	$\phi8@150$			$\phi8@100$			$\phi10@200$			$\phi10@150$			$\phi10@100$		
				[T]	[V]	A_{stl}	[T]	[V]	A_{stl}	[T]	[V]	A_{stl}	[T]	[V]	A_{stl}	[T]	[V]	A_{stl}
0.5	25.0	30.66	9.62	17.43	435.25	429.59	20.14	502.78	429.59	18.35	458.27	429.59	20.46	510.97	429.59	24.68	616.35	483.03
0.6	18.7	37.87	12.02	21.18	396.58	496.05	24.55	459.79	496.05	22.33	418.13	496.05	24.96	467.45	496.05	30.23	566.10	602.80
0.7	14.3	45.52	14.64	25.03	357.19	568.30	29.13	415.71	568.30	26.43	377.14	568.30	29.63	422.81	568.30	36.03	514.15	732.55
0.8	10.9	53.65	17.49	29.02	316.98	649.48	33.91	370.42	649.48	30.68	335.20	649.48	34.50	376.90	649.48	42.13	460.30	873.58
0.9	8.3	62.31	20.61	33.14	275.85	744.08	38.90	323.74	744.08	35.10	292.18	744.08	39.59	329.55	744.08	48.57	404.29	1027.43
1.0	6.2	71.54	24.05	37.43	233.67	859.19	44.13	275.48	859.19	39.72	247.93	859.19	44.94	280.55	859.19	55.39	345.80	1195.92
1.0	3.1	91.98	32.07	49.65	154.98	1215.07	58.54	182.71	1315.72	52.68	164.43	1215.07	59.61	186.07	1356.81	73.48	229.34	1885.57
纯扭	0	127.48	48.24	50.42	0	1796.05	63.61	0	1796.05	54.92	0	1796.05	65.21	0	1796.05	85.79	0	2355.00

矩形截面纯扭剪扭构件计算表 抗剪扭箍筋（四肢） 抗扭纵筋 A_{stl}（mm^2） HPB235 钢筋 C25 表 2-8-5

$b=300$（mm）						$h=450$（mm）					$V^*_{min}=55.34$（kN）					$T^*_{min}=3.48$（kN·m）								
β_t	$\theta=V/T$	T_{max}	T_{min}	ϕ6@200			ϕ6@150			ϕ6@100			ϕ8@200			ϕ8@150			ϕ8@100			ϕ10@200		
				[T]	[V]	A_{stl}	[T]	[V]	A_{stl}	[T]	[V]	A_{stl}	[T]	[V]	A_{stl}	[T]	[V]	A_{stl}	[T]	[V]	A_{stl}	[T]	[V]	A_{stl}
0.5	31.6	8.93	2.80	5.06	160.00	159.05	5.58	176.45	159.05	6.62	209.34	176.47	6.27	198.36	159.05	7.20	227.59	209.09				7.83	247.52	244.72
0.6	23.7	11.03	3.50	6.15	145.85	183.66	6.80	161.27	183.66	8.10	192.11	220.58	7.67	181.81	196.04	8.82	209.22	261.36				9.61	227.91	305.90
0.7	18.1	13.25	4.26	7.27	131.43	210.40	8.07	145.73	210.40	9.65	174.34	268.54	9.12	164.79	238.65	10.53	190.21	318.18				11.49	207.55	372.41
0.8	13.8	15.62	5.09	8.44	116.70	240.46	9.38	129.79	240.46	11.27	155.96	320.85	10.64	147.22	285.15	12.32	170.48	380.18				13.47	186.34	444.98
0.9	10.5	18.14	6.00	9.64	101.63	275.48	10.76	113.39	275.48	12.99	136.89	378.16	12.24	129.04	336.07	14.23	149.93	448.08				15.58	164.17	524.46
1.0	7.9	20.82	7.00	10.90	86.17	318.13	12.20	96.45	318.15	14.80	117.00	441.54	13.93	110.14	392.39	16.25	128.40	523.19				17.82	140.86	612.38
1.0	4.0	26.77	9.33	10.90	86.17	318.13	12.21	96.45	318.15	14.81	117.00	441.54	13.94	110.14	392.39	16.25	128.40	523.19	20.88	164.93	784.78	17.83	140.86	612.38
纯扭	0	37.11	14.04							14.81	0	692.76				16.25	0	692.76	20.88	0	784.68	17.83	0	692.76
$b=300$（mm）						$h=500$（mm）					$V^*_{min}=62.01$（kN）					$T^*_{min}=3.98$（kN·m）								
β_t	$\theta=V/T$	T_{max}	T_{min}	ϕ6@200			ϕ6@150			ϕ6@100			ϕ8@200			ϕ8@150			ϕ8@100			ϕ10@200		
				[T]	[V]	A_{stl}	[T]	[V]	A_{stl}	[T]	[V]	A_{stl}	[T]	[V]	A_{stl}	[T]	[V]	A_{stl}	[T]	[V]	A_{stl}	[T]	[V]	A_{stl}
0.5	31.0	10.20	3.20	5.78	179.10	178.48	6.37	197.47	178.48	7.56	234.21	192.45	7.16	221.94	178.48	8.21	254.59	228.02				8.93	276.86	266.88
0.6	23.2	12.60	4.00	7.02	163.21	206.09	7.76	180.42	206.09	9.24	214.84	240.37	8.75	203.35	213.62	10.06	233.94	284.80				10.96	254.80	333.34
0.7	17.7	15.15	4.87	8.30	147.03	236.10	9.20	162.98	236.10	11.00	194.88	292.37	10.40	184.23	259.84	12.00	212.58	346.43				13.09	231.91	405.47
0.8	13.6	17.85	5.82	9.62	130.51	269.83	10.70	145.09	269.83	12.85	174.25	349.01	12.13	164.51	310.17	14.04	190.42	413.53				15.34	208.09	484.02
0.9	10.3	20.73	6.86	10.99	113.61	309.13	12.26	126.69	309.13	14.79	152.85	410.92	13.95	144.11	365.18	16.20	167.36	486.90	20.70	213.85	730.32	17.73	183.21	569.89
1.0	7.8	23.80	8.00	12.39	96.55	355.99	13.86	108.07	355.82	16.79	131.10	475.50	15.81	123.41	422.58	18.41	143.87	563.44	23.62	184.80	845.15	20.19	157.83	659.49
1.0	3.9	30.60	10.67	12.39	96.55	355.99	13.86	108.07	355.82	16.79	131.10	475.50	15.81	123.41	422.58	18.41	143.87	563.44	23.62	184.80	845.15	20.19	157.83	659.49
纯扭	0	42.41	16.05							16.79	0	769.74				18.41	0	769.74	23.62	0	845.04	20.19	0	769.74
$b=300$（mm）						$h=550$（mm）					$V^*_{min}=68.68$（kN）					$T^*_{min}=4.47$（kN·m）								
β_t	$\theta=V/T$	T_{max}	T_{min}	ϕ6@200			ϕ6@150			ϕ6@100			ϕ8@200			ϕ8@150			ϕ8@100			ϕ10@200		
				[T]	[V]	A_{stl}	[T]	[V]	A_{stl}	[T]	[V]	A_{stl}	[T]	[V]	A_{stl}	[T]	[V]	A_{stl}	[T]	[V]	A_{stl}	[T]	[V]	A_{stl}
0.5	30.5	11.47	3.60	6.49	198.20	197.87	7.16	218.50	197.87	8.49	259.09	208.24	8.05	245.53	197.87	9.23	281.60	246.74				10.03	306.20	288.79
0.6	22.9	14.18	4.50	7.89	180.58	228.48	8.72	199.58	228.48	10.38	237.58	259.94	9.83	224.90	231.01	11.30	258.67	307.99				12.31	281.70	360.48
0.7	17.4	17.04	5.48	9.33	162.64	261.76	10.34	180.24	261.76	12.35	215.43	315.96	11.68	203.68	280.80	13.47	234.96	374.37				14.70	256.29	438.18
0.8	13.4	20.08	6.55	10.81	144.33	299.15	12.01	160.40	299.15	14.42	192.54	376.88	13.62	181.81	334.94	15.76	210.38	446.56	20.04	267.51	669.81	17.22	229.86	522.68
0.9	10.2	23.32	7.72	12.35	125.59	342.72	13.76	140.00	342.72	16.59	168.82	443.38	15.65	159.19	394.03	18.17	184.80	525.36	23.20	236.02	788.01	19.88	202.26	614.91
1.0	7.6	26.77	9.00	13.88	106.93	393.80	15.51	119.69	393.45	18.76	145.19	509.47	17.67	136.67	452.76	20.57	159.34	603.68	26.35	204.67	905.52	22.54	174.80	706.59
1.0	3.8	34.42	12.00	13.88	106.93	393.80	15.51	119.69	393.45	18.76	145.19	509.47	17.67	136.67	452.76	20.57	159.34	603.68	26.35	204.67	905.52	22.54	174.80	706.59
纯扭	0	47.71	18.05							18.76	0	846.71				20.57	0	846.71	26.35	0	905.40	22.54	0	846.71

续表

$b=300$ (mm)　$h=600$ (mm)　$V_{min}^{*}=75.34$ (kN)　$T_{min}^{*}=4.97$ (kN·m)

β_t	$\theta=V/T$	T_{max}	T_{min}	$\phi6@200$			$\phi6@150$			$\phi6@100$			$\phi8@200$			$\phi8@150$			$\phi8@100$			$\phi10@200$		
				[T]	[V]	A_{stl}	[T]	[V]	A_{stl}	[T]	[V]	A_{stl}	[T]	[V]	A_{stl}	[T]	[V]	A_{stl}	[T]	[V]	A_{stl}	[T]	[V]	A_{stl}
0.5	30.1	12.75	4.00	7.21	217.31	217.23	7.95	239.53	217.23	9.42	283.97	223.91	8.93	269.13	217.23	10.24	308.62	265.30				11.14	335.55	310.51
0.6	22.6	15.75	5.00	8.76	197.95	250.84	9.68	218.75	250.84	11.52	260.33	279.34	10.90	246.44	250.84	12.54	283.40	330.99				13.65	308.60	387.39
0.7	17.2	18.93	6.09	10.35	178.25	287.37	11.47	197.49	287.37	13.70	235.99	339.36	12.96	223.13	301.60	14.95	257.34	402.10	18.92	325.76	603.11	16.30	280.67	470.64
0.8	13.2	22.31	7.27	12.00	158.14	328.42	13.33	175.71	328.42	15.99	210.84	404.55	15.10	199.11	359.53	17.47	230.33	479.35	22.21	292.78	718.99	19.09	251.63	561.06
0.9	10.0	25.91	8.57	13.70	137.58	376.26	15.26	153.32	376.26	18.40	184.79	475.62	17.35	174.28	422.68	20.14	202.25	563.56	25.71	258.19	845.32	22.03	221.33	659.63
1.0	7.5	29.75	10.00	15.37	117.32	431.58	17.16	131.31	431.04	20.74	159.29	543.43	19.54	149.94	482.94	22.72	174.81	643.93	29.09	224.55	965.89	24.89	191.77	753.70
1.0	3.8	38.25	13.34	15.37	117.32	431.58	17.16	131.31	431.04	20.74	159.29	543.43	19.54	149.94	482.94	22.72	174.81	643.93	29.09	224.55	965.89	24.89	191.77	753.70
纯扭	0	53.01	20.06							20.74	0	923.68				22.72	0	923.68	29.09	0	965.76	24.89	0	923.68

$b=300$ (mm)　$h=650$ (mm)　$V_{min}^{*}=82.01$ (kN)　$T_{min}^{*}=5.47$ (kN·m)

β_t	$\theta=V/T$	T_{max}	T_{min}	$\phi6@200$			$\phi6@150$			$\phi6@100$			$\phi8@200$			$\phi8@150$			$\phi8@100$			$\phi10@200$		
				[T]	[V]	A_{stl}	[T]	[V]	A_{stl}	[T]	[V]	A_{stl}	[T]	[V]	A_{stl}	[T]	[V]	A_{stl}	[T]	[V]	A_{stl}	[T]	[V]	A_{stl}
0.5	29.8	14.02	4.40	7.93	236.42	236.58	8.74	260.56	236.58	10.36	308.85	239.47	9.82	292.72	236.58	11.26	335.64	283.74				12.24	364.90	332.09
0.6	22.4	17.33	5.50	9.63	215.33	273.17	10.64	237.91	273.17	12.66	283.08	298.64	11.98	268.00	273.17	13.78	308.13	353.84				15.00	335.51	414.15
0.7	17.0	20.82	6.70	11.38	193.86	312.96	12.60	214.75	312.96	15.06	256.54	362.63	14.24	242.59	322.28	16.42	279.73	429.68	20.78	354.00	644.47	17.90	305.05	502.91
0.8	13.0	24.54	8.00	13.18	171.96	357.67	14.64	191.02	357.67	17.57	229.15	432.08	16.59	216.41	383.99	19.19	250.30	511.97	24.38	318.06	767.91	20.96	273.40	599.23
0.9	9.9	28.50	9.43	15.05	149.57	409.76	16.77	166.64	409.76	20.20	200.77	507.70	19.05	189.37	451.20	22.10	219.71	601.58	28.21	280.38	902.34	24.19	240.39	704.13
1.0	7.5	32.72	11.00	16.85	127.70	469.33	18.81	142.93	468.62	22.71	173.38	577.40	21.41	163.21	513.13	24.88	190.28	684.17	31.82	244.42	1026.26	27.25	208.74	800.81
1.0	3.7	42.08	14.67	16.85	127.70	469.33	18.81	142.93	468.62	22.71	173.38	577.40	21.41	163.21	513.13	24.88	190.28	684.17	31.82	244.42	1026.26	27.25	208.74	800.81
纯扭	0	58.32	22.07							22.71	0	1000.66				24.88	0	1000.66	31.82	0	1026.12	27.25	0	1000.66

$b=300$ (mm)　$h=700$ (mm)　$V_{min}^{*}=88.68$ (kN)　$T_{min}^{*}=5.97$ (kN·m)

β_t	$\theta=V/T$	T_{max}	T_{min}	$\phi6@200$			$\phi6@150$			$\phi6@100$			$\phi8@200$			$\phi8@150$			$\phi8@100$			$\phi10@200$		
				[T]	[V]	A_{stl}	[T]	[V]	A_{stl}	[T]	[V]	A_{stl}	[T]	[V]	A_{stl}	[T]	[V]	A_{stl}	[T]	[V]	A_{stl}	[T]	[V]	A_{stl}
0.5	29.6	15.30	4.80	8.65	255.52	255.90	9.53	281.59	255.90	11.29	333.73	255.90	10.70	316.32	255.90	12.27	362.65	302.09				13.34	394.25	353.58
0.6	22.2	18.90	6.00	10.50	232.70	295.49	11.60	257.08	295.49	13.80	305.83	317.84	13.06	289.55	295.49	15.02	332.87	376.60				16.35	362.41	440.78
0.7	16.9	22.72	7.31	12.40	209.47	338.53	13.74	232.01	338.53	16.41	277.10	385.80	15.52	262.05	342.87	17.89	302.12	457.13	22.63	382.26	685.64	19.51	329.44	535.04
0.8	12.9	26.77	8.73	14.37	185.78	386.89	15.96	206.33	386.89	19.14	247.45	459.49	18.08	233.72	408.36	20.90	270.26	544.45	26.55	343.34	816.63	22.83	295.18	637.25
0.9	9.9	31.09	10.29	16.40	161.56	443.24	18.27	179.96	443.24	22.00	216.75	539.67	20.75	204.47	479.61	24.07	237.17	639.46	30.71	302.57	959.16	26.34	259.47	748.46
1.0	7.4	35.70	12.00	18.34	138.08	507.05	20.46	154.55	506.17	24.69	187.48	611.36	23.28	176.48	543.31	27.04	205.75	724.42	34.56	264.29	1086.63	29.60	225.71	847.91
1.0	3.7	45.90	16.00	18.34	138.08	507.05	20.46	154.55	506.17	24.69	187.48	611.36	23.28	176.48	543.31	27.04	205.75	724.42	34.56	264.29	1086.63	29.60	225.71	847.91
纯扭	0	63.62	24.07							24.69	0	1077.63				27.04	0	1077.63	34.56	0	1086.48	29.60	0	1077.63

续表

$b=300$ (mm)				$h=750$ (mm)						$V^*_{min}=95.35$ (kN)						$T^*_{min}=6.46$ (kN·m)								
β_t	$\theta=V/T$	T_{max}	T_{min}	$\phi6@200$			$\phi6@150$			$\phi6@100$			$\phi8@200$			$\phi8@150$			$\phi8@100$			$\phi10@200$		
				[T]	[V]	A_{stl}	[T]	[V]	A_{stl}	[T]	[V]	A_{stl}	[T]	[V]	A_{stl}	[T]	[V]	A_{stl}	[T]	[V]	A_{stl}	[T]	[V]	A_{stl}
0.5	29.3	16.57	5.20	9.36	274.63	275.22	10.32	302.63	275.22	12.23	358.61	275.22	11.59	339.92	275.22	13.28	389.67	320.38				14.44	423.60	374.97
0.6	22.0	20.48	6.50	11.37	250.08	317.79	12.56	276.24	317.79	14.94	328.58	336.97	14.14	311.10	317.79	16.26	357.61	399.27				17.70	389.33	467.32
0.7	16.8	24.61	7.91	13.43	225.08	364.08	14.87	249.28	364.08	17.76	297.66	408.89	16.79	281.51	364.08	19.36	324.51	484.49	24.49	410.51	726.68	21.11	353.83	567.06
0.8	12.8	29.01	9.46	15.55	199.60	416.09	17.27	221.65	416.09	20.71	265.76	486.82	19.56	251.03	432.64	22.62	290.23	576.83	28.72	368.63	865.20	24.70	316.96	675.15
0.9	9.8	33.68	11.14	17.75	173.55	476.69	19.77	193.28	476.69	23.80	232.74	571.54	22.46	219.56	507.93	26.04	254.63	677.22	33.21	324.77	1015.80	28.49	278.54	792.66
1.0	7.3	38.67	13.00	19.83	148.46	544.77	22.11	166.17	543.71	26.67	201.58	645.33	25.14	189.75	573.50	29.19	221.22	764.66	37.29	284.16	1146.99	31.96	242.68	895.02
1.0	3.7	49.73	17.34	19.83	148.46	544.77	22.11	166.17	543.71	26.67	201.58	645.33	25.14	189.75	573.50	29.19	221.22	764.66	37.29	284.16	1146.99	31.96	242.68	895.02
纯扭	0	68.92	26.08							26.67	0	1154.60				29.19	0	1154.60	37.29	0	1154.60	31.96	0	1154.60

$b=300$ (mm)				$h=800$ (mm)						$V^*_{min}=102.01$ (kN)						$T^*_{min}=6.96$ (kN·m)								
β_t	$\theta=V/T$	T_{max}	T_{min}	$\phi6@200$			$\phi6@150$			$\phi6@100$			$\phi8@200$			$\phi8@150$			$\phi8@100$			$\phi10@200$		
				[T]	[V]	A_{stl}	[T]	[V]	A_{stl}	[T]	[V]	A_{stl}	[T]	[V]	A_{stl}	[T]	[V]	A_{stl}	[T]	[V]	A_{stl}	[T]	[V]	A_{stl}
0.5	29.1	17.85	5.60	10.08	293.74	294.52	11.11	323.66	294.52	13.16	383.50	294.52	12.47	363.52	294.52	14.30	416.70	338.60				15.54	452.96	396.31
0.6	21.9	22.05	7.00	12.24	267.45	340.09	13.52	295.41	340.09	16.07	351.33	356.05	15.22	332.66	340.09	17.49	382.35	421.87	22.04	481.74	632.75	19.04	416.24	493.77
0.7	16.7	26.50	8.52	14.45	240.70	389.62	16.01	266.54	389.62	19.11	318.23	431.92	18.07	300.97	389.62	20.83	346.90	511.77	26.35	438.77	767.60	22.71	378.23	599.00
0.8	12.8	31.24	10.18	16.74	213.42	445.28	18.59	236.97	445.28	22.28	284.07	514.07	21.05	268.34	456.86	24.33	310.20	609.12	30.90	393.93	913.63	26.57	338.75	712.95
0.9	9.7	36.28	12.00	19.10	185.54	510.13	21.27	206.60	510.13	25.60	248.73	603.33	24.16	234.66	536.19	28.01	272.10	714.89	35.72	346.97	1072.31	30.64	297.62	836.76
1.0	7.3	41.65	14.00	21.32	158.84	582.47	23.76	177.79	581.23	28.64	215.67	679.29	27.01	203.02	603.68	31.35	236.69	804.91	40.03	304.03	1207.36	34.31	259.65	942.13
1.0	3.6	53.55	18.67	21.32	158.84	582.47	23.76	177.79	581.23	28.64	215.67	679.29	27.01	203.02	603.68	31.35	236.69	804.91	40.03	304.03	1207.36	34.31	259.65	942.13
纯扭	0	74.22	28.08							28.64	0	1231.58				31.35	0	1231.58	40.03	0	1231.58	34.31	0	1231.58

$b=300$ (mm)				$h=850$ (mm)				$V^*_{min}=108.68$ (kN)				$T^*_{min}=7.46$ (kN·m)			
β_t	$\theta=V/T$	T_{max}	T_{min}	$\phi8@200$			$\phi8@150$			$\phi8@100$			$\phi10@200$		
				[T]	[V]	A_{stl}	[T]	[V]	A_{stl}	[T]	[V]	A_{stl}	[T]	[V]	A_{stl}
0.5	29.0	19.13	6.00	13.36	387.12	313.82	15.31	443.72	356.79				16.64	482.31	417.59
0.6	21.7	23.63	7.50	16.30	354.21	362.37	18.73	407.10	444.42	23.60	512.86	666.57	20.39	443.16	520.17
0.7	16.6	28.40	9.13	19.35	320.43	415.15	22.30	369.30	538.99	28.20	467.03	808.43	24.31	402.62	630.86
0.8	12.7	33.47	10.91	22.53	285.66	481.03	26.04	330.18	641.35	33.07	419.22	961.97	28.44	360.54	750.67
0.9	9.7	38.87	12.86	25.86	249.76	564.39	29.98	289.57	752.50	38.22	369.17	1128.71	32.79	316.71	880.77
1.0	7.2	44.63	15.00	28.88	216.29	633.86	33.51	252.16	845.15	42.76	323.90	1267.73	36.66	276.62	989.23
1.0	3.6	57.38	20.00	28.88	216.29	633.86	33.51	252.16	845.15	42.76	323.90	1267.73	36.66	276.62	989.23
纯扭	0	79.52	30.09				33.51	0	1308.55	42.76	0	1308.55	36.66	0	1308.55

续表

$b=350$（mm） $h=500$（mm） $V^*_{min}=72.34$（kN） $T^*_{min}=5.19$（kN·m）

β_t	$\theta=V/T$	T_{max}	T_{min}	ϕ6@150			ϕ6@100			ϕ8@200			ϕ8@150			ϕ8@100			ϕ10@200			ϕ10@150		
				[T]	[V]	A_{stl}	[T]	[V]	A_{stl}	[T]	[V]	A_{stl}	[T]	[V]	A_{stl}	[T]	[V]	A_{stl}	[T]	[V]	A_{stl}	[T]	[V]	A_{stl}
0.5	27.7	13.30	4.17	7.90	219.17	203.84	9.25	256.42	203.84	8.80	243.98	203.84	9.99	277.09	230.83	12.38	343.31	346.19	10.81	299.67	270.16	12.67	351.34	360.19
0.6	20.8	16.44	5.22	9.63	200.23	235.37	11.31	235.26	244.18	10.75	223.56	235.37	12.25	254.69	289.32	15.24	316.94	433.93	13.27	275.91	338.62	15.60	324.49	451.46
0.7	15.8	19.76	6.35	11.42	180.88	269.66	13.47	213.47	298.14	12.79	202.59	269.66	14.61	231.54	353.25	18.27	289.46	529.84	15.86	251.29	413.46	18.71	296.48	551.25
0.8	12.1	23.28	7.59	13.28	161.05	308.18	15.74	190.96	357.37	14.92	180.98	317.60	17.11	207.55	423.44	21.49	260.71	635.12	18.60	225.68	495.62	22.02	267.15	660.79
0.9	9.2	27.04	8.95	15.22	140.68	353.06	18.14	167.63	422.69	17.16	158.63	375.65	19.76	182.58	500.84	24.94	230.49	751.23	21.52	198.92	586.21	25.57	236.30	781.60
1.0	6.9	31.04	10.44	17.26	119.66	407.68	20.68	143.34	495.08	19.54	135.43	439.98	22.57	156.48	586.63	28.65	198.56	879.93	24.64	170.83	686.63	29.38	203.67	915.50
1.0	3.5	39.91	13.92	17.46	118.40	412.20	20.98	141.43	509.47	19.80	133.74	452.76	22.93	154.21	603.68	29.18	195.14	905.52	25.06	168.16	706.59	29.93	200.10	942.13
纯扭	0	55.32	20.93				20.98	0	898.03				22.93	0	898.03	29.18	0	905.40	25.06	0	898.03	29.93	0	942.00

$b=350$（mm） $h=550$（mm） $V^*_{min}=80.12$（kN） $T^*_{min}=5.87$（kN·m）

β_t	$\theta=V/T$	T_{max}	T_{min}	ϕ6@150			ϕ6@100			ϕ8@200			ϕ8@150			ϕ8@100			ϕ10@200			ϕ10@150		
				[T]	[V]	A_{stl}	[T]	[V]	A_{stl}	[T]	[V]	A_{stl}	[T]	[V]	A_{stl}	[T]	[V]	A_{stl}	[T]	[V]	A_{stl}	[T]	[V]	A_{stl}
0.5	27.2	15.04	4.72	8.93	242.46	226.53	10.44	283.58	226.53	9.93	269.85	226.53	11.28	306.40	249.67	13.97	379.49	374.45	12.20	331.32	292.21	14.30	388.36	389.58
0.6	20.4	18.58	5.90	10.87	221.44	261.58	12.76	260.07	263.89	12.13	247.17	261.58	13.82	281.50	312.67	17.19	350.16	468.95	14.97	304.91	365.95	17.60	358.48	487.90
0.7	15.5	22.33	7.18	12.88	199.97	299.67	15.20	235.87	321.91	14.42	223.88	299.67	16.48	255.79	381.42	20.59	319.61	572.08	17.88	277.55	446.42	21.09	327.35	595.20
0.8	11.9	26.32	8.58	14.97	177.97	342.48	17.74	210.89	385.47	16.82	199.90	342.58	19.28	229.16	456.74	24.21	287.67	685.07	20.96	249.11	534.59	24.80	294.77	712.76
0.9	9.1	30.57	10.11	17.16	155.38	392.36	20.43	185.01	455.42	19.34	175.12	404.74	22.25	201.46	539.63	28.07	254.13	809.41	24.23	219.42	631.61	28.77	260.52	842.13
1.0	6.8	35.09	11.80	19.45	132.09	453.06	23.28	158.10	532.77	22.00	149.41	473.47	25.40	172.52	631.28	32.21	218.74	946.91	27.72	188.28	738.90	33.04	224.35	985.19
1.0	3.4	45.12	15.73	19.60	131.13	456.60	23.51	156.64	543.43	22.21	148.12	482.94	25.68	170.79	643.93	32.62	216.12	965.89	28.04	186.24	753.70	33.46	221.62	1004.93
纯扭	0	62.54	23.66										25.68	0	987.83	32.62	0	987.83	28.04	0	987.83	33.46	0	1004.80

$b=350$（mm） $h=600$（mm） $V^*_{min}=87.90$（kN） $T^*_{min}=6.54$（kN·m）

β_t	$\theta=V/T$	T_{max}	T_{min}	ϕ6@150			ϕ6@100			ϕ8@200			ϕ8@150			ϕ8@100			ϕ10@200			ϕ10@150		
				[T]	[V]	A_{stl}	[T]	[V]	A_{stl}	[T]	[V]	A_{stl}	[T]	[V]	A_{stl}	[T]	[V]	A_{stl}	[T]	[V]	A_{stl}	[T]	[V]	A_{stl}
0.5	26.7	16.78	5.26	9.95	265.75	249.18	11.63	310.75	249.18	11.07	295.72	249.18	12.56	335.71	268.25	15.56	415.69	402.33	13.58	362.98	313.97	15.92	425.38	418.59
0.6	20.0	20.72	6.58	12.11	242.65	287.73	14.22	284.89	287.73	13.51	270.78	287.73	15.39	308.32	335.72	19.13	383.39	503.52	16.66	333.91	392.93	19.59	392.49	523.87
0.7	15.3	24.91	8.01	14.35	219.05	329.63	16.92	258.28	345.38	16.06	245.18	329.63	18.34	280.05	409.23	22.91	349.77	613.79	19.90	303.82	478.97	23.46	358.23	638.60
0.8	11.7	29.36	9.57	16.67	194.89	376.72	19.75	230.83	413.24	18.72	218.83	376.72	21.45	250.77	489.64	26.92	314.65	734.42	23.32	272.55	573.10	27.58	322.40	764.10
0.9	8.9	34.09	11.28	19.10	170.08	431.59	22.73	202.41	487.79	21.51	191.61	433.51	24.74	220.34	577.99	31.19	277.80	866.94	26.94	239.93	676.51	31.97	284.76	901.99
1.0	6.7	39.14	13.16	21.64	144.53	498.36	25.88	172.86	570.07	24.46	163.40	506.62	28.23	188.58	675.49	35.77	238.94	1013.21	30.80	205.75	790.64	36.69	245.05	1054.17
1.0	3.3	50.33	17.55	21.74	143.86	500.76	26.04	171.84	577.40	24.61	162.50	513.13	28.43	187.37	684.17	36.06	237.10	1026.26	31.03	204.33	800.81	36.99	243.13	1067.74
纯扭	0	69.75	26.39										28.43	0	1077.63	36.06	0	1077.63	31.03	0	1077.63	36.99	0	1077.63

续表

$b=350$ (mm)				$h=650$ (mm)								$V^*_{min}=95.68$ (kN)						$T^*_{min}=7.22$ (kN·m)						
β_t	$\theta=V/T$	T_{max}	T_{min}	$\phi6@150$			$\phi6@100$			$\phi8@200$			$\phi8@150$			$\phi8@100$			$\phi10@200$			$\phi10@150$		
				[T]	[V]	A_{stl}	[T]	[V]	A_{stl}	[T]	[V]	A_{stl}	[T]	[V]	A_{stl}	[T]	[V]	A_{stl}	[T]	[V]	A_{stl}	[T]	[V]	A_{stl}
0.5	26.4	18.51	5.81	10.97	289.05	271.79	12.82	337.92	271.79	12.20	321.60	271.79	13.85	365.03	286.65	17.14	451.89	429.92	14.97	394.64	335.50	17.54	462.42	447.30
0.6	19.8	22.87	7.26	13.35	263.87	313.84	15.67	309.71	313.84	14.89	294.40	313.84	16.95	335.14	358.54	21.08	416.63	537.75	18.36	362.93	419.64	21.58	426.51	559.48
0.7	15.1	27.49	8.84	15.81	238.15	359.54	18.64	280.70	368.63	17.69	266.49	359.54	20.20	304.31	436.78	25.23	379.95	655.11	21.92	330.10	511.22	25.84	389.12	681.59
0.8	11.5	32.39	10.56	18.37	211.82	410.91	21.75	250.78	440.77	20.62	237.77	410.91	23.62	272.39	522.26	29.63	341.64	783.34	25.67	296.00	611.27	30.36	350.04	815.00
0.9	8.8	37.62	12.45	21.03	184.79	470.75	25.02	219.81	519.90	23.69	208.12	470.75	27.23	239.24	616.03	34.31	301.47	924.00	29.65	260.46	721.03	35.17	309.02	961.35
1.0	6.6	43.19	14.52	23.82	156.97	543.58	28.48	187.64	607.10	26.92	177.40	543.58	31.06	204.65	719.36	39.33	259.16	1079.02	33.88	223.24	841.99	40.33	265.77	1122.64
1.0	3.3	55.53	19.36	23.89	156.59	544.97	28.57	187.05	611.36	27.01	176.88	545.25	31.17	203.95	724.42	39.51	258.08	1086.63	34.01	222.41	847.91	40.52	264.65	1130.55
纯扭	0	76.97	29.12										31.17	0	1167.43	39.51	0	1167.43	34.01	0	1167.43	40.52	0	1167.43

$b=350$ (mm)				$h=700$ (mm)								$V^*_{min}=103.46$ (kN)						$T^*_{min}=7.90$ (kN·m)						
β_t	$\theta=V/T$	T_{max}	T_{min}	$\phi6@150$			$\phi6@100$			$\phi8@200$			$\phi8@150$			$\phi8@100$			$\phi10@200$			$\phi10@150$		
				[T]	[V]	A_{stl}	[T]	[V]	A_{stl}	[T]	[V]	A_{stl}	[T]	[V]	A_{stl}	[T]	[V]	A_{stl}	[T]	[V]	A_{stl}	[T]	[V]	A_{stl}
0.5	26.1	20.25	6.35	11.99	312.35	294.38	14.01	365.09	294.38	13.34	347.48	294.38	15.13	394.35	304.91	18.73	488.09	457.30	16.36	426.31	356.87	19.17	499.46	475.78
0.6	19.5	25.01	7.94	14.59	285.08	339.92	17.12	334.54	339.92	16.27	318.02	339.92	18.52	361.97	381.19	23.02	449.87	571.72	20.06	391.94	446.15	23.57	460.53	594.83
0.7	14.9	30.06	9.67	17.28	257.24	389.42	20.36	303.12	391.72	19.33	287.80	389.42	22.07	328.58	464.13	27.54	410.13	696.14	23.93	356.38	543.23	28.21	420.02	724.27
0.8	11.4	35.43	11.55	20.07	228.75	445.06	23.75	270.73	468.10	22.52	256.71	445.06	25.79	294.02	554.65	32.34	368.64	831.92	28.02	319.46	649.19	33.13	377.69	865.55
0.9	8.7	41.15	13.61	22.97	199.51	509.88	27.31	237.22	551.80	25.86	224.63	509.88	29.72	258.14	653.83	37.44	325.16	980.71	32.35	280.99	765.28	38.37	333.29	1020.35
1.0	6.5	47.24	15.88	26.01	169.41	588.75	31.07	202.42	643.91	29.38	191.40	588.75	33.88	220.73	762.98	42.89	279.39	1144.45	36.95	240.73	893.04	43.98	286.51	1190.72
1.0	3.3	60.74	21.18	26.03	169.33	589.16	31.11	202.26	645.33	29.41	191.26	589.26	33.92	220.53	764.66	42.95	279.07	1146.99	37.09	240.49	895.02	44.04	286.17	1193.36
纯扭	0	84.19	31.85										33.92	0	1257.24	42.95	0	1257.24	37.00	0	1257.24	44.04	0	1257.24

$b=350$ (mm)				$h=750$ (mm)								$V^*_{min}=111.24$ (kN)						$T^*_{min}=8.57$ (kN·m)						
β_t	$\theta=V/T$	T_{max}	T_{min}	$\phi6@150$			$\phi6@100$			$\phi8@200$			$\phi8@150$			$\phi8@100$			$\phi10@200$			$\phi10@150$		
				[T]	[V]	A_{stl}	[T]	[V]	A_{stl}	[T]	[V]	A_{stl}	[T]	[V]	A_{stl}	[T]	[V]	A_{stl}	[T]	[V]	A_{stl}	[T]	[V]	A_{stl}
0.5	25.8	21.98	6.90	13.01	335.65	316.94	15.20	392.26	316.94	14.47	373.36	316.94	16.42	423.67	323.05	20.32	524.30	484.51	17.75	457.98	378.10	20.79	536.50	504.09
0.6	19.4	27.15	8.62	15.83	306.30	365.98	18.57	359.37	365.98	17.65	341.65	365.98	20.09	388.81	403.71	24.96	483.12	605.49	21.75	420.96	472.51	25.55	494.56	629.96
0.7	14.7	32.64	10.50	18.74	276.34	419.28	22.08	325.55	419.28	20.96	309.12	419.28	23.93	352.85	491.33	29.86	440.31	736.93	25.95	382.67	575.07	30.58	450.92	766.72
0.8	11.3	38.47	12.54	21.76	245.68	479.17	25.75	290.69	495.30	24.42	275.66	479.17	27.96	315.65	586.87	35.05	395.64	880.25	30.38	342.93	686.90	35.90	405.35	915.83
0.9	8.6	44.67	14.78	24.91	214.23	548.96	29.60	254.63	583.55	28.03	241.14	548.96	32.21	277.05	691.44	40.56	348.86	1037.13	35.06	301.53	809.31	41.57	357.56	1079.05
1.0	6.5	51.29	17.24	28.17	182.06	633.32	33.64	217.47	679.29	31.81	205.64	633.25	36.67	237.11	804.91	46.39	300.05	1207.36	39.99	258.57	942.13	47.57	307.68	1256.17
1.0	3.2	65.95	22.99	28.17	182.06	633.32	33.64	217.47	679.29	31.81	205.64	633.25	36.67	237.11	804.91	46.39	300.05	1207.36	39.99	258.57	942.13	47.57	307.68	1256.17
纯扭	0	91.40	34.58										36.67	0	1347.04	46.39	0	1347.04	39.99	0	1347.04	47.57	0	1347.04

续表

$b=350$ (mm) $h=800$ (mm) $V_{min}^{*}=119.01$ (kN) $T_{min}^{*}=9.25$ (kN·m)

β_t	$\theta=V/T$	T_{max}	T_{min}	ϕ6@150			ϕ6@100			ϕ8@200			ϕ8@150			ϕ8@100			ϕ10@200			ϕ10@150		
				[T]	[V]	A_{stl}	[T]	[V]	A_{stl}	[T]	[V]	A_{stl}	[T]	[V]	A_{stl}	[T]	[V]	A_{stl}	[T]	[V]	A_{stl}	[T]	[V]	A_{stl}
0.5	25.6	23.72	7.44	14.03	358.95	339.50	16.39	419.44	339.50	15.60	399.24	339.50	17.70	453.00	341.10	21.90	560.51	511.58	19.14	489.65	399.23	22.41	573.54	532.26
0.6	19.2	29.30	9.30	17.07	327.52	392.02	20.02	384.20	392.02	19.03	365.27	392.02	21.66	415.64	426.12	26.91	516.37	639.10	23.45	449.99	498.73	27.54	528.59	664.93
0.7	14.6	35.22	11.32	20.20	295.44	449.11	23.80	347.98	449.11	22.60	330.43	449.11	25.79	377.12	518.41	32.18	470.50	777.54	27.97	408.96	606.76	32.95	481.83	808.97
0.8	11.2	41.51	13.53	23.46	262.62	513.27	27.75	310.64	522.37	26.32	294.61	513.27	30.13	337.29	618.95	37.75	422.66	928.37	32.73	366.40	724.45	38.68	433.01	965.90
0.9	8.5	48.20	15.95	26.84	228.95	588.02	31.89	272.05	615.17	30.21	257.66	588.02	34.70	295.96	728.91	43.68	372.56	1093.33	37.76	322.07	853.16	44.77	381.85	1137.52
1.0	6.4	55.34	18.60	30.31	194.79	677.46	36.17	232.67	713.26	34.21	220.02	677.22	39.42	253.69	845.15	49.84	321.03	1267.73	42.97	276.65	989.23	51.10	329.20	1318.98
1.0	3.2	71.15	24.81	30.31	194.79	677.46	36.17	232.67	713.26	34.21	220.02	677.22	39.42	253.69	845.15	49.84	321.03	1267.73	42.97	276.65	989.23	51.10	329.20	1318.98
纯扭	0	98.62	37.31										39.42	0	1436.84	49.84	0	1436.84	42.97	0	1436.84	51.10	0	1436.84

$b=350$ (mm) $h=900$ (mm) $V_{min}^{*}=134.57$ (kN) $T_{min}^{*}=10.60$ (kN·m)

β_t	$\theta=V/T$	T_{max}	T_{min}	ϕ8@200			ϕ8@150			ϕ8@100			ϕ10@200			ϕ10@150		
				[T]	[V]	A_{stl}	[T]	[V]	A_{stl}	[T]	[V]	A_{stl}	[T]	[V]	A_{stl}	[T]	[V]	A_{stl}
0.5	25.2	27.19	8.53	17.87	451.01	384.56	20.27	511.65	384.56	25.08	632.93	565.43	21.91	553.00	441.25	25.66	647.64	588.28
0.6	18.9	33.59	10.66	21.79	412.53	444.05	24.79	469.31	470.69	30.79	582.89	705.96	26.84	508.04	550.91	31.52	596.66	734.49
0.7	14.4	40.37	12.98	25.87	373.07	508.73	29.51	425.68	572.28	36.81	530.89	858.35	32.00	461.55	669.82	37.69	543.65	893.04
0.8	11.0	47.58	15.51	30.11	332.51	581.40	34.46	380.57	682.81	43.17	476.69	1024.15	37.43	413.34	799.19	44.22	488.35	1065.55
0.9	8.4	55.25	18.28	34.55	290.70	666.08	39.67	333.79	803.52	49.92	419.98	1205.23	43.17	363.18	940.48	51.16	430.43	1253.95
1.0	6.3	63.44	21.33	39.02	248.78	765.13	44.92	286.86	925.64	56.72	363.00	1388.47	48.94	312.82	1083.44	58.15	372.23	1444.59
1.0	3.2	81.56	28.44	39.02	248.78	765.13	44.92	286.86	925.64	56.72	363.00	1388.47	48.94	312.82	1083.44	58.15	372.23	1444.59
纯扭	0	113.05	42.78				44.92	0	1616.45	56.72	0	1616.45	48.94	0	1616.45	58.15	0	1616.45

$b=350$ (mm) $h=1000$ (mm) $V_{min}^{*}=150.13$ (kN) $T_{min}^{*}=11.96$ (kN·m)

β_t	$\theta=V/T$	T_{max}	T_{min}	ϕ8@200			ϕ8@150			ϕ8@100			ϕ10@200			ϕ10@150		
				[T]	[V]	A_{stl}	[T]	[V]	A_{stl}	[T]	[V]	A_{stl}	[T]	[V]	A_{stl}	[T]	[V]	A_{stl}
0.5	25.0	30.66	9.62	20.14	502.78	429.59	22.84	570.31	429.59	28.25	705.36	618.97	24.68	616.35	483.03	28.90	721.74	643.99
0.6	18.7	37.87	12.02	24.55	459.79	496.05	27.93	522.99	515.03	34.68	649.41	772.46	30.23	566.10	602.80	35.49	664.74	803.68
0.7	14.3	45.52	14.64	29.13	415.71	568.30	33.24	474.24	625.88	41.44	591.30	938.74	36.03	514.15	732.55	42.43	605.49	976.69
0.8	10.9	53.65	17.49	33.91	370.42	649.48	38.80	423.86	746.37	48.58	530.74	1119.48	42.13	460.30	873.58	49.77	543.70	1164.73
0.9	8.3	62.31	20.61	38.90	323.74	744.08	44.65	371.63	877.80	56.16	467.41	1316.65	48.57	404.29	1027.43	57.55	479.03	1369.87
1.0	6.2	71.54	24.05	43.82	277.55	853.00	50.42	320.02	1006.13	63.61	404.96	1509.20	54.92	348.98	1177.66	65.21	415.26	1570.21
1.0	3.1	91.98	32.07	43.82	277.55	853.00	50.42	320.02	1006.13	63.61	404.96	1509.20	54.92	348.98	1177.66	65.21	415.26	1570.21
纯扭	0	127.48	48.24				50.42	0	1796.05	63.61	0	1796.05	54.92	0	1796.05	65.21	0	1796.05

续表

β_t	$\theta=V/T$	T_{max}	T_{min}	$b=400$ (mm)						$h=500$ (mm)				$V^*_{min}=82.68$ (kN)				$T^*_{min}=6.48$ (kN·m)						
				ϕ6@150			ϕ6@100			ϕ8@200			ϕ8@150			ϕ8@100			ϕ10@200			ϕ10@150		
				[T]	[V]	A_{stl}	[T]	[V]	A_{stl}	[T]	[V]	A_{stl}	[T]	[V]	A_{stl}	[T]	[V]	A_{stl}	[T]	[V]	A_{stl}	[T]	[V]	A_{stl}
0.5	25.4	16.62	5.22	9.49	240.74	227.84	10.98	278.45	227.84	10.48	265.86	227.84	11.80	299.37	233.53	14.45	366.40	350.24	12.70	322.22	273.32	14.77	374.52	364.40
0.6	19.0	20.53	6.52	11.56	219.90	263.09	13.43	255.47	263.09	12.81	243.59	263.09	14.47	275.19	293.61	17.79	338.40	440.36	15.60	296.74	343.64	18.19	346.06	458.15
0.7	14.5	24.68	7.94	13.71	198.64	301.40	16.00	231.83	303.59	15.23	220.75	301.40	17.27	250.25	359.71	21.34	309.25	539.51	18.65	270.37	421.02	21.83	316.41	561.32
0.8	11.1	29.09	9.48	15.94	176.87	344.46	18.70	207.45	365.27	17.77	197.24	344.46	20.22	224.42	432.79	25.12	278.78	649.14	21.89	242.95	506.56	25.72	285.37	675.38
0.9	8.5	33.78	11.18	18.28	154.52	394.63	21.55	182.20	433.82	20.46	172.96	394.63	23.37	197.55	514.02	29.18	246.74	771.00	25.35	214.32	601.64	29.89	252.71	802.16
1.0	6.3	38.79	13.04	20.74	131.49	455.68	24.59	155.92	510.46	23.30	147.76	455.68	26.73	169.47	604.84	33.57	212.88	907.24	29.06	184.27	707.95	34.40	218.15	943.92
1.0	3.2	49.87	17.38	21.23	128.74	466.02	25.34	151.76	543.43	23.97	144.07	482.94	27.61	164.54	643.93	34.90	205.47	965.89	30.10	178.50	753.70	35.78	210.44	1004.93
纯扭	0	69.12	26.15										27.61	0	1026.31	34.90	0	1026.31	30.10	0	1026.31	35.78	0	1026.31

β_t	$\theta=V/T$	T_{max}	T_{min}	$b=400$ (mm)						$h=550$ (mm)				$V^*_{min}=91.57$ (kN)				$T^*_{min}=7.37$ (kN·m)						
				ϕ6@150			ϕ6@100			ϕ8@200			ϕ8@150			ϕ8@100			ϕ10@200			ϕ10@150		
				[T]	[V]	A_{stl}	[T]	[V]	A_{stl}	[T]	[V]	A_{stl}	[T]	[V]	A_{stl}	[T]	[V]	A_{stl}	[T]	[V]	A_{stl}	[T]	[V]	A_{stl}
0.5	24.7	18.89	5.93	10.77	266.28	253.87	12.45	307.88	253.87	11.89	293.99	253.87	13.39	330.95	253.87	16.38	404.88	379.03	14.41	356.16	295.79	16.74	413.84	394.35
0.6	18.5	23.33	7.41	13.11	243.14	293.14	15.23	282.33	293.14	14.52	269.24	293.14	16.40	304.06	317.41	20.16	373.70	476.05	17.68	327.81	371.50	20.61	382.15	495.29
0.7	14.1	28.05	9.02	15.54	219.53	335.83	18.13	256.07	335.83	17.26	243.87	335.83	19.56	276.33	388.41	24.16	341.27	582.56	21.13	298.47	454.61	24.72	349.14	606.11
0.8	10.8	33.06	10.78	18.07	195.38	383.81	21.17	228.99	393.91	20.14	217.76	383.81	22.90	247.64	466.73	28.42	307.38	700.04	24.78	268.01	546.28	29.09	314.63	728.33
0.9	8.2	38.39	12.70	20.70	170.59	439.71	24.39	200.96	467.16	23.16	190.82	439.71	26.43	217.81	553.54	32.99	271.81	830.27	28.67	236.22	647.89	33.78	278.35	863.83
1.0	6.2	44.07	14.82	23.47	145.06	507.73	27.80	171.82	548.83	26.36	162.88	507.73	30.21	186.67	650.31	37.90	234.25	975.44	32.83	202.89	761.16	38.84	240.02	1014.87
1.0	3.1	56.67	19.76	23.92	142.58	517.02	28.48	168.08	577.40	26.96	159.57	518.80	31.01	182.23	684.17	39.11	227.57	1026.26	33.77	197.69	800.81	40.09	233.06	1067.74
纯扭	0	78.54	29.72										31.01	0	1128.95	39.11	0	1128.95	33.77	0	1128.95	40.09	0	1128.95

β_t	$\theta=V/T$	T_{max}	T_{min}	$b=400$ (mm)						$h=600$ (mm)				$V^*_{min}=100.46$ (kN)				$T^*_{min}=8.25$ (kN·m)						
				ϕ6@150			ϕ6@100			ϕ8@200			ϕ8@150			ϕ8@100			ϕ10@200			ϕ10@150		
				[T]	[V]	A_{stl}	[T]	[V]	A_{stl}	[T]	[V]	A_{stl}	[T]	[V]	A_{stl}	[T]	[V]	A_{stl}	[T]	[V]	A_{stl}	[T]	[V]	A_{stl}
0.5	24.2	21.16	6.64	12.05	291.83	279.82	13.93	337.31	279.82	13.30	322.12	279.82	14.97	362.54	279.82	18.31	443.37	407.25	16.11	390.10	317.81	18.72	453.18	423.71
0.6	18.2	26.13	8.30	14.67	266.39	323.11	17.03	309.19	323.11	16.24	294.90	323.11	18.33	332.94	340.75	22.52	409.02	511.06	19.76	358.88	398.82	23.03	418.25	531.71
0.7	13.8	31.41	10.10	17.38	240.43	370.17	20.26	280.31	370.17	19.30	266.99	370.17	21.86	302.43	416.59	26.98	373.30	624.82	23.60	326.60	487.59	27.60	381.90	650.07
0.8	10.6	37.02	12.07	20.19	213.89	423.05	23.65	250.54	423.05	22.49	238.30	423.05	25.57	270.87	500.07	31.72	336.01	750.04	27.67	293.08	585.30	32.46	343.91	780.36
0.9	8.1	42.99	14.22	23.13	186.66	484.67	27.22	219.74	499.96	25.86	208.70	484.67	29.50	238.10	592.40	36.78	296.90	888.55	31.98	258.14	693.37	37.67	304.03	924.47
1.0	6.1	49.36	16.59	26.21	158.64	559.64	31.01	187.75	586.60	29.41	178.03	559.64	33.68	203.90	695.07	42.23	255.65	1042.59	36.60	221.55	813.56	43.27	261.92	1084.73
1.0	3.0	63.47	22.13	26.61	156.42	567.94	31.62	184.40	611.36	29.95	175.06	569.54	34.40	199.93	724.42	43.31	249.66	1086.63	37.44	216.88	847.91	44.39	256.69	1130.55
纯扭	0	87.96	33.28										34.40	0	1231.58	43.31	0	1231.58	37.44	0	1231.58	44.39	0	1231.58

续表

$b=400$（mm）　$h=650$（mm）　$V_{min}^{*}=109.35$（kN）　$T_{min}^{*}=9.13$（kN·m）

β_t	$\theta=V/T$	T_{max}	T_{min}	ϕ6@150			ϕ6@100			ϕ8@200			ϕ8@150			ϕ8@100			ϕ10@200			ϕ10@150		
				[T]	[V]	A_{stl}	[T]	[V]	A_{stl}	[T]	[V]	A_{stl}	[T]	[V]	A_{stl}	[T]	[V]	A_{stl}	[T]	[V]	A_{stl}	[T]	[V]	A_{stl}
0.5	23.8	23.42	7.35	13.33	317.38	305.73	15.41	366.75	305.73	14.71	350.26	305.73	16.56	394.13	305.73	20.24	481.87	435.06	17.81	424.05	339.52	20.69	492.52	452.64
0.6	17.9	28.93	9.19	16.22	289.64	353.02	18.82	336.07	353.02	17.95	320.56	353.02	20.26	361.83	363.76	24.89	444.35	545.57	21.84	389.96	425.75	25.45	454.36	567.62
0.7	13.6	34.78	11.18	19.21	261.34	404.44	22.39	304.56	404.44	21.33	290.13	404.44	24.15	328.54	444.37	29.80	405.35	666.49	26.08	354.73	520.11	30.48	414.67	693.43
0.8	10.4	40.99	13.36	22.31	232.41	462.21	26.12	272.10	462.21	24.85	258.85	462.21	28.24	294.12	532.96	35.01	364.66	799.39	30.55	318.17	623.80	35.83	373.22	831.70
0.9	7.9	47.60	15.75	25.55	202.74	529.53	30.06	238.54	532.35	28.55	226.58	529.53	32.56	258.39	630.77	40.58	322.01	946.12	35.29	280.08	738.29	41.55	329.72	984.36
1.0	6.0	54.65	18.37	28.94	172.22	611.45	34.22	203.69	623.95	32.46	193.18	611.45	37.16	221.15	739.32	46.55	277.07	1108.96	40.36	240.22	865.35	47.69	283.86	1153.79
1.0	3.0	70.27	24.50	29.30	170.26	618.80	34.77	200.72	645.33	32.94	190.55	620.22	37.80	217.62	764.66	47.52	271.75	1146.99	41.12	236.08	895.02	48.70	278.32	1193.36
纯扭	0	97.39	36.85										37.80	0	1334.21	47.52	0	1334.21	41.12	0	1334.21	48.70	0	1334.21

$b=400$（mm）　$h=700$（mm）　$V_{min}^{*}=118.24$（kN）　$T_{min}^{*}=10.02$（kN·m）

β_t	$\theta=V/T$	T_{max}	T_{min}	ϕ6@150			ϕ6@100			ϕ8@200			ϕ8@150			ϕ8@100			ϕ10@200			ϕ10@150		
				[T]	[V]	A_{stl}	[T]	[V]	A_{stl}	[T]	[V]	A_{stl}	[T]	[V]	A_{stl}	[T]	[V]	A_{stl}	[T]	[V]	A_{stl}	[T]	[V]	A_{stl}
0.5	23.5	25.69	8.06	14.61	342.93	331.59	16.88	396.19	331.59	16.12	378.40	331.59	18.14	425.73	331.59	22.17	520.38	462.55	19.51	458.00	360.97	22.66	531.86	481.25
0.6	17.6	31.73	10.08	17.77	312.89	382.89	20.62	362.95	382.89	19.67	346.23	382.89	22.20	390.72	386.51	27.25	479.69	579.70	23.92	421.05	452.38	27.86	490.48	603.13
0.7	13.4	38.14	12.27	21.05	282.25	438.65	24.52	328.82	438.65	23.36	313.27	438.65	26.44	354.65	471.86	32.61	437.41	707.73	28.55	382.87	552.28	33.36	447.45	736.33
0.8	10.3	44.96	14.66	24.44	250.93	501.32	28.60	293.67	501.32	27.21	279.40	501.32	30.91	317.37	565.53	38.30	393.32	848.23	33.43	343.27	661.92	39.20	402.53	882.52
0.9	7.8	52.21	17.27	27.97	218.83	574.33	32.89	257.34	574.33	31.25	244.48	574.33	35.62	278.70	668.79	44.37	347.14	1003.13	38.61	302.03	782.78	45.43	355.44	1043.68
1.0	5.9	59.94	20.15	31.67	185.82	663.18	37.43	219.64	663.18	35.51	208.35	663.18	40.63	238.40	783.19	50.88	298.52	1174.76	44.12	258.90	916.70	52.12	305.81	1222.25
1.0	2.9	77.07	26.87	31.99	184.11	669.61	37.91	217.04	679.29	35.93	206.04	670.87	41.20	235.31	804.91	51.73	293.85	1207.36	44.79	255.27	942.13	53.01	300.95	1256.17
纯扭	0	106.81	40.42										41.20	0	1436.84	51.73	0	1436.84	44.79	0	1436.84	53.01	0	1436.84

$b=400$（mm）　$h=750$（mm）　$V_{min}^{*}=127.13$（kN）　$T_{min}^{*}=10.90$（kN·m）

β_t	$\theta=V/T$	T_{max}	T_{min}	ϕ6@150			ϕ6@100			ϕ8@200			ϕ8@150			ϕ8@100			ϕ10@200			ϕ10@150		
				[T]	[V]	A_{stl}	[T]	[V]	A_{stl}	[T]	[V]	A_{stl}	[T]	[V]	A_{stl}	[T]	[V]	A_{stl}	[T]	[V]	A_{stl}	[T]	[V]	A_{stl}
0.5	23.2	27.96	8.77	15.89	368.49	357.42	18.35	425.63	357.42	17.53	406.55	357.42	19.72	457.33	357.42	24.10	558.90	489.80	21.22	491.96	382.23	24.63	571.21	509.59
0.6	17.4	34.53	10.96	19.33	336.14	412.72	22.41	389.83	412.72	21.38	371.90	412.72	24.13	419.61	412.72	29.61	515.03	613.53	26.00	452.15	478.78	30.28	526.61	638.32
0.7	13.3	41.51	13.35	22.88	303.17	472.83	26.65	353.08	472.83	25.39	336.41	472.83	28.74	380.77	499.13	35.43	469.48	748.61	31.02	411.02	584.19	36.24	480.24	778.87
0.8	10.1	48.92	15.95	26.56	269.46	540.37	31.07	315.24	540.37	29.57	299.95	540.37	33.58	340.63	597.84	41.60	421.99	896.69	36.31	368.37	699.73	42.57	431.86	932.93
0.9	7.7	56.81	18.80	30.39	234.93	619.08	35.73	276.15	619.08	33.94	262.38	619.08	38.68	299.01	706.52	48.16	372.28	1059.73	41.92	323.99	826.95	49.31	381.16	1102.56
1.0	5.8	65.23	21.93	34.40	199.42	714.85	40.64	235.60	714.85	38.56	223.52	714.85	44.10	255.67	826.76	55.19	319.98	1240.12	47.88	277.60	967.70	56.54	327.78	1290.25
1.0	2.9	83.87	29.24	34.68	197.95	720.39	41.06	233.36	721.95	38.93	221.53	721.48	44.60	253.00	845.15	55.94	315.94	1267.73	48.46	274.46	989.23	57.31	323.57	1318.98
纯扭	0	116.24	43.98										44.60	0	1539.47	55.94	0	1539.47	48.46	0	1539.47	57.31	0	1539.47

续表

$b=400$ (mm)									$h=800$ (mm)					$V^*_{min}=136.02$ (kN)						$T^*_{min}=11.79$ (kN·m)				
β_t	$\theta=V/T$	T_{max}	T_{min}	$\phi6@150$			$\phi6@100$			$\phi8@200$			$\phi8@150$			$\phi8@100$			$\phi10@200$			$\phi10@150$		
				$[T]$	$[V]$	A_{stl}	$[T]$	$[V]$	A_{stl}	$[T]$	$[V]$	A_{stl}	$[T]$	$[V]$	A_{stl}	$[T]$	$[V]$	A_{stl}	$[T]$	$[V]$	A_{stl}	$[T]$	$[V]$	A_{stl}
0.5	22.9	30.22	9.48	17.17	394.04	383.23	19.83	455.08	383.23	18.94	434.70	383.23	21.30	488.93	383.23	26.03	597.41	516.84	22.92	525.92	403.34	26.60	610.57	537.73
0.6	17.2	37.33	11.85	20.88	359.40	442.52	24.21	416.72	442.52	23.10	397.58	442.52	26.06	448.51	442.52	31.98	550.38	647.12	28.08	483.25	505.00	32.69	562.74	673.28
0.7	13.1	44.88	14.43	24.71	324.08	506.97	28.77	377.34	506.97	27.42	359.56	506.97	31.03	406.89	526.20	38.25	501.56	789.23	33.49	439.17	615.88	39.12	513.04	821.12
0.8	10.0	52.89	17.24	28.68	288.00	579.40	33.55	336.82	579.40	31.92	320.51	579.40	36.24	363.90	629.94	44.89	450.68	944.84	39.19	393.49	737.31	45.93	461.20	983.03
0.9	7.7	61.42	20.32	32.81	251.02	663.78	38.56	294.96	663.78	36.64	280.29	663.78	41.74	319.34	744.03	51.95	397.43	1115.99	45.22	345.96	870.85	53.19	406.90	1161.10
1.0	5.7	70.52	23.71	37.13	213.03	766.47	43.85	251.57	766.47	41.60	238.70	766.47	47.57	272.95	870.10	59.51	341.45	1305.12	51.64	296.30	1018.42	60.96	349.76	1357.88
1.0	2.9	90.67	31.61	37.36	211.79	771.14	44.20	249.68	772.46	41.92	237.03	772.07	47.99	270.70	885.40	60.14	338.03	1328.10	52.13	293.65	1036.34	61.62	346.20	1381.78
纯扭	0	125.66	47.55										47.99	0	1642.10	60.14	0	1642.10	52.13	0	1642.10	61.62	0	1642.10

$b=400$ (mm)							$h=900$ (mm)			$V^*_{min}=153.80$ (kN)				$T^*_{min}=13.55$ (kN·m)				
β_t	$\theta=V/T$	T_{max}	T_{min}	$\phi8@200$			$\phi8@150$			$\phi8@100$			$\phi10@200$			$\phi10@150$		
				$[T]$	$[V]$	A_{stl}	$[T]$	$[V]$	A_{stl}	$[T]$	$[V]$	A_{stl}	$[T]$	$[V]$	A_{stl}	$[T]$	$[V]$	A_{stl}
0.5	22.6	34.76	10.91	21.76	490.99	434.80	24.47	552.15	434.80	29.89	674.46	570.49	26.32	593.85	445.20	30.55	689.29	593.54
0.6	16.9	42.93	13.63	26.53	448.93	502.06	29.92	506.32	502.06	36.70	621.10	713.78	32.23	545.45	557.01	37.52	635.02	742.62
0.7	12.9	51.61	16.59	31.48	405.86	575.18	35.61	459.15	579.95	43.87	565.72	869.83	38.43	495.48	678.79	44.88	578.65	904.99
0.8	9.9	60.82	19.83	36.63	361.64	657.35	41.58	410.45	693.68	51.46	508.05	1040.45	44.95	443.73	811.91	52.66	519.89	1082.50
0.9	7.5	70.63	23.37	42.03	316.11	753.09	47.86	359.99	818.54	59.53	447.75	1227.76	51.84	389.92	958.07	60.94	458.40	1277.39
1.0	5.6	81.10	27.26	47.70	269.07	869.60	54.51	307.51	956.24	68.14	384.41	1434.34	59.16	333.73	1119.25	69.80	393.74	1492.32
1.0	2.8	104.27	36.35	47.90	268.01	873.19	54.79	306.08	965.89	68.56	382.22	1448.83	59.48	332.04	1130.55	70.23	391.46	1507.40
纯扭	0	144.51	54.68				54.79	0	1847.37	68.56	0	1847.37	59.48	0	1847.37	70.23	0	1847.37

$b=400$ (mm)							$h=1000$ (mm)			$V^*_{min}=171.58$ (kN)				$T^*_{min}=15.32$ (kN·m)				
β_t	$\theta=V/T$	T_{max}	T_{min}	$\phi8@200$			$\phi8@150$			$\phi8@100$			$\phi10@200$			$\phi10@150$		
				$[T]$	$[V]$	A_{stl}	$[T]$	$[V]$	A_{stl}	$[T]$	$[V]$	A_{stl}	$[T]$	$[V]$	A_{stl}	$[T]$	$[V]$	A_{stl}
0.5	22.3	39.29	12.33	24.58	547.29	486.31	27.63	615.37	486.31	33.75	751.51	623.69	29.72	661.78	486.72	34.49	768.02	648.90
0.6	16.7	48.53	15.41	29.95	500.29	561.54	33.78	564.13	561.54	41.42	691.82	779.91	36.38	607.67	608.62	42.35	707.30	811.43
0.7	12.7	58.34	18.76	35.53	452.17	643.33	40.19	511.41	643.33	49.50	629.90	949.84	43.36	551.81	741.22	50.63	644.27	988.23
0.8	9.7	68.76	22.41	41.34	402.78	735.23	46.91	457.01	756.98	58.04	565.45	1135.38	50.70	493.98	886.00	59.39	578.60	1181.27
0.9	7.4	79.85	26.42	47.41	351.95	842.31	53.98	400.67	892.57	67.10	498.10	1338.80	58.45	433.89	1044.71	68.69	509.92	1392.91
1.0	5.6	91.67	30.82	53.79	299.45	972.62	61.45	342.10	1041.88	76.77	427.40	1562.80	66.67	371.18	1219.49	78.63	437.75	1625.97
1.0	2.8	117.87	41.09	53.89	298.99	974.25	61.58	341.47	1046.38	76.97	426.41	1569.57	66.83	370.43	1224.76	78.84	436.71	1633.02
纯扭	0	163.36	61.81							76.97	0	2052.63	66.83	0	2052.63	78.84	0	2052.63

续表

$b=500$ (mm)							$h=500$ (mm)							$V^*_{min}=103.35$ (kN)							$T^*_{min}=9.21$ (kN·m)			
β_t	$\theta=V/T$	T_{max}	T_{min}	ϕ6@100			ϕ8@200			ϕ8@150			ϕ8@100			ϕ10@200			ϕ10@150			ϕ10@100		
				[T]	[V]	A_{stl}	[T]	[V]	A_{stl}	[T]	[V]	A_{stl}	[T]	[V]	A_{stl}	[T]	[V]	A_{stl}	[T]	[V]	A_{stl}	[T]	[V]	A_{stl}
0.5	22.3	23.61	7.41	14.44	322.22	271.55	13.86	309.36	271.55	15.39	343.59	271.55	18.46	412.05	355.77	16.44	366.93	277.65	18.83	420.36	370.15			
0.6	16.7	29.17	9.26	17.66	295.57	313.55	16.93	283.37	313.55	18.87	315.83	313.55	22.75	380.76	449.80	20.19	337.97	351.02	23.22	388.63	467.98			
0.7	12.8	35.06	11.27	21.03	268.24	359.22	20.13	256.78	359.22	22.52	287.27	369.70	27.30	348.25	554.47	24.15	308.06	432.70	27.88	355.65	576.88			
0.8	9.8	41.32	13.47	24.59	240.11	410.54	23.50	229.48	410.54	26.40	257.77	447.85	32.19	314.33	671.71	28.37	277.05	524.18	32.89	321.19	698.85			
0.9	7.4	47.98	15.87	28.36	211.03	470.33	27.06	201.34	470.33	30.53	227.13	535.99	37.46	278.71	803.92	32.89	244.72	627.34	38.30	284.97	836.41			
1.0	5.6	55.09	18.52	32.40	180.81	543.09	30.86	172.18	543.09	34.97	195.14	636.14	43.20	241.06	954.18	37.78	210.80	744.58	44.20	246.63	992.74			
1.0	2.8	70.83	24.69	34.33	172.43	611.36	32.57	164.74	570.41	37.26	185.21	724.42	46.63	226.14	1086.63	40.45	199.17	847.91	47.76	231.11	1130.56	62.39	294.98	1695.83
纯扭	0	98.17	37.15							37.26	0	1282.89	46.63	0	1282.89	40.45	0	1282.89	47.76	0	1282.89	62.39	0	1695.60

$b=500$ (mm)							$h=550$ (mm)							$V^*_{min}=114.46$ (kN)							$T^*_{min}=10.59$ (kN·m)			
β_t	$\theta=V/T$	T_{max}	T_{min}	ϕ6@100			ϕ8@200			ϕ8@150			ϕ8@100			ϕ10@200			ϕ10@150			ϕ10@100		
				[T]	[V]	A_{stl}	[T]	[V]	A_{stl}	[T]	[V]	A_{stl}	[T]	[V]	A_{stl}	[T]	[V]	A_{stl}	[T]	[V]	A_{stl}	[T]	[V]	A_{stl}
0.5	21.5	27.15	8.52	16.57	356.14	304.37	15.91	341.97	304.37	17.66	379.67	304.37	21.17	455.06	386.47	18.86	405.38	304.37	21.60	464.21	402.09	27.07	581.87	603.05
0.6	16.1	33.54	10.65	20.25	326.47	351.46	19.42	313.06	351.46	21.63	348.76	351.46	26.06	420.14	487.87	23.14	373.10	380.73	26.60	428.80	507.59	33.51	540.21	761.30
0.7	12.3	40.32	12.96	24.10	296.07	402.65	23.08	283.49	402.65	25.80	316.96	402.65	31.25	383.90	600.40	27.66	339.79	468.53	31.92	392.02	624.66			
0.8	9.4	47.52	15.49	28.16	264.80	460.17	26.92	253.15	460.17	30.21	284.14	484.04	36.80	346.12	725.98	32.46	305.27	566.53	37.60	353.63	755.33			
0.9	7.2	55.18	18.26	32.45	232.49	527.19	30.97	221.89	527.19	34.90	250.09	578.08	42.78	306.49	867.05	37.59	269.32	676.60	43.73	313.33	902.10			
1.0	5.4	63.36	21.30	37.02	198.95	608.75	35.27	189.54	608.75	39.93	214.58	684.46	49.25	264.67	1026.66	43.11	231.66	801.13	50.38	270.74	1068.15			
1.0	2.7	81.46	28.40	38.36	190.97	645.33	36.91	182.46	634.69	42.11	205.12	764.66	52.53	250.46	1146.99	45.67	220.58	895.02	53.79	255.96	1193.36	70.04	326.70	1790.04
纯扭	0	112.90	42.72										52.53	0	1411.18	45.67	0	1411.18	53.79	0	1411.18	70.04	0	1789.80

$b=500$ (mm)							$h=600$ (mm)							$V^*_{min}=125.57$ (kN)							$T^*_{min}=11.97$ (kN·m)			
β_t	$\theta=V/T$	T_{max}	T_{min}	ϕ6@100			ϕ8@200			ϕ8@150			ϕ8@100			ϕ10@200			ϕ10@150			ϕ10@100		
				[T]	[V]	A_{stl}	[T]	[V]	A_{stl}	[T]	[V]	A_{stl}	[T]	[V]	A_{stl}	[T]	[V]	A_{stl}	[T]	[V]	A_{stl}	[T]	[V]	A_{stl}
0.5	20.9	30.69	9.63	18.70	390.06	337.05	17.96	374.60	337.05	19.93	415.76	337.05	23.88	498.09	416.13	21.28	443.83	337.05	24.35	508.08	432.94	30.51	636.57	649.33
0.6	15.6	37.92	12.04	22.84	357.40	389.20	21.91	342.77	389.20	24.40	381.70	389.20	29.37	459.56	524.67	26.09	408.25	409.45	29.98	469.00	545.87	37.74	590.52	818.72
0.7	11.9	45.58	14.66	27.17	323.92	445.88	26.02	310.23	445.88	29.08	346.68	445.88	35.20	419.59	644.81	31.17	371.54	503.20	35.94	428.43	670.87	45.49	542.22	1006.22
0.8	9.1	53.72	17.51	31.72	289.51	509.58	30.33	276.84	509.58	34.03	310.55	519.06	41.41	377.95	778.52	36.54	333.53	607.53	42.31	386.12	809.98			
0.9	7.0	62.38	20.64	36.52	253.98	583.79	34.87	242.48	583.79	39.27	273.09	618.86	48.08	334.33	928.23	42.27	293.97	724.34	49.15	341.75	965.75			
1.0	5.2	71.62	24.08	41.63	217.13	674.11	39.68	206.93	674.11	44.88	234.07	731.36	55.29	288.35	1097.00	48.43	252.58	856.03	56.55	294.93	1141.34			
1.0	2.6	92.08	32.10	43.40	209.52	700.65	41.25	200.17	698.82	46.97	225.04	804.91	58.43	274.77	1207.36	50.88	242.00	942.13	59.82	280.81	1256.17	77.70	358.42	1884.25
纯扭	0	127.63	48.29										58.43	0	1539.47	50.88	0	1539.47	59.82	0	1539.47	77.70	0	1884.00

续表

$b=500$ (mm) $h=650$ (mm) $V^*_{min}=136.68$ (kN) $T^*_{min}=13.35$ (kN·m)

β_t	$\theta=V/T$	T_{max}	T_{min}	ϕ6@100			ϕ8@200			ϕ8@150			ϕ8@100			ϕ10@200			ϕ10@150			ϕ10@100		
				[T]	[V]	A_{stl}	[T]	[V]	A_{stl}	[T]	[V]	A_{stl}	[T]	[V]	A_{stl}	[T]	[V]	A_{stl}	[T]	[V]	A_{stl}	[T]	[V]	A_{stl}
0.5	20.4	34.24	10.74	20.83	424.00	369.62	20.00	407.23	369.62	22.20	451.86	369.62	26.58	541.14	445.01	23.69	482.30	369.62	27.11	551.96	463.00	33.96	691.29	694.41
0.6	15.3	42.29	13.43	25.43	388.33	426.80	24.39	372.48	426.80	27.16	414.65	426.80	32.68	498.99	560.53	29.04	443.41	437.43	33.35	509.22	583.18	41.97	640.85	874.68
0.7	11.6	50.84	16.35	30.24	351.79	488.97	28.97	336.97	488.97	32.36	376.41	488.97	39.14	455.31	688.12	34.67	403.31	536.99	39.96	464.87	715.93	50.54	587.99	1073.80
0.8	8.9	59.91	19.53	35.28	314.24	558.82	33.74	300.55	558.82	37.83	336.97	558.82	46.01	409.81	829.78	40.62	361.81	647.53	47.00	418.65	863.32	59.77	532.33	1294.89
0.9	6.8	69.58	23.02	40.60	275.49	640.21	38.77	263.08	640.21	43.64	296.12	658.70	53.37	362.20	987.98	46.96	318.65	770.97	54.55	370.22	1027.92			
1.0	5.1	79.88	26.86	46.24	235.34	739.25	44.08	224.35	739.25	49.82	253.59	777.23	61.32	312.08	1165.81	53.74	273.53	909.72	62.71	319.17	1212.93			
1.0	2.5	102.71	35.81	47.93	228.06	764.59	45.59	217.89	762.83	51.83	244.95	845.15	64.33	299.09	1267.73	56.09	263.41	989.23	65.85	305.65	1318.98	85.35	390.14	1978.46
纯扭	0	142.35	53.86										64.33	0	1667.76	56.09	0	1667.76	65.85	0	1667.76	85.35	0	1978.20

$b=500$ (mm) $h=700$ (mm) $V^*_{min}=147.80$ (kN) $T^*_{min}=14.73$ (kN·m)

β_t	$\theta=V/T$	T_{max}	T_{min}	ϕ6@100			ϕ8@200			ϕ8@150			ϕ8@100			ϕ10@200			ϕ10@150			ϕ10@100		
				[T]	[V]	A_{stl}	[T]	[V]	A_{stl}	[T]	[V]	A_{stl}	[T]	[V]	A_{stl}	[T]	[V]	A_{stl}	[T]	[V]	A_{stl}	[T]	[V]	A_{stl}
0.5	20.0	37.78	11.85	22.95	457.94	402.11	22.05	439.86	402.11	24.46	487.97	402.11	29.28	584.19	473.32	26.10	520.78	402.11	29.87	595.86	492.44	37.39	746.02	738.57
0.6	15.0	46.67	14.82	28.02	419.27	464.32	26.88	402.21	464.32	29.92	447.62	464.32	35.99	538.44	595.68	31.99	478.59	464.86	36.72	549.46	619.75	46.20	691.20	929.53
0.7	11.4	56.09	18.04	33.30	379.67	531.94	31.91	363.72	531.94	35.63	406.16	531.94	43.07	491.04	730.59	38.17	435.10	570.13	43.98	501.33	760.11	55.60	633.80	1140.07
0.8	8.7	66.11	21.55	38.84	338.98	607.94	37.15	324.27	607.94	41.64	363.42	607.94	50.61	441.70	880.08	44.70	390.11	686.78	51.69	451.20	915.65	65.69	573.38	1373.40
0.9	6.7	76.77	25.40	44.67	297.02	696.48	42.66	283.70	696.48	48.00	319.17	697.83	58.66	390.11	1046.67	51.63	343.36	816.77	59.96	398.71	1088.98	76.61	509.43	1633.40
1.0	5.0	88.15	29.63	50.84	253.56	804.22	48.48	241.78	804.22	54.76	273.14	822.34	67.34	335.84	1233.46	59.05	294.52	962.51	68.86	343.45	1283.32			
1.0	2.5	113.33	39.51	52.47	246.60	828.45	49.92	235.60	826.77	56.69	264.87	885.40	70.23	323.41	1328.10	61.31	284.83	1036.34	71.87	330.51	1381.78	93.00	421.86	2072.68
纯扭	0	157.08	59.44										70.23	0	1796.05	61.31	0	1796.05	71.87	0	1796.05	93.00	0	2072.40

$b=500$ (mm) $h=750$ (mm) $V^*_{min}=158.91$ (kN) $T^*_{min}=16.11$ (kN·m)

β_t	$\theta=V/T$	T_{max}	T_{min}	ϕ6@100			ϕ8@200			ϕ8@150			ϕ8@100			ϕ10@200			ϕ10@150			ϕ10@100		
				[T]	[V]	A_{stl}	[T]	[V]	A_{stl}	[T]	[V]	A_{stl}	[T]	[V]	A_{stl}	[T]	[V]	A_{stl}	[T]	[V]	A_{stl}	[T]	[V]	A_{stl}
0.5	19.6	41.32	12.96	25.08	491.89	434.54	24.09	472.50	434.54	26.72	524.09	434.54	31.98	627.25	501.17	28.52	559.26	434.54	32.62	639.76	521.42	40.83	800.77	782.03
0.6	14.7	51.04	16.21	30.61	450.22	501.76	29.37	431.94	501.76	32.67	480.59	501.76	39.29	577.91	630.28	34.93	513.77	501.76	40.09	589.71	655.75	50.42	741.58	983.52
0.7	11.2	61.35	19.73	36.37	407.56	574.84	34.84	390.48	574.84	38.90	435.92	574.84	47.01	526.79	772.41	41.66	466.90	602.77	47.99	537.81	803.63	60.65	679.62	1205.34
0.8	8.6	72.31	23.57	42.39	363.74	656.96	40.56	348.00	656.96	45.44	389.87	656.96	55.20	473.61	929.65	48.77	418.43	725.46	56.38	483.77	967.22	71.61	614.46	1450.75
0.9	6.5	83.97	27.78	48.73	318.57	752.64	46.55	304.33	752.64	52.35	342.23	752.64	63.95	418.04	1104.54	56.31	368.08	861.93	65.35	427.23	1149.19	83.45	545.55	1723.71
1.0	4.9	96.41	32.41	55.44	271.81	869.08	52.87	259.23	869.08	59.70	292.70	869.08	73.35	359.64	1300.24	64.35	315.52	1014.62	75.01	367.75	1352.80	96.31	472.22	2029.16
1.0	2.5	123.96	43.22	57.00	265.14	892.25	54.26	253.32	890.64	61.55	284.78	925.64	76.13	347.72	1388.47	66.52	306.24	1083.44	77.90	355.36	1444.59	100.65	453.78	2166.89
纯扭	0	171.81	65.01										76.13	0	1924.34	66.52	0	1924.34	77.90	0	1924.34	100.65	0	2166.60

续表

$b=500$ (mm)							$h=800$ (mm)							$V_{min}^{*}=170.02$ (kN)							$T_{min}^{*}=17.49$ (kN·m)			
β_t	$\theta=V/T$	T_{max}	T_{min}	ϕ6@100			ϕ8@200			ϕ8@150			ϕ8@100			ϕ10@200			ϕ10@150			ϕ10@100		
				[T]	[V]	A_{stl}	[T]	[V]	A_{stl}	[T]	[V]	A_{stl}	[T]	[V]	A_{stl}	[T]	[V]	A_{stl}	[T]	[V]	A_{stl}	[T]	[V]	A_{stl}
0.5	19.3	44.86	14.08	27.21	525.84	466.91	26.14	505.15	466.91	28.99	560.21	466.91	34.68	670.32	528.66	30.93	597.75	466.91	35.38	683.67	550.02	44.27	855.52	824.93
0.6	14.5	55.42	17.59	33.20	481.17	539.14	31.85	461.67	539.14	35.43	513.57	539.14	42.59	617.38	664.44	37.87	548.96	539.14	43.46	629.96	691.29	54.64	791.96	1036.82
0.7	11.0	66.61	21.42	39.43	435.45	617.67	37.78	417.25	617.67	42.17	465.68	617.67	50.94	562.55	813.72	45.16	498.71	635.01	52.00	574.29	846.61	65.69	725.46	1269.80
0.8	8.5	78.51	25.59	45.95	388.50	705.91	43.97	371.74	705.91	49.24	416.34	705.91	59.79	505.54	978.63	52.84	446.75	763.69	61.07	516.36	1018.19	77.53	655.56	1527.19
0.9	6.4	91.17	30.16	52.80	340.12	808.72	50.44	324.96	808.72	56.71	365.31	808.72	69.23	445.99	1161.77	60.98	392.82	906.58	70.75	455.77	1208.73	90.30	581.69	1813.02
1.0	4.8	104.68	35.19	60.04	290.07	933.83	57.27	276.69	933.83	64.63	312.28	933.83	79.36	383.45	1366.33	69.66	336.55	1066.19	81.15	392.08	1421.56	104.14	503.16	2132.30
1.0	2.4	134.58	46.92	61.54	283.68	956.00	58.60	271.03	954.45	66.41	304.70	965.89	82.03	372.04	1448.83	71.74	327.66	1130.55	83.93	380.21	1507.40	108.31	485.30	2261.10
纯扭	0	186.53	70.58										82.03	0	2052.63	71.74	0	2052.63	83.93	0	2052.63	108.31	0	2260.80

$b=500$ (mm)							$h=900$ (mm)						$V_{min}^{*}=192.25$ (kN)						$T_{min}^{*}=20.26$ (kN·m)		
β_t	$\theta=V/T$	T_{max}	T_{min}	ϕ8@200			ϕ8@150			ϕ8@100			ϕ10@200			ϕ10@150			ϕ10@100		
				[T]	[V]	A_{stl}	[T]	[V]	A_{stl}	[T]	[V]	A_{stl}	[T]	[V]	A_{stl}	[T]	[V]	A_{stl}	[T]	[V]	A_{stl}
0.5	18.9	51.94	16.30	30.23	570.45	531.55	33.51	632.45	531.55	40.08	756.47	582.82	35.75	674.74	531.55	40.88	771.51	606.37	51.14	965.06	909.44
0.6	14.2	64.17	20.37	36.82	521.15	613.78	40.94	579.54	613.78	49.20	696.34	731.77	43.76	619.36	613.78	50.20	710.50	761.34	63.07	892.77	1141.89
0.7	10.8	77.13	24.80	43.66	470.80	703.18	48.70	525.23	703.18	58.80	634.09	895.19	52.14	562.35	703.18	60.02	647.30	931.36	75.78	817.19	1396.93
0.8	8.3	90.90	29.63	50.77	419.24	803.63	56.84	469.30	803.63	68.96	569.42	1075.29	60.97	503.44	839.11	70.43	581.56	1118.75	89.36	737.82	1678.02
0.9	6.3	105.56	34.92	58.22	366.26	920.68	65.41	411.49	920.68	79.79	501.93	1274.78	70.31	442.32	994.77	81.53	512.90	1326.31	103.97	654.05	1989.38
1.0	4.7	121.20	40.75	66.05	311.64	1063.10	74.49	351.47	1063.10	91.38	431.13	1496.97	80.25	378.63	1168.13	93.42	440.79	1557.48	119.77	565.12	2336.17
1.0	2.4	155.83	54.33	67.28	306.46	1081.97	76.13	344.53	1085.50	93.83	420.67	1569.57	82.17	370.49	1224.76	95.98	429.91	1633.02	123.61	548.73	2449.53
纯扭	0	215.98	81.72							93.83	0	2309.21	82.17	0	2309.21	95.98	0	2309.21	123.61	0	2449.20

$b=500$ (mm)							$h=1000$ (mm)						$V_{min}^{*}=214.47$ (kN)						$T_{min}^{*}=23.02$ (kN·m)		
β_t	$\theta=V/T$	T_{max}	T_{min}	ϕ8@200			ϕ8@150			ϕ8@100			ϕ10@200			ϕ10@150			ϕ10@100		
				[T]	[V]	A_{stl}	[T]	[V]	A_{stl}	[T]	[V]	A_{stl}	[T]	[V]	A_{stl}	[T]	[V]	A_{stl}	[T]	[V]	A_{stl}
0.5	18.5	59.03	18.52	34.31	635.75	596.08	38.03	704.71	596.08	45.48	842.64	636.19	40.57	751.74	596.08	46.38	859.37	661.89	58.00	1074.6	992.72
0.6	13.9	72.92	23.15	41.78	580.63	688.30	46.45	645.53	688.30	55.79	775.32	798.14	49.64	689.78	688.30	56.93	791.06	830.39	71.50	993.61	1245.46
0.7	10.6	87.65	28.18	49.53	524.36	788.54	55.23	584.79	788.54	66.65	705.67	975.53	59.13	626.01	788.54	68.04	720.33	1014.96	85.85	908.96	1522.31
0.8	8.1	103.30	33.67	57.58	466.74	901.19	64.43	522.28	901.19	78.13	633.34	1170.68	69.10	560.14	913.55	79.79	646.81	1218.00	101.18	820.14	1826.88
0.9	6.2	119.96	39.69	65.99	407.58	1032.45	74.11	457.69	1032.45	90.34	557.91	1386.40	79.64	491.86	1081.87	92.30	570.06	1442.44	117.63	726.47	2163.57
1.0	4.6	137.73	46.30	74.83	346.61	1192.17	84.35	390.70	1192.17	103.38	478.86	1626.12	90.84	420.76	1268.91	105.69	489.55	1691.85	135.40	627.15	2537.74
1.0	2.3	177.08	61.74	75.96	341.89	1209.37	85.85	384.36	1212.60	105.64	469.30	1690.31	92.60	413.32	1318.98	108.03	479.61	1758.63	138.91	612.17	2637.95
纯扭	0	245.44	92.87							105.64	0	2565.79				108.03	0	2565.79	138.91	0	2637.60

矩形截面纯扭剪扭构件计算表 抗剪扭箍筋（六肢）抗扭纵筋 A_{stl}（mm^2） HPB235 钢筋 C25 表 2-8-6

β_t	θ= V/T	T_{max}	T_{min}	ϕ6@200			ϕ6@150			ϕ6@100			ϕ8@200			ϕ8@150			ϕ8@100			ϕ10@200			ϕ10@150		
b=500（mm） h=500（mm） V^*_{min}=103.35（kN） T^*_{min}=9.21（kN·m）																											
				[T]	[V]	A_{stl}	[T]	[V]	A_{stl}	[T]	[V]	A_{stl}	[T]	[V]	A_{stl}	[T]	[V]	A_{stl}	[T]	[V]	A_{stl}	[T]	[V]	A_{stl}	[T]	[V]	A_{stl}
0.5	22.3	23.61	7.41	13.14	293.33	271.5	14.44	322.22	271.5	17.03	380.00	300.3	16.16	360.71	271.5	18.46	412.05	355.8	23.06	514.75	533.6	20.03	447.07	416.4			
0.6	16.7	29.17	9.26	16.02	268.17	313.6	17.66	295.57	313.6	20.93	350.36	379.6	19.84	332.06	337.4	22.75	380.76	449.8	28.56	478.14	674.6	24.73	413.96	526.5			
0.7	12.8	35.06	11.27	19.01	242.51	359.2	21.03	268.24	359.2	25.07	319.70	468.0	23.72	302.52	415.9	27.30	348.25	554.5	34.48	439.72	831.6	29.75	379.44	649.0			
0.8	9.8	41.32	13.47	22.14	216.24	410.5	24.59	240.11	410.5	29.48	287.85	566.9	27.85	271.91	503.8	32.19	314.33	671.7	40.88	399.18	1007.5	35.15	343.26	786.2			
0.9	7.4	47.98	15.87	24.57	193.10	457.61	27.21	216.13	455.16	32.48	262.19	611.36	30.72	246.81	543.31	35.40	287.74	724.42	44.78	369.61	1086.63	38.60	315.65	847.91	45.91	379.53	1130.55
1.0	5.6	55.09	18.52	26.42	172.43	502.17	29.06	195.46	494.63	34.33	241.52	611.36	32.57	226.14	543.31	37.26	267.07	724.42	46.63	348.94	1086.63	40.45	294.98	847.91	47.76	358.86	1130.55
1.0	2.8	70.83	24.69	26.42	172.43	502.17	29.06	195.46	494.63	34.33	241.52	611.36	32.57	226.14	543.31	37.26	267.07	724.42	46.63	348.94	1086.63	40.45	294.98	847.91	47.76	358.86	1130.55
纯扭	0	98.17	37.15													37.26	0	1282.9	46.63	0	1282.9	40.45	0	1282.9	47.76	0	1282.9
b=500（mm） h=550（mm） V^*_{min}=114.46（kN） T^*_{min}=10.59（kN·m）																											
β_t	θ= V/T	T_{max}	T_{min}	ϕ6@200			ϕ6@150			ϕ6@100			ϕ8@200			ϕ8@150			ϕ8@100			ϕ10@200			ϕ10@150		
				[T]	[V]	A_{stl}	[T]	[V]	A_{stl}	[T]	[V]	A_{stl}	[T]	[V]	A_{stl}	[T]	[V]	A_{stl}	[T]	[V]	A_{stl}	[T]	[V]	A_{stl}	[T]	[V]	A_{stl}
0.5	21.5	27.15	8.52	15.09	324.32	304.4	16.57	356.14	304.4	19.53	419.77	326.2	18.54	398.52	304.4	21.17	455.06	386.5	26.43	568.16	579.6	22.96	493.62	452.3	27.07	581.87	603.1
0.6	16.1	33.54	10.65	18.38	296.35	351.5	20.25	326.47	351.5	23.99	386.72	411.8	22.74	366.60	365.9	26.06	420.14	487.9	32.70	527.23	731.7	28.33	456.65	571.0	33.51	540.21	761.3
0.7	12.3	40.32	12.96	21.80	267.82	402.6	24.10	296.07	402.6	28.70	352.56	506.7	27.17	333.70	450.3	31.25	383.90	600.4	39.43	484.32	900.5	34.04	418.14	702.7			
0.8	9.4	47.52	15.49	25.38	238.64	460.2	28.16	264.80	460.2	33.72	317.10	612.7	31.86	299.63	544.5	36.80	346.12	726.0	46.69	439.08	1088.9	40.17	377.81	849.7			
0.9	7.2	55.18	18.26	27.95	213.87	510.13	30.88	239.37	506.83	36.74	290.38	645.33	34.78	273.35	573.50	39.99	318.68	764.66	50.40	409.35	1146.99	43.54	349.59	895.02	51.66	420.34	1193.36
1.0	5.4	63.36	21.30	30.08	190.97	560.02	33.01	216.48	551.02	38.86	267.49	645.33	36.91	250.46	573.50	42.11	295.79	764.66	52.53	386.46	1146.99	45.67	326.70	895.02	53.79	397.45	1193.36
1.0	2.7	81.46	28.40	30.08	190.97	560.02	33.01	216.48	551.02	38.86	267.49	645.33	36.91	250.46	573.50	42.11	295.79	764.66	52.53	386.46	1146.99	45.67	326.70	895.02	53.79	397.45	1193.36
纯扭	0	112.90	42.72																52.53	0	1411.2	45.67	0	1411.2	53.79	0	1411.2
b=500（mm） h=600（mm） V^*_{min}=125.57（kN） T^*_{min}=11.97（kN·m）																											
β_t	θ= V/T	T_{max}	T_{min}	ϕ6@200			ϕ6@150			ϕ6@100			ϕ8@200			ϕ8@150			ϕ8@100			ϕ10@200			ϕ10@150		
				[T]	[V]	A_{stl}	[T]	[V]	A_{stl}	[T]	[V]	A_{stl}	[T]	[V]	A_{stl}	[T]	[V]	A_{stl}	[T]	[V]	A_{stl}	[T]	[V]	A_{stl}	[T]	[V]	A_{stl}
0.5	20.9	30.69	9.63	17.03	355.32	337.1	18.70	390.06	337.1	22.03	459.55	351.2	20.92	436.34	337.1	23.88	498.09	416.1	29.80	621.59	624.1	25.89	540.20	487.0	30.51	636.57	649.3
0.6	15.6	37.92	12.04	20.74	324.54	389.2	22.84	357.40	389.2	27.04	423.11	442.8	25.64	401.16	393.5	29.37	459.56	524.7	36.84	576.35	786.9	31.92	499.38	614.1	37.74	590.52	818.7
0.7	11.9	45.58	14.66	24.59	293.16	445.9	27.17	323.92	445.9	32.33	385.46	544.2	30.61	364.91	483.7	35.20	419.59	644.8	44.37	528.96	967.1	38.33	456.88	754.7	45.49	542.22	1006.2
0.8	9.1	53.72	17.51	28.60	261.07	509.6	31.72	289.51	509.6	37.95	346.39	657.0	35.87	327.40	583.9	41.41	377.95	778.5	52.49	479.05	1167.7	45.19	412.42	911.2			
0.9	7.0	62.38	20.64	31.32	234.63	562.50	34.55	262.61	558.37	40.99	318.58	679.29	38.84	299.89	603.68	44.57	3439.62	804.91	56.02	449.09	1207.36	48.47	383.54	942.13	57.41	461.15	1256.17
1.0	5.2	71.62	24.08	33.73	209.52	617.70	36.95	237.50	607.25	43.40	293.46	679.29	41.25	274.77	603.68	46.97	324.51	804.91	58.43	423.98	1207.36	50.88	358.42	942.13	59.82	436.04	1256.17
1.0	2.6	92.08	32.10	33.73	209.52	617.70	36.95	237.50	607.25	43.40	293.46	679.29	41.25	274.77	603.68	46.97	324.51	804.91	58.43	423.98	1207.36	50.88	358.42	942.13	59.82	436.04	1256.17
纯扭	0	127.63	48.29																58.43	0	1539.5	50.88	0	1539.5	59.82	0	1539.5

续表

$b=500$（mm）							$h=650$（mm）						$V^*_{min}=136.68$（kN）						$T^*_{min}=13.35$（kN·m）								
β_t	$\theta=V/T$	T_{max}	T_{min}	φ6@200			φ6@150			φ6@100			φ8@200			φ8@150			φ8@100			φ10@200			φ10@150		
				[T]	[V]	A_{stl}	[T]	[V]	A_{stl}	[T]	[V]	A_{stl}	[T]	[V]	A_{stl}	[T]	[V]	A_{stl}	[T]	[V]	A_{stl}	[T]	[V]	A_{stl}	[T]	[V]	A_{stl}
0.5	20.4	34.24	10.74	18.98	386.33	369.6	20.83	424.00	369.6	24.53	499.34	375.6	23.29	474.18	369.6	26.58	541.14	445.0	33.16	675.05	667.4	28.82	586.79	520.8	33.96	691.29	694.4
0.6	15.3	42.29	13.43	23.10	352.74	426.8	25.43	388.33	426.8	30.09	459.51	473.1	28.54	435.74	426.8	32.68	498.99	560.5	40.97	625.51	840.7	35.51	542.13	656.1	41.97	640.85	874.7
0.7	11.6	50.84	16.35	27.38	318.50	489.0	30.24	351.79	489.0	35.96	418.37	580.8	34.05	396.14	516.1	39.14	455.31	688.1	49.31	573.64	1032.1	42.61	495.65	805.4	50.54	587.99	1073.8
0.8	8.9	59.91	19.53	31.83	283.50	558.8	35.28	314.24	558.8	42.18	375.71	700.3	39.88	355.18	622.4	46.01	409.81	829.8	58.28	519.08	1244.6	50.19	447.07	971.2	59.77	532.33	1294.9
0.9	6.8	69.58	23.02	34.70	255.39	614.76	38.22	285.85	609.81	45.25	346.77	713.26	42.90	326.43	633.86	49.15	380.56	845.15	61.65	488.83	1267.73	53.41	417.48	989.23	63.16	501.96	1318.98
1.0	5.1	79.88	26.86	37.39	228.06	675.26	40.90	258.52	663.38	47.93	319.43	713.26	45.59	299.09	651.09	51.83	353.23	845.15	64.33	461.50	1267.73	56.09	390.14	989.23	65.85	474.63	1318.98
1.0	2.5	102.71	35.81	37.39	228.06	675.26	40.90	258.52	663.38	47.93	319.43	713.26	45.59	299.09	651.09	51.83	353.23	845.15	64.33	461.50	1267.73	56.09	390.14	989.23	65.85	474.63	1318.98
纯扭	0	142.35	53.86																64.33	0	1667.8	56.09	0	1667.8	65.85	0	1667.8

$b=500$（mm）							$h=700$（mm）						$V^*_{min}=147.80$（kN）						$T^*_{min}=14.73$（kN·m）								
β_t	$\theta=V/T$	T_{max}	T_{min}	φ6@200			φ6@150			φ6@100			φ8@200			φ8@150			φ8@100			φ10@200			φ10@150		
				[T]	[V]	A_{stl}	[T]	[V]	A_{stl}	[T]	[V]	A_{stl}	[T]	[V]	A_{stl}	[T]	[V]	A_{stl}	[T]	[V]	A_{stl}	[T]	[V]	A_{stl}	[T]	[V]	A_{stl}
0.5	20.0	37.78	11.85	20.92	417.34	402.1	22.95	457.94	402.1	27.02	539.14	402.1	25.67	512.03	402.1	29.28	584.19	473.3	36.52	728.52	709.9	31.75	633.40	554.0	37.39	746.02	738.6
0.6	15.0	46.67	14.82	25.46	380.95	464.3	28.02	419.27	464.3	33.14	495.92	502.7	31.43	470.33	464.3	35.99	538.44	595.7	45.09	674.68	893.4	39.09	584.90	697.2	46.20	691.20	929.5
0.7	11.4	56.09	18.04	30.16	343.85	531.9	33.30	379.67	531.9	39.59	451.30	616.6	37.49	427.38	548.0	43.07	491.04	730.6	54.24	618.36	1095.8	46.88	534.45	855.1	55.60	633.80	1140.1
0.8	8.7	66.11	21.55	35.05	305.95	607.9	38.84	338.98	607.9	46.41	405.05	742.8	43.88	382.99	660.1	50.61	441.70	880.1	64.06	559.13	1320.0	55.19	481.74	1030.1	65.69	573.38	1373.4
0.9	6.7	76.77	25.40	38.08	276.16	666.94	41.89	309.09	661.18	49.51	374.96	747.22	46.96	352.97	664.05	53.73	411.50	885.40	67.27	528.58	1328.10	58.35	451.42	1036.34	68.91	542.77	1381.78
1.0	5.0	88.15	29.63	41.04	246.60	732.72	44.85	279.53	719.42	52.47	345.40	747.22	49.92	323.41	705.66	56.69	381.94	885.40	70.23	499.02	1328.10	61.31	421.86	1036.34	71.87	513.21	1381.78
1.0	2.5	113.33	39.51	41.04	246.60	732.72	44.85	279.53	719.42	52.47	345.40	747.22	49.92	323.41	705.66	56.69	381.94	885.40	70.23	499.02	1328.10	61.31	421.86	1036.34	71.87	513.21	1381.78
纯扭	0	157.08	59.44																70.23	0	1796.1	61.31	0	1796.1	71.87	0	1796.1

$b=500$（mm）							$h=750$（mm）						$V^*_{min}=158.91$（kN）						$T^*_{min}=16.11$（kN·m）								
β_t	$\theta=V/T$	T_{max}	T_{min}	φ6@200			φ6@150			φ6@100			φ8@200			φ8@150			φ8@100			φ10@200			φ10@150		
				[T]	[V]	A_{stl}	[T]	[V]	A_{stl}	[T]	[V]	A_{stl}	[T]	[V]	A_{stl}	[T]	[V]	A_{stl}	[T]	[V]	A_{stl}	[T]	[V]	A_{stl}	[T]	[V]	A_{stl}
0.5	19.6	41.32	12.96	22.86	448.35	434.5	25.08	491.89	434.5	29.52	578.95	434.5	28.04	549.88	434.5	31.98	627.25	501.2	39.87	782.00	751.7	34.67	680.01	586.6	40.83	800.77	782.0
0.6	14.7	51.04	16.21	27.82	409.16	501.8	30.61	450.22	501.8	36.19	532.34	531.9	34.33	504.92	501.8	39.29	577.91	630.3	49.21	723.87	945.3	42.67	627.67	737.7	50.42	741.58	983.5
0.7	11.2	61.35	19.73	32.95	369.21	574.8	36.37	407.56	574.8	43.21	484.24	651.9	40.93	458.64	579.4	47.01	526.79	772.4	59.17	663.09	1158.5	51.15	573.26	904.1	60.65	679.62	1205.3
0.8	8.6	72.31	23.57	38.22	328.70	656.17	42.32	364.11	656.05	50.52	434.93	781.18	47.78	411.29	694.23	55.07	474.22	925.64	69.65	600.10	1388.47	60.04	517.14	1083.44	71.42	615.36	1444.59
0.9	6.5	83.97	27.78	41.46	296.92	719.06	45.56	332.33	712.50	53.76	403.15	781.18	51.02	379.50	705.60	58.31	442.44	925.64	72.89	568.32	1388.47	63.28	485.36	1083.44	74.66	583.58	1444.59
1.0	4.9	96.41	32.41	44.70	265.14	790.10	48.80	300.55	775.40	57.00	371.37	781.18	54.26	347.72	760.18	61.55	410.66	925.64	76.13	536.54	1388.47	66.52	453.58	1083.44	77.90	551.80	1444.59
1.0	2.5	123.96	43.22	44.70	265.14	790.10	48.80	300.55	775.40	57.00	371.37	781.18	54.26	347.72	760.18	61.55	410.66	925.64	76.13	536.54	1388.47	66.52	453.58	1083.44	77.90	551.80	1444.59
纯扭	0	171.81	65.01																76.13	0	1924.3	66.52	0	1924.3	77.90	0	1924.3

续表

$b=500$（mm） $h=800$（mm） $V_{min}^{*}=170.02$（kN） $T_{min}^{*}=17.49$（kN·m）																											
β_t	$\theta=V/T$	T_{max}	T_{min}	ϕ6@200			ϕ6@150			ϕ6@100			ϕ8@200			ϕ8@150			ϕ8@100			ϕ10@200			ϕ10@150		
				[T]	[V]	A_{stl}	[T]	[V]	A_{stl}	[T]	[V]	A_{stl}	[T]	[V]	A_{stl}	[T]	[V]	A_{stl}	[T]	[V]	A_{stl}	[T]	[V]	A_{stl}	[T]	[V]	A_{stl}
0.5	19.3	44.86	14.08	24.80	479.37	466.9	27.21	525.84	466.9	32.02	618.77	466.9	30.41	587.73	466.9	34.68	670.32	528.7	43.23	835.49	792.9	37.60	726.64	618.7	44.27	855.52	824.9
0.6	14.5	55.42	17.59	30.17	437.37	539.1	33.20	481.17	539.1	39.24	568.78	560.8	37.22	539.52	539.1	42.59	617.38	664.4	53.34	773.08	996.5	46.26	670.46	777.7	54.64	791.96	1036.8
0.7	11.0	66.61	21.42	35.73	394.57	617.7	39.43	435.45	617.7	46.83	517.20	686.8	44.36	489.90	617.7	50.94	562.55	813.7	64.10	707.84	1220.5	55.42	612.09	952.4	65.69	725.46	1269.8
0.8	8.5	78.51	25.59	41.32	351.69	703.56	45.71	389.58	703.13	54.50	465.35	815.15	51.57	440.05	724.42	59.38	507.39	965.89	75.00	642.06	1448.83	64.70	553.31	1130.55	76.89	658.40	1507.40
0.9	6.4	91.17	30.16	44.84	317.69	771.12	49.23	355.57	763.77	58.02	431.35	815.15	55.08	406.04	756.03	62.89	473.38	965.89	78.52	608.06	1448.83	68.22	519.30	1130.55	80.41	624.39	1507.40
1.0	4.8	104.68	35.19	48.35	283.68	847.43	52.75	321.57	831.33	61.54	397.34	815.15	58.60	372.04	814.65	66.41	439.38	965.89	82.03	574.06	1448.83	71.74	485.30	1130.55	83.93	590.39	1507.40
1.0	2.4	134.58	46.92	48.35	283.68	847.43	52.75	321.57	831.33	61.54	397.34	815.15	58.60	372.04	814.65	66.41	439.38	965.89	82.03	574.06	1448.83	71.74	485.30	1130.55	83.93	590.39	1507.40
纯扭	0	186.53	70.58																82.03	0	2052.6	71.74	0	2052.6	83.93	0	2052.6

$b=500$（mm） $h=900$（mm） $V_{min}^{*}=192.25$（kN） $T_{min}^{*}=20.26$（kN·m）																		
β_t	$\theta=V/T$	T_{max}	T_{min}	ϕ8@200			ϕ8@150			ϕ8@100			ϕ10@200			ϕ10@150		
				[T]	[V]	A_{stl}	[T]	[V]	A_{stl}	[T]	[V]	A_{stl}	[T]	[V]	A_{stl}	[T]	[V]	A_{stl}
0.5	18.9	51.94	16.30	35.15	663.46	531.6	40.08	756.47	582.8	49.94	942.50	874.1	43.44	819.90	682.1	51.14	965.06	909.4
0.6	14.2	64.17	20.37	43.01	608.74	613.8	49.20	696.34	731.8	61.57	871.52	1097.5	53.42	756.07	856.5	63.07	892.77	1141.9
0.7	10.8	77.13	24.80	51.23	552.45	703.2	58.80	634.09	895.2	73.94	797.39	1342.7	63.96	689.77	1047.8	75.78	817.19	1396.9
0.8	8.3	90.90	29.63	59.13	497.57	796.07	67.99	573.71	1046.38	85.69	725.99	1569.57	74.02	625.63	1224.76	87.84	744.46	1633.02
0.9	6.3	105.56	34.92	63.21	459.12	856.80	72.06	535.26	1046.38	89.76	687.55	1569.57	78.09	587.18	1224.76	91.91	706.01	1633.02
1.0	4.7	121.20	40.75	67.28	420.67	923.48	76.13	496.81	1046.38	93.83	649.10	1569.57	82.17	548.73	1224.76	95.98	667.56	1633.02
1.0	2.4	155.83	54.33	67.28	420.67	923.48	76.13	496.81	1046.38	93.83	649.10	1569.57	82.17	548.73	1224.76	95.98	667.56	1633.02
纯扭	0	215.98	81.72							93.83	0	2309.2	82.17	0	2309.2	95.98	0	2309.2

$b=500$（mm） $h=1000$（mm） $V_{min}^{*}=214.47$（kN） $T_{min}^{*}=23.02$（kN·m）																		
β_t	$\theta=V/T$	T_{max}	T_{min}	ϕ8@200			ϕ8@150			ϕ8@100			ϕ10@200			ϕ10@150		
				[T]	[V]	A_{stl}	[T]	[V]	A_{stl}	[T]	[V]	A_{stl}	[T]	[V]	A_{stl}	[T]	[V]	A_{stl}
0.5	18.5	59.03	18.52	39.90	739.19	596.1	45.48	842.64	636.2	56.65	1049.5	954.2	49.29	913.18	744.6	58.00	1074.6	992.7
0.6	13.9	72.92	23.15	48.79	677.98	688.3	55.79	775.32	798.1	69.80	970.00	1197.1	60.57	841.69	934.2	71.50	993.61	1245.5
0.7	10.6	87.65	28.18	58.09	615.01	788.5	66.65	705.67	975.5	83.78	886.98	1463.2	72.49	767.48	1141.8	85.85	908.96	1522.3
0.8	8.1	103.30	33.67	66.70	555.09	889.41	76.59	640.04	1126.87	96.38	809.92	1690.31	83.34	697.96	1318.98	98.78	830.53	1758.63
0.9	6.2	119.96	39.69	71.33	512.20	957.48	81.22	597.14	1126.87	101.01	767.03	1690.31	87.97	655.07	1318.98	103.41	787.63	1758.63
1.0	4.6	137.73	46.30	75.96	469.30	1032.22	85.85	554.25	1126.87	105.64	724.14	1690.31	92.60	612.17	1318.98	108.03	744.74	1758.63
1.0	2.3	177.08	61.74	75.96	469.30	1032.22	85.85	554.25	1126.87	105.64	724.14	1690.31	92.60	612.17	1318.98	108.03	744.74	1758.63
纯扭	0	245.44	92.87							105.64	0	2565.8				108.03	0	2565.8

续表

$b=600$（mm）　$h=500$（mm）　$V^*_{min}=124.02$（kN）　$T^*_{min}=11.93$（kN·m）																								
β_t	$\theta=V/T$	T_{max}	T_{min}	ϕ6@150			ϕ6@100			ϕ8@200			ϕ8@150			ϕ8@100			ϕ10@200			ϕ10@150		
				[T]	[V]	A_{stl}	[T]	[V]	A_{stl}	[T]	[V]	A_{stl}	[T]	[V]	A_{stl}	[T]	[V]	A_{stl}	[T]	[V]	A_{stl}	[T]	[V]	A_{stl}
0.5	20.7	30.60	9.60	17.70	365.80	309.1	20.55	424.70	309.1	19.60	405.03	309.1	22.13	457.38	356.1	27.20	562.07	534.1	23.86	493.07	416.8	27.81	574.77	555.7
0.6	15.5	37.80	12.00	21.64	335.47	357.0	25.27	391.61	382.0	24.06	372.87	357.0	27.27	422.76	452.6	33.71	522.55	678.7	29.47	456.79	529.7	34.49	534.65	706.2
0.7	11.8	45.44	14.61	25.78	304.45	408.9	30.27	357.49	473.5	28.77	339.78	420.9	32.76	386.92	561.1	40.75	481.19	841.5	35.48	419.06	656.7	41.71	492.62	875.5
0.8	9.0	53.55	17.46	30.15	272.60	467.4	35.63	322.12	577.4	33.80	305.59	513.1	38.66	349.59	684.1	48.40	437.60	1026.1	41.98	379.60	800.7	49.58	448.28	1067.6
0.9	6.9	62.19	20.57	34.48	240.94	531.64	40.93	286.99	679.29	38.77	271.61	603.68	44.50	312.55	804.91	55.96	394.41	1207.36	48.41	340.46	942.13	57.35	404.34	1256.17
1.0	5.2	71.40	24.00	36.88	216.13	580.52	43.32	262.19	679.29	41.17	246.81	603.68	46.90	287.74	804.91	58.36	369.61	1207.36	50.81	315.65	942.13	59.74	379.53	1256.17
1.0	2.6	91.80	32.00	36.88	216.13	580.52	43.32	262.19	679.29	41.17	246.81	603.68	46.90	287.74	804.91	58.36	369.61	1207.36	50.81	315.65	942.13	59.74	379.53	1256.17
纯扭	0	127.23	48.14													58.36	0	1539.5	50.81	0	1539.5	59.74	0	1539.5

$b=600$（mm）　$h=550$（mm）　$V^*_{min}=137.35$（kN）　$T^*_{min}=13.92$（kN·m）																								
β_t	$\theta=V/T$	T_{max}	T_{min}	ϕ6@150			ϕ6@100			ϕ8@200			ϕ8@150			ϕ8@100			ϕ10@200			ϕ10@150		
				[T]	[V]	A_{stl}	[T]	[V]	A_{stl}	[T]	[V]	A_{stl}	[T]	[V]	A_{stl}	[T]	[V]	A_{stl}	[T]	[V]	A_{stl}	[T]	[V]	A_{stl}
0.5	19.6	35.70	11.20	20.60	404.17	349.0	23.90	468.93	349.0	22.80	447.31	349.0	25.73	504.86	389.7	31.60	619.96	584.5	27.73	544.10	456.2	32.31	633.92	608.1
0.6	14.7	44.10	14.00	25.17	370.39	403.0	29.36	431.99	417.2	27.96	411.42	403.0	31.68	466.17	494.3	39.12	575.66	741.4	34.22	503.50	578.5	40.02	588.94	771.3
0.7	11.2	53.01	17.05	29.96	335.84	461.7	35.14	393.91	516.1	33.41	374.52	461.7	38.01	426.12	611.5	47.22	529.33	917.1	41.15	461.31	715.7	48.33	541.84	954.2
0.8	8.6	62.47	20.37	35.00	300.38	527.7	41.30	354.46	627.7	39.19	336.40	557.8	44.79	384.46	743.7	55.99	480.57	1115.5	48.61	417.23	870.5	57.35	492.23	1160.6
0.9	6.5	72.55	24.00	39.51	266.84	594.85	46.67	317.85	713.26	44.28	300.82	633.86	50.65	346.15	845.15	63.37	436.82	1267.73	54.98	377.07	989.23	64.92	447.81	1318.98
1.0	4.9	83.30	28.00	42.31	239.37	649.92	49.47	290.38	713.26	47.08	273.35	641.55	53.44	318.68	845.15	66.17	409.35	1267.73	57.78	349.59	989.23	67.72	420.34	1318.98
1.0	2.5	107.10	37.34	42.31	239.37	649.92	49.47	290.38	713.26	47.08	273.35	641.55	53.44	318.68	845.15	66.17	409.35	1267.73	57.78	349.59	989.23	67.72	420.34	1318.98
纯扭	0	148.44	56.17													66.17	0	1693.4	57.78	0	1693.4	67.72	0	1693.4

$b=600$（mm）　$h=600$（mm）　$V^*_{min}=150.69$（kN）　$T^*_{min}=15.91$（kN·m）																								
β_t	$\theta=V/T$	T_{max}	T_{min}	ϕ6@150			ϕ6@100			ϕ8@200			ϕ8@150			ϕ8@100			ϕ10@200			ϕ10@150		
				[T]	[V]	A_{stl}	[T]	[V]	A_{stl}	[T]	[V]	A_{stl}	[T]	[V]	A_{stl}	[T]	[V]	A_{stl}	[T]	[V]	A_{stl}	[T]	[V]	A_{stl}
0.5	18.8	40.80	12.80	23.50	442.57	388.6	27.25	513.19	388.6	26.00	489.61	388.6	29.33	552.37	421.7	35.99	677.90	632.4	31.60	595.17	493.5	36.80	693.12	658.0
0.6	14.1	50.40	16.00	28.70	405.33	448.7	33.44	472.40	450.7	31.86	450.00	448.7	36.08	509.61	534.0	44.52	628.83	800.8	38.96	550.26	625.0	45.54	643.29	833.2
0.7	10.8	60.58	19.48	34.13	367.26	514.1	39.99	430.37	556.5	38.03	409.29	514.1	43.24	465.38	659.4	53.67	577.56	988.9	46.80	503.63	771.7	54.93	591.16	1028.9
0.8	8.2	71.40	23.28	39.83	328.20	587.5	46.95	386.86	675.5	44.57	367.27	600.3	50.90	419.40	800.3	63.55	523.65	1200.4	55.21	454.95	936.7	65.09	536.30	1248.9
0.9	6.3	82.92	27.43	44.54	292.75	657.81	52.42	348.71	747.22	49.79	330.02	664.05	56.79	379.76	885.40	70.79	479.23	1328.10	61.56	413.67	1036.34	72.49	491.29	1381.78
1.0	4.7	95.20	32.00	47.74	262.61	719.03	55.62	318.58	747.22	52.99	299.89	708.87	59.99	349.62	885.40	73.99	449.09	1328.10	64.76	383.54	1036.34	75.69	461.15	1381.78
1.0	2.4	122.40	42.67	47.74	262.61	719.03	55.62	318.58	747.22	52.99	299.89	708.87	59.99	349.62	885.40	73.99	449.09	1328.10	64.76	383.54	1036.34	75.69	461.15	1381.78
纯扭	0	169.65	64.19													73.99	0	1847.4	64.76	0	1847.4	75.69	0	1847.4

续表

$b=600$ (mm)							$h=650$ (mm)					$V_{min}^*=164.02$ (kN)					$T_{min}^*=17.90$ (kN·m)							
β_t	$\theta=V/T$	T_{max}	T_{min}	$\phi6@150$			$\phi6@100$			$\phi8@200$			$\phi8@150$			$\phi8@100$			$\phi10@200$			$\phi10@150$		
				[T]	[V]	A_{stl}	[T]	[V]	A_{stl}	[T]	[V]	A_{stl}	[T]	[V]	A_{stl}	[T]	[V]	A_{stl}	[T]	[V]	A_{stl}	[T]	[V]	A_{stl}
0.5	18.2	45.90	14.40	26.39	480.97	428.0	30.59	557.47	428.0	29.19	531.92	428.0	32.92	599.90	452.4	40.38	735.86	678.5	35.47	646.26	529.5	41.29	752.35	705.9
0.6	13.7	56.70	18.00	32.22	440.28	494.2	37.52	512.84	494.2	35.75	488.61	494.2	40.47	553.09	572.1	49.91	682.05	858.0	43.69	597.06	669.6	51.05	697.69	892.7
0.7	10.4	68.15	21.92	38.29	398.70	566.2	44.84	466.87	595.4	42.65	444.10	566.2	48.47	504.68	705.4	60.10	625.85	1058.0	52.44	546.00	825.6	61.52	640.54	1100.7
0.8	8.0	80.32	26.19	44.66	356.06	647.0	52.60	419.31	721.4	49.95	398.19	647.0	57.00	454.40	854.8	71.10	566.82	1282.1	61.81	492.73	1000.5	72.81	580.45	1333.9
0.9	6.1	93.28	30.86	49.57	318.66	720.58	58.17	379.57	781.18	55.30	359.23	716.78	62.93	413.37	925.64	78.21	521.64	1388.47	68.14	450.28	1083.44	80.06	534.77	1444.59
1.0	4.6	107.10	36.00	53.17	285.85	787.94	61.76	346.77	781.18	58.89	326.43	776.01	66.53	380.56	925.64	81.81	488.83	1388.47	71.74	417.48	1083.44	83.66	501.96	1444.59
1.0	2.3	137.70	48.01	53.17	285.85	787.94	61.76	346.77	781.18	58.89	326.43	776.01	66.53	380.56	925.64	81.81	488.83	1388.47	71.74	417.48	1083.44	83.66	501.96	1444.59
纯扭	0	190.85	72.21													81.81	0	2001.3				83.66	0	2001.3

$b=600$ (mm)							$h=700$ (mm)					$V_{min}^*=177.36$ (kN)					$T_{min}^*=19.89$ (kN·m)							
β_t	$\theta=V/T$	T_{max}	T_{min}	$\phi6@150$			$\phi6@100$			$\phi8@200$			$\phi8@150$			$\phi8@100$			$\phi10@200$			$\phi10@150$		
				[T]	[V]	A_{stl}	[T]	[V]	A_{stl}	[T]	[V]	A_{stl}	[T]	[V]	A_{stl}	[T]	[V]	A_{stl}	[T]	[V]	A_{stl}	[T]	[V]	A_{stl}
0.5	17.7	51.00	16.00	29.29	519.39	467.2	33.93	601.76	467.2	32.38	574.25	467.2	36.51	647.45	482.1	44.77	793.85	723.1	39.33	697.37	564.3	45.77	811.61	752.3
0.6	13.3	63.00	20.00	35.73	475.25	539.5	41.60	553.30	539.5	39.64	527.24	539.5	44.86	596.59	609.0	55.29	735.30	913.4	48.41	643.89	712.8	56.55	752.12	950.4
0.7	10.1	75.73	24.35	42.45	430.16	618.1	49.68	503.39	633.0	47.26	478.94	618.1	53.69	544.02	750.1	66.53	674.18	1125.0	58.07	588.40	877.9	68.09	689.97	1170.4
0.8	7.8	89.25	29.09	49.49	383.93	706.4	58.23	451.79	766.1	55.31	429.13	706.4	63.08	489.43	907.7	78.63	610.04	1361.4	68.39	530.56	1062.4	80.52	624.67	1416.4
0.9	5.9	103.65	34.29	54.60	344.56	783.22	63.91	410.43	815.15	60.80	388.44	778.42	69.08	446.97	965.89	85.62	564.05	1448.83	74.72	486.89	1130.55	87.63	578.24	1507.40
1.0	4.4	119.00	40.00	58.60	309.09	856.68	67.91	374.96	837.31	64.80	352.97	843.02	73.08	411.50	965.89	89.62	528.58	1448.83	78.72	451.42	1130.55	91.63	542.77	1507.40
1.0	2.2	153.00	53.34	58.60	309.09	856.68	67.91	374.96	837.31	64.80	352.97	843.02	73.08	411.50	965.89	89.62	528.58	1448.83	78.72	451.42	1130.55	91.63	542.77	1507.40
纯扭	0	212.06	80.24													89.62	0	2155.3				91.63	0	2155.3

$b=600$ (mm)							$h=750$ (mm)					$V_{min}^*=190.69$ (kN)					$T_{min}^*=21.88$ (kN·m)							
β_t	$\theta=V/T$	T_{max}	T_{min}	$\phi6@150$			$\phi6@100$			$\phi8@200$			$\phi8@150$			$\phi8@100$			$\phi10@200$			$\phi10@150$		
				[T]	[V]	A_{stl}	[T]	[V]	A_{stl}	[T]	[V]	A_{stl}	[T]	[V]	A_{stl}	[T]	[V]	A_{stl}	[T]	[V]	A_{stl}	[T]	[V]	A_{stl}
0.5	17.3	56.10	17.60	32.18	557.81	506.3	37.27	646.06	506.3	35.57	616.59	506.3	40.10	695.01	511.2	49.15	851.86	766.6	43.18	748.49	598.3	50.24	870.88	797.6
0.6	13.0	69.30	22.00	39.25	510.23	584.7	45.67	593.77	584.7	43.53	565.87	584.7	49.24	640.11	645.1	60.66	788.58	967.5	53.13	690.73	755.0	62.05	806.59	1006.6
0.7	9.9	83.30	26.79	46.61	461.63	669.8	54.51	539.94	669.8	51.87	513.79	669.8	58.90	583.38	793.7	72.95	722.56	1190.4	63.69	630.83	928.9	74.65	739.44	1238.5
0.8	7.6	98.17	32.00	54.31	411.82	765.5	63.86	484.30	809.6	60.67	460.10	765.5	69.17	524.50	959.3	86.15	653.32	1438.9	74.96	568.42	1122.8	88.21	668.94	1497.0
0.9	5.8	114.01	37.72	59.63	370.47	845.75	69.66	441.29	849.11	66.31	417.64	839.97	75.22	480.58	1006.13	93.04	606.46	1509.20	81.30	523.50	1177.66	95.20	621.72	1570.21
1.0	4.3	130.90	44.01	64.03	332.33	925.30	74.06	403.15	903.94	70.71	379.50	909.92	79.62	442.44	1006.13	97.44	568.32	1509.20	85.69	485.36	1177.66	99.60	583.58	1570.21
1.0	2.2	168.30	58.67	64.03	332.33	925.30	74.06	403.15	903.49	70.71	379.50	909.92	79.62	442.44	1006.13	97.44	568.32	1509.20	85.69	485.36	1177.66	99.60	583.58	1570.21
纯扭	0	233.26	88.26													97.44	0	2309.2				99.60	0	2309.2

续表

$b=600$（mm）				$h=800$（mm）						$V^*_{min}=204.03$（kN）						$T^*_{min}=23.87$（kN·m）								
β_t	$\theta=V/T$	T_{max}	T_{min}	$\phi6@150$			$\phi6@100$			$\phi8@200$			$\phi8@150$			$\phi8@100$			$\phi10@200$			$\phi10@150$		
				[T]	[V]	A_{stl}	[T]	[V]	A_{stl}	[T]	[V]	A_{stl}	[T]	[V]	A_{stl}	[T]	[V]	A_{stl}	[T]	[V]	A_{stl}	[T]	[V]	A_{stl}
0.5	17.0	61.20	19.20	35.07	596.24	545.4	40.61	690.36	545.4	38.76	658.93	545.4	43.68	742.58	545.4	53.52	909.89	809.3	47.04	799.63	631.6	54.72	930.18	842.0
0.6	12.7	75.60	24.00	42.76	545.22	629.7	49.75	634.25	629.7	47.41	604.52	629.7	53.62	683.64	680.5	66.03	841.88	1020.6	57.85	737.59	796.4	67.54	861.07	1061.8
0.7	9.7	90.87	29.22	50.76	493.11	721.4	59.35	576.50	721.4	56.48	548.65	721.4	64.11	622.76	836.4	79.36	770.96	1254.5	69.31	673.29	978.9	81.21	788.93	1305.2
0.8	7.4	107.10	34.91	59.12	439.73	824.5	69.49	516.83	852.4	66.03	491.08	824.5	75.24	559.60	1010.0	93.66	696.63	1514.9	81.52	606.32	1182.1	95.90	713.24	1576.1
0.9	5.7	124.37	41.15	64.66	396.38	808.20	75.41	472.15	898.60	71.82	446.85	901.45	81.37	514.19	1046.38	100.46	648.87	1569.57	87.87	560.11	1224.76	102.77	665.20	1633.02
1.0	4.3	142.80	48.01	69.46	355.57	993.83	80.20	431.35	969.59	76.62	406.04	976.74	86.16	473.38	1046.38	105.26	608.06	1569.57	92.67	519.30	1224.76	107.57	624.39	1633.02
1.0	2.1	183.60	64.01	69.46	355.57	993.83	80.20	431.35	969.59	76.62	406.04	976.74	86.16	473.38	1046.38	105.26	608.06	1569.57	92.67	519.30	1224.76	107.57	624.39	1633.02
纯扭	0	254.47	96.29													105.26	0	2463.2				107.57	0	2463.2

$b=600$（mm）				$h=900$（mm）				$V^*_{min}=230.70$（kN）				$T^*_{min}=27.84$（kN·m）						
β_t	$\theta=V/T$	T_{max}	T_{min}	$\phi8@200$			$\phi8@150$			$\phi8@100$			$\phi10@200$			$\phi10@150$		
				[T]	[V]	A_{stl}	[T]	[V]	A_{stl}	[T]	[V]	A_{stl}	[T]	[V]	A_{stl}	[T]	[V]	A_{stl}
0.5	16.5	71.40	22.40	45.13	743.64	623.2	50.85	837.75	623.2	62.27	1025.97	892.7	54.74	901.92	696.6	63.66	1048.80	928.8
0.6	12.4	88.20	28.00	55.18	681.84	719.6	62.37	770.74	749.6	76.76	948.53	1124.2	67.28	831.36	877.3	78.50	970.09	1169.7
0.7	9.4	106.02	34.09	65.68	618.42	824.4	74.51	701.55	920.0	92.18	867.83	1379.9	80.54	758.25	1076.8	94.32	887.99	1435.7
0.8	7.2	124.95	40.73	76.73	553.10	942.2	87.38	629.84	1109.2	108.67	783.33	1663.6	94.64	682.17	1298.2	111.25	801.94	1730.9
0.9	5.5	145.10	48.01	82.83	505.26	1024.24	93.65	581.40	1126.87	115.29	733.68	1690.31	101.03	633.32	1318.98	117.92	752.15	1758.63
1.0	4.1	166.60	56.01	88.43	459.12	1110.18	99.25	535.26	1126.87	120.89	687.55	1690.31	106.63	587.18	1318.98	123.51	706.01	1758.63
1.0	2.1	214.20	74.68	88.43	459.12	1110.18	99.25	535.26	1126.87	120.89	687.55	1690.31	106.63	587.18	1318.98	123.51	706.01	1758.63
纯扭	0	296.88	112.33							120.89	0	2771.1				123.51	0	2771.1

$b=600$（mm）				$h=1000$（mm）				$V^*_{min}=257.37$（kN）				$T^*_{min}=31.82$（kN·m）						
β_t	$\theta=V/T$	T_{max}	T_{min}	$\phi8@200$			$\phi8@150$			$\phi8@100$			$\phi10@200$			$\phi10@150$		
				[T]	[V]	A_{stl}	[T]	[V]	A_{stl}	[T]	[V]	A_{stl}	[T]	[V]	A_{stl}	[T]	[V]	A_{stl}
0.5	16.1	81.60	25.60	51.50	828.36	700.8	58.01	932.94	700.8	71.01	1142.09	974.2	62.44	1004.25	760.2	72.59	1167.45	1013.5
0.6	12.1	100.80	32.00	62.94	759.19	809.3	71.12	857.87	817.2	87.48	1055.22	1225.6	76.70	925.16	956.4	89.46	1079.16	1275.1
0.7	9.2	121.16	38.96	74.88	688.21	927.1	84.91	780.39	1001.8	104.97	964.76	1502.6	91.75	843.25	1172.6	107.41	987.12	1563.3
0.8	7.0	142.80	46.55	87.42	615.15	1059.6	99.50	700.14	1206.3	123.66	870.11	1809.3	107.74	758.09	1411.9	126.59	890.73	1882.4
0.9	5.4	165.83	54.86	93.85	563.67	1146.87	105.94	648.62	1207.36	130.13	818.50	1811.04	114.19	706.54	1413.19	133.06	839.11	1884.25
1.0	4.0	190.40	64.01	100.25	512.20	1243.45	112.34	597.14	1219.09	136.52	767.03	1811.04	120.58	655.07	1413.19	139.45	787.63	1884.25
1.0	2.0	244.80	85.34	100.25	512.20	1243.45	112.34	597.14	1219.09	136.52	767.03	1811.04	120.58	655.07	1413.19	139.45	787.63	1884.25
纯扭	0	339.29	128.38							136.52	0	3078.9				139.45	0	3078.9

矩形截面纯扭剪扭构件计算表 抗剪扭箍筋（双肢）抗扭纵筋 A_{stl}（mm^2） HPB235 钢筋 C30 表 2-8-7

$b=250$（mm） $h=400$（mm） $V^*_{min}=45.67$（kN） $T^*_{min}=2.46$（kN·m）

β_t	$\theta=V/T$	T_{max}	T_{min}	ϕ6@100			ϕ8@200			ϕ8@150			ϕ8@100			ϕ10@200			ϕ10@150			ϕ10@100		
				[T]	[V]	A_{stl}	[T]	[V]	A_{stl}	[T]	[V]	A_{stl}	[T]	[V]	A_{stl}	[T]	[V]	A_{stl}	[T]	[V]	A_{stl}	[T]	[V]	A_{stl}
0.5	36.9	6.74	1.98	3.63	134.06	134.55	3.51	129.30	134.55	3.85	141.96	134.55	4.54	167.28	140.76	4.08	150.60	134.55	4.62	170.35	146.45	5.69	209.87	219.65
0.6	27.7	8.32	2.48	4.41	122.10	155.36	4.25	117.66	155.36	4.68	129.48	155.36	5.54	153.14	175.29	4.97	137.55	155.36	5.64	156.00	182.37	6.97	192.91	273.53
0.7	21.1	10.01	3.01	5.22	109.93	177.99	5.02	105.82	177.99	5.54	116.75	177.99	6.58	138.59	212.52	5.89	124.19	177.99	6.70	141.24	221.11	8.32	175.34	331.63
0.8	16.1	11.79	3.60	6.04	97.50	203.42	5.81	93.76	203.42	6.43	103.71	203.42	7.66	123.61	252.79	6.85	110.50	203.42	7.81	126.02	263.01	9.73	157.08	394.49
0.9	12.3	13.69	4.25	6.90	84.80	233.04	6.63	81.45	233.04	7.35	90.35	233.04	8.79	108.13	296.50	7.84	96.41	233.04	8.97	110.29	308.48	11.23	138.04	462.70
1.0	9.2	15.72	4.95	7.78	71.77	269.10	7.47	68.87	269.10	8.31	76.61	269.10	9.99	92.09	344.09	8.88	81.88	269.10	10.19	93.96	357.99	12.81	118.12	536.99
1.0	4.6	20.22	6.60	10.25	47.28	380.56	9.84	45.36	380.56	10.94	50.46	409.52	13.16	60.65	560.61	11.70	53.93	461.03	13.42	61.89	578.93	16.88	77.80	814.73
纯扭	0	28.02	9.93	10.42	0	577.81				11.43	0	577.81	14.67	0	663.96	12.53	0	577.81	15.06	0	690.80	20.12	0	1036.20

$b=250$（mm） $h=450$（mm） $V^*_{min}=51.93$（kN） $T^*_{min}=2.85$（kN·m）

β_t	$\theta=V/T$	T_{max}	T_{min}	ϕ6@100			ϕ8@200			ϕ8@150			ϕ8@100			ϕ10@200			ϕ10@150			ϕ10@100		
				[T]	[V]	A_{stl}	[T]	[V]	A_{stl}	[T]	[V]	A_{stl}	[T]	[V]	A_{stl}	[T]	[V]	A_{stl}	[T]	[V]	A_{stl}	[T]	[V]	A_{stl}
0.5	36.2	7.80	2.29	4.20	152.29	152.75	4.06	146.89	152.75	4.45	161.25	152.75	5.24	189.96	155.15	4.72	171.04	152.75	5.34	193.44	161.42	6.58	238.24	242.09
0.6	27.2	9.64	2.87	5.11	138.67	176.38	4.92	133.64	176.38	5.41	147.04	176.38	6.40	173.83	193.07	5.75	156.17	176.38	6.52	177.08	200.87	8.06	218.90	301.27
0.7	20.7	11.59	3.49	6.03	124.81	202.07	5.81	120.16	202.07	6.40	132.53	202.07	7.60	157.27	233.90	6.81	140.96	202.07	7.74	160.27	243.36	9.61	198.87	365.01
0.8	15.8	13.65	4.17	6.98	110.67	230.94	6.72	106.44	230.94	7.43	117.69	230.94	8.85	140.21	278.01	7.91	125.37	230.94	9.02	142.94	289.25	11.24	178.07	433.84
0.9	12.1	15.86	4.92	7.97	96.21	264.57	7.66	92.44	264.57	8.49	102.49	264.57	10.15	122.59	325.79	9.06	109.34	264.57	10.36	125.03	338.96	12.95	156.40	508.42
1.0	9.1	18.21	5.73	8.99	81.40	305.50	8.63	78.12	305.50	9.59	86.86	305.50	11.52	104.34	377.73	10.25	92.82	305.50	11.76	106.46	393.00	14.77	133.74	589.49
1.0	4.5	23.41	7.65	11.82	53.50	432.05	11.34	51.35	432.05	12.61	57.09	448.59	15.15	68.58	614.10	13.48	61.01	505.02	15.46	69.97	634.17	19.42	87.91	892.47
纯扭	0	32.44	11.50	11.98	0	650.03				13.14	0	650.03	16.84	0	724.32	14.40	0	650.03	17.29	0	753.60	23.07	0	1130.40

$b=250$（mm） $h=500$（mm） $V^*_{min}=58.18$（kN） $T^*_{min}=3.24$（kN·m）

β_t	$\theta=V/T$	T_{max}	T_{min}	ϕ6@100			ϕ8@200			ϕ8@150			ϕ8@100			ϕ10@200			ϕ10@150			ϕ10@100		
				[T]	[V]	A_{stl}	[T]	[V]	A_{stl}	[T]	[V]	A_{stl}	[T]	[V]	A_{stl}	[T]	[V]	A_{stl}	[T]	[V]	A_{stl}	[T]	[V]	A_{stl}
0.5	35.7	8.87	2.61	4.77	170.52	170.92	4.61	164.49	170.92	5.06	180.54	170.92	5.95	212.64	170.92	5.36	191.48	170.92	6.06	216.53	176.25	7.47	266.62	264.34
0.6	26.8	10.95	3.26	5.80	155.24	197.37	5.59	149.62	197.37	6.15	164.59	197.37	7.26	194.53	210.70	6.53	174.80	197.37	7.40	198.17	219.22	9.14	244.90	328.79
0.7	20.4	13.17	3.97	6.85	139.69	226.11	6.59	134.50	226.11	7.27	148.32	226.11	8.62	175.94	255.12	7.73	157.74	226.11	8.79	179.29	265.43	10.90	222.41	398.12
0.8	15.6	15.52	4.74	7.93	123.84	258.41	7.62	119.11	258.41	8.43	131.68	258.41	10.04	156.81	303.04	8.98	140.25	258.41	10.23	159.85	315.29	12.74	199.07	472.91
0.9	11.9	18.02	5.59	9.04	107.63	296.05	8.69	103.42	296.05	9.63	114.63	296.05	11.51	137.05	354.89	10.27	122.28	296.05	11.74	139.77	369.24	14.68	174.76	553.84
1.0	8.9	20.69	6.52	10.20	91.04	341.85	9.79	87.38	341.85	10.88	97.12	341.85	13.06	116.61	411.17	11.62	103.76	341.85	13.33	118.97	427.79	16.73	149.38	641.69
1.0	4.5	26.60	8.69	13.38	59.74	483.44	12.84	57.34	483.44	14.28	63.73	487.51	17.14	76.51	667.37	15.25	68.09	548.83	17.49	78.06	689.19	21.96	98.02	969.89
纯扭	0	36.87	13.07	13.54	0	722.26				14.84	0	722.26	19.01	0	784.68	16.26	0	722.26	19.52	0	816.40	26.02	0	1224.60

续表

$b=250$（mm）　$h=550$（mm）　$V_{min}^{*}=64.44$（kN）　$T_{min}^{*}=3.63$（kN·m）

β_t	$\theta=V/T$	T_{max}	T_{min}	φ6@100			φ8@200			φ8@150			φ8@100			φ10@200			φ10@150			φ10@100		
				[T]	[V]	A_{stl}	[T]	[V]	A_{stl}	[T]	[V]	A_{stl}	[T]	[V]	A_{stl}	[T]	[V]	A_{stl}	[T]	[V]	A_{stl}	[T]	[V]	A_{stl}
0.5	35.3	9.93	2.92	5.34	188.75	189.07	5.16	182.08	189.07	5.66	199.83	189.07	6.66	235.32	189.07	6.00	211.93	189.07	6.79	239.62	191.00	8.35	295.01	286.46
0.6	26.5	12.27	3.65	6.49	171.82	218.32	6.25	165.60	218.32	6.88	182.15	218.32	8.13	215.24	228.23	7.30	193.43	218.32	8.28	219.25	237.46	10.23	270.90	356.15
0.7	20.2	14.75	4.44	7.66	154.58	250.12	7.38	148.85	250.12	8.13	164.11	250.12	9.64	194.62	276.23	8.65	174.51	250.12	9.83	198.33	287.39	12.19	245.95	431.05
0.8	15.4	17.38	5.31	8.87	137.01	285.85	8.53	131.79	285.85	9.43	145.67	285.85	11.22	173.41	327.95	10.04	155.12	285.85	11.44	176.77	341.21	14.24	220.07	511.78
0.9	11.8	20.18	6.26	10.11	119.05	327.48	9.72	114.41	327.48	10.77	126.78	327.48	12.87	151.52	383.86	11.49	135.21	327.48	13.13	154.52	399.38	16.41	193.14	599.04
1.0	8.8	23.17	7.30	11.40	100.68	378.14	10.95	96.64	378.14	12.16	107.38	378.14	14.60	128.87	444.48	12.99	114.71	378.14	14.89	131.48	462.45	18.69	165.02	693.67
1.0	4.4	29.79	9.73	14.95	65.98	534.77	14.35	63.33	534.77	15.94	70.37	534.77	19.13	84.45	720.49	17.03	75.17	592.52	19.52	86.16	744.04	24.50	108.14	1047.09
纯扭	0	41.29	14.64	15.11	0	794.48				16.55	0	794.48	21.18	0	845.04	18.13	0	794.48	21.74	0	879.20	28.96	0	1318.80

$b=250$（mm）　$h=600$（mm）　$V_{min}^{*}=70.70$（kN）　$T_{min}^{*}=4.02$（kN·m）

β_t	$\theta=V/T$	T_{max}	T_{min}	φ6@100			φ8@200			φ8@150			φ8@100			φ10@200			φ10@150			φ10@100		
				[T]	[V]	A_{stl}	[T]	[V]	A_{stl}	[T]	[V]	A_{stl}	[T]	[V]	A_{stl}	[T]	[V]	A_{stl}	[T]	[V]	A_{stl}	[T]	[V]	A_{stl}
0.5	35.0	10.99	3.23	5.91	206.98	207.20	5.71	199.68	207.20	6.26	219.12	207.20	7.37	258.00	207.20	6.64	232.37	207.20	7.51	262.71	207.20	9.24	323.39	308.48
0.6	26.2	13.58	4.04	7.18	188.39	239.26	6.92	181.58	239.26	7.61	199.70	239.26	8.99	235.95	245.69	8.08	212.06	239.26	9.16	240.34	255.62	11.31	296.90	383.39
0.7	20.0	16.33	4.92	8.47	169.47	274.10	8.16	163.19	274.10	9.00	179.90	274.10	10.67	213.31	297.25	9.57	191.29	274.10	10.87	217.36	309.26	13.48	269.50	463.86
0.8	15.3	19.24	5.88	9.81	150.18	313.26	9.44	144.47	313.26	10.43	159.65	313.26	12.41	190.01	352.77	11.10	170.01	313.26	12.65	193.70	367.03	15.75	241.08	550.51
0.9	11.7	22.34	6.93	11.19	130.48	358.89	10.75	125.39	358.89	11.91	138.93	358.89	14.23	165.99	412.73	12.70	148.15	358.89	14.51	169.27	429.41	18.13	211.51	644.10
1.0	8.7	25.65	8.08	12.61	110.31	414.41	12.11	105.90	414.41	13.45	117.65	414.41	16.13	141.14	477.69	14.36	125.66	414.41	16.46	143.99	497.00	20.65	180.66	745.49
1.0	4.4	32.98	10.77	16.51	72.22	586.06	15.85	69.33	586.06	17.61	77.02	586.06	21.12	92.40	773.51	18.81	82.26	636.12	21.55	94.26	798.79	27.04	118.27	1124.14
纯扭	0	45.72	16.21	16.67	0	866.71				18.26	0	866.71	23.35	0	905.40	19.99	0	866.71	23.97	0	942.00	31.91	0	1413.00

$b=250$（mm）　$h=650$（mm）　$V_{min}^{*}=76.95$（kN）　$T_{min}^{*}=4.41$（kN·m）

β_t	$\theta=V/T$	T_{max}	T_{min}	φ6@100			φ8@200			φ8@150			φ8@100			φ10@200			φ10@150			φ10@100		
				[T]	[V]	A_{stl}	[T]	[V]	A_{stl}	[T]	[V]	A_{stl}	[T]	[V]	A_{stl}	[T]	[V]	A_{stl}	[T]	[V]	A_{stl}	[T]	[V]	A_{stl}
0.5	34.7	12.06	3.55	6.48	225.22	225.32	6.26	217.27	225.32	6.86	238.41	225.32	8.08	280.68	225.32	7.28	252.82	225.32	8.23	285.81	225.32	10.13	351.78	330.42
0.6	26.0	14.90	4.43	7.87	204.96	260.18	7.58	197.56	260.18	8.34	217.26	260.18	9.85	256.65	263.10	8.86	230.69	260.18	10.04	261.43	273.73	12.40	322.91	410.55
0.7	19.8	17.91	5.39	9.29	184.36	298.07	8.95	177.54	298.07	9.86	195.69	298.07	11.69	231.99	318.21	10.48	208.07	298.07	11.91	236.39	331.07	14.77	293.05	496.56
0.8	15.2	21.10	6.45	10.75	163.35	340.65	10.34	157.16	340.65	11.43	173.64	340.65	13.60	206.62	377.52	12.17	184.89	340.65	13.86	210.62	392.78	17.25	262.09	589.13
0.9	11.6	24.51	7.60	12.26	141.90	390.27	11.78	136.38	390.27	13.05	151.08	390.27	15.59	180.46	441.53	13.92	161.10	390.27	15.90	184.03	459.38	19.86	229.89	689.04
1.0	8.7	28.14	8.86	13.82	119.95	450.64	13.26	115.16	450.64	14.73	127.92	450.64	17.67	153.42	510.82	15.73	136.61	450.64	18.03	156.51	531.47	22.61	196.31	797.21
1.0	4.3	36.18	11.82	18.07	78.46	637.31	17.35	75.32	637.31	19.27	83.66	637.31	23.11	100.35	826.44	20.58	89.35	679.65	23.58	102.37	853.45	29.58	128.40	1201.06
纯扭	0	50.14	17.78	18.23	0	938.94				19.97	0	938.94	25.52	0	965.76	21.86	0	938.94	26.19	0	1004.80	34.86	0	1507.20

续表

$b=300$（mm）				$h=450$（mm）					$V_{min}^{*}=62.31$（kN）					$T_{min}^{*}=3.92$（kN·m）				
β_t	$\theta=V/T$	T_{max}	T_{min}	ϕ8@150			ϕ8@100			ϕ10@200			ϕ10@150			ϕ10@100		
				[T]	[V]	A_{stl}	[T]	[V]	A_{stl}	[T]	[V]	A_{stl}	[T]	[V]	A_{stl}	[T]	[V]	A_{stl}
0.5	31.6	10.73	3.15	5.79	183.06	179.09	6.71	212.30	179.09	6.10	193.03	179.09	6.83	215.84	179.09	8.27	261.46	244.73
0.6	23.7	13.25	3.94	7.04	166.95	206.79	8.20	194.36	206.79	7.43	176.29	206.79	8.34	197.68	206.79	10.14	240.45	305.91
0.7	18.1	15.92	4.80	8.33	150.52	236.91	9.74	175.94	238.66	8.81	159.18	236.91	9.91	179.02	248.31	12.10	218.70	372.42
0.8	13.8	18.77	5.73	9.67	133.72	270.76	11.35	156.98	285.15	10.24	141.65	270.76	11.55	159.80	296.68	14.18	196.10	444.98
0.9	10.5	21.80	6.76	11.05	116.52	310.19	13.04	137.40	336.08	11.73	123.64	310.19	13.28	139.94	349.66	16.37	172.53	524.46
1.0	7.9	25.03	7.88	12.50	98.84	358.18	14.82	117.11	392.09	13.29	105.07	358.18	15.10	119.33	407.94	18.70	147.86	611.90
1.0	4.0	32.18	10.51	16.68	65.91	506.54	19.76	78.10	671.49	17.73	70.06	556.62	20.13	79.57	692.62	24.95	98.60	964.64
纯扭	0	44.59	15.81	17.14	0	780.04	21.76	0	784.68	18.71	0	780.04	22.32	0	816.40	29.55	0	1224.60

$b=300$（mm）				$h=500$（mm）					$V_{min}^{*}=69.82$（kN）					$T_{min}^{*}=4.48$（kN·m）				
β_t	$\theta=V/T$	T_{max}	T_{min}	ϕ8@150			ϕ8@100			ϕ10@200			ϕ10@150			ϕ10@100		
				[T]	[V]	A_{stl}	[T]	[V]	A_{stl}	[T]	[V]	A_{stl}	[T]	[V]	A_{stl}	[T]	[V]	A_{stl}
0.5	31.0	12.26	3.60	6.61	204.91	200.96	7.66	237.56	200.96	6.97	216.04	200.96	7.79	241.52	200.96	9.43	292.48	266.89
0.6	23.2	15.14	4.50	8.04	186.82	232.05	9.35	217.41	232.05	8.48	197.25	232.05	9.51	221.12	232.05	11.56	268.86	333.35
0.7	17.7	18.20	5.48	9.51	168.38	265.85	11.11	196.73	265.85	10.05	178.04	265.85	11.30	200.16	270.35	13.80	244.41	405.48
0.8	13.6	21.45	6.55	11.03	149.53	303.83	12.94	175.45	310.17	11.68	158.37	303.83	13.17	178.59	322.71	16.15	219.03	484.03
0.9	10.3	24.91	7.72	12.60	130.24	348.08	14.85	153.48	365.19	13.37	138.16	348.08	15.13	156.30	379.95	18.64	192.58	569.90
1.0	7.8	28.60	9.01	14.25	110.42	401.93	16.87	130.74	425.58	15.14	117.35	401.93	17.19	133.21	442.78	21.28	164.92	664.16
1.0	3.9	36.77	12.01	18.95	73.44	568.41	22.44	86.95	726.93	20.14	78.05	602.57	22.86	88.59	749.81	28.31	109.68	1044.28
纯扭	0	50.97	18.07	19.42	0	866.71	24.62	0	866.71	21.19	0	866.71	25.26	0	879.20	33.38	0	1318.80

$b=300$（mm）				$h=550$（mm）					$V_{min}^{*}=77.33$（kN）					$T_{min}^{*}=5.04$（kN·m）				
β_t	$\theta=V/T$	T_{max}	T_{min}	ϕ8@150			ϕ8@100			ϕ10@200			ϕ10@150			ϕ10@100		
				[T]	[V]	A_{stl}	[T]	[V]	A_{stl}	[T]	[V]	A_{stl}	[T]	[V]	A_{stl}	[T]	[V]	A_{stl}
0.5	30.5	13.79	4.05	7.43	226.76	222.80	8.61	262.83	222.80	7.83	239.06	222.80	8.76	267.21	222.80	10.60	323.50	288.80
0.6	22.9	17.03	5.07	9.03	206.69	257.26	10.51	240.46	257.26	9.53	218.21	257.26	10.68	244.56	257.26	12.99	297.26	360.49
0.7	17.4	20.47	6.17	10.68	186.24	294.73	12.47	217.52	294.73	11.29	196.90	294.73	12.69	221.31	294.73	15.49	270.12	438.19
0.8	13.4	24.13	7.37	12.38	165.35	336.84	14.52	193.92	336.84	13.11	175.09	336.84	14.78	197.38	348.48	18.12	241.96	522.69
0.9	10.2	28.02	8.69	14.15	143.96	385.90	16.67	169.57	394.04	15.01	152.70	385.90	16.97	172.68	409.96	20.90	212.64	614.92
1.0	7.6	32.17	10.14	15.99	122.01	445.59	18.92	144.38	458.79	16.99	129.64	445.59	19.28	147.09	477.33	23.85	181.99	715.99
1.0	3.8	41.37	13.51	21.23	80.98	630.17	25.12	95.82	782.04	22.55	86.04	648.25	25.59	97.62	806.65	31.66	120.79	1123.45
纯扭	0	57.34	20.33	21.70	0	953.38	27.49	0	953.38	23.67	0	953.38	28.19	0	953.38	37.22	0	1413.00

续表

$b=300$ (mm)						$h=600$ (mm)				$V^*_{min}=84.83$ (kN)				$T^*_{min}=5.60$ (kN·m)			
β_t	$\theta=V/T$	T_{max}	T_{min}	ϕ8@150			ϕ8@100			ϕ10@200			ϕ10@150			ϕ10@100	
				[T]	[V]	A_{stl}	[T]	[V]	A_{stl}	[T]	[V]	A_{stl}	[T]	[V]	A_{stl}	[T]	[V]	A_{stl}
0.5	30.1	15.32	4.50	8.25	248.62	244.60	9.56	288.11	244.60	8.70	262.08	244.60	9.72	292.90	244.60	11.77	354.53	310.52
0.6	22.6	18.93	5.63	10.03	226.57	282.44	11.66	263.52	282.44	10.58	239.17	282.44	11.86	268.01	282.44	14.41	325.68	387.41
0.7	17.2	22.75	6.85	11.85	204.11	323.58	13.84	238.31	323.58	12.53	215.77	323.58	14.08	242.46	323.58	17.18	295.85	470.65
0.8	13.2	26.81	8.19	13.74	181.17	369.80	16.11	212.39	369.80	14.55	191.82	369.80	16.40	216.18	374.07	20.09	264.91	561.07
0.9	10.0	31.14	9.65	15.70	157.70	423.66	18.48	185.67	423.66	16.65	167.23	423.66	18.82	189.06	439.78	23.17	232.71	659.64
1.0	7.5	35.75	11.26	17.74	133.61	489.20	20.98	158.02	491.80	18.84	141.93	489.20	21.37	160.98	511.68	26.43	199.07	767.51
1.0	3.8	45.96	15.02	23.50	88.53	691.83	27.80	104.70	836.91	24.97	94.04	693.74	28.32	106.67	863.25	35.02	131.91	1202.28
纯扭	0	63.71	22.59	23.98	0	1040.05	30.35	0	1040.05	26.15	0	1040.05	31.12	0	1040.05	41.05	0	1507.20
$b=300$ (mm)						$h=650$ (mm)				$V^*_{min}=92.34$ (kN)				$T^*_{min}=6.16$ (kN·m)				
β_t	$\theta=V/T$	T_{max}	T_{min}	ϕ8@150			ϕ8@100			ϕ10@200			ϕ10@150			ϕ10@100		
				[T]	[V]	A_{stl}	[T]	[V]	A_{stl}	[T]	[V]	A_{stl}	[T]	[V]	A_{stl}	[T]	[V]	A_{stl}
0.5	29.8	16.85	4.95	9.07	270.47	266.38	10.51	313.38	266.38	9.56	285.10	266.38	10.68	318.59	266.38	12.93	385.56	332.11
0.6	22.4	20.82	6.19	11.02	246.45	307.59	12.81	286.59	307.59	11.63	260.13	307.59	13.03	291.46	307.59	15.83	354.10	414.16
0.7	17.0	25.02	7.54	13.03	221.98	352.39	15.21	259.11	352.39	13.77	234.64	352.39	15.47	263.62	352.39	18.87	321.58	502.92
0.8	13.0	29.49	9.01	15.10	196.99	402.73	17.70	230.87	402.73	15.99	208.54	402.73	18.01	234.98	402.73	22.07	287.86	599.24
0.9	9.9	34.25	10.62	17.25	171.43	461.38	20.30	201.76	461.38	18.29	181.77	461.38	20.67	205.44	469.44	25.43	252.79	704.13
1.0	7.5	39.33	12.39	19.48	145.21	532.76	23.03	171.67	532.76	20.69	154.23	532.76	23.46	174.87	545.87	29.00	216.17	818.80
1.0	3.7	50.56	16.52	25.78	96.08	753.44	30.48	113.59	891.61	27.38	102.05	753.44	31.05	115.71	919.68	38.38	143.04	1280.87
纯扭	0	70.08	24.85	26.27	0	1126.72	33.21	0	1126.72	28.63	0	1126.72	34.05	0	1126.72	44.89	0	1601.40
$b=300$ (mm)						$h=700$ (mm)				$V^*_{min}=99.85$ (kN)				$T^*_{min}=6.72$ (kN·m)				
β_t	$\theta=V/T$	T_{max}	T_{min}	ϕ8@150			ϕ8@100			ϕ10@200			ϕ10@150			ϕ10@100		
				[T]	[V]	A_{stl}	[T]	[V]	A_{stl}	[T]	[V]	A_{stl}	[T]	[V]	A_{stl}	[T]	[V]	A_{stl}
0.5	29.6	18.39	5.41	9.89	292.32	288.14	11.46	338.66	288.14	10.43	308.12	288.14	11.65	344.28	288.14	14.10	416.59	353.59
0.6	22.2	22.71	6.76	12.01	266.33	332.72	13.97	309.65	332.72	12.68	281.10	332.72	14.21	314.91	332.72	17.26	382.52	440.79
0.7	16.9	27.30	8.23	14.20	239.85	381.18	16.57	279.92	381.18	15.01	253.51	381.18	16.86	284.78	381.18	20.56	347.31	535.05
0.8	12.9	32.17	9.83	16.46	212.82	435.63	19.28	249.36	435.63	17.42	225.27	435.63	19.63	253.79	435.63	24.04	310.82	637.26
0.9	9.9	37.36	11.58	18.80	185.17	499.08	22.11	217.87	499.08	19.93	196.32	499.08	22.52	221.83	499.08	27.70	272.87	748.47
1.0	7.4	42.90	13.51	21.22	156.81	576.28	25.08	185.32	576.28	22.54	166.53	576.28	25.55	188.77	579.95	31.57	233.26	869.91
1.0	3.7	55.16	18.02	28.05	103.64	814.99	33.15	122.48	946.18	29.79	110.07	814.99	33.77	124.77	975.97	41.73	154.17	1359.26
纯扭	0	76.45	27.10	28.55	0	1213.40	36.07	0	1213.40	31.11	0	1213.40	36.98	0	1213.40	48.72	0	1695.60

续表

$b=300$ (mm) $h=750$ (mm) $V_{min}^{*}=107.36$ (kN) $T_{min}^{*}=7.28$ (kN·m)

β_t	$\theta=V/T$	T_{max}	T_{min}	$\phi8@150$			$\phi8@100$			$\phi10@200$			$\phi10@150$			$\phi10@100$		
				[T]	[V]	A_{stl}	[T]	[V]	A_{stl}	[T]	[V]	A_{stl}	[T]	[V]	A_{stl}	[T]	[V]	A_{stl}
0.5	29.3	19.92	5.86	10.71	314.18	309.89	12.41	363.94	309.89	11.29	331.14	309.89	12.61	369.97	309.89	15.26	447.62	374.99
0.6	22.0	24.60	7.32	13.01	286.21	357.83	15.12	332.72	357.83	13.73	302.07	357.83	15.38	338.36	357.83	18.68	410.94	467.33
0.7	16.8	29.58	8.91	15.38	257.72	409.95	17.94	300.72	409.95	16.25	272.38	409.95	18.25	305.93	409.95	22.26	373.04	567.08
0.8	12.8	34.86	10.65	17.82	228.64	468.51	20.87	267.84	468.51	18.86	242.01	468.51	21.24	272.60	468.51	26.01	333.77	675.16
0.9	9.8	40.48	12.55	20.34	198.90	536.75	23.93	233.97	536.75	21.57	210.86	536.75	24.36	238.22	536.75	29.96	292.95	792.67
1.0	7.3	46.48	14.64	22.97	168.41	619.78	27.13	198.97	619.78	24.39	178.83	619.78	27.64	202.68	619.78	34.14	250.36	920.89
1.0	3.7	59.75	19.52	30.33	111.20	876.50	35.83	131.38	1000.65	32.20	118.08	876.50	36.50	133.82	1032.15	45.09	165.31	1437.51
纯扭	0	82.82	29.36	30.83	0	1300.07	38.93	0	1300.07	33.59	0	1300.07	39.91	0	1300.07	52.55	0	1789.80

$b=300$ (mm) $h=800$ (mm) $V_{min}^{*}=114.86$ (kN) $T_{min}^{*}=7.84$ (kN·m)

β_t	$\theta=V/T$	T_{max}	T_{min}	$\phi8@150$			$\phi8@100$			$\phi10@200$			$\phi10@150$			$\phi10@100$		
				[T]	[V]	A_{stl}	[T]	[V]	A_{stl}	[T]	[V]	A_{stl}	[T]	[V]	A_{stl}	[T]	[V]	A_{stl}
0.5	29.1	21.45	6.31	11.53	336.04	331.63	13.36	389.21	331.63	12.15	354.17	331.63	13.58	395.66	331.63	16.42	478.66	396.32
0.6	21.9	26.50	7.88	14.00	306.09	382.93	16.28	355.79	382.93	14.78	323.03	382.93	16.55	361.81	382.93	20.10	439.37	493.79
0.7	16.7	31.85	9.60	16.55	275.59	438.70	19.31	321.52	438.70	17.49	291.25	438.70	19.64	327.10	438.70	23.95	398.78	599.01
0.8	12.8	37.54	11.47	19.17	244.47	501.38	22.46	286.33	501.38	20.29	258.74	501.38	22.86	291.41	501.38	27.98	356.74	712.96
0.9	9.7	43.59	13.51	21.89	212.64	574.40	25.74	250.08	574.40	23.20	225.41	574.40	26.21	254.62	574.40	32.22	313.04	836.76
1.0	7.3	50.05	15.77	24.71	180.02	663.26	29.18	212.63	663.26	26.23	191.14	663.26	29.73	216.58	663.26	36.71	267.47	971.77
1.0	3.6	64.35	21.02	32.60	118.76	937.99	38.51	140.28	1055.04	34.62	126.10	937.99	39.22	142.89	1088.25	48.44	176.46	1515.65
纯扭	0	89.19	31.62	33.11	0	1386.74	41.79	0	1386.74	36.07	0	1386.74	42.84	0	1386.74	56.39	0	1884.00

$b=300$ (mm) $h=850$ (mm) $V_{min}^{*}=122.37$ (kN) $T_{min}^{*}=8.40$ (kN·m)

β_t	$\theta=V/T$	T_{max}	T_{min}	$\phi8@150$			$\phi8@100$			$\phi10@200$			$\phi10@150$			$\phi10@100$		
				[T]	[V]	A_{stl}	[T]	[V]	A_{stl}	[T]	[V]	A_{stl}	[T]	[V]	A_{stl}	[T]	[V]	A_{stl}
0.5	29.0	22.98	6.76	12.35	357.89	353.36	14.30	414.49	353.36	13.02	377.19	353.36	14.54	421.36	353.36	17.59	509.69	417.60
0.6	21.7	28.39	8.45	15.00	325.97	408.02	17.43	378.85	408.02	15.83	344.00	408.02	17.73	385.27	408.02	21.52	467.80	520.18
0.7	16.6	34.13	10.28	17.72	293.46	467.45	20.67	342.33	467.45	18.73	310.13	467.45	21.03	348.26	467.45	25.64	424.52	630.87
0.8	12.7	40.22	12.28	20.53	260.30	534.23	24.04	304.82	534.23	21.73	275.48	534.23	24.47	310.22	534.23	29.95	379.70	750.68
0.9	9.7	46.71	14.48	23.44	226.38	612.03	27.56	266.19	612.03	24.84	239.95	612.03	28.06	271.01	612.03	34.49	333.13	880.78
1.0	7.2	53.63	16.89	26.45	191.62	706.72	31.24	226.28	706.72	28.08	203.44	706.72	31.82	230.49	706.72	39.28	284.58	1022.56
1.0	3.6	68.95	22.52	34.88	126.33	999.45	41.18	149.18	1109.37	37.03	134.12	999.45	41.95	151.95	1144.29	51.79	187.61	1593.69
纯扭	0	95.56	33.88	35.40	0	1473.41	44.65	0	1473.41	38.55	0	1473.41	45.78	0	1473.41	60.22	0	1978.20

续表

$b=350$ (mm)　$h=500$ (mm)　$V^*_{min}=81.46$ (kN)　$T^*_{min}=5.84$ (kN·m)																		
β_t	$\theta=V/T$	T_{max}	T_{min}	ϕ8@150			ϕ8@100			ϕ10@200			ϕ10@150			ϕ10@100		
				[T]	[V]	A_{stl}	[T]	[V]	A_{stl}	[T]	[V]	A_{stl}	[T]	[V]	A_{stl}	[T]	[V]	A_{stl}
0.5	27.7	15.99	4.70	8.26	229.10	229.52	9.46	262.21	229.52	8.67	240.39	229.52	9.60	266.22	229.52	11.47	317.89	270.17
0.6	20.8	19.75	5.88	10.04	208.84	265.03	11.54	239.96	265.03	10.55	219.45	265.03	11.72	243.74	265.03	14.06	292.31	338.63
0.7	15.8	23.74	7.15	11.88	188.21	303.63	13.71	217.16	303.63	12.50	198.08	303.63	13.93	220.68	303.63	16.78	265.87	413.47
0.8	12.1	27.98	8.55	13.78	167.15	347.00	15.97	193.73	347.00	14.53	176.21	347.00	16.24	196.95	347.00	19.66	238.43	495.63
0.9	9.2	32.49	10.07	15.75	145.61	397.54	18.35	169.56	397.54	16.64	153.78	397.54	18.66	172.47	397.54	22.71	209.85	586.22
1.0	6.9	37.31	11.75	17.82	123.50	459.04	20.85	144.54	459.04	18.85	130.68	459.04	21.22	147.10	459.04	25.96	179.94	686.63
1.0	3.5	47.96	15.67	23.98	83.12	649.18	28.07	97.28	788.51	25.37	87.94	658.42	28.56	98.99	812.45	34.94	121.10	1120.50
纯扭	0	66.48	23.57	24.24	0	1011.16	30.49	0	1011.16	26.37	0	1011.16	31.25	0	1011.16	41.00	0	1413.00

$b=350$ (mm)　$h=550$ (mm)　$V^*_{min}=90.22$ (kN)　$T^*_{min}=6.60$ (kN·m)																		
β_t	$\theta=V/T$	T_{max}	T_{min}	ϕ8@150			ϕ8@100			ϕ10@200			ϕ10@150			ϕ10@100		
				[T]	[V]	A_{stl}	[T]	[V]	A_{stl}	[T]	[V]	A_{stl}	[T]	[V]	A_{stl}	[T]	[V]	A_{stl}
0.5	27.2	18.07	5.31	9.33	253.49	255.07	10.68	290.04	255.07	9.79	265.95	255.07	10.84	294.47	255.07	12.94	351.50	292.23
0.6	20.4	22.33	6.64	11.34	231.00	294.53	13.02	265.33	294.53	11.91	242.71	294.53	13.23	269.50	294.53	15.86	323.07	365.97
0.7	15.5	26.84	8.09	13.41	208.12	337.43	15.46	240.03	337.43	14.11	219.00	337.43	15.71	243.90	337.43	18.92	293.70	446.44
0.8	11.9	31.63	9.66	15.55	184.77	385.63	18.01	214.03	385.63	16.39	194.74	385.63	18.31	217.57	385.63	22.15	263.23	534.60
0.9	9.1	36.73	11.39	17.77	160.89	441.80	20.68	187.23	441.80	18.76	169.87	441.80	21.03	190.42	441.80	25.57	231.52	631.62
1.0	6.8	42.17	13.28	20.08	136.39	510.14	23.49	159.50	510.14	21.24	144.27	510.14	23.90	162.30	510.14	29.21	198.37	738.90
1.0	3.4	54.22	17.71	26.95	91.52	721.45	31.52	107.03	846.08	28.51	96.81	721.45	32.07	108.91	871.76	39.20	133.12	1202.31
纯扭	0	75.15	26.64	27.16	0	1112.28	34.10	0	1112.28	29.53	0	1112.28	34.95	0	1112.28	45.78	0	1507.20

$b=350$ (mm)　$h=600$ (mm)　$V^*_{min}=98.97$ (kN)　$T^*_{min}=7.37$ (kN·m)																		
β_t	$\theta=V/T$	T_{max}	T_{min}	ϕ8@150			ϕ8@100			ϕ10@200			ϕ10@150			ϕ10@100		
				[T]	[V]	A_{stl}	[T]	[V]	A_{stl}	[T]	[V]	A_{stl}	[T]	[V]	A_{stl}	[T]	[V]	A_{stl}
0.5	26.7	20.16	5.93	10.40	277.88	280.57	11.90	317.87	280.57	10.91	291.51	280.57	12.08	322.72	280.57	14.41	385.12	313.98
0.6	20.0	24.90	7.41	12.63	253.18	323.97	14.51	290.71	323.97	13.27	265.97	323.97	14.73	295.26	323.97	17.66	353.84	392.94
0.7	15.3	29.93	9.02	14.94	228.03	371.16	17.22	262.90	371.16	15.71	239.92	371.16	17.50	267.12	371.16	21.06	321.53	478.99
0.8	11.7	35.28	10.78	17.31	202.39	424.18	20.05	234.33	424.18	18.25	213.28	424.18	20.38	238.20	424.18	24.64	288.05	573.11
0.9	8.9	40.97	12.70	19.78	176.17	485.96	23.01	204.90	485.96	20.88	185.96	485.96	23.40	208.38	485.96	28.43	253.21	676.52
1.0	6.7	47.04	14.82	22.35	149.29	561.14	26.12	174.47	561.14	23.63	157.87	561.14	26.58	177.52	561.14	32.46	216.82	790.64
1.0	3.3	60.48	19.76	29.92	99.95	793.57	34.97	116.80	903.22	31.65	105.69	793.57	35.58	118.85	930.64	43.46	145.16	1283.50
纯扭	0	83.82	29.72	30.08	0	1213.40	37.72	0	1213.40	32.69	0	1213.40	38.65	0	1213.40	50.56	0	1601.40

续表

$b=350$（mm）						$h=650$（mm）				$V_{min}^{*}=107.73$（kN）				$T_{min}^{*}=8.13$（kN·m）			
β_t	$\theta=V/T$	T_{max}	T_{min}	ϕ8@150			ϕ8@100			ϕ10@200			ϕ10@150			ϕ10@100	
				[T]	[V]	A_{stl}	[T]	[V]	A_{stl}	[T]	[V]	A_{stl}	[T]	[V]	A_{stl}	[T]	[V]	A_{stl}
0.5	26.4	22.24	6.54	11.47	302.28	306.03	13.12	345.70	306.03	12.03	317.08	306.03	13.32	350.97	306.03	15.89	418.75	335.52
0.6	19.8	27.48	8.17	13.93	275.35	353.37	15.99	316.09	353.37	14.63	289.24	353.37	16.24	321.03	353.37	19.46	384.62	419.66
0.7	15.1	33.03	9.95	16.46	247.95	404.84	18.97	285.77	404.84	17.32	260.85	404.84	19.28	290.36	404.84	23.20	349.38	511.23
0.8	11.5	38.93	11.89	19.08	220.01	462.68	22.08	254.64	462.68	20.10	231.82	462.68	22.45	258.84	462.68	27.13	312.87	611.28
0.9	8.8	45.21	14.01	21.79	191.46	530.06	25.33	222.58	530.06	23.00	202.07	530.06	25.76	226.35	530.06	31.29	274.91	721.04
1.0	6.6	51.90	16.35	24.61	162.19	612.06	28.75	189.44	612.06	26.02	171.48	612.06	29.25	192.75	612.06	35.71	235.28	841.99
1.0	3.3	66.73	21.80	32.89	108.38	865.59	38.42	126.59	960.04	34.78	114.59	865.59	39.09	128.80	989.19	47.72	157.22	1364.26
纯扭	0	92.49	32.79	33.00	0	1314.51	41.33	0	1314.51	35.84	0	1314.51	42.34	0	1314.51	55.35	0	1695.60

$b=350$（mm）						$h=700$（mm）				$V_{min}^{*}=116.49$（kN）				$T_{min}^{*}=8.89$（kN·m）			
β_t	$\theta=V/T$	T_{max}	T_{min}	ϕ8@150			ϕ8@100			ϕ10@200			ϕ10@150			ϕ10@100	
				[T]	[V]	A_{stl}	[T]	[V]	A_{stl}	[T]	[V]	A_{stl}	[T]	[V]	A_{stl}	[T]	[V]	A_{stl}
0.5	26.1	24.33	7.15	12.54	326.67	331.46	14.34	373.54	331.46	13.15	342.65	331.46	14.55	379.23	331.46	17.36	452.37	356.88
0.6	19.5	30.05	8.94	15.22	297.53	382.74	17.47	341.48	382.74	15.99	312.51	382.74	17.75	346.81	382.74	21.26	415.40	446.17
0.7	14.9	36.13	10.88	17.99	267.88	438.49	20.73	308.65	438.49	18.92	281.78	438.49	21.06	313.59	438.49	25.33	377.23	543.25
0.8	11.4	42.58	13.01	20.85	237.64	501.13	24.12	274.95	501.13	21.96	250.36	501.13	24.52	279.48	501.13	29.62	337.70	649.20
0.9	8.7	49.44	15.33	23.80	206.75	574.11	27.66	240.26	574.11	25.12	218.17	574.11	28.13	244.32	574.11	34.15	296.62	765.29
1.0	6.5	56.77	17.88	26.88	175.09	662.93	31.38	204.42	662.93	28.41	185.09	662.93	31.93	207.98	662.93	38.95	253.76	893.05
1.0	3.3	72.99	23.84	35.86	116.81	937.52	41.87	136.38	1016.63	37.91	123.48	937.52	42.60	138.75	1047.50	51.98	169.29	1444.68
纯扭	0	101.16	35.87	35.92	0	1415.63	44.95	0	1415.63	39.00	0	1415.63	46.04	0	1415.63	60.13	0	1789.80

$b=350$（mm）						$h=750$（mm）				$V_{min}^{*}=125.25$（kN）				$T_{min}^{*}=9.65$（kN·m）			
β_t	$\theta=V/T$	T_{max}	T_{min}	ϕ8@150			ϕ8@100			ϕ10@200			ϕ10@150			ϕ10@100	
				[T]	[V]	A_{stl}	[T]	[V]	A_{stl}	[T]	[V]	A_{stl}	[T]	[V]	A_{stl}	[T]	[V]	A_{stl}
0.5	25.8	26.42	7.77	13.61	351.07	356.87	15.55	401.38	356.87	14.27	368.22	356.87	15.79	407.48	356.87	18.83	486.00	378.12
0.6	19.4	32.63	9.71	16.52	319.71	412.08	18.96	366.87	412.08	17.35	335.79	412.08	19.25	372.58	412.08	23.05	446.18	472.52
0.7	14.7	39.22	11.82	19.52	287.80	472.10	22.48	331.53	472.10	20.53	302.71	472.10	22.84	336.83	472.10	27.47	405.08	575.08
0.8	11.3	46.23	14.12	22.61	255.27	539.54	26.15	295.27	539.54	23.82	268.91	539.54	26.58	300.12	539.54	32.11	362.54	686.91
0.9	8.6	53.68	16.64	25.81	222.04	618.12	29.99	257.95	618.12	27.24	234.29	618.12	30.50	262.30	618.12	37.01	318.34	809.32
1.0	6.5	61.64	19.42	29.14	188.00	713.75	34.01	219.41	713.75	30.80	198.71	713.75	34.60	223.22	713.75	42.20	272.24	943.88
1.0	3.2	79.25	25.89	38.83	125.25	1009.39	45.32	146.18	1073.04	41.04	132.39	1009.39	46.11	148.72	1105.62	56.23	181.38	1524.84
纯扭	0	109.83	38.94				48.56	0	1516.74	42.16	0	1516.74	49.74	0	1516.74	64.91	0	1884.00

续表

$b=350$（mm）　$h=800$（mm）　$V_{min}^{*}=134.01$（kN）　$T_{min}^{*}=10.41$（kN·m）

β_t	$\theta=V/T$	T_{max}	T_{min}	ϕ8@150			ϕ8@100			ϕ10@200			ϕ10@150			ϕ10@100		
				[T]	[V]	A_{stl}	[T]	[V]	A_{stl}	[T]	[V]	A_{stl}	[T]	[V]	A_{stl}	[T]	[V]	A_{stl}
0.5	25.6	28.50	8.38	14.67	375.47	382.27	16.77	429.22	382.27	15.39	393.80	382.27	17.03	435.74	382.27	20.31	519.63	399.25
0.6	19.2	35.21	10.47	17.81	341.89	441.40	20.44	392.25	441.40	18.71	359.06	441.40	20.76	398.36	441.40	24.85	476.97	498.75
0.7	14.6	42.32	12.75	21.05	307.73	505.69	24.24	354.42	505.69	22.13	323.64	505.69	24.63	360.08	505.69	29.61	432.94	606.78
0.8	11.2	49.88	15.23	24.38	272.91	577.93	28.19	315.59	577.93	25.68	287.46	577.93	28.65	320.77	577.93	34.60	387.38	724.46
0.9	8.5	57.92	17.96	27.83	237.34	662.11	32.32	275.64	662.11	29.36	250.40	662.11	32.86	280.29	662.11	39.87	340.06	853.17
1.0	6.4	66.50	20.95	31.41	200.91	764.53	36.64	234.40	764.53	33.19	212.33	764.53	37.28	238.46	764.53	45.45	290.72	994.53
1.0	3.2	85.50	27.93	41.80	133.70	1081.21	48.77	155.99	1129.31	44.18	141.30	1081.21	49.61	158.69	1163.59	60.48	193.47	1604.79
纯扭	0	118.51	42.02				52.18	0	1617.86	45.31	0	1617.86	53.44	0	1617.86	69.69	0	1978.20

$b=350$（mm）　$h=900$（mm）　$V_{min}^{*}=151.53$（kN）　$T_{min}^{*}=11.94$（kN·m）

β_t	$\theta=V/T$	T_{max}	T_{min}	ϕ8@150			ϕ8@100			ϕ10@200			ϕ10@150			ϕ10@100		
				[T]	[V]	A_{stl}	[T]	[V]	A_{stl}	[T]	[V]	A_{stl}	[T]	[V]	A_{stl}	[T]	[V]	A_{stl}
0.5	25.2	32.67	9.61	16.81	424.27	433.01	19.21	484.91	433.01	17.63	444.94	433.01	19.50	492.26	433.01	23.25	586.90	441.27
0.6	18.9	40.36	12.01	20.40	386.25	500.00	23.40	443.04	500.00	21.43	405.61	500.00	23.77	449.92	500.00	28.45	538.55	550.93
0.7	14.4	48.51	14.62	24.10	347.58	572.82	27.75	400.19	572.82	25.34	365.52	572.82	28.19	406.57	572.82	33.88	488.67	669.83
0.8	11.0	57.18	17.46	27.91	308.18	654.65	32.26	356.24	654.65	29.39	324.56	654.65	32.79	362.07	654.65	39.58	437.07	799.21
0.9	8.4	66.40	20.58	31.85	267.94	750.00	36.97	311.03	750.00	33.59	282.63	750.00	37.59	316.26	750.00	45.58	383.51	940.50
1.0	6.3	76.23	24.01	35.93	226.74	866.02	41.90	264.39	866.02	37.97	239.58	866.02	42.62	268.95	866.02	51.93	327.71	1095.43
1.0	3.2	98.01	32.02	47.73	150.60	1224.74	55.66	175.61	1241.52	50.44	159.13	1224.74	56.62	178.64	1279.21	68.99	217.67	1764.25
纯扭	0	135.85	48.16				59.41	0	1820.09	51.63	0	1820.09	60.84	0	1820.09	79.26	0	2166.60

$b=350$（mm）　$h=1000$（mm）　$V_{min}^{*}=169.04$（kN）　$T_{min}^{*}=13.46$（kN·m）

β_t	$\theta=V/T$	T_{max}	T_{min}	ϕ8@150			ϕ8@100			ϕ10@200			ϕ10@150			ϕ10@100		
				[T]	[V]	A_{stl}	[T]	[V]	A_{stl}	[T]	[V]	A_{stl}	[T]	[V]	A_{stl}	[T]	[V]	A_{stl}
0.5	25.0	36.84	10.83	18.95	473.07	483.72	21.65	540.60	483.72	19.87	496.09	483.72	21.98	548.79	483.72	26.20	654.17	483.72
0.6	18.7	45.51	13.54	22.99	430.61	558.55	26.37	493.82	558.55	24.14	452.16	558.55	26.78	501.49	558.55	32.05	600.13	602.83
0.7	14.3	54.71	16.48	27.15	387.44	639.89	31.25	445.97	639.90	28.55	407.39	639.89	31.75	453.06	639.89	38.15	544.40	732.57
0.8	10.9	64.47	19.69	31.44	343.45	731.31	36.33	396.89	731.31	33.11	361.67	731.31	36.92	403.37	731.31	44.56	486.77	873.60
0.9	8.3	74.87	23.21	35.87	298.54	837.82	41.62	346.43	837.82	37.83	314.87	837.82	42.32	352.24	837.82	51.30	426.98	1027.44
1.0	6.2	85.97	27.08	40.46	252.57	967.43	47.16	294.39	967.43	42.74	266.83	967.43	47.97	299.46	967.43	58.42	364.71	1195.93
1.0	3.1	110.53	36.11	53.67	167.51	1368.15	62.55	195.24	1368.15	56.70	176.97	1368.15	63.63	198.61	1394.51	77.49	241.88	1923.27
纯扭	0	153.19	54.31				66.64	0	2022.33	57.94	0	2022.33	68.24	0	2022.33	88.82	0	2355.00

矩形截面纯扭剪扭构件计算表 抗剪扭箍筋（四肢）抗扭纵筋 A_{stl}（mm^2） HPB235 钢筋 C30 表 2-8-8

$b=300$（mm） $h=450$（mm） $V^*_{min}=62.31$（kN） $T^*_{min}=3.92$（kN·m）

β_t	$\theta=V/T$	T_{max}	T_{min}	$\phi6@150$			$\phi6@100$			$\phi8@200$			$\phi8@150$			$\phi8@100$			$\phi10@200$			$\phi10@150$		
				[T]	[V]	A_{stl}	[T]	[V]	A_{stl}	[T]	[V]	A_{stl}	[T]	[V]	A_{stl}	[T]	[V]	A_{stl}	[T]	[V]	A_{stl}	[T]	[V]	A_{stl}
0.5	31.6	10.73	3.15	6.02	190.39	179.09	7.06	223.28	179.09	6.71	212.30	179.09	7.64	241.53	209.09	9.49	299.99	313.60	8.27	261.46	244.73	9.71	307.09	326.28
0.6	23.7	13.25	3.94	7.33	173.81	206.79	8.63	204.65	220.59	8.20	194.36	206.79	9.35	221.76	261.37	11.66	276.58	392.01	10.14	240.45	305.91	11.94	283.23	407.86
0.7	18.1	15.92	4.80	8.68	156.88	236.91	10.27	185.49	268.55	9.74	175.94	238.66	11.14	201.36	318.19	13.96	252.21	477.25	12.10	218.70	372.42	14.30	258.38	496.54
0.8	13.8	18.77	5.73	10.09	139.55	270.76	11.98	165.72	320.86	11.35	156.98	285.15	13.03	180.24	380.18	16.39	226.76	570.24	14.18	196.10	444.98	16.80	232.40	593.29
0.9	10.5	21.80	6.76	11.55	121.75	310.19	13.78	145.25	378.16	13.04	137.40	336.08	15.02	158.29	448.08	18.98	200.07	672.10	16.37	172.53	524.46	19.46	205.13	699.27
1.0	7.9	25.03	7.88	13.08	103.42	358.18	15.68	123.98	441.20	14.82	117.11	392.09	17.13	135.39	522.78	21.75	171.95	784.17	18.70	147.86	611.90	22.31	176.38	815.86
1.0	4.0	32.18	10.51	13.09	103.42	358.22	15.69	123.97	441.54	14.82	117.11	392.39	17.14	135.37	523.19	21.76	171.90	784.78	18.71	147.83	612.38	22.32	176.33	816.51
纯扭	0	44.59	15.81										17.14	0	780.04	21.76	0	784.68	18.71	0	780.04	22.32	0	816.40

$b=300$（mm） $h=500$（mm） $V^*_{min}=69.82$（kN） $T^*_{min}=4.48$（kN·m）

β_t	$\theta=V/T$	T_{max}	T_{min}	$\phi6@150$			$\phi6@100$			$\phi8@200$			$\phi8@150$			$\phi8@100$			$\phi10@200$			$\phi10@150$		
				[T]	[V]	A_{stl}	[T]	[V]	A_{stl}	[T]	[V]	A_{stl}	[T]	[V]	A_{stl}	[T]	[V]	A_{stl}	[T]	[V]	A_{stl}	[T]	[V]	A_{stl}
0.5	31.0	12.26	3.60	6.87	213.09	200.96	8.06	249.83	200.96	7.66	237.56	200.96	8.72	270.21	228.03	10.82	335.52	342.00	9.43	292.48	266.89	11.08	343.44	355.82
0.6	23.2	15.14	4.50	8.36	194.48	232.05	9.85	228.90	240.38	9.35	217.41	232.05	10.67	248.00	284.81	13.30	309.17	427.17	11.56	268.86	333.35	13.62	316.59	444.44
0.7	17.7	18.20	5.48	9.91	175.48	265.85	11.71	207.38	292.38	11.11	196.73	265.85	12.71	225.08	346.43	15.91	281.78	519.61	13.80	244.41	405.48	16.29	288.65	540.61
0.8	13.6	21.45	6.55	11.50	156.02	303.83	13.65	185.18	349.01	12.94	175.45	310.17	14.85	201.36	413.54	18.67	253.18	620.28	16.15	219.03	484.03	19.13	259.46	645.35
0.9	10.3	24.91	7.72	13.17	136.06	348.08	15.70	162.22	410.92	14.85	153.48	365.19	17.10	176.73	486.90	21.60	223.22	730.33	18.64	192.58	569.90	22.15	228.86	759.85
1.0	7.8	28.60	9.01	14.86	115.88	400.73	17.79	138.91	475.50	16.81	131.22	422.58	19.42	151.68	563.44	24.62	192.61	845.15	21.19	165.64	659.49	25.26	197.58	879.32
1.0	3.9	36.77	12.01	14.86	115.88	400.73	17.79	138.91	475.50	16.81	131.22	422.58	19.42	151.68	563.44	24.62	192.61	845.15	21.19	165.64	659.49	25.26	197.58	879.32
纯扭	0	50.97	18.07										19.42	0	866.71	24.62	0	866.71	21.19	0	866.71	25.26	0	879.20

$b=300$（mm） $h=550$（mm） $V^*_{min}=77.33$（kN） $T^*_{min}=5.04$（kN·m）

β_t	$\theta=V/T$	T_{max}	T_{min}	$\phi6@150$			$\phi6@100$			$\phi8@200$			$\phi8@150$			$\phi8@100$			$\phi10@200$			$\phi10@150$		
				[T]	[V]	A_{stl}	[T]	[V]	A_{stl}	[T]	[V]	A_{stl}	[T]	[V]	A_{stl}	[T]	[V]	A_{stl}	[T]	[V]	A_{stl}	[T]	[V]	A_{stl}
0.5	30.5	13.79	4.05	7.73	235.80	222.80	9.06	276.39	222.80	8.61	262.83	222.80	9.79	298.91	246.75	12.16	371.05	370.07	10.60	323.50	288.80	12.44	379.80	385.03
0.6	22.9	17.03	5.07	9.40	215.15	257.26	11.06	253.15	259.95	10.51	240.46	257.26	11.98	274.24	308.00	14.93	341.78	461.95	12.99	297.26	360.49	15.29	349.97	480.62
0.7	17.4	20.47	6.17	11.13	194.07	294.73	13.15	229.27	315.97	12.47	217.52	294.73	14.27	248.80	374.38	17.85	311.35	561.53	15.49	270.12	438.19	18.29	318.94	584.22
0.8	13.4	24.13	7.37	12.92	172.51	336.84	15.33	204.65	376.89	14.52	193.92	336.84	16.66	222.48	446.57	20.94	279.62	669.82	18.12	241.96	522.69	21.46	286.55	696.89
0.9	10.2	28.02	8.69	14.78	150.38	385.90	17.61	179.19	443.38	16.67	169.57	394.04	19.19	195.18	525.36	24.22	246.39	788.02	20.90	212.64	614.92	24.83	252.61	819.87
1.0	7.6	32.17	10.14	16.64	128.34	443.18	19.89	153.84	509.47	18.81	145.33	452.76	21.70	167.99	603.68	27.49	213.33	905.52	23.67	183.45	706.59	28.19	218.82	942.13
1.0	3.8	41.37	13.51	16.64	128.34	443.18	19.89	153.84	509.47	18.81	145.33	452.76	21.70	167.99	603.68	27.49	213.33	905.52	23.67	183.45	706.59	28.19	218.82	942.13
纯扭	0	57.34	20.33										21.70	0	953.38	27.49	0	953.38	23.67	0	953.38	28.19	0	953.38

续表

$b=300$（mm）　$h=600$（mm）　$V_{min}^{*}=84.83$（kN）　$T_{min}^{*}=5.60$（kN·m）

β_t	$\theta=V/T$	T_{max}	T_{min}	ϕ6@150			ϕ6@100			ϕ8@200			ϕ8@150			ϕ8@100			ϕ10@200			ϕ10@150		
				[T]	[V]	A_{stl}	[T]	[V]	A_{stl}	[T]	[V]	A_{stl}	[T]	[V]	A_{stl}	[T]	[V]	A_{stl}	[T]	[V]	A_{stl}	[T]	[V]	A_{stl}
0.5	30.1	15.32	4.50	8.58	258.51	244.60	10.05	302.95	244.60	9.56	288.11	244.60	10.87	327.60	265.31	13.49	406.58	397.91	11.77	354.53	310.52	13.81	416.16	413.99
0.6	22.6	18.93	5.63	10.43	235.83	282.44	12.27	277.41	282.44	11.66	263.52	282.44	13.30	300.48	331.00	16.57	374.39	496.44	14.41	325.68	387.41	16.96	383.35	516.51
0.7	17.2	22.75	6.85	12.35	212.68	323.58	14.59	251.17	339.37	13.84	238.31	323.58	15.83	272.52	402.11	19.80	340.94	603.12	17.18	295.85	470.65	20.28	349.23	627.50
0.8	13.2	26.81	8.19	14.34	188.99	369.80	17.00	224.13	404.56	16.11	212.39	369.80	18.48	243.62	479.36	23.22	306.06	719.00	20.09	264.91	561.07	23.79	313.64	748.06
0.9	10.0	31.14	9.65	16.40	164.70	423.66	19.53	196.18	475.63	18.48	185.67	423.66	21.27	213.64	563.57	26.84	269.58	845.33	23.17	232.71	659.64	27.51	276.36	879.49
1.0	7.5	35.75	11.26	18.42	140.80	485.60	22.00	168.78	543.43	20.80	159.44	484.99	23.98	184.30	643.93	30.35	234.04	965.89	26.15	201.26	753.70	31.12	240.07	1004.93
1.0	3.8	45.96	15.02	18.42	140.80	485.60	22.00	168.78	543.43	20.80	159.44	484.99	23.98	184.30	643.93	30.35	234.04	965.89	26.15	201.26	753.70	31.12	240.07	1004.93
纯扭	0	63.71	22.59										23.98	0	1040.05	30.35	0	1040.05	26.15	0	1040.05	31.12	0	1040.05

$b=300$（mm）　$h=650$（mm）　$V_{min}^{*}=92.34$（kN）　$T_{min}^{*}=6.16$（kN·m）

β_t	$\theta=V/T$	T_{max}	T_{min}	ϕ6@150			ϕ6@100			ϕ8@200			ϕ8@150			ϕ8@100			ϕ10@200			ϕ10@150		
				[T]	[V]	A_{stl}	[T]	[V]	A_{stl}	[T]	[V]	A_{stl}	[T]	[V]	A_{stl}	[T]	[V]	A_{stl}	[T]	[V]	A_{stl}	[T]	[V]	A_{stl}
0.5	29.8	16.85	4.95	9.43	281.22	266.38	11.05	329.51	266.38	10.51	313.38	266.38	11.95	356.29	283.75	14.83	442.12	425.57	12.93	385.56	332.11	15.18	452.53	442.77
0.6	22.4	20.82	6.19	11.47	256.50	307.59	13.49	301.67	307.59	12.81	286.59	307.59	14.61	326.73	353.86	18.20	407.00	530.73	15.83	354.10	414.16	18.63	416.74	552.18
0.7	17.0	25.02	7.54	13.57	231.28	352.39	16.03	273.07	362.64	15.21	259.11	352.39	17.39	296.25	429.69	21.75	370.53	644.48	18.87	321.58	502.92	22.27	379.54	670.53
0.8	13.0	29.49	9.01	15.75	205.48	402.73	18.67	243.60	432.09	17.70	230.87	402.73	20.29	264.76	511.98	25.49	332.52	767.92	22.07	287.86	599.24	26.12	340.74	798.96
0.9	9.9	34.25	10.62	18.01	179.03	461.38	21.45	213.16	507.71	20.30	201.76	461.38	23.35	232.10	601.59	29.46	292.77	902.35	25.43	252.79	704.13	30.20	300.13	938.83
1.0	7.5	39.33	12.39	29.19	153.26	527.99	24.10	183.72	577.40	22.79	173.55	527.17	26.27	200.61	684.17	33.21	254.75	1026.26	28.63	219.07	800.81	34.05	261.31	1067.74
1.0	3.7	50.56	16.52	29.19	153.26	527.99	24.10	183.72	577.40	22.79	173.55	527.17	26.27	200.61	684.17	33.21	254.75	1026.26	28.63	219.07	800.81	34.05	261.31	1067.74
纯扭	0	70.08	24.85										26.27	0	1126.72	33.21	0	1126.72	28.63	0	1126.72	34.05	0	1126.72

$b=300$（mm）　$h=700$（mm）　$V_{min}^{*}=99.85$（kN）　$T_{min}^{*}=6.72$（kN·m）

β_t	$\theta=V/T$	T_{max}	T_{min}	ϕ6@150			ϕ6@100			ϕ8@200			ϕ8@150			ϕ8@100			ϕ10@200			ϕ10@150		
				[T]	[V]	A_{stl}	[T]	[V]	A_{stl}	[T]	[V]	A_{stl}	[T]	[V]	A_{stl}	[T]	[V]	A_{stl}	[T]	[V]	A_{stl}	[T]	[V]	A_{stl}
0.5	29.6	18.39	5.41	10.28	303.93	288.14	12.05	356.07	288.14	11.46	338.66	288.14	13.03	384.99	302.11	16.16	477.66	453.10	14.10	416.59	353.59	16.54	488.90	471.41
0.6	22.2	22.71	6.76	12.50	277.18	332.72	14.70	325.93	332.72	13.97	309.65	332.72	15.92	352.98	376.61	19.83	439.62	564.86	17.26	382.52	440.79	20.31	450.13	587.69
0.7	16.9	27.30	8.23	14.80	249.88	381.18	17.47	294.97	385.81	16.57	279.92	381.18	18.95	319.99	457.14	23.69	400.12	685.66	20.56	347.31	535.05	24.27	409.84	713.37
0.8	12.9	32.17	9.83	17.17	221.97	435.63	20.35	263.09	459.50	19.28	249.36	435.63	22.11	285.90	544.46	27.76	358.98	816.64	24.04	310.82	637.26	28.45	367.84	849.65
0.9	9.9	37.36	11.58	19.63	193.36	499.08	23.36	230.15	539.68	22.11	217.87	499.08	25.43	250.57	639.46	32.07	315.97	959.16	27.70	272.87	748.47	32.88	323.90	997.93
1.0	7.4	42.90	13.51	21.97	165.72	570.36	26.20	198.65	611.36	24.79	187.65	569.33	28.55	216.92	724.42	36.07	275.46	1086.63	31.11	236.88	847.91	36.98	282.56	1130.55
1.0	3.7	55.16	18.02	21.97	165.72	570.36	26.20	198.65	611.36	24.79	187.65	569.33	28.55	216.92	724.42	36.07	275.46	1086.63	31.11	236.88	847.91	36.98	282.56	1130.55
纯扭	0	76.45	27.10										28.55	0	1213.40	36.07	0	1213.40	31.11	0	1213.40	36.98	0	1213.40

续表

$b=300$ (mm) $h=750$ (mm) $V^*_{min}=107.36$ (kN) $T^*_{min}=7.28$ (kN·m)

β_t	$\theta=V/T$	T_{max}	T_{min}	ϕ6@150			ϕ6@100			ϕ8@200			ϕ8@150			ϕ8@100			ϕ10@200			ϕ10@150		
				[T]	[V]	A_{stl}	[T]	[V]	A_{stl}	[T]	[V]	A_{stl}	[T]	[V]	A_{stl}	[T]	[V]	A_{stl}	[T]	[V]	A_{stl}	[T]	[V]	A_{stl}
0.5	29.3	19.92	5.86	11.14	326.64	309.89	13.04	382.63	309.89	12.41	363.94	309.89	14.10	413.69	320.39	17.50	513.21	480.52	15.26	447.62	374.99	17.91	525.27	499.94
0.6	22.0	24.60	7.32	13.54	297.86	357.83	15.92	350.19	357.83	15.12	332.72	357.83	17.24	379.23	399.28	21.47	472.25	598.86	18.68	410.94	467.33	21.98	483.53	623.06
0.7	16.8	29.58	8.91	16.02	268.49	409.95	18.90	316.88	409.95	17.94	300.72	409.95	20.51	343.72	484.50	25.64	429.72	726.69	22.26	373.04	567.08	26.26	440.15	756.06
0.8	12.8	34.86	10.65	18.58	238.46	468.51	22.02	282.57	486.83	20.87	267.84	468.51	23.93	307.04	576.84	30.03	385.44	865.21	26.01	333.77	675.16	30.78	394.95	900.18
0.9	9.8	40.48	12.55	21.24	207.69	536.75	25.28	247.15	571.55	23.93	233.97	536.75	27.52	269.04	677.23	34.69	339.17	1015.81	29.96	292.95	792.67	35.56	347.68	1056.87
1.0	7.3	46.48	14.64	23.75	178.18	612.71	28.30	213.59	645.33	26.78	210.76	611.48	30.83	233.23	764.66	38.93	296.17	1146.99	33.59	254.69	895.02	39.91	303.80	1193.36
1.0	3.7	59.75	19.52	23.75	178.18	612.71	28.30	213.59	645.33	26.78	210.76	611.48	30.83	233.23	764.66	38.93	296.17	1146.99	33.59	254.69	895.02	39.91	303.80	1193.36
纯扭	0	82.82	29.36										30.83	0	1300.07	38.93	0	1300.07	33.59	0	1300.07	39.91	0	1300.07

$b=300$ (mm) $h=800$ (mm) $V^*_{min}=114.86$ (kN) $T^*_{min}=7.84$ (kN·m)

β_t	$\theta=V/T$	T_{max}	T_{min}	ϕ6@150			ϕ6@100			ϕ8@200			ϕ8@150			ϕ8@100			ϕ10@200			ϕ10@150		
				[T]	[V]	A_{stl}	[T]	[V]	A_{stl}	[T]	[V]	A_{stl}	[T]	[V]	A_{stl}	[T]	[V]	A_{stl}	[T]	[V]	A_{stl}	[T]	[V]	A_{stl}
0.5	29.1	21.45	6.31	11.99	349.36	331.63	14.04	409.20	331.63	13.36	389.21	331.63	15.18	442.39	338.62	18.83	548.75	507.86	16.42	478.66	396.32	19.27	561.65	528.39
0.6	21.9	26.50	7.88	14.57	318.54	382.93	17.13	374.46	382.93	16.28	355.79	382.93	18.55	405.48	421.89	23.10	504.87	632.77	20.10	439.37	493.79	23.65	516.92	658.34
0.7	16.7	31.85	9.60	17.24	287.10	438.70	20.34	338.78	438.70	19.31	321.52	438.70	22.07	367.46	511.78	27.58	459.33	767.61	23.95	398.78	599.01	28.25	470.47	798.64
0.8	12.8	37.54	11.47	20.00	254.95	501.38	23.69	302.06	514.08	22.46	286.33	501.38	25.74	328.19	609.13	32.31	411.91	913.65	27.98	356.74	712.96	33.10	422.07	950.58
0.9	9.7	43.59	13.51	22.86	222.02	574.40	27.19	264.14	603.34	25.74	250.08	574.40	29.60	287.51	714.90	37.30	362.38	1072.32	32.22	313.04	836.76	38.24	371.46	1115.66
1.0	7.3	50.05	15.77	25.52	190.64	655.05	30.40	228.52	679.29	28.77	215.87	653.61	33.11	249.54	804.91	41.79	316.88	1207.36	36.07	272.50	942.13	42.84	325.05	1256.17
1.0	3.6	64.35	21.02	25.52	190.64	655.05	30.40	228.52	679.29	28.77	215.87	653.61	33.11	249.54	804.91	41.79	316.88	1207.36	36.07	272.50	942.13	42.84	325.05	1256.17
纯扭	0	89.19	31.62										33.11	0	1386.74	41.79	0	1386.74	36.07	0	1386.74	42.84	0	1386.74

$b=300$ (mm) $h=850$ (mm) $V^*_{min}=122.37$ (kN) $T^*_{min}=8.40$ (kN·m)

β_t	$\theta=V/T$	T_{max}	T_{min}	ϕ8@200			ϕ8@150			ϕ8@100			ϕ10@200			ϕ10@150		
				[T]	[V]	A_{stl}	[T]	[V]	A_{stl}	[T]	[V]	A_{stl}	[T]	[V]	A_{stl}	[T]	[V]	A_{stl}
0.5	29.0	22.98	6.76	14.30	414.49	353.36	16.26	471.10	356.80	20.16	584.30	535.13	17.59	509.69	417.60	20.64	598.03	556.76
0.6	21.7	28.39	8.45	17.43	378.85	408.02	19.87	431.74	444.44	24.73	537.50	666.59	21.52	467.80	520.18	25.32	550.32	693.53
0.7	16.6	34.13	10.28	20.67	342.33	467.45	23.62	391.20	539.01	29.53	488.93	808.44	25.64	424.52	630.87	30.24	500.79	841.12
0.8	12.7	40.22	12.28	24.04	304.82	534.23	27.56	349.34	641.36	34.58	438.38	961.99	29.95	379.70	750.68	35.43	449.18	1000.87
0.9	9.7	46.71	14.48	27.56	266.19	612.03	31.68	305.99	752.50	39.92	385.59	1128.72	34.49	333.13	880.78	40.92	395.25	1174.35
1.0	7.2	53.63	16.89	30.77	229.98	695.74	35.40	265.85	845.15	44.65	337.59	1267.73	38.55	290.31	989.23	45.78	346.29	1318.98
1.0	3.6	68.95	22.52	30.77	229.98	695.74	35.40	265.85	845.15	44.65	337.59	1267.73	38.55	290.31	989.23	45.78	346.29	1318.98
纯扭	0	95.56	33.88				35.40	0	1473.41	44.65	0	1473.41	38.55	0	1473.41	45.78	0	1473.41

续表

$b=350$ (mm)　$h=500$ (mm)　$V_{min}^{*}=81.46$ (kN)　$T_{min}^{*}=5.84$ (kN·m)

β_t	$\theta=V/T$	T_{max}	T_{min}	ϕ6@150			ϕ6@100			ϕ8@200			ϕ8@150			ϕ8@100			ϕ10@200			ϕ10@150		
				[T]	[V]	A_{stl}	[T]	[V]	A_{stl}	[T]	[V]	A_{stl}	[T]	[V]	A_{stl}	[T]	[V]	A_{stl}	[T]	[V]	A_{stl}	[T]	[V]	A_{stl}
0.5	27.7	15.99	4.70	8.56	237.39	229.52	9.91	274.65	229.52	9.46	262.21	229.52	10.65	295.31	230.84	13.04	361.53	346.21	11.47	317.89	270.17	13.33	369.56	360.20
0.6	20.8	19.75	5.88	10.42	216.63	265.03	12.10	251.66	265.03	11.54	239.96	265.03	13.04	271.09	289.33	16.03	333.34	433.94	14.06	292.31	338.63	16.39	340.89	451.48
0.7	15.8	23.74	7.15	12.34	195.46	303.63	14.39	228.04	303.63	13.71	217.16	303.63	15.53	246.12	353.27	19.19	304.04	529.85	16.78	265.87	413.47	19.63	311.06	551.26
0.8	12.1	27.98	8.55	14.33	173.81	347.00	16.79	203.72	357.38	15.97	193.73	347.00	18.16	220.31	423.45	22.54	273.46	635.13	19.66	238.43	495.63	23.07	279.91	660.80
0.9	9.2	32.49	10.07	16.40	151.61	397.54	19.32	178.56	422.70	18.35	169.56	397.54	20.94	193.52	500.85	26.12	241.42	751.24	22.71	209.85	586.22	26.75	247.23	781.61
1.0	6.9	37.31	11.75	18.58	128.77	459.04	21.99	152.45	495.09	20.85	144.54	459.04	23.89	165.59	586.63	29.96	207.67	879.93	25.96	179.94	686.63	30.70	212.78	915.50
1.0	3.5	47.96	15.67	18.78	127.51	463.76	22.29	150.54	509.47	21.12	142.8	464.67	24.24	163.32	603.68	30.49	204.25	905.52	26.37	177.28	706.59	31.25	209.22	942.13
纯扭	0	66.48	23.57										24.24	0	1011.16	30.49	0	1011.16	26.37	0	1011.16	31.25	0	1011.16

$b=350$ (mm)　$h=550$ (mm)　$V_{min}^{*}=90.22$ (kN)　$T_{min}^{*}=6.60$ (kN·m)

β_t	$\theta=V/T$	T_{max}	T_{min}	ϕ6@150			ϕ6@100			ϕ8@200			ϕ8@150			ϕ8@100			ϕ10@200			ϕ10@150		
				[T]	[V]	A_{stl}	[T]	[V]	A_{stl}	[T]	[V]	A_{stl}	[T]	[V]	A_{stl}	[T]	[V]	A_{stl}	[T]	[V]	A_{stl}	[T]	[V]	A_{stl}
0.5	27.2	18.07	5.31	9.67	262.64	255.07	11.18	303.77	255.07	10.68	290.04	255.07	12.02	326.58	255.07	14.71	399.68	374.46	12.94	351.50	292.23	15.04	408.54	389.60
0.6	20.4	22.33	6.64	11.76	239.60	294.53	13.66	278.23	294.53	13.02	265.33	294.53	14.71	299.66	312.68	18.08	368.32	468.96	15.86	323.07	365.97	18.49	376.65	487.92
0.7	15.5	26.84	8.09	13.92	216.11	337.43	16.24	252.02	337.43	15.46	240.03	337.43	17.52	271.94	381.43	21.63	335.75	572.09	18.92	293.70	446.44	22.13	343.49	595.21
0.8	11.9	31.63	9.66	16.16	192.10	385.63	18.93	225.02	385.63	18.01	214.03	385.63	20.47	243.28	456.75	25.39	301.80	685.08	22.15	263.23	534.60	25.99	308.89	712.77
0.9	9.1	36.73	11.39	18.50	167.48	441.80	21.77	197.12	455.43	20.68	187.23	441.80	23.59	213.56	539.64	29.40	266.24	809.42	25.57	231.52	631.62	30.11	272.63	842.13
1.0	6.8	42.17	13.28	20.94	142.18	510.14	24.76	168.18	532.77	23.49	159.50	510.14	26.89	182.61	631.29	33.70	228.83	946.91	29.21	198.37	738.90	34.52	234.44	985.19
1.0	3.4	54.22	17.71	21.09	141.23	513.73	24.99	166.73	543.43	23.69	158.21	514.43	27.16	180.88	643.93	34.10	226.21	965.89	29.53	196.34	753.70	34.95	231.71	1004.93
纯扭	0	75.15	26.64										27.16	0	1112.28	34.10	0	1112.28	29.53	0	1112.28	34.95	0	1112.28

$b=350$ (mm)　$h=600$ (mm)　$V_{min}^{*}=98.97$ (kN)　$T_{min}^{*}=7.37$ (kN·m)

β_t	$\theta=V/T$	T_{max}	T_{min}	ϕ6@150			ϕ6@100			ϕ8@200			ϕ8@150			ϕ8@100			ϕ10@200			ϕ10@150		
				[T]	[V]	A_{stl}	[T]	[V]	A_{stl}	[T]	[V]	A_{stl}	[T]	[V]	A_{stl}	[T]	[V]	A_{stl}	[T]	[V]	A_{stl}	[T]	[V]	A_{stl}
0.5	26.7	20.16	5.93	10.77	287.90	280.57	12.46	332.89	280.57	11.90	317.87	280.57	13.39	357.86	280.57	16.39	437.83	402.34	14.41	385.12	313.98	16.75	447.53	418.60
0.6	20.0	24.90	7.41	13.10	262.58	323.97	15.21	304.82	323.97	14.51	290.71	323.97	16.38	328.25	335.73	20.13	403.32	503.53	17.66	353.84	392.94	20.58	412.42	523.88
0.7	15.3	29.93	9.02	15.51	236.77	371.16	18.08	276.00	371.16	17.22	262.90	371.16	19.50	297.76	409.24	24.07	367.48	613.80	21.06	321.53	478.99	24.62	375.94	638.61
0.8	11.7	35.28	10.78	18.00	210.39	424.18	21.07	246.33	424.18	20.05	234.33	424.18	22.78	266.27	489.66	28.24	330.15	734.43	24.64	288.05	573.11	28.91	337.89	764.12
0.9	8.9	40.97	12.70	20.59	183.37	485.96	24.22	215.69	487.80	23.01	204.90	485.96	26.23	233.62	577.99	32.68	291.08	866.95	28.43	253.21	676.52	33.46	298.05	902.00
1.0	6.7	47.04	14.82	23.29	155.59	561.14	27.54	183.93	570.08	26.12	174.47	561.14	29.89	199.65	675.49	37.43	250.01	1013.22	32.46	216.82	790.64	38.34	256.12	1054.18
1.0	3.3	60.48	19.76	23.40	154.94	653.64	27.70	182.92	577.40	26.26	173.58	654.14	30.08	198.44	684.17	37.72	248.18	1026.26	32.69	215.40	800.81	38.65	254.21	1067.74
纯扭	0	83.82	29.72										30.08	0	1213.40	37.72	0	1213.40	32.69	0	1213.40	38.65	0	1213.40

续表

$b=350$ (mm) $h=650$ (mm) $V^*_{min}=107.73$ (kN) $T^*_{min}=8.13$ (kN·m)

β_t	$\theta=V/T$	T_{max}	T_{min}	ϕ6@150			ϕ6@100			ϕ8@200			ϕ8@150			ϕ8@100			ϕ10@200			ϕ10@150		
				[T]	[V]	A_{stl}	[T]	[V]	A_{stl}	[T]	[V]	A_{stl}	[T]	[V]	A_{stl}	[T]	[V]	A_{stl}	[T]	[V]	A_{stl}	[T]	[V]	A_{stl}
0.5	26.4	22.24	6.54	11.88	313.15	306.03	13.74	362.02	306.03	13.12	345.70	306.03	14.76	389.13	306.03	18.06	475.99	429.94	15.89	418.75	335.52	18.46	486.52	447.31
0.6	19.8	27.48	8.17	14.45	285.56	353.37	16.76	331.40	353.37	15.99	316.09	353.37	18.05	356.84	358.55	22.17	438.32	537.76	19.46	384.62	419.66	22.67	448.20	559.50
0.7	15.1	33.03	9.95	17.09	257.43	404.84	19.92	299.98	404.84	18.97	285.77	404.84	21.48	323.59	436.79	26.51	399.23	655.13	23.20	349.38	511.23	27.12	408.40	681.60
0.8	11.5	38.93	11.89	19.83	228.69	462.68	23.21	267.65	462.68	22.08	254.64	462.68	25.09	289.26	522.27	31.09	358.51	783.35	27.13	312.87	611.28	31.82	366.91	815.01
0.9	8.8	45.21	14.01	22.68	199.25	530.06	26.66	234.27	530.06	25.33	222.58	530.06	28.88	253.69	616.04	35.96	315.93	924.01	31.29	274.91	721.04	36.82	323.48	961.36
1.0	6.6	51.90	16.35	25.65	169.01	612.06	30.30	199.68	612.06	28.75	189.44	612.06	32.89	216.70	719.36	41.16	271.21	1079.03	35.71	235.28	841.99	42.16	277.82	1122.64
1.0	3.3	66.73	21.80	25.71	168.65	613.50	30.40	199.11	613.94	28.84	188.94	613.81	33.00	216.00	724.42	41.33	270.14	1086.63	35.84	234.46	847.91	42.34	276.70	1130.55
纯扭	0	92.49	32.79										33.00	0	1314.51	41.33	0	1314.51	35.84	0	1314.51	42.34	0	1314.51

$b=350$ (mm) $h=700$ (mm) $V^*_{min}=116.49$ (kN) $T^*_{min}=8.89$ (kN·m)

β_t	$\theta=V/T$	T_{max}	T_{min}	ϕ6@150			ϕ6@100			ϕ8@200			ϕ8@150			ϕ8@100			ϕ10@200			ϕ10@150		
				[T]	[V]	A_{stl}	[T]	[V]	A_{stl}	[T]	[V]	A_{stl}	[T]	[V]	A_{stl}	[T]	[V]	A_{stl}	[T]	[V]	A_{stl}	[T]	[V]	A_{stl}
0.5	26.1	24.33	7.15	12.99	338.41	331.46	15.01	391.15	331.46	14.34	373.54	331.46	16.13	420.41	331.46	19.73	514.15	457.32	17.36	452.37	356.88	20.17	525.52	475.80
0.6	19.5	30.05	8.94	15.79	308.54	382.74	18.32	357.99	382.74	17.47	341.48	382.74	19.72	385.43	382.74	24.22	473.33	571.74	21.26	415.40	446.17	24.77	483.99	594.84
0.7	14.9	36.13	10.88	18.68	278.09	438.49	21.76	323.97	438.49	20.73	308.65	438.49	23.47	349.42	464.15	28.94	430.97	696.15	25.33	377.23	543.25	29.61	440.86	724.29
0.8	11.4	42.58	13.01	21.67	246.99	501.13	25.35	288.97	501.13	24.12	274.95	501.13	27.39	312.26	554.66	33.94	386.88	831.93	29.62	337.70	649.20	34.73	395.93	865.56
0.9	8.7	49.44	15.33	24.77	215.14	574.11	29.11	252.85	574.11	27.66	240.26	574.11	31.52	273.77	653.84	39.24	340.79	980.71	34.15	296.62	765.29	40.17	348.92	1020.36
1.0	6.5	56.77	17.88	28.01	182.44	662.93	33.07	215.45	662.93	31.38	204.42	662.93	35.88	233.76	762.98	44.89	292.42	1144.46	38.95	253.76	893.05	45.98	299.53	1190.72
1.0	3.3	72.99	23.84	28.03	182.36	663.33	33.11	215.29	663.50	31.41	204.30	663.45	35.92	233.56	764.66	44.95	292.10	1146.99	39.00	253.52	895.02	46.04	299.20	1193.36
纯扭	0	101.16	35.87										35.92	0	1415.63	44.95	0	1415.63	39.00	0	1415.63	46.04	0	1415.63

$b=350$ (mm) $h=750$ (mm) $V^*_{min}=125.25$ (kN) $T^*_{min}=9.65$ (kN·m)

β_t	$\theta=V/T$	T_{max}	T_{min}	ϕ6@150			ϕ6@100			ϕ8@200			ϕ8@150			ϕ8@100			ϕ10@200			ϕ10@150		
				[T]	[V]	A_{stl}	[T]	[V]	A_{stl}	[T]	[V]	A_{stl}	[T]	[V]	A_{stl}	[T]	[V]	A_{stl}	[T]	[V]	A_{stl}	[T]	[V]	A_{stl}
0.5	25.8	26.42	7.77	14.09	363.67	356.87	16.29	420.29	356.87	15.55	401.38	356.87	17.50	451.69	356.87	21.40	552.32	484.53	18.83	486.00	378.12	21.88	564.52	504.11
0.6	19.4	32.63	9.71	17.13	331.52	412.08	19.87	384.58	412.08	18.96	366.87	412.08	21.39	414.02	412.08	26.27	508.34	605.51	23.05	446.18	472.52	26.86	519.78	629.98
0.7	14.7	39.22	11.82	20.26	298.75	472.10	23.60	347.96	472.10	22.48	331.53	472.10	25.45	375.26	491.35	31.38	462.73	736.95	27.47	405.08	575.08	32.10	473.33	766.73
0.8	11.3	46.23	14.12	23.50	265.29	539.54	27.49	310.30	539.54	26.15	295.27	539.54	29.70	335.27	586.88	36.78	415.26	880.26	32.11	362.54	686.91	37.64	424.96	915.84
0.9	8.6	53.68	16.64	26.86	231.04	618.12	31.56	271.44	618.12	29.99	257.95	618.12	34.16	293.85	691.45	42.51	365.67	1037.14	37.01	318.34	809.32	43.52	374.37	1079.06
1.0	6.5	61.64	19.42	30.34	196.07	713.14	35.81	231.48	713.03	33.98	219.66	713.06	38.84	251.13	804.91	48.56	314.06	1207.36	42.16	272.58	942.13	49.74	321.70	1256.17
1.0	3.2	79.25	25.89	30.34	196.07	713.14	35.81	231.48	713.03	33.98	219.66	713.06	38.84	251.13	804.91	48.56	314.06	1207.36	42.16	272.58	942.13	49.74	321.70	1256.17
纯扭	0	109.83	38.94													48.56	0	1516.74	42.16	0	1516.74	49.74	0	1516.74

续表

$b=350$（mm）							$h=800$（mm）						$V^*_{min}=134.01$（kN）						$T^*_{min}=10.41$（kN·m）					
β_t	$\theta=V/T$	T_{max}	T_{min}	ϕ6@150			ϕ6@100			ϕ8@200			ϕ8@150			ϕ8@100			ϕ10@200			ϕ10@150		
				[T]	[V]	A_{stl}	[T]	[V]	A_{stl}	[T]	[V]	A_{stl}	[T]	[V]	A_{stl}	[T]	[V]	A_{stl}	[T]	[V]	A_{stl}	[T]	[V]	A_{stl}
0.5	25.6	28.50	8.38	15.20	388.93	382.27	17.56	449.42	382.27	16.77	429.22	382.27	18.87	482.98	382.27	23.08	590.49	511.60	20.31	519.63	399.25	23.59	603.52	532.28
0.6	19.2	35.21	10.47	18.47	354.50	441.40	21.42	411.18	441.40	20.44	392.25	441.40	23.06	442.62	441.40	28.31	543.36	639.12	24.85	476.97	498.75	28.95	555.57	664.95
0.7	14.6	42.32	12.75	21.84	319.42	505.69	25.44	371.96	505.69	24.24	354.42	505.69	27.43	401.11	518.42	33.82	494.49	777.56	29.61	432.94	606.78	34.59	505.81	808.99
0.8	11.2	49.88	15.23	25.33	283.60	577.93	29.62	331.63	577.93	28.19	315.59	577.93	32.00	358.27	618.97	39.63	443.64	928.39	34.60	387.38	724.46	40.55	453.99	965.91
0.9	8.5	57.92	17.96	28.95	246.93	662.11	34.00	290.03	662.11	32.32	275.64	662.11	36.81	313.94	728.92	45.79	390.54	1093.34	39.87	340.06	853.17	46.88	399.83	1137.53
1.0	6.4	66.50	20.95	32.65	209.78	762.92	38.51	247.67	762.54	36.56	235.02	762.65	41.76	268.69	845.15	52.18	336.03	1267.73	45.31	291.65	989.23	53.44	344.19	1318.98
1.0	3.2	85.50	27.93	32.65	209.78	762.92	38.51	247.67	762.54	36.56	235.02	762.65	41.76	268.69	845.15	52.18	336.03	1267.73	45.31	291.65	989.23	53.44	344.19	1318.98
纯扭	0	118.51	42.02													52.18	0	1617.86	45.31	0	1617.86	53.44	0	1617.86

$b=350$（mm）							$h=900$（mm）			$V^*_{min}=151.53$（kN）				$T^*_{min}=11.94$（kN·m）				
β_t	$\theta=V/T$	T_{max}	T_{min}	ϕ8@200			ϕ8@150			ϕ8@100			ϕ10@200			ϕ10@150		
				[T]	[V]	A_{stl}	[T]	[V]	A_{stl}	[T]	[V]	A_{stl}	[T]	[V]	A_{stl}	[T]	[V]	A_{stl}
0.5	25.2	32.67	9.61	19.21	484.91	433.01	21.61	545.55	433.01	26.42	666.83	565.45	23.25	586.90	441.27	27.00	681.54	588.30
0.6	18.9	40.36	12.01	23.40	443.04	500.00	26.40	499.82	500.00	32.40	613.40	705.98	28.45	538.55	550.93	33.13	627.17	734.51
0.7	14.4	48.51	14.62	27.75	400.19	572.82	31.39	452.80	572.82	38.69	558.01	858.37	33.88	488.67	669.83	39.57	570.77	893.06
0.8	11.0	57.18	17.46	32.26	356.24	654.65	36.61	404.30	682.82	45.32	500.42	1024.17	39.58	437.07	799.21	46.37	512.08	1065.56
0.9	8.4	66.40	20.58	36.97	311.03	750.00	42.09	354.13	803.53	52.34	440.31	1205.24	45.58	383.51	940.50	53.58	450.77	1253.96
1.0	6.3	76.23	24.01	41.70	265.74	861.79	47.60	303.81	925.64	59.41	379.95	1388.47	51.63	329.77	1083.44	60.84	389.19	1444.59
1.0	3.2	98.01	32.02	41.70	265.74	861.79	47.60	303.81	925.64	59.41	379.95	1388.47	51.63	329.77	1083.44	60.84	389.19	1444.59
纯扭	0	135.85	48.16							59.41	0	1820.09	51.63	0	1820.09	60.84	0	1820.09

$b=350$（mm）							$h=1000$（mm）			$V^*_{min}=169.04$（kN）				$T^*_{min}=13.46$（kN·m）				
β_t	$\theta=V/T$	T_{max}	T_{min}	ϕ8@200			ϕ8@150			ϕ8@100			ϕ10@200			ϕ10@150		
				[T]	[V]	A_{stl}	[T]	[V]	A_{stl}	[T]	[V]	A_{stl}	[T]	[V]	A_{stl}	[T]	[V]	A_{stl}
0.5	25.0	36.84	10.83	21.65	540.60	483.72	24.35	608.13	483.72	29.76	743.18	618.99	26.20	654.17	483.72	30.42	759.56	644.01
0.6	18.7	45.51	13.54	26.37	493.82	558.55	29.74	557.03	558.55	36.49	683.45	772.49	32.05	600.13	602.83	37.31	698.78	803.70
0.7	14.3	54.71	16.48	31.25	445.97	639.90	35.36	504.49	639.89	43.56	621.55	938.76	38.15	544.40	732.57	44.56	635.75	976.71
0.8	10.9	64.47	19.69	36.33	396.89	731.31	41.22	450.33	746.38	51.01	557.21	1119.50	44.56	486.77	873.60	52.19	570.17	1164.75
0.9	8.3	74.87	23.21	41.62	346.43	837.82	47.37	394.32	877.81	58.88	490.10	1316.66	51.30	426.98	1027.44	60.28	501.72	1369.88
1.0	6.2	85.97	27.08	46.85	296.46	960.89	53.45	338.93	1006.13	66.64	423.88	1509.20	57.94	367.89	1177.66	68.24	434.18	1570.21
1.0	3.1	110.53	36.11	46.85	296.46	960.89	53.45	338.93	1006.13	66.64	423.88	1509.20	57.94	367.89	1177.66	68.24	434.18	1570.21
纯扭	0	153.19	54.31							66.64	0	2022.33	57.94	0	2022.33	68.24	0	2022.33

续表

$b=400$ (mm)				$h=500$ (mm)						$V^*_{min}=93.09$ (kN)						$T^*_{min}=7.30$ (kN·m)								
β_t	$\theta=V/T$	T_{max}	T_{min}	ϕ6@100			ϕ8@200			ϕ8@150			ϕ8@100			ϕ10@200			ϕ10@150			ϕ10@100		
				[T]	[V]	A_{stl}	[T]	[V]	A_{stl}	[T]	[V]	A_{stl}	[T]	[V]	A_{stl}	[T]	[V]	A_{stl}	[T]	[V]	A_{stl}	[T]	[V]	A_{stl}
0.5	25.4	19.97	5.87	11.80	299.28	256.54	11.30	286.69	256.54	12.62	320.20	256.54	15.27	387.22	350.26	13.53	343.05	273.34	15.59	395.35	364.41	19.71	499.95	546.55
0.6	19.0	24.67	7.34	14.41	274.21	296.23	13.79	262.34	296.23	15.45	293.94	296.23	18.77	357.14	440.37	16.58	315.49	343.66	19.18	364.81	458.17	24.36	463.45	687.19
0.7	14.5	29.66	8.94	17.15	248.49	339.38	16.38	237.41	339.38	18.42	266.91	359.73	22.49	325.91	539.53	19.80	287.03	421.03	22.98	333.07	561.33	29.33	425.15	841.94
0.8	11.1	34.96	10.68	20.01	222.03	387.86	19.09	211.82	387.86	21.54	239.00	432.81	26.44	293.35	649.15	23.21	257.53	506.57	27.03	299.94	675.39	34.68	384.78	1013.03
0.9	8.5	40.59	12.58	23.03	194.69	444.35	21.94	185.45	444.35	24.84	210.05	514.03	30.66	259.24	771.01	26.83	226.82	601.65	31.37	265.20	802.17	40.45	341.97	1203.21
1.0	6.3	46.61	14.68	26.23	166.33	513.09	24.94	158.17	513.09	28.37	179.88	604.85	35.21	223.29	907.25	30.70	194.68	707.95	36.04	228.56	943.92			
1.0	3.2	59.92	19.58	26.98	162.18	543.43	25.61	154.49	526.02	29.25	174.96	643.93	36.54	215.89	965.89	31.74	188.91	753.70	37.43	220.85	1004.93	48.80	284.73	1507.40
纯扭	0	83.05	29.45										36.54	0	1155.61	31.74	0	1155.61	37.43	0	1155.61	48.80	0	1507.20

$b=400$ (mm)				$h=550$ (mm)						$V^*_{min}=103.10$ (kN)						$T^*_{min}=8.29$ (kN·m)								
β_t	$\theta=V/T$	T_{max}	T_{min}	ϕ6@100			ϕ8@200			ϕ8@150			ϕ8@100			ϕ10@200			ϕ10@150			ϕ10@100		
				[T]	[V]	A_{stl}	[T]	[V]	A_{stl}	[T]	[V]	A_{stl}	[T]	[V]	A_{stl}	[T]	[V]	A_{stl}	[T]	[V]	A_{stl}	[T]	[V]	A_{stl}
0.5	24.7	22.70	6.67	13.39	330.94	285.85	12.83	317.06	285.85	14.32	354.02	285.85	17.31	427.95	379.04	15.34	379.22	295.80	17.67	436.91	394.36	22.34	552.28	591.47
0.6	18.5	28.04	8.34	16.35	303.08	330.07	15.64	290.00	330.07	17.52	324.82	330.07	21.28	394.46	476.06	18.80	348.57	371.51	21.73	402.91	495.30	27.59	511.59	742.88
0.7	14.1	33.70	10.16	19.43	274.52	378.14	18.57	262.32	378.14	20.87	294.79	388.43	25.47	359.72	582.58	22.44	316.93	454.63	26.02	367.60	606.12	33.20	468.94	909.12
0.8	10.8	39.72	12.13	22.67	245.13	432.16	21.63	233.91	432.16	24.39	263.78	466.74	29.91	323.53	700.05	26.27	284.15	546.29	30.58	330.77	728.35	39.21	424.01	1092.46
0.9	8.2	46.13	14.30	26.07	214.80	495.10	24.84	204.66	495.10	28.11	231.65	553.55	34.67	285.64	830.28	30.35	250.06	647.90	35.46	292.19	863.84	45.69	376.45	1295.71
1.0	6.2	52.96	16.68	29.67	183.35	571.70	28.22	174.42	571.70	32.07	198.20	650.31	39.77	245.78	975.45	34.70	214.42	761.17	40.70	251.55	1014.88	52.72	325.80	1522.29
1.0	3.1	68.10	22.24	30.35	179.62	584.16	28.82	171.10	583.32	32.87	193.77	684.17	40.97	239.10	1026.26	35.63	209.23	800.81	41.96	244.60	1067.74	54.60	315.35	1601.61
纯扭	0	94.38	33.46										40.97	0	1271.18	35.63	0	1271.18	41.96	0	1271.18	54.60	0	1601.40

$b=400$ (mm)				$h=600$ (mm)						$V^*_{min}=113.11$ (kN)						$T^*_{min}=9.29$ (kN·m)								
β_t	$\theta=V/T$	T_{max}	T_{min}	ϕ6@100			ϕ8@200			ϕ8@150			ϕ8@100			ϕ10@200			ϕ10@150			ϕ10@100		
				[T]	[V]	A_{stl}	[T]	[V]	A_{stl}	[T]	[V]	A_{stl}	[T]	[V]	A_{stl}	[T]	[V]	A_{stl}	[T]	[V]	A_{stl}	[T]	[V]	A_{stl}
0.5	24.2	25.42	7.47	14.98	362.62	315.07	14.35	347.43	315.07	16.02	387.85	315.07	19.36	468.68	407.27	17.16	415.41	317.83	19.76	478.48	423.73	24.97	604.63	635.52
0.6	18.2	31.40	9.34	18.28	331.97	363.82	17.49	317.67	363.82	19.59	355.72	363.82	23.78	431.80	511.08	21.02	381.66	398.83	24.28	441.02	531.73	30.82	559.76	797.52
0.7	13.8	37.75	11.37	21.72	300.55	416.80	20.76	287.24	416.80	23.32	322.67	416.80	28.44	393.55	624.84	25.07	346.84	487.60	29.06	402.14	650.09	37.06	512.75	975.06
0.8	10.6	44.49	13.59	25.32	268.25	476.35	24.17	256.01	476.35	27.24	288.58	500.08	33.39	353.72	750.06	29.34	310.79	585.31	34.14	361.62	780.37	43.73	463.29	1170.50
0.9	8.1	51.66	16.02	29.11	234.92	545.73	27.74	223.88	545.73	31.38	253.28	592.41	38.66	312.08	888.56	33.86	273.33	693.38	39.55	319.21	924.48	50.92	410.97	1386.67
1.0	6.1	59.32	18.69	33.10	200.40	630.15	31.50	190.68	630.15	35.77	216.55	695.08	44.32	268.30	1042.59	38.69	234.19	813.56	45.36	274.57	1084.73	58.70	355.33	1627.08
1.0	3.0	76.27	24.91	33.71	197.06	641.29	32.04	187.71	640.53	36.49	212.58	724.42	45.40	262.32	1086.63	39.53	229.54	847.91	46.48	268.35	1130.55	60.39	345.96	1695.83
纯扭	0	105.71	37.48										45.40	0	1386.74	39.53	0	1386.74	46.48	0	1386.74	60.39	0	1695.60

续表

$b=400$ (mm)　$h=650$ (mm)　$V_{min}^*=123.12$ (kN)　$T_{min}^*=10.28$ (kN·m)

β_t	$\theta=V/T$	T_{max}	T_{min}	ϕ6@100			ϕ8@200			ϕ8@150			ϕ8@100			ϕ10@200			ϕ10@150			ϕ10@100		
				[T]	[V]	A_{stl}	[T]	[V]	A_{stl}	[T]	[V]	A_{stl}	[T]	[V]	A_{stl}	[T]	[V]	A_{stl}	[T]	[V]	A_{stl}	[T]	[V]	A_{stl}
0.5	23.8	28.15	8.27	16.56	394.29	344.24	15.87	377.81	344.24	17.71	421.68	344.24	21.40	509.42	435.08	18.97	451.60	344.24	21.85	520.06	452.66	27.60	656.99	678.91
0.6	17.9	34.77	10.34	20.21	360.86	397.50	19.34	345.35	397.50	21.65	386.62	397.50	26.28	469.14	545.59	23.23	414.75	425.77	26.84	479.15	567.64	34.05	607.94	851.37
0.7	13.6	41.79	12.59	24.01	326.59	455.39	22.95	312.16	455.39	25.77	350.57	455.39	31.42	427.39	666.51	27.70	376.76	520.12	32.10	436.70	693.45	40.91	556.59	1040.10
0.8	10.4	49.26	15.05	27.98	291.38	520.45	26.70	278.12	520.45	30.09	313.40	532.98	36.86	383.94	799.40	32.40	337.45	623.82	37.68	392.50	831.71	48.25	502.59	1247.50
0.9	7.9	57.20	17.73	32.14	255.06	596.24	30.64	243.11	596.24	34.64	274.92	630.79	42.66	338.53	946.13	37.38	296.61	738.30	43.63	346.25	984.37	56.14	445.53	1476.50
1.0	6.0	65.67	20.69	36.54	217.46	688.48	34.77	206.95	688.48	39.47	234.92	739.33	48.87	290.84	1108.97	42.67	253.98	865.36	50.01	297.63	1153.80	64.67	384.91	1730.67
1.0	3.0	84.44	27.58	37.08	214.50	698.36	35.26	204.33	697.69	40.11	231.39	764.66	49.83	285.53	1146.99	43.43	249.85	895.02	51.01	292.09	1193.36	66.18	376.58	1790.04
纯扭	0	117.03	41.49										49.83	0	1502.30	43.43	0	1502.30	51.01	0	1502.30	66.18	0	1789.80

$b=400$ (mm)　$h=700$ (mm)　$V_{min}^*=133.13$ (kN)　$T_{min}^*=11.28$ (kN·m)

β_t	$\theta=V/T$	T_{max}	T_{min}	ϕ6@100			ϕ8@200			ϕ8@150			ϕ8@100			ϕ10@200			ϕ10@150			ϕ10@100		
				[T]	[V]	A_{stl}	[T]	[V]	A_{stl}	[T]	[V]	A_{stl}	[T]	[V]	A_{stl}	[T]	[V]	A_{stl}	[T]	[V]	A_{stl}	[T]	[V]	A_{stl}
0.5	23.5	30.87	9.08	18.15	425.97	373.37	17.39	408.19	373.37	19.41	455.52	373.37	23.44	550.17	462.57	20.78	487.79	373.37	23.93	561.65	481.26	30.22	709.37	721.82
0.6	17.6	38.13	11.34	22.14	389.75	431.13	21.19	373.04	431.13	23.72	417.52	431.13	28.77	506.50	579.72	25.44	447.86	452.40	29.39	517.29	603.14	37.27	656.14	904.63
0.7	13.4	45.84	13.81	26.29	352.64	493.92	25.13	337.09	493.92	28.22	378.48	493.92	34.39	461.24	707.74	30.32	406.69	552.30	35.14	471.28	736.35	44.77	600.44	1104.44
0.8	10.3	54.02	16.50	30.63	314.51	564.48	29.24	300.24	564.48	32.94	338.22	565.55	40.33	414.17	848.25	35.46	364.11	661.93	41.23	423.38	882.53	52.77	541.91	1323.73
0.9	7.8	62.74	19.45	35.18	275.21	646.69	33.53	262.35	646.69	37.91	296.57	668.80	46.65	365.00	1003.15	40.89	319.90	782.80	47.72	373.30	1043.69	61.37	480.11	1565.49
1.0	5.9	72.03	22.69	39.97	234.53	746.73	38.05	223.24	746.73	43.17	253.29	783.20	53.41	313.41	1174.77	46.66	273.79	916.71	54.66	320.70	1222.26	70.64	414.51	1833.36
1.0	2.9	92.61	30.25	40.45	231.94	755.38	38.47	220.94	754.79	43.74	250.21	804.91	54.27	308.74	1207.36	47.33	270.16	942.13	55.54	315.84	1256.17	71.98	407.20	1884.25
纯扭	0	128.36	45.51										54.27	0	1617.86	47.33	0	1617.86	55.54	0	1617.86	71.98	0	1884.00

$b=400$ (mm)　$h=750$ (mm)　$V_{min}^*=143.14$ (kN)　$T_{min}^*=12.28$ (kN·m)

β_t	$\theta=V/T$	T_{max}	T_{min}	ϕ6@100			ϕ8@200			ϕ8@150			ϕ8@100			ϕ10@200			ϕ10@150			ϕ10@100		
				[T]	[V]	A_{stl}	[T]	[V]	A_{stl}	[T]	[V]	A_{stl}	[T]	[V]	A_{stl}	[T]	[V]	A_{stl}	[T]	[V]	A_{stl}	[T]	[V]	A_{stl}
0.5	23.2	33.59	9.88	19.74	457.66	402.45	18.91	438.57	402.45	21.10	489.36	402.45	25.48	590.92	489.82	22.60	523.99	402.45	26.01	603.24	509.61	32.85	761.74	764.33
0.6	17.4	41.50	12.35	24.07	418.65	464.71	23.04	400.72	464.71	25.78	448.43	464.71	31.27	543.86	613.55	27.65	480.97	478.80	31.94	555.43	638.34	40.50	704.35	957.43
0.7	13.3	49.88	15.03	28.58	378.70	532.40	27.32	362.03	532.40	30.67	406.39	532.40	37.36	495.10	748.63	32.95	436.63	584.21	38.18	505.86	778.89	48.62	644.31	1168.25
0.8	10.1	58.79	17.96	33.28	337.65	608.45	31.78	322.37	608.45	35.78	363.05	608.45	43.80	444.41	896.71	38.52	390.79	699.75	44.78	454.28	932.95	57.29	581.25	1399.35
0.9	7.7	68.27	21.16	38.21	295.36	697.07	36.43	281.59	697.07	41.17	318.22	706.53	50.65	391.49	1059.74	44.40	343.20	826.96	51.80	400.37	1102.58	66.59	514.71	1653.81
1.0	5.8	78.39	24.69	43.40	251.61	804.91	41.32	239.53	804.91	46.86	271.68	826.77	57.96	335.99	1240.13	50.65	293.61	967.70	59.30	343.78	1290.26	76.61	444.14	1935.36
1.0	2.9	100.78	32.92	43.82	249.37	812.37	41.69	237.55	811.86	47.36	269.02	845.15	58.70	331.96	1267.73	51.22	290.48	989.23	60.07	339.59	1318.98	77.77	437.81	1978.46
纯扭	0	139.68	49.52										58.70	0	1733.42	51.22	0	1733.42	60.07	0	1733.42	77.77	0	1978.20

续表

$b=400$ (mm)				$h=800$ (mm)						$V^*_{min}=153.15$ (kN)						$T^*_{min}=13.27$ (kN·m)								
β_t	$\theta=V/T$	T_{max}	T_{min}	$\phi6@100$			$\phi8@200$			$\phi8@150$			$\phi8@100$			$\phi10@200$			$\phi10@150$			$\phi10@100$		
				[T]	[V]	A_{stl}	[T]	[V]	A_{stl}	[T]	[V]	A_{stl}	[T]	[V]	A_{stl}	[T]	[V]	A_{stl}	[T]	[V]	A_{stl}	[T]	[V]	A_{stl}
0.5	22.9	36.32	10.68	21.32	489.34	431.52	20.43	468.96	431.52	22.80	523.20	431.52	27.52	631.68	516.86	24.41	560.19	431.52	28.10	644.83	537.75	35.47	814.13	806.54
0.6	17.2	44.86	13.35	26.00	447.55	498.27	24.89	428.41	498.27	27.85	479.35	498.27	33.77	581.22	647.14	29.87	514.08	505.02	34.49	593.58	673.30	43.72	752.56	1009.85
0.7	13.1	53.93	16.25	30.86	404.75	570.84	29.51	386.97	570.84	33.12	434.30	570.84	40.34	528.97	789.25	35.58	466.58	615.90	41.21	540.45	821.14	52.48	688.19	1231.63
0.8	10.0	63.56	19.41	35.93	360.80	652.39	34.31	344.50	652.39	38.63	387.88	652.39	47.27	474.66	944.86	41.58	417.47	737.32	48.32	485.18	983.05	61.81	620.60	1474.49
0.9	7.7	73.81	22.88	41.24	315.51	747.41	39.33	300.84	747.41	44.43	339.89	747.41	54.64	417.98	1116.00	47.91	366.52	870.86	55.88	427.45	1161.11	71.81	549.33	1741.61
1.0	5.7	84.74	26.69	46.83	268.69	863.03	44.59	255.82	863.03	50.56	290.07	870.10	62.50	358.57	1305.13	54.63	313.43	1018.43	63.94	366.88	1357.89	82.58	473.79	2036.80
1.0	2.9	108.95	35.59	47.19	266.81	869.34	44.90	254.16	868.90	50.98	287.83	885.40	63.13	355.17	1328.10	55.12	310.79	1036.34	64.60	363.34	1381.78	83.56	468.43	2072.68
纯扭	0	151.01	53.54										63.13	0	1848.98	55.12	0	1848.98	64.60	0	1848.98	83.56	0	2072.40

$b=400$ (mm)				$h=900$ (mm)						$V^*_{min}=173.17$ (kN)						$T^*_{min}=15.26$ (kN·m)					
β_t	$\theta=V/T$	T_{max}	T_{min}	$\phi8@200$			$\phi8@150$			$\phi8@100$			$\phi10@200$			$\phi10@150$			$\phi10@100$		
				[T]	[V]	A_{stl}	[T]	[V]	A_{stl}	[T]	[V]	A_{stl}	[T]	[V]	A_{stl}	[T]	[V]	A_{stl}	[T]	[V]	A_{stl}
0.5	22.6	41.77	12.28	23.48	529.74	489.58	26.19	590.89	489.58	31.61	713.20	570.51	28.03	632.59	489.58	32.26	728.03	593.56	40.72	918.91	890.25
0.6	16.9	51.59	15.35	28.59	483.80	565.31	31.98	541.19	565.31	38.76	655.96	713.80	34.29	580.32	565.31	39.58	669.88	742.65	50.17	849.01	1113.87
0.7	12.9	62.01	18.69	33.88	436.85	647.65	38.01	490.14	647.65	46.28	596.71	869.86	40.83	526.48	678.81	47.28	609.64	905.01	60.18	775.96	1357.42
0.8	9.9	73.09	22.33	39.38	388.76	740.17	44.32	437.56	740.17	54.21	535.17	1040.47	47.69	470.84	811.93	55.41	547.01	1082.52	70.84	699.34	1623.70
0.9	7.5	84.88	26.31	45.12	339.35	847.97	50.95	383.23	847.97	62.62	470.99	1227.77	54.93	413.16	958.08	64.03	481.64	1277.40	82.24	618.60	1916.04
1.0	5.6	97.45	30.70	51.13	288.43	979.15	57.94	326.88	979.15	71.58	403.78	1434.35	62.59	353.10	1119.26	73.23	413.11	1492.33	94.50	533.12	2238.47
1.0	2.8	125.30	40.93	51.33	287.39	982.90	58.22	325.46	983.62	71.99	401.60	1448.83	62.91	351.42	1130.55	73.66	410.83	1507.40	95.15	529.66	2261.10
纯扭	0	173.66	61.57							71.99	0	2080.11	62.91	0	2080.11	73.66	0	2080.11	95.15	0	2260.80

$b=400$ (mm)				$h=1000$ (mm)						$V^*_{min}=193.19$ (kN)						$T^*_{min}=17.25$ (kN·m)					
β_t	$\theta=V/T$	T_{max}	T_{min}	$\phi8@200$			$\phi8@150$			$\phi8@100$			$\phi10@200$			$\phi10@150$			$\phi10@100$		
				[T]	[V]	A_{stl}	[T]	[V]	A_{stl}	[T]	[V]	A_{stl}	[T]	[V]	A_{stl}	[T]	[V]	A_{stl}	[T]	[V]	A_{stl}
0.5	22.3	47.21	13.88	26.52	590.52	547.58	29.57	658.59	547.58	35.69	794.73	623.72	31.66	705.01	547.58	36.43	811.24	648.92	45.97	1023.71	973.28
0.6	16.7	58.32	17.35	32.28	539.19	632.29	36.11	603.03	632.29	43.75	730.72	779.93	38.71	646.57	632.29	44.68	746.20	811.45	56.61	945.47	1217.07
0.7	12.7	70.10	21.12	38.25	486.74	724.38	42.91	545.99	724.38	52.22	664.48	949.86	46.08	586.39	741.24	53.35	678.85	988.25	67.88	863.76	1482.27
0.8	9.7	82.62	25.24	44.45	433.04	827.86	50.01	487.26	827.86	61.14	595.70	1135.40	53.81	524.23	886.02	62.49	608.85	1181.29	79.86	778.10	1771.85
0.9	7.4	95.95	29.74	50.91	377.88	948.43	57.47	426.59	948.43	70.59	524.03	1338.81	61.94	459.81	1044.73	72.19	535.84	1392.93	92.67	687.90	2089.33
1.0	5.6	110.16	34.70	57.67	321.05	1095.15	65.33	363.70	1095.15	80.65	449.01	1562.80	70.55	392.79	1219.49	82.51	459.35	1625.97	106.42	592.49	2438.93
1.0	2.8	141.64	46.27	57.77	320.61	1096.85	65.46	363.08	1097.20	80.85	448.03	1569.57	70.71	392.04	1224.76	82.72	458.33	1633.02	106.73	590.89	2449.53
纯扭	0	196.31	69.60							80.85	0	2311.23	70.71	0	2311.23	82.72	0	2311.23	106.73	0	2449.20

续表

$b=500$ (mm) $h=500$ (mm) $V^*_{min}=116.37$ (kN) $T^*_{min}=10.37$ (kN·m)

β_t	$\theta=V/T$	T_{max}	T_{min}	φ6@100			φ8@200			φ8@150			φ8@100			φ10@200			φ10@150			φ10@100		
				[T]	[V]	A_{stl}	[T]	[V]	A_{stl}	[T]	[V]	A_{stl}	[T]	[V]	A_{stl}	[T]	[V]	A_{stl}	[T]	[V]	A_{stl}	[T]	[V]	A_{stl}
0.5	22.3	28.37	8.34	15.60	348.25	305.76	15.03	335.39	305.76	16.56	369.62	305.76	19.63	438.09	355.79	17.61	392.97	305.76	20.00	446.39	370.17	24.79	553.24	555.17
0.6	16.7	35.05	10.43	19.06	319.00	353.06	18.33	306.80	353.06	20.27	339.26	353.06	24.14	404.19	449.82	21.59	361.40	353.06	24.62	412.06	467.99	30.67	513.38	701.91
0.7	12.8	42.13	12.69	22.66	289.06	404.48	21.77	277.61	404.48	24.16	308.10	404.48	28.94	369.08	554.49	25.79	328.89	432.72	29.52	376.47	576.90	36.98	471.64	865.26
0.8	9.8	49.65	15.17	26.45	258.33	462.26	25.37	247.71	462.26	28.26	275.99	462.26	34.06	332.55	671.72	30.24	295.27	524.19	34.76	339.41	698.87	43.80	427.69	1048.23
0.9	7.4	57.66	17.87	30.46	226.65	529.59	29.16	216.96	529.59	32.63	242.75	536.00	39.56	294.33	803.93	34.99	260.34	627.35	40.40	300.59	836.43	51.22	381.09	1254.58
1.0	5.6	66.20	20.85	34.73	193.82	611.51	33.19	185.19	611.51	37.30	208.15	636.15	45.53	254.07	954.19	40.11	223.81	744.59	46.53	259.64	992.75	59.37	331.31	1489.09
1.0	2.8	85.12	27.81	36.66	185.45	642.26	34.90	177.76	604.06	39.59	198.23	724.42	48.96	239.16	1086.63	42.78	212.19	847.91	50.10	244.13	1130.55	64.72	308.00	1695.83
纯扭	0	117.97	41.83										48.96	0	1444.52	42.78	0	1444.52	50.10	0	1444.52	64.72	0	1695.60

$b=500$ (mm) $h=550$ (mm) $V^*_{min}=128.88$ (kN) $T^*_{min}=11.92$ (kN·m)

β_t	$\theta=V/T$	T_{max}	T_{min}	φ6@100			φ8@200			φ8@150			φ8@100			φ10@200			φ10@150			φ10@100		
				[T]	[V]	A_{stl}	[T]	[V]	A_{stl}	[T]	[V]	A_{stl}	[T]	[V]	A_{stl}	[T]	[V]	A_{stl}	[T]	[V]	A_{stl}	[T]	[V]	A_{stl}
0.5	21.5	32.63	9.59	17.91	384.97	342.72	17.25	370.81	342.72	19.00	408.50	342.72	22.51	483.90	386.49	20.20	434.21	342.72	22.94	493.04	402.10	28.41	610.71	603.07
0.6	16.1	40.31	11.99	21.86	352.42	395.74	21.03	339.01	395.74	23.24	374.71	395.74	27.67	446.09	487.89	24.75	399.05	395.74	28.21	454.75	507.61	35.12	566.16	761.32
0.7	12.3	48.45	14.60	25.98	319.14	453.38	24.96	306.56	453.38	27.68	340.03	453.38	33.13	406.97	600.42	29.54	362.85	468.56	33.79	415.09	624.68	42.30	519.56	936.93
0.8	9.4	57.10	17.44	30.30	284.98	518.15	29.06	273.33	518.15	32.36	304.32	518.15	38.95	366.30	726.00	34.61	325.45	566.55	39.75	373.81	755.34	50.03	470.54	1132.93
0.9	7.2	66.31	20.56	34.86	249.79	593.61	33.38	239.19	593.61	37.32	267.39	593.61	45.19	323.79	867.07	40.00	286.62	676.62	46.14	330.63	902.11	58.43	418.65	1353.10
1.0	5.4	76.13	23.98	39.70	213.36	685.44	37.95	203.95	685.44	42.61	229.00	685.44	51.93	279.08	1026.67	45.79	246.07	801.14	53.06	285.16	1068.16	67.61	363.33	1602.20
1.0	2.7	97.89	31.98	41.55	205.39	714.64	39.59	196.88	712.54	44.80	219.54	764.66	55.21	264.88	1146.99	48.35	235.00	895.02	56.47	270.38	1193.36	72.73	341.12	1790.04
纯扭	0	135.67	48.10										55.21	0	1588.97	48.35	0	1588.97	56.47	0	1588.97	72.73	0	1789.80

$b=500$ (mm) $h=600$ (mm) $V^*_{min}=141.39$ (kN) $T^*_{min}=13.48$ (kN·m)

β_t	$\theta=V/T$	T_{max}	T_{min}	φ6@100			φ8@200			φ8@150			φ8@100			φ10@200			φ10@150			φ10@100		
				[T]	[V]	A_{stl}	[T]	[V]	A_{stl}	[T]	[V]	A_{stl}	[T]	[V]	A_{stl}	[T]	[V]	A_{stl}	[T]	[V]	A_{stl}	[T]	[V]	A_{stl}
0.5	20.9	36.88	10.84	20.21	421.70	379.52	19.47	406.23	379.52	21.45	447.40	379.52	25.39	529.73	416.15	22.79	475.47	379.52	25.87	539.71	432.96	32.03	668.20	649.35
0.6	15.6	45.56	13.56	24.66	385.87	438.23	23.73	371.24	438.23	26.22	410.17	438.23	31.19	488.03	524.69	27.91	436.72	438.23	31.80	497.47	545.89	39.56	618.98	818.74
0.7	11.9	54.77	16.50	29.30	349.23	502.05	28.15	335.53	502.05	31.20	371.99	502.05	37.32	444.90	644.83	33.29	396.85	503.22	38.06	453.74	670.89	47.61	567.53	1006.24
0.8	9.1	64.55	19.72	34.15	311.65	573.78	32.76	298.98	573.78	36.45	332.69	573.78	43.84	400.09	778.54	38.97	355.67	607.55	44.73	408.26	810.00	56.26	513.45	1214.92
0.9	7.0	74.96	23.24	39.25	272.96	657.34	37.60	261.45	657.34	42.00	292.07	657.34	50.81	353.30	928.24	45.00	312.95	724.36	51.87	360.73	965.76	65.62	456.29	1448.57
1.0	5.2	86.06	27.11	44.66	232.94	759.03	42.71	222.74	759.03	47.91	249.88	759.03	58.32	304.16	1097.01	51.46	268.39	856.04	59.58	310.74	1141.35	75.82	395.45	1711.99
1.0	2.6	110.65	36.15	46.43	225.34	786.84	44.28	215.99	784.84	50.01	240.86	804.91	61.46	290.59	1207.36	53.91	257.82	942.13	62.85	296.63	1256.17	80.73	374.24	1884.25
纯扭	0	153.37	54.38										61.46	0	1733.42				62.85	0	1733.42	80.73	0	1884.00

续表

β_t	$\theta=V/T$	T_{max}	T_{min}	$\phi6@100$			$\phi8@200$			$\phi8@150$			$\phi8@100$			$\phi10@200$			$\phi10@150$			$\phi10@100$		
$b=500$ (mm)							$h=650$ (mm)					$V^*_{min}=153.90$ (kN)						$T^*_{min}=15.03$ (kN·m)						
				[T]	[V]	A_{stl}	[T]	[V]	A_{stl}	[T]	[V]	A_{stl}	[T]	[V]	A_{stl}	[T]	[V]	A_{stl}	[T]	[V]	A_{stl}	[T]	[V]	A_{stl}
0.5	20.4	41.14	12.10	22.52	458.43	416.19	21.69	441.66	416.19	23.89	486.30	416.19	28.27	575.57	445.04	25.38	516.74	416.19	28.80	586.40	463.02	35.65	725.72	694.43
0.6	15.3	50.82	15.12	27.46	419.32	480.58	26.42	403.47	480.58	29.19	445.64	480.58	34.71	529.98	560.55	31.07	474.40	480.58	35.38	540.21	583.20	44.00	671.84	874.70
0.7	11.6	61.09	18.41	32.61	379.33	550.57	31.33	364.51	550.57	34.72	403.96	550.57	41.51	482.85	688.14	37.04	430.86	550.57	42.33	492.42	715.95	52.91	615.54	1073.82
0.8	8.9	72.00	21.99	37.99	338.34	629.22	36.45	324.65	629.22	40.54	361.07	629.22	48.72	433.91	829.80	43.33	385.91	647.55	49.71	442.75	863.34	62.47	556.43	1294.91
0.9	6.8	83.61	25.92	43.64	296.15	720.86	41.81	283.73	720.86	46.68	316.78	720.86	56.42	382.86	988.00	50.00	339.31	770.99	57.60	390.87	1027.93	72.80	494.00	1541.83
1.0	5.1	96.00	30.24	49.62	252.55	832.38	47.46	241.56	832.38	53.21	270.80	832.38	64.70	329.29	1165.82	57.12	290.74	909.73	66.09	336.38	1212.94	84.03	427.66	1819.37
1.0	2.5	123.42	40.32	51.31	245.28	858.93	48.97	235.11	857.00	55.21	262.17	861.79	67.71	316.31	1267.73	59.48	280.63	989.23	69.23	322.88	1318.98	88.73	407.36	1978.46
纯扭	0	171.06	60.65										67.71	0	1877.87				69.23	0	1877.87	88.73	0	1978.20
$b=500$ (mm)							$h=700$ (mm)					$V^*_{min}=166.42$ (kN)						$T^*_{min}=16.59$ (kN·m)						
β_t	$\theta=V/T$	T_{max}	T_{min}	$\phi6@100$			$\phi8@200$			$\phi8@150$			$\phi8@100$			$\phi10@200$			$\phi10@150$			$\phi10@100$		
				[T]	[V]	A_{stl}	[T]	[V]	A_{stl}	[T]	[V]	A_{stl}	[T]	[V]	A_{stl}	[T]	[V]	A_{stl}	[T]	[V]	A_{stl}	[T]	[V]	A_{stl}
0.5	20.0	45.40	13.35	24.82	495.17	452.77	23.91	477.10	452.77	26.33	525.21	452.77	31.15	621.42	473.34	27.97	558.01	452.77	31.73	633.09	492.47	39.26	783.25	738.60
0.6	15.0	56.08	16.68	30.26	452.78	522.82	29.12	435.72	522.82	32.16	481.13	522.82	38.23	571.95	595.70	34.23	512.09	522.82	38.96	582.97	619.77	48.44	724.71	929.55
0.7	11.4	67.41	20.31	35.92	409.45	598.96	34.52	393.51	598.96	38.24	435.94	598.96	45.69	520.82	730.61	40.78	464.88	598.96	46.59	531.12	760.14	58.21	663.58	1140.10
0.8	8.7	79.44	24.27	41.82	365.04	684.53	40.14	350.33	684.53	44.62	389.48	684.53	53.59	467.76	880.11	47.68	416.17	686.81	54.68	477.26	915.68	68.68	599.43	1373.42
0.9	6.7	92.26	28.60	48.02	319.36	784.22	46.02	306.03	784.22	51.35	341.50	784.22	62.02	412.44	1046.69	54.99	365.69	816.79	63.32	421.05	1089.00	79.96	531.76	1633.42
1.0	5.0	105.93	33.37	54.57	272.18	905.54	52.21	260.39	905.54	58.50	291.75	905.54	71.07	354.45	1233.47	62.78	313.13	962.52	72.59	362.06	1283.33	92.21	459.92	1924.95
1.0	2.5	136.19	44.49	56.20	265.22	930.92	53.65	254.22	929.07	60.42	283.49	933.66	73.96	342.03	1328.10	65.04	303.45	1036.34	75.60	349.13	1381.78	96.73	440.48	2072.68
纯扭	0	188.76	66.92										73.96	0	2022.33				75.60	0	2022.33	96.73	0	2072.40
$b=500$ (mm)							$h=750$ (mm)					$V^*_{min}=178.93$ (kN)						$T^*_{min}=18.14$ (kN·m)						
β_t	$\theta=V/T$	T_{max}	T_{min}	$\phi6@100$			$\phi8@200$			$\phi8@150$			$\phi8@100$			$\phi10@200$			$\phi10@150$			$\phi10@100$		
				[T]	[V]	A_{stl}	[T]	[V]	A_{stl}	[T]	[V]	A_{stl}	[T]	[V]	A_{stl}	[T]	[V]	A_{stl}	[T]	[V]	A_{stl}	[T]	[V]	A_{stl}
0.5	19.6	49.65	14.60	27.12	531.92	489.28	26.13	512.54	489.28	28.76	564.12	489.28	34.03	667.28	501.19	30.56	599.29	489.28	34.66	679.80	521.44	42.87	840.80	782.06
0.6	14.7	61.34	18.25	33.06	486.25	564.97	31.82	467.96	564.97	35.12	516.62	564.97	41.74	613.93	630.30	37.38	549.80	564.97	42.54	625.73	655.77	52.87	777.60	983.54
0.7	11.2	73.73	22.21	39.23	439.58	647.26	37.70	422.51	647.26	41.76	467.94	647.26	49.86	558.81	772.44	44.52	498.92	647.26	50.85	569.83	803.65	63.50	711.64	1205.36
0.8	8.6	86.89	26.54	45.66	391.75	739.73	43.83	376.02	739.73	48.71	417.89	739.73	58.47	501.63	929.67	52.03	446.44	739.73	59.65	511.79	967.25	74.88	642.47	1450.77
0.9	6.5	100.91	31.28	52.41	342.58	847.46	50.23	328.34	847.46	56.03	366.24	847.46	67.62	442.05	1104.56	59.98	392.09	861.94	69.03	451.25	1149.21	87.13	569.56	1723.73
1.0	4.9	115.86	36.49	59.52	291.82	978.56	56.96	279.24	978.56	63.78	312.71	978.56	77.43	379.65	1300.25	68.44	335.53	1014.63	79.09	387.76	1352.81	100.40	492.23	2029.17
1.0	2.5	148.96	48.66	61.08	285.16	1002.83	58.34	273.34	1001.06	65.63	304.80	1005.46	80.21	367.74	1388.47	70.60	326.26	1083.44	81.98	375.38	1444.59	104.73	473.60	2166.89
纯扭	0	206.46	73.20										80.21	0	2166.78				81.98	0	2166.78	104.73	0	2166.78

续表

$b=500$（mm）				$h=800$（mm）						$V^*_{min}=191.44$（kN）						$T^*_{min}=19.70$（kN·m）								
β_t	$\theta=V/T$	T_{max}	T_{min}	$\phi6@100$			$\phi8@200$			$\phi8@150$			$\phi8@100$			$\phi10@200$			$\phi10@150$			$\phi10@100$		
				[T]	[V]	A_{stl}	[T]	[V]	A_{stl}	[T]	[V]	A_{stl}	[T]	[V]	A_{stl}	[T]	[V]	A_{stl}	[T]	[V]	A_{stl}	[T]	[V]	A_{stl}
0.5	19.3	53.91	15.85	29.42	568.67	525.74	28.35	547.98	525.74	31.20	603.04	525.74	36.90	713.15	528.68	33.15	640.58	525.74	37.59	726.51	550.05	46.48	898.36	824.95
0.6	14.5	66.59	19.81	35.86	519.72	607.07	34.51	500.22	607.07	38.09	552.12	607.07	45.25	655.92	664.46	40.53	587.51	607.07	46.12	668.51	691.31	57.30	830.51	1036.85
0.7	11.0	80.05	24.12	42.53	469.71	695.48	40.88	451.51	695.48	45.27	499.94	695.48	54.04	596.81	813.75	48.26	532.97	695.48	55.10	608.56	846.63	68.79	759.73	1269.83
0.8	8.5	94.34	28.82	49.49	418.48	794.84	47.51	401.72	794.84	52.79	446.32	794.84	63.34	535.52	978.66	56.38	476.73	794.84	64.61	546.33	1018.21	81.08	685.54	1527.21
0.9	6.4	109.56	33.96	56.79	365.82	910.60	54.43	350.66	910.60	60.69	391.00	910.60	73.22	471.68	1161.79	64.96	418.51	910.60	74.74	481.47	1208.75	94.28	607.38	1813.04
1.0	4.8	125.79	39.62	64.47	311.48	1051.47	61.70	298.10	1051.47	69.06	333.69	1051.47	83.79	404.86	1366.34	74.09	357.96	1066.20	85.58	413.49	1421.57	108.57	524.57	2132.31
1.0	2.4	161.73	52.83	65.97	305.10	1074.69	63.03	292.45	1072.99	70.84	326.12	1077.21	86.46	393.46	1448.83	76.17	349.08	1130.55	88.36	401.63	1507.40	112.74	506.72	2261.10
纯扭	0	224.15	79.47										86.46	0	2311.23				88.36	0	2311.23	112.74	0	2311.23

$b=500$（mm）				$h=900$（mm）						$V^*_{min}=216.47$（kN）						$T^*_{min}=22.81$（kN·m）					
β_t	$\theta=V/T$	T_{max}	T_{min}	$\phi8@200$			$\phi8@150$			$\phi8@100$			$\phi10@200$			$\phi10@150$			$\phi10@100$		
				[T]	[V]	A_{stl}	[T]	[V]	A_{stl}	[T]	[V]	A_{stl}	[T]	[V]	A_{stl}	[T]	[V]	A_{stl}	[T]	[V]	A_{stl}
0.5	18.9	62.42	18.35	32.79	618.88	598.52	36.08	680.88	598.52	42.65	804.90	598.52	38.32	723.17	598.52	43.45	819.94	606.40	53.70	1013.49	909.47
0.6	14.2	77.11	22.94	39.90	564.73	691.11	44.02	623.13	691.11	52.27	739.92	731.80	46.84	662.95	691.11	53.28	754.09	761.37	66.15	936.36	1141.92
0.7	10.8	92.69	27.93	47.25	509.54	791.77	52.29	563.97	791.77	62.39	672.83	895.21	55.74	601.09	791.77	63.61	686.04	931.39	79.37	855.93	1396.96
0.8	8.3	109.24	33.37	54.88	453.13	904.88	60.94	503.19	904.88	73.07	603.32	1075.32	65.08	537.33	904.88	74.54	615.46	1118.78	93.46	771.72	1678.05
0.9	6.3	126.85	39.32	62.84	395.31	1036.67	70.03	440.54	1036.67	84.40	530.98	1274.80	74.93	471.37	1036.67	86.15	541.95	1326.33	108.59	683.10	1989.40
1.0	4.7	145.65	45.88	71.18	335.85	1197.04	79.62	375.68	1197.04	96.51	455.34	1496.98	85.38	402.84	1197.04	98.56	465.00	1557.49	124.91	589.32	2336.18
1.0	2.4	187.26	61.17	72.41	330.68	1216.71	81.26	368.75	1220.59	98.96	444.89	1569.57	87.30	394.71	1224.76	101.11	454.13	1633.02	128.74	572.95	2449.53
纯扭	0	259.54	92.02							98.96	0	2600.13				101.11	0	2600.13	128.74	0	2600.13

$b=500$（mm）				$h=1000$（mm）						$V^*_{min}=241.49$（kN）						$T^*_{min}=25.92$（kN·m）					
β_t	$\theta=V/T$	T_{max}	T_{min}	$\phi8@200$			$\phi8@150$			$\phi8@100$			$\phi10@200$			$\phi10@150$			$\phi10@100$		
				[T]	[V]	A_{stl}	[T]	[V]	A_{stl}	[T]	[V]	A_{stl}	[T]	[V]	A_{stl}	[T]	[V]	A_{stl}	[T]	[V]	A_{stl}
0.5	18.5	70.93	20.85	37.23	689.78	671.18	40.95	758.74	671.18	48.40	896.67	671.18	43.49	805.77	671.18	49.30	913.39	671.18	60.92	1128.65	992.75
0.6	13.9	87.62	26.07	45.28	629.26	775.01	49.95	694.15	775.01	59.29	823.94	798.17	53.14	738.40	775.01	60.43	839.68	830.43	75.00	1042.23	1245.49
0.7	10.6	105.32	31.73	53.61	567.58	887.89	59.32	628.01	887.89	70.73	748.89	975.56	63.21	669.23	887.89	72.12	763.54	1014.99	89.94	952.18	1522.34
0.8	8.1	124.13	37.92	62.25	504.56	1014.73	69.10	560.09	1014.73	82.80	671.15	1170.71	73.77	597.96	1014.73	84.46	684.62	1218.02	105.84	857.95	1826.91
0.9	6.2	144.15	44.69	71.24	439.99	1162.52	79.36	490.10	1162.52	95.58	590.32	1386.42	84.89	524.27	1162.52	97.55	602.47	1442.46	122.88	758.88	2163.59
1.0	4.6	165.51	52.14	80.66	373.62	1342.36	90.18	417.70	1342.36	109.21	505.87	1626.13	96.67	447.76	1342.36	111.52	516.56	1691.86	141.23	654.16	2537.75
1.0	2.3	212.80	69.51	81.79	368.91	1360.29	91.68	411.38	1363.85	111.47	496.32	1690.31	98.43	440.34	1365.88	113.86	506.63	1758.63	144.74	639.19	2637.95
纯扭	0	294.94	104.57							111.47	0	2889.04				113.86	0	2889.04	144.74	0	2889.04

矩形截面纯扭剪扭构件计算表 抗剪扭箍筋（六肢）抗扭纵筋 A_{stl}（mm^2） HPB235 钢筋 C30 表 2-8-9

$b=500$ (mm) $h=500$ (mm) $V^*_{min}=116.37$ (kN) $T^*_{min}=10.37$ (kN·m)																								
β_t	$\theta=V/T$	T_{max}	T_{min}	ϕ6@150			ϕ6@100			ϕ8@200			ϕ8@150			ϕ8@100			ϕ10@200			ϕ10@150		
				[T]	[V]	A_{stl}	[T]	[V]	A_{stl}	[T]	[V]	A_{stl}	[T]	[V]	A_{stl}	[T]	[V]	A_{stl}	[T]	[V]	A_{stl}	[T]	[V]	A_{stl}
0.5	22.3	28.37	8.34	15.60	348.25	305.76	18.19	406.04	305.76	17.33	386.74	305.76	19.63	438.09	355.79	24.23	540.79	533.61	21.20	473.11	416.42	24.79	553.24	555.17
0.6	16.7	35.05	10.43	19.06	319.00	353.06	22.33	373.79	379.64	21.24	355.49	353.06	24.14	404.19	449.82	29.96	501.57	674.64	26.13	437.39	526.47	30.67	513.38	701.91
0.7	12.8	42.13	12.69	22.66	289.06	404.48	26.70	340.53	467.98	25.35	323.34	415.91	28.94	369.08	554.49	36.11	460.55	831.65	31.38	400.27	648.99	36.98	471.64	865.26
0.8	9.8	49.65	15.17	26.45	258.33	462.26	31.34	306.07	566.92	29.71	290.13	503.83	34.06	332.55	671.72	42.74	417.40	1007.51	37.02	361.48	786.21	43.80	427.69	1048.23
0.9	7.4	57.66	17.87	29.30	231.76	513.66	34.58	277.81	611.36	32.82	262.43	543.31	37.50	303.37	724.42	46.88	385.23	1086.63	40.70	331.28	847.91	48.01	395.16	1130.55
1.0	5.6	66.20	20.85	31.39	208.48	560.50	36.66	254.54	611.36	34.90	239.16	551.82	39.59	280.09	724.42	48.96	361.96	1086.63	42.78	308.00	847.91	50.10	371.88	1130.55
1.0	2.8	85.12	27.81	31.39	208.48	560.50	36.66	254.54	611.36	34.90	239.16	551.82	39.59	280.09	724.42	48.96	361.96	1086.63	42.78	308.00	847.91	50.10	371.88	1130.55
纯扭	0	117.97	41.83													48.96	0	1444.52	42.78	0	1444.52	50.10	0	1444.52
$b=500$ (mm) $h=550$ (mm) $V^*_{min}=128.88$ (kN) $T^*_{min}=11.92$ (kN·m)																								
β_t	$\theta=V/T$	T_{max}	T_{min}	ϕ6@150			ϕ6@100			ϕ8@200			ϕ8@150			ϕ8@100			ϕ10@200			ϕ10@150		
				[T]	[V]	A_{stl}	[T]	[V]	A_{stl}	[T]	[V]	A_{stl}	[T]	[V]	A_{stl}	[T]	[V]	A_{stl}	[T]	[V]	A_{stl}	[T]	[V]	A_{stl}
0.5	21.5	32.63	9.59	17.91	384.97	342.72	20.87	448.60	342.72	19.88	427.35	342.72	22.51	483.90	386.49	27.77	596.99	579.65	24.31	522.46	452.35	28.41	610.71	603.07
0.6	16.1	40.31	11.99	21.86	352.42	395.74	25.60	412.67	411.78	24.35	392.55	395.74	27.67	446.09	487.89	34.31	553.18	731.74	29.94	482.60	571.03	35.12	566.16	761.32
0.7	12.3	48.45	14.60	25.98	319.14	453.38	30.58	375.63	506.74	29.04	356.77	453.38	33.13	406.97	600.42	41.31	507.38	900.53	35.92	441.21	702.74	42.30	519.56	936.93
0.8	9.4	57.10	17.44	30.30	284.98	518.15	35.86	337.28	612.73	34.01	319.82	544.54	38.95	366.30	726.00	48.84	459.26	1088.92	42.32	397.99	849.74	50.03	470.54	1132.93
0.9	7.2	66.31	20.56	33.29	256.68	572.24	39.15	307.69	645.33	37.19	290.65	573.50	42.40	335.99	764.66	52.81	426.65	1146.99	45.95	366.90	895.02	54.08	437.65	1193.36
1.0	5.4	76.13	23.98	35.69	230.90	624.68	41.55	281.91	645.33	39.59	264.88	614.30	44.80	310.21	764.66	55.21	400.88	1146.99	48.35	341.12	895.02	56.47	411.87	1193.36
1.0	2.7	97.89	31.98	35.69	230.90	624.68	41.55	281.91	645.33	39.59	264.88	614.30	44.80	310.21	764.66	55.21	400.88	1146.99	48.35	341.12	895.02	56.47	411.87	1193.36
纯扭	0	135.67	48.10													55.21	0	1588.97	48.35	0	1588.97	56.47	0	1588.97
$b=500$ (mm) $h=600$ (mm) $V^*_{min}=141.39$ (kN) $T^*_{min}=13.48$ (kN·m)																								
β_t	$\theta=V/T$	T_{max}	T_{min}	ϕ6@150			ϕ6@100			ϕ8@200			ϕ8@150			ϕ8@100			ϕ10@200			ϕ10@150		
				[T]	[V]	A_{stl}	[T]	[V]	A_{stl}	[T]	[V]	A_{stl}	[T]	[V]	A_{stl}	[T]	[V]	A_{stl}	[T]	[V]	A_{stl}	[T]	[V]	A_{stl}
0.5	20.9	36.88	10.84	20.21	421.70	379.52	23.54	491.18	379.52	22.43	467.98	379.52	25.39	529.73	416.15	31.31	653.23	624.13	27.41	571.84	487.06	32.03	668.20	649.35
0.6	15.6	45.56	13.56	24.66	385.87	438.23	28.86	451.58	442.84	27.46	429.63	438.23	31.19	488.03	524.69	38.66	604.82	786.94	33.74	527.85	614.10	39.56	618.98	818.74
0.7	11.9	54.77	16.50	29.30	349.23	502.05	34.46	410.76	544.23	32.73	390.21	502.05	37.32	444.90	644.83	46.50	554.26	967.15	40.45	482.19	754.73	47.61	567.53	1006.24
0.8	9.1	64.55	19.72	34.15	311.65	573.78	40.38	368.53	657.06	38.30	349.54	583.95	43.84	400.09	778.54	54.91	501.19	1167.72	47.61	434.56	911.23	56.26	513.45	1214.92
0.9	7.0	74.96	23.24	37.28	281.60	630.67	43.72	337.56	679.29	41.57	318.87	625.86	47.30	368.61	804.91	58.75	468.07	1207.36	51.20	402.52	942.13	60.14	480.14	1256.17
1.0	5.2	86.06	27.11	39.99	253.32	688.68	46.43	309.28	679.29	44.28	290.59	676.643	50.01	340.33	804.91	61.46	439.80	1207.36	53.91	374.24	942.13	62.85	451.86	1256.17
1.0	2.6	110.65	36.15	39.99	253.32	688.68	46.43	309.28	679.29	44.28	290.59	676.643	50.01	340.33	804.91	61.46	439.80	1207.36	53.91	374.24	942.13	62.85	451.86	1256.17
纯扭	0	153.37	54.38													61.46	0	1733.42				62.85	0	1733.42

续表

$b=500$（mm）							$h=650$（mm）					$V_{min}^{*}=153.90$（kN）					$T_{min}^{*}=15.03$（kN·m）							
β_t	$\theta=V/T$	T_{max}	T_{min}	$\phi6@150$			$\phi6@100$			$\phi8@200$			$\phi8@150$			$\phi8@100$			$\phi10@200$			$\phi10@150$		
				[T]	[V]	A_{stl}	[T]	[V]	A_{stl}	[T]	[V]	A_{stl}	[T]	[V]	A_{stl}	[T]	[V]	A_{stl}	[T]	[V]	A_{stl}	[T]	[V]	A_{stl}
0.5	20.4	41.14	12.10	22.52	458.43	416.19	26.22	533.77	416.19	24.98	508.62	416.19	28.27	575.57	445.04	34.85	709.48	667.45	30.51	621.23	520.87	35.65	725.72	694.43
0.6	15.3	50.82	15.12	27.46	419.32	480.58	32.12	490.50	480.58	30.57	466.73	480.58	34.71	529.98	560.55	43.00	656.49	840.72	37.53	573.12	656.08	44.00	671.84	874.70
0.7	11.6	61.09	18.41	32.61	379.33	550.57	38.33	445.91	580.78	36.42	423.68	550.57	41.51	482.85	688.14	51.68	601.19	1032.11	44.97	523.20	805.42	52.91	615.54	1073.82
0.8	8.9	72.00	21.99	37.99	338.34	629.22	44.89	399.81	700.33	42.58	379.28	629.22	48.72	433.91	829.80	60.98	543.17	1244.61	52.90	471.17	971.23	62.47	556.43	1294.91
0.9	6.8	83.61	25.92	41.26	306.52	688.99	48.29	367.43	713.26	45.94	347.09	683.22	52.19	401.23	845.15	64.69	509.50	1267.73	56.45	438.14	989.23	66.20	522.63	1318.98
1.0	5.1	96.00	30.24	44.28	275.74	752.56	51.31	336.65	733.15	48.97	316.31	738.86	55.21	370.45	845.15	67.71	478.72	1267.73	59.48	407.36	989.23	69.23	491.85	1318.98
1.0	2.5	123.42	40.32	44.28	275.74	752.56	51.31	336.65	733.15	48.97	316.31	738.86	55.21	370.45	845.15	67.71	478.72	1267.73	59.48	407.36	989.23	69.23	491.85	1318.98
纯扭	0	171.06	60.65													67.71	0	1877.87				69.23	0	1877.87

$b=500$（mm）							$h=700$（mm）					$V_{min}^{*}=166.42$（kN）					$T_{min}^{*}=16.59$（kN·m）							
β_t	$\theta=V/T$	T_{max}	T_{min}	$\phi6@150$			$\phi6@100$			$\phi8@200$			$\phi8@150$			$\phi8@100$			$\phi10@200$			$\phi10@150$		
				[T]	[V]	A_{stl}	[T]	[V]	A_{stl}	[T]	[V]	A_{stl}	[T]	[V]	A_{stl}	[T]	[V]	A_{stl}	[T]	[V]	A_{stl}	[T]	[V]	A_{stl}
0.5	20.0	45.40	13.35	24.82	495.17	452.77	28.89	576.38	452.77	27.53	549.26	452.77	31.15	621.42	473.34	38.38	765.75	709.91	33.62	670.63	554.00	39.26	783.25	738.60
0.6	15.0	56.08	16.68	30.26	452.78	522.82	35.38	529.43	522.82	33.67	503.83	522.82	38.23	571.95	595.70	47.33	708.19	893.44	41.33	618.40	697.22	48.44	724.71	929.55
0.7	11.4	67.41	20.31	35.92	409.45	598.96	42.20	481.08	616.62	40.10	457.16	598.96	45.69	520.82	730.61	56.85	648.14	1095.81	49.49	564.23	855.13	58.21	663.58	1140.10
0.8	8.7	79.44	24.27	41.82	365.04	684.53	49.39	431.11	742.78	46.87	409.05	684.53	53.59	467.76	880.11	67.05	585.19	1320.06	58.18	507.80	1030.11	68.68	599.43	1373.42
0.9	6.7	92.26	28.60	45.25	331.44	747.21	52.86	397.30	747.22	50.32	375.31	740.50	57.09	433.85	885.40	70.63	550.92	1328.10	61.71	473.76	1036.34	72.27	565.12	1381.78
1.0	5.0	105.93	33.37	48.58	298.15	816.33	56.20	364.02	794.60	53.65	342.03	800.99	60.42	400.56	885.40	73.96	517.64	1328.10	65.04	440.48	1036.34	75.60	531.83	1381.78
1.0	2.5	136.19	44.49	48.58	298.15	816.33	56.20	364.02	794.60	53.65	342.03	800.99	60.42	400.56	885.40	73.96	517.64	1328.10	65.04	440.48	1036.34	75.60	531.83	1381.78
纯扭	0	188.76	66.92													73.96	0	2022.33				75.60	0	2022.33

$b=500$（mm）							$h=750$（mm）					$V_{min}^{*}=178.93$（kN）					$T_{min}^{*}=18.14$（kN·m）							
β_t	$\theta=V/T$	T_{max}	T_{min}	$\phi6@150$			$\phi6@100$			$\phi8@200$			$\phi8@150$			$\phi8@100$			$\phi10@200$			$\phi10@150$		
				[T]	[V]	A_{stl}	[T]	[V]	A_{stl}	[T]	[V]	A_{stl}	[T]	[V]	A_{stl}	[T]	[V]	A_{stl}	[T]	[V]	A_{stl}	[T]	[V]	A_{stl}
0.5	19.6	49.65	14.60	27.12	531.92	489.28	31.56	618.98	489.28	30.08	589.91	489.28	34.03	667.28	501.19	41.92	822.03	751.68	36.72	720.05	586.60	42.87	840.80	782.06
0.6	14.7	61.34	18.25	33.06	486.25	564.97	38.64	568.37	564.97	36.78	540.95	564.97	41.74	613.93	630.30	51.66	759.90	945.34	45.12	663.70	737.71	52.87	777.60	983.54
0.7	11.2	73.73	22.21	39.23	439.58	647.26	46.07	516.27	651.92	43.78	490.66	647.26	49.86	558.81	772.44	62.03	695.11	1158.54	54.01	605.28	904.08	63.50	711.64	1205.36
0.8	8.6	86.89	26.54	45.58	392.14	738.76	53.79	462.96	781.18	51.05	439.31	738.62	58.34	502.25	925.64	72.92	628.13	1388.47	63.31	545.17	1083.44	74.69	643.39	1444.59
0.9	6.5	100.91	31.28	49.23	356.36	805.37	57.44	427.18	794.51	54.70	403.53	797.73	61.99	466.47	925.64	76.57	592.34	1388.47	66.96	509.38	1083.44	78.33	607.61	1444.59
1.0	4.9	115.86	36.49	52.88	320.57	880.03	61.08	391.39	855.99	58.34	367.74	863.05	65.63	430.68	925.64	80.21	556.56	1388.47	70.60	473.60	1083.44	81.98	571.82	1444.59
1.0	2.5	148.96	48.66	52.88	320.57	880.03	61.08	391.39	855.99	58.34	367.74	863.05	65.63	430.68	925.64	80.21	556.56	1388.47	70.60	473.60	1083.44	81.98	571.82	1444.59
纯扭	0	206.46	73.20													80.21	0	2166.78				81.98	0	2166.78

续表

$b=500$（mm）							$h=800$（mm）						$V^*_{min}=191.44$（kN）						$T^*_{min}=19.70$（kN·m）					
β_t	$\theta=V/T$	T_{max}	T_{min}	$\phi6@150$			$\phi6@100$			$\phi8@200$			$\phi8@150$			$\phi8@100$			$\phi10@200$			$\phi10@150$		
				[T]	[V]	A_{stl}	[T]	[V]	A_{stl}	[T]	[V]	A_{stl}	[T]	[V]	A_{stl}	[T]	[V]	A_{stl}	[T]	[V]	A_{stl}	[T]	[V]	A_{stl}
0.5	19.3	53.91	15.85	29.42	568.67	525.74	34.23	661.60	525.74	32.63	630.57	525.74	36.90	713.15	528.68	45.45	878.32	792.91	39.81	769.47	618.77	46.48	898.36	824.95
0.6	14.5	66.59	19.81	35.86	519.72	607.07	41.90	607.32	607.07	39.88	578.07	607.07	45.25	655.92	664.46	55.99	811.63	996.57	48.92	709.01	777.70	57.30	830.51	1036.85
0.7	11.0	80.05	24.12	42.53	469.71	695.48	49.93	551.46	695.48	47.46	524.16	695.48	54.04	596.81	813.75	67.20	742.11	1220.50	58.53	646.35	952.43	68.79	759.73	1269.83
0.8	8.5	94.34	28.82	49.26	419.56	791.92	58.05	495.34	815.15	55.11	470.04	791.41	62.92	537.37	965.89	78.54	672.05	1448.83	68.25	583.29	1130.55	80.44	688.39	1507.40
0.9	6.4	109.56	33.96	53.22	381.28	863.48	62.01	457.05	851.29	59.07	431.75	854.91	66.88	499.09	965.89	82.50	633.76	1448.83	72.21	545.01	1130.55	84.40	650.10	1507.40
1.0	4.8	125.79	39.62	57.18	342.99	943.66	65.97	418.76	917.32	63.03	393.46	925.07	70.84	460.80	965.89	86.46	595.48	1448.83	76.17	506.72	1130.55	88.36	611.81	1507.40
1.0	2.4	161.73	52.83	57.18	342.99	943.66	65.97	418.76	917.32	63.03	393.46	925.07	70.84	460.80	965.89	86.46	595.48	1448.83	76.17	506.72	1130.55	88.36	611.81	1507.40
纯扭	0	224.15	79.47													86.46	0	2311.23				88.36	0	2311.23

$b=500$（mm）							$h=900$（mm）			$V^*_{min}=216.47$（kN）			$T^*_{min}=22.81$（kN·m）					
β_t	$\theta=V/T$	T_{max}	T_{min}	$\phi8@200$			$\phi8@150$			$\phi8@100$			$\phi10@200$			$\phi10@150$		
				[T]	[V]	A_{stl}	[T]	[V]	A_{stl}	[T]	[V]	A_{stl}	[T]	[V]	A_{stl}	[T]	[V]	A_{stl}
0.5	18.9	62.42	18.35	37.72	711.89	598.52	42.65	804.90	598.52	52.51	990.93	874.15	46.01	868.33	682.17	53.70	1013.49	909.47
0.6	14.2	77.11	22.94	46.09	652.33	691.11	52.27	739.92	731.80	64.65	915.11	1097.56	56.49	799.65	856.51	66.15	936.36	1141.92
0.7	10.8	92.69	27.93	54.82	591.19	791.77	62.39	672.83	895.21	77.53	836.13	1342.69	67.55	728.51	1047.78	79.37	855.93	1396.96
0.8	8.3	109.24	33.37	63.24	531.48	896.90	72.09	607.62	1046.38	89.79	759.90	1569.57	78.13	659.54	1224.76	91.94	778.37	1633.02
0.9	6.3	126.85	39.32	67.82	488.18	969.15	76.68	564.33	1046.38	94.38	716.61	1569.57	82.71	616.25	1224.76	96.53	735.08	1633.02
1.0	4.7	145.65	45.88	72.41	444.89	1048.97	81.26	521.03	1046.38	98.96	673.32	1569.57	87.30	572.95	1224.76	101.11	691.78	1633.02
1.0	2.4	187.26	61.17	72.41	444.89	1048.97	81.26	521.03	1046.38	98.96	673.32	1569.57	87.30	572.95	1224.76	101.11	691.78	1633.02
纯扭	0	259.54	92.02							98.96	0	2600.13				101.11	0	2600.13

$b=500$（mm）							$h=1000$（mm）			$V^*_{min}=241.49$（kN）			$T^*_{min}=25.92$（kN·m）					
β_t	$\theta=V/T$	T_{max}	T_{min}	$\phi8@200$			$\phi8@150$			$\phi8@100$			$\phi10@200$			$\phi10@150$		
				[T]	[V]	A_{stl}	[T]	[V]	A_{stl}	[T]	[V]	A_{stl}	[T]	[V]	A_{stl}	[T]	[V]	A_{stl}
0.5	18.5	70.93	20.85	42.81	793.22	671.18	48.40	896.67	671.18	59.56	1103.56	954.19	52.20	967.21	744.63	60.92	1128.65	992.75
0.6	13.9	87.62	26.07	52.29	726.60	775.01	59.29	823.94	798.17	73.30	1018.62	1197.11	64.07	890.32	934.19	75.00	1042.23	1245.49
0.7	10.6	105.32	31.73	62.17	658.23	887.89	70.73	748.89	975.56	87.86	930.19	1463.20	76.57	810.70	1141.83	89.94	952.18	1522.34
0.8	8.1	124.13	37.92	71.36	592.92	1002.30	81.26	677.86	1126.87	101.04	847.75	1690.31	88.00	735.79	1318.98	103.44	868.36	1758.63
0.9	6.2	144.15	44.69	76.57	544.62	1083.30	86.47	629.57	1126.87	106.25	799.45	1690.31	93.21	687.49	1318.98	108.65	820.06	1758.63
1.0	4.6	165.51	52.14	81.79	496.32	1172.76	91.68	581.27	1147.36	111.47	751.16	1690.31	98.43	639.19	1318.98	113.86	771.76	1758.63
1.0	2.3	212.80	69.51	81.79	496.32	1172.76	91.68	581.27	1147.36	111.47	751.16	1690.31	98.43	639.19	1318.98	113.86	771.76	1758.63
纯扭	0	294.94	104.57							111.47	0	2889.04				113.86	0	2889.04

续表

$b=600$ (mm)				$h=500$ (mm)						$V^*_{min}=139.64$ (kN)						$T^*_{min}=13.44$ (kN·m)							
β_t	$\theta=V/T$	T_{max}	T_{min}	$\phi6@100$			$\phi8@200$			$\phi8@150$			$\phi8@100$			$\phi10@200$			$\phi10@150$			$\phi10@100$	
				[T]	[V]	A_{stl}	[T]	[V]	A_{stl}	[T]	[V]	A_{stl}	[T]	[V]	A_{stl}	[T]	[V]	A_{stl}	[T]	[V]	A_{stl}	[T]	[V]	A_{stl}
0.5	20.7	36.77	10.81	22.06	455.94	348.08	21.11	436.27	348.08	23.64	488.62	356.14	28.71	593.31	534.11	25.37	524.32	416.82	29.32	606.01	555.70			
0.6	15.5	45.42	13.51	27.08	419.73	401.93	25.87	400.99	401.93	29.09	450.88	452.58	35.53	550.67	678.76	31.28	484.90	529.69	36.31	562.77	706.19			
0.7	11.8	54.60	16.45	32.39	382.48	473.57	30.89	364.77	460.47	34.88	411.91	561.11	42.86	506.18	841.55	37.60	444.05	656.72	43.83	517.61	875.56			
0.8	9.0	64.35	19.66	38.04	343.99	577.42	36.22	327.45	526.25	41.08	371.46	684.16	50.82	459.47	1026.13	44.40	401.47	800.76	52.00	470.14	1067.61			
0.9	6.9	74.73	23.17	43.65	305.74	679.29	41.49	290.36	603.68	47.22	331.29	804.91	58.68	413.16	1207.36	51.13	359.21	942.13	60.07	423.08	1256.17			
1.0	5.2	85.80	27.03	46.35	277.81	679.29	44.19	262.43	649.36	49.92	303.37	804.91	61.38	385.23	1207.36	53.83	331.28	942.13	62.77	395.16	1256.17	80.64	522.92	1884.25
1.0	2.6	110.31	36.04	46.35	277.81	679.29	44.19	262.43	649.36	49.92	303.37	804.91	61.38	385.23	1207.36	53.83	331.28	942.13	62.77	395.16	1256.17	80.64	522.92	1884.25
纯扭	0	152.90	54.21										61.38	0	1733.42				62.77	0	1733.42	80.64	0	1884.00

$b=600$ (mm)				$h=550$ (mm)						$V^*_{min}=154.65$ (kN)						$T^*_{min}=15.68$ (kN·m)							
β_t	$\theta=V/T$	T_{max}	T_{min}	$\phi6@100$			$\phi8@200$			$\phi8@150$			$\phi8@100$			$\phi10@200$			$\phi10@150$			$\phi10@100$	
				[T]	[V]	A_{stl}	[T]	[V]	A_{stl}	[T]	[V]	A_{stl}	[T]	[V]	A_{stl}	[T]	[V]	A_{stl}	[T]	[V]	A_{stl}	[T]	[V]	A_{stl}
0.5	19.6	42.90	12.61	25.67	503.54	392.98	24.56	481.91	392.98	27.50	539.46	392.98	33.36	654.56	584.55	29.50	578.71	456.18	34.08	668.52	608.17			
0.6	14.7	52.99	15.77	31.47	463.13	453.77	30.08	442.56	453.77	33.80	497.31	494.33	41.24	606.80	741.38	36.33	534.64	578.57	42.14	620.08	771.34			
0.7	11.2	63.70	19.19	37.61	421.59	519.86	35.88	402.20	519.86	40.48	453.80	611.51	49.68	557.01	917.15	43.62	488.99	715.72	50.80	569.52	954.22			
0.8	8.6	75.07	22.93	44.12	378.68	627.71	42.01	360.62	594.13	47.61	408.68	743.75	58.81	504.79	1115.51	51.43	441.45	870.50	60.17	516.45	1160.59			
0.9	6.5	87.18	27.03	49.85	338.62	713.26	47.45	321.58	668.65	53.82	366.92	845.15	66.55	457.58	1267.73	58.16	397.83	989.23	68.09	468.58	1318.98			
1.0	4.9	100.10	31.53	53.00	307.69	722.40	50.61	290.65	726.30	56.97	335.99	845.15	69.70	426.65	1267.73	61.31	366.90	989.23	71.24	437.65	1318.98	91.11	579.14	1978.46
1.0	2.5	128.70	42.04	53.00	307.69	722.40	50.61	290.65	726.30	56.97	335.99	845.15	69.70	426.65	1267.73	61.31	366.90	989.23	71.24	437.65	1318.98	91.11	579.14	1978.46
纯扭	0	178.38	63.24										69.70	0	1906.76				71.24	0	1906.76	91.11	0	1978.20

$b=600$ (mm)				$h=600$ (mm)						$V^*_{min}=169.67$ (kN)						$T^*_{min}=17.92$ (kN·m)							
β_t	$\theta=V/T$	T_{max}	T_{min}	$\phi6@100$			$\phi8@200$			$\phi8@150$			$\phi8@100$			$\phi10@200$			$\phi10@150$			$\phi10@100$	
				[T]	[V]	A_{stl}	[T]	[V]	A_{stl}	[T]	[V]	A_{stl}	[T]	[V]	A_{stl}	[T]	[V]	A_{stl}	[T]	[V]	A_{stl}	[T]	[V]	A_{stl}
0.5	18.8	49.03	14.41	29.26	551.15	437.55	28.01	527.57	437.55	31.35	590.33	437.55	38.01	715.86	632.46	33.62	633.13	493.57	38.82	731.08	658.01			
0.6	14.1	60.56	18.02	35.86	506.57	505.24	34.28	484.17	505.24	38.50	543.78	533.99	46.94	663.00	800.86	41.38	584.43	624.98	47.96	677.45	833.23			
0.7	10.8	72.80	21.93	42.81	460.74	578.83	40.85	439.66	578.83	46.07	495.75	659.39	56.49	607.92	988.97	49.62	533.99	771.76	57.75	621.53	1028.93			
0.8	8.2	85.80	26.21	50.18	413.43	675.50	47.80	393.84	661.52	54.13	445.97	800.37	66.78	550.22	1200.44	58.44	481.51	936.77	68.31	562.87	1248.95			
0.9	6.3	99.64	30.89	56.05	371.49	747.22	53.42	352.81	738.86	60.42	402.54	885.40	74.42	502.01	1328.10	65.19	436.45	1036.34	76.11	514.07	1381.78	97.97	669.30	2072.68
1.0	4.7	114.40	36.04	59.65	337.56	798.21	57.02	318.87	802.95	64.02	368.61	885.40	78.02	468.07	1328.10	68.79	402.52	1036.34	79.72	480.14	1381.78	101.57	635.37	2072.68
1.0	2.4	147.09	48.05	59.65	337.56	798.21	57.02	318.87	802.95	64.02	368.61	885.40	78.02	468.07	1328.10	68.79	402.52	1036.34	79.72	480.14	1381.78	101.57	635.37	2072.68
纯扭	0	203.86	72.28										78.02	0	2080.11				79.72	0	2080.11	101.57	0	2080.11

续表

$b=600$（mm） $h=650$（mm） $V^*_{min}=184.68$（kN） $T^*_{min}=20.15$（kN·m）

β_t	$\theta=V/T$	T_{max}	T_{min}	ϕ6@100			ϕ8@200			ϕ8@150			ϕ8@100			ϕ10@200			ϕ10@150			ϕ10@100		
				[T]	[V]	A_{stl}	[T]	[V]	A_{stl}	[T]	[V]	A_{stl}	[T]	[V]	A_{stl}	[T]	[V]	A_{stl}	[T]	[V]	A_{stl}	[T]	[V]	A_{stl}
0.5	18.2	55.16	16.22	32.86	598.79	481.90	31.46	573.24	481.90	35.19	641.22	481.90	42.65	777.18	678.50	37.73	687.58	529.50	43.56	793.67	705.92			
0.6	13.7	68.14	20.27	40.25	550.03	556.45	38.47	525.80	556.45	43.19	590.28	572.11	52.63	719.24	858.04	46.41	634.25	669.60	53.77	734.88	892.72			
0.7	10.4	81.90	24.68	48.01	499.92	637.49	45.82	477.16	637.49	51.64	537.74	705.43	63.28	658.90	1058.02	55.61	579.05	825.65	64.69	673.59	1100.78			
0.8	8.0	96.53	29.48	56.22	448.23	728.56	53.57	427.11	728.56	60.63	483.32	854.85	74.73	595.74	1282.15	65.43	521.65	1000.54	76.44	609.37	1333.97			
0.9	6.1	112.09	34.75	62.25	404.37	807.09	59.38	384.03	808.88	67.01	438.16	925.64	82.29	546.43	1388.47	72.22	475.08	1083.44	84.14	559.56	1444.59	107.98	728.54	2166.89
1.0	4.6	128.70	40.54	66.30	367.43	873.81	63.43	347.09	879.38	71.07	401.23	925.64	86.34	509.50	1388.47	76.27	438.14	1083.44	88.19	522.63	1444.59	112.03	691.60	2166.89
1.0	2.3	165.47	54.05	66.30	367.43	873.81	63.43	347.09	879.38	71.07	401.23	925.64	86.34	509.50	1388.47	76.27	438.14	1083.44	88.19	522.63	1444.59	112.03	691.60	2166.89
纯扭	0	229.34	81.31										86.34	0	2253.45				88.19	0	2253.45	112.03	0	2253.45

$b=600$（mm） $h=700$（mm） $V^*_{min}=199.70$（kN） $T^*_{min}=22.39$（kN·m）

β_t	$\theta=V/T$	T_{max}	T_{min}	ϕ6@100			ϕ8@200			ϕ8@150			ϕ8@100			ϕ10@200			ϕ10@150			ϕ10@100		
				[T]	[V]	A_{stl}	[T]	[V]	A_{stl}	[T]	[V]	A_{stl}	[T]	[V]	A_{stl}	[T]	[V]	A_{stl}	[T]	[V]	A_{stl}	[T]	[V]	A_{stl}
0.5	17.7	61.29	18.02	36.45	646.44	526.07	34.90	618.93	526.07	39.03	692.13	526.07	47.29	838.53	723.13	41.84	742.05	564.33	48.29	856.29	752.36	61.17	1084.77	1128.40
0.6	13.3	75.71	22.52	44.62	593.51	607.46	42.67	567.45	607.46	47.88	636.80	609.08	58.31	775.51	913.48	51.44	684.10	712.86	59.57	792.33	950.39			
0.7	10.1	91.00	27.42	53.20	539.13	695.93	50.79	514.68	695.93	57.21	579.76	750.09	70.06	709.92	1125.00	61.59	624.14	877.92	71.62	725.71	1170.47			
0.8	7.8	107.25	32.76	62.26	483.06	795.35	59.34	460.40	795.35	67.12	520.71	907.72	82.66	641.31	1361.45	72.42	561.83	1062.42	84.55	655.94	1416.47			
0.9	5.9	124.55	38.61	68.45	437.24	876.50	65.34	415.25	878.76	73.61	473.79	965.89	90.16	590.86	1448.83	79.25	513.70	1130.55	92.16	605.06	1507.40	117.99	787.77	2261.10
1.0	4.4	143.00	45.04	72.95	397.30	949.26	69.84	375.31	955.65	78.11	433.85	965.89	94.66	550.92	1448.83	83.75	473.76	1130.55	96.67	565.12	1507.40	122.49	747.83	2261.10
1.0	2.2	183.86	60.06	72.95	397.30	949.26	69.84	375.31	955.65	78.11	433.85	965.89	94.66	550.92	1448.83	83.75	473.76	1130.55	96.67	565.12	1507.40	122.49	747.83	2261.10
纯扭	0	254.83	90.35										94.66	0	2426.79				96.67	0	2426.79	122.49	0	2426.79

$b=600$（mm） $h=750$（mm） $V^*_{min}=214.71$（kN） $T^*_{min}=24.63$（kN·m）

β_t	$\theta=V/T$	T_{max}	T_{min}	ϕ6@100			ϕ8@200			ϕ8@150			ϕ8@100			ϕ10@200			ϕ10@150			ϕ10@100		
				[T]	[V]	A_{stl}	[T]	[V]	A_{stl}	[T]	[V]	A_{stl}	[T]	[V]	A_{stl}	[T]	[V]	A_{stl}	[T]	[V]	A_{stl}	[T]	[V]	A_{stl}
0.5	17.3	67.41	19.82	40.04	694.10	570.12	38.34	664.63	570.12	42.87	743.05	570.12	51.92	899.90	766.67	45.95	796.53	598.31	53.01	918.92	797.65	67.14	1163.71	1196.34
0.6	13.0	83.28	24.77	49.00	637.00	658.31	46.85	609.11	658.31	52.56	683.34	658.31	63.99	831.81	967.57	56.46	733.96	755.08	65.37	849.82	1006.67	83.19	1081.53	1509.86
0.7	9.9	100.10	30.16	58.39	578.36	754.19	55.75	552.22	754.19	62.78	621.81	793.69	76.83	760.99	1190.38	67.57	669.26	928.94	78.53	777.86	1238.49			
0.8	7.6	117.98	36.04	68.30	517.92	861.94	65.11	493.72	861.94	73.60	558.13	959.36	90.59	686.94	1438.90	79.39	602.05	1122.86	92.65	702.56	1497.06			
0.9	5.8	137.00	42.47	74.65	470.12	945.81	71.30	446.47	948.52	80.21	509.41	1006.13	98.03	635.28	1509.20	86.28	552.33	1177.66	100.19	650.55	1570.21	128.00	847.00	2355.31
1.0	4.3	157.30	49.55	79.60	427.18	1024.60	76.25	403.53	1031.78	85.16	466.47	1014.18	102.98	592.34	1509.20	91.24	509.38	1177.66	105.14	607.61	1570.21	132.95	804.05	2355.31
1.0	2.2	202.24	66.07	79.60	427.18	1024.60	76.25	403.53	1031.78	85.16	466.47	1014.18	102.98	592.34	1509.20	91.24	509.38	1177.66	105.14	607.61	1570.21	132.95	804.05	2355.31
纯扭	0	280.31	99.38										102.98	0	2600.13				105.14	0	2600.13	132.95	0	2600.13

续表

$b=600$ (mm)							$h=800$ (mm)						$V^*_{min}=229.73$ (kN)						$T^*_{min}=26.87$ (kN·m)					
β_t	$\theta=V/T$	T_{max}	T_{min}	$\phi6@100$			$\phi8@200$			$\phi8@150$			$\phi8@100$			$\phi10@200$			$\phi10@150$			$\phi10@100$		
				[T]	[V]	A_{stl}	[T]	[V]	A_{stl}	[T]	[V]	A_{stl}	[T]	[V]	A_{stl}	[T]	[V]	A_{stl}	[T]	[V]	A_{stl}	[T]	[V]	A_{stl}
0.5	17.0	73.54	21.62	43.63	741.76	614.06	41.78	710.33	614.06	46.70	793.98	614.06	56.55	961.29	809.34	50.06	851.03	631.61	57.74	981.58	842.05	73.10	1242.68	1262.93
0.6	12.7	90.85	27.03	53.37	680.51	709.05	51.04	650.78	709.05	57.25	729.90	709.05	69.66	888.14	1020.60	61.48	783.85	796.46	71.16	907.33	1061.85	90.53	1154.28	1592.62
0.7	9.7	109.20	32.90	63.58	617.61	812.32	60.71	589.77	812.32	68.34	663.87	836.44	83.60	812.07	1254.51	73.54	714.40	978.98	85.45	830.05	1305.21			
0.8	7.4	128.70	39.31	74.33	552.80	928.37	70.86	527.06	928.37	80.08	595.57	1010.03	98.50	732.60	1514.91	86.36	642.29	1182.17	100.74	749.22	1576.14			
0.9	5.7	149.46	46.33	80.85	503.00	1015.04	77.26	477.69	1018.20	86.81	545.03	1046.38	105.90	679.71	1569.57	93.32	590.95	1224.76	108.21	696.04	1633.02	138.01	906.23	2449.53
1.0	4.3	171.60	54.05	86.25	457.05	1099.84	82.66	431.75	1107.82	92.21	499.09	1088.25	111.30	633.76	1569.57	98.72	545.01	1224.76	113.62	650.10	1633.02	143.41	860.28	2449.53
1.0	2.1	220.63	72.07	86.25	457.05	1099.84	82.66	431.75	1107.82	92.21	499.09	1088.25	111.30	633.76	1569.57	98.72	545.01	1224.76	113.62	650.10	1633.02	143.41	860.28	2449.53
纯扭	0	305.79	108.42										111.30	0	2773.47				113.62	0	2773.47	143.41	0	2773.47

$b=600$ (mm)							$h=900$ (mm)					$V^*_{min}=259.76$ (kN)					$T^*_{min}=31.35$ (kN·m)				
β_t	$\theta=V/T$	T_{max}	T_{min}	$\phi8@200$			$\phi8@150$			$\phi8@100$			$\phi10@200$			$\phi10@150$			$\phi10@100$		
				[T]	[V]	A_{stl}	[T]	[V]	A_{stl}	[T]	[V]	A_{stl}	[T]	[V]	A_{stl}	[T]	[V]	A_{stl}	[T]	[V]	A_{stl}
0.5	16.5	85.80	25.23	48.66	801.76	701.71	54.37	895.87	701.71	65.80	1084.09	892.72	58.27	960.04	701.71	67.18	1106.91	928.80	85.01	1400.66	1393.04
0.6	12.4	105.99	31.53	59.41	734.15	810.27	66.60	823.04	810.27	80.99	1000.83	1124.27	71.51	883.66	877.36	82.74	1022.39	1169.70	105.19	1299.86	1754.39
0.7	9.4	127.40	38.39	70.62	664.91	928.28	79.45	748.04	928.28	97.11	914.32	1379.93	85.47	804.74	1076.86	99.25	934.48	1435.70	126.82	1193.97	2153.38
0.8	7.2	150.15	45.86	82.37	593.77	1060.89	93.02	670.52	1109.22	114.31	824.01	1663.68	100.28	722.85	1298.27	116.90	842.62	1730.92	150.13	1082.16	2596.23
0.9	5.5	174.37	54.05	89.18	540.14	1157.37	100.00	616.28	1147.36	121.64	768.56	1690.31	107.38	668.20	1318.98	124.26	787.03	1758.63	158.03	1024.69	2637.95
1.0	4.1	200.20	63.06	95.48	488.18	1259.68	106.30	564.33	1236.21	127.94	716.61	1690.31	113.68	616.25	1318.98	130.56	735.08	1758.63	164.33	972.74	2637.95
1.0	2.1	257.40	84.08	95.48	488.18	1259.68	106.30	564.33	1236.21	127.94	716.61	1690.31	113.68	616.25	1318.98	130.56	735.08	1758.63	164.33	972.74	2637.95
纯扭	0	356.76	126.49							127.94	0	3120.16				130.56	0	3120.16	164.33	0	3120.16

$b=600$ (mm)							$h=1000$ (mm)					$V^*_{min}=289.79$ (kN)					$T^*_{min}=35.83$ (kN·m)				
β_t	$\theta=V/T$	T_{max}	T_{min}	$\phi8@200$			$\phi8@150$			$\phi8@100$			$\phi10@200$			$\phi10@150$			$\phi10@100$		
				[T]	[V]	A_{stl}	[T]	[V]	A_{stl}	[T]	[V]	A_{stl}	[T]	[V]	A_{stl}	[T]	[V]	A_{stl}	[T]	[V]	A_{stl}
0.5	16.1	98.06	28.83	55.54	893.20	789.14	62.04	997.77	789.14	75.04	1206.92	974.19	66.47	1069.08	789.14	76.62	1232.29	1013.56	96.91	1558.70	1520.17
0.6	12.1	121.13	36.04	67.77	817.54	911.22	75.96	916.21	911.22	92.32	1113.57	1225.62	81.53	983.50	956.45	94.30	1137.51	1275.15	119.84	1445.51	1912.54
0.7	9.2	145.60	43.87	80.53	740.08	1043.94	90.56	832.26	1043.94	110.62	1016.62	1502.62	97.40	895.12	1172.60	113.05	1038.98	1563.35	144.36	1326.71	2344.84
0.8	7.0	171.60	52.42	93.87	660.53	1193.07	105.95	745.52	1206.33	130.11	915.49	1809.33	114.19	803.47	1411.92	133.04	936.10	1882.46	170.74	1201.37	2823.53
0.9	5.4	199.28	61.78	101.10	602.58	1296.34	113.19	687.52	1284.14	137.38	857.41	1811.04	121.44	745.45	1413.19	140.31	878.01	1884.25	178.05	1143.15	2826.38
1.0	4.0	228.80	72.07	108.31	544.62	1411.31	120.40	629.57	1383.99	144.58	799.45	1811.04	128.64	687.49	1413.19	147.51	820.06	1884.25	185.26	1085.19	2826.38
1.0	2.0	294.17	96.10	108.31	544.62	1411.31	120.40	629.57	1383.99	144.58	799.45	1811.04	128.64	687.49	1413.19	147.51	820.06	1884.25	185.26	1085.19	2826.38
纯扭	0	407.72	144.56							144.58	0	3466.84				147.51	0	3466.84	185.26	0	3466.84

矩形截面纯扭剪扭构件计算表 抗剪扭箍筋（双肢）抗扭纵筋 A_{stl}（mm^2） HPB235 钢筋 C35 **表 2-8-10**

$b=250$（mm）				$h=400$（mm）						$V^*_{min}=50.14$（kN）					$T^*_{min}=2.70$（kN·m）					
β_t	$\theta=V/T$	T_{max}	T_{min}	ϕ6@100			ϕ8@150			ϕ8@100			ϕ10@200			ϕ10@150			ϕ10@100		
				[T]	[V]	A_{stl}	[T]	[V]	A_{stl}	[T]	[V]	A_{stl}	[T]	[V]	A_{stl}	[T]	[V]	A_{stl}	[T]	[V]	A_{stl}
0.5	36.9	7.87	2.18	3.88	143.00	147.72	4.09	150.90	147.72	4.78	176.22	147.72	4.33	159.54	147.72	4.86	179.29	147.72	5.93	218.81	219.65
0.6	27.7	9.72	2.72	4.70	130.15	170.57	4.97	137.53	170.57	5.83	161.18	175.29	5.26	145.59	170.57	5.93	164.05	182.38	7.26	200.96	273.53
0.7	21.1	11.69	3.31	5.55	117.08	195.42	5.88	123.90	195.42	6.91	145.75	212.52	6.23	131.35	195.42	7.04	148.39	221.11	8.66	182.49	331.64
0.8	16.1	13.77	3.95	6.43	103.76	223.33	6.81	109.97	223.33	8.05	129.87	252.80	7.24	116.75	223.33	8.20	132.28	263.01	10.12	163.34	394.50
0.9	12.3	15.99	4.66	7.33	90.16	255.86	7.78	95.71	255.86	9.23	113.49	296.50	8.28	101.77	255.86	9.41	115.65	308.48	11.66	143.40	462.71
1.0	9.2	18.36	5.44	8.27	76.24	295.44	8.79	81.07	295.44	10.47	96.55	344.09	9.36	86.35	295.44	10.67	98.43	358.00	13.29	122.59	536.99
1.0	4.6	23.61	7.25	10.89	50.22	417.82	11.58	53.40	420.02	13.79	63.60	571.11	12.34	56.88	471.54	14.06	64.83	589.44	17.51	80.75	825.23
纯扭	0	32.72	10.91				11.91	0	634.38	15.15	0	663.96	13.02	0	634.38	15.55	0	690.80	20.60	0	1036.20

$b=250$（mm）				$h=450$（mm）						$V^*_{min}=57.01$（kN）					$T^*_{min}=3.13$（kN·m）					
β_t	$\theta=V/T$	T_{max}	T_{min}	ϕ6@100			ϕ8@150			ϕ8@100			ϕ10@200			ϕ10@150			ϕ10@100		
				[T]	[V]	A_{stl}	[T]	[V]	A_{stl}	[T]	[V]	A_{stl}	[T]	[V]	A_{stl}	[T]	[V]	A_{stl}	[T]	[V]	A_{stl}
0.5	36.2	9.11	2.52	4.49	162.45	167.71	4.73	171.41	167.71	5.53	200.12	167.71	5.00	181.20	167.71	5.62	203.61	167.71	6.86	248.41	242.10
0.6	27.2	11.26	3.15	5.44	147.82	193.65	5.75	156.18	193.65	6.74	182.98	193.65	6.09	165.32	193.65	6.86	186.23	200.88	8.40	228.05	301.28
0.7	20.7	13.53	3.83	6.42	132.94	221.86	6.80	140.66	221.86	7.99	165.40	233.91	7.20	149.09	221.86	8.14	168.40	243.36	10.00	207.00	365.01
0.8	15.8	15.95	4.58	7.43	117.78	253.55	7.88	124.81	253.55	9.30	147.32	278.01	8.36	132.48	253.55	9.47	150.05	289.25	11.69	185.18	433.85
0.9	12.1	18.52	5.40	8.47	102.31	290.48	8.99	108.58	290.48	10.66	128.69	325.79	9.56	115.44	290.48	10.86	131.12	338.96	13.46	162.50	508.43
1.0	9.1	21.26	6.30	9.55	86.49	335.41	10.15	91.94	335.41	12.08	109.42	377.73	10.81	97.90	335.41	12.32	111.54	393.00	15.33	138.83	589.49
1.0	4.5	27.34	8.40	12.56	56.84	474.35	13.35	60.43	474.35	15.89	71.92	625.61	14.21	64.35	516.53	16.19	73.31	645.68	20.15	91.24	903.98
纯扭	0	37.89	12.63				13.70	0	713.67	17.40	0	724.32	14.96	0	713.67	17.85	0	753.60	23.63	0	1130.40

$b=250$（mm）				$h=500$（mm）						$V^*_{min}=63.88$（kN）					$T^*_{min}=3.56$（kN·m）					
β_t	$\theta=V/T$	T_{max}	T_{min}	ϕ6@100			ϕ8@150			ϕ8@100			ϕ10@200			ϕ10@150			ϕ10@100		
				[T]	[V]	A_{stl}	[T]	[V]	A_{stl}	[T]	[V]	A_{stl}	[T]	[V]	A_{stl}	[T]	[V]	A_{stl}	[T]	[V]	A_{stl}
0.5	35.7	10.35	2.86	5.09	181.91	187.66	5.37	191.93	187.66	6.27	224.03	187.66	5.68	202.87	187.66	6.38	227.92	187.66	7.78	278.01	264.35
0.6	26.8	12.79	3.58	6.18	165.49	216.69	6.53	174.84	216.69	7.65	204.79	216.69	6.91	185.05	216.69	7.78	208.42	219.22	9.53	255.15	328.80
0.7	20.4	15.38	4.36	7.29	148.80	248.25	7.71	157.43	248.25	9.07	185.05	255.13	8.18	166.85	248.25	9.23	188.40	265.44	11.35	231.52	398.12
0.8	15.6	18.12	5.20	8.44	131.81	283.71	8.94	139.65	283.71	10.55	164.78	303.05	9.49	148.22	283.71	10.74	167.82	315.30	13.25	207.04	472.92
0.9	11.9	21.04	6.13	9.62	114.46	325.03	10.20	121.46	325.03	12.09	143.88	354.90	10.85	129.11	325.03	12.32	146.60	369.24	15.26	181.60	553.84
1.0	8.9	24.16	7.15	10.83	96.73	375.31	11.52	102.81	375.31	13.70	122.30	411.17	12.26	109.46	375.31	13.96	124.66	427.79	17.37	155.07	641.69
1.0	4.5	31.06	9.54	14.22	63.47	530.77	15.11	67.46	530.77	17.98	80.25	679.88	16.09	71.82	561.34	18.32	81.80	701.69	22.79	101.75	982.40
纯扭	0	43.05	14.35				15.48	0	792.97	19.65	0	792.97	16.90	0	792.97	20.15	0	816.40	26.65	0	1224.60

续表

$b=250$（mm）							$h=550$（mm）				$V^*_{min}=70.75$（kN）				$T^*_{min}=3.98$（kN·m）					
β_t	$\theta=V/T$	T_{max}	T_{min}	$\phi6@100$			$\phi8@150$			$\phi8@100$			$\phi10@200$			$\phi10@150$			$\phi10@100$	
				[T]	[V]	A_{stl}	[T]	[V]	A_{stl}	[T]	[V]	A_{stl}	[T]	[V]	A_{stl}	[T]	[V]	A_{stl}	[T]	[V]	A_{stl}
0.5	35.3	11.60	3.21	5.70	201.37	207.58	6.02	212.44	207.58	7.02	247.93	207.58	6.36	224.54	207.58	7.14	252.24	207.58	8.71	307.62	286.47
0.6	26.5	14.33	4.01	6.92	183.17	239.69	7.31	193.50	239.69	8.56	226.59	239.69	7.73	204.78	239.69	8.71	230.60	239.69	10.66	282.25	356.15
0.7	20.2	17.22	4.88	8.16	164.67	274.60	8.63	174.20	274.60	10.14	204.71	276.23	9.15	184.60	274.60	10.33	208.42	287.40	12.69	256.04	431.06
0.8	15.4	20.30	5.83	9.44	145.83	313.83	10.00	154.49	313.83	11.80	182.24	327.96	10.61	163.95	313.83	12.01	185.60	341.21	14.82	228.90	511.79
0.9	11.8	23.57	6.87	10.76	126.62	359.54	11.41	134.34	359.54	13.51	159.09	383.86	12.13	142.78	359.54	13.77	162.09	399.38	17.05	200.70	599.05
1.0	8.8	27.06	8.01	12.12	106.98	415.16	12.88	113.69	415.16	15.31	135.18	444.48	13.71	121.02	415.16	15.61	137.78	462.45	19.41	171.32	693.67
1.0	4.4	34.79	10.68	15.88	70.11	587.13	16.88	74.50	587.13	20.07	88.59	734.00	17.97	79.31	606.02	20.45	90.29	757.55	25.43	112.27	1060.60
纯扭	0	48.22	16.07				17.27	0	872.27	21.89	0	872.27	18.84	0	872.27	22.46	0	879.20	29.68	0	1318.80
$b=250$（mm）							$h=600$（mm）				$V^*_{min}=77.62$（kN）				$T^*_{min}=4.41$（kN·m）					
β_t	$\theta=V/T$	T_{max}	T_{min}	$\phi6@100$			$\phi8@150$			$\phi8@100$			$\phi10@200$			$\phi10@150$			$\phi10@100$	
				[T]	[V]	A_{stl}	[T]	[V]	A_{stl}	[T]	[V]	A_{stl}	[T]	[V]	A_{stl}	[T]	[V]	A_{stl}	[T]	[V]	A_{stl}
0.5	35.0	12.84	3.55	6.31	220.82	227.49	6.66	232.96	227.49	7.77	271.84	227.49	7.04	246.21	227.49	7.90	276.55	227.49	9.64	337.23	308.49
0.6	26.2	15.86	4.44	7.65	200.84	262.68	8.08	212.16	262.68	9.46	248.40	262.68	8.55	224.51	262.68	9.63	252.80	262.68	11.79	309.36	383.40
0.7	20.0	19.07	5.40	9.03	180.54	300.94	9.55	190.97	300.94	11.22	224.38	300.94	10.12	202.36	300.94	11.42	228.43	309.27	14.03	280.57	463.86
0.8	15.3	22.47	6.45	10.44	159.86	343.93	11.06	169.34	343.93	13.04	199.70	352.78	11.74	179.69	343.93	13.28	203.38	367.03	16.38	250.76	550.52
0.9	11.7	26.09	7.60	11.90	138.78	394.02	12.62	147.23	394.02	14.94	174.29	412.73	13.41	156.46	394.02	15.22	177.58	429.42	18.84	219.82	644.10
1.0	8.7	29.96	8.87	13.40	117.23	454.98	14.24	124.57	454.98	16.92	148.06	477.69	15.15	132.58	454.98	17.25	150.91	497.00	21.44	187.58	745.49
1.0	4.4	38.52	11.83	17.54	76.74	643.43	18.64	81.55	643.43	22.16	96.93	788.01	19.84	86.79	650.61	22.59	98.79	813.29	28.07	122.80	1138.64
纯扭	0	53.39	17.79				19.05	0	951.56	24.14	0	951.56	20.79	0	951.56	24.76	0	951.56	32.70	0	1413.00
$b=250$（mm）							$h=650$（mm）				$V^*_{min}=84.49$（kN）				$T^*_{min}=4.84$（kN·m）					
β_t	$\theta=V/T$	T_{max}	T_{min}	$\phi6@100$			$\phi8@150$			$\phi8@100$			$\phi10@200$			$\phi10@150$			$\phi10@100$	
				[T]	[V]	A_{stl}	[T]	[V]	A_{stl}	[T]	[V]	A_{stl}	[T]	[V]	A_{stl}	[T]	[V]	A_{stl}	[T]	[V]	A_{stl}
0.5	34.7	14.08	3.89	6.92	240.28	247.38	7.30	253.47	247.38	8.52	295.74	247.38	7.71	267.89	247.38	8.66	300.87	247.38	10.56	366.84	330.43
0.6	26.0	17.40	4.87	8.39	218.52	285.65	8.86	230.82	285.65	10.37	270.21	285.65	9.38	244.25	285.65	10.56	274.99	285.65	12.92	336.47	410.56
0.7	19.8	20.91	5.92	9.90	196.41	327.25	10.47	207.74	327.25	12.30	244.04	327.25	11.09	220.12	327.25	12.52	248.44	331.08	15.37	305.10	496.57
0.8	15.2	24.64	7.08	11.44	173.89	374.00	12.12	184.19	374.00	14.29	217.17	377.53	12.86	195.43	374.00	14.56	221.17	392.78	17.94	272.63	589.14
0.9	11.6	28.62	8.34	13.04	150.94	428.48	13.83	160.11	428.48	16.37	189.50	441.53	14.70	170.13	428.48	16.68	193.06	459.38	20.64	238.93	689.05
1.0	8.7	32.86	9.73	14.68	127.48	494.76	15.60	135.44	494.76	18.54	160.95	510.82	16.60	144.14	494.76	18.89	164.04	531.47	23.48	203.84	797.21
1.0	4.3	42.25	12.97	19.21	83.38	699.70	20.41	88.59	699.70	24.25	105.27	841.93	21.72	94.28	699.70	24.72	107.29	868.94	30.71	133.33	1216.56
纯扭	0	58.55	19.52				20.83	0	1030.86	26.39	0	1030.86	22.73	0	1030.86	27.06	0	1030.86	35.73	0	1507.20

续表

$b=300$ (mm)				$h=450$ (mm)					$V^*_{min}=68.41$ (kN)					$T^*_{min}=4.30$ (kN·m)				
β_t	$\theta=V/T$	T_{max}	T_{min}	ϕ8@150			ϕ8@100			ϕ10@200			ϕ10@150			ϕ10@100		
				[T]	[V]	A_{stl}	[T]	[V]	A_{stl}	[T]	[V]	A_{stl}	[T]	[V]	A_{stl}	[T]	[V]	A_{stl}
0.5	31.6	12.53	3.46	6.18	195.26	104.60	7.10	224.50	156.85	6.49	205.23	122.41	7.21	228.04	163.19	8.65	273.66	244.73
0.6	23.7	15.47	4.33	7.50	177.93	130.73	8.66	205.33	196.06	7.90	187.27	153.01	8.80	208.66	203.98	10.60	251.43	305.92
0.7	18.1	18.60	5.27	8.87	160.27	159.14	10.28	185.70	238.67	9.35	168.94	186.26	10.45	188.78	248.32	12.64	228.46	372.43
0.8	13.8	21.92	6.29	10.28	142.26	190.13	11.97	165.52	285.16	10.86	150.19	222.53	12.17	168.34	296.69	14.79	204.64	444.99
0.9	10.5	25.45	7.42	11.75	123.83	224.07	13.73	144.72	336.08	12.42	130.95	262.26	13.97	147.25	349.66	17.06	179.85	524.47
1.0	7.9	29.23	8.65	13.27	104.93	261.40	15.59	123.21	392.10	14.06	111.17	305.96	15.87	125.43	407.94	19.48	153.95	611.91
1.0	4.0	37.58	11.54	17.70	69.97	511.74	20.79	82.16	686.03	18.76	74.13	571.17	21.16	83.64	707.17	25.97	102.66	979.19
纯扭	0	52.08	17.36	17.91	0	856.41	22.53	0	856.41	19.48	0	856.41	23.10	0	856.41	30.32	0	1224.60

$b=300$ (mm)				$h=500$ (mm)					$V^*_{min}=76.66$ (kN)					$T^*_{min}=4.92$ (kN·m)				
β_t	$\theta=V/T$	T_{max}	T_{min}	ϕ8@150			ϕ8@100			ϕ10@200			ϕ10@150			ϕ10@100		
				[T]	[V]	A_{stl}	[T]	[V]	A_{stl}	[T]	[V]	A_{stl}	[T]	[V]	A_{stl}	[T]	[V]	A_{stl}
0.5	31.0	14.31	3.96	7.05	218.58	114.07	8.10	251.23	171.05	7.41	229.71	133.50	8.23	255.19	177.96	9.88	306.15	266.90
0.6	23.2	17.68	4.95	8.56	199.12	142.46	9.88	229.71	213.64	9.01	209.55	166.73	10.04	233.42	222.27	12.09	281.16	333.36
0.7	17.7	21.25	6.02	10.12	179.31	173.27	11.72	207.66	259.86	10.67	188.97	202.79	11.92	211.10	270.36	14.41	255.34	405.49
0.8	13.6	25.05	7.19	11.73	159.10	206.81	13.64	185.01	310.18	12.38	167.93	242.06	13.87	188.15	322.72	16.85	228.59	484.04
0.9	10.3	29.09	8.48	13.40	138.44	243.48	15.65	161.68	365.19	14.16	146.36	284.98	15.92	164.50	379.95	19.43	200.78	569.90
1.0	7.8	33.40	9.89	15.13	117.25	283.73	17.75	137.57	425.58	16.02	124.18	332.09	18.07	140.04	442.78	22.16	171.75	664.17
1.0	3.9	42.94	13.19	20.12	77.98	553.99	23.61	91.50	742.68	21.31	82.59	618.32	24.04	93.14	765.56	29.48	114.23	1060.03
纯扭	0	59.52	19.84	20.30	0	951.56	25.51	0	951.56	22.07	0	951.56	26.14	0	951.56	34.26	0	1318.80

$b=300$ (mm)				$h=550$ (mm)					$V^*_{min}=84.90$ (kN)					$T^*_{min}=5.53$ (kN·m)				
β_t	$\theta=V/T$	T_{max}	T_{min}	ϕ8@150			ϕ8@100			ϕ10@200			ϕ10@150			ϕ10@100		
				[T]	[V]	A_{stl}	[T]	[V]	A_{stl}	[T]	[V]	A_{stl}	[T]	[V]	A_{stl}	[T]	[V]	A_{stl}
0.5	30.5	16.10	4.45	7.93	241.90	123.43	9.11	277.97	185.09	8.33	254.20	144.45	9.25	282.35	192.57	11.10	338.64	288.81
0.6	22.9	19.89	5.56	9.63	220.32	154.06	11.10	254.09	231.03	10.13	231.83	180.30	11.28	258.18	240.37	13.58	310.89	360.50
0.7	17.4	23.91	6.77	11.37	198.35	187.24	13.17	229.63	280.82	11.99	209.01	219.15	13.38	233.42	292.16	16.18	282.23	438.20
0.8	13.4	28.18	8.09	13.18	175.94	223.33	15.32	204.51	334.95	13.91	185.68	261.39	15.58	207.98	348.49	18.92	252.56	522.69
0.9	10.2	32.73	9.54	15.04	153.05	262.71	17.56	178.65	394.04	15.90	161.78	307.49	17.87	181.76	409.97	21.80	221.72	614.92
1.0	7.6	37.58	11.13	16.98	129.58	305.87	19.91	151.94	458.79	17.98	137.20	358.01	20.27	154.66	477.34	24.84	189.56	715.99
1.0	3.8	48.31	14.84	22.54	86.00	595.99	26.44	100.85	798.98	23.87	91.06	665.20	26.91	102.65	823.60	32.98	125.81	1140.39
纯扭	0	66.96	22.32	22.69	0	1046.72	28.48	0	1046.72	24.66	0	1046.72	29.18	0	1046.72	38.21	0	1413.00

续表

$b=300$（mm）				$h=600$（mm）					$V_{min}^{*}=93.14$（kN）					$T_{min}^{*}=6.15$（kN·m）				
β_t	$\theta=V/T$	T_{max}	T_{min}	ϕ8@150			ϕ8@100			ϕ10@200			ϕ10@150			ϕ10@100		
				[T]	[V]	A_{stl}	[T]	[V]	A_{stl}	[T]	[V]	A_{stl}	[T]	[V]	A_{stl}	[T]	[V]	A_{stl}
0.5	30.1	17.89	4.95	8.80	265.22	132.71	10.11	304.71	199.02	9.25	278.69	155.32	10.27	309.50	207.06	12.32	371.14	310.53
0.6	22.6	22.10	6.18	10.69	241.52	165.56	12.32	278.47	248.28	11.24	254.12	193.76	12.52	282.95	258.32	15.07	340.63	387.42
0.7	17.2	26.57	7.53	12.63	217.39	201.11	14.61	251.60	301.62	13.30	229.05	235.38	14.85	255.75	313.81	17.95	309.13	470.66
0.8	13.2	31.31	8.99	14.62	192.79	239.73	16.99	224.02	359.55	15.43	203.44	280.58	17.28	227.80	374.08	20.98	276.53	561.07
0.9	10.0	36.36	10.60	16.69	167.66	281.82	19.48	195.63	422.70	17.64	177.19	329.85	19.81	199.02	439.78	24.16	242.67	659.64
1.0	7.5	41.75	12.36	18.84	141.91	327.87	22.08	166.32	491.80	19.94	150.23	383.77	22.47	169.28	511.68	27.53	207.38	767.51
1.0	3.8	53.68	16.49	24.96	94.03	637.80	29.26	110.20	855.04	26.43	99.55	711.87	29.78	112.17	881.39	36.48	137.41	1220.41
纯扭	0	74.40	24.80	25.08	0	1141.88	31.45	0	1141.88	27.25	0	1141.88	32.22	0	1141.88	42.15	0	1507.20

$b=300$（mm）				$h=650$（mm）					$V_{min}^{*}=101.38$（kN）					$T_{min}^{*}=6.76$（kN·m）				
β_t	$\theta=V/T$	T_{max}	T_{min}	ϕ8@150			ϕ8@100			ϕ10@200			ϕ10@150			ϕ10@100		
				[T]	[V]	A_{stl}	[T]	[V]	A_{stl}	[T]	[V]	A_{stl}	[T]	[V]	A_{stl}	[T]	[V]	A_{stl}
0.5	29.8	19.68	5.44	9.68	288.55	141.94	11.12	331.46	212.85	10.17	303.18	166.12	11.29	336.66	221.45	13.54	403.63	332.12
0.6	22.4	24.31	6.80	11.75	262.72	176.99	13.54	302.86	265.43	12.36	276.40	207.15	13.76	307.72	276.16	16.56	370.37	414.17
0.7	17.0	29.23	8.28	13.88	236.44	214.91	16.06	273.57	322.30	14.62	249.10	251.52	16.32	278.08	335.33	19.72	336.04	502.93
0.8	13.0	34.44	9.89	16.07	209.64	256.04	18.67	243.53	384.01	16.96	221.20	299.67	18.98	247.63	399.53	23.04	300.51	599.25
0.9	9.9	40.00	11.66	18.34	182.27	300.83	21.39	212.61	451.21	19.38	192.62	352.10	21.76	216.29	469.45	26.52	263.63	704.14
1.0	7.5	45.93	13.60	20.69	154.24	349.78	24.24	180.70	524.67	21.90	163.26	409.41	24.67	183.91	545.87	30.21	225.20	818.80
1.0	3.7	59.05	18.13	27.38	102.06	679.49	32.08	119.57	910.93	28.98	108.03	758.40	32.65	121.69	938.99	39.98	149.02	1300.18
纯扭	0	81.84	27.28	27.48	0	1237.03	34.42	0	1237.03	29.84	0	1237.03	35.26	0	1237.03	46.10	0	1601.40

$b=300$（mm）				$h=700$（mm）					$V_{min}^{*}=109.63$（kN）					$T_{min}^{*}=7.38$（kN·m）				
β_t	$\theta=V/T$	T_{max}	T_{min}	ϕ8@150			ϕ8@100			ϕ10@200			ϕ10@150			ϕ10@100		
				[T]	[V]	A_{stl}	[T]	[V]	A_{stl}	[T]	[V]	A_{stl}	[T]	[V]	A_{stl}	[T]	[V]	A_{stl}
0.5	29.6	21.47	5.93	10.55	311.87	151.12	12.12	358.21	226.62	11.09	327.67	176.86	12.31	363.82	235.77	14.76	436.14	353.60
0.6	22.2	26.52	7.42	12.81	283.92	188.37	14.76	327.24	282.50	13.47	298.69	220.47	15.00	332.50	293.91	18.05	400.11	440.81
0.7	16.9	31.88	9.03	15.13	255.48	228.64	17.50	295.55	342.89	15.94	269.14	267.59	17.79	300.41	356.75	21.49	362.95	535.06
0.8	12.9	37.58	10.79	17.52	226.50	272.28	20.34	263.04	408.38	18.48	238.96	318.69	20.69	267.47	424.88	25.10	324.50	637.27
0.9	9.9	43.64	12.72	19.99	196.89	319.77	23.30	229.59	479.62	21.12	208.04	374.27	23.71	233.56	499.00	28.89	284.59	748.47
1.0	7.4	50.10	14.84	22.54	166.58	371.62	26.40	195.09	557.42	23.86	176.30	434.97	26.87	198.54	579.95	32.89	243.03	869.91
1.0	3.7	64.41	19.78	29.80	110.10	721.08	34.90	128.94	966.68	31.54	116.52	804.82	35.52	131.22	996.47	43.48	160.63	1379.76
纯扭	0	89.28	29.76	29.87	0	1332.19	37.39	0	1332.19	32.43	0	1332.19	38.30	0	1332.19	50.04	0	1695.60

续表

$b=300$ (mm)							$h=750$ (mm)				$V^*_{min}=117.87$ (kN)				$T^*_{min}=7.99$ (kN·m)			
β_t	$\theta=V/T$	T_{max}	T_{min}	ϕ8@150			ϕ8@100			ϕ10@200			ϕ10@150			ϕ10@100		
				[T]	[V]	A_{stl}	[T]	[V]	A_{stl}	[T]	[V]	A_{stl}	[T]	[V]	A_{stl}	[T]	[V]	A_{stl}
0.5	29.3	23.26	6.43	11.43	335.20	160.27	13.12	384.95	240.33	12.01	352.16	187.57	13.33	390.99	250.04	15.98	468.64	375.00
0.6	22.0	28.73	8.04	13.87	305.12	199.71	15.98	351.63	299.50	14.59	320.98	233.74	16.24	357.27	311.61	19.54	429.86	467.34
0.7	16.8	34.54	9.78	16.38	274.53	242.32	18.94	317.53	363.41	17.25	289.19	283.61	19.25	322.75	378.10	23.26	389.86	567.09
0.8	12.8	40.71	11.69	18.96	243.35	288.48	22.02	282.55	432.66	20.00	256.72	337.64	22.39	287.31	450.15	27.15	348.48	675.17
0.9	9.8	47.27	13.78	21.63	211.51	338.65	25.22	246.58	507.94	22.85	223.47	396.37	25.65	250.83	528.47	31.25	305.56	792.67
1.0	7.3	54.28	16.07	24.40	178.92	393.40	28.56	209.48	590.09	25.82	189.34	460.46	29.07	213.18	613.94	35.57	260.87	920.90
1.0	3.7	69.78	21.43	32.22	118.14	762.59	37.72	138.31	1022.33	34.10	125.02	851.15	38.39	140.76	1053.83	46.98	172.25	1459.19
纯扭	0	96.72	32.24	32.26	0	1427.35	40.36	0	1427.35	35.02	0	1427.35	41.35	0	1427.35	53.99	0	1789.80

$b=300$ (mm)							$h=800$ (mm)				$V^*_{min}=126.11$ (kN)				$T^*_{min}=8.61$ (kN·m)			
β_t	$\theta=V/T$	T_{max}	T_{min}	ϕ8@150			ϕ8@100			ϕ10@200			ϕ10@150			ϕ10@100		
				[T]	[V]	A_{stl}	[T]	[V]	A_{stl}	[T]	[V]	A_{stl}	[T]	[V]	A_{stl}	[T]	[V]	A_{stl}
0.5	29.1	25.05	6.92	12.30	358.52	169.39	14.13	411.70	254.01	12.92	376.65	198.24	14.35	418.15	264.27	17.20	501.14	396.34
0.6	21.9	30.94	8.65	14.93	326.33	211.02	17.20	376.02	316.46	15.71	343.27	246.97	17.48	382.05	329.25	21.03	459.60	493.80
0.7	16.7	37.20	10.54	17.63	293.58	255.96	20.39	339.51	383.88	18.57	309.24	299.58	20.72	345.08	399.39	25.03	416.77	599.02
0.8	12.8	43.84	12.59	20.41	260.21	304.63	23.69	302.07	456.88	21.53	274.48	356.54	24.09	307.14	475.35	29.21	372.47	712.97
0.9	9.7	50.91	14.84	23.28	226.13	357.49	27.13	263.57	536.20	24.59	238.89	418.42	27.60	268.11	557.87	33.61	326.53	836.77
1.0	7.3	58.45	17.31	26.25	191.26	415.13	30.73	223.87	622.68	27.78	202.38	485.90	31.27	227.82	647.85	38.25	278.71	971.77
1.0	3.6	75.15	23.08	34.64	126.18	804.04	40.54	147.69	1077.90	36.65	133.51	897.41	41.26	150.30	1111.11	50.47	183.87	1538.51
纯扭	0	104.16	34.72				43.33	0	1522.50	37.61	0	1522.50	44.39	0	1522.50	57.93	0	1884.00

$b=300$ (mm)							$h=850$ (mm)				$V^*_{min}=134.35$ (kN)				$T^*_{min}=9.22$ (kN·m)			
β_t	$\theta=V/T$	T_{max}	T_{min}	ϕ8@150			ϕ8@100			ϕ10@200			ϕ10@150			ϕ10@100		
				[T]	[V]	A_{stl}	[T]	[V]	A_{stl}	[T]	[V]	A_{stl}	[T]	[V]	A_{stl}	[T]	[V]	A_{stl}
0.5	29.0	26.84	7.42	13.18	381.85	178.48	15.13	438.45	267.65	13.84	401.15	208.88	15.37	445.31	278.46	18.42	533.65	417.62
0.6	21.7	33.15	9.27	15.99	347.53	222.30	18.42	400.41	333.38	16.82	365.56	260.17	18.72	406.83	346.85	22.52	489.35	520.20
0.7	16.6	39.85	11.29	18.88	312.63	269.58	21.83	361.49	404.30	19.89	329.29	315.51	22.19	367.42	420.64	26.79	443.68	630.88
0.8	12.7	46.97	13.49	21.85	277.06	320.74	25.37	321.58	481.06	23.05	292.24	375.40	25.79	326.98	500.50	31.27	396.47	750.69
0.9	9.7	54.54	15.90	24.92	240.75	376.30	29.05	280.56	564.40	26.33	254.32	440.43	29.54	285.38	587.22	35.98	347.50	880.78
1.0	7.2	62.63	18.55	28.10	203.60	436.83	32.89	238.26	655.23	29.74	215.42	511.29	33.47	242.46	681.71	40.93	296.55	1022.56
1.0	3.6	80.52	24.73	37.06	134.22	845.44	43.36	157.07	1133.40	39.21	142.01	943.62	44.13	159.84	1168.32	53.97	195.50	1617.73
纯扭	0	111.60	37.20				46.31	0	1617.66	40.20	0	1617.66	47.43	0	1617.66	61.87	0	1978.20

续表

$b=350$ (mm)				$h=500$ (mm)				$V^*_{min}=89.43$ (kN)				$T^*_{min}=6.41$ (kN·m)			
β_t	$\theta=V/T$	T_{max}	T_{min}	$\phi8@100$			$\phi10@200$			$\phi10@150$			$\phi10@100$		
				[T]	[V]	A_{stl}	[T]	[V]	A_{stl}	[T]	[V]	A_{stl}	[T]	[V]	A_{stl}
0.5	27.7	18.67	5.16	10.03	278.15	251.99	9.24	256.33	251.99	10.18	282.17	251.99	12.04	333.84	270.18
0.6	20.8	23.06	6.45	12.23	254.31	290.98	11.24	233.80	290.98	12.41	258.09	290.98	14.75	306.66	338.64
0.7	15.8	27.72	7.85	14.51	229.92	333.35	13.31	210.83	333.35	14.73	233.43	333.35	17.59	278.62	413.48
0.8	12.1	32.68	9.38	16.89	204.89	380.98	15.45	187.37	380.98	17.16	208.11	380.98	20.58	249.59	495.63
0.9	9.2	37.95	11.06	19.38	179.13	436.46	17.67	163.34	436.46	19.70	182.03	436.46	23.74	219.42	586.23
1.0	6.9	43.57	12.90	22.00	152.51	503.98	20.00	138.65	503.98	22.37	155.07	503.98	27.11	187.91	686.64
1.0	3.5	56.01	17.20	29.62	102.64	807.73	26.92	93.31	712.74	30.11	104.36	831.67	36.49	126.46	1139.72
纯扭	0	77.64	25.88	31.64	0	1110.16	27.52	0	1110.16	32.40	0	1110.16	42.15	0	1413.00
$b=350$ (mm)				$h=550$ (mm)				$V^*_{min}=99.05$ (kN)				$T^*_{min}=7.25$ (kN·m)			
β_t	$\theta=V/T$	T_{max}	T_{min}	$\phi8@100$			$\phi10@200$			$\phi10@150$			$\phi10@100$		
				[T]	[V]	A_{stl}	[T]	[V]	A_{stl}	[T]	[V]	A_{stl}	[T]	[V]	A_{stl}
0.5	27.2	21.11	5.83	11.33	307.70	280.04	10.44	283.61	280.04	11.49	312.13	280.04	13.59	369.17	292.24
0.6	20.4	26.07	7.29	13.80	281.23	323.37	12.69	258.60	323.37	14.01	285.39	323.37	16.64	338.97	365.98
0.7	15.5	31.34	8.88	16.37	254.15	370.46	15.02	233.12	370.46	16.62	258.02	370.46	19.83	307.82	446.45
0.8	11.9	36.94	10.61	19.05	226.39	423.39	17.43	207.10	423.39	19.35	229.93	423.39	23.19	275.59	534.61
0.9	9.1	42.89	12.50	21.85	197.82	485.05	19.93	180.46	485.05	22.20	201.01	485.05	26.74	242.12	631.63
1.0	6.8	49.25	14.58	24.79	168.33	560.09	22.54	153.10	560.09	25.20	171.13	560.09	30.51	207.20	738.90
1.0	3.4	63.32	19.45	33.27	112.96	866.70	30.26	102.74	792.08	33.82	114.84	892.39	40.95	139.04	1222.93
纯扭	0	87.76	29.25	35.40	0	1221.17	30.83	0	1221.17	36.25	0	1221.17	47.08	0	1507.20
$b=350$ (mm)				$h=600$ (mm)				$V^*_{min}=108.66$ (kN)				$T^*_{min}=8.09$ (kN·m)			
β_t	$\theta=V/T$	T_{max}	T_{min}	$\phi8@100$			$\phi10@200$			$\phi10@150$			$\phi10@100$		
				[T]	[V]	A_{stl}	[T]	[V]	A_{stl}	[T]	[V]	A_{stl}	[T]	[V]	A_{stl}
0.5	26.7	23.54	6.51	12.62	337.24	308.04	11.64	310.89	308.04	12.80	342.09	308.04	15.14	404.50	313.99
0.6	20.0	29.08	8.13	15.38	308.15	355.69	14.14	283.41	355.69	15.60	312.70	355.69	18.53	371.28	392.96
0.7	15.3	34.96	9.90	18.23	278.40	407.50	16.73	255.42	407.50	18.51	282.62	407.50	22.07	337.03	479.00
0.8	11.7	41.20	11.83	21.21	247.89	465.71	19.41	226.84	465.71	21.54	251.76	465.71	25.80	301.61	573.12
0.9	8.9	47.84	13.94	24.31	216.52	533.54	22.18	197.59	533.54	24.70	220.00	533.54	29.74	264.84	676.52
1.0	6.7	54.93	16.27	27.57	184.15	616.08	25.08	167.56	616.08	28.03	187.21	616.08	33.91	226.51	790.64
1.0	3.3	70.63	21.69	36.91	123.29	925.23	33.59	112.18	871.26	37.53	125.33	952.65	45.40	151.64	1305.52
纯扭	0	97.89	32.63	39.17	0	1332.19	34.14	0	1332.19	40.10	0	1332.19	52.01	0	1601.40

续表

$b=350$（mm）　$h=650$（mm）　$V^*_{min}=118.28$（kN）　$T^*_{min}=8.92$（kN·m）															
β_t	$\theta=V/T$	T_{max}	T_{min}	ϕ8@100			ϕ10@200			ϕ10@150			ϕ10@100		
				[T]	[V]	A_{stl}	[T]	[V]	A_{stl}	[T]	[V]	A_{stl}	[T]	[V]	A_{stl}
0.5	26.4	25.98	7.18	13.92	366.79	335.99	12.83	338.17	335.99	14.12	372.06	335.99	16.69	439.84	335.99
0.6	19.8	32.09	8.98	16.95	335.07	387.97	15.59	308.22	387.97	17.20	340.01	387.97	20.42	403.60	419.67
0.7	15.1	38.57	10.93	20.09	302.64	444.48	18.44	277.72	444.48	20.40	307.23	444.48	24.32	366.25	511.25
0.8	11.5	45.46	13.05	23.36	269.40	507.97	21.38	246.58	507.97	23.73	273.60	507.97	28.41	327.63	611.30
0.9	8.8	52.79	15.39	26.77	235.23	581.96	24.44	214.72	581.96	27.20	239.00	581.96	32.73	287.57	721.05
1.0	6.6	60.61	17.95	30.35	199.98	671.99	27.62	182.02	671.99	30.85	203.29	671.99	37.31	245.83	841.99
1.0	3.3	77.93	23.93	40.56	133.63	983.44	36.92	121.63	950.33	41.23	135.84	1012.59	49.86	164.26	1387.66
纯扭	0	108.02	36.00	42.93	0	1443.21	37.44	0	1443.21	43.94	0	1443.21	56.95	0	1695.60
$b=350$（mm）　$h=700$（mm）　$V^*_{min}=127.90$（kN）　$T^*_{min}=9.76$（kN·m）															
β_t	$\theta=V/T$	T_{max}	T_{min}	ϕ8@100			ϕ10@200			ϕ10@150			ϕ10@100		
				[T]	[V]	A_{stl}	[T]	[V]	A_{stl}	[T]	[V]	A_{stl}	[T]	[V]	A_{stl}
0.5	26.1	28.41	7.85	15.21	396.35	363.92	14.03	365.46	363.92	15.43	402.03	363.92	18.24	475.18	363.92
0.6	19.5	35.10	9.82	18.52	362.00	420.21	17.04	333.04	420.21	18.80	367.33	420.21	22.31	435.92	446.18
0.7	14.9	42.19	11.95	21.95	326.89	481.41	20.15	300.02	481.41	22.29	331.84	481.41	26.56	395.47	543.26
0.8	11.4	49.72	14.28	25.52	290.91	550.19	23.36	266.32	550.19	25.92	295.44	550.19	31.02	353.66	649.21
0.9	8.7	57.74	16.83	29.24	253.94	630.32	26.69	231.85	630.32	29.70	258.00	630.32	35.73	310.30	765.30
1.0	6.5	66.30	19.63	33.13	215.82	727.83	30.16	196.49	727.83	33.68	219.38	727.83	40.70	265.16	893.05
1.0	3.3	85.24	26.18	44.21	143.99	1041.41	40.25	131.09	1029.31	44.93	146.36	1072.28	54.31	176.90	1469.46
纯扭	0	118.14	39.38	46.70	0	1554.22	40.75	0	1554.22	47.79	0	1554.22	61.88	0	1789.80
$b=350$（mm）　$h=750$（mm）　$V^*_{min}=137.51$（kN）　$T^*_{min}=10.60$（kN·m）															
β_t	$\theta=V/T$	T_{max}	T_{min}	ϕ8@100			ϕ10@200			ϕ10@150			ϕ10@100		
				[T]	[V]	A_{stl}	[T]	[V]	A_{stl}	[T]	[V]	A_{stl}	[T]	[V]	A_{stl}
0.5	25.8	30.85	8.53	16.50	425.90	391.81	15.22	392.74	391.81	16.74	432.00	391.81	19.78	510.52	391.81
0.6	19.4	38.11	10.66	20.10	388.93	452.43	18.49	357.85	452.43	20.39	394.65	452.43	24.19	468.25	472.54
0.7	14.7	45.81	12.97	23.81	351.14	518.32	21.86	322.32	518.32	24.17	356.45	518.32	28.80	424.70	575.10
0.8	11.3	53.99	15.50	27.67	312.43	592.37	25.34	286.07	592.37	28.10	317.28	592.37	33.63	379.70	686.92
0.9	8.6	62.69	18.27	31.70	272.66	678.64	28.95	248.99	678.64	32.20	277.01	678.64	38.72	333.05	809.32
1.0	6.5	71.98	21.32	35.91	231.67	783.63	32.70	210.97	783.63	36.50	235.48	783.63	44.10	284.49	943.88
1.0	3.2	92.55	28.42	47.85	154.35	1108.22	43.58	140.55	1108.22	48.64	156.88	1131.78	58.76	189.54	1550.99
纯扭	0	128.27	42.75	50.46	0	1665.24	44.06	0	1665.24	51.64	0	1665.24	66.81	0	1884.00

续表

$b=350$ (mm)				$h=800$ (mm)				$V^*_{min}=147.13$ (kN)				$T^*_{min}=11.43$ (kN·m)			
β_t	$\theta=V/T$	T_{max}	T_{min}	$\phi8@100$			$\phi10@200$			$\phi10@150$			$\phi10@100$		
				[T]	[V]	A_{stl}	[T]	[V]	A_{stl}	[T]	[V]	A_{stl}	[T]	[V]	A_{stl}
0.5	25.6	33.28	9.20	17.80	455.46	419.69	16.41	420.03	419.69	18.05	461.98	419.69	21.33	545.87	419.69
0.6	19.2	41.12	11.50	21.67	415.86	484.62	19.94	382.67	484.62	21.99	421.97	484.62	26.08	500.58	498.77
0.7	14.6	49.42	14.00	25.67	375.40	555.20	23.57	344.63	555.20	26.06	381.06	555.20	31.04	453.93	606.79
0.8	11.2	58.25	16.73	29.83	333.95	634.51	27.32	305.82	634.51	30.29	339.13	634.51	36.24	405.74	724.48
0.9	8.5	67.64	19.71	34.16	291.38	726.93	31.20	266.14	726.93	34.71	296.02	726.93	41.71	355.80	853.18
1.0	6.4	77.66	23.00	38.69	247.51	839.38	35.24	225.44	839.38	39.33	251.57	839.38	47.50	303.84	994.53
1.0	3.2	99.85	30.67	51.49	164.71	1187.07	46.90	150.03	1187.07	52.34	167.41	1191.12	63.21	202.19	1632.32
纯扭	0	138.39	46.13	54.23	0	1776.25	47.36	0	1776.25	55.49	0	1776.25	71.74	0	1978.20

$b=350$ (mm)				$h=900$ (mm)				$V^*_{min}=166.36$ (kN)				$T^*_{min}=13.11$ (kN·m)			
β_t	$\theta=V/T$	T_{max}	T_{min}	$\phi8@100$			$\phi10@200$			$\phi10@150$			$\phi10@100$		
				[T]	[V]	A_{stl}	[T]	[V]	A_{stl}	[T]	[V]	A_{stl}	[T]	[V]	A_{stl}
0.5	25.2	38.15	10.55	20.39	514.57	475.40	18.80	474.61	475.40	20.68	521.93	475.40	24.43	616.57	475.40
0.6	18.9	47.13	13.18	24.81	469.73	548.95	22.84	432.31	548.95	25.18	476.62	548.95	29.86	565.24	550.94
0.7	14.4	56.65	16.05	29.39	423.92	628.90	26.99	389.24	628.90	29.83	430.30	628.90	35.53	512.40	669.85
0.8	11.0	66.77	19.17	34.14	377.00	718.74	31.27	345.32	718.74	34.67	382.83	718.74	41.46	457.83	799.22
0.9	8.4	77.54	22.60	39.08	328.83	823.42	35.71	300.42	823.42	39.70	334.05	823.42	47.70	401.31	940.51
1.0	6.3	89.03	26.36	44.25	279.22	950.81	40.32	254.40	950.81	44.97	283.78	950.81	54.28	342.54	1095.43
1.0	3.2	114.46	35.15	58.78	185.46	1344.64	53.56	168.98	1344.64	59.74	188.49	1344.64	72.11	227.51	1794.52
纯扭	0	158.65	52.88	61.76	0	1998.28	53.98	0	1998.28	63.19	0	1998.28	81.61	0	2166.60

$b=350$ (mm)				$h=1000$ (mm)				$V^*_{min}=185.59$ (kN)				$T^*_{min}=14.78$ (kN·m)			
β_t	$\theta=V/T$	T_{max}	T_{min}	$\phi8@100$			$\phi10@200$			$\phi10@150$			$\phi10@100$		
				[T]	[V]	A_{stl}	[T]	[V]	A_{stl}	[T]	[V]	A_{stl}	[T]	[V]	A_{stl}
0.5	25.0	43.03	11.89	22.97	573.69	531.07	21.19	529.19	531.07	23.30	581.88	531.07	27.52	687.27	531.07
0.6	18.7	53.15	14.87	27.96	523.60	613.23	25.73	481.95	613.23	28.37	531.27	613.23	33.64	629.91	613.23
0.7	14.3	63.89	18.10	33.11	472.44	702.54	30.41	433.86	702.54	33.61	479.53	702.54	40.01	570.88	732.59
0.8	10.9	75.29	21.62	38.45	420.05	802.91	35.23	384.83	802.91	39.04	426.53	802.91	46.68	509.93	873.61
0.9	8.3	87.44	25.48	44.01	366.28	919.84	40.21	334.72	919.84	44.70	372.09	919.84	53.68	446.83	1027.45
1.0	6.2	100.39	29.73	49.81	310.93	1062.14	45.39	283.37	1062.14	50.62	316.00	1062.14	61.07	381.25	1195.93
1.0	3.1	129.08	39.64	66.07	206.21	1502.10	60.21	187.94	1502.10	67.14	209.58	1502.10	81.01	252.85	1956.26
纯扭	0	178.90	59.63	69.29	0	2220.32	60.59	0	2220.32	70.89	0	2220.32	91.47	0	2355.00

矩形截面纯扭剪扭构件计算表　抗剪扭箍筋（四肢）抗扭纵筋 A_{stl}（mm^2）　HPB235 钢筋　C35　表 2-8-11

$b=300$（mm）							$h=450$（mm）				$V^*_{min}=68.41$（kN）						$T^*_{min}=4.30$（kN·m）							
β_t	$\theta=$ V/T	T_{max}	T_{min}	ϕ6@150			ϕ6@100			ϕ8@200			ϕ8@150			ϕ8@100			ϕ10@200			ϕ10@150		
				[T]	[V]	A_{stl}	[T]	[V]	A_{stl}	[T]	[V]	A_{stl}	[T]	[V]	A_{stl}	[T]	[V]	A_{stl}	[T]	[V]	A_{stl}	[T]	[V]	A_{stl}
0.5	31.6	12.53	3.46	6.41	202.59	196.62	7.45	235.48	196.62	7.10	224.50	196.62	8.02	253.73	209.10	9.87	312.19	313.61	8.65	273.66	244.73	10.10	319.28	326.28
0.6	23.7	15.47	4.33	7.79	184.79	227.04	9.09	215.63	227.04	8.66	205.33	227.04	9.81	232.74	261.38	12.13	287.56	392.02	10.60	251.43	305.92	12.41	294.20	407.86
0.7	18.1	18.60	5.27	9.22	166.64	260.11	10.81	195.25	268.55	10.28	185.70	260.11	11.68	211.12	318.20	14.50	261.97	477.26	12.64	228.46	372.43	14.84	268.13	496.55
0.8	13.8	21.92	6.29	10.70	148.09	297.26	12.60	174.26	320.87	11.97	165.52	297.26	13.65	188.78	380.19	17.01	235.29	570.25	14.79	204.64	444.99	17.42	240.94	593.30
0.9	10.5	25.45	7.42	12.25	129.07	340.56	14.48	152.57	378.17	13.73	144.72	340.56	15.71	165.61	448.09	19.68	207.38	672.11	17.06	179.85	524.47	20.16	212.45	699.28
1.0	7.9	29.23	8.65	13.86	109.52	393.24	16.46	130.07	441.54	15.59	123.21	393.31	17.91	141.47	523.19	22.53	178.00	784.78	19.48	153.93	612.38	23.10	182.43	816.51
1.0	4.0	37.58	11.54	13.86	109.52	393.24	16.46	130.07	441.54	15.59	123.21	393.31	17.91	141.47	523.19	22.53	178.00	784.78	19.48	153.93	612.38	23.10	182.43	816.51
纯扭	0	52.08	17.36										17.91	0	856.41	22.53	0	856.41	19.48	0	856.41	23.10	0	856.41

$b=300$（mm）							$h=500$（mm）				$V^*_{min}=76.66$（kN）						$T^*_{min}=4.92$（kN·m）							
β_t	$\theta=$ V/T	T_{max}	T_{min}	ϕ6@150			ϕ6@100			ϕ8@200			ϕ8@150			ϕ8@100			ϕ10@200			ϕ10@150		
				[T]	[V]	A_{stl}	[T]	[V]	A_{stl}	[T]	[V]	A_{stl}	[T]	[V]	A_{stl}	[T]	[V]	A_{stl}	[T]	[V]	A_{stl}	[T]	[V]	A_{stl}
0.5	31.0	14.31	3.96	7.31	226.76	220.64	8.50	263.50	220.64	8.10	251.23	220.64	9.16	283.88	228.04	11.26	349.19	342.01	9.88	306.15	266.90	11.52	357.10	355.83
0.6	23.2	17.68	4.95	8.89	206.78	254.77	10.37	241.20	254.77	9.88	229.71	254.77	11.20	260.30	284.82	13.83	321.47	427.18	12.09	281.16	333.36	14.15	328.89	444.45
0.7	17.7	21.25	6.02	10.52	186.41	291.88	12.32	218.31	292.39	11.72	207.66	291.88	13.32	236.01	346.44	16.52	292.71	519.62	14.41	255.34	405.49	16.91	299.58	540.62
0.8	13.6	25.05	7.19	12.21	165.59	333.57	14.36	194.75	349.02	13.64	185.01	333.57	15.55	210.92	413.55	19.37	262.75	620.28	16.85	228.59	484.04	19.84	269.03	645.35
0.9	10.3	29.09	8.48	13.96	144.26	382.16	16.49	170.42	410.93	15.65	161.68	382.16	17.90	184.93	486.91	22.40	231.42	730.33	19.43	200.78	569.90	22.94	237.06	759.85
1.0	7.8	33.40	9.89	15.74	122.71	440.03	18.67	145.74	475.50	17.70	138.05	439.82	20.30	158.52	563.44	25.51	199.45	845.15	22.07	172.47	659.49	26.14	204.41	879.32
1.0	3.9	42.94	13.19	15.74	122.71	440.03	18.67	145.74	475.50	17.70	138.05	439.82	20.30	158.52	563.44	25.51	199.45	845.15	22.07	172.47	659.49	26.14	204.41	879.32
纯扭	0	59.52	19.84										20.30	0	951.56	25.51	0	951.56	22.07	0	951.56	26.14	0	951.56

$b=300$（mm）							$h=550$（mm）				$V^*_{min}=84.90$（kN）						$T^*_{min}=5.53$（kN·m）							
β_t	$\theta=$ V/T	T_{max}	T_{min}	ϕ6@150			ϕ6@100			ϕ8@200			ϕ8@150			ϕ8@100			ϕ10@200			ϕ10@150		
				[T]	[V]	A_{stl}	[T]	[V]	A_{stl}	[T]	[V]	A_{stl}	[T]	[V]	A_{stl}	[T]	[V]	A_{stl}	[T]	[V]	A_{stl}	[T]	[V]	A_{stl}
0.5	30.5	16.10	4.45	8.22	250.94	244.61	9.55	291.53	244.61	9.11	277.97	244.61	10.29	314.04	246.76	12.65	386.18	370.08	11.10	338.64	288.81	12.94	394.93	385.04
0.6	22.9	19.89	5.56	10.00	228.78	282.45	11.66	266.78	282.45	11.10	254.09	282.45	12.58	287.86	308.01	15.53	355.40	461.96	13.58	310.89	360.50	15.89	363.59	480.63
0.7	17.4	23.91	6.77	11.82	206.18	323.59	13.84	241.38	323.59	13.17	229.63	323.59	14.96	260.90	374.39	18.55	323.46	561.53	16.18	282.23	438.20	18.98	331.05	584.23
0.8	13.4	28.18	8.09	13.71	183.10	369.81	16.12	215.25	376.90	15.32	204.51	369.81	17.46	233.08	446.58	21.74	290.21	669.82	18.92	252.56	522.69	22.25	297.14	696.90
0.9	10.2	32.73	9.54	15.68	159.46	423.68	18.51	188.27	443.39	17.56	178.65	423.68	20.08	204.26	525.37	25.11	255.47	788.02	21.80	221.72	614.92	25.72	261.69	819.88
1.0	7.6	37.58	11.13	17.63	135.91	486.71	20.89	161.41	509.47	19.80	152.90	486.27	22.69	175.56	603.68	28.48	220.90	905.52	24.66	191.02	706.59	29.18	226.39	942.13
1.0	3.8	48.31	14.84	17.63	135.91	486.71	20.89	161.41	509.47	19.80	152.90	486.27	22.69	175.56	603.68	28.48	220.90	905.52	24.66	191.02	706.59	29.18	226.39	942.13
纯扭	0	66.96	22.32										22.69	0	1046.72	28.48	0	1046.72	24.66	0	1046.72	29.18	0	1046.72

续表

$b=300$ (mm)　$h=600$ (mm)　$V_{min}^{*}=93.14$ (kN)　$T_{min}^{*}=6.15$ (kN·m)

β_t	$\theta=$ V/T	T_{max}	T_{min}	ϕ6@150			ϕ6@100			ϕ8@200			ϕ8@150			ϕ8@100			ϕ10@200			ϕ10@150		
				[T]	[V]	A_{stl}	[T]	[V]	A_{stl}	[T]	[V]	A_{stl}	[T]	[V]	A_{stl}	[T]	[V]	A_{stl}	[T]	[V]	A_{stl}	[T]	[V]	A_{stl}
0.5	30.1	17.89	4.95	9.13	275.12	268.55	10.60	319.55	268.55	10.11	304.71	268.55	11.42	344.21	268.55	14.04	423.19	397.92	12.32	371.14	310.53	14.36	432.77	414.00
0.6	22.6	22.10	6.18	11.10	250.77	310.09	12.94	292.36	310.09	12.32	278.47	310.09	13.96	315.43	331.01	17.23	389.33	496.45	15.07	340.63	387.42	17.62	398.30	516.52
0.7	17.2	26.57	7.53	13.12	225.96	355.25	15.36	264.45	355.25	14.61	251.60	355.25	16.60	285.81	402.12	20.57	354.22	603.13	17.95	309.13	470.66	21.05	362.52	627.51
0.8	13.2	31.31	8.99	15.22	200.61	406.00	17.88	235.75	406.00	16.99	224.02	406.00	19.36	255.24	479.37	24.10	317.69	719.01	20.98	276.53	561.07	24.67	325.26	748.07
0.9	10.0	36.36	10.60	17.39	174.66	465.14	20.52	206.14	475.63	19.48	195.63	465.14	22.26	223.60	563.57	27.83	279.54	845.33	24.16	242.67	659.64	28.51	286.32	879.50
1.0	7.5	41.75	12.36	19.52	149.10	533.35	23.10	177.09	543.43	21.90	167.74	532.69	25.08	192.61	643.93	31.45	242.34	965.89	27.25	209.57	753.70	32.22	248.37	1004.93
1.0	3.8	53.68	16.49	19.52	149.10	533.35	23.10	177.09	543.43	21.90	167.74	532.69	25.08	192.61	643.93	31.45	242.34	965.89	27.25	209.57	753.70	32.22	248.37	1004.93
纯扭	0	74.40	24.80										25.08	0	1141.88	31.45	0	1141.88	27.25	0	1141.88	32.22	0	1141.88

$b=300$ (mm)　$h=650$ (mm)　$V_{min}^{*}=101.38$ (kN)　$T_{min}^{*}=6.76$ (kN·m)

β_t	$\theta=$ V/T	T_{max}	T_{min}	ϕ6@150			ϕ6@100			ϕ8@200			ϕ8@150			ϕ8@100			ϕ10@200			ϕ10@150		
				[T]	[V]	A_{stl}	[T]	[V]	A_{stl}	[T]	[V]	A_{stl}	[T]	[V]	A_{stl}	[T]	[V]	A_{stl}	[T]	[V]	A_{stl}	[T]	[V]	A_{stl}
0.5	29.8	19.68	5.44	10.04	299.30	292.46	11.66	347.58	292.46	11.12	331.46	292.46	12.56	374.37	292.46	15.43	460.20	425.58	13.54	403.63	332.12	15.78	470.61	442.78
0.6	22.4	24.31	6.80	12.20	272.77	337.70	14.22	317.94	337.70	13.54	302.86	337.70	15.34	343.00	353.87	18.93	423.27	530.74	16.56	370.37	414.17	19.36	433.01	552.19
0.7	17.0	29.23	8.28	14.42	245.74	386.89	16.87	287.53	386.89	16.06	273.57	386.89	18.24	310.71	429.70	22.59	384.99	644.49	19.72	336.04	502.93	23.12	394.00	670.54
0.8	13.0	34.44	9.89	16.72	218.13	442.16	19.64	256.26	442.16	18.67	243.53	442.16	21.26	277.41	511.99	26.46	345.17	767.93	23.04	300.51	599.25	27.09	353.39	798.97
0.9	9.9	40.00	11.66	19.10	189.87	506.55	22.54	224.01	507.72	21.39	212.61	506.55	24.44	242.94	601.59	30.55	303.61	902.36	26.52	263.63	704.14	31.29	310.97	938.83
1.0	7.5	45.93	13.60	21.40	162.30	579.96	25.31	192.76	578.70	24.01	182.59	579.08	27.48	209.65	684.17	34.42	263.79	1026.26	29.84	228.11	800.81	35.26	270.35	1067.74
1.0	3.7	59.05	18.13	21.40	162.30	579.96	25.31	192.76	578.70	24.01	182.59	579.08	27.48	209.65	684.17	34.42	263.79	1026.26	29.84	228.11	800.81	35.26	270.35	1067.74
纯扭	0	81.84	27.28										27.48	0	1237.03	34.42	0	1237.03	29.84	0	1237.03	35.26	0	1237.03

$b=300$ (mm)　$h=700$ (mm)　$V_{min}^{*}=109.63$ (kN)　$T_{min}^{*}=7.38$ (kN·m)

β_t	$\theta=$ V/T	T_{max}	T_{min}	ϕ6@150			ϕ6@100			ϕ8@200			ϕ8@150			ϕ8@100			ϕ10@200			ϕ10@150		
				[T]	[V]	A_{stl}	[T]	[V]	A_{stl}	[T]	[V]	A_{stl}	[T]	[V]	A_{stl}	[T]	[V]	A_{stl}	[T]	[V]	A_{stl}	[T]	[V]	A_{stl}
0.5	29.6	21.47	5.93	10.94	323.48	316.35	12.71	375.62	316.35	12.12	358.21	316.35	13.69	404.54	316.35	16.82	497.21	453.11	14.76	436.14	353.60	17.20	508.45	471.42
0.6	22.2	26.52	7.42	13.30	294.77	365.29	15.50	343.52	365.29	14.76	327.24	365.29	16.72	370.57	376.62	20.63	457.22	564.87	18.05	400.11	440.81	21.10	467.72	587.70
0.7	16.9	31.88	9.03	15.72	265.52	418.49	18.39	310.61	418.49	17.50	295.55	418.49	19.87	335.62	457.15	24.62	415.76	685.67	21.49	362.95	535.06	25.19	425.48	713.38
0.8	12.9	37.58	10.79	18.22	235.65	478.28	21.40	276.77	478.28	20.34	263.04	478.28	23.17	299.58	544.47	28.82	372.66	816.65	25.10	324.50	637.27	29.51	381.52	849.66
0.9	9.9	43.64	12.72	20.82	205.08	547.94	24.55	241.88	547.94	23.30	229.59	547.94	26.62	262.29	639.47	33.26	327.69	959.17	28.89	284.59	748.47	34.07	335.63	997.94
1.0	7.4	50.10	14.84	23.29	175.49	626.55	27.52	208.43	624.97	26.11	197.43	625.44	29.87	226.70	724.42	37.39	285.24	1086.63	32.43	246.66	847.91	38.30	292.33	1130.55
1.0	3.7	64.41	19.78	23.29	175.49	626.55	27.52	208.43	624.97	26.11	197.43	625.44	29.87	226.70	724.42	37.39	285.24	1086.63	32.43	246.66	847.91	38.30	292.33	1130.55
纯扭	0	89.28	29.76										29.87	0	1332.19	37.39	0	1332.19	32.43	0	1332.19	38.30	0	1332.19

续表

$b=300$ (mm)										$h=750$ (mm)						$V^*_{min}=117.87$ (kN)					$T^*_{min}=7.99$ (kN·m)			
β_t	$\theta=$ V/T	T_{max}	T_{min}	ϕ6@150			ϕ6@100			ϕ8@200			ϕ8@150			ϕ8@100			ϕ10@200			ϕ10@150		
				[T]	[V]	A_{stl}	[T]	[V]	A_{stl}	[T]	[V]	A_{stl}	[T]	[V]	A_{stl}	[T]	[V]	A_{stl}	[T]	[V]	A_{stl}	[T]	[V]	A_{stl}
0.5	29.3	23.26	6.43	11.85	347.66	340.23	13.76	403.65	340.23	13.12	384.95	340.23	14.82	434.71	340.23	18.21	534.22	480.54	15.98	468.64	375.00	18.62	546.29	499.96
0.6	22.0	28.73	8.04	14.40	316.77	392.86	16.78	369.11	392.86	15.98	351.63	392.86	18.10	398.14	399.29	22.33	491.16	598.87	19.54	429.86	467.34	22.84	502.44	623.08
0.7	16.8	34.54	9.78	17.02	285.30	450.08	19.91	333.69	450.08	18.94	317.53	450.08	21.51	360.53	484.51	26.64	446.54	726.70	23.26	389.86	567.09	27.26	456.97	756.07
0.8	12.8	40.71	11.69	19.73	253.17	514.38	23.16	297.28	514.38	22.02	282.55	514.38	25.07	321.75	576.85	31.18	400.15	865.22	27.15	348.48	675.17	31.92	409.66	900.19
0.9	9.8	47.27	13.78	22.53	220.29	589.30	26.57	259.75	589.30	25.22	246.58	589.30	28.80	281.65	677.23	35.98	351.78	1015.81	31.25	305.56	792.67	36.85	360.29	1056.87
1.0	7.3	54.28	16.07	25.18	188.69	673.12	29.74	224.10	671.22	28.21	212.27	671.79	32.26	243.74	764.66	40.36	306.68	1146.99	35.02	265.20	895.02	41.35	314.31	1193.36
1.0	3.7	69.78	21.43	25.18	188.69	673.12	29.74	224.10	671.22	28.21	212.27	671.79	32.26	243.74	764.66	40.36	306.68	1146.99	35.02	265.20	895.02	41.35	314.31	1193.36
纯扭	0	96.72	32.24										32.26	0	1427.35	40.36	0	1427.35	35.02	0	1427.35	41.35	0	1427.35

$b=300$ (mm)										$h=800$ (mm)						$V^*_{min}=126.11$ (kN)					$T^*_{min}=8.61$ (kN·m)			
β_t	$\theta=$ V/T	T_{max}	T_{min}	ϕ6@150			ϕ6@100			ϕ8@200			ϕ8@150			ϕ8@100			ϕ10@200			ϕ10@150		
				[T]	[V]	A_{stl}	[T]	[V]	A_{stl}	[T]	[V]	A_{stl}	[T]	[V]	A_{stl}	[T]	[V]	A_{stl}	[T]	[V]	A_{stl}	[T]	[V]	A_{stl}
0.5	29.1	25.05	6.92	12.76	371.84	364.10	14.81	431.68	364.10	14.13	411.70	364.10	15.95	464.88	364.10	19.60	571.24	507.88	17.20	501.14	396.34	20.04	584.14	528.40
0.6	21.9	30.94	8.65	15.50	338.78	420.42	18.06	394.69	420.42	17.20	376.02	420.42	19.48	425.72	421.90	24.02	525.11	632.78	21.03	459.60	493.80	24.58	537.16	658.35
0.7	16.7	37.20	10.54	18.32	305.08	481.65	21.42	356.77	481.65	20.39	339.51	481.65	23.15	385.45	511.79	28.66	477.31	767.63	25.03	416.77	599.02	29.33	488.46	798.65
0.8	12.8	43.84	12.59	21.23	270.69	550.46	24.93	317.80	550.46	23.69	302.07	550.46	26.97	343.93	609.14	33.54	427.65	913.66	29.21	372.47	712.97	34.34	437.80	950.59
0.9	9.7	50.91	14.84	24.24	235.51	630.63	28.58	277.63	630.63	27.13	263.57	630.63	30.99	301.00	714.91	38.69	375.87	1072.32	33.61	326.53	836.77	39.63	384.95	1115.67
1.0	7.3	58.45	17.31	27.06	201.88	719.67	31.95	239.77	717.47	30.32	227.12	718.12	34.66	260.79	804.91	43.33	328.13	1207.36	37.61	283.75	942.13	44.39	336.29	1256.17
1.0	3.6	75.15	23.08	27.06	201.88	719.67	31.95	239.77	717.47	30.32	227.12	718.12	34.66	260.79	804.91	43.33	328.13	1207.36	37.61	283.75	942.13	44.39	336.29	1256.17
纯扭	0	104.16	34.72													43.33	0	1522.50	37.61	0	1522.50	44.39	0	1522.50

$b=300$ (mm)							$h=850$ (mm)				$V^*_{min}=134.35$ (kN)				$T^*_{min}=9.22$ (kN·m)			
β_t	$\theta=$ V/T	T_{max}	T_{min}	ϕ8@200			ϕ8@150			ϕ8@100			ϕ10@200			ϕ10@150		
				[T]	[V]	A_{stl}	[T]	[V]	A_{stl}	[T]	[V]	A_{stl}	[T]	[V]	A_{stl}	[T]	[V]	A_{stl}
0.5	29.0	26.84	7.42	15.13	438.45	387.95	17.08	495.05	387.95	20.99	608.25	535.15	18.42	533.65	417.62	21.46	621.98	556.77
0.6	21.7	33.15	9.27	18.42	400.41	447.97	20.86	453.29	447.97	25.72	559.06	666.60	22.52	489.35	520.20	26.31	571.88	693.54
0.7	16.6	39.85	11.29	21.83	361.49	513.21	24.78	410.36	539.02	30.68	508.10	808.46	26.79	443.68	630.88	31.40	519.95	841.13
0.8	12.7	46.97	13.49	25.37	321.58	586.53	28.88	366.11	641.37	35.90	455.15	962.00	31.27	396.47	750.69	36.75	465.95	1000.88
0.9	9.7	54.54	15.90	29.05	280.56	671.95	33.17	320.36	752.51	41.41	399.96	1128.73	35.98	347.50	880.78	42.41	409.62	1174.35
1.0	7.2	62.63	18.55	32.42	241.96	764.44	37.05	277.83	845.15	46.31	349.57	1267.73	40.20	302.29	989.23	47.43	358.27	1318.98
1.0	3.6	80.52	24.73	32.42	241.96	764.44	37.05	277.83	845.15	46.31	349.57	1267.73	40.20	302.29	989.23	47.43	358.27	1318.98
纯扭	0	111.60	37.20							46.31	0	1617.66	40.20	0	1617.66	47.43	0	1617.66

续表

b＝350 (mm)				h＝500 (mm)								V^*_{min}＝89.43 (kN)								T^*_{min}＝6.41 (kN·m)							
β_t	θ＝V/T	T_{max}	T_{min}	φ6@150			φ6@100			φ8@200			φ8@150			φ8@100			φ10@200			φ10@150			φ10@100		
				[T]	[V]	A_{stl}	[T]	[V]	A_{stl}	[T]	[V]	A_{stl}	[T]	[V]	A_{stl}	[T]	[V]	A_{stl}	[T]	[V]	A_{stl}	[T]	[V]	A_{stl}	[T]	[V]	A_{stl}
0.5	27.7	18.67	5.16	9.14	253.34	251.99	10.48	290.59	251.99	10.03	278.15	251.99	11.23	311.26	251.99	13.61	377.48	346.22	12.04	333.84	270.18	13.90	385.51	360.21	17.63	488.85	540.25
0.6	20.8	23.06	6.45	11.11	230.98	290.98	12.79	266.01	290.98	12.23	254.31	290.98	13.73	285.44	290.98	16.72	347.69	433.95	14.75	306.66	338.64	17.08	355.24	451.49	21.75	452.39	677.17
0.7	15.8	27.72	7.85	13.14	208.22	333.35	15.20	240.80	333.35	14.51	229.92	333.35	16.34	258.88	353.28	19.99	316.79	529.86	17.59	278.62	413.48	20.44	323.82	551.27	26.14	414.20	826.85
0.8	12.1	32.68	9.38	15.25	184.97	380.98	17.71	214.88	380.98	16.89	204.89	380.98	19.08	231.47	423.46	23.46	284.62	635.14	20.58	249.59	495.63	24.00	291.07	660.81	30.83	374.03	991.17
0.9	9.2	37.95	11.06	17.44	161.18	436.46	20.36	188.13	436.46	19.38	179.13	436.46	21.97	203.08	500.86	27.16	250.99	751.25	23.74	219.42	586.23	27.79	256.80	781.61	35.87	331.56	1172.38
1.0	6.9	43.57	12.90	19.73	136.74	503.98	23.14	160.42	503.98	22.00	152.51	503.98	25.04	173.56	586.64	31.11	215.64	879.94	27.11	187.91	686.64	31.85	220.75	915.50	41.32	286.43	1373.24
1.0	3.5	56.01	17.20	19.93	135.49	508.85	23.44	158.25	510.25	22.27	150.83	509.83	25.39	171.29	603.68	31.64	212.23	905.52	27.52	185.25	706.59	32.40	217.19	942.13	42.15	281.07	1413.19
纯扭	0	77.64	25.88													31.64	0	1110.16	27.52	0	1110.16	32.40	0	1110.16	42.15	0	1413.00

b＝350 (mm)				h＝550 (mm)								V^*_{min}＝99.05 (kN)								T^*_{min}＝7.25 (kN·m)							
β_t	θ＝V/T	T_{max}	T_{min}	φ6@150			φ6@100			φ8@200			φ8@150			φ8@100			φ10@200			φ10@150			φ10@100		
				[T]	[V]	A_{stl}	[T]	[V]	A_{stl}	[T]	[V]	A_{stl}	[T]	[V]	A_{stl}	[T]	[V]	A_{stl}	[T]	[V]	A_{stl}	[T]	[V]	A_{stl}	[T]	[V]	A_{stl}
0.5	27.2	21.11	5.83	10.32	280.30	280.04	11.83	321.43	280.04	11.33	307.70	280.04	12.67	344.24	280.04	15.36	417.34	374.48	13.59	369.17	292.24	15.69	426.20	389.61	19.89	540.28	584.35
0.6	20.4	26.07	7.29	12.54	255.50	323.37	14.44	294.13	323.37	13.80	281.23	323.37	15.49	315.56	323.37	18.86	384.22	468.97	16.64	338.97	365.98	19.27	392.54	487.93	24.53	499.69	731.83
0.7	15.5	31.34	8.88	14.83	230.24	370.46	17.15	266.14	370.46	16.37	254.15	370.46	18.43	286.06	381.44	22.54	349.88	572.10	19.83	307.82	446.45	23.04	357.62	595.22	29.45	457.22	892.77
0.8	11.9	36.94	10.61	17.20	204.46	423.39	19.97	237.38	423.39	19.05	226.39	423.39	21.51	255.64	456.76	26.43	314.16	685.09	23.19	275.59	534.61	27.03	321.25	712.78	34.71	412.57	1069.11
0.9	9.1	42.89	12.50	19.67	178.08	485.05	22.94	207.72	485.05	21.85	197.82	485.05	24.76	224.16	539.64	30.57	276.83	809.42	26.74	242.12	631.63	31.28	283.22	842.14	40.36	365.43	1263.17
1.0	6.8	49.25	14.58	22.24	151.01	560.09	26.06	177.01	560.09	24.79	168.33	560.09	28.19	191.44	631.29	35.00	237.66	946.92	30.51	207.20	738.90	35.82	243.26	985.19	46.44	315.40	1477.77
1.0	3.4	63.32	19.45	22.39	150.06	563.78	26.29	175.56	564.87	24.99	167.05	564.54	28.46	189.71	643.93	35.40	235.05	965.89	30.83	205.17	753.70	36.25	240.54	1004.93	47.08	311.29	1507.40
纯扭	0	87.76	29.25													35.40	0	1221.17	30.83	0	1221.17	36.25	0	1221.17	47.08	0	1507.20

b＝350 (mm)				h＝600 (mm)								V^*_{min}＝108.66 (kN)								T^*_{min}＝8.09 (kN·m)							
β_t	θ＝V/T	T_{max}	T_{min}	φ6@150			φ6@100			φ8@200			φ8@150			φ8@100			φ10@200			φ10@150			φ10@100		
				[T]	[V]	A_{stl}	[T]	[V]	A_{stl}	[T]	[V]	A_{stl}	[T]	[V]	A_{stl}	[T]	[V]	A_{stl}	[T]	[V]	A_{stl}	[T]	[V]	A_{stl}	[T]	[V]	A_{stl}
0.5	26.7	23.54	6.51	11.50	307.27	308.04	13.18	352.27	308.04	12.62	337.24	308.04	14.12	377.23	308.04	17.11	457.21	402.35	15.14	404.50	313.99	17.47	466.90	418.61	22.15	591.71	627.85
0.6	20.0	29.08	8.13	13.97	280.02	355.69	16.08	322.25	355.69	15.38	308.15	355.69	17.25	345.68	355.69	21.00	420.75	503.54	18.53	371.28	392.96	21.45	429.86	523.89	27.30	547.02	785.77
0.7	15.3	34.96	9.90	16.52	252.27	407.50	19.09	291.49	407.50	18.23	278.40	407.50	20.52	313.26	409.25	25.08	382.98	613.81	22.07	337.03	479.00	25.64	391.44	638.62	32.76	500.26	957.87
0.8	11.7	41.20	11.83	19.16	223.95	465.71	22.23	259.89	465.71	21.21	247.89	465.71	23.94	279.83	489.67	29.40	343.71	734.44	25.80	301.61	573.12	30.07	351.45	764.13	38.59	451.14	1146.13
0.9	8.9	47.84	13.94	21.89	194.99	533.54	25.52	227.31	533.54	24.31	216.52	533.54	27.54	245.25	578.00	33.99	302.70	866.96	29.74	264.84	676.52	34.77	309.67	902.00	44.84	399.33	1352.96
1.0	6.7	54.93	16.27	24.74	165.28	616.08	28.98	193.61	616.08	27.57	184.15	616.08	31.34	209.33	675.49	38.88	259.70	1013.22	33.91	226.51	790.64	39.79	265.80	1054.18	51.56	344.40	1581.25
1.0	3.3	70.63	21.69	24.85	164.63	618.65	29.15	192.61	619.42	27.71	183.26	619.19	31.53	208.13	684.17	39.17	257.87	1026.26	34.14	225.09	800.81	40.10	263.90	1067.74	52.01	341.51	1601.61
纯扭	0	97.89	32.63													39.17	0	1332.19	34.14	0	1332.19	40.10	0	1332.19	52.01	0	1601.40

续表

$b=350$ (mm)							$h=650$ (mm)						$V^*_{min}=118.28$ (kN)							$T^*_{min}=8.92$ (kN·m)							
β_t	θ=V/T	T_{max}	T_{min}	ϕ6@150			ϕ6@100			ϕ8@200			ϕ8@150			ϕ8@100			ϕ10@200			ϕ10@150			ϕ10@100		
				[T]	[V]	A_{stl}	[T]	[V]	A_{stl}	[T]	[V]	A_{stl}	[T]	[V]	A_{stl}	[T]	[V]	A_{stl}	[T]	[V]	A_{stl}	[T]	[V]	A_{stl}	[T]	[V]	A_{stl}
0.5	26.4	25.98	7.18	12.68	334.25	335.99	14.54	383.11	335.99	13.92	366.79	335.99	15.56	410.22	335.99	18.86	497.08	429.95	16.69	439.84	335.99	19.26	507.61	447.32	24.40	643.16	670.91
0.6	19.8	32.09	8.98	15.41	304.54	387.97	17.72	350.38	387.97	16.95	335.07	387.97	19.01	375.82	387.97	23.13	457.30	537.78	20.42	403.60	419.67	23.63	467.18	559.51	30.07	594.35	839.19
0.7	15.1	38.57	10.93	18.21	274.30	444.48	21.04	316.85	444.48	20.09	302.64	444.48	22.61	340.46	444.48	27.63	416.10	655.14	24.32	366.25	511.25	28.24	425.27	681.62	36.07	543.31	1022.35
0.8	11.5	45.46	13.05	21.11	243.45	507.97	24.49	282.41	507.97	23.36	269.40	507.97	26.37	304.02	522.28	32.37	373.27	783.36	28.41	327.63	611.30	33.10	381.67	815.02	42.47	489.73	1222.47
0.9	8.8	52.79	15.39	24.12	211.90	581.96	28.10	246.92	581.96	26.77	235.23	581.96	30.32	266.35	616.04	37.40	328.58	924.02	32.73	287.57	721.05	38.26	336.13	961.37	49.31	433.26	1442.01
1.0	6.6	60.61	17.95	27.25	179.56	671.99	31.90	210.23	671.99	30.35	199.98	671.99	34.49	227.24	719.37	42.76	281.75	1079.03	37.31	245.83	841.99	43.76	288.36	1122.65	56.67	373.43	1683.95
1.0	3.3	77.93	23.93	27.31	179.20	673.46	32.00	209.65	673.93	30.44	199.48	673.79	34.60	226.55	724.42	42.93	280.69	1086.63	37.44	245.01	847.91	43.94	287.25	1130.55	56.95	371.74	1695.83
纯扭	0	108.02	36.00													42.93	0	1443.21	37.44	0	1443.21	43.94	0	1443.21	56.95	0	1695.60

$b=350$ (mm)							$h=700$ (mm)						$V^*_{min}=127.90$ (kN)							$T^*_{min}=9.76$ (kN·m)							
β_t	θ=V/T	T_{max}	T_{min}	ϕ6@150			ϕ6@100			ϕ8@200			ϕ8@150			ϕ8@100			ϕ10@200			ϕ10@150			ϕ10@100		
				[T]	[V]	A_{stl}	[T]	[V]	A_{stl}	[T]	[V]	A_{stl}	[T]	[V]	A_{stl}	[T]	[V]	A_{stl}	[T]	[V]	A_{stl}	[T]	[V]	A_{stl}	[T]	[V]	A_{stl}
0.5	26.1	28.41	7.85	13.86	361.22	363.92	15.89	413.96	363.92	15.21	396.35	363.92	17.01	443.22	363.92	20.61	536.96	457.33	18.24	475.18	363.92	21.04	548.32	475.81	26.66	694.62	713.64
0.6	19.5	35.10	9.82	16.84	329.06	420.21	19.37	378.52	420.21	18.52	362.00	420.21	20.77	405.95	420.21	25.27	493.85	571.75	22.31	435.92	446.18	25.82	504.51	594.86	32.83	641.69	892.21
0.7	14.9	42.19	11.95	19.90	296.33	481.41	22.98	342.21	481.41	21.95	326.89	481.41	24.69	367.67	481.41	30.17	449.22	696.17	26.56	395.47	543.26	30.83	459.10	724.30	39.38	586.37	1086.38
0.8	11.4	49.72	14.28	23.07	262.95	550.19	26.75	304.93	550.19	25.52	290.91	550.19	28.79	328.22	554.67	35.34	402.84	831.95	31.02	353.66	649.21	36.13	411.89	865.57	46.35	528.34	1298.29
0.9	8.7	57.74	16.83	26.34	228.82	630.32	30.69	266.53	630.32	29.24	253.94	630.32	33.09	287.45	653.85	40.81	354.47	980.72	35.73	310.30	765.30	41.75	362.60	1020.36	53.79	467.20	1530.50
1.0	6.5	66.30	19.63	29.76	193.84	727.83	34.82	226.84	727.83	33.13	215.82	727.83	37.63	245.15	762.99	46.64	303.82	1144.46	40.70	265.16	893.05	47.73	310.93	1190.72	61.78	402.48	1786.07
1.0	3.3	85.24	26.18	29.78	193.76	728.24	34.86	226.70	728.41	33.16	215.70	728.36	37.67	244.97	764.66	46.70	303.51	1146.99	40.75	264.93	895.02	47.79	310.60	1193.36	61.88	401.96	1790.04
纯扭	0	118.14	39.38													46.70	0	1554.22	40.75	0	1554.22	47.79	0	1554.22	61.88	0	1789.80

$b=350$ (mm)							$h=750$ (mm)						$V^*_{min}=137.51$ (kN)							$T^*_{min}=10.60$ (kN·m)							
β_t	θ=V/T	T_{max}	T_{min}	ϕ6@150			ϕ6@100			ϕ8@200			ϕ8@150			ϕ8@100			ϕ10@200			ϕ10@150			ϕ10@100		
				[T]	[V]	A_{stl}	[T]	[V]	A_{stl}	[T]	[V]	A_{stl}	[T]	[V]	A_{stl}	[T]	[V]	A_{stl}	[T]	[V]	A_{stl}	[T]	[V]	A_{stl}	[T]	[V]	A_{stl}
0.5	25.8	30.85	8.53	15.04	388.19	391.81	17.24	444.81	391.81	16.50	425.90	391.81	18.45	476.21	391.81	22.35	576.84	484.54	19.78	510.52	391.81	22.83	589.04	504.12	28.91	746.08	756.10
0.6	19.4	38.11	10.66	18.27	353.59	452.43	21.01	406.65	452.43	20.10	388.93	452.43	22.53	436.09	452.43	27.41	530.41	605.52	24.19	468.25	472.54	28.00	541.84	629.99	35.60	689.04	944.91
0.7	14.7	45.81	12.97	21.59	318.37	518.32	24.93	367.58	518.32	23.81	351.14	518.32	26.78	394.88	518.32	32.71	482.34	736.96	28.80	424.70	575.10	33.43	492.95	766.75	42.69	629.45	1150.04
0.8	11.3	53.99	15.50	25.02	282.45	592.37	29.01	327.46	592.37	27.67	312.43	592.37	31.22	352.43	592.37	38.30	432.42	880.27	33.63	379.70	686.92	39.16	442.12	915.85	50.22	566.96	1373.71
0.9	8.6	62.69	18.27	28.57	245.75	678.64	33.27	286.15	678.64	31.70	272.66	678.64	35.87	308.56	691.46	44.22	380.37	1037.15	38.72	333.05	809.32	45.23	389.08	1079.07	58.26	501.15	1618.55
1.0	6.5	71.98	21.32	32.24	208.33	782.98	37.71	243.74	782.86	35.88	231.92	782.90	40.74	263.39	804.91	50.46	326.33	1207.36	44.06	284.85	942.13	51.46	333.96	1256.17	66.81	432.18	1884.25
1.0	3.2	92.55	28.42	32.24	208.33	782.98	37.71	243.74	782.86	35.88	231.92	782.90	40.74	263.39	804.91	50.46	326.33	1207.36	44.06	284.85	942.13	51.46	333.96	1256.17	66.81	432.18	1884.25
纯扭	0	128.27	42.75													50.46	0	1665.24	44.06	0	1665.24	51.64	0	1665.24	66.81	0	1884.00

续表

$b=350$ (mm)　$h=800$ (mm)　$V^*_{min}=147.13$ (kN)　$T^*_{min}=11.43$ (kN·m)

β_t	$\theta=$ V/T	T_{max}	T_{min}	ϕ6@150			ϕ6@100			ϕ8@200			ϕ8@150			ϕ8@100			ϕ10@200			ϕ10@150			ϕ10@100		
				[T]	[V]	A_{stl}	[T]	[V]	A_{stl}	[T]	[V]	A_{stl}	[T]	[V]	A_{stl}	[T]	[V]	A_{stl}	[T]	[V]	A_{stl}	[T]	[V]	A_{stl}	[T]	[V]	A_{stl}
0.5	25.6	33.28	9.20	16.22	415.17	419.69	18.59	475.66	419.69	17.80	455.46	419.69	19.90	509.21	419.69	24.10	616.72	511.62	21.33	545.87	419.69	24.61	629.76	532.29	31.17	797.54	798.35
0.6	19.2	41.12	11.50	19.70	378.11	484.62	22.66	434.79	484.62	21.67	415.86	484.62	24.29	466.23	484.62	29.54	566.97	639.14	26.08	500.58	498.77	30.18	579.18	664.97	38.37	736.39	997.36
0.7	14.6	49.42	14.00	23.28	340.41	555.20	26.87	392.94	555.20	25.67	375.40	555.20	28.87	422.09	555.20	35.25	515.47	777.57	31.04	453.93	606.79	36.03	526.79	809.00	45.99	672.53	1213.42
0.8	11.2	58.25	16.73	26.97	301.96	634.51	31.26	349.99	634.51	29.83	333.95	634.51	33.64	376.63	634.51	41.27	462.00	928.40	36.24	405.74	724.48	42.19	472.35	965.92	54.09	605.58	1448.81
0.9	8.5	67.64	19.71	30.80	262.67	726.93	35.85	305.77	726.93	34.16	291.38	726.93	38.65	329.68	728.93	47.63	406.28	1093.35	41.71	355.80	853.18	48.72	415.57	1137.54	62.74	535.12	1706.26
1.0	6.4	77.66	23.00	34.70	222.90	837.70	40.56	260.79	837.29	38.61	248.14	837.42	43.81	281.81	845.15	54.23	349.15	1267.73	47.36	304.77	989.23	55.49	357.31	1318.98	71.74	462.40	1978.46
1.0	3.2	99.85	30.67	34.70	222.90	837.70	40.56	260.79	837.29	38.61	248.14	837.42	43.81	281.81	845.15	54.23	349.15	1267.73	47.36	304.77	989.23	55.49	357.31	1318.98	71.74	462.40	1978.46
纯扭	0	138.39	46.13													54.23	0	1776.25	47.36	0	1776.25	55.49	0	1776.25	71.74	0	1978.20

$b=350$ (mm)　$h=900$ (mm)　$V^*_{min}=166.36$ (kN)　$T^*_{min}=13.11$ (kN·m)

β_t	$\theta=$ V/T	T_{max}	T_{min}	ϕ8@200			ϕ8@150			ϕ8@100			ϕ10@200			ϕ10@150			ϕ10@100		
				[T]	[V]	A_{stl}	[T]	[V]	A_{stl}	[T]	[V]	A_{stl}	[T]	[V]	A_{stl}	[T]	[V]	A_{stl}	[T]	[V]	A_{stl}
0.5	25.2	38.15	10.55	20.39	514.57	475.40	22.79	575.21	475.40	27.59	696.49	565.46	24.43	616.57	475.40	28.18	711.20	588.31	35.68	900.48	882.38
0.6	18.9	47.13	13.18	24.81	469.73	548.95	27.81	526.52	548.95	33.81	640.09	706.00	29.86	565.24	550.94	34.54	653.87	734.53	43.90	831.11	1101.70
0.7	14.4	56.65	16.05	29.39	423.92	628.90	33.04	476.52	628.90	40.33	581.74	858.38	35.53	512.40	669.85	41.22	594.50	893.07	52.60	758.70	1339.52
0.8	11.0	66.77	19.17	34.14	377.00	718.74	38.49	425.06	718.74	47.20	521.18	1024.18	41.46	457.83	799.22	48.25	532.84	1065.58	61.84	682.85	1598.29
0.9	8.4	77.54	22.60	39.08	328.83	823.42	44.21	371.92	823.42	54.45	458.11	1205.25	47.70	401.31	940.51	55.69	468.56	1253.97	71.68	603.07	1880.90
1.0	6.3	89.03	26.36	44.05	280.57	946.40	49.95	318.64	945.68	61.76	394.79	1388.47	53.98	344.61	1083.44	63.19	404.02	1444.59	81.61	522.85	2166.89
1.0	3.2	114.46	35.15	44.05	280.57	946.40	49.95	318.64	945.68	61.76	394.79	1388.47	53.98	344.61	1083.44	63.19	404.02	1444.59	81.61	522.85	2166.89
纯扭	0	158.65	52.88							61.76	0	1998.28	53.98	0	1998.28	63.19	0	1998.28	81.61	0	2166.60

$b=350$ (mm)　$h=1000$ (mm)　$V^*_{min}=185.59$ (kN)　$T^*_{min}=14.78$ (kN·m)

β_t	$\theta=$ V/T	T_{max}	T_{min}	ϕ8@200			ϕ8@150			ϕ8@100			ϕ10@200			ϕ10@150			ϕ10@100		
				[T]	[V]	A_{stl}	[T]	[V]	A_{stl}	[T]	[V]	A_{stl}	[T]	[V]	A_{stl}	[T]	[V]	A_{stl}	[T]	[V]	A_{stl}
0.5	25.0	43.03	11.89	22.97	573.69	531.07	25.68	641.22	531.07	31.09	776.28	619.01	27.52	687.27	531.07	31.74	792.65	644.03	40.18	1003.43	965.94
0.6	18.7	53.15	14.87	27.96	523.60	613.23	31.33	586.81	613.23	38.08	713.23	772.50	33.64	629.91	613.23	38.90	728.56	803.72	49.44	925.85	1205.48
0.7	14.3	63.89	18.10	33.11	472.44	702.54	37.21	530.96	702.54	45.42	648.02	938.78	40.01	570.88	732.59	46.41	662.22	976.72	59.21	844.90	1464.99
0.8	10.9	75.29	21.62	38.45	420.05	802.91	43.34	473.49	802.91	53.13	580.37	1119.51	46.68	509.93	873.61	54.31	593.33	1164.76	69.58	760.14	1747.06
0.9	8.3	87.44	25.48	44.01	366.28	919.84	49.76	414.17	919.84	61.27	509.95	1316.67	53.68	446.83	1027.45	62.66	521.57	1369.89	80.62	671.04	2054.78
1.0	6.2	100.39	29.73	49.50	313.01	1055.33	56.10	355.48	1054.19	69.29	440.43	1509.20	60.59	384.44	1177.66	70.89	450.73	1570.21	91.47	583.29	2355.31
1.0	3.1	129.08	39.64	49.50	313.01	1055.33	56.10	355.48	1054.19	69.29	440.43	1509.20	60.59	384.44	1177.66	70.89	450.73	1570.21	91.47	583.29	2355.31
纯扭	0	178.90	59.63							69.29	0	2220.32	60.59	0	2220.32	70.89	0	2220.32	91.47	0	2355.00

续表

$b=400$（mm） $h=500$（mm） $V_{min}^{*}=102.21$（kN） $T_{min}^{*}=8.01$（kN·m）

β_t	$\theta=$ V/T	T_{max}	T_{min}	ϕ6@100			ϕ8@200			ϕ8@150			ϕ8@100			ϕ10@200			ϕ10@150			ϕ10@100		
				[T]	[V]	A_{stl}	[T]	[V]	A_{stl}	[T]	[V]	A_{stl}	[T]	[V]	A_{stl}	[T]	[V]	A_{stl}	[T]	[V]	A_{stl}	[T]	[V]	A_{stl}
0.5	25.4	23.33	6.45	12.52	317.50	281.66	12.02	304.91	281.66	13.34	338.42	281.66	15.99	405.45	350.27	14.24	361.28	281.66	16.31	413.58	364.42	20.43	518.18	546.57
0.6	19.0	28.82	8.06	15.28	290.61	325.23	14.65	278.74	325.23	16.31	310.34	325.23	19.64	373.54	440.39	17.45	331.89	343.67	20.04	381.21	458.18	25.23	479.85	687.20
0.7	14.5	34.64	9.81	18.15	263.07	372.60	17.39	251.99	372.60	19.42	281.49	372.60	23.49	340.49	539.54	20.81	301.61	421.04	23.99	347.65	561.34	30.34	439.73	841.95
0.8	11.1	40.82	11.72	21.16	234.79	425.83	20.24	224.57	425.83	22.69	251.75	432.82	27.59	306.11	649.17	24.36	270.28	506.58	28.18	312.70	675.40	35.82	397.53	1013.04
0.9	8.5	47.41	13.82	24.32	205.63	487.85	23.23	196.38	487.85	26.14	220.98	514.04	31.96	270.17	771.01	28.12	237.75	601.66	32.66	276.14	802.18	41.74	352.90	1203.22
1.0	6.3	54.43	16.12	27.67	175.44	563.32	26.38	167.28	563.32	29.80	188.99	604.86	36.65	232.40	907.26	32.14	203.79	707.96	37.48	237.67	943.93	48.17	305.42	1415.86
1.0	3.2	69.98	21.49	28.41	171.29	577.73	27.04	163.60	576.73	30.69	184.07	643.93	37.98	225.00	965.89	33.17	198.03	753.70	38.86	229.97	1004.93	50.24	293.85	1507.40
纯扭	0	96.99	32.33										37.98	0	1268.75	33.17	0	1268.75	38.86	0	1268.75	50.24	0	1507.20

$b=400$（mm） $h=550$（mm） $V_{min}^{*}=113.20$（kN） $T_{min}^{*}=9.11$（kN·m）

β_t	$\theta=$ V/T	T_{max}	T_{min}	ϕ6@100			ϕ8@200			ϕ8@150			ϕ8@100			ϕ10@200			ϕ10@150			ϕ10@100		
				[T]	[V]	A_{stl}	[T]	[V]	A_{stl}	[T]	[V]	A_{stl}	[T]	[V]	A_{stl}	[T]	[V]	A_{stl}	[T]	[V]	A_{stl}	[T]	[V]	A_{stl}
0.5	24.7	26.51	7.33	14.20	351.13	313.83	13.64	337.24	313.83	15.14	374.20	313.83	18.13	448.13	379.06	16.16	399.41	313.83	18.49	457.10	394.37	23.16	572.47	591.49
0.6	18.5	32.75	9.16	17.33	321.25	362.38	16.62	308.17	362.38	18.50	342.99	362.38	22.26	412.63	476.08	19.78	366.73	371.52	22.71	421.07	495.32	28.57	529.76	742.90
0.7	14.1	39.36	11.15	20.58	290.66	415.16	19.71	278.46	415.16	22.01	310.93	415.16	26.61	375.87	582.59	23.58	333.07	454.64	27.17	383.74	606.14	34.34	485.08	909.13
0.8	10.8	46.39	13.32	23.97	259.26	474.47	22.93	248.04	474.47	25.70	277.91	474.47	31.22	337.65	700.07	27.58	298.28	546.30	31.89	344.90	728.36	40.51	438.14	1092.47
0.9	8.2	53.87	15.70	27.54	226.91	543.58	26.31	216.76	543.58	29.58	243.76	553.56	36.13	297.75	830.29	31.82	262.17	647.91	36.93	304.30	863.85	47.16	388.56	1295.72
1.0	6.2	61.85	18.32	31.30	193.44	627.67	29.86	184.50	627.67	33.70	208.29	650.32	41.40	255.87	975.45	36.33	224.51	761.17	42.34	261.64	1014.88	54.35	335.89	1522.29
1.0	3.1	79.52	24.42	31.98	189.71	640.62	30.46	181.20	639.71	34.51	203.86	684.17	42.61	249.20	1026.26	37.27	219.32	800.81	43.59	254.69	1067.74	56.23	325.44	1601.61
纯扭	0	110.22	36.74										42.61	0	1395.63	37.27	0	1395.63	43.59	0	1395.63	56.23	0	1601.40

$b=400$（mm） $h=600$（mm） $V_{min}^{*}=124.19$（kN） $T_{min}^{*}=10.20$（kN·m）

β_t	$\theta=$ V/T	T_{max}	T_{min}	ϕ6@100			ϕ8@200			ϕ8@150			ϕ8@100			ϕ10@200			ϕ10@150			ϕ10@100		
				[T]	[V]	A_{stl}	[T]	[V]	A_{stl}	[T]	[V]	A_{stl}	[T]	[V]	A_{stl}	[T]	[V]	A_{stl}	[T]	[V]	A_{stl}	[T]	[V]	A_{stl}
0.5	24.2	29.69	8.21	15.89	384.76	345.92	15.26	369.57	345.92	16.93	409.99	345.92	20.27	490.82	407.28	18.07	437.55	345.92	20.67	500.63	423.74	25.88	626.78	635.53
0.6	18.2	36.67	10.26	19.38	351.90	399.44	18.59	337.60	399.44	20.68	375.64	399.44	24.87	451.73	511.09	22.11	401.58	399.44	25.38	460.95	531.74	31.92	579.69	797.53
0.7	13.8	44.08	12.49	23.00	318.27	457.61	22.04	304.95	457.61	24.60	340.39	457.61	29.72	411.26	624.85	26.35	364.55	487.62	30.34	419.86	650.10	38.34	530.46	975.08
0.8	10.6	51.96	14.92	26.78	283.75	522.98	25.63	271.51	522.98	28.70	304.08	522.98	34.85	369.22	750.07	30.80	326.29	585.32	35.60	377.12	780.39	45.19	478.78	1170.51
0.9	8.1	60.34	17.58	30.75	248.21	599.15	29.38	237.16	599.15	33.03	266.56	599.15	40.31	325.36	888.57	35.51	286.61	693.39	41.19	332.49	924.49	52.56	424.26	1386.68
1.0	6.1	69.27	20.51	34.93	211.47	691.84	33.33	201.75	691.84	37.60	227.62	695.08	46.15	279.37	1042.60	40.52	245.26	813.57	47.19	285.64	1084.74	60.53	366.40	1627.08
1.0	3.0	89.07	27.35	35.54	208.13	703.41	33.87	198.79	702.60	38.32	223.66	724.42	47.23	273.99	1086.63	41.36	240.61	847.91	48.31	279.42	1130.55	62.22	357.04	1695.83
纯扭	0	123.45	41.15										47.23	0	1522.50	41.36	0	1522.50	48.31	0	1522.50	62.22	0	1695.60

续表

$b=400$（mm）							$h=650$（mm）						$V^{*}_{min}=135.18$（kN）						$T^{*}_{min}=11.29$（kN·m）					
β_t	$\theta=$ V/T	T_{max}	T_{min}	ϕ6@100			ϕ8@200			ϕ8@150			ϕ8@100			ϕ10@200			ϕ10@150			ϕ10@100		
				[T]	[V]	A_{stl}	[T]	[V]	A_{stl}	[T]	[V]	A_{stl}	[T]	[V]	A_{stl}	[T]	[V]	A_{stl}	[T]	[V]	A_{stl}	[T]	[V]	A_{stl}
0.5	23.8	32.87	9.09	17.57	418.40	377.94	16.88	401.91	377.94	18.73	445.78	377.94	22.41	533.52	435.09	19.98	475.70	377.94	22.86	544.16	452.68	28.61	681.10	678.93
0.6	17.9	40.60	11.36	21.43	382.55	436.41	20.56	367.05	436.41	22.87	408.31	436.41	27.49	490.83	545.60	24.44	436.45	436.41	28.05	500.84	567.65	35.26	629.63	851.39
0.7	13.6	48.81	13.83	25.43	345.87	499.97	24.36	331.44	499.97	27.19	369.85	499.97	32.83	446.67	666.53	29.11	396.04	520.14	33.52	455.98	693.46	42.33	575.87	1040.11
0.8	10.4	57.52	16.52	29.60	308.25	571.40	28.32	294.99	571.40	31.71	330.27	571.40	38.48	400.81	799.42	34.02	354.32	623.83	39.30	409.36	831.73	49.87	519.46	1247.51
0.9	7.9	66.80	19.47	33.96	269.52	654.62	32.46	257.57	654.62	36.47	289.38	654.62	44.48	352.99	946.14	39.20	311.07	738.31	45.45	360.71	984.38	57.97	459.99	1476.51
1.0	6.0	76.70	22.71	38.56	229.51	755.89	36.80	219.00	755.89	41.50	246.96	755.89	50.89	302.89	1108.97	44.70	266.03	865.37	52.03	309.67	1153.80	66.70	396.96	1730.67
1.0	3.0	98.61	30.28	39.11	226.55	766.14	37.28	216.38	765.42	42.14	243.45	767.21	51.86	297.58	1146.99	45.45	261.91	895.02	53.04	304.15	1193.36	68.21	388.63	1790.04
纯扭	0	136.67	45.56										51.86	0	1649.38				53.04	0	1649.38	68.21	0	1789.80

$b=400$（mm）							$h=700$（mm）						$V^{*}_{min}=146.17$（kN）						$T^{*}_{min}=12.38$（kN·m）					
β_t	$\theta=$ V/T	T_{max}	T_{min}	ϕ6@100			ϕ8@200			ϕ8@150			ϕ8@100			ϕ10@200			ϕ10@150			ϕ10@100		
				[T]	[V]	A_{stl}	[T]	[V]	A_{stl}	[T]	[V]	A_{stl}	[T]	[V]	A_{stl}	[T]	[V]	A_{stl}	[T]	[V]	A_{stl}	[T]	[V]	A_{stl}
0.5	23.5	36.05	9.96	19.26	452.04	409.92	18.50	434.25	409.92	20.52	481.58	409.92	24.55	576.23	462.59	21.89	513.85	409.92	25.04	587.71	481.28	31.33	735.43	721.83
0.6	17.6	44.53	12.46	23.47	413.21	473.33	22.52	396.49	473.33	25.05	440.98	473.33	30.11	529.95	579.73	26.77	471.31	473.33	30.72	540.74	603.16	38.61	679.59	904.65
0.7	13.4	53.53	15.16	27.85	373.49	542.27	26.69	357.94	542.27	29.77	399.32	542.27	35.95	482.09	707.76	31.88	427.54	552.32	36.69	492.12	736.36	46.32	621.29	1104.46
0.8	10.3	63.09	18.12	32.41	332.75	619.74	31.02	318.48	619.74	34.71	356.46	619.74	42.11	432.41	848.26	37.24	382.36	661.95	43.01	441.62	882.55	54.55	560.15	1323.74
0.9	7.8	73.26	21.35	37.17	290.84	710.00	35.53	277.98	710.00	39.91	312.20	710.00	48.65	380.64	1003.16	42.89	335.53	782.81	49.71	388.94	1043.70	63.37	495.75	1565.50
1.0	5.9	84.12	24.91	42.19	247.56	819.84	40.27	236.26	819.84	45.39	266.32	819.84	55.63	326.43	1174.78	48.88	286.82	916.71	56.88	333.72	1222.26	72.86	427.54	1833.37
1.0	2.9	108.15	33.21	42.67	244.97	828.82	40.69	233.97	828.18	45.96	263.24	829.76	56.49	321.78	1207.36	49.55	283.20	942.13	57.76	328.88	1256.17	74.20	420.23	1884.25
纯扭	0	149.90	49.96										56.49	0	1776.25				57.76	0	1776.25	74.20	0	1884.00

$b=400$（mm）							$h=750$（mm）						$V^{*}_{min}=157.16$（kN）						$T^{*}_{min}=13.48$（kN·m）					
β_t	$\theta=$ V/T	T_{max}	T_{min}	ϕ6@100			ϕ8@200			ϕ8@150			ϕ8@100			ϕ10@200			ϕ10@150			ϕ10@100		
				[T]	[V]	A_{stl}	[T]	[V]	A_{stl}	[T]	[V]	A_{stl}	[T]	[V]	A_{stl}	[T]	[V]	A_{stl}	[T]	[V]	A_{stl}	[T]	[V]	A_{stl}
0.5	23.2	39.23	10.84	20.94	485.68	441.86	20.12	466.60	441.86	22.31	517.38	441.86	26.69	618.94	489.83	23.80	552.01	441.86	27.22	631.26	509.63	34.06	789.77	764.35
0.6	17.4	48.46	13.55	25.52	443.87	510.21	24.49	425.94	510.21	27.23	473.65	510.21	32.72	569.07	613.57	29.10	506.19	510.21	33.39	580.65	638.36	41.95	729.56	957.44
0.7	13.3	58.25	16.50	30.27	401.11	584.52	29.01	384.44	584.52	32.36	428.80	584.52	39.05	517.52	748.65	34.64	459.05	584.52	39.87	528.27	778.90	50.32	666.72	1168.26
0.8	10.1	68.66	19.72	35.21	357.27	668.02	33.71	341.98	668.02	37.72	382.66	668.02	45.74	464.02	896.72	40.45	410.40	699.76	46.71	473.89	932.96	59.23	600.86	1399.36
0.9	7.7	79.73	23.24	40.39	312.17	765.32	38.60	298.40	765.32	43.34	335.03	765.32	52.82	408.30	1059.75	46.58	360.01	826.97	53.97	417.18	1102.59	68.76	531.52	1653.82
1.0	5.8	91.54	27.11	45.82	265.62	883.71	43.73	253.53	883.71	49.28	285.69	883.71	60.37	349.99	1240.13	53.06	307.61	967.71	61.72	357.79	1290.26	79.03	458.15	1935.36
1.0	2.9	117.70	36.14	46.23	263.39	891.46	44.10	251.56	890.90	49.77	283.03	892.28	61.11	345.97	1267.73	53.64	304.49	989.23	62.49	353.60	1318.98	80.18	451.83	1978.46
纯扭	0	163.13	54.37										61.11	0	1903.13				62.49	0	1903.13	80.18	0	1978.20

续表

$b=400$ (mm) $h=800$ (mm) $V_{min}^{*}=168.15$ (kN) $T_{min}^{*}=14.57$ (kN·m)

β_t	$\theta=$ V/T	T_{max}	T_{min}	ϕ6@100			ϕ8@200			ϕ8@150			ϕ8@100			ϕ10@200			ϕ10@150			ϕ10@100		
				[T]	[V]	A_{stl}	[T]	[V]	A_{stl}	[T]	[V]	A_{stl}	[T]	[V]	A_{stl}	[T]	[V]	A_{stl}	[T]	[V]	A_{stl}	[T]	[V]	A_{stl}
0.5	22.9	42.41	11.72	22.63	519.32	473.76	21.74	498.94	473.76	24.10	553.18	473.76	28.83	661.66	516.88	25.72	590.17	473.76	29.40	674.82	537.77	36.78	844.11	806.55
0.6	17.2	52.39	14.65	27.57	474.53	547.05	26.46	455.40	547.05	29.42	506.33	547.05	35.33	608.20	647.16	31.43	541.07	547.05	36.05	620.56	673.32	45.29	779.54	1009.87
0.7	13.1	62.98	17.84	32.69	428.74	626.73	31.34	410.95	626.73	34.95	458.28	626.73	42.16	552.95	789.26	37.41	490.56	626.73	43.04	564.43	821.16	54.30	712.17	1231.65
0.8	10.0	74.22	21.31	38.02	381.78	716.26	36.40	365.48	716.26	40.72	408.87	716.26	49.36	495.64	944.87	43.67	438.45	737.34	50.41	506.16	983.06	63.90	641.59	1474.51
0.9	7.7	86.19	25.12	43.59	333.50	820.58	41.68	318.83	820.58	46.78	357.87	820.58	56.99	435.97	1116.01	50.26	384.50	870.87	58.23	445.44	1161.12	74.16	567.32	1741.62
1.0	5.7	98.96	29.31	49.44	283.68	947.52	47.20	270.81	947.52	53.17	305.06	947.52	65.11	373.56	1305.14	57.24	328.42	1018.43	66.56	381.87	1357.89	85.19	488.77	2036.81
1.0	2.9	127.24	39.08	49.80	281.81	954.06	47.51	269.16	953.59	53.59	302.83	954.76	65.74	370.16	1328.10	57.73	325.78	1036.34	67.21	378.33	1381.78	86.17	483.42	2072.68
纯扭	0	176.35	58.78										65.74	0	2030.00				67.21	0	2030.00	86.17	0	2072.40

$b=400$ (mm) $h=900$ (mm) $V_{min}^{*}=190.13$ (kN) $T_{min}^{*}=16.76$ (kN·m)

β_t	$\theta=$ V/T	T_{max}	T_{min}	ϕ8@200			ϕ8@150			ϕ8@100			ϕ10@200			ϕ10@150			ϕ10@100		
				[T]	[V]	A_{stl}	[T]	[V]	A_{stl}	[T]	[V]	A_{stl}	[T]	[V]	A_{stl}	[T]	[V]	A_{stl}	[T]	[V]	A_{stl}
0.5	22.6	48.77	13.48	24.98	563.64	537.51	27.69	624.79	537.51	33.11	747.10	570.53	29.54	666.49	537.51	33.77	761.93	593.58	42.22	952.81	890.27
0.6	16.9	60.25	16.85	30.39	514.31	620.66	33.78	571.70	620.66	40.56	686.47	713.82	36.09	610.83	620.66	41.38	700.39	742.67	51.97	879.52	1113.89
0.7	12.9	72.42	20.51	35.98	463.97	711.06	40.11	517.26	711.06	48.38	623.83	869.87	42.93	553.59	711.06	49.38	636.76	905.03	62.28	803.08	1357.44
0.8	9.9	85.36	24.51	41.78	412.49	812.63	46.73	461.29	812.63	56.61	558.90	1040.48	50.10	494.57	812.63	57.81	570.73	1082.54	73.24	723.06	1623.71
0.9	7.5	99.12	28.89	47.82	359.69	930.99	53.65	403.57	930.99	65.32	491.33	1227.78	57.63	433.49	958.09	66.74	501.97	1277.41	84.95	638.93	1916.05
1.0	5.6	113.81	33.70	54.13	305.38	1075.01	60.95	343.83	1075.01	74.58	420.72	1434.35	65.60	370.05	1119.27	76.23	430.05	1492.33	97.51	550.06	2238.47
1.0	2.8	146.32	44.94	54.34	304.34	1078.89	61.23	342.41	1079.66	74.99	418.55	1448.83	65.92	368.37	1130.55	76.66	427.79	1507.40	98.15	546.62	2261.10
纯扭	0	202.80	67.60							74.99	0	2283.75				76.66	0	2283.75	98.15	0	2283.75

$b=400$ (mm) $h=1000$ (mm) $V_{min}^{*}=212.11$ (kN) $T_{min}^{*}=18.94$ (kN·m)

β_t	$\theta=$ V/T	T_{max}	T_{min}	ϕ8@200			ϕ8@150			ϕ8@100			ϕ10@200			ϕ10@150			ϕ10@100		
				[T]	[V]	A_{stl}	[T]	[V]	A_{stl}	[T]	[V]	A_{stl}	[T]	[V]	A_{stl}	[T]	[V]	A_{stl}	[T]	[V]	A_{stl}
0.5	22.3	55.14	15.24	28.22	628.34	601.19	31.27	696.41	601.19	37.39	832.55	623.74	33.36	742.83	601.19	38.13	849.06	648.94	47.67	1061.53	973.30
0.6	16.7	68.11	19.05	34.32	573.22	694.19	38.14	637.07	694.19	45.79	764.75	779.95	40.75	680.60	694.19	46.72	780.24	811.47	58.65	979.51	1217.09
0.7	12.7	81.87	23.19	40.63	517.00	795.29	45.28	576.24	795.29	54.59	694.73	949.88	48.46	616.64	795.29	55.72	709.10	988.27	70.26	894.02	1482.29
0.8	9.7	96.49	27.71	47.16	459.50	908.91	52.73	513.73	908.91	63.86	622.17	1135.42	56.52	550.70	908.91	65.21	635.32	1181.31	82.58	804.57	1771.87
0.9	7.4	112.05	32.66	53.96	400.56	1041.29	60.52	449.28	1041.29	73.65	546.71	1338.82	65.00	482.50	1044.74	75.24	558.53	1392.94	95.73	710.59	2089.34
1.0	5.6	128.65	38.10	61.06	339.95	1202.37	68.72	382.61	1202.37	84.05	467.91	1562.81	73.95	411.69	1219.50	85.90	478.26	1625.98	109.82	611.39	2438.94
1.0	2.8	165.41	50.80	61.16	339.52	1204.11	68.86	382.00	1204.49	84.25	466.94	1569.57	74.10	410.96	1224.76	86.11	477.24	1633.02	110.13	609.81	2449.53
纯扭	0	229.26	76.42							84.25	0	2537.50				86.11	0	2537.50	110.13	0	2537.50

续表

$b=500$（mm）						$h=500$（mm）						$V_{min}^{*}=127.76$（kN）					$T_{min}^{*}=11.38$（kN·m）				
β_t	$\theta=$ V/T	T_{max}	T_{min}	ϕ6@100			ϕ8@150			ϕ8@100			ϕ10@200			ϕ10@150			ϕ10@100		
				[T]	[V]	A_{stl}	[T]	[V]	A_{stl}	[T]	[V]	A_{stl}	[T]	[V]	A_{stl}	[T]	[V]	A_{stl}	[T]	[V]	A_{stl}
0.5	22.3	33.13	9.16	16.62	371.04	335.69	17.58	392.41	335.69	20.65	460.87	355.81	18.63	415.75	335.69	21.02	469.17	370.18	25.81	576.02	555.19
0.6	16.7	40.93	11.45	20.28	339.50	387.62	21.49	359.76	387.62	25.37	424.69	449.83	22.81	381.90	387.62	25.84	432.56	468.01	31.89	533.88	701.92
0.7	12.8	49.20	13.94	24.09	307.29	444.08	25.59	326.32	444.08	30.37	387.30	554.51	27.22	347.11	444.08	30.95	394.70	576.91	38.41	489.87	865.28
0.8	9.8	57.99	16.65	28.09	274.28	507.52	29.90	291.93	507.52	35.69	348.50	671.74	31.87	311.22	524.21	36.39	355.36	698.89	45.43	443.63	1048.24
0.9	7.4	67.34	19.63	32.30	240.32	581.43	34.46	256.42	581.43	41.40	308.00	803.95	36.83	274.00	627.37	42.24	314.25	836.44	53.06	394.76	1254.59
1.0	5.6	77.31	22.90	36.78	205.21	671.38	39.34	219.54	671.38	47.57	265.46	954.19	42.15	235.20	744.60	48.57	271.03	992.76	61.41	342.70	1489.10
1.0	2.8	99.40	30.53	38.70	196.85	703.22	41.63	209.62	724.42	51.00	250.55	1086.63	44.82	223.58	847.91	52.14	255.52	1130.55	66.76	319.40	1695.83
纯扭	0	137.78	45.92							51.00	0	1585.94				52.14	0	1585.94	66.76	0	1695.60
$b=500$（mm）						$h=550$（mm）						$V_{min}^{*}=141.50$（kN）					$T_{min}^{*}=13.09$（kN·m）				
β_t	$\theta=$ V/T	T_{max}	T_{min}	ϕ6@100			ϕ8@150			ϕ8@100			ϕ10@200			ϕ10@150			ϕ10@100		
				[T]	[V]	A_{stl}	[T]	[V]	A_{stl}	[T]	[V]	A_{stl}	[T]	[V]	A_{stl}	[T]	[V]	A_{stl}	[T]	[V]	A_{stl}
0.5	21.5	38.11	10.53	19.08	410.20	376.27	20.18	433.73	376.27	23.69	509.13	386.51	21.37	459.44	376.27	24.11	518.27	402.12	29.58	635.94	603.09
0.6	16.1	47.07	13.17	23.27	375.13	434.48	24.65	397.41	434.48	29.08	468.80	487.91	26.16	421.75	434.48	29.62	477.46	507.62	36.53	588.87	761.33
0.7	12.3	56.58	16.03	27.62	339.32	497.76	29.33	360.21	497.76	34.78	427.15	600.43	31.18	383.04	497.76	35.44	435.27	624.70	43.94	539.74	936.95
0.8	9.4	66.68	19.15	32.18	302.64	568.87	34.24	321.98	568.87	40.83	383.96	726.02	36.48	343.11	568.87	41.63	391.47	755.36	51.91	488.19	1132.95
0.9	7.2	77.44	22.57	36.97	264.92	651.73	39.43	282.53	651.73	47.30	338.92	867.08	42.11	301.76	676.63	48.26	345.76	902.13	60.54	433.78	1353.11
1.0	5.4	88.91	26.33	42.05	225.97	752.55	44.96	241.61	752.55	54.28	291.70	1026.67	48.14	258.68	801.15	55.41	297.77	1068.17	69.96	375.94	1602.21
1.0	2.7	114.32	35.11	43.89	218.01	782.77	47.14	232.16	786.13	57.56	277.49	1146.99	50.69	247.62	895.02	58.82	282.99	1193.36	75.07	353.74	1790.04
纯扭	0	158.44	52.81							57.56	0	1744.53				58.82	0	1744.53	75.07	0	1789.80
$b=500$（mm）						$h=600$（mm）						$V_{min}^{*}=155.23$（kN）					$T_{min}^{*}=14.80$（kN·m）				
β_t	$\theta=$ V/T	T_{max}	T_{min}	ϕ6@100			ϕ8@150			ϕ8@100			ϕ10@200			ϕ10@150			ϕ10@100		
				[T]	[V]	A_{stl}	[T]	[V]	A_{stl}	[T]	[V]	A_{stl}	[T]	[V]	A_{stl}	[T]	[V]	A_{stl}	[T]	[V]	A_{stl}
0.5	20.9	43.08	11.91	21.54	449.38	416.67	22.77	475.08	416.67	26.72	557.41	416.67	24.12	503.15	416.67	27.20	567.39	432.98	33.36	695.88	649.37
0.6	15.6	53.21	14.88	26.25	410.78	481.13	27.81	435.08	481.13	32.78	512.94	524.71	29.50	461.63	481.13	33.39	522.38	545.91	41.15	643.90	818.76
0.7	11.9	63.96	18.12	31.15	371.37	551.21	33.06	394.13	551.21	39.18	467.04	644.85	35.15	418.99	551.21	39.92	475.88	670.91	49.47	589.67	1006.26
0.8	9.1	75.38	21.65	36.27	331.02	629.95	38.57	352.06	629.95	45.96	419.46	778.56	41.09	375.04	629.95	46.85	427.64	810.02	58.38	532.83	1214.93
0.9	7.0	87.54	25.51	41.64	289.56	721.70	44.39	308.67	721.70	53.19	369.91	928.26	47.39	329.55	724.37	54.26	377.33	965.78	68.01	472.90	1448.59
1.0	5.2	100.51	29.76	47.32	246.78	833.34	50.57	263.72	833.34	60.97	318.00	1097.02	54.11	282.23	856.05	62.24	324.58	1141.36	78.48	409.29	1711.99
1.0	2.6	129.23	39.69	49.08	239.18	862.13	52.66	254.70	865.34	64.11	304.44	1207.36	56.56	271.66	942.13	65.50	310.47	1256.17	83.38	388.08	1884.25
纯扭	0	179.11	59.70							64.11	0	1903.13				65.50	0	1903.13	83.38	0	1903.13

续表

$b=500$（mm） $h=650$（mm） $V_{min}^{*}=168.97$（kN） $T_{min}^{*}=16.50$（kN·m）

β_t	$\theta=$ V/T	T_{max}	T_{min}	ϕ6@100			ϕ8@150			ϕ8@100			ϕ10@200			ϕ10@150			ϕ10@100		
				[T]	[V]	A_{stl}	[T]	[V]	A_{stl}	[T]	[V]	A_{stl}	[T]	[V]	A_{stl}	[T]	[V]	A_{stl}	[T]	[V]	A_{stl}
0.5	20.4	48.05	13.28	24.00	488.56	456.94	25.37	516.43	456.94	29.75	605.70	456.94	26.86	546.86	456.94	30.28	616.53	463.04	37.13	755.85	694.45
0.6	15.3	59.35	16.60	29.24	446.43	527.62	30.96	472.76	527.62	36.49	557.10	560.57	32.85	501.51	527.62	37.16	567.33	583.22	45.78	698.95	874.72
0.7	11.6	71.34	20.21	34.68	403.44	604.47	36.80	428.06	604.47	43.58	506.95	688.16	39.11	454.96	604.47	44.40	516.52	715.97	54.98	639.64	1073.84
0.8	8.9	84.08	24.14	40.35	359.42	690.82	42.91	382.16	690.82	51.08	455.00	829.82	45.69	407.00	690.82	52.08	463.83	863.36	64.84	577.51	1294.93
0.9	6.8	97.64	28.46	46.30	314.22	791.44	49.34	334.85	791.44	59.08	400.93	988.01	52.66	357.38	791.44	60.26	408.95	1027.95	75.46	512.08	1541.84
1.0	5.1	112.11	33.20	52.58	267.61	913.87	56.17	285.86	913.87	67.66	344.35	1165.83	60.08	305.80	913.87	69.05	351.44	1212.95	86.98	442.72	1819.37
1.0	2.5	144.14	44.27	54.27	260.34	941.34	58.17	277.24	944.42	70.67	331.38	1267.73	62.43	295.70	989.23	72.19	337.94	1318.98	91.69	422.43	1978.46
纯扭	0	199.77	66.59							70.67	0	2061.72				72.19	0	2061.72	91.69	0	2061.72

$b=500$（mm） $h=700$（mm） $V_{min}^{*}=182.71$（kN） $T_{min}^{*}=18.21$（kN·m）

β_t	$\theta=$ V/T	T_{max}	T_{min}	ϕ6@100			ϕ8@150			ϕ8@100			ϕ10@200			ϕ10@150			ϕ10@100		
				[T]	[V]	A_{stl}	[T]	[V]	A_{stl}	[T]	[V]	A_{stl}	[T]	[V]	A_{stl}	[T]	[V]	A_{stl}	[T]	[V]	A_{stl}
0.5	20.0	53.02	14.65	26.45	527.75	497.10	27.96	557.78	497.10	32.78	654.00	497.10	29.60	590.59	497.10	33.37	665.67	497.10	40.89	815.83	738.62
0.6	15.0	65.49	18.32	32.22	482.10	574.00	34.12	510.45	574.00	40.19	601.27	595.72	36.18	541.41	574.00	40.92	612.29	619.80	50.39	754.03	929.57
0.7	11.4	78.72	22.30	38.20	435.51	657.60	40.53	462.00	657.60	47.97	546.88	730.63	43.07	490.94	657.60	48.88	557.18	760.16	60.49	689.64	1140.12
0.8	8.7	92.78	26.64	44.44	387.84	751.54	47.24	412.28	751.54	56.21	490.56	880.13	50.29	438.97	751.54	57.29	500.06	915.70	71.29	622.24	1373.44
0.9	6.7	107.74	31.40	50.96	338.90	861.00	54.29	361.04	861.00	64.96	431.99	1046.71	57.93	385.23	861.00	66.25	440.59	1089.01	82.90	551.31	1633.43
1.0	5.0	123.70	36.63	57.84	288.46	994.20	61.76	308.03	994.20	74.33	370.74	1233.48	66.05	329.41	994.20	75.86	378.34	1283.34	95.48	476.20	1924.96
1.0	2.5	159.05	48.84	59.46	281.51	1020.45	63.69	299.78	1023.40	77.23	358.32	1328.10	68.30	319.74	1036.34	78.87	365.42	1381.78	100.00	456.77	2072.68
纯扭	0	220.44	73.48							77.23	0	2220.32				78.87	0	2220.32	100.00	0	2220.32

$b=500$（mm） $h=750$（mm） $V_{min}^{*}=196.45$（kN） $T_{min}^{*}=19.92$（kN·m）

β_t	$\theta=$ V/T	T_{max}	T_{min}	ϕ6@100			ϕ8@150			ϕ8@100			ϕ10@200			ϕ10@150			ϕ10@100		
				[T]	[V]	A_{stl}	[T]	[V]	A_{stl}	[T]	[V]	A_{stl}	[T]	[V]	A_{stl}	[T]	[V]	A_{stl}	[T]	[V]	A_{stl}
0.5	19.6	57.99	16.03	28.91	566.95	537.18	30.55	599.15	537.18	35.81	702.31	537.18	32.34	634.32	537.18	36.45	714.82	537.18	44.66	875.83	782.08
0.6	14.7	71.63	20.03	35.20	517.77	620.29	37.27	548.14	620.29	43.88	645.46	630.32	39.52	581.32	620.29	44.69	657.26	655.79	55.01	809.13	983.56
0.7	11.2	86.10	24.39	41.73	467.60	710.63	44.26	495.96	710.63	52.36	586.83	772.46	47.02	526.94	710.63	53.35	597.85	803.67	66.00	739.66	1205.39
0.8	8.6	101.48	29.14	48.52	416.27	812.15	51.56	442.41	812.15	61.32	526.15	929.69	54.89	470.96	812.15	62.51	536.30	967.27	77.74	666.99	1450.79
0.9	6.5	117.84	34.34	55.62	363.59	930.43	59.24	387.26	930.43	70.84	463.07	1104.58	63.19	413.10	930.43	72.24	472.26	1149.22	90.34	590.57	1723.74
1.0	4.9	135.30	40.07	63.09	309.33	1074.37	67.35	330.22	1074.37	81.00	397.16	1300.26	72.01	353.04	1074.37	82.66	405.27	1352.82	103.97	509.73	2029.18
1.0	2.5	173.96	53.42	64.65	302.68	1099.47	69.20	322.32	1102.30	83.78	385.26	1388.47	74.17	343.78	1105.01	85.55	392.89	1444.59	108.31	491.12	2166.89
纯扭	0	241.11	80.36							83.78	0	2378.91				85.55	0	2378.91	108.31	0	2378.91

续表

$b=500$（mm）							$h=800$（mm）					$V^*_{min}=210.18$（kN）					$T^*_{min}=21.63$（kN·m）				
β_t	$\theta=$ V/T	T_{max}	T_{min}	ϕ6@100			ϕ8@150			ϕ8@100			ϕ10@200			ϕ10@150			ϕ10@100		
				[T]	[V]	A_{stl}	[T]	[V]	A_{stl}	[T]	[V]	A_{stl}	[T]	[V]	A_{stl}	[T]	[V]	A_{stl}	[T]	[V]	A_{stl}
0.5	19.3	62.96	17.40	31.36	606.15	577.21	33.14	640.52	577.21	38.84	750.63	577.21	35.08	678.06	577.21	39.53	763.98	577.21	48.42	935.83	824.98
0.6	14.5	77.77	21.75	38.18	553.45	666.50	40.42	585.85	666.50	47.58	689.65	666.50	42.86	621.24	666.50	48.45	702.24	691.34	59.62	864.24	1036.87
0.7	11.0	93.48	26.48	45.25	499.69	763.57	47.98	529.92	763.57	56.76	626.79	813.77	50.98	562.95	763.57	57.82	638.53	846.66	71.51	789.70	1269.85
0.8	8.5	110.17	31.64	52.60	444.71	872.66	55.89	472.55	872.66	66.44	561.75	978.68	59.48	502.96	872.66	67.72	572.56	1018.23	84.18	711.77	1527.23
0.9	6.4	127.94	37.29	60.27	388.30	999.75	64.18	413.48	999.75	76.71	494.16	1161.81	68.45	440.99	999.75	78.23	503.95	1208.76	97.77	629.87	1813.05
1.0	4.8	146.90	43.50	68.34	330.21	1154.42	72.94	352.42	1154.42	87.67	423.60	1366.35	77.96	376.69	1154.42	89.46	432.23	1421.58	112.45	543.30	2132.32
1.0	2.4	188.87	58.00	69.84	323.84	1178.42	74.72	344.86	1181.14	90.34	412.20	1448.83	80.05	367.82	1183.74	92.23	420.37	1507.40	116.61	525.46	2261.10
纯扭	0	261.77	87.25							90.34	0	2537.50				92.23	0	2537.50	116.61	0	2537.50

$b=500$（mm）							$h=900$（mm）			$V^*_{min}=237.66$（kN）			$T^*_{min}=25.04$（kN·m）					
β_t	$\theta=$ V/T	T_{max}	T_{min}	ϕ8@150			ϕ8@100			ϕ10@200			ϕ10@150			ϕ10@100		
				[T]	[V]	A_{stl}	[T]	[V]	A_{stl}	[T]	[V]	A_{stl}	[T]	[V]	A_{stl}	[T]	[V]	A_{stl}
0.5	18.9	72.90	20.15	38.32	723.26	657.12	44.89	847.28	657.12	40.56	765.55	657.12	45.69	862.32	657.12	55.95	1055.87	909.50
0.6	14.2	90.05	25.19	46.72	661.27	758.77	54.97	778.06	758.77	49.53	701.09	758.77	55.97	792.22	761.40	68.85	974.49	1141.95
0.7	10.8	108.24	30.66	55.44	597.87	869.28	65.53	706.73	895.24	58.88	634.99	869.28	66.76	719.93	931.42	82.51	889.83	1396.99
0.8	8.3	127.57	36.63	64.53	532.85	993.47	76.66	632.98	1075.34	68.67	566.99	993.47	78.13	645.12	1118.80	97.06	801.38	1678.07
0.9	6.3	148.15	43.17	74.07	465.96	1138.16	88.45	556.40	1274.82	78.97	496.79	1138.16	90.19	567.37	1326.34	112.63	708.52	1989.42
1.0	4.7	170.09	50.37	84.11	396.86	1314.23	101.00	476.52	1496.99	89.87	424.02	1314.23	103.04	486.18	1557.50	129.39	610.51	2336.19
1.0	2.4	218.69	67.16	85.75	389.94	1338.68	103.45	466.08	1569.57	91.79	415.90	1341.07	105.60	475.32	1633.02	133.23	594.15	2449.53
纯扭	0	303.11	101.03				103.45	0	2854.69				105.60	0	2854.69	133.23	0	2854.69

$b=500$（mm）							$h=1000$（mm）			$V^*_{min}=265.13$（kN）			$T^*_{min}=28.46$（kN·m）					
β_t	$\theta=$ V/T	T_{max}	T_{min}	ϕ8@150			ϕ8@100			ϕ10@200			ϕ10@150			ϕ10@100		
				[T]	[V]	A_{stl}	[T]	[V]	A_{stl}	[T]	[V]	A_{stl}	[T]	[V]	A_{stl}	[T]	[V]	A_{stl}
0.5	18.5	82.84	22.90	43.50	806.02	736.89	50.95	943.94	736.89	46.04	853.04	736.89	51.85	960.67	736.89	63.47	1175.92	992.77
0.6	13.9	102.33	28.62	53.02	736.70	850.89	62.36	866.49	850.89	56.20	780.95	850.89	63.49	882.23	850.89	78.06	1084.78	1245.52
0.7	10.6	123.00	34.84	62.89	665.83	974.81	74.31	786.70	975.59	66.78	707.04	974.81	75.69	801.36	1015.01	93.51	990.00	1522.37
0.8	8.1	144.97	41.63	73.18	593.18	1114.07	86.88	704.24	1170.73	77.85	631.05	1114.07	88.54	717.71	1218.05	109.92	891.04	1826.94
0.9	6.2	168.35	49.06	83.95	518.46	1276.33	100.17	618.68	1386.44	89.48	552.63	1276.33	102.14	630.83	1442.48	127.47	787.24	2163.61
1.0	4.6	193.29	57.24	95.28	441.33	1473.78	114.31	529.50	1626.14	101.77	471.39	1473.78	116.62	540.19	1691.87	146.33	677.79	2537.76
1.0	2.3	248.51	76.32	96.78	435.02	1496.08	116.57	519.97	1690.31	103.53	463.98	1498.27	118.97	530.27	1758.63	149.85	662.83	2637.95
纯扭	0	344.44	114.81				116.57	0	3171.88				118.97	0	3171.88	149.85	0	3171.88

矩形截面纯扭剪扭构件计算表 抗剪扭箍筋（六肢）抗扭纵筋 A_{stl}（mm^2） HPB235 钢筋 C35 表 2-8-12

$b=500$（mm） $h=500$（mm） $V^*_{min}=127.76$（kN） $T^*_{min}=11.38$（kN·m）

β_t	$\theta=$ V/T	T_{max}	T_{min}	ϕ6@150			ϕ6@100			ϕ8@200			ϕ8@150			ϕ8@100			ϕ10@200			ϕ10@150			ϕ10@100		
				[T]	[V]	A_{stl}	[T]	[V]	A_{stl}	[T]	[V]	A_{stl}	[T]	[V]	A_{stl}	[T]	[V]	A_{stl}	[T]	[V]	A_{stl}	[T]	[V]	A_{stl}	[T]	[V]	A_{stl}
0.5	22.3	33.13	9.16	16.6	371.0	335.7	19.2	428.8	335.7	18.3	409.5	335.7	20.6	460.9	355.8	25.2	563.6	533.6	22.2	495.9	416.4	25.8	576.0	555.2	33.0	736.3	832.7
0.6	16.7	40.93	11.45	20.3	339.5	387.6	23.6	394.3	387.6	22.5	376.0	387.6	25.4	424.7	449.8	31.2	522.1	674.7	27.4	457.9	526.5	31.9	533.9	701.9			
0.7	12.8	49.20	13.94	24.1	307.3	444.1	28.1	358.8	468.0	26.8	341.6	444.1	30.4	387.3	554.5	37.5	478.8	831.7	32.8	418.5	649.0	38.4	489.9	865.3			
0.8	9.8	57.99	16.65	28.1	274.3	507.5	33.0	322.0	566.9	31.3	306.1	507.5	35.7	348.5	671.7	44.4	433.3	1007.5	38.7	377.4	786.2	45.4	443.6	1048.2			
0.9	7.4	67.34	19.63	31.14	245.43	564.93	36.41	291.49	611.36	34.65	276.11	561.85	39.34	317.04	724.42	48.71	398.90	1086.62	42.54	344.95	847.91	49.85	408.83	1130.55	64.48	536.59	1695.83
1.0	5.6	77.31	22.90	33.43	219.88	618.39	38.70	265.93	611.36	36.94	250.55	608.97	41.63	291.49	724.42	51.00	373.35	1086.63	44.82	319.40	847.91	52.14	383.28	1130.55	66.76	511.04	1695.83
1.0	2.8	99.40	30.53	33.43	219.88	618.39	38.70	265.93	611.36	36.94	250.55	608.97	41.63	291.49	724.42	51.00	373.35	1086.63	44.82	319.40	847.91	52.14	383.28	1130.55	66.76	511.04	1695.83
纯扭	0	137.78	45.92													51.0	0	1585.9				52.1	0	1585.9	66.8	0	1695.6

$b=500$（mm） $h=550$（mm） $V^*_{min}=141.50$（kN） $T^*_{min}=13.09$（kN·m）

β_t	$\theta=$ V/T	T_{max}	T_{min}	ϕ6@150			ϕ6@100			ϕ8@200			ϕ8@150			ϕ8@100			ϕ10@200			ϕ10@150			ϕ10@100		
				[T]	[V]	A_{stl}	[T]	[V]	A_{stl}	[T]	[V]	A_{stl}	[T]	[V]	A_{stl}	[T]	[V]	A_{stl}	[T]	[V]	A_{stl}	[T]	[V]	A_{stl}	[T]	[V]	A_{stl}
0.5	21.5	38.11	10.53	19.1	410.2	376.3	22.0	473.8	376.3	21.1	452.6	376.3	23.7	509.1	386.5	28.9	622.2	579.7	25.5	547.7	452.4	29.6	635.9	603.1	37.8	812.4	904.5
0.6	16.1	47.07	13.17	23.3	375.1	434.5	27.0	435.4	434.5	25.8	415.3	434.5	29.1	468.8	487.9	35.7	575.9	731.8	31.3	505.3	571.1	36.5	588.9	761.3	46.9	756.0	1141.9
0.7	12.3	56.58	16.03	27.6	339.3	497.8	32.2	395.8	506.8	30.7	376.9	497.8	34.8	427.2	600.4	42.9	527.6	900.5	37.6	461.4	702.8	43.9	539.7	936.9			
0.8	9.4	66.68	19.15	32.2	302.6	568.9	37.7	354.9	612.7	35.9	337.5	568.9	40.8	384.0	726.0	50.7	476.9	1088.9	44.2	415.7	849.8	51.9	488.2	1132.9			
0.9	7.2	77.44	22.57	35.40	271.82	629.59	41.26	322.83	645.33	39.30	305.79	625.44	44.51	351.13	764.66	54.93	441.79	1146.99	48.06	382.04	895.02	56.19	452.79	1193.36	72.44	594.28	1790.04
1.0	5.4	88.91	26.33	38.03	243.52	689.44	43.89	294.53	673.46	41.94	277.49	678.18	47.14	322.83	764.66	57.56	413.49	1146.99	50.69	353.74	895.02	58.82	424.49	1193.36	75.07	565.99	1790.04
1.0	2.7	114.32	35.11	38.03	243.52	689.44	43.89	294.53	673.46	41.94	277.49	678.18	47.14	322.83	764.66	57.56	413.49	1146.99	50.69	353.74	895.02	58.82	424.49	1193.36	75.07	565.99	1790.04
纯扭	0	158.44	52.81													57.6	0	1744.5				58.8	0	1744.5	75.1	0	1789.8

$b=500$（mm） $h=600$（mm） $V^*_{min}=155.23$（kN） $T^*_{min}=14.80$（kN·m）

β_t	$\theta=$ V/T	T_{max}	T_{min}	ϕ6@150			ϕ6@100			ϕ8@200			ϕ8@150			ϕ8@100			ϕ10@200			ϕ10@150			ϕ10@100		
				[T]	[V]	A_{stl}	[T]	[V]	A_{stl}	[T]	[V]	A_{stl}	[T]	[V]	A_{stl}	[T]	[V]	A_{stl}	[T]	[V]	A_{stl}	[T]	[V]	A_{stl}	[T]	[V]	A_{stl}
0.5	20.9	43.08	11.91	21.5	449.4	416.7	24.9	518.9	416.7	23.8	495.7	416.7	26.7	557.4	416.7	32.6	680.9	624.1	28.7	599.5	487.1	33.4	695.9	649.4	42.6	888.6	973.9
0.6	15.6	53.21	14.88	26.3	410.8	481.1	30.5	476.5	481.1	29.1	454.5	481.1	32.8	512.9	524.7	40.2	629.7	787.0	35.3	552.8	614.1	41.2	643.9	818.8	52.8	826.2	1228.0
0.7	11.9	63.96	18.12	31.2	371.4	551.2	36.3	432.9	551.2	34.6	412.4	551.2	39.2	467.0	644.9	48.4	576.4	967.2	42.3	504.3	754.7	49.5	589.7	1006.3	63.8	760.4	1509.3
0.8	9.1	75.38	21.65	36.3	331.0	629.9	42.5	387.9	657.1	40.4	368.9	629.9	46.0	419.5	778.6	57.0	520.6	1167.7	49.7	453.9	911.2	58.4	532.8	1214.9			
0.9	7.0	87.54	25.51	39.66	298.21	694.07	46.11	354.17	686.67	43.96	335.48	688.88	49.68	385.22	804.91	61.14	484.69	1207.36	53.59	419.13	942.13	62.53	496.75	1256.17	80.41	651.98	1884.25
1.0	5.2	100.51	29.76	42.64	267.16	760.29	49.08	323.12	741.73	46.93	304.44	747.22	52.66	354.17	804.91	64.11	453.64	1207.36	56.56	388.08	942.13	65.50	465.70	1256.17	83.38	620.94	1884.25
1.0	2.6	129.23	39.694	42.64	267.16	760.29	49.08	323.12	741.73	46.93	304.44	747.22	52.66	354.17	804.91	64.11	453.64	1207.36	56.56	388.08	942.13	65.50	465.70	1256.17	83.38	620.94	1884.25
纯扭	0	179.11	59.70													64.1	0	1903.1				65.5	0	1903.1	83.4	0	1903.1

续表

$b=500$ (mm)							$h=650$ (mm)					$V^*_{min}=168.97$ (kN)						$T^*_{min}=16.50$ (kN·m)									
β_t	$\theta=$ V/T	T_{max}	T_{min}	ϕ6@150			ϕ6@100			ϕ8@200			ϕ8@150			ϕ8@100			ϕ10@200			ϕ10@150			ϕ10@100		
				[T]	[V]	A_{stl}	[T]	[V]	A_{stl}	[T]	[V]	A_{stl}	[T]	[V]	A_{stl}	[T]	[V]	A_{stl}	[T]	[V]	A_{stl}	[T]	[V]	A_{stl}	[T]	[V]	A_{stl}
0.5	20.4	48.05	13.28	24.0	488.6	456.9	27.7	563.9	456.9	26.5	538.7	456.9	29.8	605.7	456.9	36.3	739.6	667.5	32.0	651.4	520.9	37.1	755.8	694.4	47.4	964.8	1041.6
0.6	15.3	59.35	16.60	29.2	446.4	527.6	33.9	517.6	527.6	32.3	493.8	527.6	36.5	557.1	560.6	44.8	683.6	840.7	39.3	600.2	656.1	45.8	699.0	874.7	58.7	896.4	1312.0
0.7	11.6	71.34	20.21	34.7	403.4	604.5	40.4	470.0	604.5	38.5	447.8	604.5	43.6	507.0	688.2	53.7	625.3	1032.1	47.0	547.3	805.4	55.0	639.6	1073.8	70.9	824.3	1610.7
0.8	8.9	84.08	24.14	40.4	359.4	690.8	47.3	420.9	700.3	45.0	400.4	690.8	51.1	455.0	829.8	63.4	564.3	1244.6	55.3	492.3	971.2	64.8	577.5	1294.9	84.0	748.0	1942.3
0.9	6.8	97.64	28.46	43.92	324.60	758.42	50.95	385.51	749.56	48.61	365.17	752.20	54.86	419.31	845.15	67.35	527.58	1267.73	59.12	456.22	989.23	68.87	540.71	1318.98	88.37	709.68	1978.46
1.0	5.1	112.11	33.20	47.24	290.80	830.99	54.27	351.72	809.89	51.93	331.38	816.13	58.17	385.51	845.15	70.67	493.78	1267.73	62.43	422.43	989.23	72.19	506.91	1318.98	91.69	675.89	1978.46
1.0	2.5	144.14	44.27	47.24	290.80	830.99	54.27	351.72	809.89	51.93	331.38	816.13	58.17	385.51	845.15	70.67	493.78	1267.73	62.43	422.43	989.23	72.19	506.91	1318.98	91.69	675.89	1978.46
纯扭	0	199.77	66.59													70.7	0	2061.7				72.2	0	2061.7	91.7	0	2061.7
$b=500$ (mm)							$h=700$ (mm)					$V^*_{min}=182.71$ (kN)						$T^*_{min}=18.21$ (kN·m)									
β_t	$\theta=$ V/T	T_{max}	T_{min}	ϕ6@150			ϕ6@100			ϕ8@200			ϕ8@150			ϕ8@100			ϕ10@200			ϕ10@150			ϕ10@100		
				[T]	[V]	A_{stl}	[T]	[V]	A_{stl}	[T]	[V]	A_{stl}	[T]	[V]	A_{stl}	[T]	[V]	A_{stl}	[T]	[V]	A_{stl}	[T]	[V]	A_{stl}	[T]	[V]	A_{stl}
0.5	20.0	53.02	14.65	26.5	527.8	497.1	30.5	609.0	497.1	29.2	581.8	497.1	32.8	654.0	497.1	40.0	798.3	709.9	35.2	703.2	554.0	40.9	815.8	738.6	52.2	1041.1	1107.8
0.6	15.0	65.49	18.32	32.2	482.1	574.0	37.3	558.7	574.0	35.6	533.2	574.0	40.2	601.3	595.7	49.3	737.5	893.5	43.3	647.7	697.2	50.4	754.0	929.6	64.6	966.6	1394.2
0.7	11.4	78.72	22.30	38.2	435.5	657.6	44.5	507.1	657.6	42.4	483.2	657.6	48.0	546.9	730.6	59.1	674.2	1095.8	51.8	590.3	855.1	60.5	689.6	1140.1	77.9	888.3	1710.1
0.8	8.7	92.78	26.64	44.4	387.8	751.5	52.0	453.9	751.5	49.5	431.8	751.5	56.2	490.6	880.1	69.7	608.0	1320.1	60.8	530.6	1030.1	71.3	622.2	1373.4	92.3	805.5	2060.0
0.9	6.7	107.74	31.40	48.18	350.99	822.67	55.80	416.86	812.36	53.26	394.86	815.43	60.03	453.40	885.40	73.57	570.47	1328.10	64.64	493.31	1036.34	75.21	584.67	1381.78	96.34	767.38	2072.68
1.0	5.0	123.70	36.63	51.85	314.45	901.57	59.46	380.31	877.95	56.92	358.32	884.93	63.69	416.86	885.40	77.23	533.93	1328.10	68.30	456.77	1036.34	78.87	548.13	1381.78	100.00	730.84	2072.68
1.0	2.5	159.05	48.84	51.85	314.45	901.57	59.46	380.31	877.95	56.92	358.32	884.93	63.69	416.86	885.40	77.23	533.93	1328.10	68.30	456.77	1036.34	78.87	548.13	1381.78	100.00	730.84	2072.68
纯扭	0	220.44	73.48													77.2	0	2220.3				78.9	0	2220.3	100.0	0	2220.3
$b=500$ (mm)							$h=750$ (mm)					$V^*_{min}=196.45$ (kN)						$T^*_{min}=19.92$ (kN·m)									
β_t	$\theta=$ V/T	T_{max}	T_{min}	ϕ6@150			ϕ6@100			ϕ8@200			ϕ8@150			ϕ8@100			ϕ10@200			ϕ10@150			ϕ10@100		
				[T]	[V]	A_{stl}	[T]	[V]	A_{stl}	[T]	[V]	A_{stl}	[T]	[V]	A_{stl}	[T]	[V]	A_{stl}	[T]	[V]	A_{stl}	[T]	[V]	A_{stl}	[T]	[V]	A_{stl}
0.5	19.6	57.99	16.03	28.9	566.9	537.2	33.3	654.0	537.2	31.9	624.9	537.2	35.8	702.3	537.2	43.7	857.1	751.7	38.5	755.1	586.6	44.7	875.8	782.1	57.0	1117.3	1173.0
0.6	14.7	71.63	20.03	35.2	517.8	620.3	40.8	599.9	620.3	38.9	572.5	620.3	43.9	645.5	630.3	53.8	791.4	945.4	47.3	695.2	737.7	55.0	809.1	983.6	70.5	1036.9	1475.2
0.7	11.2	86.10	24.39	41.7	467.6	710.6	48.6	544.3	710.6	46.3	518.7	710.6	52.4	586.8	772.5	64.5	723.1	1158.6	56.5	633.3	904.1	66.0	739.7	1205.4	85.0	952.4	1808.0
0.8	8.6	101.48	29.14	48.44	416.67	811.13	56.64	487.49	810.91	53.91	463.84	810.98	61.20	526.78	925.64	75.77	652.65	1388.47	66.17	569.69	1083.44	77.54	667.92	1444.59	100.30	864.36	2166.89
0.9	6.5	117.84	34.34	52.45	377.38	886.84	60.65	448.20	875.09	57.91	424.55	878.60	65.20	487.49	925.64	79.78	613.36	1388.47	70.17	530.40	1083.44	81.55	628.63	1444.59	104.30	825.07	2166.89
1.0	4.9	135.30	40.07	56.45	338.09	972.07	64.65	408.91	945.93	61.91	385.26	953.67	69.20	448.20	934.78	83.78	574.07	1388.47	74.17	491.12	1083.44	85.55	589.34	1444.59	108.31	785.79	2166.89
1.0	2.5	173.96	53.42	56.45	338.09	972.07	64.65	408.91	945.93	61.91	385.26	953.67	69.20	448.20	934.78	83.78	574.07	1388.47	74.17	491.12	1083.44	85.55	589.34	1444.59	108.31	785.79	2166.89
纯扭	0	241.11	80.36													83.8	0	2378.9				85.6	0	2378.9	108.3	0	2378.9

续表

$b=500$（mm） $h=800$（mm） $V^*_{min}=210.18$（kN） $T^*_{min}=21.63$（kN·m）

β_t	$\theta=$ V/T	T_{max}	T_{min}	ϕ6@150			ϕ6@100			ϕ8@200			ϕ8@150			ϕ8@100			ϕ10@200			ϕ10@150			ϕ10@100		
				[T]	[V]	A_{stl}	[T]	[V]	A_{stl}	[T]	[V]	A_{stl}	[T]	[V]	A_{stl}	[T]	[V]	A_{stl}	[T]	[V]	A_{stl}	[T]	[V]	A_{stl}	[T]	[V]	A_{stl}
0.5	19.3	62.96	17.40	31.4	606.1	577.2	36.2	699.1	577.2	34.6	668.0	577.2	38.8	750.6	577.2	47.4	915.8	792.9	41.8	806.9	618.8	48.4	935.8	825.0	61.8	1193.6	1237.3
0.6	14.5	77.77	21.75	38.2	553.4	666.5	44.2	641.1	666.5	42.2	611.8	666.5	47.6	689.7	666.5	58.3	845.4	996.6	51.2	742.7	777.7	59.6	864.2	1036.9	76.4	1107.2	1555.2
0.7	11.0	93.48	26.48	45.2	499.7	763.6	52.6	581.4	763.6	50.2	554.1	763.6	56.8	626.8	813.8	69.9	772.1	1220.5	61.2	676.3	952.5	71.5	789.7	1269.9	92.0	1016.5	1904.7
0.8	8.5	110.17	31.64	52.36	445.80	869.62	61.15	521.58	868.84	58.21	496.27	869.07	66.02	563.61	965.89	81.64	698.29	1448.83	71.35	609.53	1130.55	83.54	714.62	1507.40	107.92	924.81	2261.10
0.9	6.4	127.94	37.29	56.71	403.77	950.95	65.50	479.54	937.78	52.56	454.24	941.71	70.37	521.58	965.89	85.99	656.26	1448.83	75.70	567.50	1130.55	87.89	672.59	1507.40	112.27	882.77	2261.10
1.0	4.8	146.90	43.50	61.05	361.73	1042.49	69.84	437.50	1013.86	66.91	412.20	1022.34	74.72	479.54	1001.64	90.34	614.22	1448.83	80.05	525.46	1130.55	92.23	630.55	1507.40	116.61	840.74	2261.10
1.0	2.4	188.87	58.00	61.05	361.73	1042.49	69.84	437.50	1013.86	66.91	412.20	1022.34	74.72	479.54	1001.64	90.34	614.22	1448.83	80.05	525.46	1130.55	92.23	630.55	1507.40	116.61	840.74	2261.10
纯扭	0	261.77	87.25													90.3	0	2537.5				92.2	0	2537.5	116.6	0	2537.5

$b=500$（mm） $h=900$（mm） $V^*_{min}=237.66$（kN） $T^*_{min}=25.04$（kN·m）

β_t	$\theta=$ V/T	T_{max}	T_{min}	ϕ8@200			ϕ8@150			ϕ8@100			ϕ10@200			ϕ10@150			ϕ10@100		
				[T]	[V]	A_{stl}	[T]	[V]	A_{stl}	[T]	[V]	A_{stl}	[T]	[V]	A_{stl}	[T]	[V]	A_{stl}	[T]	[V]	A_{stl}
0.5	18.9	72.90	20.15	40.0	754.3	657.1	44.9	847.3	657.1	54.8	1033.3	874.2	48.3	910.7	682.2	55.9	1055.9	909.5	71.3	1346.2	1364.1
0.6	14.2	90.05	25.19	48.8	690.5	758.8	55.0	778.1	758.8	67.3	953.2	1097.6	59.2	837.8	856.5	68.8	974.5	1141.9	88.2	1247.9	1712.8
0.7	10.8	108.24	30.66	58.0	625.1	869.3	65.5	706.7	895.2	80.7	870.0	1342.7	70.7	762.4	1047.8	82.5	889.8	1397.0	106.1	1144.7	2095.3
0.8	8.3	127.57	36.63	66.83	561.15	985.15	75.68	637.29	1046.38	93.38	789.57	1569.57	81.72	689.21	1224.76	95.53	808.04	1633.02	123.16	1045.70	2449.53
0.9	6.3	148.15	43.17	71.86	513.62	1067.81	80.72	589.76	1056.09	98.42	742.04	1569.57	86.75	641.68	1224.76	100.57	760.51	1633.02	128.20	998.17	2449.53
1.0	4.7	170.09	50.37	76.90	466.08	1159.54	85.75	542.23	1135.23	103.45	694.51	1569.57	91.79	594.15	1224.76	105.60	712.98	1633.02	133.23	950.64	2449.53
1.0	2.4	218.69	67.16	76.90	466.08	1159.54	85.75	542.23	1135.23	103.45	694.51	1569.57	91.79	594.15	1224.76	105.60	712.98	1633.02	133.23	950.64	2449.53
纯扭	0	303.11	101.03							103.5	0	2854.7				105.6	0	2854.7	133.2	0	2854.7

$b=500$（mm） $h=1000$（mm） $V^*_{min}=265.13$（kN） $T^*_{min}=28.46$（kN·m）

β_t	$\theta=$ V/T	T_{max}	T_{min}	ϕ8@200			ϕ8@150			ϕ8@100			ϕ10@200			ϕ10@150			ϕ10@100		
				[T]	[V]	A_{stl}	[T]	[V]	A_{stl}	[T]	[V]	A_{stl}	[T]	[V]	A_{stl}	[T]	[V]	A_{stl}	[T]	[V]	A_{stl}
0.5	18.5	82.84	22.90	45.4	840.5	736.9	50.9	943.9	736.9	62.1	1150.8	954.2	54.8	1014.5	744.7	63.5	1175.9	992.8	80.9	1498.8	1489.0
0.6	13.9	102.33	28.62	55.4	769.1	850.9	62.4	866.5	850.9	76.4	1061.2	1197.1	67.1	932.9	934.2	78.1	1084.8	1245.5	99.9	1388.6	1868.1
0.7	10.6	123.00	34.84	65.7	696.0	974.8	74.3	786.7	975.6	91.4	968.0	1463.2	80.1	848.5	1141.9	93.5	990.0	1522.4	120.2	1273.0	2283.4
0.8	8.1	144.97	41.63	75.45	626.02	1101.13	85.34	710.96	1126.87	105.13	880.85	1690.31	92.08	768.89	1318.98	107.52	901.45	1758.63	138.40	1166.59	2637.95
0.9	6.2	168.35	49.06	81.17	572.99	1193.79	91.06	657.94	1180.01	110.85	827.83	1690.31	97.81	715.86	1318.98	113.25	848.43	1758.63	144.13	1113.56	2637.95
1.0	4.6	193.29	57.24	86.89	519.97	1296.60	96.78	604.91	1268.71	116.57	774.80	1690.31	103.53	662.83	1318.98	118.97	795.40	1758.63	149.85	1060.54	2637.95
1.0	2.3	248.51	76.32	86.89	519.97	1296.60	96.78	604.91	1268.71	116.57	774.80	1690.31	103.53	662.83	1318.98	118.97	795.40	1758.63	149.85	1060.54	2637.95
纯扭	0	344.44	114.81							116.6	0	3171.9				119.0	0	3171.9	149.8	0	3171.9

续表

$b=600$（mm）　$h=500$（mm）　$V_{min}^{*}=153.31$（kN）　$T_{min}^{*}=14.75$（kN·m）

β_t	$\theta=$ V/T	T_{max}	T_{min}	φ6@100			φ8@200			φ8@150			φ8@100			φ10@200			φ10@150			φ10@100		
				[T]	[V]	A_{stl}	[T]	[V]	A_{stl}	[T]	[V]	A_{stl}	[T]	[V]	A_{stl}	[T]	[V]	A_{stl}	[T]	[V]	A_{stl}	[T]	[V]	A_{stl}
0.5	20.7	42.94	11.87	23.38	483.28	382.16	22.43	463.61	382.16	24.97	515.96	382.16	30.03	620.65	534.13	26.69	551.65	416.84	30.65	633.35	555.72	38.55	796.73	833.47
0.6	15.5	53.05	14.84	28.67	444.34	441.28	27.46	425.59	441.28	30.68	475.48	452.60	37.11	575.27	678.78	32.87	509.51	529.71	37.90	587.37	706.21	47.94	743.11	1059.20
0.7	11.8	63.76	18.06	34.24	404.35	505.55	32.74	386.64	505.55	36.73	433.78	561.13	44.71	528.05	841.57	39.45	465.92	656.75	45.68	539.48	875.58	58.14	686.60	1313.25
0.8	9.0	75.15	21.58	40.16	363.12	577.77	38.33	346.59	577.77	43.20	390.59	684.18	52.93	478.60	1026.15	46.52	420.60	800.78	54.11	489.28	1067.63	69.30	626.63	1601.33
0.9	6.9	87.27	25.43	46.03	322.15	679.29	43.87	306.77	657.01	49.60	347.70	804.91	61.06	429.56	1207.36	53.51	375.61	942.13	62.45	439.49	1256.17	80.32	567.25	1884.25
1.0	5.2	100.20	29.67	48.99	291.49	712.24	46.84	276.11	715.56	52.57	317.04	804.91	64.02	398.90	1207.36	56.47	344.95	942.13	65.41	408.83	1256.17	83.29	536.59	1884.25
1.0	2.6	128.83	39.56	48.99	291.49	712.24	46.84	276.11	715.56	52.57	317.04	804.91	64.02	398.90	1207.36	56.47	344.95	942.13	65.41	408.83	1256.17	83.29	536.59	1884.25
纯扭	0	178.56	59.52										64.02	0	1903.13				65.41	0	1903.13	83.29	0	1903.13

$b=600$（mm）　$h=550$（mm）　$V_{min}^{*}=169.80$（kN）　$T_{min}^{*}=17.21$（kN·m）

β_t	$\theta=$ V/T	T_{max}	T_{min}	φ6@100			φ8@200			φ8@150			φ8@100			φ10@200			φ10@150			φ10@100		
				[T]	[V]	A_{stl}	[T]	[V]	A_{stl}	[T]	[V]	A_{stl}	[T]	[V]	A_{stl}	[T]	[V]	A_{stl}	[T]	[V]	A_{stl}	[T]	[V]	A_{stl}
0.5	19.6	50.10	13.85	27.21	533.81	431.45	26.11	512.19	431.45	29.04	569.74	431.45	34.91	684.84	584.57	31.04	608.98	456.20	35.62	698.80	608.19	44.77	878.43	912.17
0.6	14.7	61.89	17.31	33.33	490.38	498.20	31.93	469.81	498.20	35.65	524.56	498.20	43.09	634.05	741.41	38.19	561.89	578.59	43.99	647.33	771.37	55.61	818.21	1156.92
0.7	11.2	74.39	21.07	39.77	445.81	570.76	38.04	426.42	570.76	42.64	478.02	611.53	51.84	581.23	917.17	45.78	513.21	715.74	52.96	593.74	954.24	67.33	754.81	1431.23
0.8	8.6	87.68	25.18	46.59	399.87	652.29	44.48	381.81	652.29	50.08	429.87	743.77	61.28	525.98	1115.53	53.90	462.64	870.52	62.64	537.64	1160.61	80.11	687.63	1740.80
0.9	6.5	101.82	29.67	52.62	356.79	733.92	50.23	339.75	734.81	56.60	385.09	845.15	69.32	475.75	1267.73	60.93	416.00	989.23	70.87	486.75	1318.98	90.73	628.24	1978.46
1.0	4.9	116.90	34.62	56.08	322.83	796.52	53.69	305.79	800.77	60.06	351.13	845.15	72.78	441.79	1267.73	64.39	382.04	989.23	74.33	452.79	1318.98	94.19	594.28	1978.46
1.0	2.5	150.30	46.16	56.08	322.83	796.52	53.69	305.79	800.77	60.06	351.13	845.15	72.78	441.79	1267.73	64.39	382.04	989.23	74.33	452.79	1318.98	94.19	594.28	1978.46
纯扭	0	2098.32	69.43										72.78	0	2093.44				74.33	0	2093.44	94.19	0	2093.44

$b=600$（mm）　$h=600$（mm）　$V_{min}^{*}=186.28$（kN）　$T_{min}^{*}=19.67$（kN·m）

β_t	$\theta=$ V/T	T_{max}	T_{min}	φ6@100			φ8@200			φ8@150			φ8@100			φ10@200			φ10@150			φ10@100		
				[T]	[V]	A_{stl}	[T]	[V]	A_{stl}	[T]	[V]	A_{stl}	[T]	[V]	A_{stl}	[T]	[V]	A_{stl}	[T]	[V]	A_{stl}	[T]	[V]	A_{stl}
0.5	18.8	57.26	15.83	31.03	584.37	480.39	29.78	560.79	480.39	33.11	623.55	480.39	39.77	749.07	632.48	35.38	666.35	493.59	40.58	764.30	658.04	50.98	960.19	986.93
0.6	14.1	70.73	19.78	37.98	536.46	554.71	36.39	514.06	554.71	40.61	573.67	554.71	49.05	692.89	800.89	43.49	614.32	625.01	50.08	707.35	833.25	63.25	893.40	1249.74
0.7	10.8	85.02	24.08	45.28	487.31	635.50	43.32	466.23	635.50	48.53	522.32	659.42	58.96	634.49	988.99	52.09	560.56	771.79	60.22	648.10	1028.96	76.49	823.16	1543.30
0.8	8.2	100.20	28.77	53.00	436.68	726.28	50.62	417.09	726.28	56.95	469.22	800.39	69.60	573.47	1200.46	61.26	504.76	936.80	71.13	586.11	1248.98	90.88	748.82	1873.34
0.9	6.3	116.36	33.91	59.22	391.43	810.90	56.59	372.74	812.31	63.59	422.47	885.40	77.59	521.94	1328.10	68.36	456.39	1036.34	79.29	534.00	1381.78	101.14	689.24	2072.68
1.0	4.7	133.60	39.56	63.17	354.17	880.48	60.54	335.48	885.64	67.54	385.22	885.40	81.54	484.69	1328.10	72.32	419.13	1036.34	83.24	496.75	1381.78	105.09	651.98	2072.68
1.0	2.4	171.77	52.75	63.17	354.17	880.48	60.54	335.48	885.64	67.54	385.22	885.40	81.54	484.69	1328.10	72.32	419.13	1036.34	83.24	496.75	1381.78	105.09	651.98	2072.68
纯扭	0	238.08	79.35										81.54	0	2283.75				83.24	0	2283.75	105.09	0	2283.75

续表

$b=600$（mm）				$h=650$（mm）						$V^*_{min}=202.77$（kN）						$T^*_{min}=22.13$（kN·m）								
β_t	$\theta=$ V/T	T_{max}	T_{min}	ϕ6@100			ϕ8@200			ϕ8@150			ϕ8@100			ϕ10@200			ϕ10@150			ϕ10@100		
				[T]	[V]	A_{stl}	[T]	[V]	A_{stl}	[T]	[V]	A_{stl}	[T]	[V]	A_{stl}	[T]	[V]	A_{stl}	[T]	[V]	A_{stl}	[T]	[V]	A_{stl}
0.5	18.2	64.41	17.80	34.84	634.94	529.08	33.44	609.40	529.08	37.17	677.38	529.08	44.63	813.34	678.53	39.72	723.74	529.52	45.54	829.83	705.94	57.18	1042.01	1058.78
0.6	13.7	79.57	22.25	42.63	582.57	610.93	40.85	558.34	610.93	45.57	622.82	610.93	55.01	751.78	858.07	48.79	666.79	669.63	56.15	767.41	892.74	70.88	968.67	1338.97
0.7	10.4	95.65	27.09	50.79	528.84	699.90	48.60	506.08	699.90	54.42	566.66	705.46	66.06	687.82	1058.05	58.39	607.97	825.68	67.47	702.52	1100.80	85.63	891.60	1651.06
0.8	8.0	112.73	32.37	59.40	473.53	799.89	56.75	452.41	799.89	63.80	508.62	854.87	77.90	621.04	1282.17	68.61	546.95	1000.56	79.61	634.68	1333.99	101.62	810.13	2000.85
0.9	6.1	130.91	38.15	65.82	426.07	887.66	62.95	405.72	889.59	70.58	459.86	925.64	85.86	568.13	1388.47	75.79	496.78	1083.44	87.71	581.26	1444.59	111.55	750.23	2166.89
1.0	4.6	150.30	44.51	70.26	385.51	964.20	67.39	365.17	970.25	75.03	419.31	955.38	90.31	527.58	1388.47	80.24	456.22	1083.44	92.16	540.71	1444.59	115.99	709.68	2166.89
1.0	2.3	193.24	59.35	70.26	385.51	964.20	67.39	365.17	970.25	75.03	419.31	955.38	90.31	527.58	1388.47	80.24	456.22	1083.44	92.16	540.71	1444.59	115.99	709.68	2166.89
纯扭	0	267.83	89.27										90.31	0	2474.07				92.16	0	2474.07	115.99	0	2474.07

$b=600$（mm）				$h=700$（mm）						$V^*_{min}=219.25$（kN）						$T^*_{min}=24.59$（kN·m）								
β_t	$\theta=$ V/T	T_{max}	T_{min}	ϕ6@100			ϕ8@200			ϕ8@150			ϕ8@100			ϕ10@200			ϕ10@150			ϕ10@100		
				[T]	[V]	A_{stl}	[T]	[V]	A_{stl}	[T]	[V]	A_{stl}	[T]	[V]	A_{stl}	[T]	[V]	A_{stl}	[T]	[V]	A_{stl}	[T]	[V]	A_{stl}
0.5	17.7	71.57	19.78	38.66	685.53	577.58	37.11	658.03	577.58	41.23	731.23	577.58	49.49	877.63	723.16	44.05	781.14	577.58	50.49	895.38	752.38	63.38	1123.86	1128.43
0.6	13.3	88.41	24.73	47.27	628.69	666.93	45.31	602.63	666.93	50.53	671.99	666.93	60.95	810.70	913.51	54.08	719.28	712.89	62.22	827.52	950.42	78.50	1044.00	1425.48
0.7	10.1	106.27	30.10	56.29	570.41	764.06	53.88	545.95	764.06	60.30	611.03	764.06	73.14	741.20	1125.03	64.68	655.41	877.95	74.70	756.98	1170.49	94.75	960.12	1755.59
0.8	7.8	125.25	35.97	65.79	510.42	873.21	62.87	487.76	873.21	70.64	548.07	907.74	86.19	668.68	1361.47	75.94	589.19	1062.44	88.07	683.30	1416.50	112.33	871.53	2124.61
0.9	5.9	145.45	42.39	72.41	460.71	964.28	69.30	438.71	966.71	77.58	497.25	965.89	94.12	614.32	1448.83	83.22	537.16	1130.55	96.13	628.52	1507.40	121.95	811.23	2261.10
1.0	4.4	167.00	49.46	77.36	416.86	1047.75	74.25	394.86	1054.68	82.52	453.40	1037.64	99.07	570.47	1448.83	88.16	493.31	1130.55	101.07	584.67	1507.40	126.90	767.38	2261.10
1.0	2.2	214.71	65.94	77.36	416.86	1047.75	74.25	394.86	1054.68	82.52	453.40	1037.64	99.07	570.47	1448.83	88.16	493.31	1130.55	101.07	584.67	1507.40	126.90	767.38	2261.10
纯扭	0	297.59	99.19																101.07	0	2664.38	126.90	0	2664.38

$b=600$（mm）				$h=750$（mm）						$V^*_{min}=235.74$（kN）						$T^*_{min}=27.04$（kN·m）								
β_t	$\theta=$ V/T	T_{max}	T_{min}	ϕ6@100			ϕ8@200			ϕ8@150			ϕ8@100			ϕ10@200			ϕ10@150			ϕ10@100		
				[T]	[V]	A_{stl}	[T]	[V]	A_{stl}	[T]	[V]	A_{stl}	[T]	[V]	A_{stl}	[T]	[V]	A_{stl}	[T]	[V]	A_{stl}	[T]	[V]	A_{stl}
0.5	17.3	78.73	21.76	42.47	736.13	625.93	40.77	706.66	625.93	45.29	785.09	625.93	54.34	941.94	766.70	48.38	838.57	625.93	55.44	960.96	797.68	69.56	1205.74	1196.37
0.6	13.0	97.25	27.20	51.91	674.83	722.76	49.76	646.94	722.76	55.47	721.17	722.76	66.90	869.64	967.60	59.37	771.79	755.11	68.28	887.65	1006.70	86.10	1119.36	1509.89
0.7	9.9	116.90	33.11	61.79	611.99	828.03	59.15	585.84	828.03	66.17	655.43	828.03	80.22	794.61	1190.41	70.96	702.88	928.97	81.93	811.49	1238.52	103.86	1028.70	1857.62
0.8	7.6	137.78	39.56	72.18	547.34	946.32	68.99	523.14	946.32	77.48	587.55	959.38	94.46	716.36	1438.93	83.27	631.46	1122.89	96.52	731.98	1497.09	123.03	933.01	2245.48
0.9	5.8	160.00	46.63	79.01	495.34	1040.77	75.66	471.70	1043.70	84.57	534.63	1036.46	102.39	660.51	1509.20	90.65	577.55	1177.66	104.55	675.78	1570.21	132.36	872.22	2355.31
1.0	4.3	183.70	54.40	84.45	448.20	1131.16	81.10	424.55	1138.97	90.01	487.49	1119.77	107.83	613.36	1509.20	96.08	530.40	1177.66	109.99	628.63	1570.21	137.80	825.07	2355.31
1.0	2.2	236.19	72.53	84.45	448.20	1131.16	81.10	424.55	1138.97	90.01	487.49	1119.77	107.83	613.36	1509.20	96.08	530.40	1177.66	109.99	628.63	1570.21	137.80	825.07	2355.31
纯扭	0	327.35	109.11																109.99	0	2854.69	137.80	0	2854.69

续表

$b=600$（mm）							$h=800$（mm）					$V_{min}^{*}=252.22$（kN）						$T_{min}^{*}=29.50$（kN·m）						
β_t	$\theta=$ V/T	T_{max}	T_{min}	ϕ6@100			ϕ8@200			ϕ8@150			ϕ8@100			ϕ10@200			ϕ10@150			ϕ10@100		
				[T]	[V]	A_{stl}	[T]	[V]	A_{stl}	[T]	[V]	A_{stl}	[T]	[V]	A_{stl}	[T]	[V]	A_{stl}	[T]	[V]	A_{stl}	[T]	[V]	A_{stl}
0.5	17.0	85.89	23.74	46.28	786.74	674.18	44.43	755.30	674.18	49.35	838.96	674.18	59.19	1006.26	809.37	52.71	896.00	674.18	60.39	1026.55	842.08	75.74	1287.65	1262.96
0.6	12.7	106.09	29.67	56.55	720.98	778.47	54.22	691.25	778.47	60.42	770.37	778.47	72.83	928.61	1020.63	64.65	824.33	796.49	74.34	947.80	1061.88	93.71	1194.76	1592.65
0.7	9.7	127.53	36.12	67.28	653.59	891.85	64.41	625.74	891.85	72.04	699.85	891.85	87.30	848.05	1254.54	77.24	750.38	979.01	89.15	866.02	1305.24	112.96	1097.31	1957.69
0.8	7.4	150.30	43.16	78.56	584.28	1019.26	75.10	558.53	1019.26	84.31	627.05	1019.26	102.73	764.08	1514.94	90.59	673.77	1182.20	104.97	780.69	1576.17	133.72	994.55	2364.10
0.9	5.7	174.54	50.87	85.61	529.98	1117.17	82.02	504.68	1120.59	91.57	572.02	1112.13	110.66	706.70	1569.57	98.08	617.94	1224.76	112.97	723.03	1633.02	142.77	933.22	2449.53
1.0	4.3	200.40	59.35	91.54	479.54	1214.46	87.95	454.24	1223.14	97.50	521.58	1201.80	116.59	656.26	1569.57	104.01	567.50	1224.76	118.90	672.59	1633.02	148.70	882.77	2449.53
1.0	2.1	257.66	79.13	91.54	479.54	1214.46	87.95	454.24	1223.14	97.50	521.58	1201.80	116.59	565.26	1569.57	104.01	567.50	1224.76	118.90	672.59	1633.02	148.70	882.77	2449.53
纯扭	0	357.11	119.03																			148.70	0	3045.00

$b=600$（mm）							$h=900$（mm）					$V_{min}^{*}=285.19$（kN）					$T_{min}^{*}=34.42$（kN·m）				
β_t	$\theta=$ V/T	T_{max}	T_{min}	ϕ8@200			ϕ8@150			ϕ8@100			ϕ10@200			ϕ10@150			ϕ10@100		
				[T]	[V]	A_{stl}	[T]	[V]	A_{stl}	[T]	[V]	A_{stl}	[T]	[V]	A_{stl}	[T]	[V]	A_{stl}	[T]	[V]	A_{stl}
0.5	16.5	100.20	27.69	51.75	852.61	770.41	57.46	946.72	770.41	68.88	1134.94	892.75	61.35	1010.89	770.41	70.27	1157.77	928.83	88.10	1451.51	1393.07
0.6	12.4	123.78	34.62	63.11	779.91	889.59	70.31	868.81	889.59	84.70	1046.60	1124.30	75.21	929.42	889.59	86.44	1068.16	1169.74	108.89	1345.63	1754.42
0.7	9.4	148.78	42.14	74.94	705.58	1019.16	83.77	788.72	1019.16	101.43	955.00	1379.96	89.79	845.41	1076.89	103.58	975.16	1435.73	131.14	1234.65	2153.42
0.8	7.2	175.35	50.35	87.31	629.36	1164.75	97.96	706.11	1164.75	119.25	859.60	1663.71	105.22	758.44	1298.29	121.83	878.21	1730.95	155.06	1117.75	2596.26
0.9	5.5	203.63	59.35	94.73	570.65	1274.14	105.55	646.80	1263.29	127.19	799.08	1690.31	112.93	698.72	1318.98	129.82	817.55	1758.63	163.58	1055.20	2637.95
1.0	4.1	233.80	69.24	101.65	513.62	1391.21	112.47	589.76	1365.65	134.11	742.04	1690.31	119.85	641.68	1351.49	136.74	760.51	1758.63	170.50	998.17	2637.95
1.0	2.1	300.60	92.32	101.65	513.62	1391.21	112.47	589.76	1365.65	134.11	742.04	1690.31	119.85	641.68	1351.49	136.74	760.51	1758.63	170.50	998.17	2637.95
纯扭	0	416.63	138.87													170.50	0	3425.63			

$b=600$（mm）							$h=1000$（mm）					$V_{min}^{*}=318.16$（kN）					$T_{min}^{*}=39.34$（kN·m）				
β_t	$\theta=$ V/T	T_{max}	T_{min}	ϕ8@200			ϕ8@150			ϕ8@100			ϕ10@200			ϕ10@150			ϕ10@100		
				[T]	[V]	A_{stl}	[T]	[V]	A_{stl}	[T]	[V]	A_{stl}	[T]	[V]	A_{stl}	[T]	[V]	A_{stl}	[T]	[V]	A_{stl}
0.5	16.1	114.51	31.65	59.06	949.93	866.40	65.56	1054.50	866.40	78.57	1263.66	974.23	70.00	1125.81	866.40	80.15	1289.02	1013.60	100.44	1615.43	1520.20
0.6	12.1	141.46	39.56	72.01	868.59	1000.43	80.19	967.27	1000.43	96.55	1164.63	1225.65	85.77	1034.56	1000.43	98.53	1188.56	1275.18	124.07	1496.57	1912.57
0.7	9.2	170.04	48.16	85.46	785.46	1146.14	95.49	877.64	1146.14	115.55	1062.00	1502.65	102.33	940.50	1172.63	117.99	1084.36	1563.38	149.29	1372.09	2344.88
0.8	7.0	200.40	57.55	99.51	700.23	1309.88	111.59	785.22	1309.88	135.75	955.20	1809.36	119.83	843.17	1411.95	138.68	975.81	1882.49	176.38	1241.08	2823.56
0.9	5.4	232.72	67.82	107.45	636.63	1427.47	119.54	721.57	1414.26	143.73	891.46	1811.04	127.79	779.49	1413.19	146.66	912.06	1884.25	184.40	1177.19	2826.38
1.0	4.0	267.20	79.13	115.36	572.99	1559.04	127.45	657.94	1529.27	151.63	827.83	1811.04	135.70	715.86	1512.78	154.57	848.43	1884.25	192.31	1113.56	2826.38
1.0	2.0	343.54	105.50	115.36	572.99	1559.04	127.45	657.94	1529.27	151.63	827.83	1811.04	135.70	715.86	1512.78	154.57	848.43	1884.25	192.31	1113.56	2826.38
纯扭	0	476.15	158.71																192.31	0	3806.25

第九节 矩形和T形截面受弯构件的刚度及裂缝宽度计算

一、适用条件

1. 混凝土强度等级：C20，C25，C30，C35，C40；
2. 普通钢筋：HPB235，HRB335，HRB400（RRB400）；
3. 工业房屋楼面可变荷载（活荷载）标准值不大于 $4kN/m^2$；
4. 对T形截面其受压区高度不应大于其受压翼缘高度。

二、受弯构件不需作挠度验算的最大跨高比（l_0/h）

1. 制表公式

$$\left[\frac{l_0}{h}\right]=\frac{12\varphi E_s(1.2+0.2\varepsilon)}{275f_y(1-0.5\rho f_y/f_c)(1.15\psi+0.2+6\alpha_E\rho)} \tag{2-9-1}$$

$$\varphi=1/(2-0.6\varepsilon) \tag{2-9-2}$$

$$\alpha_E=E_s/E_c \tag{2-9-3}$$

$$\varepsilon=M_{Qk}/M_k \tag{2-9-4}$$

$$\rho=A_s/bh_0 \tag{2-9-5}$$

$$\psi=1.1-\frac{0.65f_{tk}}{\rho_{te}\sigma_{sk}} \tag{2-9-6}$$

当 $\psi<0.2$ 时，取 $\psi=0.2$
当 $\psi>1.0$ 时，取 $\psi=1.0$

$$\rho_{te}=2\rho\frac{h_0}{h} \tag{2-9-7}$$

$$\sigma_{sk}=\frac{M_k}{0.87h_0A_s} \tag{2-9-8}$$

式中 E_s、E_c——钢筋、混凝土的弹性模量；

M_{Qk}——活荷载作用产生的弯矩标准值；

M_k——按荷载效应的标准组合计算的弯矩值；

ρ_{te}——按有效受拉混凝土截面面积计算的纵向受拉钢筋配筋率；当 ρ_{te} 小于0.01时，取 $\rho_{te}=0.01$。

2. 受弯构件不需作挠度验算的最大跨高比（l_0/h）见表2-9-3。

3. 注意事项

1）表2-9-3按矩形截面受弯构件编制，仅考虑受拉钢筋的作用；

2）表2-9-3按挠度限值为 $l_0/200$（l_0 为构件的计算跨度）编制；当挠度限值为 $l_0/250$ 时，应将表中数字除以1.25；当挠度限值为 $l_0/300$ 时，应将表中数字除以1.50；

3）表2-9-3按准永久值系数 $\psi_q=0.4$ 编制，当 ψ_q 取其他值时，表中数值应除以系数 η，$\eta=\dfrac{2-0.6\varepsilon}{2-(1-\psi_q)\varepsilon}$；

4）表2-9-3按梁、板为简支，且承受均布荷载的情况编制。当边界支承条件为其他情况时，应除以表2-9-1中相应的修正系数：

各种边界支承条件的修正系数 **表2-9-1**

结构型式	边界支承条件	修正系数
板和独立梁	简　支	1.0
	两端连续	0.8
	悬　臂	2.0
整体肋形梁	简　支	0.8
	两端连续	0.65
	悬　臂	—

5）表2-9-3按 $h/h_0=1.1$ 编制。

三、矩形和T形截面受弯构件的刚度及裂缝宽度计算

1. 制表公式

$$B=\frac{M_k}{M_q(\theta-1)+M_k}B_s \tag{2-9-9}$$

$$B_s=GA_sh_0^2\times10^3 \tag{2-9-10}$$

$$G=\frac{E_s}{1.15\psi+0.2+\frac{6\alpha_E\rho}{1+3.5\gamma'_f}} \tag{2-9-11}$$

$$W_{max}=F\left(1.9c+0.08\frac{d_{eq}}{\rho_{te}}\right)\times10^{-3} \tag{2-9-12}$$

$$F=2.1\psi\frac{\sigma_{sk}}{E_s}\times10^3 \tag{2-9-13}$$

$$\gamma'_f=\frac{(b'_f-b)h'_f}{bh_0} \tag{2-9-14}$$

式中 B——受弯构件的刚度；

B_s——荷载效应的标准组合作用下受弯构件的短期刚度（$N\cdot mm^2$）；

W_{max}——按荷载效应的标准组合并考虑长期作用影响计算的构件最大裂缝宽度（mm）；

M_q——按荷载的准永久组合计算的弯矩值；

θ——考虑荷载长期作用对挠度增大的影响系数；

G——刚度系数，由表2-9-4查得；

F——裂缝宽度系数，由表2-9-5查得；

c——最外层纵向受拉钢筋外边缘至受拉区底边的距离（mm），当c小于20时，取$c=20$；当c大于65时，取$c=65$；

d_{eq}——纵向受拉钢筋的等效直径（mm）；

b'_f——T形截面受压区翼缘宽度；

h'_f——T形截面受压区翼缘高度，当$h'_f>0.2h_0$时，取$h'_f=0.2h_0$。

2. 使用说明

刚度系数G值及裂缝宽度系数F值是根据$h/h_0=1.1$及T形截面时$b'_f=10b$的条件编制的；当不符合上述条件时，则算得的B_s及W_{max}值应乘以相应的修正系数。B_s及W_{max}的修正系数见表2-9-2，表中A_{sl}为纵向受拉钢筋的实际配筋值，A_s为纵向受拉钢筋的理论计算值。

B_s及W_{max}修正系数 **表2-9-2**

ρ		A_{sl}/A_s			h/h_0			b'_f/b	
		1.1	1.2	1.3	1.05	1.15	1.20	2	5
B_s	$0.5<\rho\leqslant1.0$	1.07	1.13	1.19	0.96	1.01	1.01	0.84	0.93
	$1.0<\rho\leqslant1.5$	1.06	1.11	1.17	0.98	1.00	1.01	0.8	0.92
	$\rho>1.5$	1.04	1.08	1.12	0.99	1.00	1.00	0.7	0.87
W_{max}	$0.5<\rho\leqslant1.0$	0.91	0.83	0.77	1.08	0.99	0.98	0.97	0.99
	$1.0<\rho\leqslant1.5$	0.91	0.83	0.77	1.02	0.99	0.99	0.95	0.99
	$\rho>1.5$	0.91	0.93	0.77	1.01	1.00	1.00	0.93	0.98

注：1. 本表不适用于$\rho_{te}<0.01$的情况；
2. 几种情况同时存在时，表中系数可以连乘；
3. b'_f/b栏仅适用于T形截面；
4. 本表为统计计算值，偏安全，可用于估算。

四、应用举列

【例 2-9-1】 已知矩形截面简支梁 $b=250\text{mm}$，$h=600\text{mm}$，计算跨度 $l_0=6.5\text{m}$，恒载作用产生的弯矩标准值 $M_{Gk}=20\text{kN·m}$，活载作用产生的弯矩标准值 $M_{Qk}=61.3\text{kN·m}$，准永久值系数 $\psi_q=0.5$，混凝土为 C20，钢筋为 HPB235，混凝土保护层厚度 30mm，按正截面受弯承载力计算出 $A_s=1014\text{mm}^2$，实际选用 4Φ18，$A_{s1}=1017\text{mm}^2$，验算该梁的挠度和裂缝宽度。

【解】 $M_k=20+61.3=81.3\text{kN·m}$

$$M_q=20+61.3\times0.5=50.65\text{kN·m}$$

$$\theta=2.0$$

$$\varepsilon=\frac{61.3}{81.3}=0.754,\quad \gamma'_f=0$$

$$\rho=\frac{1014}{250\times560}=0.724\%$$

$$h/h_0=600/560\approx1.1,A_{s1}/A_s\approx1$$

由表 2-9-4 查得 $G=162.8$

由表 2-9-5 查得 $F=1.04$

$$B_s=GA_sh_0^2\times10^3$$

$$=162.8\times1014\times560^2\times10^3=5.17\times10^{13}\text{N·mm}^2$$

$$B=\frac{81.3\times5.17\times10^{13}}{81.3+(2-1)\times50.65}=3.19\times10^{13}\text{N·mm}^2$$

梁跨中挠度：

$$f=\frac{5}{48}\times\frac{81.3\times10^6\times6500^2}{3.19\times10^{13}}=11.22\text{mm}<\frac{l_0}{200}=32.5\text{mm}\ (\text{可})$$

$$d_{eq}=\frac{\sum n_id_i^2}{\sum n_iv_id_i}=\frac{4\times18^2}{4\times0.7\times18}=25.7\text{mm}$$

$$\rho_{te}=\frac{2\times1017}{250\times600}=0.0136$$

裂缝宽度：

$$W_{max}=1.04\times\left(1.9\times30+0.08\times\frac{25.7}{0.0136}\right)\times10^{-3}$$

$$=0.217\text{mm}<[W_{max}]=0.3\text{mm}\ (\text{可})$$

【例 2-9-2】 已知其他条件均同例 2-9-1，实际选4Φ20，$A_{s1}=1256\text{mm}^2$，求 B_s 及 W_{max}。

【解】 $\frac{A_{s1}}{A_s}=\frac{1256}{1014}=1.24$，$\rho=\frac{1256}{250\times560}=0.9\%$

查表 2-9-2 得 B_s 修正系数：1.16

W_{max}修正系数：0.81

$$B_s=5.17\times10^{13}\times1.16=6.0\times10^{13}\text{N·mm}^2$$

$$W_{max}=0.217\times0.81=0.176\text{mm}$$

注：用修正系数方法计算 W_{max}时，尚应计及公式（2-9-12）中括号内部分 d_{eq}、ρ_{te}变化的影响，本例忽略了其影响，偏安全。

受弯构件不需作挠度验算的最大跨高比（l_0/h）表　　表 2-9-3

混凝土强度等级	ε / ρ%	HPB235					HRB335					HRB400（RRB400）				
		0.0	0.2	0.4	0.6	0.8	0.0	0.2	0.4	0.6	0.8	0.0	0.2	0.4	0.6	0.8
C20	0.40	32.60	37.05	42.28	48.49	55.93	17.47	19.56	21.98	24.80	28.12	13.59	15.16	16.96	19.05	21.50
	0.50	26.48	29.73	33.51	37.93	43.14	15.49	17.25	19.28	21.63	24.37	12.39	13.77	15.34	17.16	19.29
	0.60	23.35	26.08	29.21	32.86	37.14	14.35	15.94	17.75	19.85	22.30	11.69	12.95	14.40	16.07	18.02
	0.70	21.42	23.83	26.61	29.82	33.58	13.60	15.07	16.76	18.70	20.97	11.22	12.42	13.78	15.36	17.19
	0.80	20.08	22.29	24.84	27.77	31.19	13.07	14.46	16.06	17.90	20.04	10.89	12.04	13.35	14.86	16.62
	1.00	18.31	20.27	22.52	25.11	28.13	12.35	13.65	15.13	16.84	18.81	10.47	11.56	12.81	14.24	15.90
	1.20	17.16	18.98	21.04	23.43	26.19	11.91	13.15	14.56	16.18	18.06	10.24	11.30	12.51	13.89	15.50
	1.40	16.35	18.05	20.00	22.24	24.84	11.62	12.82	14.19	15.76	17.58	10.13	11.18	12.36	13.72	15.30
	1.60	15.73	17.36	19.22	21.36	23.84	11.44	12.61	13.95	15.49	17.27	10.12	11.15	12.33	13.68	15.25
	1.80	15.26	16.83	18.62	20.68	23.07	11.34	12.50	13.82	15.33	17.09	10.17	11.21	12.39	13.75	15.32
	2.00	14.88	16.41	18.15	20.14	22.46	11.30	12.46	13.77	15.27	17.02	10.30	11.35	12.54	13.91	15.50
C25	0.40	38.65	44.48	51.45	59.68	66.35	19.03	21.41	24.18	27.43	31.27	14.45	16.16	18.15	20.46	23.17
	0.50	29.49	33.33	37.81	43.09	49.37	16.40	18.32	20.54	23.11	26.13	12.90	14.36	16.03	17.98	20.25
	0.60	25.25	28.31	31.85	35.98	40.84	14.95	16.64	18.57	20.81	23.43	12.00	13.32	14.83	16.58	18.62
	0.70	22.76	25.40	28.44	31.98	36.12	14.01	16.56	17.32	19.37	21.75	11.41	12.64	14.05	15.68	17.57
	0.80	21.09	23.47	26.20	29.37	33.07	13.35	14.80	16.45	18.36	20.58	10.99	12.16	13.50	15.04	16.83
	1.00	18.94	21.01	23.37	26.10	29.27	12.47	13.79	15.30	17.03	19.05	10.43	11.52	12.77	14.20	15.87
	1.20	17.58	19.45	21.60	24.07	26.94	11.89	13.14	14.56	16.19	18.08	10.08	11.13	12.32	13.69	15.28
	1.40	16.61	18.36	20.36	22.65	25.32	11.49	12.69	14.04	15.60	17.42	9.85	10.87	12.03	13.36	14.90
	1.60	15.88	17.53	19.42	21.59	24.12	11.20	12.36	13.67	15.19	16.94	9.71	10.71	11.84	13.15	14.66
	1.80	15.30	16.88	18.69	20.77	23.18	10.99	12.12	13.41	14.88	16.59	9.64	10.62	11.74	13.03	14.52
	2.00	14.83	16.36	18.10	20.10	22.42	10.85	11.95	13.22	14.66	16.35	9.61	10.59	11.70	12.98	14.47
C30	0.40	45.11	49.59	54.68	60.51	67.27	20.83	23.57	26.78	30.57	35.08	15.41	17.30	19.50	22.07	25.10
	0.50	33.06	37.65	43.06	49.49	57.22	17.41	19.51	21.94	24.78	28.11	13.46	15.01	16.81	18.89	21.33
	0.60	27.37	30.82	34.84	39.54	45.12	15.61	17.40	19.47	21.87	24.68	12.36	13.74	15.33	17.16	19.31
	0.70	24.20	27.10	30.44	34.33	38.91	14.47	16.09	17.95	20.10	22.61	11.65	12.92	14.38	16.06	18.03
	0.80	22.16	24.71	27.66	31.07	35.07	13.68	15.18	16.90	18.89	21.20	11.14	12.34	13.71	15.29	17.14
	1.00	19.60	21.77	24.26	27.13	30.48	12.63	13.98	15.53	17.31	19.37	10.46	11.56	12.83	14.28	15.96

续表

混凝土强度等级	ε / ρ%	HPB235					HRB335					HRB400（RRB400）				
		0.0	0.2	0.4	0.6	0.8	0.0	0.2	0.4	0.6	0.8	0.0	0.2	0.4	0.6	0.8
C30	1.20	18.02	19.96	22.19	24.75	27.74	11.95	13.21	14.65	16.30	18.22	10.02	11.07	12.26	13.63	15.22
	1.40	16.91	18.70	20.76	23.12	25.87	11.47	12.66	14.03	15.59	17.41	9.72	10.72	11.87	13.19	14.71
	1.60	16.07	17.76	19.69	21.90	24.48	11.10	12.25	13.56	15.07	16.81	9.50	10.48	11.59	12.87	14.35
	1.80	15.41	17.01	18.85	20.95	23.40	10.82	11.94	13.21	14.66	16.36	9.34	10.30	11.39	12.64	14.09
	2.00	14.87	16.41	18.16	20.18	22.52	10.60	11.69	12.93	14.35	16.00	9.24	10.18	11.25	12.48	13.91
C35	0.40						22.60	25.72	29.39	33.75	39.00	16.31	18.38	20.79	23.61	26.96
	0.50						18.34	20.62	23.26	26.35	30.00	13.96	15.61	17.51	19.73	22.32
	0.60						16.20	18.10	20.29	22.84	25.83	12.68	14.12	15.77	17.69	19.93
	0.70						14.88	16.57	18.51	20.75	23.38	11.86	13.17	14.68	16.41	18.44
	0.80						13.97	15.52	17.30	19.35	21.75	11.28	12.51	13.91	15.53	17.41
	1.00						12.78	14.16	15.74	17.55	19.67	10.50	11.62	12.90	14.36	16.07
	1.20						12.02	13.29	14.74	16.41	18.36	10.00	11.05	12.24	13.62	15.21
	1.40						11.47	12.67	14.04	15.61	17.44	9.64	10.64	11.78	13.09	14.61
	1.60						11.05	12.20	13.51	15.01	16.76	9.37	10.33	11.43	12.70	14.17
	1.80						10.72	11.83	13.09	14.54	16.22	9.16	10.10	11.17	12.40	13.83
	2.00						10.46	11.53	12.75	14.16	15.79	9.00	9.92	10.97	12.18	13.57
C40	0.40						24.68	28.27	32.54	37.66	43.88	17.33	19.60	22.26	25.40	29.13
	0.50						19.37	21.85	24.73	28.12	32.14	14.52	16.27	18.29	20.65	23.42
	0.60						16.83	18.85	21.17	23.89	27.08	13.03	14.53	16.26	18.26	20.60
	0.70						15.31	17.07	19.10	21.45	24.21	12.09	13.45	15.00	16.79	18.89
	0.80						14.28	15.88	17.72	19.85	22.34	11.44	12.69	14.13	15.79	17.72
	1.00						12.95	14.35	15.96	17.82	19.98	10.57	11.70	12.99	14.48	16.21
	1.20						12.09	13.38	14.85	16.55	18.52	10.00	11.05	12.25	13.63	15.24
	1.40						11.48	12.69	14.07	15.66	17.50	9.59	10.59	11.73	13.04	14.56
	1.60						11.02	12.17	13.48	14.99	16.74	9.28	10.24	11.33	12.59	14.05
	1.80						10.65	11.76	13.01	14.46	16.13	9.03	9.96	11.02	12.24	13.65
	2.00						10.35	11.42	12.63	14.03	15.65	8.84	9.74	10.78	11.96	13.33

矩形和 T 形截面受弯构件刚度系数 G 值表　　HPB235 钢筋　C20　　　表 2-9-4

γ'_f	0.0			0.8			1.0			1.2			1.5			1.8		
ρ(%) \ ε	0.0	0.4	0.8	0.0	0.4	0.8	0.0	0.4	0.8	0.0	0.4	0.8	0.0	0.4	0.8	0.0	0.4	0.8
0.40	197	205	213	223	232	243	225	234	245	226	236	247	228	238	248	229	239	250
0.45	193	201	209	221	231	241	224	233	243	225	235	245	227	237	247	228	238	249
0.50	190	197	205	220	229	239	222	232	242	224	234	244	226	236	246	227	237	248
0.55	186	193	201	219	228	238	221	230	241	223	233	243	225	235	245	227	236	247
0.60	175	181	187	207	214	222	209	217	225	211	219	227	213	221	230	215	223	231
0.65	166	171	176	198	204	211	200	207	213	202	209	216	204	211	218	206	212	220
0.70	159	163	167	190	196	201	193	198	204	195	200	206	197	203	209	198	204	210
0.75	152	156	159	184	189	194	187	192	197	189	194	199	191	196	201	192	197	203
0.80	147	150	153	179	183	188	182	186	190	184	188	192	186	190	195	187	192	196
0.85	142	145	148	175	178	182	177	181	185	179	183	187	181	185	189	183	187	191
0.90	138	140	143	171	174	178	173	177	180	175	179	183	178	181	185	179	183	187
1.00	131	133	135	164	167	170	167	170	173	169	172	175	171	174	177	173	176	179
1.10	125	126	128	159	162	164	162	164	167	164	167	169	166	169	172	168	171	173
1.20	120	121	122	155	157	159	158	160	162	160	162	164	162	165	167	164	166	169
1.30	115	116	117	151	153	155	154	156	158	156	158	160	159	161	163	161	163	165
1.40	111	112	113	148	150	151	151	153	154	153	155	157	156	158	159	158	160	161
1.50	107	108	109	145	147	148	148	150	151	151	152	154	153	155	157	155	157	159
1.60	104	105	106	143	144	145	146	147	149	148	150	151	151	152	154	153	154	156
1.70	101	102	103	140	141	143	144	145	146	146	147	149	149	150	152	151	152	154
1.80	98	99	100	138	139	140	141	143	144	144	145	146	147	148	149	149	150	152
1.90	96	96	97	136	137	138	140	141	142	142	143	144	145	146	148	147	149	150
2.00	93	94	94	134	135	136	138	139	140	141	142	143	144	145	146	146	147	148
2.10	91	91	92	133	133	134	136	137	138	139	140	141	142	143	144	144	145	147
2.20	89	89	90	131	132	132	135	135	136	137	138	139	141	142	143	143	144	145
2.30	87	87	88	129	130	131	133	134	135	136	137	138	139	140	141	142	143	144
2.40	85	85	86	128	129	129	132	133	133	135	136	136	138	139	140	141	142	142
2.50	83	83	84	126	127	128	130	131	132	133	134	135	137	138	139	140	140	141
2.60	81	82	82	125	126	126	129	130	130	132	133	134	136	137	137	138	139	140
2.70	80	80	80	124	124	125	128	129	129	131	132	132	135	135	136	137	138	139
2.80	78	78	79	123	123	124	127	127	128	130	131	131	134	134	135	136	137	138
2.90	77	77	77	122	122	122	126	126	127	129	130	130	133	133	134	136	136	137
3.00	75	76	76	121	121	121	125	125	126	128	128	129	132	132	133	135	135	136

矩形和 T 形截面受弯构件刚度系数 G 值表 HRB335 钢筋 C20

续表

γ'_f	0.0			0.8			1.0			1.2			1.5			1.8		
ρ(%) \ ε	0.0	0.4	0.8	0.0	0.4	0.8	0.0	0.4	0.8	0.0	0.4	0.8	0.0	0.4	0.8	0.0	0.4	0.8
0.40	163	167	171	180	184	189	181	186	190	182	187	192	183	188	193	184	189	193
0.45	161	164	168	179	183	188	180	185	190	181	186	191	183	187	192	183	188	193
0.50	158	162	166	178	182	187	180	184	189	181	185	190	182	187	191	183	188	192
0.55	156	159	163	177	181	186	179	183	188	180	185	189	181	186	191	182	187	192
0.60	149	152	155	171	175	179	173	177	181	174	178	182	176	179	183	177	180	185
0.65	144	146	149	166	169	173	168	171	175	169	173	176	171	174	178	172	175	179
0.70	139	141	143	162	165	168	164	167	170	165	168	171	167	170	173	168	171	174
0.75	135	137	139	159	161	164	160	163	166	162	165	167	163	166	169	164	167	170
0.80	131	133	135	156	158	160	158	160	162	159	161	164	160	163	165	162	164	167
0.85	128	129	131	153	155	157	155	157	159	156	159	161	158	160	162	159	161	164
0.90	125	126	128	151	152	154	153	155	157	154	156	158	156	158	160	157	159	161
1.00	119	121	122	147	148	150	149	150	152	150	152	154	152	154	155	153	155	157
1.10	115	116	117	143	145	146	145	147	148	147	148	150	149	150	152	150	152	153
1.20	111	112	113	140	141	143	143	144	145	144	146	147	146	148	149	148	149	150
1.30	107	108	109	138	139	140	140	141	142	142	143	144	144	145	146	145	147	148
1.40	104	105	106	135	136	137	138	139	140	140	141	142	142	143	144	143	145	146
1.50	101	102	102	133	134	135	136	137	138	138	139	140	140	141	142	142	143	144
1.60	98	99	100	131	132	133	134	135	136	136	137	138	138	139	140	140	141	142
1.70	96	96	97	130	130	131	132	133	134	135	135	136	137	138	139	139	140	140
1.80	93	94	94	128	129	129	131	132	132	133	134	135	136	136	137	137	138	139
1.90	91	92	92	127	127	128	130	130	131	132	132	133	134	135	136	136	137	138
2.00	89	89	90	125	126	126	128	129	129	131	131	132	133	134	135	135	136	137
2.10	87	87	88	124	124	125	127	127	128	130	130	131	133	133	133	135	135	135
2.20	85	86	86	123	123	123	127	127	127	129	129	129	132	132	132	134	134	134
2.30	83	84	84	122	122	122	126	126	126	128	128	128	131	131	131	133	133	133
2.40	82	82	82	121	121	121	125	125	125	128	128	128	131	131	131	133	133	133
2.50	80	80	81	121	121	121	124	124	124	127	127	127	130	130	130	132	132	132
2.60	79	79	79	120	120	120	123	123	123	126	126	126	129	129	129	132	132	132
2.70	77	77	78	119	119	119	123	123	123	125	125	125	129	129	129	131	131	131
2.80	76	76	76	118	118	118	122	122	122	125	125	125	128	128	128	131	131	131
2.90	74	75	75	117	117	117	121	121	121	124	124	124	128	128	128	130	130	130
3.00	73	73	74	116	116	116	120	120	120	123	123	123	127	127	127	130	130	130

矩形和 T 形截面受弯构件刚度系数 G 值表　HRB400(RRB400)钢筋　C20

续表

ρ(%) \ γ'_f / ε	0.0			0.8			1.0			1.2			1.5			1.8		
	0.0	0.4	0.8	0.0	0.4	0.8	0.0	0.4	0.8	0.0	0.4	0.8	0.0	0.4	0.8	0.0	0.4	0.8
0.40	155	158	161	170	173	176	171	174	178	172	175	179	173	176	180	173	177	180
0.45	152	155	158	169	172	176	170	173	177	171	174	178	172	175	179	173	176	180
0.50	150	153	156	168	171	175	169	173	176	170	174	177	172	175	178	172	176	179
0.55	148	151	154	167	170	174	169	172	175	170	173	177	171	174	178	172	175	179
0.60	143	145	147	163	165	168	164	167	170	165	168	171	167	169	173	167	170	173
0.65	138	140	142	159	161	164	160	163	165	162	164	167	163	165	168	164	166	169
0.70	134	136	138	156	158	160	157	159	162	158	161	163	160	162	164	161	163	165
0.75	130	132	134	153	155	157	154	156	158	156	158	160	157	159	161	158	160	162
0.80	127	129	130	150	152	154	152	154	156	153	155	157	155	157	159	156	158	160
0.85	124	126	127	148	150	151	150	152	153	151	153	155	153	154	156	154	156	157
0.90	122	123	124	146	148	149	148	150	151	149	151	153	151	153	154	152	154	155
1.00	117	118	119	143	144	145	145	146	147	146	148	149	148	149	151	149	150	152
1.10	113	114	115	140	141	142	142	143	144	143	145	146	145	146	148	146	148	149
1.20	109	110	111	137	138	139	139	140	142	141	142	143	143	144	145	144	145	147
1.30	106	107	107	135	136	137	137	138	139	139	140	141	141	142	143	142	143	144
1.40	103	103	104	133	134	135	135	136	137	137	138	139	139	140	141	141	142	143
1.50	100	101	101	131	132	133	134	134	135	136	136	137	138	139	139	139	140	141
1.60	97	98	98	129	130	131	132	133	133	134	135	136	136	137	138	138	139	139
1.70	95	95	96	128	128	129	131	131	132	133	133	134	135	136	136	137	137	138
1.80	93	93	94	127	127	128	130	130	130	132	132	133	135	135	135	136	136	137
1.90	91	91	91	126	126	126	129	129	129	131	131	131	134	134	134	136	136	136
2.00	89	89	89	125	125	125	128	128	128	131	131	131	133	133	133	135	135	135
2.10	87	87	87	124	124	124	127	127	127	130	130	130	133	133	133	135	135	135
2.20	85	85	85	123	123	123	127	127	127	129	129	129	132	132	132	134	134	134
2.30	83	83	84	122	122	122	126	126	126	128	128	128	131	131	131	133	133	133
2.40	81	82	82	121	121	121	125	125	125	128	128	128	131	131	131	133	133	133
2.50	80	80	80	121	121	121	124	124	124	127	127	127	130	130	130	132	132	132
2.60	78	79	79	120	120	120	123	123	123	126	126	126	129	129	129	132	132	132
2.70	77	77	78	119	119	119	123	123	123	125	125	125	129	129	129	131	131	131
2.80	76	76	76	118	118	118	122	122	122	125	125	125	128	128	128	131	131	131
2.90	74	75	75	117	117	117	121	121	121	124	124	124	128	128	128	130	130	130
3.00	73	73	74	116	116	116	120	120	120	123	123	123	127	127	127	130	130	130

矩形和 T 形截面受弯构件刚度系数 G 值表 HPB235 钢筋 C25 续表

γ'_f / ε / ρ(%)	0.0			0.8			1.0			1.2			1.5			1.8		
	0.0	0.4	0.8	0.0	0.4	0.8	0.0	0.4	0.8	0.0	0.4	0.8	0.0	0.4	0.8	0.0	0.4	0.8
0.40	219	230	242	247	261	276	250	264	279	251	265	281	253	267	283	254	269	285
0.45	215	225	237	246	259	274	248	262	277	250	264	280	252	266	282	253	268	284
0.50	210	221	232	244	258	272	247	260	276	249	263	278	251	265	281	253	267	283
0.55	206	216	227	243	256	270	246	259	274	248	261	277	250	264	280	252	266	282
0.60	192	200	208	227	237	248	229	240	252	231	242	254	234	245	257	235	247	259
0.65	180	187	194	214	223	232	217	226	235	219	228	238	221	230	240	223	232	242
0.70	171	177	182	205	212	220	208	215	223	209	217	225	212	219	228	213	221	229
0.75	164	168	173	197	203	210	200	206	213	202	208	215	204	210	217	205	212	219
0.80	157	161	165	191	196	202	193	199	205	195	201	207	197	203	209	199	205	211
0.85	152	155	159	185	190	195	188	193	198	190	195	200	192	197	202	193	199	204
0.90	147	150	153	180	185	189	183	187	192	185	189	194	187	192	197	189	193	198
1.00	139	141	144	173	176	180	175	179	183	177	181	185	179	183	187	181	185	189
1.10	132	134	136	166	169	173	169	172	176	171	174	178	174	177	180	175	178	182
1.20	126	128	130	161	164	167	164	167	170	166	169	172	169	171	174	170	173	176
1.30	121	123	124	157	159	162	160	162	165	162	165	167	165	167	170	166	169	172
1.40	117	118	119	154	156	158	156	159	161	159	161	163	161	163	166	163	165	168
1.50	113	114	115	150	152	154	153	155	157	156	158	160	158	160	162	160	162	164
1.60	109	110	111	147	149	151	151	152	154	153	155	156	156	157	159	158	159	161
1.70	106	107	108	145	146	148	148	150	151	151	152	154	153	155	157	155	157	159
1.80	103	104	105	143	144	145	146	147	149	148	150	151	151	153	154	153	155	156
1.90	100	101	102	140	142	143	144	145	146	146	148	149	149	151	152	151	153	154
2.00	98	99	99	138	140	141	142	143	144	145	146	147	147	149	150	150	151	152
2.10	96	96	97	137	138	139	140	141	142	143	144	145	146	147	148	148	149	151
2.20	93	94	94	135	136	137	138	140	141	141	142	143	144	145	147	147	148	149
2.30	91	92	92	133	134	135	137	138	139	140	141	142	143	144	145	145	146	147
2.40	89	90	90	132	133	133	135	136	137	138	139	140	142	143	144	144	145	146
2.50	87	88	88	130	131	132	134	135	136	137	138	139	140	141	142	143	144	145
2.60	86	86	86	129	130	130	133	134	134	136	137	137	139	140	141	142	143	144
2.70	84	84	85	128	128	129	131	132	133	135	135	136	138	139	140	141	141	142
2.80	82	83	83	126	127	128	130	131	132	133	134	135	137	138	139	140	140	141
2.90	81	81	81	125	126	126	129	130	131	132	133	134	136	137	137	139	139	140
3.00	79	80	80	124	124	125	128	129	129	131	132	133	135	136	136	138	138	139

矩形和 T 形截面受弯构件刚度系数 G 值表　HRB335 钢筋　C25　　续表

γ'_f	0.0			0.8			1.0			1.2			1.5			1.8		
ρ(%) ＼ ε	0.0	0.4	0.8	0.0	0.4	0.8	0.0	0.4	0.8	0.0	0.4	0.8	0.0	0.4	0.8	0.0	0.4	0.8
0.40	174	179	185	191	197	204	193	199	205	194	200	206	195	201	207	195	202	208
0.45	171	176	182	190	196	202	192	198	204	193	199	205	194	200	207	195	201	208
0.50	169	174	179	189	195	201	191	197	203	192	198	204	194	200	206	194	201	207
0.55	166	171	176	189	194	200	190	196	202	192	197	204	193	199	205	194	200	206
0.60	158	162	166	181	186	191	183	188	193	184	189	194	185	190	196	186	192	197
0.65	152	155	159	175	179	183	177	181	185	178	182	187	179	184	188	180	185	189
0.70	146	149	152	170	174	177	172	175	179	173	177	181	175	178	182	176	179	183
0.75	142	144	147	166	169	172	168	171	174	169	172	176	170	174	177	171	175	178
0.80	138	140	142	162	165	168	164	167	170	165	168	171	167	170	173	168	171	174
0.85	134	136	138	159	162	164	161	164	166	162	165	168	164	167	169	165	168	171
0.90	131	132	134	156	159	161	158	161	163	160	162	165	161	164	166	162	165	168
1.00	125	126	128	152	154	156	154	156	158	155	157	159	157	159	161	158	160	162
1.10	120	121	123	148	149	151	150	152	153	151	153	155	153	155	157	154	156	158
1.20	116	117	118	144	146	147	147	148	150	148	150	152	150	152	153	152	153	155
1.30	112	113	114	142	143	144	144	145	147	146	147	149	148	149	151	149	151	152
1.40	108	109	110	139	140	142	142	143	144	143	145	146	145	147	148	147	148	150
1.50	105	106	107	137	138	139	139	141	142	141	142	144	143	145	146	145	146	147
1.60	102	103	104	135	136	137	137	138	140	139	140	142	142	143	144	143	144	145
1.70	100	100	101	133	134	135	136	137	138	138	139	140	140	141	142	142	143	144
1.80	97	98	99	131	132	133	134	135	136	136	137	138	139	139	140	140	141	142
1.90	95	96	96	130	130	131	133	133	134	135	136	136	137	138	139	139	140	141
2.00	93	93	94	128	129	130	131	132	133	133	134	135	136	137	138	138	139	139
2.10	91	91	92	127	127	128	130	131	131	132	133	134	135	135	136	137	137	138
2.20	89	89	90	125	126	127	129	129	130	131	132	132	134	134	135	136	136	137
2.30	87	88	88	124	125	125	127	128	129	130	130	131	133	133	134	135	135	136
2.40	85	86	86	123	124	124	127	127	127	129	129	130	132	132	133	134	134	135
2.50	84	84	84	123	123	123	126	126	126	129	129	129	131	131	132	134	134	134
2.60	82	83	83	122	122	122	125	125	125	128	128	128	131	131	131	133	133	133
2.70	81	81	81	121	121	121	124	124	124	127	127	127	130	130	130	133	133	133
2.80	79	80	80	120	120	120	124	124	124	127	127	127	130	130	130	132	132	132
2.90	78	78	78	119	119	119	123	123	123	126	126	126	129	129	129	132	132	132
3.00	77	77	77	118	118	118	122	122	122	125	125	125	129	129	129	131	131	131

矩形和T形截面受弯构件刚度系数 G 值表　HRB400(RRB400)钢筋　C25　　续表

γ'_f \ ε \ ρ(%)	0.0			0.8			1.0			1.2			1.5			1.8		
	0.0	0.4	0.8	0.0	0.4	0.8	0.0	0.4	0.8	0.0	0.4	0.8	0.0	0.4	0.8	0.0	0.4	0.8
0.40	163	167	171	178	182	187	179	184	188	180	185	189	181	185	190	182	186	191
0.45	161	164	168	177	182	186	179	183	187	180	184	188	181	185	189	181	186	190
0.50	158	162	166	177	181	185	178	182	187	179	183	188	180	184	189	181	185	190
0.55	156	160	163	176	180	184	177	181	186	178	183	187	180	184	188	180	185	189
0.60	150	153	156	170	174	177	172	175	179	173	176	180	174	178	182	175	179	183
0.65	145	147	150	165	169	172	167	170	173	168	171	175	170	173	176	170	174	177
0.70	140	143	145	162	164	167	163	166	169	164	167	170	166	169	172	167	170	173
0.75	136	138	140	158	161	163	160	162	165	161	164	166	163	165	168	164	166	169
0.80	133	135	136	155	158	160	157	159	162	158	161	163	160	162	165	161	163	166
0.85	130	131	133	153	155	157	155	157	159	156	158	160	157	160	162	158	161	163
0.90	127	128	130	151	152	154	152	154	156	154	156	158	155	157	159	156	158	160
1.00	122	123	124	147	148	150	149	150	152	150	152	153	152	153	155	153	155	156
1.10	117	118	119	144	145	146	146	147	148	147	149	150	149	150	152	150	151	153
1.20	113	114	115	141	142	143	143	144	145	145	146	147	146	148	149	148	149	150
1.30	110	111	112	138	139	141	141	142	143	142	143	145	144	145	146	145	147	148
1.40	107	108	108	136	137	138	139	140	141	140	141	142	142	143	144	144	145	146
1.50	104	105	105	134	135	136	137	138	139	139	139	140	141	141	142	142	143	144
1.60	101	102	102	132	133	134	135	136	137	137	138	139	139	140	141	141	141	142
1.70	99	99	100	131	132	132	133	134	135	135	136	137	138	138	139	139	140	141
1.80	96	97	97	129	130	131	132	133	133	134	135	136	136	137	138	138	139	140
1.90	94	95	95	128	128	129	131	131	132	133	133	134	135	136	137	137	138	138
2.00	92	93	93	127	127	128	130	130	131	132	132	133	134	135	135	136	136	137
2.10	90	91	91	126	126	126	129	129	129	131	131	132	134	134	134	136	136	136
2.20	88	89	89	125	125	125	128	128	128	131	131	131	133	133	133	135	135	135
2.30	87	87	87	124	124	124	127	127	127	130	130	130	133	133	133	135	135	135
2.40	85	85	86	123	123	123	127	127	127	129	129	129	132	132	132	134	134	134
2.50	83	84	84	123	123	123	126	126	126	129	129	129	131	131	131	134	134	134
2.60	82	82	82	122	122	122	125	125	125	128	128	128	131	131	131	133	133	133
2.70	80	81	81	121	121	121	124	124	124	127	127	127	130	130	130	133	133	133
2.80	79	79	79	120	120	120	124	124	124	127	127	127	130	130	130	132	132	132
2.90	78	78	78	119	119	119	123	123	123	126	126	126	129	129	129	132	132	132
3.00	76	77	77	118	118	118	122	122	122	125	125	125	129	129	129	131	131	131

矩形和T形截面受弯构件刚度系数 G 值表　HPB235 钢筋　C30　　续表

γ'_f	0.0			0.8			1.0			1.2			1.5			1.8		
ρ(%) \ ε	0.0	0.4	0.8	0.0	0.4	0.8	0.0	0.4	0.8	0.0	0.4	0.8	0.0	0.4	0.8	0.0	0.4	0.8
0.40	243	259	276	276	296	318	279	299	321	281	301	324	283	303	327	284	305	329
0.45	238	253	270	274	294	316	277	297	319	279	299	322	282	302	325	283	304	327
0.50	233	248	264	273	291	313	276	295	317	278	298	320	280	300	324	282	303	326
0.55	229	243	258	271	289	311	274	293	315	277	296	318	279	299	322	281	301	325
0.60	210	220	232	249	263	279	252	267	283	254	269	286	257	272	289	259	274	292
0.65	195	204	213	233	244	257	236	248	261	238	250	263	240	253	266	242	255	268
0.70	184	191	199	220	230	240	223	233	244	225	235	246	228	238	249	229	240	251
0.75	175	181	187	211	219	227	213	222	231	215	224	233	218	226	236	219	228	238
0.80	167	172	178	203	209	217	205	212	220	207	215	222	210	217	225	211	219	227
0.85	161	165	170	196	202	208	198	205	211	201	207	214	203	209	216	204	211	218
0.90	155	159	163	190	195	201	193	198	204	195	200	207	197	203	209	199	205	211
1.00	146	149	152	181	185	190	183	188	193	186	190	195	188	193	198	189	194	199
1.10	138	141	143	174	177	181	176	180	184	178	182	186	181	185	189	182	186	191
1.20	132	134	136	168	171	174	171	174	177	173	176	179	175	178	182	177	180	184
1.30	126	128	130	163	166	168	166	169	171	168	171	174	170	173	176	172	175	178
1.40	122	123	125	159	161	164	162	164	167	164	166	169	166	169	172	168	171	174
1.50	118	119	120	155	157	159	158	160	163	160	163	165	163	165	168	165	167	170
1.60	114	115	116	152	154	156	155	157	159	157	159	162	160	162	164	162	164	166
1.70	110	111	113	149	151	153	152	154	156	155	157	158	157	159	161	159	161	163
1.80	107	108	109	147	148	150	150	151	153	152	154	156	155	157	159	157	159	161
1.90	104	105	106	144	146	147	148	149	151	150	152	153	153	155	156	155	157	158
2.00	102	103	103	142	143	145	146	147	148	148	150	151	151	153	154	153	155	156
2.10	99	100	101	140	141	143	144	145	146	146	148	149	149	151	152	151	153	154
2.20	97	98	98	138	139	141	142	143	144	145	146	147	148	149	150	150	151	153
2.30	95	95	96	137	138	139	140	141	142	143	144	145	146	147	149	148	150	151
2.40	93	93	94	135	136	137	139	140	141	141	143	144	145	146	147	147	148	149
2.50	91	91	92	133	134	135	137	138	139	140	141	142	143	144	146	146	147	148
2.60	89	89	90	132	133	134	136	137	138	139	140	141	142	143	144	144	146	147
2.70	87	88	88	131	131	132	134	135	136	137	138	139	141	142	143	143	144	145
2.80	85	86	86	129	130	131	133	134	135	136	137	138	140	141	142	142	143	144
2.90	84	84	85	128	129	130	132	133	134	135	136	137	139	139	140	141	142	143
3.00	82	83	83	127	127	128	131	132	132	134	135	136	138	138	139	140	141	142

矩形和 T 形截面受弯构件刚度系数 G 值表　HRB335 钢筋　C30　　续表

γ'_f / ε / ρ(%)	0.0			0.8			1.0			1.2			1.5			1.8		
	0.0	0.4	0.8	0.0	0.4	0.8	0.0	0.4	0.8	0.0	0.4	0.8	0.0	0.4	0.8	0.0	0.4	0.8
0.40	185	192	199	204	211	219	205	213	221	206	214	222	207	215	223	208	216	224
0.45	182	189	195	203	210	218	204	212	220	205	213	221	207	214	223	207	215	224
0.50	180	186	192	202	209	217	203	211	219	205	212	220	206	214	222	207	215	223
0.55	177	183	189	201	208	216	202	210	218	204	211	219	205	213	221	206	214	222
0.60	168	172	178	191	197	204	193	199	206	194	201	207	196	202	209	197	203	210
0.65	160	164	169	184	189	194	186	191	196	187	192	198	188	194	200	190	195	201
0.70	154	157	161	178	182	187	180	184	189	181	186	191	182	187	192	184	188	193
0.75	148	151	155	173	177	181	175	179	183	176	180	184	178	182	186	179	183	187
0.80	144	146	149	169	172	176	170	174	178	172	175	179	173	177	181	174	178	182
0.85	140	142	145	165	168	171	167	170	173	168	171	175	170	173	177	171	174	178
0.90	136	138	140	162	165	167	164	167	170	165	168	171	167	170	173	168	171	174
1.00	130	131	133	156	159	161	158	161	163	160	162	165	162	164	167	163	165	168
1.10	124	126	127	152	154	156	154	156	158	156	158	160	157	160	162	159	161	163
1.20	120	121	122	148	150	152	150	152	154	152	154	156	154	156	158	155	157	159
1.30	116	117	118	145	147	148	147	149	151	149	151	153	151	153	155	152	154	156
1.40	112	113	114	142	144	145	145	146	148	147	148	150	149	150	152	150	152	153
1.50	109	110	111	140	141	143	142	144	145	144	146	147	146	148	149	148	149	151
1.60	106	107	108	138	139	140	140	142	143	142	144	145	144	146	147	146	147	149
1.70	103	104	105	136	137	138	139	140	141	140	142	143	143	144	145	144	146	147
1.80	101	101	102	134	135	136	137	138	139	139	140	141	141	142	143	143	144	145
1.90	98	99	99	132	133	134	135	136	137	137	138	139	140	141	142	141	142	143
2.00	96	97	97	131	132	133	134	135	135	136	137	138	138	139	140	140	141	142
2.10	94	94	95	129	130	131	132	133	134	135	135	136	137	138	139	139	140	141
2.20	92	92	93	128	129	129	131	132	133	133	134	135	136	137	138	138	139	139
2.30	90	91	91	127	127	128	130	130	131	132	133	134	135	136	136	137	138	138
2.40	88	89	89	125	126	127	129	129	130	131	132	132	134	134	135	136	136	137
2.50	87	87	87	124	125	125	127	128	129	130	131	131	133	133	134	135	136	136
2.60	85	85	86	123	124	124	126	127	128	129	130	130	132	132	133	134	135	135
2.70	83	84	84	122	123	123	126	126	127	128	129	129	131	132	132	134	134	134
2.80	82	82	83	122	122	122	125	125	125	128	128	128	131	131	131	133	133	133
2.90	81	81	81	121	121	121	124	124	124	127	127	127	130	130	130	133	133	133
3.00	79	79	80	120	120	120	124	124	124	127	127	127	130	130	130	132	132	132

矩形和T形截面受弯构件刚度系数 G 值表　　HRB400(RRB400)钢筋　　C30　　　续表

γ'_f / ε / $\rho(\%)$	0.0			0.8			1.0			1.2			1.5			1.8		
	0.0	0.4	0.8	0.0	0.4	0.8	0.0	0.4	0.8	0.0	0.4	0.8	0.0	0.4	0.8	0.0	0.4	0.8
0.40	171	176	181	187	192	198	188	194	199	189	194	200	190	195	201	191	196	202
0.45	169	174	178	186	191	197	187	193	198	188	194	199	189	195	201	190	196	201
0.50	167	171	176	185	190	196	187	192	198	188	193	199	189	194	200	190	195	201
0.55	164	169	173	184	190	195	186	191	197	187	192	198	188	194	199	189	195	200
0.60	157	161	165	178	182	187	179	184	188	180	185	190	182	186	191	183	187	192
0.65	151	154	157	172	176	180	174	178	182	175	179	183	176	180	184	177	181	185
0.70	146	149	152	168	171	174	169	173	176	170	174	177	172	175	179	173	176	180
0.75	142	144	147	164	167	170	165	168	172	167	170	173	168	171	174	169	172	175
0.80	138	140	142	160	163	166	162	165	168	163	166	169	165	168	170	166	169	172
0.85	134	136	138	158	160	162	159	162	164	161	163	166	162	165	167	163	166	168
0.90	131	133	135	155	157	159	157	159	161	158	160	163	160	162	164	161	163	165
1.00	126	127	129	151	153	154	153	154	156	154	156	158	155	157	159	157	159	161
1.10	121	122	124	147	149	150	149	151	152	151	152	154	152	154	156	153	155	157
1.20	117	118	119	144	145	147	146	148	149	148	149	151	149	151	152	151	152	154
1.30	113	114	115	141	143	144	144	145	146	145	147	148	147	148	150	148	150	151
1.40	110	111	112	139	140	141	141	142	144	143	144	145	145	146	147	146	148	149
1.50	107	108	109	137	138	139	139	140	141	141	142	143	143	144	145	144	146	147
1.60	104	105	106	135	136	137	138	138	139	139	140	141	141	142	143	143	144	145
1.70	102	102	103	133	134	135	136	137	138	138	139	140	140	141	142	141	142	143
1.80	99	100	101	132	133	133	134	135	136	136	137	138	139	139	140	140	141	142
1.90	97	98	98	130	131	132	133	134	134	135	136	137	137	138	139	139	140	141
2.00	95	96	96	129	129	130	132	132	133	134	134	135	136	137	138	138	139	139
2.10	93	93	94	127	128	129	130	131	132	133	133	134	135	136	136	137	137	138
2.20	91	92	92	126	127	127	129	130	130	132	132	133	134	135	135	136	136	137
2.30	89	90	90	126	126	126	129	129	129	131	131	132	134	134	134	135	135	136
2.40	88	88	88	125	125	125	128	128	128	130	130	130	133	133	133	135	135	135
2.50	86	86	87	124	124	124	127	127	127	130	130	130	132	132	132	135	135	135
2.60	84	85	85	123	123	123	126	126	126	129	129	129	132	132	132	134	134	134
2.70	83	83	84	122	122	122	126	126	126	128	128	128	131	131	131	134	134	134
2.80	82	82	82	122	122	122	125	125	125	128	128	128	131	131	131	133	133	133
2.90	80	80	81	121	121	121	124	124	124	127	127	127	130	130	130	133	133	133
3.00	79	79	79	120	120	120	124	124	124	127	127	127	130	130	130	132	132	132

矩形和 T 形截面受弯构件刚度系数 *G* 值表 HPB235 钢筋 C35 续表

γ'_f / ε / ρ(%)	0.0			0.8			1.0			1.2			1.5			1.8		
	0.0	0.4	0.8	0.0	0.4	0.8	0.0	0.4	0.8	0.0	0.4	0.8	0.0	0.4	0.8	0.0	0.4	0.8
0.40	267	287	311	305	332	363	308	335	367	311	338	370	313	341	374	315	343	376
0.45	261	281	304	303	329	360	307	333	365	309	336	368	312	339	372	314	341	375
0.50	256	275	296	301	327	357	305	331	362	307	334	366	310	338	370	312	340	373
0.55	251	269	290	299	324	354	303	329	360	306	332	364	309	336	368	311	339	371
0.60	227	240	255	271	289	311	274	293	315	277	296	319	280	300	323	282	302	325
0.65	209	220	231	250	265	281	254	269	286	256	271	289	259	274	292	261	276	294
0.70	196	204	214	235	247	260	238	250	264	240	253	267	243	256	270	245	258	272
0.75	185	192	200	223	233	244	226	236	247	228	239	250	231	241	253	232	243	255
0.80	176	182	188	213	222	231	216	225	234	218	227	237	221	230	240	222	232	242
0.85	169	174	179	205	213	221	208	216	224	210	218	226	213	221	229	214	222	231
0.90	162	167	171	199	205	212	201	208	215	204	210	218	206	213	220	208	215	222
1.00	152	155	159	188	193	199	191	196	202	193	198	204	195	201	207	197	202	209
1.10	143	146	149	180	184	188	182	187	192	185	189	194	187	192	196	189	193	198
1.20	136	139	141	173	177	181	176	180	184	178	182	186	180	184	189	182	186	190
1.30	131	133	135	168	171	174	170	174	177	173	176	180	175	179	182	177	180	184
1.40	126	127	129	163	166	169	166	169	172	168	171	174	171	174	177	172	176	179
1.50	121	123	124	159	162	164	162	165	167	164	167	170	167	170	172	169	172	174
1.60	117	119	120	156	158	160	159	161	163	161	163	166	164	166	169	166	168	171
1.70	114	115	116	153	155	157	156	158	160	158	160	162	161	163	165	163	165	167
1.80	110	111	113	150	152	153	153	155	157	155	157	159	158	160	162	160	162	164
1.90	107	108	109	147	149	151	151	152	154	153	155	157	156	158	160	158	160	162
2.00	105	105	106	145	147	148	148	150	152	151	153	154	154	156	157	156	158	160
2.10	102	103	104	143	144	146	146	148	149	149	151	152	152	154	155	154	156	157
2.20	100	100	101	141	142	144	144	146	147	147	149	150	150	152	153	152	154	155
2.30	97	98	99	139	140	142	143	144	145	145	147	148	149	150	151	151	152	154
2.40	95	96	97	137	139	140	141	142	144	144	145	146	147	148	150	149	151	152
2.50	93	94	94	136	137	138	140	141	142	142	144	145	146	147	148	148	149	151
2.60	91	92	92	134	135	136	138	139	140	141	142	143	144	145	147	147	148	149
2.70	90	90	91	133	134	135	137	138	139	140	141	142	143	144	145	145	147	148
2.80	88	88	89	132	132	133	135	136	137	138	139	140	142	143	144	144	145	147
2.90	86	87	87	130	131	132	134	135	136	137	138	139	141	142	143	143	144	145
3.00	85	85	86	129	130	131	133	134	135	136	137	138	140	141	142	142	143	144

矩形和T形截面受弯构件刚度系数 G 值表　HRB335 钢筋　C35　续表

γ'_f	0.0			0.8			1.0			1.2			1.5			1.8		
ρ(%) \ ε	0.0	0.4	0.8	0.0	0.4	0.8	0.0	0.4	0.8	0.0	0.4	0.8	0.0	0.4	0.8	0.0	0.4	0.8
0.40	195	203	212	215	224	234	216	226	236	217	227	237	219	228	239	219	229	240
0.45	192	200	208	214	223	233	215	225	235	217	226	236	218	227	238	219	223	239
0.50	189	197	205	213	222	232	214	224	234	216	225	235	217	227	237	218	228	238
0.55	186	194	202	212	221	230	214	223	233	215	224	234	217	226	236	218	227	238
0.60	176	181	188	200	208	216	202	210	218	204	211	219	205	213	221	206	214	223
0.65	167	172	177	192	198	204	194	200	207	195	201	208	197	203	210	198	204	211
0.70	160	164	168	185	190	196	187	192	198	188	193	199	190	195	201	191	196	202
0.75	154	157	161	179	184	188	181	186	191	182	187	192	184	189	194	185	190	195
0.80	149	152	155	174	178	182	176	180	185	177	182	186	179	183	188	180	184	189
0.85	144	147	150	170	174	177	172	176	180	173	177	181	175	179	183	176	180	184
0.90	140	143	145	166	170	173	168	172	175	170	173	177	171	175	179	173	176	180
1.00	133	135	138	160	163	166	162	165	168	164	167	170	166	168	172	167	170	173
1.10	128	129	131	155	158	160	158	160	163	159	162	164	161	163	166	162	165	167
1.20	123	124	126	151	154	156	154	156	158	155	157	160	157	159	162	158	161	163
1.30	119	120	121	148	150	152	150	152	154	152	154	156	154	156	158	155	157	159
1.40	115	116	117	145	147	148	148	149	151	149	151	153	151	153	155	153	154	156
1.50	111	113	114	143	144	146	145	147	148	147	148	150	149	150	152	150	152	154
1.60	108	109	110	140	142	143	143	144	146	145	146	147	147	148	150	148	150	151
1.70	106	106	107	138	139	141	141	142	143	143	144	145	145	146	148	146	148	149
1.80	103	104	104	136	137	139	139	140	141	141	142	143	143	144	146	145	146	147
1.90	101	101	102	135	136	137	137	138	139	139	140	142	142	143	144	143	144	146
2.00	98	99	100	133	134	135	136	137	138	138	139	140	140	141	142	142	143	144
2.10	96	97	97	131	132	133	134	135	136	136	137	138	139	140	141	141	142	143
2.20	94	95	95	130	131	132	133	134	135	135	136	137	138	139	140	139	140	141
2.30	92	93	93	129	129	130	132	132	133	134	135	136	136	137	138	138	139	140
2.40	90	91	91	127	128	129	130	131	132	133	134	134	135	136	137	137	138	139
2.50	89	89	90	126	127	127	129	130	131	132	132	133	134	135	136	136	137	138
2.60	87	87	88	125	126	126	128	129	129	131	131	132	133	134	135	135	136	137
2.70	85	86	86	124	124	125	127	128	128	130	130	131	132	133	134	135	135	136
2.80	84	84	85	123	123	124	126	127	127	129	129	130	132	132	133	134	134	135
2.90	83	83	83	122	122	123	125	126	126	128	128	129	131	131	132	133	134	134
3.00	81	81	82	121	121	122	125	125	125	127	127	128	130	130	131	133	133	133

矩形和T形截面受弯构件刚度系数 G 值表　HRB400(RRB400)钢筋　C35

续表

γ'_f / ε / ρ(%)	0.0			0.8			1.0			1.2			1.5			1.8		
	0.0	0.4	0.8	0.0	0.4	0.8	0.0	0.4	0.8	0.0	0.4	0.8	0.0	0.4	0.8	0.0	0.4	0.8
0.40	179	184	190	195	201	208	196	202	209	197	203	210	198	204	211	199	205	212
0.45	176	182	187	194	200	207	195	202	208	196	203	209	197	204	211	198	205	212
0.50	174	179	184	193	199	206	195	201	207	196	202	209	197	203	210	198	204	211
0.55	171	176	182	192	198	205	194	200	207	195	201	208	196	203	209	197	204	211
0.60	163	167	172	184	189	195	186	191	197	187	192	198	188	194	199	189	195	200
0.65	156	160	164	178	182	187	180	184	189	181	185	190	182	187	192	183	188	193
0.70	151	154	157	173	177	181	174	178	182	176	180	184	177	181	185	178	182	186
0.75	146	149	152	168	172	175	170	174	177	171	175	179	173	176	180	174	177	181
0.80	142	144	147	165	168	171	166	169	173	168	171	174	169	172	176	170	173	177
0.85	138	140	142	161	164	167	163	166	169	164	167	170	166	169	172	167	170	173
0.90	135	137	139	159	161	164	160	163	166	162	164	167	163	166	169	164	167	170
1.00	129	131	132	154	156	158	156	158	160	157	159	162	159	161	163	160	162	164
1.10	124	125	127	150	152	154	152	154	156	153	155	157	155	157	159	156	158	160
1.20	120	121	122	147	148	150	149	150	152	150	152	154	152	154	155	153	155	157
1.30	116	117	118	144	145	147	146	147	149	148	149	151	149	151	152	151	152	154
1.40	113	113	114	141	143	144	144	145	146	145	147	148	147	148	150	148	150	151
1.50	109	110	111	139	140	141	141	143	144	143	144	146	145	146	148	146	148	149
1.60	107	107	108	137	138	139	140	141	142	141	142	144	143	144	146	145	146	147
1.70	104	105	105	135	136	137	138	139	140	140	141	142	142	143	144	143	144	145
1.80	102	102	103	134	135	135	136	137	138	138	139	140	140	141	142	142	143	144
1.90	99	100	100	132	133	134	135	136	136	137	138	138	139	140	141	141	141	142
2.00	97	98	98	131	131	132	133	134	135	135	136	137	138	139	139	139	140	141
2.10	95	96	96	129	130	131	132	133	134	134	135	136	136	137	138	138	139	140
2.20	93	94	94	128	129	129	131	131	132	133	134	134	135	136	137	137	138	139
2.30	91	92	92	127	127	128	130	130	131	132	133	133	134	135	136	136	137	138
2.40	90	90	90	126	126	127	129	129	130	131	131	132	134	134	135	136	136	137
2.50	88	88	89	125	125	126	128	128	129	130	130	131	133	133	134	135	135	136
2.60	86	87	87	124	124	124	127	127	128	130	130	130	133	133	133	135	135	135
2.70	85	85	86	123	123	123	127	127	127	129	129	129	132	132	132	134	134	134
2.80	83	84	84	123	123	123	126	126	126	129	129	129	132	132	132	134	134	134
2.90	82	82	83	122	122	122	125	125	125	128	128	128	131	131	131	133	133	133
3.00	81	81	81	121	121	121	125	125	125	127	127	127	130	130	130	133	133	133

矩形和T形截面受弯构件刚度系数 G 值表　　HPB235钢筋　　C40　　　　续表

γ'_f	0.0			0.8			1.0			1.2			1.5			1.8		
ρ(%) ＼ ε	0.0	0.4	0.8	0.0	0.4	0.8	0.0	0.4	0.8	0.0	0.4	0.8	0.0	0.4	0.8	0.0	0.4	0.8
0.40	295	322	355	341	377	423	345	382	428	347	385	432	350	389	437	352	391	440
0.45	288	314	346	338	374	418	342	379	425	345	383	429	349	387	434	351	389	438
0.50	282	307	337	336	371	414	340	376	421	343	380	426	347	385	432	349	388	436
0.55	275	299	326	333	368	411	338	374	418	341	378	423	345	383	429	348	386	433
0.60	245	263	282	296	321	350	300	325	355	303	329	360	306	333	364	309	336	368
0.65	224	237	252	270	289	310	274	293	315	277	296	319	280	300	323	282	302	326
0.70	208	218	230	251	266	283	255	270	287	257	273	290	260	276	294	262	278	297
0.75	195	204	213	237	249	262	240	252	266	242	255	269	245	258	273	247	260	275
0.80	185	192	200	225	235	247	228	239	250	230	241	253	233	244	256	235	246	258
0.85	176	182	189	216	224	234	219	228	238	221	230	240	223	233	243	225	235	245
0.90	169	174	180	208	215	224	211	219	227	213	221	230	215	224	233	217	226	235
1.00	157	161	166	195	201	208	198	204	211	200	207	214	203	209	216	204	211	218
1.10	148	151	155	186	191	196	189	194	199	191	196	202	193	199	205	195	201	206
1.20	141	143	146	178	183	187	181	186	190	183	188	193	186	191	195	188	192	197
1.30	134	137	139	172	176	180	175	179	183	177	181	185	180	184	188	182	186	190
1.40	129	131	133	167	170	174	170	173	177	172	176	179	175	178	182	177	180	184
1.50	124	126	128	163	166	169	166	169	172	168	171	174	171	174	177	173	176	179
1.60	120	122	123	159	162	164	162	165	167	165	167	170	167	170	173	169	172	175
1.70	116	118	119	156	158	160	159	161	164	161	164	166	164	167	169	166	169	171
1.80	113	114	115	153	155	157	156	158	160	158	161	163	161	164	166	163	166	168
1.90	110	111	112	150	152	154	153	155	157	156	158	160	159	161	163	161	163	165
2.00	107	108	109	148	149	151	151	153	155	154	155	157	156	158	160	159	161	163
2.10	104	105	106	145	147	149	149	151	152	151	153	155	154	156	158	157	158	160
2.20	102	103	103	143	145	146	147	148	150	150	151	153	153	154	156	155	156	158
2.30	99	100	101	141	143	144	145	146	148	148	149	151	151	152	154	153	155	156
2.40	97	98	99	140	141	142	143	145	146	146	147	149	149	151	152	151	153	155
2.50	95	96	96	138	139	140	142	143	144	145	146	147	148	149	150	150	151	153
2.60	93	94	94	136	138	139	140	141	143	143	144	146	146	148	149	149	150	151
2.70	91	92	92	135	136	137	139	140	141	142	143	144	145	146	147	147	149	150
2.80	90	90	91	133	134	135	137	138	139	140	141	143	144	145	146	146	147	149
2.90	88	88	89	132	133	134	136	137	138	139	140	141	142	144	145	145	146	147
3.00	86	87	87	131	132	133	135	136	137	138	139	140	141	142	143	144	145	146

矩形和 T 形截面受弯构件刚度系数 G 值表　　HRB335 钢筋　　C40　　　续表

γ'_f	0.0			0.8			1.0			1.2			1.5			1.8		
ρ(%) \ ε	0.0	0.4	0.8	0.0	0.4	0.8	0.0	0.4	0.8	0.0	0.4	0.8	0.0	0.4	0.8	0.0	0.4	0.8
0.40	206	216	226	227	238	251	229	240	253	230	242	254	231	243	256	232	244	257
0.45	203	212	222	226	237	249	228	239	252	229	241	253	231	242	255	232	243	256
0.50	200	208	218	225	236	248	227	238	250	228	240	252	230	241	254	231	243	255
0.55	196	205	215	224	235	247	226	237	249	227	239	251	229	241	253	230	242	255
0.60	184	191	198	210	219	229	212	221	231	214	223	233	216	225	235	217	226	236
0.65	174	180	186	200	207	215	202	210	218	204	211	219	205	213	221	206	214	223
0.70	166	171	176	192	198	205	194	200	207	195	202	209	197	204	211	198	205	212
0.75	159	163	168	185	191	196	187	193	199	189	194	200	190	196	202	192	197	203
0.80	153	157	161	180	185	190	182	187	192	183	188	193	185	190	195	186	191	196
0.85	148	152	155	175	179	184	177	181	186	179	183	188	180	185	189	181	186	191
0.90	144	147	150	171	175	179	173	177	181	174	178	183	176	180	184	177	181	186
1.00	137	139	141	164	167	171	166	170	173	168	171	175	170	173	176	171	174	178
1.10	131	133	135	159	162	164	161	164	167	163	165	168	164	167	170	166	169	172
1.20	126	127	129	155	157	159	157	159	162	158	161	163	160	163	165	162	164	167
1.30	121	123	124	151	153	155	153	155	157	155	157	159	157	159	161	158	160	163
1.40	117	118	120	148	150	151	150	152	154	152	154	156	154	156	158	155	157	159
1.50	114	115	116	145	147	148	147	149	151	149	151	153	151	153	155	153	154	156
1.60	110	111	112	142	144	145	145	146	148	147	148	150	149	151	152	150	152	154
1.70	107	108	109	140	142	143	143	144	146	145	146	148	147	148	150	148	150	152
1.80	105	106	106	138	139	141	141	142	143	143	144	146	145	146	148	147	148	150
1.90	102	103	104	136	137	139	139	140	141	141	142	144	143	145	146	145	146	148
2.00	100	101	101	135	136	137	137	139	140	140	141	142	142	143	144	144	145	146
2.10	98	98	99	133	134	135	136	137	138	138	139	140	140	142	143	142	143	145
2.20	96	96	97	132	132	133	134	135	136	137	138	139	139	140	141	141	142	143
2.30	94	94	95	130	131	132	133	134	135	135	136	137	138	139	140	140	141	142
2.40	92	92	93	129	130	130	132	133	134	134	135	136	137	138	139	139	140	141
2.50	90	91	91	128	128	129	131	131	132	133	134	135	136	137	137	138	139	140
2.60	89	89	89	126	127	128	130	130	131	132	133	134	135	136	136	137	138	138
2.70	87	87	88	125	126	127	128	129	130	131	132	132	134	135	135	136	137	137
2.80	85	86	86	124	125	125	127	128	129	130	131	131	133	134	134	135	136	137
2.90	84	84	85	123	124	124	126	127	128	129	130	130	132	133	133	134	135	136
3.00	83	83	83	122	123	123	125	126	127	128	129	129	131	132	133	133	134	135

矩形和 T 形截面受弯构件刚度系数 G 值表　HRB400(RRB400)钢筋　C40　　续表

γ'_f	0.0			0.8			1.0			1.2			1.5			1.8		
ρ(%) \ ε	0.0	0.4	0.8	0.0	0.4	0.8	0.0	0.4	0.8	0.0	0.4	0.8	0.0	0.4	0.8	0.0	0.4	0.8
0.40	186	193	199	203	211	219	205	212	220	205	213	221	206	214	222	207	215	223
0.45	183	190	196	202	210	218	204	211	219	205	212	220	206	214	222	207	214	223
0.50	181	187	194	201	209	217	203	210	218	204	212	220	205	213	221	206	214	222
0.55	178	184	191	200	208	215	202	210	217	203	211	219	205	212	220	206	213	222
0.60	169	174	179	191	197	204	193	199	206	194	200	207	196	202	209	197	203	210
0.65	162	166	170	184	189	195	186	191	196	187	192	198	188	194	199	189	195	200
0.70	155	159	163	178	182	187	180	184	189	181	186	190	182	187	192	183	188	193
0.75	150	153	156	173	177	181	175	179	183	176	180	184	178	182	186	179	183	187
0.80	145	148	151	169	172	176	171	174	178	172	176	179	173	177	181	174	178	182
0.85	141	144	146	165	168	172	167	170	174	168	172	175	170	173	177	171	174	178
0.90	138	140	142	162	165	168	164	167	170	165	168	171	167	170	173	168	171	174
1.00	132	133	135	157	159	162	159	161	164	160	163	165	162	164	167	163	165	168
1.10	126	128	130	153	155	157	155	157	159	156	158	160	158	160	162	159	161	163
1.20	122	123	125	149	151	153	151	153	155	153	155	156	154	156	158	156	158	160
1.30	118	119	120	146	148	149	148	150	151	150	151	153	152	153	155	153	155	156
1.40	114	115	117	143	145	146	146	147	149	147	149	150	149	151	152	150	152	154
1.50	111	112	113	141	142	144	143	145	146	145	146	148	147	148	150	148	150	151
1.60	108	109	110	139	140	141	141	143	144	143	144	146	145	146	148	147	148	149
1.70	106	106	107	137	138	139	139	141	142	141	142	144	143	145	146	145	146	147
1.80	103	104	105	135	136	137	138	139	140	140	141	142	142	143	144	143	144	146
1.90	101	101	102	134	135	135	136	137	138	138	139	140	140	141	142	142	143	144
2.00	99	99	100	132	133	134	135	136	137	137	138	139	139	140	141	141	142	143
2.10	97	97	98	131	131	132	133	134	135	136	136	137	138	139	140	140	140	141
2.20	95	95	96	129	130	131	132	133	134	134	135	136	137	138	138	139	139	140
2.30	93	93	94	128	129	129	131	132	132	133	134	135	136	136	137	137	138	139
2.40	91	91	92	127	128	128	130	131	131	132	133	134	135	135	136	137	137	138
2.50	89	90	90	126	126	127	129	129	130	131	132	132	134	134	135	136	136	137
2.60	88	88	88	125	125	126	128	128	129	130	131	131	133	133	134	135	135	136
2.70	86	87	87	124	124	125	127	127	128	130	130	130	132	133	133	135	135	135
2.80	85	85	85	123	123	124	127	127	127	129	129	129	132	132	132	134	134	134
2.90	83	84	84	123	123	123	126	126	126	129	129	129	131	131	131	134	134	134
3.00	82	82	83	122	122	122	125	125	125	128	128	128	131	131	131	133	133	133

矩形和T形截面受弯构件裂缝系数 F 值表 HPB235钢筋 C20 表 2-9-5

γ'_f / ε / ρ(%)	0			>0			ρ_{te}	γ'_f / ε / ρ(%)	0			>0			ρ_{te}
	0.0	0.4	0.8	0.0	0.4	0.8	($\times10^{-3}$)		0.0	0.4	0.8	0.0	0.4	0.8	($\times10^{-3}$)
0.40	1.11	0.98	0.87	1.20	1.06	0.94	7.27	1.50	1.48	1.37	1.26	1.81	1.67	1.55	27.27
0.45	1.10	0.97	0.85	1.20	1.06	0.94	8.18	1.60	1.48	1.37	1.27	1.83	1.69	1.57	29.09
0.50	1.09	0.96	0.84	1.20	1.06	0.94	9.09	1.70	1.48	1.36	1.27	1.85	1.71	1.59	30.91
0.55	1.08	0.95	0.83	1.20	1.06	0.94	10.00	1.80	1.47	1.36	1.26	1.86	1.73	1.61	32.73
0.60	1.15	1.02	0.91	1.28	1.14	1.02	10.91	1.90	1.46	1.35	1.26	1.88	1.74	1.62	34.55
0.65	1.21	1.08	0.97	1.35	1.21	1.09	11.82	2.00	1.45	1.35	1.25	1.89	1.75	1.63	36.36
0.70	1.26	1.13	1.02	1.41	1.27	1.15	12.73	2.10	1.44	1.34	1.24	1.90	1.76	1.65	38.18
0.75	1.30	1.17	1.06	1.46	1.32	1.20	13.64	2.20	1.43	1.32	1.23	1.91	1.77	1.65	40.00
0.80	1.33	1.20	1.09	1.50	1.37	1.25	14.55	2.30	1.42	1.31	1.22	1.92	1.78	1.66	41.82
0.85	1.36	1.23	1.12	1.54	1.41	1.29	15.45	2.40	1.40	1.30	1.21	1.92	1.79	1.67	43.64
0.90	1.38	1.26	1.15	1.58	1.44	1.32	16.36	2.50	1.39	1.29	1.20	1.93	1.80	1.68	45.45
1.00	1.42	1.30	1.19	1.64	1.50	1.38	18.18	2.60	1.37	1.27	1.19	1.94	1.80	1.68	47.27
1.10	1.45	1.32	1.22	1.69	1.55	1.43	20.00	2.70	1.36	1.26	1.17	1.94	1.81	1.69	49.09
1.20	1.46	1.34	1.24	1.72	1.59	1.47	21.82	2.80	1.34	1.24	1.16	1.95	1.81	1.70	50.91
1.30	1.47	1.36	1.25	1.76	1.62	1.50	23.64	2.90	1.32	1.23	1.14	1.95	1.82	1.70	52.73
1.40	1.48	1.36	1.26	1.79	1.65	1.53	25.45	3.00	1.30	1.21	1.13	1.95	1.82	1.70	54.55

矩形和T形截面受弯构件裂缝系数 F 值表 HRB335钢筋 C20

γ'_f / ε / ρ(%)	0			>0			ρ_{te}	γ'_f / ε / ρ(%)	0			>0			ρ_{te}
	0.0	0.4	0.8	0.0	0.4	0.8	($\times10^{-3}$)		0.0	0.4	0.8	0.0	0.4	0.8	($\times10^{-3}$)
0.40	2.06	1.87	1.69	2.25	2.04	1.86	7.27	1.50	2.16	2.00	1.86	2.86	2.65	2.47	27.27
0.45	2.03	1.84	1.67	2.24	2.04	1.86	8.18	1.60	2.13	1.97	1.83	2.87	2.67	2.49	29.09
0.50	2.01	1.82	1.65	2.24	2.04	1.85	9.09	1.70	2.10	1.94	1.81	2.89	2.69	2.51	30.91
0.55	1.98	1.79	1.62	2.24	2.03	1.85	10.00	1.80	2.06	1.91	1.78	2.90	2.70	2.52	32.73
0.60	2.04	1.86	1.69	2.32	2.12	1.94	10.91	1.90	2.03	1.88	1.75	2.92	2.71	2.54	34.55
0.65	2.09	1.91	1.74	2.40	2.19	2.01	11.82	2.00	1.99	1.85	1.72	2.92	2.73	2.55	36.36
0.70	2.13	1.94	1.78	2.46	2.25	2.07	12.73	2.10	1.95	1.82	1.69	2.92	2.73	2.56	38.18
0.75	2.16	1.98	1.81	2.51	2.30	2.12	13.64	2.20	1.92	1.78	1.66	2.91	2.73	2.56	40.00
0.80	2.18	2.00	1.84	2.55	2.35	2.17	14.55	2.30	1.87	1.74	1.62	2.91	2.73	2.57	41.82
0.85	2.20	2.02	1.86	2.59	2.39	2.21	15.45	2.40	1.83	1.70	1.59	2.90	2.72	2.56	43.64
0.90	2.21	2.03	1.87	2.63	2.42	2.24	16.36	2.50	1.79	1.66	1.55	2.90	2.72	2.56	45.45
1.00	2.22	2.05	1.89	2.69	2.48	2.30	18.18	2.60	1.75	1.62	1.52	2.89	2.71	2.55	47.27
1.10	2.22	2.05	1.90	2.74	2.53	2.35	20.00	2.70	1.70	1.58	1.48	2.89	2.71	2.55	49.09
1.20	2.21	2.05	1.90	2.77	2.57	2.39	21.82	2.80	1.66	1.54	1.44	2.89	2.70	2.55	50.91
1.30	2.20	2.03	1.89	2.81	2.60	2.42	23.64	2.90	1.62	1.50	1.40	2.88	2.70	2.54	52.73
1.40	2.18	2.02	1.87	2.83	2.63	2.45	25.45	3.00	1.57	1.46	1.36	2.88	2.70	2.54	54.55

矩形和 T 形截面受弯构件裂缝系数 *F* 值表　HRB400(RRB400)钢筋　C20

续表

γ'_f / ρ(%)	0			>0			ρ_{te}	γ'_f / ρ(%)	0			>0			ρ_{te}
ε	0.0	0.4	0.8	0.0	0.4	0.8	($\times10^{-3}$)	ε	0.0	0.4	0.8	0.0	0.4	0.8	($\times10^{-3}$)
0.40	2.63	2.40	2.20	2.90	2.65	2.44	7.27	1.50	2.48	2.30	2.14	3.49	3.24	3.03	27.27
0.45	2.59	2.37	2.17	2.90	2.65	2.43	8.18	1.60	2.43	2.25	2.10	3.50	3.26	3.05	29.09
0.50	2.56	2.33	2.13	2.89	2.65	2.43	9.09	1.70	2.37	2.20	2.05	3.51	3.27	3.06	30.91
0.55	2.52	2.30	2.10	2.89	2.64	2.43	10.00	1.80	2.32	2.15	2.01	3.50	3.28	3.07	32.73
0.60	2.57	2.35	2.15	2.97	2.73	2.51	10.91	1.90	2.26	2.10	1.96	3.49	3.27	3.08	34.55
0.65	2.61	2.39	2.20	3.04	2.80	2.58	11.82	2.00	2.20	2.04	1.91	3.48	3.27	3.07	36.36
0.70	2.63	2.42	2.23	3.10	2.86	2.64	12.73	2.10	2.14	1.99	1.85	3.48	3.26	3.07	38.18
0.75	2.65	2.44	2.25	3.16	2.91	2.69	13.64	2.20	2.08	1.93	1.80	3.47	3.25	3.06	40.00
0.80	2.66	2.45	2.26	3.20	2.95	2.74	14.55	2.30	2.01	1.87	1.75	3.46	3.25	3.06	41.82
0.85	2.67	2.46	2.27	3.24	2.99	2.78	15.45	2.40	1.95	1.81	1.69	3.46	3.24	3.05	43.64
0.90	2.67	2.46	2.28	3.27	3.03	2.81	16.36	2.50	1.88	1.75	1.64	3.45	3.24	3.04	45.45
1.00	2.66	2.46	2.28	3.33	3.09	2.87	18.18	2.60	1.82	1.69	1.58	3.44	3.23	3.04	47.27
1.10	2.64	2.44	2.26	3.37	3.13	2.92	20.00	2.70	1.75	1.63	1.52	3.44	3.22	3.03	49.09
1.20	2.60	2.41	2.24	3.41	3.17	2.95	21.82	2.80	1.69	1.57	1.46	3.43	3.22	3.03	50.91
1.30	2.57	2.38	2.21	3.44	3.20	2.98	23.64	2.90	1.62	1.50	1.40	3.42	3.21	3.02	52.73
1.40	2.52	2.34	2.18	3.46	3.22	3.01	25.45	3.00	1.55	1.44	1.34	3.42	3.20	3.02	54.55

矩形和 T 形截面受弯构件裂缝系数 *F* 值表　HPB235 钢筋　C25

γ'_f / ρ(%)	0			>0			ρ_{te}	γ'_f / ρ(%)	0			>0			ρ_{te}
ε	0.0	0.4	0.8	0.0	0.4	0.8	($\times10^{-3}$)	ε	0.0	0.4	0.8	0.0	0.4	0.8	($\times10^{-3}$)
0.40	0.98	0.84	0.73	1.05	0.91	0.79	7.27	1.50	1.50	1.38	1.27	1.76	1.62	1.50	27.27
0.45	0.97	0.83	0.72	1.05	0.91	0.79	8.18	1.60	1.50	1.38	1.28	1.78	1.65	1.53	29.09
0.50	0.96	0.82	0.71	1.04	0.91	0.79	9.09	1.70	1.51	1.39	1.28	1.80	1.67	1.55	30.91
0.55	0.95	0.82	0.70	1.04	0.91	0.78	10.00	1.80	1.51	1.39	1.29	1.82	1.69	1.57	32.73
0.60	1.03	0.90	0.79	1.14	1.00	0.88	10.91	1.90	1.51	1.39	1.29	1.84	1.70	1.58	34.55
0.65	1.11	0.98	0.86	1.22	1.08	0.96	11.82	2.00	1.50	1.39	1.29	1.86	1.72	1.60	36.36
0.70	1.17	1.04	0.92	1.29	1.15	1.03	12.73	2.10	1.50	1.39	1.29	1.87	1.73	1.61	38.18
0.75	1.22	1.09	0.97	1.35	1.21	1.09	13.64	2.20	1.49	1.38	1.28	1.88	1.74	1.62	40.00
0.80	1.26	1.13	1.02	1.40	1.26	1.14	14.55	2.30	1.49	1.38	1.28	1.89	1.76	1.64	41.82
0.85	1.30	1.17	1.06	1.45	1.31	1.19	15.45	2.40	1.48	1.37	1.27	1.90	1.77	1.65	43.64
0.90	1.33	1.20	1.09	1.49	1.35	1.23	16.36	2.50	1.47	1.36	1.27	1.91	1.77	1.65	45.45
1.00	1.38	1.25	1.14	1.56	1.42	1.30	18.18	2.60	1.46	1.35	1.26	1.92	1.78	1.66	47.27
1.10	1.42	1.29	1.18	1.61	1.48	1.35	20.00	2.70	1.45	1.34	1.25	1.92	1.79	1.67	49.09
1.20	1.45	1.32	1.21	1.66	1.52	1.40	21.82	2.80	1.44	1.33	1.24	1.93	1.80	1.68	50.91
1.30	1.47	1.35	1.24	1.70	1.56	1.44	23.64	2.90	1.43	1.32	1.23	1.94	1.80	1.68	52.73
1.40	1.48	1.36	1.26	1.73	1.59	1.47	25.45	3.00	1.41	1.31	1.22	1.94	1.81	1.69	54.55

矩形和T形截面受弯构件裂缝系数 F 值表　　HRB335 钢筋　　C25

续表

γ'_f / ε / ρ(%)	0			>0			ρ_{te}	γ'_f / ε / ρ(%)	0			>0			ρ_{te}
	0.0	0.4	0.8	0.0	0.4	0.8	($\times10^{-3}$)		0.0	0.4	0.8	0.0	0.4	0.8	($\times10^{-3}$)
0.40	1.94	1.74	1.56	2.09	1.88	1.70	7.27	1.50	2.25	2.08	1.93	2.81	2.61	2.43	27.27
0.45	1.91	1.72	1.55	2.08	1.88	1.70	8.18	1.60	2.23	2.07	1.92	2.83	2.63	2.45	29.09
0.50	1.89	1.70	1.53	2.08	1.88	1.69	9.09	1.70	2.21	2.05	1.91	2.85	2.65	2.47	30.91
0.55	1.87	1.68	1.51	2.08	1.87	1.69	10.00	1.80	2.19	2.03	1.89	2.87	2.67	2.49	32.73
0.60	1.95	1.76	1.59	2.18	1.97	1.79	10.91	1.90	2.17	2.01	1.88	2.89	2.69	2.51	34.55
0.65	2.02	1.83	1.66	2.26	2.06	1.88	11.82	2.00	2.15	1.99	1.86	2.90	2.70	2.52	36.36
0.70	2.07	1.88	1.71	2.33	2.13	1.95	12.73	2.10	2.12	1.97	1.83	2.91	2.71	2.53	38.18
0.75	2.11	1.93	1.76	2.40	2.19	2.01	13.64	2.20	2.09	1.94	1.81	2.92	2.72	2.54	40.00
0.80	2.15	1.96	1.80	2.45	2.24	2.06	14.55	2.30	2.07	1.92	1.79	2.93	2.73	2.55	41.82
0.85	2.18	1.99	1.83	2.50	2.29	2.11	15.45	2.40	2.04	1.89	1.76	2.93	2.74	2.56	43.64
0.90	2.20	2.02	1.85	2.54	2.33	2.15	16.36	2.50	2.01	1.86	1.74	2.92	2.74	2.57	45.45
1.00	2.23	2.05	1.89	2.61	2.40	2.22	18.18	2.60	1.97	1.83	1.71	2.92	2.74	2.58	47.27
1.10	2.25	2.07	1.91	2.66	2.46	2.28	20.00	2.70	1.94	1.80	1.68	2.91	2.73	2.57	49.09
1.20	2.26	2.08	1.93	2.71	2.51	2.33	21.82	2.80	1.91	1.77	1.66	2.91	2.73	2.57	50.91
1.30	2.26	2.09	1.93	2.75	2.55	2.37	23.64	2.90	1.88	1.74	1.63	2.91	2.73	2.56	52.73
1.40	2.26	2.08	1.93	2.78	2.58	2.40	25.45	3.00	1.84	1.71	1.60	2.90	2.72	2.56	54.55

矩形和T形截面受弯构件裂缝系数 F 值表　　HRB400(RRB400)钢筋　　C25

γ'_f / ε / ρ(%)	0			>0			ρ_{te}	γ'_f / ε / ρ(%)	0			>0			ρ_{te}
	0.0	0.4	0.8	0.0	0.4	0.8	($\times10^{-3}$)		0.0	0.4	0.8	0.0	0.4	0.8	($\times10^{-3}$)
0.40	2.53	2.29	2.09	2.74	2.50	2.28	7.27	1.50	2.63	2.44	2.27	3.45	3.20	2.99	27.27
0.45	2.50	2.26	2.06	2.74	2.49	2.27	8.18	1.60	2.60	2.41	2.25	3.47	3.23	3.01	29.09
0.50	2.47	2.24	2.03	2.74	2.49	2.27	9.09	1.70	2.57	2.38	2.22	3.49	3.24	3.03	30.91
0.55	2.44	2.21	2.01	2.73	2.49	2.27	10.00	1.80	2.53	2.35	2.19	3.50	3.26	3.05	32.73
0.60	2.51	2.28	2.08	2.83	2.59	2.37	10.91	1.90	2.49	2.31	2.15	3.52	3.27	3.06	34.55
0.65	2.56	2.34	2.14	2.91	2.67	2.45	11.82	2.00	2.44	2.27	2.12	3.51	3.29	3.07	36.36
0.70	2.61	2.38	2.19	2.99	2.74	2.52	12.73	2.10	2.40	2.23	2.08	3.51	3.29	3.08	38.18
0.75	2.64	2.42	2.22	3.05	2.80	2.58	13.64	2.20	2.35	2.19	2.04	3.50	3.28	3.09	40.00
0.80	2.66	2.45	2.25	3.10	2.85	2.64	14.55	2.30	2.31	2.14	2.00	3.49	3.28	3.08	41.82
0.85	2.68	2.47	2.28	3.14	2.90	2.68	15.45	2.40	2.26	2.10	1.96	3.49	3.27	3.08	43.64
0.90	2.70	2.48	2.29	3.19	2.94	2.72	16.36	2.50	2.21	2.05	1.92	3.48	3.27	3.07	45.45
1.00	2.71	2.50	2.31	3.25	3.01	2.79	18.18	2.60	2.16	2.01	1.87	3.48	3.26	3.07	47.27
1.10	2.71	2.50	2.32	3.31	3.06	2.85	20.00	2.70	2.11	1.96	1.83	3.47	3.26	3.06	49.09
1.20	2.70	2.50	2.32	3.35	3.11	2.89	21.82	2.80	2.06	1.91	1.79	3.47	3.25	3.06	50.91
1.30	2.69	2.49	2.31	3.39	3.15	2.93	23.64	2.90	2.01	1.87	1.74	3.46	3.25	3.05	52.73
1.40	2.66	2.47	2.29	3.42	3.18	2.96	25.45	3.00	1.95	1.82	1.70	3.46	3.24	3.05	54.55

续表

矩形和 T 形截面受弯构件裂缝系数 *F* 值表　HPB235 钢筋　C30

γ'_f / ρ(%) ε	0			>0			ρ_{te}	γ'_f / ρ(%) ε	0			>0			ρ_{te}
	0.0	0.4	0.8	0.0	0.4	0.8	($\times10^{-3}$)		0.0	0.4	0.8	0.0	0.4	0.8	($\times10^{-3}$)
0.40	0.84	0.71	0.59	0.90	0.76	0.64	7.27	1.50	1.49	1.37	1.26	1.71	1.57	1.45	27.27
0.45	0.83	0.70	0.58	0.90	0.76	0.64	8.18	1.60	1.50	1.38	1.27	1.74	1.60	1.48	29.09
0.50	0.82	0.69	0.57	0.90	0.76	0.64	9.09	1.70	1.51	1.39	1.29	1.76	1.63	1.50	30.91
0.55	0.82	0.68	0.57	0.90	0.76	0.64	10.00	1.80	1.52	1.40	1.29	1.78	1.65	1.53	32.73
0.60	0.92	0.78	0.67	1.00	0.87	0.75	10.91	1.90	1.53	1.41	1.30	1.80	1.67	1.55	34.55
0.65	1.00	0.87	0.75	1.10	0.96	0.84	11.82	2.00	1.53	1.41	1.31	1.82	1.68	1.56	36.36
0.70	1.07	0.94	0.82	1.17	1.04	0.91	12.73	2.10	1.53	1.41	1.31	1.84	1.70	1.58	38.18
0.75	1.13	1.00	0.89	1.24	1.10	0.98	13.64	2.20	1.53	1.41	1.31	1.85	1.71	1.59	40.00
0.80	1.18	1.05	0.94	1.30	1.16	1.04	14.55	2.30	1.53	1.41	1.31	1.86	1.73	1.61	41.82
0.85	1.23	1.10	0.98	1.35	1.22	1.09	15.45	2.40	1.52	1.41	1.31	1.87	1.74	1.62	43.64
0.90	1.27	1.14	1.02	1.40	1.26	1.14	16.36	2.50	1.52	1.41	1.31	1.88	1.75	1.63	45.45
1.00	1.33	1.20	1.09	1.48	1.34	1.22	18.18	2.60	1.51	1.40	1.30	1.89	1.76	1.64	47.27
1.10	1.38	1.25	1.14	1.54	1.40	1.28	20.00	2.70	1.51	1.40	1.30	1.90	1.77	1.65	49.09
1.20	1.42	1.29	1.18	1.59	1.46	1.34	21.82	2.80	1.50	1.39	1.29	1.91	1.77	1.66	50.91
1.30	1.45	1.32	1.21	1.64	1.50	1.38	23.64	2.90	1.49	1.38	1.29	1.92	1.78	1.66	52.73
1.40	1.47	1.35	1.24	1.68	1.54	1.42	25.45	3.00	1.49	1.38	1.28	1.92	1.79	1.67	54.55

矩形和 T 形截面受弯构件裂缝系数 *F* 值表　HRB335 钢筋　C30

γ'_f / ρ(%) ε	0			>0			ρ_{te}	γ'_f / ρ(%) ε	0			>0			ρ_{te}
	0.0	0.4	0.8	0.0	0.4	0.8	($\times10^{-3}$)		0.0	0.4	0.8	0.0	0.4	0.8	($\times10^{-3}$)
0.40	1.81	1.61	1.43	1.93	1.73	1.54	7.27	1.50	2.29	2.12	1.96	2.76	2.56	2.38	27.27
0.45	1.79	1.59	1.42	1.93	1.72	1.54	8.18	1.60	2.29	2.12	1.97	2.79	2.59	2.41	29.09
0.50	1.77	1.58	1.40	1.93	1.72	1.54	9.09	1.70	2.28	2.11	1.96	2.82	2.61	2.43	30.91
0.55	1.75	1.56	1.39	1.93	1.72	1.54	10.00	1.80	2.27	2.10	1.96	2.84	2.63	2.45	32.73
0.60	1.85	1.66	1.49	2.04	1.83	1.65	10.91	1.90	2.26	2.09	1.95	2.86	2.65	2.47	34.55
0.65	1.93	1.74	1.57	2.13	1.93	1.75	11.82	2.00	2.25	2.08	1.94	2.87	2.67	2.49	36.36
0.70	2.00	1.80	1.63	2.22	2.01	1.83	12.73	2.10	2.23	2.07	1.92	2.89	2.68	2.50	38.18
0.75	2.05	1.86	1.69	2.29	2.08	1.90	13.64	2.20	2.21	2.05	1.91	2.90	2.70	2.52	40.00
0.80	2.10	1.91	1.74	2.35	2.14	1.96	14.55	2.30	2.19	2.03	1.89	2.91	2.71	2.53	41.82
0.85	2.13	1.95	1.78	2.40	2.20	2.01	15.45	2.40	2.17	2.01	1.88	2.92	2.72	2.54	43.64
0.90	2.17	1.98	1.81	2.45	2.24	2.06	16.36	2.50	2.15	1.99	1.86	2.93	2.73	2.55	45.45
1.00	2.22	2.03	1.87	2.53	2.32	2.14	18.18	2.60	2.12	1.97	1.84	2.93	2.74	2.56	47.27
1.10	2.25	2.07	1.90	2.59	2.39	2.21	20.00	2.70	2.10	1.95	1.82	2.93	2.74	2.57	49.09
1.20	2.27	2.09	1.93	2.65	2.44	2.26	21.82	2.80	2.07	1.93	1.80	2.93	2.75	2.57	50.91
1.30	2.29	2.11	1.95	2.69	2.49	2.31	23.64	2.90	2.05	1.90	1.78	2.93	2.74	2.58	52.73
1.40	2.29	2.12	1.96	2.73	2.53	2.35	25.45	3.00	2.02	1.88	1.76	2.92	2.74	2.58	54.55

矩形和 T 形截面受弯构件裂缝系数 *F* 值表　　HRB400(RRB400)钢筋　　C30　　　续表

ρ(%) \ γ'_f / ε	0			>0			ρ_{te}
	0.0	0.4	0.8	0.0	0.4	0.8	($\times10^{-3}$)
0.40	2.41	2.17	1.96	2.59	2.34	2.12	7.27
0.45	2.38	2.15	1.94	2.59	2.34	2.12	8.18
0.50	2.36	2.13	1.92	2.58	2.34	2.12	9.09
0.55	2.33	2.10	1.90	2.58	2.33	2.12	10.00
0.60	2.42	2.19	1.99	2.69	2.45	2.23	10.91
0.65	2.50	2.27	2.06	2.79	2.54	2.32	11.82
0.70	2.55	2.33	2.13	2.87	2.62	2.40	12.73
0.75	2.60	2.37	2.18	2.94	2.69	2.47	13.64
0.80	2.64	2.41	2.22	3.00	2.75	2.53	14.55
0.85	2.67	2.45	2.25	3.05	2.81	2.59	15.45
0.90	2.69	2.47	2.28	3.10	2.85	2.64	16.36
1.00	2.73	2.51	2.32	3.18	2.93	2.71	18.18
1.10	2.74	2.53	2.34	3.24	3.00	2.78	20.00
1.20	2.75	2.54	2.35	3.29	3.05	2.83	21.82
1.30	2.75	2.54	2.36	3.34	3.09	2.88	23.64
1.40	2.74	2.54	2.36	3.37	3.13	2.91	25.45

ρ(%) \ γ'_f / ε	0			>0			ρ_{te}
	0.0	0.4	0.8	0.0	0.4	0.8	($\times10^{-3}$)
1.50	2.73	2.53	2.35	3.40	3.16	2.94	27.27
1.60	2.71	2.51	2.33	3.43	3.19	2.97	29.09
1.70	2.69	2.49	2.32	3.45	3.21	2.99	30.91
1.80	2.66	2.47	2.30	3.47	3.23	3.02	32.73
1.90	2.63	2.44	2.28	3.49	3.25	3.03	34.55
2.00	2.60	2.42	2.25	3.50	3.26	3.05	36.36
2.10	2.57	2.39	2.23	3.52	3.28	3.06	38.18
2.20	2.54	2.36	2.20	3.52	3.29	3.07	40.00
2.30	2.50	2.32	2.17	3.52	3.30	3.08	41.82
2.40	2.46	2.29	2.14	3.51	3.29	3.09	43.64
2.50	2.43	2.26	2.11	3.51	3.29	3.09	45.45
2.60	2.39	2.22	2.07	3.50	3.28	3.09	47.27
2.70	2.35	2.19	2.04	3.50	3.28	3.09	49.09
2.80	2.31	2.15	2.01	3.49	3.27	3.08	50.91
2.90	2.27	2.11	1.97	3.49	3.27	3.08	52.73
3.00	2.23	2.07	1.94	3.48	3.27	3.07	54.55

矩形和 T 形截面受弯构件裂缝系数 *F* 值表　　HPB235 钢筋　　C35

ρ(%) \ γ'_f / ε	0			>0			ρ_{te}
	0.0	0.4	0.8	0.0	0.4	0.8	($\times10^{-3}$)
0.40	0.73	0.59	0.47	0.78	0.64	0.52	7.27
0.45	0.72	0.58	0.47	0.78	0.64	0.52	8.18
0.50	0.71	0.58	0.46	0.77	0.64	0.51	9.09
0.55	0.70	0.57	0.45	0.77	0.64	0.51	10.00
0.60	0.82	0.68	0.57	0.89	0.75	0.63	10.91
0.65	0.91	0.78	0.66	0.99	0.85	0.73	11.82
0.70	0.99	0.86	0.74	1.08	0.94	0.82	12.73
0.75	1.06	0.93	0.81	1.15	1.01	0.89	13.64
0.80	1.12	0.99	0.87	1.22	1.08	0.96	14.55
0.85	1.17	1.04	0.92	1.27	1.14	1.02	15.45
0.90	1.21	1.08	0.97	1.33	1.19	1.07	16.36
1.00	1.29	1.16	1.04	1.41	1.27	1.15	18.18
1.10	1.34	1.22	1.10	1.48	1.34	1.22	20.00
1.20	1.39	1.26	1.15	1.54	1.40	1.28	21.82
1.30	1.43	1.30	1.19	1.59	1.45	1.33	23.64
1.40	1.46	1.33	1.22	1.63	1.49	1.37	25.45

ρ(%) \ γ'_f / ε	0			>0			ρ_{te}
	0.0	0.4	0.8	0.0	0.4	0.8	($\times10^{-3}$)
1.50	1.48	1.35	1.24	1.67	1.53	1.41	27.27
1.60	1.50	1.37	1.26	1.70	1.56	1.44	29.09
1.70	1.51	1.39	1.28	1.73	1.59	1.47	30.91
1.80	1.52	1.40	1.29	1.75	1.61	1.49	32.73
1.90	1.53	1.41	1.30	1.77	1.64	1.51	34.55
2.00	1.54	1.42	1.31	1.79	1.65	1.53	36.36
2.10	1.55	1.43	1.32	1.81	1.67	1.55	38.18
2.20	1.55	1.43	1.32	1.82	1.69	1.57	40.00
2.30	1.55	1.43	1.33	1.84	1.70	1.58	41.82
2.40	1.55	1.43	1.33	1.85	1.72	1.59	43.64
2.50	1.55	1.43	1.33	1.86	1.73	1.61	45.45
2.60	1.55	1.43	1.33	1.87	1.74	1.62	47.27
2.70	1.55	1.43	1.33	1.88	1.75	1.63	49.09
2.80	1.54	1.43	1.33	1.89	1.76	1.64	50.91
2.90	1.54	1.42	1.32	1.90	1.77	1.65	52.73
3.00	1.53	1.42	1.32	1.91	1.77	1.65	54.55

矩形和T形截面受弯构件裂缝系数 F 值表　　HRB335钢筋　　C35　　　　续表

γ'_f / ρ(%) \ ε	0			>0			ρ_{te}	γ'_f / ρ(%) \ ε	0			>0			ρ_{te}
	0.0	0.4	0.8	0.0	0.4	0.8	($\times10^{-3}$)		0.0	0.4	0.8	0.0	0.4	0.8	($\times10^{-3}$)
0.40	1.70	1.50	1.32	1.80	1.60	1.42	7.27	1.50	2.32	2.14	1.98	2.72	2.52	2.34	27.27
0.45	1.68	1.48	1.31	1.80	1.60	1.41	8.18	1.60	2.33	2.15	1.99	2.75	2.55	2.37	29.09
0.50	1.67	1.47	1.29	1.80	1.59	1.41	9.09	1.70	2.33	2.15	2.00	2.78	2.58	2.40	30.91
0.55	1.65	1.45	1.28	1.80	1.59	1.41	10.00	1.80	2.32	2.15	2.00	2.81	2.60	2.42	32.73
0.60	1.76	1.57	1.39	1.92	1.72	1.54	10.91	1.90	2.32	2.15	1.99	2.83	2.62	2.44	34.55
0.65	1.85	1.66	1.49	2.03	1.82	1.64	11.82	2.00	2.31	2.14	1.99	2.85	2.64	2.46	36.36
0.70	1.93	1.74	1.56	2.12	1.91	1.73	12.73	2.10	2.30	2.13	1.98	2.86	2.66	2.48	38.18
0.75	1.99	1.80	1.63	2.19	1.99	1.81	13.64	2.20	2.29	2.12	1.97	2.88	2.67	2.49	40.00
0.80	2.05	1.85	1.68	2.26	2.06	1.87	14.55	2.30	2.27	2.11	1.96	2.89	2.69	2.51	41.82
0.85	2.09	1.90	1.73	2.32	2.12	1.93	15.45	2.40	2.26	2.10	1.95	2.90	2.70	2.52	43.64
0.90	2.13	1.94	1.77	2.37	2.17	1.99	16.36	2.50	2.24	2.08	1.94	2.91	2.71	2.53	45.45
1.00	2.19	2.01	1.84	2.46	2.26	2.08	18.18	2.60	2.23	2.07	1.93	2.92	2.72	2.54	47.27
1.10	2.24	2.05	1.89	2.53	2.33	2.15	20.00	2.70	2.21	2.05	1.91	2.93	2.73	2.55	49.09
1.20	2.27	2.09	1.92	2.59	2.39	2.21	21.82	2.80	2.19	2.03	1.90	2.94	2.74	2.56	50.91
1.30	2.30	2.11	1.95	2.64	2.44	2.26	23.64	2.90	2.17	2.02	1.88	2.94	2.75	2.57	52.73
1.40	2.31	2.13	1.97	2.69	2.48	2.30	25.45	3.00	2.15	2.00	1.86	2.94	2.75	2.57	54.55

矩形和T形截面受弯构件裂缝系数 F 值表　　HRB400(RRB400)钢筋　　C35

γ'_f / ρ(%) \ ε	0			>0			ρ_{te}	γ'_f / ρ(%) \ ε	0			>0			ρ_{te}
	0.0	0.4	0.8	0.0	0.4	0.8	($\times10^{-3}$)		0.0	0.4	0.8	0.0	0.4	0.8	($\times10^{-3}$)
0.40	2.31	2.07	1.86	2.46	2.21	2.00	7.27	1.50	2.79	2.58	2.39	3.37	3.12	2.91	27.27
0.45	2.29	2.05	1.84	2.46	2.21	1.99	8.18	1.60	2.78	2.57	2.39	3.40	3.15	2.94	29.09
0.50	2.27	2.03	1.82	2.46	2.21	1.99	9.09	1.70	2.77	2.56	2.38	3.42	3.18	2.96	30.91
0.55	2.24	2.01	1.80	2.46	2.21	1.99	10.00	1.80	2.75	2.55	2.37	3.45	3.20	2.99	32.73
0.60	2.35	2.11	1.91	2.58	2.33	2.11	10.91	1.90	2.73	2.53	2.36	3.47	3.22	3.01	34.55
0.65	2.43	2.20	2.00	2.68	2.44	2.22	11.82	2.00	2.71	2.52	2.34	3.48	3.24	3.03	36.36
0.70	2.50	2.27	2.07	2.77	2.52	2.31	12.73	2.10	2.69	2.50	2.33	3.50	3.26	3.04	38.18
0.75	2.56	2.33	2.13	2.85	2.60	2.38	13.64	2.20	2.66	2.47	2.31	3.51	3.27	3.06	40.00
0.80	2.61	2.38	2.18	2.92	2.67	2.45	14.55	2.30	2.64	2.45	2.28	3.52	3.28	3.07	41.82
0.85	2.65	2.42	2.22	2.97	2.73	2.51	15.45	2.40	2.61	2.42	2.26	3.53	3.29	3.08	43.64
0.90	2.68	2.45	2.25	3.03	2.78	2.56	16.36	2.50	2.58	2.40	2.24	3.52	3.30	3.09	45.45
1.00	2.73	2.50	2.31	3.11	2.87	2.65	18.18	2.60	2.55	2.37	2.21	3.52	3.30	3.10	47.27
1.10	2.76	2.54	2.35	3.18	2.94	2.72	20.00	2.70	2.52	2.34	2.19	3.52	3.30	3.10	49.09
1.20	2.78	2.56	2.37	3.24	3.00	2.78	21.82	2.80	2.49	2.31	2.16	3.51	3.29	3.10	50.91
1.30	2.79	2.57	2.39	3.29	3.05	2.83	23.64	2.90	2.45	2.28	2.13	3.51	3.29	3.09	52.73
1.40	2.79	2.58	2.39	3.33	3.09	2.87	25.45	3.00	2.42	2.25	2.10	3.50	3.28	3.09	54.55

矩形和 T 形截面受弯构件裂缝系数 F 值表　　HPB235 钢筋　　C40　　　　续表

ρ(%) \ γ'_f / ε	0			>0			ρ_{te}	ρ(%) \ γ'_f / ε	0			>0			ρ_{te}
	0.0	0.4	0.8	0.0	0.4	0.8	($\times10^{-3}$)		0.0	0.4	0.8	0.0	0.4	0.8	($\times10^{-3}$)
0.40	0.61	0.47	0.35	0.65	0.51	0.39	7.27	1.50	1.46	1.33	1.22	1.62	1.49	1.37	27.27
0.45	0.60	0.47	0.35	0.65	0.51	0.39	8.18	1.60	1.48	1.36	1.25	1.66	1.52	1.40	29.09
0.50	0.60	0.46	0.35	0.65	0.51	0.39	9.09	1.70	1.50	1.38	1.27	1.69	1.55	1.43	30.91
0.55	0.59	0.46	0.34	0.65	0.51	0.39	10.00	1.80	1.52	1.39	1.28	1.72	1.58	1.46	32.73
0.60	0.71	0.58	0.46	0.78	0.64	0.52	10.91	1.90	1.53	1.41	1.30	1.74	1.60	1.48	34.55
0.65	0.82	0.68	0.57	0.89	0.75	0.63	11.82	2.00	1.54	1.42	1.31	1.76	1.62	1.50	36.36
0.70	0.91	0.77	0.66	0.98	0.84	0.72	12.73	2.10	1.55	1.43	1.32	1.78	1.64	1.52	38.18
0.75	0.98	0.85	0.73	1.06	0.93	0.80	13.64	2.20	1.56	1.43	1.33	1.80	1.66	1.54	40.00
0.80	1.05	0.91	0.80	1.13	1.00	0.87	14.55	2.30	1.56	1.44	1.33	1.81	1.68	1.56	41.82
0.85	1.10	0.97	0.86	1.20	1.06	0.94	15.45	2.40	1.56	1.44	1.34	1.83	1.69	1.57	43.64
0.90	1.15	1.02	0.91	1.25	1.11	0.99	16.36	2.50	1.57	1.45	1.34	1.84	1.70	1.58	45.45
1.00	1.24	1.11	0.99	1.35	1.21	1.09	18.18	2.60	1.57	1.45	1.34	1.85	1.72	1.60	47.27
1.10	1.30	1.17	1.06	1.42	1.28	1.16	20.00	2.70	1.57	1.45	1.35	1.86	1.73	1.61	49.09
1.20	1.35	1.22	1.11	1.49	1.35	1.23	21.82	2.80	1.57	1.45	1.35	1.87	1.74	1.62	50.91
1.30	1.40	1.27	1.15	1.54	1.40	1.28	23.64	2.90	1.57	1.45	1.35	1.88	1.75	1.63	52.73
1.40	1.43	1.30	1.19	1.58	1.45	1.33	25.45	3.00	1.56	1.45	1.35	1.89	1.76	1.64	54.55

矩形和 T 形截面受弯构件裂缝系数 F 值表　　HRB335 钢筋　　C40

ρ(%) \ γ'_f / ε	0			>0			ρ_{te}	ρ(%) \ γ'_f / ε	0			>0			ρ_{te}
	0.0	0.4	0.8	0.0	0.4	0.8	($\times10^{-3}$)		0.0	0.4	0.8	0.0	0.4	0.8	($\times10^{-3}$)
0.40	1.58	1.38	1.20	1.68	1.47	1.29	7.27	1.50	2.33	2.15	1.98	2.68	2.48	2.30	27.27
0.45	1.57	1.37	1.19	1.67	1.47	1.29	8.18	1.60	2.34	2.16	2.00	2.72	2.51	2.33	29.09
0.50	1.56	1.36	1.18	1.67	1.47	1.28	9.09	1.70	2.35	2.17	2.01	2.75	2.54	2.36	30.91
0.55	1.54	1.34	1.17	1.67	1.47	1.28	10.00	1.80	2.35	2.17	2.02	2.77	2.57	2.39	32.73
0.60	1.67	1.47	1.29	1.81	1.60	1.42	10.91	1.90	2.35	2.17	2.02	2.80	2.59	2.41	34.55
0.65	1.77	1.57	1.40	1.92	1.71	1.53	11.82	2.00	2.35	2.17	2.02	2.82	2.61	2.43	36.36
0.70	1.85	1.66	1.48	2.02	1.81	1.63	12.73	2.10	2.34	2.17	2.02	2.84	2.63	2.45	38.18
0.75	1.93	1.73	1.56	2.10	1.90	1.71	13.64	2.20	2.34	2.17	2.01	2.85	2.65	2.47	40.00
0.80	1.99	1.79	1.62	2.18	1.97	1.79	14.55	2.30	2.33	2.16	2.01	2.87	2.66	2.49	41.82
0.85	2.04	1.85	1.68	2.24	2.03	1.85	15.45	2.40	2.32	2.15	2.00	2.88	2.68	2.50	43.64
0.90	2.09	1.89	1.72	2.30	2.09	1.91	16.36	2.50	2.31	2.14	1.99	2.89	2.69	2.51	45.45
1.00	2.16	1.97	1.80	2.39	2.19	2.01	18.18	2.60	2.30	2.13	1.99	2.91	2.70	2.52	47.27
1.10	2.22	2.03	1.86	2.47	2.27	2.09	20.00	2.70	2.28	2.12	1.97	2.92	2.71	2.53	49.09
1.20	2.26	2.07	1.90	2.54	2.33	2.15	21.82	2.80	2.27	2.11	1.96	2.93	2.72	2.54	50.91
1.30	2.29	2.10	1.94	2.59	2.39	2.21	23.64	2.90	2.25	2.09	1.95	2.93	2.73	2.55	52.73
1.40	2.31	2.13	1.97	2.64	2.44	2.25	25.45	3.00	2.24	2.08	1.94	2.94	2.74	2.56	54.55

矩形和 T 形截面受弯构件裂缝系数 F 值表　HRB400(RRB400)钢筋　C40　　续表

ρ(%) \ ε \ γ'_f	0			>0			ρ_{te}
	0.0	0.4	0.8	0.0	0.4	0.8	($\times10^{-3}$)
0.40	2.20	1.96	1.75	2.34	2.09	1.87	7.27
0.45	2.18	1.94	1.73	2.33	2.09	1.87	8.18
0.50	2.16	1.93	1.72	2.33	2.08	1.87	9.09
0.55	2.14	1.91	1.70	2.33	2.08	1.86	10.00
0.60	2.26	2.03	1.82	2.46	2.22	2.00	10.91
0.65	2.36	2.12	1.92	2.58	2.33	2.11	11.82
0.70	2.44	2.20	2.00	2.67	2.43	2.21	12.73
0.75	2.50	2.27	2.07	2.76	2.51	2.29	13.64
0.80	2.56	2.33	2.13	2.83	2.58	2.37	14.55
0.85	2.61	2.38	2.18	2.89	2.65	2.43	15.45
0.90	2.65	2.42	2.22	2.95	2.70	2.48	16.36
1.00	2.71	2.48	2.29	3.05	2.80	2.58	18.18
1.10	2.75	2.53	2.33	3.13	2.88	2.66	20.00
1.20	2.78	2.56	2.37	3.19	2.94	2.73	21.82
1.30	2.80	2.59	2.39	3.24	3.00	2.78	23.64
1.40	2.81	2.60	2.41	3.29	3.04	2.83	25.45

ρ(%) \ ε \ γ'_f	0			>0			ρ_{te}
	0.0	0.4	0.8	0.0	0.4	0.8	($\times10^{-3}$)
1.50	2.82	2.61	2.42	3.33	3.08	2.87	27.27
1.60	2.82	2.61	2.42	3.36	3.12	2.90	29.09
1.70	2.82	2.61	2.42	3.39	3.15	2.93	30.91
1.80	2.81	2.60	2.42	3.42	3.17	2.96	32.73
1.90	2.80	2.59	2.41	3.44	3.19	2.98	34.55
2.00	2.78	2.58	2.40	3.46	3.21	3.00	36.36
2.10	2.77	2.57	2.39	3.48	3.23	3.02	38.18
2.20	2.75	2.55	2.38	3.49	3.25	3.03	40.00
2.30	2.73	2.53	2.36	3.51	3.26	3.05	41.82
2.40	2.71	2.52	2.35	3.52	3.28	3.06	43.64
2.50	2.69	2.49	2.33	3.53	3.29	3.07	45.45
2.60	2.66	2.47	2.31	3.53	3.30	3.08	47.27
2.70	2.64	2.45	2.29	3.53	3.31	3.09	49.09
2.80	2.61	2.43	2.27	3.53	3.30	3.10	50.91
2.90	2.58	2.40	2.24	3.52	3.30	3.11	52.73
3.00	2.56	2.38	2.22	3.52	3.30	3.10	54.55

第三章　受压构件承载力计算

第一节　轴心受压和偏心受压柱计算长度

一、刚性屋盖单层房屋排架柱、露天吊车柱和栈桥柱，其计算长度 l_0 可按表 3-1-1 确定。

刚性屋盖单层房屋排架柱、露天吊车柱和栈桥柱的计算长度 l_0　　**表 3-1-1**

柱的类型		排架方向	垂直排架方向	
			有柱间支撑	无柱间支撑
无吊车房屋柱	单　跨	$1.5H$	$1.0H$	$1.2H$
	两跨及多跨	$1.25H$	$1.0H$	$1.2H$
有吊车房屋柱	上　柱	$2.0H_u$	$1.25H_u$	$1.5H_u$
	下　柱	$1.0H_l$	$0.8H_l$	$1.0H_l$
露天吊车和栈桥柱		$2.0H_l$	$1.0H_l$	—

注：1. 表中 H 为从基础顶面算起的柱子全高；H_l 为从基础顶面至装配式吊车梁底面或现浇式吊车梁顶面的柱子下部高度；H_u 为从装配式吊车梁底面或从现浇式吊车梁顶面算起的柱子上部高度；

2. 表中有吊车房屋排架柱的计算长度，当计算中不考虑吊车荷载时，可按无吊车房屋的计算长度采用，但上柱的计算长度仍可按有吊车房屋采用；

3. 表中有吊车房屋排架柱的上柱在排架方向的计算长度，仅适用于 H_u/H_l 不小于 0.3 的情况；当 H_u/H_l 小于 0.3 时，计算长度宜采用 $2.5H_u$。

二、一般多层房屋中梁柱为刚接的框架结构，各层柱的计算长度可按表 3-1-2 确定。

框架结构各层柱段的计算长度　　**表 3-1-2**

楼盖类型	柱的类别	计算长度 l_0
现浇楼盖	底层柱	$1.0H$
	其余各层柱	$1.25H$
装配式楼盖	底层柱	$1.25H$
	其余各层柱	$1.5H$

注：表中 H 对底层柱为从基础顶面到一层楼盖顶面的高度；对其余各层柱为上、下两层楼盖顶面之间的高度。

三、当水平荷载产生的弯矩设计值占总弯矩设计值的 75% 以上时，框架柱的计算长度 l_0 可取下列二式计算出的较小值：

$$l_0 = [1 + 0.5(\psi_u + \psi_l)]H \tag{3-1-1}$$

$$l_0 = (2 + 0.2\psi_{min})H \tag{3-1-2}$$

式中　ψ_u、ψ_l——柱的上端和下端节点处交汇的各柱线刚度之和与交汇的各梁线刚度之和的比值；

ψ_{min}——ψ_u 和 ψ_l 两者中的较小值；

H——柱的高度，按表 3-1-2 注确定。

第二节　钢筋混凝土轴心受压构件的稳定系数

钢筋混凝土轴心受压构件的稳定系数 φ 按表 3-2-1 确定。

钢筋混凝土轴心受压构件的稳定系数 φ　　表 3-2-1

l_0/b	≤8	10	12	14	16	18	20	22	24	26	28
l_0/d	≤7	8.5	10.5	12	14	15.5	17	19	21	22.5	24
l_0/i	≤28	35	42	48	55	62	69	76	83	90	97
φ	1.0	0.98	0.95	0.92	0.87	0.81	0.75	0.70	0.65	0.60	0.56
l_0/b	30	32	34	36	38	40	42	44	46	48	50
l_0/d	26	28	29.5	31	33	34.5	36.5	38	40	41.5	43
l_0/i	104	111	118	125	132	139	146	153	160	167	174
φ	0.52	0.48	0.44	0.40	0.36	0.32	0.29	0.26	0.23	0.21	0.19

注：表中 l_0 为构件的计算长度，对钢筋混凝土柱可按本章第一节的规定确定；b 为矩形截面的短边尺寸；d 为圆形截面的直径；i 为截面最小回转半径。

第三节　矩形、T形、环形和圆形截面偏心受压构件偏心距增大系数

一、制表公式

$$\eta = 1 + \frac{1}{1400e_i/h_0}\left(\frac{l_0}{h}\right)^2 \zeta_1\zeta_2 = 1 + K\zeta_1 \tag{3-3-1}$$

$$\zeta_1 = 0.5f_cA/N \tag{3-3-2}$$

$$\zeta_2 = 1.15 - 0.01\frac{l_0}{h} \tag{3-3-3}$$

$$K = \frac{1}{1400e_i/h_0}\left(\frac{l_0}{h}\right)^2\zeta_2 \tag{3-3-4}$$

式中　l_0——构件的计算长度，可按表 3-1-1、3-1-2 确定；对无侧移结构的偏心受压构件，可取两端不动支点之间的轴线长度；

h——截面高度；对环形截面，取外直径 d；对圆形截面，取直径 d；

h_0——截面有效高度；对环形截面，取 $h_0 = r_2 + r_s$；对圆形截面，取 $h_0 = r + r_s$；其中，r_1、r_2 分别为环形截面内圆、外圆的半径；r 为圆形截面的半径；r_s 为纵向钢筋所在圆周的半径；

ζ_1——偏心受压构件的截面曲率修正系数；当 ζ_1 大于 1.0 时，取 ζ_1 等于 1.0；

ζ_2——偏心受压构件长细比对截面曲率的影响系数；当 $l_0/h < 15$ 时，取 ζ_2 等于 1.0；

A——构件的截面面积；对 T 形、I 形截面，均取 $A = bh + 2(b_f' - b)h_f'$。

注：当偏心受压构件的长细比 $l_0/i \leqslant 17.5$ 时，可取 $\eta = 1.0$。

二、偏心距增大系数 η 的计算系数 K

偏心距增大系数 η 的计算系数 K 按表 3-3-1 确定。

矩形、T形、工字形、环形和圆形截面偏心距增大系数 η 的计算系数 *K* 值　　表 3-3-1

$\frac{e_i}{h_0}$ \ $\frac{l_0}{h}$	≤4	5	6	7	8	9	10	11	12	13	14	15	16	17	18	19	20	21	22	23	24	25	26	27	28
0.02	0.57	0.89	1.29	1.75	2.29	2.89	3.57	4.32	5.14	6.04	7.00	8.04	9.05	10.11	11.22	12.38	13.57	14.81	16.08	17.38	18.72	20.09	21.49	22.91	24.36
0.04	0.29	0.45	0.64	0.88	1.14	1.45	1.79	2.16	2.57	3.02	3.50	4.02	4.53	5.06	5.61	6.19	6.79	7.40	8.04	8.69	9.36	10.04	10.74	11.46	12.18
0.06	0.19	0.30	0.43	0.58	0.76	0.96	1.19	1.44	1.71	2.01	2.33	2.68	3.02	3.37	3.74	4.13	4.52	4.93	5.36	5.79	6.24	6.70	7.16	7.64	8.12
0.08	0.14	0.22	0.32	0.44	0.57	0.72	0.89	1.08	1.29	1.51	1.75	2.01	2.26	2.53	2.81	3.09	3.39	3.70	4.02	4.35	4.68	5.02	5.37	5.73	6.09
0.10	0.11	0.18	0.26	0.35	0.46	0.58	0.71	0.86	1.03	1.21	1.40	1.61	1.81	2.02	2.24	2.48	2.71	2.96	3.22	3.48	3.74	4.02	4.30	4.58	4.87
0.12	0.10	0.15	0.21	0.29	0.38	0.48	0.60	0.72	0.86	1.01	1.17	1.34	1.51	1.69	1.87	2.06	2.26	2.47	2.68	2.90	3.12	3.35	3.58	3.82	4.06
0.14	0.08	0.13	0.18	0.25	0.33	0.41	0.51	0.62	0.73	0.86	1.00	1.15	1.29	1.44	1.60	1.77	1.94	2.12	2.30	2.48	2.67	2.87	3.07	3.27	3.48
0.16	0.07	0.11	0.16	0.22	0.29	0.36	0.45	0.54	0.64	0.75	0.88	1.00	1.13	1.26	1.40	1.55	1.70	1.85	2.01	2.17	2.34	2.51	2.69	2.86	3.05
0.18	0.06	0.10	0.14	0.19	0.25	0.32	0.40	0.48	0.57	0.67	0.78	0.89	1.01	1.12	1.25	1.38	1.51	1.64	1.79	1.93	2.08	2.23	2.39	2.55	2.71
0.20	0.06	0.09	0.13	0.17	0.23	0.29	0.36	0.43	0.51	0.60	0.70	0.80	0.91	1.01	1.12	1.24	1.36	1.48	1.61	1.74	1.87	2.01	2.15	2.29	2.44
0.22	0.05	0.08	0.12	0.16	0.21	0.26	0.32	0.39	0.47	0.55	0.64	0.73	0.82	0.92	1.02	1.13	1.23	1.35	1.46	1.58	1.70	1.83	1.95	2.08	2.21
0.24	0.05	0.07	0.11	0.15	0.19	0.24	0.30	0.36	0.43	0.50	0.58	0.67	0.75	0.84	0.94	1.03	1.13	1.23	1.34	1.45	1.56	1.67	1.79	1.91	2.03
0.26	0.04	0.07	0.10	0.13	0.18	0.22	0.27	0.33	0.40	0.46	0.54	0.62	0.70	0.78	0.86	0.95	1.04	1.14	1.24	1.34	1.44	1.55	1.65	1.76	1.87
0.28	0.04	0.06	0.09	0.13	0.16	0.21	0.26	0.31	0.37	0.43	0.50	0.57	0.65	0.72	0.80	0.88	0.97	1.06	1.15	1.24	1.34	1.43	1.53	1.64	1.74
0.30	0.04	0.06	0.09	0.12	0.15	0.19	0.24	0.29	0.34	0.40	0.47	0.54	0.60	0.67	0.75	0.83	0.90	0.99	1.07	1.16	1.25	1.34	1.43	1.53	1.62
0.32	0.04	0.06	0.08	0.11	0.14	0.18	0.22	0.27	0.32	0.38	0.44	0.50	0.57	0.63	0.70	0.77	0.85	0.93	1.00	1.09	1.17	1.26	1.34	1.43	1.52
0.34	0.03	0.05	0.08	0.10	0.13	0.17	0.21	0.25	0.30	0.36	0.41	0.47	0.53	0.59	0.66	0.73	0.80	0.87	0.95	1.02	1.10	1.18	1.26	1.35	1.43
0.36	0.03	0.05	0.07	0.10	0.13	0.16	0.20	0.24	0.29	0.34	0.39	0.45	0.50	0.56	0.62	0.69	0.75	0.82	0.89	0.97	1.04	1.12	1.19	1.27	1.35
0.38	0.03	0.05	0.07	0.09	0.12	0.15	0.19	0.23	0.27	0.32	0.37	0.42	0.48	0.53	0.59	0.65	0.71	0.78	0.85	0.91	0.99	1.06	1.13	1.21	1.28
0.40	0.03	0.04	0.06	0.09	0.11	0.14	0.18	0.22	0.26	0.30	0.35	0.40	0.45	0.51	0.56	0.62	0.68	0.74	0.80	0.87	0.94	1.00	1.07	1.15	1.22
0.42	0.03	0.04	0.06	0.08	0.11	0.14	0.17	0.21	0.24	0.29	0.33	0.38	0.43	0.48	0.53	0.59	0.65	0.71	0.77	0.83	0.89	0.96	1.02	1.09	1.16

续表

$\frac{e_i}{h_0}$ \ $\frac{l_0}{h}$	≤4	5	6	7	8	9	10	11	12	13	14	15	16	17	18	19	20	21	22	23	24	25	26	27	28
0.44	0.03	0.04	0.06	0.08	0.10	0.13	0.16	0.20	0.23	0.27	0.32	0.37	0.41	0.46	0.51	0.56	0.62	0.67	0.73	0.79	0.85	0.91	0.98	1.04	1.11
0.46	0.02	0.04	0.06	0.08	0.10	0.13	0.16	0.19	0.22	0.26	0.30	0.35	0.39	0.44	0.49	0.54	0.59	0.64	0.70	0.76	0.81	0.87	0.93	1.00	1.06
0.48	0.02	0.04	0.05	0.07	0.10	0.12	0.15	0.18	0.21	0.25	0.29	0.33	0.38	0.42	0.47	0.52	0.57	0.62	0.67	0.72	0.78	0.84	0.90	0.95	1.01
0.50	0.02	0.04	0.05	0.07	0.09	0.12	0.14	0.17	0.21	0.24	0.28	0.32	0.36	0.40	0.45	0.50	0.54	0.59	0.64	0.70	0.75	0.80	0.86	0.92	0.97
0.52	0.02	0.03	0.05	0.07	0.09	0.11	0.14	0.17	0.20	0.23	0.27	0.31	0.35	0.39	0.43	0.48	0.52	0.57	0.62	0.67	0.72	0.77	0.83	0.88	0.94
0.54	0.02	0.03	0.05	0.06	0.08	0.11	0.13	0.16	0.19	0.22	0.26	0.30	0.34	0.37	0.42	0.46	0.50	0.55	0.60	0.64	0.69	0.74	0.80	0.85	0.90
0.56	0.02	0.03	0.05	0.06	0.08	0.10	0.13	0.15	0.18	0.22	0.25	0.29	0.32	0.36	0.40	0.44	0.48	0.53	0.57	0.62	0.67	0.72	0.77	0.82	0.87
0.58	0.02	0.03	0.04	0.06	0.08	0.10	0.12	0.15	0.18	0.21	0.24	0.28	0.31	0.35	0.39	0.43	0.47	0.51	0.55	0.60	0.65	0.69	0.74	0.79	0.84
0.60	0.02	0.03	0.04	0.06	0.08	0.10	0.12	0.14	0.17	0.20	0.23	0.27	0.30	0.34	0.37	0.41	0.45	0.49	0.54	0.58	0.62	0.67	0.72	0.76	0.81
0.62	0.02	0.03	0.04	0.06	0.07	0.09	0.12	0.14	0.17	0.19	0.23	0.26	0.29	0.33	0.36	0.40	0.44	0.48	0.52	0.56	0.60	0.65	0.69	0.74	0.79
0.64	0.02	0.03	0.04	0.05	0.07	0.09	0.11	0.14	0.16	0.19	0.22	0.25	0.28	0.32	0.35	0.39	0.42	0.46	0.50	0.54	0.58	0.63	0.67	0.72	0.76
0.66	0.02	0.03	0.04	0.05	0.07	0.09	0.11	0.13	0.16	0.18	0.21	0.24	0.27	0.31	0.34	0.38	0.41	0.45	0.49	0.53	0.57	0.61	0.65	0.69	0.74
0.68	0.02	0.03	0.04	0.05	0.07	0.09	0.11	0.13	0.15	0.18	0.21	0.24	0.27	0.30	0.33	0.36	0.40	0.44	0.47	0.51	0.55	0.59	0.63	0.67	0.72
0.70	0.02	0.03	0.04	0.05	0.07	0.08	0.10	0.12	0.15	0.17	0.20	0.23	0.26	0.29	0.32	0.35	0.39	0.42	0.46	0.50	0.53	0.57	0.61	0.65	0.70
0.72	0.02	0.02	0.04	0.05	0.06	0.08	0.10	0.12	0.14	0.17	0.19	0.22	0.25	0.28	0.31	0.34	0.38	0.41	0.45	0.48	0.52	0.56	0.60	0.64	0.68
0.74	0.02	0.02	0.03	0.05	0.06	0.08	0.10	0.12	0.14	0.16	0.19	0.22	0.24	0.27	0.30	0.33	0.37	0.40	0.43	0.47	0.51	0.54	0.58	0.62	0.66
0.76	0.02	0.02	0.03	0.05	0.06	0.08	0.09	0.11	0.14	0.16	0.18	0.21	0.24	0.27	0.30	0.33	0.36	0.39	0.42	0.46	0.49	0.53	0.57	0.60	0.64
0.78	0.01	0.02	0.03	0.04	0.06	0.07	0.09	0.11	0.13	0.15	0.18	0.21	0.23	0.26	0.29	0.32	0.35	0.38	0.41	0.45	0.48	0.52	0.55	0.59	0.62
0.80	0.01	0.02	0.03	0.04	0.06	0.07	0.09	0.11	0.13	0.15	0.17	0.20	0.23	0.25	0.28	0.31	0.34	0.37	0.40	0.43	0.47	0.50	0.54	0.57	0.61
0.84	0.01	0.02	0.03	0.04	0.05	0.07	0.09	0.10	0.12	0.14	0.17	0.19	0.22	0.24	0.27	0.29	0.32	0.35	0.38	0.41	0.45	0.48	0.51	0.55	0.58

续表

$\frac{e_i}{h_0}$ \ $\frac{l_0}{h}$	≤4	5	6	7	8	9	10	11	12	13	14	15	16	17	18	19	20	21	22	23	24	25	26	27	28
0.88	0.01	0.02	0.03	0.04	0.05	0.07	0.08	0.10	0.12	0.14	0.16	0.18	0.21	0.23	0.26	0.28	0.31	0.34	0.37	0.40	0.43	0.46	0.49	0.52	0.55
0.92	0.01	0.02	0.03	0.04	0.05	0.06	0.08	0.09	0.11	0.13	0.15	0.17	0.20	0.22	0.24	0.27	0.30	0.32	0.35	0.38	0.41	0.44	0.47	0.50	0.53
0.96	0.01	0.02	0.03	0.04	0.05	0.06	0.07	0.09	0.11	0.13	0.15	0.17	0.19	0.21	0.23	0.26	0.28	0.31	0.33	0.36	0.39	0.42	0.45	0.48	0.51
1.00	0.01	0.02	0.03	0.04	0.05	0.06	0.07	0.09	0.10	0.12	0.14	0.16	0.18	0.20	0.22	0.25	0.27	0.30	0.32	0.35	0.37	0.40	0.43	0.46	0.49
1.05	0.01	0.02	0.02	0.03	0.04	0.06	0.07	0.08	0.10	0.11	0.13	0.15	0.17	0.19	0.21	0.24	0.26	0.28	0.31	0.33	0.36	0.38	0.41	0.44	0.46
1.10	0.01	0.02	0.02	0.03	0.04	0.05	0.06	0.08	0.09	0.11	0.13	0.15	0.16	0.18	0.20	0.23	0.25	0.27	0.29	0.32	0.34	0.37	0.39	0.42	0.44
1.15	0.01	0.02	0.02	0.03	0.04	0.05	0.06	0.08	0.09	0.10	0.12	0.14	0.16	0.18	0.20	0.22	0.24	0.26	0.28	0.30	0.33	0.35	0.37	0.40	0.42
1.20	0.01	0.01	0.02	0.03	0.04	0.05	0.06	0.07	0.09	0.10	0.12	0.13	0.15	0.17	0.19	0.21	0.23	0.25	0.27	0.29	0.31	0.33	0.36	0.38	0.41
1.30	0.01	0.01	0.02	0.03	0.04	0.04	0.05	0.07	0.08	0.09	0.11	0.12	0.14	0.16	0.17	0.19	0.21	0.23	0.25	0.27	0.29	0.31	0.33	0.35	0.37
1.40	0.01	0.01	0.02	0.03	0.03	0.04	0.05	0.06	0.07	0.09	0.10	0.11	0.13	0.14	0.16	0.18	0.19	0.21	0.23	0.25	0.27	0.29	0.31	0.33	0.35
1.50	0.01	0.01	0.02	0.02	0.03	0.04	0.05	0.06	0.07	0.08	0.09	0.11	0.12	0.13	0.15	0.17	0.18	0.20	0.21	0.23	0.25	0.27	0.29	0.31	0.32
1.60	0.01	0.01	0.02	0.02	0.03	0.04	0.04	0.05	0.06	0.08	0.09	0.10	0.11	0.13	0.14	0.15	0.17	0.19	0.20	0.22	0.23	0.25	0.27	0.29	0.30
1.80	0.01	0.01	0.01	0.02	0.03	0.03	0.04	0.05	0.06	0.07	0.08	0.09	0.10	0.11	0.12	0.14	0.15	0.16	0.18	0.19	0.21	0.22	0.24	0.25	0.27
2.00	0.01	0.01	0.01	0.02	0.02	0.03	0.04	0.04	0.05	0.06	0.07	0.08	0.09	0.10	0.11	0.12	0.14	0.15	0.16	0.17	0.19	0.20	0.21	0.23	0.24
2.20	0.01	0.01	0.01	0.02	0.02	0.03	0.03	0.04	0.05	0.05	0.06	0.07	0.08	0.09	0.10	0.11	0.12	0.13	0.15	0.16	0.17	0.18	0.20	0.21	0.22
2.40	0.00	0.01	0.01	0.01	0.02	0.02	0.03	0.04	0.04	0.05	0.06	0.07	0.08	0.08	0.09	0.10	0.11	0.12	0.13	0.14	0.16	0.17	0.18	0.19	0.20
2.60	0.00	0.01	0.01	0.01	0.02	0.02	0.03	0.03	0.04	0.05	0.05	0.06	0.07	0.08	0.09	0.10	0.10	0.11	0.12	0.13	0.14	0.15	0.17	0.18	0.19
2.80	0.00	0.01	0.01	0.01	0.02	0.02	0.03	0.03	0.04	0.04	0.05	0.06	0.06	0.07	0.08	0.09	0.10	0.11	0.11	0.12	0.13	0.14	0.15	0.16	0.17
3.00	0.00	0.01	0.01	0.01	0.02	0.02	0.02	0.03	0.03	0.04	0.05	0.05	0.06	0.07	0.07	0.08	0.09	0.10	0.11	0.12	0.12	0.13	0.14	0.15	0.16

第四节　轴心受压柱承载力计算

一、适用范围

1. 混凝土强度等级：C15，C20，C25，C30，C35，C40，C45，C50；

2. 普通钢筋：HPB235，HRB335，HRB400（RRB400）；

3. 按一类环境，混凝土保护层厚度为30mm。

二、制表公式

$$\left[\frac{N}{\varphi}\right]=0.9(f_cA+f'_yA'_s) \qquad (3\text{-}4\text{-}1)$$

式中　$\left[\frac{N}{\varphi}\right]$——允许轴向力设计值。

三、使用说明

纵向钢筋的组合考虑了最小配筋率、最小根数、最小直径、钢筋的最大间距和最大配筋率，选用人亦可根据表中组合钢筋面积另行组合。

四、方形、矩形截面柱轴心受压配筋见表3-4-1，圆形截面柱轴心受压配筋见表3-4-2。

五、应用举例

【例3-4-1】　方形柱 $b=400\text{mm}$，$h=400\text{mm}$，轴向力设计值 $N=1600\text{kN}$，$l_0=6400\text{mm}$，C20，HRB335钢筋，求配筋。

【解】　$l_0/b=\frac{6400}{400}=16$　查表3-2-1　$\varphi=0.87$

$$\frac{N}{\varphi}=\frac{1600}{0.87}=1839\text{kN}$$

查表3-4-1，采用8Φ18。

【例3-4-2】　圆柱截面 $d=500\text{mm}$，轴向力设计值 $N=2280\text{kN}$，$l_0=6500\text{mm}$，C20，HRB335钢筋，求配筋。

【解】　$l_0/d=\frac{6500}{500}=13$

查表3-2-1，线性内插得 $\varphi=0.895$

$$\frac{N}{\varphi}=\frac{2280}{0.895}=2547.5\text{kN}$$

查表3-4-2，采用8Φ25。

方形、矩形截面柱轴心受压配筋表　　**表3-4-1**

柱宽 b（mm）	柱高 h（mm）	纵钢筋	面积（mm²）	允许纵向力[N/φ]（kN）															
				HPB235		HRB335							HRB400（RRB400）						
				C15	C20	C20	C25	C30	C35	C40	C45	C50	C20	C25	C30	C35	C40	C45	C50
300	300	4Φ14	615	699	893	943	1130	1324	1518	1713	1875		977	1163	1357	1552	1746	1908	2070
		4Φ16	804	735	929	994	1181	1375	1569	1764	1926	2088	1038	1224	1418	1613	1807	1969	2131
		4Φ18	1017	775	969	1052	1238	1433	1627	1821	1983	2145	1107	1293	1488	1682	1876	2038	2200
		4Φ20	1256	820	1015	1116	1303	1497	1691	1886	2048	2210	1184	1371	1565	1759	1954	2116	2278
		4Φ22	1520	870	1064	1188	1374	1568	1763	1957	2119	2281	1270	1456	1650	1845	2039	2201	2363
		4Φ25	1963	954	1148	1307	1494	1688	1882	2077	2239	2401	1413	1600	1794	1988	2183	2345	2507
		8Φ20	2513	1058	1252	1456	1642	1836	2031	2225	2387	2549	1591	1778	1972	2167	2361	2523	2685

续表

柱宽 b (mm)	柱高 h (mm)	纵钢筋	面积 (mm^2)	允许纵向力 [N/φ] (kN)															
				HPB235		HRB335							HRB400 (RRB400)						
				C15	C20	C20	C25	C30	C35	C40	C45	C50	C20	C25	C30	C35	C40	C45	C50
300	350	4Φ16	804	832	1059	1124	1341	1568	1795	2022	2211	2400	1167	1385	1611	1838	2065	2254	2443
		4Φ18	1017	872	1099	1182	1399	1626	1852	2079	2268	2457	1236	1454	1681	1907	2134	2323	2512
		4Φ20	1256	917	1144	1246	1463	1690	1917	2144	2333	2522	1314	1531	1758	1985	2212	2401	2590
		4Φ22	1520	967	1194	1317	1535	1761	1988	2215	2404	2593	1399	1617	1844	2070	2297	2486	2675
		4Φ25	1963	1051	1278	1437	1654	1881	2108	2335	2524	2713	1543	1760	1987	2214	2441	2630	2819
		8Φ20	2513	1155	1382	1585	1803	2029	2256	2483	2672	2861	1721	1938	2165	2392	2619	2808	2997
		8Φ22	3041	1255	1481	1728	1945	2172	2399	2626	2815	3004	1892	2109	2336	2563	2790	2979	3168
	400	6Φ14	923	952	1211	1286	1534	1793	2052	2312	2528	2744	1336	1584	1843	2102	2362	2578	2794
		6Φ16	1206	1005	1264	1362	1610	1870	2129	2388	2604	2820	1427	1676	1935	2194	2453	2669	2885
		8Φ16	1608	1081	1340	1471	1719	1978	2237	2497	2713	2929	1557	1806	2065	2324	2583	2799	3015
		8Φ18	2035	1162	1421	1586	1834	2094	2353	2612	2828	3044	1696	1944	2203	2463	2722	2938	3154
		8Φ20	2513	1252	1511	1715	1963	2222	2482	2741	2957	3173	1851	2099	2358	2617	2877	3093	3309
		8Φ22	3041	1352	1611	1857	2106	2365	2624	2883	3099	3315	2022	2270	2529	2788	3048	3264	3480
	450	6Φ16	1206	1102	1394	1492	1771	2063	2354	2646	2889	3132	1557	1836	2128	2419	2711	2954	3197
		8Φ16	1608	1178	1470	1600	1880	2171	2463	2754	2997	3240	1687	1967	2258	2550	2841	3084	3327
		8Φ18	2035	1259	1551	1716	1995	2287	2578	2870	3113	3356	1825	2105	2397	2688	2980	3223	3466
		8Φ20	2513	1349	1641	1844	2124	2416	2707	2999	3242	3485	1980	2260	2551	2843	3134	3377	3620
		8Φ22	3041	1449	1741	1987	2266	2558	2850	3141	3384	3627	2151	2431	2722	3014	3305	3548	3791
		8Φ25	3926	1617	1908	2226	2506	2797	3089	3380	3623	3866	2438	2718	3009	3301	3592	3835	4078
350	350	4Φ16	804	945	1210	1275	1529	1793	2058	2322	2543		1318	1572	1837	2101	2366	2586	2807
		4Φ18	1017	986	1250	1333	1586	1851	2116	2380	2601	2821	1388	1641	1906	2170	2435	2656	2876
		4Φ20	1256	1031	1295	1397	1651	1915	2180	2445	2665	2886	1465	1719	1983	2248	2512	2733	2953
		4Φ22	1520	1081	1345	1468	1722	1987	2251	2516	2736	2957	1551	1804	2069	2333	2598	2818	3039
		4Φ25	1963	1164	1429	1588	1842	2106	2371	2635	2856	3076	1694	1948	2212	2477	2741	2962	3182
		8Φ20	2513	1268	1533	1736	1990	2255	2519	2784	3004	3225	1872	2126	2390	2655	2920	3140	3361
		8Φ22	3041	1368	1633	1879	2133	2397	2662	2926	3147	3367	2043	2297	2561	2826	3091	3311	3532

续表

柱宽 b (mm)	柱高 h (mm)	纵钢筋	面积 (mm^2)	允许纵向力 [N/φ] (kN)															
				HPB235		HRB335							HRB400（RRB400）						
				C15	C20	C20	C25	C30	C35	C40	C45	C50	C20	C25	C30	C35	C40	C45	C50
350	400	6Φ16	1206	1135	1437	1535	1825	2127	2429	2732	2984	3236	1600	1890	2192	2495	2797	3049	3301
		8Φ16	1608	1211	1513	1643	1933	2236	2538	2840	3092	3344	1730	2020	2322	2625	2927	3179	3431
		8Φ18	2035	1291	1594	1759	2049	2351	2653	2956	3208	3460	1869	2158	2461	2763	3066	3318	3570
		8Φ20	2513	1382	1684	1888	2177	2480	2782	3085	3337	3589	2023	2313	2616	2918	3220	3472	3724
		8Φ22	3041	1481	1784	2030	2320	2622	2925	3227	3479	3731	2194	2484	2787	3089	3391	3643	3895
	450	6Φ16	1206	1248	1588	1686	2012	2352	2692	3033	3316	3600	1751	2077	2417	2758	3098	3381	3665
		8Φ16	1608	1324	1664	1795	2121	2461	2801	3141	3425	3708	1881	2207	2548	2888	3228	3512	3795
		8Φ18	2035	1405	1745	1910	2236	2576	2916	3257	3540	3824	2020	2346	2686	3026	3367	3650	3934
		8Φ20	2513	1495	1835	2039	2365	2705	3045	3386	3669	3953	2175	2501	2841	3181	3521	3805	4088
		8Φ22	3041	1595	1935	2181	2507	2848	3188	3528	3812	4095	2346	2672	3012	3352	3692	3976	4259
		8Φ25	3926	1762	2103	2421	2747	3087	3427	3767	4051	4334	2633	2959	3299	3639	3979	4263	4546
	500	6Φ16	1206	1362	1740	1837	2199	2577	2955	3333	3648		1902	2265	2643	3021	3399	3714	4029
		8Φ16	1608	1438	1816	1946	2308	2686	3064	3442	3757	4072	2033	2395	2773	3151	3529	3844	4159
		8Φ18	2035	1518	1896	2061	2423	2801	3179	3557	3872	4187	2171	2533	2911	3289	3667	3982	4297
		8Φ20	2513	1609	1987	2190	2552	2930	3308	3686	4001	4316	2326	2688	3066	3444	3822	4137	4452
		8Φ22	3041	1708	2086	2333	2695	3073	3451	3829	4144	4459	2497	2859	3237	3615	3993	4308	4623
		8Φ25	3926	1876	2254	2572	2934	3312	3690	4068	4383	4698	2784	3146	3524	3902	4280	4595	4910
	550	6Φ16	1206	1475	1891	1988	2387	2803	3218	3634			2054	2452	2868	3284	3699	4046	4392
		8Φ16	1608	1551	1967	2097	2495	2911	3327	3743	4089	4436	2184	2582	2998	3414	3830	4176	4523
		8Φ18	2035	1632	2047	2212	2611	3027	3442	3858	4205	4551	2322	2721	3137	3552	3968	4315	4661
		8Φ20	2513	1722	2138	2341	2740	3156	3571	3987	4334	4680	2477	2875	3291	3707	4123	4469	4816
		8Φ22	3041	1822	2237	2484	2882	3298	3714	4130	4476	4823	2648	3046	3462	3878	4294	4640	4987
		8Φ25	3926	1989	2405	2723	3121	3537	3953	4369	4715	5062	2935	3334	3749	4165	4581	4927	5274

续表

柱宽 b (mm)	柱高 h (mm)	纵钢筋	面积 (mm²)	允许纵向力 [N/φ] (kN)															
				HPB235		HRB335							HRB400 (RRB400)						
				C15	C20	C20	C25	C30	C35	C40	C45	C50	C20	C25	C30	C35	C40	C45	C50
400	400	8Φ16	1608	1340	1686	1816	2147	2493	2839	3184	3472	3760	1903	2234	2580	2925	3271	3559	3847
		8Φ18	2035	1421	1767	1932	2263	2608	2954	3300	3588	3876	2041	2373	2718	3064	3409	3697	3985
		8Φ20	2513	1511	1857	2060	2392	2737	3083	3428	3716	4004	2196	2527	2873	3219	3564	3852	4140
		8Φ22	3041	1611	1957	2203	2534	2880	3225	3571	3859	4147	2367	2698	3044	3390	3735	4023	4311
		8Φ25	3926	1779	2124	2442	2773	3119	3465	3810	4098	4386	2654	2985	3331	3677	4022	4310	4598
	450	8Φ16	1608	1470	1859	1989	2362	2750	3139	3528	3852	4176	2076	2448	2837	3226	3615	3939	4263
		8Φ18	2035	1551	1939	2104	2477	2866	3255	3643	3967	4291	2214	2587	2976	3364	3753	4077	4401
		8Φ20	2513	1641	2030	2233	2606	2995	3383	3772	4096	4420	2369	2742	3130	3519	3908	4232	4556
		8Φ22	3041	1741	2129	2376	2748	3137	3526	3915	4239	4563	2540	2913	3301	3690	4079	4403	4727
		8Φ25	3926	1908	2297	2615	2988	3376	3765	4154	4478	4802	2827	3200	3588	3977	4366	4690	5014
	500	8Φ16	1608	1600	2032	2162	2576	3008	3440	3872	4232	4592	2249	2663	3095	3527	3959	4319	4679
		8Φ18	2035	1680	2112	2277	2691	3123	3555	3987	4347	4707	2387	2801	3233	3665	4097	4457	4817
		8Φ20	2513	1771	2203	2406	2820	3252	3684	4116	4476	4836	2542	2956	3388	3820	4252	4612	4972
		8Φ22	3041	1870	2302	2549	2963	3395	3827	4259	4619	4979	2713	3127	3559	3991	4423	4783	5143
		8Φ25	3926	2038	2470	2788	3202	3634	4066	4498	4858	5218	3000	3414	3846	4278	4710	5070	5430
		8Φ28	4926	2227	2659	3058	3472	3904	4336	4768	5128	5488	3324	3738	4170	4602	5034	5394	5754
	550	8Φ16	1608	1729	2204	2335	2790	3265	3740	4216	4612	5008	2421	2877	3352	3827	4302	4698	5094
		8Φ18	2035	1810	2285	2450	2905	3381	3856	4331	4727	5123	2560	3015	3490	3966	4441	4837	5233
		8Φ20	2513	1900	2375	2579	3034	3509	3985	4460	4856	5252	2715	3170	3645	4120	4596	4992	5388
		8Φ22	3041	2000	2475	2721	3177	3652	4127	4602	4998	5394	2886	3341	3816	4291	4767	5163	5559
		8Φ25	3926	2167	2643	2961	3416	3891	4366	4842	5238	5634	3173	3628	4103	4578	5054	5450	5846
		8Φ28	4926	2356	2831	3230	3686	4161	4636	5111	5507	5903	3496	3952	4427	4902	5377	5773	6169

续表

柱宽 b (mm)	柱高 h (mm)	纵钢筋	面积 (mm^2)	允许纵向力 [N/φ] (kN)														
				HPB235		HRB335							HRB400（RRB400）					
				C15	C20	C20	C25	C30	C35	C40	C45	C50	C20	C25	C30	C35	C40	C45	C50
400	600	8Φ16	1608	1859	2377	2507	3004	3523	4041	4559	4991		2594	3091	3609	4128	4646	5078	5510
		8Φ18	2035	1939	2458	2623	3120	3638	4156	4675	5107	5539	2733	3229	3748	4266	4785	5217	5649
		8Φ20	2513	2030	2548	2752	3248	3767	4285	4804	5236	5668	2887	3384	3903	4421	4939	5371	5803
		8Φ22	3041	2129	2648	2894	3391	3909	4428	4946	5378	5810	3058	3555	4074	4592	5110	5542	5974
		8Φ25	3926	2297	2815	3133	3630	4149	4667	5185	5617	6049	3345	3842	4361	4879	5397	5829	6261
		8Φ28	4926	2486	3004	3403	3900	4418	4937	5455	5887	6319	3669	4166	4684	5203	5721	6153	6585
450	450	8Φ16	1608	1616	2053	2183	2603	3040	3477	3915	4279	4644	2270	2689	3127	3564	4002	4366	4731
		8Φ18	2035	1696	2134	2299	2718	3155	3593	4030	4395	4759	2409	2828	3265	3703	4140	4505	4869
		8Φ20	2513	1787	2224	2428	2847	3284	3722	4159	4524	4888	2563	2983	3420	3857	4295	4659	5024
		8Φ22	3041	1886	2324	2570	2989	3427	3864	4302	4666	5031	2734	3154	3591	4028	4466	4830	5195
		8Φ25	3926	2054	2491	2809	3229	3666	4103	4541	4905	5270	3021	3441	3878	4315	4753	5117	5482
		8Φ28	4926	2243	2680	3079	3498	3936	4373	4810	5175	5539	3345	3764	4202	4639	5077	5441	5806
	500	8Φ16	1608	1762	2248	2378	2844	3330	3816	4302	4707	5112	2465	2930	3416	3902	4388	4793	5198
		8Φ18	2035	1842	2328	2493	2959	3445	3931	4417	4822	5227	2603	3069	3555	4041	4527	4932	5337
		8Φ20	2513	1933	2419	2622	3088	3574	4060	4546	4951	5356	2758	3224	3710	4196	4682	5087	5492
		8Φ22	3041	2032	2518	2765	3230	3716	4202	4688	5093	5498	2929	3395	3881	4367	4853	5258	5663
		8Φ25	3926	2200	2686	3004	3470	3956	4442	4928	5333	5738	3216	3682	4168	4654	5140	5545	5950
		8Φ28	4926	2389	2875	3274	3739	4225	4711	5197	5602	6007	3540	4005	4491	4977	5463	5868	6273
	550	8Φ16	1608	1907	2442	2572	3085	3619	4154	4688	5134		2659	3171	3706	4241	4775	5221	5666
		8Φ18	2035	1988	2523	2688	3200	3734	4269	4804	5249	5695	2797	3310	3844	4379	4914	5359	5805
		8Φ20	2513	2078	2613	2816	3329	3863	4398	4933	5378	5824	2952	3465	3999	4534	5068	5514	5959
		8Φ22	3041	2178	2713	2959	3471	4006	4541	5075	5521	5966	3123	3636	4170	4705	5239	5685	6130
		8Φ25	3926	2346	2880	3198	3711	4245	4780	5314	5760	6205	3410	3923	4457	4992	5526	5972	6417
		8Φ28	4926	2534	3069	3468	3980	4515	5049	5584	6030	6475	3734	4246	4781	5315	5850	6296	6741

续表

柱宽 b (mm)	柱高 h (mm)	纵钢筋	面积 (mm^2)	允许纵向力 [N/φ] (kN)															
				HPB235		HRB335							HRB400 (RRB400)						
				C15	C20	C20	C25	C30	C35	C40	C45	C50	C20	C25	C30	C35	C40	C45	C50
450	600	8Φ18	2035	2134	2717	2882	3441	4024	4607	5190	5676	6162	2992	3551	4134	4717	5300	5786	6272
		8Φ20	2513	2224	2807	3011	3570	4153	4736	5319	5805	6291	3147	3706	4289	4872	5455	5941	6427
		8Φ22	3041	2324	2907	3153	3712	4295	4879	5462	5948	6434	3318	3877	4460	5043	5626	6112	6598
		8Φ25	3926	2491	3075	3393	3951	4535	5118	5701	6187	6673	3605	4164	4747	5330	5913	6399	6885
		8Φ28	4926	2680	3263	3662	4221	4804	5388	5971	6457	6943	3928	4487	5070	5654	6237	6723	7209
		12Φ25	5890	2862	3446	3923	4482	5065	5648	6231	6717	7203	4241	4800	5383	5966	6549	7035	7521
	650	8Φ18	2035	2280	2911	3076	3682	4314	4945	5577	6104	6630	3186	3792	4424	5055	5687	6214	6740
		8Φ20	2513	2370	3002	3205	3811	4443	5074	5706	6233	6759	3341	3946	4578	5210	5842	6368	6895
		8Φ22	3041	2470	3101	3348	3953	4585	5217	5849	6375	6902	3512	4117	4749	5381	6013	6539	7066
		8Φ25	3926	2637	3269	3587	4192	4824	5456	6088	6614	7141	3799	4405	5036	5668	6300	6826	7353
		8Φ28	4926	2826	3458	3857	4462	5094	5726	6358	6884	7411	4123	4728	5360	5992	6624	7150	7677
		12Φ25	5890	3008	3640	4117	4723	5354	5986	6618	7145	7671	4435	5041	5672	6304	6936	7463	7989
500	500	8Φ16	1608	1924	2464	2594	3111	3651	4191	4731	5181		2681	3198	3738	4278	4818	5268	5718
		8Φ18	2035	2004	2544	2709	3227	3767	4307	4847	5297	5747	2819	3337	3877	4417	4957	5407	5857
		8Φ20	2513	2095	2635	2838	3356	3896	4436	4976	5426	5876	2974	3491	4031	4571	5111	5561	6011
		8Φ22	3041	2194	2734	2981	3498	4038	4578	5118	5568	6018	3145	3662	4202	4742	5282	5732	6182
		8Φ25	3926	2362	2902	3220	3737	4277	4817	5357	5807	6257	3432	3949	4489	5029	5569	6019	6469
		8Φ28	4926	2551	3091	3490	4007	4547	5087	5627	6077	6527	3756	4273	4813	5353	5893	6343	6793
		12Φ25	5890	2733	3273	3750	4267	4807	5347	5887	6337	6787	4068	4586	5126	5666	6206	6656	7106
	550	8Φ18	2035	2166	2760	2925	3494	4088	4682	5276	5771	6266	3035	3604	4198	4792	5386	5881	6376
		8Φ20	2513	2257	2851	3054	3623	4217	4811	5405	5900	6395	3190	3759	4353	4947	5541	6036	6531
		8Φ22	3041	2356	2950	3197	3766	4360	4954	5548	6043	6538	3361	3930	4524	5118	5712	6207	6702
		8Φ25	3926	2524	3118	3436	4005	4599	5193	5787	6282	6777	3648	4217	4811	5405	5999	6494	6989
		8Φ28	4926	2713	3307	3706	4275	4869	5463	6057	6552	7047	3972	4541	5135	5729	6323	6818	7313
		12Φ25	5890	2895	3489	3966	4535	5129	5723	6317	6812	7307	4284	4853	5447	6041	6635	7130	7625

续表

柱宽 b (mm)	柱高 h (mm)	纵钢筋	面积 (mm^2)	允许纵向力 [N/φ] (kN)															
				HPB235		HRB335							HRB400 (RRB400)						
				C15	C20	C20	C25	C30	C35	C40	C45	C50	C20	C25	C30	C35	C40	C45	C50
500	600	8Φ18	2035	2328	2976	3141	3762	4410	5058	5706	6246		3251	3872	4520	5168	5816	6356	6896
		8Φ20	2513	2419	3067	3270	3891	4539	5187	5835	6375	6915	3406	4027	4675	5323	5971	6511	7051
		8Φ22	3041	2518	3166	3413	4034	4682	5330	5978	6518	7058	3577	4198	4846	5494	6142	6682	7222
		8Φ25	3926	2686	3334	3652	4273	4921	5569	6217	6757	7297	3864	4485	5133	5781	6429	6969	7509
		8Φ28	4926	2875	3523	3922	4543	5191	5839	6487	7027	7567	4188	4809	5457	6105	6753	7293	7833
		12Φ25	5890	3057	3705	4182	4803	5451	6099	6747	7287	7827	4500	5121	5769	6417	7065	7605	8145
		12Φ28	7389	3340	3988	4587	5208	5856	6504	7152	7692	8232	4986	5607	6255	6903	7551	8091	8631
	650	8Φ18	2035	2490	3192	3357	4030	4732	5434	6136			3467	4140	4842	5544	6246	6831	7416
		8Φ20	2513	2581	3283	3486	4159	4861	5563	6265	6850	7435	3622	4295	4997	5699	6401	6986	7571
		8Φ22	3041	2680	3382	3629	4301	5003	5705	6407	6992	7577	3793	4466	5168	5870	6572	7157	7742
		8Φ25	3926	2848	3550	3868	4541	5243	5945	6647	7232	7817	4080	4753	5455	6157	6859	7444	8029
		8Φ28	4926	3037	3739	4138	4810	5512	6214	6916	7501	8086	4404	5076	5778	6480	7182	7767	8352
		12Φ25	5890	3219	3921	4398	5071	5773	6475	7177	7762	8347	4716	5389	6091	6793	7495	8080	8665
		12Φ28	7389	3502	4204	4803	5475	6177	6879	7581	8166	8751	5202	5874	6576	7278	7980	8565	9150
	700	8Φ20	2513	2743	3499	3702	4427	5183	5939	6695	7325	7955	3838	4562	5318	6074	6830	7460	8090
		8Φ22	3041	2842	3598	3845	4569	5325	6081	6837	7467	8097	4009	4733	5489	6245	7001	7631	8261
		8Φ25	3926	3010	3766	4084	4808	5564	6320	7076	7706	8336	4296	5020	5776	6532	7288	7918	8548
		8Φ28	4926	3199	3955	4354	5078	5834	6590	7346	7976	8606	4620	5344	6100	6856	7612	8242	8872
		12Φ25	5890	3381	4137	4614	5338	6094	6850	7606	8236	8866	4932	5657	6413	7169	7925	8555	9185
		12Φ28	7389	3664	4420	5019	5743	6499	7255	8011	8641	9271	5418	6142	6898	7654	8410	9040	9670
	750	10Φ18	2544	2910	3720	3927	4703	5513	6323	7133	7808		4064	4840	5650	6460	7270	7945	8620
		10Φ20	3141	3023	3833	4088	4864	5674	6484	7294	7969	8644	4257	5034	5844	6654	7464	8139	8814
		10Φ22	3801	3148	3958	4266	5042	5852	6662	7472	8147	8822	4471	5247	6057	6867	7677	8352	9027
		10Φ25	4908	3357	4167	4565	5341	6151	6961	7771	8446	9121	4830	5606	6416	7226	8036	8711	9386
		10Φ28	6157	3593	4403	4902	5678	6488	7298	8108	8783	9458	5235	6011	6821	7631	8441	9116	9791
		12Φ25	5890	3543	4353	4830	5606	6416	7226	8036	8711	9386	5148	5924	6734	7544	8354	9029	9704
		12Φ28	7389	3826	4636	5235	6011	6821	7631	8441	9116	9791	5634	6410	7220	8030	8840	9515	10190

续表

柱宽 b (mm)	柱高 h (mm)	纵钢筋	面积 (mm^2)	允许纵向力 [N/φ] (kN)															
				HPB235		HRB335							HRB400 (RRB400)						
				C15	C20	C20	C25	C30	C35	C40	C45	C50	C20	C25	C30	C35	C40	C45	C50
550	550	8Φ18	2035	2344	2998	3163	3789	4442	5096	5749	6294		3273	3899	4552	5206	5859	6404	6948
		8Φ20	2513	2435	3088	3292	3918	4571	5225	5878	6423	6967	3427	4054	4707	5360	6014	6558	7103
		8Φ22	3041	2534	3188	3434	4060	4714	5367	6021	6565	7110	3598	4225	4878	5531	6185	6729	7274
		8Φ25	3926	2702	3355	3673	4300	4953	5606	6260	6804	7349	3885	4512	5165	5818	6472	7016	7561
		8Φ28	4926	2891	3544	3943	4569	5223	5876	6529	7074	7618	4209	4835	5489	6142	6796	7340	7885
		12Φ25	5890	3073	3726	4204	4830	5483	6137	6790	7334	7879	4522	5148	5801	6455	7108	7652	8197
		12Φ28	7389	3356	4010	4608	5234	5888	6541	7195	7739	8284	5007	5633	6287	6940	7594	8138	8683
	600	8Φ18	2035	2523	3235	3400	4083	4796	5509	6222			3510	4193	4906	5619	6332	6926	7520
		8Φ20	2513	2613	3326	3529	4212	4925	5638	6351	6945	7539	3665	4348	5061	5774	6487	7081	7675
		8Φ22	3041	2713	3425	3672	4355	5068	5780	6493	7087	7681	3836	4519	5232	5945	6658	7252	7846
		8Φ25	3926	2880	3593	3911	4594	5307	6020	6732	7326	7920	4123	4806	5519	6232	6945	7539	8133
		8Φ28	4926	3069	3782	4181	4864	5577	6289	7002	7596	8190	4447	5130	5843	6555	7268	7862	8456
		12Φ25	5890	3251	3964	4441	5124	5837	6550	7263	7857	8451	4759	5442	6155	6868	7581	8175	8769
		12Φ28	7389	3534	4247	4846	5529	6242	6954	7667	8261	8855	5245	5928	6641	7353	8066	8660	9254
	650	8Φ20	2513	2791	3563	3767	4507	5279	6051	6824	7467	8111	3903	4643	5415	6187	6959	7603	8246
		8Φ22	3041	2891	3663	3909	4649	5422	6194	6966	7610	8253	4074	4814	5586	6358	7130	7774	8417
		8Φ25	3926	3058	3831	4149	4889	5661	6433	7205	7849	8492	4361	5101	5873	6645	7417	8061	8704
		8Φ28	4926	3247	4019	4418	5158	5931	6703	7475	8118	8762	4684	5424	6197	6969	7741	8384	9028
		12Φ25	5890	3429	4202	4679	5419	6191	6963	7735	8379	9022	4997	5737	6509	7281	8053	8697	9340
		12Φ28	7389	3713	4485	5083	5823	6596	7368	8140	8783	9427	5482	6222	6995	7767	8539	9182	9826
	700	8Φ20	2513	2969	3801	4004	4801	5633	6465	7296	7989		4140	4937	5769	6600	7432	8125	8818
		8Φ22	3041	3069	3901	4147	4944	5776	6607	7439	8132	8825	4311	5108	5940	6771	7603	8296	8989
		8Φ25	3926	3237	4068	4386	5183	6015	6846	7678	8371	9064	4598	5395	6227	7058	7890	8583	9276
		8Φ28	4926	3425	4257	4656	5453	6284	7116	7948	8641	9334	4922	5719	6550	7382	8214	8907	9600
		12Φ25	5890	3608	4439	4916	5713	6545	7376	8208	8901	9594	5234	6031	6863	7695	8526	9219	9912
		12Φ28	7389	3891	4722	5321	6118	6949	7781	8613	9306	9999	5720	6517	7348	8180	9012	9705	10398

续表

柱宽 b (mm)	柱高 h (mm)	纵钢筋	面积 (mm^2)	允许纵向力 [N/φ] (kN)															
				HPB235		HRB335							HRB400 (RRB400)						
				C15	C20	C20	C25	C30	C35	C40	C45	C50	C20	C25	C30	C35	C40	C45	C50
550	750	10Φ18	2544	3153	4044	4251	5104	5995	6886	7777			4388	5242	6133	7024	7915	8657	9400
		10Φ20	3141	3266	4157	4412	5266	6157	7048	7939	8681	9424	4581	5435	6326	7217	8108	8851	9593
		10Φ22	3801	3391	4282	4590	5444	6335	7226	8117	8859	9602	4795	5649	6540	7431	8322	9065	9807
		10Φ25	4908	3600	4491	4889	5743	6634	7525	8416	9158	9901	5145	6008	6899	7790	8681	9423	100166
		10Φ28	6157	3836	4727	5226	6080	6971	7862	8753	9495	10238	5559	6412	7303	8194	9085	9828	10570
		12Φ25	5890	3786	4677	5154	6008	6899	7790	8681	9423	10166	5472	6326	7217	8108	8999	9741	10484
		12Φ28	7389	4069	4960	5559	6412	7303	8194	9085	9828	10570	5958	6811	7702	8593	9484	10227	10969
	800	10Φ20	3141	3444	4395	4649	5560	6511	7461	8411	9203	9995	4819	5730	6680	7631	8581	9373	10165
		10Φ22	3801	3569	4520	4827	5738	6689	7639	8589	9381	10173	5033	5944	6894	7844	8795	9587	10379
		10Φ25	4908	3778	4729	5126	6037	6988	7938	8888	9680	10472	5392	6302	7253	8203	9154	9946	10738
		10Φ28	6157	4014	4965	5464	6374	7325	8275	9226	10018	10810	5796	6707	7657	8608	9558	10350	11142
		12Φ25	5890	3964	4914	5392	6302	7253	8203	9154	9946	10738	5710	6620	7571	8521	9472	10264	11056
		12Φ28	7389	4247	5198	5796	6707	7657	8608	9558	10350	11142	6195	7106	8056	9007	9957	10749	11541
600	600	8Φ20	2513	2807	3585	3788	4534	5311	6089	6866	7514	8162	3924	4669	5447	6225	7002	7650	8298
		8Φ22	3041	2907	3685	3931	4676	5454	6231	7009	7657	8305	4095	4840	5618	6396	7173	7821	8469
		8Φ25	3926	3075	3852	4170	4915	5693	6471	7248	7896	8544	4382	5127	5905	6683	7460	8108	8756
		8Φ28	4926	3263	4041	4440	5185	5963	6740	7518	8166	8814	4706	5451	6229	7006	7784	8432	9080
		12Φ25	5890	3446	4223	4700	5446	6223	7001	7778	8426	9074	5018	5764	6541	7319	8096	8744	9392
		12Φ28	7389	3729	4506	5105	5850	6628	7405	8183	8831	9479	5504	6249	7027	7804	8582	9230	9878
	650	8Φ20	2513	3002	3844	4048	4855	5697	6540	7382	8084		4183	4991	5833	6676	7518	8220	8922
		8Φ22	3041	3101	3944	4190	4997	5840	6682	7525	8227	8929	4354	5162	6004	6847	7689	8391	9093
		8Φ25	3926	3269	4111	4429	5237	6079	6921	7764	8466	9168	4641	5449	6291	7134	7976	8678	9380
		8Φ28	4926	3458	4300	4699	5506	6349	7191	8034	8736	9438	4965	5772	6615	7457	8300	9002	9704
		12Φ25	5890	3640	4482	4960	5767	6609	7452	8294	8996	9698	5278	6085	6927	7770	8612	9314	10016
		12Φ28	7389	3923	4766	5364	6171	7014	7856	8699	9401	10103	5763	6570	7413	8255	9098	9800	10502

续表

柱宽 b (mm)	柱高 h (mm)	纵钢筋	面积 (mm²)	允许纵向力［N/φ］(kN)															
				HPB235		HRB335							HRB400（RRB400）						
				C15	C20	C20	C25	C30	C35	C40	C45	C50	C20	C25	C30	C35	C40	C45	C50
600	700	8Φ22	3041	3296	4203	4449	5319	6226	7133	8040	8796	9552	4614	5483	6390	7297	8205	8961	9717
		8Φ25	3926	3463	4371	4689	5558	6465	7372	8280	9036	9792	4901	5770	6677	7584	8492	9248	10004
		8Φ28	4926	3652	4559	4958	5828	6735	7642	8549	9305	10061	5224	6094	7001	7908	8815	9571	10327
		12Φ25	5890	3834	4742	5219	6088	6995	7903	8810	9566	10322	5537	6406	7313	8221	9128	9884	10640
		12Φ28	7389	4118	5025	5623	6493	7400	8307	9214	9970	10726	6022	6892	7799	8706	9613	10369	11125
	750	10Φ20	3141	3509	4481	4736	5667	6639	7611	8583	9393	10203	4905	5837	6809	7781	8753	9563	10373
		10Φ22	3801	3634	4606	4914	5845	6817	7789	8761	9571	10381	5119	6051	7023	7995	8967	9777	10587
		10Φ25	4908	3843	4815	5213	6144	7116	8088	9060	9870	10680	5478	6409	7381	8353	9325	10135	10945
		10Φ28	6157	4079	5051	5550	6482	7454	8426	9398	10208	11018	5883	6814	7786	8758	9730	10540	11350
		12Φ25	5890	4029	5001	5478	6409	7381	8353	9325	10135	10945	5796	6728	7700	8672	9644	10454	11264
		12Φ28	7389	4312	5284	5883	6814	7786	8758	9730	10540	11350	6282	7213	8185	9157	10129	10939	11749
	800	10Φ20	3141	3704	4740	4995	5989	7025	8062	9099	9963		5165	6158	7195	8232	9269	10133	10997
		10Φ22	3801	3828	4865	5173	6167	7203	8240	9277	10141	11005	5378	6372	7409	8446	9482	10346	11210
		10Φ25	4908	4038	5074	5472	6466	7502	8539	9576	10440	11304	5737	6731	7768	8804	9841	10705	11569
		10Φ28	6157	4274	5310	5809	6803	7840	8876	9913	10777	11641	6142	7135	8172	9209	10246	11110	11974
		12Φ25	5890	4223	5260	5737	6731	7768	8804	9841	10705	11569	6055	7049	8086	9122	10159	11023	11887
		12Φ28	7389	4506	5543	6142	7135	8172	9209	10246	11110	11974	6541	7534	8571	9608	10645	11509	12373
650	650	8Φ22	3041	3312	4225	4471	5346	6258	7171	8083	8844	9604	4635	5510	6422	7335	8248	9008	9769
		8Φ25	3926	3480	4392	4710	5585	6497	7410	8323	9083	9844	4922	5797	6709	7622	8535	9295	10056
		8Φ28	4926	3668	4581	4980	5854	6767	7680	8592	9353	10113	5246	6121	7033	7946	8858	9619	10379
		12Φ25	5890	3851	4763	5240	6115	7028	7940	8853	9613	10374	5558	6433	7346	8258	9171	9931	10692
		12Φ28	7389	4134	5046	5645	6520	7432	8345	9257	10018	10778	6044	6919	7831	8744	9656	10417	11177
	700	8Φ22	3041	3523	4505	4752	5694	6676	7659	8642	9461		4916	5858	6841	7823	8806	9625	10444
		8Φ25	3926	3690	4673	4991	5933	6916	7898	8881	9700	10519	5203	6145	7128	8110	9093	9912	10731
		8Φ28	4926	3879	4862	5261	6203	7185	8168	9151	9970	10789	5527	6469	7451	8434	9417	10236	11055
		12Φ25	5890	4061	5044	5521	6463	7446	8429	9411	10230	11049	5839	6781	7764	8747	9729	10548	11367
		12Φ28	7389	4344	5327	5926	6868	7850	8833	9816	10635	11454	6325	7267	8249	9232	10215	11034	11853

续表

柱宽 b (mm)	柱高 h (mm)	纵钢筋	面积 (mm^2)	允许纵向力 $[N/\varphi]$ (kN)															
				HPB235		HRB335							HRB400 (RRB400)						
				C15	C20	C20	C25	C30	C35	C40	C45	C50	C20	C25	C30	C35	C40	C45	C50
650	750	10Φ20	3141	3752	4805	5060	6069	7122	8175	9228	10105		5229	6239	7292	8345	9398	10275	11153
		10Φ22	3801	3877	4930	5238	6247	7300	8353	9406	10283	11161	5443	6452	7505	8558	9611	10489	11366
		10Φ25	4908	4086	5139	5537	6546	7599	8652	9705	10582	11460	5802	6811	7864	8917	9970	10848	11725
		10Φ28	6157	4322	5375	5874	6883	7936	8989	10042	10920	11797	6207	7216	8269	9322	10375	11252	12130
		12Φ25	5890	4272	5325	5802	6811	7864	8917	9970	10848	11725	6120	7129	8182	9235	10288	11166	12043
		12Φ28	7389	4555	5608	6207	7216	8269	9322	10375	11252	12130	6606	7615	8668	9721	10774	11651	12529
	800	10Φ22	3801	4088	5211	5519	6595	7718	8841	9965	10901	11837	5724	6800	7924	9047	10170	11106	12042
		10Φ25	4908	4297	5420	5818	6894	8017	9140	10264	11200	12136	6083	7159	8282	9406	10529	11465	12401
		10Φ28	6157	4533	5656	6155	7231	8354	9478	10601	11537	12473	6487	7564	8687	9810	10933	11869	12805
		12Φ25	5890	4482	5606	6083	7159	8282	9406	10529	11465	12401	6401	7477	8600	9724	10847	11783	12719
		12Φ28	7389	4766	5889	6487	7564	8687	9810	10933	11869	12805	6886	7963	9086	10209	11332	12268	13204
	850	10Φ22	3801	4298	5492	5799	6943	8137	9330	10523	11518		6005	7148	8342	9535	10729	11723	12718
		10Φ25	4908	4507	5701	6098	7242	8436	9629	10822	11817	12811	6364	7507	8701	9894	11087	12082	13076
		10Φ28	6157	4743	5937	6436	7579	8773	9966	11160	12154	13149	6768	7912	9105	10299	11492	12487	13481
		12Φ25	5890	4693	5886	6364	7507	8701	9894	11087	12082	13076	6682	7825	9019	10212	11405	12400	13394
		12Φ28	7389	4976	6170	6768	7912	9105	10299	11492	12487	13481	7167	8311	9504	10698	11891	12886	13880
	900	10Φ22	3801	4509	5772	6080	7291	8555	9818	11082	12135		6286	7496	8760	10024	11287	12340	13393
		10Φ25	4908	4718	5982	6379	7590	8854	10117	11381	12434	13487	6644	7855	9119	10382	11646	12699	13752
		10Φ28	6157	4954	6218	6716	7927	9191	10455	11718	12771	13824	7049	8260	9523	10787	12051	13104	14157
		12Φ25	5890	4904	6167	6644	7855	9119	10382	11646	12699	13752	6962	8173	9437	10701	11964	13017	14070
		12Φ28	7389	5187	6450	7049	8260	9523	10787	12051	13104	14157	7448	8659	9922	11186	12450	13503	14556
700	700	8Φ22	3041	3749	4808	5054	6068	7127	8185	9244			5218	6233	7291	8350	9408	10290	11172
		8Φ25	3926	3917	4975	5293	6308	7366	8424	9483	10365	11247	5505	6520	7578	8637	9695	10577	11459
		8Φ28	4926	4106	5164	5563	6577	7636	8694	9753	10635	11517	5829	6843	7902	8960	10019	10901	11783
		12Φ25	5890	4288	5346	5824	6838	7896	8955	10013	10895	11777	6142	7156	8214	9273	10331	11213	12095
		12Φ28	7389	4571	5630	6228	7242	8301	9359	10418	11300	12182	6627	7641	8700	9758	10817	11699	12581

圆形截面柱轴心受压配筋表 **表 3-4-2**

直径 (mm)	纵钢筋	面积 (mm^2)	允许轴向力 [N/φ] (kN)															
			HPB235		HRB335							HRB400 (RRB400)						
			C15	C20	C20	C25	C30	C35	C40	C45	C50	C20	C25	C30	C35	C40	C45	C50
300	6Φ12	678	586	738	793	940	1092	1245	1398	1525	1652	830	976	1129	1282	1434	1562	1689
	6Φ14	923	632	785	860	1006	1159	1311	1464	1591	1718	909	1056	1208	1361	1514	1641	1768
	6Φ16	1206	686	838	936	1082	1235	1388	1540	1668	1795	1001	1147	1300	1453	1605	1733	1860
	6Φ18	1526	746	899	1022	1169	1321	1474	1627	1754	1881	1105	1251	1404	1557	1709	1837	1964
	6Φ20	1884	814	966	1119	1265	1418	1571	1724	1851	1978	1221	1367	1520	1673	1825	1953	2080
350	6Φ12	678	751	959	1014	1213	1421	1629	1837	2010	2183	1051	1250	1458	1665	1873	2046	2220
	6Φ14	923	798	1005	1080	1279	1487	1695	1903	2076	2249	1130	1329	1537	1745	1953	2126	2299
	6Φ16	1206	851	1059	1156	1356	1563	1771	1979	2152	2325	1222	1421	1629	1836	2044	2217	2391
	6Φ18	1526	912	1119	1243	1442	1650	1858	2066	2239	2412	1325	1525	1732	1940	2148	2321	2494
	6Φ20	1884	979	1187	1340	1539	1747	1954	2162	2335	2509	1441	1641	1848	2056	2264	2437	2610
	8Φ18	2035	1008	1216	1380	1580	1787	1995	2203	2376	2549	1490	1690	1897	2105	2313	2486	2659
	8Φ20	2513	1098	1306	1509	1709	1916	2124	2332	2505	2678	1645	1844	2052	2260	2468	2641	2814
400	8Φ12	904	985	1256	1330	1590	1861	2133	2404	2630	2856	1378	1639	1910	2181	2453	2679	2905
	8Φ14	1231	1047	1318	1418	1678	1949	2221	2492	2718	2945	1484	1744	2016	2287	2559	2785	3011
	8Φ16	1608	1118	1389	1520	1780	2051	2323	2594	2820	3046	1606	1867	2138	2409	2681	2907	3133
	8Φ18	2035	1199	1470	1635	1895	2166	2438	2709	2936	3162	1745	2005	2276	2548	2819	3045	3272
	8Φ20	2513	1289	1560	1764	2024	2295	2567	2838	3064	3291	1900	2160	2431	2703	2974	3200	3426
	8Φ22	3041	1389	1660	1906	2166	2438	2709	2981	3207	3433	2071	2331	2602	2874	3145	3371	3597
	10Φ18	2544	1295	1566	1772	2032	2304	2575	2847	3073	3299	1910	2170	2441	2713	2984	3210	3437
	10Φ20	3141	1408	1679	1933	2194	2465	2736	3008	3234	3460	2103	2363	2635	2906	3178	3404	3630
	10Φ22	3801	1508	1771	2079	2331	2594	2857	3121	3340	3559	2284	2536	2799	3063	3326	3545	3765
450	8Φ14	1231	1263	1606	1706	2035	2379	2722	3066	3352	3639	1773	2102	2445	2789	3132	3419	3705
	8Φ16	1608	1334	1678	1808	2137	2481	2824	3168	3454	3740	1895	2224	2568	2911	3255	3541	3827
	8Φ18	2035	1415	1758	1923	2253	2596	2940	3283	3569	3856	2033	2362	2706	3050	3393	3679	3966
	8Φ20	2513	1505	1849	2052	2381	2725	3069	3412	3698	3985	2188	2517	2861	3204	3548	3834	4120
	8Φ22	3041	1605	1948	2195	2524	2867	3211	3555	3841	4127	2359	2688	3032	3375	3719	4005	4291
	8Φ25	3926	1772	2116	2434	2763	3107	3450	3794	4080	4366	2646	2975	3319	3662	4006	4292	4578

续表

直径 (mm)	纵钢筋	面积 (mm^2)	允许轴向力 [N/φ] (kN)															
			HPB235		HRB335							HRB400 (RRB400)						
			C15	C20	C20	C25	C30	C35	C40	C45	C50	C20	C25	C30	C35	C40	C45	C50
450	10Φ18	2544	1511	1855	2061	2390	2733	3077	3421	3707	3993	2198	2527	2871	3214	3558	3844	4130
	10Φ20	3141	1624	1967	2222	2551	2895	3238	3582	3868	4154	2392	2721	3064	3408	3751	4038	4324
	10Φ22	3801	1749	2092	2400	2729	3073	3416	3760	4046	4332	2605	2934	3278	3622	3965	4251	4538
500	8Φ14	1231	1505	1929	2028	2435	2859	3283	3707			2095	2501	2926	3350	3774	4127	4481
	8Φ16	1608	1576	2000	2130	2537	2961	3385	3809	4162	4516	2217	2624	3048	3472	3896	4249	4603
	8Φ18	2035	1657	2081	2246	2652	3076	3500	3924	4278	4631	2356	2762	3186	3610	4034	4388	4741
	8Φ20	2513	1747	2171	2375	2781	3205	3629	4053	4407	4760	2510	2917	3341	3765	4189	4542	4896
	8Φ22	3041	1847	2271	2517	2923	3348	3772	4196	4549	4903	2681	3088	3512	3936	4360	4713	5067
	8Φ25	3926	2014	2438	2756	3163	3587	4011	4435	4788	5142	2968	3375	3799	4223	4647	5001	5354
	10Φ18	2544	1753	2177	2383	2789	3214	3638	4062	4415	4769	2520	2927	3351	3775	4199	4553	4906
	10Φ20	3141	1866	2290	2544	2951	3375	4746	4223	4576	4930	2714	3120	3544	3969	4393	4746	5099
	10Φ22	3801	1990	2414	2722	3129	3553	3977	4401	4755	5108	2928	3334	3758	4182	4606	4960	5313
	10Φ25	4908	2200	2624	3021	3428	3852	4276	4700	5054	5407	3286	3693	4117	4541	4965	5319	5672
	12Φ20	3769	1984	2408	2714	3120	3544	3969	4393	4746	5099	2917	3324	3748	4172	4596	4950	5303
	12Φ22	4561	2134	2558	2928	3334	3758	4182	4606	4960	5313	3174	3580	4004	4429	4853	5206	5560
	14Φ20	4398	2103	2527	2883	3290	3714	4138	4562	4916	5269	3121	3527	3952	4376	4800	5153	5507
550	8Φ16	1608	1843	2356	2487	2978	3491	4005	4518	4945		2573	3065	3578	4092	4605	5032	5460
	8Φ18	2035	1924	2437	2602	3094	3607	4120	4633	5061	5489	2712	3204	3717	4230	4743	5171	5598
	8Φ20	2513	2014	2527	2731	3223	3736	4249	4762	5190	5617	2867	3358	3871	4385	4898	5326	5753
	8Φ22	3041	2114	2627	2873	3365	3878	4391	4905	5332	5760	3038	3529	4042	4556	5069	5497	5924
	8Φ25	3926	2281	2794	3113	3604	4117	4631	5144	5571	5999	3325	3816	4330	4843	5356	5784	6211
	10Φ18	2544	2020	2533	2739	3231	3744	4257	4771	5198	5626	2877	3368	3882	4395	4908	5336	5763
	10Φ20	3141	2133	2646	2900	3392	3905	4419	4932	5359	5787	3070	3562	4075	4588	5101	5529	5957
	10Φ22	3801	2257	2771	3079	3570	4084	4597	5110	5538	5965	3284	3776	4289	4802	5315	5743	6170
	10Φ25	4908	2467	2980	3378	3869	4383	4896	5409	5837	6264	3643	4134	4648	5161	5674	6102	6529
	12Φ20	3769	2252	2765	3070	3562	4075	4588	5101	5529	5957	3274	3765	4279	4792	5305	5733	6160
	12Φ22	4561	2401	2914	3284	3776	4289	4802	5315	5743	6170	3530	4022	4535	5048	5562	5989	6417

续表

直径(mm)	纵钢筋	面积(mm^2)	允许轴向力［N/φ］(kN)															
			HPB235		HRB335							HRB400（RRB400）						
			C15	C20	C20	C25	C30	C35	C40	C45	C50	C20	C25	C30	C35	C40	C45	C50
550	14Φ20	4398	2370	2883	3240	3732	4245	4758	5271	5699	6126	3477	3969	4482	4995	5509	5936	6364
	14Φ22	5321	2545	3058	3489	3981	4494	5007	5520	5948	6376	3776	4268	4781	5295	5808	6235	6663
600	8Φ18	2035	2216	2827	2992	3577	4188	4799	5410	5918	6427	3102	3687	4298	4909	5519	6028	6537
	8Φ20	2513	2307	2917	3121	3706	4317	4928	5538	6047	6556	3257	3842	4453	5063	5674	6183	6692
	8Φ22	3041	2406	3017	3263	3849	4459	5070	5681	6190	6699	3428	4013	4624	5234	5845	6354	6863
	8Φ25	3926	2574	3185	3503	4088	4699	5309	5920	6429	6938	3715	4300	4911	5521	6132	6641	7150
	10Φ18	2544	2313	2923	3129	3715	4325	4936	5547	6056	6565	3267	3852	4463	5074	5684	6193	6702
	10Φ20	3141	2425	3036	3291	3876	4487	5097	5708	6217	6726	3460	4046	4656	5267	5878	6387	6896
	10Φ22	3801	2550	3161	3469	4054	4665	5275	5886	6395	6904	3674	4259	4870	5481	6091	6600	7109
	10Φ25	4908	2759	3370	3768	4353	4964	5574	6185	6694	7203	4033	4618	5229	5840	6450	6959	7468
	12Φ20	3769	2544	3155	3460	4046	4656	5267	5878	6387	6896	3664	4249	4860	5471	6081	6590	7099
	12Φ22	4561	2694	3305	3674	4259	4870	5481	6091	6600	7109	3920	4506	5116	5727	6338	6847	7356
	12Φ25	5890	2945	3556	4033	4618	5229	5840	6450	6959	7468	4351	4936	5547	6158	6768	7277	7786
	14Φ20	4398	2663	3274	3630	4215	4826	5437	6047	6556	7065	3867	4453	5063	5674	6285	6794	7303
	14Φ22	5321	2838	3448	3879	4465	5075	5686	6297	6806	7315	4167	4752	5363	5973	6584	7093	7602
	14Φ25	6872	3131	3741	4298	4883	5494	6105	6715	7224	7733	4669	5254	5865	6476	7086	7595	8104
	16Φ20	5026	2782	3392	3800	4385	4996	5606	6217	6726	7235	4071	4656	5267	5878	6488	6997	7506
	16Φ22	6082	2981	3592	4085	4670	5281	5891	6502	7011	7520	4413	4998	5609	6220	6830	7339	7848
650	8Φ18	2035	2535	3251	3416	4103	4820	5537	6253			3526	4213	4930	5646	6363	6961	7558
	8Φ20	2513	2625	3342	3545	4232	4949	5666	6382	6980	7577	3681	4368	5084	5801	6518	7115	7713
	8Φ22	3041	2725	3441	3688	4374	5091	5808	6525	7122	7719	3852	4539	5255	5972	6689	7286	7884
	8Φ25	3926	2892	3609	3927	4614	5330	6047	6764	7361	7959	4139	4826	5543	6259	6976	7573	8171
	10Φ18	2544	2631	3347	3554	4240	4957	5674	6391	6988	7585	3691	4378	5095	5811	6528	7125	7723
	10Φ20	3141	2744	3460	3715	4402	5118	5835	6552	7149	7746	3884	4571	5288	6005	6722	7319	7916
	10Φ22	3801	2868	3585	3893	4580	5297	6013	6730	7327	7925	4098	4785	5502	6219	6935	7533	8130
	10Φ25	4908	3078	3794	4192	4879	5596	6312	7029	7626	8224	4457	5144	5861	6577	7294	7891	8489
	12Φ20	3769	2862	3579	3884	4571	5288	6005	6722	7319	7916	4088	4775	5492	6208	6925	7522	8120

续表

直径（mm）	纵钢筋	面积（mm^2）	允许轴向力［N/φ］（kN）															
			HPB235		HRB335							HRB400（RRB400）						
			C15	C20	C20	C25	C30	C35	C40	C45	C50	C20	C25	C30	C35	C40	C45	C50
650	12Φ22	4561	3012	3729	4098	4785	5502	6219	6935	7533	8130	4344	5031	5748	6465	7182	7779	8376
	12Φ25	5890	3263	3980	4457	5144	5861	6577	7294	7891	8489	4775	5462	6179	6895	7612	8209	8807
	14Φ20	4398	2981	3698	4054	4741	5458	6174	6891	7488	8086	4292	4978	5695	6412	7129	7726	8323
	14Φ22	5321	3156	3872	4303	4990	5707	6424	7141	7738	8335	4591	5278	5994	6711	7428	8025	8623
	14Φ25	6872	3449	4165	4722	5409	6126	6842	7559	8156	8754	5093	5780	6497	7214	7930	8528	9125
	16Φ20	5026	3100	3817	4224	4911	5627	6344	7061	7658	8255	4495	5182	5899	6616	7332	7930	8527
	16Φ22	6082	3299	4016	4509	5196	5912	6629	7346	7943	8540	4837	5524	6241	6958	7674	8272	8869
	16Φ25	7853	3634	4351	4987	5674	6391	7107	7824	8422	9019	5411	6098	6815	7532	8248	8846	9443
	18Φ20	5654	3219	3935	4393	5080	5797	6514	7230	7828	8425	4699	5386	6102	6819	7536	8133	8730
	18Φ22	6842	3443	4160	4714	5401	6118	6834	7551	8148	8746	5083	5770	6487	7204	7921	8518	9115
700	8Φ20	2513	2968	3800	4003	4800	5631	6462	7294	7986		4139	4935	5767	6598	7429	8122	8815
	8Φ22	3041	3068	3899	4146	4942	5774	6605	7436	8129	8822	4310	5106	5938	6769	7600	8293	8986
	8Φ25	3926	3235	4067	4385	5181	6013	6844	7675	8368	9061	4597	5394	6225	7056	7887	8580	9273
	10Φ18	2544	2974	3806	4012	4808	5640	6471	7302	7995		4149	4946	5777	6608	7439	8132	8825
	10Φ20	3141	3087	3918	4173	4969	5801	6632	7463	8156	8849	4342	5139	5970	6802	7633	8326	9018
	10Φ22	3801	3212	4043	4351	5148	5979	6810	7641	8334	9027	4556	5353	6184	7015	7847	8539	9232
	10Φ25	4908	3421	4252	4650	5447	6278	7109	7940	8633	9326	4915	5712	6543	7374	8205	8898	9591
	12Φ20	3769	3206	4037	4342	5139	5970	6802	7633	8326	9018	4546	5343	6174	7005	7836	8529	9222
	12Φ22	4561	3355	4187	4556	5353	6184	7015	7847	8539	9232	4803	5599	6430	7262	8093	8786	9478
	12Φ25	5890	3607	4438	4915	5712	6543	7374	8205	8898	9591	5233	6030	6861	7692	8524	9216	9909
	14Φ20	4398	3325	4156	4512	5309	6140	6971	7803	8495	9188	4750	5546	6377	7209	8040	8733	9425
	14Φ22	5321	3499	4330	4761	5558	6389	7221	8052	8745	9437	5049	5845	6677	7508	8339	9032	9725
	14Φ25	6872	3792	4623	5180	5977	6808	7639	8470	9163	9856	5551	6348	7179	8010	8842	9534	10227

续表

直径(mm)	纵钢筋	面积(mm^2)	允许轴向力［N/φ］(kN)															
			HPB235		HRB335							HRB400（RRB400）						
			C15	C20	C20	C25	C30	C35	C40	C45	C50	C20	C25	C30	C35	C40	C45	C50
700	16Φ20	5026	3443	4275	4682	5478	6310	7141	7972	8665	9358	4953	5750	6581	7412	8244	8936	9629
	16Φ22	6082	3643	4474	4967	5763	6595	7426	8257	8950	9643	5295	6092	6923	7754	8586	9278	9971
	16Φ25	7853	3978	4809	5445	6242	7073	7904	8736	9428	10121	5869	6666	7497	8328	9160	9852	10545
	18Φ20	5654	3562	4393	4851	5648	6479	7311	8142	8835	9527	5157	5953	6785	7616	8447	9140	9833
	18Φ22	6842	3787	4618	5172	5969	6800	7631	8462	9155	9848	5541	6338	7169	8001	8832	9525	10217
	18Φ25	8835	4163	4995	5710	6507	7338	8169	9001	9693	10386	6187	6984	7815	8646	9478	10170	10863
750	8Φ22	3041	3437	4391	4638	5552	6506	7461	8415	9210		4802	5716	6671	7625	8579	9374	10170
	8Φ25	3926	3604	4559	4877	5791	6746	7700	8654	9449	10245	5089	6003	6958	7912	8866	9661	10457
	10Φ20	3141	3456	4410	4665	5579	6534	7488	8442	9237	10032	4834	5749	6703	7657	8612	9407	10202
	10Φ22	3801	3581	4535	4843	5757	6712	7666	8620	9415	10211	5048	5963	6917	7871	8825	9621	10416
	10Φ25	4908	3790	4744	5142	6056	7011	7965	8919	9714	10510	5407	6321	7276	8230	9184	9979	10775
	12Φ20	3769	3575	4529	4834	5749	6703	7657	8612	9407	10202	5038	5952	6907	7861	8815	9610	10406
	12Φ22	4561	3724	4679	5048	5963	6917	7871	8825	9621	10416	5294	6209	7163	8118	9072	9867	10662
	12Φ25	5890	3976	4930	5407	6321	7276	8230	9184	9979	10775	5725	6640	7594	8548	9502	10298	11093
	14Φ20	4398	3694	4648	5004	5919	6873	7827	8781	9577	10372	5242	6156	7110	8065	9019	9814	10609
	14Φ22	5321	3868	4822	5253	6168	7122	8076	9031	9826	10621	5541	6455	7410	8364	9318	10113	10909
	14Φ25	6872	4161	5115	5672	6587	7541	8495	9449	10245	11040	6043	6958	7912	8866	9820	10616	11411
	16Φ20	5026	3812	4767	5174	6088	7042	7997	8951	9746	10541	5445	6360	7314	8268	9222	10018	10813
	16Φ22	6082	4012	4966	5459	6373	7327	8282	9236	10031	10826	5787	6702	7656	8610	9564	10360	11155
	16Φ25	7853	4347	5301	5937	6852	7806	8760	9714	10510	11305	6361	7276	8230	9184	10138	10934	11729
	18Φ20	5654	3931	4885	5343	6258	7212	8166	9121	9916	10711	5649	6563	7517	8472	9426	10221	11016
	18Φ22	6842	4155	5110	5664	6578	7533	8487	9441	10236	11032	6033	6948	7902	8856	9811	10606	11401
	18Φ25	8835	4532	5486	6202	7117	8071	9025	9979	10775	11570	6679	7594	8548	9502	10457	11252	12047

续表

直径（mm）	纵钢筋	面积（mm^2）	允许轴向力［N/φ］（kN）															
			HPB235		HRB335							HRB400（RRB400）						
			C15	C20	C20	C25	C30	C35	C40	C45	C50	C20	C25	C30	C35	C40	C45	C50
750	20Φ20	6283	4050	5004	5513	6427	7382	8336	9290	10085	10881	5852	6767	7721	8675	9630	10425	11220
	20Φ22	7602	4299	5253	5869	6784	7738	8692	9647	10442	11237	6280	7194	8149	9103	10057	10852	11648
	20Φ25	9817	4718	5672	6467	7382	8336	9290	10245	11040	11835	6997	7912	8866	9820	10775	11570	12365
800	8Φ25	3926	3999	5085	5403	6443	7529	8615	9700	10605	11510	5615	6655	7741	8827	9912	10817	11722
	10Φ20	3141	3850	4936	5191	6231	7317	8403	9488			5360	6401	7487	8572	9658	10563	11468
	10Φ22	3801	3975	5061	5369	6409	7495	8581	9666	10571	11476	5574	6615	7700	8786	9872	10777	11681
	10Φ25	4908	4184	5270	5668	6708	7794	8880	9965	10870	11775	5933	6973	8059	9145	10231	11135	12040
	12Φ20	3769	3969	5055	5360	6401	7487	8572	9658	10563	11468	5564	6604	7690	8776	9862	10766	11671
	12Φ22	4561	4119	5205	5574	6615	7700	8786	9872	10777	11681	5820	6861	7947	9032	10118	11023	11928
	12Φ25	5890	4370	5456	5933	6973	8059	9145	10231	11135	12040	6251	7291	8377	9463	10549	11453	12358
	14Φ20	4398	4088	5174	5530	6570	7656	8742	9828	10732	11637	5767	6808	7894	8979	10065	10970	11875
	14Φ22	5321	4263	5348	5779	6820	7906	8991	10077	10982	11887	6067	7107	8193	9279	10364	11269	12174
	14Φ25	6872	4556	5641	6198	7238	8324	9410	10496	11400	12305	6569	7610	8695	9781	10867	11772	12676
	16Φ20	5026	4207	5292	5700	6740	7826	8912	9997	10902	11807	5971	7012	8097	9183	10269	11174	12078
	16Φ22	6082	4406	5492	5985	7025	8111	9197	10282	11187	12092	6313	7354	8439	9525	10611	11516	12420
	16Φ25	7853	4741	5827	6463	7504	8589	9675	10761	11665	12570	6887	7928	9013	10099	11185	12090	12994
	18Φ20	5654	4325	5411	5869	6910	7995	9081	10167	11072	11977	6175	7215	8301	9387	10472	11377	12282
	18Φ22	6842	4550	5636	6190	7230	8316	9402	10488	11392	12297	6559	7600	8686	9771	10857	11762	12667
	18Φ25	8835	4927	6012	6728	7769	8854	9940	11026	11931	12835	7205	8246	9331	10417	11503	12408	13312
	20Φ20	6283	4444	5530	6039	7079	8165	9251	10337	11241	12146	6378	7419	8504	9590	10676	11581	12485
	20Φ22	7602	4694	5779	6395	7436	8521	9607	10693	11598	12502	6806	7846	8932	10018	11103	12008	12913
	20Φ25	9817	5112	6198	6993	8034	9119	10205	11291	12196	13100	7523	8564	9650	10735	11821	12726	13631
	22Φ20	6911	4563	5649	6209	7249	8335	9421	10506	11411	12316	6582	7622	8708	9794	10879	11784	12689
	22Φ22	8362	4837	5923	6600	7641	8727	9812	10898	11803	12708	7052	8093	9178	10264	11350	12255	13159
	22Φ25	10799	5298	6383	7258	8299	9384	10470	11556	12461	13365	7841	8882	9968	11053	12139	13044	13949

第五节 矩形截面对称配筋单向偏心受压柱承载力计算

一、适用范围

1. 混凝土强度等级：C15，C20，C25，C30，C35，C40，C45，C50；

2. 普通钢筋：HPB235，HRB335，HRB400（RRB400）；

3. 按一类环境，混凝土保护层厚度为30mm。

二、制表公式

$$N \leqslant f_c bx + f'_y A'_s - \sigma_s A_s \tag{3-5-1}$$

$$Ne \leqslant f_c bx\left(h_0 - \frac{x}{2}\right) + f'_y A'_s (h_0 - a'_s) \tag{3-5-2}$$

$$e = \eta e_i + 0.5h - a_s \tag{3-5-3}$$

$$e_i = e_0 + e_a \tag{3-5-4}$$

$$\omega = \frac{N}{f_c bh_0} \tag{3-5-5}$$

$$\lambda = \frac{N\eta(e_0 + e_a)}{f_c bh_0^2} \tag{3-5-6}$$

$$A_s = A'_s = \beta bh_0 \frac{f_c}{f_y} \times 10^{-3} \tag{3-5-7}$$

式中 $e_0 = \dfrac{M}{N}$；

e_a——附加偏心距，其值应取20mm和偏心方向截面最大尺寸的1/30两者中的较大值。

三、使用说明

1. 当 $\xi \leqslant \xi_b$ 时，为大偏心受压；当 $\xi > \xi_b$ 时，为小偏心受压。采用本图表时，不必判断大、小偏心受压，直接按 ω，λ 值查表3-5-2至3-5-5得 β 值，然后按公式（3-5-7）算得 A_s 值（mm²）。

2. β 值的取值范围见表3-5-1。

β_{max} 及 β_{min} 表 表3-5-1

钢筋 \ 混凝土强度等级		C15	C20	C25	C30	C35	C40	C45	C50
HPB235	β_{max}	729.2	546.9	441.2	—	—	—	—	—
	β_{min}	58.3	43.8	35.3	—	—	—	—	—
HRB335	β_{max}	—	781.3	630.3	524.5	449.1	392.7	355.5	324.7
	β_{min}	—	62.5	50.4	42.0	35.9	31.4	28.4	26.0
HRB400 RRB400	β_{max}	—	937.5	756.3	629.4	538.9	471.2	426.5	389.6
	β_{min}	—	75.0	60.5	50.4	43.1	37.7	34.1	31.2

注：本表所列 β_{max} 及 β_{min} 值根据 $0.2\% \leqslant \rho \leqslant 2.5\%$ 求得。

3. 当表3-5-2至3-5-5查得的 $\beta < \beta_{min}$ 时，取 $\beta = \beta_{min}$，当 $\beta > \beta_{max}$ 时，应重新调整截面尺寸。

4. 单向偏心受压柱，尚应按轴心受压柱验算垂直于弯矩作用平面的受压承载力（考虑 φ 的影响系数）。

四、矩形截面对称配筋单向偏心受压柱承载力计算表

矩形截面对称配筋单向偏心受压柱承载力计算，见表3-5-2至表3-5-5。

五、应用举例

【例 3-5-1】 矩形截面偏心受压柱，$b = 350$mm，$h = 500$mm，柱的计算长度 $l_0 = 3500$mm，$a_s = a'_s = 40$mm，C25，HRB400钢筋，柱承受的轴向力设计值为 $N = 800$kN，弯矩设计值为 $M = 320$kN·m，求对称配筋的钢筋面积。

【解】 $\dfrac{l_0}{h} = \dfrac{3500}{500} = 7$ $e_0 = \dfrac{M}{N} = \dfrac{320 \times 10^6}{800 \times 10^3} = 400$mm

$h_0=460\text{mm}$

$500/30=16.7\text{mm}<20\text{mm}$

取　$e_a=20\text{mm}$　$e_i=e_0+e_a=420\text{mm}$

$\frac{e_i}{h_0}=\frac{420}{460}=0.91$　$\zeta_1=\frac{0.5\times11.9\times350\times500}{800\times10^3}=1.3>1.0$，取 $\zeta_1=1$

查表 3-3-1，$K=0.04$　$\eta=1.04$

$$\omega=\frac{N}{f_c b h_0}=\frac{800\times10^3}{11.9\times350\times460}=0.418$$

$$\lambda=\omega\frac{\eta e_i}{h_0}=0.418\times1.04\times0.91=0.396$$

$$\frac{a_s}{h_0}=\frac{40}{460}=0.087$$

查表 3-5-2，$\beta\approx286.9$，$\beta_{min}=60.5<\beta<\beta_{max}=756.3$

$$A_s=A_s'=\beta b h_0\frac{f_c}{f_y}\times10^{-3}=286.9\times350\times460\times\frac{11.9}{360}\times10^{-3}=1527\text{mm}^2$$

配筋　4Φ22（一侧）（1520mm^2）

平面外复核：

$$\frac{l_0}{b}=\frac{3500}{350}=10$$

查表 3-2-1，$\varphi=0.98$

$$\frac{N}{\varphi}=\frac{800}{0.98}=816.3$$

查表 3-4-1

配 8Φ22 时，$\left[\frac{N}{\varphi}\right]=2859\text{kN}>816.3\text{kN}$（满足）

矩形截面对称配筋单向偏心受压柱承载力计算表　　**表 3-5-2**

β 值		HPB235、HRB335、HRB400（RRB400）通用														
a_s/h_0	λ \ ω	0.00	0.01	0.03	0.05	0.07	0.09	0.12	0.15	0.20	0.25	0.30	0.35	0.40	0.45	0.50
0.04	0.10	104.1	99.17	89.17	79.17	69.17	59.64	46.67	34.64							
	0.11	114.5	109.5	99.58	89.58	79.58	70.05	57.08	45.05	27.08						
	0.12	124.9	119.9	109.9	100.0	90.00	80.47	67.50	55.47	37.50	22.14					
	0.13	135.4	130.4	120.4	110.4	100.4	90.89	77.92	65.89	47.92	32.55	19.79				
	0.14	145.8	140.8	130.8	120.8	110.8	101.3	88.33	76.30	58.33	42.97	30.21	20.05			
	0.15	156.2	151.2	141.2	131.2	121.2	111.7	98.75	86.72	68.75	53.39	40.63	30.47	22.92		
	0.16	166.6	161.6	151.6	141.6	131.6	122.1	109.1	97.14	79.17	63.80	51.04	40.89	33.33	28.39	26.04
	0.17	177.0	172.0	162.0	152.0	142.0	132.5	119.5	107.5	89.58	74.22	61.46	51.30	43.75	38.80	36.46
	0.18	187.5	182.5	172.5	162.5	152.5	142.9	130.0	117.9	100.0	84.64	71.88	61.72	54.17	49.22	46.88
	0.19	197.9	192.9	182.9	172.9	162.9	153.3	140.4	128.3	110.4	95.05	82.29	72.14	64.58	59.64	57.29
	0.20	208.3	203.3	193.3	183.3	173.3	163.8	150.8	138.8	120.8	105.4	92.71	82.55	75.00	70.05	67.71

续表

β值		HPB235、HRB335、HRB400（RRB400）通用														
a_s/h_0	λ \ ω	0.00	0.01	0.03	0.05	0.07	0.09	0.12	0.15	0.20	0.25	0.30	0.35	0.40	0.45	0.50
0.04	0.21	218.7	213.7	203.7	193.7	183.7	174.2	161.2	149.2	131.2	115.8	103.1	92.97	85.42	80.47	78.13
	0.22	229.1	224.1	214.1	204.1	194.1	184.6	171.6	159.6	141.6	126.3	113.5	103.3	95.83	90.89	88.54
	0.23	239.5	234.5	224.5	214.5	204.5	195.0	182.0	170.0	152.0	136.7	123.9	113.8	106.2	101.3	98.96
	0.24	249.9	244.9	234.9	224.9	214.9	205.4	192.4	180.4	162.5	147.1	134.3	124.2	116.6	111.7	109.3
	0.25	260.4	255.4	245.4	235.4	225.4	215.8	202.9	190.8	172.9	157.5	144.7	134.6	127.0	122.1	119.7
	0.26	270.8	265.8	255.8	245.8	235.8	226.3	213.3	201.3	183.3	167.9	155.2	145.0	137.5	132.5	130.2
	0.27	281.2	276.2	266.2	256.2	246.2	236.7	223.7	211.7	193.7	178.3	165.6	155.4	147.9	142.9	140.6
	0.28	291.6	286.6	276.6	266.6	256.6	247.1	234.1	222.1	204.1	188.8	176.0	165.8	158.3	153.3	151.0
	0.29	302.0	297.0	287.0	277.0	267.0	257.5	244.5	232.5	214.5	199.2	186.4	176.3	168.7	163.8	161.4
	0.30	312.5	307.5	297.5	287.5	277.5	267.9	255.0	242.9	225.0	209.6	196.8	186.7	179.1	174.2	171.8
	0.32	333.3	328.3	318.3	308.3	298.3	288.8	275.8	263.8	245.8	230.4	217.7	207.5	200.0	195.0	192.7
	0.34	354.1	349.1	339.1	329.1	319.1	309.6	296.6	284.6	266.6	251.3	238.5	228.3	220.8	215.8	213.5
	0.36	375.0	370.0	360.0	350.0	340.0	330.4	317.5	305.4	287.5	272.1	259.3	249.2	241.6	236.7	234.3
	0.38	395.8	390.8	380.8	370.8	360.8	351.3	338.3	326.3	308.3	292.9	280.2	270.0	262.5	257.5	255.2
	0.40	416.6	411.6	401.6	391.6	381.6	372.1	359.1	347.1	329.1	313.8	301.0	290.8	283.3	278.3	276.0
	0.42	437.4	432.4	422.4	412.4	402.4	392.9	379.9	367.9	349.9	334.6	321.8	311.7	304.1	299.2	296.8
	0.44	458.3	453.3	443.3	433.3	423.3	413.8	400.8	388.8	370.8	355.4	342.7	332.5	325.0	320.0	317.7
	0.46	479.1	474.1	464.1	454.1	444.1	434.6	421.6	409.6	391.6	376.3	363.5	353.3	345.8	340.8	338.5
	0.48	499.9	494.9	484.9	474.9	464.9	455.4	442.4	430.4	412.4	397.1	384.3	374.2	366.6	361.7	359.3
	0.50	520.8	515.8	505.8	495.8	485.8	476.3	463.3	451.3	433.3	417.9	405.2	395.0	387.5	382.5	380.2
	0.52	541.6	536.6	526.6	516.6	506.6	497.1	484.1	472.1	454.1	438.8	426.0	415.8	408.3	403.3	401.0
	0.54	562.5	557.5	547.5	537.5	527.5	517.9	505.0	492.9	475.0	459.6	446.8	436.7	429.1	424.2	421.8
	0.56	583.3	578.3	568.3	558.3	548.3	538.8	525.8	513.8	495.8	480.4	467.7	457.5	450.0	445.0	442.7
	0.58	604.1	599.1	589.1	579.1	569.1	559.6	546.6	534.6	516.6	501.3	488.5	478.3	470.8	465.8	463.5

续表

	β值								HPB235、HRB335、HRB400（RRB400）通用							
a_s/h_0	λ \ ω	0.00	0.01	0.03	0.05	0.07	0.09	0.12	0.15	0.20	0.25	0.30	0.35	0.40	0.45	0.50
0.04	0.60	625.0	620.0	610.0	600.0	590.0	580.4	567.5	555.4	537.5	522.1	509.3	499.2	491.6	486.7	484.3
	0.62	645.8	640.8	630.8	620.8	610.8	601.3	588.3	576.3	558.3	542.9	530.2	520.0	512.5	507.5	505.2
	0.64	666.6	661.6	651.6	641.6	631.6	622.1	609.1	597.1	579.1	563.8	551.0	540.8	533.3	528.3	526.0
	0.66	687.5	682.5	672.5	662.5	652.5	642.9	630.0	617.9	600.0	584.6	571.8	561.7	554.1	549.2	546.8
	0.68	708.3	703.3	693.3	683.3	673.3	663.8	650.8	638.8	620.8	605.4	592.7	582.5	574.9	570.0	567.7
	0.70	729.1	724.1	714.1	704.1	694.1	684.6	671.6	659.6	641.6	626.3	613.5	603.3	595.8	590.8	588.5
	0.72	750.0	745.0	735.0	725.0	715.0	705.4	692.5	680.4	662.5	647.1	634.3	624.2	616.6	611.7	609.3
	0.74	770.8	765.8	755.8	745.8	735.8	726.3	713.3	701.3	683.3	667.9	655.2	645.0	637.4	632.5	630.2
	0.76	791.6	786.6	776.6	766.6	756.6	747.1	734.1	722.1	704.1	688.8	676.0	665.8	658.3	653.3	651.0
	0.78	812.4	807.4	797.4	787.4	777.4	767.9	754.9	742.9	724.9	709.6	696.8	686.7	679.1	674.2	671.8
	0.80	833.3	828.3	818.3	808.3	798.3	788.8	775.8	763.8	745.8	730.4	717.7	707.5	699.9	695.0	692.7
0.06	0.10	106.3	101.3	91.38	81.38	71.38	61.38	46.38	33.78							
	0.11	117.0	112.0	102.0	92.02	82.02	72.02	57.02	44.41	25.53						
	0.12	127.6	122.6	112.6	102.6	92.66	82.66	67.66	55.05	36.17	19.95					
	0.13	138.2	133.2	123.2	113.2	103.2	93.30	78.30	65.69	46.81	30.59					
	0.14	148.9	143.9	133.9	123.9	113.9	103.9	88.94	76.33	57.45	41.22	27.66				
	0.15	159.5	154.5	144.5	134.5	124.5	114.5	99.57	86.97	68.09	51.86	38.30	27.39	19.15		
	0.16	170.2	165.2	155.2	145.2	135.2	125.2	110.2	97.61	78.72	62.50	48.94	38.03	29.79	24.20	21.28
	0.17	180.8	175.8	165.8	155.8	145.8	135.8	120.8	108.2	89.36	73.14	59.57	48.67	40.43	34.84	31.91
	0.18	191.4	186.4	176.4	166.4	156.4	146.4	131.4	118.8	100.0	83.78	70.21	59.31	51.06	45.48	42.55
	0.19	202.1	197.1	187.1	177.1	167.1	157.1	142.1	129.5	110.6	94.41	80.85	69.95	61.70	56.12	53.19
	0.20	212.7	207.7	197.7	187.7	177.7	167.7	152.7	140.1	121.2	105.0	91.49	80.59	72.34	66.76	63.83
	0.21	223.4	218.4	208.4	198.4	188.4	178.4	163.4	150.7	131.9	115.6	102.1	91.22	82.98	77.39	74.47
	0.22	234.0	229.0	219.0	209.0	199.0	189.0	174.0	161.4	142.5	126.3	112.7	101.8	93.62	88.03	85.11

续表

β值		HPB235、HRB335、HRB400（RRB400）通用														
a_s/h_0	λ \ ω	0.00	0.01	0.03	0.05	0.07	0.09	0.12	0.15	0.20	0.25	0.30	0.35	0.40	0.45	0.50
0.06	0.23	244.6	239.6	229.6	219.6	209.6	199.6	184.6	172.0	153.1	136.9	123.4	112.5	104.2	98.67	95.74
	0.24	255.3	250.3	240.3	230.3	220.3	210.3	195.3	182.7	163.8	147.6	134.0	123.1	114.8	109.3	106.3
	0.25	265.9	260.9	250.9	240.9	230.9	220.9	205.9	193.3	174.4	158.2	144.6	133.7	125.5	119.9	117.0
	0.26	276.5	271.5	261.5	251.5	241.5	231.5	216.5	203.9	185.1	168.8	155.3	144.4	136.1	130.5	127.6
	0.27	287.2	282.2	272.2	262.2	252.2	242.2	227.2	214.6	195.7	179.5	165.9	155.0	146.8	141.2	138.2
	0.28	297.8	292.8	282.8	272.8	262.8	252.8	237.8	225.2	206.3	190.1	176.5	165.6	157.4	151.8	148.9
	0.29	308.5	303.5	293.5	283.5	273.5	263.5	248.5	235.9	217.0	200.7	187.2	176.3	168.0	162.5	159.5
	0.30	319.1	314.1	304.1	294.1	284.1	274.1	259.1	246.5	227.6	211.4	197.8	186.9	178.7	173.1	170.2
	0.32	340.4	335.4	325.4	315.4	305.4	295.4	280.4	267.8	248.9	232.7	219.1	208.2	199.9	194.4	191.4
	0.34	361.7	356.7	346.7	336.7	326.7	316.7	301.7	289.0	270.2	253.9	240.4	229.5	221.2	215.6	212.7
	0.36	382.9	377.9	367.9	357.9	347.9	337.9	322.9	310.3	291.4	275.2	261.7	250.7	242.5	236.9	234.0
	0.38	404.2	399.2	389.2	379.2	369.2	359.2	344.2	331.6	312.7	296.5	282.9	272.0	263.8	258.2	255.3
	0.40	425.5	420.5	410.5	400.5	390.5	380.5	365.5	352.9	334.0	317.8	304.2	293.3	285.1	279.5	276.5
	0.42	446.8	441.8	431.8	421.8	411.8	401.8	386.8	374.2	355.3	339.0	325.5	314.6	306.3	300.7	297.8
	0.44	468.0	463.0	453.0	443.0	433.0	423.0	408.0	395.4	376.5	360.3	346.8	335.9	327.6	322.0	319.1
	0.46	489.3	484.3	474.3	464.3	454.3	444.3	429.3	416.7	397.8	381.6	368.0	357.1	348.9	343.3	340.4
	0.48	510.6	505.6	495.6	485.6	475.6	465.6	450.6	438.0	419.1	402.9	389.3	378.4	370.2	364.6	361.7
	0.50	531.9	526.9	516.9	506.9	496.9	486.9	471.9	459.3	440.4	424.2	410.6	399.7	391.4	385.9	382.9
	0.52	553.1	548.1	538.1	528.1	518.1	508.1	493.1	480.5	461.7	445.4	431.9	421.0	412.7	407.1	404.2
	0.54	574.4	569.4	559.4	549.4	539.4	529.4	514.4	501.8	482.9	466.7	453.1	442.2	434.0	428.4	425.5
	0.56	595.7	590.7	580.7	570.7	560.7	550.7	535.7	523.1	504.2	488.0	474.4	463.5	455.3	449.7	446.8
	0.58	617.0	612.0	602.0	592.0	582.0	572.0	557.0	544.4	525.5	509.3	495.7	484.8	476.5	471.0	468.0
	0.60	638.2	633.2	623.2	613.2	603.2	593.2	578.2	565.6	546.8	530.5	517.0	506.1	497.8	492.2	489.3
	0.62	659.5	654.5	644.5	634.5	624.5	614.5	599.5	586.9	568.0	551.8	538.2	527.3	519.1	513.5	510.6

续表

β值		HPB235、HRB335、HRB400（RRB400）通用														
a_s/h_0	λ \ ω	0.00	0.01	0.03	0.05	0.07	0.09	0.12	0.15	0.20	0.25	0.30	0.35	0.40	0.45	0.50
0.06	0.64	680.8	675.8	665.8	655.8	645.8	635.8	620.8	608.2	589.3	573.1	559.5	548.6	540.4	534.8	531.9
	0.66	702.1	697.1	687.1	677.1	667.1	657.1	642.1	692.5	610.6	594.4	580.8	569.9	561.7	556.1	553.1
	0.68	723.4	718.4	708.4	698.4	688.4	678.4	663.4	650.7	631.9	615.6	602.1	591.2	582.9	577.3	574.4
	0.70	744.6	739.6	729.6	719.6	709.6	699.6	684.6	672.0	653.1	636.9	623.4	612.5	604.2	598.6	595.7
	0.72	765.9	760.9	750.9	740.9	730.9	720.9	705.9	693.3	674.4	658.2	644.6	633.7	625.5	619.9	617.0
	0.74	787.2	782.2	772.2	762.2	752.2	742.2	727.2	714.6	695.7	679.5	665.9	655.0	646.8	641.2	638.2
	0.76	808.5	803.5	793.5	783.5	773.5	763.5	748.5	735.9	717.0	700.7	687.2	676.3	668.0	662.5	659.5
	0.78	829.7	824.7	814.7	804.7	794.7	784.7	769.7	757.1	738.2	722.0	708.5	697.6	689.3	683.7	680.8
	0.80	851.0	846.0	836.0	826.0	816.0	806.0	791.0	778.4	759.5	743.3	729.7	718.8	710.6	705.0	702.1
0.08	0.10	108.6	103.6	93.70	83.70	73.70	63.70	48.70	33.70							
	0.11	119.5	114.5	104.5	94.57	84.57	74.57	59.57	44.57	23.91						
	0.12	130.4	125.4	115.4	105.4	95.43	85.43	70.43	55.43	34.78						
	0.13	141.3	136.3	126.3	116.3	106.3	96.30	81.30	66.30	45.65	28.53					
	0.14	152.1	147.1	137.1	127.1	117.1	107.1	92.17	77.17	56.52	39.40	25.00				
	0.15	163.0	158.0	148.0	138.0	128.0	118.0	103.0	88.04	67.39	50.27	35.87	24.18			
	0.16	173.9	168.9	158.9	148.9	138.9	128.9	113.9	98.91	78.26	61.14	46.74	35.05	26.09	19.84	
	0.17	184.7	179.7	169.7	159.7	149.7	139.7	124.7	109.7	89.13	72.01	57.61	45.92	36.96	30.71	27.17
	0.18	195.6	190.6	180.6	170.6	160.6	150.6	135.6	120.6	100.0	82.88	68.48	56.79	47.83	41.58	38.04
	0.19	206.5	201.5	191.5	181.5	171.5	161.5	146.5	131.5	110.8	93.75	79.35	67.66	58.70	52.45	48.91
	0.20	217.3	212.3	202.3	192.3	182.3	172.3	157.3	142.3	121.7	104.6	90.22	78.53	69.57	63.32	59.78
	0.21	228.2	223.2	213.2	203.2	193.2	183.2	168.2	153.2	132.6	115.4	101.0	89.40	80.43	74.18	70.65
	0.22	239.1	234.1	224.1	214.1	204.1	194.1	179.1	164.1	143.4	126.3	111.9	100.2	91.30	85.05	81.52
	0.23	250.0	245.0	235.0	225.0	215.0	205.0	190.0	175.0	154.3	137.2	122.8	111.1	102.1	95.92	92.39
	0.24	260.8	255.8	245.8	235.8	225.8	215.8	200.8	185.8	165.2	148.0	133.6	122.0	113.0	106.7	103.2
	0.25	271.7	266.7	256.7	246.7	236.7	226.7	211.7	196.7	176.0	158.9	144.5	132.8	123.9	117.6	114.1

续表

β值								HPB235、HRB335、HRB400（RRB400）通用								
a_s/h_0	λ \ ω	0.00	0.01	0.03	0.05	0.07	0.09	0.12	0.15	0.20	0.25	0.30	0.35	0.40	0.45	0.50
	0.26	282.6	277.6	267.6	257.6	247.6	237.6	222.6	207.6	186.9	169.8	155.4	143.7	134.7	128.5	124.9
	0.27	293.4	288.4	278.4	268.4	258.4	248.4	233.4	218.4	197.8	180.7	166.3	154.6	145.6	139.4	135.8
	0.28	304.3	299.3	289.3	279.3	269.3	259.3	244.3	229.3	208.6	191.5	177.1	165.4	156.5	150.2	146.7
	0.29	315.2	310.2	300.2	290.2	280.2	270.2	255.2	240.2	219.5	202.4	188.0	176.3	167.3	161.1	157.6
	0.30	326.0	321.0	311.0	301.0	291.0	281.0	266.0	251.0	230.4	213.3	198.9	187.2	178.2	172.0	168.4
	0.32	347.8	342.8	332.8	322.8	312.8	302.8	287.8	272.8	252.1	235.0	220.6	208.9	200.0	193.7	190.2
	0.34	369.5	364.5	354.5	344.5	334.5	324.5	309.5	294.5	273.9	256.7	242.3	230.7	221.7	215.4	211.9
	0.36	391.3	386.3	376.3	366.3	356.3	346.3	331.3	316.3	295.6	278.5	264.1	252.4	243.4	237.2	233.6
	0.38	413.0	408.0	398.0	388.0	378.0	368.0	353.0	338.0	317.3	300.2	285.8	274.1	265.2	258.9	255.4
	0.40	434.7	429.7	419.7	409.7	399.7	389.7	374.7	359.7	339.1	322.0	307.6	295.9	286.9	280.7	277.1
	0.42	456.5	451.5	441.5	431.5	421.5	411.5	396.5	381.5	360.8	343.7	329.3	317.6	308.6	302.4	298.9
	0.44	478.2	473.2	463.2	453.2	443.2	433.2	418.2	403.2	382.6	365.4	351.0	339.4	330.4	324.1	320.6
0.08	0.46	500.0	495.0	485.0	475.0	465.0	454.9	440.0	425.0	404.3	387.2	372.8	361.1	352.1	345.9	342.3
	0.48	521.7	516.7	506.7	496.7	486.7	476.7	461.7	446.7	426.0	408.9	394.5	382.8	373.9	367.6	364.1
	0.50	543.4	538.4	528.4	518.4	508.4	498.4	483.4	468.4	447.8	430.7	416.3	404.6	395.6	389.4	385.8
	0.52	565.2	560.2	550.2	540.2	530.2	520.2	505.2	490.2	469.5	452.4	438.0	426.3	417.3	411.1	407.6
	0.54	586.9	581.9	571.9	561.9	551.9	541.9	526.9	511.9	491.3	474.1	459.7	448.0	439.1	432.8	429.3
	0.56	608.6	603.6	593.6	583.6	573.6	563.6	548.6	533.6	513.0	495.9	481.5	469.8	460.8	454.6	451.0
	0.58	630.4	625.4	615.4	605.4	595.4	585.4	570.4	555.4	534.7	517.6	503.2	491.5	482.6	476.3	472.8
	0.60	652.1	647.1	637.1	627.1	617.1	607.1	592.1	577.1	556.5	539.4	525.0	513.3	504.3	498.0	494.5
	0.62	673.9	668.9	658.9	648.9	638.9	628.9	613.9	598.9	578.2	561.1	546.7	535.0	526.0	519.8	516.3
	0.64	695.6	690.6	680.6	670.6	660.6	650.6	635.6	620.6	600.0	582.8	568.4	556.7	547.8	541.5	538.0
	0.66	717.3	712.3	702.3	692.3	682.3	672.3	657.3	642.3	621.7	604.6	590.2	578.5	569.5	563.3	559.7
	0.68	739.1	734.1	724.1	714.1	704.1	694.1	679.1	664.1	643.4	626.3	611.9	600.2	591.3	585.0	581.5

续表

β值									HPB235、HRB335、HRB400（RRB400）通用							
a_s/h_0	λ \ ω	0.00	0.01	0.03	0.05	0.07	0.09	0.12	0.15	0.20	0.25	0.30	0.35	0.40	0.45	0.50
0.08	0.70	760.8	755.8	745.8	735.8	725.8	715.8	700.8	685.8	665.2	648.0	633.6	622.0	613.0	606.7	603.2
	0.72	782.6	777.6	767.6	757.6	747.6	737.6	722.6	707.6	686.9	669.8	655.4	643.7	634.7	628.5	625.0
	0.74	804.3	799.3	789.3	779.3	769.3	759.3	744.3	729.3	708.6	691.5	677.1	665.4	656.5	650.2	646.7
	0.76	826.0	821.0	811.0	801.0	791.0	781.0	766.0	751.0	730.4	713.3	698.9	687.2	678.2	672.0	668.4
	0.78	847.8	842.8	832.8	822.8	812.8	802.8	787.8	772.8	752.1	735.0	720.6	708.9	700.0	693.7	690.2
	0.80	869.5	864.5	854.5	844.5	834.5	824.5	809.5	794.5	773.9	756.7	742.3	730.7	721.7	715.4	711.9
0.10	0.10	111.1	106.1	96.11	86.11	76.11	66.11	51.11	36.11							
	0.11	122.2	117.2	107.2	97.22	87.22	77.22	62.22	47.22	22.22						
	0.12	133.3	128.3	118.3	108.3	98.33	88.33	73.33	58.33	33.33						
	0.13	144.4	139.4	129.4	119.4	109.4	99.44	84.44	69.44	44.44	26.39					
	0.14	155.5	150.5	140.5	130.5	120.5	110.5	95.56	80.56	55.56	37.5	22.22				
	0.15	166.6	161.6	151.6	141.6	131.6	121.6	106.6	91.67	66.67	48.61	33.33	20.83			
	0.16	177.7	172.7	162.7	152.7	142.7	132.7	117.7	102.7	77.78	59.72	44.44	31.94	22.22		
	0.17	188.8	183.8	173.8	163.8	153.8	143.8	128.8	113.8	88.89	70.83	55.56	43.06	33.33	26.39	22.22
	0.18	200.0	195.0	185.0	175.0	165.0	155.0	140.0	125.0	100.0	81.94	66.67	54.17	44.44	37.50	33.33
	0.19	211.1	206.1	196.1	186.1	176.1	166.1	151.1	136.1	111.1	93.06	77.78	65.28	55.56	48.61	44.44
	0.20	222.2	217.2	207.2	197.2	187.2	177.2	162.2	147.2	122.2	104.1	88.89	76.39	66.67	59.72	55.56
	0.21	233.3	228.3	218.3	208.3	198.3	188.3	173.3	158.3	133.3	115.2	100.0	87.50	77.78	70.83	66.67
	0.22	244.4	239.4	229.4	219.4	209.4	199.4	184.4	169.4	144.4	126.3	111.1	98.61	88.89	81.94	77.78
	0.23	255.5	250.5	240.5	230.5	220.5	210.5	195.5	180.5	155.5	137.5	122.2	109.7	100.0	93.06	88.89
	0.24	266.6	261.6	251.6	241.6	231.6	221.6	206.6	191.6	166.6	148.6	133.3	120.8	111.1	104.1	100.0
	0.25	277.7	272.7	262.7	252.7	242.7	232.7	217.7	202.7	177.7	159.7	144.4	131.9	122.2	115.2	111.1
	0.26	288.8	283.8	273.8	263.8	253.8	243.8	228.8	213.8	188.8	170.8	155.5	143.0	133.3	126.3	122.2
	0.27	300.0	295.0	285.0	275.0	265.0	255.0	240.0	225.0	200.0	181.9	166.6	154.1	144.4	137.5	133.3

续表

β值									HPB235、HRB335、HRB400（RRB400）通用							
a_s/h_0	λ \ ω	0.00	0.01	0.03	0.05	0.07	0.09	0.12	0.15	0.20	0.25	0.30	0.35	0.40	0.45	0.50
0.10	0.28	311.1	306.1	296.1	286.1	276.1	266.1	251.1	236.1	211.1	193.0	177.7	165.2	155.5	148.6	144.4
	0.29	322.2	317.2	307.2	297.2	287.2	277.2	262.2	247.2	222.2	204.1	188.8	176.3	166.6	159.7	155.5
	0.30	333.3	328.3	318.3	308.3	298.3	288.3	273.3	258.3	233.3	215.2	200.0	187.5	177.7	170.8	166.6
	0.32	355.5	350.5	340.5	330.5	320.5	310.5	295.5	280.5	255.5	237.5	222.2	209.7	199.9	193.0	188.8
	0.34	377.7	372.7	362.7	352.7	342.7	332.7	317.7	302.7	277.7	259.7	244.4	231.9	222.2	215.2	211.1
	0.36	400.0	395.0	385.0	375.0	365.0	355.0	340.0	325.0	300.0	281.9	266.6	254.1	244.4	237.5	233.3
	0.38	422.2	417.2	407.2	397.2	387.2	377.2	362.2	347.2	322.2	304.1	288.8	276.3	266.6	259.7	255.5
	0.40	444.4	439.4	429.4	419.4	409.4	399.4	384.4	369.4	344.4	326.3	311.1	298.6	288.8	281.9	277.7
	0.42	466.6	461.6	451.6	441.6	431.6	421.6	406.6	391.6	366.6	348.6	333.3	320.8	311.1	304.1	300.0
	0.44	488.8	483.8	473.8	463.8	453.8	443.8	428.8	413.8	388.8	370.8	355.5	343.0	333.3	326.3	322.2
	0.46	511.1	506.1	496.1	486.1	476.1	466.1	451.1	436.1	411.1	393.0	377.7	365.2	355.5	348.6	344.4
	0.48	533.3	528.3	518.3	508.3	498.3	488.3	473.3	458.3	433.3	415.2	400.0	387.5	377.7	370.8	366.6
	0.50	555.5	550.5	540.5	530.5	520.5	510.5	495.5	480.5	455.5	437.5	422.2	409.7	400.0	393.0	388.8
	0.52	577.7	572.7	562.7	552.7	542.7	532.7	517.7	502.7	477.7	459.7	444.4	431.9	422.2	415.2	411.1
	0.54	600.0	595.0	585.0	575.0	565.0	555.0	540.0	525.0	500.0	481.9	466.6	454.1	444.4	437.5	433.3
	0.56	622.2	617.2	607.2	597.2	587.2	577.2	562.2	547.2	522.2	504.1	488.8	476.3	466.6	459.7	455.5
	0.58	644.4	639.4	629.4	619.4	609.4	599.4	584.4	569.4	544.4	526.3	511.1	498.6	488.8	481.9	477.7
	0.60	666.6	661.6	651.6	641.6	631.6	621.6	606.6	591.6	566.6	548.6	533.3	520.8	511.1	504.1	500.0
	0.62	688.8	683.8	673.8	663.8	653.8	643.8	628.8	613.8	588.8	570.8	555.5	543.0	533.3	526.3	522.2
	0.64	711.1	706.1	696.1	686.1	676.1	666.1	651.1	636.1	611.1	593.0	577.7	565.2	555.5	548.6	544.4
	0.66	733.3	728.3	718.3	708.3	698.3	688.3	673.3	658.3	633.3	615.2	600.0	587.5	577.7	570.8	566.6
	0.68	755.5	750.5	740.5	730.5	720.5	710.5	695.5	680.5	655.5	637.5	622.2	609.7	600.0	593.0	588.8
	0.70	777.7	772.7	762.7	752.7	742.7	732.7	717.7	702.7	677.7	659.7	644.4	631.9	622.2	615.2	611.1
	0.72	800.0	795.0	785.0	775.0	765.0	755.0	740.0	725.0	700.0	681.9	666.6	654.1	644.4	637.5	633.3

续表

β值		HPB235、HRB335、HRB400（RRB400）通用														
a_s/h_0	λ \ ω	0.00	0.01	0.03	0.05	0.07	0.09	0.12	0.15	0.20	0.25	0.30	0.35	0.40	0.45	0.50
0.10	0.74	822.2	817.2	807.2	797.2	787.2	777.2	762.2	747.2	722.2	704.1	688.8	676.3	666.6	659.7	655.5
	0.76	844.4	839.4	829.4	819.4	809.4	799.4	784.4	769.4	744.4	726.3	711.1	698.6	688.8	681.9	677.7
	0.78	866.6	861.6	851.6	841.6	831.6	821.6	806.6	791.6	766.6	748.6	733.3	720.8	711.1	704.1	699.9
	0.80	888.8	883.8	873.8	863.8	853.8	843.8	828.8	813.8	788.8	770.8	755.5	743.0	733.3	726.3	722.2
0.13	0.10	114.9	109.9	99.94	89.94	79.94	69.94	54.94	39.94							
	0.11	126.4	121.4	111.4	101.4	91.44	81.44	66.44	51.44	26.44						
	0.12	137.9	132.9	122.9	112.9	102.9	92.93	77.93	62.93	37.93						
	0.13	149.4	144.4	134.4	124.4	114.4	104.4	89.43	74.43	49.43	24.43					
	0.14	160.9	155.9	145.9	135.9	125.9	115.9	100.9	85.92	60.92	35.92					
	0.15	172.4	167.4	157.4	147.4	137.4	127.4	112.4	97.41	72.41	47.41	29.31				
	0.16	183.9	178.9	168.9	158.9	148.9	138.9	123.9	108.9	83.91	58.91	40.80	27.01			
	0.17	195.4	190.4	180.4	170.4	160.4	150.4	135.4	120.4	95.40	70.40	52.30	38.51	27.59	19.54	
	0.18	206.8	201.8	191.8	181.8	171.8	161.8	146.8	131.8	106.8	81.90	63.79	50.00	39.08	31.03	25.86
	0.19	218.3	213.3	203.3	193.3	183.3	173.3	158.3	143.3	118.3	93.39	75.29	61.49	50.57	42.53	37.36
	0.20	229.8	224.8	214.8	204.8	194.8	184.8	169.8	154.8	129.8	104.8	86.78	72.99	62.07	54.02	48.85
	0.21	241.3	236.3	226.3	216.3	206.3	196.3	181.3	166.3	141.3	116.3	98.28	84.48	73.56	65.52	60.34
	0.22	252.8	247.8	237.8	227.8	217.8	207.8	192.8	177.8	152.8	127.8	109.7	95.98	85.06	77.01	71.84
	0.23	264.3	259.3	249.3	239.3	229.3	219.3	204.3	189.3	164.3	139.3	121.2	107.4	96.55	88.51	83.33
	0.24	275.8	270.8	260.8	250.8	240.8	230.8	215.8	200.8	175.8	150.8	132.7	118.9	108.0	100.0	94.83
	0.25	287.3	282.3	272.3	262.3	252.3	242.3	227.3	212.3	187.3	162.3	144.2	130.4	119.5	111.4	106.3
	0.26	298.8	293.8	283.8	273.8	263.8	253.8	238.8	223.8	198.8	173.8	155.7	141.9	131.0	122.9	117.8
	0.27	310.3	305.3	295.3	285.3	275.3	265.3	250.3	235.3	210.3	185.3	167.2	153.4	142.5	134.4	129.3
	0.28	321.8	316.8	306.8	296.8	286.8	276.8	261.8	246.8	221.8	196.8	178.7	164.9	154.0	145.9	140.8
	0.29	333.3	328.3	318.3	308.3	298.3	288.3	273.3	258.3	233.3	208.3	190.2	176.4	165.5	157.4	152.2

续表

β值										HPB235、HRB335、HRB400（RRB400）通用						
a_s/h_0	λ \ ω	0.00	0.01	0.03	0.05	0.07	0.09	0.12	0.15	0.20	0.25	0.30	0.35	0.40	0.45	0.50
0.13	0.30	344.8	339.8	329.8	319.8	309.8	299.8	284.8	269.8	244.8	219.8	201.7	187.9	177.0	168.9	163.7
	0.32	367.8	362.8	352.8	342.8	332.8	322.8	307.8	292.8	267.8	242.8	224.7	210.9	199.9	191.9	186.7
	0.34	390.8	385.8	375.8	365.8	355.8	345.8	330.8	315.8	290.8	265.8	247.7	233.9	222.9	214.9	209.7
	0.36	413.7	408.7	398.7	388.7	378.7	368.7	353.7	338.7	313.7	288.7	270.6	256.8	245.9	237.9	232.7
	0.38	436.7	431.7	421.7	411.7	401.7	391.7	376.7	361.7	336.7	311.7	293.6	279.8	268.9	260.9	255.7
	0.40	459.7	454.7	444.7	434.7	424.7	414.7	399.7	384.7	359.7	334.7	316.6	302.8	291.9	283.9	278.7
	0.42	482.7	477.7	467.7	457.7	447.7	437.7	422.7	407.7	382.7	357.7	339.6	325.8	314.9	306.8	301.7
	0.44	505.7	500.7	490.7	480.7	470.7	460.7	445.7	430.7	405.7	380.7	362.6	348.8	337.9	329.8	324.7
	0.46	528.7	523.7	513.7	503.7	493.7	483.7	468.7	453.7	428.7	403.7	385.6	371.8	360.9	352.8	347.7
	0.48	551.7	546.7	536.7	526.7	516.7	506.7	491.7	476.7	451.7	426.7	408.6	394.8	383.9	375.8	370.6
	0.50	574.7	569.7	559.7	549.7	539.7	529.7	514.7	499.7	474.7	449.7	431.6	417.8	406.8	398.8	393.6
	0.52	597.7	592.7	582.7	572.7	562.7	552.7	537.7	522.7	497.7	472.7	454.5	440.8	429.8	421.8	416.6
	0.54	620.6	615.6	605.6	595.6	585.6	575.6	560.6	545.6	520.6	495.6	477.5	463.7	452.8	444.8	439.6
	0.56	643.6	638.6	628.6	618.6	608.6	598.6	583.6	568.6	543.6	518.6	500.5	486.7	475.8	467.8	462.6
	0.58	666.6	661.6	651.6	641.6	631.6	621.6	606.6	591.6	566.6	541.6	523.5	509.7	498.8	490.8	485.6
	0.60	689.6	684.6	674.6	664.6	654.6	644.6	629.6	614.6	589.6	564.6	546.5	532.7	521.8	513.7	508.6
	0.62	712.6	707.6	697.6	687.6	677.6	667.6	652.6	637.6	612.6	587.6	569.5	555.7	544.8	536.7	531.6
	0.64	735.6	730.6	720.6	710.6	700.6	690.6	675.6	660.6	635.6	610.6	592.5	578.7	567.8	559.7	554.5
	0.66	758.6	753.6	743.6	733.6	723.6	713.6	698.6	683.6	658.6	633.6	615.5	601.7	590.8	582.7	577.5
	0.68	781.6	776.6	766.6	756.6	746.6	736.6	721.6	706.6	681.6	656.6	638.5	624.7	613.7	605.7	600.5
	0.70	804.5	799.5	789.5	779.5	769.5	759.5	744.5	729.5	704.5	679.5	661.4	647.7	636.7	628.7	623.5
	0.72	827.5	822.5	812.5	802.5	792.5	782.5	767.5	752.5	727.5	702.5	684.4	670.6	659.7	651.7	646.5
	0.74	850.5	845.5	835.5	825.5	815.5	805.5	790.5	775.5	750.5	725.5	707.4	693.6	682.7	674.7	669.5
	0.76	873.5	868.5	858.5	848.5	838.5	828.5	813.5	798.5	773.5	748.5	730.4	716.6	705.7	697.7	692.5
	0.78	896.5	891.5	881.5	871.5	861.5	851.5	836.5	821.5	796.5	771.5	753.4	739.6	728.7	720.6	715.5
	0.80	919.5	914.5	904.5	894.5	884.5	874.5	859.5	844.5	819.5	794.5	776.4	762.6	751.7	743.6	738.5

矩形截面对称配筋单向偏心受压柱承载力计算表　　　　**表 3-5-3**

β值								HPB235 适用							
a_s/h_0	λ \ ω	0.55	0.60	0.65	0.70	0.75	0.80	0.85	0.90	0.95	1.00	1.05	1.10	1.15	1.20	1.25
	0.10							33.95	55.01	76.93	99.50	122.5	145.9	169.5	193.4	217.4
	0.11						26.08	45.82	66.78	88.61	111.0	134.0	157.3	180.9	204.7	228.6
	0.12					19.95	37.92	57.61	78.49	100.2	122.6	145.4	168.7	192.2	215.9	239.8
	0.13					31.69	49.69	69.34	90.16	111.8	134.1	156.9	180.0	203.5	227.2	251.0
	0.14				27.58	43.33	61.37	81.01	101.7	123.3	145.6	168.3	191.4	214.8	238.4	262.2
	0.15		18.75	26.28	38.98	54.90	72.99	92.62	113.3	134.9	157.0	179.7	202.7	226.0	249.6	273.4
	0.16	26.30	29.17	37.22	50.30	66.39	84.55	104.1	124.8	146.3	168.5	191.1	214.0	237.3	260.8	284.5
	0.17	36.72	39.58	48.12	61.56	77.82	96.04	115.6	136.3	157.8	179.9	202.4	225.3	248.6	272.0	295.7
	0.18	47.14	50.00	58.98	72.76	89.19	107.4	127.1	147.7	169.2	191.2	213.7	236.6	259.8	283.2	306.9
	0.19	57.55	60.42	69.81	83.91	100.4	118.8	138.5	159.1	180.6	202.6	225.0	247.9	271.0	294.4	318.0
	0.20	67.97	70.83	80.60	95.01	111.7	130.2	149.9	170.5	191.9	213.9	236.3	259.1	282.2	305.6	329.1
	0.21	78.39	81.25	91.37	106.0	122.9	141.5	161.2	181.8	203.2	225.2	247.6	270.3	293.4	316.7	340.2
	0.22	88.80	91.67	102.1	117.0	134.1	152.7	172.5	193.1	214.5	236.4	258.8	281.5	304.6	327.9	351.3
	0.23	99.22	102.0	112.8	128.0	145.2	163.9	183.7	204.4	225.8	247.7	270.0	292.7	315.7	339.0	362.4
0.04	0.24	109.6	112.5	123.5	139.0	156.3	175.1	194.9	215.6	237.0	258.9	281.2	303.9	326.9	350.1	373.5
	0.25	120.0	122.9	134.2	149.9	167.4	186.2	206.1	226.8	248.2	270.1	292.4	315.0	338.0	361.2	384.6
	0.26	130.4	133.3	144.8	160.8	178.4	197.4	217.3	238.0	259.4	281.2	303.5	326.2	349.1	372.3	395.7
	0.27	140.8	143.7	155.5	171.7	189.4	208.4	228.4	249.2	270.5	292.4	314.7	337.3	360.2	383.3	406.7
	0.28	151.3	154.1	166.1	182.5	200.4	219.5	239.5	260.3	281.6	303.5	325.8	348.4	371.3	394.4	417.7
	0.29	161.7	164.5	176.8	193.3	211.4	230.5	250.6	271.4	292.8	314.6	336.9	359.5	382.3	405.5	428.8
	0.30	172.1	175.0	187.4	204.1	222.3	241.5	261.6	282.5	303.8	325.7	347.9	370.5	393.4	416.5	439.8
	0.32	192.9	195.8	208.6	225.7	244.1	263.5	283.7	304.5	325.9	347.8	370.1	392.6	415.5	438.5	461.8
	0.34	213.8	216.6	229.8	247.2	265.8	285.3	305.6	326.5	348.0	369.9	392.1	414.7	437.5	460.5	483.8
	0.36	234.6	237.5	250.9	268.6	287.4	307.1	327.5	348.5	370.0	391.8	414.1	436.6	459.4	482.5	505.7
	0.38	255.4	258.3	272.0	290.0	309.0	328.8	349.3	370.4	391.9	413.8	436.0	458.6	481.4	504.4	527.6
	0.40	276.3	279.1	293.1	311.4	330.5	350.5	371.1	392.2	413.7	435.6	457.9	480.4	503.2	526.2	549.4
	0.42	297.1	299.9	314.2	332.7	352.0	372.1	392.7	413.9	435.5	457.5	479.7	502.3	525.1	548.0	571.2
	0.44	317.9	320.8	335.2	353.9	373.5	393.6	414.4	435.6	457.2	479.2	501.5	524.1	546.8	569.8	593.0
	0.46	338.8	341.6	356.2	375.2	394.9	415.2	436.0	457.3	478.9	501.0	523.3	545.8	568.6	591.6	614.7

续表

β值									HPB235 适用							
a_s/h_0	λ \ ω	0.55	0.60	0.65	0.70	0.75	0.80	0.85	0.90	0.95	1.00	1.05	1.10	1.15	1.20	1.25
0.04	0.48	359.6	362.4	377.3	396.4	416.2	436.6	457.5	478.9	500.6	522.6	545.0	567.5	590.3	613.3	636.4
	0.50	380.4	383.3	398.3	417.6	437.5	458.1	479.1	500.5	522.2	544.3	566.6	589.2	612.0	635.0	658.1
	0.52	401.3	404.1	419.3	438.7	458.8	479.5	500.5	522.0	543.8	565.9	588.3	610.9	633.7	656.6	679.8
	0.54	422.1	425.0	440.2	459.9	480.1	500.8	522.0	543.5	565.3	587.5	609.9	632.5	655.3	678.3	701.4
	0.56	442.9	445.8	461.2	481.0	501.3	522.2	543.4	565.0	586.8	609.0	631.4	654.0	676.9	699.9	723.0
	0.58	463.8	466.6	482.2	502.1	522.6	543.5	564.8	586.4	608.3	630.5	653.0	675.6	698.4	721.4	744.6
	0.60	484.6	487.5	503.1	523.2	543.8	564.8	586.1	607.8	629.8	652.0	674.5	697.1	720.0	743.0	766.1
	0.62	505.4	508.3	524.1	544.3	565.0	586.0	607.5	629.2	651.2	673.5	696.0	718.6	741.5	764.5	787.7
	0.64	526.3	529.1	545.0	565.4	586.1	607.3	628.8	650.6	672.6	694.9	717.4	740.1	763.0	786.0	809.2
	0.66	547.1	550.0	566.0	586.4	607.3	628.5	650.1	671.9	694.0	716.3	738.8	761.6	784.4	807.5	830.6
	0.68	567.9	570.8	586.9	607.4	628.4	649.7	671.3	693.2	715.3	737.7	760.3	783.0	805.9	828.9	852.1
	0.70	588.8	591.6	607.8	628.5	649.5	670.9	692.6	714.5	736.7	759.1	781.6	804.4	827.3	850.4	873.5
	0.72	609.6	612.5	628.7	649.5	670.6	692.1	713.8	735.8	758.0	780.4	803.0	825.8	848.7	871.8	895.0
	0.74	630.4	633.3	649.6	670.5	691.7	713.2	735.0	757.0	779.3	801.7	824.4	847.2	870.1	893.2	916.4
	0.76	651.3	654.1	670.6	691.5	712.8	734.4	756.2	778.3	800.6	823.1	845.7	868.5	891.5	914.6	
	0.78	672.1	675.0	691.5	712.5	733.9	755.5	777.4	799.5	821.8	844.3	867.0	889.9	912.8	935.9	
	0.80	692.9	695.8	712.4	733.5	754.9	776.6	798.6	820.7	843.1	865.6	888.3	911.2	934.2		
0.06	0.10							24.55	45.60	67.54	90.13	113.1	136.6	160.2	184.1	208.2
	0.11							36.75	57.69	79.52	101.9	124.9	148.2	171.8	195.7	219.7
	0.12						29.27	48.87	69.72	91.45	113.8	136.7	159.9	183.4	207.2	231.1
	0.13					23.54	41.36	60.92	81.70	103.3	125.6	148.4	171.5	195.0	218.7	242.6
	0.14				20.07	35.51	53.38	72.91	93.62	115.1	137.4	160.1	183.2	206.6	230.2	254.0
	0.15			19.58	31.78	47.40	65.31	84.83	105.4	127.0	149.1	171.7	194.8	218.1	241.7	265.4
	0.16	21.01	23.40	30.79	43.40	59.20	77.17	96.69	117.3	138.7	160.8	183.4	206.4	229.6	253.1	276.9
	0.17	31.65	34.04	41.96	54.96	70.93	88.97	108.4	129.0	150.5	172.5	195.0	217.9	241.1	264.6	288.3
	0.18	42.29	44.68	53.08	66.44	82.59	100.7	120.2	140.8	162.1	184.1	206.6	229.5	252.6	276.1	299.7
	0.19	52.93	55.32	64.17	77.87	94.2	112.3	131.9	152.5	173.8	195.8	218.2	241.0	264.1	287.5	311.1
	0.20	63.56	65.96	75.22	89.25	105.7	124.0	143.5	164.1	185.4	207.3	229.7	252.5	275.6	298.9	322.5
	0.21	74.20	76.60	86.24	100.5	117.2	135.5	155.1	175.7	197.0	218.9	241.3	264.0	287.0	310.3	333.8

续表

β值 HPB235适用															
a_s/h_0	λ \ ω	0.55	0.60	0.65	0.70	0.75	0.80	0.85	0.90	0.95	1.00	1.05	1.10	1.15	1.20	1.25
0.06	0.22	84.84	87.23	97.23	111.8	128.6	147.1	166.7	187.3	208.6	230.4	252.8	275.5	298.5	321.7	345.2
	0.23	95.48	97.87	108.1	123.1	140.0	158.6	178.2	198.8	220.1	241.9	264.2	286.9	309.9	333.1	356.6
	0.24	106.1	108.5	119.1	134.3	151.4	170.0	189.7	210.3	231.6	253.4	275.7	298.3	321.3	344.5	367.9
	0.25	116.7	119.1	130.0	145.5	162.7	181.4	201.2	221.8	243.1	264.9	287.1	309.8	332.7	355.8	379.2
	0.26	127.3	129.7	140.9	156.6	174.0	192.8	212.6	233.2	254.5	276.3	298.5	321.1	344.0	367.2	390.5
	0.27	138.0	140.4	151.8	167.7	185.3	204.1	224.0	244.6	265.9	287.7	309.9	332.5	355.4	378.5	401.8
	0.28	148.6	151.0	162.7	178.8	196.5	215.4	235.3	256.0	277.3	299.1	321.3	343.9	366.7	389.8	413.1
	0.29	159.3	161.7	173.6	189.9	207.7	226.7	246.7	267.4	288.7	310.5	332.7	355.2	378.0	401.1	424.4
	0.30	169.9	172.3	184.4	200.9	218.9	238.0	258.0	278.7	300.0	321.8	344.0	366.5	389.4	412.4	435.7
	0.32	191.2	193.6	206.1	223.0	241.2	260.4	280.5	301.3	322.6	344.4	366.6	389.1	411.9	435.0	458.2
	0.34	212.5	214.8	227.7	244.9	263.4	282.8	303.0	323.8	345.2	367.0	389.2	411.7	434.4	457.4	480.6
	0.36	233.7	236.1	249.3	266.9	285.5	305.1	325.3	346.2	367.6	389.5	411.6	434.1	456.9	479.9	503.1
	0.38	255.0	257.4	270.9	288.7	307.6	327.3	347.6	368.6	390.0	411.9	434.1	456.6	479.3	502.3	525.4
	0.40	276.3	278.7	292.4	310.5	329.6	349.4	369.9	390.9	412.4	434.2	456.4	478.9	501.7	524.6	547.8
	0.42	297.6	300.0	313.9	332.3	351.5	371.5	392.1	413.1	434.7	456.5	478.8	501.3	524.0	546.9	570.1
	0.44	318.8	321.2	335.4	354.0	373.4	393.5	414.2	435.3	456.9	478.8	501.0	523.5	546.3	569.2	592.3
	0.46	340.1	342.5	356.9	375.7	395.3	415.5	436.2	457.5	479.1	501.0	523.3	545.8	568.5	591.4	614.5
	0.48	361.4	363.8	378.4	397.4	417.1	437.4	458.3	479.5	501.2	523.2	545.4	568.0	590.7	613.6	636.7
	0.50	382.7	385.1	399.8	419.0	438.9	459.3	480.3	501.6	523.3	545.3	567.6	590.1	612.9	635.8	658.9
	0.52	403.9	406.3	421.3	440.7	460.7	481.2	502.2	523.6	545.3	567.4	589.7	612.2	635.0	657.9	681.0
	0.54	425.2	427.6	442.7	462.3	482.4	503.0	524.1	545.6	567.3	589.4	611.8	634.3	657.1	680.0	703.1
	0.56	446.5	448.9	464.1	483.8	504.1	524.8	546.0	567.5	589.3	611.4	633.8	656.4	679.1	702.1	725.2
	0.58	467.8	470.2	485.5	505.4	525.8	546.6	567.8	589.4	611.3	633.4	655.8	678.4	701.2	724.1	747.2
	0.60	489.0	491.4	506.9	526.9	547.4	568.4	589.6	611.3	633.2	655.4	677.8	700.4	723.2	746.1	769.3
	0.62	510.3	512.7	528.3	548.5	569.1	590.1	611.4	633.1	655.1	677.3	699.7	722.4	745.2	768.1	791.3
	0.64	531.6	534.0	549.7	570.0	590.7	611.8	633.2	654.9	676.9	699.2	721.6	744.3	767.1	790.1	813.2
	0.66	552.9	555.3	571.1	591.5	612.3	633.5	655.0	676.7	698.8	721.1	743.5	766.2	789.1	812.0	835.2
	0.68	574.2	576.5	592.5	613.0	633.9	655.1	676.7	698.5	720.6	742.9	765.4	788.1	811.0	834.0	857.1
	0.70	595.4	597.8	613.9	634.5	655.4	676.8	698.4	720.3	742.4	764.7	787.3	810.0	832.8	855.9	879.0

续表

β 值								HPB235 适用								
a_s/h_0	ω / λ	0.55	0.60	0.65	0.70	0.75	0.80	0.85	0.90	0.95	1.00	1.05	1.10	1.15	1.20	1.25
0.06	0.72	616.7	619.1	635.2	655.9	677.0	698.4	720.1	742.0	764.2	786.5	809.1	831.8	854.7	877.7	900.9
	0.74	638.0	640.4	656.6	677.4	698.5	720.0	741.7	763.7	785.9	808.3	830.9	853.7	876.6	899.6	922.8
	0.76	659.3	661.7	677.9	698.8	720.1	741.6	763.4	785.4	807.7	830.1	852.7	875.5	898.4	921.4	
	0.78	680.5	682.9	699.3	720.3	741.6	763.2	785.0	807.1	829.4	851.8	874.5	897.3	920.2		
	0.80	701.8	704.2	720.6	741.7	763.1	784.8	806.7	828.8	851.1	873.6	896.2	919.1			
0.08	0.10								35.70	57.67	80.30	103.3	126.8	150.5	174.5	198.6
	0.11							27.21	48.13	69.97	92.47	115.4	138.8	162.4	186.2	210.3
	0.12						20.15	39.68	60.50	82.23	104.6	127.4	150.7	174.3	198.0	222.0
	0.13						32.61	52.08	72.80	94.43	116.7	139.5	162.6	186.1	209.8	233.7
	0.14					27.28	44.97	64.39	85.05	106.5	128.8	151.5	174.6	198.0	221.6	245.4
	0.15				24.20	39.51	57.24	76.64	97.24	118.7	140.8	163.4	186.4	209.8	233.4	257.1
	0.16			24.06	36.15	51.64	69.43	88.82	109.3	130.7	152.8	175.4	198.3	221.6	245.1	268.8
	0.17	26.36	28.26	35.51	48.02	63.70	81.55	100.9	121.4	142.8	164.8	187.3	210.2	233.4	256.8	280.5
	0.18	37.23	39.13	46.91	59.82	75.68	93.60	113.0	133.4	154.8	176.7	199.2	222.0	245.2	268.6	292.2
	0.19	48.10	50.00	58.26	71.54	87.59	105.5	125.0	145.4	166.7	188.6	211.0	233.8	256.9	280.3	303.9
	0.20	58.97	60.87	69.58	83.21	99.43	117.5	136.9	157.4	178.6	200.5	222.9	245.6	268.7	292.0	315.5
	0.21	69.84	71.74	80.86	94.82	111.2	129.3	148.8	169.3	190.5	212.3	234.7	257.4	280.4	303.7	327.2
	0.22	80.71	82.61	92.11	106.3	122.9	141.2	160.7	181.1	202.4	224.2	246.4	269.1	292.1	315.3	338.8
	0.23	91.58	93.48	103.3	117.9	134.6	152.9	172.5	193.0	214.2	236.0	258.2	280.8	303.8	327.0	350.4
	0.24	102.4	104.3	114.5	129.3	146.2	164.7	184.3	204.7	225.9	247.7	269.9	292.5	315.5	338.6	362.0
	0.25	113.3	115.2	125.7	140.8	157.8	176.4	196.0	216.5	237.7	259.4	281.6	304.2	327.1	350.2	373.6
	0.26	124.1	126.0	136.8	152.2	169.4	188.0	207.7	228.2	249.4	271.1	293.3	315.9	338.7	361.9	385.2
	0.27	135.0	136.9	148.0	163.6	180.9	199.6	219.4	239.9	261.1	282.8	305.0	327.5	350.4	373.5	396.8
	0.28	145.9	147.8	159.1	174.9	192.4	211.2	231.0	251.6	272.8	294.5	316.6	339.2	362.0	385.0	408.3
	0.29	156.7	158.6	170.2	186.3	203.9	222.8	242.6	263.2	284.4	306.1	328.3	350.8	373.6	396.6	419.9
	0.30	167.6	169.5	181.3	197.6	215.4	234.3	254.2	274.8	296.0	317.7	339.9	362.3	385.1	408.2	431.4
	0.32	189.4	191.3	203.4	220.1	238.2	257.3	277.2	297.9	319.2	340.9	363.0	385.5	408.2	431.2	454.4
	0.34	211.1	213.0	225.6	242.6	260.9	280.1	300.2	320.9	342.2	364.0	386.1	408.5	431.3	454.2	477.4
	0.36	232.8	234.7	247.6	265.0	283.5	302.9	323.1	343.9	365.2	387.0	409.1	431.5	454.2	477.2	500.3

续表

β值		HPB235 适用														
a_s/h_0	λ \ ω	0.55	0.60	0.65	0.70	0.75	0.80	0.85	0.90	0.95	1.00	1.05	1.10	1.15	1.20	1.25
0.08	0.38	254.6	256.5	269.7	287.3	306.1	325.6	345.9	366.8	388.1	409.9	432.0	454.5	477.2	500.1	523.2
	0.40	276.3	278.2	291.7	309.6	328.6	348.3	368.7	389.6	411.0	432.8	454.9	477.3	500.0	522.9	546.1
	0.42	298.0	300.0	313.7	331.9	351.0	370.9	391.3	412.3	433.8	455.6	477.7	500.2	522.9	545.8	568.9
	0.44	319.8	321.7	335.7	354.1	373.4	393.4	413.9	435.0	456.5	478.4	500.5	523.0	545.6	568.5	591.6
	0.46	341.5	343.4	357.6	376.3	395.8	415.9	436.5	457.6	479.2	501.1	523.2	545.7	568.4	591.3	614.4
	0.48	363.3	365.2	379.5	398.4	418.1	438.3	459.0	480.2	501.8	523.7	545.9	568.4	591.1	614.0	637.0
	0.50	385.0	386.9	401.5	420.6	440.3	460.7	481.5	502.8	524.4	546.3	568.6	591.0	613.7	636.6	659.7
	0.52	406.7	408.6	423.4	442.7	462.6	483.0	503.9	525.3	546.9	568.9	591.2	613.7	636.4	659.3	682.3
	0.54	428.5	430.4	445.3	464.7	484.8	505.3	526.3	547.7	569.4	591.5	613.7	636.2	659.0	681.9	704.9
	0.56	450.2	452.1	467.2	486.8	507.0	527.6	548.7	570.1	591.9	614.0	636.3	658.8	681.5	704.4	727.5
	0.58	472.0	473.9	489.0	508.8	529.1	549.9	571.0	592.5	614.3	636.4	658.8	681.3	704.0	727.0	750.0
	0.60	493.7	495.6	510.9	530.8	551.3	572.1	593.3	614.9	636.7	658.9	681.2	703.8	726.5	749.5	772.5
	0.62	515.4	517.3	532.8	552.8	573.4	594.3	615.6	637.2	659.1	681.3	703.7	726.2	749.0	771.9	795.0
	0.64	537.2	539.1	554.6	574.8	595.5	616.5	637.8	659.5	681.5	703.7	726.1	748.7	771.5	794.4	817.5
	0.66	558.9	560.8	576.5	596.8	617.5	638.6	660.1	681.8	703.8	726.0	748.4	771.1	793.9	816.8	839.9
	0.68	580.7	582.6	598.3	618.8	639.6	660.8	682.3	704.1	726.1	748.3	770.8	793.5	816.3	839.2	862.3
	0.70	602.4	604.3	620.2	640.7	661.6	682.9	704.5	726.3	748.4	770.7	793.1	815.8	838.6	861.6	884.7
	0.72	624.1	626.0	642.0	662.6	683.7	705.0	726.6	748.5	770.6	792.9	815.5	838.1	861.0	884.0	907.1
	0.74	645.9	647.8	663.8	684.6	705.7	727.1	748.8	770.7	792.8	815.2	837.7	860.5	883.3	906.3	929.4
	0.76	667.6	669.5	685.6	706.5	727.7	749.1	770.9	792.9	815.1	837.4	860.0	882.7	905.6	928.6	
	0.78	689.4	691.3	707.5	728.4	749.7	771.2	793.0	815.0	837.3	859.7	882.3	905.0	927.9		
	0.80	711.1	713.0	729.3	750.3	771.6	793.2	815.1	837.2	859.4	881.9	904.5	927.3			
0.10	0.10								25.29	47.30	69.97	93.12	116.6	140.3	164.3	188.4
	0.11								38.08	59.94	82.47	105.4	128.8	152.5	176.4	200.4
	0.12							30.00	50.80	72.53	94.94	117.8	141.1	164.7	188.5	212.4
	0.13						23.37	42.76	63.45	85.07	107.3	130.1	153.3	176.8	200.5	224.4
	0.14					18.6	36.11	55.44	76.04	97.56	119.7	142.4	165.5	188.9	212.6	236.4
	0.15					31.2	48.74	68.03	88.57	110.0	132.1	154.7	177.7	201.1	224.6	248.4
	0.16				28.53	43.69	61.28	80.56	101.0	122.4	144.4	166.9	189.9	213.2	236.7	260.4

续表

β值									HPB235 适用							
a_s/h_0	ω / λ	0.55	0.60	0.65	0.70	0.75	0.80	0.85	0.90	0.95	1.00	1.05	1.10	1.15	1.20	1.25
0.10	0.17	20.83	22.22	28.74	40.73	56.09	73.74	93.01	113.4	134.7	156.7	179.2	202.0	225.2	248.7	272.4
	0.18	31.94	33.33	40.43	52.85	68.40	86.13	105.3	125.8	147.0	168.9	191.4	214.2	237.3	260.7	284.3
	0.19	43.06	44.44	52.08	64.89	80.64	98.44	117.7	138.1	159.3	181.1	203.5	226.3	249.4	272.7	296.3
	0.20	54.17	55.56	63.67	76.87	92.81	110.6	129.9	150.3	171.5	193.3	215.6	238.4	261.4	284.7	308.2
	0.21	65.28	66.67	75.23	88.79	104.9	122.8	142.2	162.5	183.7	205.5	227.7	250.4	273.4	296.7	320.2
	0.22	76.39	77.78	86.76	100.6	116.9	135.0	154.3	174.7	195.8	217.6	239.8	262.5	285.4	308.6	332.1
	0.23	87.50	88.89	98.25	112.4	128.9	147.0	166.4	186.8	207.9	229.7	251.9	274.5	297.4	320.6	344.0
	0.24	98.61	100.0	109.7	124.2	140.8	159.1	178.5	198.9	220.0	241.7	263.9	286.5	309.3	332.5	355.9
	0.25	109.7	111.1	121.1	135.9	152.7	171.1	190.6	210.9	232.1	253.7	275.9	298.4	321.3	344.4	367.7
	0.26	120.8	122.2	132.5	147.6	164.6	183.0	202.5	223.0	244.1	265.7	287.9	310.4	333.2	356.3	379.6
	0.27	131.9	133.3	143.9	159.3	176.4	194.9	214.5	234.9	256.0	277.7	299.8	322.3	345.1	368.2	391.4
	0.28	143.0	144.4	155.3	170.9	188.2	206.8	226.4	246.9	268.0	289.7	311.7	334.2	357.0	380.0	403.3
	0.29	154.1	155.5	166.7	182.5	199.9	218.6	238.3	258.8	279.9	301.6	323.7	346.1	368.9	391.9	415.1
	0.30	165.2	166.6	178.0	194.1	211.6	230.4	250.2	270.7	291.8	313.5	335.5	358.0	380.7	403.7	426.9
	0.32	187.5	188.8	200.7	217.1	235.0	253.9	273.8	294.4	315.5	337.2	359.2	381.6	404.3	427.3	450.5
	0.34	209.7	211.1	223.3	240.1	258.2	277.4	297.3	318.0	339.1	360.8	382.9	405.3	427.9	450.9	474.0
	0.36	231.9	233.3	245.9	263.1	281.4	300.7	320.8	341.4	362.7	384.4	406.4	428.8	451.5	474.4	497.5
	0.38	254.1	255.5	268.4	285.9	304.5	323.9	344.1	364.9	386.1	407.8	429.9	452.3	474.9	497.8	520.9
	0.40	276.3	277.7	290.9	308.7	327.5	347.1	367.4	388.2	409.5	431.2	453.3	475.7	498.3	521.2	544.3
	0.42	298.6	300.0	313.4	331.5	350.5	370.2	390.6	411.5	432.8	454.6	476.7	499.1	521.7	544.6	567.6
	0.44	320.8	322.2	335.9	354.2	373.4	393.2	413.7	434.7	456.1	477.9	500.0	522.4	545.0	567.9	590.9
	0.46	343.0	344.4	358.3	376.9	396.2	416.2	436.8	457.8	479.3	501.1	523.2	545.6	568.3	591.1	614.1
	0.48	365.2	366.6	380.8	399.5	419.1	439.2	459.8	480.9	502.5	524.3	546.4	568.9	591.5	614.3	637.4
	0.50	387.5	388.8	403.2	422.2	441.8	462.1	482.8	504.0	525.6	547.4	569.6	592.0	614.7	637.5	660.5
	0.52	409.7	411.1	425.6	444.8	464.6	484.9	505.8	527.0	548.6	570.5	592.7	615.2	637.8	660.7	683.7
	0.54	431.9	433.3	448.0	467.3	487.3	507.7	528.7	550.0	571.6	593.6	615.8	638.3	660.9	683.8	706.8
	0.56	454.1	455.5	470.4	489.9	510.0	530.5	551.5	572.9	594.6	616.6	638.9	661.3	684.0	706.9	729.9
	0.58	476.3	477.7	492.7	512.4	532.6	553.3	574.4	595.8	617.6	639.6	661.9	684.4	707.0	729.9	752.9
	0.60	498.6	500.0	515.1	534.9	555.2	576.0	597.2	618.7	640.5	662.5	684.8	707.3	730.1	752.9	776.0

续表

β值								HPB235 适用								
a_s/h_0	λ \ ω	0.55	0.60	0.65	0.70	0.75	0.80	0.85	0.90	0.95	1.00	1.05	1.10	1.15	1.20	1.25
0.10	0.62	520.8	522.2	537.4	557.4	577.8	598.7	619.9	641.5	663.3	685.4	707.8	730.3	753.0	775.9	799.0
	0.64	543.0	544.4	559.8	579.9	600.4	621.4	642.7	664.3	686.2	708.3	730.7	753.2	776.0	798.9	821.9
	0.66	565.2	566.6	582.1	602.3	623.0	644.0	665.4	687.1	709.0	731.2	753.6	776.2	798.9	821.8	844.9
	0.68	587.5	588.8	604.4	624.8	645.6	666.7	688.1	709.8	731.8	754.0	776.4	799.0	821.8	844.7	867.8
	0.70	609.7	611.1	626.8	647.2	668.1	689.3	710.8	732.6	754.6	776.8	799.3	821.9	844.7	867.6	890.7
	0.72	631.9	633.3	649.1	669.7	690.6	711.9	733.5	755.3	777.3	799.6	822.1	844.7	867.5	890.5	913.6
	0.74	654.1	655.5	671.4	692.1	713.1	734.5	756.1	778.0	800.1	822.4	844.9	867.6	890.4	913.3	936.4
	0.76	676.3	677.7	693.7	714.5	735.6	757.0	778.7	800.6	822.8	845.1	867.7	890.3	913.2	936.2	
	0.78	698.6	699.9	716.0	736.9	758.1	779.6	801.3	823.3	845.5	867.9	890.4	913.1	936.0		
	0.80	720.8	722.2	738.3	759.3	780.6	802.1	823.9	845.9	868.2	890.6	913.1	935.9			
0.13	0.10									30.70	53.47	76.72	100.3	124.1	148.1	172.4
	0.11								21.96	43.88	66.49	89.58	113.0	136.7	160.7	184.8
	0.12								35.25	57.01	79.47	102.4	125.7	149.3	173.2	197.2
	0.13							27.81	48.47	70.09	92.41	115.2	138.4	162.0	185.7	209.7
	0.14						21.88	41.07	61.62	83.12	105.3	128.0	151.1	174.6	198.2	222.1
	0.15						35.11	54.24	74.69	96.09	118.1	140.8	163.8	187.2	210.8	234.6
	0.16					30.94	48.23	67.32	87.70	109.0	131.0	153.5	176.5	199.7	223.3	247.0
	0.17				29.06	43.90	61.24	80.32	100.6	121.8	143.8	166.2	189.1	212.3	235.7	259.4
	0.18	23.56	24.14	30.10	41.71	56.76	74.17	93.24	113.5	134.6	156.5	178.9	201.7	224.8	248.2	271.8
	0.19	35.06	35.63	42.21	54.27	69.53	87.02	106.0	126.3	147.4	169.2	191.5	214.3	237.3	260.7	284.2
	0.20	46.55	47.13	54.27	66.75	82.22	99.78	118.8	139.1	160.1	181.9	204.1	226.8	249.8	273.1	296.6
	0.21	58.05	58.62	66.27	79.15	94.82	112.4	131.5	151.8	172.8	194.5	216.7	239.4	262.3	285.5	309.0
	0.22	69.54	70.11	78.24	91.50	107.3	125.1	144.2	164.4	185.4	207.1	229.3	251.9	274.8	298.0	321.4
	0.23	81.03	81.61	90.17	103.7	119.8	137.6	156.8	177.0	198.0	219.7	241.8	264.3	287.2	310.3	333.7
	0.24	92.53	93.10	102.0	116.0	132.2	150.1	169.4	189.6	210.6	232.2	254.3	276.8	299.6	322.7	346.1
	0.25	104.0	104.5	113.9	128.1	144.6	162.6	181.9	202.1	223.1	244.7	266.7	289.2	312.0	335.1	358.4
	0.26	115.5	116.0	125.7	140.3	156.9	175.0	194.3	214.6	235.6	257.1	279.2	301.6	324.4	347.4	370.7
	0.27	127.0	127.5	137.5	152.4	169.2	187.4	206.8	227.0	248.0	269.6	291.6	314.0	336.7	359.7	383.0
	0.28	138.5	139.0	149.3	164.4	181.4	199.7	219.1	239.4	260.4	282.0	304.0	326.4	349.1	372.0	395.2

续表

β值		HPB235适用														
a_s/h_0	λ \ ω	0.55	0.60	0.65	0.70	0.75	0.80	0.85	0.90	0.95	1.00	1.05	1.10	1.15	1.20	1.25
0.13	0.29	149.9	150.5	161.1	176.5	193.6	212.0	231.5	251.8	272.8	294.3	316.3	338.7	361.4	384.3	407.5
	0.30	161.4	162.0	172.9	188.5	205.7	224.3	243.8	264.1	285.1	306.7	328.7	351.0	373.7	396.6	419.7
	0.32	184.4	185.0	196.3	212.4	230.0	248.7	268.3	288.7	309.7	331.3	353.2	375.6	398.2	421.1	444.2
	0.34	207.4	208.0	219.7	236.2	254.1	273.0	292.7	313.2	334.2	355.8	377.7	400.0	422.6	445.5	468.6
	0.36	230.4	231.0	243.1	260.0	278.1	297.1	317.0	337.6	358.6	380.2	402.2	424.5	447.0	469.9	492.9
	0.38	253.4	254.0	266.5	283.7	302.0	321.2	341.2	361.8	383.0	404.6	426.5	448.8	471.4	494.2	517.2
	0.40	276.4	277.0	289.8	307.3	325.8	345.2	365.3	386.0	407.2	428.8	450.8	473.1	495.6	518.4	541.4
	0.42	299.4	299.9	313.0	330.8	349.6	369.2	389.4	410.1	431.4	453.0	475.0	497.3	519.8	542.6	565.6
	0.44	322.4	322.9	336.3	354.4	373.3	393.0	413.3	434.2	455.5	477.1	499.1	521.4	544.0	566.8	589.7
	0.46	345.4	345.9	359.5	377.8	397.0	416.8	437.3	458.2	479.5	501.2	523.2	545.5	568.1	590.9	613.8
	0.48	368.3	368.9	382.7	401.3	420.6	440.6	461.1	482.1	503.5	525.2	547.3	569.6	592.2	614.9	637.9
	0.50	391.3	391.9	405.9	424.7	444.2	464.3	484.9	506.0	527.4	549.2	571.3	593.6	616.2	638.9	661.9
	0.52	414.3	414.9	429.1	448.1	467.7	488.0	508.7	529.8	551.3	573.1	595.2	617.6	640.1	662.9	685.9
	0.54	437.3	437.9	452.2	471.4	491.2	511.6	532.4	553.6	575.1	597.0	619.1	641.5	664.1	686.8	709.8
	0.56	460.3	460.9	475.4	494.8	514.7	535.2	556.0	577.3	598.9	620.8	643.0	665.4	688.0	710.7	733.7
	0.58	483.3	483.9	498.5	518.1	538.2	558.7	579.7	601.0	622.7	644.6	666.8	689.2	711.8	734.6	757.6
	0.60	506.3	506.8	521.7	541.4	561.6	582.2	603.3	624.7	646.4	668.4	690.6	713.0	735.6	758.4	781.4
	0.62	529.3	529.8	544.8	564.6	585.0	605.7	626.9	648.3	670.1	692.1	714.3	736.8	759.4	782.2	805.2
	0.64	552.2	552.8	567.9	587.9	608.3	629.2	650.4	671.9	693.7	715.8	738.0	760.5	783.2	806.0	829.0
	0.66	575.2	575.8	591.0	611.1	631.7	652.6	673.9	695.5	717.3	739.4	761.7	784.2	806.9	829.8	852.7
	0.68	598.2	598.8	614.1	634.4	655.0	676.0	697.4	719.0	740.9	763.1	785.4	807.9	830.6	853.5	876.5
	0.70	621.2	621.8	637.2	657.6	678.3	699.4	720.9	742.6	764.5	786.7	809.0	831.6	854.3	877.2	900.2
	0.72	644.2	644.8	660.3	680.8	701.6	722.8	744.3	766.1	788.0	810.2	832.6	855.2	877.9	900.8	923.9
	0.74	667.2	667.8	683.4	704.0	724.9	746.2	767.7	789.5	811.6	833.8	856.2	878.8	901.6	924.5	
	0.76	690.2	690.8	706.5	727.2	748.2	769.5	791.1	813.0	835.1	857.3	879.8	902.4	925.2		
	0.78	713.2	713.7	729.5	750.3	771.5	792.9	814.5	836.4	858.5	880.8	903.3	926.0			
	0.80	736.2	736.7	752.6	773.5	794.7	816.2	837.9	859.8	882.0	904.3	926.9				

矩形截面对称配筋单向偏心受压柱承载力计算表　　表 3-5-4

a_s/h_0	β值 ω / λ	0.55	0.60	0.65	0.70	0.75	0.80	0.85	0.90	0.95	1.00	1.05	1.10	1.15	1.20	1.25
	HRB335 适用															
0.04	0.10							34.37	55.09	76.68	98.94	121.6	144.8	168.2	192.0	215.9
	0.11						26.99	46.42	67.02	88.49	110.6	133.2	156.3	179.6	203.3	227.1
	0.12					21.32	39.08	58.42	78.91	100.2	122.2	144.8	167.8	191.0	214.6	238.3
	0.13					33.39	51.11	70.36	90.76	112.0	133.9	156.4	179.2	202.4	225.9	249.6
	0.14				29.72	45.38	63.07	82.26	102.5	123.7	145.5	167.9	190.7	213.8	237.2	260.8
	0.15		19.42	28.58	41.58	57.29	74.97	94.11	114.3	135.4	157.2	179.4	202.1	225.2	248.5	272.1
	0.16	26.30	30.63	40.18	53.36	69.14	86.82	105.9	126.0	147.1	168.8	191.0	213.6	236.6	259.8	283.3
	0.17	36.72	41.77	51.71	65.08	80.92	98.60	117.6	137.7	158.7	180.3	202.5	225.0	247.9	271.2	294.6
	0.18	47.14	52.87	63.17	76.72	92.65	110.3	129.3	149.4	170.3	191.9	214.0	236.5	259.3	282.5	305.8
	0.19	57.55	63.93	74.58	88.31	104.3	122.0	141.0	161.0	181.9	203.4	225.4	247.9	270.7	293.8	317.1
	0.20	67.97	74.94	85.92	99.84	115.9	133.6	152.6	172.6	193.5	214.9	236.9	259.3	282.0	305.0	328.3
	0.21	78.39	85.91	97.22	111.3	127.4	145.2	164.2	184.2	205.0	226.4	248.3	270.6	293.3	316.3	339.6
	0.22	88.80	96.86	108.4	122.7	138.9	156.8	175.8	195.7	216.5	237.8	259.7	282.0	304.7	327.6	350.8
	0.23	99.22	107.7	119.6	134.1	150.4	168.3	187.3	207.2	228.0	249.3	271.1	293.4	316.0	338.9	362.0
	0.24	109.6	118.6	130.8	145.4	161.8	179.7	198.8	218.7	239.4	260.7	282.5	304.7	327.3	350.1	373.2
	0.25	120.0	129.5	141.9	156.7	173.2	191.2	210.2	230.2	250.8	272.1	293.8	316.0	338.5	361.4	384.4
	0.26	130.4	140.3	153.0	167.9	184.6	202.6	221.6	241.6	262.2	283.5	305.2	327.3	349.8	372.6	395.6
	0.27	140.8	151.1	164.1	179.2	195.9	213.9	233.0	253.0	273.6	294.8	316.5	338.6	361.1	383.8	406.8
	0.28	151.3	161.9	175.1	190.4	207.2	225.3	244.4	264.3	284.9	306.1	327.8	349.9	372.3	395.0	418.0
	0.29	161.7	172.7	186.1	201.5	218.4	236.6	255.7	275.6	296.3	317.4	339.1	361.2	383.5	406.2	429.2
	0.30	172.1	183.4	197.1	212.6	229.6	247.8	267.0	286.9	307.6	328.7	350.4	372.4	394.8	417.4	440.3
	0.32	192.9	204.9	219.0	234.8	252.0	270.3	289.5	309.5	330.1	351.3	372.9	394.8	417.2	439.8	462.6
	0.34	213.8	226.3	240.8	256.9	274.2	292.7	311.9	331.9	352.6	373.7	395.3	417.2	439.5	462.1	484.9
	0.36	234.6	247.7	262.5	278.9	296.4	314.9	334.3	354.3	374.9	396.1	417.6	439.6	461.8	484.3	507.1
	0.38	255.4	269.0	284.2	300.8	318.5	337.1	356.5	376.6	397.3	418.4	439.9	461.8	484.1	506.6	529.3
	0.40	276.3	290.3	305.8	322.6	340.5	359.2	378.7	398.8	419.5	440.6	462.2	484.1	506.3	528.7	551.4
	0.42	297.1	311.5	327.4	344.4	362.4	381.3	400.8	421.0	441.7	462.8	484.4	506.3	528.4	550.9	573.5
	0.44	317.9	332.7	348.9	366.1	384.3	403.2	422.9	443.1	463.8	485.0	506.5	528.4	550.5	573.0	595.6
	0.46	338.8	353.9	370.3	387.7	406.1	425.1	444.8	465.1	485.9	507.1	528.6	550.5	572.6	595.0	617.7

续表

		β值							HRB335 适用							
a_s/h_0	ω / λ	0.55	0.60	0.65	0.70	0.75	0.80	0.85	0.90	0.95	1.00	1.05	1.10	1.15	1.20	1.25
0.04	0.48	359.6	375.1	391.7	409.4	427.8	447.0	466.8	487.1	507.9	529.1	550.6	572.5	594.7	617.0	639.7
	0.50	380.4	396.2	413.1	430.9	449.5	468.8	488.7	509.0	529.9	551.1	572.6	594.5	616.6	639.0	661.6
	0.52	401.3	417.3	434.5	452.4	471.2	490.5	510.5	530.9	551.8	573.0	594.6	616.5	638.6	661.0	683.6
	0.54	422.1	438.5	455.8	473.9	492.8	512.2	532.3	552.7	573.6	594.9	616.5	638.4	660.5	682.9	705.5
	0.56	442.9	459.5	477.1	495.4	514.3	533.9	554.0	574.5	595.5	616.8	638.4	660.3	682.4	704.8	727.4
	0.58	463.8	480.6	498.3	516.8	535.9	555.5	575.7	596.3	617.3	638.6	660.2	682.1	704.3	726.6	749.2
	0.60	484.6	501.7	519.6	538.2	557.4	577.1	597.4	618.0	639.0	660.4	682.0	703.9	726.1	748.5	771.0
	0.62	505.4	522.7	540.8	559.5	578.9	598.7	619.0	639.7	660.7	682.1	703.8	725.7	747.9	770.3	792.8
	0.64	526.3	543.8	562.0	580.9	600.3	620.2	640.6	661.3	682.4	703.8	725.5	747.5	769.6	792.0	814.6
	0.66	547.1	564.8	583.2	602.2	621.7	641.7	662.1	682.9	704.1	725.5	747.2	769.2	791.4	813.8	836.3
	0.68	567.9	585.8	604.4	623.5	643.1	663.2	683.7	704.5	725.7	747.2	768.9	790.9	813.1	835.5	858.0
	0.70	588.8	606.8	625.5	644.7	664.5	684.6	705.2	726.1	747.3	768.8	790.6	812.6	834.8	857.2	879.7
	0.72	609.6	627.8	646.6	666.0	685.8	706.1	726.7	747.6	768.9	790.4	812.2	834.2	856.4	878.8	901.4
	0.74	630.4	648.8	667.8	687.2	707.1	727.5	748.1	769.1	790.4	812.0	833.8	855.8	878.1	900.5	923.1
	0.76	651.3	669.8	688.9	708.4	728.4	748.8	769.6	790.6	812.0	833.5	855.4	877.4	899.7	922.1	
	0.78	672.1	690.8	710.0	729.6	749.7	770.2	791.0	812.1	833.5	855.1	876.9	899.0	921.3		
	0.80	692.9	711.7	731.1	750.8	771.0	791.5	812.4	833.5	854.9	876.6	898.5	920.6			
0.06	0.10							24.86	45.58	67.20	89.48	112.2	135.4	158.9	182.6	206.6
	0.11							37.23	57.82	79.30	101.4	124.1	147.2	170.5	194.2	218.1
	0.12						30.28	49.56	70.02	91.38	113.4	135.9	158.9	182.2	205.8	229.5
	0.13					25.05	42.64	61.83	82.19	103.4	125.3	147.8	170.6	193.9	217.3	241.1
	0.14				21.95	37.38	54.93	74.04	94.31	115.4	137.2	159.6	182.4	205.5	228.9	252.6
	0.15			21.51	34.15	49.63	67.16	86.21	106.3	127.4	149.1	171.4	194.1	217.2	240.5	264.1
	0.16	21.01	24.44	33.44	46.26	61.80	79.32	98.32	118.4	139.4	161.0	183.2	205.8	228.8	252.1	275.6
	0.17	31.65	35.87	45.28	58.29	73.90	91.42	110.3	130.4	151.3	172.9	195.0	217.5	240.5	263.7	287.1
	0.18	42.29	47.25	57.04	70.25	85.94	103.4	122.3	142.3	163.2	184.7	206.8	229.2	252.1	275.2	298.6
	0.19	52.93	58.58	68.74	82.14	97.91	115.4	134.3	154.3	175.1	196.5	218.5	240.9	263.7	286.8	310.1
	0.20	63.56	69.86	80.38	93.96	109.8	127.3	146.2	166.2	186.9	208.3	230.2	252.6	275.3	298.3	321.6
	0.21	74.20	81.10	91.96	105.7	121.6	139.2	158.1	178.0	198.7	220.1	241.9	264.2	286.9	309.9	333.1

续表

β值								HRB335 适用								
a_s/h_0	λ \ ω	0.55	0.60	0.65	0.70	0.75	0.80	0.85	0.90	0.95	1.00	1.05	1.10	1.15	1.20	1.25
0.06	0.22	84.84	92.30	103.4	117.4	133.4	151.1	170.0	189.8	210.5	231.8	253.6	275.9	298.5	321.4	344.6
	0.23	95.48	103.4	114.9	129.1	145.2	162.9	181.8	201.6	222.2	243.5	265.3	287.5	310.1	332.9	356.1
	0.24	106.1	114.6	126.4	140.7	156.9	174.6	193.5	213.4	234.0	255.2	276.9	299.1	321.6	344.5	367.5
	0.25	116.7	125.7	137.8	152.2	168.6	186.3	205.2	225.1	245.7	266.9	288.6	310.7	333.2	356.0	379.0
	0.26	127.3	136.7	149.1	163.8	180.2	198.0	216.9	236.8	257.3	278.5	300.2	322.3	344.7	367.5	390.5
	0.27	138.0	147.8	160.4	175.3	191.8	209.6	228.6	248.4	269.0	290.1	311.8	333.8	356.2	378.9	401.9
	0.28	148.6	158.8	171.7	186.7	203.3	221.3	240.2	260.1	280.6	301.7	323.3	345.4	367.7	390.4	413.3
	0.29	159.3	169.9	183.0	198.1	214.8	232.8	251.8	271.7	292.2	313.3	334.9	356.9	379.2	401.9	424.8
	0.30	169.9	180.9	194.2	209.5	226.3	244.4	263.4	283.2	303.8	324.8	346.4	368.4	390.7	413.3	436.2
	0.32	191.2	202.8	216.6	232.2	249.2	267.4	286.4	306.3	326.8	347.9	369.4	391.4	413.6	436.2	459.0
	0.34	212.5	224.7	238.9	254.8	272.0	290.2	309.4	329.3	349.8	370.9	392.4	414.3	436.5	459.0	481.8
	0.36	233.7	246.5	261.1	277.3	294.6	313.0	332.2	352.2	372.7	393.8	415.2	437.1	459.3	481.8	504.5
	0.38	255.0	268.3	283.3	299.7	317.2	335.7	355.0	375.0	395.5	416.6	438.1	459.9	482.1	504.5	527.2
	0.40	276.3	290.0	305.4	322.0	339.7	358.3	377.7	397.7	418.3	439.3	460.8	482.6	504.8	527.2	549.8
	0.42	297.6	311.7	327.4	344.2	362.1	380.8	400.3	420.4	441.0	462.0	483.5	505.3	527.4	549.8	572.4
	0.44	318.8	333.4	349.4	366.4	384.5	403.3	422.8	443.0	463.6	484.7	506.1	527.9	550.0	572.4	595.0
	0.46	340.1	355.1	371.3	388.6	406.8	425.7	445.3	465.5	486.1	507.2	528.7	550.5	572.6	595.0	617.5
	0.48	361.4	376.7	393.2	410.7	429.0	448.0	467.7	488.0	508.7	529.8	551.2	573.1	595.1	617.5	640.0
	0.50	382.7	398.3	415.0	432.7	451.2	470.3	490.1	510.4	531.1	552.2	573.7	595.5	617.6	639.9	662.5
	0.52	403.9	419.9	436.8	454.7	473.3	492.6	512.4	532.7	553.5	574.7	596.2	618.0	640.1	662.4	684.9
	0.54	425.2	441.4	458.6	476.6	495.4	514.7	534.7	555.0	575.9	597.1	618.6	640.4	662.5	684.8	707.3
	0.56	446.5	463.0	480.4	498.5	517.4	536.9	556.9	577.3	598.2	619.4	640.9	662.8	684.8	707.2	729.7
	0.58	467.8	484.5	502.1	520.4	539.4	559.0	579.0	599.5	620.4	641.7	663.3	685.1	707.2	729.5	752.0
	0.60	489.0	506.0	523.8	542.3	561.4	581.0	601.2	621.7	642.7	664.0	685.5	707.4	729.5	751.8	774.3
	0.62	510.3	527.5	545.5	564.1	583.3	603.1	623.3	643.9	664.9	686.2	707.8	729.7	751.8	774.1	796.6
	0.64	531.6	549.0	567.1	585.9	605.2	625.1	645.3	666.0	687.0	708.4	730.0	751.9	774.0	796.3	818.8
	0.66	552.9	570.5	588.8	607.7	627.1	647.0	667.4	688.1	709.2	730.5	752.2	774.1	796.2	818.5	841.0
	0.68	574.2	591.9	610.4	629.4	649.0	669.0	689.4	710.2	731.3	752.7	774.3	796.3	818.4	840.7	863.2
	0.70	595.4	613.4	632.0	651.1	670.8	690.9	711.3	732.2	753.3	774.8	796.5	818.4	840.5	862.9	885.4

续表

		β 值							HRB335 适用							
a_s/h_0	λ \ ω	0.55	0.60	0.65	0.70	0.75	0.80	0.85	0.90	0.95	1.00	1.05	1.10	1.15	1.20	1.25
0.06	0.72	616.7	634.8	653.6	672.9	692.6	712.8	733.3	754.2	775.4	796.8	818.6	840.5	862.7	885.0	907.5
	0.74	638.0	656.3	675.2	694.5	714.4	734.6	755.2	776.1	797.4	818.9	840.6	862.6	884.8	907.1	929.7
	0.76	659.3	677.7	696.7	716.2	736.1	756.4	777.1	798.1	819.4	840.9	862.7	884.7	906.9	929.2	
	0.78	680.5	699.1	718.3	737.9	757.9	778.3	799.0	820.0	841.3	862.9	884.7	906.7	928.9		
	0.80	701.8	720.6	739.8	759.5	779.6	800.0	820.8	841.9	863.3	884.9	906.7	928.7			
0.08	0.10								35.59	57.24	79.57	102.4	125.6	149.1	172.9	196.9
	0.11							27.57	48.16	69.66	91.84	114.5	137.6	161.0	184.7	208.6
	0.12						21.02	40.24	60.69	82.05	104.1	126.6	149.6	173.0	196.6	220.4
	0.13						33.74	52.85	73.18	94.42	116.3	138.8	161.7	184.9	208.4	232.1
	0.14					28.96	46.38	65.40	85.63	106.7	128.5	150.9	173.7	196.8	220.3	243.9
	0.15				26.32	41.56	58.95	77.90	98.03	119.0	140.7	163.0	185.7	208.8	232.1	255.7
	0.16			26.34	38.78	54.08	71.44	90.34	110.3	131.3	152.9	175.1	197.7	220.7	244.0	267.5
	0.17	26.36	29.68	38.51	51.15	66.52	83.88	102.7	122.7	143.5	165.1	187.2	209.7	232.6	255.8	279.2
	0.18	37.23	41.35	50.60	63.44	78.89	96.25	115.0	134.9	155.7	177.2	199.2	221.7	244.5	267.6	291.0
	0.19	48.10	52.97	62.61	75.66	91.18	108.5	127.3	147.2	167.9	189.3	211.3	233.7	256.4	279.5	302.8
	0.20	58.97	64.53	74.56	87.80	103.4	120.8	139.5	159.4	180.0	201.4	223.3	245.6	268.3	291.3	314.6
	0.21	69.84	76.05	86.44	99.88	115.5	133.0	151.7	171.5	192.1	213.4	235.3	257.5	280.2	303.1	326.3
	0.22	80.71	87.52	98.27	111.8	127.6	145.1	163.9	183.6	204.2	225.5	247.2	269.5	292.0	314.9	338.1
	0.23	91.58	98.96	110.0	123.8	139.7	157.2	176.0	195.7	216.3	237.5	259.2	281.4	303.9	326.7	349.8
	0.24	102.4	110.3	121.7	135.7	151.7	169.3	188.0	207.8	228.3	249.4	271.1	293.2	315.7	338.5	361.6
	0.25	113.3	121.7	133.4	147.6	163.7	181.3	200.0	219.8	240.3	261.4	283.0	305.1	327.6	350.3	373.3
	0.26	124.1	133.0	145.0	159.4	175.6	193.2	212.0	231.7	252.2	273.3	294.9	317.0	339.4	362.1	385.1
	0.27	135.0	144.3	156.6	171.2	187.5	205.2	224.0	243.7	264.1	285.2	306.8	328.8	351.2	373.8	396.8
	0.28	145.9	155.6	168.2	182.9	199.3	217.0	235.9	255.6	276.0	297.1	318.6	340.6	362.9	385.6	408.5
	0.29	156.7	166.9	179.7	194.6	211.1	228.9	247.8	267.5	287.9	308.9	330.5	352.4	374.7	397.3	420.2
	0.30	167.6	178.2	191.2	206.3	222.9	240.7	259.6	279.3	299.8	320.8	342.3	364.2	386.5	409.0	431.9
	0.32	189.4	200.6	214.1	229.5	246.3	264.3	283.2	303.0	323.4	344.4	365.8	387.7	409.9	432.4	455.2
	0.34	211.1	223.0	237.0	252.6	269.6	287.7	306.7	326.5	346.9	367.9	389.3	411.1	433.3	455.8	478.5
	0.36	232.8	245.3	259.7	275.6	292.8	311.0	330.1	349.9	370.4	391.3	412.7	434.5	456.7	479.1	501.8

续表

β值		HRB335 适用													
a_s/h_0	λ \ ω	0.55	0.60	0.65	0.70	0.75	0.80	0.85	0.90	0.95	1.00	1.05	1.10	1.15	1.20	1.25
0.08	0.38	254.6	267.6	282.3	298.5	315.9	334.2	353.4	373.3	393.7	414.7	436.1	457.9	480.0	502.3	525.0
	0.40	276.3	289.8	304.9	321.4	338.9	357.4	376.6	396.5	417.0	438.0	459.4	481.1	503.2	525.5	548.2
	0.42	298.0	312.0	327.4	344.1	361.8	380.4	399.7	419.7	440.2	461.2	482.6	504.3	526.4	548.7	571.3
	0.44	319.8	334.2	349.9	366.8	384.7	403.4	422.8	442.8	463.4	484.3	505.7	527.5	549.5	571.8	594.4
	0.46	341.5	356.3	372.3	389.4	407.5	426.3	445.8	465.9	486.4	507.4	528.8	550.6	572.6	594.9	617.4
	0.48	363.3	378.4	394.7	412.0	430.2	449.1	468.7	488.8	509.5	530.5	551.9	573.6	595.6	617.9	640.4
	0.50	385.0	400.5	417.0	434.5	452.9	471.9	491.6	511.8	532.4	553.5	574.9	596.6	618.6	640.9	663.4
	0.52	406.7	422.5	439.3	457.0	475.5	494.7	514.4	534.6	555.3	576.4	597.8	619.6	641.6	663.9	686.3
	0.54	428.5	444.5	461.6	479.5	498.1	517.3	537.2	557.5	578.2	599.3	620.7	642.5	664.5	686.8	709.2
	0.56	450.2	466.6	483.8	501.9	520.6	540.0	559.9	580.2	601.0	622.1	643.6	665.4	687.4	709.6	732.1
	0.58	472.0	488.6	506.0	524.2	543.1	562.6	582.5	603.0	623.8	644.9	666.4	688.2	710.2	732.5	754.9
	0.60	493.7	510.5	528.2	546.6	565.6	585.1	605.2	625.6	646.5	667.7	689.2	711.0	733.0	755.3	777.7
	0.62	515.4	532.5	550.3	568.9	588.0	607.6	627.8	648.3	669.2	690.4	712.0	733.8	755.8	778.1	800.5
	0.64	537.2	554.5	572.5	591.1	610.4	630.1	650.3	670.9	691.8	713.1	734.7	756.5	778.5	800.8	823.3
	0.66	558.9	576.4	594.6	613.4	632.7	652.6	672.8	693.5	714.5	735.8	757.3	779.2	801.2	823.5	846.0
	0.68	580.7	598.3	616.7	635.6	655.1	675.0	695.3	716.0	737.1	758.4	780.0	801.8	823.9	846.2	868.7
	0.70	602.4	620.3	638.8	657.8	677.4	697.4	717.8	738.5	759.6	781.0	802.6	824.5	846.6	868.9	891.3
	0.72	624.1	642.2	660.8	680.0	699.7	719.7	740.2	761.0	782.1	803.5	825.2	847.1	869.2	891.5	914.0
	0.74	645.9	664.1	682.9	702.2	721.9	742.1	762.6	783.5	804.6	826.1	847.8	869.7	891.8	914.1	936.6
	0.76	667.6	686.0	704.9	724.3	744.2	764.4	785.0	805.9	827.1	848.6	870.3	892.2	914.4	936.7	
	0.78	689.4	707.9	726.9	746.4	766.4	786.7	807.3	828.3	849.6	871.1	892.8	914.8	936.9		
	0.80	711.1	729.8	748.9	768.5	788.6	809.0	829.7	850.7	872.0	893.5	915.3	937.3			
0.10	0.10								25.09	46.79	69.17	92.06	115.3	138.9	162.7	186.7
	0.11								38.00	59.53	81.75	104.4	127.6	151.1	174.8	198.7
	0.12							30.43	50.88	72.25	94.33	116.9	139.9	163.3	186.9	210.7
	0.13						24.35	43.40	63.71	84.94	106.8	129.3	152.2	175.5	199.0	222.8
	0.14					20.08	37.36	56.31	76.49	97.61	119.4	141.8	164.6	187.7	211.2	234.8
	0.15					33.06	50.29	69.16	89.24	110.2	131.9	154.2	176.9	199.9	223.3	246.9
	0.16			18.86	30.90	45.95	63.15	81.94	101.9	122.8	144.4	166.6	189.2	212.2	235.4	259.0

续表

β值		HRB335 适用														
a_s/h_0	ω / λ	0.55	0.60	0.65	0.70	0.75	0.80	0.85	0.90	0.95	1.00	1.05	1.10	1.15	1.20	1.25
	0.17	20.83	23.17	31.39	43.64	58.75	75.94	94.67	114.5	135.3	156.9	178.9	201.5	224.4	247.6	271.0
	0.18	31.94	35.16	43.82	56.28	71.46	88.65	107.3	127.1	147.9	169.3	191.3	213.8	236.6	259.7	283.1
	0.19	43.06	47.08	56.17	68.84	84.10	101.3	119.9	139.7	160.4	181.7	203.6	226.0	248.8	271.8	295.1
	0.20	54.17	58.94	68.44	81.32	96.67	113.8	132.5	152.2	172.8	194.1	216.0	238.3	261.0	284.0	307.2
	0.21	65.28	70.75	80.64	93.72	109.1	126.4	145.0	164.7	185.2	206.5	228.3	250.5	273.1	296.1	319.3
	0.22	76.39	82.52	92.78	106.0	121.6	138.8	157.5	177.1	197.6	218.8	240.5	262.7	285.3	308.2	331.3
	0.23	87.50	94.24	104.8	118.3	133.9	151.3	169.9	189.5	210.0	231.1	252.8	274.9	297.4	320.2	343.3
	0.24	98.61	105.9	116.8	130.5	146.3	163.6	182.2	201.9	222.3	243.4	265.0	287.1	309.6	332.3	355.4
	0.25	109.7	117.5	128.8	142.7	158.5	175.9	194.6	214.2	234.6	255.6	277.2	299.3	321.7	344.4	367.4
	0.26	120.8	129.1	140.7	154.8	170.8	188.2	206.9	226.5	246.8	267.9	289.4	311.4	333.8	356.4	379.4
	0.27	131.9	140.7	152.6	166.9	182.9	200.4	219.1	238.7	259.1	280.1	301.6	323.5	345.9	368.5	391.4
	0.28	143.0	152.3	164.5	178.9	195.1	212.6	231.3	250.9	271.3	292.2	313.7	335.6	357.9	380.5	403.4
	0.29	154.1	163.8	176.3	190.9	207.2	224.8	243.5	263.1	283.4	304.4	325.8	347.7	370.0	392.5	415.4
	0.30	165.2	175.3	188.1	202.8	219.2	236.9	255.6	275.3	295.6	316.5	337.9	359.8	382.0	404.5	427.3
0.10	0.32	187.5	198.3	211.5	226.6	243.2	261.0	279.8	299.5	319.8	340.7	362.1	383.9	406.0	428.5	451.2
	0.34	209.7	221.2	234.9	250.3	267.1	285.0	303.9	323.6	343.9	364.8	386.1	407.9	430.0	452.4	475.1
	0.36	231.9	244.0	258.2	273.9	290.8	308.9	327.9	347.6	367.9	388.8	410.1	431.8	453.9	476.3	498.9
	0.38	254.1	266.8	281.3	297.3	314.5	332.7	351.7	371.5	391.8	412.7	434.0	455.7	477.8	500.1	522.7
	0.40	276.3	289.6	304.4	320.7	338.1	356.4	375.5	395.3	415.7	436.5	457.9	479.5	501.5	523.8	546.4
	0.42	298.6	312.3	327.5	344.0	361.5	380.0	399.2	419.0	439.4	460.3	481.6	503.3	525.3	547.6	570.1
	0.44	320.8	334.9	350.5	367.2	384.9	403.5	422.8	442.7	463.1	484.0	505.3	527.0	549.0	571.2	593.7
	0.46	343.0	357.5	373.4	390.3	408.2	426.9	446.3	466.3	486.7	507.7	529.0	550.6	572.6	594.8	617.3
	0.48	365.2	380.1	396.3	413.4	431.5	450.3	469.8	489.8	510.3	531.2	552.6	574.2	596.2	618.4	640.8
	0.50	387.5	402.7	419.1	436.5	454.7	473.6	493.1	513.2	533.8	554.8	576.1	597.8	619.7	641.9	664.4
	0.52	409.7	425.3	441.9	459.5	477.8	496.9	516.5	536.6	557.2	578.2	599.6	621.3	643.2	665.4	687.8
	0.54	431.9	447.8	464.7	482.4	500.9	520.1	539.8	560.0	580.6	601.6	623.0	644.7	666.6	688.8	711.3
	0.56	454.1	470.3	487.4	505.3	524.0	543.2	563.0	583.3	604.0	625.0	646.4	668.1	690.1	712.2	734.7
	0.58	476.3	492.8	510.1	528.2	547.0	566.3	586.2	606.5	627.3	648.3	669.8	691.5	713.4	735.6	758.0
	0.60	498.6	515.3	532.8	551.0	569.9	589.4	609.3	629.7	650.5	671.6	693.1	714.8	736.7	758.9	781.3

续表

a_s/h_0	β值								HRB335 适用						
	λ \ ω	0.55	0.60	0.65	0.70	0.75	0.80	0.85	0.90	0.95	1.00	1.05	1.10	1.15	1.20	1.25
0.10	0.62	520.8	537.7	555.4	573.9	592.9	612.4	632.4	652.9	673.7	694.9	716.3	738.1	760.0	782.2	804.6
	0.64	543.0	560.2	578.1	596.6	615.8	635.4	655.5	676.0	696.9	718.1	739.6	761.3	783.3	805.5	827.9
	0.66	565.2	582.6	600.7	619.4	638.6	658.4	678.5	699.1	720.0	741.2	762.8	784.5	806.5	828.7	851.1
	0.68	587.5	605.0	623.3	642.1	661.5	681.3	701.5	722.2	743.1	764.4	785.9	807.7	829.7	851.9	874.3
	0.70	609.7	627.4	645.8	664.8	684.3	704.2	724.5	745.2	766.2	787.5	809.0	830.9	852.9	875.1	897.5
	0.72	631.9	649.8	668.4	687.5	707.0	727.0	747.4	768.2	789.2	810.5	832.1	854.0	876.0	898.3	920.7
	0.74	654.1	672.2	690.9	710.1	729.8	749.9	770.3	791.1	812.2	833.6	855.2	877.1	899.1	921.4	
	0.76	676.3	694.6	713.5	732.8	752.5	772.7	793.2	814.1	835.2	856.6	878.3	900.1	922.2		
	0.78	698.6	717.0	736.0	755.4	775.3	795.5	816.1	837.0	858.2	879.6	901.3	923.2			
	0.80	720.8	739.4	758.5	778.0	797.9	818.3	838.9	859.9	881.1	902.6	924.3				
0.13	0.10									30.08	52.57	75.56	98.95	122.6	146.5	170.6
	0.11								21.73	43.34	65.65	88.48	111.7	135.2	159.0	183.0
	0.12								35.16	56.58	78.72	101.3	124.4	147.9	171.6	195.5
	0.13							28.25	48.55	69.80	91.78	114.3	137.2	160.5	184.1	207.9
	0.14						22.89	41.74	61.88	82.99	104.8	127.2	150.0	173.2	196.7	220.4
	0.15					19.41	36.42	55.15	75.17	96.14	117.8	140.1	162.8	185.9	209.3	232.9
	0.16				18.24	32.89	49.86	68.50	88.40	109.2	130.8	153.0	175.6	198.6	221.9	245.4
	0.17			19.95	31.57	46.28	63.21	81.79	101.5	122.3	143.8	165.8	188.4	211.3	234.5	257.9
	0.18	23.56	25.25	32.95	44.79	59.57	76.49	95.00	114.7	135.3	156.7	178.7	201.1	223.9	247.1	270.4
	0.19	35.06	37.67	45.84	57.91	72.77	89.69	108.1	127.8	148.3	169.6	191.5	213.9	236.6	259.7	283.0
	0.20	46.55	50.02	58.65	70.94	85.89	102.8	121.2	140.8	161.3	182.5	204.3	226.6	249.3	272.2	295.5
	0.21	58.05	62.30	71.36	83.88	98.92	115.8	134.2	153.8	174.2	195.4	217.1	239.3	261.9	284.8	308.0
	0.22	69.54	74.53	84.01	96.74	111.8	128.8	147.2	166.7	187.1	208.2	229.9	252.0	274.5	297.4	320.5
	0.23	81.03	86.71	96.58	109.5	124.7	141.8	160.1	179.6	200.0	221.0	242.6	264.7	287.1	309.9	333.0
	0.24	92.53	98.85	109.0	122.2	137.6	154.6	173.0	192.5	212.8	233.8	255.3	277.3	299.7	322.4	345.4
	0.25	104.0	110.9	121.5	134.9	150.3	167.4	185.9	205.3	225.5	246.5	268.0	289.9	312.3	335.0	357.9
	0.26	115.5	122.9	133.9	147.5	163.1	180.2	198.6	218.1	238.3	259.2	280.6	302.6	324.9	347.5	370.4
	0.27	127.0	135.0	146.2	160.0	175.7	192.9	211.4	230.8	251.0	271.9	293.3	315.1	337.4	360.0	382.8
	0.28	138.5	147.0	158.6	172.5	188.3	205.6	224.1	243.5	263.7	284.5	305.9	327.7	349.9	372.5	395.3

续表

β值							HRB335 适用									
a_s/h_0	ω / λ	0.55	0.60	0.65	0.70	0.75	0.80	0.85	0.90	0.95	1.00	1.05	1.10	1.15	1.20	1.25
0.13	0.29	149.9	158.9	170.8	185.0	200.9	218.2	236.7	256.1	276.3	297.1	318.5	340.3	362.4	384.9	407.7
	0.30	161.4	170.9	183.0	197.4	213.4	230.8	249.3	268.8	288.9	309.7	331.0	352.8	374.9	397.4	420.1
	0.32	184.4	194.7	207.4	222.1	238.3	255.9	274.5	293.9	314.1	334.8	356.1	377.8	399.9	422.3	444.9
	0.34	207.4	218.4	231.6	246.6	263.1	280.8	299.4	318.9	339.1	359.8	381.1	402.7	424.7	447.1	469.7
	0.36	230.4	242.0	255.7	271.1	287.8	305.6	324.3	343.8	364.0	384.7	405.9	427.6	449.5	471.8	494.4
	0.38	253.4	265.6	279.8	295.4	312.3	330.2	349.1	368.6	388.8	409.5	430.7	452.3	474.3	496.5	519.0
	0.40	276.4	289.2	303.7	319.6	336.7	354.8	373.7	393.3	413.5	434.3	455.5	477.0	498.9	521.1	543.6
	0.42	299.4	312.7	327.6	343.7	361.0	379.3	398.3	417.9	438.2	458.9	480.1	501.7	523.5	545.7	568.2
	0.44	322.4	336.1	351.4	367.8	385.3	403.6	422.7	442.4	462.7	483.5	504.7	526.2	548.1	570.2	592.7
	0.46	345.4	359.6	375.1	391.8	409.4	427.9	447.1	466.9	487.2	508.0	529.2	550.7	572.6	594.7	617.1
	0.48	368.3	382.9	398.8	415.7	433.5	452.1	471.4	491.3	511.6	532.4	553.6	575.2	597.0	619.1	641.5
	0.50	391.3	406.3	422.4	439.6	457.6	476.3	495.6	515.6	536.0	556.8	578.0	599.6	621.4	643.5	665.9
	0.52	414.3	429.6	446.0	463.4	481.5	500.4	519.8	539.8	560.3	581.1	602.4	623.9	645.8	667.9	690.2
	0.54	437.3	452.9	469.6	487.1	505.4	524.4	543.9	564.0	584.5	605.4	626.6	648.2	670.0	692.1	714.5
	0.56	460.3	476.2	493.1	510.9	529.3	548.4	568.0	588.1	608.7	629.6	650.9	672.4	694.3	716.4	738.7
	0.58	483.3	499.5	516.6	534.5	553.1	572.3	592.0	612.2	632.8	653.7	675.0	696.6	718.5	740.6	762.9
	0.60	506.3	522.8	540.1	558.2	576.9	596.2	616.0	636.2	656.9	677.9	699.2	720.8	742.7	764.8	787.1
	0.62	529.3	546.0	563.5	581.8	600.6	620.0	639.9	660.2	680.9	701.9	723.3	744.9	766.8	788.9	811.2
	0.64	552.2	569.2	586.9	605.3	624.3	643.8	663.8	684.1	704.9	726.0	747.3	769.0	790.9	813.0	835.3
	0.66	575.2	592.4	610.3	628.9	648.0	667.6	687.6	708.0	728.8	749.9	771.3	793.0	814.9	837.0	859.4
	0.68	598.2	615.6	633.7	652.4	671.6	691.3	711.4	731.9	752.7	773.9	795.3	817.0	838.9	861.1	883.4
	0.70	621.2	638.8	657.1	675.9	695.2	715.0	735.2	755.7	776.6	797.8	819.3	841.0	862.9	885.0	907.4
	0.72	644.2	662.0	680.4	699.3	718.8	738.6	758.9	779.5	800.5	821.7	843.2	864.9	886.9	909.0	931.3
	0.74	667.2	685.2	703.7	722.8	742.3	762.3	782.6	803.3	824.3	845.5	867.1	888.8	910.8	932.9	
	0.76	690.2	708.3	727.0	746.2	765.9	785.9	806.3	827.0	848.1	869.4	890.9	912.7	934.7		
	0.78	713.2	731.5	750.3	769.6	789.4	809.5	829.9	850.7	871.8	893.1	914.7	936.5			
	0.80	736.2	754.6	773.6	793.0	812.8	833.0	853.6	874.4	895.5	916.9					

矩形截面对称配筋单向偏心受压柱承载力计算表 **表 3-5-5**

β值		HRB400（RRB400）适用														
a_s/h_0	λ \ ω	0.55	0.60	0.65	0.70	0.75	0.80	0.85	0.90	0.95	1.00	1.05	1.10	1.15	1.20	1.25
0.04	0.10							34.53	55.12	76.58	98.71	121.3	144.4	167.7	191.4	215.2
	0.11						27.34	46.66	67.11	88.44	110.4	132.9	155.9	179.1	202.7	226.5
	0.12					21.83	39.53	58.74	79.08	100.2	122.1	144.5	167.4	190.6	214.0	237.7
	0.13				18.39	34.04	51.67	70.78	91.01	112.1	133.8	156.1	178.9	202.0	225.4	249.0
	0.14				30.52	46.17	63.75	82.77	102.9	123.9	145.5	167.7	190.4	213.4	236.7	260.3
	0.15		19.74	29.43	42.57	58.23	75.77	94.72	114.7	135.6	157.2	179.3	201.9	224.8	248.1	271.5
	0.16	25.95	31.33	41.29	54.55	70.24	87.74	106.6	126.6	147.4	168.9	190.9	213.4	236.3	259.4	282.8
	0.17	36.94	42.85	53.08	66.46	82.17	99.66	118.5	138.4	159.1	180.5	202.5	224.9	247.7	270.8	294.1
	0.18	47.89	54.30	64.80	78.30	94.05	111.5	130.3	150.1	170.8	192.2	214.0	236.4	259.1	282.1	305.4
	0.19	58.81	65.69	76.45	90.08	105.8	123.3	142.1	161.9	182.5	203.8	225.6	247.9	270.5	293.5	316.7
	0.20	69.70	77.03	88.04	101.7	117.6	135.1	153.8	173.6	194.1	215.4	237.1	259.3	281.9	304.8	328.0
	0.21	80.55	88.32	99.57	113.4	129.3	146.8	165.5	185.2	205.8	226.9	248.6	270.8	293.3	316.2	339.3
	0.22	91.38	99.56	111.0	125.0	141.0	158.5	177.2	196.9	217.4	238.5	260.1	282.2	304.7	327.5	350.5
	0.23	102.1	110.7	122.4	136.6	152.6	170.1	188.8	208.5	228.9	250.0	271.6	293.7	316.1	338.8	361.8
	0.24	112.9	121.9	133.8	148.1	164.2	181.8	200.4	220.1	240.5	261.5	283.1	305.1	327.4	350.1	373.1
	0.25	123.7	133.0	145.2	159.6	175.8	193.3	212.0	231.6	252.0	273.0	294.5	316.5	338.8	361.4	384.4
	0.26	134.4	144.1	156.5	171.0	187.3	204.9	223.6	243.2	263.5	284.5	305.9	327.9	350.1	372.7	395.6
	0.27	145.2	155.1	167.8	182.4	198.7	216.4	235.1	254.7	275.0	295.9	317.3	339.2	361.5	384.0	406.9
	0.28	155.9	166.2	179.0	193.8	210.2	227.8	246.5	266.1	286.4	307.3	328.7	350.6	372.8	395.3	418.1
	0.29	166.6	177.2	190.2	205.1	221.6	239.3	258.0	277.6	297.9	318.7	340.1	361.9	384.1	406.6	429.4
	0.30	177.3	188.2	201.4	216.4	232.9	250.7	269.4	289.0	309.3	330.1	351.5	373.3	395.4	417.9	440.6
	0.32	198.6	210.0	223.6	238.9	255.6	273.4	292.2	311.8	332.0	352.8	374.2	395.9	418.0	440.4	463.0
	0.34	219.9	231.8	245.8	261.3	278.1	296.0	314.9	334.5	354.7	375.5	396.8	418.4	440.5	462.8	485.4
	0.36	241.1	253.6	267.8	283.6	300.5	318.5	337.4	357.0	377.3	398.1	419.3	441.0	462.9	485.2	507.8
	0.38	262.3	275.2	289.8	305.7	322.9	341.0	359.9	379.6	399.8	420.6	441.8	463.4	485.4	507.6	530.1
	0.40	283.5	296.8	311.7	327.8	345.1	363.3	382.3	402.0	422.3	443.0	464.2	485.8	507.7	529.9	552.4
	0.42	304.7	318.4	333.5	349.9	367.3	385.6	404.7	424.4	444.6	465.4	486.6	508.2	530.1	552.2	574.7
	0.44	325.8	339.9	355.3	371.8	389.4	407.8	426.9	446.7	467.0	487.7	508.9	530.5	552.3	574.5	596.9
	0.46	346.9	361.3	377.0	393.7	411.4	429.9	449.1	468.9	489.2	510.0	531.2	552.7	574.6	596.7	619.1

续表

β 值		HRB400（RRB400）适用														
a_s/h_0	λ \ ω	0.55	0.60	0.65	0.70	0.75	0.80	0.85	0.90	0.95	1.00	1.05	1.10	1.15	1.20	1.25
0.04	0.48	368.0	382.7	398.6	415.6	433.4	452.0	471.2	491.1	511.4	532.2	553.4	574.9	596.8	618.9	641.2
	0.50	389.1	404.1	420.2	437.3	455.3	474.0	493.3	513.2	533.6	554.4	575.6	597.1	618.9	641.0	663.3
	0.52	410.2	425.5	441.8	459.1	477.2	495.9	515.3	535.3	555.7	576.5	597.7	619.2	641.0	663.1	685.4
	0.54	431.2	446.8	463.3	480.8	499.0	517.9	537.3	557.3	577.7	598.6	619.8	641.3	663.1	685.2	707.5
	0.56	452.3	468.1	484.8	502.4	520.7	539.7	559.2	579.3	599.7	620.6	641.8	663.4	685.2	707.2	729.5
	0.58	473.3	489.3	506.3	524.0	542.5	561.5	581.1	601.2	621.7	642.6	663.8	685.4	707.2	729.2	751.5
	0.60	494.3	510.6	527.7	545.6	564.1	583.3	603.0	623.1	643.6	664.5	685.8	707.3	729.1	751.2	773.5
	0.62	515.3	531.8	549.1	567.1	585.8	605.0	624.8	644.9	665.5	686.5	707.7	729.3	751.1	773.1	795.4
	0.64	536.3	553.0	570.5	588.6	607.4	626.7	646.5	666.7	687.4	708.3	729.6	751.2	773.0	795.1	817.3
	0.66	557.3	574.2	591.8	610.1	629.0	648.4	668.2	688.5	709.2	730.2	751.5	773.1	794.9	816.9	839.2
	0.68	578.3	595.3	613.1	631.5	650.5	670.0	689.9	710.3	731.0	752.0	773.3	794.9	816.7	838.8	861.0
	0.70	599.3	616.5	634.4	653.0	672.0	691.6	711.6	732.0	752.7	773.8	795.1	816.7	838.6	860.6	882.9
	0.72	620.2	637.6	655.7	674.4	693.5	713.2	733.2	753.6	774.4	795.5	816.9	838.5	860.3	882.4	904.7
	0.74	641.2	658.8	677.0	695.7	715.0	734.7	754.8	775.3	796.1	817.2	838.6	860.3	882.1	904.2	926.5
	0.76	662.1	679.9	698.2	717.1	736.4	756.2	776.4	796.9	817.8	838.9	860.3	882.0	903.9	925.9	
	0.78	683.1	701.0	719.4	738.4	757.8	777.7	797.9	818.5	839.4	860.6	882.0	903.7	925.6		
	0.80	704.0	722.1	740.6	759.7	779.2	799.2	819.5	840.1	861.0	882.2	903.7	925.4			
0.06	0.10							24.97	45.58	67.06	89.22	111.9	134.9	158.4	182.0	205.9
	0.11							37.42	57.88	79.22	101.2	123.7	146.7	170.0	193.6	217.4
	0.12						30.67	49.83	70.15	91.35	113.2	135.6	158.5	181.7	205.2	228.9
	0.13					25.63	43.14	62.19	82.38	103.4	125.2	147.5	170.3	193.4	216.8	240.4
	0.14				22.65	38.10	55.55	74.50	94.59	115.5	137.2	159.4	182.1	205.1	228.4	252.0
	0.15			22.22	35.05	50.50	67.90	86.77	106.7	127.6	149.2	171.3	193.8	216.8	240.0	263.5
	0.16	20.30	24.94	34.42	47.36	62.83	80.19	98.99	118.8	139.6	161.1	183.1	205.6	228.5	251.6	275.0
	0.17	31.56	36.76	46.53	59.59	75.09	92.42	111.1	130.9	151.6	173.0	195.0	217.4	240.2	263.2	286.6
	0.18	42.78	48.52	58.56	71.75	87.29	104.6	123.2	143.0	163.6	185.0	206.8	229.1	251.8	274.9	298.1
	0.19	53.96	60.20	70.52	83.85	99.43	116.7	135.3	155.0	175.6	196.8	218.6	240.9	263.5	286.5	309.7
	0.20	65.10	71.83	82.42	95.87	111.5	128.8	147.4	167.0	187.5	208.7	230.4	252.6	275.2	298.1	321.2
	0.21	76.21	83.40	94.25	107.8	123.5	140.8	159.4	179.0	199.5	220.6	242.2	264.4	286.9	309.7	332.8

续表

β值								HRB400（RRB400）适用								
a_s/h_0	λ \ ω	0.55	0.60	0.65	0.70	0.75	0.80	0.85	0.90	0.95	1.00	1.05	1.10	1.15	1.20	1.25
0.06	0.22	87.29	94.92	106.0	119.7	135.5	152·8	171.4	190.9	211.3	232.4	254.0	276.1	298.5	321.3	344.3
	0.23	98.35	106.3	117.7	131.6	147.4	164.7	183.3	202.8	223.2	244.2	265.8	287.8	310.1	332.9	355.8
	0.24	109.3	117.8	129.4	143.4	159.3	176.6	195.2	214.7	235.0	256.0	277.5	299.4	321.8	344.4	367.4
	0.25	120.3	129.2	141.0	155.1	171.1	188.5	207.0	226.5	246.8	267.7	289.2	311.1	333.4	356.0	378.9
	0.26	131.3	140.5	152.6	166.8	182.9	200.3	218.9	238.4	258.6	279.5	300.9	322.8	345.0	367.6	390.4
	0.27	142.3	151.8	164.1	178.5	194.6	212.1	230.7	250.1	270.4	291.2	312.6	334.4	356.6	379.1	401.9
	0.28	153.2	163.1	175.6	190.2	206.3	223.8	242.4	261.9	282.1	302.9	324.3	346.0	368.2	390.7	413.4
	0.29	164.2	174.4	187.1	201.8	218.0	235.5	254.1	273.6	293.8	314.6	335.9	357.6	379.8	402.2	424.9
	0.30	175.1	185.6	198.5	213.3	229.6	247.2	265.8	285.3	305.5	326.2	347.5	369.2	391.3	413.7	436.4
	0.32	196.9	208.0	221.3	236.3	252.8	270.5	289.1	308.6	328.8	349.5	370.7	392.4	414.4	436.8	459.4
	0.34	218.7	230.3	243.9	259.2	275.9	293.6	312.3	331.8	352.0	372.7	393.9	415.5	437.4	459.7	482.3
	0.36	240.4	252.5	266.5	282.0	298.8	316.7	335.4	354.9	375.1	395.8	416.9	438.5	460.4	482.7	505.2
	0.38	262.1	274.6	289.0	304.7	321.7	339.6	358.4	378.0	398.1	418.8	439.9	461.5	483.4	505.6	528.0
	0.40	283.7	296.7	311.4	327.3	344.4	362.5	381.4	400.9	421.1	441.8	462.9	484.4	506.2	528.4	550.8
	0.42	305.3	318.7	333.7	349.9	367.1	385.3	404.2	423.8	444.0	464.7	485.8	507.3	529.1	551.2	573.6
	0.44	326.9	340.7	355.9	372.3	389.7	408.0	427.0	446.6	466.8	487.5	508.6	530.1	551.9	574.0	596.3
	0.46	348.5	362.6	378.1	394.7	412.2	430.6	449.7	469.4	489.6	510.3	531.4	552.8	574.6	596.7	619.0
	0.48	370.0	384.5	400.2	417.0	434.7	453.2	472.3	492.0	512.3	533.0	554.1	575.5	597.3	619.4	641.6
	0.50	391.6	406.4	422.3	439.3	457.1	475.7	494.9	514.7	534.9	555.6	576.8	598.2	620.0	642.0	664.3
	0.52	413.1	428.2	444.4	461.5	479.4	498.1	517.4	537.2	557.5	578.3	599.4	620.8	642.6	664.6	686.8
	0.54	434.6	450.0	466.4	483.6	501.7	520.5	539.8	559.7	580.1	600.8	621.9	643.4	665.1	687.1	709.4
	0.56	456.1	471.7	488.3	505.8	524.0	542.8	562.2	582.2	602.6	623.3	644.5	665.9	687.7	709.7	731.9
	0.58	477.5	493.4	510.2	527.8	546.2	565.1	584.6	604.6	625.0	645.8	667.0	688.4	710.2	732.2	754.4
	0.60	499.0	515.1	532.1	549.9	568.3	587.4	606.9	627.0	647.4	668.3	689.4	710.9	732.6	754.6	776.8
	0.62	520.5	536.8	554.0	571.9	590.4	609.6	629.2	649.3	669.8	690.6	711.8	733.3	755.1	777.1	799.3
	0.64	541.9	558.5	575.8	593.8	612.5	631.7	651.4	671.6	692.1	713.0	734.2	755.7	777.5	799.4	821.6
	0.66	563.3	580.1	597.6	615.8	634.6	653.9	673.6	693.8	714.4	735.3	756.5	778.1	799.8	821.8	844.0
	0.68	584.8	601.7	619.4	637.7	656.6	676.0	695.8	716.0	736.7	757.6	778.9	800.4	822.1	844.1	866.3
	0.70	606.2	623.3	641.1	659.6	678.5	698.0	717.9	738.2	758.9	779.9	801.1	822.7	844.4	866.4	888.7

续表

β值							HRB400（RRB400）适用								
a_s/h_0	λ \ ω	0.55	0.60	0.65	0.70	0.75	0.80	0.85	0.90	0.95	1.00	1.05	1.10	1.15	1.20	1.25
0.06	0.72	627.6	644.9	662.9	681.4	700.5	720.0	740.0	760.4	781.1	802.1	823.4	844.9	866.7	888.7	910.9
	0.74	649.0	666.5	684.6	703.3	722.4	742.1	762.1	782.5	803.2	824.3	845.6	867.2	889.0	911.0	933.2
	0.76	670.4	688.1	706.3	725.1	744.3	764.0	784.1	804.6	825.4	846.4	867.8	889.4	911.2	933.2	
	0.78	691.8	709.6	728.0	746.9	766.2	786.0	806.1	826.6	847.5	868.6	889.9	911.5	933.4		
	0.80	713.2	731.1	749.6	768.6	788.1	807.9	828.1	848.7	869.5	890.7	912.1	933.7			
0.08	0.10								35.55	57.07	79.28	102.0	125.1	148.6	172.3	196.2
	0.11							27.72	48.17	69.54	91.59	114.1	137.1	160.5	184.1	207.9
	0.12						21.35	40.46	60.77	81.98	103.8	126.3	149.2	172.4	196.0	219.7
	0.13						34.17	53.16	73.33	94.41	116.1	138.5	161.3	184.4	207.8	231.5
	0.14					29.60	46.93	65.81	85.86	106.8	128.4	150.7	173.3	196.4	219.7	243.3
	0.15				27.12	42.36	59.62	78.41	98.35	119.1	140.7	162.8	185.4	208.3	231.6	255.1
	0.16		18.21	27.18	39.79	55.04	72.25	90.96	110.8	131.5	153.0	175.0	197.4	220.3	243.5	266.9
	0.17	25.91	30.36	39.64	52.37	67.64	84.82	103.4	123.2	143.8	165.2	187.1	209.5	232.3	255.4	278.7
	0.18	37.41	42.44	52.01	64.87	80.18	97.33	115.9	135.6	156.1	177.4	199.2	221.5	244.2	267.2	290.5
	0.19	48.87	54.44	64.30	77.29	92.64	109.7	128.3	147.9	168.4	189.6	211.4	233.6	256.2	279.1	302.3
	0.20	60.28	66.37	76.51	89.65	105.0	122.1	140.6	160.2	180.6	201.8	223.4	245.6	268.1	291.0	314.2
	0.21	71.66	78.24	88.66	101.9	117.3	134.5	153.0	172.5	192.8	213.9	235.5	257.6	280.1	302.9	326.0
	0.22	83.01	90.06	100.7	114.1	129.6	146.8	165.2	184.7	205.0	226.0	247.6	269.6	292.0	314.8	337.8
	0.23	94.32	101.8	112.7	126.3	141.9	159.0	177.5	196.9	217.2	238.1	259.6	281.6	303.9	326.6	349.6
	0.24	105.6	113.5	124.7	138.4	154.0	171.2	189.7	209.1	229.3	250.2	271.6	293.6	315.9	338.5	361.4
	0.25	116.8	125.2	136.6	150.5	166.2	183.4	201.8	221.2	241.4	262.3	283.7	305.5	327.8	350.3	373.2
	0.26	128.1	136.8	148.5	162.5	178.3	195.5	213.9	233.3	253.5	274.3	295.6	317.4	339.7	362.2	385.0
	0.27	139.3	148.4	160.3	174.4	190.3	207.6	226.0	245.4	265.5	286.3	307.6	329.4	351.5	374.0	396.8
	0.28	150.5	159.9	172.1	186.4	202.3	219.6	238.1	257.4	277.5	298.3	319.5	341.3	363.4	385.8	408.6
	0.29	161.7	171.5	183.8	198.2	214.3	231.6	250.1	269.4	289.5	310.2	331.5	353.2	375.2	397.6	420.3
	0.30	172.9	183.0	195.5	210.1	226.2	243.6	262.1	281.4	301.5	322.2	343.4	365.0	387.1	409.4	432.1
	0.32	195.1	205.9	218.9	233.7	249.9	267.4	285.9	305.3	325.3	346.0	367.1	388.7	410.7	433.0	455.6
	0.34	217.4	228.7	242.0	257.1	273.6	291.2	309.7	329.1	349.1	369.7	390.8	412.4	434.3	456.5	479.0
	0.36	239.6	251.4	265.1	280.4	297.1	314.7	333.4	352.7	372.8	393.4	414.4	435.9	457.8	480.0	502.4

续表

β值		HRB400（RRB400）适用														
a_s/h_0	λ \ ω	0.55	0.60	0.65	0.70	0.75	0.80	0.85	0.90	0.95	1.00	1.05	1.10	1.15	1.20	1.25
0.08	0.38	261.8	274.0	288.1	303.7	320.4	338.2	356.9	376.3	396.4	416.9	438.0	459.5	481.3	503.4	525.8
	0.40	283.9	296.6	311.0	326.8	343.7	361.6	380.4	399.8	419.9	440.4	461.5	482.9	504.7	526.8	549.2
	0.42	306.0	319.1	333.8	349.8	366.9	384.9	403.7	423.2	443.3	463.9	484.9	506.3	528.1	550.1	572.4
	0.44	328.0	341.6	356.6	372.8	390.0	408.2	427.0	446.6	466.7	487.2	508.3	529.6	551.4	573.4	595.7
	0.46	350.1	364.0	379.3	395.7	413.1	431.3	450.3	469.8	489.9	510.5	531.6	552.9	574.6	596.6	618.9
	0.48	372.1	386.4	401.9	418.5	436.1	454.4	473.4	493.0	513.2	533.8	554.8	576.2	597.9	619.8	642.1
	0.50	394.1	408.7	424.5	441.3	459.0	477.4	496.5	516.2	536.3	557.0	578.0	599.4	621.0	643.0	665.2
	0.52	416.1	431.0	447.0	464.0	481.8	500.3	519.5	539.2	559.4	580.1	601.1	622.5	644.2	666.1	688.3
	0.54	438.1	453.3	469.5	486.7	504.6	523.2	542.5	562.3	582.5	603.2	624.2	645.6	667.3	689.2	711.4
	0.56	460.0	475.5	492.0	509.3	527.3	546.1	565.4	585.2	605.5	626.2	647.3	668.6	690.3	712.2	734.4
	0.58	482.0	497.7	514.4	531.8	550.0	568.9	588.3	608.1	628.5	649.2	670.3	691.6	713.3	735.2	757.4
	0.60	503.9	519.9	536.7	554.4	572.7	591.6	611.1	631.0	651.4	672.1	693.2	714.6	736.3	758.2	780.4
	0.62	525.8	542.0	559.1	576.9	595.3	614.3	633.8	653.8	674.2	695.0	716.1	737.5	759.2	781.1	803.3
	0.64	547.8	564.2	581.4	599.3	617.9	637.0	656.6	676.6	697.1	717.9	739.0	760.4	782.1	804.0	826.2
	0.66	569.7	586.3	603.7	621.7	640.4	659.6	679.3	699.4	719.9	740.7	761.8	783.3	805.0	826.9	849.0
	0.68	591.5	608.4	625.9	644.1	662.9	682.2	701.9	722.1	742.6	763.5	784.7	806.1	827.8	849.7	871.9
	0.70	613.4	630.4	648.2	666.5	685.4	704.7	724.5	744.8	765.3	786.2	807.4	828.9	850.6	872.5	894.7
	0.72	635.3	652.5	670.4	688.8	707.8	727.2	747.1	767.4	788.0	808.9	830.2	851.7	873.4	895.3	917.5
	0.74	657.2	674.6	692.6	711.1	730.2	749.7	769.7	790.0	810.7	831.6	852.9	874.4	896.1	918.1	
	0.76	679.1	696.6	714.7	733.4	752.6	772.2	792.2	812.6	833.3	854.3	875.6	897.1	918.8		
	0.78	700.9	718.6	736.9	755.7	774.9	794.6	814.7	835.1	855.9	876.9	898.2	919.7			
	0.80	722.8	740.6	759.0	777.9	797.3	817.0	837.2	857.7	878.4	899.5	920.8				
0.10	0.10								25.01	46.59	68.85	91.63	114.8	138.3	162.1	186.0
	0.11								37.97	59.37	81.47	104.1	127.1	150.5	174.2	198.0
	0.12							30.60	50.91	72.14	94.08	116.5	139.5	162.7	186.3	210.1
	0.13						24.72	43.66	63.81	84.89	106.6	129.0	151.8	175.0	198.4	222.1
	0.14					20.64	37.85	56.66	76.68	97.62	119.2	141.5	164.2	187.2	210.6	234.2
	0.15				18.75	33.78	50.91	69.61	89.51	110.3	131.8	153.9	176.5	199.5	222.7	246.3
	0.16			19.54	31.80	46.83	63.90	82.51	102.2	123.0	144.4	166.4	188.9	211.7	234.9	258.3

续表

β 值								HRB400（RRB400）适用								
a_s/h_0	ω / λ	0.55	0.60	0.65	0.70	0.75	0.80	0.85	0.90	0.95	1.00	1.05	1.10	1.15	1.20	1.25
0.10	0.17	19.98	23.62	32.37	44.75	59.80	76.82	95.36	115.0	135.6	156.9	178.9	201.2	224.0	247.1	270.4
	0.18	31.78	36.04	45.10	57.62	72.69	89.68	108.1	127.7	148.2	169.5	191.3	213.6	236.3	259.3	282.5
	0.19	43.53	48.37	57.74	70.39	85.51	102.4	120.8	140.4	160.8	182.0	203.7	225.9	248.5	271.4	294.6
	0.20	55.23	60.63	70.29	83.09	98.26	115.2	133.5	153.0	173.4	194.5	216.1	238.2	260.8	283.6	306.8
	0.21	66.89	72.82	82.78	95.72	110.9	127.9	146.2	165.6	185.9	206.9	228.5	250.5	273.0	295.8	318.9
	0.22	78.52	84.95	95.19	108.2	123.5	140.5	158.8	178.2	198.4	219.3	240.9	262.8	285.2	308.0	331.0
	0.23	90.11	97.02	107.5	120.7	136.1	153.1	171.4	190.7	210.9	231.8	253.2	275.1	297.4	320.1	343.1
	0.24	101.6	109.0	119.8	133.2	148.6	165.6	183.9	203.2	223.3	244.1	265.5	287.4	309.7	332.3	355.1
	0.25	113.2	121.0	132.0	145.5	161.0	178.1	196.3	215.6	235.7	256.5	277.8	299.6	321.8	344.4	367.2
	0.26	124.7	132.9	144.2	157.9	173.4	190.5	208.8	228.0	248.1	268.8	290.1	311.9	334.0	356.5	379.3
	0.27	136.2	144.8	156.3	170.1	185.8	202.9	221.2	240.4	260.4	281.1	302.4	324.1	346.2	368.6	391.4
	0.28	147.6	156.6	168.4	182.4	198.1	215.2	233.5	252.7	272.8	293.4	314.6	336.3	358.4	380.8	403.4
	0.29	159.1	168.4	180.4	194.5	210.4	227.5	245.8	265.1	285.0	305.7	326.8	348.5	370.5	392.8	415.5
	0.30	170.5	180.2	192.4	206.7	222.6	239.8	258.1	277.3	297.3	317.9	339.0	360.6	382.6	404.9	427.5
	0.32	193.3	203.6	216.3	230.9	246.9	264.2	282.6	301.8	321.8	342.3	363.4	384.9	406.8	429.1	451.6
	0.34	216.1	227.0	240.1	254.9	271.1	288.5	306.9	326.2	346.1	366.6	387.7	409.1	431.0	453.2	475.6
	0.36	238.8	250.2	263.7	278.8	295.2	312.7	331.2	350.4	370.4	390.9	411.8	433.3	455.1	477.2	499.6
	0.38	261.4	273.4	287.2	302.6	319.1	336.8	355.3	374.6	394.5	415.0	436.0	457.4	479.1	501.2	523.5
	0.40	284.1	296.5	310.7	326.2	343.0	360.7	379.3	398.6	418.6	439.1	460.0	481.4	503.1	525.1	547.4
	0.42	306.7	319.6	334.0	349.8	366.7	384.6	403.3	422.6	442.6	463.1	484.0	505.3	527.0	549.0	571.3
	0.44	329.2	342.5	357.3	373.3	390.4	408.4	427.1	446.5	466.5	487.0	507.9	529.2	550.9	572.8	595.1
	0.46	351.8	365.5	380.5	396.8	414.0	432.1	450.9	470.3	490.3	510.8	531.8	553.1	574.7	596.6	618.8
	0.48	374.3	388.3	403.7	420.1	437.5	455.7	474.6	494.1	514.1	534.6	555.5	576.8	598.5	620.4	642.5
	0.50	396.8	411.2	426.8	443.4	460.9	479.2	498.2	517.7	537.8	558.3	579.3	600.6	622.2	644.1	666.2
	0.52	419.3	434.0	449.8	466.6	484.3	502.7	521.7	541.4	561.5	582.0	603.0	624.2	645.9	667.7	689.9
	0.54	441.7	456.7	472.8	489.8	507.6	526.1	545.2	564.9	585.1	605.6	626.6	647.9	669.5	691.3	713.5
	0.56	464.2	479.5	495.8	512.9	530.9	549.5	568.7	588.4	608.6	629.2	650.2	671.5	693.1	714.9	737.0
	0.58	486.6	502.2	518.7	536.0	554.1	572.8	592.1	611.9	632.1	652.7	673.7	695.0	716.6	738.5	760.6
	0.60	509.0	524.8	541.6	559.1	577.2	596.1	615.4	635.2	655.5	676.2	697.2	718.5	740.1	762.0	784.0

续表

β 值								HRB400（RRB400）适用								
a_s/h_0	λ ＼ ω	0.55	0.60	0.65	0.70	0.75	0.80	0.85	0.90	0.95	1.00	1.05	1.10	1.15	1.20	1.25
0.10	0.62	531.5	547.5	564.4	582.1	600.4	619.3	638.7	658.6	678.9	699.6	720.6	742.0	763.6	785.4	807.5
	0.64	553.9	570.1	587.2	605.0	623.4	642.4	662.0	681.9	702.3	723.0	744.0	765.4	787.0	808.8	830.9
	0.66	576.2	592.7	610.0	627.9	646.5	665.6	685.2	705.2	725.6	746.3	767.4	788.8	810.4	832.2	854.3
	0.68	598.6	615.3	632.8	650.8	669.5	688.7	708.3	728.4	748.8	769.6	790.7	812.1	833.7	855.6	877.7
	0.70	621.0	637.9	655.5	673.7	692.5	711.7	731.5	751.6	772.1	792.9	814.0	835.4	857.1	878.9	901.0
	0.72	643.4	660.4	678.2	696.5	715.4	734.8	754.6	774.7	795.3	816.1	837.3	858.7	880.3	902.2	924.3
	0.74	665.7	683.0	700.9	719.3	738.3	757.8	777.6	797.9	818.4	839.3	860.5	881.9	903.6	925.5	
	0.76	688.1	705.5	723.5	742.1	761.2	780.7	800.7	820.9	841.6	862.5	883.7	905.1	926.8		
	0.78	710.4	728.0	746.2	764.9	784.1	803.7	823.7	844.0	864.7	885.6	906.9	928.3			
	0.80	732.8	750.5	768.8	787.6	806.9	826.6	846.6	867.0	887.7	908.7	930.0				
0.13	0.10									29.83	52.21	75.11	98.41	122.0	145.8	169.9
	0.11								21.65	43.13	65.31	88.04	111.1	134.6	158.4	182.3
	0.12								35.13	56.41	78.42	100.9	123.9	147.3	170.9	194.7
	0.13							28.42	48.58	69.69	91.53	113.9	136.8	160.0	183.5	207.2
	0.14						23.27	42.00	61.99	82.94	104.6	126.8	149.6	172.7	196.1	219.7
	0.15					19.99	36.92	55.52	75.36	96.16	117.7	139.8	162.4	185.4	208.7	232.2
	0.16				18.97	33.65	50.50	68.98	88.69	109.3	130.7	152.7	175.2	198.1	221.3	244.8
	0.17			20.69	32.52	47.21	64.00	82.38	101.9	122.5	143.8	165.7	188.1	210.8	233.9	257.3
	0.18	22.79	25.78	34.01	45.98	60.68	77.43	95.73	115.2	135.6	156.8	178.6	200.9	223.6	246.6	269.9
	0.19	35.01	38.66	47.22	59.33	74.07	90.78	109.0	128.4	148.7	169.8	191.5	213.7	236.3	259.2	282.4
	0.20	47.17	51.44	60.33	72.59	87.37	104.0	122.2	141.5	161.8	182.8	204.4	226.5	249.0	271.8	295.0
	0.21	59.29	64.15	73.36	85.77	100.6	117.2	135.4	154.6	174.8	195.8	217.3	239.3	261.7	284.5	307.5
	0.22	71.36	76.78	86.30	98.87	113.7	130.4	148.5	167.7	187.8	208.7	230.1	252.1	274.4	297.1	320.1
	0.23	83.39	89.34	99.16	111.8	126.8	143.5	161.6	180.7	200.8	221.6	243.0	264.8	287.1	309.7	332.6
	0.24	95.39	101.8	111.9	124.8	139.8	156.6	174.6	193.7	213.7	234.5	255.8	277.6	299.8	322.3	345.2
	0.25	107.3	114.2	124.6	137.7	152.8	169.5	187.6	206.7	226.6	247.3	268.5	290.3	312.4	334.9	357.7
	0.26	119.2	126.6	137.3	150.5	165.7	182.5	200.5	219.6	239.5	260.1	281.3	303.0	325.1	347.5	370.3
	0.27	131.2	139.0	149.9	163.3	178.6	195.4	213.4	232.5	252.3	272.9	294.0	315.7	337.7	360.1	382.8
	0.28	143.0	151.3	162.5	176.0	191.4	208.2	226.3	245.3	265.1	285.7	306.8	328.3	350.3	372.7	395.3

续表

	β值							HRB400（RRB400）适用								
a_s/h_0	λ \ ω	0.55	0.60	0.65	0.70	0.75	0.80	0.85	0.90	0.95	1.00	1.05	1.10	1.15	1.20	1.25
0.13	0.29	154.9	163.5	175.0	188.7	204.1	221.0	239.1	258.1	277.9	298.4	319.5	341.0	362.9	385.2	407.8
	0.30	166.7	175.7	187.4	201.3	216.8	233.8	251.8	270.9	290.7	311.1	332.1	353.6	375.5	397.8	420.3
	0.32	190.4	200.1	212.2	226.4	242.1	259.1	277.3	296.3	316.0	336.5	357.4	378.8	400.6	422.8	445.3
	0.34	214.0	224.3	236.9	251.3	267.2	284.4	302.5	321.6	341.3	361.7	382.6	404.0	425.7	447.8	470.2
	0.36	237.5	248.4	261.4	276.1	292.2	309.5	327.7	346.7	366.5	386.8	407.7	429.0	450.7	472.7	495.1
	0.38	260.9	272.4	285.8	300.8	317.1	334.4	352.7	371.8	391.6	411.9	432.7	454.0	475.6	497.6	519.9
	0.40	284.4	296.4	310.1	325.3	341.8	359.3	377.7	396.8	416.5	436.9	457.7	478.9	500.5	522.4	544.7
	0.42	307.8	320.2	334.3	349.8	366.4	384.0	402.5	421.6	441.4	461.7	482.5	503.8	525.3	547.2	569.4
	0.44	331.1	344.0	358.4	374.2	391.0	408.7	427.2	446.4	466.2	486.6	507.3	528.5	550.1	571.9	594.1
	0.46	354.4	367.8	382.5	398.4	415.4	433.2	451.8	471.1	490.9	511.3	532.1	553.2	574.8	596.6	618.7
	0.48	377.7	391.4	406.5	422.6	439.8	457.7	476.4	495.7	515.6	535.9	556.7	577.9	599.4	621.2	643.3
	0.50	401.0	415.1	430.4	446.8	464.0	482.1	500.9	520.3	540.2	560.5	581.3	602.5	624.0	645.8	667.8
	0.52	424.3	438.7	454.2	470.8	488.2	506.4	525.3	544.7	564.7	585.1	605.9	627.0	648.5	670.3	692.3
	0.54	447.5	462.2	478.1	494.8	512.4	530.7	549.6	569.1	589.1	609.5	630.4	651.5	673.0	694.8	716.8
	0.56	470.8	485.8	501.8	518.8	536.5	554.9	573.9	593.5	613.5	634.0	654.8	676.0	697.4	719.2	741.2
	0.58	494.0	509.3	525.5	542.7	560.5	579.0	598.1	617.8	637.8	658.3	679.2	700.4	721.8	743.6	765.6
	0.60	517.2	532.7	549.2	566.5	584.5	603.1	622.3	642.0	662.1	682.6	703.5	724.7	746.2	767.9	789.9
	0.62	540.4	556.2	572.9	590.3	608.4	627.2	646.4	666.2	686.3	706.9	727.8	749.0	770.5	792.2	814.2
	0.64	563.5	579.6	596.5	614.1	632.3	651.2	670.5	690.3	710.5	731.1	752.0	773.2	794.7	816.5	838.5
	0.66	586.7	603.0	620.0	637.8	656.2	675.1	694.5	714.4	734.6	755.3	776.2	797.5	819.0	840.7	862.7
	0.68	609.9	626.4	643.6	661.5	680.0	699.0	718.5	738.4	758.7	779.4	800.4	821.6	843.1	864.9	886.9
	0.70	633.0	649.7	667.1	685.2	703.8	722.9	742.5	762.4	782.8	803.5	824.5	845.8	867.3	889.1	911.0
	0.72	656.1	673.0	690.6	708.8	727.5	746.7	766.4	786.4	806.8	827.5	848.6	869.9	891.4	913.2	935.2
	0.74	679.3	696.4	714.1	732.4	751.2	770.5	790.2	810.3	830.8	851.6	872.6	893.9	915.5	937.3	
	0.76	702.4	719.7	737.5	756.0	774.9	794.3	814.1	834.2	854.7	875.5	896.6	918.0			
	0.78	725.5	743.0	761.0	779.5	798.6	818.0	837.9	858.1	878.6	899.5	920.6				
	0.80	748.6	766.2	784.4	803.1	822.2	841.7	861.7	881.9	902.5	923.4					

第六节　圆形截面偏心受压柱承载力计算

一、适用范围

1. 混凝土强度等级：C15，C20，C25，C30，C35，C40，C45，C50；

2. 普通钢筋：HPB235，HRB335，HRB400（RRB400）；

3. 按一类环境，混凝土保护层厚度为30mm。

二、制表公式

$$N \leqslant \alpha f_c A\left(1-\frac{\sin 2\pi\alpha}{2\pi\alpha}\right)+(\alpha-\alpha_t) f_y A_s \tag{3-6-1}$$

$$N\eta e_i \leqslant \frac{2}{3} f_c A r \frac{\sin^3 \pi\alpha}{\pi}+f_y A_s r_s \frac{\sin\pi\alpha+\sin\pi\alpha_t}{\pi} \tag{3-6-2}$$

$$\alpha_t = 1.25 - 2\alpha \tag{3-6-3}$$

$$e_i = e_0 + e_a \tag{3-6-4}$$

$$\omega = \frac{N}{f_c A} \tag{3-6-5}$$

$$\varepsilon = \eta e_i / D \tag{3-6-6}$$

$$A_s = \beta f_c A / f_y \tag{3-6-7}$$

式中　D——圆形截面直径（mm）。

三、使用说明

1. 由已知轴向力设计值 N 和弯矩设计值 M 按公式（3-6-5）、（3-6-6）算得 ω 和 ε 值，其中 η 的计算系数 K 值可查表 3-3-1，由 K 值按公式（3-3-1）计算出 η 值，查表 3-6-1 可得 β 值，由公式（3-6-7）计算 A_s 值；

2. 对于双向偏心圆形截面的受压构件，仍可用本节表进行计算，但这时的 M 值应取为 $M=\sqrt{M_x^2+M_y^2}$，公式中 M_x 和 M_y 分别为两个相互垂直方向的弯矩设计值；

3. 当构件直径小于 300mm 时，应按规范要求将混凝土的强度设计值乘以系数 0.8。

四、圆形截面偏心受压柱承载力计算表

圆形截面偏心受压柱承载力计算表见表 3-6-1。

五、应用举例

【例 3-6-1】　圆柱 $D=700$mm，轴向力设计值 $N=2500$kN，弯矩设计值 $M=478$kN·m，柱的计算长度 $l_0=7700$mm，采用 C30 混凝土，HRB400 钢筋，求 A_s。

【解】

$$\frac{a_s}{D}=\frac{40}{700}=0.057$$

$$A=\pi\times 350^2=384845\text{mm}^2$$

$$e_0=\frac{M}{N}=\frac{478\times 10^3}{2500}=191.2\text{mm}$$

$$e_a=\frac{D}{30}=23.3\text{mm}>20\text{mm}$$

$$e_i=191.2+23.3=214.5\text{mm}$$

$$\frac{l_0}{D}=\frac{7700}{700}=11$$

$$\frac{e_i}{h_0}=\frac{e_i}{r+r_s}=\frac{214.5}{350+310}=0.325$$

$$\xi_1=\frac{0.5\times 14.3\times 384845}{2500\times 10^3}=1.1>1.0$$

取 $\xi_1=1.0$

查表 3-3-1，$k=0.265$　$\eta=1.265$

$$\omega=\frac{N}{f_c A}=\frac{2500\times 10^3}{14.3\times 384845}=0.454$$

$$\varepsilon=\frac{\eta e_i}{D}=\frac{1.265\times 214.5}{700}=0.39$$

查表 3-6-1，$\beta=0.3$

$$A_s=\beta f_c A/f_y=\frac{0.3\times 14.3\times 384845}{360}=4586\text{mm}^2(10\,\Phi 25)$$

圆形截面偏心受压柱承载力计算表 **表 3-6-1**

ε 值																$a_s/D≤0.05$														
ω \ β	0.10	0.12	0.14	0.16	0.18	0.20	0.22	0.24	0.26	0.28	0.30	0.32	0.34	0.36	0.38	0.40	0.42	0.44	0.46	0.48	0.50	0.52	0.54	0.56	0.58	0.60	0.64	0.68	0.72	0.76
0.010	4.68	5.47	6.25	6.99	7.76	8.48	9.22	9.90	10.67	11.38	12.01	12.73	13.38	14.12	14.78															
0.015	3.24	3.78	4.30	4.80	5.27	5.76	6.25	6.71	7.17	7.64	8.12	8.60	9.04	9.47	9.91															
0.020	2.52	2.93	3.29	3.67	4.03	4.39	4.77	5.11	5.46	5.81	6.17	6.49	6.86	7.19	7.52															
0.025	2.09	2.40	2.72	2.99	3.28	3.57	3.88	4.15	4.43	4.72	4.97	5.26	5.52	5.79	6.05	6.32	6.59	6.86	7.10	7.38	7.62	7.90	8.14	8.42	8.66	8.91	9.40	9.89	10.39	10.89
0.030	1.80	2.06	2.31	2.57	2.81	3.03	3.28	3.51	3.75	3.96	4.20	4.41	4.66	4.88	5.10	5.33	5.52	5.75	5.98	6.18	6.41	6.61	6.81	7.05	7.25	7.45	7.86	8.28	8.69	9.11
0.035	1.60	1.82	2.04	2.24	2.45	2.64	2.86	3.05	3.26	3.44	3.65	3.83	4.02	4.21	4.40	4.59	4.78	4.95	5.15	5.32	5.52	5.69	5.89	6.07	6.24	6.42	6.77	7.12	7.48	7.83
0.040	1.44	1.63	1.82	2.00	2.18	2.35	2.54	2.71	2.87	3.05	3.21	3.39	3.56	3.72	3.89	4.04	4.21	4.38	4.53	4.70	4.85	5.00	5.18	5.33	5.48	5.64	5.94	6.25	6.57	6.88
0.045	1.33	1.49	1.65	1.80	1.97	2.12	2.29	2.43	2.59	2.75	2.89	3.04	3.18	3.33	3.48	3.63	3.76	3.91	4.06	4.20	4.33	4.49	4.62	4.76	4.89	5.03	5.30	5.58	5.86	6.13
0.050	1.22	1.37	1.52	1.67	1.80	1.94	2.08	2.22	2.36	2.49	2.63	2.76	2.90	3.03	3.15	3.28	3.42	3.54	3.68	3.80	3.93	4.06	4.18	4.30	4.42	4.55	4.81	5.04	5.29	5.54
0.055	1.14	1.28	1.41	1.54	1.66	1.79	1.91	2.04	2.17	2.29	2.41	2.53	2.65	2.77	2.89	3.01	3.12	3.25	3.36	3.47	3.59	3.70	3.81	3.92	4.04	4.16	4.39	4.60	4.82	5.05
0.060	1.08	1.19	1.31	1.44	1.55	1.66	1.78	1.90	2.00	2.13	2.23	2.34	2.45	2.57	2.66	2.78	2.88	2.99	3.09	3.21	3.31	3.41	3.51	3.63	3.73	3.83	4.04	4.23	4.44	4.65
0.065	1.01	1.13	1.24	1.35	1.45	1.56	1.67	1.78	1.87	1.97	2.07	2.18	2.28	2.38	2.49	2.58	2.68	2.77	2.88	2.97	3.07	3.16	3.27	3.36	3.46	3.55	3.74	3.92	4.11	4.30
0.070	0.97	1.07	1.17	1.27	1.37	1.47	1.57	1.66	1.76	1.86	1.95	2.04	2.14	2.22	2.32	2.42	2.50	2.60	2.69	2.77	2.86	2.96	3.05	3.13	3.22	3.31	3.49	3.65	3.83	4.01
0.075	0.92	1.02	1.11	1.20	1.30	1.39	1.48	1.57	1.65	1.75	1.84	1.92	2.01	2.10	2.18	2.27	2.35	2.44	2.52	2.60	2.69	2.77	2.85	2.94	3.02	3.10	3.26	3.42	3.58	3.75
0.080	0.89	0.98	1.06	1.15	1.23	1.32	1.41	1.49	1.57	1.65	1.73	1.82	1.90	1.97	2.06	2.13	2.22	2.29	2.37	2.46	2.53	2.61	2.69	2.76	2.84	2.92	3.07	3.22	3.37	3.52
0.085	0.85	0.94	1.01	1.10	1.18	1.26	1.33	1.42	1.50	1.57	1.65	1.72	1.80	1.88	1.95	2.03	2.10	2.17	2.25	2.32	2.39	2.46	2.54	2.61	2.68	2.75	2.90	3.04	3.18	3.32
0.090	0.82	0.90	0.97	1.05	1.13	1.21	1.28	1.35	1.42	1.49	1.57	1.64	1.72	1.78	1.86	1.92	1.99	2.07	2.13	2.20	2.27	2.34	2.41	2.47	2.54	2.61	2.75	2.88	3.01	3.14
0.095	0.79	0.86	0.94	1.01	1.08	1.16	1.22	1.29	1.36	1.43	1.50	1.56	1.63	1.70	1.77	1.83	1.90	1.97	2.03	2.09	2.16	2.22	2.29	2.35	2.42	2.48	2.61	2.73	2.86	2.99
0.100	0.77	0.84	0.91	0.97	1.04	1.11	1.18	1.24	1.31	1.37	1.43	1.50	1.56	1.63	1.69	1.75	1.81	1.88	1.94	2.00	2.07	2.13	2.19	2.24	2.30	2.37	2.49	2.60	2.73	2.85
0.110	0.73	0.79	0.85	0.91	0.97	1.03	1.09	1.15	1.21	1.27	1.32	1.38	1.44	1.50	1.55	1.61	1.67	1.73	1.78	1.84	1.89	1.95	2.00	2.06	2.12	2.16	2.28	2.38	2.49	2.60
0.120	0.69	0.74	0.80	0.85	0.91	0.97	1.02	1.07	1.13	1.18	1.23	1.29	1.34	1.39	1.44	1.49	1.54	1.59	1.64	1.70	1.75	1.80	1.85	1.90	1.95	2.00	2.10	2.20	2.30	2.40
0.130	0.66	0.71	0.76	0.81	0.86	0.91	0.96	1.01	1.05	1.11	1.15	1.20	1.25	1.30	1.34	1.39	1.44	1.49	1.54	1.58	1.63	1.67	1.72	1.77	1.81	1.86	1.95	2.04	2.13	2.22
0.140	0.63	0.67	0.72	0.77	0.82	0.86	0.90	0.95	0.99	1.04	1.08	1.13	1.18	1.22	1.26	1.30	1.35	1.39	1.44	1.48	1.52	1.57	1.61	1.65	1.69	1.74	1.82	1.90	1.99	2.07
0.150	0.60	0.65	0.69	0.73	0.77	0.82	0.86	0.90	0.95	0.99	1.03	1.07	1.11	1.15	1.19	1.23	1.27	1.31	1.35	1.39	1.43	1.47	1.51	1.55	1.59	1.63	1.71	1.79	1.86	1.94
0.160	0.58	0.62	0.66	0.70	0.74	0.78	0.82	0.86	0.90	0.94	0.97	1.01	1.05	1.09	1.12	1.16	1.20	1.24	1.28	1.32	1.35	1.39	1.43	1.46	1.50	1.54	1.61	1.68	1.76	1.83
0.170	0.56	0.60	0.64	0.67	0.71	0.75	0.78	0.82	0.86	0.89	0.93	0.96	1.00	1.03	1.07	1.11	1.14	1.18	1.21	1.25	1.28	1.31	1.35	1.39	1.42	1.45	1.52	1.59	1.66	1.73
0.180	0.54	0.58	0.61	0.65	0.68	0.72	0.75	0.79	0.82	0.85	0.89	0.92	0.95	0.99	1.02	1.05	1.09	1.12	1.15	1.18	1.22	1.25	1.28	1.32	1.35	1.38	1.44	1.51	1.57	1.64
0.190	0.52	0.56	0.59	0.62	0.66	0.69	0.72	0.75	0.79	0.82	0.85	0.88	0.91	0.94	0.97	1.01	1.04	1.07	1.10	1.13	1.16	1.19	1.22	1.25	1.28	1.31	1.37	1.44	1.50	1.56
0.200	0.51	0.54	0.57	0.60	0.63	0.66	0.69	0.72	0.75	0.79	0.82	0.84	0.87	0.90	0.93	0.96	0.99	1.02	1.05	1.08	1.11	1.14	1.17	1.20	1.23	1.25	1.31	1.37	1.43	1.48

续表

ε 值　$a_s/D\leqslant0.05$																														
ω \\ β	0.10	0.12	0.14	0.16	0.18	0.20	0.22	0.24	0.26	0.28	0.30	0.32	0.34	0.36	0.38	0.40	0.42	0.44	0.46	0.48	0.50	0.52	0.54	0.56	0.58	0.60	0.64	0.68	0.72	0.76
0.210	0.50	0.52	0.55	0.58	0.61	0.64	0.67	0.70	0.73	0.76	0.78	0.81	0.84	0.87	0.89	0.92	0.95	0.98	1.01	1.03	1.06	1.09	1.12	1.14	1.17	1.20	1.25	1.31	1.36	1.42
0.220	0.48	0.51	0.54	0.56	0.59	0.62	0.65	0.67	0.70	0.73	0.75	0.78	0.81	0.83	0.86	0.89	0.91	0.94	0.97	0.99	1.02	1.04	1.07	1.10	1.12	1.15	1.20	1.26	1.31	1.36
0.230	0.47	0.49	0.52	0.55	0.57	0.60	0.63	0.65	0.68	0.70	0.73	0.75	0.78	0.80	0.83	0.85	0.88	0.90	0.93	0.96	0.98	1.01	1.03	1.05	1.08	1.10	1.15	1.20	1.25	1.30
0.240	0.46	0.48	0.51	0.53	0.56	0.58	0.61	0.63	0.65	0.68	0.70	0.73	0.75	0.77	0.80	0.82	0.85	0.87	0.90	0.92	0.94	0.97	0.99	1.02	1.04	1.06	1.11	1.16	1.20	1.25
0.250	0.45	0.47	0.49	0.52	0.54	0.56	0.59	0.61	0.63	0.66	0.68	0.70	0.73	0.75	0.77	0.80	0.82	0.84	0.86	0.89	0.91	0.93	0.95	0.98	1.00	1.02	1.07	1.11	1.16	1.20
0.260	0.44	0.46	0.48	0.50	0.53	0.55	0.57	0.59	0.61	0.64	0.66	0.68	0.70	0.72	0.75	0.77	0.79	0.81	0.83	0.86	0.88	0.90	0.92	0.94	0.97	0.99	1.03	1.07	1.12	1.16
0.270	0.43	0.45	0.47	0.49	0.51	0.53	0.55	0.57	0.60	0.62	0.64	0.66	0.68	0.70	0.72	0.75	0.77	0.79	0.81	0.83	0.85	0.87	0.89	0.91	0.93	0.95	1.00	1.04	1.08	1.12
0.280	0.41	0.44	0.46	0.48	0.50	0.52	0.54	0.56	0.58	0.60	0.62	0.64	0.66	0.68	0.70	0.72	0.74	0.76	0.78	0.80	0.82	0.84	0.86	0.88	0.90	0.92	0.96	1.00	1.04	1.08
0.290	0.41	0.43	0.44	0.47	0.48	0.50	0.52	0.54	0.56	0.58	0.60	0.62	0.64	0.66	0.68	0.70	0.72	0.74	0.76	0.78	0.80	0.82	0.84	0.85	0.87	0.89	0.93	0.97	1.01	1.05
0.300	0.40	0.42	0.44	0.45	0.47	0.49	0.51	0.53	0.55	0.57	0.59	0.60	0.62	0.64	0.66	0.68	0.70	0.72	0.73	0.75	0.77	0.79	0.81	0.83	0.85	0.87	0.90	0.94	0.98	1.01
0.310	0.39	0.41	0.42	0.44	0.46	0.48	0.50	0.52	0.53	0.55	0.57	0.59	0.61	0.62	0.64	0.66	0.68	0.70	0.71	0.73	0.75	0.77	0.79	0.80	0.82	0.84	0.88	0.91	0.95	0.98
0.320	0.38	0.40	0.41	0.43	0.45	0.47	0.49	0.50	0.52	0.54	0.55	0.57	0.59	0.61	0.62	0.64	0.66	0.68	0.69	0.71	0.73	0.75	0.76	0.78	0.80	0.82	0.85	0.88	0.92	0.95
0.330	0.37	0.39	0.41	0.42	0.44	0.46	0.47	0.49	0.51	0.52	0.54	0.56	0.57	0.59	0.61	0.62	0.64	0.66	0.67	0.69	0.71	0.73	0.74	0.76	0.78	0.79	0.83	0.86	0.89	0.93
0.340	0.36	0.38	0.40	0.41	0.43	0.44	0.46	0.48	0.49	0.51	0.53	0.54	0.56	0.58	0.59	0.61	0.62	0.64	0.66	0.67	0.69	0.71	0.72	0.74	0.75	0.77	0.80	0.84	0.87	0.90
0.350	0.36	0.37	0.39	0.40	0.42	0.43	0.45	0.47	0.48	0.50	0.51	0.53	0.55	0.56	0.58	0.59	0.61	0.62	0.64	0.65	0.67	0.69	0.70	0.72	0.73	0.75	0.78	0.81	0.84	0.88
0.360	0.35	0.36	0.38	0.39	0.41	0.42	0.44	0.46	0.47	0.49	0.50	0.52	0.53	0.55	0.56	0.58	0.59	0.61	0.62	0.64	0.65	0.67	0.68	0.70	0.71	0.73	0.76	0.79	0.82	0.85
0.370	0.34	0.36	0.37	0.39	0.40	0.42	0.43	0.44	0.46	0.47	0.49	0.50	0.52	0.53	0.55	0.56	0.58	0.59	0.61	0.62	0.64	0.65	0.67	0.68	0.70	0.71	0.74	0.77	0.80	0.83
0.380	0.34	0.35	0.36	0.38	0.39	0.41	0.42	0.43	0.45	0.46	0.48	0.49	0.51	0.52	0.53	0.55	0.56	0.58	0.59	0.61	0.62	0.64	0.65	0.66	0.68	0.69	0.72	0.75	0.78	0.81
0.390	0.33	0.34	0.36	0.37	0.38	0.40	0.41	0.42	0.44	0.45	0.47	0.48	0.49	0.51	0.52	0.54	0.55	0.56	0.58	0.59	0.61	0.62	0.63	0.65	0.66	0.68	0.70	0.73	0.76	0.79
0.400	0.32	0.33	0.35	0.36	0.37	0.39	0.40	0.42	0.43	0.44	0.46	0.47	0.48	0.50	0.51	0.52	0.54	0.55	0.56	0.58	0.59	0.60	0.62	0.63	0.65	0.66	0.69	0.71	0.74	0.77
0.410	0.31	0.33	0.34	0.35	0.37	0.38	0.39	0.41	0.42	0.43	0.45	0.46	0.47	0.48	0.50	0.51	0.52	0.54	0.55	0.56	0.58	0.59	0.60	0.62	0.63	0.64	0.67	0.70	0.72	0.75
0.420	0.31	0.32	0.33	0.35	0.36	0.37	0.38	0.40	0.41	0.42	0.44	0.45	0.46	0.47	0.49	0.50	0.51	0.52	0.54	0.55	0.56	0.58	0.59	0.60	0.62	0.63	0.65	0.68	0.71	0.73
0.430	0.30	0.31	0.33	0.34	0.35	0.36	0.38	0.39	0.40	0.41	0.43	0.44	0.45	0.46	0.48	0.49	0.50	0.51	0.53	0.54	0.55	0.56	0.58	0.59	0.60	0.61	0.64	0.66	0.69	0.71
0.440	0.30	0.31	0.32	0.33	0.34	0.36	0.37	0.38	0.39	0.40	0.42	0.43	0.44	0.45	0.46	0.48	0.49	0.50	0.51	0.53	0.54	0.55	0.56	0.58	0.59	0.60	0.62	0.65	0.67	0.70
0.450	0.29	0.30	0.31	0.33	0.34	0.35	0.36	0.37	0.38	0.40	0.41	0.42	0.43	0.44	0.45	0.47	0.48	0.49	0.50	0.51	0.53	0.54	0.55	0.56	0.57	0.59	0.61	0.63	0.66	0.68
0.460	0.28	0.30	0.31	0.32	0.33	0.34	0.35	0.36	0.38	0.39	0.40	0.41	0.42	0.43	0.44	0.46	0.47	0.48	0.49	0.50	0.51	0.53	0.54	0.55	0.56	0.57	0.60	0.62	0.64	0.67
0.470	0.28	0.29	0.30	0.31	0.32	0.33	0.34	0.36	0.37	0.38	0.39	0.40	0.41	0.42	0.43	0.45	0.46	0.47	0.48	0.49	0.50	0.51	0.53	0.54	0.55	0.56	0.58	0.61	0.63	0.65
0.480	0.27	0.28	0.29	0.31	0.32	0.33	0.34	0.35	0.36	0.37	0.38	0.39	0.40	0.41	0.43	0.44	0.45	0.46	0.47	0.48	0.49	0.50	0.51	0.53	0.54	0.55	0.57	0.59	0.62	0.64
0.490	0.27	0.28	0.29	0.30	0.31	0.32	0.33	0.34	0.35	0.36	0.37	0.38	0.39	0.41	0.42	0.43	0.44	0.45	0.46	0.47	0.48	0.49	0.50	0.51	0.53	0.54	0.56	0.58	0.60	0.62

续表

ε 值 $a_s/D\leqslant0.05$																														
ω \ β	0.10	0.12	0.14	0.16	0.18	0.20	0.22	0.24	0.26	0.28	0.30	0.32	0.34	0.36	0.38	0.40	0.42	0.44	0.46	0.48	0.50	0.52	0.54	0.56	0.58	0.60	0.64	0.68	0.72	0.76
0.500	0.26	0.27	0.28	0.29	0.30	0.31	0.32	0.33	0.34	0.35	0.37	0.38	0.39	0.40	0.41	0.42	0.43	0.44	0.45	0.46	0.47	0.48	0.49	0.50	0.51	0.53	0.55	0.57	0.59	0.61
0.510	0.26	0.27	0.28	0.29	0.30	0.31	0.32	0.33	0.34	0.35	0.36	0.37	0.38	0.39	0.40	0.41	0.42	0.43	0.44	0.45	0.46	0.47	0.48	0.49	0.50	0.51	0.54	0.56	0.58	0.60
0.520	0.25	0.26	0.27	0.28	0.29	0.30	0.31	0.32	0.33	0.34	0.35	0.36	0.37	0.38	0.39	0.40	0.41	0.42	0.43	0.44	0.45	0.46	0.47	0.48	0.49	0.50	0.52	0.55	0.57	0.59
0.530	0.25	0.26	0.27	0.27	0.28	0.29	0.30	0.31	0.32	0.33	0.34	0.35	0.36	0.37	0.38	0.39	0.40	0.41	0.42	0.43	0.44	0.45	0.46	0.47	0.48	0.49	0.51	0.53	0.55	0.57
0.540	0.24	0.25	0.26	0.27	0.28	0.29	0.30	0.31	0.32	0.33	0.34	0.35	0.36	0.36	0.37	0.38	0.39	0.40	0.41	0.42	0.43	0.44	0.45	0.46	0.47	0.48	0.50	0.52	0.54	0.56
0.550	0.24	0.24	0.25	0.26	0.27	0.28	0.29	0.30	0.31	0.32	0.33	0.34	0.35	0.36	0.37	0.38	0.39	0.40	0.41	0.42	0.42	0.43	0.44	0.45	0.46	0.47	0.49	0.51	0.53	0.55
0.560	0.23	0.24	0.25	0.26	0.27	0.28	0.28	0.29	0.30	0.31	0.32	0.33	0.34	0.35	0.36	0.37	0.38	0.39	0.40	0.41	0.42	0.43	0.44	0.44	0.45	0.46	0.48	0.50	0.52	0.54
0.570	0.23	0.23	0.24	0.25	0.26	0.27	0.28	0.29	0.30	0.31	0.32	0.32	0.33	0.34	0.35	0.36	0.37	0.38	0.39	0.40	0.41	0.42	0.43	0.44	0.45	0.46	0.47	0.49	0.51	0.53
0.580	0.22	0.23	0.24	0.25	0.26	0.26	0.27	0.28	0.29	0.30	0.31	0.32	0.33	0.34	0.34	0.35	0.36	0.37	0.38	0.39	0.40	0.41	0.42	0.43	0.44	0.45	0.46	0.48	0.50	0.52
0.590	0.22	0.22	0.23	0.24	0.25	0.26	0.27	0.28	0.28	0.29	0.30	0.31	0.32	0.33	0.34	0.35	0.36	0.36	0.37	0.38	0.39	0.40	0.41	0.42	0.43	0.44	0.46	0.47	0.49	0.51
0.600	0.21	0.22	0.23	0.24	0.24	0.25	0.26	0.27	0.28	0.29	0.30	0.30	0.31	0.32	0.33	0.34	0.35	0.36	0.37	0.38	0.38	0.39	0.40	0.41	0.42	0.43	0.45	0.46	0.48	0.50
0.610	0.21	0.21	0.22	0.23	0.24	0.25	0.26	0.26	0.27	0.28	0.29	0.30	0.31	0.32	0.32	0.33	0.34	0.35	0.36	0.37	0.38	0.39	0.39	0.40	0.41	0.42	0.44	0.46	0.47	0.49
0.620	0.20	0.21	0.22	0.23	0.23	0.24	0.25	0.26	0.27	0.28	0.28	0.29	0.30	0.31	0.32	0.33	0.33	0.34	0.35	0.36	0.37	0.38	0.39	0.39	0.40	0.41	0.43	0.45	0.46	0.48
0.630	0.20	0.20	0.21	0.22	0.23	0.24	0.24	0.25	0.26	0.27	0.28	0.29	0.29	0.30	0.31	0.32	0.33	0.34	0.34	0.35	0.36	0.37	0.38	0.39	0.40	0.40	0.42	0.44	0.46	0.47
0.640	0.19	0.20	0.21	0.21	0.22	0.23	0.24	0.25	0.26	0.26	0.27	0.28	0.29	0.30	0.30	0.31	0.32	0.33	0.34	0.35	0.35	0.36	0.37	0.38	0.39	0.40	0.41	0.43	0.45	0.46
0.650	0.19	0.19	0.20	0.21	0.22	0.23	0.23	0.24	0.25	0.26	0.27	0.27	0.28	0.29	0.30	0.31	0.31	0.32	0.33	0.34	0.35	0.36	0.36	0.37	0.38	0.39	0.40	0.42	0.44	0.45
0.660	0.18	0.19	0.20	0.20	0.21	0.22	0.23	0.24	0.24	0.25	0.26	0.27	0.28	0.28	0.29	0.30	0.31	0.32	0.32	0.33	0.34	0.35	0.36	0.37	0.37	0.38	0.40	0.41	0.43	0.45
0.670	0.18	0.19	0.19	0.20	0.21	0.22	0.22	0.23	0.24	0.25	0.25	0.26	0.27	0.28	0.29	0.29	0.30	0.31	0.32	0.33	0.33	0.34	0.35	0.36	0.37	0.37	0.39	0.41	0.42	0.44
0.680	0.17	0.18	0.19	0.20	0.20	0.21	0.22	0.23	0.23	0.24	0.25	0.26	0.26	0.27	0.28	0.29	0.30	0.30	0.31	0.32	0.33	0.33	0.34	0.35	0.36	0.37	0.38	0.40	0.41	0.43
0.690	0.17	0.18	0.18	0.19	0.20	0.21	0.21	0.22	0.23	0.24	0.24	0.25	0.26	0.27	0.27	0.28	0.29	0.30	0.31	0.31	0.32	0.33	0.34	0.34	0.35	0.36	0.38	0.39	0.41	0.42
0.700	0.16	0.17	0.18	0.19	0.19	0.20	0.21	0.22	0.22	0.23	0.24	0.25	0.25	0.26	0.27	0.28	0.28	0.29	0.30	0.31	0.31	0.32	0.33	0.34	0.35	0.35	0.37	0.38	0.40	0.42
0.710	0.16	0.17	0.17	0.18	0.19	0.20	0.20	0.21	0.22	0.23	0.23	0.24	0.25	0.25	0.26	0.27	0.28	0.29	0.29	0.30	0.31	0.32	0.32	0.33	0.34	0.35	0.36	0.38	0.39	0.41
0.720	0.16	0.16	0.17	0.18	0.18	0.19	0.20	0.21	0.21	0.22	0.23	0.23	0.24	0.25	0.26	0.26	0.27	0.28	0.29	0.29	0.30	0.31	0.32	0.32	0.33	0.34	0.35	0.37	0.39	0.40
0.730	0.15	0.16	0.16	0.17	0.18	0.19	0.19	0.20	0.21	0.22	0.22	0.23	0.24	0.24	0.25	0.26	0.27	0.27	0.28	0.29	0.30	0.30	0.31	0.32	0.33	0.33	0.35	0.36	0.38	0.39
0.740	0.15	0.15	0.16	0.17	0.17	0.18	0.19	0.20	0.20	0.21	0.22	0.22	0.23	0.24	0.25	0.25	0.26	0.27	0.28	0.28	0.29	0.30	0.30	0.31	0.32	0.33	0.34	0.36	0.37	0.39
0.750	0.14	0.15	0.16	0.16	0.17	0.18	0.18	0.19	0.20	0.20	0.21	0.22	0.23	0.23	0.24	0.25	0.25	0.26	0.27	0.28	0.28	0.29	0.30	0.31	0.31	0.32	0.33	0.35	0.36	0.38
0.760	0.14	0.14	0.15	0.16	0.17	0.17	0.18	0.19	0.19	0.20	0.21	0.21	0.22	0.23	0.24	0.24	0.25	0.26	0.26	0.27	0.28	0.29	0.29	0.30	0.31	0.31	0.33	0.34	0.36	0.37
0.770	0.13	0.14	0.15	0.15	0.16	0.17	0.17	0.18	0.19	0.20	0.20	0.21	0.22	0.22	0.23	0.24	0.24	0.25	0.26	0.27	0.27	0.28	0.29	0.29	0.30	0.31	0.32	0.34	0.35	0.37
0.780	0.13	0.14	0.14	0.15	0.16	0.16	0.17	0.18	0.18	0.19	0.20	0.20	0.21	0.22	0.23	0.23	0.24	0.25	0.25	0.26	0.27	0.27	0.28	0.29	0.29	0.30	0.32	0.33	0.34	0.36

续表

ε 值															$a_s/D \leqslant 0.05$															
ω \ β	0.10	0.12	0.14	0.16	0.18	0.20	0.22	0.24	0.26	0.28	0.30	0.32	0.34	0.36	0.38	0.40	0.42	0.44	0.46	0.48	0.50	0.52	0.54	0.56	0.58	0.60	0.64	0.68	0.72	0.76
0.790	0.12	0.13	0.14	0.15	0.15	0.16	0.17	0.17	0.18	0.19	0.19	0.20	0.21	0.21	0.22	0.23	0.23	0.24	0.25	0.25	0.26	0.27	0.28	0.28	0.29	0.30	0.31	0.32	0.34	0.35
0.800	0.12	0.13	0.13	0.14	0.15	0.15	0.16	0.17	0.17	0.18	0.19	0.19	0.20	0.21	0.22	0.22	0.23	0.24	0.24	0.25	0.26	0.26	0.27	0.28	0.28	0.29	0.30	0.32	0.33	0.35
0.810	0.12	0.12	0.13	0.14	0.14	0.15	0.16	0.16	0.17	0.18	0.18	0.19	0.20	0.20	0.21	0.22	0.22	0.23	0.24	0.24	0.25	0.26	0.26	0.27	0.28	0.28	0.30	0.31	0.33	0.34
0.820	0.11	0.12	0.13	0.13	0.14	0.15	0.15	0.16	0.17	0.17	0.18	0.19	0.19	0.20	0.21	0.21	0.22	0.23	0.23	0.24	0.25	0.25	0.26	0.27	0.27	0.28	0.29	0.31	0.32	0.33
0.830	0.11	0.12	0.12	0.13	0.13	0.14	0.15	0.15	0.16	0.17	0.17	0.18	0.19	0.19	0.20	0.21	0.21	0.22	0.23	0.23	0.24	0.25	0.25	0.26	0.27	0.27	0.29	0.30	0.31	0.33
0.840	0.11	0.11	0.12	0.12	0.13	0.14	0.14	0.15	0.16	0.16	0.17	0.18	0.18	0.19	0.20	0.20	0.21	0.22	0.22	0.23	0.24	0.24	0.25	0.26	0.26	0.27	0.28	0.29	0.31	0.32
0.850	0.10	0.11	0.11	0.12	0.13	0.13	0.14	0.15	0.15	0.16	0.17	0.17	0.18	0.18	0.19	0.20	0.20	0.21	0.22	0.22	0.23	0.24	0.24	0.25	0.26	0.26	0.28	0.29	0.30	0.32
0.860	0.10	0.11	0.11	0.12	0.12	0.13	0.13	0.14	0.15	0.15	0.16	0.17	0.17	0.18	0.19	0.19	0.20	0.21	0.21	0.22	0.23	0.23	0.24	0.24	0.25	0.26	0.27	0.28	0.30	0.31
0.870	0.10	0.10	0.11	0.11	0.12	0.12	0.13	0.14	0.14	0.15	0.16	0.16	0.17	0.18	0.18	0.19	0.19	0.20	0.21	0.21	0.22	0.23	0.23	0.24	0.25	0.25	0.27	0.28	0.29	0.30
0.880	0.09	0.10	0.10	0.11	0.12	0.12	0.13	0.13	0.14	0.15	0.15	0.16	0.17	0.17	0.18	0.18	0.19	0.20	0.20	0.21	0.22	0.22	0.23	0.23	0.24	0.25	0.26	0.27	0.29	0.30
0.890	0.09	0.09	0.10	0.11	0.11	0.12	0.12	0.13	0.13	0.14	0.15	0.15	0.16	0.17	0.17	0.18	0.19	0.19	0.20	0.20	0.21	0.22	0.22	0.23	0.24	0.24	0.26	0.27	0.28	0.29
0.900	0.08	0.09	0.10	0.10	0.11	0.12	0.12	0.13	0.13	0.14	0.14	0.15	0.16	0.16	0.17	0.18	0.18	0.19	0.19	0.20	0.21	0.21	0.22	0.22	0.23	0.24	0.25	0.26	0.28	0.29
0.910	0.08	0.09	0.09	0.10	0.11	0.11	0.12	0.12	0.13	0.13	0.14	0.15	0.15	0.16	0.16	0.17	0.18	0.18	0.19	0.20	0.20	0.21	0.21	0.22	0.23	0.23	0.24	0.26	0.27	0.28
0.920	0.08	0.08	0.09	0.10	0.10	0.11	0.11	0.12	0.12	0.13	0.14	0.14	0.15	0.15	0.16	0.17	0.17	0.18	0.18	0.19	0.20	0.20	0.21	0.22	0.22	0.23	0.24	0.25	0.27	0.28
0.930	0.07	0.08	0.09	0.09	0.10	0.11	0.11	0.12	0.12	0.13	0.13	0.14	0.14	0.15	0.16	0.16	0.17	0.17	0.18	0.19	0.19	0.20	0.20	0.21	0.22	0.22	0.24	0.25	0.26	0.27
0.940	0.07	0.08	0.08	0.09	0.10	0.10	0.11	0.11	0.12	0.12	0.13	0.13	0.14	0.14	0.15	0.16	0.16	0.17	0.18	0.18	0.19	0.19	0.20	0.21	0.21	0.22	0.23	0.24	0.25	0.27
0.950	0.07	0.07	0.08	0.09	0.09	0.10	0.10	0.11	0.12	0.12	0.13	0.13	0.14	0.14	0.15	0.15	0.16	0.17	0.17	0.18	0.18	0.19	0.20	0.20	0.21	0.21	0.23	0.24	0.25	0.26
0.960	0.06	0.07	0.08	0.08	0.09	0.10	0.10	0.11	0.11	0.12	0.12	0.13	0.13	0.14	0.14	0.15	0.15	0.16	0.17	0.17	0.18	0.19	0.19	0.20	0.20	0.21	0.22	0.23	0.25	0.26
0.970	0.06	0.07	0.07	0.08	0.09	0.09	0.10	0.10	0.11	0.11	0.12	0.12	0.13	0.13	0.14	0.15	0.15	0.16	0.16	0.17	0.17	0.18	0.19	0.19	0.20	0.20	0.22	0.23	0.24	0.25
0.980	0.06	0.06	0.07	0.08	0.08	0.09	0.10	0.10	0.11	0.11	0.12	0.12	0.13	0.13	0.14	0.14	0.15	0.15	0.16	0.17	0.17	0.18	0.18	0.19	0.19	0.20	0.21	0.22	0.24	0.25
0.990	0.05	0.06	0.07	0.07	0.08	0.09	0.09	0.10	0.10	0.11	0.11	0.12	0.12	0.13	0.13	0.14	0.14	0.15	0.16	0.16	0.17	0.17	0.18	0.18	0.19	0.20	0.21	0.22	0.23	0.24
1.000	0.05	0.06	0.06	0.07	0.08	0.08	0.09	0.10	0.10	0.11	0.11	0.12	0.12	0.13	0.13	0.13	0.14	0.14	0.15	0.16	0.16	0.17	0.17	0.18	0.19	0.19	0.20	0.21	0.23	0.24
1.010	0.05	0.05	0.06	0.07	0.07	0.08	0.09	0.09	0.10	0.10	0.11	0.11	0.12	0.12	0.13	0.13	0.14	0.14	0.15	0.15	0.16	0.16	0.17	0.18	0.18	0.19	0.20	0.21	0.22	0.23
1.020	0.04	0.05	0.06	0.07	0.07	0.08	0.08	0.09	0.10	0.10	0.11	0.11	0.12	0.12	0.12	0.13	0.13	0.14	0.14	0.15	0.15	0.16	0.17	0.17	0.18	0.18	0.19	0.21	0.22	0.23
1.030	0.04	0.05	0.06	0.06	0.07	0.07	0.08	0.09	0.09	0.10	0.10	0.11	0.11	0.12	0.12	0.13	0.13	0.14	0.14	0.14	0.15	0.16	0.16	0.17	0.17	0.18	0.19	0.20	0.21	0.22
1.040	0.04	0.04	0.05	0.06	0.07	0.07	0.08	0.08	0.09	0.09	0.10	0.11	0.11	0.11	0.12	0.12	0.13	0.13	0.14	0.14	0.15	0.15	0.16	0.16	0.17	0.17	0.19	0.20	0.21	0.22
1.050	0.03	0.04	0.05	0.06	0.06	0.07	0.07	0.08	0.09	0.09	0.10	0.10	0.11	0.11	0.12	0.12	0.13	0.13	0.13	0.14	0.14	0.15	0.15	0.16	0.17	0.17	0.18	0.19	0.20	0.22
1.060	0.03	0.04	0.05	0.05	0.06	0.07	0.07	0.08	0.08	0.09	0.09	0.10	0.10	0.11	0.11	0.12	0.12	0.13	0.13	0.14	0.14	0.14	0.15	0.15	0.16	0.17	0.18	0.19	0.20	0.21
1.070	0.03	0.03	0.04	0.05	0.06	0.06	0.07	0.08	0.08	0.09	0.09	0.10	0.10	0.11	0.11	0.12	0.12	0.12	0.13	0.13	0.14	0.14	0.15	0.15	0.16	0.16	0.17	0.18	0.20	0.21

续表

ε值															$a_s/D\leqslant0.05$															
ω \ β	0.10	0.12	0.14	0.16	0.18	0.20	0.22	0.24	0.26	0.28	0.30	0.32	0.34	0.36	0.38	0.40	0.42	0.44	0.46	0.48	0.50	0.52	0.54	0.56	0.58	0.60	0.64	0.68	0.72	0.76
1.080	0.02	0.03	0.04	0.05	0.05	0.06	0.07	0.07	0.08	0.08	0.09	0.09	0.10	0.10	0.11	0.11	0.12	0.12	0.13	0.13	0.13	0.14	0.14	0.15	0.15	0.16	0.17	0.18	0.19	0.20
1.090	0.02	0.03	0.04	0.04	0.05	0.06	0.06	0.07	0.08	0.08	0.09	0.09	0.10	0.10	0.11	0.11	0.12	0.12	0.12	0.13	0.13	0.14	0.14	0.14	0.15	0.15	0.17	0.18	0.19	0.20
1.100	0.20	0.03	0.03	0.04	0.05	0.05	0.06	0.07	0.07	0.08	0.08	0.09	0.09	0.10	0.10	0.11	0.11	0.12	0.12	0.13	0.13	0.13	0.14	0.14	0.15	0.15	0.16	0.17	0.18	0.20
1.110	0.01	0.02	0.03	0.04	0.04	0.05	0.06	0.06	0.07	0.08	0.08	0.09	0.09	0.10	0.10	0.11	0.11	0.11	0.12	0.12	0.13	0.13	0.14	0.14	0.14	0.15	0.16	0.17	0.18	0.19
1.120																0.10	0.11	0.11	0.12	0.12	0.13	0.13	0.13	0.14	0.14	0.14	0.15	0.17	0.18	0.19
1.130																0.10	0.11	0.11	0.11	0.12	0.12	0.13	0.13	0.13	0.14	0.14	0.15	0.16	0.17	0.18
1.140																0.10	0.10	0.11	0.11	0.12	0.12	0.12	0.13	0.13	0.14	0.14	0.15	0.16	0.17	0.18
1.150																0.10	0.10	0.11	0.11	0.11	0.12	0.12	0.13	0.13	0.13	0.14	0.14	0.15	0.16	0.18
1.160																0.09	0.10	0.10	0.11	0.11	0.12	0.12	0.12	0.13	0.13	0.14	0.14	0.15	0.16	0.17
1.170																0.09	0.10	0.10	0.10	0.11	0.11	0.12	0.12	0.13	0.13	0.13	0.14	0.15	0.16	0.17
1.180																0.09	0.09	0.10	0.10	0.11	0.11	0.11	0.12	0.12	0.13	0.13	0.14	0.15	0.15	0.16
1.190																0.09	0.09	0.10	0.10	0.10	0.11	0.11	0.12	0.12	0.12	0.13	0.14	0.14	0.15	0.16
1.200																0.08	0.09	0.09	0.10	0.10	0.11	0.11	0.11	0.12	0.12	0.13	0.13	0.14	0.15	0.16
1.210																0.08	0.09	0.09	0.10	0.10	0.10	0.11	0.11	0.12	0.12	0.12	0.13	0.14	0.15	0.15
1.220																0.08	0.08	0.09	0.09	0.10	0.10	0.11	0.11	0.11	0.12	0.12	0.13	0.14	0.14	0.15
1.230																0.08	0.08	0.09	0.09	0.09	0.10	0.10	0.11	0.11	0.12	0.12	0.13	0.13	0.14	0.15
1.240																0.07	0.08	0.08	0.09	0.09	0.10	0.10	0.11	0.11	0.11	0.12	0.12	0.13	0.14	0.15
1.250																0.07	0.08	0.08	0.09	0.09	0.09	0.10	0.10	0.11	0.11	0.11	0.12	0.13	0.14	0.14
1.260																0.07	0.07	0.08	0.08	0.09	0.09	0.10	0.10	0.10	0.11	0.11	0.12	0.13	0.13	0.14
1.270																0.07	0.07	0.08	0.08	0.09	0.09	0.09	0.10	0.10	0.11	0.11	0.12	0.13	0.13	0.14
1.280																0.07	0.07	0.07	0.08	0.08	0.09	0.09	0.10	0.10	0.10	0.11	0.12	0.12	0.13	0.14
1.290																0.06	0.07	0.07	0.08	0.08	0.09	0.09	0.09	0.10	0.10	0.11	0.11	0.12	0.13	0.14
1.300																0.06	0.07	0.07	0.08	0.08	0.08	0.09	0.09	0.10	0.10	0.10	0.11	0.12	0.13	0.13
1.310																0.06	0.06	0.07	0.07	0.08	0.08	0.09	0.09	0.09	0.10	0.10	0.11	0.12	0.12	0.13
1.320																0.06	0.06	0.07	0.07	0.08	0.08	0.08	0.09	0.09	0.10	0.10	0.11	0.11	0.12	0.13
1.330																0.06	0.06	0.06	0.07	0.07	0.08	0.08	0.09	0.09	0.09	0.10	0.11	0.11	0.12	0.13
1.340																0.05	0.06	0.06	0.07	0.07	0.08	0.08	0.08	0.09	0.09	0.10	0.10	0.11	0.12	0.13

续表

ε值															0.05＜a_s/D≤0.09															
ω \ β	0.10	0.12	0.14	0.16	0.18	0.20	0.22	0.24	0.26	0.28	0.30	0.32	0.34	0.36	0.38	0.40	0.42	0.44	0.46	0.48	0.50	0.52	0.54	0.56	0.58	0.60	0.64	0.68	0.72	0.76
0.010	4.52	5.27	6.01	6.70	7.43	8.10	8.80	9.43	10.15	10.80	11.39	12.06	12.66	13.35	13.96															
0.015	3.13	3.64	4.14	4.61	5.05	5.50	5.96	6.39	6.82	7.26	7.70	8.15	8.55	8.96	9.37															
0.020	2.44	2.82	3.17	3.52	3.86	4.20	4.55	4.87	5.19	5.52	5.86	6.16	6.50	6.80	7.11															
0.025	2.02	2.31	2.61	2.87	3.14	3.42	3.70	3.96	4.22	4.48	4.72	4.99	5.23	5.48	5.72	5.97	6.22	6.47	6.69	6.94	7.16	7.42	7.64	7.90	8.13	8.35	8.81	9.26	9.72	10.18
0.030	1.74	1.99	2.22	2.46	2.69	2.90	3.13	3.35	3.57	3.76	3.99	4.19	4.41	4.62	4.82	5.03	5.21	5.42	5.63	5.82	6.03	6.21	6.40	6.62	6.80	6.99	7.37	7.75	8.13	8.51
0.035	1.55	1.76	1.96	2.15	2.35	2.52	2.73	2.91	3.10	3.27	3.46	3.63	3.81	3.98	4.16	4.34	4.52	4.67	4.85	5.01	5.19	5.35	5.54	5.70	5.86	6.02	6.34	6.67	6.99	7.32
0.040	1.40	1.57	1.75	1.92	2.09	2.25	2.42	2.59	2.73	2.90	3.05	3.22	3.37	3.53	3.68	3.82	3.97	4.13	4.27	4.43	4.57	4.70	4.87	5.01	5.15	5.29	5.57	5.85	6.14	6.43
0.045	1.28	1.44	1.58	1.73	1.89	2.03	2.19	2.32	2.46	2.61	2.75	2.88	3.02	3.15	3.29	3.43	3.55	3.69	3.83	3.95	4.08	4.22	4.34	4.47	4.59	4.72	4.97	5.22	5.48	5.73
0.050	1.18	1.32	1.47	1.60	1.73	1.85	1.98	2.11	2.25	2.37	2.50	2.62	2.75	2.87	2.98	3.10	3.23	3.34	3.46	3.58	3.70	3.81	3.93	4.04	4.15	4.26	4.51	4.72	4.95	5.18
0.055	1.11	1.24	1.36	1.48	1.60	1.71	1.83	1.95	2.07	2.18	2.29	2.40	2.51	2.62	2.74	2.85	2.95	3.06	3.16	3.27	3.38	3.48	3.59	3.69	3.79	3.91	4.11	4.31	4.51	4.72
0.060	1.05	1.15	1.27	1.38	1.49	1.59	1.70	1.81	1.91	2.02	2.12	2.23	2.33	2.43	2.52	2.63	2.72	2.82	2.91	3.02	3.11	3.21	3.30	3.41	3.50	3.60	3.79	3.96	4.15	4.34
0.065	0.98	1.10	1.20	1.30	1.39	1.49	1.59	1.69	1.79	1.88	1.97	2.07	2.16	2.26	2.35	2.44	2.53	2.62	2.72	2.80	2.89	2.97	3.07	3.16	3.25	3.33	3.51	3.67	3.85	4.02
0.070	0.94	1.04	1.13	1.22	1.31	1.41	1.50	1.58	1.68	1.77	1.85	1.94	2.03	2.11	2.20	2.28	2.36	2.45	2.53	2.61	2.69	2.78	2.86	2.94	3.03	3.11	3.27	3.42	3.58	3.75
0.075	0.90	0.98	1.08	1.16	1.24	1.33	1.42	1.50	1.58	1.67	1.75	1.82	1.90	1.99	2.06	2.14	2.22	2.30	2.37	2.45	2.53	2.61	2.68	2.76	2.83	2.91	3.06	3.20	3.35	3.51
0.080	0.86	0.95	1.02	1.10	1.18	1.27	1.35	1.42	1.50	1.57	1.65	1.73	1.80	1.87	1.95	2.02	2.10	2.17	2.24	2.32	2.39	2.46	2.53	2.60	2.67	2.74	2.88	3.01	3.15	3.29
0.085	0.83	0.91	0.98	1.05	1.13	1.21	1.28	1.36	1.43	1.50	1.57	1.63	1.71	1.78	1.84	1.92	1.98	2.05	2.12	2.19	2.25	2.32	2.39	2.45	2.52	2.59	2.72	2.84	2.98	3.10
0.090	0.80	0.87	0.94	1.01	1.08	1.16	1.22	1.29	1.36	1.42	1.49	1.56	1.63	1.69	1.76	1.82	1.88	1.95	2.01	2.08	2.14	2.20	2.26	2.33	2.39	2.45	2.58	2.70	2.82	2.94
0.095	0.77	0.84	0.91	0.97	1.04	1.11	1.17	1.24	1.30	1.36	1.43	1.49	1.55	1.62	1.67	1.73	1.80	1.86	1.92	1.97	2.03	2.09	2.15	2.21	2.27	2.33	2.45	2.56	2.68	2.79
0.100	0.75	0.82	0.88	0.94	1.00	1.06	1.13	1.19	1.25	1.31	1.36	1.43	1.48	1.54	1.60	1.66	1.72	1.77	1.83	1.88	1.95	2.00	2.06	2.11	2.17	2.22	2.34	2.44	2.56	2.66
0.110	0.71	0.76	0.82	0.88	0.94	0.99	1.04	1.10	1.15	1.21	1.26	1.32	1.37	1.42	1.47	1.52	1.58	1.63	1.68	1.73	1.78	1.83	1.89	1.94	1.99	2.03	2.14	2.23	2.34	2.43
0.120	0.67	0.72	0.78	0.82	0.88	0.93	0.98	1.02	1.08	1.13	1.17	1.22	1.27	1.32	1.37	1.41	1.46	1.51	1.55	1.60	1.65	1.69	1.74	1.79	1.84	1.88	1.97	2.06	2.15	2.24
0.130	0.64	0.69	0.74	0.78	0.83	0.87	0.92	0.97	1.01	1.06	1.10	1.15	1.19	1.23	1.27	1.32	1.36	1.41	1.45	1.49	1.54	1.57	1.62	1.66	1.70	1.75	1.83	1.91	2.00	2.08
0.140	0.61	0.65	0.70	0.74	0.79	0.83	0.87	0.91	0.95	0.99	1.03	1.08	1.12	1.16	1.20	1.24	1.28	1.32	1.36	1.40	1.44	1.48	1.51	1.55	1.59	1.63	1.71	1.79	1.86	1.94
0.150	0.59	0.63	0.67	0.71	0.75	0.79	0.83	0.86	0.90	0.94	0.98	1.01	1.06	1.09	1.13	1.17	1.20	1.24	1.28	1.31	1.35	1.39	1.42	1.46	1.50	1.53	1.60	1.68	1.75	1.82
0.160	0.57	0.60	0.64	0.68	0.72	0.75	0.79	0.82	0.86	0.89	0.93	0.96	1.00	1.03	1.07	1.10	1.14	1.17	1.21	1.24	1.27	1.31	1.34	1.38	1.41	1.45	1.51	1.58	1.65	1.71
0.170	0.55	0.58	0.62	0.65	0.68	0.72	0.75	0.78	0.82	0.85	0.89	0.92	0.95	0.98	1.02	1.05	1.08	1.11	1.14	1.18	1.21	1.24	1.27	1.31	1.33	1.37	1.43	1.49	1.5	1.62
0.180	0.53	0.56	0.60	0.63	0.66	0.69	0.72	0.75	0.78	0.82	0.85	0.88	0.91	0.94	0.97	1.00	1.03	1.06	1.09	1.12	1.15	1.18	1.21	1.24	1.27	1.30	1.36	1.42	1.48	1.53
0.190	0.51	0.54	0.57	0.60	0.63	0.66	0.69	0.72	0.75	0.78	0.81	0.84	0.87	0.90	0.92	0.95	0.98	1.01	1.04	1.07	1.10	1.12	1.15	1.18	1.21	1.24	1.29	1.35	1.40	1.46
0.200	0.50	0.53	0.56	0.58	0.61	0.64	0.67	0.70	0.72	0.75	0.78	0.80	0.83	0.86	0.89	0.91	0.94	0.97	0.99	1.02	1.05	1.07	1.10	1.13	1.15	1.18	1.23	1.29	1.34	1.39

续表

ε 值															$0.05<a_s/D\leqslant 0.09$															
ω \ β	0.10	0.12	0.14	0.16	0.18	0.20	0.22	0.24	0.26	0.28	0.30	0.32	0.34	0.36	0.38	0.40	0.42	0.44	0.46	0.48	0.50	0.52	0.54	0.56	0.58	0.60	0.64	0.68	0.72	0.76
0.210	0.48	0.51	0.54	0.57	0.59	0.62	0.64	0.67	0.70	0.72	0.75	0.77	0.80	0.83	0.85	0.88	0.90	0.93	0.95	0.98	1.00	1.03	1.05	1.08	1.11	1.13	1.18	1.23	1.28	1.33
0.220	0.47	0.50	0.52	0.55	0.57	0.60	0.62	0.65	0.67	0.70	0.72	0.75	0.77	0.79	0.82	0.84	0.87	0.89	0.92	0.94	0.96	0.99	1.01	1.03	1.06	1.08	1.13	1.18	1.22	1.27
0.230	0.46	0.48	0.51	0.53	0.55	0.58	0.60	0.63	0.65	0.67	0.70	0.72	0.74	0.77	0.79	0.81	0.83	0.86	0.88	0.90	0.93	0.95	0.97	0.99	1.02	1.04	1.09	1.13	1.18	1.22
0.240	0.45	0.47	0.49	0.52	0.54	0.56	0.58	0.61	0.63	0.65	0.67	0.69	0.72	0.74	0.76	0.78	0.81	0.83	0.85	0.87	0.89	0.91	0.94	0.96	0.98	1.00	1.04	1.09	1.13	1.17
0.250	0.44	0.46	0.48	0.50	0.52	0.54	0.57	0.59	0.61	0.63	0.65	0.67	0.69	0.71	0.73	0.76	0.78	0.80	0.82	0.84	0.86	0.88	0.90	0.92	0.94	0.96	1.01	1.05	1.09	1.13
0.260	0.43	0.45	0.47	0.49	0.51	0.53	0.55	0.57	0.59	0.61	0.63	0.65	0.67	0.69	0.71	0.73	0.75	0.77	0.79	0.81	0.83	0.85	0.87	0.89	0.91	0.93	0.97	1.01	1.05	1.09
0.270	0.42	0.44	0.46	0.47	0.49	0.51	0.53	0.55	0.57	0.59	0.61	0.63	0.65	0.67	0.69	0.71	0.73	0.75	0.76	0.78	0.80	0.82	0.84	0.86	0.88	0.90	0.94	0.98	1.01	1.05
0.280	0.41	0.43	0.44	0.46	0.48	0.50	0.52	0.54	0.56	0.57	0.59	0.61	0.63	0.65	0.67	0.69	0.70	0.72	0.74	0.76	0.78	0.80	0.82	0.83	0.85	0.87	0.91	0.94	0.98	1.02
0.290	0.40	0.42	0.43	0.45	0.47	0.49	0.51	0.52	0.54	0.56	0.58	0.59	0.61	0.63	0.65	0.67	0.68	0.70	0.72	0.74	0.75	0.77	0.79	0.81	0.82	0.84	0.88	0.91	0.95	0.98
0.300	0.39	0.41	0.42	0.44	0.46	0.48	0.49	0.51	0.53	0.54	0.56	0.58	0.59	0.61	0.63	0.65	0.66	0.68	0.70	0.71	0.73	0.75	0.77	0.78	0.80	0.82	0.85	0.88	0.92	0.95
0.310	0.38	0.40	0.41	0.43	0.45	0.46	0.48	0.50	0.51	0.53	0.55	0.56	0.58	0.60	0.61	0.63	0.64	0.66	0.68	0.69	0.71	0.73	0.74	0.76	0.78	0.79	0.82	0.86	0.89	0.92
0.320	0.37	0.39	0.40	0.42	0.44	0.45	0.47	0.48	0.50	0.52	0.53	0.55	0.56	0.58	0.59	0.61	0.63	0.64	0.66	0.67	0.69	0.71	0.72	0.74	0.75	0.77	0.80	0.83	0.86	0.90
0.330	0.36	0.38	0.39	0.41	0.43	0.44	0.46	0.47	0.49	0.50	0.52	0.53	0.55	0.56	0.58	0.59	0.61	0.63	0.64	0.66	0.67	0.69	0.70	0.72	0.73	0.75	0.78	0.81	0.84	0.87
0.340	0.36	0.37	0.39	0.40	0.42	0.43	0.45	0.46	0.47	0.49	0.50	0.52	0.53	0.55	0.56	0.58	0.59	0.61	0.62	0.64	0.65	0.67	0.68	0.70	0.71	0.73	0.76	0.79	0.82	0.85
0.350	0.35	0.36	0.38	0.39	0.41	0.42	0.43	0.45	0.46	0.48	0.49	0.51	0.52	0.54	0.55	0.56	0.58	0.59	0.61	0.62	0.64	0.65	0.66	0.68	0.69	0.71	0.74	0.76	0.79	0.82
0.360	0.34	0.36	0.37	0.38	0.40	0.41	0.43	0.44	0.45	0.47	0.48	0.49	0.51	0.52	0.54	0.55	0.56	0.58	0.59	0.61	0.62	0.63	0.65	0.66	0.67	0.69	0.72	0.74	0.77	0.80
0.370	0.34	0.35	0.36	0.38	0.39	0.40	0.42	0.43	0.44	0.46	0.47	0.48	0.50	0.51	0.52	0.54	0.55	0.56	0.58	0.59	0.60	0.62	0.63	0.64	0.66	0.67	0.70	0.73	0.75	0.78
0.380	0.33	0.34	0.35	0.37	0.38	0.39	0.41	0.42	0.43	0.45	0.46	0.47	0.48	0.50	0.51	0.52	0.54	0.55	0.56	0.58	0.59	0.60	0.61	0.63	0.64	0.65	0.68	0.71	0.73	0.76
0.390	0.32	0.33	0.35	0.36	0.37	0.38	0.40	0.41	0.42	0.43	0.45	0.46	0.47	0.49	0.50	0.51	0.52	0.54	0.55	0.56	0.57	0.59	0.60	0.61	0.63	0.64	0.66	0.69	0.71	0.74
0.400	0.32	0.33	0.34	0.35	0.36	0.38	0.39	0.40	0.41	0.43	0.44	0.45	0.46	0.47	0.49	0.50	0.51	0.52	0.54	0.55	0.56	0.57	0.59	0.60	0.61	0.62	0.65	0.67	0.70	0.72
0.410	0.31	0.32	0.33	0.34	0.36	0.37	0.38	0.39	0.40	0.42	0.43	0.44	0.45	0.46	0.48	0.49	0.50	0.51	0.52	0.54	0.55	0.56	0.57	0.58	0.60	0.61	0.63	0.66	0.68	0.70
0.420	0.30	0.31	0.33	0.34	0.35	0.36	0.37	0.38	0.39	0.41	0.42	0.43	0.44	0.45	0.46	0.48	0.49	0.50	0.51	0.52	0.53	0.55	0.56	0.57	0.58	0.59	0.62	0.64	0.66	0.69
0.430	0.30	0.31	0.32	0.33	0.34	0.35	0.36	0.38	0.39	0.40	0.41	0.42	0.43	0.44	0.45	0.47	0.48	0.49	0.50	0.51	0.52	0.53	0.55	0.56	0.57	0.58	0.60	0.63	0.65	0.67
0.440	0.29	0.30	0.31	0.32	0.33	0.35	0.36	0.37	0.38	0.39	0.40	0.41	0.42	0.43	0.44	0.46	0.47	0.48	0.49	0.50	0.51	0.52	0.53	0.54	0.56	0.57	0.59	0.61	0.63	0.66
0.450	0.29	0.30	0.31	0.32	0.33	0.34	0.35	0.36	0.37	0.38	0.39	0.40	0.41	0.42	0.43	0.45	0.46	0.47	0.48	0.49	0.50	0.51	0.52	0.53	0.54	0.55	0.58	0.60	0.62	0.64
0.460	0.28	0.29	0.30	0.31	0.32	0.33	0.34	0.35	0.36	0.37	0.38	0.39	0.40	0.41	0.43	0.44	0.45	0.46	0.47	0.48	0.49	0.50	0.51	0.52	0.53	0.54	0.56	0.58	0.61	0.63
0.470	0.27	0.28	0.29	0.30	0.31	0.32	0.33	0.34	0.35	0.36	0.37	0.39	0.40	0.41	0.42	0.43	0.44	0.45	0.46	0.47	0.48	0.49	0.50	0.51	0.52	0.53	0.55	0.57	0.59	0.61
0.480	0.27	0.28	0.29	0.30	0.31	0.32	0.33	0.34	0.35	0.36	0.37	0.38	0.39	0.40	0.41	0.42	0.43	0.44	0.45	0.46	0.47	0.48	0.49	0.50	0.51	0.52	0.54	0.56	0.58	0.60
0.490	0.26	0.27	0.28	0.29	0.30	0.31	0.32	0.33	0.34	0.35	0.36	0.37	0.38	0.39	0.40	0.41	0.42	0.43	0.44	0.45	0.46	0.47	0.48	0.49	0.50	0.51	0.53	0.55	0.57	0.59

续表

ε 值	0.05＜a_s/D≤0.09																													
ω \ β	0.10	0.12	0.14	0.16	0.18	0.20	0.22	0.24	0.26	0.28	0.30	0.32	0.34	0.36	0.38	0.40	0.42	0.44	0.46	0.48	0.50	0.52	0.54	0.56	0.58	0.60	0.64	0.68	0.72	0.76
0.500	0.26	0.27	0.28	0.29	0.29	0.30	0.31	0.32	0.33	0.34	0.35	0.36	0.37	0.38	0.39	0.40	0.41	0.42	0.43	0.44	0.45	0.46	0.47	0.48	0.49	0.50	0.52	0.54	0.56	0.58
0.510	0.25	0.26	0.27	0.28	0.29	0.30	0.31	0.32	0.33	0.34	0.34	0.35	0.36	0.37	0.38	0.39	0.40	0.41	0.42	0.43	0.44	0.45	0.46	0.47	0.48	0.49	0.51	0.53	0.54	0.56
0.520	0.25	0.26	0.26	0.27	0.28	0.29	0.30	0.31	0.32	0.33	0.34	0.35	0.36	0.36	0.37	0.38	0.39	0.40	0.41	0.42	0.43	0.44	0.45	0.46	0.47	0.48	0.50	0.51	0.53	0.55
0.530	0.24	0.25	0.26	0.27	0.28	0.29	0.29	0.30	0.31	0.32	0.33	0.34	0.35	0.36	0.37	0.38	0.38	0.39	0.40	0.41	0.42	0.43	0.44	0.45	0.46	0.47	0.49	0.50	0.52	0.54
0.540	0.24	0.25	0.25	0.26	0.27	0.28	0.29	0.30	0.31	0.31	0.32	0.33	0.34	0.35	0.36	0.37	0.38	0.39	0.39	0.40	0.41	0.42	0.43	0.44	0.45	0.46	0.48	0.49	0.51	0.53
0.550	0.23	0.24	0.25	0.26	0.27	0.27	0.28	0.29	0.30	0.31	0.32	0.33	0.33	0.34	0.35	0.36	0.37	0.38	0.39	0.40	0.40	0.41	0.42	0.43	0.44	0.45	0.47	0.48	0.50	0.52
0.560	0.23	0.23	0.24	0.25	0.26	0.27	0.28	0.28	0.29	0.30	0.31	0.32	0.33	0.34	0.34	0.35	0.36	0.37	0.38	0.39	0.40	0.40	0.41	0.42	0.43	0.44	0.46	0.47	0.49	0.51
0.570	0.22	0.23	0.24	0.25	0.25	0.26	0.27	0.28	0.29	0.30	0.30	0.31	0.32	0.33	0.34	0.35	0.35	0.36	0.37	0.38	0.39	0.40	0.40	0.41	0.42	0.43	0.45	0.47	0.48	0.50
0.580	0.22	0.22	0.23	0.24	0.25	0.26	0.26	0.27	0.28	0.29	0.30	0.31	0.31	0.32	0.33	0.34	0.35	0.36	0.36	0.37	0.38	0.39	0.40	0.41	0.41	0.42	0.44	0.46	0.47	0.49
0.590	0.21	0.22	0.23	0.24	0.24	0.25	0.26	0.27	0.28	0.28	0.29	0.30	0.31	0.32	0.32	0.33	0.34	0.35	0.36	0.36	0.37	0.38	0.39	0.40	0.41	0.41	0.43	0.45	0.46	0.48
0.600	0.21	0.21	0.22	0.23	0.24	0.25	0.25	0.26	0.27	0.28	0.29	0.29	0.30	0.31	0.32	0.32	0.33	0.34	0.35	0.36	0.37	0.37	0.38	0.39	0.40	0.41	0.42	0.44	0.45	0.47
0.610	0.20	0.21	0.22	0.23	0.23	0.24	0.25	0.26	0.26	0.27	0.28	0.29	0.30	0.30	0.31	0.32	0.33	0.33	0.34	0.35	0.36	0.37	0.37	0.38	0.39	0.40	0.41	0.43	0.45	0.46
0.620	0.20	0.21	0.21	0.22	0.23	0.24	0.24	0.25	0.26	0.27	0.27	0.28	0.29	0.30	0.30	0.31	0.32	0.33	0.34	0.34	0.35	0.36	0.37	0.37	0.38	0.39	0.41	0.42	0.44	0.45
0.630	0.19	0.20	0.21	0.22	0.22	0.23	0.24	0.25	0.25	0.26	0.27	0.28	0.28	0.29	0.30	0.31	0.31	0.32	0.33	0.34	0.34	0.35	0.36	0.37	0.37	0.38	0.40	0.41	0.43	0.45
0.640	0.19	0.20	0.20	0.21	0.22	0.23	0.23	0.24	0.25	0.25	0.26	0.27	0.28	0.28	0.29	0.30	0.31	0.31	0.32	0.33	0.34	0.34	0.35	0.36	0.37	0.38	0.39	0.41	0.42	0.44
0.650	0.18	0.19	0.20	0.21	0.21	0.22	0.23	0.23	0.24	0.25	0.26	0.26	0.27	0.28	0.29	0.29	0.30	0.31	0.32	0.32	0.33	0.34	0.35	0.35	0.36	0.37	0.38	0.40	0.41	0.43
0.660	0.18	0.19	0.19	0.20	0.21	0.22	0.22	0.23	0.24	0.24	0.25	0.26	0.27	0.27	0.28	0.29	0.29	0.30	0.31	0.32	0.32	0.33	0.34	0.35	0.35	0.36	0.38	0.39	0.41	0.42
0.670	0.18	0.18	0.19	0.20	0.20	0.21	0.22	0.22	0.23	0.24	0.25	0.25	0.26	0.27	0.27	0.28	0.29	0.30	0.30	0.31	0.32	0.32	0.33	0.34	0.35	0.35	0.37	0.38	0.40	0.41
0.680	0.17	0.18	0.18	0.19	0.20	0.21	0.21	0.22	0.23	0.23	0.24	0.25	0.25	0.26	0.27	0.28	0.28	0.29	0.30	0.30	0.31	0.32	0.33	0.33	0.34	0.35	0.36	0.38	0.39	0.41
0.690	0.17	0.17	0.18	0.19	0.19	0.20	0.21	0.21	0.22	0.23	0.24	0.24	0.25	0.26	0.26	0.27	0.28	0.28	0.29	0.30	0.31	0.31	0.32	0.33	0.33	0.34	0.36	0.37	0.38	0.40
0.700	0.16	0.17	0.18	0.18	0.19	0.20	0.20	0.21	0.22	0.22	0.23	0.24	0.24	0.25	0.26	0.26	0.27	0.28	0.29	0.29	0.30	0.31	0.31	0.32	0.33	0.33	0.35	0.36	0.38	0.39
0.710	0.16	0.16	0.17	0.18	0.18	0.19	0.20	0.20	0.21	0.22	0.22	0.23	0.24	0.25	0.25	0.26	0.27	0.27	0.28	0.29	0.29	0.30	0.31	0.31	0.32	0.33	0.34	0.36	0.37	0.38
0.720	0.15	0.16	0.17	0.17	0.18	0.19	0.19	0.20	0.21	0.21	0.22	0.23	0.23	0.24	0.25	0.25	0.26	0.27	0.27	0.28	0.29	0.29	0.30	0.31	0.32	0.32	0.34	0.35	0.36	0.38
0.730	0.15	0.16	0.16	0.17	0.17	0.18	0.19	0.19	0.20	0.21	0.22	0.22	0.23	0.24	0.24	0.25	0.26	0.26	0.27	0.28	0.28	0.29	0.30	0.30	0.31	0.32	0.33	0.34	0.36	0.37
0.740	0.14	0.15	0.16	0.16	0.17	0.18	0.18	0.19	0.20	0.20	0.21	0.22	0.22	0.23	0.24	0.24	0.25	0.26	0.26	0.27	0.28	0.28	0.29	0.30	0.30	0.31	0.32	0.34	0.35	0.36
0.750	0.14	0.15	0.15	0.16	0.17	0.17	0.18	0.19	0.19	0.20	0.21	0.21	0.22	0.22	0.23	0.24	0.24	0.25	0.26	0.26	0.27	0.28	0.28	0.29	0.30	0.30	0.32	0.33	0.34	0.36
0.760	0.14	0.14	0.15	0.16	0.16	0.17	0.17	0.18	0.19	0.19	0.20	0.21	0.21	0.22	0.23	0.23	0.24	0.25	0.25	0.26	0.27	0.27	0.28	0.29	0.29	0.30	0.31	0.32	0.34	0.35
0.770	0.13	0.14	0.14	0.15	0.16	0.16	0.17	0.18	0.18	0.19	0.20	0.20	0.21	0.21	0.22	0.23	0.23	0.24	0.25	0.25	0.26	0.27	0.27	0.28	0.29	0.29	0.31	0.32	0.33	0.34
0.780	0.13	0.13	0.14	0.15	0.15	0.16	0.17	0.17	0.18	0.19	0.19	0.20	0.20	0.21	0.22	0.22	0.23	0.24	0.24	0.25	0.25	0.26	0.27	0.27	0.28	0.29	0.30	0.31	0.33	0.34

续表

ε值　　$0.05<a_s/D\leqslant0.09$

ω \ β	0.10	0.12	0.14	0.16	0.18	0.20	0.22	0.24	0.26	0.28	0.30	0.32	0.34	0.36	0.38	0.40	0.42	0.44	0.46	0.48	0.50	0.52	0.54	0.56	0.58	0.60	0.64	0.68	0.72	0.76
0.790	0.12	0.13	0.14	0.14	0.15	0.16	0.16	0.17	0.17	0.18	0.19	0.19	0.20	0.21	0.21	0.22	0.22	0.23	0.24	0.24	0.25	0.26	0.26	0.27	0.28	0.28	0.29	0.31	0.32	0.33
0.800	0.12	0.13	0.13	0.14	0.14	0.15	0.16	0.16	0.17	0.18	0.18	0.19	0.19	0.20	0.21	0.21	0.22	0.23	0.23	0.24	0.24	0.25	0.26	0.26	0.27	0.28	0.29	0.30	0.31	0.33
0.810	0.12	0.12	0.13	0.13	0.14	0.15	0.15	0.16	0.17	0.17	0.18	0.18	0.19	0.20	0.20	0.21	0.21	0.22	0.23	0.23	0.24	0.25	0.25	0.26	0.27	0.27	0.28	0.30	0.31	0.32
0.820	0.11	0.12	0.12	0.13	0.14	0.14	0.15	0.15	0.16	0.17	0.17	0.18	0.19	0.19	0.20	0.20	0.21	0.22	0.22	0.23	0.23	0.24	0.25	0.25	0.26	0.27	0.28	0.29	0.30	0.32
0.830	0.11	0.11	0.12	0.13	0.13	0.14	0.14	0.15	0.16	0.16	0.17	0.18	0.18	0.19	0.19	0.20	0.21	0.21	0.22	0.22	0.23	0.24	0.24	0.25	0.25	0.26	0.27	0.29	0.30	0.31
0.840	0.11	0.11	0.12	0.12	0.13	0.13	0.14	0.15	0.15	0.16	0.16	0.17	0.18	0.18	0.19	0.19	0.20	0.21	0.21	0.22	0.23	0.23	0.24	0.24	0.25	0.26	0.27	0.28	0.29	0.30
0.850	0.10	0.11	0.11	0.12	0.12	0.13	0.14	0.14	0.15	0.15	0.16	0.17	0.17	0.18	0.18	0.19	0.20	0.20	0.21	0.21	0.22	0.23	0.23	0.24	0.24	0.25	0.26	0.27	0.28	0.30
0.860	0.10	0.10	0.11	0.12	0.12	0.13	0.13	0.14	0.14	0.15	0.16	0.16	0.17	0.17	0.18	0.19	0.19	0.20	0.20	0.21	0.22	0.22	0.23	0.23	0.24	0.24	0.26	0.27	0.28	0.29
0.870	0.09	0.10	0.11	0.11	0.12	0.12	0.13	0.13	0.14	0.15	0.15	0.16	0.16	0.17	0.17	0.18	0.19	0.19	0.20	0.21	0.21	0.22	0.22	0.23	0.23	0.24	0.25	0.26	0.28	0.29
0.880	0.09	0.10	0.10	0.11	0.11	0.12	0.12	0.13	0.14	0.14	0.15	0.15	0.16	0.16	0.17	0.18	0.18	0.19	0.19	0.20	0.21	0.21	0.22	0.22	0.23	0.24	0.25	0.26	0.27	0.28
0.890	0.09	0.09	0.10	0.11	0.11	0.12	0.12	0.13	0.13	0.14	0.14	0.15	0.15	0.16	0.17	0.17	0.18	0.18	0.19	0.20	0.20	0.21	0.21	0.22	0.23	0.23	0.24	0.25	0.27	0.28
0.900	0.08	0.09	0.10	0.10	0.11	0.11	0.12	0.12	0.13	0.13	0.14	0.15	0.15	0.16	0.16	0.17	0.17	0.18	0.19	0.19	0.20	0.20	0.21	0.21	0.22	0.23	0.24	0.25	0.26	0.27
0.910	0.08	0.09	0.09	0.10	0.10	0.11	0.11	0.12	0.12	0.13	0.14	0.14	0.15	0.15	0.16	0.16	0.17	0.18	0.18	0.19	0.19	0.20	0.20	0.21	0.22	0.22	0.23	0.24	0.26	0.27
0.920	0.08	0.08	0.09	0.10	0.10	0.11	0.11	0.12	0.12	0.13	0.13	0.14	0.14	0.15	0.15	0.16	0.17	0.17	0.18	0.18	0.19	0.19	0.20	0.21	0.21	0.22	0.23	0.24	0.25	0.26
0.930	0.07	0.08	0.09	0.09	0.10	0.10	0.11	0.11	0.12	0.12	0.13	0.13	0.14	0.14	0.15	0.16	0.16	0.17	0.17	0.18	0.18	0.19	0.20	0.20	0.21	0.21	0.22	0.24	0.25	0.26
0.940	0.07	0.08	0.08	0.09	0.09	0.10	0.11	0.11	0.12	0.12	0.12	0.13	0.13	0.14	0.15	0.15	0.16	0.16	0.17	0.17	0.18	0.19	0.19	0.20	0.20	0.21	0.22	0.23	0.24	0.25
0.950	0.07	0.07	0.08	0.09	0.09	0.10	0.10	0.11	0.11	0.12	0.12	0.13	0.13	0.14	0.14	0.15	0.15	0.16	0.17	0.17	0.18	0.18	0.19	0.19	0.20	0.20	0.22	0.23	0.24	0.25
0.960	0.06	0.07	0.08	0.08	0.09	0.09	0.10	0.10	0.11	0.11	0.12	0.12	0.13	0.13	0.14	0.14	0.15	0.16	0.16	0.17	0.17	0.18	0.18	0.19	0.19	0.20	0.21	0.22	0.23	0.24
0.970	0.06	0.07	0.07	0.08	0.09	0.09	0.10	0.10	0.11	0.11	0.12	0.12	0.13	0.13	0.13	0.14	0.15	0.15	0.16	0.16	0.17	0.17	0.18	0.18	0.19	0.20	0.21	0.22	0.23	0.24
0.980	0.06	0.06	0.07	0.08	0.08	0.09	0.09	0.10	0.10	0.11	0.11	0.12	0.12	0.13	0.13	0.14	0.14	0.15	0.15	0.16	0.16	0.17	0.17	0.18	0.19	0.19	0.20	0.21	0.22	0.23
0.990	0.05	0.06	0.07	0.07	0.08	0.08	0.09	0.10	0.10	0.11	0.11	0.12	0.12	0.12	0.13	0.13	0.14	0.14	0.15	0.15	0.16	0.16	0.17	0.18	0.18	0.19	0.20	0.21	0.22	0.23
1.000	0.05	0.06	0.06	0.07	0.08	0.08	0.09	0.09	0.10	0.10	0.11	0.11	0.12	0.12	0.13	0.13	0.13	0.14	0.14	0.15	0.16	0.16	0.17	0.17	0.18	0.18	0.19	0.20	0.22	0.23
1.010	0.05	0.05	0.06	0.07	0.07	0.08	0.08	0.09	0.09	0.10	0.10	0.11	0.11	0.12	0.12	0.13	0.13	0.14	0.14	0.15	0.15	0.16	0.16	0.17	0.17	0.18	0.19	0.20	0.21	0.22
1.020	0.04	0.05	0.06	0.06	0.07	0.08	0.08	0.09	0.09	0.10	0.10	0.11	0.11	0.12	0.12	0.12	0.13	0.13	0.14	0.14	0.15	0.15	0.16	0.16	0.17	0.17	0.18	0.20	0.21	0.22
1.030	0.04	0.05	0.05	0.06	0.07	0.07	0.08	0.08	0.09	0.09	0.10	0.10	0.11	0.11	0.12	0.12	0.13	0.13	0.13	0.14	0.14	0.15	0.15	0.16	0.17	0.17	0.18	0.19	0.20	0.21
1.040	0.04	0.04	0.05	0.06	0.06	0.07	0.08	0.08	0.09	0.09	0.10	0.10	0.11	0.11	0.12	0.12	0.12	0.13	0.13	0.14	0.14	0.15	0.15	0.16	0.16	0.17	0.18	0.19	0.20	0.21
1.050	0.03	0.04	0.05	0.05	0.06	0.07	0.07	0.08	0.08	0.09	0.09	0.10	0.10	0.11	0.11	0.12	0.12	0.13	0.13	0.13	0.14	0.14	0.15	0.15	0.16	0.16	0.17	0.18	0.19	0.20
1.060	0.03	0.04	0.04	0.05	0.06	0.06	0.07	0.08	0.08	0.09	0.09	0.10	0.10	0.11	0.11	0.11	0.12	0.12	0.13	0.13	0.13	0.14	0.14	0.15	0.15	0.16	0.17	0.18	0.19	0.20
1.070	0.03	0.03	0.04	0.05	0.05	0.06	0.07	0.07	0.08	0.08	0.09	0.09	0.10	0.10	0.11	0.11	0.12	0.12	0.12	0.13	0.13	0.14	0.14	0.14	0.15	0.16	0.17	0.18	0.19	0.20

续表

ε值																0.05＜a_s/D≤0.09														
ω ＼ β	0.10	0.12	0.14	0.16	0.18	0.20	0.22	0.24	0.26	0.28	0.30	0.32	0.34	0.36	0.38	0.40	0.42	0.44	0.46	0.48	0.50	0.52	0.54	0.56	0.58	0.60	0.64	0.68	0.72	0.76
1.080	0.02	0.03	0.04	0.05	0.05	0.06	0.06	0.07	0.08	0.08	0.09	0.09	0.10	0.10	0.10	0.11	0.11	0.12	0.12	0.13	0.13	0.13	0.14	0.14	0.15	0.15	0.16	0.17	0.18	0.19
1.090	0.02	0.03	0.04	0.04	0.05	0.06	0.06	0.07	0.07	0.08	0.08	0.09	0.09	0.10	0.10	0.11	0.11	0.12	0.12	0.12	0.13	0.13	0.13	0.14	0.14	0.15	0.16	0.17	0.18	0.19
1.100	0.02	0.02	0.03	0.04	0.05	0.05	0.06	0.06	0.07	0.08	0.08	0.09	0.09	0.10	0.10	0.10	0.11	0.11	0.12	0.12	0.12	0.13	0.13	0.14	0.14	0.14	0.15	0.16	0.18	0.19
1.110	0.01	0.02	0.03	0.04	0.04	0.05	0.06	0.06	0.07	0.07	0.08	0.08	0.09	0.09	0.10	0.10	0.11	0.11	0.11	0.12	0.12	0.13	0.13	0.13	0.14	0.14	0.15	0.16	0.17	0.18
1.120																0.10	0.10	0.11	0.11	0.12	0.12	0.12	0.13	0.13	0.13	0.14	0.15	0.16	0.17	0.18
1.130																0.10	0.10	0.11	0.11	0.11	0.12	0.12	0.12	0.13	0.13	0.14	0.14	0.15	0.16	0.17
1.140																0.09	0.10	0.10	0.11	0.11	0.12	0.12	0.12	0.13	0.13	0.13	0.14	0.15	0.16	0.17
1.150																0.09	0.10	0.10	0.10	0.11	0.11	0.12	0.12	0.12	0.13	0.13	0.14	0.15	0.16	0.17
1.160																0.09	0.09	0.10	0.10	0.11	0.11	0.11	0.12	0.12	0.13	0.13	0.14	0.14	0.15	0.16
1.170																0.09	0.09	0.10	0.10	0.10	0.11	0.11	0.12	0.12	0.12	0.13	0.13	0.14	0.15	0.16
1.180																0.09	0.09	0.09	0.10	0.10	0.11	0.11	0.11	0.12	0.12	0.12	0.13	0.14	0.15	0.15
1.190																0.08	0.09	0.09	0.10	0.10	0.10	0.11	0.11	0.12	0.12	0.12	0.13	0.14	0.14	0.15
1.200																0.08	0.08	0.09	0.09	0.10	0.10	0.11	0.11	0.11	0.12	0.12	0.13	0.13	0.14	0.15
1.210																0.08	0.08	0.09	0.09	0.10	0.10	0.10	0.11	0.11	0.11	0.12	0.13	0.13	0.14	0.14
1.220																0.08	0.08	0.08	0.09	0.09	0.10	0.10	0.10	0.11	0.11	0.12	0.12	0.13	0.14	0.14
1.230																0.07	0.08	0.08	0.09	0.09	0.09	0.10	0.10	0.11	0.11	0.11	0.12	0.13	0.13	0.14
1.240																0.07	0.08	0.08	0.08	0.09	0.09	0.10	0.10	0.10	0.11	0.11	0.12	0.13	0.13	0.14
1.250																0.07	0.07	0.08	0.08	0.09	0.09	0.09	0.10	0.10	0.11	0.11	0.12	0.12	0.13	0.14
1.260																0.07	0.07	0.08	0.08	0.08	0.09	0.09	0.10	0.10	0.10	0.11	0.11	0.12	0.13	0.13
1.270																0.06	0.07	0.07	0.08	0.08	0.09	0.09	0.09	0.10	0.10	0.11	0.11	0.12	0.13	0.13
1.280																0.06	0.07	0.07	0.08	0.08	0.08	0.09	0.09	0.10	0.10	0.10	0.11	0.12	0.12	0.13
1.290																0.06	0.07	0.07	0.07	0.08	0.08	0.09	0.09	0.09	0.10	0.10	0.11	0.12	0.12	0.13
1.300																0.06	0.06	0.07	0.07	0.08	0.08	0.08	0.09	0.09	0.10	0.10	0.11	0.11	0.12	0.13
1.310																0.06	0.06	0.07	0.07	0.07	0.08	0.08	0.09	0.09	0.09	0.10	0.10	0.11	0.12	0.12
1.320																0.05	0.06	0.06	0.07	0.07	0.08	0.08	0.08	0.09	0.09	0.10	0.10	0.11	0.12	0.12
1.330																0.05	0.06	0.06	0.07	0.07	0.07	0.08	0.08	0.09	0.09	0.09	0.10	0.11	0.11	0.12
1.340																0.05	0.05	0.06	0.06	0.07	0.07	0.08	0.08	0.08	0.09	0.09	0.10	0.11	0.11	0.12

第七节 矩形截面对称配筋双向偏心受压柱承载力计算

一、适用范围

1. 混凝土强度等级：C20，C25，C30，C35，C40，C45，C50；

2. 普通钢筋：HRB335，HRB400（RRB400）；

3. 按一类环境，混凝土保护层厚度为30mm。

二、制表公式

$$\frac{1}{N}=\frac{1}{N_{ux}}+\frac{1}{N_{uy}}-\frac{1}{N_{uo}} \quad (3\text{-}7\text{-}1)$$

$$\frac{1}{N}=\frac{1}{N_{ex}}+\frac{1}{N_{ey}} \quad (3\text{-}7\text{-}2)$$

$$\frac{1}{N_{ex}}=\frac{1}{N_{uex}}-\frac{0.5}{N_{uox}} \quad (3\text{-}7\text{-}3)$$

$$\frac{1}{N_{ey}}=\frac{1}{N_{uey}}-\frac{0.5}{N_{uox}} \quad (3\text{-}7\text{-}4)$$

$$N_{ex}=N/\psi_0 \quad (3\text{-}7\text{-}5)$$

$$N_{ey}=N/(1-\psi_0) \quad (3\text{-}7\text{-}6)$$

$$\psi_0=\frac{\eta_x e_{ix}/h_0}{(\eta_x e_{ix}/h_0)+(\eta_y e_{iy}/b_0)} \quad (3\text{-}7\text{-}7)$$

式中 N_{ex}——分解在 y 轴方向上的轴向力设计值；

N_{ey}——分解在 x 轴方向上的轴向力设计值；

N_{uex}, N_{uey}——在偏心距 $\eta_x e_{ix}$，$\eta_y e_{iy}$及单边的等效钢筋截面面积为 A_{sex}、A_{sey}条件下的偏心受压承载力设计值；

N_{uox}, N_{uoy}——按在上下、左右两边配置等效钢筋截面面积 $2A_{sex}$、$2A_{sey}$ 的截面轴心受压承载力设计值，不考虑稳定系数 φ：

$$A_{sex}=\alpha_{ex} f_c b h_0/f_y \quad (3\text{-}7\text{-}8)$$

$$A_{sey}=\alpha_{ey} f_c h b_0/f_y \quad (3\text{-}7\text{-}9)$$

$$\omega_{ex}=\frac{N_{ex}}{f_c b h_0} \quad (3\text{-}7\text{-}10)$$

$$\omega_{ey}=\frac{N_{ey}}{f_c b_0 h} \quad (3\text{-}7\text{-}11)$$

$$\lambda_{ex}=\omega_{ex}\frac{\eta_x e_{ix}}{h_0} \quad (3\text{-}7\text{-}12)$$

$$\lambda_{ey}=\omega_{ey}\frac{\eta_y e_{iy}}{b_0} \quad (3\text{-}7\text{-}13)$$

$$A_{swx}=\frac{A_{sex}-2\zeta_x A_{sey}-2(1-2\zeta_x)A_{sc}}{1-4\zeta_x\zeta_y} \quad (3\text{-}7\text{-}14)$$

$$A_{swy}=\frac{A_{sey}-2\zeta_y A_{sex}-2(1-2\zeta_y)A_{sc}}{1-4\zeta_x\zeta_y} \quad (3\text{-}7\text{-}15)$$

式中 A_{sc}——角筋的截面积；

A_{swx}, A_{swy}——布置在上下两边和左右两边腹部一边的纵向钢筋截面积。

三、使用说明

1. 本节按 Nikitin 公式（即 GBJ 10—89 规范所推荐的公式）编制，但由于 GB 50010—2002 规范取消了该部分内容，故本节计算表仅供参考。

2. 根据 ω_{ex}, ω_{ey} 及 $\lambda_{ex}, \lambda_{ey}$ 查表 3-7-1，求得 α_{ex}，α_{ey}。由公式（3-7-8）及（3-7-9）可得出等效钢筋截面积 A_{sex}，A_{sey}。选用角筋截面积 A_{sc}，由公式（3-7-14），（3-7-15）计算 A_{swx}，A_{swy}。

3. ζ_x 及 ζ_y 计算公式如下：

当 $\frac{\eta_x e_{ix}}{h_0} \leqslant 0.5$ 时，$\zeta_x = 0.5 - 0.8\frac{\eta_x e_{ix}}{h_0}$　(3-7-16)

当 $\frac{\eta_x e_{ix}}{h_0} > 0.5$ 时，$\zeta_x = 0.36 - 0.13\frac{h_0}{\eta_x e_{ix}}$　(3-7-17)

当 $\frac{\eta_y e_{iy}}{b_0} \leqslant 0.5$ 时，$\zeta_y = 0.5 - 0.8\frac{\eta_y e_{iy}}{b_0}$　(3-7-18)

当 $\frac{\eta_y e_{iy}}{b_0} > 0.5$ 时，$\zeta_y = 0.36 - 0.13\frac{b_0}{\eta_y e_{iy}}$　(3-7-19)

四、矩形截面对称配筋双向偏心受压柱承载力计算表

矩形截面对称配筋双向偏心受压柱 α_e 值表，见表 3-7-1。

五、应用举例

【例 3-7-1】　柱截面 $b=350$mm，$h=550$mm；轴向力设计 $N=287$kN，考虑增大系数后的偏心距 $\eta_x e_{ix}=440$mm，$\eta_y e_{iy}=250$mm，C30 混凝土，HRB400 钢筋，$a_{sx}=a_{sy}=40$mm，求 A_s。

【解】

$$\psi_0 = \frac{440/510}{440/510+250/310} = 0.517$$

$$\frac{a_{sx}}{h_0} = \frac{40}{510} = 0.0784$$

$$\frac{a_{sy}}{b_0} = \frac{40}{310} = 0.129$$

$$N_{ex} = \frac{287}{0.517} = 555.1$$

$$N_{ey} = \frac{287}{1-0.517} = 594.2$$

$$\omega_{ex} = \frac{555.1\times10^3}{14.3\times350\times510} = 0.217$$

$$\omega_{ey} = \frac{594.2\times10^3}{14.3\times550\times310} = 0.244$$

$$\lambda_{ex} = \frac{0.217\times440}{510} = 0.187$$

$$\lambda_{ey} = \frac{0.244\times250}{310} = 0.197$$

查表 3-7-1　得 $\alpha_{ex}=0.111$

查表 3-7-1　得 $\alpha_{ey}=0.098$

$$A_{sex} = 0.111\times\frac{14.3\times350\times510}{360} = 787\text{mm}^2$$

$$A_{sey} = 0.098\times\frac{14.3\times550\times310}{360} = 664\text{mm}^2$$

$$\frac{\eta_x e_{ix}}{h_0} = \frac{440}{510} = 0.86 > 0.5$$

$$\zeta_x = 0.36 - 0.13/0.86 = 0.21$$

$$\frac{\eta_y e_{iy}}{b_0} = \frac{250}{310} = 0.81 > 0.5$$

$$\zeta_x = 0.36 - 0.13/0.81 = 0.20$$

设角筋为Φ16　$A_{sc} = 201.1\text{mm}^2$

$$A_{swx} = \frac{787-2\times0.21\times664-2\times(1-2\times0.21)\times201.1}{1-4\times0.21\times0.20} = 330\text{mm}^2$$

$$A_{swy} = \frac{664-2\times0.20\times787-2\times(1-2\times0.20)\times201.1}{1-4\times0.21\times0.20} = 130\text{mm}^2$$

分别配筋为 2Φ16（402），1Φ16（201.1），见图 3-7-1。

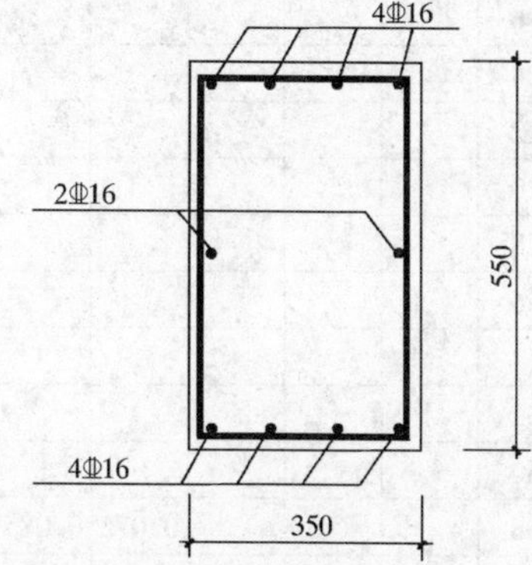

图 3-7-1　双向偏心受压柱配筋

矩形截面对称配筋双向偏心受压柱 α_e 值 表 3-7-1

a_s/h_0	钢筋种类	ω \ λ	0.100	0.110	0.120	0.130	0.140	0.150	0.160	0.170	0.180	0.200	0.220	0.240	0.260	0.280	0.300	0.320	0.340	0.360	0.400	0.450	0.500	0.550
0.04	HRB335	0.00	0.104	0.115	0.125	0.135	0.146	0.156	0.167	0.177	0.188	0.208	0.229	0.250	0.271	0.292	0.313	0.333	0.354	0.375	0.417			
		0.05	0.078	0.088	0.098	0.108	0.119	0.129	0.139	0.149	0.160	0.180	0.201	0.221	0.242	0.263	0.283	0.304	0.325	0.345	0.387	0.438		
		0.10	0.052	0.062	0.072	0.082	0.093	0.103	0.113	0.123	0.133	0.153	0.174	0.194	0.214	0.235	0.255	0.275	0.296	0.316	0.357	0.408	0.460	
		0.15			0.051	0.061	0.071	0.081	0.091	0.101	0.111	0.130	0.150	0.171	0.191	0.211	0.231	0.251	0.271	0.291	0.332	0.383	0.434	
		0.20					0.052	0.062	0.071	0.081	0.091	0.110	0.130	0.150	0.170	0.190	0.209	0.229	0.249	0.269	0.310	0.360	0.410	0.461
		0.25							0.055	0.064	0.074	0.093	0.112	0.132	0.151	0.171	0.191	0.210	0.230	0.250	0.289	0.339	0.390	0.440
		0.30								0.050	0.059	0.078	0.097	0.116	0.135	0.155	0.174	0.193	0.213	0.232	0.272	0.321	0.371	0.421
		0.35									0.047	0.065	0.084	0.102	0.121	0.140	0.160	0.179	0.198	0.217	0.256	0.305	0.355	0.404
		0.40										0.054	0.072	0.091	0.109	0.128	0.147	0.166	0.185	0.204	0.243	0.291	0.340	0.390
		0.45											0.063	0.081	0.099	0.118	0.136	0.155	0.174	0.193	0.231	0.279	0.328	0.377
		0.50											0.054	0.073	0.091	0.109	0.128	0.146	0.165	0.184	0.221	0.269	0.318	0.366
		0.55											0.048	0.066	0.084	0.102	0.120	0.139	0.157	0.176	0.213	0.261	0.309	0.357
		0.60												0.060	0.078	0.096	0.114	0.132	0.151	0.169	0.207	0.254	0.302	0.350
		0.65												0.056	0.074	0.091	0.109	0.128	0.146	0.164	0.201	0.248	0.296	0.344
		0.70												0.053	0.070	0.088	0.106	0.125	0.144	0.163	0.201	0.250	0.300	0.350
		0.75												0.052	0.070	0.089	0.108	0.127	0.146	0.166	0.205	0.255	0.305	0.356
		0.80												0.053	0.072	0.091	0.111	0.130	0.150	0.170	0.210	0.261	0.311	0.363
		0.88												0.057	0.077	0.097	0.118	0.138	0.158	0.179	0.219	0.271	0.322	0.374
		0.96												0.065	0.086	0.106	0.127	0.147	0.168	0.189	0.230	0.282	0.335	0.387
		1.04												0.075	0.096	0.117	0.138	0.159	0.180	0.201	0.243	0.295	0.348	0.400
		1.12												0.086	0.107	0.129	0.150	0.171	0.192	0.213	0.256	0.309	0.362	0.415
		1.20											0.078	0.099	0.120	0.142	0.163	0.185	0.206	0.227	0.270	0.323	0.376	0.429
		1.28											0.092	0.113	0.135	0.156	0.178	0.199	0.220	0.242	0.285	0.338	0.392	0.445
		1.36										0.085	0.106	0.128	0.150	0.171	0.193	0.214	0.236	0.257	0.300	0.354	0.407	0.461
		1.44									0.079	0.100	0.122	0.144	0.165	0.187	0.208	0.230	0.252	0.273	0.316	0.370	0.423	
		1.52							0.073	0.084	0.095	0.116	0.138	0.160	0.181	0.203	0.225	0.246	0.268	0.289	0.333	0.386	0.440	
		1.60						0.079	0.090	0.101	0.112	0.133	0.155	0.177	0.198	0.220	0.241	0.263	0.285	0.306	0.349	0.403	0.457	
		1.68				0.075	0.085	0.096	0.107	0.118	0.129	0.150	0.172	0.194	0.215	0.237	0.259	0.280	0.302	0.323	0.367	0.420		
		1.76		0.071	0.082	0.092	0.103	0.114	0.125	0.136	0.146	0.168	0.190	0.211	0.233	0.255	0.276	0.298	0.319	0.341	0.384	0.438		

续表

a_s/h_0	钢筋种类	ω \ λ	0.100	0.110	0.120	0.130	0.140	0.150	0.160	0.170	0.180	0.200	0.220	0.240	0.260	0.280	0.300	0.320	0.340	0.360	0.400	0.450	0.500	0.550
0.04	HRB335	1.84	0.078	0.089	0.100	0.110	0.121	0.132	0.143	0.154	0.164	0.186	0.208	0.229	0.251	0.272	0.294	0.316	0.337	0.359	0.402			
		1.92	0.097	0.107	0.118	0.129	0.140	0.150	0.161	0.172	0.183	0.204	0.226	0.247	0.269	0.290	0.312	0.334	0.355	0.377	0.420			
		2.00	0.115	0.126	0.137	0.147	0.158	0.169	0.180	0.190	0.201	0.223	0.244	0.266	0.287	0.309	0.330	0.352	0.373	0.395				
		2.08	0.134	0.145	0.156	0.166	0.177	0.188	0.198	0.209	0.220	0.241	0.263	0.284	0.306	0.327	0.349	0.370						
		2.16	0.153	0.164	0.175	0.185	0.196	0.207	0.217	0.228	0.239	0.260	0.282	0.303	0.324	0.346								
		2.24	0.173	0.183	0.194	0.204	0.215	0.226	0.236	0.247	0.258	0.279	0.300	0.322										
		2.32	0.192	0.203	0.213	0.224	0.234	0.245	0.256	0.266	0.277													
		2.40	0.211	0.222	0.232	0.243	0.254																	
		2.45	0.224	0.234																				
	HRB400 (RRB400)	0.00	0.104	0.115	0.125	0.135	0.146	0.156	0.167	0.177	0.188	0.208	0.229	0.250	0.271	0.292	0.313	0.333	0.354	0.375	0.417			
		0.05	0.078	0.088	0.098	0.108	0.119	0.129	0.139	0.149	0.160	0.180	0.201	0.221	0.242	0.263	0.283	0.304	0.325	0.345	0.387	0.438		
		0.10	0.052	0.062	0.072	0.082	0.093	0.103	0.113	0.123	0.133	0.153	0.174	0.194	0.214	0.235	0.255	0.275	0.296	0.316	0.357	0.408	0.460	
		0.15			0.051	0.061	0.071	0.081	0.091	0.101	0.111	0.130	0.150	0.171	0.191	0.211	0.231	0.251	0.271	0.291	0.332	0.383	0.434	
		0.20					0.052	0.062	0.071	0.081	0.091	0.110	0.130	0.150	0.170	0.190	0.209	0.229	0.249	0.269	0.310	0.360	0.410	0.461
		0.25							0.055	0.064	0.074	0.093	0.112	0.132	0.151	0.171	0.191	0.210	0.230	0.250	0.289	0.339	0.390	0.440
		0.30								0.050	0.059	0.078	0.097	0.116	0.135	0.155	0.174	0.193	0.213	0.232	0.272	0.321	0.371	0.421
		0.35									0.047	0.065	0.084	0.102	0.121	0.140	0.160	0.179	0.198	0.217	0.256	0.305	0.355	0.404
		0.40										0.054	0.072	0.091	0.109	0.128	0.147	0.166	0.185	0.204	0.243	0.291	0.340	0.390
		0.45											0.063	0.081	0.099	0.118	0.136	0.155	0.174	0.193	0.231	0.279	0.328	0.377
		0.50											0.054	0.073	0.091	0.109	0.128	0.146	0.165	0.184	0.221	0.269	0.318	0.366
		0.55											0.048	0.066	0.084	0.102	0.120	0.139	0.157	0.176	0.213	0.261	0.309	0.357
		0.60												0.060	0.078	0.096	0.114	0.132	0.151	0.169	0.207	0.254	0.302	0.350
		0.65												0.056	0.074	0.092	0.110	0.128	0.147	0.166	0.205	0.254	0.303	0.353
		0.70												0.054	0.072	0.091	0.110	0.129	0.148	0.168	0.207	0.257	0.307	0.358
		0.75												0.053	0.072	0.092	0.111	0.131	0.151	0.171	0.211	0.262	0.312	0.364
		0.80												0.054	0.074	0.094	0.114	0.134	0.154	0.175	0.215	0.267	0.318	0.370
		0.88												0.059	0.080	0.100	0.121	0.141	0.162	0.183	0.224	0.276	0.328	0.381
		0.96												0.067	0.088	0.109	0.129	0.150	0.171	0.192	0.235	0.287	0.340	0.393
		1.04												0.076	0.098	0.119	0.140	0.161	0.182	0.204	0.246	0.299	0.352	0.405

续表

a_s/h_0	钢筋种类	λ / ω	0.100	0.110	0.120	0.130	0.140	0.150	0.160	0.170	0.180	0.200	0.220	0.240	0.260	0.280	0.300	0.320	0.340	0.360	0.400	0.450	0.500	0.550
0.04	HRB400 (RRB400)	1.12												0.088	0.109	0.130	0.152	0.173	0.195	0.216	0.259	0.312	0.366	0.419
		1.20											0.079	0.100	0.122	0.143	0.165	0.186	0.208	0.230	0.273	0.326	0.380	0.433
		1.28											0.092	0.114	0.136	0.157	0.179	0.201	0.222	0.244	0.287	0.341	0.395	0.448
		1.36										0.085	0.107	0.129	0.150	0.172	0.194	0.215	0.237	0.259	0.302	0.356	0.410	0.464
		1.44									0.079	0.100	0.122	0.144	0.166	0.187	0.209	0.231	0.253	0.274	0.318	0.372	0.426	
		1.52							0.073	0.084	0.095	0.116	0.138	0.160	0.182	0.203	0.225	0.247	0.269	0.290	0.334	0.388	0.442	
		1.60						0.079	0.090	0.100	0.111	0.133	0.155	0.177	0.198	0.220	0.242	0.263	0.285	0.307	0.350	0.404	0.458	
		1.68				0.074	0.085	0.096	0.107	0.118	0.128	0.150	0.172	0.194	0.215	0.237	0.259	0.280	0.302	0.324	0.367	0.421		
		1.76		0.070	0.081	0.092	0.103	0.113	0.124	0.135	0.146	0.168	0.189	0.211	0.233	0.254	0.276	0.298	0.319	0.341	0.384	0.438		
		1.84	0.077	0.088	0.099	0.110	0.121	0.131	0.142	0.153	0.164	0.185	0.207	0.229	0.250	0.272	0.294	0.315	0.337	0.359	0.402			
		1.92	0.096	0.107	0.117	0.128	0.139	0.150	0.160	0.171	0.182	0.203	0.225	0.247	0.268	0.290	0.312	0.333	0.355	0.376	0.420			
		2.00	0.115	0.125	0.136	0.147	0.157	0.168	0.179	0.190	0.200	0.222	0.243	0.265	0.286	0.308	0.330	0.351	0.373	0.394				
		2.08	0.133	0.144	0.155	0.165	0.176	0.187	0.197	0.208	0.219	0.240	0.262	0.283	0.305	0.326	0.348	0.370						
		2.16	0.152	0.163	0.174	0.184	0.195	0.206	0.216	0.227	0.238	0.259	0.281	0.302	0.323	0.345								
		2.24	0.172	0.182	0.193	0.203	0.214	0.225	0.235	0.246	0.257	0.278	0.299	0.321										
		2.32	0.191	0.201	0.212	0.223	0.233	0.244	0.254	0.265	0.276													
		2.40	0.210	0.221	0.231	0.242	0.253																	
		2.45	0.223	0.233																				
0.06	HRB335	0.00	0.106	0.117	0.128	0.138	0.149	0.160	0.170	0.181	0.191	0.213	0.234	0.255	0.277	0.298	0.319	0.340	0.362	0.383	0.426			
		0.05	0.080	0.090	0.101	0.111	0.122	0.132	0.143	0.153	0.164	0.185	0.206	0.227	0.248	0.269	0.290	0.311	0.332	0.353	0.395	0.448		
		0.10	0.054	0.064	0.075	0.085	0.095	0.106	0.116	0.126	0.137	0.157	0.178	0.199	0.219	0.240	0.261	0.282	0.303	0.324	0.366	0.418		
		0.15			0.051	0.061	0.071	0.081	0.091	0.101	0.111	0.132	0.152	0.173	0.193	0.214	0.234	0.255	0.276	0.296	0.338	0.390	0.442	
		0.20					0.051	0.061	0.071	0.081	0.091	0.111	0.131	0.151	0.171	0.192	0.212	0.232	0.253	0.273	0.314	0.366	0.417	
		0.25							0.053	0.063	0.073	0.093	0.112	0.132	0.152	0.172	0.192	0.212	0.232	0.253	0.293	0.344	0.395	0.447
		0.30								0.048	0.057	0.077	0.096	0.116	0.135	0.155	0.175	0.195	0.215	0.235	0.275	0.325	0.376	0.427
		0.35										0.063	0.082	0.101	0.121	0.140	0.160	0.179	0.199	0.219	0.258	0.309	0.359	0.410
		0.40										0.051	0.070	0.089	0.108	0.127	0.146	0.166	0.185	0.205	0.244	0.294	0.344	0.394
		0.45											0.060	0.078	0.097	0.116	0.135	0.154	0.174	0.193	0.232	0.281	0.331	0.381
		0.50											0.051	0.070	0.088	0.107	0.126	0.145	0.164	0.183	0.222	0.270	0.320	0.369

续表

a_s/h_0	钢筋种类	ω ＼ λ	0.100	0.110	0.120	0.130	0.140	0.150	0.160	0.170	0.180	0.200	0.220	0.240	0.260	0.280	0.300	0.320	0.340	0.360	0.400	0.450	0.500	0.550
0.06	HRB335	0.55												0.062	0.081	0.099	0.118	0.137	0.155	0.174	0.213	0.261	0.310	0.360
		0.60												0.056	0.074	0.093	0.111	0.130	0.149	0.168	0.206	0.254	0.303	0.352
		0.65												0.051	0.069	0.088	0.106	0.125	0.143	0.162	0.200	0.248	0.297	0.346
		0.70												0.048	0.066	0.084	0.102	0.121	0.140	0.160	0.199	0.249	0.300	0.351
		0.75													0.065	0.084	0.103	0.123	0.143	0.163	0.203	0.254	0.305	0.357
		0.80													0.066	0.086	0.106	0.126	0.146	0.166	0.207	0.259	0.311	0.363
		0.88													0.071	0.091	0.112	0.132	0.153	0.174	0.216	0.269	0.322	0.375
		0.96													0.078	0.099	0.120	0.141	0.163	0.184	0.227	0.280	0.333	0.387
		1.04												0.066	0.087	0.109	0.130	0.152	0.174	0.195	0.238	0.292	0.346	0.400
		1.12												0.077	0.099	0.120	0.142	0.164	0.186	0.208	0.251	0.306	0.360	0.414
		1.20												0.089	0.111	0.133	0.155	0.177	0.199	0.221	0.265	0.320	0.374	0.429
		1.28											0.081	0.103	0.125	0.147	0.169	0.191	0.213	0.235	0.279	0.334	0.389	0.444
		1.36											0.095	0.117	0.139	0.162	0.184	0.206	0.228	0.250	0.295	0.350	0.405	0.459
		1.44										0.088	0.110	0.133	0.155	0.177	0.199	0.222	0.244	0.266	0.310	0.365	0.420	
		1.52									0.081	0.104	0.126	0.148	0.171	0.193	0.215	0.238	0.260	0.282	0.326	0.382	0.437	
		1.60							0.075	0.087	0.098	0.120	0.143	0.165	0.187	0.210	0.232	0.254	0.276	0.299	0.343	0.398	0.453	
		1.68					0.070	0.081	0.092	0.104	0.115	0.137	0.160	0.182	0.204	0.227	0.249	0.271	0.293	0.316	0.360	0.415		
		1.76			0.065	0.076	0.088	0.099	0.110	0.121	0.132	0.155	0.177	0.199	0.222	0.244	0.266	0.288	0.311	0.333	0.377	0.432		
		1.84	0.061	0.072	0.083	0.094	0.106	0.117	0.128	0.139	0.150	0.172	0.195	0.217	0.239	0.262	0.284	0.306	0.328	0.350	0.395			
		1.92	0.079	0.090	0.101	0.113	0.124	0.135	0.146	0.157	0.168	0.190	0.213	0.235	0.257	0.279	0.302	0.324	0.346	0.368	0.412			
		2.00	0.098	0.109	0.120	0.131	0.142	0.153	0.164	0.176	0.187	0.209	0.231	0.253	0.275	0.298	0.320	0.342	0.364	0.386				
		2.08	0.117	0.128	0.139	0.150	0.161	0.172	0.183	0.194	0.205	0.227	0.249	0.272	0.294	0.316	0.338	0.360						
		2.16	0.136	0.147	0.158	0.169	0.180	0.191	0.202	0.213	0.224	0.246	0.268	0.290	0.312	0.334								
		2.24	0.155	0.166	0.177	0.188	0.199	0.210	0.221	0.232	0.243	0.265	0.287	0.309										
		2.32	0.174	0.185	0.196	0.207	0.218	0.229	0.240	0.251	0.262	0.284												
		2.40	0.194	0.204	0.215	0.226	0.237	0.248																
		2.45	0.206	0.217	0.228																			
	HRB400 (RRB400)	0.00	0.106	0.117	0.128	0.138	0.149	0.160	0.170	0.181	0.191	0.213	0.234	0.255	0.277	0.298	0.319	0.340	0.362	0.383	0.426			
		0.05	0.080	0.090	0.101	0.111	0.122	0.132	0.143	0.153	0.164	0.185	0.206	0.227	0.248	0.269	0.290	0.311	0.332	0.353	0.395	0.448		

续表

a_s/h_0	钢筋种类	λ / ω	0.100	0.110	0.120	0.130	0.140	0.150	0.160	0.170	0.180	0.200	0.220	0.240	0.260	0.280	0.300	0.320	0.340	0.360	0.400	0.450	0.500	0.550
0.06	HRB400 (RRB400)	0.10	0.054	0.064	0.075	0.085	0.095	0.106	0.116	0.126	0.137	0.157	0.178	0.199	0.219	0.240	0.261	0.282	0.303	0.324	0.366	0.418		
		0.15			0.051	0.061	0.071	0.081	0.091	0.101	0.111	0.132	0.152	0.173	0.193	0.214	0.234	0.255	0.276	0.296	0.338	0.390	0.442	
		0.20					0.051	0.061	0.071	0.081	0.091	0.111	0.131	0.151	0.171	0.192	0.212	0.232	0.253	0.273	0.314	0.366	0.417	
		0.25							0.053	0.063	0.073	0.093	0.112	0.132	0.152	0.172	0.192	0.212	0.232	0.253	0.293	0.344	0.395	0.447
		0.30								0.048	0.057	0.077	0.096	0.116	0.135	0.155	0.175	0.195	0.215	0.235	0.275	0.325	0.376	0.427
		0.35										0.063	0.082	0.101	0.121	0.140	0.160	0.179	0.199	0.219	0.258	0.309	0.359	0.410
		0.40										0.051	0.070	0.089	0.108	0.127	0.146	0.166	0.185	0.205	0.244	0.294	0.344	0.394
		0.45											0.060	0.078	0.097	0.116	0.135	0.154	0.174	0.193	0.232	0.281	0.331	0.381
		0.50											0.051	0.070	0.088	0.107	0.126	0.145	0.164	0.183	0.222	0.270	0.320	0.369
		0.55												0.062	0.081	0.099	0.118	0.137	0.155	0.174	0.213	0.261	0.310	0.360
		0.60												0.056	0.074	0.093	0.111	0.130	0.149	0.168	0.206	0.254	0.303	0.352
		0.65												0.051	0.069	0.088	0.106	0.125	0.144	0.164	0.203	0.253	0.304	0.355
		0.70												0.048	0.067	0.086	0.106	0.125	0.145	0.165	0.205	0.256	0.308	0.360
		0.75													0.067	0.087	0.107	0.127	0.147	0.168	0.209	0.260	0.313	0.365
		0.80													0.068	0.088	0.109	0.130	0.150	0.171	0.213	0.265	0.318	0.371
		0.88													0.073	0.094	0.115	0.136	0.157	0.178	0.221	0.274	0.328	0.381
		0.96													0.080	0.101	0.123	0.144	0.166	0.188	0.231	0.285	0.339	0.393
		1.04												0.067	0.089	0.111	0.133	0.155	0.177	0.198	0.242	0.297	0.351	0.405
		1.12												0.078	0.100	0.122	0.144	0.166	0.188	0.210	0.254	0.309	0.364	0.419
		1.20												0.090	0.113	0.135	0.157	0.179	0.201	0.223	0.268	0.323	0.378	0.433
		1.28											0.081	0.104	0.126	0.148	0.171	0.193	0.215	0.237	0.282	0.337	0.392	0.447
		1.36											0.095	0.118	0.140	0.163	0.185	0.207	0.230	0.252	0.296	0.352	0.407	0.462
		1.44										0.088	0.110	0.133	0.155	0.178	0.200	0.222	0.245	0.267	0.312	0.367	0.423	
		1.52									0.081	0.104	0.126	0.149	0.171	0.193	0.216	0.238	0.261	0.283	0.328	0.383	0.439	
		1.60							0.075	0.086	0.098	0.120	0.142	0.165	0.187	0.210	0.232	0.255	0.277	0.299	0.344	0.399	0.455	
		1.68					0.070	0.081	0.092	0.103	0.114	0.137	0.159	0.182	0.204	0.226	0.249	0.271	0.294	0.316	0.360	0.416		
		1.76			0.065	0.076	0.087	0.098	0.109	0.121	0.132	0.154	0.177	0.199	0.221	0.244	0.266	0.288	0.311	0.333	0.377	0.433		
		1.84	0.060	0.071	0.082	0.094	0.105	0.116	0.127	0.138	0.149	0.172	0.194	0.216	0.239	0.261	0.283	0.306	0.328	0.350	0.395			
		1.92	0.079	0.090	0.101	0.112	0.123	0.134	0.145	0.156	0.167	0.190	0.212	0.234	0.257	0.279	0.301	0.323	0.346	0.368	0.412			

续表

a_s/h_0	钢筋种类	ω \ λ	0.100	0.110	0.120	0.130	0.140	0.150	0.160	0.170	0.180	0.200	0.220	0.240	0.260	0.280	0.300	0.320	0.340	0.360	0.400	0.450	0.500	0.550
0.06	HRB400（RRB400）	2.00	0.097	0.108	0.119	0.130	0.141	0.152	0.163	0.175	0.186	0.208	0.230	0.252	0.275	0.297	0.319	0.341	0.364	0.386				
		2.08	0.116	0.127	0.138	0.149	0.160	0.171	0.182	0.193	0.204	0.226	0.248	0.271	0.293	0.315	0.337	0.359						
		2.16	0.135	0.146	0.157	0.168	0.179	0.190	0.201	0.212	0.223	0.245	0.267	0.289	0.311	0.333								
		2.24	0.154	0.165	0.176	0.187	0.198	0.209	0.220	0.231	0.242	0.264	0.286	0.308										
		2.32	0.173	0.184	0.195	0.206	0.217	0.228	0.239	0.250	0.261	0.283												
		2.40	0.193	0.203	0.214	0.225	0.236	0.247																
		2.45	0.205	0.216	0.226																			
0.08	HRB335	0.00	0.109	0.120	0.130	0.141	0.152	0.163	0.174	0.185	0.196	0.217	0.239	0.261	0.283	0.304	0.326	0.348	0.370	0.391	0.435			
		0.05	0.082	0.093	0.103	0.114	0.125	0.136	0.146	0.157	0.168	0.189	0.211	0.232	0.254	0.275	0.297	0.318	0.340	0.361	0.404	0.458		
		0.10	0.056	0.067	0.077	0.088	0.098	0.109	0.119	0.130	0.141	0.162	0.183	0.204	0.225	0.247	0.268	0.289	0.311	0.332	0.375	0.428		
		0.15			0.052	0.062	0.073	0.083	0.093	0.104	0.114	0.135	0.156	0.177	0.198	0.219	0.240	0.261	0.282	0.303	0.345	0.398	0.452	
		0.20					0.050	0.060	0.070	0.081	0.091	0.111	0.132	0.152	0.173	0.194	0.215	0.235	0.256	0.277	0.319	0.372	0.424	
		0.25							0.052	0.062	0.072	0.092	0.112	0.133	0.153	0.173	0.194	0.214	0.235	0.256	0.297	0.349	0.402	0.454
		0.30									0.056	0.075	0.095	0.115	0.135	0.155	0.176	0.196	0.216	0.237	0.278	0.329	0.381	0.434
		0.35										0.061	0.080	0.100	0.120	0.140	0.160	0.180	0.200	0.220	0.261	0.312	0.363	0.415
		0.40										0.048	0.068	0.087	0.107	0.126	0.146	0.166	0.186	0.206	0.246	0.297	0.348	0.399
		0.45											0.057	0.076	0.095	0.114	0.134	0.153	0.173	0.193	0.233	0.283	0.334	0.385
		0.50											0.048	0.066	0.085	0.104	0.124	0.143	0.163	0.182	0.222	0.272	0.322	0.373
		0.55												0.058	0.077	0.096	0.115	0.134	0.154	0.173	0.212	0.262	0.312	0.363
		0.60												0.052	0.070	0.089	0.108	0.127	0.146	0.166	0.205	0.254	0.304	0.354
		0.65												0.047	0.065	0.084	0.102	0.121	0.140	0.160	0.198	0.247	0.297	0.347
		0.70													0.061	0.079	0.098	0.117	0.137	0.157	0.197	0.248	0.300	0.352
		0.75													0.059	0.079	0.098	0.118	0.139	0.159	0.200	0.252	0.305	0.358
		0.80													0.060	0.080	0.100	0.121	0.142	0.162	0.204	0.257	0.311	0.364
		0.88													0.063	0.084	0.106	0.127	0.148	0.170	0.213	0.267	0.321	0.375
		0.96													0.070	0.092	0.113	0.135	0.157	0.179	0.223	0.277	0.332	0.387
		1.04													0.079	0.101	0.123	0.145	0.167	0.190	0.234	0.289	0.345	0.400
		1.12													0.089	0.112	0.134	0.157	0.179	0.201	0.246	0.302	0.358	0.414
		1.20												0.079	0.101	0.124	0.147	0.169	0.192	0.215	0.260	0.316	0.372	0.428

续表

a_s/h_0	钢筋种类	ω \ λ	0.100	0.110	0.120	0.130	0.140	0.150	0.160	0.170	0.180	0.200	0.220	0.240	0.260	0.280	0.300	0.320	0.340	0.360	0.400	0.450	0.500	0.550
0.08	HRB335	1.28												0.092	0.115	0.137	0.160	0.183	0.206	0.228	0.274	0.330	0.386	0.443
		1.36											0.083	0.106	0.129	0.152	0.175	0.198	0.220	0.243	0.289	0.345	0.402	0.458
		1.44										0.075	0.098	0.121	0.144	0.167	0.190	0.213	0.236	0.258	0.304	0.361	0.417	
		1.52										0.090	0.113	0.136	0.160	0.183	0.206	0.228	0.251	0.274	0.320	0.377	0.433	
		1.60								0.072	0.083	0.106	0.130	0.153	0.176	0.199	0.222	0.245	0.268	0.290	0.336	0.393	0.450	
		1.68							0.077	0.088	0.100	0.123	0.146	0.169	0.192	0.215	0.238	0.261	0.284	0.307	0.353	0.410	0.467	
		1.76					0.071	0.082	0.094	0.106	0.117	0.140	0.163	0.187	0.210	0.233	0.256	0.278	0.301	0.324	0.370	0.427		
		1.84			0.065	0.077	0.089	0.100	0.112	0.123	0.135	0.158	0.181	0.204	0.227	0.250	0.273	0.296	0.319	0.342	0.387	0.444		
		1.92	0.061	0.072	0.084	0.095	0.107	0.118	0.130	0.141	0.153	0.176	0.199	0.222	0.245	0.268	0.291	0.314	0.336	0.359	0.405			
		2.00	0.079	0.091	0.102	0.114	0.125	0.137	0.148	0.160	0.171	0.194	0.217	0.240	0.263	0.286	0.309	0.331	0.354	0.377				
		2.08	0.098	0.109	0.121	0.132	0.144	0.155	0.167	0.178	0.189	0.212	0.235	0.258	0.281	0.304	0.327	0.350	0.372					
		2.16	0.117	0.128	0.140	0.151	0.162	0.174	0.185	0.197	0.208	0.231	0.254	0.277	0.299	0.322	0.345							
		2.24	0.136	0.147	0.159	0.170	0.181	0.193	0.204	0.216	0.227	0.250	0.273	0.295										
		2.32	0.155	0.167	0.178	0.189	0.201	0.212	0.223	0.235	0.246	0.269												
		2.40	0.175	0.186	0.197	0.208	0.220	0.231	0.242															
		2.45	0.187	0.198	0.209	0.221																		
	HRB400（RRB400）	0.00	0.109	0.120	0.130	0.141	0.152	0.163	0.174	0.185	0.196	0.217	0.239	0.261	0.283	0.304	0.326	0.348	0.370	0.391	0.435			
		0.05	0.082	0.093	0.103	0.114	0.125	0.136	0.146	0.157	0.168	0.189	0.211	0.232	0.254	0.275	0.297	0.318	0.340	0.361	0.404	0.458		
		0.10	0.056	0.067	0.077	0.088	0.098	0.109	0.119	0.130	0.141	0.162	0.183	0.204	0.225	0.247	0.268	0.289	0.311	0.332	0.375	0.428		
		0.15			0.052	0.062	0.073	0.083	0.093	0.104	0.114	0.135	0.156	0.177	0.198	0.219	0.240	0.261	0.282	0.303	0.345	0.398	0.452	
		0.20					0.050	0.060	0.070	0.081	0.091	0.111	0.132	0.152	0.173	0.194	0.215	0.235	0.256	0.277	0.319	0.372	0.424	
		0.25							0.052	0.062	0.072	0.092	0.112	0.133	0.153	0.173	0.194	0.214	0.235	0.256	0.297	0.349	0.402	0.454
		0.30									0.056	0.075	0.095	0.115	0.135	0.155	0.176	0.196	0.216	0.237	0.278	0.329	0.381	0.434
		0.35										0.061	0.080	0.100	0.120	0.140	0.160	0.180	0.200	0.220	0.261	0.312	0.363	0.415
		0.40										0.048	0.068	0.087	0.107	0.126	0.146	0.166	0.186	0.206	0.246	0.297	0.348	0.399
		0.45											0.057	0.076	0.095	0.114	0.134	0.153	0.173	0.193	0.233	0.283	0.334	0.385
		0.50											0.048	0.066	0.085	0.104	0.124	0.143	0.163	0.182	0.222	0.272	0.322	0.373
		0.55												0.058	0.077	0.096	0.115	0.134	0.154	0.173	0.212	0.262	0.312	0.363
		0.60												0.052	0.070	0.089	0.108	0.127	0.146	0.166	0.205	0.254	0.304	0.354

续表

a_s/h_0	钢筋种类	ω \ λ	0.100	0.110	0.120	0.130	0.140	0.150	0.160	0.170	0.180	0.200	0.220	0.240	0.260	0.280	0.300	0.320	0.340	0.360	0.400	0.450	0.500	0.550
0.08	HRB400 (RRB400)	0.65												0.047	0.065	0.084	0.103	0.122	0.142	0.161	0.202	0.253	0.305	0.357
		0.70													0.062	0.081	0.101	0.121	0.142	0.162	0.203	0.256	0.308	0.361
		0.75													0.061	0.081	0.102	0.122	0.143	0.164	0.206	0.259	0.313	0.366
		0.80													0.062	0.082	0.103	0.125	0.146	0.167	0.210	0.264	0.318	0.372
		0.88													0.065	0.087	0.109	0.130	0.152	0.174	0.218	0.272	0.327	0.382
		0.96													0.072	0.094	0.116	0.138	0.160	0.183	0.227	0.282	0.338	0.393
		1.04													0.080	0.103	0.125	0.148	0.170	0.193	0.238	0.294	0.349	0.405
		1.12													0.091	0.114	0.136	0.159	0.182	0.204	0.249	0.306	0.362	0.418
		1.20												0.080	0.103	0.126	0.148	0.171	0.194	0.217	0.262	0.319	0.376	0.432
		1.28												0.093	0.116	0.139	0.162	0.185	0.207	0.230	0.276	0.333	0.390	0.446
		1.36											0.083	0.106	0.130	0.153	0.176	0.199	0.222	0.245	0.290	0.347	0.404	0.461
		1.44										0.075	0.098	0.121	0.144	0.167	0.191	0.214	0.237	0.260	0.305	0.363	0.420	
		1.52										0.090	0.113	0.137	0.160	0.183	0.206	0.229	0.252	0.275	0.321	0.378	0.435	
		1.60								0.071	0.083	0.106	0.129	0.153	0.176	0.199	0.222	0.245	0.268	0.291	0.337	0.394	0.451	
		1.68							0.076	0.088	0.100	0.123	0.146	0.169	0.192	0.215	0.238	0.261	0.284	0.308	0.353	0.411		
		1.76					0.070	0.082	0.093	0.105	0.117	0.140	0.163	0.186	0.209	0.232	0.255	0.278	0.301	0.324	0.370	0.427		
		1.84			0.065	0.076	0.088	0.099	0.111	0.123	0.134	0.157	0.180	0.203	0.226	0.249	0.273	0.296	0.318	0.341	0.387	0.444		
		1.92	0.060	0.071	0.083	0.094	0.106	0.117	0.129	0.140	0.152	0.175	0.198	0.221	0.244	0.267	0.290	0.313	0.336	0.359	0.405			
		2.00	0.078	0.090	0.101	0.113	0.124	0.136	0.147	0.159	0.170	0.193	0.216	0.239	0.262	0.285	0.308	0.331	0.354	0.377				
		2.08	0.097	0.108	0.120	0.131	0.143	0.154	0.166	0.177	0.188	0.211	0.234	0.257	0.280	0.303	0.326	0.349	0.372					
		2.16	0.116	0.127	0.139	0.150	0.161	0.173	0.184	0.196	0.207	0.230	0.253	0.276	0.298	0.321	0.344							
		2.24	0.135	0.146	0.158	0.169	0.180	0.192	0.203	0.214	0.226	0.249	0.271	0.294										
		2.32	0.154	0.166	0.177	0.188	0.199	0.211	0.222	0.233	0.245	0.267												
		2.40	0.174	0.185	0.196	0.207	0.219	0.230	0.241															
		2.45	0.186	0.197	0.208	0.219																		
0.10	HRBB335	0.00	0.111	0.122	0.133	0.144	0.156	0.167	0.178	0.189	0.200	0.222	0.244	0.267	0.289	0.311	0.333	0.356	0.378	0.400	0.444			
		0.05	0.084	0.095	0.106	0.117	0.128	0.139	0.150	0.161	0.172	0.194	0.216	0.238	0.260	0.282	0.304	0.326	0.348	0.370	0.414			
		0.10	0.059	0.069	0.080	0.091	0.102	0.112	0.123	0.134	0.145	0.166	0.188	0.210	0.231	0.253	0.275	0.297	0.319	0.340	0.384	0.439		
		0.15			0.055	0.065	0.076	0.087	0.097	0.108	0.118	0.140	0.161	0.182	0.204	0.225	0.247	0.268	0.290	0.311	0.355	0.409	0.463	

续表

a_s/h_0	钢筋种类	λ / ω	0.100	0.110	0.120	0.130	0.140	0.150	0.160	0.170	0.180	0.200	0.220	0.240	0.260	0.280	0.300	0.320	0.340	0.360	0.400	0.450	0.500	0.550
0.10	HRB335	0.20					0.051	0.062	0.072	0.082	0.093	0.114	0.135	0.156	0.177	0.198	0.219	0.240	0.262	0.283	0.326	0.380	0.434	
		0.25							0.051	0.061	0.071	0.092	0.112	0.133	0.154	0.175	0.196	0.217	0.238	0.259	0.301	0.355	0.408	0.462
		0.30									0.054	0.074	0.094	0.115	0.135	0.156	0.177	0.197	0.218	0.239	0.281	0.334	0.387	0.440
		0.35										0.059	0.079	0.099	0.119	0.139	0.160	0.180	0.201	0.222	0.263	0.315	0.368	0.421
		0.40											0.065	0.085	0.105	0.125	0.145	0.165	0.186	0.206	0.247	0.299	0.352	0.404
		0.45											0.054	0.073	0.093	0.113	0.133	0.153	0.173	0.193	0.234	0.285	0.337	0.389
		0.50												0.063	0.082	0.102	0.122	0.141	0.161	0.182	0.222	0.273	0.325	0.377
		0.55												0.055	0.074	0.093	0.112	0.132	0.152	0.172	0.212	0.263	0.314	0.366
		0.60												0.047	0.066	0.086	0.105	0.124	0.144	0.164	0.204	0.254	0.305	0.357
		0.65													0.060	0.079	0.099	0.118	0.137	0.157	0.197	0.247	0.298	0.349
		0.70													0.056	0.075	0.094	0.113	0.133	0.154	0.195	0.247	0.300	0.354
		0.75													0.053	0.073	0.093	0.114	0.134	0.155	0.198	0.251	0.305	0.359
		0.80													0.053	0.074	0.095	0.116	0.137	0.158	0.201	0.256	0.310	0.365
		0.88													0.056	0.077	0.099	0.121	0.143	0.165	0.209	0.264	0.320	0.376
		0.96													0.061	0.084	0.106	0.128	0.151	0.173	0.218	0.275	0.331	0.387
		1.04													0.069	0.092	0.115	0.138	0.161	0.184	0.229	0.286	0.343	0.400
		1.12													0.079	0.103	0.126	0.149	0.172	0.195	0.241	0.299	0.356	0.413
		1.20													0.091	0.114	0.138	0.161	0.184	0.208	0.254	0.312	0.369	0.427
		1.28												0.080	0.104	0.127	0.151	0.174	0.198	0.221	0.268	0.326	0.384	0.441
		1.36												0.094	0.117	0.141	0.165	0.188	0.212	0.235	0.282	0.341	0.399	0.456
		1.44											0.084	0.108	0.132	0.156	0.180	0.203	0.227	0.250	0.297	0.356	0.414	
		1.52										0.076	0.100	0.124	0.147	0.171	0.195	0.219	0.242	0.266	0.313	0.371	0.430	
		1.60										0.092	0.116	0.140	0.163	0.187	0.211	0.235	0.258	0.282	0.329	0.388	0.446	
		1.68								0.072	0.084	0.108	0.132	0.156	0.180	0.204	0.227	0.251	0.275	0.298	0.345	0.404	0.462	
		1.76						0.065	0.077	0.089	0.101	0.125	0.149	0.173	0.197	0.220	0.244	0.268	0.292	0.315	0.362	0.421		
		1.84					0.070	0.082	0.095	0.107	0.118	0.142	0.166	0.190	0.214	0.238	0.261	0.285	0.309	0.332	0.379	0.438		
		1.92			0.064	0.076	0.088	0.100	0.112	0.124	0.136	0.160	0.184	0.208	0.232	0.255	0.279	0.303	0.326	0.350	0.397			
		2.00	0.059	0.071	0.083	0.095	0.107	0.119	0.131	0.142	0.154	0.178	0.202	0.226	0.249	0.273	0.297	0.320	0.344	0.367				
		2.08	0.078	0.090	0.101	0.113	0.125	0.137	0.149	0.161	0.173	0.196	0.220	0.244	0.267	0.291	0.315	0.338	0.362					

续表

a_s/h_0	钢筋种类	ω \ λ	0.100	0.110	0.120	0.130	0.140	0.150	0.160	0.170	0.180	0.200	0.220	0.240	0.260	0.280	0.300	0.320	0.340	0.360	0.400	0.450	0.500	0.550
0.10	HRB335	2.16	0.097	0.108	0.120	0.132	0.144	0.156	0.168	0.179	0.191	0.215	0.239	0.262	0.286	0.309	0.333							
		2.24	0.116	0.127	0.139	0.151	0.163	0.175	0.186	0.198	0.210	0.234	0.257	0.281	0.304									
		2.32	0.135	0.147	0.158	0.170	0.182	0.194	0.205	0.217	0.229	0.252	0.276											
		2.40	0.154	0.166	0.178	0.189	0.201	0.213	0.224	0.236														
		2.45	0.166	0.178	0.190	0.201	0.213																	
	HRB400 (RRB400)	0.00	0.111	0.122	0.133	0.144	0.156	0.167	0.178	0.189	0.200	0.222	0.244	0.267	0.289	0.311	0.333	0.356	0.378	0.400	0.444			
		0.05	0.084	0.095	0.106	0.117	0.128	0.139	0.150	0.161	0.172	0.194	0.216	0.238	0.260	0.282	0.304	0.326	0.348	0.370	0.414			
		0.10	0.059	0.069	0.080	0.091	0.102	0.112	0.123	0.134	0.145	0.166	0.188	0.210	0.231	0.253	0.275	0.297	0.319	0.340	0.384	0.439		
		0.15			0.055	0.065	0.076	0.087	0.097	0.108	0.118	0.140	0.161	0.182	0.204	0.225	0.247	0.268	0.290	0.311	0.355	0.409	0.463	
		0.20					0.051	0.062	0.072	0.082	0.093	0.114	0.135	0.156	0.177	0.198	0.219	0.240	0.262	0.283	0.326	0.380	0.434	
		0.25							0.051	0.061	0.071	0.092	0.112	0.133	0.154	0.175	0.196	0.217	0.238	0.259	0.301	0.355	0.408	0.462
		0.30									0.054	0.074	0.094	0.115	0.135	0.156	0.177	0.197	0.218	0.239	0.281	0.334	0.387	0.440
		0.35										0.059	0.079	0.099	0.119	0.139	0.160	0.180	0.201	0.222	0.263	0.315	0.368	0.421
		0.40											0.065		0.105	0.125	0.145	0.165	0.186	0.206	0.247	0.299	0.352	0.404
		0.45											0.054	0.073	0.093	0.113	0.133	0.153	0.173	0.193	0.234	0.285	0.337	0.389
		0.50												0.063	0.082	0.102	0.122	0.141	0.161	0.182	0.222	0.273	0.325	0.377
		0.55												0.055	0.074	0.093	0.112	0.132	0.152	0.172	0.212	0.263	0.314	0.366
		0.60												0.047	0.066	0.086	0.105	0.124	0.144	0.164	0.204	0.254	0.305	0.357
		0.65													0.060	0.079	0.099	0.118	0.138	0.159	0.200	0.252	0.305	0.359
		0.70													0.057	0.076	0.097	0.117	0.138	0.159	0.201	0.255	0.309	0.363
		0.75													0.055	0.076	0.097	0.118	0.139	0.160	0.204	0.258	0.313	0.368
		0.80													0.055	0.076	0.098	0.119	0.141	0.163	0.207	0.262	0.318	0.373
		0.88													0.058	0.080	0.102	0.124	0.147	0.169	0.214	0.270	0.326	0.383
		0.96													0.063	0.086	0.109	0.132	0.154	0.177	0.223	0.280	0.337	0.393
		1.04													0.071	0.094	0.117	0.141	0.164	0.187	0.233	0.290	0.348	0.405
		1.12													0.081	0.104	0.128	0.151	0.174	0.198	0.244	0.302	0.360	0.418
		1.20													0.092	0.116	0.139	0.163	0.186	0.210	0.257	0.315	0.373	0.431
		1.28												0.081	0.105	0.128	0.152	0.176	0.199	0.223	0.270	0.329	0.387	0.445
		1.36												0.094	0.118	0.142	0.166	0.190	0.213	0.237	0.284	0.343	0.401	0.460

续表

a_s/h_0	钢筋种类	λ / ω	0.100	0.110	0.120	0.130	0.140	0.150	0.160	0.170	0.180	0.200	0.220	0.240	0.260	0.280	0.300	0.320	0.340	0.360	0.400	0.450	0.500	0.550
0.10	HRB400 (RRB400)	1.44											0.085	0.109	0.133	0.156	0.180	0.204	0.228	0.252	0.299	0.358	0.416	
		1.52										0.076	0.100	0.124	0.148	0.172	0.195	0.219	0.243	0.267	0.314	0.373	0.432	
		1.60										0.091	0.115	0.139	0.163	0.187	0.211	0.235	0.259	0.282	0.330	0.389	0.447	
		1.68								0.071	0.084	0.108	0.132	0.156	0.180	0.203	0.227	0.251	0.275	0.299	0.346	0.405	0.464	
		1.76						0.064	0.076	0.088	0.100	0.124	0.148	0.172	0.196	0.220	0.244	0.268	0.291	0.315	0.362	0.421		
		1.84					0.070	0.082	0.094	0.106	0.118	0.142	0.166	0.189	0.213	0.237	0.261	0.285	0.308	0.332	0.379	0.438		
		1.92			0.064	0.076	0.088	0.100	0.112	0.123	0.135	0.159	0.183	0.207	0.231	0.255	0.278	0.302	0.326	0.349	0.397			
		2.00	0.058	0.070	0.082	0.094	0.106	0.118	0.130	0.141	0.153	0.177	0.201	0.225	0.248	0.272	0.296	0.320	0.343	0.367				
		2.08	0.077	0.089	0.100	0.112	0.124	0.136	0.148	0.160	0.172	0.195	0.219	0.243	0.266	0.290	0.314	0.337	0.361					
		2.16	0.096	0.107	0.119	0.131	0.143	0.155	0.166	0.178	0.190	0.214	0.237	0.261	0.285	0.308	0.332							
		2.24	0.115	0.126	0.138	0.150	0.162	0.173	0.185	0.197	0.209	0.232	0.256	0.279	0.303									
		2.32	0.134	0.146	0.157	0.169	0.181	0.192	0.204	0.216	0.228	0.251	0.275											
		2.40	0.153	0.165	0.177	0.188	0.200	0.211	0.223	0.235														
		2.45	0.165	0.177	0.189	0.200	0.212																	
0.12	HRB335	0.00	0.114	0.125	0.136	0.148	0.159	0.170	0.182	0.193	0.205	0.227	0.250	0.273	0.295	0.318	0.341	0.364	0.386	0.409	0.455			
		0.05	0.087	0.098	0.109	0.120	0.132	0.143	0.154	0.165	0.177	0.199	0.221	0.244	0.266	0.289	0.311	0.334	0.356	0.379	0.424			
		0.10	0.061	0.072	0.083	0.094	0.105	0.116	0.127	0.138	0.149	0.171	0.193	0.216	0.238	0.260	0.282	0.305	0.327	0.349	0.394	0.450		
		0.15			0.058	0.069	0.079	0.090	0.101	0.112	0.123	0.144	0.166	0.188	0.210	0.232	0.254	0.276	0.298	0.320	0.365	0.420		
		0.20					0.055	0.065	0.076	0.086	0.097	0.118	0.140	0.161	0.183	0.205	0.226	0.248	0.270	0.292	0.336	0.391	0.446	
		0.25							0.051	0.062	0.072	0.093	0.114	0.135	0.157	0.178	0.199	0.221	0.242	0.264	0.307	0.362	0.416	
		0.30									0.052	0.073	0.093	0.114	0.135	0.156	0.177	0.199	0.220	0.241	0.284	0.338	0.393	0.447
		0.35										0.057	0.077	0.098	0.118	0.139	0.160	0.181	0.202	0.223	0.266	0.319	0.373	0.427
		0.40											0.063	0.083	0.103	0.124	0.144	0.165	0.186	0.207	0.249	0.302	0.356	0.410
		0.45											0.051	0.070	0.091	0.111	0.131	0.152	0.172	0.193	0.235	0.287	0.340	0.394
		0.50												0.060	0.079	0.099	0.120	0.140	0.160	0.181	0.222	0.274	0.327	0.380
		0.55												0.050	0.070	0.090	0.110	0.130	0.150	0.170	0.211	0.263	0.316	0.369
		0.60													0.062	0.082	0.101	0.121	0.141	0.162	0.202	0.254	0.306	0.359
		0.65													0.056	0.075	0.095	0.114	0.134	0.154	0.195	0.246	0.298	0.351
		0.70													0.050	0.070	0.089	0.109	0.130	0.150	0.192	0.246	0.301	0.356

续表

a_s/h_0	钢筋种类	ω \ λ	0.100	0.110	0.120	0.130	0.140	0.150	0.160	0.170	0.180	0.200	0.220	0.240	0.260	0.280	0.300	0.320	0.340	0.360	0.400	0.450	0.500	0.550
0.12	HRB335	0.75													0.047	0.067	0.088	0.109	0.130	0.152	0.195	0.250	0.305	0.361
		0.80														0.067	0.089	0.110	0.132	0.154	0.198	0.254	0.310	0.366
		0.88														0.070	0.092	0.115	0.137	0.160	0.205	0.262	0.319	0.376
		0.96														0.075	0.098	0.121	0.145	0.168	0.214	0.272	0.330	0.387
		1.04														0.083	0.107	0.130	0.154	0.177	0.224	0.283	0.341	0.399
		1.12														0.093	0.117	0.141	0.164	0.188	0.236	0.295	0.354	0.412
		1.20													0.080	0.104	0.128	0.152	0.176	0.200	0.248	0.308	0.367	0.426
		1.28													0.092	0.116	0.141	0.165	0.189	0.213	0.261	0.321	0.381	0.440
		1.36												0.081	0.105	0.130	0.154	0.179	0.203	0.227	0.276	0.336	0.395	0.455
		1.44												0.095	0.120	0.144	0.169	0.193	0.218	0.242	0.290	0.350	0.410	
		1.52											0.085	0.110	0.135	0.159	0.184	0.208	0.233	0.257	0.306	0.366	0.426	
		1.60										0.076	0.101	0.125	0.150	0.175	0.199	0.224	0.248	0.273	0.321	0.382	0.442	
		1.68										0.092	0.117	0.142	0.166	0.191	0.216	0.240	0.265	0.289	0.338	0.398	0.458	
		1.76								0.071	0.084	0.109	0.133	0.158	0.183	0.208	0.232	0.257	0.281	0.305	0.354	0.414		
		1.84						0.063	0.076	0.088	0.101	0.126	0.151	0.175	0.200	0.225	0.249	0.274	0.298	0.322	0.371	0.431		
		1.92				0.056	0.069	0.081	0.094	0.106	0.118	0.143	0.168	0.193	0.217	0.242	0.266	0.291	0.315	0.340	0.388			
		2.00		0.049	0.062	0.074	0.087	0.099	0.112	0.124	0.136	0.161	0.186	0.210	0.235	0.260	0.284	0.308	0.333	0.357				
		2.08	0.056	0.068	0.080	0.093	0.105	0.118	0.130	0.142	0.155	0.179	0.204	0.228	0.253	0.277	0.302	0.326	0.350					
		2.16	0.075	0.087	0.099	0.112	0.124	0.136	0.148	0.161	0.173	0.198	0.222	0.247	0.271	0.295	0.320							
		2.24	0.094	0.106	0.118	0.130	0.143	0.155	0.167	0.179	0.192	0.216	0.241	0.265	0.289									
		2.32	0.113	0.125	0.137	0.149	0.162	0.174	0.186	0.198	0.210	0.235	0.259											
		2.40	0.132	0.144	0.156	0.169	0.181	0.193	0.205	0.217	0.229													
		2.45	0.144	0.156	0.169	0.181	0.193	0.205																
	HRB400 (RRB400)	0.00	0.114	0.125	0.136	0.148	0.159	0.170	0.182	0.193	0.205	0.227	0.250	0.273	0.295	0.318	0.341	0.364	0.386	0.409	0.455			
		0.05	0.087	0.098	0.109	0.120	0.132	0.143	0.154	0.165	0.177	0.199	0.221	0.244	0.266	0.289	0.311	0.334	0.356	0.379	0.424			
		0.10	0.061	0.072	0.083	0.094	0.105	0.116	0.127	0.138	0.149	0.171	0.193	0.216	0.238	0.260	0.282	0.305	0.327	0.349	0.394	0.450		
		0.15			0.058	0.069	0.079	0.090	0.101	0.112	0.123	0.144	0.166	0.188	0.210	0.232	0.254	0.276	0.298	0.320	0.365	0.420		
		0.20					0.055	0.065	0.076	0.086	0.097	0.118	0.140	0.161	0.183	0.205	0.226	0.248	0.270	0.292	0.336	0.391	0.446	
		0.25							0.051	0.062	0.072	0.093	0.114	0.135	0.157	0.178	0.199	0.221	0.242	0.264	0.307	0.362	0.416	

续表

a_s/h_0	钢筋种类	ω \ λ	0.100	0.110	0.120	0.130	0.140	0.150	0.160	0.170	0.180	0.200	0.220	0.240	0.260	0.280	0.300	0.320	0.340	0.360	0.400	0.450	0.500	0.550
0.12	HRB400 (RRB400)	0.30									0.052	0.073	0.093	0.114	0.135	0.156	0.177	0.199	0.220	0.241	0.284	0.338	0.393	0.447
		0.35										0.057	0.077	0.098	0.118	0.139	0.160	0.181	0.202	0.223	0.266	0.319	0.373	0.427
		0.40											0.063	0.083	0.103	0.124	0.144	0.165	0.186	0.207	0.249	0.302	0.356	0.410
		0.45											0.051	0.070	0.091	0.111	0.131	0.152	0.172	0.193	0.235	0.287	0.340	0.394
		0.50												0.060	0.079	0.099	0.120	0.140	0.160	0.181	0.222	0.274	0.327	0.380
		0.55												0.050	0.070	0.090	0.110	0.130	0.150	0.170	0.211	0.263	0.316	0.369
		0.60													0.062	0.082	0.101	0.121	0.141	0.162	0.202	0.254	0.306	0.359
		0.65													0.056	0.075	0.095	0.115	0.135	0.156	0.198	0.252	0.306	0.361
		0.70													0.051	0.071	0.092	0.113	0.134	0.156	0.199	0.254	0.309	0.365
		0.75													0.048	0.070	0.091	0.113	0.135	0.157	0.201	0.257	0.313	0.369
		0.80														0.069	0.092	0.114	0.136	0.159	0.204	0.260	0.317	0.374
		0.88														0.072	0.095	0.118	0.141	0.164	0.210	0.268	0.326	0.383
		0.96														0.078	0.101	0.124	0.148	0.171	0.218	0.277	0.335	0.394
		1.04														0.085	0.109	0.133	0.157	0.180	0.228	0.287	0.346	0.405
		1.12														0.095	0.119	0.143	0.167	0.191	0.239	0.299	0.358	0.417
		1.20													0.081	0.105	0.130	0.154	0.178	0.203	0.251	0.311	0.371	0.430
		1.28													0.093	0.118	0.142	0.167	0.191	0.215	0.264	0.324	0.384	0.444
		1.36												0.081	0.106	0.131	0.155	0.180	0.204	0.229	0.277	0.338	0.398	0.458
		1.44												0.095	0.120	0.145	0.169	0.194	0.219	0.243	0.292	0.352	0.413	
		1.52											0.085	0.110	0.135	0.159	0.184	0.209	0.233	0.258	0.307	0.367	0.428	
		1.60										0.075	0.100	0.125	0.150	0.175	0.200	0.224	0.249	0.273	0.322	0.383	0.443	
		1.68										0.091	0.116	0.141	0.166	0.191	0.215	0.240	0.265	0.289	0.338	0.399	0.459	
		1.76								0.070	0.083	0.108	0.133	0.158	0.182	0.207	0.232	0.256	0.281	0.305	0.354	0.415		
		1.84						0.063	0.075	0.088	0.100	0.125	0.150	0.175	0.199	0.224	0.249	0.273	0.298	0.322	0.371	0.432		
		1.92				0.055	0.068	0.080	0.093	0.105	0.118	0.142	0.167	0.192	0.217	0.241	0.266	0.290	0.315	0.339	0.388			
		2.00		0.049	0.061	0.073	0.086	0.098	0.111	0.123	0.135	0.160	0.185	0.209	0.234	0.259	0.283	0.308	0.332	0.356				
		2.08	0.055	0.067	0.080	0.092	0.104	0.117	0.129	0.141	0.154	0.178	0.203	0.227	0.252	0.276	0.301	0.325	0.350					
		2.16	0.074	0.086	0.098	0.111	0.123	0.135	0.147	0.160	0.172	0.196	0.221	0.245	0.270	0.294	0.319							
		2.24	0.093	0.105	0.117	0.129	0.142	0.154	0.166	0.178	0.190	0.215	0.239	0.264	0.288									

续表

a_s/h_0	钢筋种类	ω \ λ	0.100	0.110	0.120	0.130	0.140	0.150	0.160	0.170	0.180	0.200	0.220	0.240	0.260	0.280	0.300	0.320	0.340	0.360	0.400	0.450	0.500	0.550
0.12	HRB400 (RRB400)	2.32	0.112	0.124	0.136	0.148	0.161	0.173	0.185	0.197	0.209	0.234	0.258											
		2.40	0.131	0.143	0.155	0.168	0.180	0.192	0.204	0.216	0.228													
		2.45	0.143	0.155	0.168	0.180	0.192	0.204																
0.14	HRB335	0.00	0.116	0.128	0.140	0.151	0.163	0.174	0.186	0.198	0.209	0.233	0.256	0.279	0.302	0.326	0.349	0.372	0.395	0.419	0.465			
		0.05	0.090	0.101	0.112	0.124	0.135	0.147	0.158	0.170	0.181	0.204	0.227	0.250	0.273	0.296	0.319	0.342	0.365	0.388	0.435			
		0.10	0.064	0.075	0.086	0.097	0.109	0.120	0.131	0.143	0.154	0.176	0.199	0.222	0.245	0.267	0.290	0.313	0.336	0.359	0.405	0.462		
		0.15			0.061	0.072	0.083	0.094	0.105	0.116	0.127	0.150	0.172	0.194	0.217	0.239	0.262	0.284	0.307	0.330	0.375	0.432		
		0.20					0.058	0.069	0.080	0.091	0.102	0.123	0.145	0.167	0.190	0.212	0.234	0.256	0.279	0.301	0.346	0.402	0.459	
		0.25							0.055	0.066	0.077	0.098	0.120	0.141	0.163	0.185	0.207	0.229	0.251	0.273	0.317	0.373	0.429	
		0.30									0.053	0.074	0.095	0.116	0.137	0.159	0.180	0.202	0.224	0.245	0.289	0.344	0.400	0.456
		0.35										0.054	0.075	0.096	0.117	0.139	0.160	0.181	0.203	0.225	0.268	0.323	0.378	0.434
		0.40											0.060	0.081	0.102	0.123	0.144	0.165	0.186	0.208	0.251	0.305	0.360	0.415
		0.45											0.047	0.068	0.088	0.109	0.130	0.151	0.172	0.193	0.236	0.289	0.344	0.399
		0.50												0.056	0.076	0.097	0.117	0.138	0.159	0.180	0.222	0.276	0.330	0.384
		0.55												0.047	0.066	0.086	0.107	0.127	0.148	0.169	0.211	0.264	0.318	0.372
		0.60													0.058	0.078	0.098	0.118	0.139	0.159	0.201	0.254	0.307	0.362
		0.65													0.051	0.070	0.090	0.111	0.131	0.152	0.193	0.246	0.299	0.353
		0.70														0.064	0.084	0.105	0.126	0.147	0.190	0.245	0.301	0.357
		0.75														0.061	0.082	0.104	0.126	0.147	0.192	0.248	0.305	0.362
		0.80														0.060	0.082	0.104	0.127	0.149	0.195	0.252	0.309	0.367
		0.88														0.062	0.085	0.108	0.131	0.154	0.201	0.260	0.318	0.377
		0.96														0.066	0.090	0.114	0.138	0.162	0.209	0.269	0.328	0.388
		1.04														0.073	0.098	0.122	0.146	0.171	0.219	0.279	0.339	0.399
		1.12														0.082	0.107	0.132	0.156	0.181	0.230	0.291	0.351	0.412
		1.20														0.093	0.118	0.143	0.168	0.193	0.242	0.303	0.364	0.425
		1.28													0.080	0.105	0.130	0.155	0.180	0.205	0.255	0.316	0.378	0.439
		1.36													0.092	0.118	0.143	0.168	0.194	0.219	0.268	0.330	0.392	0.453
		1.44												0.080	0.106	0.132	0.157	0.182	0.208	0.233	0.283	0.345	0.407	
		1.52												0.095	0.121	0.146	0.172	0.197	0.222	0.248	0.298	0.360	0.422	

续表

a_s/h_0	钢筋种类	ω \ λ	0.100	0.110	0.120	0.130	0.140	0.150	0.160	0.170	0.180	0.200	0.220	0.240	0.260	0.280	0.300	0.320	0.340	0.360	0.400	0.450	0.500	0.550
0.14	HRB335	1.60											0.084	0.110	0.136	0.162	0.187	0.212	0.238	0.263	0.313	0.376	0.437	
		1.68										0.074	0.100	0.126	0.152	0.177	0.203	0.228	0.254	0.279	0.329	0.391	0.453	
		1.76										0.091	0.117	0.142	0.168	0.194	0.219	0.245	0.270	0.295	0.345	0.408		
		1.84								0.069	0.082	0.108	0.134	0.159	0.185	0.211	0.236	0.261	0.287	0.312	0.362	0.424		
		1.92						0.060	0.073	0.086	0.099	0.125	0.151	0.177	0.202	0.228	0.253	0.278	0.304	0.329	0.379			
		2.00				0.052	0.065	0.078	0.091	0.104	0.117	0.143	0.168	0.194	0.220	0.245	0.270	0.296	0.321	0.346				
		2.08			0.058	0.071	0.083	0.096	0.109	0.122	0.135	0.161	0.186	0.212	0.237	0.263	0.288	0.313	0.338	0.364				
		2.16	0.051	0.063	0.076	0.089	0.102	0.115	0.128	0.141	0.153	0.179	0.204	0.230	0.255	0.281	0.306	0.331						
		2.24	0.070	0.082	0.095	0.108	0.121	0.134	0.146	0.159	0.172	0.197	0.223	0.248	0.273	0.299								
		2.32	0.089	0.102	0.114	0.127	0.140	0.153	0.165	0.178	0.191	0.216	0.241											
		2.40	0.108	0.121	0.134	0.146	0.159	0.172	0.184	0.197	0.210													
		2.45	0.120	0.133	0.146	0.158	0.171	0.184	0.196															
	HRB400（RRB400）	0.00	0.116	0.128	0.140	0.151	0.163	0.174	0.186	0.198	0.209	0.233	0.256	0.279	0.302	0.326	0.349	0.372	0.395	0.419	0.465			
		0.05	0.090	0.101	0.112	0.124	0.135	0.147	0.158	0.170	0.181	0.204	0.227	0.250	0.273	0.296	0.319	0.342	0.365	0.388	0.435			
		0.10	0.064	0.075	0.086	0.097	0.109	0.120	0.131	0.143	0.154	0.176	0.199	0.222	0.245	0.267	0.290	0.313	0.336	0.359	0.405	0.462		
		0.15			0.061	0.072	0.083	0.094		0.116	0.127	0.150	0.172	0.194	0.217	0.239	0.262	0.284	0.307	0.330	0.375	0.432		
		0.20					0.058	0.069	0.080	0.091	0.102	0.123	0.145	0.167	0.190	0.212	0.234	0.256	0.279	0.301	0.346	0.402	0.459	
		0.25							0.055	0.066	0.077	0.098	0.120	0.141	0.163	0.185	0.207	0.229	0.251	0.273	0.317	0.373	0.429	
		0.30									0.053	0.074	0.095	0.116	0.137	0.159	0.180	0.202	0.224	0.245	0.289	0.344	0.400	0.456
		0.35										0.054	0.075	0.096	0.117	0.139	0.160	0.181	0.203	0.225	0.268	0.323	0.378	0.434
		0.40											0.060	0.081	0.102	0.123	0.144	0.165	0.186	0.208	0.251	0.305	0.360	0.415
		0.45											0.047	0.068	0.088	0.109	0.130	0.151	0.172	0.193	0.236	0.289	0.344	0.399
		0.50												0.056	0.076	0.097	0.117	0.138	0.159	0.180	0.222	0.276	0.330	0.384
		0.55												0.047	0.066	0.086	0.107	0.127	0.148	0.169	0.211	0.264	0.318	0.372
		0.60													0.058	0.078	0.098	0.118	0.139	0.159	0.201	0.254	0.307	0.362
		0.65													0.051	0.070	0.090	0.111	0.132	0.153	0.196	0.251	0.307	0.363
		0.70														0.066	0.087	0.108	0.130	0.152	0.197	0.253	0.310	0.367
		0.75														0.063	0.085	0.108	0.130	0.153	0.198	0.255	0.313	0.371
		0.80														0.062	0.085	0.108	0.131	0.154	0.200	0.259	0.317	0.376

续表

a_s/h_0	钢筋种类	λ / ω	0.100	0.110	0.120	0.130	0.140	0.150	0.160	0.170	0.180	0.200	0.220	0.240	0.260	0.280	0.300	0.320	0.340	0.360	0.400	0.450	0.500	0.550
0.14	HRB400 (RRB400)	0.88														0.064	0.088	0.111	0.135	0.159	0.206	0.266	0.325	0.384
		0.96														0.069	0.093	0.117	0.141	0.165	0.214	0.274	0.334	0.394
		1.04														0.075	0.100	0.125	0.149	0.174	0.223	0.284	0.344	0.405
		1.12														0.084	0.109	0.134	0.159	0.184	0.233	0.295	0.356	0.417
		1.20														0.094	0.120	0.145	0.170	0.195	0.245	0.307	0.368	0.429
		1.28													0.080	0.106	0.131	0.157	0.182	0.207	0.257	0.319	0.381	0.443
		1.36													0.093	0.119	0.144	0.169	0.195	0.220	0.270	0.333	0.395	0.456
		1.44												0.081	0.106	0.132	0.158	0.183	0.209	0.234	0.284	0.347	0.409	
		1.52												0.095	0.121	0.146	0.172	0.198	0.223	0.248	0.299	0.362	0.424	
		1.60											0.084	0.110	0.136	0.162	0.187	0.213	0.238	0.264	0.314	0.377	0.439	
		1.68										0.074	0.100	0.126	0.151	0.177	0.203	0.228	0.254	0.279	0.330	0.392	0.455	
		1.76										0.090	0.116	0.142	0.168	0.193	0.219	0.244	0.270	0.295	0.346	0.408		
		1.84								0.068	0.081	0.107	0.133	0.159	0.184	0.210	0.235	0.261	0.286	0.312	0.362	0.425		
		1.92						0.059	0.072	0.085	0.098	0.124	0.150	0.176	0.201	0.227	0.252	0.278	0.303	0.328	0.379			
		2.00				0.051	0.064	0.077	0.090	0.103	0.116	0.142	0.167	0.193	0.219	0.244	0.269	0.295	0.320	0.345				
		2.08			0.057	0.070	0.083	0.095	0.108	0.121	0.134	0.160	0.185	0.211	0.236	0.262	0.287	0.312	0.338	0.363				
		2.16	0.050	0.063	0.075	0.088	0.101	0.114	0.127	0.139	0.152	0.178	0.203	0.229	0.254	0.279	0.305	0.330						
		2.24	0.069	0.082	0.094	0.107	0.120	0.133	0.145	0.158	0.171	0.196	0.222	0.247	0.272	0.297								
		2.32	0.088	0.101	0.113	0.126	0.139	0.151	0.164	0.177	0.189	0.215	0.240											
		2.40	0.107	0.120	0.133	0.145	0.158	0.170	0.183	0.196	0.208													
		2.45	0.120	0.132	0.145	0.157	0.170	0.182	0.195															

第四章　钢筋混凝土基础计算

第一节　墙下钢筋混凝土条形基础计算

一、适用范围

1. 混凝土强度等级：C20，C25；
2. 普通钢筋：HPB235，HRB335；
3. 混凝土保护层厚度 40mm（有垫层）。

二、制表公式

$$F_k = B\left(f_a - \overline{\gamma} d\right) \tag{4-1-1}$$

$$H_0 \geqslant \left(\frac{\left(f_a - \overline{\gamma} d\right)\left(B - b_2\right)}{2\left(f_a + 519 f_t - \overline{\gamma} d\right)} + 0.05\right) \times 10^3 \tag{4-1-2}$$

$$A_s = \frac{\left(f_a - \overline{\gamma} d\right)\left(B - b_1\right)^2}{5.333 f_y\left(H_0 - 50\right)} \times 10^6 \tag{4-1-3}$$

式中　F_k——相应于荷载效应标准组合时，基础顶面由上部结构传下的竖向力标准值（kN/m）；

f_a——埋深 d 时，修正后的地基承载力特征值（kN/m²），表 4-1-1 中 f_a 为 $d = 1.5$m 时所对应的地基承载力特征值；

$\overline{\gamma}$——基础与土的加权平均重度，本章表按 $\overline{\gamma} = 20$kN/m³ 编制；

d——基础埋置深度(m)，本章表按基础埋深为 1.5m 编制；

B——基础宽度（m）；

H_0——基础高度（mm）；

A_s——基础底部每延米的钢筋截面面积（mm²/m）。

三、使用说明

1. 本节表基础的抗冲切高度和配筋计算按由永久荷载效应控制的组合编制，当由非永久荷载效应控制的组合决定时，应另行计算。制表时取 $b_1 = 0.24$m，$b_2 = 0.37$m，如图 4-1-1 所示。

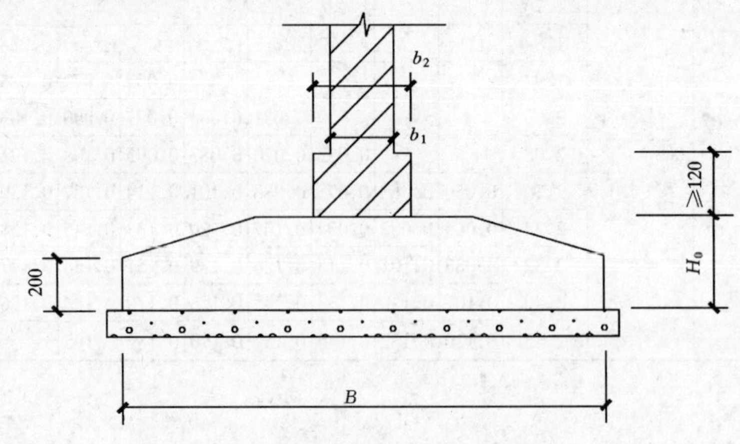

图 4-1-1　墙下钢筋混凝土条形基础

2. 当基础埋深 $d \neq 1.5$m，可按［$f_a - \overline{\gamma}\ (d - 1.5)$］作为 f_a 查表 4-1-1 确定 B、H_0 及 A_s；

3. 本节表按 HPB235 钢筋编制，当采用 HRB335 钢筋时，应

将 A_s 乘以 0.7；

4. 受力钢筋最小直径不宜小于 10mm，间距不宜大于 200mm，也不宜小于 100mm；

5. 纵向分布筋的直径不小于 8mm，间距不宜大于 300mm，每延米分布钢筋的截面面积应不小于每延米受力钢筋截面面积的 1/10。

四、应用举例

【例 4-1-1】 墙体传至基础顶面处的轴向力标准值 $F_k=250\text{kN/m}$，为永久性荷载效应控制的组合，基础埋深 3.0m，埋深 3.0m 处修正后地基承载力特征值 $f_a=150\text{kN/m}^2$，C20 混凝土，HRB335 钢筋，求基础宽度 B、基础高度 H_0 及基础底部钢筋截面面积 A_s。

【解】 采用钢筋混凝土条形基础

$[f_a-20(d-1.5)]=150-20\times(3-1.5)=120\text{kN/m}^2$

查表 4-1-1，$B=2.8\text{m}$，$H_0=450\text{mm}$

HPB235 钢筋时，$A_s=1316\text{mm}^2/\text{m}$

HRB335 钢筋时，$A_s=1316\times0.7=921\text{mm}^2/\text{m}$

配筋Φ12@120。

五、墙下钢筋混凝土条形基础选用表

墙下钢筋混凝土条形基础选用表见表 4-1-1。

墙下钢筋混凝土条形基础选用表　　**表 4-4-1**

F_k (kN/m)　H_0 (mm)　A_s (mm²)　HPB235　C20																					
f_a (kN/m²) \ B (m)		0.8	0.9	1.0	1.1	1.2	1.3	1.4	1.5	1.6	1.7	1.8	1.9	2.0	2.1	2.2	2.3	2.4	2.6	2.8	3.0
60	F_k	24	26	30	33	36	38	41	45	48	51	53	56	60	62	66	68	72	77	83	90
	H_0	250	250	250	250	250	250	250	250	250	250	250	300	300	300	300	350	350	350	400	400
	A_s	393	393	393	393	393	393	393	393	393	393	393	393	393	393	411	393	416	497	501	582
80	F_k	40	44	50	55	60	64	69	75	80	85	89	94	100	104	110	114	120	129	139	150
	H_0	250	250	250	250	250	250	250	250	250	300	300	300	300	350	350	400	400	400	400	450
	A_s	393	393	393	393	393	393	393	393	412	393	434	492	553	514	571	541	595	710	835	850
100	F_k	56	62	70	77	84	90	97	105	112	119	125	132	140	146	154	160	168	181	195	210
	H_0	250	250	250	250	250	250	250	300	300	300	300	300	300	350	350	400	400	400	450	450
	A_s	393	393	393	393	393	393	420	396	462	532	608	688	774	720	800	757	833	994	1023	1190
120	F_k	72	80	90	99	108	116	125	135	144	153	161	170	180	188	198	206	216	233	251	270
	H_0	250	250	250	250	250	250	300	300	350	350	350	350	350	350	350	400	400	400	450	450
	A_s	393	393	393	393	393	451	432	510	495	570	651	738	829	926	1029	974	1071	1278	1316	1530
150	F_k	96	107	120	132	144	155	167	180	192	204	215	227	240	251	264	275	288	311	335	360
	H_0	250	250	250	250	250	300	300	350	350	400	400	400	400	400	400	400	400	450	450	450
	A_s	393	393	393	396	493	481	576	567	660	652	744	843	948	1059	1176	1299	1428	1491	1755	2040

续表

F_k（kN/m） H_0（mm） A_s（mm^2） HPB235 C20

f_a (kN/m^2) \ B (m)		0.8	0.9	1.0	1.1	1.2	1.3	1.4	1.5	1.6	1.7	1.8	1.9	2.0	2.1	2.2	2.3	2.4	2.6	2.8	3.0
180	F_k	120	134	150	165	180	194	209	225	240	255	269	284	300	314	330	344	360	389	419	450
	H_0	250	250	250	250	250	300	300	350	350	400	400	400	400	400	400	450	450	450	500	500
	A_s	393	393	393	495	617	601	720	708	825	815	931	1054	1185	1323	1470	1420	1562	1864	1950	2267
200	F_k	136	152	170	187	204	220	237	255	272	289	305	322	340	356	374	390	408	441	475	510
	H_0	250	250	250	250	300	300	350	350	350	400	400	400	450	450	450	450	450	500	500	550
	A_s	393	393	438	561	559	682	680	803	935	924	1055	1195	1175	1312	1457	1610	1770	1878	2210	2312
225	F_k	156	175	195	214	234	253	272	292	312	331	350	370	390	409	429	448	468	506	545	585
	H_0	250	250	250	250	300	300	350	350	400	400	400	400	450	450	450	450	500	500	550	550
	A_s	393	393	502	643	641	782	780	921	920	1060	1210	1370	1348	1505	1672	1847	1805	2154	2282	2652
250	F_k	176	197	220	242	264	285	307	330	352	374	395	417	440	461	484	505	528	571	615	660
	H_0	250	250	250	300	300	350	350	400	400	450	450	450	450	450	500	500	500	550	550	600
	A_s	393	427	567	581	724	735	881	891	1038	1046	1195	1353	1521	1698	1676	1852	2036	2188	2574	2720
300	F_k	216	242	270	297	324	350	377	405	432	459	485	512	540	566	594	620	648	701	755	810
	H_0	250	250	300	300	350	350	400	400	450	450	450	450	500	500	550	550	600	650	700	750
	A_s	393	525	556	713	740	902	926	1093	1114	1284	1466	1660	1659	1853	1852	2046	2044	2237	2430	2623

F_k（kN/m） H_0（mm） A_s（mm^2） HPB235 C25

f_a (kN/m^2) \ B (m)		0.8	0.9	1.0	1.1	1.2	1.3	1.4	1.5	1.6	1.7	1.8	1.9	2.0	2.1	2.2	2.3	2.4	2.6	2.8	3.0
60	F_k	24	26	30	33	36	38	41	45	48	51	53	56	60	62	66	68	72	77	83	90
	H_0	250	250	250	250	250	250	250	250	250	250	250	300	300	300	300	350	350	350	400	400
	A_s	393	393	393	393	393	393	393	393	393	393	393	393	393	393	411	393	416	497	501	582
80	F_k	40	44	50	55	60	64	69	75	80	85	89	94	100	104	110	114	120	129	139	150
	H_0	250	250	250	250	250	250	250	250	250	300	300	300	300	350	350	400	400	400	400	450
	A_s	393	393	393	393	393	393	393	393	412	393	434	492	553	514	571	541	595	710	835	850
100	F_k	56	62	70	77	84	90	97	105	112	119	125	132	140	146	154	160	168	181	195	210
	H_0	250	250	250	250	250	250	250	300	300	300	300	300	300	350	350	400	400	400	450	450
	A_s	393	393	393	393	393	393	420	396	462	532	608	688	774	720	800	757	833	994	1023	1190
120	F_k	72	80	90	99	108	116	125	135	144	153	161	170	180	188	198	206	216	233	251	270
	H_0	250	250	250	250	250	250	300	300	350	350	350	350	350	350	350	400	400	400	450	450
	A_s	393	393	393	393	393	451	432	510	495	570	651	738	829	926	1029	974	1071	1278	1316	1530

续表

F_k（kN/m）　H_0（mm）　A_s（mm^2）　HPB235　C25

f_a（kN/m^2）＼ B（m）		0.8	0.9	1.0	1.1	1.2	1.3	1.4	1.5	1.6	1.7	1.8	1.9	2.0	2.1	2.2	2.3	2.4	2.6	2.8	3.0
150	F_k	96	107	120	132	144	155	167	180	192	204	215	227	240	251	264	275	288	311	335	360
	H_0	250	250	250	250	250	300	300	350	350	400	400	400	400	400	400	400	400	450	450	450
	A_s	393	393	393	396	493	481	576	567	660	652	744	843	948	1059	1176	1299	1428	1491	1755	2040
180	F_k	120	134	150	165	180	194	209	225	240	255	269	284	300	314	330	344	360	389	419	450
	H_0	250	250	250	250	250	300	300	350	350	400	400	400	400	400	400	450	450	450	500	500
	A_s	393	393	393	495	617	601	720	708	825	815	931	1054	1185	1323	1470	1420	1562	1864	1950	2267
200	F_k	136	152	170	187	204	220	237	255	272	289	305	322	340	356	374	390	408	441	475	510
	H_0	250	250	250	250	300	300	350	350	350	400	400	400	450	450	450	450	450	500	500	550
	A_s	393	393	438	561	559	682	680	803	935	924	1055	1195	1175	1312	1457	1610	1770	1878	2210	2312
225	F_k	156	175	195	214	234	253	272	292	312	331	350	370	390	409	429	448	468	506	545	585
	H_0	250	250	250	250	300	300	350	350	400	400	400	400	450	450	450	450	500	500	550	550
	A_s	393	393	502	643	641	782	780	921	920	1060	1210	1370	1348	1505	1672	1847	1805	2154	2282	2652
250	F_k	176	197	220	242	264	285	307	330	352	374	395	417	440	461	484	505	528	571	615	660
	H_0	250	250	250	300	300	350	350	400	400	450	450	450	450	450	500	500	500	550	550	600
	A_s	393	427	567	581	724	735	881	891	1038	1046	1195	1353	1521	1698	1676	1852	2036	2188	2574	2720
300	F_k	216	242	270	297	324	350	377	405	432	459	485	512	540	566	594	620	648	701	755	810
	H_0	250	250	300	300	350	350	400	400	450	450	450	450	500	500	550	550	600	650	700	750
	A_s	393	525	556	713	740	902	926	1093	1114	1284	1466	1660	1659	1853	1852	2046	2044	2237	2430	2623

第二节　轴心受压方形基础计算

一、适用范围

1. 混凝土强度等级：C20，C25，C30；
2. 普通钢筋：HPB235，HRB335，HRB400（RRB400）；
3. 混凝土保护层厚度 40mm（有垫层）。

二、制表公式

$$F_k = (f_a - \overline{\gamma} d)\, b^2 \tag{4-2-1}$$

$$H_0 \geqslant \frac{1}{2}\left[\sqrt{\frac{519 f_t a^2 + (f_a - \overline{\gamma} d)\, b^2 \times 10^6}{519 f_t + (f_a - \overline{\gamma} d)}} - a + 120\right] \tag{4-2-2}$$

且

$$H_0 \geqslant \frac{1}{5}(1000b - a) \tag{4-2-3}$$

$$A_s = \frac{(f_a - \overline{\gamma} d)(1000b - a)^2 (2000b + a)}{16 f_y (H_0 - 60)} \times 10^{-3} \tag{4-2-4}$$

式中 F_k——相应于荷载效应标准组合时，基础顶面由上部结构传下的竖向力标准值（kN）；

H_0——基础高度（mm），当 $H_0 \leqslant 500$mm 时采用锥形基础；当 $H_0 > 500$mm 时，采用阶形基础；

b——基础宽度（m）；

a——方形柱边长（mm）；

A_s——基础底部的钢筋截面面积（mm²）。

三、使用说明

1. 本节表中基础的抗冲切高度和配筋计算按由永久荷载效应控制的组合编制，当由非永久荷载效应控制的组合决定时，应另行计算；

2. 由已知的 f_a、a 及 F_k 可查表 4-2-1～表 4-2-6 确定 b、H_0 和 A_s；

3. 图 4-2-1 中阶形基础台阶高度：

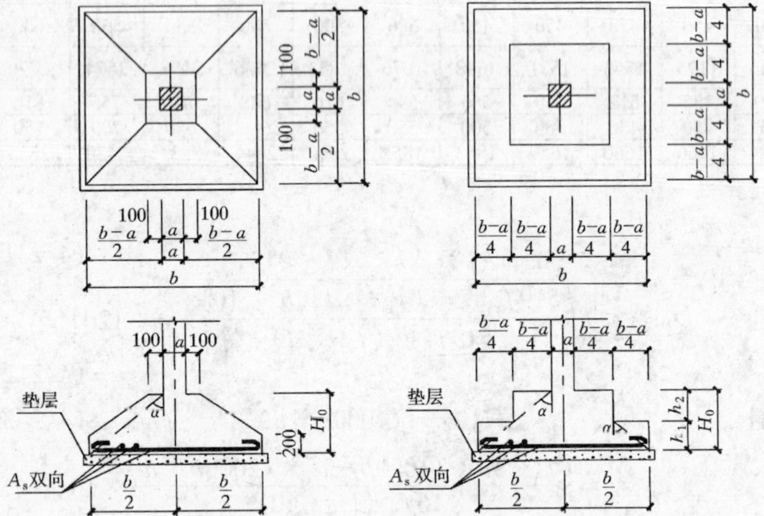

图 4-2-1 轴心受压方形钢筋混凝土基础

$H_0 = 600$mm 时，$h_1 = h_2 = 300$mm；

$H_0 = 700$mm 时，$h_1 = 400$mm，$h_2 = 300$mm；

$H_0 = 800$mm 时，$h_1 = h_2 = 400$mm。

4. 表中查得之 A_s，均指基础底部一个方向的钢筋总截面面积；对轴心受压基础，两个方向钢筋相同；

5. 当基础埋深 $d \neq 1.5$m，可按 $[f_a - \overline{\gamma}(d-1.5)]$ 作为 f_a 查表确定 b、H_0 及 A_s；

6. 本节表按 HRB335 钢筋编制，当采用 HPB235 钢筋时，应将表中 A_s 除以 0.7，当采用 HRB400（RRB400）钢筋时，应将表中 A_s 除以 1.2；

7. 当扩展基础的混凝土强度等级小于柱的混凝土强度等级时，尚应验算柱下扩展基础顶面的局部受压承载力。

四、应用举例

【例 4-2-1】 已知柱截面 $a \times a = 300\text{mm} \times 300\text{mm}$，传至基础顶面的竖向力标准值 $F_k = 350$kN，为永久性荷载效应控制的组合，基础埋深 $d = 3.0$m，埋深 3.0m 处修正后地基承载力特征值 $f_a = 150\text{kN/m}^2$，C20 混凝土，HRB335 钢筋，求基础宽度 b、基础高度 H_0 及基础底部钢筋截面面积 A_s。

【解】 采用钢筋混凝土方形基础

$[f_a - \overline{\gamma}(d-1.5)] = 150 - 20 \times (3-1.5) = 120\ \text{kN/m}^2$

查表 4-2-2，$b = 2.0$m

$H_0 = 350$mm，$A_s = 803\text{mm}^2$

$803/2.0 \approx 402\text{mm}^2/\text{m}$

配筋Φ10@190（双向）。

五、轴心受压方形基础选用表

轴心受压方形基础选用表见表 4-2-1～表 4-2-6。

轴心受压混凝土方形基础选用表　　　　**表 4-2-1**

柱 250mm×250mm　F_k（kN）　H_0（mm）　A_s（mm²）　钢筋 HRB335　混凝土 C20																									
f_a (kN/m²) ＼ A (m×m)		0.7×0.7	0.8×0.8	0.9×0.9	1.0×1.0	1.1×1.1	1.2×1.2	1.3×1.3	1.4×1.4	1.5×1.5	1.6×1.6	1.7×1.7	1.8×1.8	1.9×1.9	2.0×2.0	2.2×2.2	2.4×2.4	2.5×2.5	2.6×2.6	2.8×2.8	3.0×3.0	3.2×3.2	3.4×3.4	3.5×3.5	3.6×3.6
80	F_k	25	33	41	51	61	73	85	98	113	129	145	162	181	201	243	289	313	338	392	451	513	579	613	648
	H_0	300	300	300	300	300	300	300	300	300	300	300	350	350	350	400	450	450	500	600	600	600	700	700	700
	A_s	275	314	353	393	432	471	510	550	589	628	668	707	746	786	864	943	982	1021	1100	1179	1257	1336	1375	1414
100	F_k	35	45	57	71	85	101	119	138	158	180	203	227	253	281	339	404	438	474	549	631	717	810	858	908
	H_0	300	300	300	300	300	300	300	300	300	300	300	350	350	350	400	450	450	500	600	600	600	700	700	700
	A_s	275	314	353	393	432	471	510	550	589	628	668	707	746	786	864	943	993	1021	1100	1276	1562	1593	1744	1905
120	F_k	45	58	73	91	109	130	153	177	203	231	261	292	325	361	436	519	563	609	706	811	922	1041	1103	1167
	H_0	300	300	300	300	300	300	300	300	300	300	300	350	350	350	400	450	450	500	600	600	600	700	700	700
	A_s	275	314	353	393	432	471	510	550	589	628	668	707	746	841	975	1122	1277	1282	1320	1641	2009	2049	2243	2449
150	F_k	59	77	98	121	146	173	203	236	271	308	347	389	434	481	581	692	751	812	941	1081	1229			
	H_0	300	300	300	300	300	300	300	300	300	300	350	350	350	400	450	450	500	500	600	600	700			
	A_s	275	314	353	393	432	471	510	550	589	654	668	797	950	957	1133	1496	1510	1710	1761	2188	2260			
180	F_k	74	97	122	151	182	217	254	294	338	385	434	486	542	601	727	865	938	1014	1176					
	H_0	300	300	300	300	300	300	300	300	300	350	350	400	400	450	450	500	600	600	600					
	A_s	275	314	353	393	432	471	510	550	661	677	826	850	1013	1042	1416	1657	1538	1741	2201					
200	F_k	84	109	138	171	206	245	288	334	383	436	492	551	614	681	823	980	1063	1150						
	H_0	300	300	300	300	300	300	300	300	350	350	400	400	450	450	500	600	600	600						
	A_s	275	314	353	393	432	471	510	595	620	767	799	963	1001	1181	1423	1531	1743	1973						
250	F_k	108	141	179	221	267	317	372	432	496	564	636	713	795	881	1065	1268								
	H_0	300	300	300	300	300	300	300	350	350	400	400	450	450	500	600	600								
	A_s	275	314	353	393	432	471	600	637	802	847	1034	1087	1295	1355	1500	1981								
300	F_k	133	173	219	271	327	389	457	530	608	692	781	875	975	1081	1307									
	H_0	300	300	300	300	300	300	350	350	400	400	450	500	500	600	600									
	A_s	275	314	353	393	432	560	609	782	840	1040	1106	1182	1409	1355	1841									

续表

柱 250mm×250mm		F_k（kN）							H_0（mm）						A_s（mm²）				钢筋 HRB335				混凝土 C25		
f_a (kN/m²) \ A (m×m)		0.7×0.7	0.8×0.8	0.9×0.9	1.0×1.0	1.1×1.1	1.2×1.2	1.3×1.3	1.4×1.4	1.5×1.5	1.6×1.6	1.7×1.7	1.8×1.8	1.9×1.9	2.0×2.0	2.2×2.2	2.4×2.4	2.5×2.5	2.6×2.6	2.8×2.8	3.0×3.0	3.2×3.2	3.4×3.4	3.5×3.5	3.6×3.6
80	F_k	25	33	41	51	61	73	85	98	113	129	145	162	181	201	243	289	313	338	392	451	513	579	613	648
	H_0	300	300	300	300	300	300	300	300	300	300	300	350	350	350	400	450	450	500	600	600	600	700	700	700
	A_s	275	314	353	393	432	471	510	550	589	628	668	707	746	786	864	943	982	1021	1100	1179	1257	1336	1375	1414
100	F_k	35	45	57	71	85	101	119	138	158	180	203	227	253	281	339	404	438	474	549	631	717	810	858	908
	H_0	300	300	300	300	300	300	300	300	300	300	300	350	350	350	400	450	450	500	600	600	600	700	700	700
	A_s	275	314	353	393	432	471	510	550	589	628	668	707	746	786	864	943	993	1021	1100	1276	1562	1593	1744	1905
120	F_k	45	58	73	91	109	130	153	177	203	231	261	292	325	361	436	519	563	609	706	811	922	1041	1103	1167
	H_0	300	300	300	300	300	300	300	300	300	300	300	350	350	350	400	450	450	500	600	600	600	700	700	700
	A_s	275	314	353	393	432	471	510	550	589	628	668	707	746	841	975	1122	1277	1282	1320	1641	2009	2049	2243	2449
150	F_k	59	77	98	121	146	173	203	236	271	308	347	389	434	481	581	692	751	812	941	1081	1229	1388		
	H_0	300	300	300	300	300	300	300	300	300	300	300	350	350	350	400	450	450	500	600	600	600	700		
	A_s	275	314	353	393	432	471	510	550	589	654	799	797	950	1122	1300	1496	1703	1710	1761	2188	2679	2732		
180	F_k	74	97	122	151	182	217	254	294	338	385	434	486	542	601	727	865	938	1014	1176	1351				
	H_0	300	300	300	300	300	300	300	300	300	300	350	350	400	400	450	500	500	600	600	600				
	A_s	275	314	353	393	432	471	510	550	661	818	826	996	1013	1196	1416	1657	1887	1741	2201	2735				
200	F_k	84	109	138	171	206	245	288	334	383	436	492	551	614	681	823	980	1063	1150	1333					
	H_0	300	300	300	300	300	300	300	300	300	350	350	400	400	450	450	500	600	600	600					
	A_s	275	314	353	393	432	471	510	595	749	767	937	963	1148	1181	1605	1878	1743	1973	2494					
250	F_k	108	141	179	221	267	317	372	432	496	564	636	713	795	881	1065	1268	1376							
	H_0	300	300	300	300	300	300	300	350	350	350	400	400	450	450	500	600	600							
	A_s	275	314	353	393	432	471	600	637	802	993	1034	1246	1295	1529	1841	1981	2255							
300	F_k	133	173	219	271	327	389	457	530	608	692	781	875	975	1081	1307									
	H_0	300	300	300	300	300	300	300	350	400	400	450	450	500	500	600									
	A_s	275	314	353	393	432	560	736	782	840	1040	1106	1334	1409	1663	1841									

续表

柱 250mm×250mm		F_k（kN）						H_0（mm）						A_s（mm^2）				钢筋 HRB335				混凝土 C30			
f_a（kN/m^2） \ A（m×m）		0.7×0.7	0.8×0.8	0.9×0.9	1.0×1.0	1.1×1.1	1.2×1.2	1.3×1.3	1.4×1.4	1.5×1.5	1.6×1.6	1.7×1.7	1.8×1.8	1.9×1.9	2.0×2.0	2.2×2.2	2.4×2.4	2.5×2.5	2.6×2.6	2.8×2.8	3.0×3.0	3.2×3.2	3.4×3.4	3.5×3.5	3.6×3.6
80	F_k	25	33	41	51	61	73	85	98	113	129	145	162	181	201	243	289	313	338	392	451	513	579	613	648
	H_0	300	300	300	300	300	300	300	300	300	300	300	350	350	350	400	450	450	500	600	600	600	700	700	700
	A_s	275	314	353	393	432	471	510	550	589	628	668	707	746	786	864	943	982	1021	1100	1179	1257	1336	1375	1414
100	F_k	35	45	57	71	85	101	119	138	158	180	203	227	253	281	339	404	438	474	549	631	717	810	858	908
	H_0	300	300	300	300	300	300	300	300	300	300	300	350	350	350	400	450	450	500	600	600	600	700	700	700
	A_s	275	314	353	393	432	471	510	550	589	628	668	707	746	786	864	943	993	1021	1100	1276	1562	1593	1744	1905
120	F_k	45	58	73	91	109	130	153	177	203	231	261	292	325	361	436	519	563	609	706	811	922	1041	1103	1167
	H_0	300	300	300	300	300	300	300	300	300	300	300	350	350	350	400	450	450	500	600	600	600	700	700	700
	A_s	275	314	353	393	432	471	510	550	589	628	668	707	746	841	975	1122	1277	1282	1320	1641	2009	2049	2243	2449
150	F_k	59	77	98	121	146	173	203	236	271	308	347	389	434	481	581	692	751	812	941	1081	1229	1388	1471	1556
	H_0	300	300	300	300	300	300	300	300	300	300	300	350	350	350	400	450	450	500	600	600	600	700	700	700
	A_s	275	314	353	393	432	471	510	550	589	654	799	797	950	1122	1300	1496	1703	1710	1761	2188	2679	2732	2991	3265
180	F_k	74	97	122	151	182	217	254	294	338	385	434	486	542	601	727	865	938	1014	1176	1351	1537			
	H_0	300	300	300	300	300	300	300	300	300	300	350	350	350	400	400	450	500	500	600	600	700			
	A_s	275	314	353	393	432	471	510	550	661	818	826	996	1188	1196	1625	1870	1887	2137	2201	2735	2825			
200	F_k	84	109	138	171	206	245	288	334	383	436	492	551	614	681	823	980	1063	1150	1333	1531				
	H_0	300	300	300	300	300	300	300	300	300	300	350	350	400	400	450	500	500	600	600	600				
	A_s	275	314	353	393	432	471	510	595	749	927	937	1129	1148	1355	1605	1878	2139	1973	2494	3099				
250	F_k	108	141	179	221	267	317	372	432	496	564	636	713	795	881	1065	1268	1376	1488						
	H_0	300	300	300	300	300	300	300	300	350	350	400	400	450	450	500	600	600	600						
	A_s	275	314	353	393	432	471	600	770	802	993	1034	1246	1295	1529	1841	1981	2255	2554						
300	F_k	133	173	219	271	327	389	457	530	608	692	781	875	975	1081	1307	1556								
	H_0	300	300	300	300	300	300	300	350	350	400	400	450	450	500	600	600								
	A_s	275	314	353	393	432	560	736	782	984	1040	1269	1334	1590	1663	1841	2431								

轴心受压混凝土方形基础选用表 表 4-2-2

柱 300mm×300mm　F_k（kN）　H_0（mm）　A_s（mm²）　钢筋 HRB335　混凝土 C20

f_a (kN/m²) \ A (m×m)		0.8×0.8	0.9×0.9	1.0×1.0	1.1×1.1	1.2×1.2	1.3×1.3	1.4×1.4	1.5×1.5	1.6×1.6	1.7×1.7	1.8×1.8	1.9×1.9	2.0×2.0	2.2×2.2	2.4×2.4	2.5×2.5	2.6×2.6	2.8×2.8	3.0×3.0	3.2×3.2	3.4×3.4	3.5×3.5	3.6×3.6	3.8×3.8
80	F_k	33	41	51	61	73	85	98	113	129	145	162	181	201	243	289	313	338	392	451	513	579	613	648	722
	H_0	300	300	300	300	300	300	300	300	300	300	300	350	350	400	450	450	500	500	600	600	700	700	700	700
	A_s	314	353	393	432	471	510	550	589	628	668	707	746	786	864	943	982	1021	1100	1179	1257	1336	1375	1414	1575
100	F_k	45	57	71	85	101	119	138	158	180	203	227	253	281	339	404	438	474	549	631	717	810	858	908	1011
	H_0	300	300	300	300	300	300	300	300	300	300	300	350	350	400	450	450	500	500	600	600	700	700	700	700
	A_s	314	353	393	432	471	510	550	589	628	668	707	746	786	864	943	982	1021	1222	1240	1521	1554	1703	1861	2205
120	F_k	58	73	91	109	130	153	177	203	231	261	292	325	361	436	519	563	609	706	811	922	1041	1103	1167	1300
	H_0	300	300	300	300	300	300	300	300	300	300	300	350	350	400	450	450	500	500	600	600	700	700	700	700
	A_s	314	353	393	432	471	510	550	589	628	668	707	746	803	935	1081	1233	1239	1571	1594	1956	1998	2190	2392	2835
150	F_k	77	98	121	146	173	203	236	271	308	347	389	434	481	581	692	751	812	941	1081	1229	1388	1471	1556	1733
	H_0	300	300	300	300	300	300	300	300	300	300	350	350	350	400	450	450	500	600	600	600	700	700	700	800
	A_s	314	353	393	432	471	510	550	589	628	755	756	904	1071	1247	1441	1644	1653	1707	2126	2608	2665	2920	3190	3269
180	F_k	97	122	151	182	217	254	294	338	385	434	486	542	601	727	865	938	1014	1176	1351	1537	1735	1838		
	H_0	300	300	300	300	300	300	300	300	300	350	350	400	400	450	500	500	600	600	700	700	700	800		
	A_s	314	353	393	432	471	510	550	618	770	781	945	964	1142	1359	1597	1821	1683	2133	2242	2751	3331	3156		
200	F_k	109	138	171	206	245	288	334	383	436	492	551	614	681	823	980	1063	1150	1333	1531	1741				
	H_0	300	300	300	300	300	300	300	300	350	350	400	400	450	500	500	600	600	600	700	700				
	A_s	314	353	393	432	471	510	553	701	722	885	914	1093	1128	1365	1810	1682	1908	2418	2541	3118				
250	F_k	141	179	221	267	317	372	432	496	564	636	713	795	881	1065	1268	1376	1488	1725						
	H_0	300	300	300	300	300	300	300	350	350	400	450	450	500	600	600	600	700	700						
	A_s	314	353	393	432	471	553	716	751	934	977	1031	1233	1294	1440	1908	2177	2083	2640						
300	F_k	173	219	271	327	389	457	530	608	692	781	875	975	1081	1307	1556	1688	1826							
	H_0	300	300	300	300	300	300	350	400	400	450	450	500	500	600	700	700	700							
	A_s	314	353	393	432	512	679	727	786	978	1045	1265	1341	1588	1767	1976	2254	2557							

续表

柱 300mm×300mm		F_k（kN）						H_0（mm）						A_s（mm^2）				钢筋 HRB335				混凝土 C25			
f_a（kN/m^2） \ A（m×m）		0.8×0.8	0.9×0.9	1.0×1.0	1.1×1.1	1.2×1.2	1.3×1.3	1.4×1.4	1.5×1.5	1.6×1.6	1.7×1.7	1.8×1.8	1.9×1.9	2.0×2.0	2.2×2.2	2.4×2.4	2.5×2.5	2.6×2.6	2.8×2.8	3.0×3.0	3.2×3.2	3.4×3.4	3.5×3.5	3.6×3.6	3.8×3.8
80	F_k	33	41	51	61	73	85	98	113	129	145	162	181	201	243	289	313	338	392	451	513	579	613	648	722
	H_0	300	300	300	300	300	300	300	300	300	300	300	350	350	400	450	450	500	500	600	600	700	700	700	700
	A_s	314	353	393	432	471	510	550	589	628	668	707	746	786	864	943	982	1021	1100	1179	1257	1336	1375	1414	1575
100	F_k	45	57	71	85	101	119	138	158	180	203	227	253	281	339	404	438	474	549	631	717	810	858	908	1011
	H_0	300	300	300	300	300	300	300	300	300	300	300	350	350	400	450	450	500	500	600	600	700	700	700	700
	A_s	314	353	393	432	471	510	550	589	628	668	707	746	786	864	943	982	1021	1222	1240	1521	1554	1703	1861	2205
120	F_k	58	73	91	109	130	153	177	203	231	261	292	325	361	436	519	563	609	706	811	922	1041	1103	1167	1300
	H_0	300	300	300	300	300	300	300	300	300	300	300	350	350	400	450	450	500	500	600	600	700	700	700	700
	A_s	314	353	393	432	471	510	550	589	628	668	707	746	803	935	1081	1233	1239	1571	1594	1956	1998	2190	2392	2835
150	F_k	77	98	121	146	173	203	236	271	308	347	389	434	481	581	692	751	812	941	1081	1229	1388	1471	1556	1733
	H_0	300	300	300	300	300	300	300	300	300	300	300	350	350	400	450	450	500	500	600	600	700	700	700	700
	A_s	314	353	393	432	471	510	550	589	628	755	914	904	1071	1247	1441	1644	1653	2095	2126	2608	2665	2920	3190	3780
180	F_k	97	122	151	182	217	254	294	338	385	434	486	542	601	727	865	938	1014	1176	1351	1537	1735	1838	1944	
	H_0	300	300	300	300	300	300	300	300	300	300	350	350	400	450	450	500	500	600	600	700	700	700	700	
	A_s	314	353	393	432	471	510	550	618	770	944	945	1131	1142	1359	1802	1821	2066	2133	2657	2751	3331	3650	3988	
200	F_k	109	138	171	206	245	288	334	383	436	492	551	614	681	823	980	1063	1150	1333	1531	1741	1966			
	H_0	300	300	300	300	300	300	300	300	300	350	350	400	400	450	500	500	600	600	700	700	700			
	A_s	314	353	393	432	471	510	553	701	872	885	1071	1093	1294	1540	1810	2064	1908	2418	2541	3118	3775			
250	F_k	141	179	221	267	317	372	432	496	564	636	713	795	881	1065	1268	1376	1488	1725	1981					
	H_0	300	300	300	300	300	300	300	350	350	400	400	450	450	500	600	600	600	700	700					
	A_s	314	353	393	432	471	553	716	751	934	977	1182	1233	1460	1767	1908	2177	2469	2640	3289					
300	F_k	173	219	271	327	389	457	530	608	692	781	875	975	1081	1307	1556	1688	1826							
	H_0	300	300	300	300	300	300	350	350	400	400	450	450	500	600	600	600	700							
	A_s	314	353	393	432	512	679	727	921	978	1199	1265	1513	1588	1767	2342	2672	2557							

续表

柱 300mm×300mm		F_k（kN）						H_0（mm）						A_s（mm^2）				钢筋 HRB335			混凝土 C30				
f_a（kN/m^2） \ A（m×m）		0.8×0.8	0.9×0.9	1.0×1.0	1.1×1.1	1.2×1.2	1.3×1.3	1.4×1.4	1.5×1.5	1.6×1.6	1.7×1.7	1.8×1.8	1.9×1.9	2.0×2.0	2.2×2.2	2.4×2.4	2.5×2.5	2.6×2.6	2.8×2.8	3.0×3.0	3.2×3.2	3.4×3.4	3.5×3.5	3.6×3.6	3.8×3.8
80	F_k	33	41	51	61	73	85	98	113	129	145	162	181	201	243	289	313	338	392	451	513	579	613	648	722
	H_0	300	300	300	300	300	300	300	300	300	300	300	350	350	400	450	450	500	500	600	600	700	700	700	700
	A_s	314	353	393	432	471	510	550	589	628	668	707	746	786	864	943	982	1021	1100	1179	1257	1336	1375	1414	1575
100	F_k	45	57	71	85	101	119	138	158	180	203	227	253	281	339	404	438	474	549	631	717	810	858	908	1011
	H_0	300	300	300	300	300	300	300	300	300	300	300	350	350	400	450	450	500	500	600	600	700	700	700	700
	A_s	314	353	393	432	471	510	550	589	628	668	707	746	786	864	943	982	1021	1222	1240	1521	1554	1703	1861	2205
120	F_k	58	73	91	109	130	153	177	203	231	261	292	325	361	436	519	563	609	706	811	922	1041	1103	1167	1300
	H_0	300	300	300	300	300	300	300	300	300	300	300	350	350	400	450	450	500	500	600	600	700	700	700	700
	A_s	314	353	393	432	471	510	550	589	628	668	707	746	803	935	1081	1233	1239	1571	1594	1956	1998	2190	2392	2835
150	F_k	77	98	121	146	173	203	236	271	308	347	389	434	481	581	692	751	812	941	1081	1229	1388	1471	1556	1733
	H_0	300	300	300	300	300	300	300	300	300	300	300	350	350	400	450	450	500	500	600	600	700	700	700	700
	A_s	314	353	393	432	471	510	550	589	628	755	914	904	1071	1247	1441	1644	1653	2095	2126	2608	2665	2920	3190	3780
180	F_k	97	122	151	182	217	254	294	338	385	434	486	542	601	727	865	938	1014	1176	1351	1537	1735	1838	1944	2166
	H_0	300	300	300	300	300	300	300	300	300	300	350	350	350	400	450	450	500	500	600	600	700	700	700	800
	A_s	314	353	393	432	471	510	550	618	770	944	945	1131	1339	1559	1802	2055	2066	2618	2657	3260	3331	3650	3988	4086
200	F_k	109	138	171	206	245	288	334	383	436	492	551	614	681	823	980	1063	1150	1333	1531	1741	1966	2083	2204	
	H_0	300	300	300	300	300	300	300	300	300	350	350	350	400	450	450	500	500	600	600	700	700	700	700	
	A_s	314	353	393	432	471	510	553	701	872	885	1071	1281	1294	1540	2042	2064	2341	2418	3012	3118	3775	4136	4519	
250	F_k	141	179	221	267	317	372	432	496	564	636	713	795	881	1065	1268	1376	1488	1725	1981	2253				
	H_0	300	300	300	300	300	300	300	300	350	350	400	400	450	500	500	600	600	600	700	700				
	A_s	314	353	393	432	471	553	716	907	934	1146	1182	1414	1460	1767	2342	2177	2469	3129	3289	4035				
300	F_k	173	219	271	327	389	457	530	608	692	781	875	975	1081	1307	1556	1688	1826	2117						
	H_0	300	300	300	300	300	300	300	350	350	400	400	450	450	500	600	600	600	700						
	A_s	314	353	393	432	512	679	879	921	1147	1199	1451	1513	1792	2169	2342	2672	3030	3240						

轴心受压混凝土方形基础选用表

表 4-2-3

柱 350mm×350mm　F_k（kN）　H_0（mm）　A_s（mm^2）　钢筋 HRB335　混凝土 C20

f_a (kN/m^2) \ A (m×m)		0.8×0.8	0.9×0.9	1.0×1.0	1.1×1.1	1.2×1.2	1.3×1.3	1.4×1.4	1.5×1.5	1.6×1.6	1.7×1.7	1.8×1.8	1.9×1.9	2.0×2.0	2.2×2.2	2.4×2.4	2.5×2.5	2.6×2.6	2.8×2.8	3.0×3.0	3.2×3.2	3.4×3.4	3.5×3.5	3.6×3.6	3.8×3.8
80	F_k	33	41	51	61	73	85	98	113	129	145	162	181	201	243	289	313	338	392	451	513	579	613	648	722
	H_0	300	300	300	300	300	300	300	300	300	300	300	350	350	400	450	450	450	500	600	600	700	700	700	700
	A_s	314	353	393	432	471	510	550	589	628	668	707	746	786	864	943	982	1021	1100	1179	1257	1336	1375	1414	1540
100	F_k	45	57	71	85	101	119	138	158	180	203	227	253	281	339	404	438	474	549	631	717	810	858	908	1011
	H_0	300	300	300	300	300	300	300	300	300	300	300	350	350	400	450	450	450	500	600	600	700	700	700	700
	A_s	314	353	393	432	471	510	550	589	628	668	707	746	786	864	943	982	1050	1183	1204	1480	1515	1661	1817	2156
120	F_k	58	73	91	109	130	153	177	203	231	261	292	325	361	436	519	563	609	706	811	922	1041	1103	1167	1300
	H_0	300	300	300	300	300	300	300	300	300	300	300	350	350	400	450	450	450	500	600	600	700	700	700	700
	A_s	314	353	393	432	471	510	550	589	628	668	707	746	786	896	1040	1188	1350	1521	1548	1903	1948	2136	2336	2772
150	F_k	77	98	121	146	173	203	236	271	308	347	389	434	481	581	692	751	812	941	1081	1229	1388	1471	1556	1733
	H_0	300	300	300	300	300	300	300	300	300	300	300	350	350	400	450	450	450	500	600	600	700	700	700	700
	A_s	314	353	393	432	471	510	550	589	628	711	865	859	1020	1195	1387	1585	1801	2029	2064	2538	2598	2848	3115	3696
180	F_k	97	122	151	182	217	254	294	338	385	434	486	542	601	727	865	938	1014	1176	1351	1537	1735	1838	1944	2166
	H_0	300	300	300	300	300	300	300	300	300	350	350	350	400	450	500	500	500	600	600	700	700	700	800	800
	A_s	314	353	393	432	471	510	550	589	722	736	894	1074	1088	1302	1537	1756	1995	2066	2580	2677	3247	3561	3367	3995
200	F_k	109	138	171	206	245	288	334	383	436	492	551	614	681	823	980	1063	1150	1333	1531	1741	1966	2083	2204	
	H_0	300	300	300	300	300	300	300	300	300	350	350	400	400	450	500	600	600	600	700	700	800	800	800	
	A_s	314	353	393	432	471	510	550	653	818	834	1014	1038	1233	1476	1742	1621	1842	2342	2467	3034	3183	3490	3816	
250	F_k	141	179	221	267	317	372	432	496	564	636	713	795	881	1065	1268	1376	1488	1725	1981	2253	2544			
	H_0	300	300	300	300	300	300	300	350	350	400	400	450	450	500	600	600	600	700	700	800	800			
	A_s	314	353	393	432	471	510	663	700	876	921	1119	1171	1391	1693	1836	2099	2384	2557	3193	3395	4119			
300	F_k	173	219	271	327	389	457	530	608	692	781	875	975	1081	1307	1556	1688	1826	2117	2431					
	H_0	300	300	300	300	300	300	350	350	400	400	450	450	500	600	600	700	700	700	800					
	A_s	314	353	393	432	471	623	673	859	917	1130	1197	1438	1514	1693	2254	2173	2469	3139	3389					

续表

柱 350mm×350mm		F_k（kN）						H_0（mm）				A_s（mm^2）					钢筋 HRB335			混凝土 C25					
f_a（kN/m^2） \ A（m×m）		0.8×0.8	0.9×0.9	1.0×1.0	1.1×1.1	1.2×1.2	1.3×1.3	1.4×1.4	1.5×1.5	1.6×1.6	1.7×1.7	1.8×1.8	1.9×1.9	2.0×2.0	2.2×2.2	2.4×2.4	2.5×2.5	2.6×2.6	2.8×2.8	3.0×3.0	3.2×3.2	3.4×3.4	3.5×3.5	3.6×3.6	3.8×3.8
80	F_k	33	41	51	61	73	85	98	113	129	145	162	181	201	243	289	313	338	392	451	513	579	613	648	722
	H_0	300	300	300	300	300	300	300	300	300	300	300	350	350	400	450	450	450	500	600	600	700	700	700	700
	A_s	314	353	393	432	471	510	550	589	628	668	707	746	786	864	943	982	1021	1100	1179	1257	1336	1375	1414	1540
100	F_k	45	57	71	85	101	119	138	158	180	203	227	253	281	339	404	438	474	549	631	717	810	858	908	1011
	H_0	300	300	300	300	300	300	300	300	300	300	300	350	350	400	450	450	450	500	600	600	700	700	700	700
	A_s	314	353	393	432	471	510	550	589	628	668	707	746	786	864	943	982	1050	1183	1204	1480	1515	1661	1817	2156
120	F_k	58	73	91	109	130	153	177	203	231	261	292	325	361	436	519	563	609	706	811	922	1041	1103	1167	1300
	H_0	300	300	300	300	300	300	300	300	300	300	300	350	350	400	450	450	450	500	600	600	700	700	700	700
	A_s	314	353	393	432	471	510	550	589	628	668	707	746	786	896	1040	1188	1350	1521	1548	1903	1948	2136	2336	2772
150	F_k	77	98	121	146	173	203	236	271	308	347	389	434	481	581	692	751	812	941	1081	1229	1388	1471	1556	1733
	H_0	300	300	300	300	300	300	300	300	300	300	300	350	350	400	450	450	450	500	600	600	700	700	700	700
	A_s	314	353	393	432	471	510	550	589	628	711	865	859	1020	1195	1387	1585	1801	2029	2064	2538	2598	2848	3115	3696
180	F_k	97	122	151	182	217	254	294	338	385	434	486	542	601	727	865	938	1014	1176	1351	1537	1735	1838	1944	2166
	H_0	300	300	300	300	300	300	300	300	300	300	350	350	350	400	450	450	500	600	600	600	700	700	700	800
	A_s	314	353	393	432	471	510	550	589	722	889	894	1074	1276	1494	1734	1981	1995	2066	2580	3172	3247	3561	3893	3995
200	F_k	109	138	171	206	245	288	334	383	436	492	551	614	681	823	980	1063	1150	1333	1531	1741	1966	2083	2204	2455
	H_0	300	300	300	300	300	300	300	300	300	300	350	350	400	450	450	500	500	600	600	700	700	700	800	800
	A_s	314	353	393	432	471	510	550	653	818	1008	1014	1217	1233	1476	1965	1990	2261	2342	2924	3034	3680	4035	3816	4528
250	F_k	141	179	221	267	317	372	432	496	564	636	713	795	881	1065	1268	1376	1488	1725	1981	2253	2544	2696		
	H_0	300	300	300	300	300	300	300	300	350	350	400	400	450	500	600	600	600	700	700	700	800	800		
	A_s	314	353	393	432	471	510	663	846	876	1080	1119	1344	1391	1693	1836	2099	2384	2557	3193	3926	4119	4517		
300	F_k	173	219	271	327	389	457	530	608	692	781	875	975	1081	1307	1556	1688	1826	2117	2431	2765				
	H_0	300	300	300	300	300	300	300	350	350	400	400	450	450	500	600	600	700	700	800	800				
	A_s	314	353	393	432	471	623	813	859	1075	1130	1373	1438	1708	2078	2254	2576	2469	3139	3389	4167				

续表

柱 350mm×350mm　F_k（kN）　H_0（mm）　A_s（mm^2）　钢筋 HRB335　混凝土 C30																									
f_a (kN/m^2) \ A (m×m)		0.8×0.8	0.9×0.9	1.0×1.0	1.1×1.1	1.2×1.2	1.3×1.3	1.4×1.4	1.5×1.5	1.6×1.6	1.7×1.7	1.8×1.8	1.9×1.9	2.0×2.0	2.2×2.2	2.4×2.4	2.5×2.5	2.6×2.6	2.8×2.8	3.0×3.0	3.2×3.2	3.4×3.4	3.5×3.5	3.6×3.6	3.8×3.8
80	F_k	33	41	51	61	73	85	98	113	129	145	162	181	201	243	289	313	338	392	451	513	579	613	648	722
	H_0	300	300	300	300	300	300	300	300	300	300	300	350	350	400	450	450	450	500	600	600	700	700	700	700
	A_s	314	353	393	432	471	510	550	589	628	668	707	746	786	864	943	982	1021	1100	1179	1257	1336	1375	1414	1540
100	F_k	45	57	71	85	101	119	138	158	180	203	227	253	281	339	404	438	474	549	631	717	810	858	908	1011
	H_0	300	300	300	300	300	300	300	300	300	300	300	350	350	400	450	450	450	500	600	600	700	700	700	700
	A_s	314	353	393	432	471	510	550	589	628	668	707	746	786	864	943	982	1050	1183	1204	1480	1515	1661	1817	2156
120	F_k	58	73	91	109	130	153	177	203	231	261	292	325	361	436	519	563	609	706	811	922	1041	1103	1167	1300
	H_0	300	300	300	300	300	300	300	300	300	300	300	350	350	400	450	450	450	500	600	600	700	700	700	700
	A_s	314	353	393	432	471	510	550	589	628	668	707	746	786	896	1040	1188	1350	1521	1548	1903	1948	2136	2336	2772
150	F_k	77	98	121	146	173	203	236	271	308	347	389	434	481	581	692	751	812	941	1081	1229	1388	1471	1556	1733
	H_0	300	300	300	300	300	300	300	300	300	300	300	350	350	400	450	450	450	500	600	600	700	700	700	700
	A_s	314	353	393	432	471	510	550	589	628	711	865	859	1020	1195	1387	1585	1801	2029	2064	2538	2598	2848	3115	3696
180	F_k	97	122	151	182	217	254	294	338	385	434	486	542	601	727	865	938	1014	1176	1351	1537	1735	1838	1944	2166
	H_0	300	300	300	300	300	300	300	300	300	300	300	350	350	400	450	450	450	500	600	600	700	700	700	700
	A_s	314	353	393	432	471	510	550	589	722	889	1081	1074	1276	1494	1734	1981	2251	2536	2580	3172	3247	3561	3893	4620
200	F_k	109	138	171	206	245	288	334	383	436	492	551	614	681	823	980	1063	1150	1333	1531	1741	1966	2083	2204	2455
	H_0	300	300	300	300	300	300	300	300	300	300	350	350	350	400	450	450	500	600	600	600	700	700	700	800
	A_s	314	353	393	432	471	510	550	653	818	1008	1014	1217	1446	1693	1965	2245	2261	2342	2924	3595	3680	4035	4413	4528
250	F_k	141	179	221	267	317	372	432	496	564	636	713	795	881	1065	1268	1376	1488	1725	1981	2253	2544	2696	2852	
	H_0	300	300	300	300	300	300	300	300	300	350	350	400	400	450	500	600	600	600	700	700	800	800	800	
	A_s	314	353	393	432	471	510	663	846	1059	1080	1312	1344	1596	1910	2254	2099	2384	3031	3193	3926	4119	4517	4939	
300	F_k	173	219	271	327	389	457	530	608	692	781	875	975	1081	1307	1556	1688	1826	2117	2431	2765				
	H_0	300	300	300	300	300	300	300	300	350	350	400	400	450	500	600	600	600	700	700	800				
	A_s	314	353	393	432	471	623	813	1038	1075	1325	1373	1649	1708	2078	2254	2576	2926	3139	3919	4167				

轴心受压混凝土方形基础选用表 表 4-2-4

柱 400mm×400mm F_k（kN） H_0（mm） A_s（mm²） 钢筋 HRB335 混凝土 C20

f_a (kN/m²) \ A (m×m)		0.9×0.9	1.0×1.0	1.1×1.1	1.2×1.2	1.3×1.3	1.4×1.4	1.5×1.5	1.6×1.6	1.7×1.7	1.8×1.8	1.9×1.9	2.0×2.0	2.2×2.2	2.4×2.4	2.5×2.5	2.6×2.6	2.8×2.8	3.0×3.0	3.2×3.2	3.4×3.4	3.5×3.5	3.6×3.6	3.8×3.8	4.0×4.0
80	F_k	41	51	61	73	85	98	113	129	145	162	181	201	243	289	313	338	392	451	513	579	613	648	722	801
	H_0	300	300	300	300	300	300	300	300	300	300	300	350	400	400	450	450	500	600	600	600	700	700	700	800
	A_s	353	393	432	471	510	550	589	628	668	707	746	786	864	943	982	1021	1100	1179	1257	1336	1375	1414	1505	1572
100	F_k	57	71	85	101	119	138	158	180	203	227	253	281	339	404	438	474	549	631	717	810	858	908	1011	1121
	H_0	300	300	300	300	300	300	300	300	300	300	300	350	400	400	450	450	500	600	600	600	700	700	700	800
	A_s	353	393	432	471	510	550	589	628	668	707	746	786	864	943	982	1021	1145	1179	1439	1750	1620	1773	2107	2145
120	F_k	73	91	109	130	153	177	203	231	261	292	325	361	436	519	563	609	706	811	922	1041	1103	1167	1300	1441
	H_0	300	300	300	300	300	300	300	300	300	300	300	350	400	400	450	450	500	600	600	600	700	700	700	800
	A_s	353	393	432	471	510	550	589	628	668	707	746	786	864	1147	1144	1303	1472	1502	1851	2250	2083	2279	2709	2758
150	F_k	98	121	146	173	203	236	271	308	347	389	434	481	581	692	751	812	941	1081	1229	1388	1471	1556	1733	1921
	H_0	300	300	300	300	300	300	300	300	300	300	300	350	400	400	450	450	500	600	600	600	700	700	700	800
	A_s	353	393	432	471	510	550	589	628	668	816	984	971	1143	1529	1526	1737	1963	2002	2468	3000	2777	3039	3612	3677
180	F_k	122	151	182	217	254	294	338	385	434	486	542	601	727	865	938	1014	1176	1351	1537	1735	1838	1944	2166	2401
	H_0	300	300	300	300	300	300	300	300	300	350	350	350	400	450	500	500	600	600	700	700	700	700	800	800
	A_s	353	393	432	471	510	550	589	675	836	844	1018	1213	1429	1666	1691	1924	1999	2503	2603	3164	3472	3799	3905	4597
200	F_k	138	171	206	245	288	334	383	436	492	551	614	681	823	980	1063	1150	1333	1531	1741	1966	2083	2204	2455	
	H_0	300	300	300	300	300	300	300	300	350	350	350	400	450	500	500	600	600	600	700	700	800	800	800	
	A_s	353	393	432	471	510	550	607	765	784	957	1154	1173	1412	1674	1916	1777	2266	2837	2950	3585	3403	3724	4426	
250	F_k	179	221	267	317	372	432	496	564	636	713	795	881	1065	1268	1376	1488	1725	1981	2253	2544	2696			
	H_0	300	300	300	300	300	300	300	350	350	400	400	450	500	600	600	600	700	700	800	800	800			
	A_s	353	393	432	471	510	611	785	819	1014	1056	1273	1323	1620	1765	2021	2300	2474	3098	3301	4013	4404			
300	F_k	219	271	327	389	457	530	608	692	781	875	975	1081	1307	1556	1688	1826	2117	2431	2765					
	H_0	300	300	300	300	300	300	350	350	400	400	450	450	600	600	600	700	700	800	800					
	A_s	353	393	432	471	569	749	797	1005	1062	1297	1362	1624	1620	2166	2480	2382	3037	3288	4052					

续表

柱 400mm×400mm	Fk（kN）		H0（mm）				As（mm²）				钢筋 HRB335					混凝土 C25								
A(m×m) / f_a(kN/m²)		0.9×0.9	1.0×1.0	1.1×1.1	1.2×1.2	1.3×1.3	1.4×1.4	1.5×1.5	1.6×1.6	1.7×1.7	1.8×1.8	1.9×1.9	2.0×2.0	2.2×2.2	2.4×2.4	2.5×2.5	2.6×2.6	2.8×2.8	3.0×3.0	3.2×3.2	3.4×3.4	3.5×3.5	3.6×3.6	3.8×3.8	4.0×4.0
80	F_k	41	51	61	73	85	98	113	129	145	162	181	201	243	289	313	338	392	451	513	579	613	648	722	801
	H_0	300	300	300	300	300	300	300	300	300	300	300	350	400	400	450	450	500	600	600	600	700	700	700	800
	A_s	353	393	432	471	510	550	589	628	668	707	746	786	864	943	982	1021	1100	1179	1257	1336	1375	1414	1505	1572
100	F_k	57	71	85	101	119	138	158	180	203	227	253	281	339	404	438	474	549	631	717	810	858	908	1011	1121
	H_0	300	300	300	300	300	300	300	300	300	300	300	350	400	400	450	450	500	600	600	600	700	700	700	800
	A_s	353	393	432	471	510	550	589	628	668	707	746	786	864	943	982	1021	1145	1179	1439	1750	1620	1773	2107	2145
120	F_k	73	91	109	130	153	177	203	231	261	292	325	361	436	519	563	609	706	811	922	1041	1103	1167	1300	1441
	H_0	300	300	300	300	300	300	300	300	300	300	300	350	400	400	450	450	500	600	600	600	700	700	700	800
	A_s	353	393	432	471	510	550	589	628	668	707	746	786	864	1147	1144	1303	1472	1502	1851	2250	2083	2279	2709	2758
150	F_k	98	121	146	173	203	236	271	308	347	389	434	481	581	692	751	812	941	1081	1229	1388	1471	1556	1733	1921
	H_0	300	300	300	300	300	300	300	300	300	300	300	350	400	400	450	450	500	600	600	600	700	700	700	800
	A_s	353	393	432	471	510	550	589	628	668	816	984	971	1143	1529	1526	1737	1963	2002	2468	3000	2777	3039	3612	3677
180	F_k	122	151	182	217	254	294	338	385	434	486	542	601	727	865	938	1014	1176	1351	1537	1735	1838	1944	2166	2401
	H_0	300	300	300	300	300	300	300	300	300	300	350	350	400	450	450	450	500	600	600	700	700	700	700	800
	A_s	353	393	432	471	510	550	589	675	836	1020	1018	1213	1429	1666	1908	2171	2454	2503	3085	3164	3472	3799	4515	4597
200	F_k	138	171	206	245	288	334	383	436	492	551	614	681	823	980	1063	1150	1333	1531	1741	1966	2083	2204	2455	2721
	H_0	300	300	300	300	300	300	300	300	300	350	350	350	400	450	500	500	600	600	700	700	700	700	800	800
	A_s	353	393	432	471	510	550	607	765	947	957	1154	1375	1620	1888	1916	2181	2266	2837	2950	3585	3935	4306	4426	5210
250	F_k	179	221	267	317	372	432	496	564	636	713	795	881	1065	1268	1376	1488	1725	1981	2253	2544	2696	2852		
	H_0	300	300	300	300	300	300	300	300	350	350	400	400	450	500	600	600	600	700	700	800	800	800		
	A_s	353	393	432	471	510	611	785	990	1014	1239	1273	1518	1827	2166	2021	2300	2933	3098	3817	4013	4404	4820		
300	F_k	219	271	327	389	457	530	608	692	781	875	975	1081	1307	1556	1688	1826	2117	2431	2765	3122				
	H_0	300	300	300	300	300	300	300	350	350	400	400	450	500	600	600	600	700	700	800	800				
	A_s	353	393	432	471	569	749	964	1005	1245	1297	1563	1624	1988	2166	2480	2823	3037	3802	4052	4925				

续表

柱 400mm×400mm		F_k（kN）						H_0（mm）					A_s（mm²）					钢筋 HRB335				混凝土 C30			
f_a (kN/m²) ＼ A (m×m)		0.9×0.9	1.0×1.0	1.1×1.1	1.2×1.2	1.3×1.3	1.4×1.4	1.5×1.5	1.6×1.6	1.7×1.7	1.8×1.8	1.9×1.9	2.0×2.0	2.2×2.2	2.4×2.4	2.5×2.5	2.6×2.6	2.8×2.8	3.0×3.0	3.2×3.2	3.4×3.4	3.5×3.5	3.6×3.6	3.8×3.8	4.0×4.0
80	F_k	41	51	61	73	85	98	113	129	145	162	181	201	243	289	313	338	392	451	513	579	613	648	722	801
	H_0	300	300	300	300	300	300	300	300	300	300	300	350	400	400	450	450	500	600	600	600	700	700	700	800
	A_s	353	393	432	471	510	550	589	628	668	707	746	786	864	943	982	1021	1100	1179	1257	1336	1375	1414	1505	1572
100	F_k	57	71	85	101	119	138	158	180	203	227	253	281	339	404	438	474	549	631	717	810	858	908	1011	1121
	H_0	300	300	300	300	300	300	300	300	300	300	300	350	400	400	450	450	500	600	600	600	700	700	700	800
	A_s	353	393	432	471	510	550	589	628	668	707	746	786	864	943	982	1021	1145	1179	1439	1750	1620	1773	2107	2145
120	F_k	73	91	109	130	153	177	203	231	261	292	325	361	436	519	563	609	706	811	922	1041	1103	1167	1300	1441
	H_0	300	300	300	300	300	300	300	300	300	300	300	350	400	400	450	450	500	600	600	600	700	700	700	800
	A_s	353	393	432	471	510	550	589	628	668	707	746	786	864	1147	1144	1303	1472	1502	1851	2250	2083	2279	2709	2758
150	F_k	98	121	146	173	203	236	271	308	347	389	434	481	581	692	751	812	941	1081	1229	1388	1471	1556	1733	1921
	H_0	300	300	300	300	300	300	300	300	300	300	300	350	400	400	450	450	500	600	600	600	700	700	700	800
	A_s	353	393	432	471	510	550	589	628	668	816	984	971	1143	1529	1526	1737	1963	2002	2468	3000	2777	3039	3612	3677
180	F_k	122	151	182	217	254	294	338	385	434	486	542	601	727	865	938	1014	1176	1351	1537	1735	1838	1944	2166	2401
	H_0	300	300	300	300	300	300	300	300	300	300	300	350	400	400	450	450	500	600	600	600	700	700	700	800
	A_s	353	393	432	471	510	550	589	675	836	1020	1230	1213	1429	1911	1908	2171	2454	2503	3085	3750	3472	3799	4515	4597
200	F_k	138	171	206	245	288	334	383	436	492	551	614	681	823	980	1063	1150	1333	1531	1741	1966	2083	2204	2455	2721
	H_0	300	300	300	300	300	300	300	300	300	300	350	350	400	450	450	450	500	600	600	700	700	700	700	800
	A_s	353	393	432	471	510	550	607	765	947	1156	1154	1375	1620	1888	2162	2461	2781	2837	3496	3585	3935	4306	5117	5210
250	F_k	179	221	267	317	372	432	496	564	636	713	795	881	1065	1268	1376	1488	1725	1981	2253	2544	2696	2852	3177	
	H_0	300	300	300	300	300	300	300	300	350	350	350	400	450	500	500	600	600	600	700	700	800	800	800	
	A_s	353	393	432	471	510	611	785	990	1014	1239	1493	1518	1827	2166	2480	2300	2933	3672	3817	4640	4404	4820	5727	
300	F_k	219	271	327	389	457	530	608	692	781	875	975	1081	1307	1556	1688	1826	2117	2431	2765	3122	3308			
	H_0	300	300	300	300	300	300	300	350	350	400	400	450	500	600	600	600	700	700	800	800	800			
	A_s	353	393	432	471	569	749	964	1005	1245	1297	1563	1624	1988	2166	2480	2823	3037	3802	4052	4925	5405			

轴心受压混凝土方形基础选用表

表 4-2-5

柱 450mm×450mm　F_k（kN）　H_0（mm）　A_s（mm²）　钢筋 HRB335　混凝土 C20

f_a (kN/m²) \ A (m×m)		0.9×0.9	1.0×1.0	1.1×1.1	1.2×1.2	1.3×1.3	1.4×1.4	1.5×1.5	1.6×1.6	1.7×1.7	1.8×1.8	1.9×1.9	2.0×2.0	2.2×2.2	2.4×2.4	2.5×2.5	2.6×2.6	2.8×2.8	3.0×3.0	3.2×3.2	3.4×3.4	3.5×3.5	3.6×3.6	3.8×3.8	4.0×4.0
80	F_k	41	51	61	73	85	98	113	129	145	162	181	201	243	289	313	338	392	451	513	579	613	648	722	801
	H_0	300	300	300	300	300	300	300	300	300	300	300	350	350	400	450	450	500	600	600	600	700	700	700	800
	A_s	353	393	432	471	510	550	589	628	668	707	746	786	864	943	982	1021	1100	1179	1257	1336	1375	1414	1493	1572
100	F_k	57	71	85	101	119	138	158	180	203	227	253	281	339	404	438	474	549	631	717	810	858	908	1011	1121
	H_0	300	300	300	300	300	300	300	300	300	300	300	350	350	400	450	450	500	600	600	600	700	700	700	800
	A_s	353	393	432	471	510	550	589	628	668	707	746	786	864	943	982	1021	1107	1179	1399	1703	1579	1729	2058	2098
120	F_k	73	91	109	130	153	177	203	231	261	292	325	361	436	519	563	609	706	811	922	1041	1103	1167	1300	1441
	H_0	300	300	300	300	300	300	300	300	300	300	300	350	350	400	450	450	500	600	600	600	700	700	700	800
	A_s	353	393	432	471	510	550	589	628	668	707	746	786	960	1100	1101	1255	1423	1456	1798	2190	2030	2223	2646	2698
150	F_k	98	121	146	173	203	236	271	308	347	389	434	481	581	692	751	812	941	1081	1229	1388	1471	1556	1733	1921
	H_0	300	300	300	300	300	300	300	300	300	300	300	350	350	400	450	450	500	600	600	600	700	700	700	800
	A_s	353	393	432	471	510	550	589	628	668	768	930	921	1280	1467	1468	1674	1898	1941	2398	2920	2707	2965	3528	3597
180	F_k	122	151	182	217	254	294	338	385	434	486	542	601	727	865	938	1014	1176	1351	1537	1735	1838	1944	2166	2401
	H_0	300	300	300	300	300	300	300	300	300	300	350	350	400	450	450	500	600	600	600	700	700	700	800	800
	A_s	353	393	432	471	510	550	589	628	783	961	962	1152	1365	1599	1835	1854	1933	2427	2997	3080	3383	3706	3815	4497
200	F_k	138	171	206	245	288	334	383	436	492	551	614	681	823	980	1063	1150	1333	1531	1741	1966	2083	2204	2455	
	H_0	300	300	300	300	300	300	300	300	300	350	350	400	400	450	500	500	600	600	700	700	700	800	800	
	A_s	353	393	432	471	510	550	589	712	887	901	1091	1113	1547	1812	1843	2102	2191	2750	2866	3491	3835	3632	4323	
250	F_k	179	221	267	317	372	432	496	564	636	713	795	881	1065	1268	1376	1488	1725	1981	2253	2544	2696			
	H_0	300	300	300	300	300	300	300	300	350	350	400	400	450	500	600	600	600	700	700	800	800			
	A_s	353	393	432	471	510	560	726	921	950	1166	1204	1441	1745	2079	1943	2216	2835	3003	3709	3907	4292			
300	F_k	219	271	327	389	457	530	608	692	781	875	975	1081	1307	1556	1688	1826	2117	2431	2765					
	H_0	300	300	300	300	300	300	300	350	400	400	450	450	500	600	600	600	700	800	800					
	A_s	353	393	432	471	516	687	891	936	995	1221	1288	1541	1898	2079	2385	2720	2936	3188	3937					

续表

柱 450mm×450mm		F_k (kN)					H_0 (mm)					A_s (mm²)					钢筋 HRB335				混凝土 C25				
f_a (kN/m²) \ A (m×m)		0.9×0.9	1.0×1.0	1.1×1.1	1.2×1.2	1.3×1.3	1.4×1.4	1.5×1.5	1.6×1.6	1.7×1.7	1.8×1.8	1.9×1.9	2.0×2.0	2.2×2.2	2.4×2.4	2.5×2.5	2.6×2.6	2.8×2.8	3.0×3.0	3.2×3.2	3.4×3.4	3.5×3.5	3.6×3.6	3.8×3.8	4.0×4.0
80	F_k	41	51	61	73	85	98	113	129	145	162	181	201	243	289	313	338	392	451	513	579	613	648	722	801
	H_0	300	300	300	300	300	300	300	300	300	300	300	350	350	400	450	450	500	600	600	600	700	700	700	800
	A_s	353	393	432	471	510	550	589	628	668	707	746	786	864	943	982	1021	1100	1179	1257	1336	1375	1414	1493	1572
100	F_k	57	71	85	101	119	138	158	180	203	227	253	281	339	404	438	474	549	631	717	810	858	908	1011	1121
	H_0	300	300	300	300	300	300	300	300	300	300	300	350	350	400	450	450	500	600	600	600	700	700	700	800
	A_s	353	393	432	471	510	550	589	628	668	707	746	786	864	943	982	1021	1107	1179	1399	1703	1579	1729	2058	2098
120	F_k	73	91	109	130	153	177	203	231	261	292	325	361	436	519	563	609	706	811	922	1041	1103	1167	1300	1441
	H_0	300	300	300	300	300	300	300	300	300	300	300	350	350	400	450	450	500	600	600	600	700	700	700	800
	A_s	353	393	432	471	510	550	589	628	668	707	746	786	960	1100	1101	1255	1423	1456	1798	2190	2030	2223	2646	2698
150	F_k	98	121	146	173	203	236	271	308	347	389	434	481	581	692	751	812	941	1081	1229	1388	1471	1556	1733	1921
	H_0	300	300	300	300	300	300	300	300	300	300	300	350	350	400	450	450	500	600	600	600	700	700	700	800
	A_s	353	393	432	471	510	550	589	628	668	768	930	921	1280	1467	1468	1674	1898	1941	2398	2920	2707	2965	3528	3597
180	F_k	122	151	182	217	254	294	338	385	434	486	542	601	727	865	938	1014	1176	1351	1537	1735	1838	1944	2166	2401
	H_0	300	300	300	300	300	300	300	300	300	300	300	350	350	400	450	450	500	600	600	600	700	700	700	800
	A_s	353	393	432	471	510	550	589	628	783	961	1163	1152	1600	1834	1835	2092	2372	2427	2997	3651	3383	3706	4411	4497
200	F_k	138	171	206	245	288	334	383	436	492	551	614	681	823	980	1063	1150	1333	1531	1741	1966	2083	2204	2455	2721
	H_0	300	300	300	300	300	300	300	300	300	300	350	350	400	450	450	500	500	600	600	700	700	700	800	800
	A_s	353	393	432	471	510	550	589	712	887	1089	1091	1305	1547	1812	2079	2102	2689	2750	3397	3491	3835	4200	4323	5096
250	F_k	179	221	267	317	372	432	496	564	636	713	795	881	1065	1268	1376	1488	1725	1981	2253	2544	2696	2852		
	H_0	300	300	300	300	300	300	300	300	350	350	350	400	450	500	500	600	600	700	700	800	800	800		
	A_s	353	393	432	471	510	560	726	921	950	1166	1412	1441	1745	2079	2385	2216	2835	3003	3709	3907	4292	4701		
300	F_k	219	271	327	389	457	530	608	692	781	875	975	1081	1307	1556	1688	1826	2117	2431	2765	3122	3308			
	H_0	300	300	300	300	300	300	300	350	350	400	400	450	500	600	600	600	700	700	800	800	800			
	A_s	353	393	432	471	516	687	891	936	1166	1221	1478	1541	1898	2079	2385	2720	2936	3686	3937	4795	5268			

续表

柱 450mm×450mm　F_k（kN）　H_0（mm）　A_s（mm^2）　钢筋 HRB335　混凝土 C30

f_a（kN/m^2） \ A（m×m）		0.9×0.9	1.0×1.0	1.1×1.1	1.2×1.2	1.3×1.3	1.4×1.4	1.5×1.5	1.6×1.6	1.7×1.7	1.8×1.8	1.9×1.9	2.0×2.0	2.2×2.2	2.4×2.4	2.5×2.5	2.6×2.6	2.8×2.8	3.0×3.0	3.2×3.2	3.4×3.4	3.5×3.5	3.6×3.6	3.8×3.8	4.0×4.0
80	F_k	41	51	61	73	85	98	113	129	145	162	181	201	243	289	313	338	392	451	513	579	613	648	722	801
	H_0	300	300	300	300	300	300	300	300	300	300	300	350	350	400	450	450	500	600	600	600	700	700	700	800
	A_s	353	393	432	471	510	550	589	628	668	707	746	786	864	943	982	1021	1100	1179	1257	1336	1375	1414	1493	1572
100	F_k	57	71	85	101	119	138	158	180	203	227	253	281	339	404	438	474	549	631	717	810	858	908	1011	1121
	H_0	300	300	300	300	300	300	300	300	300	300	300	350	350	400	450	450	500	600	600	600	700	700	700	800
	A_s	353	393	432	471	510	550	589	628	668	707	746	786	864	943	982	1021	1107	1179	1399	1703	1579	1729	2058	2098
120	F_k	73	91	109	130	153	177	203	231	261	292	325	361	436	519	563	609	706	811	922	1041	1103	1167	1300	1441
	H_0	300	300	300	300	300	300	300	300	300	300	300	350	350	400	450	450	500	600	600	600	700	700	700	800
	A_s	353	393	432	471	510	550	589	628	668	707	746	786	960	1100	1101	1255	1423	1456	1798	2190	2030	2223	2646	2698
150	F_k	98	121	146	173	203	236	271	308	347	389	434	481	581	692	751	812	941	1081	1229	1388	1471	1556	1733	1921
	H_0	300	300	300	300	300	300	300	300	300	300	300	350	350	400	450	450	500	600	600	600	700	700	700	800
	A_s	353	393	432	471	510	550	589	628	668	768	930	921	1280	1467	1468	1674	1898	1941	2398	2920	2707	2965	3528	3597
180	F_k	122	151	182	217	254	294	338	385	434	486	542	601	727	865	938	1014	1176	1351	1537	1735	1838	1944	2166	2401
	H_0	300	300	300	300	300	300	300	300	300	300	300	350	350	400	450	450	500	600	600	600	700	700	700	800
	A_s	353	393	432	471	510	550	589	628	783	961	1163	1152	1600	1834	1835	2092	2372	2427	2997	3651	3383	3706	4411	4497
200	F_k	138	171	206	245	288	334	383	436	492	551	614	681	823	980	1063	1150	1333	1531	1741	1966	2083	2204	2455	2721
	H_0	300	300	300	300	300	300	300	300	300	300	300	350	400	400	450	450	500	600	600	600	700	700	700	800
	A_s	353	393	432	471	510	550	589	712	887	1089	1318	1305	1547	2079	2079	2371	2689	2750	3397	4138	3835	4200	4999	5096
250	F_k	179	221	267	317	372	432	496	564	636	713	795	881	1065	1268	1376	1488	1725	1981	2253	2544	2696	2852	3177	
	H_0	300	300	300	300	300	300	300	300	300	350	350	400	400	450	500	500	600	600	700	700	700	800	800	
	A_s	353	393	432	471	510	560	726	921	1148	1166	1412	1441	2002	2346	2385	2720	2835	3559	3709	4518	4963	4701	5595	
300	F_k	219	271	327	389	457	530	608	692	781	875	975	1081	1307	1556	1688	1826	2117	2431	2765	3122	3308	3500		
	H_0	300	300	300	300	300	300	300	300	350	350	400	400	450	500	600	600	600	700	700	800	800	800		
	A_s	353	393	432	471	516	687	891	1131	1166	1431	1478	1768	2142	2552	2385	2720	3480	3686	4553	4795	5268	5769		

轴心受压混凝土方形基础选用表 **表 4-2-6**

柱 500mm×500mm　F_k（kN）　H_0（mm）　A_s（mm^2）　钢筋 HRB335　混凝土 C20

f_a（kN/m^2） \ A（m×m）		1.0×1.0	1.1×1.1	1.2×1.2	1.3×1.3	1.4×1.4	1.5×1.5	1.6×1.6	1.7×1.7	1.8×1.8	1.9×1.9	2.0×2.0	2.2×2.2	2.4×2.4	2.5×2.5	2.6×2.6	2.8×2.8	3.0×3.0	3.2×3.2	3.4×3.4	3.5×3.5	3.6×3.6	3.8×3.8	4.0×4.0	4.2×4.2
80	F_k	51	61	73	85	98	113	129	145	162	181	201	243	289	313	338	392	451	513	579	613	648	722	801	882
	H_0	300	300	300	300	300	300	300	300	300	300	300	350	400	400	450	500	500	600	600	600	700	700	700	800
	A_s	393	432	471	510	550	589	628	668	707	746	786	864	943	982	1021	1100	1179	1257	1336	1375	1414	1493	1694	1715
100	F_k	71	85	101	119	138	158	180	203	227	253	281	339	404	438	474	549	631	717	810	858	908	1011	1121	1235
	H_0	300	300	300	300	300	300	300	300	300	300	300	350	400	400	450	500	500	600	600	600	700	700	700	800
	A_s	393	432	471	510	550	589	628	668	707	746	786	864	943	982	1021	1100	1346	1358	1657	1822	1686	2009	2372	2401
120	F_k	91	109	130	153	177	203	231	261	292	325	361	436	519	563	609	706	811	922	1041	1103	1167	1300	1441	1588
	H_0	300	300	300	300	300	300	300	300	300	300	300	350	400	400	450	500	500	600	600	600	700	700	700	800
	A_s	393	432	471	510	550	589	628	668	707	746	791	915	1055	1213	1208	1375	1731	1746	2131	2343	2167	2584	3050	3087
150	F_k	121	146	173	203	236	271	308	347	389	434	481	581	692	751	812	941	1081	1229	1388	1471	1556	1733	1921	2117
	H_0	300	300	300	300	300	300	300	300	300	300	300	350	400	400	450	500	500	600	600	600	700	700	700	800
	A_s	393	432	471	510	550	589	628	668	721	877	1054	1220	1406	1617	1611	1833	2308	2328	2842	3125	2890	3445	4067	4116
180	F_k	151	182	217	254	294	338	385	434	486	542	601	727	865	938	1014	1176	1351	1537	1735	1838	1944	2166	2401	2646
	H_0	300	300	300	300	300	300	300	300	300	300	350	400	450	450	450	500	600	600	700	700	700	800	800	800
	A_s	393	432	471	510	550	589	628	731	902	1097	1091	1301	1533	1762	2014	2291	2350	2910	2997	3295	3613	3725	4397	5145
200	F_k	171	206	245	288	334	383	436	492	551	614	681	823	980	1063	1150	1333	1531	1741	1966	2083	2204	2455	2721	
	H_0	300	300	300	300	300	300	300	300	300	350	350	400	450	450	500	600	600	700	700	700	700	800	800	
	A_s	393	432	471	510	550	589	660	828	1022	1029	1236	1475	1737	1997	2023	2116	2664	2783	3397	3735	4094	4221	4983	
250	F_k	221	267	317	372	432	496	564	636	713	795	881	1065	1268	1376	1488	1725	1981	2253	2544	2696	2852			
	H_0	300	300	300	300	300	300	300	350	350	400	400	450	500	600	600	600	700	700	800	800	800			
	A_s	393	432	471	510	550	668	854	887	1095	1136	1364	1664	1993	1867	2133	2738	2909	3602	3802	4180	4583			
300	F_k	271	327	389	457	530	608	692	781	875	975	1081	1307	1556	1688	1826	2117	2431	2765	3122					
	H_0	300	300	300	300	300	300	350	350	400	400	450	500	600	600	600	700	700	800	800					
	A_s	393	432	471	510	626	820	868	1089	1146	1394	1460	1810	1993	2291	2618	2836	3570	3823	4666					

续表

柱 500mm×500mm　F_k（kN）　H_0（mm）　A_s（mm^2）　钢筋 HRB335　混凝土 C25

f_a (kN/m^2) \ A (m×m)		1.0×1.0	1.1×1.1	1.2×1.2	1.3×1.3	1.4×1.4	1.5×1.5	1.6×1.6	1.7×1.7	1.8×1.8	1.9×1.9	2.0×2.0	2.2×2.2	2.4×2.4	2.5×2.5	2.6×2.6	2.8×2.8	3.0×3.0	3.2×3.2	3.4×3.4	3.5×3.5	3.6×3.6	3.8×3.8	4.0×4.0	4.2×4.2
80	F_k	51	61	73	85	98	113	129	145	162	181	201	243	289	313	338	392	451	513	579	613	648	722	801	882
	H_0	300	300	300	300	300	300	300	300	300	300	300	350	400	400	450	500	500	600	600	600	700	700	700	800
	A_s	393	432	471	510	550	589	628	668	707	746	786	864	943	982	1021	1100	1179	1257	1336	1375	1414	1493	1694	1715
100	F_k	71	85	101	119	138	158	180	203	227	253	281	339	404	438	474	549	631	717	810	858	908	1011	1121	1235
	H_0	300	300	300	300	300	300	300	300	300	300	300	350	400	400	450	500	500	600	600	600	700	700	700	800
	A_s	393	432	471	510	550	589	628	668	707	746	786	864	943	982	1021	1100	1346	1358	1657	1822	1686	2009	2372	2401
120	F_k	91	109	130	153	177	203	231	261	292	325	361	436	519	563	609	706	811	922	1041	1103	1167	1300	1441	1588
	H_0	300	300	300	300	300	300	300	300	300	300	300	350	400	400	450	500	500	600	600	600	700	700	700	800
	A_s	393	432	471	510	550	589	628	668	707	746	791	915	1055	1213	1208	1375	1731	1746	2131	2343	2167	2584	3050	3087
150	F_k	121	146	173	203	236	271	308	347	389	434	481	581	692	751	812	941	1081	1229	1388	1471	1556	1733	1921	2117
	H_0	300	300	300	300	300	300	300	300	300	300	300	350	400	400	450	500	500	600	600	600	700	700	700	800
	A_s	393	432	471	510	550	589	628	668	721	877	1054	1220	1406	1617	1611	1833	2308	2328	2842	3125	2890	3445	4067	4116
180	F_k	151	182	217	254	294	338	385	434	486	542	601	727	865	938	1014	1176	1351	1537	1735	1838	1944	2166	2401	2646
	H_0	300	300	300	300	300	300	300	300	300	300	300	350	400	400	450	500	500	600	600	600	700	700	700	800
	A_s	393	432	471	510	550	589	628	731	902	1097	1318	1525	1758	2022	2014	2291	2885	2910	3552	3906	3613	4307	5084	5145
200	F_k	171	206	245	288	334	383	436	492	551	614	681	823	980	1063	1150	1333	1531	1741	1966	2083	2204	2455	2721	2999
	H_0	300	300	300	300	300	300	300	300	300	300	350	400	400	450	450	500	600	600	700	700	700	700	800	800
	A_s	393	432	471	510	550	589	660	828	1022	1243	1236	1475	1993	1997	2282	2597	2664	3299	3397	3735	4094	4881	4983	5831
250	F_k	221	267	317	372	432	496	564	636	713	795	881	1065	1268	1376	1488	1725	1981	2253	2544	2696	2852	3177		
	H_0	300	300	300	300	300	300	300	300	350	350	400	450	450	500	500	600	600	700	700	800	800	800		
	A_s	393	432	471	510	550	668	854	1072	1095	1332	1364	1664	2248	2291	2618	2738	3448	3602	4396	4180	4583	5463		
300	F_k	271	327	389	457	530	608	692	781	875	975	1081	1307	1556	1688	1826	2117	2431	2765	3122	3308				
	H_0	300	300	300	300	300	300	300	350	350	400	400	450	500	600	600	600	700	700	800	800				
	A_s	393	432	471	510	626	820	1049	1089	1343	1394	1675	2042	2445	2291	2618	3361	3570	4420	4666	5130				

续表

柱 500mm×500mm　F_k（kN）　H_0（mm）　A_s（mm^2）　钢筋 HRB335　混凝土 C30

f_a (kN/m^2) \ A ($m \times m$)		1.0×1.0	1.1×1.1	1.2×1.2	1.3×1.3	1.4×1.4	1.5×1.5	1.6×1.6	1.7×1.7	1.8×1.8	1.9×1.9	2.0×2.0	2.2×2.2	2.4×2.4	2.5×2.5	2.6×2.6	2.8×2.8	3.0×3.0	3.2×3.2	3.4×3.4	3.5×3.5	3.6×3.6	3.8×3.8	4.0×4.0	4.2×4.2
80	F_k	51	61	73	85	98	113	129	145	162	181	201	243	289	313	338	392	451	513	579	613	648	722	801	882
	H_0	300	300	300	300	300	300	300	300	300	300	300	350	400	400	450	500	500	600	600	600	700	700	700	800
	A_s	393	432	471	510	550	589	628	668	707	746	786	864	943	982	1021	1100	1179	1257	1336	1375	1414	1493	1694	1715
100	F_k	71	85	101	119	138	158	180	203	227	253	281	339	404	438	474	549	631	717	810	858	908	1011	1121	1235
	H_0	300	300	300	300	300	300	300	300	300	300	300	350	400	400	450	500	500	600	600	600	700	700	700	800
	A_s	393	432	471	510	550	589	628	668	707	746	786	864	943	982	1021	1100	1346	1358	1657	1822	1686	2009	2372	2401
120	F_k	91	109	130	153	177	203	231	261	292	325	361	436	519	563	609	706	811	922	1041	1103	1167	1300	1441	1588
	H_0	300	300	300	300	300	300	300	300	300	300	300	350	400	400	450	500	500	600	600	600	700	700	700	800
	A_s	393	432	471	510	550	589	628	668	707	746	791	915	1055	1213	1208	1375	1731	1746	2131	2343	2167	2584	3050	3087
150	F_k	121	146	173	203	236	271	308	347	389	434	481	581	692	751	812	941	1081	1229	1388	1471	1556	1733	1921	2117
	H_0	300	300	300	300	300	300	300	300	300	300	300	350	400	400	450	500	500	600	600	600	700	700	700	800
	A_s	393	432	471	510	550	589	628	668	721	877	1054	1220	1406	1617	1611	1833	2308	2328	2842	3125	2890	3445	4067	4116
180	F_k	151	182	217	254	294	338	385	434	486	542	601	727	865	938	1014	1176	1351	1537	1735	1838	1944	2166	2401	2646
	H_0	300	300	300	300	300	300	300	300	300	300	300	350	400	400	450	500	500	600	600	600	700	700	700	800
	A_s	393	432	471	510	550	589	628	731	902	1097	1318	1525	1758	2022	2014	2291	2885	2910	3552	3906	3613	4307	5084	5145
200	F_k	171	206	245	288	334	383	436	492	551	614	681	823	980	1063	1150	1333	1531	1741	1966	2083	2204	2455	2721	2999
	H_0	300	300	300	300	300	300	300	300	300	300	300	350	400	400	450	500	500	600	600	600	700	700	800	800
	A_s	393	432	471	510	550	589	660	828	1022	1243	1494	1729	1993	2291	2282	2597	3270	3299	4026	4427	4094	4881	4983	5831
250	F_k	221	267	317	372	432	496	564	636	713	795	881	1065	1268	1376	1488	1725	1981	2253	2544	2696	2852	3177	3521	
	H_0	300	300	300	300	300	300	300	300	300	350	350	400	450	450	500	600	600	700	700	700	700	800	800	
	A_s	393	432	471	510	550	668	854	1072	1323	1332	1600	1908	2248	2585	2618	2738	3448	3602	4396	4833	5299	5463	6449	
300	F_k	271	327	389	457	530	608	692	781	875	975	1081	1307	1556	1688	1826	2117	2431	2765	3122	3308	3500			
	H_0	300	300	300	300	300	300	300	300	350	350	400	450	500	500	600	600	700	700	800	800	800			
	A_s	393	432	471	510	626	820	1049	1316	1343	1634	1675	2042	2445	2812	2618	3361	3570	4420	4666	5130	5624			

第三节　单向偏心受压矩形基础计算

一、适用范围

1. 混凝土强度等级：C20，C25，C30；
2. 普通钢筋：HPB235，HRB335，HRB400（RRB400）；
3. 混凝土保护层厚度 40mm（有垫层）；
4. 基础底面的偏心距不大于偏心方向基础边长的 1/6。

二、制表公式

1. 基础底面尺寸 $b\times l$：

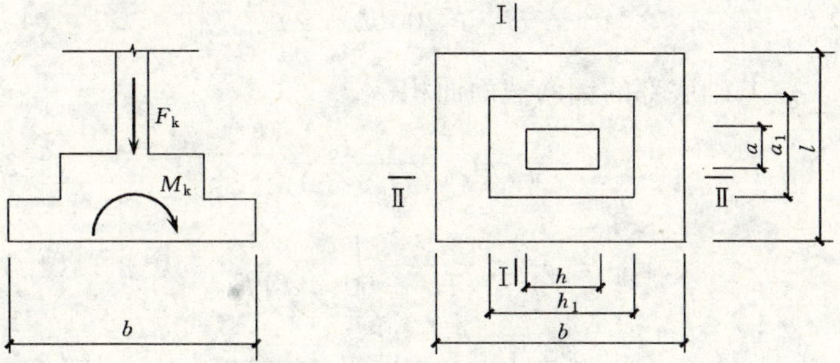

图 4-3-1　单向偏心受压矩形基础

当偏心距 $e_o=\dfrac{M_k}{F_k+\bar{\gamma}dbl}\leqslant\dfrac{b}{6}$时，

$$\frac{F_k+\bar{\gamma}dbl}{bl}+\frac{6M_k}{b^2l}\leqslant 1.2f_a \tag{4-3-1}$$

$$\frac{F_k+\bar{\gamma}dbl}{bl}-\frac{6M_k}{b^2l}\geqslant 0 \tag{4-3-2}$$

$$\frac{F_k+\bar{\gamma}dbl}{bl}\leqslant f_a \tag{4-3-3}$$

式中　F_k——相应于荷载效应标准组合时，基础顶面由上部结构传下的竖向力标准值（kN）；

M_k——基础底面弯矩标准值；为上部结构传至基础顶面的弯矩标准值与基础顶面的剪力标准值乘以基础高度所得的附加弯矩之和（kN·m）；

b——矩形基础底面与力矩 M 作用平面相平行的边长（m）；

l——矩形基础底面与力矩 M 作用平面相垂直的边长（m）。

基底地基反力不同分布的 6 种情况下的 F_k 和 M_k 值见表 4-3-1。

基底地基反力分布及所对应的 F_k 和 M_k　　表 4-3-1

类　型	Ⅰ	Ⅱ	Ⅲ
基底反力图形示意	0 … $1.2f_a$	$0.2f_a$ … $1.2f_a$	$0.4f_a$ … $1.2f_a$
基础顶面竖向力 F_k	$F_k=(0.6f_a-20d)\times bl$	$F_k=(0.7f_a-20d)\times bl$	$F_k=(0.8f_a-20d)\times bl$
基底弯矩 M_k	$M_k=\frac{1}{10}f_ab^2l$	$M_k=\frac{1}{12}f_ab^2l$	$M_k=\frac{1}{15}f_ab^2l$

续表

类　型	Ⅳ	Ⅴ	Ⅵ
基底反力图形示意	$0.6f_a$　$1.2f_a$	$0.8f_a$　$1.2f_a$	$0.9f_a$　$1.1f_a$
基础顶面竖向力 F_k	$F_k=(0.9f_a-20d)\times bl$	$F_k=(f_a-20d)\times bl$	$F_k=(f_a-20d)\times bl$
基底弯矩 M_k	$M_k=\frac{1}{20}f_ab^2l$	$M_k=\frac{1}{30}f_ab^2l$	$M_k=\frac{1}{60}f_ab^2l$

2. 基础高度 H_0:

当 $\frac{M}{F+\gamma_G\gamma dbl}\leqslant\frac{b}{6}$ 时，

$$p_{j\max}=\frac{F}{bl}\left(1+\frac{6M}{bF}\right) \tag{4-3-4}$$

当 $l\geqslant a+(H_0-60)/500$ 时

$$H_0=500(\sqrt{a^2+Z}-a+0.12) \tag{4-3-5}$$

$$Z=\frac{2l(b-h)-(l-a)^2}{\frac{700\beta_{hp}f_t}{p_{j\max}}+1} \tag{4-3-6}$$

式中　F——基础顶面由上部结构传下的竖向力设计值（kN）；

M——基底弯矩设计值（kN·m）；

H_0——基础高度（mm）；

β_{hp}——基础高度影响系数，当 $H_0\leqslant$800mm 时，$\beta_{hp}=1.0$，当 $H_0\geqslant$2000mm 时，$\beta_{hp}=0.9$，当 800mm$<H_0<$2000mm，按线性内插取值；

h——柱子边长，与 b 边相平行（m）；

a——柱子边长，与 l 边相平行（m）；

γ_G——基础自重及其上土的自重的荷载分项系数。

当 $l<a+(H_0-60)/500$ 时

$$H_0=\frac{1000(b-h)p_{j\max}l}{2p_{j\max}+700\beta_{hp}f_t(l+a)}+60 \tag{4-3-7}$$

H_0 除要满足公式（4-3-5）或公式（4-3-7）外，尚应满足公式（4-3-8）、（4-3-9）。

$$H_0\geqslant200(b-h) \tag{4-3-8}$$

$$H_0\geqslant200(l-a) \tag{4-3-9}$$

3. 基础底部的钢筋截面面积：

$$A_{s\mathrm{I}}=\beta\varphi\eta C_b\frac{F}{(H_0-60)f_y}\times10^3 \tag{4-3-10}$$

$$A_{s\mathrm{II}}=\frac{C_l}{\eta}\times\frac{F}{(H_0-60-d)f_y}\times10^3 \tag{4-3-11}$$

$$\beta=1+\frac{\gamma}{\left(2+\frac{a}{l}\right)(2-\gamma)} \tag{4-3-12}$$

$$\gamma=\frac{1-\frac{h}{b}}{\frac{b}{6e_1}+1} \tag{4-3-13}$$

$$\varphi=1+3\frac{e_1}{h}\left(1+\frac{h}{b}\right) \tag{4-3-14}$$

$$\eta=\frac{2+\frac{a}{l}}{2+\frac{h}{b}} \tag{4-3-15}$$

$$C_b = \frac{(b-h)^2(2b+h)}{21.6b^2} \times 10^3 \qquad (4\text{-}3\text{-}16)$$

$$C_l = \frac{(l-a)^2(2l+a)}{21.6l^2} \times 10^3 \qquad (4\text{-}3\text{-}17)$$

$$e_1 = \frac{M}{F} \qquad (4\text{-}3\text{-}18)$$

式中　$A_{s\text{I}}$——基础底部与基础长边 b 平行的钢筋的总截面面积（mm^2）；

$A_{s\text{II}}$——基础底部与基础短边 l 平行的钢筋的总截面面积（mm^2）；

d——基础底部下排钢筋直径（mm）。

三、使用说明

1. 当基础埋置深度 $d=1.5$m 时，可根据 F_k、M_k 和 f_a 查表 4-3-2 确定基础尺寸 $b\times l$；

2. 当基础埋置深度 $d\neq1.5$m 时，可先根据 F_k、M_k 和埋深为 d 时的 f_a 查表 4-3-2 初步选定基础尺寸 $b_1\times l_1$，然后将 F_k 进行修正，$F'_k=F_k+\bar{\gamma}b_1l_1$（$d-1.5$），由 F'_k、M_k 和 f_a 查表 4-3-2 确定实际的基础尺寸 $b\times l$；

3. 当 $l\geqslant a+(H_0-60)/500$ 时，应分别按公式(4-3-5)、(4-3-8)、(4-3-9)计算 H_0，并取大者；当 $l<a+(H_0-60)/500$ 时，应分别按公式(4-3-7)、(4-3-8)、(4-3-9)计算 H_0，并取大者；

4. 由公式（4-3-18）计算 e_1，由 e_1/b 及 h/b 查表 4-3-3 可得 φ 值，由 b 及 h 查表 4-3-4 可得 C_b 值，由 l 及 a 查表 4-3-4 可得 C_l 值，由 h/b 及 a/l 查表 4-3-5 可得 η 值，由 e_1/b 及 h/b 查表 4-3-6 可得 γ 值，由 γ 及 a/l 查表 4-3-7 可得 β 值，根据公式（4-3-10）、（4-3-11）即可计算基础底部的钢筋截面面积；

5. 对阶梯式基础若需计算基础变阶处的受冲切承载力和配筋时，只需将台阶处的尺寸 a_1、h_1 代替柱子的尺寸 a、h，即可用上述公式和上述方法进行计算。

四、应用举例

【例 4-3-1】　已知：矩形钢筋混凝土柱 $a\times h=400\text{mm}\times600\text{mm}$，上部结构传至基础顶面的竖向力标准值 $F_k=900$kN，设计值 $F=1125$kN，基础底面的弯矩标准值 $M_k=780$kN·m，设计值 $M=975$kN·m。基础埋深 $d=3.5$m，修正后的地基承载力特征值 $f_a=200\text{kN/m}^2$，基础采用 C30 混凝土，HRB335 钢筋，求基础底面尺寸、基础高度及基础底部钢筋截面面积。

【解】　(1) 基础底面尺寸：

由 F_k、M_k、f_a 查表 4-3-2 初选基础尺寸

$b_1\times l_1=3.9\text{m}\times2.6\text{m}$　（Ⅰ型压力分布）

将 F_k 进行修正

$$F'_k = 900 + 20\times3.9\times2.6\times(3.5-1.5) = 1305.6\text{kN}$$

由 F'_k、M_k、f_a 查表 4-3-2

$$b\times l = 3.9\text{m}\times3.2\text{m} \quad （Ⅱ型压力分布）$$

(2) 确定基础高度：

$$\frac{M}{F+\gamma_G\bar{\gamma}dbl} = \frac{975}{1125+1.2\times20\times3.5\times3.9\times3.2} = 0.45\text{m}$$

$$<\frac{1}{6}\times3.9 = 0.65\text{m} \quad （符合适用条件）$$

由公式（4-3-4）

$$p_{j\max} = \frac{1125}{3.9\times3.2}\left(1+\frac{6\times975}{3.9\times1125}\right) = 210.3\text{kN/m}^2$$

由公式（4-3-6）

$$Z=\frac{2\times3.2\times(3.9-0.6)-(3.2-0.4)^2}{\frac{700\times1\times1.43}{210.3}+1}=2.31$$

由公式（4-3-5）

$$H_0=500\times(\sqrt{0.4^2+2.31}-0.4+0.12)=646\text{mm}$$

$a+(H_0-60)/500=1.57\text{m}\leqslant l=3.2\text{m}$(适用)

$200(b-h)=200\times(3.9-0.6)=660\text{mm}$

$200(l-a)=200\times(3.2-0.4)=560\text{mm}$

取 $H_0=700\text{mm}$。基础尺寸如图 4-3-2 所示。

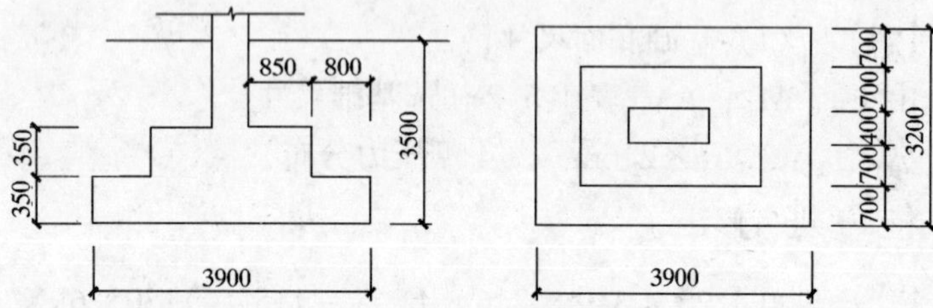

图 4-3-2 矩形基础几何尺寸

基础变阶处受冲切承载力验算：

$$Z=\frac{2\times3.2\times(3.9-2.3)-(3.2-1.8)^2}{\frac{700\times1\times1.43}{210.3}+1}=1.44$$

$H_0=500\times$（$\sqrt{1.8^2+1.44}-1.8+0.12$）$=242\text{mm}<350\text{mm}$（可）

$1.8+(350-60)/500=2.38\text{m}\leqslant l=3.2\text{m}$(适用)

$200\times(3.9-2.3)=320\text{mm}<350\text{mm}$(可)

$200\times(3.2-1.8)=280\text{mm}<350\text{mm}$(可)

（3）基础底部钢筋截面面积及配筋：

$e_1=\frac{M}{F}=\frac{975}{1125}=0.867\text{m}$ $\qquad\frac{e_1}{b}=\frac{0.867}{3.9}=0.222$

$\frac{h}{b}=\frac{0.6}{3.9}=0.15$ $\qquad\frac{a}{l}=\frac{0.4}{3.2}=0.125$

查表 4-3-3 $\qquad\varphi=1.766$

查表 4-3-4 $\qquad C_b=278.4$

查表 4-3-4 $\qquad C_l=241.0$

查表 4-3-5 $\qquad\eta=0.988$

查表 4-3-6 $\qquad\gamma=0.486$

查表 4-3-7 $\qquad\beta=1.151$

$$A_{s\text{I}}=1.151\times1.766\times0.988\times278.4\times\frac{1125\times10^3}{(700-60)\times300}$$

$$=3276\text{mm}^2$$

$2376/3.2=1024\text{mm}^2/\text{m}$，配筋Φ 16@190。

$$A_{s\text{I}}=\frac{241.0}{0.988}\times\frac{1125\times10^3}{(700-60-16)\times300}=1466\text{mm}^2$$

$1466/3.9=376\text{mm}^2/\text{m}$，配筋Φ 10@200。

基础变阶处配筋计算（略）。

五、单向偏心受压矩形基础计算表

承载力 F_k、M_k 表见表 4-3-2；

系数 φ 表见表 4-3-3；

系数 C_b（C_l）表见表 4-3-4；

系数 η 表见表 4-3-5；

系数 γ 表见表 4-3-6；

系数 β 表见表 4-3-7。

单向偏心受压矩形基础承载力 F_k（kN）、M_k（kN·m）表

表 4-3-2

f_a (kN/m^2)	压力类型 $b\times l$（m）	Ⅰ		Ⅱ		Ⅲ		Ⅳ		Ⅴ		Ⅵ	
		F_k	M_k	F_k	M_k	F_k	M_k	F_k	M_k	F_k	M_k	F_k	M_k
80	1.2×0.8	17.3	9.2	25.0	7.7	32.6	6.1	40.3	4.6	48.0	3.1	48.0	1.5
	1.2×1.0	21.6	11.5	31.2	9.6	40.8	7.7	50.4	5.8	60.0	3.8	60.0	1.9
	1.4×1.0	25.2	15.7	36.4	13.1	47.6	10.5	58.8	7.8	70.0	5.2	70.0	2.6
	1.4×1.2	30.2	18.8	43.7	15.7	57.1	12.5	70.6	9.4	84.0	6.3	84.0	3.1
	1.5×1.0	27.0	18.0	39.0	15.0	51.0	12.0	63.0	9.0	75.0	6.0	75.0	3.0
	1.5×1.2	32.4	21.6	46.8	18.0	61.2	14.4	75.6	10.8	90.0	7.2	90.0	3.6
	1.6×1.1	31.7	22.5	45.8	18.8	59.8	15.0	73.9	11.3	88.0	7.5	88.0	3.8
	1.6×1.3	37.4	26.6	54.1	22.2	70.7	17.7	87.4	13.3	104.0	8.9	104.0	4.4
	1.8×1.2	38.9	31.1	56.2	25.9	73.4	20.7	90.7	15.6	108.0	10.4	108.0	5.2
	1.8×1.5	48.6	38.9	70.2	32.4	91.8	25.9	113.4	19.4	135.0	13.0	135.0	6.5
	2.0×1.2	43.2	38.4	62.4	32.0	81.6	25.6	100.8	19.2	120.0	12.8	120.0	6.4
	2.0×1.5	54.0	48.0	78.0	40.0	102.0	32.0	126.0	24.0	150.0	16.0	150.0	8.0
	2.2×1.5	59.4	58.1	85.8	48.4	112.2	38.7	138.6	29.0	165.0	19.4	165.0	9.7
	2.2×1.8	71.3	69.7	103.0	58.1	134.6	46.5	166.3	34.8	198.0	23.2	198.0	11.6
	2.4×1.6	69.1	73.7	99.8	61.4	130.6	49.2	161.3	36.9	192.0	24.6	192.0	12.3
	2.4×1.8	77.8	82.9	112.3	69.1	146.9	55.3	181.4	41.5	216.0	27.6	216.0	13.8
	2.4×2.0	86.4	92.2	124.8	76.8	163.2	61.4	201.6	46.1	240.0	30.7	240.0	15.4
	2.7×1.8	87.5	105.0	126.4	87.5	165.2	70.0	204.1	52.5	243.0	35.0	243.0	17.5
	2.7×2.0	97.2	116.6	140.4	97.2	183.6	77.8	226.8	58.3	270.0	38.9	270.0	19.4
	2.7×2.2	106.9	128.3	154.4	106.9	202.0	85.5	249.5	64.2	297.0	42.8	297.0	21.4
	3.0×2.0	108.0	144.0	156.0	120.0	204.0	96.0	252.0	72.0	300.0	48.0	300.0	24.0
	3.0×2.2	118.8	158.4	171.6	132.0	224.4	105.6	277.2	79.2	330.0	52.8	330.0	26.4
	3.0×2.4	129.6	172.8	187.2	144.0	244.8	115.2	302.4	86.4	360.0	57.6	360.0	28.8
	3.3×2.2	130.7	191.7	188.8	159.7	246.8	127.8	304.9	95.8	363.0	63.9	363.0	31.9
	3.3×2.5	148.5	217.8	214.5	181.5	280.5	145.2	346.5	108.9	412.5	72.6	412.5	36.3
	3.3×2.7	160.4	235.2	231.7	196.0	302.9	156.8	374.2	117.6	445.5	78.4	445.5	39.2
	3.6×2.4	155.5	248.8	224.6	207.4	293.8	165.9	362.9	124.4	432.0	82.9	432.0	41.5
	3.6×2.7	175.0	279.9	252.7	233.3	330.5	186.6	408.2	140.0	486.0	93.3	486.0	46.7

续表

f_a (kN/m^2)	压力类型 / $b\times l$ (m)	Ⅰ		Ⅱ		Ⅲ		Ⅳ		Ⅴ		Ⅵ	
		F_k	M_k	F_k	M_k	F_k	M_k	F_k	M_k	F_k	M_k	F_k	M_k
80	3.6×3.0	194.4	311.0	280.8	259.2	367.2	207.4	453.6	155.5	540.0	103.7	540.0	51.8
	3.9×2.6	182.5	316.4	263.6	263.6	344.8	210.9	425.9	158.2	507.0	105.5	507.0	52.7
	3.9×2.9	203.6	352.9	294.1	294.1	384.5	235.2	475.0	176.4	565.5	117.6	565.5	58.8
	3.9×3.2	224.6	389.4	324.5	324.5	424.3	259.6	524.2	194.7	624.0	129.8	624.0	64.9
	4.2×2.8	211.7	395.1	305.8	329.3	399.8	263.4	493.9	197.6	588.0	131.7	588.0	65.9
	4.2×3.5	264.6	493.9	382.2	411.6	499.8	329.3	617.4	247.0	735.0	164.6	735.0	82.3
	4.5×3.0	243.0	486.0	351.0	405.0	459.0	324.0	567.0	243.0	675.0	162.0	675.0	81.0
	4.5×3.5	283.5	567.0	409.5	472.5	535.5	378.0	661.5	283.5	787.5	189.0	787.5	94.5
100	1.2×0.8	28.8	11.5	38.4	9.6	48.0	7.7	57.6	5.8	67.2	3.8	67.2	1.9
	1.2×1.0	36.0	14.4	48.0	12.0	60.0	9.6	72.0	7.2	84.0	4.8	84.0	2.4
	1.4×1.0	42.0	19.6	56.0	16.3	70.0	13.1	84.0	9.8	98.0	6.5	98.0	3.3
	1.4×1.2	50.4	23.5	67.2	19.6	84.0	15.7	100.8	11.8	117.6	7.8	117.6	3.9
	1.5×1.0	45.0	22.5	60.0	18.8	75.0	15.0	90.0	11.3	105.0	7.5	105.0	3.8
	1.5×1.2	54.0	27.0	72.0	22.5	90.0	18.0	108.0	13.5	126.0	9.0	126.0	4.5
	1.6×1.1	52.8	28.2	70.4	23.5	88.0	18.8	105.6	14.1	123.2	9.4	123.2	4.7
	1.6×1.3	62.4	33.3	83.2	27.7	104.0	22.2	124.8	16.6	145.6	11.1	145.6	5.5
	1.8×1.2	64.8	38.9	86.4	32.4	108.0	25.9	129.6	19.4	151.2	13.0	151.2	6.5
	1.8×1.5	81.0	48.6	108.0	40.5	135.0	32.4	162.0	24.3	189.0	16.2	189.0	8.1
	2.0×1.2	72.0	48.0	96.0	40.0	120.0	32.0	144.0	24.0	168.0	16.0	168.0	8.0
	2.0×1.5	90.0	60.0	120.0	50.0	150.0	40.0	180.0	30.0	210.0	20.0	210.0	10.0
	2.2×1.5	99.0	72.6	132.0	60.5	165.0	48.4	198.0	36.3	231.0	24.2	231.0	12.1
	2.2×1.8	118.8	87.1	158.4	72.6	198.0	58.1	237.6	43.6	277.2	29.0	277.2	14.5
	2.4×1.6	115.2	92.2	153.6	76.8	192.0	61.4	230.4	46.1	268.8	30.7	268.8	15.4
	2.4×1.8	129.6	103.7	172.8	86.4	216.0	69.1	259.2	51.8	302.4	34.6	302.4	17.3
	2.4×2.0	144.0	115.2	192.0	96.0	240.0	76.8	288.0	57.6	336.0	38.4	336.0	19.2
	2.7×1.8	145.8	131.2	194.4	109.4	243.0	87.5	291.6	65.6	340.2	43.7	340.2	21.9
	2.7×2.0	162.0	145.8	216.0	121.5	270.0	97.2	324.0	72.9	378.0	48.6	378.0	24.3
	2.7×2.2	178.2	160.4	237.6	133.7	297.0	106.9	356.4	80.2	415.8	53.5	415.8	26.7

续表

f_a (kN/m²)	压力类型 b×l (m)	Ⅰ		Ⅱ		Ⅲ		Ⅳ		Ⅴ		Ⅵ	
		F_k	M_k	F_k	M_k	F_k	M_k	F_k	M_k	F_k	M_k	F_k	M_k
100	3.0×2.0	180.0	180.0	240.0	150.0	300.0	120.0	360.0	90.0	420.0	60.0	420.0	30.0
	3.0×2.2	198.0	198.0	264.0	165.0	330.0	132.0	396.0	99.0	462.0	66.0	462.0	33.0
	3.0×2.4	216.0	216.0	288.0	180.0	360.0	144.0	432.0	108.0	504.0	72.0	504.0	36.0
	3.3×2.2	217.8	239.6	290.4	199.6	363.0	159.7	435.6	119.8	508.2	79.9	508.2	39.9
	3.3×2.5	247.5	272.3	330.0	226.9	412.5	181.5	495.0	136.1	577.5	90.7	577.5	45.4
	3.3×2.7	267.3	294.0	356.4	245.0	445.5	196.0	534.6	147.0	623.7	98.0	623.7	49.0
	3.6×2.4	259.2	311.0	345.6	259.2	432.0	207.4	518.4	155.5	604.8	103.7	604.8	51.8
	3.6×2.7	291.6	349.9	388.8	291.6	486.0	233.3	583.2	175.0	680.4	116.6	680.4	58.3
	3.6×3.0	324.0	388.8	432.0	324.0	540.0	259.2	648.0	194.4	756.0	129.6	756.0	64.8
	3.9×2.6	304.2	395.5	405.6	329.6	507.0	263.6	608.4	197.7	709.8	131.8	709.8	65.9
	3.9×2.9	339.3	441.1	452.4	367.6	565.5	294.1	678.6	220.5	791.7	147.0	791.7	73.5
	3.9×3.2	374.4	486.7	499.2	405.6	624.0	324.5	748.8	243.4	873.6	162.2	873.6	81.1
	4.2×2.8	352.8	493.9	470.4	411.6	588.0	329.3	705.6	247.0	823.2	164.6	823.2	82.3
	4.2×3.5	441.0	617.4	588.0	514.5	735.0	411.6	882.0	308.7	1029.0	205.8	1029.0	102.9
	4.5×3.0	405.0	607.5	540.0	506.3	675.0	405.0	810.0	303.8	945.0	202.5	945.0	101.3
	4.5×3.5	472.5	708.8	630.0	590.6	787.5	472.5	945.0	354.4	1102.5	236.3	1102.5	118.1
120	1.2×0.8	40.3	13.8	51.8	11.5	63.4	9.2	74.9	6.9	86.4	4.6	86.4	2.3
	1.2×1.0	50.4	17.3	64.8	14.4	79.2	11.5	93.6	8.6	108.0	5.8	108.0	2.9
	1.4×1.0	58.8	23.5	75.6	19.6	92.4	15.7	109.2	11.8	126.0	7.8	126.0	3.9
	1.4×1.2	70.6	28.2	90.7	23.5	110.9	18.8	131.0	14.1	151.2	9.4	151.2	4.7
	1.5×1.0	63.0	27.0	81.0	22.5	99.0	18.0	117.0	13.5	135.0	9.0	135.0	4.5
	1.5×1.2	75.6	32.4	97.2	27.0	118.8	21.6	140.4	16.2	162.0	10.8	162.0	5.4
	1.6×1.1	73.9	33.8	95.0	28.2	116.2	22.5	137.3	16.9	158.4	11.3	158.4	5.6
	1.6×1.3	87.4	39.9	112.3	33.3	137.3	26.6	162.2	20.0	187.2	13.3	187.2	6.7
	1.8×1.2	90.7	46.7	116.6	38.9	142.6	31.1	168.5	23.3	194.4	15.6	194.4	7.8
	1.8×1.5	113.4	58.3	145.8	48.6	178.2	38.9	210.6	29.2	243.0	19.4	243.0	9.7
	2.0×1.2	100.8	57.6	129.6	48.0	158.4	38.4	187.2	28.8	216.0	19.2	216.0	9.6
	2.0×1.5	126.0	72.0	162.0	60.0	198.0	48.0	234.0	36.0	270.0	24.0	270.0	12.0

续表

f_a (kN/m²)	压力类型 $b \times l$ (m)	Ⅰ F_k	Ⅰ M_k	Ⅱ F_k	Ⅱ M_k	Ⅲ F_k	Ⅲ M_k	Ⅳ F_k	Ⅳ M_k	Ⅴ F_k	Ⅴ M_k	Ⅵ F_k	Ⅵ M_k
120	2.2×1.5	138.6	87.1	178.2	72.6	217.8	58.1	257.4	43.6	297.0	29.0	297.0	14.5
	2.2×1.8	166.3	104.5	213.8	87.1	261.4	69.7	308.9	52.3	356.4	34.8	356.4	17.4
	2.4×1.6	161.3	110.6	207.4	92.2	253.4	73.7	299.5	55.3	345.6	36.9	345.6	18.4
	2.4×1.8	181.4	124.4	233.3	103.7	285.1	82.9	337.0	62.2	388.8	41.5	388.8	20.7
	2.4×2.0	201.6	138.2	259.2	115.2	316.8	92.2	374.4	69.1	432.0	46.1	432.0	23.0
	2.7×1.8	204.1	157.5	262.4	131.2	320.8	105.0	379.1	78.7	437.4	52.5	437.4	26.2
	2.7×2.0	226.8	175.0	291.6	145.8	356.4	116.6	421.2	87.5	486.0	58.3	486.0	29.2
	2.7×2.2	249.5	192.5	320.8	160.4	392.0	128.3	463.3	96.2	534.6	64.2	534.6	32.1
	3.0×2.0	252.0	216.0	324.0	180.0	396.0	144.0	468.0	108.0	540.0	72.0	540.0	36.0
	3.0×2.2	277.2	237.6	356.4	198.0	435.6	158.4	514.8	118.8	594.0	79.2	594.0	39.6
	3.0×2.4	302.4	259.2	388.8	216.0	475.2	172.8	561.6	129.6	648.0	86.4	648.0	43.2
	3.3×2.2	304.9	287.5	392.0	239.6	479.2	191.7	566.3	143.7	653.4	95.8	653.4	47.9
	3.3×2.5	346.5	326.7	445.5	272.3	544.5	217.8	643.5	163.3	742.5	108.9	742.5	54.4
	3.3×2.7	374.2	352.8	481.1	294.0	588.1	235.2	695.0	176.4	801.9	117.6	801.9	58.8
	3.6×2.4	362.9	373.2	466.6	311.0	570.2	248.8	673.9	186.6	777.6	124.4	777.6	62.2
	3.6×2.7	408.2	419.9	524.9	349.9	641.5	279.9	758.2	210.0	874.8	140.0	874.8	70.0
	3.6×3.0	453.6	466.6	583.2	388.8	712.8	311.0	842.4	233.3	972.0	155.5	972.0	77.8
	3.9×2.6	425.9	474.6	547.6	395.5	669.2	316.4	790.9	237.3	912.6	158.2	912.6	79.1
	3.9×2.9	475.0	529.3	610.7	441.1	746.5	352.9	882.2	264.7	1017.9	176.4	1017.9	88.2
	3.9×3.2	524.2	584.1	673.9	486.7	823.7	389.4	973.4	292.0	1123.2	194.7	1123.2	97.3
	4.2×2.8	493.9	592.7	635.0	493.9	776.2	395.1	917.3	296.4	1058.4	197.6	1058.4	98.8
	4.2×3.5	617.4	740.9	793.8	617.4	970.2	493.9	1146.6	370.4	1323.0	247.0	1323.0	123.5
	4.5×3.0	567.0	729.0	729.0	607.5	891.0	486.0	1053.0	364.5	1215.0	243.0	1215.0	121.5
	4.5×3.5	661.5	850.5	850.5	708.8	1039.5	567.0	1228.5	425.3	1417.5	283.5	1417.5	141.8
150	1.2×0.8	57.6	17.3	72.0	14.4	86.4	11.5	100.8	8.6	115.2	5.8	115.2	2.9
	1.2×1.0	72.0	21.6	90.0	18.0	108.0	14.4	126.0	10.8	144.0	7.2	144.0	3.6
	1.4×1.0	84.0	29.4	105.0	24.5	126.0	19.6	147.0	14.7	168.0	9.8	168.0	4.9
	1.4×1.2	100.8	35.3	126.0	29.4	151.2	23.5	176.4	17.6	201.6	11.8	201.6	5.9

续表

f_a (kN/m^2)	压力类型 / $b\times l$（m）	Ⅰ		Ⅱ		Ⅲ		Ⅳ		Ⅴ		Ⅵ	
		F_k	M_k	F_k	M_k	F_k	M_k	F_k	M_k	F_k	M_k	F_k	M_k
150	1.5×1.0	90.0	33.8	112.5	28.1	135.0	22.5	157.5	16.9	180.0	11.3	180.0	5.6
	1.5×1.2	108.0	40.5	135.0	33.8	162.0	27.0	189.0	20.3	216.0	13.5	216.0	6.8
	1.6×1.1	105.6	42.2	132.0	35.2	158.4	28.2	184.8	21.1	211.2	14.1	211.2	7.0
	1.6×1.3	124.8	49.9	156.0	41.6	187.2	33.3	218.4	25.0	249.6	16.6	249.6	8.3
	1.8×1.2	129.6	58.3	162.0	48.6	194.4	38.9	226.8	29.2	259.2	19.4	259.2	9.7
	1.8×1.5	162.0	72.9	202.5	60.7	243.0	48.6	283.5	36.4	324.0	24.3	324.0	12.1
	2.0×1.2	144.0	72.0	180.0	60.0	216.0	48.0	252.0	36.0	288.0	24.0	288.0	12.0
	2.0×1.5	180.0	90.0	225.0	75.0	270.0	60.0	315.0	45.0	360.0	30.0	360.0	15.0
	2.2×1.5	198.0	108.9	247.5	90.8	297.0	72.6	346.5	54.5	396.0	36.3	396.0	18.2
	2.2×1.8	237.6	130.7	297.0	108.9	356.4	87.1	415.8	65.3	475.2	43.6	475.2	21.8
	2.4×1.6	230.4	138.2	288.0	115.2	345.6	92.2	403.2	69.1	460.8	46.1	460.8	23.0
	2.4×1.8	259.2	155.5	324.0	129.6	388.8	103.7	453.6	77.8	518.4	51.8	518.4	25.9
	2.4×2.0	288.0	172.8	360.0	144.0	432.0	115.2	504.0	86.4	576.0	57.6	576.0	28.8
	2.7×1.8	291.6	196.8	364.5	164.0	437.4	131.2	510.3	98.4	583.2	65.6	583.2	32.8
	2.7×2.0	324.0	218.7	405.0	182.3	486.0	145.8	567.0	109.4	648.0	72.9	648.0	36.5
	2.7×2.2	356.4	240.6	445.5	200.5	534.6	160.4	623.7	120.3	712.8	80.2	712.8	40.1
	3.0×2.0	360.0	270.0	450.0	225.0	540.0	180.0	630.0	135.0	720.0	90.0	720.0	45.0
	3.0×2.2	396.0	297.0	495.0	247.5	594.0	198.0	693.0	148.5	792.0	99.0	792.0	49.5
	3.0×2.4	432.0	324.0	540.0	270.0	648.0	216.0	756.0	162.0	864.0	108.0	864.0	54.0
	3.3×2.2	435.6	359.4	544.5	299.5	653.4	239.6	762.3	179.7	871.2	119.8	871.2	59.9
	3.3×2.5	495.0	408.4	618.8	340.3	742.5	272.3	866.2	204.2	990.0	136.1	990.0	68.1
	3.3×2.7	534.6	441.0	668.3	367.5	801.9	294.0	935.5	220.5	1069.2	147.0	1069.2	73.5
	3.6×2.4	518.4	466.6	648.0	388.8	777.6	311.0	907.2	233.3	1036.8	155.5	1036.8	77.8
	3.6×2.7	583.2	524.9	729.0	437.4	874.8	349.9	1020.6	262.4	1166.4	175.0	1166.4	87.5
	3.6×3.0	648.0	583.2	810.0	486.0	972.0	388.8	1134.0	291.6	1296.0	194.4	1296.0	97.2
	3.9×2.6	608.4	593.2	760.5	494.3	912.6	395.5	1064.7	296.6	1216.8	197.7	1216.8	98.9
	3.9×2.9	678.6	661.6	848.3	551.4	1017.9	441.1	1187.6	330.8	1357.2	220.5	1357.2	110.3
	3.9×3.2	748.8	730.1	936.0	608.4	1123.2	486.7	1310.4	365.0	1497.6	243.4	1497.6	121.7

续表

f_a (kN/m²)	压力类型 $b\times l$ (m)	Ⅰ F_k	Ⅰ M_k	Ⅱ F_k	Ⅱ M_k	Ⅲ F_k	Ⅲ M_k	Ⅳ F_k	Ⅳ M_k	Ⅴ F_k	Ⅴ M_k	Ⅵ F_k	Ⅵ M_k
150	4.2×2.8	705.6	740.9	882.0	617.4	1058.4	493.9	1234.8	370.4	1411.2	247.0	1411.2	123.5
	4.2×3.5	882.0	926.1	1102.5	771.7	1323.0	617.4	1543.5	463.0	1764.0	308.7	1764.0	154.3
	4.5×3.0	810.0	911.3	1012.5	759.4	1215.0	607.5	1417.5	455.6	1620.0	303.8	1620.0	151.9
	4.5×3.5	945.0	1063.1	1181.3	885.9	1417.5	708.8	1653.8	531.6	1890.0	354.4	1890.0	177.2
180	1.2×0.8	74.9	20.7	92.2	17.3	109.4	13.8	126.7	10.4	144.0	6.9	144.0	3.5
	1.2×1.0	93.6	25.9	115.2	21.6	136.8	17.3	158.4	13.0	180.0	8.6	180.0	4.3
	1.4×1.0	109.2	35.3	134.4	29.4	159.6	23.5	184.8	17.6	210.0	11.8	210.0	5.9
	1.4×1.2	131.0	42.3	161.3	35.3	191.5	28.2	221.8	21.2	252.0	14.1	252.0	7.1
	1.5×1.0	117.0	40.5	144.0	33.8	171.0	27.0	198.0	20.3	225.0	13.5	225.0	6.8
	1.5×1.2	140.4	48.6	172.8	40.5	205.2	32.4	237.6	24.3	270.0	16.2	270.0	8.1
	1.6×1.1	137.3	50.7	169.0	42.2	200.6	33.8	232.3	25.3	264.0	16.9	264.0	8.4
	1.6×1.3	162.2	59.9	199.7	49.9	237.1	39.9	274.6	30.0	312.0	20.0	312.0	10.0
	1.8×1.2	168.5	70.0	207.4	58.3	246.2	46.7	285.1	35.0	324.0	23.3	324.0	11.7
	1.8×1.5	210.6	87.5	259.2	72.9	307.8	58.3	356.4	43.7	405.0	29.2	405.0	14.6
	2.0×1.2	187.2	86.4	230.4	72.0	273.6	57.6	316.8	43.2	360.0	28.8	360.0	14.4
	2.0×1.5	234.0	108.0	288.0	90.0	342.0	72.0	396.0	54.0	450.0	36.0	450.0	18.0
	2.2×1.5	257.4	130.7	316.8	108.9	376.2	87.1	435.6	65.3	495.0	43.6	495.0	21.8
	2.2×1.8	308.9	156.8	380.2	130.7	451.4	104.5	522.7	78.4	594.0	52.3	594.0	26.1
	2.4×1.6	299.5	165.9	368.6	138.2	437.8	110.6	506.9	82.9	576.0	55.3	576.0	27.6
	2.4×1.8	337.0	186.6	414.7	155.5	492.5	124.4	570.2	93.3	648.0	62.2	648.0	31.1
	2.4×2.0	374.4	207.4	460.8	172.8	547.2	138.2	633.6	103.7	720.0	69.1	720.0	34.6
	2.7×1.8	379.1	236.2	466.6	196.8	554.0	157.5	641.5	118.1	729.0	78.7	729.0	39.4
	2.7×2.0	421.2	262.4	518.4	218.7	615.6	175.0	712.8	131.2	810.0	87.5	810.0	43.7
	2.7×2.2	463.3	288.7	570.2	240.6	677.2	192.5	784.1	144.3	891.0	96.2	891.0	48.1
	3.0×2.0	468.0	324.0	576.0	270.0	684.0	216.0	792.0	162.0	900.0	108.0	900.0	54.0
	3.0×2.2	514.8	356.4	633.6	297.0	752.4	237.6	871.2	178.2	990.0	118.8	990.0	59.4
	3.0×2.4	561.6	388.8	691.2	324.0	820.8	259.2	950.4	194.4	1080.0	129.6	1080.0	64.8
	3.3×2.2	566.3	431.2	697.0	359.4	827.6	287.5	958.3	215.6	1089.0	143.7	1089.0	71.9

续表

f_a (kN/m²)	压力类型 / $b\times l$ (m)	Ⅰ		Ⅱ		Ⅲ		Ⅳ		Ⅴ		Ⅵ	
		F_k	M_k	F_k	M_k	F_k	M_k	F_k	M_k	F_k	M_k	F_k	M_k
180	3.3×2.5	643.5	490.0	792.0	408.4	940.5	326.7	1089.0	245.0	1237.5	163.3	1237.5	81.7
	3.3×2.7	695.0	529.3	855.4	441.0	1015.7	352.8	1176.1	264.6	1336.5	176.4	1336.5	88.2
	3.6×2.4	673.9	559.9	829.4	466.6	985.0	373.2	1140.5	279.9	1296.0	186.6	1296.0	93.3
	3.6×2.7	758.2	629.9	933.1	524.9	1108.1	419.9	1283.0	314.9	1458.0	210.0	1458.0	105.0
	3.6×3.0	842.4	699.8	1036.8	583.2	1231.2	466.6	1425.6	349.9	1620.0	233.3	1620.0	116.6
	3.9×2.6	790.9	711.8	973.4	593.2	1156.0	474.6	1338.5	355.9	1521.0	237.3	1521.0	118.6
	3.9×2.9	882.2	794.0	1085.8	661.6	1289.3	529.3	1492.9	397.0	1696.5	264.7	1696.5	132.3
	3.9×3.2	973.4	876.1	1198.1	730.1	1422.7	584.1	1647.4	438.0	1872.0	292.0	1872.0	146.0
	4.2×2.8	917.3	889.1	1129.0	740.9	1340.6	592.7	1552.3	444.5	1764.0	296.4	1764.0	148.2
	4.2×3.5	1146.6	1111.3	1411.2	926.1	1675.8	740.9	1940.4	555.7	2205.0	370.4	2205.0	185.2
	4.5×3.0	1053.0	1093.5	1296.0	911.3	1539.0	729.0	1782.0	546.8	2025.0	364.5	2025.0	182.3
	4.5×3.5	1228.5	1275.8	1512.0	1063.1	1795.5	850.5	2079.0	637.9	2362.5	425.3	2362.5	212.6
200	1.2×0.8	86.4	23.0	105.6	19.2	124.8	15.4	144.0	11.5	163.2	7.7	163.2	3.8
	1.2×1.0	108.0	28.8	132.0	24.0	156.0	19.2	180.0	14.4	204.0	9.6	204.0	4.8
	1.4×1.0	126.0	39.2	154.0	32.7	182.0	26.1	210.0	19.6	238.0	13.1	238.0	6.5
	1.4×1.2	151.2	47.0	184.8	39.2	218.4	31.4	252.0	23.5	285.6	15.7	285.6	7.8
	1.5×1.0	135.0	45.0	165.0	37.5	195.0	30.0	225.0	22.5	255.0	15.0	255.0	7.5
	1.5×1.2	162.0	54.0	198.0	45.0	234.0	36.0	270.0	27.0	306.0	18.0	306.0	9.0
	1.6×1.1	158.4	56.3	193.6	46.9	228.8	37.5	264.0	28.2	299.2	18.8	299.2	9.4
	1.6×1.3	187.2	66.6	228.8	55.5	270.4	44.4	312.0	33.3	353.6	22.2	353.6	11.1
	1.8×1.2	194.4	77.8	237.6	64.8	280.8	51.8	324.0	38.9	367.2	25.9	367.2	13.0
	1.8×1.5	243.0	97.2	297.0	81.0	351.0	64.8	405.0	48.6	459.0	32.4	459.0	16.2
	2.0×1.2	216.0	96.0	264.0	80.0	312.0	64.0	360.0	48.0	408.0	32.0	408.0	16.0
	2.0×1.5	270.0	120.0	330.0	100.0	390.0	80.0	450.0	60.0	510.0	40.0	510.0	20.0
	2.2×1.5	297.0	145.2	363.0	121.0	429.0	96.8	495.0	72.6	561.0	48.4	561.0	24.2
	2.2×1.8	356.4	174.2	435.6	145.2	514.8	116.2	594.0	87.1	673.2	58.1	673.2	29.0
	2.4×1.6	345.6	184.3	422.4	153.6	499.2	122.9	576.0	92.2	652.8	61.4	652.8	30.7
	2.4×1.8	388.8	207.4	475.2	172.8	561.6	138.2	648.0	103.7	734.4	69.1	734.4	34.6

续表

f_a (kN/m^2)	压力类型 $b \times l$ (m)	Ⅰ		Ⅱ		Ⅲ		Ⅳ		Ⅴ		Ⅵ	
		F_k	M_k	F_k	M_k	F_k	M_k	F_k	M_k	F_k	M_k	F_k	M_k
200	2.4×2.0	432.0	230.4	528.0	192.0	624.0	153.6	720.0	115.2	816.0	76.8	816.0	38.4
	2.7×1.8	437.4	262.4	534.6	218.7	631.8	175.0	729.0	131.2	826.2	87.5	826.2	43.7
	2.7×2.0	486.0	291.6	594.0	243.0	702.0	194.4	810.0	145.8	918.0	97.2	918.0	48.6
	2.7×2.2	534.6	320.8	653.4	267.3	772.2	213.8	891.0	160.4	1009.8	106.9	1009.8	53.5
	3.0×2.0	540.0	360.0	660.0	300.0	780.0	240.0	900.0	180.0	1020.0	120.0	1020.0	60.0
	3.0×2.2	594.0	396.0	726.0	330.0	858.0	264.0	990.0	198.0	1122.0	132.0	1122.0	66.0
	3.0×2.4	648.0	432.0	792.0	360.0	936.0	288.0	1080.0	216.0	1224.0	144.0	1224.0	72.0
	3.3×2.2	653.4	479.2	798.6	399.3	943.8	319.4	1089.0	239.6	1234.2	159.7	1234.2	79.9
	3.3×2.5	742.5	544.5	907.5	453.7	1072.5	363.0	1237.5	272.3	1402.5	181.5	1402.5	90.7
	3.3×2.7	801.9	588.1	980.1	490.0	1158.3	392.0	1336.5	294.0	1514.7	196.0	1514.7	98.0
	3.6×2.4	777.6	622.1	950.4	518.4	1123.2	414.7	1296.0	311.0	1468.8	207.4	1468.8	103.7
	3.6×2.7	874.8	699.8	1069.2	583.2	1263.6	466.6	1458.0	349.9	1652.4	233.3	1652.4	116.6
	3.6×3.0	972.0	777.6	1188.0	648.0	1404.0	518.4	1620.0	388.8	1836.0	259.2	1836.0	129.6
	3.9×2.6	912.6	790.9	1115.4	659.1	1318.2	527.3	1521.0	395.5	1723.8	263.6	1723.8	131.8
	3.9×2.9	1017.9	882.2	1244.1	735.2	1470.3	588.1	1696.5	441.1	1922.7	294.1	1922.7	147.0
	3.9×3.2	1123.2	973.4	1372.8	811.2	1622.4	649.0	1872.0	486.7	2121.6	324.5	2121.6	162.2
	4.2×2.8	1058.4	987.8	1293.6	823.2	1528.8	658.6	1764.0	493.9	1999.2	329.3	1999.2	164.6
	4.2×3.5	1323.0	1234.8	1617.0	1029.0	1911.0	823.2	2205.0	617.4	2499.0	411.6	2499.0	205.8
	4.5×3.0	1215.0	1215.0	1485.0	1012.5	1755.0	810.0	2025.0	607.5	2295.0	405.0	2295.0	202.5
	4.5×3.5	1417.5	1417.5	1732.5	1181.3	2047.5	945.0	2362.5	708.8	2677.5	472.5	2677.5	236.3
250	1.2×0.8	115.2	28.8	139.2	24.0	163.2	19.2	187.2	14.4	211.2	9.6	211.2	4.8
	1.2×1.0	144.0	36.0	174.0	30.0	204.0	24.0	234.0	18.0	264.0	12.0	264.0	6.0
	1.4×1.0	168.0	49.0	203.0	40.8	238.0	32.7	273.0	24.5	308.0	16.3	308.0	8.2
	1.4×1.2	201.6	58.8	243.6	49.0	285.6	39.2	327.6	29.4	369.6	19.6	369.6	9.8
	1.5×1.0	180.0	56.3	217.5	46.9	255.0	37.5	292.5	28.1	330.0	18.8	330.0	9.4
	1.5×1.2	216.0	67.5	261.0	56.3	306.0	45.0	351.0	33.8	396.0	22.5	396.0	11.3
	1.6×1.1	211.2	70.4	255.2	58.7	299.2	46.9	343.2	35.2	387.2	23.5	387.2	11.7
	1.6×1.3	249.6	83.2	301.6	69.3	353.6	55.5	405.6	41.6	457.6	27.7	457.6	13.9

续表

f_a (kN/m²)	压力类型 / $b\times l$ (m)	Ⅰ		Ⅱ		Ⅲ		Ⅳ		Ⅴ		Ⅵ	
		F_k	M_k	F_k	M_k	F_k	M_k	F_k	M_k	F_k	M_k	F_k	M_k
250	1.8×1.2	259.2	97.2	313.2	81.0	367.2	64.8	421.2	48.6	475.2	32.4	475.2	16.2
	1.8×1.5	324.0	121.5	391.5	101.2	459.0	81.0	526.5	60.7	594.0	40.5	594.0	20.2
	2.0×1.2	288.0	120.0	348.0	100.0	408.0	80.0	468.0	60.0	528.0	40.0	528.0	20.0
	2.0×1.5	360.0	150.0	435.0	125.0	510.0	100.0	585.0	75.0	660.0	50.0	660.0	25.0
	2.2×1.5	396.0	181.5	478.5	151.3	561.0	121.0	643.5	90.8	726.0	60.5	726.0	30.3
	2.2×1.8	475.2	217.8	574.2	181.5	673.2	145.2	772.2	108.9	871.2	72.6	871.2	36.3
	2.4×1.6	460.8	230.4	556.8	192.0	652.8	153.6	748.8	115.2	844.8	76.8	844.8	38.4
	2.4×1.8	518.4	259.2	626.4	216.0	734.4	172.8	842.4	129.6	950.4	86.4	950.4	43.2
	2.4×2.0	576.0	288.0	696.0	240.0	816.0	192.0	936.0	144.0	1056.0	96.0	1056.0	48.0
	2.7×1.8	583.2	328.1	704.7	273.4	826.2	218.7	947.7	164.0	1069.2	109.4	1069.2	54.7
	2.7×2.0	648.0	364.5	783.0	303.8	918.0	243.0	1053.0	182.3	1188.0	121.5	1188.0	60.8
	2.7×2.2	712.8	401.0	861.3	334.1	1009.8	267.3	1158.3	200.5	1306.8	133.7	1306.8	66.8
	3.0×2.0	720.0	450.0	870.0	375.0	1020.0	300.0	1170.0	225.0	1320.0	150.0	1320.0	75.0
	3.0×2.2	792.0	495.0	957.0	412.5	1122.0	330.0	1287.0	247.5	1452.0	165.0	1452.0	82.5
	3.0×2.4	864.0	540.0	1044.0	450.0	1224.0	360.0	1404.0	270.0	1584.0	180.0	1584.0	90.0
	3.3×2.2	871.2	599.0	1052.7	499.1	1234.2	399.3	1415.7	299.5	1597.2	199.6	1597.2	99.8
	3.3×2.5	990.0	680.6	1196.3	567.2	1402.5	453.7	1608.7	340.3	1815.0	226.9	1815.0	113.4
	3.3×2.7	1069.2	735.1	1291.9	612.6	1514.7	490.0	1737.4	367.5	1960.2	245.0	1960.2	122.5
	3.6×2.4	1036.8	777.6	1252.8	648.0	1468.8	518.4	1684.8	388.8	1900.8	259.2	1900.8	129.6
	3.6×2.7	1166.4	874.8	1409.4	729.0	1652.4	583.2	1895.4	437.4	2138.4	291.6	2138.4	145.8
	3.6×3.0	1296.0	972.0	1566.0	810.0	1836.0	648.0	2106.0	486.0	2376.0	324.0	2376.0	162.0
	3.9×2.6	1216.8	988.7	1470.3	823.9	1723.8	659.1	1977.3	494.3	2230.8	329.6	2230.8	164.8
	3.9×2.9	1357.2	1102.7	1640.0	918.9	1922.7	735.2	2205.4	551.4	2488.2	367.6	2488.2	183.8
	3.9×3.2	1497.6	1216.8	1809.6	1014.0	2121.6	811.2	2433.6	608.4	2745.6	405.6	2745.6	202.8
	4.2×2.8	1411.2	1234.8	1705.2	1029.0	1999.2	823.2	2293.2	617.4	2587.2	411.6	2587.2	205.8
	4.2×3.5	1764.0	1543.5	2131.5	1286.2	2499.0	1029.0	2866.5	771.7	3234.0	514.5	3234.0	257.2
	4.5×3.0	1620.0	1518.8	1957.5	1265.6	2295.0	1012.5	2632.5	759.4	2970.0	506.3	2970.0	253.1
	4.5×3.5	1890.0	1771.9	2283.8	1476.6	2677.5	1181.3	3071.3	885.9	3465.0	590.6	3465.0	295.3

续表

f_a (kN/m²)	压力类型 / $b \times l$ (m)	Ⅰ		Ⅱ		Ⅲ		Ⅳ		Ⅴ		Ⅵ	
		F_k	M_k	F_k	M_k	F_k	M_k	F_k	M_k	F_k	M_k	F_k	M_k
300	1.2×0.8	144.0	34.6	172.8	28.8	201.6	23.0	230.4	17.3	259.2	11.5	259.2	5.8
	1.2×1.0	180.0	43.2	216.0	36.0	252.0	28.8	288.0	21.6	324.0	14.4	324.0	7.2
	1.4×1.0	210.0	58.8	252.0	49.0	294.0	39.2	336.0	29.4	378.0	19.6	378.0	9.8
	1.4×1.2	252.0	70.6	302.4	58.8	352.8	47.0	403.2	35.3	453.6	23.5	453.6	11.8
	1.5×1.0	225.0	67.5	270.0	56.3	315.0	45.0	360.0	33.8	405.0	22.5	405.0	11.3
	1.5×1.2	270.0	81.0	324.0	67.5	378.0	54.0	432.0	40.5	486.0	27.0	486.0	13.5
	1.6×1.1	264.0	84.5	316.8	70.4	369.6	56.3	422.4	42.2	475.2	28.2	475.2	14.1
	1.6×1.3	312.0	99.8	374.4	83.2	436.8	66.6	499.2	49.9	561.6	33.3	561.6	16.6
	1.8×1.2	324.0	116.6	388.8	97.2	453.6	77.8	518.4	58.3	583.2	38.9	583.2	19.4
	1.8×1.5	405.0	145.8	486.0	121.5	567.0	97.2	648.0	72.9	729.0	48.6	729.0	24.3
	2.0×1.2	360.0	144.0	432.0	120.0	504.0	96.0	576.0	72.0	648.0	48.0	648.0	24.0
	2.0×1.5	450.0	180.0	540.0	150.0	630.0	120.0	720.0	90.0	810.0	60.0	810.0	30.0
	2.2×1.5	495.0	217.8	594.0	181.5	693.0	145.2	792.0	108.9	891.0	72.6	891.0	36.3
	2.2×1.8	594.0	261.4	712.8	217.8	831.6	174.2	950.4	130.7	1069.2	87.1	1069.2	43.6
	2.4×1.6	576.0	276.5	691.2	230.4	806.4	184.3	921.6	138.2	1036.8	92.2	1036.8	46.1
	2.4×1.8	648.0	311.0	777.6	259.2	907.2	207.4	1036.8	155.5	1166.4	103.7	1166.4	51.8
	2.4×2.0	720.0	345.6	864.0	288.0	1008.0	230.4	1152.0	172.8	1296.0	115.2	1296.0	57.6
	2.7×1.8	729.0	393.7	874.8	328.1	1020.6	262.4	1166.4	196.8	1312.2	131.2	1312.2	65.6

续表

f_a (kN/m²)	压力类型 / $b \times l$ (m)	Ⅰ		Ⅱ		Ⅲ		Ⅳ		Ⅴ		Ⅵ	
		F_k	M_k	F_k	M_k	F_k	M_k	F_k	M_k	F_k	M_k	F_k	M_k
300	2.7×2.0	810.0	437.4	972.0	364.5	1134.0	291.6	1296.0	218.7	1458.0	145.8	1458.0	72.9
	2.7×2.2	891.0	481.1	1069.2	401.0	1247.4	320.8	1425.6	240.6	1603.8	160.4	1603.8	80.2
	3.0×2.0	900.0	540.0	1080.0	450.0	1260.0	360.0	1440.0	270.0	1620.0	180.0	1620.0	90.0
	3.0×2.2	990.0	594.0	1188.0	495.0	1386.0	396.0	1584.0	297.0	1782.0	198.0	1782.0	99.0
	3.0×2.4	1080.0	648.0	1296.0	540.0	1512.0	432.0	1728.0	324.0	1944.0	216.0	1944.0	108.0
	3.3×2.2	1089.0	718.7	1306.8	598.9	1524.6	479.2	1742.4	359.4	1960.2	239.6	1960.2	119.8
	3.3×2.5	1237.5	816.7	1485.0	680.6	1732.5	544.5	1980.0	408.4	2227.5	272.3	2227.5	136.1
	3.3×2.7	1336.5	882.1	1603.8	735.1	1871.1	588.1	2138.4	441.0	2405.7	294.0	2405.7	147.0
	3.6×2.4	1296.0	933.1	1555.2	777.6	1814.4	622.1	2073.6	466.6	2332.8	311.0	2332.8	155.5
	3.6×2.7	1458.0	1049.8	1749.6	874.8	2041.2	699.8	2332.8	524.9	2624.4	349.9	2624.4	175.0
	3.6×3.0	1620.0	1166.4	1944.0	972.0	2268.0	777.6	2592.0	583.2	2916.0	388.8	2916.0	194.4
	3.9×2.6	1521.0	1186.4	1825.2	988.7	2129.4	790.9	2433.6	593.2	2737.8	395.5	2737.8	197.7
	3.9×2.9	1696.5	1323.3	2035.8	1102.7	2375.1	882.2	2714.4	661.6	3053.7	441.1	3053.7	220.5
	3.9×3.2	1872.0	1460.2	2246.4	1216.8	2620.8	973.4	2995.2	730.1	3369.6	486.7	3369.6	243.4
	4.2×2.8	1764.0	1481.8	2116.8	1234.8	2469.6	987.8	2822.4	740.9	3175.2	493.9	3175.2	247.0
	4.2×3.5	2205.0	1852.2	2646.0	1543.5	3087.0	1234.8	3528.0	926.1	3969.0	617.4	3969.0	308.7
	4.5×3.0	2025.0	1822.5	2430.0	1518.8	2835.0	1215.0	3240.0	911.3	3645.0	607.5	3645.0	303.8
	4.5×3.5	2362.5	2126.3	2835.0	1771.9	3307.5	1417.5	3780.0	1063.1	4252.5	708.8	4252.5	354.4

系数 φ 表

表 4-3-3

h/b \ e_1/b	0.00	0.02	0.04	0.06	0.08	0.10	0.12	0.14	0.16	0.18	0.20	0.22	0.24	0.26	0.28	0.30	0.32
0.100	1.000	1.066	1.132	1.198	1.264	1.330	1.396	1.462	1.528	1.594	1.660	1.726	1.792	1.858	1.924	1.990	2.056
0.125	1.000	1.067	1.135	1.202	1.270	1.337	1.405	1.472	1.540	1.608	1.675	1.742	1.810	1.877	1.945	2.013	2.080
0.150	1.000	1.069	1.138	1.207	1.276	1.345	1.414	1.483	1.552	1.621	1.690	1.759	1.828	1.897	1.966	2.035	2.104
0.175	1.000	1.071	1.141	1.212	1.282	1.352	1.423	1.493	1.564	1.635	1.705	1.775	1.846	1.916	1.987	2.058	2.128
0.200	1.000	1.072	1.144	1.216	1.288	1.360	1.432	1.504	1.576	1.648	1.720	1.792	1.864	1.936	2.008	2.080	2.152
0.225	1.000	1.074	1.147	1.220	1.294	1.367	1.441	1.515	1.588	1.661	1.735	1.808	1.882	1.956	2.029	2.102	2.176
0.250	1.000	1.075	1.150	1.225	1.300	1.375	1.450	1.525	1.600	1.675	1.750	1.825	1.900	1.975	2.050	2.125	2.200
0.275	1.000	1.077	1.153	1.230	1.306	1.383	1.459	1.536	1.612	1.689	1.765	1.842	1.918	1.994	2.071	2.148	2.224
0.300	1.000	1.078	1.156	1.234	1.312	1.390	1.468	1.546	1.624	1.702	1.780	1.858	1.936	2.014	2.092	2.170	2.248
0.325	1.000	1.079	1.159	1.238	1.318	1.398	1.477	1.556	1.636	1.715	1.795	1.875	1.954	2.033	2.113	2.193	2.272
0.350	1.000	1.081	1.162	1.243	1.324	1.405	1.486	1.567	1.648	1.729	1.810	1.891	1.972	2.053	2.134	2.215	2.296
0.375	1.000	1.082	1.165	1.247	1.330	1.413	1.495	1.577	1.660	1.743	1.825	1.908	1.990	2.072	2.155	2.237	2.320
0.400	1.000	1.084	1.168	1.252	1.336	1.420	1.504	1.588	1.672	1.756	1.840	1.924	2.008	2.092	2.176	2.260	2.344
0.425	1.000	1.086	1.171	1.257	1.342	1.428	1.513	1.599	1.684	1.770	1.855	1.941	2.026	2.112	2.197	2.283	2.368
0.450	1.000	1.087	1.174	1.261	1.348	1.435	1.522	1.609	1.696	1.783	1.870	1.957	2.044	2.131	2.218	2.305	2.392
0.475	1.000	1.089	1.177	1.265	1.354	1.442	1.531	1.620	1.708	1.797	1.885	1.974	2.062	2.151	2.239	2.328	2.416
0.500	1.000	1.090	1.180	1.270	1.360	1.450	1.540	1.630	1.720	1.810	1.900	1.990	2.080	2.170	2.260	2.350	2.440
0.550	1.000	1.093	1.186	1.279	1.372	1.465	1.558	1.651	1.744	1.837	1.930	2.023	2.116	2.209	2.302	2.395	2.488
0.600	1.000	1.096	1.192	1.288	1.384	1.480	1.576	1.672	1.768	1.864	1.960	2.056	2.152	2.248	2.344	2.440	2.536
0.650	1.000	1.099	1.198	1.297	1.396	1.495	1.594	1.693	1.792	1.891	1.990	2.089	2.188	2.287	2.386	2.485	2.584
0.700	1.000	1.102	1.204	1.306	1.408	1.510	1.612	1.714	1.816	1.918	2.020	2.122	2.224	2.326	2.428	2.530	2.632
0.750	1.000	1.105	1.210	1.315	1.420	1.525	1.630	1.735	1.840	1.945	2.050	2.155	2.260	2.365	2.470	2.575	2.680
0.800	1.000	1.108	1.216	1.324	1.432	1.540	1.648	1.756	1.864	1.972	2.080	2.188	2.296	2.404	2.512	2.620	2.728
0.850	1.000	1.111	1.222	1.333	1.444	1.555	1.666	1.777	1.888	1.999	2.110	2.221	2.332	2.443	2.554	2.665	2.776
0.900	1.000	1.114	1.228	1.342	1.456	1.570	1.684	1.798	1.912	2.026	2.140	2.254	2.368	2.482	2.596	2.710	2.824

系数 C_b（C_l）表　　　　**表 4-3-4**

b (l) \ h (a)	0.25	0.30	0.35	0.40	0.45	0.50	0.55	0.60	0.65	0.70	0.80	0.90	1.00	1.10	1.20	1.30	1.40	1.50	1.60	1.70
0.7	31.6	25.7	20.3	15.3	10.9	7.2														
0.8	40.5	34.4	28.6	23.1	18.2	13.7														
0.9	49.5	43.2	37.2	31.4	26.0	21.0	16.5	12.3												
1.0	58.6	52.2	46.0	40.0	34.3	28.9	23.9	19.3												
1.1	67.7	61.2	54.9	48.7	42.8	37.2	31.8	26.8	22.1	17.8										
1.2	76.9	70.3	63.9	57.6	51.5	45.7	40.1	34.7	29.7	24.9										
1.3	86.1	79.4	72.9	66.6	60.4	54.4	48.5	43.0	37.6	32.5	23.3	15.3								
1.4	95.3	88.6	82.0	75.6	69.3	63.1	57.2	51.4	45.8	40.5	30.6	21.8								
1.5	104.5	97.8	91.2	84.7	78.3	72.0	65.9	60.0	54.3	48.7	38.3	28.9	20.6	13.5						
1.6	113.7	107.0	100.3	93.8	87.3	81.0	74.8	68.7	62.8	57.1	46.3	36.3	27.3	19.4						
1.7	122.9	116.2	109.5	102.9	96.4	90.0	83.7	77.5	71.5	65.7	54.5	44.1	34.5	26.0	18.4	12.0				
1.8	132.2	125.4	118.7	112.0	105.5	99.0	92.7	86.4	80.3	74.3	62.9	52.1	42.1	32.9	24.7	17.5				
1.9	141.4	134.6	127.9	121.2	114.6	108.1	101.7	95.4	89.2	83.1	71.4	60.3	49.9	40.2	31.4	23.5	16.7	10.9		
2.0	150.6	143.8	137.1	130.4	123.7	117.2	110.7	104.4	98.1	91.9	80.0	68.6	57.9	47.8	38.5	30.1	22.5	15.9		
2.1	159.9	153.1	146.3	139.6	132.9	126.3	119.8	113.4	107.0	100.8	88.7	77.1	66.1	55.6	45.9	37.0	28.8	21.5	15.2	9.9
2.2	169.1	162.3	155.5	148.8	142.1	135.5	128.9	122.4	116.1	109.8	97.5	85.7	74.4	63.7	53.6	44.2	35.5	27.7	20.7	14.6
2.3	178.4	171.5	164.7	158.0	151.3	144.6	138.0	131.5	125.1	118.7	106.3	94.3	82.8	71.8	61.4	51.6	42.5	34.2	26.6	19.8
2.4	187.6	180.8	174.0	167.2	160.5	153.8	147.2	140.6	134.2	127.8	115.2	103.1	91.4	80.1	69.4	59.3	49.8	41.0	32.9	25.6
2.5	196.9	190.0	183.2	176.4	169.7	163.0	156.3	149.7	143.2	136.8	124.2	111.9	100.0	88.6	77.6	67.2	57.4	48.1	39.6	31.8
2.6	206.1	199.3	192.4	185.6	178.9	172.2	165.5	158.9	152.3	145.9	133.1	120.7	108.7	97.1	85.9	75.2	65.1	55.5	46.6	38.3
2.7	215.4	208.5	201.7	194.9	188.1	181.3	174.7	168.0	161.5	155.0	142.1	129.6	117.5	105.7	94.3	83.4	73.0	63.1	53.8	45.1
2.8	224.6	217.8	210.9	204.1	197.3	190.6	183.9	177.2	170.6	164.1	151.2	138.6	126.3	114.3	102.8	91.7	81.0	70.9	61.2	52.2
2.9	233.9	227.0	220.1	213.3	206.5	199.8	193.0	186.4	179.8	173.2	160.2	147.5	135.1	123.1	111.4	100.1	89.2	78.8	68.8	59.5
3.0	243.1	236.3	229.4	222.6	215.7	209.0	202.2	195.6	188.9	182.3	169.3	156.5	144.0	131.8	120.0	108.5	97.4	86.8	76.6	66.9
3.1			238.6	231.8	225.0	218.2	211.4	204.7	198.1	191.5	178.4	165.5	153.0	140.7	128.7	117.1	105.8	95.0	84.5	74.6
3.2			247.9	241.0	234.2	227.4	220.7	213.9	207.3	200.6	187.5	174.6	161.9	149.5	137.4	125.7	114.3	103.2	92.6	82.4
3.3			257.1	250.3	243.4	236.6	229.9	223.1	216.4	209.8	196.6	183.7	170.9	158.4	146.2	134.3	122.8	111.6	100.7	90.3
3.4			266.4	259.5	252.7	245.9	239.1	232.3	225.6	219.0	205.8	192.7	179.9	167.4	155.1	143.1	131.4	120.0	109.0	98.4
3.5			275.6	268.8	261.9	255.1	248.3	241.6	234.8	228.1	214.9	201.8	189.0	176.3	163.9	151.8	140.0	128.5	117.3	106.5
3.6					271.2	264.3	257.5	250.8	244.0	237.3	224.1	210.9	198.0	185.3	172.8	160.6	148.7	137.1	125.7	114.8
3.7					280.4	273.6	266.8	260.0	253.2	246.5	233.2	220.1	207.1	194.3	181.8	169.5	157.4	145.7	134.2	123.1
3.8					289.6	282.8	276.0	269.2	262.5	255.7	242.4	229.2	216.2	203.3	190.7	178.3	166.2	154.3	142.8	131.5
3.9					298.9	292.0	285.2	278.4	271.7	264.9	251.6	238.3	225.3	212.4	199.7	187.2	175.0	163.1	151.4	140.0
4.0					308.1	301.3	294.5	287.7	280.9	274.1	260.7	247.5	234.4	221.4	208.7	196.2	183.9	171.8	160.0	148.5

系数 η 表 **表 4-3-5**

h/b \ a/l	0.10	0.12	0.14	0.16	0.18	0.20	0.22	0.24	0.26	0.28	0.30	0.35	0.40	0.45	0.50	0.55	0.60
0.10	1.000	1.010	1.019	1.029	1.038	1.048	1.057	1.067	1.076	1.086	1.095	1.119	1.143	1.167	1.190	1.214	1.238
0.12	0.991	1.000	1.009	1.019	1.028	1.038	1.047	1.057	1.066	1.075	1.085	1.108	1.132	1.156	1.179	1.203	1.226
0.14	0.981	0.991	1.000	1.009	1.019	1.028	1.037	1.047	1.056	1.065	1.075	1.098	1.121	1.145	1.168	1.192	1.215
0.16	0.972	0.981	0.991	1.000	1.009	1.019	1.028	1.037	1.046	1.056	1.065	1.088	1.111	1.134	1.157	1.181	1.204
0.18	0.963	0.972	0.982	0.991	1.000	1.009	1.018	1.028	1.037	1.046	1.055	1.078	1.101	1.124	1.147	1.170	1.193
0.20	0.955	0.964	0.973	0.982	0.991	1.000	1.009	1.018	1.027	1.036	1.045	1.068	1.091	1.114	1.136	1.159	1.182
0.22	0.946	0.955	0.964	0.973	0.982	0.991	1.000	1.009	1.018	1.027	1.036	1.059	1.081	1.104	1.126	1.149	1.171
0.24	0.938	0.946	0.955	0.964	0.973	0.982	0.991	1.000	1.009	1.018	1.027	1.049	1.071	1.094	1.116	1.138	1.161
0.26	0.929	0.938	0.947	0.956	0.965	0.973	0.982	0.991	1.000	1.009	1.018	1.040	1.062	1.084	1.106	1.128	1.150
0.28	0.921	0.930	0.939	0.947	0.956	0.965	0.974	0.982	0.991	1.000	1.009	1.031	1.053	1.075	1.096	1.118	1.140
0.30	0.913	0.922	0.930	0.939	0.948	0.957	0.965	0.974	0.983	0.991	1.000	1.022	1.043	1.065	1.087	1.109	1.130
0.35	0.894	0.902	0.911	0.919	0.928	0.936	0.945	0.953	0.962	0.970	0.979	1.000	1.021	1.043	1.064	1.085	1.106
0.40	0.875	0.883	0.892	0.900	0.908	0.917	0.925	0.933	0.942	0.950	0.958	0.979	1.000	1.021	1.042	1.063	1.083
0.45	0.857	0.865	0.873	0.882	0.890	0.898	0.906	0.914	0.922	0.931	0.939	0.959	0.980	1.000	1.020	1.041	1.061
0.50	0.840	0.848	0.856	0.864	0.872	0.880	0.888	0.896	0.904	0.912	0.920	0.940	0.960	0.980	1.000	1.020	1.040
0.55	0.824	0.831	0.839	0.847	0.855	0.863	0.871	0.878	0.886	0.894	0.902	0.922	0.941	0.961	0.980	1.000	1.020
0.60	0.808	0.815	0.823	0.831	0.838	0.846	0.854	0.862	0.869	0.877	0.885	0.904	0.923	0.942	0.962	0.981	1.000

系数 γ 表　　表 4-3-6

h/b \ e_1/b	0.08	0.10	0.12	0.14	0.16	0.18	0.20	0.22	0.24	0.26	0.28	0.30	0.32	0.34	0.36	0.38	0.40
0.100	0.292	0.338	0.377	0.411	0.441	0.467	0.491	0.512	0.531	0.548	0.564	0.579	0.592	0.604	0.615	0.626	0.635
0.125	0.284	0.328	0.366	0.399	0.429	0.454	0.477	0.498	0.516	0.533	0.549	0.563	0.575	0.587	0.598	0.608	0.618
0.150	0.276	0.319	0.356	0.388	0.416	0.441	0.464	0.484	0.502	0.518	0.533	0.546	0.559	0.570	0.581	0.591	0.600
0.175	0.268	0.309	0.345	0.377	0.404	0.428	0.450	0.469	0.487	0.503	0.517	0.530	0.542	0.554	0.564	0.573	0.582
0.200	0.259	0.300	0.335	0.365	0.392	0.415	0.436	0.455	0.472	0.487	0.501	0.514	0.526	0.537	0.547	0.556	0.565
0.225	0.251	0.291	0.324	0.354	0.380	0.402	0.423	0.441	0.457	0.472	0.486	0.498	0.510	0.520	0.530	0.539	0.547
0.250	0.243	0.281	0.314	0.342	0.367	0.389	0.409	0.427	0.443	0.457	0.470	0.482	0.493	0.503	0.513	0.521	0.529
0.275	0.235	0.272	0.303	0.331	0.355	0.376	0.395	0.412	0.428	0.442	0.454	0.466	0.477	0.487	0.496	0.504	0.512
0.300	0.227	0.262	0.293	0.320	0.343	0.363	0.382	0.398	0.413	0.427	0.439	0.450	0.460	0.470	0.478	0.487	0.494
0.325	0.219	0.253	0.283	0.308	0.331	0.350	0.368	0.384	0.398	0.411	0.423	0.434	0.444	0.453	0.461	0.469	0.476
0.350	0.211	0.244	0.272	0.297	0.318	0.338	0.355	0.370	0.384	0.396	0.407	0.418	0.427	0.436	0.444	0.452	0.459
0.375	0.203	0.234	0.262	0.285	0.306	0.325	0.341	0.356	0.369	0.381	0.392	0.402	0.411	0.419	0.427	0.434	0.441
0.400	0.195	0.225	0.251	0.274	0.294	0.312	0.327	0.341	0.354	0.366	0.376	0.386	0.395	0.403	0.410	0.417	0.424
0.425	0.186	0.216	0.241	0.262	0.282	0.299	0.314	0.327	0.339	0.350	0.360	0.370	0.378	0.386	0.393	0.400	0.406
0.450	0.178	0.206	0.230	0.251	0.269	0.286	0.300	0.313	0.325	0.335	0.345	0.354	0.362	0.369	0.376	0.382	0.388
0.475	0.170	0.197	0.220	0.240	0.257	0.273	0.286	0.299	0.310	0.320	0.329	0.338	0.345	0.352	0.359	0.365	0.371
0.500	0.162	0.188	0.209	0.228	0.245	0.260	0.273	0.284	0.295	0.305	0.313	0.321	0.329	0.336	0.342	0.348	0.353

系数 β 表

表 4-3-7

a/l \ γ	0.16	0.20	0.24	0.28	0.32	0.36	0.40	0.44	0.48	0.50	0.52	0.54	0.56	0.58	0.60	0.62	0.64
0.100	1.041	1.053	1.065	1.078	1.091	1.105	1.119	1.134	1.150	1.159	1.167	1.176	1.185	1.195	1.204	1.214	1.224
0.125	1.041	1.052	1.064	1.077	1.090	1.103	1.118	1.133	1.149	1.157	1.165	1.174	1.183	1.192	1.202	1.211	1.221
0.150	1.040	1.052	1.063	1.076	1.089	1.102	1.116	1.131	1.147	1.155	1.163	1.172	1.181	1.190	1.199	1.209	1.219
0.175	1.040	1.051	1.063	1.075	1.088	1.101	1.115	1.130	1.145	1.153	1.162	1.170	1.179	1.188	1.197	1.207	1.216
0.200	1.040	1.051	1.062	1.074	1.087	1.100	1.114	1.128	1.144	1.152	1.160	1.168	1.177	1.186	1.195	1.204	1.214
0.225	1.039	1.050	1.061	1.073	1.086	1.099	1.112	1.127	1.142	1.150	1.158	1.166	1.175	1.184	1.193	1.202	1.212
0.250	1.039	1.049	1.061	1.072	1.085	1.098	1.111	1.125	1.140	1.148	1.156	1.164	1.173	1.182	1.190	1.200	1.209
0.275	1.038	1.049	1.060	1.072	1.084	1.096	1.110	1.124	1.139	1.147	1.154	1.163	1.171	1.180	1.188	1.197	1.207
0.300	1.038	1.048	1.059	1.071	1.083	1.095	1.109	1.123	1.137	1.145	1.153	1.161	1.169	1.178	1.186	1.195	1.205
0.325	1.037	1.048	1.059	1.070	1.082	1.094	1.108	1.121	1.136	1.143	1.151	1.159	1.167	1.176	1.184	1.193	1.202
0.350	1.037	1.047	1.058	1.069	1.081	1.093	1.106	1.120	1.134	1.142	1.150	1.157	1.165	1.174	1.182	1.191	1.200
0.375	1.037	1.047	1.057	1.069	1.080	1.092	1.105	1.119	1.133	1.140	1.148	1.156	1.164	1.172	1.180	1.189	1.198
0.400	1.036	1.046	1.057	1.068	1.079	1.091	1.104	1.118	1.132	1.139	1.146	1.154	1.162	1.170	1.179	1.187	1.196
0.425	1.036	1.046	1.056	1.067	1.079	1.091	1.103	1.116	1.130	1.137	1.145	1.153	1.160	1.168	1.177	1.185	1.194
0.450	1.035	1.045	1.056	1.066	1.078	1.090	1.102	1.115	1.129	1.136	1.143	1.151	1.159	1.167	1.175	1.183	1.192
0.475	1.035	1.045	1.055	1.066	1.077	1.089	1.101	1.114	1.128	1.135	1.142	1.149	1.157	1.165	1.173	1.182	1.190
0.500	1.035	1.044	1.055	1.065	1.076	1.088	1.100	1.113	1.126	1.133	1.141	1.148	1.156	1.163	1.171	1.180	1.188

第五章　混凝土结构构件抗震设计

第一节　一　般　规　定

一、纵向受拉钢筋的抗震锚固长度的确定

纵向受拉钢筋的锚固长度 l_{aE} 按下列规定取值：

一、二级抗震等级：$l_{aE}=1.15l_a$

三级抗震等级：$l_{aE}=1.05l_a$

四级抗震等级：$l_{aE}=1.0l_a$

纵向受拉钢筋锚固长度 l_{aE}　　　　**表 5-1-1**

抗震等级	一级			二级				
混凝土强度等级	C30	C35	≥C40	C20	C25	C30	C35	≥C40
HPB235	28d	25d	23d	36d	31d	28d	25d	23d
HRB335	34d	31d	29d	44d	38d	34d	31d	29d
HRB400 RRB400	41d	37d	34d	53d	46d	41d	37d	34d

抗震等级	三级					四级				
混凝土强度等级	C20	C25	C30	C35	≥C40	C20	C25	C30	C35	≥C40
HPB235	33d	28d	25d	23d	21d	31d	27d	24d	22d	20d
HRB335	40d	35d	31d	29d	26d	39d	33d	30d	27d	25d
HRB400 RRB400	49d	42d	37d	34d	31d	46d	40d	36d	33d	30d

注：①钢筋直径大于 25mm 时，锚固长度乘以增大系数 1.1；

②钢筋锚固区混凝土保护层厚度大于钢筋直径的 3 倍且配有箍筋时，锚固长度可乘以修正系数 0.8。

二、纵向受拉钢筋的抗震搭接长度的确定

当采用搭接接头时，其搭接长度 l_{lE} 按下式计算：

$$l_{lE}=\zeta l_{aE} \tag{5-1-1}$$

式中　ζ——纵向受拉钢筋搭接长度修正系数，见表 1-2-18。

三、框架梁纵向受拉钢筋最小配筋率

1. 支座截面纵向受拉钢筋最小配筋率，按表 5-1-2 确定。

支座截面纵向受拉钢筋最小配筋率（%）　　　　**表 5-1-2**

抗震等级	一级					二级						
混凝土强度等级	C30	C35	C40	C45	C50	C20	C25	C30	C35	C40	C45	C50
HRB335	0.4	0.42	0.46	0.48	0.50	0.3	0.3	0.31	0.34	0.37	0.39	0.41
HRB400 RRB400	0.4	0.4	0.4	0.4	0.42	0.3	0.3	0.3	0.3	0.31	0.33	0.35

抗震等级	三、四级						
混凝土强度等级	C20	C25	C30	C35	C40	C45	C50
HRB335	0.25	0.25	0.27	0.29	0.32	0.33	0.35
HRB400 RRB400	0.25	0.25	0.25	0.25	0.27	0.28	0.29

2. 跨中截面纵向受拉钢筋最小配筋率按表 5-1-3 确定。

跨中截面纵向受拉钢筋最小配筋率（%） **表 5-1-3**

抗震等级	一 级					二 级						
混凝土强度等级	C30	C35	C40	C45	C50	C20	C25	C30	C35	C40	C45	C50
HRB335	0.31	0.34	0.37	0.39	0.41	0.25	0.25	0.27	0.29	0.32	0.33	0.35
HRB400 RRB400	0.3	0.3	0.31	0.33	0.35	0.25	0.25	0.25	0.25	0.27	0.28	0.29

抗震等级	三、四级						
混凝土强度等级	C20	C25	C30	C35	C40	C45	C50
HRB335	0.2	0.2	0.22	0.24	0.26	0.27	0.29
HRB400 RRB400	0.2	0.2	0.2	0.2	0.22	0.23	0.24

第二节 柱箍筋加密区的体积配箍率

一、适用范围

1. 混凝土强度等级：C20，C25，C30，C35，C40，C45，C50，C55，C60，C65，C70；

2. 普通钢筋：HPB235，HRB335，HRB400，RRB400。

二、制表公式

$$\rho_v = \lambda_v f_c / f_{yv} \tag{5-2-1}$$

式中 ρ_v——柱箍筋加密区的体积配箍率，一级时不应小于0.8%，二级时不应小于0.6%，三、四级时不应小于0.4%，计算复合箍体积配箍率时，应扣除重叠部分的箍筋体积；

λ_v——最小配箍特征值；

f_c——混凝土轴心抗压强度设计值，低于C35时，应按C35计算；

f_{yv}——箍筋或拉筋抗拉强度设计值。

三、使用说明

1. 柱箍筋加密区的箍筋最小配箍特征值 λ_v，按表5-2-1确定。

柱箍筋加密区的箍筋最小配箍特征值 **表 5-2-1**

抗震等级	箍筋形式	柱轴压比								
		≤0.3	0.4	0.5	0.6	0.7	0.8	0.9	1.0	1.05
一	普通箍、复合箍	0.10	0.11	0.13	0.15	0.17	0.20	0.23	—	—
	螺旋箍、复合或连续复合矩形螺旋箍	0.08	0.09	0.11	0.13	0.15	0.18	0.21	—	—
二	普通箍、复合箍	0.08	0.09	0.11	0.13	0.15	0.17	0.19	0.22	0.24
	螺旋箍、复合或连续复合矩形螺旋箍	0.06	0.07	0.09	0.11	0.13	0.15	0.17	0.20	0.22
三	普通箍、复合箍	0.06	0.07	0.09	0.11	0.13	0.15	0.17	0.20	0.22
	螺旋箍、复合或连续复合矩形螺旋箍	0.05	0.06	0.07	0.09	0.11	0.13	0.15	0.18	0.20

注：①普通箍指单个矩形箍和单个圆形箍；复合箍指由矩形、多边形、圆形箍或拉筋组成的箍筋；复合螺旋箍指由螺旋箍与矩形、多边形、圆形箍或拉筋组成的箍筋；连续复合矩形螺旋箍指全部螺旋箍为同一根钢筋加工而成的箍筋；

②框支柱宜采用复合螺旋箍或井字复合箍，其最小配箍特征值应比表内数值增加0.02，且体积配箍率不应小于1.5%；

③剪跨比不大于2的一、二、三级抗震等级的柱宜采用复合螺旋箍或井字复合箍，其体积配箍率不应小于1.2%，9度时不应小于1.5%；

④计算复合螺旋箍的体积配箍率时，其非螺旋箍的箍筋体积应乘以换算系数0.8；

⑤混凝土强度等级高于C60时，箍筋宜采用复合箍、复合螺旋箍或连续复合矩形螺旋箍；当轴压比不大于0.6时，其加密区的最小配箍特征值宜按表中数值增加0.02；当轴压比大于0.6时，宜按表中数值增加0.03。

2. 表 5-2-1 与柱箍筋加密区的体积配箍率表 5-2-2 配合使用，可得出不同抗震等级下柱箍筋体积配箍率。

四、柱箍筋加密区的体积配箍率

柱箍筋加密区的体积配箍率见表 5-2-2。

柱箍筋加密区的体积配箍率（%）　　表 5-2-2

钢筋种类	λ_v	混凝土强度等级							
		≤C35	C40	C45	C50	C55	C60	C65	C70
HPB235	0.05	0.40	0.45	0.50	0.55	0.60	0.65	0.71	0.76
	0.06	0.48	0.55	0.60	0.66	0.72	0.79	0.85	0.91
	0.07	0.56	0.64	0.70	0.77	0.84	0.92	0.99	1.06
	0.08	0.64	0.73	0.80	0.88	0.96	1.05	1.13	1.21
	0.09	0.72	0.82	0.90	0.99	1.08	1.18	1.27	1.36
	0.10	0.80	0.91	1.01	1.10	1.20	1.31	1.41	1.51
	0.11	0.87	1.00	1.11	1.21	1.33	1.44	1.56	1.67
	0.12	0.95	1.09	1.21	1.32	1.45	1.57	1.70	1.82
	0.13	1.03	1.18	1.31	1.43	1.57	1.70	1.84	1.97
	0.14	1.11	1.27	1.41	1.54	1.69	1.83	1.98	2.12
	0.15	1.19	1.36	1.51	1.65	1.81	1.96	2.12	2.27
	0.16	1.27	1.46	1.61	1.76	1.93	2.10	2.26	2.42
	0.17	1.35	1.55	1.71	1.87	2.05	2.23	2.40	2.57
	0.18	1.43	1.64	1.81	1.98	2.17	2.36	2.55	2.73
	0.19	1.51	1.73	1.91	2.09	2.29	2.49	2.69	2.88
	0.20	1.59	1.82	2.01	2.20	2.41	2.62	2.83	3.03
	0.21	1.67	1.91	2.11	2.31	2.53	2.75	2.97	3.18
	0.22	1.75	2.00	2.21	2.42	2.65	2.88	3.11	3.33
	0.23	1.83	2.09	2.31	2.53	2.77	3.01	3.25	3.48
	0.24	1.91	2.18	2.41	2.64	2.89	3.14	3.39	3.63
	0.25	1.99	2.27	2.51	2.75	3.01	3.27	3.54	3.79
	0.26	2.07	2.36	2.61	2.86	3.13	3.40	3.68	3.94

续表

钢筋种类	λ_v	混凝土强度等级							
		≤C35	C40	C45	C50	C55	C60	C65	C70
HRB335	0.05	0.4	0.4	0.4	0.4	0.42	0.46	0.50	0.53
	0.06	0.4	0.4	0.42	0.46	0.51	0.55	0.59	0.64
	0.07	0.4	0.45	0.49	0.54	0.59	0.64	0.69	0.74
	0.08	0.45	0.51	0.57	0.62	0.67	0.73	0.79	0.85
	0.09	0.50	0.57	0.64	0.69	0.76	0.83	0.89	0.95
	0.10	0.56	0.64	0.71	0.77	0.84	0.92	0.99	1.06
	0.11	0.61	0.70	0.78	0.85	0.93	1.01	1.09	1.17
	0.12	0.67	0.76	0.85	0.92	1.01	1.10	1.19	1.27
	0.13	0.72	0.83	0.92	1.00	1.10	1.19	1.29	1.38
	0.14	0.78	0.89	0.99	1.08	1.18	1.28	1.39	1.48
	0.15	0.84	0.96	1.06	1.16	1.26	1.38	1.49	1.59
	0.16	0.89	1.02	1.13	1.23	1.35	1.47	1.58	1.70
	0.17	0.95	1.08	1.20	1.31	1.43	1.56	1.68	1.80
	0.18	1.00	1.15	1.27	1.39	1.52	1.65	1.78	1.91
	0.19	1.06	1.21	1.34	1.46	1.60	1.74	1.88	2.01
	0.20	1.11	1.27	1.41	1.54	1.69	1.83	1.98	2.12
	0.21	1.17	1.34	1.48	1.62	1.77	1.92	2.08	2.23
	0.22	1.22	1.40	1.55	1.69	1.86	2.02	2.18	2.33
	0.23	1.28	1.46	1.62	1.77	1.94	2.11	2.28	2.44
	0.24	1.34	1.53	1.69	1.85	2.02	2.20	2.38	2.54
	0.25	1.39	1.59	1.76	1.93	2.11	2.29	2.48	2.65
	0.26	1.45	1.66	1.83	2.00	2.19	2.38	2.57	2.76

续表

钢筋种类	λ_v	混凝土强度等级							
		≤C35	C40	C45	C50	C55	C60	C65	C70
HRB400 RRB400	0.05	0.4	0.4	0.4	0.4	0.4	0.4	0.41	0.44
	0.06	0.4	0.4	0.4	0.4	0.42	0.46	0.50	0.53
	0.07	0.4	0.4	0.41	0.45	0.49	0.53	0.58	0.62
	0.08	0.4	0.42	0.47	0.51	0.56	0.61	0.66	0.71
	0.09	0.42	0.48	0.53	0.58	0.63	0.69	0.74	0.80
	0.10	0.46	0.53	0.59	0.64	0.70	0.76	0.83	0.88
	0.11	0.51	0.58	0.65	0.71	0.77	0.84	0.91	0.97
	0.12	0.56	0.64	0.71	0.77	0.84	0.92	0.99	1.06
	0.13	0.60	0.69	0.77	0.83	0.91	0.99	1.07	1.15
	0.14	0.65	0.74	0.82	0.90	0.98	1.07	1.16	1.24
	0.15	0.70	0.80	0.88	0.96	1.05	1.15	1.24	1.33
	0.16	0.74	0.85	0.94	1.03	1.12	1.22	1.32	1.41
	0.17	0.79	0.90	1.00	1.09	1.19	1.30	1.40	1.50
	0.18	0.84	0.96	1.06	1.16	1.26	1.38	1.49	1.59
	0.19	0.88	1.01	1.12	1.22	1.34	1.45	1.57	1.68
	0.20	0.93	1.06	1.18	1.28	1.41	1.53	1.65	1.77
	0.21	0.97	1.11	1.24	1.35	1.48	1.60	1.73	1.85
	0.22	1.02	1.17	1.29	1.41	1.55	1.68	1.82	1.94
	0.23	1.07	1.22	1.35	1.48	1.62	1.76	1.90	2.03
	0.24	1.11	1.27	1.41	1.54	1.69	1.83	1.98	2.12
	0.25	1.16	1.33	1.47	1.60	1.76	1.91	2.06	2.21
	0.26	1.21	1.38	1.53	1.67	1.83	1.99	2.14	2.30

第三节 矩形和圆形柱加密区的箍筋的体积配箍率

一、制表公式

矩形柱:

$$\rho_v = \frac{l_n a_{sk}}{(b-2c)(h-2c)s} \times 100\% \qquad (5\text{-}3\text{-}1)$$

圆形柱:

$$\rho_v = \frac{4 l_n a_{sk}}{\pi(D-2c)^2 s} \times 100\% \qquad (5\text{-}3\text{-}2)$$

式中 l_n——箍筋总长度，对复合箍应扣除重叠部分长度；

a_{sk}——一根箍筋的截面面积（假定所有箍筋直径均相同）；

b，h——矩形柱截面宽度和高度；

D——圆形柱截面直径；

c——混凝土保护层厚度，按一类环境，$c=30$mm；

s——箍筋间距。

二、使用说明

1. 根据柱截面尺寸 $b\times h$、箍筋形式及所配箍筋，即可由表5-3-1、表5-3-2查得实际的体积配箍率；表中 n_b、n_h 分别为柱宽、柱高方向的箍筋肢数，d 为箍筋直径；

2. 在箍筋加密区长度以外，箍筋的体积配筋率不宜小于加密区配筋率的一半，且对一、二级抗震等级，箍筋间距不应大于 $10d$，对三、四级抗震等级，箍筋间距不应大于 $15d$，d 为纵向钢筋直径。

三、矩形和圆形柱加密区的箍筋的体积配箍率

矩形柱加密区的普通箍筋、井字复合箍筋体积配箍率见表5-3-1；

圆形柱加密区的普通箍筋、井字复合箍筋体积配箍率见表5-3-2。

矩形柱加密区的普通箍筋、井字复合箍筋的体积配箍率（%）　　表 5-3-1

$b\times h$（mm）	300×300	300×350	300×400	300×450	350×350	350×400		350×450	350×500		350×550		400×400
箍筋形式													
$n_b\times n_h$ ／ d/s	2×2	2×2	2×2	2×3	2×2	2×2	2×3	2×3	2×3	3×3	2×3	3×3	2×2
8/100	0.84	0.77	0.72	0.81	0.69	0.64	0.79	0.73	0.69	0.86	0.65	0.83	0.59
10/100	1.31	1.20	1.12	1.26	1.08	1.00	1.23	1.15	1.08	1.35	1.02	1.29	0.92
12/100	1.89	1.72	1.61	1.81	1.56	1.45	1.78	1.65	1.55	1.94	1.47	1.86	1.33

$b\times h$（mm）	400×400	400×450		400×500		400×550			400×600			450×450	450×500
箍筋形式													
$n_b\times n_h$ ／ d/s	3×3	2×3	3×3	2×3	3×3	2×3	3×3	3×4	2×3	3×3	3×4	3×3	3×3
8/100	0.89	0.68	0.83	0.64	0.79	0.60	0.75	0.85	0.58	0.72	0.82	0.77	0.73
10/100	1.39	1.07	1.30	1.00	1.23	0.94	1.17	1.33	0.90	1.13	1.27	1.21	1.14
12/100	2.00	1.54	1.87	1.44	1.77	1.36	1.69	1.92	1.29	1.63	1.84	1.74	1.64

$b\times h$（mm）	450×500	450×550		450×600		450×650		500×500		500×550			500×600
箍筋形式													
$n_b\times n_h$ ／ d/s	3×4	3×3	3×4	3×3	3×4	3×3	3×4	3×3	4×4	3×3	3×4	4×4	3×3
8/100	0.84	0.69	0.80	0.67	0.76	0.64	0.73	0.69	0.91	0.65	0.75	0.87	0.62
10/100	1.32	1.08	1.24	1.04	1.19	1.00	1.14	1.07	1.43	1.02	1.18	1.35	0.97
12/100	1.90	1.56	1.79	1.50	1.71	1.45	1.64	1.54	2.06	1.46	1.69	1.95	1.40

续表

$b\times h$ (mm)	500×600		500×650			500×700		500×750			550×550		550×600
箍筋形式 $n_b\times n_h$ / d/s	3×4	4×4	3×3	3×4	4×4	3×4	4×4	3×4	4×4	4×5	3×3	4×4	3×3
8/100	0.72	0.83	0.60	0.68	0.80	0.66	0.77	0.63	0.75	0.82	0.62	0.82	0.59
10/100	1.12	1.30	0.93	1.07	1.25	1.03	1.20	0.99	1.17	1.28	0.96	1.28	0.92
12/100	1.61	1.87	1.35	1.54	1.79	1.48	1.74	1.43	1.68	1.85	1.38	1.85	1.32

$b\times h$ (mm)	550×600		550×650			550×700			550×750			550×800	
箍筋形式 $n_b\times n_h$ / d/s	3×4	4×4	3×3	3×4	4×4	3×4	4×4	4×5	3×4	4×4	4×5	3×4	4×5
8/100	0.68	0.78	0.56	0.65	0.75	0.62	0.72	0.80	0.60	0.70	0.78	0.58	0.75
10/100	1.06	1.22	0.88	1.01	1.17	0.97	1.13	1.25	0.94	1.10	1.21	0.90	1.17
12/100	1.53	1.76	1.27	1.46	1.69	1.40	1.63	1.81	1.35	1.58	1.74	1.30	1.69

$b\times h$ (mm)	600×600		600×650		600×700			600×750			600×800		
箍筋形式 $n_b\times n_h$ / d/s	3×3	4×4	3×3	4×4	3×4	4×4	4×5	3×4	4×4	4×5	3×4	4×4	4×5
8/100	0.56	0.75	0.54	0.71	0.59	0.69	0.77	0.57	0.66	0.74	0.55	0.64	0.71
10/100	0.87	1.16	0.84	1.11	0.93	1.07	1.19	0.89	1.04	1.15	0.86	1.01	1.11
12/100	1.26	1.68	1.20	1.60	1.34	1.54	1.72	1.28	1.49	1.66	1.24	1.45	1.60

续表

$b\times h$（mm）	600×900			650×650	650×700		650×750		650×800		650×900		
箍筋形式						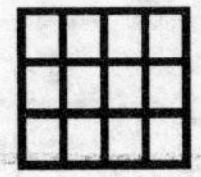			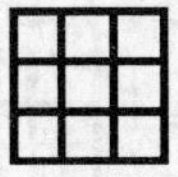		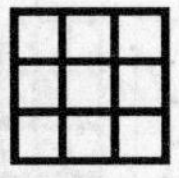		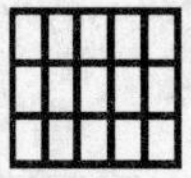
d/s　$n_b\times n_h$	3×4	4×5	4×6	4×4	4×4	4×5	4×4	4×5	4×4	4×5	4×4	4×5	4×6
8/100	0.52	0.67	0.73	0.68	0.66	0.73	0.63	0.71	0.61	0.68	0.58	0.64	0.70
10/100	0.81	1.05	1.14	1.06	1.02	1.15	0.99	1.10	0.96	1.06	0.91	1.00	1.09
12/100	1.17	1.51	1.65	1.53	1.47	1.65	1.42	1.59	1.38	1.53	1.31	1.44	1.57

$b\times h$（mm）	700×700		700×750		700×800		700×900			700×1000		750×750	
箍筋形式					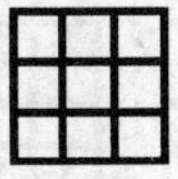								
d/s　$n_b\times n_h$	4×4	5×5	4×4	5×5	4×4	5×5	4×4	4×5	4×6	4×5	4×6	4×4	5×5
8/100	0.63	0.79	0.61	0.76	0.59	0.73	0.55	0.61	0.67	0.58	0.64	0.58	0.73
10/100	0.98	1.23	0.95	1.18	0.91	1.14	0.86	0.96	1.05	0.91	0.99	0.91	1.14
12/100	1.41	1.77	1.36	1.70	1.32	1.65	1.25	1.38	1.51	1.31	1.43	1.31	1.64

$b\times h$（mm）	750×800		750×900			750×1000		800×800		800×900			800×1000
箍筋形式												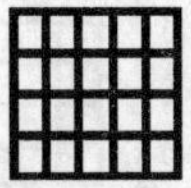	
d/s　$n_b\times n_h$	4×4	5×5	4×4	4×5	5×6	4×5	5×6	4×4	5×5	4×4	4×5	5×6	4×5
8/100	0.56	0.70	0.53	0.59	0.72	0.56	0.69	0.54	0.68	0.51	0.57	0.70	0.54
10/100	0.88	1.10	0.83	0.92	1.13	0.87	1.07	0.85	1.06	0.80	0.89	1.09	0.84
12/100	1.27	1.58	1.19	1.33	1.63	1.26	1.54	1.22	1.53	1.15	1.28	1.57	1.21

续表

$b\times h$ (mm)	800×1000	800×1200				900×900			900×1000			900×1200	
箍筋形式	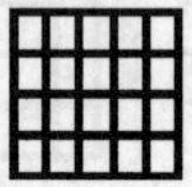			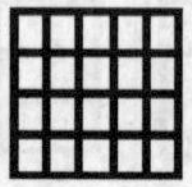	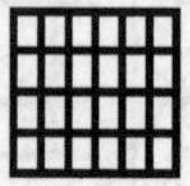	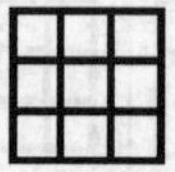	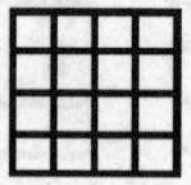				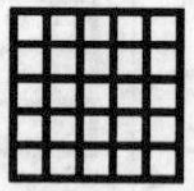		
$n_b\times n_h$ / d/s	5×6	4×6	4×7	5×6	5×7	4×4	5×5	6×6	4×5	5×5	6×6	4×6	4×7
8/100	0.66	0.54	0.58	0.60	0.65	0.48	0.60	0.72	0.51	0.57	0.68	0.50	0.55
10/100	1.03	0.84	0.91	0.94	1.01	0.75	0.93	1.12	0.80	0.88	1.06	0.79	0.86
12/100	1.49	1.21	1.31	1.36	1.46	1.08	1.35	1.62	1.15	1.27	1.53	1.13	1.23
$b\times h$ (mm)	900×1200		1000×1000			1000×1200		1000×1400			1100×1100		
箍筋形式	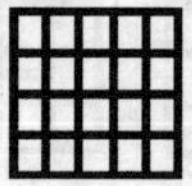	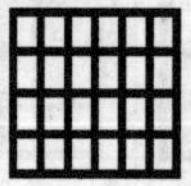					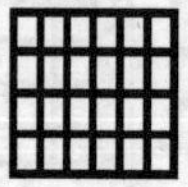		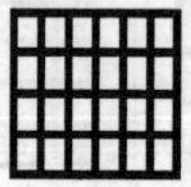				
$n_b\times n_h$ / d/s	5×6	5×7	5×5	6×6	5×5	6×6	5×7	5×6	5×7	5×8	5×5	6×6	7×7
8/100	0.56	0.61	0.54	0.64	0.49	0.59	0.58	0.49	0.53	0.57	0.48	0.58	0.68
10/100	0.88	0.95	0.84	1.00	0.76	0.91	0.90	0.77	0.83	0.89	0.75	0.91	1.06
12/100	1.27	1.37	1.20	1.44	1.10	1.32	1.30	1.11	1.19	1.28	1.09	1.31	1.52
$b\times h$ (mm)	1200×1200				1300×1300			1400×1400					
箍筋形式			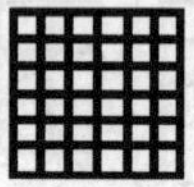			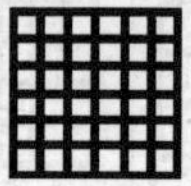				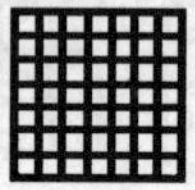			
$n_b\times n_h$ / d/s	5×5	6×6	7×7	8×8	6×6	7×7	8×8	6×6	7×7	8×8	9×9		
8/100	0.44	0.53	0.62	0.71	0.49	0.57	0.65	0.45	0.53	0.60	0.68		
10/100	0.69	0.83	0.96	1.10	0.76	0.89	1.01	0.70	0.82	0.94	1.05		
12/100	0.99	1.19	1.39	1.59	1.09	1.28	1.46	1.01	1.18	1.35	1.52		

圆柱加密区的外圆箍内外井字复合箍筋的体积配箍率（%）　　表 5-3-2

D（mm）	350		400		450		500			550		
箍筋形式												
$n_d \times n_d$ / d/s	—		—	1×1	—	1×1	—	1×1	2×2	—	1×1	2×2
8/100	0.69		0.59	0.97	0.52	0.84	0.46	0.75	1.01	0.41	0.67	0.90
10/100	1.08		0.92	1.51	0.81	1.32	0.71	1.17	1.57	0.64	1.05	1.41
12/100	1.57		1.34	2.18	1.16	1.91	1.03	1.68	2.26	0.93	1.52	2.04

D（mm）	600		650		700			750			800	
箍筋形式												
$n_d \times n_d$ / d/s	1×1	2×2	1×1	2×2	1×1	2×2	3×3	1×1	2×2	3×3	2×2	3×3
8/100	0.61	0.82	0.56	0.75	0.51	0.69	0.86	0.48	0.64	0.80	0.60	0.74
10/100	0.95	1.28	0.87	1.17	0.80	1.08	1.34	0.75	1.00	1.25	0.93	1.16
12/100	1.38	1.85	1.26	1.69	1.16	1.56	1.94	1.08	1.44	1.80	1.35	1.68

D（mm）	800	900			1000			1100				1200
箍筋形式												
$n_d \times n_d$ / d/s	4×4	2×2	3×3	4×4	3×3	4×4	5×5	3×3	4×4	5×5	6×6	4×4
8/100	0.89	0.53	0.66	0.78	0.59	0.70	0.81	0.53	0.63	0.73	0.83	0.58
10/100	1.39	0.82	1.02	1.22	0.92	1.09	1.26	0.83	0.99	1.14	1.30	0.90
12/100	2.00	1.19	1.48	1.76	1.32	1.58	1.83	1.19	1.42	1.65	1.88	1.30

续表

D（mm）	1200			1300				1400				
箍筋形式 $n_d \times n_d$ / d/s	5×5	6×6	7×7	4×4	5×5	6×6	7×7	4×4	5×5	6×6	7×7	8×8
8/100	0.67	0.76	0.85	0.53	0.61	0.70	0.78	0.49	0.57	0.65	0.72	0.80
10/100	1.04	1.19	1.33	0.83	0.96	1.09	1.22	0.77	0.89	1.01	1.13	1.25
12/100	1.51	1.71	1.92	1.19	1.38	1.57	1.76	1.11	1.28	1.45	1.63	1.80

第四节 框架梁沿梁全长箍筋的配筋率计算

一、适用范围

1. 混凝土强度等级：C20，C25，C30，C35，C40，C45，C50；

2. 普通钢筋：HPB235，HRB335；

二、制表公式

非抗震时

$$\rho_{sv} \geqslant 0.24 f_t / f_{yv} \tag{5-4-1}$$

弯剪扭构件

$$\rho_{sv} \geqslant 0.28 f_t / f_{yv} \tag{5-4-2}$$

一级抗震等级

$$\rho_{sv} \geqslant 0.3 f_t / f_{yv} \tag{5-4-3}$$

二级抗震等级

$$\rho_{sv} \geqslant 0.28 f_t / f_{yv} \tag{5-4-4}$$

三、四级抗震等级

$$\rho_{sv} \geqslant 0.26 f_t / f_{yv} \tag{5-4-5}$$

$$\rho_{sv} = \frac{n a_k}{bs} \tag{5-4-6}$$

$$\alpha_v = \frac{n a_k}{bs} \cdot \frac{f_{yv}}{f_t} \tag{5-4-7}$$

式中 ρ_{sv}——沿梁全长箍筋的配筋率；

n——箍筋肢数；

a_k——单根箍筋的截面面积（假定各肢箍筋的直径均相同）；

α_v——沿梁全长的箍筋配筋系数，非抗震时 $\alpha_v \geqslant 0.24$；对弯剪扭构件 $\alpha_v \geqslant 0.28$；对一级抗震等级 $\alpha_v \geqslant 0.3$；对二级抗震等级 $\alpha_v \geqslant 0.28$；对三、四级抗震等级 $\alpha_v \geqslant 0.26$。

三、使用说明

1. 根据梁宽、箍筋直径、间距、肢数即可由表 5-4-1 查得实际的箍筋配筋系数；

2. 表 5-4-1 按 HPB235 钢筋编制，当箍筋采用 HRB335 钢筋时，表中数值应除以 0.7；

3. 框架梁非加密区箍筋最大间距不宜大于加密区箍筋间距的 2 倍。

四、框架梁沿梁全长的箍筋配筋系数表

框架梁沿梁全长的箍筋配筋系数表，见表 5-4-1。

框架梁沿梁全长的箍筋配筋系数 α_v 表　　表 5-4-1

混凝土等级	梁宽 (mm)	d / s / 肢数 n	6					8					10					12				
			100	150	200	250	300	100	150	200	250	300	100	150	200	250	300	100	150	200	250	300
C20	200	双肢	0.54	0.36	0.27	0.22	0.18	0.96	0.64	0.48	0.38	0.32	1.50	1.00	0.75	0.60	0.50	2.16	1.44	1.08	0.86	0.72
	250	双肢	0.43	0.29	0.22	0.17	0.14	0.77	0.51	0.38	0.31	0.26	1.20	0.80	0.60	0.48	0.40	1.73	1.15	0.86	0.69	0.58
	300	双肢	0.36	0.24	0.18	0.14	0.12	0.64	0.43	0.32	0.26	0.21	1.00	0.67	0.50	0.40	0.33	1.44	0.96	0.72	0.58	0.48
		四肢	0.72	0.48	0.36	0.29	0.24	1.28	0.85	0.64	0.51	0.43	2.00	1.33	1.00	0.80	0.67	2.88	1.92	1.44	1.15	0.96
	350	双肢	0.31	0.21	0.15	0.12	0.10	0.55	0.37	0.27	0.22	0.18	0.86	0.57	0.43	0.34	0.29	1.23	0.82	0.62	0.49	0.41
		四肢	0.62	0.41	0.31	0.25	0.21	1.10	0.73	0.55	0.44	0.37	1.71	1.14	0.86	0.69	0.57	2.47	1.65	1.23	0.99	0.82
	400	四肢	0.54	0.36	0.27	0.22	0.18	0.96	0.64	0.48	0.38	0.32	1.50	1.00	0.75	0.60	0.50	2.16	1.44	1.08	0.86	0.72
	450	四肢	0.48	0.32	0.24	0.19	0.16	0.85	0.57	0.43	0.34	0.28	1.33	0.89	0.67	0.53	0.44	1.92	1.28	0.96	0.77	0.64
	500	四肢	0.43	0.29	0.22	0.17	0.14	0.77	0.51	0.38	0.31	0.26	1.20	0.80	0.60	0.48	0.40	1.73	1.15	0.86	0.69	0.58
		六肢	0.65	0.43	0.32	0.26	0.22	1.15	0.77	0.58	0.46	0.38	1.80	1.20	0.90	0.72	0.60	2.59	1.73	1.30	1.04	0.86
	550	四肢	0.39	0.26	0.20	0.16	0.13	0.70	0.47	0.35	0.28	0.23	1.09	0.73	0.54	0.44	0.36	1.57	1.05	0.79	0.63	0.52
		六肢	0.59	0.39	0.29	0.24	0.20	1.05	0.70	0.52	0.42	0.35	1.63	1.09	0.82	0.65	0.54	2.36	1.57	1.18	0.94	0.79
	600	四肢	0.36	0.24	0.18	0.14	0.12	0.64	0.43	0.32	0.26	0.21	1.00	0.67	0.50	0.40	0.33	1.44	0.96	0.72	0.58	0.48
		六肢	0.54	0.36	0.27	0.22	0.18	0.96	0.64	0.48	0.38	0.32	1.50	1.00	0.75	0.60	0.50	2.16	1.44	1.08	0.86	0.72
C25	200	双肢	0.47	0.31	0.23	0.19	0.16	0.83	0.55	0.42	0.33	0.28	1.30	0.87	0.65	0.52	0.43	1.87	1.25	0.94	0.75	0.62
	250	双肢	0.37	0.25	0.19	0.15	0.12	0.67	0.44	0.33	0.27	0.22	1.04	0.69	0.52	0.42	0.35	1.50	1.00	0.75	0.60	0.50
	300	双肢	0.31	0.21	0.16	0.12	0.10	0.55	0.37	0.28	0.22	0.18	0.87	0.58	0.43	0.35	0.29	1.25	0.83	0.62	0.50	0.42
		四肢	0.62	0.42	0.31	0.25	0.21	1.11	0.74	0.55	0.44	0.37	1.73	1.15	0.87	0.69	0.58	2.49	1.66	1.25	1.00	0.83
	350	双肢	0.27	0.18	0.13	0.11	0.09	0.48	0.32	0.24	0.19	0.16	0.74	0.49	0.37	0.30	0.25	1.07	0.71	0.53	0.43	0.36
		四肢	0.53	0.36	0.27	0.21	0.18	0.95	0.63	0.48	0.38	0.32	1.48	0.99	0.74	0.59	0.49	2.14	1.42	1.07	0.85	0.71
	400	四肢	0.47	0.31	0.23	0.19	0.16	0.83	0.55	0.42	0.33	0.28	1.30	0.87	0.65	0.52	0.43	1.87	1.25	0.94	0.75	0.62
	450	四肢	0.42	0.28	0.21	0.17	0.14	0.74	0.49	0.37	0.30	0.25	1.15	0.77	0.58	0.46	0.38	1.66	1.11	0.83	0.66	0.55
	500	四肢	0.37	0.25	0.19	0.15	0.12	0.67	0.44	0.33	0.27	0.22	1.04	0.69	0.52	0.42	0.35	1.50	1.00	0.75	0.60	0.50
		六肢	0.56	0.37	0.28	0.22	0.19	1.00	0.67	0.50	0.40	0.33	1.56	1.04	0.78	0.62	0.52	2.24	1.50	1.12	0.90	0.75
	550	四肢	0.34	0.23	0.17	0.14	0.11	0.60	0.40	0.30	0.24	0.20	0.94	0.63	0.47	0.38	0.31	1.36	0.91	0.68	0.54	0.45
		六肢	0.51	0.34	0.26	0.20	0.17	0.91	0.60	0.45	0.36	0.30	1.42	0.94	0.71	0.57	0.47	2.04	1.36	1.02	0.82	0.68
	600	四肢	0.31	0.21	0.16	0.12	0.10	0.55	0.37	0.28	0.22	0.18	0.87	0.58	0.43	0.35	0.29	1.25	0.83	0.62	0.50	0.42
		六肢	0.47	0.31	0.23	0.19	0.16	0.83	0.55	0.42	0.33	0.28	1.30	0.87	0.65	0.52	0.43	1.87	1.25	0.94	0.75	0.62

续表

混凝土等级	梁宽(mm)	d / s / 肢数n	6					8					10					12			
			100	150	200	250	300	100	150	200	250	300	100	150	200	250	300	100	150	200	250	300
C30	200	双肢	0.42	0.28	0.21	0.17	0.14	0.74	0.49	0.37	0.30	0.25	1.15	0.77	0.58	0.46	0.38	1.66	1.11	0.83	0.66	0.55
	250	双肢	0.33	0.22	0.17	0.13	0.11	0.59	0.39	0.30	0.24	0.20	0.92	0.61	0.46	0.37	0.31	1.33	0.89	0.66	0.53	0.44
	300	双肢	0.28	0.18	0.14	0.11	0.09	0.49	0.33	0.25	0.20	0.16	0.77	0.51	0.38	0.31	0.26	1.11	0.74	0.55	0.44	0.37
		四肢	0.55	0.37	0.28	0.22	0.18	0.98	0.66	0.49	0.39	0.33	1.54	1.02	0.77	0.61	0.51	2.21	1.48	1.11	0.89	0.74
	350	双肢	0.24	0.16	0.12	0.09	0.08	0.42	0.28	0.21	0.17	0.14	0.66	0.44	0.33	0.26	0.22	0.95	0.63	0.47	0.38	0.32
		四肢	0.47	0.32	0.24	0.19	0.16	0.84	0.56	0.42	0.34	0.28	1.32	0.88	0.66	0.53	0.44	1.90	1.27	0.95	0.76	0.63
	400	四肢	0.42	0.28	0.21	0.17	0.14	0.74	0.49	0.37	0.30	0.25	1.15	0.77	0.58	0.46	0.38	1.66	1.11	0.83	0.66	0.55
	450	四肢	0.37	0.25	0.18	0.15	0.12	0.66	0.44	0.33	0.26	0.22	1.02	0.68	0.51	0.41	0.34	1.48	0.98	0.74	0.59	0.49
	500	四肢	0.33	0.22	0.17	0.13	0.11	0.59	0.39	0.30	0.24	0.20	0.92	0.61	0.46	0.37	0.31	1.33	0.89	0.66	0.53	0.44
		六肢	0.50	0.33	0.25	0.20	0.17	0.89	0.59	0.44	0.35	0.30	1.38	0.92	0.69	0.55	0.46	1.99	1.33	1.00	0.80	0.66
	550	四肢	0.30	0.20	0.15	0.12	0.10	0.54	0.36	0.27	0.21	0.18	0.84	0.56	0.42	0.34	0.28	1.21	0.81	0.60	0.48	0.40
		六肢	0.45	0.30	0.23	0.18	0.15	0.81	0.54	0.40	0.32	0.27	1.26	0.84	0.63	0.50	0.42	1.81	1.21	0.91	0.72	0.60
	600	四肢	0.28	0.18	0.14	0.11	0.09	0.49	0.33	0.25	0.20	0.16	0.77	0.51	0.38	0.31	0.26	1.11	0.74	0.55	0.44	0.37
		六肢	0.42	0.28	0.21	0.17	0.14	0.74	0.49	0.37	0.30	0.25	1.15	0.77	0.58	0.46	0.38	1.66	1.11	0.83	0.66	0.55
C35	200	双肢	0.38	0.25	0.19	0.15	0.13	0.67	0.45	0.34	0.27	0.22	1.05	0.70	0.52	0.42	0.35	1.51	1.01	0.76	0.61	0.50
	250	双肢	0.30	0.20	0.15	0.12	0.10	0.54	0.36	0.27	0.22	0.18	0.84	0.56	0.42	0.34	0.28	1.21	0.81	0.61	0.48	0.40
	300	双肢	0.25	0.17	0.13	0.10	0.08	0.45	0.30	0.22	0.18	0.15	0.70	0.47	0.35	0.28	0.23	1.01	0.67	0.50	0.40	0.34
		四肢	0.50	0.34	0.25	0.20	0.17	0.90	0.60	0.45	0.36	0.30	1.40	0.93	0.70	0.56	0.47	2.02	1.34	1.01	0.81	0.67
	350	双肢	0.22	0.14	0.11	0.09	0.07	0.38	0.26	0.19	0.15	0.13	0.60	0.40	0.30	0.24	0.20	0.86	0.58	0.43	0.35	0.29
		四肢	0.43	0.29	0.22	0.17	0.14	0.77	0.51	0.38	0.31	0.26	1.20	0.80	0.60	0.48	0.40	1.73	1.15	0.86	0.69	0.58
	400	四肢	0.38	0.25	0.19	0.15	0.13	0.67	0.45	0.34	0.27	0.22	1.05	0.70	0.52	0.42	0.35	1.51	1.01	0.76	0.61	0.50
	450	四肢	0.34	0.22	0.17	0.13	0.11	0.60	0.40	0.30	0.24	0.20	0.93	0.62	0.47	0.37	0.31	1.34	0.90	0.67	0.54	0.45
	500	四肢	0.30	0.20	0.15	0.12	0.10	0.54	0.36	0.27	0.22	0.18	0.84	0.56	0.42	0.34	0.28	1.21	0.81	0.61	0.48	0.40
		六肢	0.45	0.30	0.23	0.18	0.15	0.81	0.54	0.40	0.32	0.27	1.26	0.84	0.63	0.50	0.42	1.82	1.21	0.91	0.73	0.61
	550	四肢	0.28	0.18	0.14	0.11	0.09	0.49	0.33	0.24	0.20	0.16	0.76	0.51	0.38	0.31	0.25	1.10	0.73	0.55	0.44	0.37
		六肢	0.41	0.28	0.21	0.17	0.14	0.73	0.49	0.37	0.29	0.24	1.15	0.76	0.57	0.46	0.38	1.65	1.10	0.83	0.66	0.55
	600	四肢	0.25	0.17	0.13	0.10	0.08	0.45	0.30	0.22	0.18	0.15	0.70	0.47	0.35	0.28	0.23	1.01	0.67	0.50	0.40	0.34
		六肢	0.38	0.25	0.19	0.15	0.13	0.67	0.45	0.34	0.27	0.22	1.05	0.70	0.52	0.42	0.35	1.51	1.01	0.76	0.61	0.50

续表

混凝土等级	梁宽(mm)	d / s 肢数 n	6					8					10					12				
			100	150	200	250	300	100	150	200	250	300	100	150	200	250	300	100	150	200	250	300
C40	200	双肢	0.35	0.23	0.17	0.14	0.12	0.62	0.41	0.31	0.25	0.21	0.96	0.64	0.48	0.39	0.32	1.39	0.93	0.69	0.56	0.46
	250	双肢	0.28	0.19	0.14	0.11	0.09	0.49	0.33	0.25	0.20	0.16	0.77	0.51	0.39	0.31	0.26	1.11	0.74	0.56	0.44	0.37
	300	双肢	0.23	0.15	0.12	0.09	0.08	0.41	0.27	0.21	0.16	0.14	0.64	0.43	0.32	0.26	0.21	0.93	0.62	0.46	0.37	0.31
		四肢	0.46	0.31	0.23	0.19	0.15	0.82	0.55	0.41	0.33	0.27	1.29	0.86	0.64	0.51	0.43	1.85	1.23	0.93	0.74	0.62
	350	双肢	0.20	0.13	0.10	0.08	0.07	0.35	0.24	0.18	0.14	0.12	0.55	0.37	0.28	0.22	0.18	0.79	0.53	0.40	0.32	0.26
		四肢	0.40	0.26	0.20	0.16	0.13	0.71	0.47	0.35	0.28	0.24	1.10	0.73	0.55	0.44	0.37	1.59	1.06	0.79	0.63	0.53
	400	四肢	0.35	0.23	0.17	0.14	0.12	0.62	0.41	0.31	0.25	0.21	0.96	0.64	0.48	0.39	0.32	1.39	0.93	0.69	0.56	0.46
	450	四肢	0.31	0.21	0.15	0.12	0.10	0.55	0.37	0.27	0.22	0.18	0.86	0.57	0.43	0.34	0.29	1.23	0.82	0.62	0.49	0.41
	500	四肢	0.28	0.19	0.14	0.11	0.09	0.49	0.33	0.25	0.20	0.16	0.77	0.51	0.39	0.31	0.26	1.11	0.74	0.56	0.44	0.37
		六肢	0.42	0.28	0.21	0.17	0.14	0.74	0.49	0.37	0.30	0.25	1.16	0.77	0.58	0.46	0.39	1.67	1.11	0.83	0.67	0.56
	550	四肢	0.25	0.17	0.13	0.10	0.08	0.45	0.30	0.22	0.18	0.15	0.70	0.47	0.35	0.28	0.23	1.01	0.67	0.51	0.40	0.34
		六肢	0.38	0.25	0.19	0.15	0.13	0.67	0.45	0.34	0.27	0.22	1.05	0.70	0.53	0.42	0.35	1.52	1.01	0.76	0.61	0.51
	600	四肢	0.23	0.15	0.12	0.09	0.08	0.41	0.27	0.21	0.16	0.14	0.64	0.43	0.32	0.26	0.21	0.93	0.62	0.46	0.37	0.31
		六肢	0.35	0.23	0.17	0.14	0.12	0.62	0.41	0.31	0.25	0.21	0.96	0.64	0.48	0.39	0.32	1.39	0.93	0.69	0.56	0.46
C45	200	双肢	0.33	0.22	0.17	0.13	0.11	0.59	0.39	0.29	0.23	0.20	0.92	0.61	0.46	0.37	0.31	1.32	0.88	0.66	0.53	0.44
	250	双肢	0.26	0.18	0.13	0.11	0.09	0.47	0.31	0.23	0.19	0.16	0.73	0.49	0.37	0.29	0.24	1.06	0.70	0.53	0.42	0.35
	300	双肢	0.22	0.15	0.11	0.09	0.07	0.39	0.26	0.20	0.16	0.13	0.61	0.41	0.31	0.24	0.20	0.88	0.59	0.44	0.35	0.29
		四肢	0.44	0.29	0.22	0.18	0.15	0.78	0.52	0.39	0.31	0.26	1.22	0.81	0.61	0.49	0.41	1.76	1.17	0.88	0.70	0.59
	350	双肢	0.19	0.13	0.09	0.08	0.06	0.34	0.22	0.17	0.13	0.11	0.52	0.35	0.26	0.21	0.17	0.75	0.50	0.38	0.30	0.25
		四肢	0.38	0.25	0.19	0.15	0.13	0.67	0.45	0.34	0.27	0.22	1.05	0.70	0.52	0.42	0.35	1.51	1.01	0.75	0.60	0.50

续表

混凝土等级	梁宽(mm)	d / s 肢数n	6					8					10					12				
			100	150	200	250	300	100	150	200	250	300	100	150	200	250	300	100	150	200	250	300
C45	400	四肢	0.33	0.22	0.17	0.13	0.11	0.59	0.39	0.29	0.23	0.20	0.92	0.61	0.46	0.37	0.31	1.32	0.88	0.66	0.53	0.44
	450	四肢	0.29	0.20	0.15	0.12	0.10	0.52	0.35	0.26	0.21	0.17	0.81	0.54	0.41	0.33	0.27	1.17	0.78	0.59	0.47	0.39
	500	四肢	0.26	0.18	0.13	0.11	0.09	0.47	0.31	0.23	0.19	0.16	0.73	0.49	0.37	0.29	0.24	1.06	0.70	0.53	0.42	0.35
		六肢	0.40	0.26	0.20	0.16	0.13	0.70	0.47	0.35	0.28	0.23	1.10	0.73	0.55	0.44	0.37	1.58	1.06	0.79	0.63	0.53
	550	四肢	0.24	0.16	0.12	0.10	0.08	0.43	0.28	0.21	0.17	0.14	0.67	0.44	0.33	0.27	0.22	0.96	0.64	0.48	0.38	0.32
		六肢	0.36	0.24	0.18	0.14	0.12	0.64	0.43	0.32	0.26	0.21	1.00	0.67	0.50	0.40	0.33	1.44	0.96	0.72	0.58	0.48
	600	四肢	0.22	0.15	0.11	0.09	0.07	0.39	0.26	0.20	0.16	0.13	0.61	0.41	0.31	0.24	0.20	0.88	0.59	0.44	0.35	0.29
		六肢	0.33	0.22	0.17	0.13	0.11	0.59	0.39	0.29	0.23	0.20	0.92	0.61	0.46	0.37	0.31	1.32	0.88	0.66	0.53	0.44
C50	200	双肢	0.31	0.21	0.16	0.13	0.10	0.56	0.37	0.28	0.22	0.19	0.87	0.58	0.44	0.35	0.29	1.26	0.84	0.63	0.50	0.42
	250	双肢	0.25	0.17	0.13	0.10	0.08	0.45	0.30	0.22	0.18	0.15	0.70	0.47	0.35	0.28	0.23	1.01	0.67	0.50	0.40	0.34
	300	双肢	0.21	0.14	0.10	0.08	0.07	0.37	0.25	0.19	0.15	0.12	0.58	0.39	0.29	0.23	0.19	0.84	0.56	0.42	0.34	0.28
		四肢	0.42	0.28	0.21	0.17	0.14	0.75	0.50	0.37	0.30	0.25	1.16	0.78	0.58	0.47	0.39	1.68	1.12	0.84	0.67	0.56
	350	双肢	0.18	0.12	0.09	0.07	0.06	0.32	0.21	0.16	0.13	0.11	0.50	0.33	0.25	0.20	0.17	0.72	0.48	0.36	0.29	0.24
		四肢	0.36	0.24	0.18	0.14	0.12	0.64	0.43	0.32	0.26	0.21	1.00	0.66	0.50	0.40	0.33	1.44	0.96	0.72	0.57	0.48
	400	四肢	0.31	0.21	0.16	0.13	0.10	0.56	0.37	0.28	0.22	0.19	0.87	0.58	0.44	0.35	0.29	1.26	0.84	0.63	0.50	0.42
	450	四肢	0.28	0.19	0.14	0.11	0.09	0.50	0.33	0.25	0.20	0.17	0.78	0.52	0.39	0.31	0.26	1.12	0.74	0.56	0.45	0.37
	500	四肢	0.25	0.17	0.13	0.10	0.08	0.45	0.30	0.22	0.18	0.15	0.70	0.47	0.35	0.28	0.23	1.01	0.67	0.50	0.40	0.34
		六肢	0.38	0.25	0.19	0.15	0.13	0.67	0.45	0.34	0.27	0.22	1.05	0.70	0.52	0.42	0.35	1.51	1.01	0.75	0.60	0.50
	550	四肢	0.23	0.15	0.11	0.09	0.08	0.41	0.27	0.20	0.16	0.14	0.63	0.42	0.32	0.25	0.21	0.91	0.61	0.46	0.37	0.30
		六肢	0.34	0.23	0.17	0.14	0.11	0.61	0.41	0.30	0.24	0.20	0.95	0.63	0.48	0.38	0.32	1.37	0.91	0.69	0.55	0.46
	600	四肢	0.21	0.14	0.10	0.08	0.07	0.37	0.25	0.19	0.15	0.12	0.58	0.39	0.29	0.23	0.19	0.84	0.56	0.42	0.34	0.28
		六肢	0.31	0.21	0.16	0.13	0.10	0.56	0.37	0.28	0.22	0.19	0.87	0.58	0.44	0.35	0.29	1.26	0.84	0.63	0.50	0.42

附录A　梁内选用钢筋组合

梁内选用钢筋组合表

附表 A-1

A_s (mm^2)	配　筋
157	2φ10
226	2φ12；3φ10；1φ14+1φ10
267	1φ14+1φ12；1φ12+2φ10
308	2φ14；2φ12+1φ10；1φ14+2φ10；4φ10
339	3φ12；1φ14+1φ16
402	2φ16；1φ14+2φ12；2φ14+1φ10；1φ18+1φ14；
421	2φ14+1φ12；2φ12+1φ16；
461	3φ14；4φ12；1φ18+1φ16；
509	2φ18；2φ14+1φ16；2φ16+1φ12
534	2φ14+2φ12
556	2φ16+1φ14；2φ14+1φ18；5φ12
603	3φ16
628	2φ20；4φ14；2φ16+2φ12
657	2φ16+1φ18；2φ18+1φ14
678	6φ12；3φ14+2φ12
710	2φ18+1φ16；2φ16+1φ20；2φ16+2φ14
741	2φ16+3φ12；4φ14+1φ12；2φ18+2φ12
760	2φ22；3φ18；2φ16+1φ22；5φ14；2φ14+4φ12
804	4φ16；7φ12
823	2φ18+1φ20；1φ16+2φ20；2φ18+2φ14；3φ16+2φ12；
854	2φ20+2φ12；3φ16+1φ18；2φ16+4φ12；4φ14+2φ12
883	2φ20+1φ18；2φ18+1φ22；8φ12；2φ14+5φ12
941	3φ20；6φ14；2φ18+2φ16；3φ16+2φ14；3φ16+3φ12

A_s (mm^2)	配　筋
982	2φ25；2φ18+3φ14；2φ16+5φ12；4φ14+3φ12
1017	4φ18；5φ16；1φ18+2φ22；2φ20+1φ22；2φ20+2φ16
1074	1φ20+2φ22；3φ18+2φ14；7φ14；3φ16+3φ14
1119	2φ20+1φ25；3φ22；2φ20+2φ18；2φ18+3φ16
1165	3φ18+2φ16；4φ18+1φ14
1206	6φ16；2φ20+3φ16；8φ14；3φ18+3φ14
1256	4φ20；2φ22+1φ25；5φ18；2φ22+2φ18
1296	2φ25+1φ20；4φ18+1φ20；2φ18+4φ16；4φ18+2φ14
1362	2φ25+1φ22；3φ20+2φ16；3φ18+3φ16
1388	7φ16；2φ20+2φ22；2φ20+3φ18；
1473	3φ25；3φ20+2φ18；2φ25+2φ18；
1520	4φ22；2φ22+3φ18；6φ18；3φ20+3φ16
1570	5φ20；3φ18+4φ16；5φ18+2φ14
1610	2φ25+2φ20；3φ22+2φ18；2φ20+4φ18；8φ16
1701	2φ22+3φ20；3φ20+3φ18；2φ16+5φ18；
1768	3φ22+2φ20；4φ20+2φ18；2φ25+2φ22；7φ18
1834	4φ22+1φ20；4φ20+3φ16；4φ18+4φ16

A_s (mm^2)	配　筋
1900	5φ22；3φ18+3φ22；6φ20；2φ25+3φ20
1964	4φ25；4φ18+3φ20；5φ20+2φ16
2036	8φ18；4φ20+2φ22；4φ20+3φ18
2101	3φ25+2φ20；2φ25+3φ22；3φ22+3φ20
2200	7φ20；3φ25+2φ22；4φ18+3φ22
2281	6φ22；4φ25+1φ20；4φ20+4φ18
2414	3φ25+3φ20；4φ25+1φ22；4φ20+3φ22
2454	5φ25；2φ25+4φ22；4φ18+4φ22；8φ20
2613	3φ25+3φ22；4φ25+2φ20；7φ22
2724	4φ25+2φ22；3φ25+4φ20；4φ20+4φ22
2827	9φ20；2φ25+5φ22
2945	6φ25；3φ25+4φ22
3041	8φ22；3φ25+5φ20
3104	4φ25+3φ22；5φ25+2φ20
3220	4φ25+4φ20；5φ25+2φ22
3436	7φ25；4φ25+4φ22；9φ22
3573	6φ25+2φ20；5φ25+3φ22
3705	6φ25+2φ22；5φ25+4φ20
3927	8φ25
4025	5φ25+5φ20
4355	5φ25+5φ22
4418	9φ25；6φ25+4φ22
4687	8φ25+2φ22

A_s (mm^2)	配　筋
4909	10φ25
5183	8φ25+4φ20
5400	11φ25
5636	7φ25+7φ20
5891	12φ25
6165	10φ25+4φ20
6382	13φ25
6651	12φ25+2φ22
6873	14φ25

附录B 一种直径及两种直径钢筋组合时的钢筋面积

一种直径及两种直径钢筋组合时的钢筋面积（mm^2） **附表 B-1**

直径(mm)		0	5	直径(mm)	1	2	3	4	5
12	1	113	679	10	192	270	349	427	506
	2	226	792		305	383	462	540	619
	3	339	905		418	496	575	653	732
	4	452	1018		531	609	688	767	845
	5	565	1131		644	723	801	880	958
14	1	154	924	12	267	380	493	606	719
	2	308	1078		421	534	647	760	873
	3	462	1232		575	688	801	914	1027
	4	616	1385		729	842	955	1068	1181
	5	770	1539		883	996	1109	1222	1335
16	1	201	1206	14	355	509	663	817	971
	2	402	1407		556	710	864	1018	1172
	3	603	1608		757	911	1065	1219	1373
	4	804	1810		958	1112	1266	1420	1574
	5	1005	2011		1159	1313	1467	1621	1775
18	1	254	1527	16	456	657	858	1059	1260
	2	509	1781		710	911	1112	1313	1514
	3	763	2036		964	1166	1367	1568	1769
	4	1018	2290		1219	1420	1621	1822	2023
	5	1272	2545		1473	1674	1876	2077	2278
20	1	314	1885	18	569	823	1018	1332	1587
	2	628	2200		883	1137	1392	1646	1900
	3	942	2513		1197	1451	1706	1960	2215
	4	1257	2827		1511	1766	2020	2275	2529
	5	1571	3142		1825	2080	2334	2589	2843
22	1	380	2280	20	694	1008	1322	1636	1951
	2	760	2660		1074	1389	1703	2017	2331
	3	1140	3040		1455	1769	2083	2397	2711
	4	1520	3420		1835	2149	2463	2777	3091
	5	1900	3800		2215	2529	2843	3157	3471
25	1	491	2945	22	871	1251	1631	2011	2392
	2	982	3436		1361	1742	2122	2502	2882
	3	1473	3927		1853	2233	2613	2993	3373
	4	1963	4418		2344	2724	3104	3484	3864
	5	2454	4909		2835	3215	3595	3975	4355
28	1	616	3695	25	1107	1597	2088	2579	3070
	2	1232	4310		1722	2213	2704	3195	3686
	3	1847	4926		2338	2829	3320	3811	4302
	4	2463	5542		2954	3445	3936	4427	4917
	5	3079	6158		3570	4061	4551	5042	5533

例：

求4ϕ18、3ϕ14组合钢筋的面积，自本页第一栏ϕ18四根一行横查至ϕ14，在3ϕ14栏得总面积为1480mm²

直径（mm）	1	2	3	4	5
10	232	311	390	468	547
	386	465	543	622	701
	540	619	697	776	855
	694	773	851	930	1008
	848	927	1005	1084	1162
12	314	427	540	653	767
	515	628	741	855	968
	716	829	942	1056	1169
	917	1030	1144	1257	1370
	1118	1232	1345	1458	1571
14	408	562	716	870	1024
	663	817	971	1125	1279
	917	1071	1225	1379	1533
	1172	1326	1480	1634	1788
	1426	1580	1734	1888	2042
16	515	716	917	1118	1319
	829	1030	1232	1433	1634
	1144	1345	1546	1747	1948
	1458	1659	1860	2061	2262
	1772	1973	2174	2375	2576
18	635	889	1144	1398	1652
	1015	1269	1534	1778	2033
	1395	1649	1904	2158	2413
	1775	2029	2284	2538	2793
	2155	2410	2664	2919	3173
20	805	1119	1433	1748	2162
	1296	1610	1924	2238	2553
	1787	2101	2415	2729	3043
	2278	2592	2906	3220	3534
	2769	3083	3397	3711	4025
22	996	1376	1756	2136	2516
	1612	1992	2372	2752	3132
	2227	2608	2988	3368	3748
	2843	3223	3603	3984	4364
	3459	3839	4219	4599	4979

附录C 每米板宽内各种钢筋间距的钢筋截面面积

每米板宽内各种钢筋间距的钢筋截面面积（mm²）表 **附表C-1**

直径（mm）		6	6/8	8	8/10	10	10/12	12	12/14	14	16	18	20	22	25	28
钢筋间距（mm）	70	404	561	718	920	1122	1369	1616	1907	2199	2872	3635	4488	5430	7012	8796
	75	377	524	670	859	1047	1278	1508	1780	2053	2681	3393	4189	5068	6545	8210
	80	353	491	628	805	982	1198	1414	1669	1924	2513	3181	3927	4752	6136	7697
	85	333	462	591	758	924	1127	1331	1571	1811	2365	2994	3696	4472	5775	7244
	90	314	436	559	716	873	1065	1257	1484	1710	2234	2827	3491	4224	5454	6842
	95	298	413	529	678	827	1009	1190	1405	1620	2116	2679	3307	4001	5167	6482
	100	283	393	503	644	785	958	1131	1335	1539	2011	2545	3142	3801	4909	6158
	110	257	357	457	585	714	871	1028	1214	1399	1828	2313	2856	3456	4462	5598
	120	236	327	419	537	654	798	942	1113	1283	1676	2121	2618	3168	4091	5131
	125	226	314	402	515	628	767	905	1068	1232	1608	2036	2513	3041	3927	4926
	130	217	302	387	495	604	737	870	1027	1184	1547	1957	2417	2924	3776	4737
	140	202	280	359	460	561	684	808	954	1100	1436	1818	2244	2715	3506	4398
	150	188	262	335	429	524	639	754	890	1026	1340	1696	2094	2534	3272	4105
	160	177	245	314	403	491	599	707	834	962	1257	1590	1963	2376	3068	3848
	170	166	231	296	379	462	564	665	785	906	1183	1497	1848	2236	2887	3622
	180	157	218	279	358	436	532	628	742	855	1117	1414	1745	2112	2727	3421
	190	149	207	265	339	413	504	595	703	810	1058	1339	1653	2001	2584	3241
	200	141	196	251	322	393	479	565	668	770	1005	1272	1571	1901	2454	3079
	220	129	178	228	293	357	436	514	607	700	914	1157	1428	1728	2231	2799
	240	118	164	209	268	327	399	471	556	641	838	1060	1309	1584	2045	2566
	250	113	157	201	258	314	383	452	534	616	804	1018	1257	1521	1963	2463
	260	109	151	193	248	302	369	435	514	592	773	979	1208	1462	1888	2368
	280	101	140	180	230	280	342	404	477	550	718	909	1122	1358	1753	2199
	300	94	131	168	215	262	319	377	445	513	670	848	1047	1267	1636	2053
	320	88	123	157	201	245	299	353	417	481	628	795	982	1188	1534	1924

附录 D 钢筋的计算截面面积、理论重量和排成一行时梁的最小宽度 b

钢筋的计算截面面积、理论重量和排成一行时梁的最小宽度 b（一类环境类别） **附表 D-1**

直径 (mm)	横截面面积（mm^2）及钢筋排成一行时梁的最小宽度（mm）																			单根钢筋理论重量 (kg/m)
	一根	二根	三根			四根			五根			六根			七根			八根	九根	
	A_s	A_s	A_s	b_1	b_2	A_s	b_1	b_2	A_s	b_1	b_2	A_s	b_1	b_2	A_s	b_1	b_2	A_s	A_s	
6	28.3	57	85			113			142			170			198			226	255	0.222
8	50.3	101	151			201			252			302			352			402	453	0.395
10	78.5	157	236			314			393			471			550			628	707	0.617
12	113.1	226	339	150/150	180/150	452	200/180	200/200	565	250/220	250/220	678			791			904	1017	0.888
14	153.9	308	461	180/150	180/180	615	200/200	220/200	769	250/220	250/250	923	300/300	300/300	1077			1230	1387	1.208
16	201.1	402	603	180/150	180/180	804	220/200	220/200	1005	250/250	300/250	1206	300/300	350/300	1407	350/350	400/350	1608	1809	1.578
18	254.5	509	763	180/180	180/180	1017	220/200	250/220	1272	300/250	300/250	1526	350/300	350/300	1780	400/350	400/350	2036	2290	1.998
20	314.2	628	941	180/180	180/180	1256	220/220	250/220	1570	300/250	300/300	1884	350/300	350/350	2200	400/350	400/350	2513	2827	2.466
22	380.1	760	1140	200/180	200/180	1520	250/220	250/250	1900	300/300	350/300	2281	350/350	400/350	2661	450/400	450/400	3041	3421	2.984
25	490.9	982	1473	200/180	220/200	1964	300/250	300/250	2454	350/300	350/300	2945	400/350	400/350	3436	450/400	500/400	3927	4418	3.850
28	615.3	1232	1847	250/200	250/200	2463	300/300	300/300	3079	400/350	400/350	3695	450/400	450/400	4310	550/450	550/450	4926	5542	4.830
32	804.3	1609	2418	300/250	300/250	3217	350/300	350/300	4021	450/400	450/400	4826	500/450	500/450	5630	600/500	600/500	6434	7238	6.310
36	1017.9	2036	3054	300/300	300/300	4072	400/350	400/350	5089	500/400	500/400	6107	600/500	600/500	7125	650/550	650/550	8143	9161	7.986
40	1256.6	2513	3770	350/300	350/300	5026	450/400	450/400	6283	550/450	550/450	7540	650/550	650/550	8796	750/600	750/600	10053	11309	9.858

注：1. 表中 b_1 为混凝土强度等级大于或等于 C25 时梁截面的最小宽度；b_2 为混凝土强度等级小于或等于 C20 时梁截面的最小宽度；

2. b_1、b_2 栏内横线上数值用于梁上部，横线以下数值用于梁下部。